Bibliographia Cartographica

Bibliographia Cartographica

Internationale Dokumentation des kartographischen Schrifttums
International documentation of cartographical literature
Documentation internationale de la litterature cartographique

Herausgegeben von der
Staatsbibliothek zu Berlin
- Preußischer Kulturbesitz -
In Verbindung mit der
Deutschen Gesellschaft für Kartographie e.V.

Redaktion: Wolfgang Crom

Vol. 32 (2005)

De Gruyter · Saur

Redaktionsschluss: 30.12.2008

Verantwortlich für die Redaktion:

Wolfgang Crom
Leiter des Arbeitskreises „Bibliographie des kartographischen Schrifttums“
in der Deutschen Gesellschaft für Kartographie
Leiter der Kartenabteilung der Staatsbibliothek zu Berlin
Preußischer Kulturbesitz
10772 Berlin

Redaktionelle Mitarbeit:

Susanne Boltzendahl
Jens-Peter Grell
Dr. Diethard Loeser
Steffi Mittenzwei
Martina Schulz
Gerd Weidemann

♾ Gedruckt auf säurefreiem Papier,
das die US-ANSI-Norm über Haltbarkeit erfüllt.

ISBN 978-3-598-20650-4
ISSN 0340-0409

Bibliografische Information der Deutschen Nationalbibliothek

Die Deutsche Nationalbibliothek verzeichnet diese Publikation in der Deutschen Nationalbibliografie; detaillierte bibliografische Daten sind im Internet über http://dnb.d-nb.de abrufbar.

Printed in Germany
Druck und buchbinderische Verarbeitung: AZ Druck und Datentechnik GmbH, Kempten

Preface

The work of a bibliographer can be compared to the work of the legendary King Sisyphus, however, whereas Sisyphus's work is done in vain, other people greatly benefit from the work of the former. The work takes place in silence and is only realized when it is missing. We hope that the eager user of the Bibliographia Cartographica has already expected the present volume; regrettably, its date of publication, had been delayed much too long. The delay was caused by various factors influencing the work of the editorial team, circumstances which are further explained in the following. Yet, the resulting delay in reporting remained within justifiable limits, as the publishing house repeatedly and patiently insisted on the publication.
Since the previous volume the bibliographers have mainly concentrated on adapting the bibliography to the changing conditions in the world of cartographic experts and to the developments in information and document management. It had become necessary to restructure the editorial work as well as change the software and profoundly modify the data structure. The goal was the implementation of an international online version of the Bibliographia Cartographica. A first prototype in German is accessible at http://bc.staatsbibliothek-berlin.de. Although as early as at the end of the 1980s computing was already introduced into the editorial work, the software employed for the entries was only used for the print image. It was not planned to use the data for any other purpose, neither was the data structure created for any sustainable use of the data or other future data administration purposes. For example it had not been possible to create master records for recurring data (author, journal title, corporate body, subject headings etc.) which would have greatly facilitated the data management of the growing bibliography. The software program had not been enhanced in recent years, a fact which helped with the decision to change the system. The system change was accompanied by a reorganisation of the editorial tasks.
The information and data management department of the Staatsbibliothek zu Berlin has developed the new database for the Bibliographia Cartographica. In close cooperation with the editorial team a completely new structure was developed. All these measures allowed the implementation of the given librarian guidelines and offers the opportunity to fulfil future expectations regarding the BC. The editors attached a higher value to the independence of the database than to the advantages of a library network. One of the reasons is the listing of titles which are not in the stock of the State Library at Berlin. Another reason is the coverage of online publications, which are neither hosted nor mirrored on the library's servers. Nevertheless, the main principle, namely to enter titles only after actual inspection, remains the basis for the quality of the data.
An important advantage of the new database is the use of master records. This enables automatic linking from, for example, journals to the articles contained in them. The data structure could be refined, which from the librarian's point of view led to a better bibliographic description being also more consistent with the underlying rules. It better lives up to the claim of being an international bibliography, as the subtitle, "International Documentation of Cartographic Literature", explains. What adds to the international character is the display of the numerous diacritics and special characters of many languages which could be achieved with great effort, yet it caused more work than expected. For the internal use additional search keys have improved the functionality of the data management. Furthermore, the aim is to offer the now usual advantages of an online database, as, for example, the possibility to compile a

bibliography with the relevant export options. Colleagues from all over the world wishing to enter title information should also be able to do so by using an online form for their entries.
Once these measures have been implemented, searching will become more convenient and information on cartographic literature will be most up-to-date, especially regarding more remote languages, which recently have been less considered.
The present volume covers literature published in 2004, including publications of previous years which had not yet been listed in a printed version of the BC. This volume has a total of approximately 1.800 entries, the classification system making them easily searchable and accessible. The entries and their bibliographical data can be found at different places in the bibliography's classification system.

Wolfgang Crom

Vorwort zum Band 32

Die Tätigkeit eines Bibliographen ist vergleichbar mit der Arbeit des legendären Königs Sisyphos, doch während diese vergeblich bleibt, ist jene für Dritte mit großem Gewinn behaftet. Die Leistung vollzieht sich im Stillen und wird erst dann wirklich wahrgenommen, wenn sie fehlt. So hat der eifrige Anwender der Bibliographia Cartographica den nun vorliegenden Band hoffentlich erwartet, denn dessen Herausgabe hat sich bedauerlicherweise über Gebühr verzögert, was nachfolgend beschriebenen Umständen inner-, aber auch außerhalb des Redaktionsumfeldes geschuldet ist. Der daraus resultierende Berichtsverzug hielt sich jedoch dank des geduldigen Insistierens des Verlags dabei noch in vertretbaren Grenzen.

So war das Bestreben der Bibliographen seit dem letzten Band hauptsächlich darauf ausgerichtet, die Bibliographie an die sich ändernden Bedingungen in der kartographischen Fachwelt und im Bereich des Informations- und Dokumentationswesens anzupassen. Hierfür waren sowohl Umstrukturierungen der redaktionellen Arbeit als auch ein Wechsel der Datenbanksoftware sowie massive Änderungen der bisherigen Datenstruktur notwendig. Sämtliche Maßnahmen verfolgten als gemeinsames Ziel eine internationale Online-Ausgabe der Bibliographia Cartographica. Ein erster Prototyp in deutscher Sprache ist unter der URL http://bc.staatsbibliothek-berlin.de erreichbar.

Zwar hielt bereits Ende der 80er Jahre die EDV Einzug in die redaktionelle Dienststelle, jedoch diente das angewandte Programm zur Titelaufnahme lediglich zur Steuerung des Druckbildes. Weitere Verwendungen der Daten waren nicht vorgesehen, die Datenstruktur war auch nicht für eine dauerhafte Nachnutzung bzw. für die Datenpflege vorgesehen. So konnten beispielsweise keine Stammsätze für wiederkehrende Angaben (Verfasser, Zeitschriftentitel, Körperschaften, Schlagworte etc.) angelegt werden, die für eine wachsende Bibliographie eine erhebliche Arbeitserleichterung bei der Eingabe und der Datenpflege darstellen. Die bislang eingesetzte Software wurde in den letzten Jahren nicht weiter entwickelt bzw. angepasst, was bei der Entscheidung zum Systemwechsel half. Die nun durchgeführte Umstellung wurde gleichzeitig für eine Neuorganisation in der Aufgabenstruktur genutzt.

Die Programmierung der neuen Datenbank für die Bibliographia Cartographica wurde durch die Abteilung Informations- und Datenmanagement der Staatsbibliothek zu Berlin geleistet. In enger Absprache mit der Redaktion wurde eine komplett neue Struktur entwickelt, mit der nicht nur die vorgegebenen bibliothekarischen Richtlinien umgesetzt, sondern auch zukünftige Erwartungen an die BC erfüllt werden können. Die Selbstständigkeit der Datenbank wurde von der Redaktion höher bewertet als der Wechsel zu einem Bibliotheksverbund. Einer der Gründe liegt in der Verzeichnung von Titeln, die nicht physisch im Bestand der Staatsbibliothek zu Berlin vorhanden sind oder in der zunehmend an Bedeutung gewinnenden Verzeichnung von Online-Publikationen, die ebenfalls nicht alle auf Servern der Bibliothek gespiegelt werden können oder dürfen. Dennoch bleibt die Erfassung nur per Autopsie bearbeiteter Titel oberstes Gebot für die Qualität der Daten.

Ein wichtiger Vorteil der neuen Datenbank ist die Verwendung von Stammsätzen. Diese ermöglichen die automatische Verknüpfung beispielsweise von Zeitschriften mit den enthaltenen Aufsätzen. Auch die Datenstruktur konnte verfeinert werden, was einer bibliothekarisch verbesserten und den zu Grunde liegenden Regelwerken konformen Erfassung zugute kommt. Dabei wird die Anzeige dem internationalen Anspruch der BC als “internationale Dokumentation des kartographischen Schrifttums”, wie es im Untertitel erläuternd heißt,

besser gerecht. Dazu zählt auch die mit großem Aufwand betriebene Darstellung von Sonderzeichen aus vielen Sprachen, die mehr Kapazität gebunden hatte, als erwartet. Im internen Gebrauch verbessern zusätzliche Suchschlüssel die Funktionalität der Datenverwaltung. Darüber hinaus werden die inzwischen üblichen Vorzüge einer Online-Datenbank, z.B. die Erstellung eigener Bibliographien durch entsprechende Exportmöglichkeiten, angestrebt. Zudem soll die Zulieferung an Titelmaterial von berichtenden Kolleginnen und Kollegen aus anderen Ländern künftig mittels eines Online-Formulars erfolgen.
Sofern alle erläuterten Maßnahmen greifen, werden sie zu mehr Recherchekomfort und zurück zur gewohnt hohen Aktualität bei der Anzeige internationaler kartographischer Fachliteratur führen, vor allem bei dem derzeit etwas vernachlässigten Anteil aus entlegenen Sprachen.
Der nun vorliegende Band zeigt Literatur des Jahres 2004 nebst zahlreichen Nachträgen aus vorangegangenen Jahren an, die bislang nicht in einer gedruckten Ausgabe der BC enthalten waren. Insgesamt sind ca. 1 800 Datensätze enthalten, die über die Systematik leicht zu ermitteln sind und in bewährter Form gegebenenfalls auch mehrfach mit allen bibliographischen Daten an unterschiedlichen Systemstellen gefunden werden können.

Wolfgang Crom

Contents

Inhaltsübersicht

Table des matières

List of Collaborators
Verzeichnis der Mitarbeiter
Liste des Collaborateurs

Albania
Mr. E. SAMIMI, Geographic Studies Center, Rr. "Myslym Shyri" Nr. 11, Tirana

Argentina
Prof. Dr. P. J. GALLEZ, Instituto Patagonico, Calle Peru 339, RA-8000 Bahia Blanca

Australia
National Library of Australia, Map Collection, Canberra A.C.T. 2600
MAIC H.-J. VOJACEK, 70 Elinga Street, Howrah 7018, Tasmania 7009

Austria
Frau Prof. Dr. I. KRETSCHMER, Institut für Geographie der Universität Wien, Universitätsstr. 7, A 1010 Wien

Belgium
Prof. Dr. F. DEPUYDT, Redingenstr. 16, B 3000 Leuven

Brasilia
Mrs. R. E. HORCH, Caixa postal 11201, Sao Paolo

Bulgaria
Prof. Dr. B. BEŠEVLIEV, Institut für Balkanistik, ul. G. Bonćev, bl. 6, BG-1113 Sofia
Dipl.-Ing. V. KOEN, i.H. Glavna Upravlenie po Geodezija i Kartografija, ul Alabin 46, Sofia C

Canada
Mr. L. CARDINAL, National Archives of Canada, Cartography and Architecture, Ottawa K1A ON3
Prof. Dr. H. SCHLICHTMANN, Dep. of Geography, Univ. of Regina, Regina Sask. S4S OA2

Croatia
Prof. Dr. N. FRANČULA, Geodetski fakultet Sveučilišta u. Zagrebu, Kačiceva ul. 26, Zagreb

Czech Republic
Dr. I. KUPČIK, Kiliansplatz 2, D 80339 München

Denmark
Mr. H. DUPONT, The Royal Library, P.O. Box 2149, DK-1016 Copenhagen K.

Finland
Dipl.-Ing. S. BIRKSTEDT, Maanmittaushallitus, Kirkkokatu 3, SF 00170 Helsinki 17

France
Comité Français de Cartographie, 138 bis, Rue de Grenelle, F 75007 Paris
Mr. O. LOISEAU, Bibliothèque Nationale, Département des Cartes et Plans, 58 Rue de Richelieu, F 75 Paris

Germany
Hr. W. CROM, Staatsbibliothek zu Berlin – Preußischer Kulturbesitz, Kartenabteilung, D 10772 Berlin
Prof. Dr. U. FREITAG, Institut für Kartographie, Freie Universität Berlin, Malteserstr. 74-100, D 12249 Berlin
Hr. J.-P. GRELL, Staatsbibliothek zu Berlin – Preußischer Kulturbesitz, Kartenabteilung, D 10772 Berlin
Dr. D. LOESER, Staatsbibliothek zu Berlin – Preußischer Kulturbesitz, Kartenabteilung, D 10772 Berlin
Frau Dipl.-Päd. S. MITTENZWEI, Staatsbibliothek zu Berlin – Preußischer Kulturbesitz, Kartenabteilung, D 10102 Berlin
Dipl.-Geogr. W. POBANZ, Institut für Kartographie, Freie Universität Berlin, Malteserstr. 74-100, D 12249 Berlin
Prof. Dr. W. SPERLING, Geographisches Institut, Fachbereich Geographie, Tarforster Str. 55, D 54296 Trier

Great Britain
Mr. F. HERBERT, Royal Geographical Society, Kensington Gore, London SW7 2AR

Hungary
MEM-CARTACTUAL, P.O.B. 76, V., Guszev u. 19, H 1367 Budapest

Indonesia
Prof. J. RAIS M.Sc., Deputy Ketua Bokosurtanal, Jalan Dr. Wahidin 1/11, Jakarta

Ireland
Mr. M.C. O'GORMAN, Ordnance-Survey Office, Phoenix Park, Dublin

Israel
Prof. Dr. N. KADMON, The Hebrew University of Jerusalem, Dept. of Geography, Mount Scopus, 91905 Jerusalem

Italy
Dr. G. MOTTA, Direttore Cartografica, Istituto Geografico de Agostini, Corso della Vittoria 91, Novara

Japan
Mr. K. KANAZAWA, Japan Consulting Engineers Association, 1-21-5, Shin-Toride, Toride-Shi, 302 Japan
Mrs. J. SUZUKI, The Map Library, National Diet Library, 1-10-1, Nagatacho, Chiyoda-ku, Tokyo. 100 Japan

Luxemburg
Prof. Dr. L.B.F. KORMOSS, Dyver 7, B 8000 Brugge, Belgien

Mexico
Unidad de Agencias, Cetenal, San Antonio Abad 124, Mexico 8 DF

Morocco
Mr. A. HAKHAM, Ing.-Topogr., A.N.I.G.E.T., Service Topographique, Rue Henri Mangeard, Rabat

Netherlands
Prof. Dr. Ferjan ORMELING, Rijksuniversiteit, Postbus 80.115, Heidelberglaan 2, NL-3508 TC Utrecht
Prof. Dr. G. SCHILDER, Geografisch Instituut, Rijksuniversiteit te Utrecht, Transitorium II, Heidelberglaan 2, De Uithof, Utrecht

Norway
Mr.T. SØRBØ, Kartsamling, Universitets-biblioteket, Drammensveien 42, Oslo

Peru
Prof. V.H. ROGGERO, Eng. Photogrammetry, Instituto Geográfico, Ministerio de Guerra, Lima

Poland
Dr. J. OSTROWSKI, Instytut Geografii i Przestrzennego Zagospodarowania PAN, Krakowskie Przedmiescie 30, 00-927 Warszawa

Portugal
Prof. Dr. O. RIBEIRO, Instituto di Geografia, Universidade de Lisboa, Lisboa

Romania
Dr. V. DUMITRESCU, Institutul de Geografie, Str. Dim. Racovita 12, Bucharest, Code 70307

Russia
Prof. A.M. BERLJANT, Geografičeskij Fakultet, Leninskie Gory, MGU, 119899 Moskva
Mrs. Dr. N. KOTELNIKOVA, Dep. of Cartographic Publications, Russian State Library, 3/5 Vozdvizhenka, 101000 Moskva

Slovakia
Mrs. D. KUSENDOVA, Department of Human Geography and Demogeography, Faculty of Natural Sciences Comenius University, Mlynská dolina 1, 84215 Bratislava

Slovenia
Ms. Dr. Božena LIPEJ, Geodetska uprava Republike Slovenije, Zemljemerska ulica 12, SI-1000 Ljubljana

South Africa
Chief Director of Surveys and Mapping, Dep. of Community Republic Development, Private Bag, 7705 Mowbray

Spain
Mrs. Dr. M. GALERA I MONEGAL, Institut Cartogràfic de Catalunya, Parc de Montjuïz, E-08038 Barcelona

Sweden
Dr. G. SCHALIN, Esselte, P.O.B. 22 069, S 104 22 Stockholm

Switzerland
Prof. Dr. L. HURNI, Kartographisches Institut der E.T.H., CH 8093 Zürich-Hönggerberg
Dipl.-Geogr. A. CAFLISCH, Schweizerische Landesbibliothek, Hallwylstr. 15, CH 3000 Bern

Thailand
Lieutenant General Ch. KULKASEM, Director of Survey, The Royal Thai Survey Dep., Bangkok

Turkey
Prof. Dr.-Ing. D. UCAR, I.T.Ü. Insaat Fakültesi. Jeodesi ve Fotogrametri, Mühendisligi Bölümü, TR-80626 Maslak-Istanbul

USA
Mr. R.E. GRIM, Geography and Map Division, Library of Congress, Washington D.C. 20540, USA

International Organisations
Prof. Dr. I.B.F. KORMOSS, Dyver 7, B 8000 Brugge, Belgien
Mr. K.H. STABE, United Nations, Box 20, New York. N.Y. 10017, USA

Regularly evaluated journals in the Berlin State Library
Regelmäßig in der Staatsbibliothek zu Berlin ausgewertete Zeitschriften
Journaux observés régulièrement dans la Bibliothèque d'Etat à Berlin

Titel / title / titre

Allgemeine Vermessungsnachrichten
BIMCC newsletter / Brussels International Map Collectors' Circle
Bollettino della Associazione Italiana di Cartografia
Bulletin : Association of Canadian Map Libraries and Archives
The Bulletin of the Society of Cartographers
Caert-Thresoor
The Cartographic Journal
Cartographica : international publications on cartography
Cartographica Helvetica : Fachzeitschrift für Kartengeschichte
Cartography and geographic information science
Cartouche : the operational publication of the Canadian Cartographic Association
GeoBit : das Magazin für raumbezogene Informationstechnologie
Geodetický a cartografický obzor
Geodetski list
Geodetski vestnik
Geodézia és kartográfia
Geodezija i kartografija : oficial'nyj organ Federal'noj Sluzby Geodezii i Kartografii Rossii i Geodeziceskich Sluzb Stran SNG
Geodezija, kartografija, zemeustrojstvo = Géodésie, cartographie, aménagement foncier
Geodezja i kartografia : kwartalnik naukowy = Geodesy and cartography
Geo-Info : tijdschrift voor Geo-Informatie Nederland
Geo-Informationssysteme : GIS ; Zeitschrift für raumbezogene Information und Entscheidungen
Geomatica
Geomatics and information science of Wuhan University
Geomatik Schweiz
Geo-spatial information science : quarterly = Diqiu-kongjian-xinxi-kexue-xuebao
GIScience & remote sensing
The Globe
Globe studies : the journal of the International Coronelli Society
Der Globusfreund : wissenschaftliche Zeitschrift für Globenkunde
ICA news = Nouvelles de l'ACI
Imago mundi : the international journal for the history of cartography
Indian Surveyor
Information bulletin / Western Association of Map Libraries
International journal of applied earth observation and geoinformation : JAG
Itineraria : letteratura di viaggio e conoscenza del mondo dall'Antichità al Rinascimento = travel literature and knowledge of the world from Antiquity to the Renaissance

Journal of geomatics
Journal of spatial science
Journal of the International Map Collector's Society
Kart & bildteknik
Kart og plan : vitenskapelig tidsskrift
Kartografické listy
Kartografija i Geoinformacije
Kartographische Nachrichten
LIBER quarterly : the journal of European Research Libraries
LSA VERM : Zeitschrift für das öffentliche Vermessungswesen des Landes Sachsen-Anhalt
Map : journal of the Japan Cartographers Association
Mapline : a quarterly newsletter publ. by the Herman Dunlap Smith Center for the History of Cartography at the Newberry Library
M@ppemonde
Mitteilungen des DVW-Bayern e. V.
Mitteilungen / Deutscher Verein für Vermessungswesen, Landesverein Hessen und Thüringen
Mitteilungen / Freundeskreis für Cartographica in der Stiftung Preußischer Kulturbesitz
Mitteilungen und Veröffentlichungen zum Vermessungswesen aus den Themenbereichen
Geodäsie, Geoinformation und Landmanagement / Deutscher Verein für Vermessungswesen, Landesverein Baden-Württemberg e.V.
Mitteilungsblatt des Deutschen Vereins für Vermessungswesen, Landesverein Rheinland-Pfalz und Saarland
Le Monde des Cartes : revue du Comité Français de Cartographie
Nachrichten der Niedersächsischen Vermessungs-u. Katasterverwaltung
Nachrichtenblatt der Vermessungs- und Katasterverwaltung Rheinland-Pfalz
New Zealand Map Society journal
Newsletter / Philip Lee Phillips Society / Library of Congress, Geography and Map Division
Newsletter / The Australian Map Circle
NÖV : Nachrichten aus dem öffentlichen Vermessungsdienst Nordrhein-Westfalen
Nya Lantmätaren
Photogrammetrie, Fernerkundung, Geoinformation
Polski przegląd kartograficzny
The Portolan : the journal of the Washington Map Society
Rittenhouse : journal of the American Scientific Instrument Enterprise
Surveying and land information science
Terrae incognitae : the journal for the history of discoveries
Topografía y cartografía
Vermessung Brandenburg
VGI : Österreichische Zeitschrift für Vermessung & Geoinformation
XYZ : Revue de l'Association Française de Topographie
ZfV : Zeitschrift für Geodäsie, Geoinformation und Landmanagement

A. Bibliography, Documentation, General Literature
Bibliographie, Dokumentation, Allgemeines Schrifttum
Bibliographie, documentation, littérature générale

1. Reference Tools
Allgemeine Hilfsmittel
Moyens auxiliaires généraux

0001
Broc, Numa: Océanie : voyages autour du monde et dans plusiers continents, voyages maritimes et polaires. Avec le concours de Frédéric Angleviel. – Paris: 2003, XLI, 43-406 p., ill., mp. + 6 mp.-suppl. (Dictionnaire illustré des explorateurs et grands voyageurs français du XIXe siècle ; 4).

0002
Broderick, George: Placenames of the Isle of Man : Sheading of Garff (Kirk Maughold & Ramsey, Kirk Lonan, and Kirk Conchan) ; vol. 4. – Tübingen: Niemeyer 1999, XXXVIII, 454 p., mp. ISBN 3-484-40132-X.

0003
Broderick, George: Placenames of the Isle of Man : Sheading of Glenfaba (Kirk Patrick, Kirk German, and Peel) ; vol. 1. – Tübingen: Niemeyer 1994, XXXIX, 377 p., mp. ISBN 3-484-40129-X.

0004
Broderick, George: Placenames of the Isle of Man : Sheading of Michael (Kirk Michael, Ballaugh, and Jurby) ; vol. 2. – Tübingen: Niemeyer 1995, XL, 301 p., mp. ISBN 3-484-40130-3.

0005
Broderick, George: Placenames of the Isle of Man : Sheading of Middle (Kirk Braddan, Kirk Marown, and Kirk Santan) ; vol. 5. – Tübingen: Niemeyer 2000, XL, 300 p., mp. ISBN 3-484-40133-8.

0006
Broderick, George: Placenames of the Isle of Man : Sheading of Rushen (Kirk Malew with Castletown and Ballasalla, Kirk Arbory, and Kirk Christ Rushen with the Calf of Man) ; vol. 6. – Tübingen: Niemeyer 2002, XL, 582 p., mp. ISBN 3-484-40134-6.

0007
Edson, Evelyn: History of cartography. In: Choice / [Monthly] : current reviews of academic libraries. 38.2001; 9, p.1899-1909. ISSN 0009-4978.

0008
Gosudarstva i territorii mira : spravočnik. Ed.: Federal'naja Služba Geodezii i Kartografii Rossii. Red.: V. V. Škurkov. – Moskva: Kartgeocentr – Geodezizdat 1999, 73 p. States and territories of the world : directory. [Russ.]. ISBN 5-86066-022-7.

0009
Harlén, Hans: Sverige från A till Ö : geografisk-historisk uppslagsbok. Ed.: Kommentus. – Stockholm: Kommentus 2003, 583 p., ill., mp. Sweden from A to Ö : geographic-historic reference book. [Swed.].

0010
Historisch-geographische Enzyklopädie der Welt (1880-1898) : hic leones. Ed.: Kolbe, Hanno V.J. – Achenheim: Hic Leones Eurl 2004, 1 CD-ROM, 1 Beih. (16 p.). [Auf der Grundlage von: Ritter's geographisch-statistisches Lexikon über die Erdtheile, Länder, Meere...; Elektronische Ressource] ISBN 2-95197342-X (Ver. 1.2); 0-9519734-0-3 (Ver. 1.0).

0011
Hooker, Brian: Dictonary of New Zealand map-makers. Ed.: DelZur Research. – Orewa: DelZur Research 2002, IX, 203 p., ill., mp. [A companion volume to Early New Zealand printed maps].

0012
Jensen, Kristi L.; Musser, Linda R.; Andrew, Paige G.: Index maps for the digital age. In: Information Technology and Libraries. 23.2004, p.81-87, 3 ill. ISSN 0730-9295.

0013
Kaemmerer, Margarete: Ortsnamenverzeichnis der Ortschaften jenseits von Oder und Neiße = Müllers Verzeichnis der jenseits der Oder-Neisse gelegenen, unter fremder Verwaltung stehenden Ortschaften. – Leer: Rautenberg 1988, 230 p., mp. – 3. erw. Aufl. ISBN 3-7921-0368-0.

0014
Latvijas Republikas ģeogrāfiskie nosaukumi : kartēm mērogā 1 : 1000000. Ed.: Latvija / Land Service. Red.: Zinta Goba. – Rīga: Latvija / Land Service 2004, 94 p., 3 mp.-suppl. Concise gazetteer of the Republic of Latvia. [Latv. and Engl.].

0015
Linee guida per la normalizzazione dei nomi geografici ad uso degli editori di cartografia ed altri editori = Toponymic guidelines for map editors and other editors (Italy). Ed.: Cantile, Andrea. – Firenze: Istituto Geografico Militare 2004, 149 p., ill., mp. (L'universo : geografia, cartografia, studi urbani, territoriali e ambientali). [Ital.].

0016
Minert, Roger Philip: Westphalia place name indexes (with Hohenzollern, Lippe, Schaumburg-Lippe, and Waldeck). – Woods Cross, Utah: GRT Publications 2002, X, 128 p., ill., mp. [Engl. and Germ.]. [Includes bibliographical references] ISBN 0-9716906-1-8.

0017
Names of countries and their capital cities : including adjectives of nationality and currency units = noms de pays et de leurs capitales avec les adjectifs de nationalités et unités monétaires. ; Food and Agriculture Organization of the United Nations (FAO). – [Rom]: 2001, Losebl.-Ausg. – Rev. 11. (Terminology bulletin ; 20). [Engl., French, Span., Arab. and Chinese]. [Verzeichnis].

0018
Nomi d'Italia : origine e significato dei nomi geografici e di tutti i comuni. – Novara: 2004, 719 p. Names of Italy : offspring and signification of the geographic names and of all the municipalities. [Contains glossary].

0019
Ortsbuch der Bundesrepublik Deutschland. – Frankfurt a. M.: Verl. für Standesamtswesen 2000, CD-ROMs. [Version 1.2000, Okt.; Elektronische Ressource].

0020
Patera, Antonio; Napolitano, Paola: Dall'acclività allo zenit : dizionario dei termini GIS inglese-italiano. – Roma: MondoGIS 2004, 175 p. (I quaderni di MondoGIS) From "acclività" to "zenit" : English-Italian dictionary of GIS terms. [Ital. and Engl.]. [Contains bibliography].

0021
Przybytek, Rozalia: Ortsnamen baltischer Herkunft im südlichen Teil Ostpreussens = Nazwy miejscowe pochodzenia bałtyckiego w południowej części Prus Wschodnich. – Stuttgart: Franz Steiner Verlag 1993, 361 p., mp. (Hydronymia Europaea : Sonderband ; [1]). [Literaturverz. S. 356 – 360] ISBN 3-515-06449-4.

0022
Rieger, Janusz: Gewässernamen im Flußgebiet des San = Nazwy wodne dorzecza Sanu : Teil I: Die fließenden Gewässer, P – Z, Teil II: Die stehenden Gewässer = Cześc I: Nazwy wód płyn acych, P – Z, Cześc II: Nazwy wód stojacych. – Stuttgart: Franz Steiner Verlag 2004, 202 p., mp. (Hydronymia Europaea ; 18).

0023
Ritters geographisch-statistisches Lexikon : über die Erdtheile, Länder, Meere, Häfen, Seen, Flüsse, Inseln, Gebirge, Staaten, Städte, Flecken, Dörfer, Bäder, Kanäle, Eisenbahnen, Post- und Telegraphenämter usw. = Ritters Lexikon. By: Ritter, Carl. – Berlin: Winfried Bogon – Verlag für digitale Publikationen 2004, 1 CD-ROM – Komplettfaksimile der 9. Aufl., Lepzig, 1905-1906. [Elektronische Ressource] ISBN 3-936059-20-9.

0024
Room, Adrian: Placenames of France : over 4000 towns, villages, natural features, regions and departments. Ed.: McFarland & Company. – Jefferson, NC: McFarland & Company 2004, V, 328 p. [Includes bibliographical references (p.327-328)].

0025
Schwarz, Uwe: "Schritt für Schritt ... eine halbe stundt gehenss" : vom Zeit- zum Metermaß. In: Wie Zeit vergeht. Ed.: Schäfke, Werner. – Köln: DuMont 1999., p.102-105, 2 ill.

0026
The Columbia gazetteer of the world. Ed.: Columbia Univ. Press. – New York: Columbia Univ. Press 2001. [Online-Ressource].

0027
Vasiliev, Ren: From Abbotts to Zurich : New York State placenames. – Syracuse, NY: Syracuse University Press 2004, XVIII, 258 p., ill. – 1. ed. [Includes bibliographical references (p.253-258)] ISBN 0-8156-0798-9.

0028
Wilson, John P,; Lam, Christine S.; Holmes-Wong, Deborah A.: A new method for the specification of geographic footprints in digital gazetteers. In: Cartography and geographic information science : an official journal of ACSM devoted to the advancement of cartography in all its aspects. 31.2004,4, p.195-207, 8 ill., 1 tab. ISSN 1523-0406.

2. Bibliographies, Catalogues Bibliographien, Kataloge Bibliographies, catalogues

0029
Allgemeine Kartensammlung : XI. HA Karten ; [die Allgemeine Kartensammlung des Geheimen Staatsarchivs PK in der XI. Hauptabteilung Karten ist nach 1945 aus Restbeständen von Plankammern zentraler Behörden gebildet worden ... ; Inventarbände ... ; Ausdruck. Ed.: Geheimes Staatsarchiv <Berlin>. – Berlin: Geheimes Staatsarchiv <Berlin> 2002. [Inventar].

0030
Almeida, Moitinho de: Bibliografia de cartografia geológica de Portugal. Ed.: Serviços Geologicos de Portugal. – Lisboa: Serviços Geologicos de Portugal 1976, 34 p., 1 mp.-suppl. [Portug.]. [Ed. provisória].

0031
Antochiw, Michel: Catálogo cartográfico de Belize : (1511-1880) = Cartographic catalogue of Belize. Ed.: Bureau Régional de Coopération en Amérique Centrale. – San José, Costa Rica: Bureau Régional de Coopération en Amérique Centrale 1992, 206 p., mp. – 1. ed. [Span. and Engl.]. [Includes bibliographical references (p.[203]-206) and index; Zugl. ersch.: México, D.F.: Centro de Estudios Mexicanos y Centroamericanos] ISBN 968-602923-0.

0032
Appenzeller, Markus; Bühler, Jürg: Elektronische Übersichtsnetze für Kartenwerke in der Kartensammlung der ETH Zürich. In: Die digitale Kartenbibliothek : eine Momentaufnahme. Ed.: Bühler, Jürg. – München: Saur 2004., p.155-159, 7 ill. (Bibliographia cartographica / Beiheft ; 1).

0033
Bestand S 17, Gedruckte Karten und Pläne. Ed.: Landratsamt Rems-Murr-Kreis. Bearb. von Walter Wannenwetsch... – Waiblingen: Landratsamt Rems-Murr-Kreis 2000, Getr. Zählung. (Archivinventare des Rems-Murr-Kreises / Reihe A, Kreisarchiv ; Bd. 8).

0034
Bibliografia map i planów : opracowanych w Instytucie Geografii Historycznej Kóscioła w Polsce KUL i wydanych w latach 1956-2000. Ed.: Instytut Europy Środkowo-Wschodniej. Katolicki Uniwersitet Lubelski, Instytut Geografii Historycznej Kościoła w Polsce. Red. i oprac. Robert Kozyrski. – Lublin: Instytut Europy Środkowo-Wschodniej 2001, 371 p. [Pol.].

0035
Brown, Christopher C.: Topos in your OPAC : linking to the online. In: Information bulletin / Western Association of Map Libraries. 34.2003,3, p.141-144, 8 ill. ISSN 0049-7282.

0036
Bühler, Jürg: "Die Welt der Karten – the World of Maps". In: Die digitale Kartenbibliothek : eine Momentaufnahme. Ed.: Bühler, Jürg. – München: Saur 2004., p.181-185 (Bibliographia cartographica / Beiheft ; 1).

0037
Bühler, Jürg: Kartenkataloge der Zukunft : die räumliche Suche in einem graphischen Katalog. In: Die digitale Kartenbibliothek : eine Momentaufnahme. Ed.: Bühler, Jürg. – München: Saur 2004., p.215-221, 9 ill. (Bibliographia cartographica / Beiheft ; 1).

0038
Bull-Reichenmiller, Margareta: Karten des Benediktinerklosters Zwiefalten : 1748 – 1783. Ed.: Hauptstaatsarchiv <Stuttgart>. – Stuttgart: Hauptstaatsarchiv <Stuttgart> 1992, 2 Mikrofiches. (Repertorien / Hauptstaatsarchiv Stuttgart ; N,40). [Mikroreprod. 44 S., [27] Bl.].

0039
Cano Trigo, Jóse María;: Catálogo de las cartas náuticas publicadas. Ed.: Ministero de Defensa; Ministero de Fomento. – Madrid: Ministero de Defensa; Ministero de Fomento 2003, 424 p., mp. Catalogue of published nautical maps. [Span.]. [Vol. 2 d. Ges.titels: La dirección de Trabajos Hidrograficos : (1797 – 1908) / ed. y coordinación Luisa Martín-Méras] ISBN 84-97810-20-1; 84-95172-42-9; 84-7782-976-4.

0040
Catálogo de cartografía histórica de Córdoba : A-F. Ed.: Andalucía / Consejería de Obras Públicas y Transportes. Coordinación y dir. Joaquin Cortés José. – Sevilla: Andalucía / Consejería de Obras Públicas y Transportes 2002, 788 p., ill., mp. (Catálogo de cartografía histórica de Córdoba). [Span.].

0041
Catálogo de cartografía histórica de Córdoba : G-Z. Ed.: Andalucía / Consejería de Obras Públicas y Transportes. Coordinación y dir. Joaquin Cortés José. – Sevilla: Andalucía / Consejería de Obras Públicas y Transportes 2002, p.797-1471, ill., mp. (Catálogo de cartografía histórica de Córdoba). [Span.].

0042
Catálogo de cartografía histórica de Córdoba : Ìndices. Ed.: Andalucía / Consejería de Obras Públicas y Transportes. Coordinación y dir. Joaquin Cortés José. – Sevilla: Andalucía / Consejería de Obras Públicas y Transportes 2002, p.1481-1793, ill. (Catálogo de cartografía histórica de Córdoba). [Span.].

0043
Catálogo de cartografía histórica de Córdoba. Ed.: Andalucía / Consejería de Obras Públicas y Transportes. Coordinación y dir. Joaquin Cortés José. – Sevilla: Andalucía / Consejería de Obras Públicas y Transportes 2002, Bde 1 – 3. [Span.]. ISBN 84-8095-310-1.

0044
Chubb, Thomas: The printed maps in the atlases of Great Britain and Ireland : a bibliography, 1579-1870. Ed.: Martino Pub. – Mansfield Centre, CT: Martino Pub 2004. [Originally published: London : Homeland Association, ltd., 1927; Includes bibliographical references and index].

0045
Cleempoel, Koenraad van: A catalogue raisonné of scientific instruments from the Louvain School, 1530-1600. – Turnhout: Brepols 2002, XII, 284 p., ill. (De diversis artibus : collection de travaux de l'Académie Internationale d'Histoire des Sciences ; 65 = N.S.,28). [Literaturverz. S. 271-278].

0046
Cocco, Cristina; Fadda, Antonio Franco: Carte antiche della Sardegna conservate nelle Biblioteche Corsiniana e Nazionale Centrale di Roma : secoli XV-XVII. – Elmas (Cagliari): COEDISAR 2004, 30 p. ill., 13 loose maps issued in a case. Ancient maps of Sardinia which are conserved in the Biblioteche Corsiniana e Nazionale Centrale di Roma : XV-XVII centuries. ISBN 88-85966-47-0.

0047
Crom, Wolfgang: IKAR: Migration und Fortführung der Altkartendatenbank. In: Bibliotheksdienst. Organ der Bundesvereinigung Deutscher Bibliotheksverbände (BDB). 35.2001,3, p.347-348. ISSN 0006-1972.

0048
Crom, Wolfgang: Verweis-sensitive Indexblätter als Bestandsnachweis im Internet. In: Die digitale Kartenbibliothek : eine Momentaufnahme. Ed.: Bühler, Jürg. – München: Saur 2004., p.129-135, 2 ill. (Bibliographia cartographica / Beiheft ; 1).

0049
Danku, Gyuri: Twaalf kaarten van Cornelis I Danckerts (1630-1656) in de Andreas Nagy atlas. In: Caert-thresoor : tijdschrift voor de geschiedenis van de kartografie in Nederland. 23.2004,3, p.72-79, 15 ill., 1 portr. Twelve maps by Cornelis Danckerts I (1603-1656) in the Andreas Nagy atlas. ISSN 0167-4994.

0050
Dekker, Elly: Catalogue of orbs, spheres and globes. – Firenze [u.a.]: Giunti Gruppo Editoriale 2004, 188 p., ill. (Cataloghi di raccolte scientifiche ; 5). [Contains bibliography and notes] ISBN 88-09-03589-5.

0051
Drazniowsky, Roman: Map resources and map librarianship. – New York: 1970, 19 p.

0052
Dubreuil, Lorraine: Early Canadian maps : the W.H. Pugsley Collection = Cartes anciennes du Canada. Ed.: McGill University <Montréal> / Rare Books and Special Collections Division. – Montréal: McGill University <Montréal> / Rare Books and Special Collections Division 1998, XII, 51 p., mp. (Marginalia ; 4). [Includes bibliographical references (p.51) and index] ISBN 0-7717-0523-9.

0053
Dubreuil, Lorraine; Woods, Cheryl A.: Catalogue of Canadian fire insurance plans : 1875-1975. Ed.: Association of Canadian Map Libraries and Archives. – Ottawa: Association of Canadian Map Libraries and Archives 2002, XVI, 500 p., ill., mp. (Occasional papers of the Association of Canadian Map Libraries and Archives). ISBN 0-9695062-7-9.

0054
Dworsatschek, Mariusz: Imago Silesiae : z kolekcji Tomasza Niewodniczańskiego. Ed.: Tow. Przyjaciół Ossolineum. – Wrocław: Tow. Przyjaciół Ossolineum 2002, 170 p., ill., mp. + 1 mp.-suppl. Ancient cartography of Silesia in the Niewodniczański collection. [Pol. with Germ. res.]. [Dt. Zsfassung u.d.T.: Die alte Kartographie Schlesiens in der Kollektion von Tomasz Niewodniczański].

0055
Ehrensvärd, Ulla: Topographica Estonia : handritade kartor och ritninger över Estland i svenska offentliga samlingar = Handgezeichnete Karten und Zeichnungen von Estland in schwedischen öffentlichen Sammlungen. In: Eesti teadusliku Seltsi Rootsis Aastaraamat 12 (1991/1999) = Annales Societatis Litterarum Estonicae in Svecica., p.5-289 Handdrawn maps and designs of Estonia in Swedish public collections. [Swed., Germ., and Estonian].

0056
Ennepe-Ruhr-Kreis: Märkischer Kreis / Stadt Hagen. By: Luckhardt, Jochen. – Bielefeld: Westfalen-Verlag 1987, 268 p., ill. (Westfalia picta : Erfassung westfälischer Ortsansichten vor 1900 ; 2). ISBN 3-88918-050-7.

0057
Erwin, Tracey; Sweetkind-Singer, Julie: Integrating the Hoover Map Collection at Branner Earth Sciences Library and Map Collection. In: Information bulletin / Western Association of Map Libraries. 35.2004,3, p.151-155, 3 mp. ISSN 0049-7282.

0058
Fordham, Herbert George: Studies in cartobibliography, British and French : and in the bibliography of itineraries and road books. – Mansfield Centre, Conn.: Martino Pub 2003, VII, 180 p., ill. [Repr. [der Ausg.] Oxford, Clarendon Press, 1914; Includes bibliographical references and index] ISBN 1-578-98426-2.

0059
Forstkarten betreffend Neuwürttemberg : (17. Jhd – 1851) ; systematisches Verzeichnis. Ed.: Hauptstaatsarchiv <Stuttgart>. Hauptstaatsarchiv <Stuttgart> 1992, 4 Mikrofiches (Mikroreproduktion 251 p.). (Repertorien / Hauptstaatsarchiv Stuttgart ; Bestand N,13, Bd.1). [Parallel als Buchausg. erschienen].

0060
Forstkarten betreffend Neuwürttemberg : (17. Jhd. -1851) ; Standortverzeichnis. Ed.: Hauptstaatsarchiv <Stuttgart>. Hauptstaatsarchiv <Stuttgart> 1992, 4 Mikrofiches (Mikroreprod. 243 p.). (Repertorien / Hauptstaatsarchiv Stuttgart ; Bestand N,13, Bd.2). [Parallel als Buchausg. erschienen].

0061
Gerber, Angelika: Steuerkollegium Urprimärkataster Hohenzollern : Bände 1828-1880. Ed.: Staatsarchiv <Ludwigsburg>. – Ludwigsburg: Staatsarchiv <Ludwigsburg> 1999, V Bl., 65 p. (Repertorien / Staatsarchiv Ludwigsburg : Bestand E ; 251 VII).

0062
Gerber, Angelika: Steuerkollegium Urprimärkataster Württemberg : Bände 1818-1912. Ed.: Staatsarchiv <Ludwigsburg>. – Ludwigsburg: Staatsarchiv <Ludwigsburg> 1999, VI Bl., 790 p. (Repertorien / Staatsarchiv Ludwigsburg : Bestand E ; 251 VI).

0063
Grell, Jens-Peter: Das elektronische Kartenarchiv an der Universitäts- und Landesbibliothek Sachsen-Anhalt. In: Die digitale Kartenbibliothek : eine Momentaufnahme. Ed.: Bühler, Jürg. – München: Saur 2004., p.81-90, 2 ill. (Bibliographia cartographica / Beiheft ; 1).

0064
Heijden, Henj A.M. van der: De kaart van Nederland in de Franse tijd 1795-1814. – Alphen aan den Rijn: Canaletto/Repro-Holland 2000, 128 p., ill., mp. [Includes bibliographical references (p.123) and index; Zugl. ersch.: Leuven: Universitaire Pers <Leuven>] ISBN 90-6469-758-2; 90-5867-074-0.

0065
Hellyer, Roger; Oliver, Richard: A guide to the Ordnance Survey one-inch third edition maps, in colour : England and Wales, Scotland, Ireland. Ed.: Charles Close Society for the Study of Ordnance Survey Maps. – London: Charles Close Society for the Study of Ordnance Survey Maps 2004, VIII, 160 p., ill., mp. ISBN 1-87059-821-0.

0066
Historische Karten im Saarland : Information aus der Vermessungs- und Katasterverwaltung. Ed.: Saarland / Landesamt für Kataster-, Vermessungs- und Kartenwesen. – Saarbrücken: Saarland / Landesamt für Kataster-, Vermessungs- und Kartenwesen 2003, 1 Faltbl., mp. [Verlagsprospekt].

0067
Hochsauerlandkreis, Kreis Olpe. By: Luckhardt, Jochen ; Westfälisches Landesmuseum für Kunst und Kulturgeschichte; Westfalen-Lippe; Institut für Vergleichende Städtegeschichte. – Bielefeld: 1987, 252 p., ill. (Westfalia picta : Erfassung westfälischer Ortsansichten vor 1900 ; 1). ISBN 3-88918-048-5.

0068
Hooker, Brian: Early New Zealand printed maps. Ed.: DelZur Research. – Orewa: DelZur Research 2000, XI, 196 p., mp.

0069
Imago mundi : opere geografiche e cartografiche della Biblioteca Guarnacci di Volterra. Ed.: ETS. [A cura di] Angelo Marrucci. – Pisa: ETS 2004, 169 p., ill., mp. Geographical and cartographical works in the Guarnacci Library of Volterra. [Ital.]. [Contains bibliographical references and notes].

0070
Inventaris van het archief van de Directie Meetkundige Dienst van het Ministerie van Verkeer en Waterstaat (1798-) 1931-1945 (-1949) : nummer toegang 2.16.91. Ed.: Nederland / Centrale Archief Selectiedienst. – Winschoten: Nederland / Centrale Archief Selectiedienst 2004, 31 p. (CAS-inventaris ; 625) Inventory of the Archive of the Geometrical Service of the Ministry of Transport, Public Works and Water Management (1798-) 1931-1945 (-1949) : number access 2.16.91. [Dutch].

0071
Johnson, Jenny Marie: Geographic information. – Westport, Conn. [u,a,]: Greenwood Press 2003, X, 216 p., ill., mp. ISBN 1-573-56392-7.

0072
Kain, Roger J.P.; Chapman, John; Oliver, Richard, R.: The enclosure maps of England and Wales 1595-1918 : [a cartographic analysis and electronic catalogue]. – Cambridge [u.a.]: Cambridge University Press 2004, XX, 415 p., ill., mp. ISBN 0-521-82771-X.

0073
Kerlen, H.: Catalogue of pre-Meiji Japanese books and maps in public collections in the Netherlands = Oranda-kokunai-shozō-Meiji-izen-Nihon-kankei-korekushon-mokuroku. Ed.: Netherlands Association for Japanese Studies. – Amsterdam: Gieben 1996, XV, 918 p., ill. (Japonica Neerlandica : monographs of the Netherlands Assoc. for Japanese Studies ; 6). ISBN 90-5063-567-2.

0074
Kil'djuševskij, L.: Zerkalo mira : pjat' vekov geografičeskogo atlasa iz sobranija Rossijskoj Nacional'noj Biblioteki ; katalog Vystavki v Rossijskoj Nacional'noj Biblioteke, Posvjaščennoj Okončaniju Proekta po Restavracii Niderlanskogo Atlasa 16 Veka ; 24 sentjabrja-15 oktjabrja 2004 = Speculum orbis terrae. – Sankt Petersburg: OM-Press 2005, 161 p., mp. [Russ. and Engl.]. [Nebent.: Iz fondov Rossijskoj Nacional'noj Biblioteki = In the collection of the National Library of Russia].

0075
Klöti, Thomas: Verfilmung und Digitalisierung der Sammlung Ryhiner. In: Die digitale Kartenbibliothek : eine Momentaufnahme. Ed.: Bühler, Jürg. – München: Saur 2004., p.73-79, 3 ill., 1 tab. (Bibliographia cartographica / Beiheft ; 1).

0076
Klöti, Thomas: Von den Blattübersichten schweizerischer Landeskartenwerke zur Titelaufnahme im Bibliotheksverbundkatalog. In: Die digitale Kartenbibliothek : eine Momentaufnahme. Ed.: Bühler, Jürg. – München: Saur 2004., p.147-154, 5 ill. (Bibliographia cartographica / Beiheft ; 1).

0077
Kovacs, Agnes: Kartenkataloge mit Bildinformation. In: Die digitale Kartenbibliothek : eine Momentaufnahme. Ed.: Bühler, Jürg. – München: Saur 2004., p.209-213, 1 ill. (Bibliographia cartographica / Beiheft ; 1).

0078
Kozličić, Mithad: Regiones flumina unnae et sanae in veteribus tabulis geographicis = Unsko-sansko područje na starim geografskim kartama : (izbor karata, planova i veduta u kontekstu historije Unskog-sanskog područja od kraja 15. do početka 18. stoljeća. Ed.: Nacionalna i Univerzitetska Biblioteka Bosne i Hercegovine <Sarajevo>. – Sarajevo [u.a.]: Nacionalna i Univerzitetska Biblioteka Bosne i Hercegovine <Sarajevo> 2003, 495 p., ill., mp. [Bosn.]. ISBN 995-850022-1.

0079
Kreis Höxter, Kreis Paderborn. Bearb. von Jochen Luckhardt unter Mitarb. von Michael Schmitt u. Birgit Schulte. ; Institut für Vergleichende Städtegeschichte; Westfalen-Lippe; Westfälisches Landesmuseum für Kunst und Kulturgeschichte. – Bielefeld: 1995, 600 p., ill., mp. (Westfalia picta : Erfassung westfälischer Ortsansichten vor 1900 ; 5). ISBN 3-88918-060-4.

0080
Kreis Siegen-Wittgenstein. By: Luckhardt, Jochen. – Bielefeld: Westfalen-Verlag 1988, 128, ill., mp. (Westfalia picta : Erfassung westfälischer Ortsansichten vor 1900 ; 3). ISBN 3-88918-053-1.

0081
Kreis Soest : Kreis Unna, Stadt Hamm. By: Luckhardt, Jochen. – Bielefeld: Westfalen-Verlag 1989, 324 p., ill., mp. (Westfalia picta : Erfassung westfälischer Ortsansichten vor 1900 ; 4). ISBN 3-88918-055-8.

0082
Krogt, Peter van der; Danku, Gyuri: De Andreas Nagy atlas : een atlas factice uit circa 1660. In: Caert-thresoor : tijdschrift voor de geschiedenis van de kartografie in Nederland. 23.2004,3, p.66-71, 14 ill. The Andreas Nagy atlas : an atlas factice of c. 1660. ISSN 0167-4994.

0083
Lacrocq, Nelly; Faille, René: Les ingénieurs géographes : Claude, François et Claude-Félix Masse. – Vincennes: Service Historique de l'Armée de Terre 2001, 212 p., ill., mp. – Rééd. ISBN 2-86323-124-3; 2-86474-000-1.

0084
Lamatsch, Joachim: Toporama. In: Die digitale Kartenbibliothek : eine Momentaufnahme. Ed.: Bühler, Jürg. – München: Saur 2004., p.161-168, 3 ill. (Bibliographia cartographica / Beiheft ; 1).

0085
Land- und Flurkarten betreffend Neuwürttemberg : 16. Jhd – 1817 ; Standortverzeichnis. Ed.: Hauptstaatsarchiv <Stuttgart>. Hauptstaatsarchiv <Stuttgart> 1995, 4 Mikrofiches (Mikroreprod. 207 p.). (Repertorien / Hauptstaatsarchiv Stuttgart ; Bestand N,11, Bd.2).

0086
Land- und Flurkarten betreffend Neuwürttemberg : 16. Jhd – 1817 ; systematisches Verzeichnis. Ed.: Hauptstaatsarchiv <Stuttgart>. Hauptstaatsarchiv <Stuttgart> 1995, 4 Mikrofiches (Mikroreprod. 228 p.). (Repertorien / Hauptstaatsarchiv Stuttgart ; Bestand N,11, Bd.1). [Parallel als Buchausg. erschienen].

0087
Latvija kartēs un plānos : bibliogrāfiskais rādītājs. Ed.: Latvijas Nacionālā Bibliotēka <Rīga> / Kartogrāfisko Izdevumu Nodala. – Riga: Latvijas Nacionālā Bibliotēka <Rīga> / Kartogrāfisko Izdevumu Nodala 1998, 124 p. [Includes indexes].

0088
Le isole del vento : la rappresentazione cartografica del territorio eoliano. Ed.: Ioli Gigante, Amelia; Polto, Corradina. A cura di Amelia Ioli Gigante e Corradina Polto. – Bologna: Pàtron 2004, 103 p., mp. – 1. ed. (Geotema / Quaderni di Geotema ; 2) the islands of the wind : cartographic representation of the Aeolian territory. [Ital.]. [Contains bibliographical references and notes] ISBN 88-555-2769-X.

0089
Leuchtweis, Ulrike: Kupferplatten zu Kartenwerken : 1865 – 1867. Ed.: Staatsarchiv <Ludwigsburg>. – Ludwigsburg: Staatsarchiv <Ludwigsburg> 1996, 36 p., mp. (Repertorien / Staatsarchiv Ludwigsburg : Bestand EL ; 68 II).

0090
London : a cartographic history 1746-1950 ; 200 years of folding maps. Ed.: Countrywide Ed. Comp. by Lucinda Boyle. – London: Countrywide Ed. 2002, XI, 161 p., ill., mp. [Includes bibliographical references (p.161)].

0091
Maps of Cyprus : from the collections of the Bank of Cyprus Cultural Foundation. Ed.: Navari, Leonora. Catalogue ed. by Leonora Navari. – Nicosia: Bank of Cyprus Cultural Foundation 2003, 373 p., ill., mp. ISBN 9963-42819-3.

0092
Merk, Eberhard: Karten des Benediktinerklosters Ochsenhausen und des Fürstentums Ochsenhausen der Fürsten von Metternich-Winneburg : 1660, 1726 – 1729, 1741, 1771 – 1818, o.J. Ed.: Hauptstaatsarchiv <Stuttgart>. – Stuttgart: Hauptstaatsarchiv <Stuttgart> 2004, 101 p. (Repertorien / Hauptstaatsarchiv Stuttgart ; N,26).

0093
Merk, Eberhard: Karten des Prämonstratenserklosters Rot an der Rot und der Herrschaften Wartenberg-Rot und Erbach-Wartenberg-Rot : 1730, 1771 – 1822 und o.J. Ed.: Hauptstaatsarchiv <Stuttgart>. – Stuttgart: Hauptstaatsarchiv <Stuttgart> 2002, 1 Mikrofiche. (Repertorien / Hauptstaatsarchiv Stuttgart ; N,28). [Mikroreprod. 32 p.; Parallel als Buchausg. erschienen].

0094
Merk, Eberhard: Karten des Prämonstratenserklosters Weißenau : 1707/08, 1729 – 1759, 1789 – 1805, 19. Jhd. und o.J. Ed.: Hauptstaatsarchiv <Stuttgart>. – Stuttgart: Hauptstaatsarchiv <Stuttgart> 2003, 2 Mikrofiches. (Repertorien / Hauptstaatsarchiv Stuttgart ; N,36). [Mikroreprod. 69 p.].

0095
Meyer-Schudel, Hildegard: CD-ROM-Produkte in der Kartensammlung der ETH Zürich. In: Die digitale Kartenbibliothek : eine Momentaufnahme. Ed.: Bühler, Jürg. – München: Saur 2004., p.59-63 (Bibliographia cartographica / Beiheft ; 1).

0096
Minden-Ravensberg : Stadt Bielefeld, Kreis Gütersloh, Kreis Herford, Kreis Minden-Lübbecke. – Münster: Ardey 2002, 462 p., ill., mp. (Westfalia picta : Erfassung westfälischer Ortsansichten vor 1900 ; 7). [Literaturverz. S. 453 – 454] ISBN 3-87023-236-6.

0097
Münster. By: Schmitt, Michael. – Münster: Ardey 2003, 612 p., ill., mp. (Westfalia picta : Erfassung westfälischer Ortsansichten vor 1900 ; 8). [Literaturverz. S. 602 – 605] ISBN 3-87023-237-4.

0098
Münsterland : Kreis Borken, Kreis Coesfeld, Kreis Steinfurt, Kreis Warendorf. By: Luckhardt, Jochen. – Münster: Ardey 2002, 300 p., ill. (Westfalia picta : Erfassung westfälischer Ortsansichten vor 1900 ; 6). ISBN 3-87023-235-8.

0099
Needell, Keith: Maps & charts of the Somerset coast with the Bristol Channel, 1583-1860. Publ. by K. Needell. – Muswell Hill: Needell 2004, 161 p., mp.

0100
Needell, Keith: Maps & plans of the city of Bath, 1588-1860. Publ. by K. Needell. – Muswell Hill: Needell 2004, 168 p., mp.

0101
Needell, Keith: Printed maps of Somersetshire roads, 1675-1842. Publ. by K. Needell. – Muswell Hill: Needell 2004, 98 p.

0102
New mapping of western North America. In: Information bulletin / Western Association of Map Libraries. 34.2003,3, p.164-170. ISSN 0049-7282.

0103
Norgate, Martin: Checklist of Hampshire maps : early printed maps of the county. Ed.: Hampshire County Council Museums Service. – [Hampshire]: Hampshire County Council Museums Service 2004, [ca 300 Bl.], ill., mp. + 2 CD-ROMs + 1 suppl. (2 Bl.) – 2. ed. ISBN 1-85975-724-3.

0104
Oddens, Roelof: A virtual tour of Odden's Bookmarks. In: Second Anglo-Dutch Seminar on Cartography : held in Enschede, April 3-4, 1997. Ed.: Ormeling, Ferjan. – Amersfoort: Nederlandse Vereniging voor Kartografie 1998., p.57-68, 6 ill., 1 tab. (NVK publikatiereeks ; 26).

0105
Opll, Ferdinand; Simms, Annegret: Historische Stadtatlanten : Stadtgeschichte in Karten. In: Siedlungsforschung : Archäologie, Geschichte, Geographie. 15.1997, p.303-325, 1 ill. ISSN 0175-0046.

0106
Pflederer, Richard: Catalogue of the portolan charts and atlases in the Huntington Library : based on a detailed physical inspection completed on site during the years 2001-2003. Prepared by Richard Pflederer. – [Williamsburg, Va.]: 2004, 158 p., [10, [18] gef. Bl., mp. [CD-ROM-Ausg. u.d.T.: Portolan charts and atlases of the Huntington Library].

0107
Piezunka, Thorsten; Kintrup, Andrea: Der digitale historische Kartenkatalog der SuUB Bremen umgesetzt mit Hilfe der Software der Firma megatel GmbH. In: Die digitale Kartenbibliothek : eine Momentaufnahme. Ed.: Bühler, Jürg. – München: Saur 2004., p.91-96, 4 ill. (Bibliographia cartographica / Beiheft ; 1).

0108
Portolan charts & atlasses of the British Library : searchable ACCESS database ; ... a searchable database of the entire collection ; based on a detailed examination of the collection conducted during the years 2000 to 2001. By Richard Pflederer. – [Williamsburg, Va.]: Selbstverlag 2002, 1 CD-ROM, 2 Beil. [Buchausg. u.d.T.: Pflederer, Richard L.: Catalogue of the Portolan charts and atlases in the British Library; Systemvoraussetzungen: MS ACCESS 97, 2000 or 2002].

0109
Portolan charts & atlasses of the Huntington Library : searchable ACCESS database ; ... a searchable database of the entire collection ; based on a detailed examination of the collection conducted during the years 2001 to 2003. By Richard Pflederer. – [Williamsburg, Va.]: 2004, 1 CD-ROM, 2 Beil. [Buchausg. u.d.T.: Pflederer, Richard L.: Catalogue of the Portolan charts and atlases in the Huntington Library; Systemvoraussetzungen: MS ACCESS 2000 or any later version].

0110
Publikationsliste Univ.-Prof. Dr. Ingrid Kretschmer. In: Aspekte der Kartographie im Wandel der Zeit : Festschrift für Ingrid Kretschmer zum 65. Geburtstag und anlässlich ihres Übertritts in den Ruhestand. Ed.: Kainz, Wolfgang. Hrsg. von Wolfgang Kainz. – Wien: Geographisches Institut <Wien, Universität> / Arbeitsbereich für Geographie und Kartographie 2004., p.11-16 (Wiener Schriften zur Geographie und Kartographie ; 16).

0111
Rockwell, Ken: New mapping of Western North America. In: Information bulletin / Western Association of Map Libraries. 35.2004,2, p.105-112. ISSN 0049-7282.

0112
Rockwell, Ken: New mapping of Western North America. In: Information bulletin / Western Association of Map Libraries. 35.2004,3, p.165-170. ISSN 0049-7282.

0113
Rockwell, Ken: New mapping of Western North America. In: Information bulletin / Western Association of Map Libraries. 36.2004,1, p.64-68. ISSN 0049-7282.

0114
Rumsey, David; Punt, Edith M.: Cartographica extraordinaire : the historical map transformed. Ed.: ESRI Press. – Redlands, CA: ESRI Press 2004, 147 p., ill., mp. [Includes bibliographical references (p.128-147)].

0115
Schans, René van der: Literatuur over interactie in kaart gebracht. In: De interactieve kaart. Ed.: Nederlandse Vereniging voor Kartografie. Werkgroep Onderwijs en Onderzoek. Red.: R. van der Schans & B.J. Köbben. – Amersfoort: Nederlandse Vereniging voor Kartografie 1997., p.39-44 (NVK publikatiereeks ; 23). [Dutch].

0116
Schüler, Mechthild: Metadatenkatalog für Raumdaten – Beispiel Geo-Guide : Ziel und Konzept der Fachinformationsführer. In: Die digitale Kartenbibliothek : eine Momentaufnahme. Ed.: Bühler, Jürg. – München: Saur 2004., p.187-191 (Bibliographia cartographica / Beiheft ; 1).

0117
Semotanová, Eva; Šimůnek, Robert: Katalog Mapové sbírky Historického Ustavu Akademie věd České Republiky do roku 1850. Ed.: Historický Ustav. Historický Ustav 2002, 127 p., [16] Bl., ill., mp. Catalogue of map collection in the Institute of History, Academy of Sciences of the Czech Republic, until 1850. [Czech with Engl., and Germ. rés.]. [Nebent.: Fontes Cartographici Bohemiae, Moraviae atque Silesiae].

0118
Smith, Brian S.: Herefordshire maps 1577 to 1800. – Logaston: Logaston Press 2004, XVIII, 205 p., ill., mp. ISBN 1-904396-24-0.

0119
Smits, Jan: Petermann's maps : carto-bibliography of the maps in Petermanns Geographische Mitteilungen 1855-1945. – t'Goy-Houten: Hes & de Graaf 2004, 584 p., ill., mp., 1 CD-ROM. (Utrechtse historisch-kartografische studies ; 3). [CD-ROM enth.: Indexes and digital images of the illustrated maps] ISBN 90-6194-249-7.

0120
Soares, Richard: Early U.S.D.A. Soil survey series maps, 1899-1962, of the Pacific Northwest : a bibliography with indexes. In: Information bulletin / Western Association of Map Libraries. 35.2004,2, p.86-95. ISSN 0049-7282.

0121
Soares, Richard: Index to geologic maps of Utah by U.S.G.S. Topographic Quadrangle Name, Part 3 : 1971-1980, A-L. In: Information bulletin / Western Association of Map Libraries. 36.2004,1, p.17-40. ISSN 0049-7282.

0122
Stramiello-Schmidt, Iris D.: ViaMondo : Prototyp eines elektronisch-graphischen Kartenkatalogs. In: Die digitale Kartenbibliothek : eine Momentaufnahme. Ed.: Bühler, Jürg. – München: Saur 2004., p.119-127, 9 ill. (Bibliographia cartographica / Beiheft ; 1).

0123
Štrauhmanis, Janis: Latvijas kartogrāfijas vēsture : bibliogrāfiskais rādītājs. – Riga: 1999, 48 p., ill., mp. Bibliography of the history of cartography of Latvia. [Latv., Engl., German and Russ.]. [Teilw. in kyrill. Schrift] ISBN 9984-93451-9.

0124
Terre di Langobardia : la Lombardia, il corso del Po e il ducato estense nell'antica cartografia a stampa, 1520-1796. Ed.: Sanfelici, Roberto. – Modena: Librerie Panini 2003, 301 p., ill. Lands of Langobardia : Lombardy, the course of the Po and the duchy of Este in ancient prints of cartography, 1520-1796. [Ital.]. [Contains bibliography and bibliographical references].

0125
Uhland, Robert: Karten des Prämonstratenserklosters Schussenried : 1742 – 1806. Ed.: Hauptstaatsarchiv <Stuttgart>. – Stuttgart: Hauptstaatsarchiv <Stuttgart> 1982, 2 Mikrofiches. (Repertorien / Hauptstaatsarchiv Stuttgart ; N,30). [Mikroreprod. V, 69 p.; Gegenüber der Buchausg. gekürzt (ohne [81] Bl.); Parallel als Buchausg. erschienen].

0126
Vilar, Maria José: Ceuta en el siglo XIX : a través de su cartografia histórica y fuentes inéditas ; de presidio fortificado a ciudad abierta, portuaria y mercantil (1800-1912). Ed.: Universidad Murcia. – Murcia: Universidad Murcia 2002, XIV, 379 p., ill., mp. ISBN 84-8371-344-6.

0127
Westfalia picta : Erfassung westfälischer Ortsansichten vor 1900. Ed.: Luckhardt, Jochen. – Bielefeld: Westfalen-Verlag 1987, Bd.1 (1987) -. [Ab Bd. 6 im Verlag Ardey, Münster, erschienen].

0128
Wiesenmüller, Heidrun: Vom OPAC zum Indexblatt, vom SWB zur Online-Systematik : die Verankerung kartenspezifischer Elemente im Verbundkatalog. In: Die digitale Kartenbibliothek : eine Momentaufnahme. Ed.: Bühler, Jürg. – München: Saur 2004., p.137-145, 5 ill. (Bibliographia cartographica / Beiheft ; 1).

0129
Zecchi, Rodolfo: La sismicità del territorio italiano nelle rappresentazioni cartografiche a media e piccola scala. In: Bollettino della Associazione Italiana di Cartografia. 41.2004,120, 111-125, 8 ill. Seismicity of Italy in medium and small scale maps. [Ital. with Engl. rés.]. ISSN 0044-9733.

0130
Zecchi, Rodolfo: La vegetazione e le foreste d'Italia nelle rappresentazioni cartografiche a grande e media scala. In: Bollettino della Associazione Italiana di Cartografia. 41.2007,120, p.127-144 Vegetation and forests of Italy in the large and medium scale maps. [Ital. with Engl. rés.]. ISSN 0044-9733.

0131
Zögner, Lothar: CD-ROM-Produkte in der Kartenabteilung der Staatsbibliothek zu Berlin. In: Die digitale Kartenbibliothek : eine Momentaufnahme. Ed.: Bühler, Jürg. – München: Saur 2004., p.53-58 (Bibliographia cartographica / Beiheft ; 1).

0132
Zögner, Lothar: "Fragen Sie doch mal Herrn Saur...". In: Erste Begegnungen – gemeinsame Projekte. – München [u.a.]: K.-G.-Saur-Verlag 2001., p.123-125.

3. Documentation, Classifications Dokumentation, Klassifikation Documentation, classification

0133
Andrews, John Harwood: Classifying early Irish town plans. In: Surveying Ireland's past : multidisciplinary essays in honour of Anngret Simms. Ed.: Clarke, Howard B.; Prunty, Jacinta; Hennessy, Mark. Edited by Howard B. Clarke, Jacinta Prunty and Mark Hennessy. – Dublin: Geography Publications 2004., p.217-242, 5 ill., 1 tab.

0134
Azzari, Margherita: Un progetto di webGIS per la gestione della cartografia catastale storica. In: Mundus novus : Amerigo Vespucci e i metodi della ricerca storico-geografica ; atti del convegno internazionale di studi, Roma-Firenze, 27-30 novembre 2002. Ed.: Società Geografica Italiana. – Roma: Società Geografica Italiana 2004., p.471-486, 2 ill. (Memorie della Società Geografica Italiana ; 75) A project of WebGIS for the management of historical catastral cartography. [Ital.].

0135
Batten, Kit: Trials and tribulations of compiling a cartobibliography : "The printed maps of Devon" and "The Victorian maps of Devon" ; paper presented at the June weekend, 2004. In: Journal of the International Map Collectors' Society. 2004,98, p.11-21,10 ill.

0136
Bertelmann, Roland; Braune, Stephan: Ein Mapserver zur Suche im Kartenbestand. In: Bibliotheksdienst. Organ der Bundesvereinigung Deutscher Bibliotheksverbände (BDB). 37.2003,10, p.1221-1227, 4 ill. ISSN 0006-1972.

0137
Prescott, Dorothy F.: Final report on the work of the Anglo American Cataloguing Committee for Cartographic Materials. In: The Globe. 54.2003, p.61. ISSN 0311-3930.

0138
Schüler, Mechthild: Metadatenkatalog für Raumdaten – Beispiel Geo-Guide : Ziel und Konzept der Fachinformationsführer. In: Die digitale Kartenbibliothek : eine Momentaufnahme. Ed.: Bühler, Jürg. – München: Saur 2004., p.187-191 (Bibliographia cartographica / Beiheft ; 1).

0139
Smits, Jan: Braucht die neue Erde noch Kartenkuratoren?. In: Die digitale Kartenbibliothek : eine Momentaufnahme. Ed.: Bühler, Jürg. – München: Saur 2004., p.223-235, 1 ill. (Bibliographia cartographica / Beiheft ; 1).

0140
Valette, Philippe: Les cartes et plans de la moyenne garonne de l'époque moderne à nos jours. In: Le Monde des Cartes : revue du Comité Français de Cartographie. 182.2004, p.41-51, 7 ill. ISSN 1634-3522.

0141
Wiesenmüller, Heidrun: "Gestatten, OSKAR!" : Die Online-Systematik für kartographische Materialien. In: WLB-Forum : Berichte und Informationen aus der Württembergischen Landesbibliothek Stuttgart. 5.2003,1, [5] p., 3 ill. ISSN 1615-3820.

0142
Wiesenmüller, Heidrun: OSKAR kommt! : Landkartenkatalogisierung auf neuen Wegen. In: WLB-Forum : Berichte und Informationen aus der Württembergischen Landesbibliothek Stuttgart. 3.2001,3, [4] p., 3 ill. ISSN 1615-3820.

0143
Wiesenmüller, Heidrun: Vom OPAC zum Indexblatt, vom SWB zur Online-Systematik : die Verankerung kartenspezifischer Elemente im Verbundkatalog. In: Die digitale Kartenbibliothek : eine Momentaufnahme. Ed.: Bühler, Jürg. – München: Saur 2004., p.137-145, 5 ill. (Bibliographia cartographica / Beiheft ; 1).

0144
Wood, Alberta Auringer: Map cataloguing survey 2004 report. In: Bulletin / Association of Canadian Map Libraries and Archives. 120.2004, p.29-46, 30 tab. ISSN 0840-9331.

4. General Works on Cartography, Collective Writings Gesamtdarstellungen der Kartographie, Sammelwerke Représentations générales de la cartographie, recueils

0145
50 Jahre Sektion Karlsruhe der Deutschen Gesellschaft für Kartographie e.V. : Festschrift. Ed.: Kern, Hans F. Hrsg. von Hans F. Kern. – Karlsruhe: Fachhochschule Karlsruhe, Hochschule für Technik, Fachbereich Geoinformationswesen 2004, 280 p., ill., mp. (Karlsruher geowissenschaftliche Schriften, Reihe A, Kartographie und Geographie ; 16). ISBN 3-89063-018-9.

0146
Aspekte der Kartographie im Wandel der Zeit : Festschrift für Ingrid Kretschmer zum 65. Geburtstag und anlässlich ihres Übertritts in den Ruhestand. Ed.: Kainz, Wolfgang. Hrsg. von Wolfgang Kainz. – Wien: Geographisches Institut <Wien, Universität> / Arbeitsbereich für Geographie und Kartographie 2004, 343 p., ill., mp. (Wiener Schriften zur Geographie und Kartographie ; 16). ISBN 3-900830-54-1.

0147
Duarte, Paulo Araújo: Fundamentos de cartografia. Ed.: Universidade Federal de Santa Catarina. – Florianópolis: Universidade Federal de Santa Catarina 2002, 208 p., ill., mp. – 2., ed., rev. e ampliada, 1. reimpressäo. (Série didática). ISBN 85-328-0219-2.

0148
Kohlstock, Peter: Kartographie : eine Einführung. Ed.: Schöningh. – Paderborn: Schöningh 2004, 227 p., ill.

0149
Kramer, Caroline: Einführung in dei geographische Kartenkunde (Kartographie). Ed.: Schmude, Jürgen. – Regensburg: 2002, XII, 143 p., ill., mp. (Arbeitsmaterialien Wirtschaftsgeographie Regensburg : AWR ; 5).

0150
López, José Martín: Cartografía. Ed.: Colegio Oficial de Ingenieros Técnicos en Topografía. – Madrid: Colegio Oficial de Ingenieros Técnicos en Topografía 1999, XV, 480 p., ill., mp. [Includes bibliographical references (p.479-480) and index] ISBN 84-92351-11-X.

0151
Schlichtmann, Hansgeorg: Cartography. In: Encyclopedia of semiotics. Ed.: Bouissac, Paul. – New York: Oxford University Press 1998., p.103-106.

5. Periodicals Periodika Périodiques

0152
Deutsche Nationalbibliografie. Bearb. u. Hrsg.: Die deutsche Bibliothek (Deutsche Bücherei Leipzig, Deutsche Bibliothek Frankfurt a.M., Deutsches Musikarchiv Berlin). 2004. (Reihe C, Karten : vierteljährliches Verzeichnis).

0153
Koops, Bert-Jaap: Geen dag zonder kaart. In: Geo-Info : tijdschrift voor Geo-Informatie Nederland, GIN. 0.2003, p.18-19, 2 ill. No day without maps. [Dutch]. ISSN 1572-5464.

0154
Ormeling, Ferjan: Petermann's Geographische Mitteilungen : de schepping van ons thematisch wereldbeeld. In: Geo-Info : tijdschrift voor Geo-Informatie Nederland, GIN. 1.2004,4, p.152-155, 4 ill. Petermann's Geographische Mitteilungen : the creation of our thematical picture of the world. [Dutch]. ISSN 1572-5464.

B. History of Cartography
Geschichte der Kartographie
Histoire de la cartographie

1. General Features
Allgemeines
Généralités

0155
Abstracts of papers : Tenth International Conference on the History of Cartography, Dublin 1983. – Dublin: 1983, 51 p.

0156
Akerman, James R.: Atlas : birth of a title. In: The Mercator Atlas of Europe : facsimile of the maps by Gerardus Mercator contained in the Atlas of Europe, circa 1570-1572 = Gerardi Mercatoris Atlas Europae. Ed.: Watelet, Marcel. – Pleasant Hill, OR: Walking Tree Press 1998., p.15-29, 14 ill., 6 mp.

0157
Allgemeine Kartensammlung : XI. HA Karten ; [die Allgemeine Kartensammlung des Geheimen Staatsarchivs PK in der XI. Hauptabteilung Karten ist nach 1945 aus Restbeständen von Plankammern zentraler Behörden gebildet worden ... ; Inventarbände ... ; Ausdruck. Ed.: Geheimes Staatsarchiv <Berlin>. – Berlin: Geheimes Staatsarchiv <Berlin> 2002. [Inventar].

0158
Bellezza, Giuliano: Da Mandeville a Menocchio, dalla multimedialità (passando per Piri Reis) a dove?. In: Mundus novus : Amerigo Vespucci e i metodi della ricerca storico-geografica ; atti del convegno internazionale di studi, Roma-Firenze, 27-30 novembre 2002. Ed.: Società Geografica Italiana. – Roma: Società Geografica Italiana 2004., p.215-236, 1 ill. (Memorie della Società Geografica Italiana ; 75) From Mandeville to Menocchio, from multimediality (passing Piri Reis) to where?. [Ital.].

0159
Bertini, Maria Augusta: Fra terra e cielo : i percorsi della geografia ; il patrimonio geocartografico della Biblioteca Universitaria di Urbino, secc. XVI-XVIII. Ed.: Istituto di Geografia <Urbino>. – Urbino: Istituto di Geografia <Urbino> 2003, 176 p., ill. Between earth and sky : periods of geography ; the geocartographic patrimony of the University Library of Urbino, XVI-XVIII century. [Ital.]. [Contains bibliography and notes].

0160
Brunner, Kurt: Ein buntes Klimaarchiv – Malerei, Graphik und Kartographie als Klimazeugen. In: Naturwissenschaftliche Rundschau., p.181-186, 6 ill.

0161
Brunner, Kurt: Geheimhaltung und Verfälschung von Karten aus militärischen und politischen Gründen. – 2., durchges. Aufl. In: Kartenverfälschung als Folge übergroßer Geheimhaltung? : eine Annäherung an das Thema Einflußnahme der Staatssicherheit auf das Kartenwesen der DDR ; Referate der Tagung der BStU vom 08.-09.2001 in Berlin. Ed.: Unverhau, Dagmar. – Münster: Lit-Verlag 2003., p.161-175, 12 ill. (Archiv zur DDR-Staatssicherheit ; 5).

0162
Brunner, Kurt: Geheimhaltung und Verfälschung von Karten aus militärischen und politischen Gründen. In: Kartenverfälschung als Folge übergroßer Geheimhaltung? : eine Annäherung an das Thema Einflußnahme der Staatssicherheit auf das Kartenwesen der DDR ; Referate der Tagung der BStU vom 08.-09.2001 in Berlin. Ed.: Unverhau, Dagmar. – Münster: Lit-Verlag 2002., p.161-175, 12 ill. (Archiv zur DDR-Staatssicherheit ; 5; 2002).

0163
Brunner, Kurt: Probleme bei der elektronischen Visualisierung von Altkarten. In: Die digitale Kartenbibliothek : eine Momentaufnahme. Ed.: Bühler, Jürg. – München: Saur 2004., p.97-102, 3 ill., 2 tab. (Bibliographia cartographica / Beiheft ; 1).

0164
Dreyer-Eimbcke, Oswald: Thoughts on collecting maps. In: IMCoS 1980-2000 : a history. Comp. by Susan Gole. International Map Collectors Society. – London: 2000., p.19-23, 1 portr.

0165
Edson, Evelyn: History of cartography. In: Choice / [Monthly] : current reviews of academic libraries. 38.2001; 9, p.1899-1909. ISSN 0009-4978.

0166
El món de les cartoteques : VIII trobada del Grup de Cartotecaris de la LIBER, Barcelona, 28 de setembre al 2 d'octubre de 1992. – Barcelona: 1992, 72 p., ill., mp. (Revista catalana de Geografía ; 7.1992,19) The world of map librarians : VIII meeting of the Map Librarian Group of the LIBER, Barcelona, 28th september to 2nd october 1992. [Catalan]. [Themenheft].

0167
Große, Bernd: Bedeutung digitaler Altkarten für GIS-Anwendungen in der Landschaftsforschung : Möglichkeiten und Probleme der digitalen Aufbereitung und Nutzung von Altkarten. 2003, 18 p., 31 ill. [Vortrag Bernd Große, Universität Rostock, Freiburg 26.05.2003].

0168
Haft, Adele J.: Marianne Moore's "Sea unicorns and land unicorns" : the "unreal realities" of early modern maps and animals. In: Cartographic perspectives : journal of the North American Cartographic Information Society. 46.2003, p.28-64, 8 ill. ISSN 1048-9053.

0169
Harris, Nathaniel: De wereld in kaart gebracht : kaarten en hun geschiedenis. Ed.: Veltman Uigevers. Vert.: Ineke Willems. – San Diego: Thunder Bay 2003, 304 p., ill., mp. Mapping the world : maps and their history. [Dutch].

0170
Harrower, Mark: A look at the history and future of animated maps. In: Cartographica. 39.2004,3, p.33-42, 3 ill. ISSN 0340-0654; 0317-7173.

0171
Heuvel, Charles van den: Mixed maps and visualizations of time and history : past and future spatio-temporal constructions in urban cartgraphy. In: Le Monde des Cartes : revue du Comité Français de Cartographie. 182.2004, p.23-40, 6 ill. ISSN 1634-3522.

0172
Hodson, Yolande; Gordon, Alan: An illustrated history of 250 years of military survey : celebrating 250 years of geographic support to defence ; [1747-1997]. Ed.: Military Survey Defence Agency. – London: Military Survey Defence Agency 1997, 40 p., ill., mp.

0173
Hüttermann, Armin: The prize of the British Board of Longitude and the German astronomer Tobias Mayer. In: European journal of navigation. 3, p.65-71, 5 ill. ISSN 1571-473X.

0174
Imago mundi : opere geografiche e cartografiche della Biblioteca Guarnacci di Volterra. Ed.: ETS. [A cura di] Angelo Marrucci. – Pisa: ETS 2004, 169 p., ill., mp. Geographical and cartographical works in the Guarnacci Library of Volterra. [Ital.]. [Contains bibliographical references and notes].

0175
Introducing cultural and social cartography. Ed.: Rundstrom, Robert A. Comp. and ed. by Robert A. Rundstrom. – Toronto: University of Toronto Press 1993, XII, 107 p. (Cartographica ; 30.1993,1).

0176
Kupčík, Ivan: 20. Internationale Konferenz zur Geschichte der Kartographie 2003 in Cambridge und Portland, USA. In: Kartographische Nachrichten : KN ; Fachzeitschrift für Geoinformation und Visualisierung ; Organ der Deutschen Gesellschaft für Kartographie e.V., der Schweizerischen Gesellschaft für Kartographie und der Österreichischen Kartographischen Kommission in der Österreichischen Geographischen Gesellschaft. 54.2004,1, p.34-37, 2 ill. ISSN 0022-9164.

0177
Le dessus des cartes : art et cartographie ; [ce catalogue a été édité à l'occasion de l'Exposition "Le Dessus des Cartes. Art et Cartographie" organisée du 14 mai au 24 juillet 2004 par l'Institut Supérieur pour l'Étude du Langage Plastique. Ed.: Institut Supérieur pour l'Étude du Langage Plastique. Commissaire de l'exposition: Arlette Lemonnier. – Bruxelles: ISELP 2004, 151 p., ill., mp. ISBN 2-87373-011-0.

0178
Lefort, Jean: L'aventure cartographique. Ed.: Belin [u.a.]. – Paris: Belin [u.a.] 2004, 319 p., ill., mp.

0179
Leibetseder, Mathis; Heegewaldt, Werner: Gestaltete Landschaft : archivalische Quellen zu Schlössern, Herrenhäusern und Gärten im Land Brandenburg. Ed.: Brandenburgisches Landeshauptarchiv <Potsdam>. – Berlin: be.bra Wissenschaft Verlag 2004, 640 p., ill. ISBN 3-937233-13-X.

0180
Lewis, Michael Jonathan Taunton: Surveying instruments of Greece and Rome. Ed.: Cambridge Univ. Press. – Cambridge: Cambridge Univ. Press 2001, XX, 389 p., ill. [Includes bibliographical references (p.355-368)].

0181
Licini, Patrizia: Tra innovazione e tradizione, verso una cartografia cyberstorica. In: Mundus novus : Amerigo Vespucci e i metodi della ricerca storico-geografica ; atti del convegno internazionale di studi, Roma-Firenze, 27-30 novembre 2002. Ed.: Società Geografica Italiana. – Roma: Società Geografica Italiana 2004., p.237-267, 4 ill. (Memorie della Società Geografica Italiana ; 75) Between innovation and tradition, to a cyberhistorical cartography. [Ital.].

0182
Mappa mundi : progetto di restauro sperimentale di due mappamondi di Mattheus Greuter. Ed.: Centro Regionale per la Progettazione e il Restauro. – Palermo: Centro Regionale per la Progettazione e il Restauro 2004, 107 p., ill. + 1 DVD-Video. (I quaderni di Palazzo Montalbo : studi, indagini ed interventi per la conservazione del Patrimonio culturale ; 3) Mappa mundi : experimental restauration project of two Mappamundi of Mattheus Greuter. [Ital.]. [Collected essays; Contains bibliography] ISBN 88-7758-532-3.

0183
Meurer, Peter H.: Das kartographiegeschichtliche Forschungsvorhaben "Werkedition Christian Sgrooten" : Bemerkungen zu einem Projekt der WestLB-Stiftung an der Gerhard-Mercator-Universität Duisburg. In: Jahrbuch / Kreis Wesel. 21.2000, p.108-114, 2 ill. ISSN 0939-2041.

0184
Monmonier, Mark Stephen: Rhumb lines and map wars : a social history of the Mercator projection. Ed.: Univ. of Chicago Press. Univ. of Chicago Press 2004, XIV, 242 p., ill., mp.

0185
Mundus novus : Amerigo Vespucci e i metodi della ricerca storico-geografica ; atti del convegno internazionale di studi, Roma-Firenze, 27-30 novembre 2002. Ed.: Società Geografica Italiana. – Roma: Società Geografica Italiana 2004, 519 p., ill., mp. (Memorie della Società Geografica Italiana ; 75) Mundus novus : Amerigo Vespucci and the methods of historical-geographical research ; acts of the international congress of studies, Rome-Florence, 27-30 November 2002. [Ital.]. ISBN 88-88692-20-7.

0186
Österreichische Kartographie : von den Anfängen im 15. Jahrhundert bis zum 21. Jahrhundert. Ed.: Kretschmer, Ingrid; Kriz, Karel. ; Geographisches Institut <Wien, Universität> / Arbeitsbereich für Geographie und Kartographie. – Wien: 2004, 317 p., ill., mp. (Wiener Schriften zur Geographie und Kartographie ; 15).

0187
O'Flynn, Barry: The history of cartography and conservation. – Kilcoole: Cló Ceó Draoidheachta 2000, II, 18 p. [Outline notes for lectures delivered to the Irish Mountaineering Club, February 1972 and February 1977].

0188
Ormeling, Ferjan: Een model voor de verandering van plaatsnamen in het kader van de Europese expansie. In: Caert-thresoor : tijdschrift voor de geschiedenis van de kartografie in Nederland. 23.2004,1, p.5-13, 6 ill., 2 tab. A model for the changing of placenames in the context of the European expansion. ISSN 0167-4994.

0189
Piezunka, Thorsten; Kintrup, Andrea: Der digitale historische Kartenkatalog der SuUB Bremen umgesetzt mit Hilfe der Software der Firma megatel GmbH. In: Die digitale Kartenbibliothek : eine Momentaufnahme. Ed.: Bühler, Jürg. – München: Saur 2004., p.91-96, 4 ill. (Bibliographia cartographica / Beiheft ; 1).

0190
Piness, George: IMCoS 23rd International Symposium ; Italy 2004 : Modena, Verona, Florence. In: Journal of the International Map Collectors' Society. 2004,99, p.59-62, 4 ill.

0191
Rice-Rollins, Julie A.: The cartographic heritage of the Lakota Sioux. In: Cartographic perspectives : journal of the North American Cartographic Information Society. 48.2004, p.39-56, 5 ill. ISSN 1048-9053.

0192
Roebert, Katinka: Kaarten uitgelegd : hoe kaartenmakers de wereld verbeelden. In: Geo-Info : tijdschrift voor Geo-Informatie Nederland, GIN. 1.2004,1, p.38-40, 4 ill. Maps laid open : how mapmakers describe the world. [Dutch]. ISSN 1572-5464.

0193
Rose-Redwood, Reuben Skye: The surveyor's model of the world : the uses and abuses of history in introductory surveying textbooks. In: Cartographica. 39.2004,4, p.45-54. ISSN 0340-0654; 0317-7173.

0194
Ross, Val: The road to there : mapmakers and their stories. – Toronto: Tundra Books 2004, 146 p., ill., mp. – 2. [Nachdruck]. [Jugendsachbuch] ISBN 0-88776-621-8.

0195
Roth, Erwin: Tobias Mayer und seine Landkarten. Ed.: Tobias-Mayer-Museum e.V. – Marbach am Neckar: Tobias-Mayer-Museum e.V. 1992, 334 p., ill., mp. (Schriftenreihe des Tobias-Mayer-Museum).

0196
Schlögel, Karl: Im Raume lesen wir die Zeit : über Zivilisationsgeschichte und Geopolitik. – München [u.a.]: 2003. ISBN 3-446-20381-8.

0197
Schneider, Ute: Die Macht der Karten : eine Geschichte der Kartographie vom Mittelalter bis heute. – Darmstadt: Wissenschaftliche Buchgesellschaft 2004, 144 p., ill., mp. [Literaturverz. S. 143-144] ISBN 3-89678-243-6.

0198
Siegert, Jutta: Kupferstecher – Kartenkünstler – Kosmographen : Sonderausstellung der kartographischen Sammlung des Museums für Regionalgeschichte und Volkskunde Gotha zum Residenzstadtjahr 2004 ; 9. Mai bis 17. Oktober 2004. – Gotha: 2004, 11 p., 1 ill., 7 mp. [Ausstellungskonzeption: Jutta Siegert].

0199
Smart, Lez: Maps that made history : the influential, the eccentric and the sublime. Ed.: National Archives. – Kew: National Archives 2004, 191 p., ill, mp., facs. [B.1].

0200
Spata, Manfred: Wie werde ich ein Landkartensammler? : Anregungen zu Aufbau und Auflösung einer Privatsammlung. In: AGG-Mitteilungen : Mitteilungsblatt der Arbeitsgemeinschaft Grafschaft Glatz – Kultur und Geschichte. 2002, p.8-14, 2 ill. ISSN 1610-1308.

0201
Theroux, Paul: Mapping the world. In: The Bulletin of the Society of Cartographers. 37.2003,1, p.1-3. ISSN 0036-1984.

0202
Tooley's Dictionary of mapmakers : Q-Z. Ed.: Early World Press. Ed.: Valerie Scott. – Riverside, CT: Early World Press 2004, VI, 436 p.

0203
Topolski, Aleksander: Poles! Are we ever!. In: Geomatica. 58.2004,3, p.246-248. ISSN 1195-1036.

0204
Van de Romeinse agrimensores tot de 16de eeuwse landmeters : catalogus van de Tentoonstelling Ingericht ter Gelegenheid van het 125 Jaar Bestaan van de Unie van de Landmeters-Experten van Brussel in de Nassaukapel van de Koninglijke Bibliotheek van België. Ed.: Société Royale de Géomètres -Experts-Immobliers (ULEB). Introduction, notes and comments by Gérard Chouquer. – Brussel: Société Royale de Géomètres -Experts-Immobliers (ULEB) 2001, 192 p., ill., mp. From the Roman agrimeter to 16th century land-surveyor : catalogue of the exposition on the occasion of the 125th birthday of the Union of experts of land-surveying of Brussel at the Nassaukapel of the Royal Library of Belgium. ISBN 90-6637-114-5.

0205
Wagner, Reinhold; Wagner, Julius: Zeichnungen aus "Fortificatorischer Atlas" und "Sammlung technischer Bestimmungen für Fortifikations-, Artillerie- und Garnison-Bauten". Ed.: Fixener, Roman. – Saarbrücken: Studienkreis für Internationales Festungs-, Militär- und Schutzbauwesen 2003, 184 p., ill., mp. (Fortifikation : Fachblatt des Studienkreises für Internationales Festungs-, Militär- und Schutzbauwesen e.V. / Spezial ; 4). [im Schuber].

0206
Wawrik, Franz: Die Manuskriptgloben des Fritz Kerner von Marilaun. In: "Brenner" : Geologische Bundesanstalt, Arbeitstagung 2003, Trins im Gschnitztal 1.-5. September 2003 ; Geologische Kartenblätter 1:50.000, 148 Brenner 175 Sterzing. Ed.: Geologische Bundesanstalt. – Wien: Geologische Bundesanstalt 2003., p.217-219.

0207
Whitfield, Peter: The mapmakers : a history of Stanfords. – London: Compendium Inc. 2003, 128 p., ill., mp. ISBN 1-902579-75-5.

0208
Wilford, John Noble: The mapmakers : the story of the great pioneers in cartography – from antiquity to the space age. Ed.: Pimlico. – London: Pimlico 2002, XI, 507 p., ill., mp. [Rev. ed.; Includes bibliographical references].

0209
Wolf, Jürgen: Die Moderne erfindet sich ihr Mittelalter – oder wie aus der "mittelalterlichen Erdkugel" eine "neuzeitliche Erdscheibe" wurde. – Stuttgart: Franz Steiner Verlag 2004, 41 p., ill. (Abhandlungen der Geistes- und Sozialwissenschaftlichen Klasse ; 2004,5). ISBN 3-515-08627-7.

2. Regional History of Cartography
Regionale Geschichte der Kartographie
Histoire régionale de la cartographie

0210
Kratochwil, Stefan: Die Himmelsgloben von Erhard Weigel. In: Jenaer Jahrbuch zur Technik- und Industriegeschichte. 6.2004, p. 41-54.

a. The World
Welt
Le monde

0211
Augusteijn, Joost: Drie zeldzame wereldkaarten van Dancker Danckerts. In: Caert-thresoor : tijdschrift voor de geschiedenis van de kartografie in Nederland. 20, 2001, 1, p.5-9, 9 ill. Three scarce maps of the world published by Dancker Danckerts. [Dutch with Engl. rés.]. ISSN 0167-4994.

0212
Baumgärtner, Ingrid: Biblische, mythische und fremde Frauen : Zur Konstruktion von Weiblichkeit in Text und Bild mittelalterlicher Weltkarten. In: Erkundung und Beschreibung der Welt : Zur Poetik der Reise- und Länderberichte ; Vorträge eines interdisziplinären Symposiums vom 19. bis 24. Juni 2000 an der Justus-Liebig-Universität Gießen. Ed.: Ertzdorff, Xenja von; Giesemann, Gerhard. – Amsterdam; New York: Rodopi 2003., p.31-86, 17 ill. (Chloe : Beihefte zum Daphnis ; 34.2003).

0213
Baumgärtner, Ingrid: Die Wahrnehmung Jerusalems auf mittelalterlichen Weltkarten. In: Jerusalem im Hoch- und Spätmittelalter : Konflikte und Konfliktbewältigung ; Vorstellungen und Vergegenwärtigungen. Ed.: Bauer, Dieter; Herbers, Klaus; Jaspert, Nikolas. – Frankfurt, M.; New York: Campus-Verl. 2001., p.271-310, 14 ill. (Campus Historische Studien ; 29).

0214
Baumgärtner, Ingrid: Kartographie, Reisebericht und Humanismus : die Erfahrung in der Weltkarte des venezianischen Kamaldulensermönchs Frau Mauro (†1459). In: Das Mittelalter : Perspektiven mediävistischer Forschung ; Zeitschrift des Mediävistenverbandes. 3.1998,2, p.161-197, 10 ill. ISSN 0949-0345.

0215
Böninger, Lorenz: Zur Ptolemäus-Renaissance bei Henricus Martellus. – Einmalige limitierte Weltaufl. von 320 arabisch nummerierten Ex. In: Monumenta cartographica: tabulae modernae : kartographische Denkmäler, ein Triumph über die Zeit ; Essener Bearbeitung von sechs Tafeln der historischen Kartographie ; mit sechs Vollfaksimilierungen aus: Biblioteca Nazionale Centrale, Florenz (Tafeln 1,2,3,4,5), Bayerische Staatsbibliothek, München (Tafel 6). Ed.: Kreuer, Werner. – Ludwigsburg: Edition Libri Illustri 2001., p.11-15, 1 ill.

0216
Bourda, Géraldine; Capitaine, Nicole: Métrologie de la Terre, systèmes de référence : aspects historiques et modernes. In: XYZ : revue de l'Association Française de Topographie. 101.2004,4, p.49-52, 6 ill. ISSN 0290-9057.

0217
Brincken, Anna-Dorothee von den: Spuren einer kartographierten Monstrenwelt neben einer Kosmos-Darstellung in der Sammelhandschrift 155 der Koblenzer Stadtbibliothek (um 1300). In: Bürgerbibliothek seit 1827 : Jubiläumsschrift zum 175jährigen Bestehen der Stadtbibliothek Koblenz. Ed.: Stadtbibliothek <Koblenz>. – Koblenz: Stadtbibliothek <Koblenz> 2002., p.91-104, 3 ill. (Veröffentlichungen der Stadtbibliothek Koblenz ; 46).

0218
Brink, Paul van den: Cartografie. In: In kaart gebracht met kapmes en kompas : met het Koninklijk Nederlands Aardrijkskundig Genootschap op expeditie tussen 1873 en 1960 ; [verscheen ter gelegenheid van het 130-jarig bestaan van het KNAG bij de gelijknamige tentoonstelling]. Koninklijk Nederlands Aardrijkskundig Genootschap. – Heerlen: 2004., p.298-313, 6 ill. Cartography. [Dutch].

0219
Buisseret, David: La revolución cartográfica en Europa, 1400-1800 : la representación de los Nuevos Mundos en la Europa de Renacimiento = The mapmakers' quest, depicting new worlds in Renaissance Europe. 2004, 255 p., ill., mp. (Paidós orígenes ; 44). [Span.]. ISBN 84-493-1565-4.

0220
Cattaneo, Angelo: La Mappamundi di Fra Mauro, l'idea di oceano e le direzioni di navigazione all'alba dell'espansione europea. In: Mundus novus : Amerigo Vespucci e i metodi della ricerca storico-geografica ; atti del convegno internazionale di studi, Roma-Firenze, 27-30 novembre 2002. Ed.: Società Geografica Italiana. – Roma: Società Geografica Italiana 2004., p.201-214, 1 ill. (Memorie della Società Geografica Italiana ; 75) The Mappamundi of Fra Mauro, the idea of the ocean and the directions of navigation in the beginning of European expansion. [Ital.].

0221
Columbus-Großglobus für Staats- und Wirtschaftsführer : Maßstab des Kartenbildes 1:12 000 000. In: Columbus-Erdgloben führend in der ganzen Welt in 24 verschiedenen Sprachen = Columbus terrestrial globes leading all the world over in 24 different languages; Les globes terrestres Columbus proéminents dans le monde entier en 24 langues différentes; Globos terrestres Columbus prominentes en todo el mundo en 24 idiomas diferentes. – Berlin: 1938., p.26-29, 4 ill.

0222
Contò, Agostino: Il Mappamondo di Giovanni Leardo. In: Mappamondo di Giovanni Leardo : manoscritto membranaceo prima metà XV sec. Ed.: Bini, Daniele. – Modena: Bulino, Edizioni d'Arte <Modena> 2004., Beiheft p.9-15, 2 ill. (I tesori delle biblioteche italiane ; 5, Scaffale 1, Scriptorium) Giovanni Leardo's World Map. [Ital.].

0223
De Costa, Benjamin Franklin: The Verrazano map. – New York: Barnes 1881, p. 43-63, ill., mp. [Aus: Verrazano the explorer / Benjamin Franklin De Costa ; 1881].

0224
Dekker, Elly: Catalogue of orbs, spheres and globes. – Firenze [u.a.]: Giunti Gruppo Editoriale 2004, 188 p., ill. (Cataloghi di raccolte scientifiche ; 5). [Contains bibliography and notes] ISBN 88-09-03589-5.

0225
Der Heidelberger Karl-Theodor-Globus von 1751 bis 2000 : Vergangenes mit gegenwärtigen Methoden für die Zukunft bewahren. Hrsg.: Willi Jäger; Susanne Krömker; Eike Wolgast. – Berlin: 2004, VI, 175 p., ill., mp. (Schriften der Mathematisch-Naturwissenschaftlichen Klasse der Heidelberger Akademie der Wissenschaften ; 14). ISBN 3-540-21875-0.

0226
Duzer, Chet van: The Cartography, Geography, and Hydrography of the Southern Ring Continent, 1515 – 1763. In: Orbis terrarum : internationale Zeitschrift für historische Geographie der Alten Welt. 8.2002, p.[115]-158, 15 ill. ISSN 1385-285X.

0227
Haft, Adele J.: Earle Birney's "Mappemounde" : visualizing poetry with maps. In: Cartographic perspectives : journal of the North American Cartographic Information Society. 43.2002, p.4-24, 9 ill. ISSN 1048-9053.

0228
Heinrich Büntings Weltkarte 1584 : "Die gantze Welt in ein' Kleeberblat" ; [unveränderter Nachdruck des Kommentars zur Edition der "Büntingschen Weltkarte" in: Monumenta cartographica, Essener Bearbeitung von zwölf Tafeln zur historischen Kartographie mit zwölf Vollfaksimilierungen hrsg. von Werner Kreuer, Gotha : Klett-Perthes 1999 ; aus Anlaß der Weltkartenausstellung in der Nord/LB, August 2000]. Ed.: Stadtarchiv <Hannover>. – Hannover: Stadtarchiv <Hannover> 2000, 48 p., ill. (Kleine Schriften des Stadtarchivs Hannover ; 3).

0229
In kaart gebracht met kapmes en kompas : met het Koninklijk Nederlands Aardrijkskundig Genootschap op expeditie tussen 1873 en 1960 ; [verscheen ter gelegenheid van het 130-jarig bestaan van het KNAG bij de gelijknamige tentoonstelling]. By: Wentholt, Arnold; Aardom, Leendert ; Koninklijk Nederlands Aardrijkskundig Genootschap. – Heerlen: 2004, 382 p., ill., mp. 3 mp.-suppl. Mapped with knife and compass: with the Royal Dutch Geographical Society on expedition between 1873 and 1960; [edited on the occasion of the 130 years of existence of the KNAG at the exposition wit the same title. [Dutch]. ISBN 90-6601-015-0.

0230
Jutzi, Alan; Frank, Bill: Maps. In: The Huntington Library : treasures from ten centuries. Ed.: Henry E. Huntington Library and Art Gallery. By the director and curators. – San Marino, Calif.: Henry E. Huntington Library and Art Gallery 2004., p.138-153, 15 ill.

0231
Karpeev, Ėngel Petrovič: Bol'šoj gottorpskij globus. Ed.: Kunstkamera. – St. Petersburg: Kunstkamera 2003, 91 p., ill., mp.

0232
Kleinschmidt, Verena: Am Anfang war der "Liechtenstern/Lange" : aus der Frühgeschichte der Westermann-Kartographie. In: Geographische Rundschau. 5; 56.2004,5, p.I-XII, 1 portr., 6 mp. [Beihefter in Heftmitte].

0233
Klingenberg, Heinz: Rezension von Altnordische Kosmographie : Studien und Quellen zu Weltbild und Weltbeschreibung in Norwegen und Island vom 12. bis zum 14. Jahrhundert, by Rudolf Simek : Walter de Gruyter, 1990. In: alvíssmál : Forschungen zur mittelalterlichen Kultur Skandinaviens. 1.1992, p.111-115. ISSN 0942-4555.

0234
Krogt, Peter van der: De atlas Blaeu-Van der Hem : het Geheugen van de Wereld. In: Geo-Info : tijdschrift voor Geo-Informatie Nederland, GIN. 1.2004,5, p. 208-214, 10 ill. The atlas Blaeu-Van der Hem : the memory of the world. [Dutch]. ISSN 1572-5464.

0235
Krogt, Peter van der; Danku, Gyuri: De Andreas Nagy atlas : een atlas factice uit circa 1660. In: Caert-thresoor : tijdschrift voor de geschiedenis van de kartografie in Nederland. 23.2004,3, p.66-71, 14 ill. The Andreas Nagy atlas : an atlas factice of c. 1660. ISSN 0167-4994.

0236
Lago, Luciano: Description and depiction of the Oikoumene from late antiquity to the XIV century. In: Imago Italiae : the making of Italy in the history of cartography from the Middle Ages to the Modern era ; reality, image and imagination from the Codices of Claudius Ptolemy ... Ed.: Goliardica E.U.T. – Trieste: Goliardica E.U.T., p.25-31, 7 ill. [Engl. ed.].

0237
Lago, Luciano: Geographical knowledge in the work of Pietro Coppo. In: Imago Italiae : the making of Italy in the history of cartography from the Middle Ages to the Modern era ; reality, image and imagination from the Codices of Claudius Ptolemy ... Ed.: Goliardica E.U.T. – Trieste: Goliardica E.U.T., p.65-67, 15 ill. [Engl. ed.].

0238
Lawrence, Peter: British colonial mapping – large scale. In: Second Anglo-Dutch Seminar on Cartography : held in Enschede, April 3-4, 1997. Ed.: Ormeling, Ferjan. – Amersfoort: Nederlandse Vereniging voor Kartografie 1998., p.37-45, 3 ill. (NVK publikatiereeks ; 26).

0239
Meer, Sjoerd de: Jodocus Hondius' wereldkaart in twee halfronden met de reizen van Drake en Cavendish. In: Caert-thresoor : tijdschrift voor de geschiedenis van de kartografie in Nederland. 20, 2001, 1, p.1-3, 1 ill. The double-hemisphere world map with the routes of Drake and Cavendish by Jodocus Hondius. [Dutch with Engl. rés.]. ISSN 0167-4994.

0240
Moser, Jana: Propagandakarten in der "Kolonialen Bildsammlung" der Stadt- und Universitätsbibliothek Frankfurt am Main. In: 15 Jahre "Koloniales Bildarchiv" an der Stadt- und Universitätsbibliothek Frankfurt am Main. Ed.: Jäschke, Uwe Ulrich. – Dresden: Hochschule für Technik und Wirtschaft Dresden (FH) / Fachbereich Vermessungswesen, Kartographie 2004., p.43-54, 15 ill. (Dresdner kartographische Schriften ; 6).

0241
Ormeling, Ferjan: Beyond Mercator. In: Second Anglo-Dutch Seminar on Cartography : held in Enschede, April 3-4, 1997. Ed.: Ormeling, Ferjan. – Amersfoort: Nederlandse Vereniging voor Kartografie 1998., p.7-17, 6 ill. (NVK publikatiereeks ; 26).

0242
Pastoureau, Mireille: The 1569 world map. In: The Mercator Atlas of Europe : facsimile of the maps by Gerardus Mercator contained in the Atlas of Europe, circa 1570-1572 = Gerardi Mercatoris Atlas Europae. Ed.: Watelet, Marcel. – Pleasant Hill, OR: Walking Tree Press 1998., p.79-87, 5 ill., 3 mp., 2 portr.

0243
Pieper, Renate: The impact of the Atlantic on European Self-Perception : European world-maps of the 16th century. In: Atlantic history : history of the Atlantic system 1580 – 1830 ; papers presented at an international conference, held 28 August – 1 September, 1999, in Hamburg. Ed.: Pietschmann, Horst. – Göttingen: Vandenhoeck & Ruprecht 2002., p.97-117, 14 ill. (Veröffentlichung der Joachim-Jungius-Gesellschaft der Wissenschaften ; 94).

0244
Reading the world map : interdisciplinary perspectives on Pieter van den Keere's map, Nova totius terrarum orbis geographica ac hydrographica tabula (Amsterdam, 1608/36). Ed.: Edney, Matthew H. ; Novak, Irwin D. Ed. by Matthew H. Edney and Irwin D. Novak. – Portland, Me: Smith Center for Cartographic Education 2001, IX, 41 p., ill., mp. (Occasional publication / Osher Library Associates). ISBN 0-939561-31-X.

0245
Roth, Erwin: Tobias Mayer und seine Landkarten. Ed.: Tobias-Mayer-Museum e.V. – Marbach am Neckar: Tobias-Mayer-Museum e.V. 1992, 334 p., ill., mp. (Schriftenreihe des Tobias-Mayer-Museum).

0246
Siegert, Jutta: Wertvoller Kartenfundus des Museums für Regionalgeschichte und Volkskunde in Gotha. In: Gothaisches Museums-Jahrbuch. 5.2002, p.167-181, 10 mp., 1 portr.

0247
Smits, Jan: Petermann's maps : carto-bibliography of the maps in Petermanns Geographische Mitteilungen 1855-1945. – t'Goy-Houten: Hes & de Graaf 2004, 584 p., ill., mp., 1 CD-ROM. (Utrechtse historisch-kartografische studies ; 3). [CD-ROM enth.: Indexes and digital images of the illustrated maps] ISBN 90-6194-249-7.

0248
Stückelberger, Alfred: Der geographische Atlas des Ptolemaios, ein oft verkanntes Meisterwerk. In: Jahrbuch des Oberösterreichischen Musealvereines, Gesellschaft für Landeskunde / I, Abhandlungen. 149.2004, p.31-39, 3 ill.

0249
Wessel, Günther: Von einem, der daheim blieb, die Welt zu entdecken : die Cosmographia des Sebastian Münster oder Wie man sich vor 500 Jahren die Welt vorstellte. – Frankfurt /Main [u.a.]: Campus-Verl. 2004, 328 p., ill., mp. ISBN 3-593-37198-7.

b. Oceans and Seas
Ozeane und Meere
Les océans et les mers

0250
Aalen, Fred H.: The mythical isles and North Atlantic discovery. In: Surveying Ireland's past : multidisciplinary essays in honour of Anngret Simms. Ed.: Clarke, Howard B.; Prunty, Jacinta; Hennessy, Mark. Edited by Howard B. Clarke, Jacinta Prunty and Mark Hennessy. – Dublin: Geography Publications 2004., p.169-195, 7 ill.

0251
Bracke, Wouter: Twee Portulaankaarten in een handschrift van de Koninklijke Bibliotheek van België. In: Archives et bibliothèques de Belgique : Archief- en bibliotheekwezen in België. 2, p.217-225, 1 ill. Two Portolan maps in a manuscript of the Royal Library of Belgium. ISSN 0775-0722.

0252
Cagnetti, Pierpaolo: La rappresentazione cartografica marina nel tempo. In: Bollettino della Associazione Italiana di Cartografia. 41.2004,121/122, p.43-51 Nautical cartography in history. [Ital.]. ISSN 0044-9733.

0253
Cano Trigo, Jóse María;: Catálogo de las cartas náuticas publicadas. Ed.: Ministero de Defensa; Ministero de Fomento. – Madrid: Ministero de Defensa; Ministero de Fomento 2003, 424 p., mp. Catalogue of published nautical maps. [Span.]. [Vol. 2 d. Ges.titels: La dirección de Trabajos Hidrograficos : (1797 – 1908) / ed. y coordinación Luisa Martín-Méras] ISBN 84-97810-20-1; 84-95172-42-9; 84-7782-976-4.

0254
Dantiscum emporium totius Europae celeberrimum : Gdánsk i Bałtyk na mapach, widokach oraz dokumentach ze zbiorów Tomasza Niewodniczańskiego (Bitburg, Niemcy) ; katalog wystawy ; Ratusz Głównego Miasta Gdańska, Październik 2004 – Styczeń 2005 = Dantiscum emporium totius Europae celeberrimum : Danzig und die Ostsee in Karten, Ansichten und Dokumenten aus der Sammlung von Tomasz Niewodniczański (Bitburg) ; Ausstellungskatalog ; Rechtstädtisches Rathaus Danzig, Oktober 2004 – Januar 2005. Ed.: Muzeum Historyczne <Gdańsk>. Muzeum Historyczne <Gdańsk> 2004, 487 p., ill., mp. [Pol. and Germ.]. ISBN 83-91861-08-2.

0255
Descubrimientos y cartografía en la época de Felipe II. Ed.: Instituto Interuniversitario de Estudios de Iberoamérica y Portugal. – Valladolid: Instituto Interuniversitario de Estudios de Iberoamérica y Portugal 1999, 338 p., ill., mp. (Descubrimientos y cartografía ; 3) Discoveries and cartography during the epoch of Felipe II. [Span.]. ISBN 84-93062-92-8.

0256
Feddersen, Berend Harke: Wie fanden sie ihren Weg? : die Sicherung der nordfriesischen Küstenfahrt ; Seezeichen, Segelanweisungen und Seekarten bis zur Mitte des 19. Jahrhunderts ; von der Küstenfahrt zur Hochsee-Navigation ; private Navigationsschulen in Nordfriesland und ihre Lehrer. – Husum: Husum Druck- und Verlagsgesellschaft 2001, 112 p., XVI p. (Schriftenreihe des Nordfriesischen Schiffahrtsmuseums Husum ; 4). [Literaturverz. P. 108-111] ISBN 3-89876-016-2.

0257
Johnson, Bert: The modest life and times of Joseph Roux : a hydrographer of 18th century Marseilles. In: Journal of the International Map Collectors' Society. 2004,96, p.27-37, 10 ill.

0258
La Dirección de trabajos hidrográficos : (1797 – 1908). Ed.: Martín-Merás, María Luisa. Ed. y coordinación Luisa Martín-Merás. – Barcelona: Lunwerg 2003, Vol. 1 + 2. The direction of hydrographic works :(1797 – 1908). [Span.]. ISBN 84-97810-18-X; 84-95172-43-7; 84-7782-976-4.

0259
León Guerrero, Montserrat: La metodología cartográfica del portulano de Tordesillas. In: Mundus novus : Amerigo Vespucci e i metodi della ricerca storico-geografica ; atti del convegno internazionale di studi, Roma-Firenze, 27-30 novembre 2002. Ed.: Società Geografica Italiana. – Roma: Società Geografica Italiana 2004., p.189-200, 7 ill. (Memorie della Società Geografica Italiana ; 75) The cartographic methodology of the portolan of Tordesillas. [Span.].

0260
Medas, Stefano: De rebus nauticis : l'arte della navigazione nel mondo antico. – Rom: ERMA di Bretschneider 2004, 233 p., ill., mp. (Studia archaeologica ; 132). ISBN 88-8265-278-5.

0261
Minow, Helmut: Portolankarten (I) : Geschichte der mittelalterlichen Seekarten. In: Geomatik Schweiz : Geoinformation und Landmanagement. 102.2004,6, p.372-277, 3 ill. ISSN 0252-9424; 1660-4458.

0262
Minow, Helmut: Portolankarten (II) : Analyse der mittelalterlichen Seekarten. In: Geomatik Schweiz : Geoinformation und Landmanagement. 102.2004,7, p.433-438, 6 ill. ISSN 0252-9424; 1660-4458.

0263
Pflederer, Richard: Catalogue of the portolan charts and atlases in the Huntington Library : based on a detailed physical inspection completed on site during the years 2001-2003. Prepared by Richard Pflederer. – [Williamsburg, Va.]: 2004, 158 p., [10, [18] gef. Bl., mp. [CD-ROM-Ausg. u.d.T.: Portolan charts and atlases of the Huntington Library].

0264
Pflederer, Richard: Portolan charts : a mediterranean tradition becomes an indispensable tool of the age of discovery. In: Journal of the International Map Collectors' Society. 2004,99, p.13-25, 8 ill.

0265
Pieper, Renate: The impact of the Atlantic on European Self-Perception : European world-maps of the 16th century. In: Atlantic history : history of the Atlantic system 1580 – 1830 ; papers presented at an international conference, held 28 August – 1 September, 1999, in Hamburg. Ed.: Pietschmann, Horst. – Göttingen: Vandenhoeck & Ruprecht 2002., p.97-117, 14 ill. (Veröffentlichung der Joachim-Jungius-Gesellschaft der Wissenschaften ; 94).

0266
Portolan charts & atlasses of the British Library : searchable ACCESS database ; ... a searchable database of the entire collection ; based on a detailed examination of the collection conducted during the years 2000 to 2001. By Richard Pflederer. – [Williamsburg, Va.]: Selbstverlag 2002, 1 CD-ROM, 2 Beil. [Buchausg. u.d.T.: Pflederer, Richard L.: Catalogue of the Portolan charts and atlases in the British Library; Systemvoraussetzungen: MS ACCESS 97, 2000 or 2002].

0267
Portolan charts & atlasses of the Huntington Library : searchable ACCESS database ; ... a searchable database of the entire collection ; based on a detailed examination of the collection conducted during the years 2001 to 2003. By Richard Pflederer. – [Williamsburg, Va.]: 2004, 1 CD-ROM, 2 Beil. [Buchausg. u.d.T.: Pflederer, Richard L.: Catalogue of the Portolan charts and atlases in the Huntington Library; Systemvoraussetzungen: MS ACCESS 2000 or any later version].

0268
Portolane und Seekarten des 16. bis 20. Jahrhunderts aus der Sammlung Niewodniczański : eine Ausstellung anläßlich der Antiquariatsmesse LiberBerlin 2003. Ed.: Arbeitsgemeinschaft LiberBerlin. Ausgewählt und kommentiert von Eckhard Jäger. – Berlin: Arbeitsgemeinschaft LiberBerlin 2003, 96 p., mp.

0269
Presciuttini, Paola: Coste del Mediterraneo nella cartografia europea : 1500 – 1900. – Ivrea (Torino): Priuli & Verlucca 2004, 179 p., ill.,. Coasts of the Mediterranean in European cartography : 1500 – 1900. [Ital.]. [Contains bibliography and indices] ISBN 88-8068-249-0.

0270
Sander, Hans-Jörg: Moderne Tafel 1, Inseln des Mittelmeeres, "Descriptio Moderna Istarum Quatuor Insularum in Mare Medit[e]rraneo", Henricus Martellus Germanus, Florenz vor 1490, (Cl. XIII, 16, fol. 113 v., Ptol. Henrici Martelli Germani; Biblioteca Nazionale Centrale, Firenze). – Einmalige limitierte Weltaufl. von 320 arabisch nummerierten Ex. In: Monumenta cartographica: tabulae modernae : kartographische Denkmäler, ein Triumph über die Zeit ; Essener Bearbeitung von sechs Tafeln der historischen Kartographie ; mit sechs Vollfaksimilierungen aus: Biblioteca Nazionale Centrale, Florenz (Tafeln 1,2,3,4,5), Bayerische Staatsbibliothek, München (Tafel 6). Ed.: Kreuer, Werner. – Ludwigsburg: Edition Libri Illustri 2001., p.16-23, 6 ill.

0271
Sauer, Albrecht: Der "Spiegel der Seefart" des Lucas Jansz. Waghenaer im nautik-geschichtlichen Kontext. – Varel: Centrum Cartographie Verl. 1998, [6] p., 4 ill.

0272
Sea of Japan. Ed.: Nihon / Gaimushō = The Ministry of Foreign Affairs of Japan. – [S.l.]: Nihon / Gaimushō = The Ministry of Foreign Affairs of Japan 2002, 2 Bl., 2 Faltbl., mp. [Engl. Ausg.].

0273
Suárez, Thomas: Early mapping of the Pacific : the epic story of seafarers, adventurers, and cartographers who mapped the earth's greatest ocean. – Singapore: Periplus 2004, 224 p., ill., mp. [Literaturverz. S.218-219] ISBN 0-7946-0092-1.

0274
Terrell, Christopher: The evolution of the sea chart : from its origins in the Mediterranean to its development by European seamen into their principal instrument of navigation. Ed.: Bank of Cyprus Cultural Foundation. – Nicosia: Bank of Cyprus Cultural Foundation 1999, 46 p., ill., mp. (Cyprus cartography lectures ; 4).

0275
The history of GEBCO 1903-2003 : the 100-year story of of the General Bathymetric Chart of the Oceans. By: Carpine-Lancre, Jacqueline; Fisher, Robert; Harper, Brian. – Lemmer: GITIC 2003, 140 p., ill., mp. – 1. print.

0276
Varela Marcos, Jesús: La cartografía de los descubrimientos colombinos. In: Mundus novus : Amerigo Vespucci e i metodi della ricerca storico-geografica ; atti del convegno internazionale di studi, Roma-Firenze, 27-30 novembre 2002. Ed.: Società Geografica Italiana. – Roma: Società Geografica Italiana 2004., p.177-187, 3 ill. (Memorie della Società Geografica Italiana ; 75) Cartography of the discoveries of Christopher Columbus. [Span.].

0277
Vorsey, Louis de: Poor Benjamin's chart : Benjamin Franklin's famous Gulf Stream Chart receives rough treatment. In: Journal of the International Map Collectors' Society. 2004,96, p.5-14, 8 ill.

c. Africa
Afrika
L'Afrique

0278
Barry, Michael: Official coordinates, lawfully established monuments and South African cadastral surveys. In: Geomatica. 58.2004,4, p.275-285, 6 ill. ISSN 1195-1036.

0279
Battini, Annalisa: Map collections in the Estense Library. In: Journal of the International Map Collectors' Society. 2004,99, p.29-46, 13 ill.

0280
Board, Christopher: Colonial mapping in Britisch Kaffraria (Eastern Cape)in the 19th century. In: Second Anglo-Dutch Seminar on Cartography : held in Enschede, April 3-4, 1997. Ed.: Ormeling, Ferjan. – Amersfoort: Nederlandse Vereniging voor Kartografie 1998. (NVK publikatiereeks ; 26).

0281
Board, Christopher: The Imperial Map Cape Colony : towards a cartobibliography. In: Aspekte der Kartographie im Wandel der Zeit : Festschrift für Ingrid Kretschmer zum 65. Geburtstag und anlässlich ihres Übertritts in den Ruhestand. Ed.: Kainz, Wolfgang. Hrsg. von Wolfgang Kainz. – Wien: Geographisches Institut <Wien, Universität> / Arbeitsbereich für Geographie und Kartographie 2004., p.17-24, 5 ill. (Wiener Schriften zur Geographie und Kartographie ; 16).

0282
Brentjes, Sonja: Peiresc's interests in the Middle East and Northern Africa in respect to geography and cartography. – Berlin: 2004, 56 p. (Preprint // Max-Planck-Institut für Wissenschaftsgeschichte).

0283
Brunner, Kurt: Frühe Karten des Kilimandscharo – ein Beitrag zur Expeditionskartographie. In: Cartographica Helvetica : Fachzeitschrift für Kartengeschichte. 2004,30, p.3-9, 9 ill. ISSN 1015-8480.

0284
Daerden, Peter: On the centernary of the death of Henry Morton Stanley (1841-1904). In: BIMCC newsletter / Brussels International Map Collectors' Circle. 19.2004, p.14-16, 3 ill.

0285
Demhardt, Imre Josef: Die Kartographie des Kaiserlichen Schutzgebiets Deutsch-Ostafrika. In: Cartographica Helvetica : Fachzeitschrift für Kartengeschichte. 2004,30, p.11-21, 19 ill. ISSN 1015-8480.

0286
Demhardt, Imre Josef: Die Kartographie des Schutz- und Mandatsgebiets Südwestafrika. In: Cartographica Helvetica : Fachzeitschrift für Kartengeschichte. 2004,30, p.43-52, 12 ill. ISSN 1015-8480.

0287
Dias, Maria Helena: Marcas portuguesas na moderna Cartografia cabo-verdiana. In: Contributos para a história da cartografía militar portuguesa. Maria Helena Dias, coordenaçäo. Centro de Estudos Geográficos <Lisboa>. – Lisboa: 2003., 6 chapters, 3 ill. Portuguese marks in the modern cartography of Cabo Verde. [Portug.].

0288
Liebenberg, Elri: Die Kartierung von Südafrika unter britischer Herrschaft 1795-1910. In: Cartographica Helvetica : Fachzeitschrift für Kartengeschichte. 2004,30, p.23-34, 12 ill. ISSN 1015-8480.

0289
Loiseaux, Olivier: La carte d'Afrique à 1:200 000 de Régnauld de Lannoy de Bissy. In: Le Monde des Cartes : revue du Comité Français de Cartographie. 180.2004, p.102-116, 11 ill. ISSN 1634-3522.

0290
Madau, Caterina; Mariotti, Gavino: Vie fluviali, tematismo privilegiato nella cartografia degli esploratori italiani dell'Africa orientale : tra proposte, polemiche, informazione. In: Bollettino della Associazione Italiana di Cartografia. 41.2004,121/122, p.63-85, 4 ill. waterways, preferred topic within cartgraphy of Italian explorers in East Africa : among proposals, debates, and information. [Ital. with Engl. rés.]. ISSN 0044-9733.

0291
Marty, Bernard: L'œuvre de l'Institut géographique national en Afrique noire pendant la période coloniale. In: Le Monde des Cartes : revue du Comité Français de Cartographie. 180.2004, p.117-125, 6 ill., 1 tab. ISSN 1634-3522.

0292
McCarthy, James: Journey into Africa : the life and death of Keith Johnston, Scottish cartographer and explorer (1844-79). Ed.: Whittles. – Latheronwheel (Caithness): Whittles 2004, VIII, 248 p. [Includes bibliographical references and index].

0293
Moser, Jana: Die frühesten Karten Südwestafrikas zwischen 1761 und 1879. In: Cartographica Helvetica : Fachzeitschrift für Kartengeschichte. 2004,30, p.35-41, 5 ill. ISSN 1015-8480.

0294
Sallat, Roland: De l'empire colonial aux agences de l'IGN : 1940 – 1973. Ed.: Institut Géographique National. – Paris: Institut Géographique National 2003, IV, 131 p., ill., mp. (Les cahiers historiques de l'IGN ; 3.2003).

0295
The geographic labourers of Arewa : remembering the Northern Nigerian Survey ; recollections of land surveying, mapping and related activities in the pre and post independence Northern Nigeria, concentrating on the work of the Survey Department of Northern Nigeria (Northern Nigeria Survey) during the 1950s and 1960s. Ed.: Malcolm, Anderson. – Milton Keynes: Selbstverlag 2004, getr. Zählung, ill., mp. ISBN 1-87131-584-0.

0296
Thomas Baines and the "Great map" : route of the Gold Fields Exploration Company's expedition 1869-1872. By Lindy Stiebel. – Durban: 2001, 1 CD-ROM. (University of Natal, Campbell Collections ; 1).

0297
Török, Zsolt: Der letzte österreichisch-ungarische Entdecker : Lászlo Almásy und die Expeditionskartographie der Libyschen Wüste. In: Aspekte der Kartographie im Wandel der Zeit : Festschrift für Ingrid Kretschmer zum 65. Geburtstag und anlässlich ihres Übertritts in den Ruhestand. Ed.: Kainz, Wolfgang. Hrsg. von Wolfgang Kainz. – Wien: Geographisches Institut <Wien, Universität> / Arbeitsbereich für Geographie und Kartographie 2004., p.131-140, 1 ill. (Wiener Schriften zur Geographie und Kartographie ; 16).

d. The Americas
Amerika
L'Amérique

0298
Almeida, André Ferrand de: A formação do espaço brasileiro e o projecto do novo atlas da América Portuguesa : (1713 – 1748). Ed.: Portugal / Comissão Nacional para as Comemoraçóes dos Descobrimentos Portugueses. – Lisboa: Portugal / Comissão Nacional para as Comemoraçóes dos Descobrimentos Portugueses 2001, 208 p., mp. ISBN 972-787025-2.

0299
Antochiw, Michel: La visión total de la Nueva España : los mapas generales del siglo XVIII. In: México a través de los mapas. Ed.: Univ. Nacional Autónoma de México, Inst. de Geografía ; Plaza y Valdés. Héctor Mendoza Vargas (coordinador). – México, D.F. :: Univ. Nacional Autónoma de México, Inst. de Geografía ; Plaza y Valdés 2000., p.71-88 The total vision of New Spain : the general maps of the XVIIIth century. [Span.].

0300
Battini, Annalisa: Map collections in the Estense Library. In: Journal of the International Map Collectors' Society. 2004,99, p.29-46, 13 ill.

0301
Bodenstein, Wulf: Pictures at an exhibition(I) : Cartes du Canada = Canada on the map; Canada in kaart. In: BIMCC newsletter / Brussels International Map Collectors' Circle. 19.2004, p.3, 1 ill.

0302
Brentjes, Sonja: Peiresc's interests in the Middle East and Northern Africa in respect to geography and cartography. – Berlin: 2004, 56 p. (Preprint // Max-Planck-Institut für Wissenschaftsgeschichte).

0303
Brink, P.P.W.J. van den: Het kaartbeeld van Tropisch Nederland : het Koninklijk Nederlands Aardrijkskundig Genootschap en de kartografie van Nederlands-Indië, 1873-1940. In: Indische kartografie. Ed.: Egmond, Marco van. – Deurne: Geo-Informatie Nederland 2004., p.7-14, 3 ill. (GIN publication series ; 2) The cartographic representation of Tropical Netherlands : the Royal Dutch Geographical Society and the cartography of Netherlands-India, 1873-1940. [Dutch].

0304
Broome, Rodney: Terra incognita : the true story of how America got its name. Ed.: Educare Press. – Seattle, WA: Educare Press 2001, XXIV, 188 p., ill., mp. [Literaturverz. p.173-175].

0305
Chaffin, Tom: Measuring the empire. In: Pathfinder : John Charles Frémont and the course of American empire. – New York: 2002., p.382-414, 11 ill.

0306
Chaffin, Tom: Pathfinder : John Charles Frémont and the course of American empire. – New York: 2002, XXX, 559 p., ill., mp. [Includes bibliographical references (p. [529] – 544) and index] ISBN 0-8090-7557-1.

0307
Colwell-Chantaphonh; Hill, J. Brett: Mapping history : cartography and the construction of the San Pedro valley. In: History and anthropology. 15.2004,2, p.175-200,12 ill. ISSN 0275-7206.

0308
Craib, Raymond B.: El discurso cartográfico en el México del Porfiriato. In: México a través de los mapas. Ed.: Univ. Nacional Autónoma de México, Inst. de Geografía ; Plaza y Valdés. Héctor Mendoza Vargas (coordinador). – México, D.F. :: Univ. Nacional Autónoma de México, Inst. de Geografía ; Plaza y Valdés 2000., p.131-150 The cartographic discourse in Mexico during the Porfiriato. [Span.].

0309
Cuba in old maps : [this catalog accompanies and Exhibition of Maps of Cuba at The Historical Museum of Southern Florida, June 18 – September 19, 1999]. Ed.: Historical Museum of Southern Florida. By Emilio Cueto. – Miami, Fla.: Historical Museum of Southern Florida 1999, XI, 284 p., mp. ISBN 0-935761-09-8.

0310
Cuesta Domingo, Mariano: La cartografía grabada en la obra de Antonio de Herrera. In: Descubrimientos y cartografía en la época de Felipe II. Ed.: Instituto Interuniversitario de Estudios de Iberoamérica y Portugal. – Valladolid: Instituto Interuniversitario de Estudios de Iberoamérica y Portugal 1999., p.71-114, 18 ill. (Descubrimientos y cartografía ; 3) Engraved cartography in the work of Antonio de Herrera. [Span.].

0311
Danson, Edwin: Drawing the line : how Mason and Dixon surveyed the most famous border in America. Ed.: John Wiley and Sons. – New York: John Wiley and Sons 2001, VIII, 232 p., ill., mp.

0312
Descubrimientos y cartografía en la época de Felipe II. Ed.: Instituto Interuniversitario de Estudios de Iberoamérica y Portugal. – Valladolid: Instituto Interuniversitario de Estudios de Iberoamérica y Portugal 1999, 338 p., ill., mp. (Descubrimientos y cartografía ; 3) Discoveries and cartography during the epoch of Felipe II. [Span.]. ISBN 84-93062-92-8.

0313
Dubreuil, Lorraine: Canada's militia and defence maps : 1905 – 1931. Ed.: Association of Canadian Map Libraries and Archives. – Ottawa: Association of Canadian Map Libraries and Archives 1992, VI, 44 p., ill., mp. (Occasional papers of the Association of Canadian Map Libraries and Archives). ISBN 0-9695062-3-6.

0314
Dubreuil, Lorraine: Early Canadian maps : the W.H. Pugsley Collection = Cartes anciennes du Canada. Ed.: McGill University <Montréal> / Rare Books and Special Collections Division. – Montréal: McGill University <Montréal> / Rare Books and Special Collections Division 1998, XII, 51 p., mp. (Marginalia ; 4). [Includes bibliographical references (p.51) and index] ISBN 0-7717-0523-9.

0315
Dubreuil, Lorraine; Woods, Cheryl A.: Catalogue of Canadian fire insurance plans : 1875-1975. Ed.: Association of Canadian Map Libraries and Archives. – Ottawa: Association of Canadian Map Libraries and Archives 2002, XVI, 500 p., ill., mp. (Occasional papers of the Association of Canadian Map Libraries and Archives). ISBN 0-9695062-7-9.

0316
Flores Silva, Eusebio: Noticias sobre la cartografía en Chile : 1ª parte: Epoca del descubrimiento y la conquista. In: Boletin de geografía. 20.2004, p.85-101, 5 ill. Notes on cartography in Chile : 1st part: period of discovery and conquest. [Span. with Engl. rés.]. ISSN 0717-0793.

0317
Gilman, Carolyn: Depictions of the land. In: Lewis and Clark : across the divide ; [the companion volume to "Lewis and Clark: the National Bicentennial Exhibition", organized and circulated by the Missouri Historical Society ; exhibition dates Missouri History Museum, St. Louis, January-August, 2004; Academy of Natural Sciences of Philadelphia, Philadelphia, November 2004-March 2005 ; Denver Museum of Nature and Science, Denver, May-September 2005 ; Oregon History Center, Portland, November 2005-March 2006 ; National Museum of Natural History, Smithsonian Institution, May-September 2006]. By Carolin Gilman, with an introduction by James P. Ronda. – Washington [u.a.]: 2003., p.135-163, 34 ill.

0318
Glénisson, Jean-Louis: La défense et la mise en valeur de Saint-Domingue au lendemain du traité de Paris (1763) : le rôle de la cartographie. In: Le Monde des Cartes : revue du Comité Français de Cartographie. 180.2004, p.17-35, 3 ill., 3 tab., 5 mp. ISSN 1634-3522.

0319
Hopkins, Daniel Price: Peter Lotharius Oxholm and the late eighteenth-century Danish West Indian cartography. In: The Danish presence and legacy in the Virgin Islands. Ed.: Holsoe, Svend E.; McCollum, John H. – Frederiksted: St. Croix Landmarks Soc. 1993., p.29-56, 3 ill.

0320
Kanas, Nick: Early American contributions to celestial cartography. In: Journal of the International Map Collectors' Society. 2004,96, p.15-26, 10 ill.

0321
Lachapelle, G.; Cannon, M. E.; El-Sheimy, Naser: 25 years of geomatics engineering at the University of Calgary – a celebration of excellence. In: Geomatica. 58.2004,3, p.185-192, 11 ill. ISSN 1195-1036.

0322
Levi, P.: Koninklijk Instituut voor de Tropen : een ontdekkingsreis door de koloniale collectie van de kaartenzaal. In: Indische kartografie. Ed.: Egmond, Marco van. – Deurne: Geo-Informatie Nederland 2004., p.23-32, 13 ill., 1 portr. (GIN publication series ; 2) Royal Tropical Institute : an expedition through the colonial collection of the map room. [Dutch].

0323
Lewis, Malcolm: The study of maps made by First Nations Peoples : retrospect and prospect. In: Cartographic perspectives : journal of the North American Cartographic Information Society. 48.2004, p.7a-7c, 4 ill. ISSN 1048-9053.

0324
Lönnroth, Lars: Rezension von The Vinland map and the "Tartar relation", by R. A. Skelton; Thomas E. Marston, and George D. Painter : New ed., New Haven [u.a.], Yale Univ. Press, 1995. In: alvíssmál : Forschungen zur mittelalterlichen Kultur Skandinaviens. 7.1997, p.115-120. ISSN 0942-4555.

0325
Martínez, Gustavo Vargas: La Nueva España en la cartografía europea, siglos XV-XVI. In: México a través de los mapas. Ed.: Univ. Nacional Autónoma de México, Inst. de Geografía ; Plaza y Valdés. Héctor Mendoza Vargas (coordinador). – México, D.F. :: Univ. Nacional Autónoma de México, Inst. de Geografía ; Plaza y Valdés 2000., p.15-31 New Spain in European cartography, XV-XVI century. [Span.].

0326
Mason, Virginia W.: Frank H Galbraith's railway mail service map, 1897. In: Cartographic perspectives : journal of the North American Cartographic Information Society. 41.2002, p.24-43, 22 ill., 1 tab. ISSN 1048-9053.

0327
México a través de los mapas. Ed.: Univ. Nacional Autónoma de México, Inst. de Geografía ; Plaza y Valdés. Héctor Mendoza Vargas (coordinador). – México, D.F. :: Univ. Nacional Autónoma de México, Inst. de Geografía ; Plaza y Valdés 2000, 203 p., mp. Mexico crosswise by the maps. [Span.]. ISBN 968-856821-X.

0328
Monmonier, Mark: Practical and emblematic roles of the American polyconic projection. In: Aspekte der Kartographie im Wandel der Zeit : Festschrift für Ingrid Kretschmer zum 65. Geburtstag und anlässlich ihres Übertritts in den Ruhestand. Ed.: Kainz, Wolfgang. Hrsg. von Wolfgang Kainz. – Wien: Geographisches Institut <Wien, Universität> / Arbeitsbereich für Geographie und Kartographie 2004., p.93-99, 3 ill. (Wiener Schriften zur Geographie und Kartographie ; 16).

0329
Murray, Jeffrey S.: Terra Nostra : les cartes du Canada et leurs secrets. – Sillery, QC: Septentrion 2004, 189 p., ill., mp. [Comprend des réf. bibliogr. et un index] ISBN 2-89448-453-4.

0330
Murray, Jeffrey S.: Terra Nostra : the stories behind Canada's maps ; 1550-1950 ; from the collection of Library and Archives Canada. – Georgetown, Ontario: McGill-Queen's University Press 2004, 189 p., ill., mp. ISBN 0-660-19496-1.

0331
Nickel, Herbert J.: Landvermessung und Hacienda-Karten in Mexiko : [vom Ende der Kolonialzeit bis zur Revolution]. Ed.: Universität Bayreuth, Fachgruppe Geowissenschaften. – Bayreuth: Universität Bayreuth, Fachgruppe Geowissenschaften 2000, 196 p., ill., mp. (Forschungsmaterialien / Universität Bayreuth, Fachgruppe Geowissenschaften).

0332
Nussio Díaz, Eduardo: El infructuoso regreso de Pedro Sarmiento de Gamboa al estrecho de Magallanes. In: Descubrimientos y cartografía en la época de Felipe II. Ed.: Instituto Interuniversitario de Estudios de Iberoamérica y Portugal. – Valladolid: Instituto Interuniversitario de Estudios de Iberoamérica y Portugal 1999., p.241-263, 5 ill. (Descubrimientos y cartografía ; 3) The fruitless return of Pedro Sarmiento de Gamboa to the Strait of Magellan. [Span.].

0333
Orgeix, Emilie d': Amédé Frézier et la cartographie de Saint-Domingue durant la première moitié du XVIIIe siècle. In: Le Monde des Cartes : revue du Comité Français de Cartographie. 180.2004, p.7-16, 7 ill. ISSN 1634-3522.

0334
Pallamary, Michael J.: Lay of the Land : the history of land surveying in San Diego County. – [Bloomington, Ind.]: 1st Books Library 2003, XX, 384 p., ill., mp. ISBN 1-410-70284-7.

0335
Passonneau, Joseph: Washington through two centuries : a history in maps and images. Ed.: Monacelli Press. – New York: Monacelli Press 2004, 288 p., ill., mp.

0336
Pearce, Margaret: Encroachment by Word, Axis, and Tree : mapping techniques from the colonization of New England. In: Cartographic perspectives : journal of the North American Cartographic Information Society. 48.2004, p.24-38, 7 ill. ISSN 1048-9053.

0337
Pearson, Brooks C.: Civil War topographical engineering in the Shenandoah. In: Cartographic perspectives : journal of the North American Cartographic Information Society. 49.2004, p.40-63, 8 ill., 1 tab. ISSN 1048-9053.

0338
Probst, Ingmar: Kulturkontakt auf der Karte – Indianische Geographie und europäische Konventionen. In: Begegnung und Verhandlung : Möglichkeiten eines Kulturwandels durch Reise. Ed.: Berkemeier, Christian; Callsen, Katrin; Probst, Ingmar. – Münster: Lit-Verlag 2004., p.49-58 (Reiseliteratur und Kulturanthropologie ; 2).

0339
Rebert, Paula: Los ingenieros mexicano en la frontera : cartografía de los límites entre México y Estados Unidos, 1849-1857. In: México a través de los mapas. Ed.: Univ. Nacional Autónoma de México, Inst. de Geografía ; Plaza y Valdés. Héctor Mendoza Vargas (coordinador). – México, D.F. :: Univ. Nacional Autónoma de México, Inst. de Geografía ; Plaza y Valdés 2000., p.111-129 The Mexican engineers at the border : cartography of the frontiers between Mexico and the United States, 1849-1857. [Span.].

0340
Rice-Rollins, Julie A.: The cartographic heritage of the Lakota Sioux. In: Cartographic perspectives : journal of the North American Cartographic Information Society. 48.2004, p.39-56, 5 ill. ISSN 1048-9053.

0341
Richards, Penny L.: "Could I but mark out my own map of life" : educated women embracing cartography in the nineteenth-century American South. In: Cartographica. 39.2004,3, p.1-17, 4 ill. ISSN 0340-0654; 0317-7173.

0342
Ruiz Naufal, Víctor Manuel: La faz del terruño : planos locales y regionales, siglos XVI-XVIII. In: México a través de los mapas. Ed.: Univ. Nacional Autónoma de México, Inst. de Geografía ; Plaza y Valdés. Héctor Mendoza Vargas (coordinador). – México, D.F. :: Univ. Nacional Autónoma de México, Inst. de Geografía ; Plaza y Valdés 2000., p.33-69 The face of the terrain : local and regional plans, XVI-XVIII century. [Span.].

0343
Rumsey, David; Punt, Edith M.: Cartographica extraordinaire : the historical map transformed. Ed.: ESRI Press. – Redlands, CA: ESRI Press 2004, 147 p., ill., mp. [Includes bibliographical references (p.128-147)].

0344
Schwartz, Seymour I.; Ehrenberg, Ralph E.: The mapping of America. – Edison, NJ: Wellfleet 2001, 363 p., ill., mp. [Originally published: New York : H.N. Abrams, 1980; Includes bibliographical references (p.352-355)] ISBN 0-7858-1319-5.

0345
Seaver, Kirsten A: Maps, myths and men : the story of the Vinland map. – Stanford, Calif.: 2004, XXI, 480 p., ill., mp. [Includes bibliographical references (p.439-462) and index] ISBN 0-8047-4962-0; 0-8047-4963-9.

0346
Sebert, Louis M.: Mysterious Wollaston Lake (Northern Saskatchewan). In: Bulletin / Association of Canadian Map Libraries and Archives. 119.2004, p.15-18, 2 mp. ISSN 0840-9331.

0347
Tang, Dirk J.: Suriname met één opslag van een oog : de kaart van Johan Christoph Henneman, 1784. In: De ontdekking van de wereld : Nederlanders in onbekend vaarwater (1600 – 2000). Onder redactie van Remmelt Daalder ... – Zutphen: Walburg Pers 2003., p.102-111 (Jaarboek / Vereeniging Nederlandsch Historisch Scheepvaart Museum ; Stichting Nederlands Scheepvaartmuseum Amsterdam ; 2003). [Dutch].

0348
The Texas Red River country : the official surveys of the headwaters, 1876. Ed.: Baker, Thomas Lindsay. – College Station, Tex.: Texas A & M University Press 1998, XXII, 234 p., ill., mp. (Environmental history series ; 13). [Includes bibliographical references and index] ISBN 0-89096-803-9.

0349
Trabulse Atala, Elías; Jiménez Codinach, Guadalupe ; Moreno Toscano, Alejandra: Una vision cientifica y artística de la Ciudad de México : el plano de la capital virreinal (1793-1807) de Diego García Conde. Ed.: Centro de Estudios de Historia de México (Condumex). – México: Centro de Estudios de Historia de México (Condumex) 2002, 110 p., ill. A scientific and artistic vision of Mexico City : the plan of the viceregal capital of Diego García Conde. [Span.]. [Stadtplan] ISBN 968-681521-X.

0350
Varela Marcos, Jesús; Montserrat, María: De Valencia de las Torres a Valladolid : el cuarto viaje de Colón y su itinerario. Ed.: Seminario Iberoamericano de Descubrimientos y Cartografía, Instituto Interuniversitario de Estudios de Iberoamérica y Portugal. – Valladolid: Seminario Iberoamericano de Descubrimientos y Cartografía, Instituto Interuniversitario de Estudios de Iberoamérica y Portugal 2003, 189 p., ill., mp. (Descubrimientos y cartografía). ISBN 84-93300-30-6.

0351
Vargas Mendoza, Héctor: Las opciones geográficas al inicio del México independiente. In: México a través de los mapas. Ed.: Univ. Nacional Autónoma de México, Inst. de Geografía ; Plaza y Valdés. Héctor Mendoza Vargas (coordinador). – México, D.F. :: Univ. Nacional Autónoma de México, Inst. de Geografía ; Plaza y Valdés 2000., p.89-110, 1 tab. The geographic options in the beginning of an independent Mexico. [Span.].

0352
Vargas Mendoza, Héctor: Los mapas y el siglo XX Mexicano. In: México a través de los mapas. Ed.: Univ. Nacional Autónoma de México, Inst. de Geografía ; Plaza y Valdés. Héctor Mendoza Vargas (coordinador). – México, D.F. :: Univ. Nacional Autónoma de México, Inst. de Geografía ; Plaza y Valdés 2000., p.151-183, 1 tab. Maps and the Mexican XXth century. [Span.].

0353
Wendt, Henry: Mapping the Pacific Coast : Coronado to Lewis and Clark ; the Quivira Collection. Ed.: Sonoma Country Museum. – Santa Rosa: Sonoma Country Museum 2004, XI, 107 p.

0354
Yorke, Douglas A.; Margolies, John; Baker, Eric: Hitting the road : the art of the American road map. – San Francisco: Chronicle Books 1996, 132 p., ill., mp.

e. Asia
Asien
L'Asie

0355
Alai, Cyrus: Cartography of Persia. In: Encyclopaedia Iranica : Fisheries – gindaros (vol. 10). Ed.: Yar-Shater, Ehsan. – New York: Bibliotheca Persica Press 2001., p.444-456, ill., mp. [Offprint in photocopy].

0356
Barrow, Ian J.: Making history, drawing territory : British mapping in India, c. 1756 – 1905. – New Delhi: Oxford University Press 2003, XII, 212 p., ill., mp. [Includes bibliography and index] ISBN 0-19-566546-5.

0357
Baumgärtner, Ingrid: Die Wahrnehmung Jerusalems auf mittelalterlichen Weltkarten. In: Jerusalem im Hoch- und Spätmittelalter : Konflikte und Konfliktbewältigung ; Vorstellungen und Vergegenwärtigungen. Ed.: Bauer, Dieter; Herbers, Klaus; Jaspert, Nikolas. – Frankfurt, M.; New York: Campus-Verl. 2001., p.271-310, 14 ill. (Campus Historische Studien ; 29).

0358
Baumgärtner, Ingrid: Weltbild und Empirie : die Erweiterung des kartographischen Weltbilds durch die Asienreissen des späten Mittelalters. In: Geschichte und historisches Lernen : Jochen Huhn zum 65. Geburtstag. Ed.: Henke-Bockschatz, Gerhard. – Kassel: Jenior & Pressler 1995., p.11-48, 6 ill.

0359
Bayar, Erdenechimeg: Historische und neuere Karten aus dem nomadischen Lebensraum der Mongolei : eine historisch-geographisch/kartographische Studie zur Erschließung traditioneller weidewirtschaftlicher Nutzungsmuster. Ed.: Zentrum für Entwicklungsländerforschung <Berlin>. – Berlin: Zentrum für Entwicklungsländerforschung <Berlin> 2004, XIV, 228 p., ill., mp. ISBN 3-00-015400-0.

0360
Brink, P.P.W.J. van den: Het kaartbeeld van Tropisch Nederland : het Koninklijk Nederlands Aardrijkskundig Genootschap en de kartografie van Nederlands-Indië, 1873-1940. In: Indische kartografie. Ed.: Egmond, Marco van. – Deurne: Geo-Informatie Nederland 2004., p.7-14, 3 ill. (GIN publication series ; 2) The cartographic representation of Tropical Netherlands : the Royal Dutch Geographical Society and the cartography of Netherlands-India, 1873-1940. [Dutch].

0361
Broeders, P.W.A.: De "Algemeene Kaart van Nederlandsch Oost-Indie" (1842) door Gijsbert Franco Baron von Derfelden van Hinderstein. In: Indische kartografie. Ed.: Egmond, Marco van. – Deurne: Geo-Informatie Nederland 2004., p.15-22, 3 ill. (GIN publication series ; 2) The "General Map of Netherlands' East-India" (1842) by Gijsbert Franco Baron von Derfelden van Hinderstein. [Dutch].

0362
Bywater, R.; Lacroix, Pierre: Ancient East Asia shorelines in the Northwestern region of the Piri Reis chart of 1513. In: Journal of spatial science. 1.2004, p.13-24, 7 ill.

0363
China in ancient and modern maps. Ed.: Ping, Yan. – London: Sotheby's Publ. 1998, 287 p., mp.

0364
Donner, Herbert: The Mosaic map of Madaba : an introductory guide. – Kampen: Kok 1992, 102 p., 1 mp. (Palaestina antiqua : Cahiers over de materiele cultuur van het Oude Nabije Oosten en Oud Israel). ISBN 90-390-0011-5.

0365
Dorofeeva-Lichtmann, Vera: Text as a device for mapping a sacred space : a case of the Wu Zhang Schan Jing ("Five treasuries : the itineraries of mountains"). In: "Creating and representing sacred spaces". Ed.: Gardner, Tatyana; Moritz, Daniela; Dickhardt, Michael. – Göttingen: Peust und Gutschmidt Verlag 2003., p.147-210 (Göttinger Beiträge zur Asienforschung : GBA ; 2003,2-3).

0366
Falchetta, Piero: Maps of the eastern islands (Sri Lanka, Sumatra, Java) in Venetian cartography from Fra Mauro to Coronelli. In: Journal of the International Map Collectors' Society. 2004,99, p.47-55, 2 ill.

0367
Gengnagel, Jörg: Mapping sacred spaces – aspects of cartography in 19th century Banaras. In: "Creating and representing sacred spaces". Ed.: Gardner, Tatyana; Moritz, Daniela; Dickhardt, Michael. – Göttingen: Peust und Gutschmidt Verlag 2003., p.247-263 (Göttinger Beiträge zur Asienforschung : GBA ; 2003,2-3).

0368
Heidenreich, Conrad E.; Dahl, Edward H.: The French Mapping of North America, 1600-1760. – Berkhamsted, Herts.: Abacus Press 1982, 20 p., 24 ill. [Orig. publ. as \"The French mapping of North America in the Seventeenth century\" (Issue 13, December 1980, pp 2-11) and \"The French mapping of North America, 1700 – 1760\" (issue 19, June 1982, pp. 2-7). Reprinted with additions (pp. 18-20)] ISBN 0906430011.

0369
Holy Roman Empire, Hungary, Greece, Constantinople, Smyrna and Bible maps : descriptive catalogue of volumes 25-34 of the atlas. Comp. by Peter van der Krogt and Erlend de Groot. 2004, 708 p., ill., mp. (The atlas Blaeu-Van der Hem of the Austrian National Library). ISBN 90-6194-179-2.

0370
Indische kartografie. Ed.: Egmond, Marco van. – Deurne: Geo-Informatie Nederland 2004, 51 p., ill., mp. (GIN publication series ; 2).

0371
Klinge, Michael; Schüler, Mechthild: Das DFG-Projekt zur Digitalisierung der seltenen Bücher, Karten und Manuskripte zur Erforschung Sibiriens aus der Sammlung Asch : ein Beitrag der Niedersächsischen Staats- und Universitätsbibliothek Göttingen zum multimedialen Digitalisierungsprojekt der Library of Congress. In: Bibliotheksdienst. Organ der Bundesvereinigung Deutscher Bibliotheksverbände (BDB). 37.2003,6, p.740-753, 7 ill. ISSN 0006-1972.

0372
Knobloch, Eberhard: Zur hellenistischen Methode der Bestimung des Erdumfangs und zur Asienkarte des Klaudios Ptolemaios. In: ZfV : Zeitschrift für Geodäsie, Geoinformation und Landmanagement. 128.2003,3, p.211-217, 2 ill., 4 tab. ISSN 1618-8950.

0373
Kostka, Robert: Zu den Quellen von Indus und Ganges : ein Beitrag zur Geschichte der Gebirgskartographie. In: Aspekte der Kartographie im Wandel der Zeit : Festschrift für Ingrid Kretschmer zum 65. Geburtstag und anlässlich ihres Übertritts in den Ruhestand. Ed.: Kainz, Wolfgang. Hrsg. von Wolfgang Kainz. – Wien: Geographisches Institut <Wien, Universität> / Arbeitsbereich für Geographie und Kartographie 2004., p.77-85, 6 ill. (Wiener Schriften zur Geographie und Kartographie ; 16).

0374
Kreuer, Werner: Moderne Tafel 4, Kleinasien, "Descriptio Asie Minoris Moderne", Henricus Martellus Germanus, Florenz vor 1490, (Cl. XIII,16, fol. 134 v. -135 r., Ptol. Henrici Martelli Germani; Biblioteca Nazionale Centrale, Firenze). – Einmalige limitierte Weltaufl. von 320 arabisch nummerierten Ex. In: Monumenta cartographica: tabulae modernae : kartographische Denkmäler, ein Triumph über die Zeit ; Essener Bearbeitung von sechs Tafeln der historischen Kartographie ; mit sechs Vollfaksimilierungen aus: Biblioteca Nazionale Centrale, Florenz (Tafeln 1,2,3,4,5), Bayerische Staatsbibliothek, München (Tafel 6). Ed.: Kreuer, Werner. – Ludwigsburg: Edition Libri Illustri 2001., p.38-47, 8 ill.

0375
Kreuer, Werner: Moderne Tafel 5, Palästina, "Sirie Par[ti]s Descriptio Nunc Terra Sancta Dicitur", Henricus Martellus Germanus, Florenz vor 1490, (Cl. XIII, 16, fol. 142 v. – 143 r., Ptol. Henrici Martelli Germani; Biblioteca Nazionale Centrale, Firenze). – Einmalige limitierte Weltaufl. von 320 arabisch nummerierten Ex. In: Monumenta cartographica: tabulae modernae : kartographische Denkmäler, ein Triumph über die Zeit ; Essener Bearbeitung von sechs Tafeln der historischen Kartographie ; mit sechs Vollfaksimilierungen aus: Biblioteca Nazionale Centrale, Florenz (Tafeln 1,2,3,4,5), Bayerische Staatsbibliothek, München (Tafel 6). Ed.: Kreuer, Werner. – Ludwigsburg: Edition Libri Illustri 2001., p.53-60, 2 ill.

0376
Kreuer, Werner: Moderne Tafel 6, Das Heilige Land, "Tabula Moderna Terre Sancte", ed. J. Eßler, Straßburg 1513, (Rar. 881, Karte 40, CL. Ptolemaeus, Geographia, Bayerische Staatsbibliothek München. – Einmalige limitierte Weltaufl. von 320 arabisch nummerierten Ex. In: Monumenta cartographica: tabulae modernae : kartographische Denkmäler, ein Triumph über die Zeit ; Essener Bearbeitung von sechs Tafeln der historischen Kartographie ; mit sechs Vollfaksimilierungen aus: Biblioteca Nazionale Centrale, Florenz (Tafeln 1,2,3,4,5), Bayerische Staatsbibliothek, München (Tafel 6). Ed.: Kreuer, Werner. – Ludwigsburg: Edition Libri Illustri 2001., p.61-72, 3 ill.

0377
Kreuer, Werner: Zur Tradition der Heilig Land-Karten. – Einmalige limitierte Weltaufl. von 320 arabisch nummerierten Ex. In: Monumenta cartographica: tabulae modernae : kartographische Denkmäler, ein Triumph über die Zeit ; Essener Bearbeitung von sechs Tafeln der historischen Kartographie ; mit sechs Vollfaksimilierungen aus: Biblioteca Nazionale Centrale, Florenz (Tafeln 1,2,3,4,5), Bayerische Staatsbibliothek, München (Tafel 6). Ed.: Kreuer, Werner. – Ludwigsburg: Edition Libri Illustri 2001., p.48-52, 3 ill., 1 mp.

0378
León Guerrero, Montserrat: Los descubrimientos cartogáficos del viaje de Legazpi. In: Descubrimientos y cartografía en la época de Felipe II. Ed.: Instituto Interuniversitario de Estudios de Iberoamérica y Portugal. – Valladolid: Instituto Interuniversitario de Estudios de Iberoamérica y Portugal 1999., p.265-286, 4 mp. (Descubrimientos y cartografía ; 3) The cartographic discoveries of Legazpi's journey.

0379
Lo Sardo, Eugenio: Antoine Thomas's and George David's maps of Asia. In: The history of the relations between the Low Countries and China in the Qing era (1644-1911). Ed.: Walle, Willy F. Vande; Golvers, Noël. Revised papers from at a conference held in September 1995 sponsored by the Ferdinand Verbiest Foundation. – Leuven: Leuven Univ. Press 2003., p.75-88, 4 mp. (Louvain Chinese studies ; 14).

0380
Lönnroth, Lars: Rezension von The Vinland map and the "Tartar relation", by R. A. Skelton; Thomas E. Marston, and George D. Painter : New ed., New Haven [u.a.], Yale Univ. Press, 1995. In: alvíssmál : Forschungen zur mittelalterlichen Kultur Skandinaviens. 7.1997, p.115-120. ISSN 0942-4555.

0381
Nebenzahl, Kenneth: Mapping the Silk Road and beyond : 2000 years of exploring the east. Ed.: Phaidon. – London: Phaidon 2004, 176 p., mp. [Includes bibliographical references (p.169-[175]) and index].

0382
Ormeling, Ferdinand Jan: Mapping in former British India and the Netherlands Indies – a comparison. In: Second Anglo-Dutch Seminar on Cartography : held in Enschede, April 3-4, 1997. Ed.: Ormeling, Ferjan. – Amersfoort: Nederlandse Vereniging voor Kartografie 1998., p.31-36, 2 ill., 1 portr. (NVK publikatiereeks ; 26).

0383
Ormeling, F.J.: De kartering van Nederlands-Indië. In: Indische kartografie. Ed.: Egmond, Marco van. – Deurne: Geo-Informatie Nederland 2004., p.33-41, 7 ill. (GIN publication series ; 2) The mapping of Netherlands-India. [Dutch].

0384
Richardson, William A.R.: Gavin Menzies' cartographic fiction : the case of the Chinese "discovery" of Australia. In: Journal of the International Map Collectors' Society. 2004,98, p.23-32, 4 ill.

0385
Richardson, William A.R.: The identification of enigmatic coastlines on early maps. In: Journal of spatial science. 2.2004, p.113-120, 3 ill.

0386
Rubin, Rehav: Image and reality : Jerusalem in maps and views = Yerûšālayim be-mapot û-be-mar' ôt. – Jerusalem: The Hebrew University Magnes Press 1999, 181 p., ill., mp. [Engl. and Hebr.]. [Includes bibliographical references (p. 173-177) and index] ISBN 965-493-012-9.

0387
Witek, John W.: The role of Antoine Thomas, SJ, (1644-1709) in determining the terrestrial meridian line in eighteenth-century China. In: The history of the relations between the Low Countries and China in the Qing era (1644-1911). Ed.: Walle, Willy F. Vande; Golvers, Noël. Revised papers from at a conference held in September 1995 sponsored by the Ferdinand Verbiest Foundation. – Leuven: Leuven Univ. Press 2003., p.89-103 (Louvain Chinese studies ; 14).

0388
Zandvliet, Kees: The agricultural lansdscape of V.O.C. territory in the 17th century. In: Second Anglo-Dutch Seminar on Cartography : held in Enschede, April 3-4, 1997. Ed.: Ormeling, Ferjan. – Amersfoort: Nederlandse Vereniging voor Kartografie 1998., p.47-56, 5 ill. (NVK publikatiereeks ; 26).

f. Australia and Pacific Islands
Australien und Ozeanien
L'Australie et l'Océanie

0389
Broc, Numa: Océanie : voyages autour du monde et dans plusiers continents, voyages maritimes et polaires. Avec le concours de Frédéric Angleviel. – Paris: 2003, XLI, 43-406 p., ill., mp. + 6 mp.-suppl. (Dictionnaire illustré des explorateurs et grands voyageurs français du XIXe siècle ; 4).

0390
Collingridge, Vanessa: Captain Cook : obsession and betrayal in the New World. – London [u.a.]: Ebury Press 2002, VII, 376 p., ill., mp. ISBN 0-09-187913-2.

0391
Griggs, Peter: Mapping a new colony : the geographical construction of Queensland 1860-1880. In: The Globe. 56.2004, p.25-39, 4 ill., 3 tab. ISSN 0311-3930.

0392
Hooker, Brian: Dictonary of New Zealand mapmakers. Ed.: DelZur Research. – Orewa: DelZur Research 2002, IX, 203 p., ill., mp. [A companion volume to Early New Zealand printed maps].

0393
Hooker, Brian: Early New Zealand printed maps. Ed.: DelZur Research. – Orewa: DelZur Research 2000, XI, 196 p., mp.

0394
Lamble, William: Terra Australis percepta : the discovery and settlement of Australia as seen through maps 1542 to 1900 : an exhibition at the Art Gallery of Western Australia in association with the 7th general assembly and 12th conference of the International Cartographic Association, Perth, August 4-13, 1984 ; [historical exhibition]. Ed.: International Cartographic Association. – Perth: International Cartographic Association 1984, 48 p., mp.

0395
Levi, P.: Koninklijk Instituut voor de Tropen : een ontdekkingsreis door de koloniale collectie van de kaartenzaal. In: Indische kartografie. Ed.: Egmond, Marco van. – Deurne: Geo-Informatie Nederland 2004., p.23-32, 13 ill., 1 portr. (GIN publication series ; 2) Royal Tropical Institute : an expedition through the colonial collection of the map room. [Dutch].

0396
Liu, Yanfang; Phinn, S. R.: Mapping the urban development of Sydney (1971-1996) with cellular automata in a GIS environment. In: Journal of spatial science. 2.2004, p.57-74, 2 tab., 6 ill.

0397
O'Connor, Maura: Mapping Australia's transhumance : snow lease and stock route maps of NSW. In: The Globe. 56.2004, p.13-24, 9 ill. ISSN 0311-3930.

0398
Richardson, William A.R.: Gavin Menzies' cartographic fiction : the case of the Chinese "discovery" of Australia. In: Journal of the International Map Collectors' Society. 2004,98, p.23-32, 4 ill.

g. Europe
Europa
L'Europe

0399
100 Jahre Vermessungsamt Friedberg. Ed.: Friedberg <Augsburg> / Vermessungsamt. [Red.: Herbert Völk; Franz Scherer]. Friedberg <Augsburg> / Vermessungsamt 2000, 14 p., ill., mp.

0400
A magyar katonai térképészet története ; Köt. 1. Ed.: Balla, János; Hrenkó, Pál. – Budapest: HM Térképész Szolgálat Főnökség 1991, 451 p., ill., mp. (A magyar katonai térképészet története) History of Hungarian military cartography ; vol. 1. [Hung.]. ISBN 963-7037-00-4.

0401
A magyar térképészet nagyjai : Lipszky János (1766 – 1826), Mikoviny Sámuel (1700 – 1750) ; tudományos emlékülések előadásai és kiállítási katalógus = Die Großen der ungarischen Kartographie. Textbearb.: Gubek Istvánné. – Budapest: Osiris Kiadó 2001, 305 p., ill., mp. [Hung. and Germ.]. ISBN 963-200-431-0.

0402
Ahlers, Willy: Jacob van Deventer, nieuwe ideeën en nieuwe vragen. In: Caert-thresoor : tijdschrift voor de geschiedenis van de kartografie in Nederland. 23.2004,3, p.59-64, 5 ill., 1 tab. Jacob van Deventer, new ideas and new questions. ISSN 0167-4994.

0403
Allgemeine Kartensammlung : XI. HA Karten ; [die Allgemeine Kartensammlung des Geheimen Staatsarchivs PK in der XI. Hauptabteilung Karten ist nach 1945 aus Restbeständen von Plankammern zentraler Behörden gebildet worden ... ; Inventarbände ... ; Ausdruck. Ed.: Geheimes Staatsarchiv <Berlin>. – Berlin: Geheimes Staatsarchiv <Berlin> 2002. [Inventar].

0404
Andrews, John Harwood: Classifying early Irish town plans. In: Surveying Ireland's past : multidisciplinary essays in honour of Anngret Simms. Ed.: Clarke, Howard B.; Prunty, Jacinta; Hennessy, Mark. Edited by Howard B. Clarke, Jacinta Prunty and Mark Hennessy. – Dublin: Geography Publications 2004., p.217-242, 5 ill., 1 tab.

0405
Aubele, Anton: Der Spanische Erbfolgekrieg im Sommer 1703 an der oberen Donau zwischen Munderkingen und Dillingen : eine zeitgenössische badische Militärkarte spiegelt die kriegerische Situation wider. In: Jahrbuch des Historischen Vereins Dillingen an der Donau. 105.2004, p.13-24, 2 ill. ISSN 0073-2699.

0406
Aujac, Germaine: La première carte de Valachie. In: Elide e Olimpia : il seminario di "Geographia antiqua"(Perugia, 8-9 febbraio 2002). Ed.: Nafissi, Massimo. a cura di Massimo Nafissi. – Firenze: Olschki 2005., p.129-140, 1 mp. (Geographia antiqua : rivista di geografia storica del mondo antico e di storia della geografia).

0407
Ausstellung Historische Kartenbilder aus Schleswig-Holstein und Hamburg im Schloß Reinbek. By: Dreyer-Eimbcke, Oswald. – Reinbek: 2004, [8] p., mp.

0408
Azzari, Margherita: Un progetto di webGIS per la gestione della cartografia catastale storica. In: Mundus novus : Amerigo Vespucci e i metodi della ricerca storico-geografica ; atti del convegno internazionale di studi, Roma-Firenze, 27-30 novembre 2002. Ed.: Società Geografica Italiana. – Roma: Società Geografica Italiana 2004., p.471-486, 2 ill. (Memorie della Società Geografica Italiana ; 75) A project of WebGIS for the management of historical catastral cartography. [Ital.].

0409
Bär, Werner-Francisco: Das Kartenbild der Insel Mallorca vom Ende des 15. Jhs. bis um 1700 : ein Vergleich aus kartographischer Sicht. Ed.: Frankfurter Geographische Gesellschaft. – Frankfurt a. M.: Frankfurter Geographische Gesellschaft 2004, 502 p., [12 Bl.], ill., mp. (Frankfurter geographische Hefte). ISBN 3-9808888-0-0.

0410
Băican, Vasile: Redarea numelui Țării Moldovei pe hărtile anterioare secolului al XIX-lea. In: Imago Mundi. 43.1991, p.139-157 Rendering the name of Moldavia (country) on the maps anterior to the XIXth century. [Rom.].

0411
Barber, Peter M.: The British Isles. In: The Mercator Atlas of Europe : facsimile of the maps by Gerardus Mercator contained in the Atlas of Europe, circa 1570-1572 = Gerardi Mercatoris Atlas Europae. Ed.: Watelet, Marcel. – Pleasant Hill, OR: Walking Tree Press 1998., p.43-77, 11 ill., 23 mp., 6 portr.

0412
Barrera, Dino; Garbarino, Matteo; Sekawin, Nora; Villa, Sabina: La cartografia storica delle acque fonte indispensabile per le rappresentazioni contemporanee dei luoghi fluviali : i casi dell'Orco e del Ticino. In: Bollettino della Associazione Italiana di Cartografia. 41.2004,121/122, p.117-128, 5 ill. Water historic cartography, an indispensable source for the contemprorary representations of the river places : the cases of Orco and Ticino Rivers. [Ital. with Engl. rés.]. ISSN 0044-9733.

0413
Batten, Kit: Touring England. In: Journal of the International Map Collectors' Society. 2004,97, p.51-53, 8 ill.

0414
Batten, Kit: Trials and tribulations of compiling a cartobibliography : "The printed maps of Devon" and "The Victorian maps of Devon" ; paper presented at the June weekend, 2004. In: Journal of the International Map Collectors' Society. 2004,98, p.11-21,10 ill.

0415
Beech, Geraldine; Mitchell, Rose: Maps for family and local history : the records of the Tithe, Vaaluation Office, and National Farm Surveys [of England and Wales, 1836-1943]. Ed.: National Archives. – Richmond: National Archives 2004, 116 p., ill., mp. – 2nd rev. ed. (Readers' guide / National Archives). ISBN 1-903365-50-3.

0416
Beig, Dieter: Die Landkarte der Grafschaft Holstein-Pinneberg von 1650. In: Jahrbuch für den Kreis Pinneberg. 1994, p.173-179, 2 ill. ISSN 0448-150X.

0417
Beig, Dieter: Schloß Pinneberg in der Großen Landtafel der Grafschaft Holstein-Schauenburg des Daniel Frese von 1588. In: Jahrbuch für den Kreis Pinneberg. 1989, p.17-20, 3 ill. ISSN 0448-150X.

0418
Berthon, Etienne: Saint-Germain-en-Laye : une forêt royale à travers l'histoire. In: Trois siècles de cartographie en Ile-de-France Volume 2. Ed.: Institut d'Aménagement et d'Urbanisme de la Région d'Ile-de-France. Institut d'Aménagement et d'Urbanisme de la Région d'Ile-de-France 1998., p.58-75, 19 ill. (Cahiers de l'Institut d'Aménagement et d'Urbanisme de la Région d'Ile-de-France ; 120.1998).

0419
Birkholz, Daniel: The king's two maps : cartography and culture in thirteenth-century England. – New York, NY [u.a.]: Routledge 2004, XXXV, 254 p., ill., mp. (Studies in medieval history and culture).

0420
Blatchly, John: John Kirby's Suffolk : his maps and roadbooks = The Suffolk traveller. Ed.: Dymond, David. – Woodbridge: Boydell Press 2004, XXVI, 256 p., ill., mp. (Suffolk Records Society ; 47). [Faks.-Dr. der Ausg. 'The Suffolk traveller', 1735] ISBN 1-8438-3051-5.

0421
Blumenfeld, Hervé: Stratification de cartes et aménagement. In: Trois siècles de cartographie en Ile-de-France Volume 1. Ed.: Institut d'Aménagement et d'Urbanisme de la Région d'Ile-de-France. Institut d'Aménagement et d'Urbanisme de la Région d'Ile-de-France 1997. (Cahiers de l'Institut d'Aménagement et d'Urbanisme de la Région d'Ile-de-France ; 119.1997).

0422
Blumenfeld, Hervé; Dugény, François: Traces et tracés ... In: Trois siècles de cartographie en Ile-de-France Volume 1. Ed.: Institut d'Aménagement et d'Urbanisme de la Région d'Ile-de-France. Institut d'Aménagement et d'Urbanisme de la Région d'Ile-de-France 1997., [4]-13, 10 ill. (Cahiers de l'Institut d'Aménagement et d'Urbanisme de la Région d'Ile-de-France ; 119.1997).

0423
Blumenfeld, Hervé; Dugény, François; Thibault, Christian; Vivien, Jean-François: Carte de France type 1922. In: Trois siècles de cartographie en Ile-de-France Volume 1. Ed.: Institut d'Aménagement et d'Urbanisme de la Région d'Ile-de-France. Institut d'Aménagement et d'Urbanisme de la Région d'Ile-de-France 1997., p.170-195, 47 ill. (Cahiers de l'Institut d'Aménagement et d'Urbanisme de la Région d'Ile-de-France ; 119.1997).

0424
Blumenfeld, Hervé; Hermelin, Michel; Thibault, Christian: La carte de France dite carte "d'État Major". In: Trois siècles de cartographie en Ile-de-France Volume 1. Ed.: Institut d'Aménagement et d'Urbanisme de la Région d'Ile-de-France. Institut d'Aménagement et d'Urbanisme de la Région d'Ile-de-France 1997., p.114-141, 33 ill. (Cahiers de l'Institut d'Aménagement et d'Urbanisme de la Région d'Ile-de-France ; 119.1997).

0425
Blumenfeld, Hervé; Hermelin, Michel; Thibault, Christian: La carte topographique des environs de Versailles dite carte "des Chasses". In: Trois siècles de cartographie en Ile-de-France Volume 1. Ed.: Institut d'Aménagement et d'Urbanisme de la Région d'Ile-de-France. Institut d'Aménagement et d'Urbanisme de la Région d'Ile-de-France 1997., p.86-113, 45 ill. (Cahiers de l'Institut d'Aménagement et d'Urbanisme de la Région d'Ile-de-France ; 119.1997).

0426
Blumenfeld, Hervé; Jacquet, Gaëlle; Prince, Didier; Raynaud, Claudie; Rouaud, Claudine: Emprise des grandes cartes en Ile-de-france du XVIII au XX siècle. In: Trois siècles de cartographie en Ile-de-France Volume 1. Ed.: Institut d'Aménagement et d'Urbanisme de la Région d'Ile-de-France. Institut d'Aménagement et d'Urbanisme de la Région d'Ile-de-France 1997., p.68-85, 32 ill. (Cahiers de l'Institut d'Aménagement et d'Urbanisme de la Région d'Ile-de-France ; 119.1997).

0427
Blumenfeld, Hervé; Thibault, Christian: La carte de France type 1900. In: Trois siècles de cartographie en Ile-de-France Volume 1. Ed.: Institut d'Aménagement et d'Urbanisme de la Région d'Ile-de-France. Institut d'Aménagement et d'Urbanisme de la Région d'Ile-de-France 1997., p.142-169, 33 ill. (Cahiers de l'Institut d'Aménagement et d'Urbanisme de la Région d'Ile-de-France ; 119.1997).

0428
Board, Christopher: Colonial mapping in Britisch Kaffraria (Eastern Cape)in the 19th century. In: Second Anglo-Dutch Seminar on Cartography : held in Enschede, April 3-4, 1997. Ed.: Ormeling, Ferjan. – Amersfoort: Nederlandse Vereniging voor Kartografie 1998. (NVK publikatiereeks ; 26).

0429
Bodenstein, Wulf: A 1656 Visscher wall map of Flanders as a portable atlas. In: Von Flandern zum Niederrhein : Wirtschaft und Kultur überwinden Grenzen ; Begleitband zur Ausstellung "Von Flandern zum Niederrhein – Wirtschaft und Kultur überwinden Grenzen" ; [10. Mai bis 6. August 2000 ; eine Ausstellung der 24. Duisburger Akzente "Ei. Ed.: Kultur- u. Stadthistorisches Museum Duisburg. – Duisburg: Kultur- u. Stadthistorisches Museum Duisburg 0., p.67-86, 7 ill.

0430
Böckling, Manfred; Kaiser, Stephan; Spata, Manfred: Schlesien im Kartenbild vom 16. Jahrhundert bis heute. In: Schlesischer Kulturspiegel : Literatur, bildende Kunst, Musik, Geschichte, Volkskunde ; Informationen über das schlesische Kulturleben. 39.2004,1, p.1-3, 2 ill., 1 mp. ISSN 1437-5095.

0431
Boeckx, Katrien: The Hypsos Map, ambassador to Antwerp, 1913. In: Momentum : Antwerp's port in the 19th and 20th century. Ed.: Blomme, Jan; Devos, Greta; Nauwelaerts, Mandy; Hoof, Werner van; Verlinden, Kathelijne. – Antwerp: Pandora 2002., p.[64]-77, 6 ill.

0432
Böhm, Rolf: Teilung des Geowissens in der DDR : ein Beitrag zum Thema "Kartenverfälschung". In: Kartographische Nachrichten : KN ; Fachzeitschrift für Geoinformation und Visualisierung ; Organ der Deutschen Gesellschaft für Kartographie e.V., der Schweizerischen Gesellschaft für Kartographie und der Österreichischen Kartographischen Kommission in der Österreichischen Geographischen Gesellschaft. 54.2004,3, p.134-135. ISSN 0022-9164.

0433
Boivin, Bertus: Kaarten van Drenthe : Een kaart moet voor mij én mooi zijn. In: Waardeel : Drents historisch tijdschrift. 24.2004,4, p.20-22, 1 ill, 1 mp. ISSN 1380-4766.

0434
Borowicz, Dorota: Mapy narodowościowe Górnego Śląska od połowy XIX wieku do II wojny światowej. Ed.: Uniwersytet Wrocławski. – Wrocław: Uniwersytet Wrocławski 2004, 181 p., ill., mp. (Acta Universitatis Wratislaviensis ; 2710). ISBN 83-229-2569-7.

0435
Bossu, Jozef: Pieter van der Beke's Map of Flanders : before and after. In: Von Flandern zum Niederrhein : Wirtschaft und Kultur überwinden Grenzen ; Begleitband zur Ausstellung "Von Flandern zum Niederrhein – Wirtschaft und Kultur überwinden Grenzen" ; [10. Mai bis 6. August 2000 ; eine Ausstellung der 24. Duisburger Akzente "Ei. Ed.: Kultur- u. Stadthistorisches Museum Duisburg. – Duisburg: Kultur- u. Stadthistorisches Museum Duisburg 0., p.35-40, 1 ill.

0436
Bracke, Wouter: Contribution à l'histoire de la cartographie aux Pay-Bas pendant la première moitié du XVIe siècle : le manuscrit CP, 3085 de la Bibliothèque royale de Belgique. In: Hommages à Carl Deroux : Christianisme et Moyen-âge, Néo-latin et survivance de la latinité (vol. 5). Ed.: Defosse, Pol. – Bruxelles: ., p.301-314, 2 ill.

0437
Bragard, Philippe: Patrimoine fortifié et cartographie topographique dans les Pays-Bas espagnols et autrichiens (XVIe – XVIIIe siècles). In: Portefeuilles de plans : projets et dessins d'ingénieurs militaires en Europe du XVIe au XIXe siècle ; actes du colloque international de Saint-Amand-Montrond 2 et 3 mars 2001 ; [le Colloque "Portefeuilles de Plans, Projets et Dessins d'Ingénieurs Militaires en Europe du XVIe au XIXe Siècles"]. Ed.: Cher. Ouvrage collectif publ. sous la dir. scientifique de Vincent Maroteaux ... – Bourges: Cher 2001., p.45-54, 6 ill.

0438
Branco, Rui: O mapa de Portugal : estado, território e poder no Portugal de oitocentos. – Lisboa: Livros Horizonte 2003, 198 p., ill., mp. (Colecçäo Horizonte histórico) The map of Portugal : state, territory and power of Portugal in the nineteenth century. [Port.]. [Teilw. zugl.: Lisboa, Univ., Magisterarbeit, 1999] ISBN 972-241251-5.

0439
Brink, Lowie: Een zee zo zwart als de nacht : de geologische schoolwandkaart van Noord-Holland van W. Kloeke. In: Caert-thresoor : tijdschrift voor de geschiedenis van de kartografie in Nederland. 23.2004,2, p.42-47, 4 ill. A sea as black as the night : the geological school wall map of North Holland by W. Kloeke. ISSN 0167-4994.

0440
Brink, P.P.W.J. van den: Het kaartbeeld van Tropisch Nederland : het Koninklijk Nederlands Aardrijkskundig Genootschap en de kartografie van Nederlands-Indië, 1873-1940. In: Indische kartografie. Ed.: Egmond, Marco van. – Deurne: Geo-Informatie Nederland 2004., p.7-14, 3 ill. (GIN publication series ; 2) The cartographic representation of Tropical Netherlands : the Royal Dutch Geographical Society and the cartography of Netherlands-India, 1873-1940. [Dutch].

0441
Broecke, Marcel van den: De eerste staat van Vrients' / Philip Galle's Inferioris Germaniae kaart gevonden. In: Caert-thresoor : tijdschrift voor de geschiedenis van de kartografie in Nederland. 23.2004,1, p.1-4, 2 ill. The first state of Vrients' / Philip Galle's Inferioris Germaniae map found. ISSN 0167-4994.

0442
Broeders, P.W.A.: De "Algemeene Kaart van Nederlandsch Oost-Indie" (1842) door Gijsbert Franco Baron von Derfelden van Hinderstein. In: Indische kartografie. Ed.: Egmond, Marco van. – Deurne: Geo-Informatie Nederland 2004., p.15-22, 3 ill. (GIN publication series ; 2) The "General Map of Netherlands' East-India" (1842) by Gijsbert Franco Baron von Derfelden van Hinderstein. [Dutch].

0443
Brunner, Hans: Wie Sachsen vermessen wurde : die Meilenblätter und die kursächsische Landesvermessung von 1780 bis 1825 ; eine Geschichte der topographischen Kartographie in Sachsen. Ed.: Hochschule für Technik und Wirtschaft Dresden (FH) / Fachbereich Vermessungswesen, Kartographie. – Dresden: Hochschule für Technik und Wirtschaft Dresden (FH) / Fachbereich Vermessungswesen, Kartographie 2002, 118 p., ill., mp. (Dresdner kartographische Schriften ; 5).

0444
Brunner, Kurt: Regionalkarten von Tirol des Matthias Burgklechner und ihre Vorläufer. – Wien: 2002, p.237-254,. (Mitteilungen der Österreichischen Geographischen Gesellschaft : MÖGG ; Jahresband ; 144.2002).

0445
Buchholz, Günther: Die Darstellung der Herrschaft Schramberg auf der Pürschgerichtskarte des David Rötlin von 1564. In: Schriften des Vereins für Geschichte und Naturgeschichte der Baar. 47.2004, p.115-122. ISSN 0340-4765.

0446
Buisseret, David: La revolución cartográfica en Europa, 1400-1800 : la representación de los Nuevos Mundos en la Europa de Renacimiento = The mapmakers' quest, depicting new worlds in Renaissance Europe. 2004, 255 p., ill., mp. (Paidós orígenes ; 44). [Span.]. ISBN 84-493-1565-4.

0447
Buisseret, David: L'oeuvre des Ingénieurs Royaux dans les Pays de l'Europe moderne entre 1500 et 1700. In: Portefeuilles de plans : projets et dessins d'ingénieurs militaires en Europe du XVIe au XIXe siècle ; actes du colloque international de Saint-Amand-Montrond 2 et 3 mars 2001 ; [le Colloque "Portefeuilles de Plans, Projets et Dessins d'Ingénieurs Militaires en Europe du XVIe au XIXe Siècles"]. Ed.: Cher. Ouvrage collectif publ. sous la dir. scientifique de Vincent Maroteaux ... – Bourges: Cher 2001., p.83-92, 8 ill.

0448
Bull-Reichenmiller, Margareta: Karten des Benediktinerklosters Zwiefalten : 1748 – 1783. Ed.: Hauptstaatsarchiv <Stuttgart>. – Stuttgart: Hauptstaatsarchiv <Stuttgart> 1992, 2 Mikrofiches. (Repertorien / Hauptstaatsarchiv Stuttgart ; N,40). [Mikroreprod. 44 S., [27] Bl.].

0449
Burgueño, Jesús; Lasso de la Vega, Ferran: Història del mapa municipal de Catalunya. Ed.: Generalitat de Catalunya, Dep. de Politica Territorial i Obres Públiques. – Barcelona: Generalitat de Catalunya, Inst. Cartogràfic de Catalunya 2002, 192 p., mp. – 1. ed., 2000 Ex. History of the municipal map of Catalunya. [Span.]. ISBN 84-393-5954-3.

0450
Bussler, Peter: "Hertzfliessende Betrachtungen von dem Elbe-Strom" : das Amt Ritzebüttel auf einer seltenen Kupferstichkarte von 1675, ein Zeugnis des Kampfes der Küstenbewohner gegen das Meer. In: Zwischen Elbe und Weser : Heimat und Kultur. 23.2004,3, p.8-9, 3 ill.

0451
Campbell, Tony: Cyprus : the reliability of early maps ; the Antonakis Georgiadhes memorial lecture. Ed.: Bank of Cyprus Cultural Foundation. – Nicosia: Bank of Cyprus Cultural Foundation 1994, 39 p., mp. (Cyprus cartography lectures ; 2).

0452
Cartografia storica : contributi per lo studio del territorio piemontese. Ed.: Ed. Artistica Piemontese. Regione Piemonte. Maria Sandra Poletto. – Savagliano (Cuneo): Ed. Artistica Piemontese 2004, 107 p., mp. Historical cartography : contributions to the study of the Piemont territory. [Ital.]. [Contains bibliography and notes].

0453
Catálogo de cartografía histórica de Córdoba : A-F. Ed.: Andalucía / Consejería de Obras Públicas y Transportes. Coordinación y dir. Joaquin Cortés José. – Sevilla: Andalucía / Consejería de Obras Públicas y Transportes 2002, 788 p., ill., mp. (Catálogo de cartografía histórica de Córdoba). [Span.].

0454
Catálogo de cartografía histórica de Córdoba : G-Z. Ed.: Andalucía / Consejería de Obras Públicas y Transportes. Coordinación y dir. Joaquin Cortés José. – Sevilla: Andalucía / Consejería de Obras Públicas y Transportes 2002, p.797-1471, ill., mp. (Catálogo de cartografía histórica de Córdoba). [Span.].

0455
Catálogo de cartografía histórica de Córdoba : Ìndices. Ed.: Andalucía / Consejería de Obras Públicas y Transportes. Coordinación y dir. Joaquin Cortés José. – Sevilla: Andalucía / Consejería de Obras Públicas y Transportes 2002, p.1481-1793, ill. (Catálogo de cartografía histórica de Córdoba). [Span.].

0456
Catálogo de cartografía histórica de Córdoba. Ed.: Andalucía / Consejería de Obras Públicas y Transportes. Coordinación y dir. Joaquin Cortés José. – Sevilla: Andalucía / Consejería de Obras Públicas y Transportes 2002, Bde 1 – 3. [Span.]. ISBN 84-8095-310-1.

0457
Cavelti Hammer, Madlena: Das Schweizer Panorama des 19. Jahrhunderts : insbesonder Werke von Heinrich Keller und Xaver Imfeld. In: Aspekte der Kartographie im Wandel der Zeit : Festschrift für Ingrid Kretschmer zum 65. Geburtstag und anlässlich ihres Übertritts in den Ruhestand. Ed.: Kainz, Wolfgang. Hrsg. von Wolfgang Kainz. – Wien: Geographisches Institut <Wien, Universität> / Arbeitsbereich für Geographie und Kartographie 2004., p.35-44, 6 ill. (Wiener Schriften zur Geographie und Kartographie ; 16).

0458
Checcaligni, Paul: L'urbaniste dans son temps. In: Trois siècles de cartographie en Ile-de-France Volume 1. Ed.: Institut d'Aménagement et d'Urbanisme de la Région d'Ile-de-France. Institut d'Aménagement et d'Urbanisme de la Région d'Ile-de-France 1997., p.250-256, 5 ill. (Cahiers de l'Institut d'Aménagement et d'Urbanisme de la Région d'Ile-de-France ; 119.1997).

0459
Chubb, Thomas: The printed maps in the atlases of Great Britain and Ireland : a bibliography, 1579-1870. Ed.: Martino Pub. – Mansfield Centre, CT: Martino Pub 2004. [Originally published: London : Homeland Association, ltd., 1927; Includes bibliographical references and index].

0460
Cocco, Cristina; Fadda, Antonio Franco: Carte antiche della Sardegna conservate nelle Biblioteche Corsiniana e Nazionale Centrale di Roma : secoli XV-XVII. – Elmas (Cagliari): COEDISAR 2004, 30 p. ill., 13 loose maps issued in a case. Ancient maps of Sardinia which are conserved in the Biblioteche Corsiniana e Nazionale Centrale di Roma : XV-XVII centuries. ISBN 88-85966-47-0.

0461
Contributos para a história da cartografía militar portuguesa. Maria Helena Dias, coordenaçäo. ; Centro de Estudos Geográficos <Lisboa>. – Lisboa: 2003, 1 CD-ROM, 3 suppl. [Elektronische Ressource] ISBN 972-636141-9.

0462
Czaja, Roman: Forschungsbericht : die historischen Atlanten der europäischen Städte. In: Jahrbuch für europäische Geschichte. 3.2002, p.205-216. ISSN 1616-6485.

0463
Danckaert, Lisette: Map of the Austrian Netherlands, by Ferraris, 1771-77. In: BIMCC newsletter / Brussels International Map Collectors' Circle. 20.2004, p.13-15, 1 mp.

0464
Danku, Gyuri: Twaalf kaarten van Cornelis I Danckerts (1630-1656) in de Andreas Nagy atlas. In: Caert-thresoor : tijdschrift voor de geschiedenis van de kartografie in Nederland. 23.2004,3, p.72-79, 15 ill., 1 portr. Twelve maps by Cornelis Danckerts I (1603-1656) in the Andreas Nagy atlas. ISSN 0167-4994.

0465
Dantiscum emporium totius Europae celeberrimum : Gdánsk i Bałtyk na mapach, widokach oraz dokumentach ze zbiorów Tomasza Niewodniczańskiego (Bitburg, Niemcy) ; katalog wystawy ; Ratusz Głównego Miasta Gdańska, Październik 2004 – Styczeń 2005 = Dantiscum emporium totius Europae celeberrimum : Danzig und die Ostsee in Karten, Ansichten und Dokumenten aus der Sammlung von Tomasz Niewodniczański (Bitburg) ; Ausstellungskatalog ; Rechtstädtisches Rathaus Danzig, Oktober 2004 – Januar 2005. Ed.: Muzeum Historyczne <Gdańsk>. Muzeum Historyczne <Gdańsk> 2004, 487 p., ill., mp. [Pol. and Germ.]. ISBN 83-91861-08-2.

0466
Davidkov, Boris: 160 godini ot s"zdavaneto na p"rvata b"lgarska karta. In: Geodezija, kartografija, zemeustrojstvo. 3-4, p.19-20, 1 ill. 160 years of the first Bulgarian map. [Bulg.].

0467
De beschrijving van de Nederlanden' door Lodovico Guicciardini in het kader van zijn tijd. Samengest. door Henk van der Heijden...Met tekstbijdragen van Véronique van de Kerckhof. – [Bergeijk]; Alphen aan den Rijn: Canaletto/Repro-Holland 2001, 80 p., ill. The description of the Netherlands by Lodovico Guicciardini. [Dutch]. ISBN 90-6469-769-8.

0468
De Breteuil, Séverine: Breteuil en héritage. In: Trois siècles de cartographie en Ile-de-France Volume 2. Ed.: Institut d'Aménagement et d'Urbanisme de la Région d'Ile-de-France. Institut d'Aménagement et d'Urbanisme de la Région d'Ile-de-France 1998., p. 76-93, 22 ill. (Cahiers de l'Institut d'Aménagement et d'Urbanisme de la Région d'Ile-de-France ; 120.1998).

0469
De Zeven Provinciën : landkaarten van Nederland uit de zeventiende en achttiende eeuw ; [Tentoonstelling De Seven Provinciën, Presentatie van Unieke Schenking aan de Atlas Van Stolk in Museum Het Schielandshuis, Rotterdam, die werd gehouden van 6 juni tot en met 5 oktober 2003]. Ed.: Atlas van Stolk. [Samenstelling: Lina van der Wolde]. – Rotterdam: Atlas van Stolk 2003, 64 p., mp. The seven provinces : maps of Netherland from the seventeenth and eighteenth century. [Dutch].

0470
Delavigne, Raymond: Lieux nommés, liens d'histoire : entre les "Parisii" (Parisiens) et les "Carnutes" (Chartrains). In: Trois siècles de cartographie en Ile-de-France Volume 2. Ed.: Institut d'Aménagement et d'Urbanisme de la Région d'Ile-de-France. Institut d'Aménagement et d'Urbanisme de la Région d'Ile-de-France 1998., p.140-156, 14 ill. (Cahiers de l'Institut d'Aménagement et d'Urbanisme de la Région d'Ile-de-France ; 120.1998).

0471
Demhardt, Imre Josef: Die Kartographie des Kaiserlichen Schutzgebiets Deutsch-Ostafrika. In: Cartographica Helvetica : Fachzeitschrift für Kartengeschichte. 2004,30, p.11-21, 19 ill. ISSN 1015-8480.

0472
Depuydt, Frans; Decruynaere, Leen: De Vlaanderen-kaarten van Mercator en Ortelius: In welke mate zijn ze metrisch nauwkeurig?. In: Caert-thresoor : tijdschrift voor de geschiedenis van de kartografie in Nederland. 20, 2001, 1, p.13-19, 5 ill., 1 tab. The maps of Flanders by Mercator and Ortelius: To what extent are they metrically accurate?. [Dutch with Engl. rés.]. ISSN 0167-4994.

0473
Desportes, Marc: Route et cartographie en Ile-de-France 1650 -1750. In: Trois siècles de cartographie en Ile-de-France Volume 2. Ed.: Institut d'Aménagement et d'Urbanisme de la Région d'Ile-de-France. Institut d'Aménagement et d'Urbanisme de la Région d'Ile-de-France 1998., p.24-31, 7 ill. (Cahiers de l'Institut d'Aménagement et d'Urbanisme de la Région d'Ile-de-France ; 120.1998).

0474
Dias, Maria Helena: A imagem do espaço nacional e o papel da Cartografia militar portuguesa. In: Contributos para a história da cartografía militar portuguesa. Maria Helena Dias, coordenação. Centro de Estudos Geográficos <Lisboa>. – Lisboa: 2003., 6 chapters, 15 ill. The image of national space and the paper of Portuguese military cartography. [Portug.].

0475
Dias, Maria Helena: Disponibilizar, utilizar e valorizar a informação cartográfica histórica : o Projecto SIDCarta. In: Contributos para a história da cartografía militar portuguesa. Maria Helena Dias, coordenação. Centro de Estudos Geográficos <Lisboa>. – Lisboa: 2003., 3 chapters, 7 ill. Disposition, use, and value of historical cartographic information : the project SIDCarta. [Portug.].

0476
Dias, Maria Helena: Neves Costa: uma figura emblemática da Cartografia militar portuguesa (1774-1841). In: Contributos para a história da cartografía militar portuguesa. Maria Helena Dias, coordenação. Centro de Estudos Geográficos <Lisboa>. – Lisboa: 2003., 1 chapter, 6 ill. Neves Costa: an emblematic person for Portuguese military cartography (1774-1841). [Portug.].

0477
Dias, Maria Helena: Recordando um engenheiro português ao serviço da Cartografia militar. In: Contributos para a história da cartografía militar portuguesa. Maria Helena Dias, coordenação. Centro de Estudos Geográficos <Lisboa>. – Lisboa: 2003., 6 chapters, 11 ill., 1 tab. Remembering a Portuguese engineer to the service of military cartography. [Portug.].

0478
Dias, Maria Helena; Rodrigues, Maria Luísa: Imagens de ontem e de hoje: a Beira Interior e a Cartografia militar portuguesa. In: Contributos para a história da cartografía militar portuguesa. Maria Helena Dias, coordenação. Centro de Estudos Geográficos <Lisboa>. – Lisboa: 2003., 5 chapters, 2 ill. Images of yesterday and today : the Beira Interior and the Portuguese military cartography. [Portug.].

0479
Die Darstellung der Herrschaft Schramberg und der benachbarten Territorien um 1750 auf der Karte des Anton Beiller. In: Archiv-Nachrichten / Quellenmaterial für den Unterricht. 2004,28, p.1-8.

0480
Die topographische Ansicht: Kunstwerk und Geschichtsquelle : das Beispiel Waldviertler Städte ; eine Ausstellung aus den Sammlungen der NÖ Landesbibliothek ; 27. April bis 20. Oktober 2000 im Ausstellungsraum der NÖ Landesbibliothek, St. Pölten. Ed.: NÖ Landesbibliothek. Ausstellung und Katalog: Ralph Andraschek-Holzer. Hrsg. von Gebhard König. – St. Pölten: NÖ Landesbibliothek 2000, 96 p., ill.,. (Sonder- und Wechselausstellungen der Niederösterreichischen Landesbibliothek ; 19).

0481
Dörflinger, Johannes: Ein vergessener österreichischer Kartograph des späten 19. Jahrhunderts : zum kartographischen Werk von Josef Schlacher. In: Aspekte der Kartographie im Wandel der Zeit : Festschrift für Ingrid Kretschmer zum 65. Geburtstag und anlässlich ihres Übertritts in den Ruhestand. Ed.: Kainz, Wolfgang. Hrsg. von Wolfgang Kainz. – Wien: Geographisches Institut <Wien, Universität> / Arbeitsbereich für Geographie und Kartographie 2004., p.45-54, 6 ill. (Wiener Schriften zur Geographie und Kartographie ; 16).

0482
Dörflinger, Johannes: Vom Aufstieg der Militärkartographie bis zum Wiener Kongress (1684 bis 1815). In: Österreichische Kartographie : von den Anfängen im 15. Jahrhundert bis zum 21. Jahrhundert. Ed.: Kretschmer, Ingrid; Kriz, Karel. Geographisches Institut <Wien, Universität> / Arbeitsbereich für Geographie und Kartographie. – Wien: 2004., p.74-167, 26 ill., 14 pl., 2 tab. (Wiener Schriften zur Geographie und Kartographie ; 15).

0483
Dreyer, Roland; Funk, Angela: Infos zum Grund und Boden gescannt. In: GeoBit : Geoinformatik für die Praxis. 2004,11, p.42-43, 3 ill. ISSN 1430-3663.

0484
Dreyer-Eimbcke, Oswald: Die Geburt der isländischen Kartographie. In: Island. 10.2004,2, p.12-15. ISSN 0535-7209.

0485
Dreyer-Eimbcke, Oswald: Entschleierung eines Kontinents : die Geschichte der Kartographie. In: Das gemeinsame Haus Europa : Handbuch zur europäischen Kulturgeschichte. Ed.: Köpke, Wulf; Schmelz, Bernd. – München: Museum für Völkerkunde <Hamburg> 1999., p.62-69.

0486
Dreyer-Eimbcke, Oswald: Eurozentrisches und nichteurozentrisches Kartenbild. In: Das gemeinsame Haus Europa : Handbuch zur europäischen Kulturgeschichte. Ed.: Köpke, Wulf; Schmelz, Bernd. – München: Museum für Völkerkunde <Hamburg> 1999., p.70-75.

0487
Dreyer-Eimbcke, Oswald: Geschichte der Kartographie am Beispiel von Hamburg und Schleswig-Holstein. Ed.: Kornregis. – Oldenburg: Kornregis 2004, 384 p., ill., mp. [Literaturverz. p. 347-358].

0488
Driel, D.N. van: De geschiedenis van de plattegronden in de gemeente Breda. In: Kaartvervaardiging door steden. Ed.: Nederlandse Vereniging voor Kartografie. Red.: Chr. J. Snabilié. Werkgroep Kartografische Productietechnieken. – Amersfoort: Nederlandse Vereniging voor Kartografie 1995., p.31-35, 11 ill. (NVK publikatiereeks ; 13). [Dutch].

0489
Dubois, Sébastien: La rectification du tracé des frontières sur les cartes des Pay-Bas autrichiens de Ferraris (1777-1779). – Bruxelles: Palais des Académies 2001, XXXVI, 95 p. + 6 mp.-suppl.

0490
Dürst, Arthur: The map of Europe. In: The Mercator Atlas of Europe : facsimile of the maps by Gerardus Mercator contained in the Atlas of Europe, circa 1570-1572 = Gerardi Mercatoris Atlas Europae. Ed.: Watelet, Marcel. – Pleasant Hill, OR: Walking Tree Press 1998., p.31-41, 7 ill., 5 mp.

0491
Dugény, François: Le cadastre, la parcelle et la limite. In: Trois siècles de cartographie en Ile-de-France Volume 1. Ed.: Institut d'Aménagement et d'Urbanisme de la Région d'Ile-de-France. Institut d'Aménagement et d'Urbanisme de la Région d'Ile-de-France 1997., p.222-249, 41 ill. (Cahiers de l'Institut d'Aménagement et d'Urbanisme de la Région d'Ile-de-France ; 119.1997).

0492
Dugény, François: Versailles ou l'ordre imposé. In: Trois siècles de cartographie en Ile-de-France Volume 2. Ed.: Institut d'Aménagement et d'Urbanisme de la Région d'Ile-de-France. Institut d'Aménagement et d'Urbanisme de la Région d'Ile-de-France 1998., p.114-139, 33 ill. (Cahiers de l'Institut d'Aménagement et d'Urbanisme de la Région d'Ile-de-France ; 120.1998).

0493
Dupuis, Jean-Claude: Trois siècles de cartographie en Ile-de-France. In: Trois siècles de cartographie en Ile-de-France Volume 1. Ed.: Institut d'Aménagement et d'Urbanisme de la Région d'Ile-de-France. Institut d'Aménagement et d'Urbanisme de la Région d'Ile-de-France 1997., p.14-37, 27 ill. (Cahiers de l'Institut d'Aménagement et d'Urbanisme de la Région d'Ile-de-France ; 119.1997).

0494
Duvosquel, Jean Marie; Weber, Jean-Pol: La carte d'Arenberg de la Terre de Mirwart en 1609. In: De la Meuse à l'Ardenne. 35.2003, p.65-83, 19 ill. ISSN 0773-8781.

0495
Dworsatschek, Mariusz: Imago Silesiae : z kolekcji Tomasza Niewodniczańskiego. Ed.: Tow. Przyjaciół Ossolineum. – Wrocław: Tow. Przyjaciół Ossolineum 2002, 170 p., ill., mp. + 1 mp.-suppl. Ancient cartography of Silesia in the Niewodniczański collection. [Pol. with Germ. res.]. [Dt. Zsfassung u.d.T.: Die alte Kartographie Schlesiens in der Kollektion von Tomasz Niewodniczański].

0496
Eenheid op papier : de Nederlanden in kaart van Keizer Karel tot Willem I ; [de Tentoonstelling Eenheid op Papier – de Nederlanden in Kaart van Keizer Karel tot Willem I in de gerestaureerde kerk van Onze-Lieve-Vrouw-ter-Predikheren 5 oktober – 4 december. Ed.: Onze-Lieve-Vorouw-ter-Predikheren. [Georganiseerd in samenwerking door Stad Leuven ...]. – Leuven: Onze-Lieve-Vorouw-ter-Predikheren 1994, VI, 125 p., ill., mp.

0497
Ehlers, Detlev: Historische Karte 400 Jahre alt : Die Landtafel des Malers Daniel Frese der Grafschaft Holstein (Pinneberg) aus dem Jahre 1588. In: Jahrbuch für den Kreis Pinneberg., p.15-16. ISSN 0448-150X.

0498
Ehrensvärd, Ulla: The Swedish mapping of Russia : mutual influence. In: Södertörn academic studies. 19.2004, p.21-49, 3 mp. ISSN 1650-433X.

0499
Ehrensvärd, Ulla: Topographica Estonia : handritade kartor och ritninger över Estland i svenska offentliga samlingar = Handgezeichnete Karten und Zeichnungen von Estland in schwedischen öffentlichen Sammlungen. In: Eesti teadusliku Seltsi Rootsis Aastaraamat 12 (1991/1999) = Annales Societatis Litterarum Estonicae in Svecica., p.5-289 Handdrawn maps and designs of Estonia in Swedish public collections. [Swed., Germ., and Estonian].

0500
Eleb-Harlé, Nicole: Infrastructures et recompositions urbaines : le plateau de Bagnolet-Romainville et Montreuil. In: Trois siècles de cartographie en Ile-de-France Volume 2. Ed.: Institut d'Aménagement et d'Urbanisme de la Région d'Ile-de-France. Institut d'Aménagement et d'Urbanisme de la Région d'Ile-de-France 1998., p.94-110, 26 ill. (Cahiers de l'Institut d'Aménagement et d'Urbanisme de la Région d'Ile-de-France ; 120.1998).

0501
Ennepe-Ruhr-Kreis: Märkischer Kreis / Stadt Hagen. By: Luckhardt, Jochen. – Bielefeld: Westfalen-Verlag 1987, 268 p., ill. (Westfalia picta : Erfassung westfälischer Ortsansichten vor 1900 ; 2). ISBN 3-88918-050-7.

0502
Fasching, Gerhard L.: Die Operationskarten 1:400.000 : geheime Militärkartenwerke aus dem Ersten Weltkrieg. In: Aspekte der Kartographie im Wandel der Zeit : Festschrift für Ingrid Kretschmer zum 65. Geburtstag und anlässlich ihres Übertritts in den Ruhestand. Ed.: Kainz, Wolfgang. Hrsg. von Wolfgang Kainz. – Wien: Geographisches Institut <Wien, Universität> / Arbeitsbereich für Geographie und Kartographie 2004., p.55-61, 4 ill. (Wiener Schriften zur Geographie und Kartographie ; 16).

0503
Faucherre, Nicolas: L'utilité des plans anciens pour la connaissance et la restauration du patrimoine fortifié. In: Portefeuilles de plans : projets et dessins d'ingénieurs militaires en Europe du XVIe au XIXe siècle ; actes du colloque international de Saint-Amand-Montrond 2 et 3 mars 2001 ; [le Colloque "Portefeuilles de Plans, Projets et Dessins d'Ingénieurs Militaires en Europe du XVIe au XIXe Siècles"]. Ed.: Cher. Ouvrage collectif publ. sous la dir. scientifique de Vincent Maroteaux ... – Bourges: Cher 2001., p.15-32, 25 ill.

0504
Favier, Bernard: Pierre Guillaume Martel. Ed.: Association du Musée d'Histoire des Sciences. – Genève: Association du Musée d'Histoire des Sciences 2001, 20 p., 27 ill.

0505
Feldmann, Hans-Uli: Der Topograph Charles-Jacot Guillarmod (1868-1925) : einer der Pioniere der Schweizer Felsdarstellung. In: Aspekte der Kartographie im Wandel der Zeit : Festschrift für Ingrid Kretschmer zum 65. Geburtstag und anlässlich ihres Übertritts in den Ruhestand. Ed.: Kainz, Wolfgang. Hrsg. von Wolfgang Kainz. – Wien: Geographisches Institut <Wien, Universität> / Arbeitsbereich für Geographie und Kartographie 2004., p.62-70, 5 ill. (Wiener Schriften zur Geographie und Kartographie ; 16).

0506
Feletar, Dragutin; Glamuzina, Martin: Die kroatisch-ungarische Grenze auf alten Landkarten. In: Geoadria. 6.2001, p.81-91, 11 ill. ISSN 1331-2294.

0507
Fischer, Hanspeter: Abt Hummels ausgezeichnete Feldmeßkunst : die Westerstetter Flurkarten der Ichnographia des Klosters Elchinen. In: Beiträge zur Landeskunde. 5, p.1-10, 12 ill. ISSN 0408-8492.

0508
Fischer, Hanspeter: Alte Flurkarten aus dem Albuch. In: Schwäbische Heimat : Zeitschrift für Regionalgeschichte, württembergische Landeskultur, Naturschutz und Denkmalpflege. 37.1986, p.204-208, 6 ill. ISSN 0342-7595.

0509
Fischer, Hanspeter: "...daß eine detaillierte Karte eine Kriegswaffe sei." : Militärkartographie vor etwa 200 Jahren in Südwestdeutschland. Als Manuskript gedruckt. – Stuttgart: 2002, 10 p.

0510
Fischer, Hanspeter: Der Organisator der Landesvermessung : Erinnerung Franz Jakob von Mittnacht und sein Wirken. In: Beiträge zur Landeskunde. 3.1982, p.11-16, 6 ill. ISSN 0408-8492.

0511
Fischer, Hanspeter: Die ersten Tiefenmessungen des Bodensees : der Vermessungskommissär und Zeichner Major Joseph Anton von Gasser. In: Beiträge zur Landeskunde. 2.1984, p.10-13, 7 ill. ISSN 0408-8492.

0512
Fischer, Hanspeter: Die Württembergische Landesvermessung (1818-1840) und ihre Spuren in Oberschwaben. In: Im Oberland : Kultur, Geschichte, Natur; Beiträge aus Oberschwaben und dem Allgäu. 2001; 1, p.45-49, 5 ill. ISSN 0939-8864.

0513
Fischer, Hanspeter: "Ex geometria practica" : Ausbildung und Prüfung von Feldmessern in Vorderösterreich. In: Beiträge zur Landeskunde. 5.1986, p.6-11, 7 ill. ISSN 0408-8492.

0514
Fischer, Hanspeter: "...genaue Kenntnis von einem schönen und großen Land zu geben" : die Dreiecksmessungen des Geodäten César François Cassini de Thury in Süddeutschland und Österreich in den Jahren 1761 und 1762. In: Beiträge zur Landeskunde. 3.1991, p.9-15, 8 ill., 1 portr. ISSN 0408-8492.

0515
Fischer, Hanspeter: Meilensteine südwestdeutscher Kartographie : die Landtafeln von Wangen im Allgäu und Lindau im Bodensee. In: Beiträge zur Landeskunde. 6, p.[1]-7, 8 ill. ISSN 0408-8492.

0516
Fischer, Hanspeter: "Schön und vortrefflich": die 'Charte von Schwaben' : ein kartengeschichtlich bedeutsames Werk zu Beginn des 19. Jahrhunderts. In: Beiträge zur Landeskunde. 3.1988, p.1-8, 8 ill. ISSN 0408-8492.

0517
Fischer, Hanspeter: Werke der Tiroler Bauernkartographen : Vermessungen in Vorderösterreich vor etwa 200 Jahren. In: Beiträge zur Landeskunde. 5.1997, p.8-15, 5 ill., 1 portr. ISSN 0408-8492.

0518
Fleet, Christopher: The Blaeu Atlas of Scotland (1654) : new translation and website. In: Journal of the International Map Collectors' Society. 2004,97, p.5-17, 6 ill.

0519
Fleury, Michel: Quand le chemin de fer apparaît en Ile-de-France. In: Trois siècles de cartographie en Ile-de-France Volume 2. Ed.: Institut d'Aménagement et d'Urbanisme de la Région d'Ile-de-France. Institut d'Aménagement et d'Urbanisme de la Région d'Ile-de-France 1998., p.32-45, 19 ill. (Cahiers de l'Institut d'Aménagement et d'Urbanisme de la Région d'Ile-de-France ; 120.1998).

0520
Fordham, Herbert George: Studies in cartobibliography, British and French : and in the bibliography of itineraries and road books. – Mansfield Centre, Conn.: Martino Pub 2003, VII, 180 p., ill. [Repr. [der Ausg.] Oxford, Clarendon Press, 1914; Includes bibliographical references and index] ISBN 1-578-98426-2.

0521
Forstkarten betreffend Neuwürttemberg : (17. Jhd – 1851) ; systematisches Verzeichnis. Ed.: Hauptstaatsarchiv <Stuttgart>. Hauptstaatsarchiv <Stuttgart> 1992, 4 Mikrofiches (Mikroreproduktion 251 p.). (Repertorien / Hauptstaatsarchiv Stuttgart ; Bestand N,13, Bd.1). [Parallel als Buchausg. erschienen].

0522
Forstkarten betreffend Neuwürttemberg : (17. Jhd. -1851) ; Standortverzeichnis. Ed.: Hauptstaatsarchiv <Stuttgart>. Hauptstaatsarchiv <Stuttgart> 1992, 4 Mikrofiches (Mikroreprod. 243 p.). (Repertorien / Hauptstaatsarchiv Stuttgart ; Bestand N,13, Bd.2). [Parallel als Buchausg. erschienen].

0523
Frosien-Leinz, Heike: Der Corputius-Plan: kommunales Selbstbewusstsein und Werbemittel : Stadtbilder in Mittelalter und früher Neuzeit. In Von Flandern zum Niederrhein : Wirtschaft und Kultur überwinden Grenzen ; Begleitband zur Ausstellung "Von Flandern zum Niederrhein – Wirtschaft und Kultur überwinden Grenzen" ; [10. Mai bis 6. August 2000 ; eine Ausstellung der 24. Duisburger Akzente "Ei. Ed.: Kultur- u. Stadthistorisches Museum Duisburg. – Duisburg: Kultur- u. Stadthistorisches Museum Duisburg 0., p.87-100, 11 ill.

0524
Gäfvert, Björn: Early Swedish military maps of the polar region. In: Aspects of arctic and sub-arctic history : proceedings of the International Congress on the History of the Arctic and Sub-Arctic Region, Reykjavík, 18-21 June 1998. Ed.: Sigurðsson, Ingi; Skaptason, Jón. – Reykjavik: University of Iceland Press 2000., p.420-430.

0525
García Alonso, Juan L.: La Península Ibérica en la "Geografía" de Claudio Ptolomeo. Ed.: Universidad del País Vasco. – Vitoria: Universidad del País Vasco 2003, 562 p., ill., mp. (Veleia : Anejos de Veleia : Series minor ; 19) The Iberian Peninsula in the "Geographia" by Claudius Ptolemaeus. [Span.]. ISBN 84-8373-569-5.

0526
Garcia, João Carlos: A fronteira impressa : apontamentos sobre uma série cartográfica. In: Contributos para a história da cartografía militar portuguesa. Maria Helena Dias, coordenação. Centro de Estudos Geográficos <Lisboa>. – Lisboa: 2003., 5 chapters, 2 ill. The printed border : notes on a cartographic series. [Portug.].

0527
Geissler, Robert: Geissler, Robert (1819-1893) : ein fast vergessener Zeichner von 1500 Veduten. In: Historia in museo : Festschrift für Frank-Dietrich Jacob. Ed.: Schimpff, Volker; Führ, Wieland. – Langenweissbach: Beier & Beran 0., p.225-241, ill.

0528
Gerber, Angelika: Steuerkollegium Urprimärkataster Hohenzollern : Bände 1828-1880. Ed.: Staatsarchiv <Ludwigsburg>. – Ludwigsburg: Staatsarchiv <Ludwigsburg> 1999, V Bl., 65 p. (Repertorien / Staatsarchiv Ludwigsburg : Bestand E ; 251 VII).

0529
Gerber, Angelika: Steuerkollegium Urprimärkataster Württemberg : Bände 1818-1912. Ed.: Staatsarchiv <Ludwigsburg>. – Ludwigsburg: Staatsarchiv <Ludwigsburg> 1999, VI Bl., 790 p. (Repertorien / Staatsarchiv Ludwigsburg : Bestand E ; 251 VI).

0530
Gerl, Arnim: Fridericus Amman und die Geographie. In: Neutraublinger Blätter : Beiheft zum Jahresbericht ... des Gymnasiums Neutraubling. 3.2001/2002, p.103-118, 2 ill.

0531
Germanoi chartographun tēn Ellada apo to 16o ston 19o aiōna. Ed.: Ethnikē Chartothēkē. Ethniko Kentro Chartōn kai Chartographikēs Klēronomias. Epimeleia Euangelos Libieratos. – Thessaloniki: Ethnikē Chartothēkē 2001, 62 p., ill., mp. German cartographers in Greece (exhibition). [Greek].

0532
Germundson, Nils G.: Did Homann also sell uncoloured maps?. In: Journal of the International Map Collectors' Society. 2004,97, p.19-23.

0533
Gestel-van het Schip, Paula van: Nederlandse historische kartofilatelie. In: Caert-thresoor : tijdschrift voor de geschiedenis van de kartografie in Nederland. 20, 2001, 2, p.29-40, 64 ill. Dutch historical carto-philately. [Dutch with Engl. rés.]. ISSN 0167-4994.

0534
Gibiat, Samuel: Dépôt de la guerre et dépôt des Fortifications : deux fonds d'archives techniques à vacation historique. In: Portefeuilles de plans : projets et dessins d'ingénieurs militaires en Europe du XVIe au XIXe siècle ; actes du colloque international de Saint-Amand-Montrond 2 et 3 mars 2001 ; [le Colloque "Portefeuilles de Plans, Projets et Dessins d'Ingénieurs Militaires en Europe du XVIe au XIXe Siècles"]. Ed.: Cher. Ouvrage collectif publ. sous la dir. scientifique de Vincent Maroteaux ... – Bourges: Cher 2001., p.93-105, 5 ill.

0535
Gole, Susan: Cyprus on the table : maps of Cyprus in British Government papers ; 1878-1920 ; [the Eila Campbell memorial lecture]. Ed.: Bank of Cyprus Cultural Foundation. – Nicosia: Bank of Cyprus Cultural Foundation 1996, 60 p., mp. (Cyprus cartography lectures ; 3).

0536
González, Francisco José; Martín Merás, María Luisa: Historia de la cartografía nautica en la España del siglo XIX. Ed.: Ministero de Defensa; Ministero de Fomento. – Madrid: Ministero de Defensa; Ministero de Fomento 2003, 252 p., ill. History of nautic cartography in Spain of the the XIXth century. [Span.]. [Vol. 1 d. Ges.titels: La dirección de Trabajos Hidrograficos : (1797 – 1908) / ed. y coordinación Luisa Martín-Méras] ISBN 84-97810-19-8; 84-95172-41-0; 84-7782-961-6.

0537
Gottlieb, Carlos; Blumenfeld, Hervé; Dugény, François: 250 ans d'évolution de l'occupation du sol en Ile-de-France. In: Trois siècles de cartographie en Ile-de-France Volume 1. Ed.: Institut d'Aménagement et d'Urbanisme de la Région d'Ile-de-France. Institut d'Aménagement et d'Urbanisme de la Région d'Ile-de-France 1997., p.206-215, 13 ill., 1 tab. (Cahiers de l'Institut d'Aménagement et d'Urbanisme de la Région d'Ile-de-France ; 119.1997).

0538
Grell, Jens-Peter: Das elektronische Kartenarchiv an der Universitäts- und Landesbibliothek Sachsen-Anhalt. In: Die digitale Kartenbibliothek : eine Momentaufnahme. Ed.: Bühler, Jürg. – München: Saur 2004., p.81-90, 2 ill. (Bibliographia cartographica / Beiheft ; 1).

0539
Greve, Dieter: Die Direktorialvermessung : Grundlage der Wiebekinschen und der Schmettauschen Mecklenburgkarte. In: Stier und Greif : Blätter zur Kultur- und Landesgeschichte in Mecklenburg-Vorpommern. 9.1999, p.22-29, 3 mp.

0540
Greve, Dieter: Historische Maßstäbe : ungewöhnliche Verhältnisangaben auf alten Karten – wie entstanden sie?. In: Mecklenburg-Magazin : Regionalbeilage der Schweriner Volkszeitung. 37.2003, p.26.

0541
Greve, Dieter: Ingenieurcapitain Praetorius und die Reichsgrafen von Rantzau. In: Stier und Greif : Blätter zur Kultur- und Landesgeschichte in Mecklenburg-Vorpommern. 12.2002, p.30-37, 4 ill.

0542
Günther, Gerhard: Das französische Kataster. In: NÖV : Nachrichten aus dem öffentlichen Vermessungsdienst Nordrhein-Westfalen. 37.2004,1, p.33-42, 4 ill.

0543
Häkli, Jouni: Mapping the historical sense of Finland. In: Fennia / Societas Geographica Fenniae. 180.2002,1-2, p.75-81, 4 ill. ISSN 0015-0010.

0544
Haft, Adele J.: Henry Reed's poetic map of Verona : (Di)versifying the teaching of geography, IV. In: Cartographic perspectives : journal of the North American Cartographic Information Society. 40.2001, p.32-51. ISSN 1048-9053.

0545
Hagel, Jürgen: Ein bemerkenswertes Kartenwerk vom Ende des 18. Jahrhunderts : zum Nachdruck der Varendorf'schen Karte für den Ostteil des Kreises Segeberg. In: Heimatkundliches Jahrbuch für den Kreis Segeberg. 39.1993, p.50-55. ISSN 0437-1852.

0546
Harms, Hans: Oldenburgische Kartographie in fünf Jahrhunderten. Hrsg. von der Oldenburgischen Landschaft. – Oldenburg: Isensee-Verlag 2004, 219 p.,mp. (Veröffentlichungen der Oldenburgischen Landschaft ; 8).

0547
Hattendorff, Mathias: Die Stormarnkarte des Johannes Mejer von 1650. – Hamburg: 1987, p.27-39, 4 ill. (Jahrbuch des Alstervereins e.V. ; 63).

0548
Haus Schlesien präsentiert: Wechselnde Identitäten : das nördliche Schlesien und die angrenzenden Lausitzen im historischen Kartenbild = Zmienna tożsamość: Obraz kartograficzny podziałów terytorialnych ziem północnego Śląska i wschodnich Łużyc w dziejach. Ed.: Spata, Manfred. Hrsg. von Manfred Spata. ; Museum für Schlesische Landeskunde im Haus Schlesien. 2004, 55 p., ill., mp. [Germ. and Pol.].

0549
Haus Schlesien präsentiert: Wechselnde Identitäten : das nördliche Schlesien und die angrenzenden Lausitzen im historischen Kartenbild = Zmienna tożsamość: Obraz kartograficzny podziałów terytorialnych ziem północnego Śląska i wschodnich Łużyc w dziejach. Ed.: Spata, Manfred. Hrsg. von Manfred Spata. ; Haus Schlesien. 2004, 55 p., ill., mp. [Germ. and Pol.].

0550
Hayn, Eberhard: Die Darstellung der Schweiz in den klassischen Handatlanten vor dem Ersten Weltkrieg. In: 50 Jahre Sektion Karlsruhe der Deutschen Gesellschaft für Kartographie e.V. : Festschrift. Ed.: Kern, Hans F. Hrsg. von Hans F. Kern. – Karlsruhe: Fachhochschule Karlsruhe, Hochschule für Technik, Fachbereich Geoinformationswesen 2004., p.144-152;268-269, 6 ill. (Karlsruher geowissenschaftliche Schriften, Reihe A, Kartographie und Geographie ; 16).

0551
Hebditch, Kate: Estate maps : a survey of collections relating to South West England. Ed.: Bournemouth University. – Poole: Bournemouth University 2004, 224 p., ill., mp. (Bournemouth University occasional papers on library & information services : BUOPOLIS ; 7). ISBN 1-85899-192-7.

0552
Heijden, Henj A.M. van der: De kaart van Nederland in de Franse tijd 1795-1814. – Alphen aan den Rijn: Canaletto/Repro-Holland 2000, 128 p., ill., mp. [Includes bibliographical references (p.123) and index; Zugl. ersch.: Leuven: Universitaire Pers <Leuven>] ISBN 90-6469-758-2; 90-5867-074-0.

0553
Hellyer, Roger; Oliver, Richard: A guide to the Ordnance Survey one-inch third edition maps, in colour : England and Wales, Scotland, Ireland. Ed.: Charles Close Society for the Study of Ordnance Survey Maps. – London: Charles Close Society for the Study of Ordnance Survey Maps 2004, VIII, 160 p., ill., mp. ISBN 1-87059-821-0.

0554
Herrgen, Joachim; Lenz, Alexandra: Digitale Dialektologie : Online-Publikation des Wenker-Atlasses. In: Marburger Uni-Journal. 14.2003, 6 p., 13 ill. + 1 suppl. ISSN 1616-1807.

0555
Historische Karten im Saarland : Information aus der Vermessungs- und Katasterverwaltung. Ed.: Saarland / Landesamt für Kataster-, Vermessungs- und Kartenwesen. – Saarbrücken: Saarland / Landesamt für Kataster-, Vermessungs- und Kartenwesen 2003, 1 Faltbl., mp. [Verlagsprospekt].

0556
Historische Salzburger Landkarten mit dem Salzachursprung am Krimmler Kees : Lebensraum Salzach ; [zur Ausstellung "Lebensraum Salzach" im Rahmen des Tauriska-Festivals 2003 im Tauriska-Kammerlanderstall, Neukirchen ; Ausstellung vom 17. Mai bis 30. Juli 2003 ...]. Ed.: Tauriska, – Verein zur Förderung Eigener Kultur- und Regionalentwicklung in der Region Nationalpark Hohe Tauern. – Neukirchen: Tauriska, – Verein zur Förderung Eigener Kultur- und Regionalentwicklung in der Region Nationalpark Hohe Tauern 2003, Getr. Zählung, ill., mp.

0557
Hochsauerlandkreis, Kreis Olpe. By: Luckhardt, Jochen ; Westfälisches Landesmuseum für Kunst und Kulturgeschichte; Westfalen-Lippe; Institut für Vergleichende Städtegeschichte. – Bielefeld: 1987, 252 p., ill. (Westfalia picta : Erfassung westfälischer Ortsansichten vor 1900 ; 1). ISBN 3-88918-048-5.

0558
Höhener, Hans Peter: Die handgezeichneten Karten Hans Conrad Eschers von der Linth in der Zentralbibliothek Zürich. In: Cartographica Helvetica : Fachzeitschrift für Kartengeschichte. 2004,29, p.5-15, 11 ill. ISSN 1015-8480.

0559
Höhener, Hans-Peter: Die Gebietseinteilung der Schweizvon der Helvetik bis zur Mediation (1798-1803). – Murten: Verlag Cartographica Helvetica 2003, 19 p., mp. (Cartographica helvetica : Fachzeitschrift für Kartengeschichte ; Sonderheft ; 17).

0560
Holy Roman Empire, Hungary, Greece, Constantinople, Smyrna and Bible maps : descriptive catalogue of volumes 25-34 of the atlas. Comp. by Peter van der Krogt and Erlend de Groot. 2004, 708 p., ill., mp. (The atlas Blaeu-Van der Hem of the Austrian National Library). ISBN 90-6194-179-2.

0561
Hopkins, Daniel Price: Peter Lotharius Oxholm and the late eighteenth-century Danish West Indian cartography. In: The Danish presence and legacy in the Virgin Islands. Ed.: Holsoe, Svend E.; McCollum, John H. – Frederiksted: St. Croix Landmarks Soc. 1993., p.29-56, 3 ill.

0562
Huggel, Doris: Johann Jacob Fechter : 1717-1797 ; Ingenieur in Basel. Ed.: Kunstverl. Fink. – Lindenberg: Kunstverl. Fink 2004, 232 p., ill. [Literaturverz. p.211-224].

0563
Il territorio nella società dell'informazione : dalla cartografia ai sistemi digitali ; [Venezia, Museo Correr, 1 maggio – 11 luglio 2004] = Territory in the information society. Ed.: Cantile, Andrea; Arca, Salvator. – Firenze: Istituto Geografico Militare 2004, 239 p., ill., mp. Territory in the information society : from cartography to digital systems. [Ital.]. ISBN 88-523-2567-0.

0564
Indische kartografie. Ed.: Egmond, Marco van. – Deurne: Geo-Informatie Nederland 2004, 51 p., ill., mp. (GIN publication series ; 2).

0565
Inventaris van het archief van de Directie Meetkundige Dienst van het Ministerie van Verkeer en Waterstaat (1798-) 1931-1945 (-1949) : nummer toegang 2.16.91. Ed.: Nederland / Centrale Archief Selectiedienst. – Winschoten: Nederland / Centrale Archief Selectiedienst 2004, 31 p. (CAS-inventaris ; 625) Inventory of the Archive of the Geometrical Service of the Ministry of Transport, Public Works and Water Management (1798-) 1931-1945 (-1949) : number access 2.16.91. [Dutch].

0566
Istoryčne kartoznavstvo Ukraïny : zbirnyk naukovych prac' = Historical cartography of Ukraine. Ed.: Vavryčyn, Marija H. – L'viv [u.a.]: Koc' 2004, 516 p., ill., mp. [Ukrain.]. ISBN 966-023130-X.

0567
Jászai, Géza: "Glück und Frieden" Der Horstmarer Paulus-Pokal für Fürstbischof Christoph Bernhard von Galen. In: Kunstwerke des St. Paulus-Domes zu Münster : Imaginationen des Unsichtbaren. 14, [4] p., 4 ill.

0568
Kain, Roger J.P.; Chapman, John; Oliver, Richard, R.: The enclosure maps of England and Wales 1595-1918 : [a cartographic analysis and electronic catalogue]. – Cambridge [u.a.]: Cambridge University Press 2004, XX, 415 p., ill., mp. ISBN 0-521-82771-X.

0569
Kalmbach, Ulrich: Das Bild der Alten Marck – Die Altmark in historischen Landkarten. In: Geschichte und Gegenwart der westlichen Altmark : Protokoll des wissenschaftlichen Kolloquiums am 23./24. Oktober 1999 in Salzwedel. Ed.: Landesheimatbund Sachsen-Anhalt e.V. – Halle, Saale: Landesheimatbund Sachsen-Anhalt e.V 2000., p.55-70, 6 ill. (Beiträge zur Regional- und Landeskultur Sachsen-Anhalts ; 16).

0570
Kaszuby, Polska i Prusy na dawnych mapach : Katalog wystawy ; Muzeum Regionalne w Krokowej przy współpracy z Muzeum Prus Zachodnich w Münster ; Krokowa, maj – sierpień 2003 = Kaschubei, Polen und Preussen auf alten Landkarten. Ed.: Westpreußisches Landesmuseum. [Red.: Peter Dryla...]. – Münster: Westpreußisches Landesmuseum 2003, 33 p. (Ausstellungskatalog / Westpreußisches Landesmuseum Münster, Westfalen). [Germ. and Pol.]. ISBN 3-927111-47-3.

0571
Kingma, J.: Een europa-kaart van Justus Danckerts. – Groningen: 1987, 11 p., 2 mp. A European map by Justus Danckerts. [Dutch].

0572
Kirmse, Rolf: Die große Flandernkarte Gerhard Mercators (1540) : ein Politikum?. In: Von Flandern zum Niederrhein : Wirtschaft und Kultur überwinden Grenzen ; Begleitband zur Ausstellung "Von Flandern zum Niederrhein – Wirtschaft und Kultur überwinden Grenzen" ; [10. Mai bis 6. August 2000 ; eine Ausstellung der 24. Duisburger Akzente "Ei. Ed.: Kultur- u. Stadthistorisches Museum Duisburg. – Duisburg: Kultur- u. Stadthistorisches Museum Duisburg 0., p.41-66, 2 ill.

0573
Klerk, Aad de; Storms, Martijn: Zeeuwse bedrifskaartboekjes in particulier bezit : een vergeten vorm van cultureel erfgoed. In: Caert-thresoor : tijdschrift voor de geschiedenis van de kartografie in Nederland. 23.2004,2, p.29-35, 8 ill. Privately owned farm map books from the Province of Zeeland : a forgotten form of cultural heritage. ISSN 0167-4994.

0574
Klinghammer, István: Die Anfänge der ungarischen geowissenschaftlichen Kartierung des Pannonischen Beckens. In: Aspekte der Kartographie im Wandel der Zeit : Festschrift für Ingrid Kretschmer zum 65. Geburtstag und anlässlich ihres Übertritts in den Ruhestand. Ed.: Kainz, Wolfgang. Hrsg. von Wolfgang Kainz. – Wien: Geographisches Institut <Wien, Universität> / Arbeitsbereich für Geographie und Kartographie 2004., p.71-76 (Wiener Schriften zur Geographie und Kartographie ; 16).

0575
Koller-Weiss, Katharina: Tschudis Blick nach Westen – die Manuskriptkarte der Freigrafschaft Burgund. In: Aegidius Tschudi und seine Zeit. Ed.: Koller-Weiss, Katharina; Sieber, Christian. Hrsg. von Katharina Koller-Weiss und Christian Sieber. – Basel: Krebs 2002., p.165-191, 6 ill.

0576
Kowalski, Paweł: Development and function of maps in the transmission of press information in Poland. In: Miscellanea Geographica. 11.2004, p.[311]-322, 6 ill.

0577
Kowanda, Andreas: Anmerkungen zum Thema Kartenverfälschung in der DDR. In: Kartographische Nachrichten : KN ; Fachzeitschrift für Geoinformation und Visualisierung ; Organ der Deutschen Gesellschaft für Kartographie e.V., der Schweizerischen Gesellschaft für Kartographie und der Österreichischen Kartographischen Kommission in der Österreichischen Geographischen Gesellschaft. 54.2004,2, p.83-86. ISSN 0022-9164.

0578
Kozličić, Mithad: Regiones flumina unnae et sanae in veteribus tabulis geographicis = Unsko-sansko područje na starim geografskim kartama : (izbor karata, planova i veduta u kontekstu historije Unskog-sanskog područja od kraja 15. do početka 18. stoljeća. Ed.: Nacionalna i Univerzitetska Biblioteka Bosne i Hercegovine <Sarajevo>. – Sarajevo [u.a.]: Nacionalna i Univerzitetska Biblioteka Bosne i Hercegovine <Sarajevo> 2003, 495 p., ill., mp. [Bosn.]. ISBN 995-850022-1.

0579
Kramer, Henk; Knoll, Wim: Historische Geodata : een nieuwe dimensie!. In: Geo-Info : tijdschrift voor Geo-Informatie Nederland, GIN. 1.2004,6, p.244-251, 9 ill., 4 tab. Historical geodata : a new dimension!. ISSN 1572-5464.

0580
Kreis Höxter, Kreis Paderborn. Bearb. von Jochen Luckhardt unter Mitarb. von Michael Schmitt u. Birgit Schulte. ; Institut für Vergleichende Städtegeschichte; Westfalen-Lippe; Westfälisches Landesmuseum für Kunst und Kulturgeschichte. – Bielefeld: 1995, 600 p., ill., mp. (Westfalia picta : Erfassung westfälischer Ortsansichten vor 1900 ; 5). ISBN 3-88918-060-4.

0581
Kreis Siegen-Wittgenstein. By: Luckhardt, Jochen. – Bielefeld: Westfalen-Verlag 1988, 128, ill., mp. (Westfalia picta : Erfassung westfälischer Ortsansichten vor 1900 ; 3). ISBN 3-88918-053-1.

0582
Kreis Soest : Kreis Unna, Stadt Hamm. By: Luckhardt, Jochen. – Bielefeld: Westfalen-Verlag 1989, 324 p., ill., mp. (Westfalia picta : Erfassung westfälischer Ortsansichten vor 1900 ; 4). ISBN 3-88918-055-8.

0583
Kretschmer, Ingrid: Der Ortler : frühe Lage- und Höhenangaben durch österreichische Aufnahmen. In: Mitteilungen der Österreichischen Geographischen Gesellschaft : MÖGG ; Jahresband. 146.2004, p.323-344, 4 ill., 1 tab. ISSN 0029-9138.

0584
Kretschmer, Ingrid: Von der Zweiten Landesaufnahme (1806) bis zur Gegenwart (2004). In: Österreichische Kartographie : von den Anfängen im 15. Jahrhundert bis zum 21. Jahrhundert. Ed.: Kretschmer, Ingrid; Kriz, Karel. Geographisches Institut <Wien, Universität> / Arbeitsbereich für Geographie und Kartographie. – Wien: 2004., p.168-289, 1 ill., pl. (Wiener Schriften zur Geographie und Kartographie ; 15).

0585
Kreuer, Werner: Moderne Tafel 2, Balkanhalbinsel, ohne Bezeichnung, Henricus Martellus Germanus, Florenz vor 1490, (Cl.XIII, 16, fol. 120 v. -121 r. Ptol. Henrici Martelli Germani; Biblioteca Nazionale Centrale, Firenze). – Einmalige limitierte Weltaufl. von 320 arabisch nummerierten Ex. In: Monumenta cartographica: tabulae modernae : kartographische Denkmäler, ein Triumph über die Zeit ; Essener Bearbeitung von sechs Tafeln der historischen Kartographie ; mit sechs Vollfaksimilierungen aus: Biblioteca Nazionale Centrale, Florenz (Tafeln 1,2,3,4,5), Bayerische Staatsbibliothek, München (Tafel 6). Ed.: Kreuer, Werner. – Ludwigsburg: Edition Libri Illustri 2001., p.24-31, 9 ill., 1 mp.

0586
Kreuer, Werner: Moderne Tafel 3, Kreta, "Descriptio Crete Nunc Candia Moderna", Henricus Martellus Germanus, Florenz vor 1490, (Cl. XIII, 16, fol. 122 v. – 123 r., Ptol. Henrici Martelli Germani; Biblioteca Nazionale Centrale, Firenze). – Einmalige limitierte Weltaufl. von 320 arabisch nummerierten Ex. In: Monumenta cartographica: tabulae modernae : kartographische Denkmäler, ein Triumph über die Zeit ; Essener Bearbeitung von sechs Tafeln der historischen Kartographie ; mit sechs Vollfaksimilierungen aus: Biblioteca Nazionale Centrale, Florenz (Tafeln 1,2,3,4,5), Bayerische Staatsbibliothek, München (Tafel 6). Ed.: Kreuer, Werner. – Ludwigsburg: Edition Libri Illustri 2001., p.32-37, 4 ill., 1 mp.

0587
Kühnel, Karsten: Die Landesvermessung und das amtliche Kartenwerk des Herzogtums Sachsen-Meiningen. In: Zeitschrift des Vereins für Thüringische Geschichte. 54.2000, p.251-267. ISSN 0943-9846.

0588
La Dirección de trabajos hidrográficos : (1797 – 1908). Ed.: Martín-Merás, María Luisa. Ed. y coordinación Luisa Martín-Merás. – Barcelona: Lunwerg 2003, Vol. 1 + 2. The direction of hydrographic works :(1797 – 1908). [Span.]. ISBN 84-97810-18-X; 84-95172-43-7; 84-7782-976-4.

0589
La laguna di Venezia nella cartografia storica a stampa del Museo Correr. Ed.: Baso, Giuliana; Scarso, Marisa; Tonini, Camillo. – Venezia: Marsilio 2003, XIX, 137p., mp. The Lagoon of Venice in historical cartography in print of the Correr Museum. [Ital.]. [Contains bibliography and name index] ISBN 88-317-8232-0.

0590
Lacrocq, Nelly; Faille, René: Les ingénieurs géographes : Claude, François et Claude-Félix Masse. – Vincennes: Service Historique de l'Armée de Terre 2001, 212 p., ill., mp. – Rééd. ISBN 2-86323-124-3; 2-86474-000-1.

0591
Lago, Luciano: Geographical knowledge in the work of Pietro Coppo. In: Imago Italiae : the making of Italy in the history of cartography from the Middle Ages to the Modern era ; reality, image and imagination from the Codices of Claudius Ptolemy ... Ed.: Goliardica E.U.T. – Trieste: Goliardica E.U.T., p.65-67, 15 ill. [Engl. ed.].

0592
Lago, Luciano: La comprensione iconico-grafica dell'Italia nella sua tradizione corologica. In: Imago Italiae : la fabrica dell'Italia nella storica della cartografia tra medievo ed età moderna ; realtà, immagine ed immaginazione dai codici di Claudio Tolomeo all'atlante di Giovanni Antonio Magini / Luciano Lago. Ed.: E.U.T. – Trieste: E.U.T., p.123-128, 10 ill. The iconico-graphic knowledge of Italy in the chorological tradition. [Ital.].

0593
Lago, Luciano: La costruzione Mercatoriana dell'Italia. In: Imago Italiae : la fabrica dell'Italia nella storica della cartografia tra medievo ed età moderna ; realtà, immagine ed immaginazione dai codici di Claudio Tolomeo all'atlante di Giovanni Antonio Magini / Luciano Lago. Ed.: E.U.T. – Trieste: E.U.T., p.639-666, 20 ill., 1 portr. Mercator's construction of Italy. [Ital.].

0594
Lago, Luciano: L'atlante d'Italia manoscritto, anonimo e senza data, del seminario vescofile di Padova. In: Imago Italiae : la fabrica dell'Italia nella storica della cartografia tra medievo ed età moderna ; realtà, immagine ed immaginazione dai codici di Claudio Tolomeo all'atlante di Giovanni Antonio Magini / Luciano Lago. Ed.: E.U.T. – Trieste: E.U.T., p.509-535, 20 ill. The anonymous and undated manuscript atlas of Italy in the Bishops's Seminary Library in Padua. [Ital.].

0595
Lago, Luciano: L'atlante murale dell'Italia di Egnazio Danti. In: Imago Italiae : la fabrica dell'Italia nella storica della cartografia tra medievo ed età moderna ; realtà, immagine ed immaginazione dai codici di Claudio Tolomeo all'atlante di Giovanni Antonio Magini / Luciano Lago. Ed.: E.U.T. – Trieste: E.U.T., p.583-637, 37 ill. The mural atlas of Italy by Ignazio Danti. [Ital.].

0596
Lago, Luciano: Le più antiche testimonianze regionali nella cartografia manoscritta. In: Imago Italiae : la fabrica dell'Italia nella storica della cartografia tra medievo ed età moderna ; realtà, immagine ed immaginazione dai codici di Claudio Tolomeo all'atlante di Giovanni Antonio Magini / Luciano Lago. Ed.: E.U.T. – Trieste: E.U.T., p.299-310, 9 ill. The oldest regional examples of manuscript cartography. [Ital.].

0597
Lago, Luciano: L'Italia di Giovanni Antonio Magini. In: Imago Italiae : la fabrica dell'Italia nella storica della cartografia tra medievo ed età moderna ; realtà, immagine ed immaginazione dai codici di Claudio Tolomeo all'atlante di Giovanni Antonio Magini / Luciano Lago. Ed.: E.U.T. – Trieste: E.U.T., p.669-772, 91 ill. Giovanni Antonio Magini's Italia. [Ital.].

0598
Lago, Luciano: L'Italia moderna. In: Imago Italiae : la fabrica dell'Italia nella storica della cartografia tra medievo ed età moderna ; realtà, immagine ed immaginazione dai codici di Claudio Tolomeo all'atlante di Giovanni Antonio Magini / Luciano Lago. Ed.: E.U.T. – Trieste: E.U.T., p.239-295, 56 ill. Maps of modern Italy. [Ital.].

0599
Lago, Luciano: L'Italia negli atlanti nordici dell'Ortelio e del De Jode. In: Imago Italiae : la fabrica dell'Italia nella storica della cartografia tra medievo ed età moderna ; realtà, immagine ed immaginazione dai codici di Claudio Tolomeo all'atlante di Giovanni Antonio Magini / Luciano Lago. Ed.: E.U.T. – Trieste: E.U.T., p.537-582, 41 ill. Italy in the northern atlases of Ortelius and De Jode. [Ital.].

0600
Lallier, Dominique: L'apport fondamental des plans anciens pour la compréhension actuelle de la forteresse de Montrond et sa mise en valeur. In: Portefeuilles de plans : projets et dessins d'ingénieurs militaires en Europe du XVIe au XIXe siècle ; actes du colloque international de Saint-Amand-Montrond 2 et 3 mars 2001 ; [le Colloque "Portefeuilles de Plans, Projets et Dessins d'Ingénieurs Militaires en Europe du XVIe au XIXe Siècles"]. Ed.: Cher. Ouvrage collectif publ. sous la dir. scientifique de Vincent Maroteaux ... – Bourges: Cher 2001., p.33-43, 7 ill.

0601
Land- und Flurkarten betreffend Neuwürttemberg : 16. Jhd – 1817 ; Standortverzeichnis. Ed.: Hauptstaatsarchiv <Stuttgart>. Hauptstaatsarchiv <Stuttgart> 1995, 4 Mikrofiches (Mikroreprod. 207 p.). (Repertorien / Hauptstaatsarchiv Stuttgart ; Bestand N,11, Bd.2).

0602
Land- und Flurkarten betreffend Neuwürttemberg : 16. Jhd – 1817 ; systematisches Verzeichnis. Ed.: Hauptstaatsarchiv <Stuttgart>. Hauptstaatsarchiv <Stuttgart> 1995, 4 Mikrofiches (Mikroreprod. 228 p.). (Repertorien / Hauptstaatsarchiv Stuttgart ; Bestand N,11, Bd.1). [Parallel als Buchausg. erschienen].

0603
Lantmäteri i Norrbotten : en skrift om lantmäteri i Norbotten utgiven med anledning av Norrbottens Läns Lantmäteriförenings 120-årsjubileum. Ed.: Norrbottens Läns Lantmäteriförening. Red. och författare: Georg Palmgren. – Luleå: Norrbottens Läns Lantmäteriförening 1996, 376 p., ill., mp. Surveying in Norrbotten : a paper about surveying in Norrbotten edited because of the 120th anniversary of the Norrbottens Surveying Association (Norrbottens Läns Lantmäteriförenings). [Swed.].

0604
Laureti, Lamberto: L'evoluzione della simbologia idrografica nella cartografia a grande scala in età moderna e conteporanea. In: Bollettino della Associazione Italiana di Cartografia. 41.2004,121/122, p.87-107, 18 ill. The evolution of the hydrographic symbols in the modern and contemporary cartography. [Ital. with Engl. rés.]. ISSN 0044-9733.

0605
Lawrence, Peter: British colonial mapping – large scale. In: Second Anglo-Dutch Seminar on Cartography : held in Enschede, April 3-4, 1997. Ed.: Ormeling, Ferjan. – Amersfoort: Nederlandse Vereniging voor Kartografie 1998., p.37-45, 3 ill. (NVK publikatiereeks ; 26).

0606
Le isole del vento : la rappresentazione cartografica del territorio eoliano. Ed.: Ioli Gigante, Amelia; Polto, Corradina. A cura di Amelia Ioli Gigante e Corradina Polto. – Bologna: Pàtron 2004, 103 p., mp. – 1. ed. (Geotema / Quaderni di Geotema ; 2) the islands of the wind : cartographic representation of the Aeolian territory. [Ital.]. [Contains bibliographical references and notes] ISBN 88-555-2769-X.

0607
Le Sueur, Bernard: L'aménagement des voies de navigation en Ile-de-France : les grandes étapes. In: Trois siècles de cartographie en Ile-de-France Volume 2. Ed.: Institut d'Aménagement et d'Urbanisme de la Région d'Ile-de-France. Institut d'Aménagement et d'Urbanisme de la Région d'Ile-de-France 1998., p.46-59, 20 ill. (Cahiers de l'Institut d'Aménagement et d'Urbanisme de la Région d'Ile-de-France ; 120.1998).

0608
Leenders, Eric: Pictures at an exhibition (II): Plans-reliefs of fortified cities ; permanent exhibition in Lille. In: BIMCC newsletter / Brussels International Map Collectors' Circle. 19.2004, p.4, 1 ill.

0609
Lemberg, Margret; Lemberg, Hans: Heinrich von Hanau : ein Sohn des letzten Kurfürsten von Hessen – sein Leben, seine politische Kampfschrift und seine Zukunftskarten. – Marburg: Elwert, N.G., Verlagsbuchhandl. 2003, VIII, 179 p., ill., mp. (Veröffentlichungen der Historischen Kommission für Hessen ; 46,7). ISBN 3-7708-1242-5.

0610
L'Eptaneso nelle carte : da Tolomeo ai stelliti ; [carte dagli archivi di Cartotecanazionale ellenica, Biblioteca nazionale Marciana. A cura di Evangelos Libieratos, Ilias Beriatos ; edizione italiana a cura di Caterina Balletti, Marisa Scarso. – Thessaloniki: 2004, 197 p., ill. (Quaderni IUAV. Serie CIRCE / Università IUAV di Venezia ; 2004) Eptanesos on maps from Ptolemy to satellites. [Ital.]. [Contains bibl. and notes].

0611
Leuchtweis, Ulrike: Kupferplatten zu Kartenwerken : 1865 – 1867. Ed.: Staatsarchiv <Ludwigsburg>. – Ludwigsburg: Staatsarchiv <Ludwigsburg> 1996, 36 p., mp. (Repertorien / Staatsarchiv Ludwigsburg : Bestand EL ; 68 II).

0612
Liebenberg, Elri: Die Kartierung von Südafrika unter britischer Herrschaft 1795-1910. In: Cartographica Helvetica : Fachzeitschrift für Kartengeschichte. 2004,30, p.23-34, 12 ill. ISSN 1015-8480.

0613
Loeck, Gottfried: Das Kartenbild von Pommern zur Hansezeit. In: Baltische Studien : pommersche Jahrbücher für Landesgeschichte ; zugleich Mitteilungsorgan der Historischen Kommission für Pommern und der Arbeitsgemeinschaft für Pommersche Kirchengeschichte e.V. N.F.90.2004, p.[87]-134, 13 ill. ISSN 0067-3099.

0614
London : a cartographic history 1746-1950 ; 200 years of folding maps. Ed.: Countrywide Ed. Comp. by Lucinda Boyle. – London: Countrywide Ed. 2002, XI, 161 p., ill., mp. [Includes bibliographical references (p.161)].

0615
López Gómez, Antonio: La navegación por el tajo : las obras de Antonelli su cartografía ; el reconocimiento de Carduchi en 1641. In: Descubrimientos y cartografía en la época de Felipe II. Ed.: Instituto Interuniversitario de Estudios de Iberoamérica y Portugal. – Valladolid: Instituto Interuniversitario de Estudios de Iberoamérica y Portugal 1999., p.17-39, 12 ill. (Descubrimientos y cartografía ; 3) The navigation on the Tajo : the works of Antonelli on cartography ; the recognition by Carduchi in 1641. [Span.].

0616
Lucilia, Gregori: Il lago Trasimeno : dalla carta storica al DEM. In: Bollettino della Associazione Italiana di Cartografia. 41.2004,221/222, p.175-214, 31 ill. Lake Trasimeno : from historical map to DEM. [Ital.]. ISSN 0044-9733.

0617
Luisi, Guido: Studi di storia della cartografia e di cartografia storica in Puglia. In: Mundus novus : Amerigo Vespucci e i metodi della ricerca storico-geografica ; atti del convegno internazionale di studi, Roma-Firenze, 27-30 novembre 2002. Ed.: Società Geografica Italiana. – Roma: Società Geografica Italiana 2004., p.451-460 (Memorie della Società Geografica Italiana ; 75) Studies of history of cartography and of historical cartography in Puglia. [Ital.].

0618
Maeyer, Philipp de: 250 jaar landsdekkende basiscartografie in België. In: De Aardrijkskunde. 1-2, p.3-14 250 years country-covering cartography of Belgium. [Dutch with Engl. rés.].

0619
Maeyer, Philipp de: Historische schets van de schoolatlassen in Vlaanderen. In: De Aardrijkskunde. 1-2, p.37-44, 8 ill., 1 tab. Historic overview and comparison of school atlases in Flanders. [Dutch with Engl. rés.].

0620
Malmös kartor : från 1500-talet till idag. Ed.: Historiska Media. Tyke Tykesson, red. – Lund: Historiska Media 2003, 255 p., ill., mp. [Swed.].

0621
Manso Porto, Carmen: Planos manuscritos de fortalezas del sur de Portugal : su atribución a Alexandre Massaii. In: Descubrimientos y cartografía en la época de Felipe II. Ed.: Instituto Interuniversitario de Estudios de Iberoamérica y Portugal. – Valladolid: Instituto Interuniversitario de Estudios de Iberoamérica y Portugal 1999., p.223-237 (Descubrimientos y cartografía ; 3) Manuscript plans of fortresses of the south of Portugal : their attribution to Alexandre Massaii.

0622
Maps of Cyprus : from the collections of the Bank of Cyprus Cultural Foundation. Ed.: Navari, Leonora. Catalogue ed. by Leonora Navari. – Nicosia: Bank of Cyprus Cultural Foundation 2003, 373 p., ill., mp. ISBN 9963-42819-3.

0623
Marsch, Angelika: Die Stadt Glatz in Ansichten aus vier Jahrhunderten. In: Glaciographia Nova : Festschrift für Dieter Pohl. Ed.: Herzig, Arno. – Hamburg: DOBU Verlag 2004., p.110-[180], 42 ill.

0624
Masson, Raphaël: Cartes et plans manuscrits de la bibliothèque du SHAT : histoire et typologie d'un fonds méconnu. In: Portefeuilles de plans : projets et dessins d'ingénieurs militaires en Europe du XVIe au XIXe siècle ; actes du colloque international de Saint-Amand-Montrond 2 et 3 mars 2001 ; [le Colloque "Portefeuilles de Plans, Projets et Dessins d'Ingénieurs Militaires en Europe du XVIe au XIXe Siècles"]. Ed.: Cher. Ouvrage collectif publ. sous la dir. scientifique de Vincent Maroteaux ... – Bourges: Cher 2001., p.169-176, 6 ill.

0625
Mattelaer, Pierre: Small is beautiful : a look at an exhibition and books. In: BIMCC newsletter / Brussels International Map Collectors' Circle. 19.2004, p.6-7, 2 ill.

0626
Maurer, Hans-Martin; Schieck, Siegwalt: Andreas Kieser und sein Werk. – Stuttgart: Theiss 1985, 291 p., ill., mp. + 1 Kt.-Beil. (Alt-Württemberg in Ortsansichten und Landkarten von Andreas Kieser : 1680 – 1687 ; 1).

0627
Mazzeo, Paolo: I laghetti costieri di capo peloro (ME) nella cartografia dei secoli XVI-XIX. In: Bollettino della Associazione Italiana di Cartografia. 41.2004,121/122, p.151-162, 10 ill. Coastal lakes of Capo Peloro (ME) in maps of the 16th to the 19th centuries. ISSN 0044-9733.

0628
Menk, Gerhard: Recht und Raum in einem waldeckischen Reichskammergerichtsprozeß : Entstehungsgründe und Ausführung einer Karte des südöstlichen Waldeck von 1566. In: Geschichtsblätter für Waldeck. 88.2000, p.12-47, 3 ill. ISSN 0342-0965.

0629
Merk, Eberhard: Karten des Benediktinerklosters Ochsenhausen und des Fürstentums Ochsenhausen der Fürsten von Metternich-Winneburg : 1660, 1726 – 1729, 1741, 1771 – 1818, o.J. Ed.: Hauptstaatsarchiv <Stuttgart>. – Stuttgart: Hauptstaatsarchiv <Stuttgart> 2004, 101 p. (Repertorien / Hauptstaatsarchiv Stuttgart ; N,26).

0630
Merk, Eberhard: Karten des Klosters und des Fürstentums Ochsenhausen im Hauptstaatsarchiv Stuttgart. In: Heimatkundliche Blätter für den Kreis Biberach. 27.2004,2, p.19-30, 6 mp. ISSN 1430-9475.

0631
Merk, Eberhard: Karten des Prämonstratenser-klosters Rot an der Rot und der Herrschaften Wartenberg-Rot und Erbach-Wartenberg-Rot : 1730, 1771 – 1822 und o.J. Ed.: Hauptstaatsarchiv <Stuttgart>. – Stuttgart: Hauptstaatsarchiv <Stuttgart> 2002, 1 Mikrofiche. (Repertorien / Hauptstaatsarchiv Stuttgart ; N,28). [Mikroreprod. 32 p.; Parallel als Buchausg. erschienen].

0632
Merk, Eberhard: Karten des Prämonstratenser-klosters Weißenau : 1707/08, 1729 – 1759, 1789 – 1805, 19. Jhd. und o.J. Ed.: Hauptstaatsarchiv <Stuttgart>. – Stuttgart: Hauptstaatsarchiv <Stuttgart> 2003, 2 Mikrofiches. (Repertorien / Hauptstaatsarchiv Stuttgart ; N,36). [Mikroreprod. 69 p.].

0633
Messenger, Guy: The sheet-histories of the Ordnance Survey one-inch old series maps of Essex and Kent with parts of Suffolk, Cambridge, Hertford, Surrey, Middlesex and Sussex : a revision of the cartobibliography in volume 1 of H. Margary's reproductions. Ed.: Charles Close Society for the Study of Ordnance Survey Maps. – London: Charles Close Society for the Study of Ordnance Survey Maps 1991, 52 p., 1 mp.

0634
Meulemeester, Jean Luc: Een minder bekende kaart van het kanaal Plassendale-Nieuwpoort. In: Biekorf : dat is een leer- en leesblad voor alle verstandige vlamingen. 103.2003,3, p.290-293, 2 ill. A lesser known map of the canal Plassendale-Nieuwpoort. [Dutch].

0635
Meurer, Peter H.: Der Kreis Heinsberg im Kartenbild. In: Heimatkalender des Kreises Heinsberg. 2002, p.15-27, 10 ill.

0636
Michaelidou, Lefki: Introduction to the exhibition "The European cartographers of Cyprus 16th -20th centuries". In: Journal of the International Map Collectors' Society. 2004,97, p.25-36, 10 ill.

0637
Militello, Paolo: L'isola delle carte : cartografia della Sicilia in età moderna. – Milano: Edizioni Franco Angeli 2004, 199 p., ill. (Studi e ricerche storiche ; 333) The island of the maps : cartography of the Sicily in modern age. [Ital.]. [Contains bibliography, bibliographical references, notes and indices] ISBN 88-464-6009-X.

0638
Minden-Ravensberg : Stadt Bielefeld, Kreis Gütersloh, Kreis Herford, Kreis Minden-Lübbecke. – Münster: Ardey 2002, 462 p., ill., mp. (Westfalia picta : Erfassung westfälischer Ortsansichten vor 1900 ; 7). [Literaturverz. S. 453 – 454] ISBN 3-87023-236-6.

0639
Missiroli, Anna: Le pielsasse di Ravenna nella cartografia (secoli XVII-XX). In: Bollettino della Associazione Italiana di Cartografia. 41.2004,221/222, p.129-137 The pielasse of Ravenna through cartography (17th-20th century). [Ital. with Engl. rés.]. ISSN 0044-9733.

0640
Mitchell, Peter K.; Bourne, Philip: Middlesbrough's mappa mundi : the Lordship of Acklam plan 1716. Ed.: Middlesbrough Libraries & Information. Ed. by Larry Bruce. – Middlesbrough: Middlesbrough Libraries & Information 2003, 20 p., ill., 1 mp.-suppl. [Includes poster in pocket attached to inside back cover].

0641
Mokre, Jan: Geheimhaltung, Spionage und Kartenverfälschung : Aspekte des Verhältnisses zwischen Militär und Kartographie zur Zeit Maria Theresias. In: Aspekte der Kartographie im Wandel der Zeit : Festschrift für Ingrid Kretschmer zum 65. Geburtstag und anlässlich ihres Übertritts in den Ruhestand. Ed.: Kainz, Wolfgang. Hrsg. von Wolfgang Kainz. – Wien: Geographisches Institut <Wien, Universität> / Arbeitsbereich für Geographie und Kartographie 2004., p.86-92, 2 ill. (Wiener Schriften zur Geographie und Kartographie ; 16).

0642
Momentum : Antwerp's port in the 19th and 20th century. Ed.: Blomme, Jan; Devos, Greta; Nauwelaerts, Mandy; Hoof, Werner van; Verlinden, Kathelijne. – Antwerp: Pandora 2002, 230 p., ill., tab. ISBN 90-5325-193-6.

0643
Moreira, Luís Miguel: O Alto Minho nos finais do século XVIII : História das Populaçñes e Cartografia Antiga. In: Contributos para a história da cartografía militar portuguesa. Maria Helena Dias, coordenaçäo. Centro de Estudos Geográficos <Lisboa>. – Lisboa: 2003., 3 chapters, 4 ill., bibl. ref. The High Minho at the end of the XVIII century : history of populations and ancient cartography. [Portug.].

0644
Moser, Jana: Propagandakarten in der "Kolonialen Bildsammlung" der Stadt- und Universitätsbibliothek Frankfurt am Main. In: 15 Jahre "Koloniales Bildarchiv" an der Stadt- und Universitätsbibliothek Frankfurt am Main. Ed.: Jäschke, Uwe Ulrich. – Dresden: Hochschule für Technik und Wirtschaft Dresden (FH) / Fachbereich Vermessungswesen, Kartographie 2004., p.43-54, 15 ill. (Dresdner kartographische Schriften ; 6).

0645
Müller, Gerhard; Müller, Thomas T.: "Maintzisch glaidtstein, Hessen ungestendig ..." : Zur Geleitfrage im eichsfeldisch-hessischen Grenzgebiet. In: Eschweger Geschichtsblätter. 11.2000, p.100-112, 12 ill.

0646
Müller, Guido: Bergpanoramen waren seine Leidenschaft : Anton Sattler (1846-1883). In: Mitteilungen der Gesellschaft für Salzburger Landeskunde. 144.2004, p.359-372, 4 ill. ISSN 0435-8279.

0647
Münster. By: Schmitt, Michael. – Münster: Ardey 2003, 612 p., ill., mp. (Westfalia picta : Erfassung westfälischer Ortsansichten vor 1900 ; 8). [Literaturverz. S. 602 – 605] ISBN 3-87023-237-4.

0648
Münsterland : Kreis Borken, Kreis Coesfeld, Kreis Steinfurt, Kreis Warendorf. By: Luckhardt, Jochen. – Münster: Ardey 2002, 300 p., ill. (Westfalia picta : Erfassung westfälischer Ortsansichten vor 1900 ; 6). ISBN 3-87023-235-8.

0649
Needell, Keith: Maps & charts of the Somerset coast with the Bristol Channel, 1583-1860. Publ. by K. Needell. – Muswell Hill: Needell 2004, 161 p., mp.

0650
Needell, Keith: Maps & plans of the city of Bath, 1588-1860. Publ. by K. Needell. – Muswell Hill: Needell 2004, 168 p., mp.

0651
Needell, Keith: Printed maps of Somersetshire roads, 1675-1842. Publ. by K. Needell. – Muswell Hill: Needell 2004, 98 p.

0652
Neumann, Joachim: Das Entstehen einer südwestdeutschen Verlagskartographie seit dem ausgehenden 18. Jahrhundert. In: 50 Jahre Sektion Karlsruhe der Deutschen Gesellschaft für Kartographie e.V. : Festschrift. Ed.: Kern, Hans F. Hrsg. von Hans F. Kern. – Karlsruhe: Fachhochschule Karlsruhe, Hochschule für Technik, Fachbereich Geoinformationswesen 2004., p.201-208 (Karlsruher geowissenschaftliche Schriften, Reihe A, Kartographie und Geographie ; 16).

0653
Neumann, Joachim: Die deutsch-französischen Beziehungen im Spiegel deutscher Schulatlanten : Katalog zur Ausstellung im Hauptstaatsarchiv Stuttgart vom 6. Oktober bis 17. Dezember 2004. Ed.: Fachhochschule Karlsruhe, Hochschule für Technik, Fachbereich Geoinformationswesen. – Karlsruhe: Fachhochschule Karlsruhe, Hochschule für Technik, Fachbereich Geoinformationswesen 2004, 48 p., mp. (Karlsruher geowissenschaftliche Schriften ; Reihe C, Alte Karten ; 15). ISBN 3-89063-614-4.

0654
Nicholson, Tim: Cycling and motoring maps in western Europe 1885-1960. In: The Cartographic Journal. 41.2004,3, p.181-215, 25 ill. ISSN 0008-7041.

0655
Nicholson, Tim: The birth of the modern Ordnance Survey small-scale map : the revised new series colour printed one-inch map of England and Wales 1897-1914. Ed.: Charles Close Society for the Study of Ordnance Survey Maps. – London: Charles Close Society for the Study of Ordnance Survey Maps 2002, 95, [6] p., ill., mp.

0656
Noéh, Ferenc: Birtokok és birtokosok a középkori Magyarországon. In: Geodézia és kartográfia. 56.2004,6, p.21-27 Properties and landowners in the mediaeval Hungary. [Hung. with Engl. rés.].

0657
Norgate, Jean; Norgate, Martin: Old Hampshire mapped : providing good access to early printed county maps. In: The Cartographic Journal. 41.2004,1, p.47-53, 4 ill. ISSN 0008-7041.

0658
Norgate, Martin: Checklist of Hampshire maps : early printed maps of the county. Ed.: Hampshire County Council Museums Service. – [Hampshire]: Hampshire County Council Museums Service 2004, [ca 300 Bl.], ill., mp. + 2 CD-ROMs + 1 suppl. (2 Bl.) – 2. ed. ISBN 1-85975-724-3.

0659
Österreichische Kartographie : von den Anfängen im 15. Jahrhundert bis zum 21. Jahrhundert. Ed.: Kretschmer, Ingrid; Kriz, Karel. ; Geographisches Institut <Wien, Universität> / Arbeitsbereich für Geographie und Kartographie. – Wien: 2004, 317 p., ill., mp. (Wiener Schriften zur Geographie und Kartographie ; 15).

0660
Ohainski, Uwe: Johannes Mellinger und der Ämteratlas des Fürstentums Lüneburg aus dem 16. Jahrhundert. In: Stadt – Land – Schloss : Celle als Residenz ; Begleitband zur Ausstellung. Ed.: Streich, Brigitte. – Bielefeld: Verlag für Regionalgeschichte 2000., p.199-211 (Celler Beiträge zur Landes- und Kulturgeschichte ; 29).

0661
Opll, Ferdinand: Wien im Bild historischer Karten : die Entwicklung der Stadt bis in die Mitte des 19. Jahrhunderts. Ed.: Böhlau. Aufnahmen Michael Oberer und Österreichische Nationalbibliothek. – Wien: Böhlau 2004, 79 p., [50] Bl., mp. [2., erg. Aufl.].

0662
Orgeix, Emilie d': Collections et portefeuilles de plans : projets et dessins d'ingénieurs militaires en Europe du XVIe au XIXe siècle. In: Portefeuilles de plans : projets et dessins d'ingénieurs militaires en Europe du XVIe au XIXe siècle ; actes du colloque international de Saint-Amand-Montrond 2 et 3 mars 2001 ; [le Colloque "Portefeuilles de Plans, Projets et Dessins d'Ingénieurs Militaires en Europe du XVIe au XIXe Siècles"]. Ed.: Cher. Ouvrage collectif publ. sous la dir. scientifique de Vincent Maroteaux ... – Bourges: Cher 2001., p.5-11, 3 ill.

0663
Ormeling, Ferdinand Jan: Mapping in former British India and the Netherlands Indies – a comparison. In: Second Anglo-Dutch Seminar on Cartography : held in Enschede, April 3-4, 1997. Ed.: Ormeling, Ferjan. – Amersfoort: Nederlandse Vereniging voor Kartografie 1998., p.31-36, 2 ill., 1 portr. (NVK publikatiereeks ; 26).

0664
Ormeling, Ferjan: Development of thematic cartography in the Netherlands. In: Aspekte der Kartographie im Wandel der Zeit : Festschrift für Ingrid Kretschmer zum 65. Geburtstag und anlässlich ihres Übertritts in den Ruhestand. Ed.: Kainz, Wolfgang. Hrsg. von Wolfgang Kainz. – Wien: Geographisches Institut <Wien, Universität> / Arbeitsbereich für Geographie und Kartographie 2004., p.100-109, 7 ill. (Wiener Schriften zur Geographie und Kartographie ; 16).

0665
Ormeling, F.J.: De kartering van Nederlands-Indië. In: Indische kartografie. Ed.: Egmond, Marco van. – Deurne: Geo-Informatie Nederland 2004., p.33-41, 7 ill. (GIN publication series ; 2) The mapping of Netherlands-India. [Dutch].

0666
Palermo 1703, ritratto di una città : plano de la ciudad de Palermo di D. Caetanus Lazzara Panormitanus. By: Nobile, Marco Rosario; Minella, Melo ; Fondazione Salvare Palermo. – Palermo: 2003, 45 p., ill. (Conoscere e tutelare ; 6).

0667
Palsky, Gilles: François de Dainville et l'histoire de la cartographie : orientations traditionelles et thématiques nouvelles. In: François de Dainville S.J. (1909-1971) : pionnier de l'histoire de la cartographie et de d'éducation ; actes du colloque international organisé par L'UMR 8586, PRODIG à Paris, les 6 et 7 juin 2002. Ed.: Bousquet-Bressolier, Catherine. – Paris: Ecole Nationale des Chartes 2004., p.81-99, 3 ill. (Études et rencontres de l'École des Chartes : [EREC] ; 15).

0668
Pape, Heinz: Neuere amtliche Karten für das Stadtgebiet Dortmund : welchen Nutzen haben sie für die historische Forschung ?. In: Beiträge zur Geschichte Dortmunds und der Grafschaft Mark. 61.1964, p.113-121. ISSN 0405-2021.

0669
Papotti, Davide; Salarelli, Alberto: La cartografia del Po all'Azienda Regionale Navigazione Interna (ARNI) : dagli archivi del passato alla produzione contemporanea. In: Bollettino della Associazione Italiana di Cartografia. 41.2007,121/122, p.109-116 The cartography of the river Po at the Regional Agency for Inland Navigation (ARNI) : from the historical archives to the contemporary production. [Ital. with Engl. rés.]. ISSN 0044-9733.

0670
Patitucci Uggeri, Stella: Le vie d'Acqua : in rapporto al nodo idroviario di Ferrara. – Firenze: Edizioni all'Insegna del Giglio 2002, 131 p., ill., mp. (Carta archeologica medievale del Territorio Ferrarese). ISBN 88-7814-217-4.

0671
Pelletier, Monique: La cartographie de la France aux XVe et XVIe siècles : entre passé, présent et futur. In: Le Monde des Cartes : revue du Comité Français de Cartographie. 182.2004, p.7-22, 11 ill., 2 tab. ISSN 1634-3522.

0672
Perini, Marcus: History of the cartography of the Veronese territory. In: Journal of the International Map Collectors' Society. 2004,99, p.5-12, 10 ill.

0673
Perrin, Laurent: La ville panoramique : Évolution des regards aériens sur Paris et sa banlieue. In: Trois siècles de cartographie en Ile-de-France Volume 2. Ed.: Institut d'Aménagement et d'Urbanisme de la Région d'Ile-de-France. Institut d'Aménagement et d'Urbanisme de la Région d'Ile-de-France 1998., p.6-20, 16 ill. (Cahiers de l'Institut d'Aménagement et d'Urbanisme de la Région d'Ile-de-France ; 120.1998).

0674
Pfahlbusch, René: "Kartenverfälschung" in Deutschland?!. In: Kartographische Nachrichten : KN ; Fachzeitschrift für Geoinformation und Visualisierung ; Organ der Deutschen Gesellschaft für Kartographie e.V., der Schweizerischen Gesellschaft für Kartographie und der Österreichischen Kartographischen Kommission in der Österreichischen Geographischen Gesellschaft. 54.2004,5, p.218-224, 3 ill. ISSN 0022-9164.

0675
Phylla chartē Boreias Elladas : ē pērotē apeikonisē telē 19u – arches 20u ai. Ed.: Ethnikē Chartothēkē. Epimeleia Euangelos Libieratos. – Thessaloniki: Ethnikē Chartothēkē 2003, 170 p., ill., mp. First illustration of northern Greece, end of 19th – beginning of 20th century. [Greek].

0676
Piazza, Valeria di: Carte, piante e vedute di XVIII secolo nelle stampe della Biblioteca della Provincia di Roma. – Roma: Bonsignori 2003, 271 p., ill. (Palazzo Valentini : collana di studi e materiali ; 2). [Contains bibliography and indices] ISBN 88-7597-335-0.

0677
Plans de fortifications de l'espace germanique (1698 – 1870) ou les archives militaires retrouvées : [L'Exposition "Plans de Fortifications de l'Espace Germanique (1698 – 1870) ou les Archives Militaires Retrouvées" est présentée au château de Vincennes d. Ministère de la Défense, État-Major de l'Armée de Terre, Service Historique. Sous la dir. de Nicole Salat ... ; France / Armée de Terre / Service Historique. – Vincennes: 2001, 126 p., ill., mp.

0678
Podossinov, Alexander V.: Vostochnaja Evropa v rimskoj kartograficheskoj tradicii : teksty, perevod, kommentarij. – Moskva: Indrik 2002, 486 p., ill., mp. – Nauchnoje izd. Eastern Europe in Roman cartographic tradition. [Russ. with Engl. rés.]. [In kyrill. Schr.; Zsfassung in engl. Sprache; Literaturverz. S. [379]-401] ISBN 5-85759-174-0.

0679
Poersch, Fritz: Richtlinien für die Bearbeitung der russischen Karte 1:50 000 u. 1:100 000. – [Berlin]: 1943, [13] p., ill., mp., tab. + 2 suppl.

0680
Polto, Corradina: La funzione economica del fiume Anapo nella cartografia dei secoli XVIII-XIX. In: Bollettino della Associazione Italiana di Cartografia. 41.2004,121/122, p.163-174, 6 ill., 1 tab. The economical function of the river Anapo in 18th and 19th centuries maps. [Ital. with Engl. rés.]. ISSN 0044-9733.

0681
Porada, Haik Thomas: Pommersche Karten aus der Schwedischen Landesvermessung in der Königlichen Bibliothek Kopenhagen : mit einem Exkurs über Quellen zur schwedischen Landesaufnahme im Staatsarchiv Stettin. In: Pommern : Zeitschrift für Kultur und Geschichte. 42.2004,2, p.18-22, 4 mp. ISSN 0032-4167.

0682
Portefeuilles de plans : projets et dessins d'ingénieurs militaires en Europe du XVIe au XIXe siècle ; actes du colloque international de Saint-Amand-Montrond 2 et 3 mars 2001 ; [le Colloque "Portefeuilles de Plans, Projets et Dessins d'Ingénieurs Militaires en Europe du XVIe au XIXe Siècles"]. Ed.: Cher. Ouvrage collectif publ. sous la dir. scientifique de Vincent Maroteaux ... – Bourges: Cher 2001, 203 p., ill., mp. ISBN 2-86018-009-5.

0683
Portraits de Loire : iconographie du XVIIe siècle à nos jours. Coordination: Laurence Montilly. – [Nantes]: Coiffard 2004, 89 p., ill., mp. ISBN 2-910366-53-7.

0684
Pressenda, Paola: La produzione cartografica nelle liti di confine tra confine tra comunità tra XVII e XVIII secdolo : il caso di Moncalieri. In: Mundus novus : Amerigo Vespucci e i metodi della ricerca storico-geografica ; atti del convegno internazionale di studi, Roma-Firenze, 27-30 novembre 2002. Ed.: Società Geografica Italiana. – Roma: Società Geografica Italiana 2004., p.461-470 (Memorie della Società Geografica Italiana ; 75) Cartographic production in the boundary disputes of the communities between XVII and XVIII century : the case of Moncalieri. [Ital.].

0685
Prunty, Jacinta: Maps and map-making in local history. Ed.: Four Courts. – Dublin: Four Courts 2004, 344 p., mp.

0686
Prunty, Jacinta: Military barracks and mapping in the nineteenth century : sources and issues for Irish urban history. In: Surveying Ireland's past : multidisciplinary essays in honour of Anngret Simms. Ed.: Clarke, Howard B.; Prunty, Jacinta; Hennessy, Mark. Edited by Howard B. Clarke, Jacinta Prunty and Mark Hennessy. – Dublin: Geography Publications 2004., p.477-534, 14 ill., 3 tab.

0687
Rapin, Claude: La Suisse et l'arc alpin dans la carte de Ptolémée. In: Jahrbuch der Schweizerischen Gesellschaft für Ur- und Frühgeschichte. 86.2003, p.137-144, mp. ISSN 0252-1881 / 0080-7311.

0688
Recker, Gabriele: Gemalt, gezeichnet und kopiert : Karten in den Akten des Reichskammergerichts. – Wetzlar: 2004, 63 p., ill. (Schriftenreihe der Gesellschaft für Reichskammergerichtsforschung ; 30).

0689
Recker, Gabriele: Kartographiehistorische Beiträge zur historisch-geographischen Verkehrswegeforschung : Betrachtungen zum Problem der Altkarten als Quelle anhand eines Fallbeispieles aus den Rheinlanden. – Bonn: 1998, 923 p., ill., mp. [Bonn, Univ., Diss., 1998; Text, Katalog und Tafeln in 2 Bde.].

0690
Reise durch Europas Mitte : Die Reisebilder Pfalzgraf Ottheinrichs aus den Jahren 1536/37 ; [Katalog der Ausstellung Reise durch Europas Mitte. Die Reisebilder Pfalzgraf Ottheinrichs aus den Jahren 1536/37 in Tschechien, Deutschland und Polen] = Cesta sty. Ed.: Deutsches Kulturforum Östliches Europa. [Ausstellung und Katalog: Thomas Schulz; Mathias Marx]. – Potsdam: Deutsches Kulturforum Östliches Europa 2003, LXXXV p.,ill. (Potsdamer Bibliothek östliches Europa / Kunst).

0691
Reisz, Csaba T.: Magyarország általános térképének elkészítése a 19. század elsÿîo évtizedében : Lipszky János és segítÿîoi térképészeti vállalkozásának ismertetése. – Budapest: Cartofil Könyvkiadó 2002, 512, 32 p., ill., mp., 2 Beil. The making of the General Map of Hungary in the first decade of the 19th. century. [Hung. with Engl., Germ., and Slovak rés.]. [Literaturverz. S. 357-375] ISBN 963-202-327-7.

0692
Renteux, Jean-Louis: Map of "Haynault", by Jacques Surhon, 1579. In: BIMCC newsletter / Brussels International Map Collectors' Circle. 19.2004, p.17-20, 1 mp.

0693
Rêves de capitale : Paris et ses plans d'embellissement : [à l'occasion de l'Exposition "Rêves de Capitale. Paris et Ses Plans d'Embellissement", présentée par la Bibliothèque Nationale de France dans la crypte, site Richelieu, du 28 janvier 2003 au 19 av. Ed.: Bibliothèque Nationale de France. Commissaire de l'exposition: Jean-Yves Sarazin. – Paris: Bibliothèque Nationale de France 2003, 32 p., ill., mp. (Cahiers d'une exposition / Bibliothèque Nationale de France ; 42).

0694
Richardson, Eric: The Black Country as seen through antique maps : a survey from 1579 to 1895. Ed.: Black Country Society. – Kingswinford: Black Country Society 2000, 46 p., ill., mp. [Includes bibliographical references] ISBN 0-904015-60-2.

0695
Richter, Uwe: Vor 450 Jahren entstand der erste Stadtplan Freibergs. In: Das Jahrbuch für die Region Freiberg : Glanzlichter und Streitpunkte, Trends und Ereignisse aus Wirtschaft, Politik, Wissenschaft und Kultur, Reportagen und Berichte, Beiträge zur Heimatgeschichte. 2004, p.152-153, 1 ill.

0696
Rickenbacher, Martin: Festungskarten : Karten für dieschweizerische Landesverteidigung. In: Cartographica Helvetica : Fachzeitschrift für Kartengeschichte. 2004,29, p.17-26, 10 ill., 3 portr. ISSN 1015-8480.

0697
Rickenbacher, Martin: Topographische Untersuchungen zu den "Basler" Panoramen des jungen Samuel Birmann (1793-1847). In: Aspekte der Kartographie im Wandel der Zeit : Festschrift für Ingrid Kretschmer zum 65. Geburtstag und anlässlich ihres Übertritts in den Ruhestand. Ed.: Kainz, Wolfgang. Hrsg. von Wolfgang Kainz. – Wien: Geographisches Institut <Wien, Universität> / Arbeitsbereich für Geographie und Kartographie 2004., p.110-119, 7 ill. (Wiener Schriften zur Geographie und Kartographie ; 16).

0698
Riegler, Karin: Analyse der Steiermarkkarte (1678) von Georg Matthäus Vischer unter besonderer Berücksichtigung des Oberen Murtetales. Ed.: Universität Wien. – Wien: Universität Wien 2004, 232 p., 73 ill. [Diplomarbeit].

0699
Römermann, Hermann: Die Tranchot-Müffling-Karten : Darstellung der Grundwasserverhältnisse und ihre aktuelle Planungsrelevanz. In: Geohistorische Blätter. 7.2004,1, p.17-32, 8 ill., 2 tab. ISSN 1436-3135.

0700
Rose, Edward P.F.; Willig, Dierk: Specialist maps prepared by German military geologists for Operation Sealion : the invasion of England scheduled for 1940. In: The Cartographic Journal. 41.2004,1, p.13-35, 15 ill., 3 tab. ISSN 0008-7041.

0701
Roux, Antoine de: Les atlas de Trudaine : une source de premier plan pour la connaissance de la France de l'intérieur dans les années 1750 : l'exemple des atlas de la généralité de Bourges. In: Portefeuilles de plans : projets et dessins d'ingénieurs militaires en Europe du XVIe au XIXe siècle ; actes du colloque international de Saint-Amand-Montrond 2 et 3 mars 2001 ; [le Colloque "Portefeuilles de Plans, Projets et Dessins d'Ingénieurs Militaires en Europe du XVIe au XIXe Siècles"]. Ed.: Cher. Ouvrage collectif publ. sous la dir. scientifique de Vincent Maroteaux ... – Bourges: Cher 2001., 185-196, 9 ill., 1 tab.

0702
Rübenstrunk, Kathrin: Paris – Berlin – Moskau und zurück : Pläne zu hessischen Festungen im Archiv von Vincennes. In: Hessische Heimat : Zeitschrift für Kunst, Kultur und Denkmalpflege ; Organ der Gesellschaft für Kultur- und Denkmalpflege. 50.2000, p.3-7, 5 ill. ISSN 0178-3173.

0703
Ruiz Morales, Mario: Los ingenieros geógrafos : origen y creación del cuerpo. Ed.: España / Ministerio de Fomento. – Madrid: España / Ministerio de Fomento 2003, 286 p., ill. [Includes bibliographical references (p.167-169)] ISBN 84-95172-39-9.

0704
Rundum Berge : Faltpanoramen oder Der Versuch alles sehen zu können ; das Begleitheft zur Ausstellung des Alpenverein-Museum Innsbruck. Ed.: Alpenverein-Museum. [Konzept und Red.: Monika Gärtner... Text: Anton Holzer]. – Innsbruck: Alpenverein-Museum 2001, [17] Bl. in Leporello.

0705
Rutherford, Dianne: Teaching the terrain : First World War battlefields at the Australian War Memorial. In: The Globe. 55.2004, p.25-30, 3 ill. ISSN 0311-3930.

0706
Saiz-Lozano, Angel: La cartographie du Léman. Ed.: Ed. Slatkine. – Genève: Ed. Slatkine 2004, 328 p., ill.

0707
Salamagne, Alain: Plan et représentation dans l'architecture des anciens Pays-Bas bourguignons du XVIe siècle au XVIIIe siècle. In: Portefeuilles de plans : projets et dessins d'ingénieurs militaires en Europe du XVIe au XIXe siècle ; actes du colloque international de Saint-Amand-Montrond 2 et 3 mars 2001 ; [le Colloque "Portefeuilles de Plans, Projets et Dessins d'Ingénieurs Militaires en Europe du XVIe au XIXe Siècles"]. Ed.: Cher. Ouvrage collectif publ. sous la dir. scientifique de Vincent Maroteaux ... – Bourges: Cher 2001., p.55-65, 4 ill.

0708
Salat, Nicole; Barros, Martin: De l'atlas des bâtiments militaires au portefeuille de l'officier : codification de l'oeuvre figurée du service du génie. In: Portefeuilles de plans : projets et dessins d'ingénieurs militaires en Europe du XVIe au XIXe siècle ; actes du colloque international de Saint-Amand-Montrond 2 et 3 mars 2001 ; [le Colloque "Portefeuilles de Plans, Projets et Dessins d'Ingénieurs Militaires en Europe du XVIe au XIXe Siècles"]. Ed.: Cher. Ouvrage collectif publ. sous la dir. scientifique de Vincent Maroteaux ... – Bourges: Cher 2001., p.127-137, 7 ill.

0709
Salat, Nicole; Barros, Martin: De l'atlas des bâtiments militaires au portefeuille de l'officier : codification de l'oeuvre figurée du service du génie. In: Portefeuilles de plans : projets et dessins d'ingénieurs militaires en Europe du XVIe au XIXe siècle ; actes du colloque international de Saint-Amand-Montrond 2 et 3 mars 2001 ; [le Colloque "Portefeuilles de Plans, Projets et Dessins d'Ingénieurs Militaires en Europe du XVIe au XIXe Siècles"]. Ed.: Cher. Ouvrage collectif publ. sous la dir. scientifique de Vincent Maroteaux ... – Bourges: Cher 2001., p.127-137, 7 ill.

0710
Sallat, Roland: De l'empire colonial aux agences de l'IGN : 1940 – 1973. Ed.: Institut Géographique National. – Paris: Institut Géographique National 2003, IV, 131 p., ill., mp. (Les cahiers historiques de l'IGN ; 3.2003).

0711
Samuelin kartat : Helsingin pitäjä vanhimmissa kartoissaan 1681 -1712 = Samuels kartor. Ed.: Leskinen, Teresa. ; Vantaan Kaupunginmuseo <Vantaa>. – Vantaa: 2001, 88 p., ill., mp. (Vantaan Kaupunginmuseon julkaisuja ; 11). [Finn. and Swed.]. [Catalogue of an exhibition held at the Vantaa City Museum, 17 May -25 Nov.] ISBN 952-443033-9.

0712
Sandberg, Allan: Löjtnant Nils Hallströms förslag år 1914 till flygkarta över Sverige. Ed.: Kartografiska Sällskapet. – Stockholm: Kartografiska Sällskapet 2003, 63 p., ill., mp. Lieutenant Nils Hallströms proposal of the year 1914 for an air map of Sweden. [Swed.].

0713
Sanger, Victoria: Les lotissements des ingénieurs du Roy au service de l'urbanisme : l'exemple de Lille vu à travers l'étude de trois plans issus de la collection Auclair. In: Portefeuilles de plans : projets et dessins d'ingénieurs militaires en Europe du XVIe au XIXe siècle ; actes du colloque international de Saint-Amand-Montrond 2 et 3 mars 2001 ; [le Colloque "Portefeuilles de Plans, Projets et Dessins d'Ingénieurs Militaires en Europe du XVIe au XIXe Siècles"]. Ed.: Cher. Ouvrage collectif publ. sous la dir. scientifique de Vincent Maroteaux ... – Bourges: Cher 2001., p.67-75, 7 ill.

0714
Schönburg-Hartenstein, Johanna; Zedinger, Renate: Jean-Baptiste Brequin (1712-1785) : ein Wissenschaftler aus Lothringen im Dienst des Wiener Hofes. – Wien: Deuticke 2004, 124 p., ill., mp. (Forschungen und Beiträge zur Wiener Stadtgeschichte ; 42).

0715
Schwarz, Uwe: "Schritt für Schritt ... eine halbe stundt gehenss" : vom Zeit- zum Metermaß. In: Wie Zeit vergeht. Ed.: Schäfke, Werner. – Köln: DuMont 1999., p.102-105, 2 ill.

0716
Schwarz, Uwe: Vierblättrige Manuskriptkarte von Köln und seinen Schweidländereien : eine kartenhistorische Rarität im Kölnischen Stadtmuseum. In: Coellen eyn Croyn : Renaissance und Barock in Köln. Ed.: Schäfke, Werner. – Köln: DuMont 1999., p.425-446, 4 ill., 3 tab. (Der Riß im Himmel).

0717
Sechi Nuvole, Marina: La localizzazione degli Insani Montes (Sardegna) nella tradizione mitografica e nella cartografia antica. In: Bollettino della Associazione Italiana di Cartografia. 41.2004,120, p.5-42, 12 ill. The localization of the Insani Montes (Insane Mountains, Sardinia) in mythographic tradition and in ancient cartography. [Ital.]. ISSN 0044-9733.

0718
Seibold, Eugen; Seibold, Ilse: Dokumente zur Ära Heinrich von Dechen (1800-1898) – seine geologischen Übersichtskarten. In: International journal of earth sciences. 88.2000, p.844-852. ISSN 1437-3254.

0719
Servant, Hélène: Évolution des limites administratives de l'Ile-de-France : XVI – XX siècle. In: Trois siècles de cartographie en Ile-de-France Volume 1. Ed.: Institut d'Aménagement et d'Urbanisme de la Région d'Ile-de-France. Institut d'Aménagement et d'Urbanisme de la Région d'Ile-de-France 1997., p.38-55, 16 ill. (Cahiers de l'Institut d'Aménagement et d'Urbanisme de la Région d'Ile-de-France ; 119.1997).

0720
Smith, Brian S.: Herefordshire maps 1577 to 1800. – Logaston: Logaston Press 2004, XVIII, 205 p., ill., mp. ISBN 1-904396-24-0.

0721
Somek, Gottfried: Noreia und die Tabula Peutingeriana. In: Carinthia : geschichtliche und volkskundliche Beiträge zur Heimatkunde Kärntens ; Mitteilungen des Geschichtsvereins für Kärnten / 1, Zeitschrift für geschichtliche Landeskunde von Kärnten. 194.2004, p.293-320, 4 ill., 2 tab. ISSN 0008-6606.

0722
Sossa, Rostyslav Ivanovyč: Kartohrafuvannja terytoriï Ukraïny : istorija, perspektyvy, naukovi osnovy. – Kyïv: Naukova dumka 2005, 290 p., 76 ill., 14 tab. ISBN 966-00-0455-9.

0723
Spata, Manfred: Der schlesische Kartograph Jonas Scultetus = Śląski kartograf Jonas Scultetus. In: Haus Schlesien präsentiert: Wechselnde Identitäten : das nördliche Schlesien und die angrenzenden Lausitzen im historischen Kartenbild = Zmienna tożsamość: Obraz kartograficzny podziałów terytorialnych ziem północnego Śląska i wschodnich Łużyc w dziejach. Ed.: Spata, Manfred. Hrsg. von Manfred Spata. Haus Schlesien. 2004., p.15-18. [Germ. and Pol.].

0724
Spata, Manfred: Die Landkarte der Grafschaft Glatz in der Aelurius-Chronik 1625. In: Glaciographia Nova : Festschrift für Dieter Pohl. Ed.: Herzig, Arno. – Hamburg: DOBU Verlag 2004., p.93-[109], 7 ill.

0725
Spata, Manfred: Kartographische Skizzen von Niederschlesien = Szkice kartograficzne Dolnego Śląska. In: Haus Schlesien präsentiert: Wechselnde Identitäten : das nördliche Schlesien und die angrenzenden Lausitzen im historischen Kartenbild = Zmienna tożsamość: Obraz kartograficzny podziałów terytorialnych ziem północnego Śląska i wschodnich Łużyc w dziejach. Ed.: Spata, Manfred. Hrsg. von Manfred Spata. Haus Schlesien. 2004., p.9-14. [Germ. and Pol.].

0726
Spata, Manfred: Kartographische Skizzen von Niederschlesien = Szkice kartograficzne Dolnego Śląska. In: Haus Schlesien präsentiert: Wechselnde Identitäten : das nördliche Schlesien und die angrenzenden Lausitzen im historischen Kartenbild = Zmienna tożsamość: Obraz kartograficzny podziałów terytorialnych ziem północnego Śląska i wschodnich Łużyc w dziejach. Ed.: Spata, Manfred. Hrsg. von Manfred Spata. Haus Schlesien. 2004., p.9-14. [Germ. and Pol.].

0727
Speed, John: Tudor townscapes : the town plans from John Speed's Theatre of the empire of Great Britaine 1610. Ed.: Map Collector. Introduced and with commentaries by Jeffery John Speed. – Waddesdon: Map Collector 2000, 172 p., ill., mp. [Includes bibliographical references].

0728
Sporrong, Ulf: "Det svenska lantmäterier var ledande". In: Nya lantmätaren. 2003,9, p.14-16, 2 ill. The Swedish land survey was leading the field. [Swed.].

0729
Steiner, Thaddäus: Die Grenzkarte des Daniel Beich von 1672. In: Alt-Füssen. 2003, p.97-101.

0730
Štrauhmanis, Janis: Latvijas kartogrāfijas vēsture : bibliogrāfiskais rādītājs. – Riga: 1999, 48 p., ill., mp. Bibliography of the history of cartography of Latvia. [Latv., Engl., German and Russ.]. [Teilw. in kyrill. Schrift] ISBN 9984-93451-9.

0731
Szaniawska, Lucyna: Najnowsze dary i nabytki ... dla zbiorów specjalnych. In: Biuletyn Informacyjny Biblioteki Narodowej. 2.2004,169, p.19-22, mp. + Arbeitsübersetzung (4 p.) Die neuesten Schenkungen und Erwerbungen für die Sondersammlungen. [Pol.]. [Übersetzt von Rosmarie Knuth] ISSN 0006-3983.

0732
Tema: historiske kort. Ed.: Geoforum Danmark. – Frederiksberg: Geoforum Danmark 2004, 75 p., ill., mp. (Geoforum perspektiv : tidsskrift for geografisk information ; 5.2004). [Dan.].

0733
Terre di Langobardia : la Lombardia, il corso del Po e il ducato estense nell'antica cartografia a stampa, 1520-1796. Ed.: Sanfelici, Roberto. – Modena: Librerie Panini 2003, 301 p., ill. Lands of Langobardia : Lombardy, the course of the Po and the duchy of Este in ancient prints of cartography, 1520-1796. [Ital.]. [Contains bibliography and bibliographical references].

0734
Thomas, Avril: Londonderry c. 1856: a city mapped in unusual detail. In: Surveying Ireland's past : multidisciplinary essays in honour of Anngret Simms. Ed.: Clarke, Howard B.; Prunty, Jacinta; Hennessy, Mark. Edited by Howard B. Clarke, Jacinta Prunty and Mark Hennessy. – Dublin: Geography Publications 2004., p.455-476, 6 ill., 1 tab.

0735
Tippach, Thomas: Die Visualisierung einer Region : Westfalen im Kartenbild um 1800 ; Peter Johanek zum 65. Geburtstag. In: Regionale Identitäten in Westfalen seit dem 18. Jahrhundert ; Themenschwerpunkt. Ed.: Küster, Thomas. 2002., p.111-132, 7 ill. (Westfälische Forschungen : Zeitschrift des Westfälischen Instituts für Regionalgeschichte des Landschaftsverbandes Westfalen-Lippe ; 52.2002).

0736
Tobias Mayers Kriegskunst : 1745. Ed.: Tobias-Mayer-Museum e.V. Erwin Roth und Edgar Lukas. – Marbach am Neckar: Tobias-Mayer-Museum e.V. 1993, 212 p., ill. (Schriftenreihe des Tobias-Mayer-Museum).

0737
Torke, Horst: Matthias Öder in der Sächsischen Schweiz : Öders Landschaft am Ende des 16. Jahrhunderts. Ed.: Stadtmuseum <Pirna>. – Pirna: Stadtmuseum <Pirna> 2004, 112 p., ill., mp. (Schriftenreihe des Stadtmuseums Pirna : geschichtl. u. heimatkundl. Beiträge aus Pirna u. Umgebung ; 12).

0738
Trois siècles de cartographie en Ile-de-France Volume 1. Ed.: Institut d'Aménagement et d'Urbanisme de la Région d'Ile-de-France. Institut d'Aménagement et d'Urbanisme de la Région d'Ile-de-France 1997. (Cahiers de l'Institut d'Aménagement et d'Urbanisme de la Région d'Ile-de-France ; 119.1997). [Vol. 2 = Cahiers de L'Institut d'Aménagement et d'Urbanisme de la Région d'Ile-de-France ; 120.1998].

0739
Trois siècles de cartographie en Ile-de-France Volume 2. Ed.: Institut d'Aménagement et d'Urbanisme de la Région d'Ile-de-France. Institut d'Aménagement et d'Urbanisme de la Région d'Ile-de-France 1998. (Cahiers de l'Institut d'Aménagement et d'Urbanisme de la Région d'Ile-de-France ; 120.1998). [Vol. 1 = Cahiers de L'Institut d'Aménagement et d'Urbanisme de la Région d'Ile-de-France; 119.1997].

0740
Uhland, Robert: Karten des Prämonstratenserklosters Schussenried : 1742 – 1806. Ed.: Hauptstaatsarchiv <Stuttgart>. – Stuttgart: Hauptstaatsarchiv <Stuttgart> 1982, 2 Mikrofiches. (Repertorien / Hauptstaatsarchiv Stuttgart ; N,30). [Mikroreprod. V, 69 p.; Gegenüber der Buchausg. gekürzt (ohne [81] Bl.); Parallel als Buchausg. erschienen].

0741
Valette, Philippe: Les cartes et plans de la moyenne garonne de l'époque moderne à nos jours. In: Le Monde des Cartes : revue du Comité Français de Cartographie. 182.2004, p.41-51, 7 ill. ISSN 1634-3522.

0742
Venard, Marc: Cartes anciennes de l'église de France, un modèle de recherche. In: François de Dainville S.J. (1909-1971) : pionnier de l'histoire de la cartographie et de d'éducation ; actes du colloque international organisé par L'UMR 8586, PRODIG à Paris, les 6 et 7 juin 2002. Ed.: Bousquet-Bressolier, Catherine. – Paris: Ecole Nationale des Chartes 2004., p.227-233 (Études et rencontres de l'École des Chartes : [EREC] ; 15).

0743
Versfelt, Herman: De Franse Kaarten van Drenthe (1811-1813). In: Waardeel : Drents historisch tijdschrift. 21.2001,2, p.1-9, 3 ill. 5 mp. The French maps of Drenthe (1811-1813). [Dutch]. ISSN 1380-4766.

0744
Viganó, Marino: Le portefeuille de Gaspar Beretta (1620-1703)à la Bibliothèque Trivulziana de Milan : plans et mémoires pour servir l'Espagne. In: Portefeuilles de plans : projets et dessins d'ingénieurs militaires en Europe du XVIe au XIXe siècle ; actes du colloque international de Saint-Amand-Montrond 2 et 3 mars 2001 ; [le Colloque "Portefeuilles de Plans, Projets et Dessins d'Ingénieurs Militaires en Europe du XVIe au XIXe Siècles"]. Ed.: Cher. Ouvrage collectif publ. sous la dir. scientifique de Vincent Maroteaux ... – Bourges: Cher 2001., p.147-158, 8 ill.

0745
Viglino Davico, Micaela: Plans et portefeuilles militaires conservés dans les archives de Turin (XVIe et XVIIe siècles). In: Portefeuilles de plans : projets et dessins d'ingénieurs militaires en Europe du XVIe au XIXe siècle ; actes du colloque international de Saint-Amand-Montrond 2 et 3 mars 2001 ; [le Colloque "Portefeuilles de Plans, Projets et Dessins d'Ingénieurs Militaires en Europe du XVIe au XIXe Siècles"]. Ed.: Cher. Ouvrage collectif publ. sous la dir. scientifique de Vincent Maroteaux ... – Bourges: Cher 2001., p.117-125, 11 ill.

0746
Vilar, Maria José: Ceuta en el siglo XIX : a través de su cartografia histórica y fuentes inéditas ; de presidio fortificado a ciudad abierta, portuaria y mercantil (1800-1912). Ed.: Universidad Murcia. – Murcia: Universidad Murcia 2002, XIV, 379 p., ill., mp. ISBN 84-8371-344-6.

0747
Vries, Dirk de: Oostende verloren, Sluis gewonnen, 1604 : een kroniek in kaarten ; catalogus bij een tentoonstelling in de Leidse Universiteitsbibliotheek van 12 augustus – 12 september 2004. Ed.: Rijksuniversiteit Leiden / Bibliotheek. – Leiden: Rijksuniversiteit Leiden / Bibliotheek 2004, 176 p., ill., mp. (Kleine publicaties van de Leidse Universiteitsbibliotheek) Exposition "Lost Ostende, won Sluis, 1604" : a chronicle in maps ; catalogue of an exposition in Leiden University Library from 2004 August 12 – September 12. [Dutch].

0748
Wallace, Patrick F.: The big picture : mapping Hiberno-Norse Dublin. In: Surveying Ireland's past : multidisciplinary essays in honour of Anngret Simms. Ed.: Clarke, Howard B.; Prunty, Jacinta; Hennessy, Mark. Edited by Howard B. Clarke, Jacinta Prunty and Mark Hennessy. – Dublin: Geography Publications 2004., p.13-40, 17 ill.

0749
Wallis, Helen: Vignettes in the cartographic history of Cyprus : The Agnes Michaelides Memorial Lecture. Ed.: Bank of Cyprus Cultural Foundation. – Nicosia: Bank of Cyprus Cultural Foundation 1992, 24 p., [8] Bl.

0750
Warmoes, Isabelle: De l'utilité pédagogique des plans-reliefs (XVIIe-XIXe siècles). In: Portefeuilles de plans : projets et dessins d'ingénieurs militaires en Europe du XVIe au XIXe siècle ; actes du colloque international de Saint-Amand-Montrond 2 et 3 mars 2001 ; [le Colloque "Portefeuilles de Plans, Projets et Dessins d'Ingénieurs Militaires en Europe du XVIe au XIXe Siècles"]. Ed.: Cher. Ouvrage collectif publ. sous la dir. scientifique de Vincent Maroteaux ... – Bourges: Cher 2001., p.177-184, 7 ill.

0751
Watelet, Marcel: Extraits du corpus cartographique de l'ingénieur Jean-Baptiste Vifquain (1789-1854): dispositifs graphiques et comportements techniques. In: Portefeuilles de plans : projets et dessins d'ingénieurs militaires en Europe du XVIe au XIXe siècle ; actes du colloque international de Saint-Amand-Montrond 2 et 3 mars 2001 ; [le Colloque "Portefeuilles de Plans, Projets et Dessins d'Ingénieurs Militaires en Europe du XVIe au XIXe Siècles"]. Ed.: Cher. Ouvrage collectif publ. sous la dir. scientifique de Vincent Maroteaux ... – Bourges: Cher 2001., p.107-116, 5 ill.

0752
Watelet, Marcel: The atlas of Europe circa 1570 – 1572. In: The Mercator Atlas of Europe : facsimile of the maps by Gerardus Mercator contained in the Atlas of Europe, circa 1570-1572 = Gerardi Mercatoris Atlas Europae. Ed.: Watelet, Marcel. – Pleasant Hill, OR: Walking Tree Press 1998., p.7-13, 1 portr., 4 ill., 6 mp.

0753
Wawrik, Franz: Die Karten der Länder Ober- und Niederösterreich im Atlas Blaeu-Van der Hem, mit besonderer Berücksichtigung der Handzeichnungen Julius Mulhusers. In: Aspekte der Kartographie im Wandel der Zeit : Festschrift für Ingrid Kretschmer zum 65. Geburtstag und anlässlich ihres Übertritts in den Ruhestand. Ed.: Kainz, Wolfgang. Hrsg. von Wolfgang Kainz. – Wien: Geographisches Institut <Wien, Universität> / Arbeitsbereich für Geographie und Kartographie 2004., p.141-149, 4 ill. (Wiener Schriften zur Geographie und Kartographie ; 16).

0754
Wawrik, Franz: Von den Anfängen der österreichischen Kartographie bis zur zweiten Türkenbelagerung Wiens (1683). In: Österreichische Kartographie : von den Anfängen im 15. Jahrhundert bis zum 21. Jahrhundert. Ed.: Kretschmer, Ingrid; Kriz, Karel. Geographisches Institut <Wien, Universität> / Arbeitsbereich für Geographie und Kartographie. – Wien: 2004., p.11-73, 19 ill., 6 pl. (Wiener Schriften zur Geographie und Kartographie ; 15).

0755
Weczerka, Hugo: Zweimal Breslau : zu einigen Ergebnissen des Deutschen und Polnischen Städteatlas. In: Hansische Geschichtsblätter. 120.2002, p.213-222. ISSN 0073-0327.

0756
Wesselink, Dirk: De rol van de Cuneratoren in de landmeetkunde. In: Geo-Info : tijdschrift voor Geo-Informatie Nederland, GIN. 1.2004,1, p.30-37, 15 ill. The role of the Cunera-tower in geodesy. ISSN 1572-5464.

0757
Westfalia picta : Erfassung westfälischer Ortsansichten vor 1900. Ed.: Luckhardt, Jochen. – Bielefeld: Westfalen-Verlag 1987, Bd.1 (1987) -. [Ab Bd. 6 im Verlag Ardey, Münster, erschienen].

0758
Wild, Holger: Die topographischen Karten (Ausgabe für die Volkswirtschaft) und ihre Nutzung als Grundlagenkarten : ein Beitrag zur Kartographiegeschichte der DDR. Ed.: Technische Universität Dresden / Institut für Kartographie. – Dresden: Technische Universität Dresden / Institut für Kartographie 2004, 130 p., ill., mp. (Kartographische Bausteine : KB ; 29). ISBN 3-86005-444-9.

0759
Winchester, Simon: Eine Karte verändert die Welt : William Smith und die Geburt der modernen Geologie = The map that changed the world. – münchen: Goldmann 2003, 340 p., ill., mp. ISBN 3-442-73089-9.

0760
Winchester, Simon: La carte qui a changé le monde : William Smith et la naissance de la géologie moderne = The map that changed the world. – Paris: JC Lattès 2003, 387 p.

0761
Woodward, David: Cartografia a stampa nell'Italia del Rinascimento : produttori, distributori e destinatari. Ed.: Casti, Emanuela. Translated by Francesca Albini. – Milano: Edizioni Sylvestre Bonnard 2002, 132 p., ill. (Il sapere del libro) Printed maps in the Italian renaissance : producers, distributors and adressees. [Ital.]. [Orig title: Maps and prints in the Italian Renaissance; Contains bibl. references and notes] ISBN 88-86842-34-1.

0762
Worms, Laurence: The maturing of British commercial cartography : William Faden (1749-1836) and the map trade. In: The Cartographic Journal. 41.2004,1, p.5-11, 1 portr. ISSN 0008-7041.

0763
Wyss, Michaël: De l'utilisation de la cartographie ancienne en archéologie préventive, le cas de Saint-Denis. In: Trois siècles de cartographie en Ile-de-France Volume 2. Ed.: Institut d'Aménagement et d'Urbanisme de la Région d'Ile-de-France. Institut d'Aménagement et d'Urbanisme de la Région d'Ile-de-France 1998., p.111-113, 2 ill., 3 mp. (Cahiers de l'Institut d'Aménagement et d'Urbanisme de la Région d'Ile-de-France ; 120.1998).

0764
Zecchi, Rodolfo: La sismicità del territorio italiano nelle rappresentazioni cartografiche a media e piccola scala. In: Bollettino della Associazione Italiana di Cartografia. 41.2004,120, 111-125, 8 ill. Seismicity of Italy in medium and small scale maps. [Ital. with Engl. rés.]. ISSN 0044-9733.

0765
Zecchi, Rodolfo: La vegetazione e le foreste d'Italia nelle rappresentazioni cartografiche a grande e media scala. In: Bollettino della Associazione Italiana di Cartografia. 41.2007,120, p.127-144 Vegetation and forests of Italy in the large and medium scale maps. [Ital. with Engl. rés.]. ISSN 0044-9733.

0766
Zimmanyi, Falk: Fast 300 Jahre Vermessungsbehörde in Weimar : ein kurzer historischer Rückblick. In: Mitteilungen / Deutscher Verein für Vermessungswesen, Landesverein Hessen e.V. ; Landesverein Thüringen. 2004,1, p.14-17, 3 ill. ISSN 0949-7900; 0949-7900; 0173-6280.

0767
Zimmermann, Bernhard: Friedrich Paschen und die mecklenburgische Landesvermessung 1853 bis 1873. Ed.: Förderkreis Vermessungstechnisches Museum e.V. – Dortmund: Förderkreis Vermessungstechnisches Museum e.V. 2004, 59 p., ill, mp. (Schriftenreihe des Förderkreises Vermessungstechnisches Museum e.V. ; 33). ISBN 3-00-013448-4.

0768
"Zu Nutz und Zier..." : Kupferstiche aus dem Stadtarchiv Rheinberg ; [erscheint als Begleitkatalog zur Ausstellung: "Zu Nutz und Zier..." – Kupferstiche aus dem Stadtarchiv Rheinberg, Rheinberg, Alte Kellnerei, 10. November 2002 – 19. Januar 2003]. Ed.: Rheinberg / Kulturamt. – Rheinberg: Rheinberg / Kulturamt 2002, 120 p., ill., mp. (Schriften der Stadt Rheinberg zur Geschichte und Heimatkunde ; 14). [Literaturverz. p.117-119].

h. Polar Regions
Polargebiete
Régions polaires

0769
Brunner, Kurt: Expeditionskartographie unter besonderer Berücksichtigung der Polargebiete. In: Aspekte der Kartographie im Wandel der Zeit : Festschrift für Ingrid Kretschmer zum 65. Geburtstag und anlässlich ihres Übertritts in den Ruhestand. Ed.: Kainz, Wolfgang. Hrsg. von Wolfgang Kainz. – Wien: Geographisches Institut <Wien, Universität> / Arbeitsbereich für Geographie und Kartographie 2004., p.25-34, 2 ill. (Wiener Schriften zur Geographie und Kartographie ; 16).

0770
Gäfvert, Björn: Early Swedish military maps of the polar region. In: Aspects of arctic and sub-arctic history : proceedings of the International Congress on the History of the Arctic and Sub-Arctic Region, Reykjavík, 18-21 June 1998. Ed.: Sigurðsson, Ingi; Skaptason, Jón. – Reykjavik: University of Iceland Press 2000., p.420-430.

0771
Hernando Rica, Agustín: L'Antàrtida : odissea humana en la confirmació d'una hipòtesi. In: El món de les cartoteques : VIII trobada del Grup de Cartotecaris de la LIBER, Barcelona, 28 de setembre al 2 d'octubre de 1992. – Barcelona: 1992., p. 45-53, 2 ill., 5 mp. (Revista catalana de Geografía ; 7.1992,19) The Antarctic : a human odyssey and the confirmation of an assumption. [Catalan].

0772
Humes, Samuel: Mapping the Antarctic : from fiction to fact. In: BIMCC newsletter / Brussels International Map Collectors' Circle. 19.2004, p.21-24, 5 ill.

0773
McHugo, M. Barbara: Topographical survey and mapping of British Antarctic Territory, South Georgia and the South Sandwich Islands, 1944-1986. Ed.: British Antarctic Survey. – Cambridge: British Antarctic Survey 2004, IX, 83 p., [8] Bl., ill., 5 (folded) mp. – Limited ed. of 250 copies. ISBN 1-85531-222-0.

0774
Ross, Michael: Polus Antarcticus : a catalogue of four states. In: The Globe. 54.2003, p.1-12, 1 ill., 4 tab., 4 mp. ISSN 0311-3930.

0775
Sick, Andrea: Kartografien des Ungewissen : der Südpol: das UFO der Entdecker. In: UFO-Strategien : [anläßlich der gleichnamigen Ausstellung mit Symposium im Edith-Ruß-Haus für Medienkunst, Oldenburg, 29.5.9.7.2000]. Ed.: Oldenburg, Helene von. – Oldenburg: Isensee-Verlag 2000., p.113, 14 ill.

i. Outer Space
Weltraum
L'espace cosmique

0776
Bonnet-Bidaud, Jean-Marc; Praderie, Françoise: Star charts on the Silk Road : astronomical star maps in ancient China. In: The Silk Road : trade, travel, war and faith ; [published on the occasion of the exhibition at the British Library, 7 May – 12 September 2004]. Ed.: Whitfield, Susan, Sims-Williams, Ursula. Ed. by Susan Whitfield with Ursula Sims-Williams. – Chicago, Ill.: Serindia 2004., p.81-90, 5 ill.

0777
Dekker, Elly: Catalogue of orbs, spheres and globes. – Firenze [u.a.]: Giunti Gruppo Editoriale 2004, 188 p., ill. (Cataloghi di raccolte scientifiche ; 5). [Contains bibliography and notes] ISBN 88-09-03589-5.

0778
Dekker, Elly: Precession globes. In: Musa musaei : studies on scientific instrumenst and collections in honour of Mara Miniati. Ed.: Beretta, Marco ; Galluzzi, Paolo; Triarico, Carlo. – Firenze: Casa Editrice L.S.Olschki 2003., p.219-235, 5 ill, 1 tab.

0779
Elkhadem, Hossam: La cartographie céleste dans l'astronomie arabe. Ed.: Université Libre <Bruxelles>. – Bruxelles: Université Libre <Bruxelles> 1997, 26 p., ill. ISBN 2-930089-41-5.

0780
Kanas, Nick: Early American contributions to celestial cartography. In: Journal of the International Map Collectors' Society. 2004,96, p.15-26, 10 ill.

0781
Karpeev, Ėngel Petrovič: Bol'šoj gottorpskij globus. Ed.: Kunstkamera. – St. Petersburg: Kunstkamera 2003, 91 p., ill., mp.

0782
Künzl, Ernst; Fecht, Maiken; Greiff, Susanne: Ein römischer Himmelsglobus der mittleren Kaiserzeit : Studien zur römischen Astralikonographie. In: Jahrbuch des Römisch-Germanischen Zentralmuseums Mainz. 2, p.495-594, 64 ill., 2 tab + 9 Farbtaf. ISSN 0076-2741.

0783
Musa musaei : studies on scientific instrumenst and collections in honour of Mara Miniati. Ed.: Beretta, Marco ; Galluzzi, Paolo; Triarico, Carlo. – Firenze: Casa Editrice L.S.Olschki 2003, VIII, 486 p. ISBN 88-222-5238-1.

0784
Orientierung auf der Erde mit Hilfe der Himmelskunde in vorgeschichtlicher Zeit : Referate der öffentlichen Vortragsveranstaltung in Bad Laer, Herbst 2003. Ed.: Ur-Europa, Gemeinnützige Gesellschaft für Prähistorische Geschichte, Kultur und Religion. Schriftleitung Paul A. Rohkst. – [Tornesch]: Ur-Europa, Gemeinnützige Gesellschaft für Prähistorische Geschichte, Kultur und Religion 2004, 134 p., ill., mp. (Ur-Europa-Jahrbuch ; 2152252-2).

0785
Seggewiss, Wilhelm: Der Kometenglobus Vincenzo Coronellis. In: Sterne und Weltraum : SuW ; Zeitschrift für Astronomie. 43.2004,1, p.38-44, 7 ill. ISSN 0039-1263.

3. Epochs of the History of Cartography
Epochen der Geschichte der Kartographie
Epoques de l'histoire de la cartographie

0786
Brunner, Kurt: Fünfzig Jahre moderne Kartentechnik- konventionelle und digitale Technologie. In: 50 Jahre Sektion Karlsruhe der Deutschen Gesellschaft für Kartographie e.V. : Festschrift. Ed.: Kern, Hans F. Hrsg. von Hans F. Kern. – Karlsruhe: Fachhochschule Karlsruhe, Hochschule für Technik, Fachbereich Geoinformationswesen 2004., p.68-73 (Karlsruher geowissenschaftliche Schriften, Reihe A, Kartographie und Geographie ; 16).

0787
Shefrin, Jill: Such constant affectionate care : Lady Charlotte Finch, royal governess & the children of George III. – Los Angeles: Cotsen Occasional Press 2003, XVI, 168 p., ill., mp. [Includes bibliographical references (p.135-144) and index; Genealogical tables on endpapers; Ältestes Puzzle in Deutschland, zweite Hälfte 18. Jh., die auf Karten zurückgehen] ISBN 0-9666084-7-X; 0-9666084-8-8.

a. General Works
Allgemeines
Généralités

0788
Nebenzahl, Kenneth: Mapping the Silk Road and beyond : 2000 years of exploring the east. Ed.: Phaidon. – London: Phaidon 2004, 176 p., mp. [Includes bibliographical references (p.169-[175]) and index].

0789
Reitinger, Franz: Die Konstruktion anderer Welten. In: Wunschmaschine Welterfindung : eine Geschichte der Technikvisionen seit dem 18. Jahrhundert ; [ein Katalogbuch zur gleichnamigen Ausstellung]. Ed.: Felderer, Brigitte. – Wien u.a.: Axel Springer AG 1996., p.145-166, 6 ill.

b. Antiquity
Antike
Antiquité

0790
Hollander, Raymond d': Sciences géographiques dans l'antiquité : conception du monde, conception de l'univers. Ed.: Association Française de Topographie. – Saint Mande: Association Française de Topographie 2003, 465 p., ill., mp. ISBN 2-90126-453-0.

0791
Knobloch, Eberhard: Zur hellenistischen Methode der Bestimung des Erdumfangs und zur Asienkarte des Klaudios Ptolemaios. In: ZfV : Zeitschrift für Geodäsie, Geoinformation und Landmanagement. 128.2003,3, p.211-217, 2 ill., 4 tab. ISSN 1618-8950.

0792
Medas, Stefano: De rebus nauticis : l'arte della navigazione nel mondo antico. – Rom: ERMA di Bretschneider 2004, 233 p., ill., mp. (Studia archaeologica ; 132). ISBN 88-8265-278-5.

0793
Podossinov, Alexander V.: Vostochnaja Evropa v rimskoj kartograficheskoj tradicii : teksty, perevod, kommentarij. – Moskva: Indrik 2002, 486 p., ill., mp. – Nauchnoje izd. Eastern Europe in Roman cartographic tradition. [Russ. with Engl. rés.]. [In kyrill. Schr.; Zsfassung in engl. Sprache; Literaturverz. S. [379]-401] ISBN 5-85759-174-0.

0794
Stückelberger, Alfred: Der geographische Atlas des Ptolemaios, ein oft verkanntes Meisterwerk. In: Jahrbuch des Oberösterreichischen Musealvereines, Gesellschaft für Landeskunde / I, Abhandlungen. 149.2004, p.31-39, 3 ill.

c. Middle Ages / Mittelalter / Moyen Âge

0795
Alla scoperta del mondo : l'arte della cartografia da Tolomeo a Mercatore ; [mostra 10 gennaio – 30 aprile 2002, Modena, Biblioteca Estense Universitaria]. – Modena: Bulino, Edizioni d'Arte <Modena> 2001, 302 p., ill., mp. (Il giardino delle Esperidi : collana ; 9). [Ital.]. ISBN 88-86251-33-5.

0796
Baumgärtner, Ingrid: Biblische, mythische und fremde Frauen : Zur Konstruktion von Weiblichkeit in Text und Bild mittelalterlicher Weltkarten. In: Erkundung und Beschreibung der Welt : Zur Poetik der Reise- und Länderberichte ; Vorträge eines interdisziplinären Symposiums vom 19. bis 24. Juni 2000 an der Justus-Liebig-Universität Gießen. Ed.: Ertzdorff, Xenja von; Giesemann, Gerhard. – Amsterdam; New York: Rodopi 2003., p.31-86, 17 ill. (Chloe : Beihefte zum Daphnis ; 34.2003).

0797
Baumgärtner, Ingrid: Weltbild und Empirie : die Erweiterung des kartographischen Weltbilds durch die Asienreissen des späten Mittelalters. In: Geschichte und historisches Lernen : Jochen Huhn zum 65. Geburtstag. Ed.: Henke-Bockschatz, Gerhard. – Kassel: Jenior & Pressler 1995., p.11-48, 6 ill.

0798
Bini, Mauro: Dalla cosmografia classica alla cartografia del Quattrocento. In: Alla scoperta del mondo : l'arte della cartografia da Tolomeo a Mercatore ; [mostra 10 gennaio – 30 aprile 2002, Modena, Biblioteca Estense Universitaria]. – Modena: Bulino, Edizioni d'Arte <Modena> 2001., p.11-64, 45 ill. (Il giardino delle Esperidi : collana ; 9) From classical cosmography to the cartography of the 15th century. [Ital.].

0799
Brincken, Anna-Dorothee von den: Spuren einer kartographierten Monstrenwelt neben einer Kosmos-Darstellung in der Sammelhandschrift 155 der Koblenzer Stadtbibliothek (um 1300). In: Bürgerbibliothek seit 1827 : Jubiläumsschrift zum 175jährigen Bestehen der Stadtbibliothek Koblenz. Ed.: Stadtbibliothek <Koblenz>. – Koblenz: Stadtbibliothek <Koblenz> 2002., p.91-104, 3 ill. (Veröffentlichungen der Stadtbibliothek Koblenz ; 46).

0800
Englisch, Brigitte: Die Umsetzung topographischer Strukturen in den Mappae mundi des Mittelalters. In: Natur im Mittelalter : Konzeptionen – Erfahrungen – Wirkungen ; Akten des 9. Symposiums des Mediävistenverbandes, Marburg, 14. – 17. März 2001. Ed.: Dilg, Peter. – Berlin: 2003., p.204-226, 10 ill.

0801
Haft, Adele J.: Earle Birney's "Mappemounde" : visualizing poetry with maps. In: Cartographic perspectives : journal of the North American Cartographic Information Society. 43.2002, p.4-24, 9 ill. ISSN 1048-9053.

0802
Klingenberg, Heinz: Rezension von Altnordische Kosmographie : Studien und Quellen zu Weltbild und Weltbeschreibung in Norwegen und Island vom 12. bis zum 14. Jahrhundert, by Rudolf Simek : Walter de Gruyter, 1990. In: alvíssmál : Forschungen zur mittelalterlichen Kultur Skandinaviens. 1.1992, p.111-115. ISSN 0942-4555.

0803
Minow, Helmut: Portolankarten (I) : Geschichte der mittelalterlichen Seekarten. In: Geomatik Schweiz : Geoinformation und Landmanagement. 102.2004,6, p.372-277, 3 ill. ISSN 0252-9424; 1660-4458.

0804
Rapoport, Yossef: Medieval islamic view of the cosmos : the newly discovered "Book of Curiosities". In: The Cartographic Journal. 41.2004,3, p.253-259, 5 ill. ISSN 0008-7041.

0805
Wolf, Jürgen: Die Moderne erfindet sich ihr Mittelalter – oder wie aus der "mittelalterlichen Erdkugel" eine "neuzeitliche Erdscheibe" wurde. – Stuttgart: Franz Steiner Verlag 2004, 41 p., ill. (Abhandlungen der Geistes- und Sozialwissenschaftlichen Klasse ; 2004,5). ISBN 3-515-08627-7.

d. Renaissance / Renaissance / Renaissance

0806
Alla scoperta del mondo : l'arte della cartografia da Tolomeo a Mercatore ; [mostra 10 gennaio – 30 aprile 2002, Modena, Biblioteca Estense Universitaria]. – Modena: Bulino, Edizioni d'Arte <Modena> 2001, 302 p., ill., mp. (Il giardino delle Esperidi : collana ; 9). [Ital.]. ISBN 88-86251-33-5.

0807
Bini, Mauro: Dalla cosmografia classica alla cartografia del Quattrocento. In: Alla scoperta del mondo : l'arte della cartografia da Tolomeo a Mercatore ; [mostra 10 gennaio – 30 aprile 2002, Modena, Biblioteca Estense Universitaria]. – Modena: Bulino, Edizioni d'Arte <Modena> 2001., p.11-64, 45 ill. (Il giardino delle Esperidi : collana ; 9) From classical cosmography to the cartography of the 15th century. [Ital.].

0808
Buisseret, David: La revolución cartográfica en Europa, 1400-1800 : la representación de los Nuevos Mundos en la Europa de Renacimiento = The mapmakers' quest, depicting new worlds in Renaissance Europe. 2004, 255 p., ill., mp. (Paidós orígenes ; 44). [Span.]. ISBN 84-493-1565-4.

0809
Cerezo Martín, Ricardo: La cartografía en la época de Felipe II. In: Descubrimientos y cartografía en la época de Felipe II. Ed.: Instituto Interuniversitario de Estudios de Iberoamérica y Portugal. – Valladolid: Instituto Interuniversitario de Estudios de Iberoamérica y Portugal 1999., p.41-70 (Descubrimientos y cartografía ; 3) Cartography during the epoch of Felipe II. [Span.].

0810
Cleempoel, Koenraad van: A catalogue raisonné of scientific instruments from the Louvain School, 1530-1600. – Turnhout: Brepols 2002, XII, 284 p., ill. (De diversis artibus : collection de travaux de l'Académie Internationale d'Histoire des Sciences ; 65 = N.S.,28). [Literaturverz. S. 271-278].

0811
De wereld in kaart : Abraham Ortelius (1527-1598) en de eerste atlas ; een publicatie van Stad Antwerpen : [deze publicatie verschijnt naar aanleiding van de tentoonstelling in het Museum Plantin-Moretus te Antwerpen, 21 november 1998-24 januari 1999]. Catalogus teksten: D. Imhof. – Antwerpen: 1998, 152 p., ill. (Publikaties van het Museum Plantin-Moretus en het Stedelijk Prentenkabinet ; 38).

0812
Descubrimientos y cartografía en la época de Felipe II. Ed.: Instituto Interuniversitario de Estudios de Iberoamérica y Portugal. – Valladolid: Instituto Interuniversitario de Estudios de Iberoamérica y Portugal 1999, 338 p., ill., mp. (Descubrimientos y cartografía ; 3) Discoveries and cartography during the epoch of Felipe II. [Span.]. ISBN 84-93062-92-8.

0813
Dreyer-Eimbcke, Oswald: Amerigo Vespucci and cartography. In: Journal of the International Map Collectors' Society. 2004,98, p.55-59.

0814
Meurer, Peter H.: Der Maler und Kartograph Johann Ruysch (†1533) : zur abenteuerlichen Biographie eines Kölner Benediktiners an der Schwelle der Neuzeit. In: Geschichte in Köln : Zeitschrift für Stadt- und Regionalgeschichte. 49.2002, p.85-104, 3 ill. ISSN 0720-3659.

0815
Pieper, Renate: The impact of the Atlantic on European Self-Perception : European world-maps of the 16th century. In: Atlantic history : history of the Atlantic system 1580 – 1830 ; papers presented at an international conference, held 28 August – 1 September, 1999, in Hamburg. Ed.: Pietschmann, Horst. – Göttingen: Vandenhoeck & Ruprecht 2002., p.97-117, 14 ill. (Veröffentlichung der Joachim-Jungius-Gesellschaft der Wissenschaften ; 94).

0816
Schneider, Ute: Tordesillas 1494 : der Beginn einer globalen Weltsicht. In: Saeculum : Jahrbuch für Universalgeschichte. 54; 1, p.39-62, 6 ill. ISSN 0080-5319.

0817
Short, John Rennie: Making space : revisioning the world, 1475-1600. – Syracuse, NY: Syracuse University Press 2004, XVI, 185 p., ill., mp. [Includes bibliographical references and index].

0818
Sousa López, Gema: Las obras de cartografía de la época de Felipe II que se conservan en Valladolid = Cartographic works from the epoch of Felipe II which are conserved in Valladolid. In: Descubrimientos y cartografía en la época de Felipe II. Ed.: Instituto Interuniversitario de Estudios de Iberoamérica y Portugal. – Valladolid: Instituto Interuniversitario de Estudios de Iberoamérica y Portugal 1999., p.205-222 (Descubrimientos y cartografía ; 3). [Span.].

0819
Taylor, Andrew: The world of Gerard Mercator : the mapmaker who revolutionized geography. – New York: Walker 2004, X, 291 p.,ill., mp.

0820
Tromnau, Gernot: Am Anfang war die Bürgerschaft : Aus den Gründerjahren des heutigen Duisburger Kultur- und Stadthistorischen Museums. – Duisburg: 2002, p.47-56, 5 ill. (Duisburger Forschungen : Schriftenreihe für Geschichte u. Heimatkunde Duisburgs ; 48). [Vorlage enthält zwei Werke].

0821
Wawrik, Franz: Von den Anfängen der österreichischen Kartographie bis zur zweiten Türkenbelagerung Wiens (1683). In: Österreichische Kartographie : von den Anfängen im 15. Jahrhundert bis zum 21. Jahrhundert. Ed.: Kretschmer, Ingrid; Kriz, Karel. Geographisches Institut <Wien, Universität> / Arbeitsbereich für Geographie und Kartographie. – Wien: 2004., p.11-73, 19 ill., 6 pl. (Wiener Schriften zur Geographie und Kartographie ; 15).

e. Baroque
Barock
Baroque

0822
Descubrimientos y cartografía en la época de Felipe II. Ed.: Instituto Interuniversitario de Estudios de Iberoamérica y Portugal. – Valladolid: Instituto Interuniversitario de Estudios de Iberoamérica y Portugal 1999, 338 p., ill., mp. (Descubrimientos y cartografía ; 3) Discoveries and cartography during the epoch of Felipe II. [Span.]. ISBN 84-93062-92-8.

0823
Dörflinger, Johannes: Vom Aufstieg der Militärkartographie bis zum Wiener Kongress (1684 bis 1815). In: Österreichische Kartographie : von den Anfängen im 15. Jahrhundert bis zum 21. Jahrhundert. Ed.: Kretschmer, Ingrid; Kriz, Karel. Geographisches Institut <Wien, Universität> / Arbeitsbereich für Geographie und Kartographie. – Wien: 2004., p.74-167, 26 ill., 14 pl., 2 tab. (Wiener Schriften zur Geographie und Kartographie ; 15).

0824
Duzer, Chet van: The Cartography, Geography, and Hydrography of the Southern Ring Continent, 1515 – 1763. In: Orbis terrarum : internationale Zeitschrift für historische Geographie der Alten Welt. 8.2002, p.[115]-158, 15 ill. ISSN 1385-285X.

0825
Gróf, László: The (virtually) unknown maps of Péter Bod (1712-1769). In: Journal of the International Map Collectors' Society. 2004,97, p.37-50, 6 ill., 1 portr.

0826
Nuti, Lucia: La cartographie jésuite : du plan de quartier à l'atlas du monde. In: François de Dainville S.J. (1909-1971) : pionnier de l'histoire de la cartographie et de d'éducation ; actes du colloque international organisé par L'UMR 8586, PRODIG à Paris, les 6 et 7 juin 2002. Ed.: Bousquet-Bressolier, Catherine. – Paris: Ecole Nationale des Chartes 2004., p.187-201, 5 ill. (Études et rencontres de l'École des Chartes : [EREC] ; 15).

0827
Ruitinga, Lida; Storms, Martijn: Fantasia Cartographica : een fantastische wereld in kaart gebracht. In: Caert-thresoor : tijdschrift voor de geschiedenis van de kartografie in Nederland. 23.2004,4, p.83-88, 6 ill. Fantasia Cartographica : mapping a world of fantasy. ISSN 0167-4994.

0828
Sporrong, Ulf: "Det svenska lantmäterier var ledande". In: Nya lantmätaren. 2003,9, p.14-16, 2 ill. The Swedish land survey was leading the field. [Swed.].

0829
Wawrik, Franz: Von den Anfängen der österreichischen Kartographie bis zur zweiten Türkenbelagerung Wiens (1683). In: Österreichische Kartographie : von den Anfängen im 15. Jahrhundert bis zum 21. Jahrhundert. Ed.: Kretschmer, Ingrid; Kriz, Karel. Geographisches Institut <Wien, Universität> / Arbeitsbereich für Geographie und Kartographie. – Wien: 2004., p.11-73, 19 ill., 6 pl. (Wiener Schriften zur Geographie und Kartographie ; 15).

f. Modern Period
Moderne
Modernité

0830
Andres, Ernst: Bibliographie illustrierter Stahlstichwerke des 19. Jahrhunderts mit Stadtansichten : ein beschreibendes bibliographisches Repertorium mit alphabetischen Verzeichnissen der Werke = Bibliography of Nineteenth Century illustrated works containing views of towns and cities engraved on steel. – Alphen aan den Rijn: Canaletto/Repro-Holland 2002, Ersch.: 1 – 3. ISBN 906469-763-9.

0831
Brink, Paul van den: Cartografie. In: In kaart gebracht met kapmes en kompas : met het Koninklijk Nederlands Aardrijkskundig Genootschap op expeditie tussen 1873 en 1960 ; [verscheen ter gelegenheid van het 130-jarig bestaan van het KNAG bij de gelijknamige tentoonstelling]. Koninklijk Nederlands Aardrijkskundig Genootschap. – Heerlen: 2004., p.298-313, 6 ill. Cartography. [Dutch].

0832
Brunner, Kurt: Expeditionskartographie unter besonderer Berücksichtigung der Polargebiete. In: Aspekte der Kartographie im Wandel der Zeit : Festschrift für Ingrid Kretschmer zum 65. Geburtstag und anlässlich ihres Übertritts in den Ruhestand. Ed.: Kainz, Wolfgang. Hrsg. von Wolfgang Kainz. – Wien: Geographisches Institut <Wien, Universität> / Arbeitsbereich für Geographie und Kartographie 2004., p.25-34, 2 ill. (Wiener Schriften zur Geographie und Kartographie ; 16).

0833
Dodt, Jürgen; Lechtenbörger, Christiane: Farbkomposition : ein Hilfsmittel zur multitemporalen Kartenauswertung. In: Kartographische Nachrichten : KN ; Fachzeitschrift für Geoinformation und Visualisierung ; Organ der Deutschen Gesellschaft für Kartographie e.V., der Schweizerischen Gesellschaft für Kartographie und der Österreichischen Kartographischen Kommission in der Österreichischen Geographischen Gesellschaft. 54.2004,5, p.213-218, 5 ill., 1 tab. ISSN 0022-9164.

0834
Dörflinger, Johannes: Vom Aufstieg der Militärkartographie bis zum Wiener Kongress (1684 bis 1815). In: Österreichische Kartographie : von den Anfängen im 15. Jahrhundert bis zum 21. Jahrhundert. Ed.: Kretschmer, Ingrid; Kriz, Karel. Geographisches Institut <Wien, Universität> / Arbeitsbereich für Geographie und Kartographie. – Wien: 2004., p.74-167, 26 ill., 14 pl., 2 tab. (Wiener Schriften zur Geographie und Kartographie ; 15).

0835
Fung, Tung; Leung, Yee; Lin, Hui: From paper maps to virtual reality : a view from Hong Kong. In: The Cartographic Journal. 41.2004,3, p.261-264. ISSN 0008-7041.

0836
Gengnagel, Jörg: Mapping sacred spaces – aspects of cartography in 19th century Banaras. In: "Creating and representing sacred spaces". Ed.: Gardner, Tatyana; Moritz, Daniela; Dickhardt, Michael. – Göttingen: Peust und Gutschmidt Verlag 2003., p.247-263 (Göttinger Beiträge zur Asienforschung : GBA ; 2003,2-3).

0837
Hurni, Lorenz: Vom analogen zum interaktiven Schulatlas : Geschichte, Konzepte, Umsetzungen. In: Aspekte der Kartographie im Wandel der Zeit : Festschrift für Ingrid Kretschmer zum 65. Geburtstag und anlässlich ihres Übertritts in den Ruhestand. Ed.: Kainz, Wolfgang. Hrsg. von Wolfgang Kainz. – Wien: Geographisches Institut <Wien, Universität> / Arbeitsbereich für Geographie und Kartographie 2004., p.215-221, 2 ill., 4 tab. (Wiener Schriften zur Geographie und Kartographie ; 16).

0838
Husen, Brigitte: Von der topographischen Karte zum digitalen Geländemodell [Landschaftsmodell] : ein Abriss von 200 Jahren. In: NÖV : Nachrichten aus dem öffentlichen Vermessungsdienst Nordrhein-Westfalen. 34.2001,1, p. 17-23, 8 ill.

0839
In kaart gebracht met kapmes en kompas : met het Koninklijk Nederlands Aardrijkskundig Genootschap op expeditie tussen 1873 en 1960 ; [verscheen ter gelegenheid van het 130-jarig bestaan van het KNAG bij de gelijknamige tentoonstelling]. By: Wentholt, Arnold; Aardom, Leendert ; Koninklijk Nederlands Aardrijkskundig Genootschap. – Heerlen: 2004, 382 p., ill., mp. 3 mp.-suppl. Mapped with knife and compass: with the Royal Dutch Geographical Society on expedition between 1873 and 1960; [edited on the occasion of the 130 years of existence of the KNAG at the exposition wit the same title. [Dutch]. ISBN 90-6601-015-0.

0840
Koehl, Mathieu: SIG, une histoire de définition ... In: XYZ : revue de l'Association Française de Topographie. 101.2004,4, p.61-66. ISSN 0290-9057.

0841
Kretschmer, Ingrid: Von der Zweiten Landesaufnahme (1806) bis zur Gegenwart (2004). In: Österreichische Kartographie : von den Anfängen im 15. Jahrhundert bis zum 21. Jahrhundert. Ed.: Kretschmer, Ingrid; Kriz, Karel. Geographisches Institut <Wien, Universität> / Arbeitsbereich für Geographie und Kartographie. – Wien: 2004., p.168-289, 1 ill., pl. (Wiener Schriften zur Geographie und Kartographie ; 15).

0842
Lierz, Wolfgang: Karten aus Stielers Hand-Atlas in der Encyclopaedia Britannica. In: Cartographica Helvetica : Fachzeitschrift für Kartengeschichte. 2004,29, p.27-34, 9 ill., 1 tab. ISSN 1015-8480.

0843
Reitinger, Franz: Kleine Studentengeografie. In: Caert-thresoor : tijdschrift voor de geschiedenis van de kartografie in Nederland. 23.2004,4, p.95-102, 6 ill. A small student geography. ISSN 0167-4994.

0844
Roshia kokuritsu toshokan shozō chizuten 18, 19-seiki : tenjikai mokuroku = Kartografičeskie materialy 18-19vv. iz fondor RGB : katalog vystafki. Ed.: Kokuritsu-Kokkai-Toshokan. Nichi-ro kokuritsu toshoakan kōryū jikkō linkai. – Tokyo: Kokuritsu-Kokkai-Toshokan 1995, [23] fol., 9 p. Cartographic material from the 18th and 19th century of the stock of the National Diet Library: exposition catalogue. [Jap. and Russ.]. ISBN 4-87582-432-7.

0845
Ruitinga, Lida; Storms, Martijn: Fantasia Cartographica : een fantastische wereld in kaart gebracht. In: Caert-thresoor : tijdschrift voor de geschiedenis van de kartografie in Nederland. 23.2004,4, p.83-88, 6 ill. Fantasia Cartographica : mapping a world of fantasy. ISSN 0167-4994.

0846
Sankey, H. Riall: The maps of the Ordnance Survey : a mid-Victorian view. Ed.: Charles Close Society for the Study of Ordnance Survey Maps. With an introduction by Ian Mumford. – London: Charles Close Society for the Study of Ordnance Survey Maps 1995, [33]p. in various pagings, ill. [Originally published in 1888 in Engineering, a weekly illustrated journal] ISBN 1-87059-814-8.

0847
Smits, Jan: Petermann's maps : carto-bibliography of the maps in Petermanns Geographische Mitteilungen 1855-1945. – t'Goy-Houten: Hes & de Graaf 2004, 584 p., ill., mp., 1 CD-ROM. (Utrechtse historisch-kartografische studies ; 3). [CD-ROM enth.: Indexes and digital images of the illustrated maps] ISBN 90-6194-249-7.

0848
Spata, Manfred: Der Carl Flemming Verlag in Glogau = Wydawnictwo Carla Flemminga w Głogowie. In: Haus Schlesien präsentiert: Wechselnde Identitäten : das nördliche Schlesien und die angrenzenden Lausitzen im historischen Kartenbild = Zmienna tożsamość: Obraz kartograficzny podziałów terytorialnych ziem północnego Śląska i wschodnich Łużyc w dziejach. Ed.: Spata, Manfred. Hrsg. von Manfred Spata. Haus Schlesien. 2004., p.19-23. [Germ. and Pol.].

0849
Whitfield, Peter: Nineteenth-century mapping : a neglected area for collectors?. In: Journal of the International Map Collectors' Society. 2004,98, p.5-10, 1 ill.

0850
Zögner, Lothar: Kartographische Streiflichter auf die Gesellschaft für Erdkunde zu Berlin im 19.Jahrhundert. In: Aspekte der Kartographie im Wandel der Zeit : Festschrift für Ingrid Kretschmer zum 65. Geburtstag und anlässlich ihres Übertritts in den Ruhestand. Ed.: Kainz, Wolfgang. Hrsg. von Wolfgang Kainz. – Wien: Geographisches Institut <Wien, Universität> / Arbeitsbereich für Geographie und Kartographie 2004., p.150-158, 4 ill. (Wiener Schriften zur Geographie und Kartographie ; 16).

C. Biographical Aspects of Cartography
Persönlichkeiten der Kartographie
Personnages de la cartographie

0851
A magyar térképészet nagyjai : Lipszky János (1766 – 1826), Mikoviny Sámuel (1700 – 1750) ; tudományos emlékülések előadásai és kiállítási katalógus = Die Großen der ungarischen Kartographie. Textbearb.: Gubek Istvánné. – Budapest: Osiris Kiadó 2001, 305 p., ill., mp. [Hung. and Germ.]. ISBN 963-200-431-0.

0852
Ahlers, Willy: Jacob van Deventer, nieuwe ideeën en nieuwe vragen. In: Caert-thresoor : tijdschrift voor de geschiedenis van de kartografie in Nederland. 23.2004,3, p.59-64, 5 ill., 1 tab. Jacob van Deventer, new ideas and new questions. ISSN 0167-4994.

0853
Arbeiten aus Nepal : Erwin Schneider zum Gedächtnis. – Innsbruck: Universitätsverlag Wagner 2004, 180 p., ill., 4 mp.-suppl. (Hochgebirgsforschung ; 9).

0854
Armstrong, Patrick; Rutherford, Jill: William Smith 1769 – 1839. In: Geographers : biobibliographical studies. 23.2004, p.140-151, 1 portr. ISSN 0308-6992.

0855
Augusteijn, Joost: Drie zeldzame wereldkaarten van Dancker Danckerts. In: Caert-thresoor : tijdschrift voor de geschiedenis van de kartografie in Nederland. 20, 2001, 1, p.5-9, 9 ill. Three scarce maps of the world published by Dancker Danckerts. [Dutch with Engl. rés.]. ISSN 0167-4994.

0856
Baumgärtner, Ingrid: Kartographie, Reisebericht und Humanismus : die Erfahrung in der Weltkarte des venezianischen Kamaldulensermönchs Frau Mauro (†1459). In: Das Mittelalter : Perspektiven mediävistischer Forschung ; Zeitschrift des Mediävistenverbandes. 3.1998,2, p.161-197, 10 ill. ISSN 0949-0345.

0857
Blatchly, John: John Kirby's Suffolk : his maps and roadbooks = The Suffolk traveller. Ed.: Dymond, David. – Woodbridge: Boydell Press 2004, XXVI, 256 p., ill., mp. (Suffolk Records Society ; 47). [Faks.-Dr. der Ausg. 'The Suffolk traveller', 1735] ISBN 1-8438-3051-5.

0858
Bodenstein, Wulf: A 1656 Visscher wall map of Flanders as a portable atlas. In: Von Flandern zum Niederrhein : Wirtschaft und Kultur überwinden Grenzen ; Begleitband zur Ausstellung "Von Flandern zum Niederrhein – Wirtschaft und Kultur überwinden Grenzen" ; [10. Mai bis 6. August 2000 ; eine Ausstellung der 24. Duisburger Akzente "Ei. Ed.: Kultur- u. Stadthistorisches Museum Duisburg. – Duisburg: Kultur- u. Stadthistorisches Museum Duisburg 0., p.67-86, 7 ill.

0859
Bodenstein, Wulf: A brief memento on two cartographic anniversaries : Henry Morton Stanley (1841-1904) ; Filippo Pigafetta (1533-1604). In: BIMCC newsletter / Brussels International Map Collectors' Circle. 18.2004, p.20-21, 3 ill.

0860
Böninger, Lorenz: Zur Ptolemäus-Renaissance bei Henricus Martellus. – Einmalige limitierte Weltaufl. von 320 arabisch nummerierten Ex. In: Monumenta cartographica: tabulae modernae : kartographische Denkmäler, ein Triumph über die Zeit ; Essener Bearbeitung von sechs Tafeln der historischen Kartographie ; mit sechs Vollfaksimilierungen aus: Biblioteca Nazionale Centrale, Florenz (Tafeln 1,2,3,4,5), Bayerische Staatsbibliothek, München (Tafel 6). Ed.: Kreuer, Werner. – Ludwigsburg: Edition Libri Illustri 2001., p.11-15, 1 ill.

0861
Bowden, Jim: Fifty years in the map trade. In: The Globe. 55.2004, p.73-76. ISSN 0311-3930.

0862
Brentjes, Sonja: Peiresc's interests in the Middle East and Northern Africa in respect to geography and cartography. – Berlin: 2004, 56 p. (Preprint // Max-Planck-Institut für Wissenschaftsgeschichte).

0863
Broecke, Marcel van den: De eerste staat van Vrients' / Philip Galle's Inferioris Germaniae kaart gevonden. In: Caert-thresoor : tijdschrift voor de geschiedenis van de kartografie in Nederland. 23.2004,1, p.1-4, 2 ill. The first state of Vrients' / Philip Galle's Inferioris Germaniae map found. ISSN 0167-4994.

0864
Broeders, P.W.A.: De "Algemeene Kaart van Nederlandsch Oost-Indie" (1842) door Gijsbert Franco Baron von Derfelden van Hinderstein. In: Indische kartografie. Ed.: Egmond, Marco van. – Deurne: Geo-Informatie Nederland 2004., p.15-22, 3 ill. (GIN publication series ; 2) The "General Map of Netherlands' East-India" (1842) by Gijsbert Franco Baron von Derfelden van Hinderstein. [Dutch].

0865
Brunner, Kurt: Gustav Neugebauer †. In: Kartographische Nachrichten : KN ; Fachzeitschrift für Geoinformation und Visualisierung ; Organ der Deutschen Gesellschaft für Kartographie e.V., der Schweizerischen Gesellschaft für Kartographie und der Österreichischen Kartographischen Kommission in der Österreichischen Geographischen Gesellschaft. 54.2004,1, p.38-39, 1 portr. ISSN 0022-9164.

0866
Brunner, Kurt: Ingrid Kretschmer 65 Jahre. In: Kartographische Nachrichten : KN ; Fachzeitschrift für Geoinformation und Visualisierung ; Organ der Deutschen Gesellschaft für Kartographie e.V., der Schweizerischen Gesellschaft für Kartographie und der Österreichischen Kartographischen Kommission in der Österreichischen Geographischen Gesellschaft. 54.2004,2, p.88-89, 1 portr. ISSN 0022-9164.

0867
Brunner, Kurt: Regionalkarten von Tirol des Matthias Burgklechner und ihre Vorläufer. – Wien: 2002, p.237-254.. (Mitteilungen der Österreichischen Geographischen Gesellschaft : MÖGG ; Jahresband ; 144.2002).

0868
Buchholz, Günther: Die Darstellung der Herrschaft Schramberg auf der Pürschgerichtskarte des David Rötlin von 1564. In: Schriften des Vereins für Geschichte und Naturgeschichte der Baar. 47.2004, p.115-122. ISSN 0340-4765.

0869
Bywater, R.; Lacroix, Pierre: Ancient East Asia shorelines in the Northwestern region of the Piri Reis chart of 1513. In: Journal of spatial science. 1.2004, p.13-24. 7 ill.

0870
Čapek, Richard; Forstová, Jana: The cartographic projection of R.B. Putninš. In: Cartographica. 39.2004,4, p.15-25, 1 ill., 8 tab. ISSN 0340-0654; 0317-7173.

0871
Cattaneo, Angelo: La Mappamundi di Fra Mauro, l'idea di oceano e le direzioni di navigazione all'alba dell'espansione europea. In: Mundus novus : Amerigo Vespucci e i metodi della ricerca storico-geografica ; atti del convegno internazionale di studi, Roma-Firenze, 27-30 novembre 2002. Ed.: Società Geografica Italiana. – Roma: Società Geografica Italiana 2004., p.201-214, 1 ill. (Memorie della Società Geografica Italiana ; 75) The Mappamundi of Fra Mauro, the idea of the ocean and the directions of navigation in the beginning of European expansion. [Ital.].

0872
Cavelti Hammer, Madlena: Das Schweizer Panorama des 19. Jahrhunderts : insbesonder Werke von Heinrich Keller und Xaver Imfeld. In: Aspekte der Kartographie im Wandel der Zeit : Festschrift für Ingrid Kretschmer zum 65. Geburtstag und anlässlich ihres Übertritts in den Ruhestand. Ed.: Kainz, Wolfgang. Hrsg. von Wolfgang Kainz. – Wien: Geographisches Institut <Wien, Universität> / Arbeitsbereich für Geographie und Kartographie 2004., p.35-44, 6 ill. (Wiener Schriften zur Geographie und Kartographie ; 16).

0873
Chaffin, Tom: Measuring the empire. In: Pathfinder : John Charles Frémont and the course of American empire. – New York: 2002., p.382-414, 11 ill.

0874
Chaffin, Tom: Pathfinder : John Charles Frémont and the course of American empire. – New York: 2002, XXX, 559 p., ill., mp. [Includes bibliographical references (p. [529] – 544) and index] ISBN 0-8090-7557-1.

0875
Collingridge, Vanessa: Captain Cook : obsession and betrayal in the New World. – London [u.a.]: Ebury Press 2002, VII, 376 p., ill., mp. ISBN 0-09-187913-2.

0876
Contò, Agostino: Il Mappamondo di Giovanni Leardo. In: Mappamondo di Giovanni Leardo : manoscritto membranaceo prima metà XV sec. Ed.: Bini, Daniele. – Modena: Bulino, Edizioni d'Arte <Modena> 2004., Beiheft p.9-15, 2 ill. (I tesori delle biblioteche italiane ; 5, Scaffale 1, Scriptorium) Giovanni Leardo's World Map. [Ital.].

0877
Cuesta Domingo, Mariano: La cartografía grabada en la obra de Antonio de Herrera. In: Descubrimientos y cartografía en la época de Felipe II. Ed.: Instituto Interuniversitario de Estudios de Iberoamérica y Portugal. – Valladolid: Instituto Interuniversitario de Estudios de Iberoamérica y Portugal 1999., p.71-114, 18 ill. (Descubrimientos y cartografía ; 3) Engraved cartography in the work of Antonio de Herrera. [Span.].

0878
Daerden, Peter: On the centernary of the death of Henry Morton Stanley (1841-1904). In: BIMCC newsletter / Brussels International Map Collectors' Circle. 19.2004, p.14-16, 3 ill.

0879
Dahl, Ed: Arthur H. Robinson, (1915-2004). In: Cartouche : the operational publication of the Canadian Cartographic Association. 56.2004, p.10. ISSN 1183-2045.

0880
Dahl, Ed: Fabian O'Dea (1918-2004). In: Cartouche : the operational publication of the Canadian Cartographic Association. 56.2004, p.10. ISSN 1183-2045.

0881
Dahl, Ed: Hal Shelton, (1916-2004). In: Cartouche : the operational publication of the Canadian Cartographic Association. 56.2004, p.10. ISSN 1183-2045.

0882
Dainville-Barbiche, Ségolène: A propos de la carte des paroisses jansénistes à Paris en 1793. In: François de Dainville S.J. (1909-1971) : pionnier de l'histoire de la cartographie et de d'éducation ; actes du colloque international organisé par L'UMR 8586, PRODIG à Paris, les 6 et 7 juin 2002. Ed.: Bousquet-Bressolier, Catherine. – Paris: Ecole Nationale des Chartes 2004., p.167-186, 4 ill. (Études et rencontres de l'École des Chartes : [EREC] ; 15).

0883
Danku, Gyuri: Twaalf kaarten van Cornelis I Danckerts (1630-1656) in de Andreas Nagy atlas. In: Caert-thresoor : tijdschrift voor de geschiedenis van de kartografie in Nederland. 23.2004,3, p.72-79, 15 ill., 1 portr. Twelve maps by Cornelis Danckerts I (1603-1656) in the Andreas Nagy atlas. ISSN 0167-4994.

0884
Danson, Edwin: Drawing the line : how Mason and Dixon surveyed the most famous border in America. Ed.: John Wiley and Sons. – New York: John Wiley and Sons 2001, VIII, 232 p., ill., mp.

0885
De beschrijving van de Nederlanden' door Lodovico Guicciardini in het kader van zijn tijd. Samengest. door Henk van der Heijden...Met tekstbijdragen van Véronique van de Kerckhof. – [Bergeijk]; Alphen aan den Rijn: Canaletto/Repro-Holland 2001, 80 p., ill. The description of the Netherlands by Lodovico Guicciardini. [Dutch]. ISBN 90-6469-769-8.

0886
De Costa, Benjamin Franklin: The Verrazano map. – New York: Barnes 1881, p. 43-63, ill., mp. [Aus: Verrazano the explorer / Benjamin Franklin De Costa ; 1881].

0887
De landmeter Jan Pietersz : Dou en de Hollandse Cirkel. By: Pouls, H. C. – Delft: 2004, IV, 98 p., ill., mp. (Nederlandse Commissie voor Geodesie : NCG = Netherlands Geodetic Commission ; 41) The land-surveyor Jan Pietersz : Dou and the Holland Circle. [Dutch].

0888
De wereld in kaart : Abraham Ortelius (1527-1598) en de eerste atlas ; een publicatie van Stad Antwerpen : [deze publicatie verschijnt naar aanleiding van de tentoonstelling in het Museum Plantin-Moretus te Antwerpen, 21 november 1998-24 januari 1999]. Catalogus teksten: D. Imhof. – Antwerpen: 1998, 152 p., ill. (Publikaties van het Museum Plantin-Moretus en het Stedelijk Prentenkabinet ; 38).

0889
Depuydt, Frans; Decruynaere, Leen: De Vlaanderen-kaarten van Mercator en Ortelius: In welke mate zijn ze metrisch nauwkeurig?. In: Caert-thresoor : tijdschrift voor de geschiedenis van de kartografie in Nederland. 20, 2001, 1, p.13-19, 5 ill., 1 tab. The maps of Flanders by Mercator and Ortelius: To what extent are they metrically accurate?. [Dutch with Engl. rés.]. ISSN 0167-4994.

0890
Dias, Maria Helena: Neves Costa: uma figura emblemática da Cartografia militar portuguesa (1774-1841). In: Contributos para a história da cartografía militar portuguesa. Maria Helena Dias, coordenaçäo. Centro de Estudos Geográficos <Lisboa>. – Lisboa: 2003., 1 chapter, 6 ill. Neves Costa: an emblematic person for Portuguese military cartography (1774-1841). [Portug.].

0891
Dias, Maria Helena: Recordando um engenheiro português ao serviço da Cartografia militar. In: Contributos para a história da cartografía militar portuguesa. Maria Helena Dias, coordenaçäo. Centro de Estudos Geográficos <Lisboa>. – Lisboa: 2003., 6 chapters, 11 ill., 1 tab. Remembering a Portuguese engineer to the service of military cartography. [Portug.].

0892
Die Darstellung der Herrschaft Schramberg und der benachbarten Territorien um 1750 auf der Karte des Anton Beiller. In: Archiv-Nachrichten / Quellenmaterial für den Unterricht. 2004,28, p.1-8.

0893
Die Peters-Projektion im Urteil der Fachwelt. By: Buchholz, Walter. – München-Solln: Universum-Verlag 1982, [20] Bl.

0894
Dörflinger, Johannes: Ein vergessener österreichischer Kartograph des späten 19. Jahrhunderts : zum kartographischen Werk von Josef Schlacher. In: Aspekte der Kartographie im Wandel der Zeit : Festschrift für Ingrid Kretschmer zum 65. Geburtstag und anlässlich ihres Übertritts in den Ruhestand. Ed.: Kainz, Wolfgang. Hrsg. von Wolfgang Kainz. – Wien: Geographisches Institut <Wien, Universität> / Arbeitsbereich für Geographie und Kartographie 2004., p.45-54, 6 ill. (Wiener Schriften zur Geographie und Kartographie ; 16).

0895
Dr. Teodor Joseph Blachut verstorben. In: Photogrammetrie, Fernerkundung, Geoinformation : PFG ; Organ der Deutschen Gesellschaft für Photogrammetrie und Fernerkundung e.V. 2004,6, p.558-559. ISSN 1432-8364.

0896
Dreyer-Eimbcke, Oswald: Amerigo Vespucci and cartography. In: Journal of the International Map Collectors' Society. 2004,98, p.55-59.

0897
Dubois, Sébastien: La rectification du tracé des frontières sur les cartes des Pay-Bas autrichiens de Ferraris (1777-1779). – Bruxelles: Palais des Académies 2001, XXXVI, 95 p. + 6 mp.-suppl.

0898
Dürst, Arthur: The map of Europe. In: The Mercator Atlas of Europe : facsimile of the maps by Gerardus Mercator contained in the Atlas of Europe, circa 1570-1572 = Gerardi Mercatoris Atlas Europae. Ed.: Watelet, Marcel. – Pleasant Hill, OR: Walking Tree Press 1998., p.31-41, 7 ill., 5 mp.

0899
Ehlers, Detlev: Historische Karte 400 Jahre alt : Die Landtafel des Malers Daniel Frese der Grafschaft Holstein (Pinneberg) aus dem Jahre 1588. In: Jahrbuch für den Kreis Pinneberg., p.15-16. ISSN 0448-150X.

0900
Espenhorst, Jürgen: Daniel Völter (1814-1865), Professor am Esslinger Lehrerseminar – der Vater des Atlas-Grüns. In: Esslinger Studien. 43.2004, p.125-140, 3 ill. ISSN 0174-4445.

0901
Feldmann, Hans-Uli: Der Topograph Charles-Jacot Guillarmod (1868-1925) : einer der Pioniere der Schweizer Felsdarstellung. In: Aspekte der Kartographie im Wandel der Zeit : Festschrift für Ingrid Kretschmer zum 65. Geburtstag und anlässlich ihres Übertritts in den Ruhestand. Ed.: Kainz, Wolfgang. Hrsg. von Wolfgang Kainz. – Wien: Geographisches Institut <Wien, Universität> / Arbeitsbereich für Geographie und Kartographie 2004., p.62-70, 5 ill. (Wiener Schriften zur Geographie und Kartographie ; 16).

0902
Feldmann, Hans-Uli: In memoriam Arthur Dürst (1926-2000). In: Caert-thresoor : tijdschrift voor de geschiedenis van de kartografie in Nederland. 20, 2001, 1, p.22, 1 portr. [Dutch]. ISSN 0167-4994.

0903
Fischer, Hanspeter: Astronom, Kartograph und Geodät : zum 150. Todestag des Tübinger Gelehrten Johann Gottlieb Friedrich von Bohnenberger. In: Beiträge zur Landeskunde. 2, p.14-16, 2 ill., 1 portr. ISSN 0408-8492.

0904
Fischer, Hanspeter: Der Organisator der Landesvermessung : Erinnerung Franz Jakob von Mittnacht und sein Wirken. In: Beiträge zur Landeskunde. 3.1982, p.11-16, 6 ill. ISSN 0408-8492.

0905
Fischer, Hanspeter: Die ersten Tiefenmessungen des Bodensees : der Vermessungskommissär und Zeichner Major Joseph Anton von Gasser. In: Beiträge zur Landeskunde. 2.1984, p.10-13, 7 ill. ISSN 0408-8492.

0906
Fischer, Hanspeter: "...genaue Kenntnis von einem schönen und großen Land zu geben" : die Dreiecksmessungen des Geodäten César François Cassini de Thury in Süddeutschland und Österreich in den Jahren 1761 und 1762. In: Beiträge zur Landeskunde. 3.1991, p.9-15, 8 ill., 1 portr. ISSN 0408-8492.

0907
Fischer, Hanspeter: Meilensteine südwestdeutscher Kartographie : die Landtafeln von Wangen im Allgäu und Lindau im Bodensee. In: Beiträge zur Landeskunde. 6, p.[1]-7, 8 ill. ISSN 0408-8492.

0908
Fischer, Hanspeter: "Schön und vortrefflich": die 'Charte von Schwaben' : ein kartengeschichtlich bedeutsames Werk zu Beginn des 19. Jahrhunderts. In: Beiträge zur Landeskunde. 3.1988, p.1-8, 8 ill. ISSN 0408-8492.

0909
Fischer, Hanspeter: Werke der Tiroler Bauernkartographen : Vermessungen in Vorderösterreich vor etwa 200 Jahren. In: Beiträge zur Landeskunde. 5.1997, p.8-15, 5 ill., 1 portr. ISSN 0408-8492.

0910
Fleet, Christopher: The Blaeu Atlas of Scotland (1654) : new translation and website. In: Journal of the International Map Collectors' Society. 2004,97, p.5-17, 6 ill.

0911
Fleischmann-Niederbacher, Ingrid: Heinz Fleischmann feiert 90. Geburtstag. In: Kartographische Nachrichten : KN ; Fachzeitschrift für Geoinformation und Visualisierung ; Organ der Deutschen Gesellschaft für Kartographie e.V., der Schweizerischen Gesellschaft für Kartographie und der Österreichischen Kartographischen Kommission in der Österreichischen Geographischen Gesellschaft. 54.2004,2, p.87-88, 1 portr. ISSN 0022-9164.

0912
Forbes, Vivian Louis: Thomas Baines 1820 – 1875. In: Geographers : biobibliographical studies. 23.2004, p.1-13, 1 portr. ISSN 0308-6992.

0913
François de Dainville S.J. (1909-1971) : pionnier de l'histoire de la cartographie et de d'éducation ; actes du colloque international organisé par L'UMR 8586, PRODIG à Paris, les 6 et 7 juin 2002. Ed.: Bousquet-Bressolier, Catherine. – Paris: Ecole Nationale des Chartes 2004, 332 p., ill., mp. (Études et rencontres de l'École des Chartes : [EREC] ; 15). [Includes bibliographical references and index] ISBN 2-900791-64-2.

0914
García Alonso, Juan L.: La Península Ibérica en la "Geografía" de Claudio Ptolomeo. Ed.: Universidad del País Vasco. – Vitoria: Universidad del País Vasco 2003, 562 p., ill., mp. (Veleia : Anejos de Veleia : Series minor ; 19) The Iberian Peninsula in the "Geographia" by Claudius Ptolemaeus. [Span.]. ISBN 84-8373-569-5.

0915
Geissler, Robert: Geissler, Robert (1819-1893) : ein fast vergessener Zeichner von 1500 Veduten. In: Historia in museo : Festschrift für Frank-Dietrich Jacob. Ed.: Schimpff, Volker; Führ, Wieland. – Langenweissbach: Beier & Beran 0., p.225-241, ill.

0916
Gerl, Arnim: Fridericus Amman und die Geographie. In: Neutraublinger Blätter : Beiheft zum Jahresbericht ... des Gymnasiums Neutraubling. 3.2001/2002, p.103-118, 2 ill.

0917
Germundson, Nils G.: Did Homann also sell uncoloured maps?. In: Journal of the International Map Collectors' Society. 2004,97, p.19-23.

0918
Gilman, Carolyn: Depictions of the land. In: Lewis and Clark : across the divide ; [the companion volume to "Lewis and Clark: the National Bicentennial Exhibition", organized and circulated by the Missouri Historical Society ; exhibition dates Missouri History Museum, St. Louis, January-August, 2004; Academy of Natural Sciences of Philadelphia, Philadelphia, November 2004-March 2005 ; Denver Museum of Nature and Science, Denver, May-September 2005 ; Oregon History Center, Portland, November 2005-March 2006 ; National Museum of Natural History, Smithsonian Institution, May-September 2006]. By Carolin Gilman, with an introduction by James P. Ronda. – Washington [u.a.]: 2003., p.135-163, 34 ill.

0919
Greve, Dieter: Die Direktorialvermessung : Grundlage der Wiebekinschen und der Schmettauschen Mecklenburgkarte. In: Stier und Greif : Blätter zur Kultur- und Landesgeschichte in Mecklenburg-Vorpommern. 9.1999, p.22-29, 3 mp.

0920
Gróf, László: The (virtually) unknown maps of Péter Bod (1712-1769). In: Journal of the International Map Collectors' Society. 2004,97, p.37-50, 6 ill., 1 portr.

0921
Haft, Adele J.: Marianne Moore's "Sea unicorns and land unicorns" : the "unreal realities" of early modern maps and animals. In: Cartographic perspectives : journal of the North American Cartographic Information Society. 46.2003, p.28-64, 8 ill. ISSN 1048-9053.

0922
Haggett, Peter: Changes in university cartography over the last half century : a personal view. In: The Bulletin of the Society of Cartographers. 38.2004,2, p.31-35, 5 ill. ISSN 0036-1984.

0923
Harbeck, Rolf: Dieter Morgenstern zum 65. Geburtstag. In: Kartographische Nachrichten : KN ; Fachzeitschrift für Geoinformation und Visualisierung ; Organ der Deutschen Gesellschaft für Kartographie e.V., der Schweizerischen Gesellschaft für Kartographie und der Österreichischen Kartographischen Kommission in der Österreichischen Geographischen Gesellschaft. 54.2004,1, p.39-40, 1 portr. ISSN 0022-9164.

0924
Hattendorff, Mathias: Die Stormarnkarte des Johannes Mejer von 1650. – Hamburg: 1987, p.27-39, 4 ill. (Jahrbuch des Alstervereins e.V. ; 63).

0925
Heijden, Henk A.M. van der: Antonius van Leest, een 16de-eeuws Antwerps kaartmaker. In: Caert-thresoor : tijdschrift voor de geschiedenis van de kartografie in Nederland. 20, 2001, 1, p.10-12, 2 ill. Antonius van Leest, a 16th century mapmaker from Antwerp. [Dutch with Engl. rés.]. ISSN 0167-4994.

0926
Heinrich Büntings Weltkarte 1584 : "Die gantze Welt in ein' Kleeberblat" ; [unveränderter Nachdruck des Kommentars zur Edition der "Büntingschen Weltkarte" in: Monumenta cartographica, Essener Bearbeitung von zwölf Tafeln zur historischen Kartographie mit zwölf Vollfaksimilierungen hrsg. von Werner Kreuer, Gotha : Klett-Perthes 1999 ; aus Anlaß der Weltkartenausstellung in der Nord/LB, August 2000]. Ed.: Stadtarchiv <Hannover>. – Hannover: Stadtarchiv <Hannover> 2000, 48 p., ill. (Kleine Schriften des Stadtarchivs Hannover ; 3).

0927
Herzog, Werner; Müller, Jean-Claude: Jürgen Dodt zum 65. Geburtstag : eine Würdigung um Dodt, Geographie, fernerkundung und Kartographie, kurz: DGfK. In: Kartographische Nachrichten : KN ; Fachzeitschrift für Geoinformation und Visualisierung ; Organ der Deutschen Gesellschaft für Kartographie e.V., der Schweizerischen Gesellschaft für Kartographie und der Österreichischen Kartographischen Kommission in der Österreichischen Geographischen Gesellschaft. 54.2004,3, p.135-138, 1 ill. ISSN 0022-9164.

0928
Höhener, Hans Peter: Die handgezeichneten Karten Hans Conrad Eschers von der Linth in der Zentralbibliothek Zürich. In: Cartographica Helvetica : Fachzeitschrift für Kartengeschichte. 2004,29, p.5-15, 11 ill. ISSN 1015-8480.

0929
Holy Roman Empire, Hungary, Greece, Constantinople, Smyrna and Bible maps : descriptive catalogue of volumes 25-34 of the atlas. Comp. by Peter van der Krogt and Erlend de Groot. 2004, 708 p., ill., mp. (The atlas Blaeu-Van der Hem of the Austrian National Library). ISBN 90-6194-179-2.

0930
Hopkins, Daniel Price: Peter Lotharius Oxholm and the late eighteenth-century Danish West Indian cartography. In: The Danish presence and legacy in the Virgin Islands. Ed.: Holsoe, Svend E.; McCollum, John H. – Frederiksted: St. Croix Landmarks Soc. 1993., p.29-56, 3 ill.

0931
Hüttermann, Armin: The prize of the British Board of Longitude and the German astronomer Tobias Mayer. In: European journal of navigation. 3, p.65-71, 5 ill. ISSN 1571-473X.

0932
Huggel, Doris: Johann Jacob Fechter : 1717-1797 ; Ingenieur in Basel. Ed.: Kunstverl. Fink. – Lindenberg: Kunstverl. Fink 2004, 232 p., ill. [Literaturverz. p.211-224].

0933
Hurni, Lorenz: Dr. Christoph Brandenberger : 1947-2004. In: Kartographische Nachrichten : KN ; Fachzeitschrift für Geoinformation und Visualisierung ; Organ der Deutschen Gesellschaft für Kartographie e.V., der Schweizerischen Gesellschaft für Kartographie und der Österreichischen Kartographischen Kommission in der Österreichischen Geographischen Gesellschaft. 54.2004,2, p.89-90, 1 portr. ISSN 0022-9164.

0934
Istoryčne kartoznavstvo Ukraïny : zbirnyk naukovych prac' = Historical cartography of Ukraine. Ed.: Vavryčyn, Marija H. – L'viv [u.a.]: Koc' 2004, 516 p., ill., mp. [Ukrain.]. ISBN 966-023130-X.

0935
Jackson, Susan: Barbara Eileen Farrell, 1935 – 2004 : obituary notice. In: Bulletin / Association of Canadian Map Libraries and Archives. 121.2004, p.26-27, 1 portr., 1 ill. ISSN 0840-9331.

0936
Jest, Corneille: Bodhnāth : eine Luftbildinterpretation ; Analyse der Entwicklung einer nepalesischen Siedlung anhand der Dokumentation von Erwin Schneider. In: Arbeiten aus Nepal : Erwin Schneider zum Gedächtnis. – Innsbruck: Universitätsverlag Wagner 2004., p.119-126, 5 ill. (Hochgebirgsforschung ; 9).

0937
Johnson, Bert: The modest life and times of Joseph Roux : a hydrographer of 18th century Marseilles. In: Journal of the International Map Collectors' Society. 2004,96, p.27-37, 10 ill.

0938
Kainz, Wolfgang: Hohe Auszeichnung für Univ.-Prof. Dr. Ingrid Kretschmer. In: Mitteilungen der Österreichischen Geographischen Gesellschaft : MÖGG ; Jahresband. 146.2004, p.363-364. ISSN 0029-9138.

0939
Karpeev, Ėngel Petrovič: Bol'šoj gottorpskij globus. Ed.: Kunstkamera. – St. Petersburg: Kunstkamera 2003, 91 p., ill., mp.

0940
Kingma, J.: Een europa-kaart van Justus Danckerts. – Groningen: 1987, 11 p., 2 mp. A European map by Justus Danckerts. [Dutch].

0941
Kirmse, Rolf: Die große Flandernkarte Gerhard Mercators (1540) : ein Politikum?. In: Von Flandern zum Niederrhein : Wirtschaft und Kultur überwinden Grenzen ; Begleitband zur Ausstellung "Von Flandern zum Niederrhein – Wirtschaft und Kultur überwinden Grenzen" ; [10. Mai bis 6. August 2000 ; eine Ausstellung der 24. Duisburger Akzente "Ei. Ed.: Kultur- u. Stadthistorisches Museum Duisburg. – Duisburg: Kultur- u. Stadthistorisches Museum Duisburg 0., p.41-66, 2 ill.

0942
Kisari Balla, György: Egy kartográfus barangolásai. – Budapest: Szerző 1999, 340 p., ill., mp. Excursions of a cartographer. [Hung.]. ISBN 963-640-226-4.

0943
Klingner, Jacob: Referat über Tobias Mayer : 1723 – 1762. Ed.: Tobias-Mayer-Museum e.V. Geschrieben von Jacob Klingner vom 30.3.1986 bis zum 21.4.1986, vorgetragen am 31.5.1986. – Marbach am Neckar: Tobias-Mayer-Museum e.V. 1988, 34 p., ill. (Schriftenreihe des Tobias-Mayer-Museum).

0944
Knobloch, Eberhard: Zur hellenistischen Methode der Bestimung des Erdumfangs und zur Asienkarte des Klaudios Ptolemaios. In: ZfV : Zeitschrift für Geodäsie, Geoinformation und Landmanagement. 128.2003,3, p.211-217, 2 ill., 4 tab. ISSN 1618-8950.

0945
Koch, Tom: The map as intent : variations on the theme of John Snow. In: Cartographica. 39.2004,4, p.1-14, 8 ill. ISSN 0340-0654; 0317-7173.

0946
Koch, Wolf Günther: Ingeborg Wilfert 65 Jahre. In: Kartographische Nachrichten : KN ; Fachzeitschrift für Geoinformation und Visualisierung ; Organ der Deutschen Gesellschaft für Kartographie e.V., der Schweizerischen Gesellschaft für Kartographie und der Österreichischen Kartographischen Kommission in der Österreichischen Geographischen Gesellschaft. 54.2004,4, p.181-183, 1 portr. ISSN 0022-9164.

0947
Koch, Wolf Günther: Karl Lengfeld 80 Jahre. In: Kartographische Nachrichten : KN ; Fachzeitschrift für Geoinformation und Visualisierung ; Organ der Deutschen Gesellschaft für Kartographie e.V., der Schweizerischen Gesellschaft für Kartographie und der Österreichischen Kartographischen Kommission in der Österreichischen Geographischen Gesellschaft. 54.2004,5, p.228-229, 1 portr. ISSN 0022-9164.

0948
Koller-Weiss, Katharina: Tschudis Blick nach Westen – die Manuskriptkarte der Freigrafschaft Burgund. In: Aegidius Tschudi und seine Zeit. Ed.: Koller-Weiss, Katharina; Sieber, Christian. Hrsg. von Katharina Koller-Weiss und Christian Sieber. – Basel: Krebs 2002., p.165-191, 6 ill.

0949
Kostka, Robert: Erwin Schneider 1906 – 1987 : Leben und Arbeit. In: Arbeiten aus Nepal : Erwin Schneider zum Gedächtnis. – Innsbruck: Universitätsverlag Wagner 2004., p.9-21, 1 ill. (Hochgebirgsforschung ; 9).

0950
Kostka, Robert: Zur Methodik der photogrammetrischen Arbeiten Erwin Schneiders. In: Arbeiten aus Nepal : Erwin Schneider zum Gedächtnis. – Innsbruck: Universitätsverlag Wagner 2004., p.41-65, 14 ill., 2 tabl. (Hochgebirgsforschung ; 9).

0951
Kratochwil, Stefan: Die Himmelsgloben von Erhard Weigel. In: Jenaer Jahrbuch zur Technik- und Industriegeschichte. 6.2004, p. 41-54.

0952
Kremers, Horst: Dr. Jürgen Behrens 65 Jahre. In: Kartographische Nachrichten : KN ; Fachzeitschrift für Geoinformation und Visualisierung ; Organ der Deutschen Gesellschaft für Kartographie e.V., der Schweizerischen Gesellschaft für Kartographie und der Österreichischen Kartographischen Kommission in der Österreichischen Geographischen Gesellschaft. 54.2004,5, p.229-230. ISSN 0022-9164.

0953
Kretschmer, Ingrid: Friedrich Aurada 1917-2004. In: Mitteilungen der Österreichischen Geographischen Gesellschaft : MÖGG ; Jahresband. 146.2004, p.365-369. ISSN 0029-9138.

0954
Kretschmer, Ingrid: Wolfgang Scharfe : 13.6.1942 – 21.9.2003. In: Cartographica Helvetica : Fachzeitschrift für Kartengeschichte. 2004,29, p.2-3, 2 ill., 1 portr. ISSN 1015-8480.

0955
Kreuer, Werner: Moderne Tafel 2, Balkanhalbinsel, ohne Bezeichnung, Henricus Martellus Germanus, Florenz vor 1490, (Cl.XIII, 16, fol. 120 v. -121 r. Ptol. Henrici Martelli Germani; Biblioteca Nazionale Centrale, Firenze). – Einmalige limitierte Weltaufl. von 320 arabisch nummerierten Ex. In: Monumenta cartographica: tabulae modernae : kartographische Denkmäler, ein Triumph über die Zeit ; Essener Bearbeitung von sechs Tafeln der historischen Kartographie ; mit sechs Vollfaksimilierungen aus: Biblioteca Nazionale Centrale, Florenz (Tafeln 1,2,3,4,5), Bayerische Staatsbibliothek, München (Tafel 6). Ed.: Kreuer, Werner. – Ludwigsburg: Edition Libri Illustri 2001., p.24-31, 9 ill., 1 mp.

0956
Kreuer, Werner: Moderne Tafel 3, Kreta, "Descriptio Crete Nunc Candia Moderna", Henricus Martellus Germanus, Florenz vor 1490, (Cl. XIII, 16, fol. 122 v. – 123 r., Ptol. Henrici Martelli Germani; Biblioteca Nazionale Centrale, Firenze). – Einmalige limitierte Weltaufl. von 320 arabisch nummerierten Ex. In: Monumenta cartographica: tabulae modernae : kartographische Denkmäler, ein Triumph über die Zeit ; Essener Bearbeitung von sechs Tafeln der historischen Kartographie ; mit sechs Vollfaksimilierungen aus: Biblioteca Nazionale Centrale, Florenz (Tafeln 1,2,3,4,5), Bayerische Staatsbibliothek, München (Tafel 6). Ed.: Kreuer, Werner. – Ludwigsburg: Edition Libri Illustri 2001., p.32-37, 4 ill., 1 mp.

0957
Kreuer, Werner: Moderne Tafel 4, Kleinasien, "Descriptio Asie Minoris Moderne", Henricus Martellus Germanus, Florenz vor 1490, (Cl. XIII,16, fol. 134 v. -135 r., Ptol. Henrici Martelli Germani; Biblioteca Nazionale Centrale, Firenze). – Einmalige limitierte Weltaufl. von 320 arabisch nummerierten Ex. In: Monumenta cartographica: tabulae modernae : kartographische Denkmäler, ein Triumph über die Zeit ; Essener Bearbeitung von sechs Tafeln der historischen Kartographie ; mit sechs Vollfaksimilierungen aus: Biblioteca Nazionale Centrale, Florenz (Tafeln 1,2,3,4,5), Bayerische Staatsbibliothek, München (Tafel 6). Ed.: Kreuer, Werner. – Ludwigsburg: Edition Libri Illustri 2001., p.38-47, 8 ill.

0958
Kreuer, Werner: Moderne Tafel 5, Palästina, "Sirie Par[ti]s Descriptio Nunc Terra Sancta Dicitur", Henricus Martellus Germanus, Florenz vor 1490, (Cl. XIII, 16, fol. 142 v. – 143 r., Ptol. Henrici Martelli Germani; Biblioteca Nazionale Centrale, Firenze). – Einmalige limitierte Weltaufl. von 320 arabisch nummerierten Ex. In: Monumenta cartographica: tabulae modernae : kartographische Denkmäler, ein Triumph über die Zeit ; Essener Bearbeitung von sechs Tafeln der historischen Kartographie ; mit sechs Vollfaksimilierungen aus: Biblioteca Nazionale Centrale, Florenz (Tafeln 1,2,3,4,5), Bayerische Staatsbibliothek, München (Tafel 6). Ed.: Kreuer, Werner. – Ludwigsburg: Edition Libri Illustri 2001., p.53-60, 2 ill.

0959
Kreuer, Werner: Moderne Tafel 6, Das Heilige Land, "Tabula Moderna Terre Sancte", ed. J. Eßler, Straßburg 1513, (Rar. 881, Karte 40, CL. Ptolemaeus, Geographia, Bayerische Staatsbibliothek München. – Einmalige limitierte Weltaufl. von 320 arabisch nummerierten Ex. In: Monumenta cartographica: tabulae modernae : kartographische Denkmäler, ein Triumph über die Zeit ; Essener Bearbeitung von sechs Tafeln der historischen Kartographie ; mit sechs Vollfaksimilierungen aus: Biblioteca Nazionale Centrale, Florenz (Tafeln 1,2,3,4,5), Bayerische Staatsbibliothek, München (Tafel 6). Ed.: Kreuer, Werner. – Ludwigsburg: Edition Libri Illustri 2001., p.61-72, 3 ill.

0960
Krogt, Peter van der; Danku, Gyuri: De Andreas Nagy atlas : een atlas factice uit circa 1660. In: Caert-thresoor : tijdschrift voor de geschiedenis van de kartografie in Nederland. 23.2004,3, p.66-71, 14 ill. The Andreas Nagy atlas : an atlas factice of c. 1660. ISSN 0167-4994.

0961
Krug, Sigrid: Paul Pfinzing, ein bedeutender Kartograf. In: Die fränkische Alb : Zeitschr. für Wandern, Heimatpflege u. Naturschutz. 82.2002,1, p.19-20, 1 ill., 1 portr.

0962
Lacrocq, Nelly; Faille, René: Les ingénieurs géographes : Claude, François et Claude-Félix Masse. – Vincennes: Service Historique de l'Armée de Terre 2001, 212 p., ill., mp. – Rééd. ISBN 2-86323-124-3; 2-86474-000-1.

0963
Lago, Luciano: Geographical knowledge in the work of Pietro Coppo. In: Imago Italiae : the making of Italy in the history of cartography from the Middle Ages to the Modern era ; reality, image and imagination from the Codices of Claudius Ptolemy ... Ed.: Goliardica E.U.T. – Trieste: Goliardica E.U.T., p.65-67, 15 ill. [Engl. ed.].

0964
Lago, Luciano: La costruzione Mercatoriana dell'Italia. In: Imago Italiae : la fabrica dell'Italia nella storica della cartografia tra medievo ed età moderna ; realtà, immagine ed immaginazione dai codici di Claudio Tolomeo all'atlante di Giovanni Antonio Magini / Luciano Lago. Ed.: E.U.T. – Trieste: E.U.T., p.639-666, 20 ill., 1 portr. Mercator's construction of Italy. [Ital.].

0965
Lago, Luciano: L'Italia di Giovanni Antonio Magini. In: Imago Italiae : la fabrica dell'Italia nella storica della cartografia tra medievo ed età moderna ; realtà, immagine ed immaginazione dai codici di Claudio Tolomeo all'atlante di Giovanni Antonio Magini / Luciano Lago. Ed.: E.U.T. – Trieste: E.U.T., p.669-772, 91 ill. Giovanni Antonio Magini's Italia. [Ital.].

0966
Lago, Luciano: L'Italia negli atlanti nordici dell'Ortelio e del De Jode. In: Imago Italiae : la fabrica dell'Italia nella storica della cartografia tra medievo ed età moderna ; realtà, immagine ed immaginazione dai codici di Claudio Tolomeo all'atlante di Giovanni Antonio Magini / Luciano Lago. Ed.: E.U.T. – Trieste: E.U.T., p.537-582, 41 ill. Italy in the northern atlases of Ortelius and De Jode. [Ital.].

0967
Lemberg, Margret; Lemberg, Hans: Heinrich von Hanau : ein Sohn des letzten Kurfürsten von Hessen – sein Leben, seine politische Kampfschrift und seine Zukunftskarten. – Marburg: Elwert, N.G., Verlagsbuchhandl. 2003, VIII, 179 p., ill., mp. (Veröffentlichungen der Historischen Kommission für Hessen ; 46,7). ISBN 3-7708-1242-5.

0968
Leu, Urs B.: Johann Caspar Hagenbuchs archäologischer Plan von Avenches (1731). In: Cartographica Helvetica : Fachzeitschrift für Kartengeschichte. 2004,29, p.43-47, 6 ill. ISSN 1015-8480.

0969
Lo Sardo, Eugenio: Antoine Thomas's and George David's maps of Asia. In: The history of the relations between the Low Countries and China in the Qing era (1644-1911). Ed.: Walle, Willy F. Vande; Golvers, Noël. Revised papers from at a conference held in September 1995 sponsored by the Ferdinand Verbiest Foundation. – Leuven: Leuven Univ. Press 2003., p.75-88, 4 mp. (Louvain Chinese studies ; 14).

0970
Loiseaux, Olivier: La carte d'Afrique à 1:200 000 de Régnauld de Lannoy de Bissy. In: Le Monde des Cartes : revue du Comité Français de Cartographie. 180.2004, p.102-116, 11 ill. ISSN 1634-3522.

0971
Manso Porto, Carmen: Planos manuscritos de fortalezas del sur de Portugal : su atribución a Alexandre Massaii. In: Descubrimientos y cartografía en la época de Felipe II. Ed.: Instituto Interuniversitario de Estudios de Iberoamérica y Portugal. – Valladolid: Instituto Interuniversitario de Estudios de Iberoamérica y Portugal 1999., p.223-237 (Descubrimientos y cartografía ; 3) Manuscript plans of fortresses of the south of Portugal : their attribution to Alexandre Massaii.

0972
Mappa mundi : progetto di restauro sperimentale di due mappamondi di Mattheus Greuter. Ed.: Centro Regionale per la Progettazione e il Restauro. – Palermo: Centro Regionale per la Progettazione e il Restauro 2004, 107 p., ill. + 1 DVD-Video. (I quaderni di Palazzo Montalbo : studi, indagini ed interventi per la conservazione del Patrimonio culturale ; 3) Mappa mundi : experimental restauration project of two Mappamundi of Mattheus Greuter. [Ital.]. [Collected essays; Contains bibliography] ISBN 88-7758-532-3.

0973
Marek, Karl-Heinz: Prof. Dr. Frithjof Voss verstorben. In: Photogrammetrie, Fernerkundung, Geoinformation : PFG ; Organ der Deutschen Gesellschaft für Photogrammetrie und Fernerkundung e.V. 2004,6, p.556-558. ISSN 1432-8364.

0974
Maureen Florence Wilson, 1925-2004 : obituary. In: Bulletin / Association of Canadian Map Libraries and Archives. 121.2004, p.28-29, 2 portr. ISSN 0840-9331.

0975
Maurer, Hans-Martin; Schieck, Siegwalt: Andreas Kieser und sein Werk. – Stuttgart: Theiss 1985, 291 p., ill., mp. + 1 Kt.-Beil. (Alt-Württemberg in Ortsansichten und Landkarten von Andreas Kieser : 1680 – 1687 ; 1).

0976
McCarthy, James: Journey into Africa : the life and death of Keith Johnston, Scottish cartographer and explorer (1844-79). Ed.: Whittles. – Latheronwheel (Caithness): Whittles 2004, VIII, 248 p. [Includes bibliographical references and index].

0977
Meer, Sjoerd de: Jodocus Hondius' wereldkaart in twee halfronden met de reizen van Drake en Cavendish. In: Caert-thresoor : tijdschrift voor de geschiedenis van de kartografie in Nederland. 20, 2001, 1, p.1-3, 1 ill. The double-hemisphere world map with the routes of Drake and Cavendish by Jodocus Hondius. [Dutch with Engl. rés.]. ISSN 0167-4994.

0978
Melchior, G. Heinrich: Die Karte der "Kunders Kürcher Waltung", ihr Landvermesser und einige Flurnamen. In: Mitteilungen des Oberhessischen Geschichtsvereins Giessen. 85.2000, p.205-224, 6 ill., 2 tab. ISSN 0342-1198.

0979
Meurer, Peter H.: Das kartographiegeschichtliche Forschungsvorhaben "Werkedition Christian Sgrooten" : Bemerkungen zu einem Projekt der WestLB-Stiftung an der Gerhard-Mercator-Universität Duisburg. In: Jahrbuch / Kreis Wesel. 21.2000, p.108-114, 2 ill. ISSN 0939-2041.

0980
Meurer, Peter H.: De jonge Nicolaes van Geelkercken. In: Caert-thresoor : tijdschrift voor de geschiedenis van de kartografie in Nederland. 20, 2001, 2, p.41-47, 7 ill. The young Nicolaes van Geelkercken. [Dutch with Engl. rés.]. ISSN 0167-4994.

0981
Meurer, Peter H.: Der Maler und Kartograph Johann Ruysch (†1533) : zur abenteuerlichen Biographie eines Kölner Benediktiners an der Schwelle der Neuzeit. In: Geschichte in Köln : Zeitschrift für Stadt- und Regionalgeschichte. 49.2002, p.85-104, 3 ill. ISSN 0720-3659.

0982
Milz, Joseph: Ein bisher unbekannter Briefwechsel Gerhard Mercators mit Johannes Vivianus. – Duisburg: 1997, p.1-20, 6 ill. (Duisburger Forschungen : Schriftenreihe für Geschichte u. Heimatkunde Duisburgs ; 43).

0983
Monmonier, Mark Stephen: Rhumb lines and map wars : a social history of the Mercator projection. Ed.: Univ. of Chicago Press. Univ. of Chicago Press 2004, XIV, 242 p., ill., mp.

0984
Müller, Guido: Bergpanoramen waren seine Leidenschaft : Anton Sattler (1846-1883). In: Mitteilungen der Gesellschaft für Salzburger Landeskunde. 144.2004, p.359-372, 4 ill. ISSN 0435-8279.

0985
Müller-Böke, Ulrike: Geographische Forschung in Nepal auf der Grundlage von Karten und Luftbildern von Erwin Schneider. In: Arbeiten aus Nepal : Erwin Schneider zum Gedächtnis. – Innsbruck: Universitätsverlag Wagner 2004., p.103-118, 8 ill., 2 tab., 3 mp.-suppl. (Hochgebirgsforschung ; 9).

0986
Neupert, Anita: Dr.-Ing. Winfried Krakau 75 Jahre. In: Kartographische Nachrichten : KN ; Fachzeitschrift für Geoinformation und Visualisierung ; Organ der Deutschen Gesellschaft für Kartographie e.V., der Schweizerischen Gesellschaft für Kartographie und der Österreichischen Kartographischen Kommission in der Österreichischen Geographischen Gesellschaft. 54.2004,4, p.183-184, 1 portr. ISSN 0022-9164.

0987
Nussio Díaz, Eduardo: El infructuoso regreso de Pedro Sarmiento de Gamboa al estrecho de Magallanes. In: Descubrimientos y cartografía en la época de Felipe II. Ed.: Instituto Interuniversitario de Estudios de Iberoamérica y Portugal. – Valladolid: Instituto Interuniversitario de Estudios de Iberoamérica y Portugal 1999., p.241-263, 5 ill. (Descubrimientos y cartografía ; 3) The fruitless return of Pedro Sarmiento de Gamboa to the Strait of Magellan. [Span.].

0988
Obituary Prof. Y. C. Lee. In: Geomatica. 58.2004,4, p.343, 1 portr. ISSN 1195-1036.

0989
Obituary T. J. Blachut : Dr. sc. Techn., Dr. h.c., F.R.S.C., F.Pan. 1915-2004. In: Geomatica. 58.2004,3, p.244, 1 portr. ISSN 1195-1036.

0990
Ohainski, Uwe: Johannes Mellinger und der Ämteratlas des Fürstentums Lüneburg aus dem 16. Jahrhundert. In: Stadt – Land – Schloss : Celle als Residenz ; Begleitband zur Ausstellung. Ed.: Streich, Brigitte. – Bielefeld: Verlag für Regionalgeschichte 2000., p.199-211 (Celler Beiträge zur Landes- und Kulturgeschichte ; 29).

0991
Orgeix, Emilie d': Amédé Frézier et la cartographie de Saint-Domingue durant la première moitié du XVIIIe siècle. In: Le Monde des Cartes : revue du Comité Français de Cartographie. 180.2004, p.7-16, 7 ill. ISSN 1634-3522.

0992
Ormeling, Ferjan: In memoriam Arthur Robinson (1915-2004). In: Geo-Info : tijdschrift voor Geo-Informatie Nederland, GIN. 1.2004,11, p.500. [Dutch]. ISSN 1572-5464.

0993
Ormeling, Ferjan: In memoriam Martinus de Smit (1925-2004). In: Geo-Info : tijdschrift voor Geo-Informatie Nederland, GIN. 1.2004,12, p.554, 1 portr. [Dutch]. ISSN 1572-5464.

0994
Otter, Cees den: Van de kaart : een loopbahn in de geologische kartering. Ed.: Nederlands Instituut voor Toegepaste Geowetenschappen TNO]. – Utrecht: Nederlands Instituut voor Toegepaste Geowetenschappen TNO] 2004, 38 p., ill.

0995
Palermo 1703, ritratto di una città : plano de la ciudad de Palermo di D. Caetanus Lazzara Panormitanus. By: Nobile, Marco Rosario; Minella, Melo ; Fondazione Salvare Palermo. – Palermo: 2003, 45 p., ill. (Conoscere e tutelare ; 6).

0996
Palsky, Gilles: François de Dainville et l'histoire de la cartographie : orientations traditionelles et thématiques nouvelles. In: François de Dainville S.J. (1909-1971) : pionnier de l'histoire de la cartographie et de d'éducation ; actes du colloque international organisé par L'UMR 8586, PRODIG à Paris, les 6 et 7 juin 2002. Ed.: Bousquet-Bressolier, Catherine. – Paris: Ecole Nationale des Chartes 2004., p.81-99, 3 ill. (Études et rencontres de l'École des Chartes : [EREC] ; 15).

0997
Pastoureau, Mireille: The 1569 world map. In: The Mercator Atlas of Europe : facsimile of the maps by Gerardus Mercator contained in the Atlas of Europe, circa 1570-1572 = Gerardi Mercatoris Atlas Europae. Ed.: Watelet, Marcel. – Pleasant Hill, OR: Walking Tree Press 1998., p.79-87, 5 ill., 3 mp., 2 portr.

0998
Piechocki, Werner: Der Hallesche Arzt und Kartograph Georg Mellinger. In: Medizin und Naturwissenschaften in der Wittenberger Reformationsära. Ed.: Kaiser, Wolfram. – Halle: Universität Halle, Saale / Abteilung Wissenschaftspublizistik 1982., p.241-248 (Wissenschaftliche Beiträge der Martin-Luther-Universität Halle-Wittenberg / Reihe T, Beiträge zur Universitätsgeschichte ; 1982,7).

0999
Rapin, Claude: La Suisse et l'arc alpin dans la carte de Ptolémée. In: Jahrbuch der Schweizerischen Gesellschaft für Ur- und Frühgeschichte. 86.2003, p.137-144, mp. ISSN 0252-1881 / 0080-7311.

1000
Reading the world map : interdisciplinary perspectives on Pieter van den Keere's map, Nova totius terrarum orbis geographica ac hydrographica tabula (Amsterdam, 1608/36). Ed.: Edney, Matthew H. ; Novak, Irwin D. Ed. by Matthew H. Edney and Irwin D. Novak. – Portland, Me: Smith Center for Cartographic Education 2001, IX, 41 p., ill., mp. (Occasional publication / Osher Library Associates). ISBN 0-939561-31-X.

1001
Reisz, Csaba T.: Magyarország általános térképének elkészítése a 19. század elsÿîo évtizedében : Lipszky János és segítÿîoi térképészeti vállalkozásának ismertetése. – Budapest: Cartofil Könyvkiadó 2002, 512, 32 p., ill., mp., 2 Beil. The making of the General Map of Hungary in the first decade of the 19th. century. [Hung. with Engl., Germ., and Slovak rés.]. [Literaturverz. S. 357-375] ISBN 963-202-327-7.

1002
Rickenbacher, Martin: Topographische Untersuchungen zu den "Basler" Panoramen des jungen Samuel Birmann (1793-1847). In: Aspekte der Kartographie im Wandel der Zeit : Festschrift für Ingrid Kretschmer zum 65. Geburtstag und anlässlich ihres Übertritts in den Ruhestand. Ed.: Kainz, Wolfgang. Hrsg. von Wolfgang Kainz. – Wien: Geographisches Institut <Wien, Universität> / Arbeitsbereich für Geographie und Kartographie 2004., p.110-119, 7 ill. (Wiener Schriften zur Geographie und Kartographie ; 16).

1003
Ross, Michael: Polus Antarcticus : a catalogue of four states. In: The Globe. 54.2003, p.1-12, 1 ill., 4 tab., 4 mp. ISSN 0311-3930.

1004
Roth, Erwin: Mayer, Niebuhr, Lichtenberg : drei Biographien im Vergleich. Ed.: Tobias-Mayer-Museum e.V. – Marbach am Neckar: Tobias-Mayer-Museum e.V. 1999, VI, 130 p., ill. (Schriftenreihe des Tobias-Mayer-Museum).

1005
Roth, Erwin: Tobias Mayer und seine Landkarten. Ed.: Tobias-Mayer-Museum e.V. – Marbach am Neckar: Tobias-Mayer-Museum e.V. 1992, 334 p., ill., mp. (Schriftenreihe des Tobias-Mayer-Museum).

1006
Sandberg, Allan: Löjtnant Nils Hallströms förslag år 1914 till flygkarta över Sverige. Ed.: Kartografiska Sällskapet. – Stockholm: Kartografiska Sällskapet 2003, 63 p., ill., mp. Lieutenant Nils Hallströms proposal of the year 1914 for an air map of Sweden. [Swed.].

1007
Sander, Hans-Jörg: Moderne Tafel 1, Inseln des Mittelmeeres, "Descriptio Moderna Istarum Quatuor Insularum in Mare Medit[e]rraneo", Henricus Martellus Germanus, Florenz vor 1490, (Cl. XIII, 16, fol. 113 v., Ptol. Henrici Martelli Germani; Biblioteca Nazionale Centrale, Firenze). – Einmalige limitierte Weltaufl. von 320 arabisch nummerierten Ex. In: Monumenta cartographica: tabulae modernae : kartographische Denkmäler, ein Triumph über die Zeit ; Essener Bearbeitung von sechs Tafeln der historischen Kartographie ; mit sechs Vollfaksimilierungen aus: Biblioteca Nazionale Centrale, Florenz (Tafeln 1,2,3,4,5), Bayerische Staatsbibliothek, München (Tafel 6). Ed.: Kreuer, Werner. – Ludwigsburg: Edition Libri Illustri 2001., p.16-23, 6 ill.

1008
Schönburg-Hartenstein, Johanna; Zedinger, Renate: Jean-Baptiste Brequin (1712-1785) : ein Wissenschaftler aus Lothringen im Dienst des Wiener Hofes. – Wien: Deuticke 2004, 124 p., ill., mp. (Forschungen und Beiträge zur Wiener Stadtgeschichte ; 42).

1009
Seggewiss, Wilhelm: Der Kometenglobus Vincenzo Coronellis. In: Sterne und Weltraum : SuW ; Zeitschrift für Astronomie. 43.2004,1, p.38-44, 7 ill. ISSN 0039-1263.

1010
Shefrin, Jill: Such constant affectionate care : Lady Charlotte Finch, royal governess & the children of George III. – Los Angeles: Cotsen Occasional Press 2003, XVI, 168 p., ill., mp. [Includes bibliographical references (p.135-144) and index; Genealogical tables on endpapers; Ältestes Puzzle in Deutschland, zweite Hälfte 18. Jh., die auf Karten zurückgehen] ISBN 0-9666084-7-X; 0-9666084-8-8.

1011
Siegert, Jutta: "Lithographiert und durch die Presse mit Ölfarben illuminiert" : die Einführung des Steindruckes zur Kartenherstellung bei Justus Perthes in Gotha ; zum 170. Todestag von Alois Senefelder am 26. Februar 2004. In: Gothaisches Museums-Jahrbuch. 7.2004(2003), p.158-166, 3 ill.

1012
Siegert, Jutta: Wertvoller Kartenfundus des Museums für Regionalgeschichte und Volkskunde in Gotha. In: Gothaisches Museums-Jahrbuch. 5.2002, p.167-181, 10 mp., 1 portr.

1013
Snabilié, Chris: Er bestaat al een nieuwe wandkaart van Suriname. In: Geografie. 12.2003,3, p.29, 1 mp. [Article refers to: "De nieuwe kaart van Suriname : privé-project van een bevlogen geograaf" by Peter Conradi, Geografie – 12.2003,1, p.12-15] ISSN 0926-3837.

1014
Spata, Manfred: Der schlesische Kartograph Jonas Scultetus = Śląski kartograf Jonas Scultetus. In: Haus Schlesien präsentiert: Wechselnde Identitäten : das nördliche Schlesien und die angrenzenden Lausitzen im historischen Kartenbild = Zmienna tożsamość: Obraz kartograficzny podziałów terytorialnych ziem północnego Śląska i wschodnich Łużyc w dziejach. Ed.: Spata, Manfred. Hrsg. von Manfred Spata. Haus Schlesien. 2004., p.15-18. [Germ. and Pol.].

1015
Spata, Manfred: Die Landkarte der Grafschaft Glatz in der Aelurius-Chronik 1625. In: Glaciographia Nova : Festschrift für Dieter Pohl. Ed.: Herzig, Arno. – Hamburg: DOBU Verlag 2004., p.93-[109], 7 ill.

1016
Stams, Marianne; Stams, Werner: Der Kartograph, Kupferstecher und erste sächsische Kartenverleger Johann George Schreiber aus Neusalza-Spremberg 1676-1750. In: Neues Lausitzisches Magazin : Zeitschrift der Oberlausitzischen Gesellschaft der Wissenschaften. 7.2004, p.111-137, 8 ill. ISSN 1439-2712.

1017
Staudacher, Christian: Von der Kartographie zur Systemtheorie : Wigand Ritter zum 70. Geburtstag. In: Mitteilungen der Österreichischen Geographischen Gesellschaft : MÖGG ; Jahresband. 146.2004, p.370-379. ISSN 0029-9138.

1018
Steiner, Thaddäus: Die Grenzkarte des Daniel Beich von 1672. In: Alt-Füssen. 2003, p.97-101.

1019
Stückelberger, Alfred: Der geographische Atlas des Ptolemaios, ein oft verkanntes Meisterwerk. In: Jahrbuch des Oberösterreichischen Musealvereines, Gesellschaft für Landeskunde / I, Abhandlungen. 149.2004, p.31-39, 3 ill.

1020
Tang, Dirk J.: Suriname met één opslag van een oog : de kaart van Johan Christoph Henneman, 1784. In: De ontdekking van de wereld : Nederlanders in onbekend vaarwater (1600 – 2000). Onder redactie van Remmelt Daalder ... – Zutphen: Walburg Pers 2003., p.102-111 (Jaarboek / Vereeniging Nederlandsch Historisch Scheepvaart Museum ; Stichting Nederlands Scheepvaartmuseum Amsterdam ; 2003). [Dutch].

1021
Taylor, Andrew: The world of Gerard Mercator : the mapmaker who revolutionized geography. – New York: Walker 2004, X, 291 p.,ill., mp.

1022
Thomas Baines and the "Great map" : route of the Gold Fields Exploration Company's expedition 1869-1872. By Lindy Stiebel. – Durban: 2001, 1 CD-ROM. (University of Natal, Campbell Collections ; 1).

1023
Thomson, Anna Z.: The 'Bear' necessities : a deconstructionof modern art through selected theories of cartography. In: The Bulletin of the Society of Cartographers. 38.2004,1, p.5-11, 5 ill. ISSN 0036-1984.

1024
Thung, Hengliong: The pigeons and the witch doctor : adventures of a modern map maker. – Lancaster: Lucky Press 2003, IX, 257 p., ill. – 1. ed. ISBN 0-9713318-3-9.

1025
Tobias Mayer – Pionier der Positionsbestimmung, Wegbereiter der modernen Navigationssysteme : Katalog zur gleichnamigen Ausstellung in Marbach 26.4.95-19.5.95 ; [eine Ausstellung des Tobias-Mayer-Museum-Vereins]. Ed.: Tobias-Mayer-Museum e.V. Konzeption Erhard Anthes ... Katalogtexte: Erwin Roth ... – Marbach am Neckar: Tobias-Mayer-Museum e.V. 1995, 108 p., ill. (Schriftenreihe des Tobias-Mayer-Museum).

1026
Tobias Mayers Kriegskunst : 1745. Ed.: Tobias-Mayer-Museum e.V. Erwin Roth und Edgar Lukas. – Marbach am Neckar: Tobias-Mayer-Museum e.V. 1993, 212 p., ill. (Schriftenreihe des Tobias-Mayer-Museum).

1027
Török, Zsolt: Der letzte österreichisch-ungarische Entdecker : Lászlo Almásy und die Expeditionskartographie der Libyschen Wüste. In: Aspekte der Kartographie im Wandel der Zeit : Festschrift für Ingrid Kretschmer zum 65. Geburtstag und anlässlich ihres Übertritts in den Ruhestand. Ed.: Kainz, Wolfgang. Hrsg. von Wolfgang Kainz. – Wien: Geographisches Institut <Wien, Universität> / Arbeitsbereich für Geographie und Kartographie 2004., p.131-140, 1 ill. (Wiener Schriften zur Geographie und Kartographie ; 16).

1028
Tooley's Dictionary of mapmakers : Q-Z. Ed.: Early World Press. Ed.: Valerie Scott. – Riverside, CT: Early World Press 2004, VI, 436 p.

1029
Topolski, Aleksander: Poles! Are we ever!. In: Geomatica. 58.2004,3, p.246-248. ISSN 1195-1036.

1030
Torke, Horst: Matthias Öder in der Sächsischen Schweiz : Öders Landschaft am Ende des 16. Jahrhunderts. Ed.: Stadtmuseum <Pirna>. – Pirna: Stadtmuseum <Pirna> 2004, 112 p., ill., mp. (Schriftenreihe des Stadtmuseums Pirna : geschichtl. u. heimatkundl. Beiträge aus Pirna u. Umgebung ; 12).

1031
Trabulse Atala, Elías; Jiménez Codinach, Guadalupe ; Moreno Toscano, Alejandra: Una vision cientifica y artística de la Ciudad de México : el plano de la capital virreinal (1793-1807) de Diego García Conde. Ed.: Centro de Estudios de Historia de México (Condumex). – México: Centro de Estudios de Historia de México (Condumex) 2002, 110 p., ill. A scientific and artistic vision of Mexico City : the plan of the viceregal capital of Diego García Conde. [Span.]. [Stadtplan] ISBN 968-681521-X.

1032
Tromnau, Gernot: Am Anfang war die Bürgerschaft : Aus den Gründerjahren des heutigen Duisburger Kultur- und Stadthistorischen Museums. – Duisburg: 2002, p.47-56, 5 ill. (Duisburger Forschungen : Schriftenreihe für Geschichte u. Heimatkunde Duisburgs ; 48). [Vorlage enthält zwei Werke].

1033
Tromnau, Gernot: Zum Erwerb des letzten (?) Briefwechsels Gerhard Mercators. – Duisburg: 1997, p.21-22, 2 ill. (Duisburger Forschungen : Schriftenreihe für Geschichte u. Heimatkunde Duisburgs ; 43).

1034
Turconi, Bühler: Die "Virtual Library Eduard Imhof" : Digitalisierung und Präsentation von kartographischen Bilddokumenten. In: Die digitale Kartenbibliothek : eine Momentaufnahme. Ed.: Bühler, Jürg. – München: Saur 2004., p.103-116, 3 ill. (Bibliographia cartographica / Beiheft ; 1).

1035
Varela Marcos, Jesús: La cartografía de los descubrimientos colombinos. In: Mundus novus : Amerigo Vespucci e i metodi della ricerca storico-geografica ; atti del convegno internazionale di studi, Roma-Firenze, 27-30 novembre 2002. Ed.: Società Geografica Italiana. – Roma: Società Geografica Italiana 2004., p.177-187, 3 ill. (Memorie della Società Geografica Italiana ; 75) Cartography of the discoveries of Christopher Columbus. [Span.].

1036
Viganó, Marino: Le portefeuille de Gaspar Beretta (1620-1703)à la Bibliothèque Trivulziana de Milan : plans et mémoires pour servir l'Espagne. In: Portefeuilles de plans : projets et dessins d'ingénieurs militaires en Europe du XVIe au XIXe siècle ; actes du colloque international de Saint-Amand-Montrond 2 et 3 mars 2001 ; [le Colloque "Portefeuilles de Plans, Projets et Dessins d'Ingénieurs Militaires en Europe du XVIe au XIXe Siècles"]. Ed.: Cher. Ouvrage collectif publ. sous la dir. scientifique de Vincent Maroteaux ... – Bourges: Cher 2001., p.147-158, 8 ill.

1037
Vorsey, Louis de: Poor Benjamin's chart : Benjamin Franklin's famous Gulf Stream Chart receives rough treatment. In: Journal of the International Map Collectors' Society. 2004,96, p.5-14, 8 ill.

1038
Wagner, Reinhold; Wagner, Julius: Zeichnungen aus "Fortificatorischer Atlas" und "Sammlung technischer Bestimmungen für Fortifikations-, Artillerie- und Garnison-Bauten". Ed.: Fixener, Roman. – Saarbrücken: Studienkreis für Internationales Festungs-, Militär- und Schutzbauwesen 2003, 184 p., ill., mp. (Fortifikation : Fachblatt des Studienkreises für Internationales Festungs-, Militär- und Schutzbauwesen e.V. / Spezial ; 4). [im Schuber].

1039
Watelet, Marcel: Extraits du corpus cartographique de l'ingénieur Jean-Baptiste Vifquain (1789-1854): dispositifs graphiques et comportements techniques. In: Portefeuilles de plans : projets et dessins d'ingénieurs militaires en Europe du XVIe au XIXe siècle ; actes du colloque international de Saint-Amand-Montrond 2 et 3 mars 2001 ; [le Colloque "Portefeuilles de Plans, Projets et Dessins d'Ingénieurs Militaires en Europe du XVIe au XIXe Siècles"]. Ed.: Cher. Ouvrage collectif publ. sous la dir. scientifique de Vincent Maroteaux ... – Bourges: Cher 2001., p.107-116, 5 ill.

1040
Watelet, Marcel: The atlas of Europe circa 1570 – 1572. In: The Mercator Atlas of Europe : facsimile of the maps by Gerardus Mercator contained in the Atlas of Europe, circa 1570-1572 = Gerardi Mercatoris Atlas Europae. Ed.: Watelet, Marcel. – Pleasant Hill, OR: Walking Tree Press 1998., p.7-13, 1 portr., 4 ill., 6 mp.

1041
Wawrik, Franz: Die Karten der Länder Ober- und Niederösterreich im Atlas Blaeu-Van der Hem, mit besonderer Berücksichtigung der Handzeichnungen Julius Mulhusers. In: Aspekte der Kartographie im Wandel der Zeit : Festschrift für Ingrid Kretschmer zum 65. Geburtstag und anlässlich ihres Übertritts in den Ruhestand. Ed.: Kainz, Wolfgang. Hrsg. von Wolfgang Kainz. – Wien: Geographisches Institut <Wien, Universität> / Arbeitsbereich für Geographie und Kartographie 2004., p.141-149, 4 ill. (Wiener Schriften zur Geographie und Kartographie ; 16).

1042
Wawrik, Franz: Die Manuskriptgloben des Fritz Kerner von Marilaun. In: "Brenner" : Geologische Bundesanstalt, Arbeitstagung 2003, Trins im Gschnitztal 1.-5. September 2003 ; Geologische Kartenblätter 1:50.000, 148 Brenner 175 Sterzing. Ed.: Geologische Bundesanstalt. – Wien: Geologische Bundesanstalt 2003., p.217-219.

1043
Wessel, Günther: Von einem, der daheim blieb, die Welt zu entdecken : die Cosmographia des Sebastian Münster oder Wie man sich vor 500 Jahren die Welt vorstellte. – Frankfurt /Main [u.a.]: Campus-Verl. 2004, 328 p., ill., mp. ISBN 3-593-37198-7.

1044
Whitfield, Peter: The mapmakers : a history of Stanfords. – London: Compendium Inc. 2003, 128 p., ill., mp. ISBN 1-902579-75-5.

1045
Witek, John W.: The role of Antoine Thomas, SJ, (1644-1709) in determining the terrestrial meridian line in eighteenth-century China. In: The history of the relations between the Low Countries and China in the Qing era (1644-1911). Ed.: Walle, Willy F. Vande; Golvers, Noël. Revised papers from at a conference held in September 1995 sponsored by the Ferdinand Verbiest Foundation. – Leuven: Leuven Univ. Press 2003., p.89-103 (Louvain Chinese studies ; 14).

1046
Worms, Laurence: The maturing of British commercial cartography : William Faden (1749-1836) and the map trade. In: The Cartographic Journal. 41.2004,1, p.5-11, 1 portr. ISSN 0008-7041.

1047
Young, Malcolm: IMCoS 1980-2000. In: IMCoS 1980-2000 : a history. Comp. by Susan Gole. International Map Collectors Society. – London: 2000., p.7-14, 1 portr.

1048
Zimmermann, Bernhard: Friedrich Paschen und die mecklenburgische Landesvermessung 1853 bis 1873. Ed.: Förderkreis Vermessungstechnisches Museum e.V. – Dortmund: Förderkreis Vermessungstechnisches Museum e.V. 2004, 59 p., ill, mp. (Schriftenreihe des Förderkreises Vermessungstechnisches Museum e.V. ; 33). ISBN 3-00-013448-4.

D. Organizations and Institutions of Cartography
Organisationen und Institutionen der Kartographie
Organisations et institutions de la cartographie

1. General Features
Allgemeines
Généralités

1049
Annoni, Alessandro: Infrastructures de données géographiques en Europe. In: Geomatik Schweiz : Geoinformation und Landmanagement. 102.2004,4, p.241-245, 1 ill. ISSN 0252-9424; 1660-4458.

1050
Armenakis, Costas: ISPRS Technical Commission IV : spatial information systems and digital mapping ; annual report 2003. In: Geomatica. 58.2004,1, p.65-72. ISSN 1195-1036.

1051
Böhm, Rolf: Teilung des Geowissens in der DDR : ein Beitrag zum Thema "Kartenverfälschung". In: Kartographische Nachrichten : KN ; Fachzeitschrift für Geoinformation und Visualisierung ; Organ der Deutschen Gesellschaft für Kartographie e.V., der Schweizerischen Gesellschaft für Kartographie und der Österreichischen Kartographischen Kommission in der Österreichischen Geographischen Gesellschaft. 54.2004,3, p.134-135. ISSN 0022-9164.

1052
Bregt, Arnold; Smits, Paul: INSPIRE : hoogte, hydrografie, meteorologie en landgebruik ; four ruimtelijke datasets uit het INSPIRE-voorstel. In: Geo-Info : tijdschrift voor Geo-Informatie Nederland, GIN. 1.2004,11, p.460-462, 1 tab. INSPIRE : height, hydrography, meteorology and land use ; four space datasets of the INSPIRE-proposal. [Dutch]. ISSN 1572-5464.

1053
Brunner, Kurt: Geheimhaltung und Verfälschung von Karten aus militärischen und politischen Gründen. – 2., durchges. Aufl. In: Kartenverfälschung als Folge übergroßer Geheimhaltung? : eine Annäherung an das Thema Einflußnahme der Staatssicherheit auf das Kartenwesen der DDR ; Referate der Tagung der BStU vom 08.-09.2001 in Berlin. Ed.: Unverhau, Dagmar. – Münster: Lit-Verlag 2003., p.161-175, 12 ill. (Archiv zur DDR-Staatssicherheit ; 5).

1054
Brunner, Kurt: Geheimhaltung und Verfälschung von Karten aus militärischen und politischen Gründen. In: Kartenverfälschung als Folge übergroßer Geheimhaltung? : eine Annäherung an das Thema Einflußnahme der Staatssicherheit auf das Kartenwesen der DDR ; Referate der Tagung der BStU vom 08.-09.2001 in Berlin. Ed.: Unverhau, Dagmar. – Münster: Lit-Verlag 2002., p.161-175, 12 ill. (Archiv zur DDR-Staatssicherheit ; 5; 2002).

1055
Cartographic activities in Thailand. Ed.: Royal Thai Survey Department. – [Bangkok]: Royal Thai Survey Department 1977, 61 p., ill., mp., 1 suppl.

1056
Ebert, Thomas: Neun Länder : ein Geo-Service. In: GeoBit : Geoinformatik für die Praxis. 9=17.2004,10, p.10-13, 4 ill. ISSN 1430-3663.

1057
Ermel, Hans: Report on the cartographic activities of the Federal Republic of Germany in the period 1972-1976. Ed.: Deutsche Gesellschaft für Kartographie. – [Hamburg]: Deutsche Gesellschaft für Kartographie 1976, 11 p.

1058
Freitag, Ulrich: Report on the cartographic activities of the Federal Republic of Germany in the period 1976-1980. Ed.: Deutsche Gesellschaft für Kartographie. – [Berlin]: Deutsche Gesellschaft für Kartographie 0, 18 p.

1059
Freitag, Ulrich: Report on the cartographic activities of the Federal Republic of Germany in the period 1980-1984. Ed.: Deutsche Gesellschaft für Kartographie. – [Berlin]: Deutsche Gesellschaft für Kartographie 1984, 18 p., mp. [Mit hs. Anmerkungen des Verf.].

1060
Gubler, Erich: Stand der Nationalen Geodaten-Infrastruktur und des Impulsprogramms e-geo.ch. In: Geomatik Schweiz : Geoinformation und Landmanagement. 102.2004,4, p.236-240, 2 ill. ISSN 0252-9424; 1660-4458.

1061
Hausner, Isolde: Die "United Nations Group of Experts on Geographical Names" (UNGEGN) und die Standardisierung geographischer Namen. In: Aspekte der Kartographie im Wandel der Zeit : Festschrift für Ingrid Kretschmer zum 65. Geburtstag und anlässlich ihres Übertritts in den Ruhestand. Ed.: Kainz, Wolfgang. Hrsg. von Wolfgang Kainz. – Wien: Geographisches Institut <Wien, Universität> / Arbeitsbereich für Geographie und Kartographie 2004., p.184-189 (Wiener Schriften zur Geographie und Kartographie ; 16).

1062
Kartenverfälschung als Folge übergroßer Geheimhaltung? : eine Annäherung an das Thema Einflußnahme der Staatssicherheit auf das Kartenwesen der DDR ; Referate der Tagung der BStU vom 08.-09.2001 in Berlin. Ed.: Unverhau, Dagmar. – Münster: Lit-Verlag 2003, 300 p., ill., mp. – 2., durchges. Aufl. (Archiv zur DDR-Staatssicherheit ; 5). ISBN 3-8258-5964-9.

1063
Klöppel, Reinhard: Der hessische Weg zum Aufbau einer Geoinformationsinfrastruktur im Kontext nationaler und europäischer Aktionslinien. In: Mitteilungen / Deutscher Verein für Vermessungswesen, Landesverein Hessen e.V. ; Landesverein Thüringen. 2003,3, p.15-31, 32 ill. ISSN 0949-7900; 0949-7900; 0173-6280.

1064
Kowanda, Andreas: Anmerkungen zum Thema Kartenverfälschung in der DDR. In: Kartographische Nachrichten : KN ; Fachzeitschrift für Geoinformation und Visualisierung ; Organ der Deutschen Gesellschaft für Kartographie e.V., der Schweizerischen Gesellschaft für Kartographie und der Österreichischen Kartographischen Kommission in der Österreichischen Geographischen Gesellschaft. 54.2004,2, p.83-86. ISSN 0022-9164.

1065
Kummer, Klaus: Grundlagen für die Geodateninfrastruktur in Sachsen-Anhalt. In: LSA VERM : Zeitschrift für das öffentliche Vermessungswesen des Landes Sachsen-Anhalt. 10.2004,2, p.95-104, 10 ill. ISSN 1435-2338.

1066
Lingenthal, Rainer: Der Weg zur nationalen Geodateninfrastruktur (GDI). In: LSA VERM : Zeitschrift für das öffentliche Vermessungswesen des Landes Sachsen-Anhalt. 10.2004,2, p.89-94. ISSN 1435-2338.

1067
Lucht, Roland; Henkel, Horst; Scholz, Wolfgang: Analyse der "Ausgabe für die Volkswirtschaft" in Umsetzung des Beschlusses des nationalen Verteidigungsrates der DDR vom 13. Oktober 1965 im Vergleich mit der topographischen Karte der DDR. – 2., durchges. Aufl. In: Kartenverfälschung als Folge übergroßer Geheimhaltung? : eine Annäherung an das Thema Einflußnahme der Staatssicherheit auf das Kartenwesen der DDR ; Referate der Tagung der BStU vom 08.-09.2001 in Berlin. Ed.: Unverhau, Dagmar. – Münster: Lit-Verlag 2003., p.99-142, 12 ill., 3 tab. (Archiv zur DDR-Staatssicherheit ; 5).

1068
Müller, Markus; Happ, Elmar: ALKIS eingebettet in Geodateninfrastruktur : mit Standards nach vorne. In: GeoBit : Geoinformatik für die Praxis. 9.2004,5, p.30-31, 1 ill. ISSN 1430-3663.

1069
Muggenhuber, Gerhard: Geodateninfrastruktur in Europa : Praxis, Initiativen, Perspektiven. In: Geomatik Schweiz : Geoinformation und Landmanagement. 102.2004,3, p.137-141. ISSN 0252-9424; 1660-4458.

1070
Pápay, Gyula: Politik und Kartographie. – 2., durchges. Aufl. In: Kartenverfälschung als Folge übergroßer Geheimhaltung? : eine Annäherung an das Thema Einflußnahme der Staatssicherheit auf das Kartenwesen der DDR ; Referate der Tagung der BStU vom 08.-09.2001 in Berlin. Ed.: Unverhau, Dagmar. – Münster: Lit-Verlag 2003., p.13-25 (Archiv zur DDR-Staatssicherheit ; 5).

1071
Pfahlbusch, René: "Kartenverfälschung" in Deutschland?!. In: Kartographische Nachrichten : KN ; Fachzeitschrift für Geoinformation und Visualisierung ; Organ der Deutschen Gesellschaft für Kartographie e.V., der Schweizerischen Gesellschaft für Kartographie und der Österreichischen Kartographischen Kommission in der Österreichischen Geographischen Gesellschaft. 54.2004,5, p.218-224, 3 ill. ISSN 0022-9164.

1072
Rapport Cartographique National : travaux exécutés de 1995 à 1999. 1999, 54 p. (Bulletin du Comité Français de Cartographie ; 160.1999). [Themenheft der Zeitschrift "Bulletin du Comité Français de Cartographie" (160.1999)].

1073
Rapport Cartographique National. Travaux exécutés de 1991 à 1995. 1995, 55 p., 3 mp.-suppl. (Bulletin du Comité Français de Cartographie ; 144.1995). [Themenheft der Zeitschrift "Bulletin du Comité Français de Cartographie" (144.1995)].

1074
Rapport National des Activités Cartographiques Françaises entre 1999 et 2003 : développement – enseignement – recherche – documentation – production. – Paris: 2003, 43 p., ill., mp., suppl. (Le Monde des Cartes : revue du Comité Français de Cartographie ; 176.2003). [Themenheft der Zeitschrift "Bulletin du Comité Français de Cartographie" (176.2003)].

1075
Report on the cartographic activities of the Federal Republic of Germany in the period 1991-1995. Ed.: Deutsche Gesellschaft für Kartographie. Comp. by Ulrich Freitag. – Bielefeld [u.a.]: Deutsche Gesellschaft für Kartographie 1995, 33 p., mp.

1076
Riedo, Marc: Evolution dl l'infrastructure SIG du canton de Neuchâtel. In: Geomatik Schweiz : Geoinformation und Landmanagement. 102.2004,3, p.128-132, 5 ill. ISSN 0252-9424; 1660-4458.

1077
Unverhau, Dagmar: Die "Linie Vermessungswesen" im Ministerium für Staatssicherheit. – 2., durchges. Aufl. In: Kartenverfälschung als Folge übergroßer Geheimhaltung? : eine Annäherung an das Thema Einflußnahme der Staatssicherheit auf das Kartenwesen der DDR ; Referate der Tagung der BStU vom 08.-09.2001 in Berlin. Ed.: Unverhau, Dagmar. – Münster: Lit-Verlag 2003., p.51-80 (Archiv zur DDR-Staatssicherheit ; 5).

2. Cartographic Societies Kartographische Gesellschaften Sociétés cartographiques

1078
25 Jahre Landesverein Mittelrhein : 1958 – 1983. Ed.: Deutsche Gesellschaft für Kartographie / Landesverein Mittelrhein. – Bonn: Deutsche Gesellschaft für Kartographie / Landesverein Mittelrhein 1983, 63 p., ill., mp.

1079
50 Jahre Sektion Karlsruhe der Deutschen Gesellschaft für Kartographie e.V. : Festschrift. Ed.: Kern, Hans F. Hrsg. von Hans F. Kern. – Karlsruhe: Fachhochschule Karlsruhe, Hochschule für Technik, Fachbereich Geoinformationswesen 2004, 280 p., ill., mp. (Karlsruher geowissenschaftliche Schriften, Reihe A, Kartographie und Geographie ; 16). ISBN 3-89063-018-9.

1080
Achievements of the ICA : 1991-95. Ed.: International Cartographic Association. – [s.l.]: International Cartographic Association 1995, 24 p., ill., mp.

1081
Annuaire 2003-2007 / Association Cartographique Internationale = Directory 2003-2007 / International Cartographic Association. Ed.: Geo-Informatie Nederland. – Deurne: Geo-Informatie Nederland 2004, 111 p., ill.,. (GIN publication series ; 1).

1082
Armenakis, Costas: Canada member report to ISPRS : 2000-2004. In: Geomatica. 58.2004,4, p.310-313. ISSN 1195-1036.

1083
Astermo, Svante: I sjösäkerhetens tjänst. In: Nya lantmätaren. 2004,7, p.4-5, 2 ill. The Nautical Safety Service. [Swed.].

1084
Beresiner, Yasha: IMCoS : conception through birth. In: IMCoS 1980-2000 : a history. Comp. by Susan Gole. International Map Collectors Society. – London: 2000., p.5-6, 1 portr.

1085
Elzakker, Corné P.J.M. van: The use of maps in the exploration of geographic data. – Utrecht: 2004, 206 p., ill., mp. (Kartographische Schriften ; 14). [Zugl.: Utrecht, Univ., Diss., 2004] ISBN 90-6809-357-6; 90-6809-365-7.

1086
Harvey, Jenny: Twenty years of IMCoS. In: IMCoS 1980-2000 : a history. Comp. by Susan Gole. International Map Collectors Society. – London: 2000., p.25-26, 1 portr.

1087
IMCoS 1980-2000 : a history. Comp. by Susan Gole. ; International Map Collectors Society. – London: 2000, 72 p., ill., mp.

1088
Joó, István: Látogatás az MFTTT elnökénél. In: Geodézia és kartográfia. 56.2004,2, p.11-16 Appointment with the new president of the Hungarian Society of Geodesy, Cartography and Remote Sensing. [Hung.].

1089
Konečný, Milan: ICA and natural hazards. In: Proceedings of the cartographic cutting-edge technology for natural hazard management : held in Dresden, Germany October 20 – 22 2004. Ed.: Buchroithner, Manfred. – Dresden: Technische Universität Dresden / Institut für Kartographie 2004., p.55-67 (Kartographische Bausteine : KB ; 30).

1090
Lehmann, Helmut: Veranstaltungskalender. In: 50 Jahre Sektion Karlsruhe der Deutschen Gesellschaft für Kartographie e.V. : Festschrift. Ed.: Kern, Hans F. Hrsg. von Hans F. Kern. – Karlsruhe: Fachhochschule Karlsruhe, Hochschule für Technik, Fachbereich Geoinformationswesen 2004., p.31-64 (Karlsruher geowissenschaftliche Schriften, Reihe A, Kartographie und Geographie ; 16).

1091
Organisations et activités / Association Cartographique Internationale : 1999 – 2003 = Organisations and activities / International Cartographic Association. Ed.: Nederlandse Vereniging voor Kartografie. – Amersfoort: Nederlandse Vereniging voor Kartografie 2000, 79 p., ill., mp. (NVK publikatiereeks ; 30).

1092
Ormeling, Ferjan; Rystedt, Bengt; Virantaus, Kirsi; Wood, Michael: Een strategisch plan voor de International Cartographic Association. In: Geo-Info : tijdschrift voor Geo-Informatie Nederland, GIN. 1.2004,1, p.14-18, 5 ill. A strategic plan for the International Cartographic Association. [Dutch]. ISSN 1572-5464.

1093
Ruiz Morales, Mario: Los ingenieros geógrafos : origen y creación del cuerpo. Ed.: España / Ministerio de Fomento. – Madrid: España / Ministerio de Fomento 2003, 286 p., ill. [Includes bibliographical references (p.167-169)] ISBN 84-95172-39-9.

1094
Scharlach, Holger: Deutsche Gesellschaft für Kartographie e.V. (DGfK) : Moderne Gesellschaft mit Tradition. In: GeoBit : Geoinformatik für die Praxis. 2004,8, p.38-39, 3 ill. ISSN 1430-3663.

1095
Shirley, Rodney: A look back over the first twenty years. In: IMCoS 1980-2000 : a history. Comp. by Susan Gole. International Map Collectors Society. – London: 2000., p.15-17, 1 portr.

1096
Wolodtschenko, Alexander: IKV Kommissionen in den Zeitperioden 1999-2003 und 2003-2007. In: Theoretische Probleme der Kartographie und ihrer Nachbardisziplinen. Ed.: Wolodtschenko, Alexander; Schlichtmann, Hansgeorg. – Dresden: 2004., p.55-60, 8 tab. (Diskussionsbeiträge zur Kartosemiotik und zur Theorie der Kartographie : internationales Korrespondenz-Seminar ; 6).

1097
Young, Malcolm: IMCoS 1980-2000. In: IMCoS 1980-2000 : a history. Comp. by Susan Gole. International Map Collectors Society. – London: 2000., p.7-14, 1 portr.

1098
Zögner, Lothar: Kartographische Streiflichter auf die Gesellschaft für Erdkunde zu Berlin im 19.Jahrhundert. In: Aspekte der Kartographie im Wandel der Zeit : Festschrift für Ingrid Kretschmer zum 65. Geburtstag und anlässlich ihres Übertritts in den Ruhestand. Ed.: Kainz, Wolfgang. Hrsg. von Wolfgang Kainz. – Wien: Geographisches Institut <Wien, Universität> / Arbeitsbereich für Geographie und Kartographie 2004., p.150-158, 4 ill. (Wiener Schriften zur Geographie und Kartographie ; 16).

3. Teaching and Research Institutions Institutionen der Lehre und Forschung Institutions de l'enseignement et de la recherche

1099
Cauvin, Colette: La cartographie à Strasbourg à l'ère des SIG et du multimédia. In: Rapport National des Activités Cartographiques Françaises entre 1999 et 2003 : développement – enseignement – recherche – documentation – production. – Paris: 2003., p.24-27, 5 ill. 1 tab. (Le Monde des Cartes : revue du Comité Français de Cartographie ; 176.2003).

1100
Désiré, Joëlle: Université de Picardie Jules Verne : Centre de ressources Cartographie. In: Rapport National des Activités Cartographiques Françaises entre 1999 et 2003 : développement – enseignement – recherche – documentation – production. – Paris: 2003., p. 17-19 (Le Monde des Cartes : revue du Comité Français de Cartographie ; 176.2003).

1101
Enderle, Christiane: Kartographie als Dienstleistung am Geographischen Institut der Philipps-Universität Marburg : eine Rückschau auf die vergangenen 10 Jahre. In: 50 Jahre Sektion Karlsruhe der Deutschen Gesellschaft für Kartographie e.V. : Festschrift. Ed.: Kern, Hans F. Hrsg. von Hans F. Kern. – Karlsruhe: Fachhochschule Karlsruhe, Hochschule für Technik, Fachbereich Geoinformationswesen 2004., p.99-104 (Karlsruher geowissenschaftliche Schriften, Reihe A, Kartographie und Geographie ; 16).

1102
Haggett, Peter: Changes in university cartography over the last half century : a personal view. In: The Bulletin of the Society of Cartographers. 38.2004,2, p.31-35, 5 ill. ISSN 0036-1984.

1103
Herrman, Christian: 25 Jahre Informations-visualisierung. In: 50 Jahre Sektion Karlsruhe der Deutschen Gesellschaft für Kartographie e.V. : Festschrift. Ed.: Kern, Hans F. Hrsg. von Hans F. Kern. – Karlsruhe: Fachhochschule Karlsruhe, Hochschule für Technik, Fachbereich Geoinformationswesen 2004., p.153-165, 5 ill. (Karlsruher geowissenschaftliche Schriften, Reihe A, Kartographie und Geographie ; 16).

1104
IRD (Institut de Recherche pour le Développement : laboratoire de cartographie appliquée. In: Rapport National des Activités Cartographiques Françaises entre 1999 et 2003 : développement – enseignement – recherche – documentation – production. – Paris: 2003., p.13-14 (Le Monde des Cartes : revue du Comité Français de Cartographie ; 176.2003).

1105
Koch, Wolf-Günther; Wilfert, Ingeborg; Buchroithner, Manfred F.: Tourismuskartographie : aktuelle Forschungen und Entwicklungen an der Technischen Universität Dresden. In: Aspekte der Kartographie im Wandel der Zeit : Festschrift für Ingrid Kretschmer zum 65. Geburtstag und anlässlich ihres Übertritts in den Ruhestand. Ed.: Kainz, Wolfgang. Hrsg. von Wolfgang Kainz. – Wien: Geographisches Institut <Wien, Universität> / Arbeitsbereich für Geographie und Kartographie 2004., p.233-255, 12 ill. (Wiener Schriften zur Geographie und Kartographie ; 16).

1106
Köhler, Petra; Lechtenbörger, Christiane: GIS und Informations-Management im "Center for Disaster Management and Risk Reduction Technology". In: Photogrammetrie, Fernerkundung, Geoinformation : PFG ; Organ der Deutschen Gesellschaft für Photogrammetrie und Fernerkundung e.V. 2004,4, p.331-335, 2 ill. ISSN 1432-8364.

1107
Kriz, Karel; Pucher, Alexander: Interaktives Lehrveranstaltungsportal "Grundlagen der Kartographie und Geokommunikation" am Institut für Geographie und Regionalforschung der Universität Wien. In: Geographischer Jahresbericht aus Österreich. 60/61.2004, p.185-201, 13 ill. ISSN 0376-1738.

1108
Lachapelle, G.; Cannon, M. E.; El-Sheimy, Naser: 25 years of geomatics engineering at the University of Calgary – a celebration of excellence. In: Geomatica. 58.2004,3, p.185-192, 11 ill. ISSN 1195-1036.

1109
Quodverte, Philippe: Université d'Orléans : la Maîtrise de Sciences et Techniques de Cartographie ; une volonté d'excellence. In: Rapport National des Activités Cartographiques Françaises entre 1999 et 2003 : développement – enseignement – recherche – documentation – production. – Paris: 2003., p.15-16 (Le Monde des Cartes : revue du Comité Français de Cartographie ; 176.2003).

1110
Sintes-Aïoutz, Madeleine: UMR ESPACE 6012 : Université de Nice ; CNRS. In: Rapport National des Activités Cartographiques Françaises entre 1999 et 2003 : développement – enseignement – recherche – documentation – production. – Paris: 2003., p.20-23 (Le Monde des Cartes : revue du Comité Français de Cartographie ; 176.2003).

1111
Sweetkind-Singer, Julie; Powers, Mike; Derksen, Charlotte: Stanford Geological Survey Access Project. In: Information bulletin / Western Association of Map Libraries. 34.2003,3, p.145-157, 4 ill. ISSN 0049-7282.

4. Cartographic Training Kartographische Ausbildung Formation cartographique

1112
Brown, Allan: Visualisatie in GIS-cusussen op het ITC. In: Visualisatie in het GIS-onderwijs. Ed.: Nederlandse Vereniging voor Kartografie. Werkgroep Onderwijs en Onderzoek. Red.: B.J.Köbben, F.J. Ormeling & R.T. de Wijs. – Amersfoort: Nederlandse Vereniging voor Kartografie 1996., p.37-39 (NVK publikatiereeks ; 20). [Dutch].

1113
Dombóvári, Eszter: Austauschstudium in Karlsruhe. In: 50 Jahre Sektion Karlsruhe der Deutschen Gesellschaft für Kartographie e.V. : Festschrift. Ed.: Kern, Hans F. Hrsg. von Hans F. Kern. – Karlsruhe: Fachhochschule Karlsruhe, Hochschule für Technik, Fachbereich Geoinformationswesen 2004., p.91-94, 1 ill. (Karlsruher geowissenschaftliche Schriften, Reihe A, Kartographie und Geographie ; 16).

1114
Fischer, Hanspeter: "Ex geometria practica" : Ausbildung und Prüfung von Feldmessern in Vorderösterreich. In: Beiträge zur Landeskunde. 5.1986, p.6-11, 7 ill. ISSN 0408-8492.

1115
Göhler, H.: Automatisches Zeichnen : Lehrbrief 1 ; Grundlagen. Ed.: Ingenieurschule für Geodäsie und Kartographie. – Dresden: Ingenieurschule für Geodäsie und Kartographie 1974, 35 p., 14 ill.

1116
Hartmann, Bernd: Zur neuen Landesverordnung über die Ausbildung und Prüfung für den mittleren vermessungstechnischen und den mittleren kartographischen Dienst. In: Nachrichtenblatt der Vermessungs- und Katasterverwaltung Rheinland-Pfalz. 46.2003,2, p.94-99, 1 ill. ISSN 0939-2378.

1117
Kaarten uitgelegd : Hoe kaartenmakers de wereld verbeelden ; aardrijkskunde docentenhandleiding. Ed.: Universiteitsmuseum Utrecht. – Utrecht: Universiteitsmuseum Utrecht 2004, [11] p., 8 ill. Maps laid out : how mapmakers describe the world. [Dutch].

1118
Kenselaar, F.: Opleiding in geo-informatie. In: Geo-Info : tijdschrift voor Geo-Informatie Nederland, GIN. 0.2003, p.30-34, 3ill., 1 tab. Teaching geo-information. [Dutch]. ISSN 1572-5464.

1119
Kraak, Menno-Jan: Visualisatie-aspecten van geoinformatie in het onderwijs – een ideaal plaatje. In: Visualisatie in het GIS-onderwijs. Ed.: Nederlandse Vereniging voor Kartografie. Werkgroep Onderwijs en Onderzoek. Red.: B.J.Köbben, F.J. Ormeling & R.T. de Wijs. – Amersfoort: Nederlandse Vereniging voor Kartografie 1996., p.25-29, 2 ill., 1 tab. (NVK publikatiereeks ; 20). [Dutch].

1120
Lachapelle, G.; Cannon, M. E.; El-Sheimy, Naser: 25 years of geomatics engineering at the University of Calgary – a celebration of excellence. In: Geomatica. 58.2004,3, p.185-192, 11 ill. ISSN 1195-1036.

1121
Roebert, Katinka: Kaarten uitgelegd : hoe kaartenmakers de wereld verbeelden. In: Geo-Info : tijdschrift voor Geo-Informatie Nederland, GIN. 1.2004,1, p.38-40, 4 ill. Maps laid open : how mapmakers describe the world. [Dutch]. ISSN 1572-5464.

1122
Tyner, Judith A.: Whither Cartography?. In: Cartographic perspectives : journal of the North American Cartographic Information Society. 38.2001, p.3-6, 1 tab. ISSN 1048-9053.

1123
Wehmann, Wolffried: Studierendenzahlen in den Studiengängen Vermessungswesen, Kartographie und Geoinformatik an Fachhochschulen. In: ZfV : Zeitschrift für Geodäsie, Geoinformation und Landmanagement. 128.2003,3, p.225-226, 2 ill. ISSN 1618-8950.

5. Map Producers Kartenhersteller Producteurs de cartes

1124
100 Jahre Vermessungsamt Friedberg. Ed.: Friedberg <Augsburg> / Vermessungsamt. [Red.: Herbert Völk; Franz Scherer]. Friedberg <Augsburg> / Vermessungsamt 2000, 14 p., ill., mp.

1125
Afflerbach, Sabine: Von Frankfurt nach Helsinki in einem einheitlichen Datenmodell : Herausforderung für die Harmonisierung nationaler amtlicher Geodaten im Projekt GiMoDig. In: Kartographische Nachrichten : KN ; Fachzeitschrift für Geoinformation und Visualisierung ; Organ der Deutschen Gesellschaft für Kartographie e.V., der Schweizerischen Gesellschaft für Kartographie und der Österreichischen Kartographischen Kommission in der Österreichischen Geographischen Gesellschaft. 54.2004,5, p.199-207, 5 ill. ISSN 0022-9164.

1126
al-Wadīya a-rāhina li-'l-asġāl ilā ġāyat fātih yanāyir 1984 : al-Ǧiyūdīzīya, al-Harā'itīya, at-Tasāmīm al-haradīya, ad-Dabt al-'aqārī al-watanī, at-Tahfīz al-'aqārī, al-Wikāla al-'Aqārīya al Watanīya, as-Suwar al-ǧawīya = Situation des travaux au 1er janvier 1984 : géodésie, cartographie, plans de villes, cadastre national, immatriculation foncière, agence foncière nationale, couvertures photographiques. Ed.: al-Mamlaka al-Maỳçgribīya. Royaume du Maroc, Ministère de l'Agriculture et de la Reforme Agraire, Direction de la Conservation Foncière et des Travaux Topographiques. – Rabat: al-Mamlaka al-Maỳçgribīya 1984, [12] Bl. [Frz. and Arab.].

1127
APUR : Atelier Parisien d'Urbanisme. In: Rapport National des Activités Cartographiques Françaises entre 1999 et 2003 : développement – enseignement – recherche – documentation – production. – Paris: 2003., p.8-9, 1 suppl. (6 ill.) (Le Monde des Cartes : revue du Comité Français de Cartographie ; 176.2003).

1128
Bacchus, Michel: Évolution des méthodes de tenue à jour des cartes et bases de données géographiques à l'IGN. In: Le Monde des Cartes : revue du Comité Français de Cartographie. 182.2004, p.52-58, 4 ill. ISSN 1634-3522.

1129
Baier, Eckhart: "Jeder will Marktführer werden ..." : Kartografiemarkt. In: Börsenblatt für den deutschen Buchhandel : Frankfurt am Main und Leipzig. 2002; 41, p.30-32, 4 ill., 3 portr. ISSN 0340-7373; 0940-0044.

1130
Bakker, Nico J.: Een nieuw gezicht voor de topografische kaart. In: Geo-Info : tijdschrift voor Geo-Informatie Nederland, GIN. 1.2004,12, p.546-547, 4 ill. A new look for the topographical map. [Dutch]. ISSN 1572-5464.

1131
Bakker, N.J.: Kaartrevisie bij de Topografische Dienst. In: Is uw kaart up to date? Visies op kaartrevisie. Ed.: Nederlandse Vereniging voor Kartografie. Werkgroep Kartografische Produktietechnieken. Red. : Chr. J. Snabilié. – Amersfoort: Nederlandse Vereniging voor Kartografie 1995., p.13-20, 10 ill. (NVK publikatiereeks ; 15). [Dutch].

1132
Barrow, Ian J.: Making history, drawing territory : British mapping in India, c. 1756 – 1905. – New Delhi: Oxford University Press 2003, XII, 212 p., ill., mp. [Includes bibliography and index] ISBN 0-19-566546-5.

1133
Baumann, Barbara: Wie kommt ATKIS in die amtlichen Karten?. In: Arbeitsgruppe Automation in der Kartographie : Tagung 2003. Ed.: Bundesamt für Kartographie und Geodäsie <Deutschland>. – Frankfurt a.M.: Bundesamt für Kartographie und Geodäsie <Deutschland> 2004., p.17-22, 7 ill. (Mitteilungen des Bundesamtes für Kartographie und Geodäsie ; 31; 2004).

1134
Bei uns dreht sich alles um die Erde : Unternehmensdarstellung. Ed.: Hansa Luftbild AG. – Münster: Hansa Luftbild AG 2003, 22 p., ill., mp.

1135
Bendl, Helge: Wo die Erde das Licht der Welt erblickt : in Oberschwaben erschafft der Columbus Verlag unseren Planeten jeden Tag aufs Neue. In: DB mobil : was uns bewegt. 2003; 2, p.66-69, 5 ill. ISSN 1615-0295.

1136
Bowden, Jim: Fifty years in the map trade. In: The Globe. 55.2004, p.73-76. ISSN 0311-3930.

1137
Branco, Rui: O mapa de Portugal : estado, território e poder no Portugal de oitocentos. – Lisboa: Livros Horizonte 2003, 198 p., ill., mp. (Colecçäo Horizonte histórico) The map of Portugal : state, territory and power of Portugal in the nineteenth century. [Port.]. [Teilw. zugl.: Lisboa, Univ., Magisterarbeit, 1999] ISBN 972-241251-5.

1138
Brink, P.P.W.J. van den: Het kaartbeeld van Tropisch Nederland : het Koninklijk Nederlands Aardrijkskundig Genootschap en de kartografie van Nederlands-Indië, 1873-1940. In: Indische kartografie. Ed.: Egmond, Marco van. – Deurne: Geo-Informatie Nederland 2004., p.7-14, 3 ill. (GIN publication series ; 2) The cartographic representation of Tropical Netherlands : the Royal Dutch Geographical Society and the cartography of Netherlands-India, 1873-1940. [Dutch].

1139
Bronsch, Holger: Vermarktung von Geodaten durch Kooperations-Partner. In: Vermessung Brandenburg. 9.2004,2, p.34-41, 3 ill. ISSN 1430-7650.

1140
Brunner, Kurt: Frühe Karten des Kilimandscharo – ein Beitrag zur Expeditionskartographie. In: Cartographica Helvetica : Fachzeitschrift für Kartengeschichte. 2004,30, p.3-9, 9 ill. ISSN 1015-8480.

1141
Burgueño, Jesús; Lasso de la Vega, Ferran: Històia del mapa municipal de Catalunya. Ed.: Generalitat de Catalunya, Dep. de Politica Territorial i Obres Públiques. – Barcelona: Generalitat de Catalunya, Inst. Cartogràfic de Catalunya 2002, 192 p., mp. – 1. ed., 2000 Ex. History of the municipal map of Catalunya. [Span.]. ISBN 84-393-5954-3.

1142
Cartographic Users Advisory Council : 2004 Annual Agencies Meeting Minutes. In: Information bulletin / Western Association of Map Libraries. 36.2004,1, p.41-57. ISSN 0049-7282.

1143
Demhardt, Imre Josef: Die Kartographie des Kaiserlichen Schutzgebiets Deutsch-Ostafrika. In: Cartographica Helvetica : Fachzeitschrift für Kartengeschichte. 2004,30, p.11-21, 19 ill. ISSN 1015-8480.

1144
Dempf, Eva-Maria; Leipholz, Thomas: Der Weg zur online-Bereitstellung von Geobasisdaten. In: LSA VERM : Zeitschrift für das öffentliche Vermessungswesen des Landes Sachsen-Anhalt. 10.2004,1, p.25-34, 3 ill. ISSN 1435-2338.

1145
Deumlich, Fritz: Der Föderale Dienst für Geodäsie und Kartographie Russland in den Jahren 1996 bis 2003. In: Allgemeine Vermessungs-Nachrichten : AVN ; Zeitschrift für alle Bereiche des Vermessungswesens. 111.2004,3, p.115-116. ISSN 0002-5968.

1146
Deumlich, Fritz: Der Föderale Dienst für Geodäsie und Kartographie Russlands in den Jahren 1996-2003. In: Allgemeine Vermessungs-Nachrichten : AVN ; Zeitschrift für alle Bereiche des Vermessungswesens. 111.2004,1, p.38-39. ISSN 0002-5968.

1147
Deumlich, Fritz: Zur Tätigkeit des Föderalen Dienstes für Geodäsie und Kartographie Russlands in den Jahren 1996 bis 2003. In: Allgemeine Vermessungs-Nachrichten : AVN ; Zeitschrift für alle Bereiche des Vermessungswesens. 111.2004,5, p.194. ISSN 0002-5968.

1148
Dias, Maria Helena: Recordando um engenheiro português ao serviço da Cartografia militar. In: Contributos para a história da cartografía militar portuguesa. Maria Helena Dias, coordenação. Centro de Estudos Geográficos <Lisboa>. – Lisboa: 2003., 6 chapters, 11 ill., 1 tab. Remembering a Portuguese engineer to the service of military cartography. [Portug.].

1149
Die Welt im Griff. In: Bibliothek der Leidenschaften : die historischen Sammlungen der Universitäts- und Forschungsbibliothek Erfurt. By: Helbich, Wolfgang; Hopf, Cornelia; Paasch, Kathrin; Pautzke, Antje; Schaab, Rupert. – Erfurt: Universitäts- und Forschungsbibliothek Erfurt 2003., p.51-56, 5 ill.

1150
Diez, Dietrich: Anwendung des Datenbankschutzrechtes auf die amtlichen topographischen Kartenwerke. In: Kartographische Nachrichten : KN ; Fachzeitschrift für Geoinformation und Visualisierung ; Organ der Deutschen Gesellschaft für Kartographie e.V., der Schweizerischen Gesellschaft für Kartographie und der Österreichischen Kartographischen Kommission in der Österreichischen Geographischen Gesellschaft. 54.2004,6, p.268-273. ISSN 0022-9164.

1151
Festschrift 75 Jahre BEV = Willkommen im BEV. Ed.: Bundesamt für Eich- und Vermessungswesen. – Wien: Bundesamt für Eich- und Vermessungswesen 1999, 180 p., ill., mp.

1152
Germundson, Nils G.: Did Homann also sell uncoloured maps?. In: Journal of the International Map Collectors' Society. 2004,97, p.19-23.

1153
Geudeke, Peter: The role of TDN in the national geographic information infrastructure. In: Second Anglo-Dutch Seminar on Cartography : held in Enschede, April 3-4, 1997. Ed.: Ormeling, Ferjan. – Amersfoort: Nederlandse Vereniging voor Kartografie 1998., p.69-72, 1 tab. (NVK publikatiereeks ; 26).

1154
Gill, Eunice; Holmes, Jonathan: Ever wondered what ordnance survey (OS) stores on behalf of the National Archives. In: The Cartographic Journal. 41.2004,1, p.55-57. ISSN 0008-7041.

1155
Gole, Susan: Cyprus on the table : maps of Cyprus in British Government papers ; 1878-1920 ; [the Eila Campbell memorial lecture]. Ed.: Bank of Cyprus Cultural Foundation. – Nicosia: Bank of Cyprus Cultural Foundation 1996, 60 p., mp. (Cyprus cartography lectures ; 3).

1156
Griggs, Peter: Mapping a new colony : the geographical construction of Queensland 1860-1880. In: The Globe. 56.2004, p.25-39, 4 ill., 3 tab. ISSN 0311-3930.

1157
Hierner, Patrik ; Saul, Robert: Freytag-Berndt und Artaria – Verlagskartographie im 21. Jahrhundert. In: Aspekte der Kartographie im Wandel der Zeit : Festschrift für Ingrid Kretschmer zum 65. Geburtstag und anlässlich ihres Übertritts in den Ruhestand. Ed.: Kainz, Wolfgang. Hrsg. von Wolfgang Kainz. – Wien: Geographisches Institut <Wien, Universität> / Arbeitsbereich für Geographie und Kartographie 2004., p.264-271, 3 ill. (Wiener Schriften zur Geographie und Kartographie ; 16).

1158
Hill, Christian: "Wissen ist Macht – geographisches Wissen ist Weltmacht!" : die Verlagsgründung des Justus Perthes in Gotha. In: Neu entdeckt : Thüringen -Land der Residenzen ; [1485] ; [2.Thüringer Landesausstellung Schloss Sondershausen, 15. Mai – 3. Oktober 2004]. Ed.: Scheurmann, Konrad; Jördis, Frank. [Veranst. der Ausstellung: Freistaat Thüringen in Zsarb. mit der Stadt Sondershausen ...]. – Mainz: Verlag Philipp von Zabern 2004., p.284-293, 9 ill.

1159
Hoe is GIN georganiseerd?. In: Geo-Info : tijdschrift voor Geo-Informatie Nederland, GIN. 1.2004,1, p.28-29 How is GIN organized?. [Dutch]. ISSN 1572-5464.

1160
Hopfstock, Anja; Afflerbach, Sabine; Illert, Andreas: Harmonised topographic reference data : a challenge for the National Mapping Agencies in Europe. In: Proceedings of the cartographic cutting-edge technology for natural hazard management : held in Dresden, Germany October 20 – 22 2004. Ed.: Buchroithner, Manfred. – Dresden: Technische Universität Dresden / Institut für Kartographie 2004., p.45-53, 6 ill. (Kartographische Bausteine : KB ; 30).

1161
Hornig, Klaus: Deutsches Seekarten-Berichtigungsinstitut Bade & Hornig, Hamburg : 1920 – 1970. Ed.: Bade & Hornig Seekarten GmbH. – Hamburg: Bade & Hornig Seekarten GmbH 1970, 10 p., ill., mp.

1162
IFREMER : département des Géosciences Marines ; cartographie des fonds marins. In: Rapport National des Activités Cartographiques Françaises entre 1999 et 2003 : développement – enseignement – recherche – documentation – production. – Paris: 2003., p. 12, 1 suppl. (1 mp) (Le Monde des Cartes : revue du Comité Français de Cartographie ; 176.2003).

1163
Institut Géographique National. In: Rapport National des Activités Cartographiques Françaises entre 1999 et 2003 : développement – enseignement – recherche – documentation – production. – Paris: 2003., p.34-35 (Le Monde des Cartes : revue du Comité Français de Cartographie ; 176.2003).

1164
Inventaris van het archief van de Directie Meetkundige Dienst van het Ministerie van Verkeer en Waterstaat (1798-) 1931-1945 (-1949) : nummer toegang 2.16.91. Ed.: Nederland / Centrale Archief Selectiedienst. – Winschoten: Nederland / Centrale Archief Selectiedienst 2004, 31 p. (CAS-inventaris ; 625) Inventory of the Archive of the Geometrical Service of the Ministry of Transport, Public Works and Water Management (1798-) 1931-1945 (-1949) : number access 2.16.91. [Dutch].

1165
Irvine, Jim: Commercial map production in the digital age : with particular reference to experiences at HarperCollins Publishers. In: The Cartographic Journal. 41.2004,2, p.101-107, 6 ill. ISSN 0008-7041.

1166
Jörg, Wolfgang: Vienna-GIS – aktuelle GIS-Entwicklungen bei der Stadt Wien : eine Millionenstadt rüstet sich für die Anforderungen an raumbezogene Informationsvermittlung im 3. Jahrtausend. In: Aspekte der Kartographie im Wandel der Zeit : Festschrift für Ingrid Kretschmer zum 65. Geburtstag und anlässlich ihres Übertritts in den Ruhestand. Ed.: Kainz, Wolfgang. Hrsg. von Wolfgang Kainz. – Wien: Geographisches Institut <Wien, Universität> / Arbeitsbereich für Geographie und Kartographie 2004., p.304-311, 6 ill. (Wiener Schriften zur Geographie und Kartographie ; 16).

1167
Kaartvervaardiging door steden. Ed.: Nederlandse Vereniging voor Kartografie. Red.: Chr. J. Snabilié. Werkgroep Kartografische Productietechnieken. – Amersfoort: Nederlandse Vereniging voor Kartografie 1995, 36 p., ill., mp. (NVK publikatiereeks ; 13). [Dutch, partly Engl.].

1168
Kleinschmidt, Verena: Am Anfang war der "Liechtenstern/Lange" : aus der Frühgeschichte der Westermann-Kartographie. In: Geographische Rundschau. 5; 56.2004,5, p.I-XII, 1 portr., 6 mp. [Beihefter in Heftmitte].

1169
Kohn, Ulrich; Schultze, Karin: Auf dem Weg zum zentralen Geodienstleister : das neue Landesamt für Vermessung und Geoinformation. In: LSA VERM : Zeitschrift für das öffentliche Vermessungswesen des Landes Sachsen-Anhalt. 9.2003,2, p.113-132, 9 ill. ISSN 1435-2338.

1170
Koop, R.O.: De stad in kaart : overzicht van de stadskartografie. In: Kaartvervaardiging door steden. Ed.: Nederlandse Vereniging voor Kartografie. Red.: Chr. J. Snabilié. Werkgroep Kartografische Productietechnieken. – Amersfoort: Nederlandse Vereniging voor Kartografie 1995., p.5-10,7 ill. (NVK publikatiereeks ; 13). [Dutch].

1171
Landesvermessungsamt Mecklenburg-Vorpommern : Aufgaben und Organisation. Ed.: Landesvermessungsamt Mecklenburg-Vorpommern. – Schwerin: Landesvermessungsamt Mecklenburg-Vorpommern 1996, 1 Faltblatt, 9 ill.

1172
Lantmäteri i Norrbotten : en skrift om lantmäteri i Norbotten utgiven med anledning av Norrbottens Läns Lantmäteriförenings 120-årsjubileum. Ed.: Norrbottens Läns Lantmäteriförening. Red. och författare: Georg Palmgren. – Luleå: Norrbottens Läns Lantmäteriförening 1996, 376 p., ill., mp. Surveying in Norrbotten : a paper about surveying in Norrbotten edited because of the 120th anniversary of the Norrbottens Surveying Association (Norrbottens Läns Lantmäteriförenings). [Swed.].

1173
Lawrence, Vanessa: The role of national mapping organizations. In: The Cartographic Journal. 41.2004,2, p.117-122, 7 ill. ISSN 0008-7041.

1174
Leuchtweis, Ulrike: Kupferplatten zu Kartenwerken : 1865 – 1867. Ed.: Staatsarchiv <Ludwigsburg>. – Ludwigsburg: Staatsarchiv <Ludwigsburg> 1996, 36 p., mp. (Repertorien / Staatsarchiv Ludwigsburg : Bestand EL ; 68 II).

1175
Liebenberg, Elri: Die Kartierung von Südafrika unter britischer Herrschaft 1795-1910. In: Cartographica Helvetica : Fachzeitschrift für Kartengeschichte. 2004,30, p.23-34, 12 ill. ISSN 1015-8480.

1176
Marty, Bernard: L'œuvre de l'Institut géographique national en Afrique noire pendant la période coloniale. In: Le Monde des Cartes : revue du Comité Français de Cartographie. 180.2004, p.117-125, 6 ill., 1 tab. ISSN 1634-3522.

1177
Michelin. In: Rapport National des Activités Cartographiques Françaises entre 1999 et 2003 : développement – enseignement – recherche – documentation – production. – Paris: 2003., p.37-39 (Le Monde des Cartes : revue du Comité Français de Cartographie ; 176.2003).

1178
Møllgard, Jesper: Søopmåling og søkortproduktion. In: Nya lantmätaren. 2003,2, p.40-41 Nautical recording and production of nautical maps. [Swed.].

1179
Monmonier, Mark: Practical and emblematic roles of the American polyconic projection. In: Aspekte der Kartographie im Wandel der Zeit : Festschrift für Ingrid Kretschmer zum 65. Geburtstag und anlässlich ihres Übertritts in den Ruhestand. Ed.: Kainz, Wolfgang. Hrsg. von Wolfgang Kainz. – Wien: Geographisches Institut <Wien, Universität> / Arbeitsbereich für Geographie und Kartographie 2004., p.93-99, 3 ill. (Wiener Schriften zur Geographie und Kartographie ; 16).

1180
Muylaert, Raf: Het Nationaal geografisch Instituut : zijn producten en numerieke technologie. In: De Aardrijkskunde. 1-2, p.45-55, 5 ill. The National Geographic Institute : its products and various technologies. [Dutch with Engl. rés.].

1181
Neues Angebot in NRW : "TIM" zeigt amtliche Landkarten und Luftbilder im Internet. In: GeoBit : Geoinformatik für die Praxis. 2004,11, p.6, 1 ill. ISSN 1430-3663.

1182
Neumann, Joachim: Das Entstehen einer südwestdeutschen Verlagskartographie seit dem ausgehenden 18. Jahrhundert. In: 50 Jahre Sektion Karlsruhe der Deutschen Gesellschaft für Kartographie e.V. : Festschrift. Ed.: Kern, Hans F. Hrsg. von Hans F. Kern. – Karlsruhe: Fachhochschule Karlsruhe, Hochschule für Technik, Fachbereich Geoinformationswesen 2004., p.201-208 (Karlsruher geowissenschaftliche Schriften, Reihe A, Kartographie und Geographie ; 16).

1183
Neupert, Anita; Theile, Erik: Karten und Kartenproduktion in der DDR. In: Kartenverfälschung als Folge übergroßer Geheimhaltung? : eine Annäherung an das Thema Einflußnahme der Staatssicherheit auf das Kartenwesen der DDR ; Referate der Tagung der BStU vom 08.-09.2001 in Berlin. Ed.: Unverhau, Dagmar. – Münster: Lit-Verlag 2002., p.27-49, 6 ill. (Archiv zur DDR-Staatssicherheit ; 5; 2002).

1184
Neupert, Anita; Theile, Erik: Karten und Kartenproduktion in der DDR. – 2., durchges. Aufl. In: Kartenverfälschung als Folge übergroßer Geheimhaltung? : eine Annäherung an das Thema Einflußnahme der Staatssicherheit auf das Kartenwesen der DDR ; Referate der Tagung der BStU vom 08.-09.2001 in Berlin. Ed.: Unverhau, Dagmar. – Münster: Lit-Verlag 2003., p.27-49, 6 ill. (Archiv zur DDR-Staatssicherheit ; 5).

1185
Nicholson, Tim: The birth of the modern Ordnance Survey small-scale map : the revised new series colour printed one-inch map of England and Wales 1897-1914. Ed.: Charles Close Society for the Study of Ordnance Survey Maps. – London: Charles Close Society for the Study of Ordnance Survey Maps 2002, 95, [6] p., ill., mp.

1186
Oberdorfer, Michael; Kern, Hans: Sensitive Karten und Grafiken als Verkaufsunterstützung in einem Online-Shop für den Landkarten-Versand. In: 50 Jahre Sektion Karlsruhe der Deutschen Gesellschaft für Kartographie e.V. : Festschrift. Ed.: Kern, Hans F. Hrsg. von Hans F. Kern. – Karlsruhe: Fachhochschule Karlsruhe, Hochschule für Technik, Fachbereich Geoinformationswesen 2004., p.209-214;277, 4 ill., 1 tab. (Karlsruher geowissenschaftliche Schriften, Reihe A, Kartographie und Geographie ; 16).

1187
Papotti, Davide; Salarelli, Alberto: La cartografia del Po all'Azienda Regionale Navigazione Interna (ARNI) : dagli archivi del passato alla produzione contemporanea. In: Bollettino della Associazione Italiana di Cartografia. 41.2007,121/122, p.109-116 The cartography of the river Po at the Regional Agency for Inland Navigation (ARNI) : from the historical archives to the contemporary production. [Ital. with Engl. rés.]. ISSN 0044-9733.

1188
Papp-Váry, Arpád: Magánkézben a Cartographia Kft. In: Geodézia és kartográfia. 56.2004,3, p.25-31, 4 ill. Cartographia Ltd. in private hands. [Hung. with Engl. rés.].

1189
Parker, Chris: Research challenges for a geo-information business. In: The Cartographic Journal. 41.2004,2, p.131-141, 9 ill., 2 tab. ISSN 0008-7041.

1190
Pietruska, Franz: Der Pietruska Verlag heute. In: 50 Jahre Sektion Karlsruhe der Deutschen Gesellschaft für Kartographie e.V. : Festschrift. Ed.: Kern, Hans F. Hrsg. von Hans F. Kern. – Karlsruhe: Fachhochschule Karlsruhe, Hochschule für Technik, Fachbereich Geoinformationswesen 2004., p.215-221;278-279, 4 ill. (Karlsruher geowissenschaftliche Schriften, Reihe A, Kartographie und Geographie ; 16).

1191
Pobanz, Wolfram: Topographische Veränderung in Karten der Verlagskartographie der DDR. – 2., durchges. Aufl. In: Kartenverfälschung als Folge übergroßer Geheimhaltung? : eine Annäherung an das Thema Einflußnahme der Staatssicherheit auf das Kartenwesen der DDR ; Referate der Tagung der BStU vom 08.-09.2001 in Berlin. Ed.: Unverhau, Dagmar. – Münster: Lit-Verlag 2003., p.193-214, 15 ill. (Archiv zur DDR-Staatssicherheit ; 5).

1192
Reedijk, Philip: En zo is het gekomen... In: Geo-Info : tijdschrift voor Geo-Informatie Nederland, GIN. 0.2003, p.9-11, 3 ill. And so it came... [Dutch]. ISSN 1572-5464.

1193
Reitinger, Franz: Kleine Studentengeografie. In: Caert-thresoor : tijdschrift voor de geschiedenis van de kartografie in Nederland. 23.2004,4, p.95-102, 6 ill. A small student geography. ISSN 0167-4994.

1194
Roebert, Katinka: Van smederij tot digitale snelweg. In: Geo-Info : tijdschrift voor Geo-Informatie Nederland, GIN. 1.2004,11, p.488-489, 1 ill. From forge to digital highway. [Dutch]. ISSN 1572-5464.

1195
Roth, Erwin: Tobias Mayer und seine Landkarten. Ed.: Tobias-Mayer-Museum e.V. – Marbach am Neckar: Tobias-Mayer-Museum e.V. 1992, 334 p., ill., mp. (Schriftenreihe des Tobias-Mayer-Museum).

1196
Sallat, Roland: De l'empire colonial aux agences de l'IGN : 1940 – 1973. Ed.: Institut Géographique National. – Paris: Institut Géographique National 2003, IV, 131 p., ill., mp. (Les cahiers historiques de l'IGN ; 3.2003).

1197
Sankey, H. Riall: The maps of the Ordnance Survey : a mid-Victorian view. Ed.: Charles Close Society for the Study of Ordnance Survey Maps. With an introduction by Ian Mumford. – London: Charles Close Society for the Study of Ordnance Survey Maps 1995, [33]p. in various pagings, ill. [Originally published in 1888 in Engineering, a weekly illustrated journal] ISBN 1-87059-814-8.

1198
Schmidt, Wolfgang: Stadtkartographie im Wandel : 13 Jahre Kartographie in Kassel. In: 50 Jahre Sektion Karlsruhe der Deutschen Gesellschaft für Kartographie e.V. : Festschrift. Ed.: Kern, Hans F. Hrsg. von Hans F. Kern. – Karlsruhe: Fachhochschule Karlsruhe, Hochschule für Technik, Fachbereich Geoinformationswesen 2004., p.230-236;280, 4 ill. (Karlsruher geowissenschaftliche Schriften, Reihe A, Kartographie und Geographie ; 16).

1199
Service Hydrographique et Océanographiqhe de la Marine (SHOM). In: Rapport National des Activités Cartographiques Françaises entre 1999 et 2003 : développement – enseignement – recherche – documentation – production. – Paris: 2003., p.40-43, 3 ill. (Le Monde des Cartes : revue du Comité Français de Cartographie ; 176.2003).

1200
Siegert, Jutta: "Lithographiert und durch die Presse mit Ölfarben illuminiert" : die Einführung des Steindruckes zur Kartenherstellung bei Justus Perthes in Gotha ; zum 170. Todestag von Alois Senefelder am 26. Februar 2004. In: Gothaisches Museums-Jahrbuch. 7.2004(2003), p.158-166, 3 ill.

1201
Solheim, Dag: Statens kartverks høyderefanseflater HREF og VREF. In: Kart og plan : vitenskapelig tidsskrift. 97.2004,2, p.97-103, 4 ill. The Norwegian Mapping Authority's Heigth Reference Surfaces HREF and VREF. [Norw. with Engl. rés.]. ISSN 0047-3278.

1202
Spata, Manfred: Der Carl Flemming Verlag in Glogau = Wydawnictwo Carla Flemminga w Głogowie. In: Haus Schlesien präsentiert: Wechselnde Identitäten : das nördliche Schlesien und die angrenzenden Lausitzen im historischen Kartenbild = Zmienna tożsamość: Obraz kartograficzny podziałów terytorialnych ziem północnego Śląska i wschodnich Łużyc w dziejach. Ed.: Spata, Manfred. Hrsg. von Manfred Spata. Haus Schlesien. 2004., p.19-23. [Germ. and Pol.].

1203
Steen, Sverre: Standardisering av geografisk informasjon : statens kartverk som standardiseringsorgan. In: Kart og plan : vitenskapelig tidsskrift. 97.2004,4, p.199-203, 3 ill. Standardization of geographic information : Norwegian Mapping Authority as a standard body. [Norw. with Engl. rés.]. ISSN 0047-3278.

1204
Stoffers, Johannes: Geographisch-kartographischer Dienst im Auswärtigen Amt : eine Darstellung seiner Aufgaben. – [Bonn]: 1997, 9 p., 2 mp.-suppl. (Auswärtiger Dienst : Vierteljahresschrift der Vereinigung Deutscher Auslandsbeamter ; 42.1979,I/II).

1205
Strand, Geir-Harald: Offentlige geodata på Internett : en trussel mot, eller muligheter for, privat forretningsutvikling?. In: Kart og plan : vitenskapelig tidsskrift. 97.2004,2, p.70-74, 3 ill. Does distribution of geographical data across the Internet by public enterprises represent a threat to, or an opportunity for, the private sector?. [Norw. with Engl. rés.]. ISSN 0047-3278.

1206
Taylor, Andrew: Mapping Manchester : one man's contribution to city centre maps. In: The Cartographic Journal. 41.2004,1, p.59-67, 10 ill. ISSN 0008-7041.

1207
Tele Atlas Deutschland GmbH : Kartendaten via Mobile Mapping sammeln. In: GeoBit : Geoinformatik für die Praxis. 2004,11, p.46, 2 ill. ISSN 1430-3663.

1208
The geographic labourers of Arewa : remembering the Northern Nigerian Survey ; recollections of land surveying, mapping and related activities in the pre and post independence Northern Nigeria, concentrating on the work of the Survey Department of Northern Nigeria (Northern Nigeria Survey) during the 1950s and 1960s. Ed.: Malcolm, Anderson. – Milton Keynes: Selbstverlag 2004, getr. Zählung, ill., mp. ISBN 1-87131-584-0.

1209
Tooley's Dictionary of mapmakers : Q-Z. Ed.: Early World Press. Ed.: Valerie Scott. – Riverside, CT: Early World Press 2004, VI, 436 p.

1210
Whitfield, Peter: The mapmakers : a history of Stanfords. – London: Compendium Inc. 2003, 128 p., ill., mp. ISBN 1-902579-75-5.

1211
Worms, Laurence: The maturing of British commercial cartography : William Faden (1749-1836) and the map trade. In: The Cartographic Journal. 41.2004,1, p.5-11, 1 portr. ISSN 0008-7041.

1212
Zimmanyi, Falk: Fast 300 Jahre Vermessungsbehörde in Weimar : ein kurzer historischer Rückblick. In: Mitteilungen / Deutscher Verein für Vermessungswesen, Landesverein Hessen e.V. ; Landesverein Thüringen. 2004,1, p.14-17, 3 ill. ISSN 0949-7900; 0949-7900; 0173-6280.

6. Map Collections
Kartensammlungen
Cartothèques

1213
Ahlers, Jens: Die Kartensammlung der Landeszentralbibliothek in Flensburg. In: Auskunft : Zeitschrift für Bibliothek, Archiv und Information in Norddeutschland. 24.2004,1, p.116-132, 4 ill. ISSN 0720-7123.

1214
Allen, David Y.: The map collection at the University at Stony Brook. In: Cartographic perspectives : journal of the North American Cartographic Information Society. 39.2001, p.52-53. ISSN 1048-9053.

1215
Annual General Meeting – May 31,2003 : University of Victoria. In: Bulletin / Association of Canadian Map Libraries and Archives. 120.2004, p.19-23. ISSN 0840-9331.

1216
Annual general meeting : University of Manitoba, Winnipeg, Manitoba June 3, 2004. In: Bulletin / Association of Canadian Map Libraries and Archives. 121.2004, p.30-34. ISSN 0840-9331.

1217
Appenzeller, Markus; Bühler, Jürg: Elektronische Übersichtsnetze für Kartenwerke in der Kartensammlung der ETH Zürich. In: Die digitale Kartenbibliothek : eine Momentaufnahme. Ed.: Bühler, Jürg. – München: Saur 2004., p.155-159, 7 ill. (Bibliographia cartographica / Beiheft ; 1).

1218
Arnoldt, Hans-Martin: Digitale Karten – eine Herausforderung für die Archive : ein Bericht zu neuen Formen der kartographischen Überlieferung. In: Archiv Nachrichten Niedersachsen : Mitteilungen aus niedersächsischen Archiven. 7.2003, p.81-88. ISSN 1617-6820.

1219
Asche, Hartmut: Digitale Karten : eine Herausforderung für die Kartensammlung. In: Die digitale Kartenbibliothek : eine Momentaufnahme. Ed.: Bühler, Jürg. – München: Saur 2004., p.15-27 (Bibliographia cartographica / Beiheft ; 1).

1220
Battini, Annalisa: Map collections in the Estense Library. In: Journal of the International Map Collectors' Society. 2004,99, p.29-46, 13 ill.

1221
Beresiner, Yasha: IMCoS : conception through birth. In: IMCoS 1980-2000 : a history. Comp. by Susan Gole. International Map Collectors Society. – London: 2000., p.5-6, 1 portr.

1222
Bertelmann, Roland; Braune, Stephan: Ein Mapserver zur Suche im Kartenbestand. In: Bibliotheksdienst. Organ der Bundesvereinigung Deutscher Bibliotheksverbände (BDB). 37.2003,10, p.1221-1227, 4 ill. ISSN 0006-1972.

1223
Bertini, Maria Augusta: Fra terra e cielo : i percorsi della geografia ; il patrimonio geocartografico della Biblioteca Universitaria di Urbino, secc. XVI-XVIII. Ed.: Istituto di Geografia <Urbino>. – Urbino: Istituto di Geografia <Urbino> 2003, 176 p., ill. Between earth and sky : periods of geography ; the geocartographic patrimony of the University Library of Urbino, XVI-XVIII century. [Ital.]. [Contains bibliography and notes].

1224
Bestand S 17, Gedruckte Karten und Pläne. Ed.: Landratsamt Rems-Murr-Kreis. Bearb. von Walter Wannenwetsch... – Waiblingen: Landratsamt Rems-Murr-Kreis 2000, Getr. Zählung. (Archivinventare des Rems-Murr-Kreises / Reihe A, Kreisarchiv ; Bd. 8).

1225
Bond, Barbara A.: A directory of UK map collections. Ed.: British Cartographic Society. – London: Robertson McCarta 1983, 28 p. (Map Curators Group Publication ; 1). ISBN 0-904482-05-7.

1226
Bracke, Wouter: Contribution à l'histoire de la cartographie aux Pay-Bas pendant la première moitié du XVIe siècle : le manuscrit CP, 3085 de la Bibliothèque royale de Belgique. In: Hommages à Carl Deroux : Christianisme et Moyen-âge, Néo-latin et survivance de la latinité (vol. 5). Ed.: Defosse, Pol. – Bruxelles: ., p.301-314, 2 ill.

1227
Bracke, Wouter: Twee Portulaankaarten in een handschrift van de Koninklijke Bibliotheek van België. In: Archives et bibliothèques de Belgique : Archief- en bibliotheekwezen in België. 2, p.217-225, 1 ill. Two Portolan maps in a manuscript of the Royal Library of Belgium. ISSN 0775-0722.

1228
Brown, Christopher C.: Topos in your OPAC : linking to the online. In: Information bulletin / Western Association of Map Libraries. 34.2003,3, p.141-144, 8 ill. ISSN 0049-7282.

1229
Bühler, Jürg: Die Nutzung von GIS-Produkten in der Kartensammlung. In: Die digitale Kartenbibliothek : eine Momentaufnahme. Ed.: Bühler, Jürg. – München: Saur 2004., p.65-69, 2 ill. (Bibliographia cartographica / Beiheft ; 1).

1230
Bühler, Jürg: Digitale Angebote in Kartenbibliotheken – vom Konzept zur Realisierung. In: Die digitale Kartenbibliothek : eine Momentaufnahme. Ed.: Bühler, Jürg. – München: Saur 2004., p.37-49 (Bibliographia cartographica / Beiheft ; 1).

1231
Bühler, Jürg: Kartensammlung und Internet. In: Die digitale Kartenbibliothek : eine Momentaufnahme. Ed.: Bühler, Jürg. – München: Saur 2004., p.171-179 (Bibliographia cartographica / Beiheft ; 1).

1232
Bühler, Jürg: Von der Kartensammlung zum Zentrum für Rauminformation. In: Die digitale Kartenbibliothek : eine Momentaufnahme. Ed.: Bühler, Jürg. – München: Saur 2004., p.29-33 (Bibliographia cartographica / Beiheft ; 1).

1233
Bühler, Jürg: Wissen für Kartenkuratoren – aus dem Internet. In: Die digitale Kartenbibliothek : eine Momentaufnahme. Ed.: Bühler, Jürg. – München: Saur 2004., p.193-198 (Bibliographia cartographica / Beiheft ; 1).

1234
Ciolfi-Lebègue, Bénédicte: Les bibliothèques de géographie en Allemagne : compte rendu d'un voyage d'étude. In: Intergéo : bulletin trimestriel des instituts et centres de recherches de géographie. 2000; 4. ISSN 0220-0546.

1235
Collins, Janet R.: The Huxley Map Library : Western Washington University. In: Cartographic perspectives : journal of the North American Cartographic Information Society. 39.2001, p.50-52. ISSN 1048-9053.

1236
Crom, Wolfgang: IKAR: Migration und Fortführung der Altkartendatenbank. In: Bibliotheksdienst. Organ der Bundesvereinigung Deutscher Bibliotheksverbände (BDB). 35.2001,3, p.347-348. ISSN 0006-1972.

1237
Crom, Wolfgang: Verweis-sensitive Indexblätter als Bestandsnachweis im Internet. In: Die digitale Kartenbibliothek : eine Momentaufnahme. Ed.: Bühler, Jürg. – München: Saur 2004., p.129-135, 2 ill. (Bibliographia cartographica / Beiheft ; 1).

1238
Crom, Wolfgang; Heinz, Markus: Visionen künftiger Kartenrecherche. In: Aspekte der Kartographie im Wandel der Zeit : Festschrift für Ingrid Kretschmer zum 65. Geburtstag und anlässlich ihres Übertritts in den Ruhestand. Ed.: Kainz, Wolfgang. Hrsg. von Wolfgang Kainz. – Wien: Geographisches Institut <Wien, Universität> / Arbeitsbereich für Geographie und Kartographie 2004., p.299-303 (Wiener Schriften zur Geographie und Kartographie ; 16).

1239
Die digitale Kartenbibliothek : eine Momentaufnahme. Ed.: Bühler, Jürg. – München: Saur 2004, 241 p., ill., mp. (Bibliographia cartographica / Beiheft ; 1). ISBN 3-598-2500-2.

1240
Die Kartensammlung und die graphischen Sammlungen [der Württembergischen Landesbibliothek Stuttgart]. In: Württembergische Landesbibliothek Stuttgart. Ein Führer durch ihre Geschichte und ihre Sammlungen. – Stuttgart: ., p.98-103, ill.

1241
Die Welt im Griff. In: Bibliothek der Leidenschaften : die historischen Sammlungen der Universitäts- und Forschungsbibliothek Erfurt. By: Helbich, Wolfgang; Hopf, Cornelia; Paasch, Kathrin; Pautzke, Antje; Schaab, Rupert. – Erfurt: Universitäts- und Forschungsbibliothek Erfurt 2003., p.51-56, 5 ill.

1242
Drazniowsky, Roman: Map resources and map librarianship. – New York: 1970, 19 p.

1243
Dreyer-Eimbcke, Oswald: Thoughts on collecting maps. In: IMCoS 1980-2000 : a history. Comp. by Susan Gole. International Map Collectors Society. – London: 2000., p.19-23, 1 portr.

1244
Dubreuil, Lorraine: Early Canadian maps : the W.H. Pugsley Collection = Cartes anciennes du Canada. Ed.: McGill University <Montréal> / Rare Books and Special Collections Division. – Montréal: McGill University <Montréal> / Rare Books and Special Collections Division 1998, XII, 51 p., mp. (Marginalia ; 4). [Includes bibliographical references (p.51) and index] ISBN 0-7717-0523-9.

1245
Dworsatschek, Mariusz: Imago Silesiae : z kolekcji Tomasza Niewodniczańskiego. Ed.: Tow. Przyjaciół Ossolineum. – Wrocław: Tow. Przyjaciół Ossolineum 2002, 170 p., ill., mp. + 1 mp.-suppl. Ancient cartography of Silesia in the Niewodniczański collection. [Pol. with Germ. res.]. [Dt. Zsfassung u.d.T.: Die alte Kartographie Schlesiens in der Kollektion von Tomasz Niewodniczański].

1246
Ehrensvärd, Ulla: Topographica Estonia : handritade kartor och ritninger över Estland i svenska offentliga samlingar = Handgezeichnete Karten und Zeichnungen von Estland in schwedischen öffentlichen Sammlungen. In: Eesti teadusliku Seltsi Rootsis Aastaraamat 12 (1991/1999) = Annales Societatis Litterarum Estonicae in Svecica., p.5-289 Handdrawn maps and designs of Estonia in Swedish public collections. [Swed., Germ., and Estonian].

1247
El món de les cartoteques : VIII trobada del Grup de Cartotecaris de la LIBER, Barcelona, 28 de setembre al 2 d'octubre de 1992. – Barcelona: 1992, 72 p., ill., mp. (Revista catalana de Geografía ; 7.1992,19) The world of map librarians : VIII meeting of the Map Librarian Group of the LIBER, Barcelona, 28th september to 2nd october 1992. [Catalan]. [Themenheft].

1248
Erwin, Tracey; Sweetkind-Singer, Julie: Integrating the Hoover Map Collection at Branner Earth Sciences Library and Map Collection. In: Information bulletin / Western Association of Map Libraries. 35.2004,3, p.151-155, 3 mp. ISSN 0049-7282.

1249
Fall 2004 WAML Meeting Recap. In: Information bulletin / Western Association of Map Libraries. 36.2004,1, p.9-16. ISSN 0049-7282.

1250
Fehn, Klaus; Recker, Gabriele: Stellungnahme zu der Kartensammlung des Museums für Post und Kommunikation in Nürnberg. Ed.: Rheinische Friedrich-Wilhelms-Universität, Seminar für Historische Geographie. – Bonn: Rheinische Friedrich-Wilhelms-Universität, Seminar für Historische Geographie 1996, 9 p.

1251
Fortin, Marcel: Online GIS : solutions for dissemination of geospatial data in a library setting. In: Bulletin / Association of Canadian Map Libraries and Archives. 120.2004, p.5-12, 2 ill., 1 tab., 1 portr. ISSN 0840-9331.

1252
Gibiat, Samuel: Dépôt de la guerre et dépôt des Fortifications : deux fonds d'archives techniques à vacation historique. In: Portefeuilles de plans : projets et dessins d'ingénieurs militaires en Europe du XVIe au XIXe siècle ; actes du colloque international de Saint-Amand-Montrond 2 et 3 mars 2001 ; [le Colloque "Portefeuilles de Plans, Projets et Dessins d'Ingénieurs Militaires en Europe du XVIe au XIXe Siècles"]. Ed.: Cher. Ouvrage collectif publ. sous la dir. scientifique de Vincent Maroteaux ... – Bourges: Cher 2001., p.93-105, 5 ill.

1253
Gill, Eunice; Holmes, Jonathan: Ever wondered what ordnance survey (OS) stores on behalf of the National Archives. In: The Cartographic Journal. 41.2004,1, p.55-57. ISSN 0008-7041.

1254
Grell, Jens-Peter: Das elektronische Kartenarchiv an der Universitäts- und Landesbibliothek Sachsen-Anhalt. In: Die digitale Kartenbibliothek : eine Momentaufnahme. Ed.: Bühler, Jürg. – München: Saur 2004., p.81-90, 2 ill. (Bibliographia cartographica / Beiheft ; 1).

1255
Harvey, Jenny: Twenty years of IMCoS. In: IMCoS 1980-2000 : a history. Comp. by Susan Gole. International Map Collectors Society. – London: 2000., p.25-26, 1 portr.

1256
Hebditch, Kate: Estate maps : a survey of collections relating to South West England. Ed.: Bournemouth University. – Poole: Bournemouth University 2004, 224 p., ill., mp. (Bournemouth University occasional papers on library & information services : BUOPOLIS ; 7). ISBN 1-85899-192-7.

1257
Henaff-Bargot, Évelyne: Bibliothèque nationale de France : Département des Cartes et Plans 1999-2003. In: Rapport National des Activités Cartographiques Françaises entre 1999 et 2003 : développement – enseignement – recherche – documentation – production. – Paris: 2003., p.30-31 (Le Monde des Cartes : revue du Comité Français de Cartographie ; 176.2003).

1258
Hoehn, Philip: Notes from the Beginner's Workshop on cartographic materials collection development issues. In: Information bulletin / Western Association of Map Libraries. 34.2003,3, p.134-140. ISSN 0049-7282.

1259
Imago mundi : opere geografiche e cartografiche della Biblioteca Guarnacci di Volterra. Ed.: ETS. [A cura di] Angelo Marrucci. – Pisa: ETS 2004, 169 p., ill., mp. Geographical and cartographical works in the Guarnacci Library of Volterra. [Ital.]. [Contains bibliographical references and notes].

1260
IMCoS 1980-2000 : a history. Comp. by Susan Gole. ; International Map Collectors Society. – London: 2000, 72 p., ill., mp.

1261
Jutzi, Alan; Frank, Bill: Maps. In: The Huntington Library : treasures from ten centuries. Ed.: Henry E. Huntington Library and Art Gallery. By the director and curators. – San Marino, Calif.: Henry E. Huntington Library and Art Gallery 2004., p.138-153, 15 ill.

1262
Karbø, Nils ; Trollvik, Jon Arne: Felles forvaltningsbase for digitale ortofoto. In: Kart og plan : vitenskapelig tidsskrift. 97.2004,2, p.78-81, 1 ill. A national joint database of digital orthophotos. [Norw. with Engl. rés.]. ISSN 0047-3278.

1263
Keller, C. Peter: The map library's future revisited : a response. In: Cartographic perspectives : journal of the North American Cartographic Information Society. 40.2001, p.9-11. ISSN 1048-9053.

1264
Keller, C. Peter: The map library's future. In: Cartographic perspectives : journal of the North American Cartographic Information Society. 38.2001, p.73-77. ISSN 1048-9053.

1265
Kerlen, H.: Catalogue of pre-Meiji Japanese books and maps in public collections in the Netherlands = Oranda-kokunai-shozō-Meiji-izen-Nihon-kankei-korekushon-mokuroku. Ed.: Netherlands Association for Japanese Studies. – Amsterdam: Gieben 1996, XV, 918 p., ill. (Japonica Neerlandica : monographs of the Netherlands Assoc. for Japanese Studies ; 6). ISBN 90-5063-567-2.

1266
Klinge, Michael; Schüler, Mechthild: Das DFG-Projekt zur Digitalisierung der seltenen Bücher, Karten und Manuskripte zur Erforschung Sibiriens aus der Sammlung Asch : ein Beitrag der Niedersächsischen Staats- und Universitätsbibliothek Göttingen zum multimedialen Digitalisierungsprojekt der Library of Congress. In: Bibliotheksdienst. Organ der Bundesvereinigung Deutscher Bibliotheksverbände (BDB). 37.2003,6, p.740-753, 7 ill. ISSN 0006-1972.

1267
Klöti, Thomas: Verfilmung und Digitalisierung der Sammlung Ryhiner. In: Die digitale Kartenbibliothek : eine Momentaufnahme. Ed.: Bühler, Jürg. – München: Saur 2004., p.73-79, 3 ill., 1 tab. (Bibliographia cartographica / Beiheft ; 1).

1268
Klöti, Thomas: Von den Blattübersichten schweizerischer Landeskartenwerke zur Titelaufnahme im Bibliotheksverbundkatalog. In: Die digitale Kartenbibliothek : eine Momentaufnahme. Ed.: Bühler, Jürg. – München: Saur 2004., p.147-154, 5 ill. (Bibliographia cartographica / Beiheft ; 1).

1269
Levi, P.: Koninklijk Instituut voor de Tropen : een ontdekkingsreis door de koloniale collectie van de kaartenzaal. In: Indische kartografie. Ed.: Egmond, Marco van. – Deurne: Geo-Informatie Nederland 2004., p.23-32, 13 ill., 1 portr. (GIN publication series ; 2) Royal Tropical Institute : an expedition through the colonial collection of the map room. [Dutch].

1270
Loiseaux, Olivier: Les collections cartographiques numérisées de la Bibliothèque nationale de France. In: Le Monde des Cartes : revue du Comité Français de Cartographie. 182.2004, p.72-75, 2 ill. ISSN 1634-3522.

1271
Masson, Raphaël: Cartes et plans manuscrits de la bibliothèque du SHAT : histoire et typologie d'un fonds méconnu. In: Portefeuilles de plans : projets et dessins d'ingénieurs militaires en Europe du XVIe au XIXe siècle ; actes du colloque international de Saint-Amand-Montrond 2 et 3 mars 2001 ; [le Colloque "Portefeuilles de Plans, Projets et Dessins d'Ingénieurs Militaires en Europe du XVIe au XIXe Siècles"]. Ed.: Cher. Ouvrage collectif publ. sous la dir. scientifique de Vincent Maroteaux ... – Bourges: Cher 2001., p.169-176, 6 ill.

1272
Matusiak, Krystyna K.; Kenny, Judith T.: Building a digital collection of photos and maps : Milwaukee neighbornhoods at the University of Wisconsin-Milwaukee. In: Cartographic perspectives : journal of the North American Cartographic Information Society. 49.2004, p.66-73, 6 ill. ISSN 1048-9053.

1273
McClure, Linda M.: The William C. Wonders map collection. In: Bulletin / Association of Canadian Map Libraries and Archives. 120.2004, p.13-14. ISSN 0840-9331.

1274
McEathron, Scott R.: The future is now : a map librarian's response to "The map library's future". In: Cartographic perspectives : journal of the North American Cartographic Information Society. 40.2001, p.4-8. ISSN 1048-9053.

1275
McGlamery, Patrick; Cromley, Robert G.: The map library's emerging role in the dissemination of cartographic information on the internet. In: Cartographic perspectives : journal of the North American Cartographic Information Society. 39.2001, p.4-11. ISSN 1048-9053.

1276
Merk, Eberhard: Karten des Klosters und des Fürstentums Ochsenhausen im Hauptstaatsarchiv Stuttgart. In: Heimatkundliche Blätter für den Kreis Biberach. 27.2004,2, p.19-30, 6 mp. ISSN 1430-9475.

1277
Meyer-Schudel, Hildegard: CD-ROM-Produkte in der Kartensammlung der ETH Zürich. In: Die digitale Kartenbibliothek : eine Momentaufnahme. Ed.: Bühler, Jürg. – München: Saur 2004., p.59-63 (Bibliographia cartographica / Beiheft ; 1).

1278
Oddens, Roelof: A virtual tour of Odden's Bookmarks. In: Second Anglo-Dutch Seminar on Cartography : held in Enschede, April 3-4, 1997. Ed.: Ormeling, Ferjan. – Amersfoort: Nederlandse Vereniging voor Kartografie 1998., p.57-68, 6 ill., 1 tab. (NVK publikatiereeks ; 26).

1279
Orgeix, Emilie d': Collections et portefeuilles de plans : projets et dessins d'ingénieurs militaires en Europe du XVIe au XIXe siècle. In: Portefeuilles de plans : projets et dessins d'ingénieurs militaires en Europe du XVIe au XIXe siècle ; actes du colloque international de Saint-Amand-Montrond 2 et 3 mars 2001 ; [le Colloque "Portefeuilles de Plans, Projets et Dessins d'Ingénieurs Militaires en Europe du XVIe au XIXe Siècles"]. Ed.: Cher. Ouvrage collectif publ. sous la dir. scientifique de Vincent Maroteaux ... – Bourges: Cher 2001., p.5-11, 3 ill.

1280
Palaschewski, Thomas: Die Übernahme von Karten des militärtopographischen Dienstes der ehemaligen nationalen Volksarmee : ein Statement. – 2., durchges. Aufl. In: Kartenverfälschung als Folge übergroßer Geheimhaltung? : eine Annäherung an das Thema Einflußnahme der Staatssicherheit auf das Kartenwesen der DDR ; Referate der Tagung der BStU vom 08.-09.2001 in Berlin. Ed.: Unverhau, Dagmar. – Münster: Lit-Verlag 2003., p.157-159 (Archiv zur DDR-Staatssicherheit ; 5).

1281
Piezunka, Thorsten; Kintrup, Andrea: Der digitale historische Kartenkatalog der SuUB Bremen umgesetzt mit Hilfe der Software der Firma megatel GmbH. In: Die digitale Kartenbibliothek : eine Momentaufnahme. Ed.: Bühler, Jürg. – München: Saur 2004., p.91-96, 4 ill. (Bibliographia cartographica / Beiheft ; 1).

1282
Pinell, Richard: Supporting the library's Geographic Information System (GIS) Program through reference service. In: Bulletin / Association of Canadian Map Libraries and Archives. 119.2004, p.11-14. ISSN 0840-9331.

1283
Piness, George: IMCoS 23rd International Symposium ; Italy 2004 : Modena, Verona, Florence. In: Journal of the International Map Collectors' Society. 2004,99, p.59-62, 4 ill.

1284
Rogers, Steve: The Ohio State University libraries map room. In: Cartographic perspectives : journal of the North American Cartographic Information Society. 41.2002, p.59-61. ISSN 1048-9053.

1285
Rübenstrunk, Kathrin: Paris – Berlin – Moskau und zurück : Pläne zu hessischen Festungen im Archiv von Vincennes. In: Hessische Heimat : Zeitschrift für Kunst, Kultur und Denkmalpflege ; Organ der Gesellschaft für Kultur- und Denkmalpflege. 50.2000, p.3-7, 5 ill. ISSN 0178-3173.

1286
Rumsey, David; Punt, Edith M.: Cartographica extraordinaire : the historical map transformed. Ed.: ESRI Press. – Redlands, CA: ESRI Press 2004, 147 p., ill., mp. [Includes bibliographical references (p.128-147)].

1287
Salat, Nicole; Barros, Martin: De l'atlas des bâtiments militaires au portefeuille de l'officier : codification de l'oeuvre figurée du service du génie. In: Portefeuilles de plans : projets et dessins d'ingénieurs militaires en Europe du XVIe au XIXe siècle ; actes du colloque international de Saint-Amand-Montrond 2 et 3 mars 2001 ; [le Colloque "Portefeuilles de Plans, Projets et Dessins d'Ingénieurs Militaires en Europe du XVIe au XIXe Siècles"]. Ed.: Cher. Ouvrage collectif publ. sous la dir. scientifique de Vincent Maroteaux ... – Bourges: Cher 2001., p.127-137, 7 ill.

1288
Salat, Nicole; Barros, Martin: De l'atlas des bâtiments militaires au portefeuille de l'officier : codification de l'oeuvre figurée du service du génie. In: Portefeuilles de plans : projets et dessins d'ingénieurs militaires en Europe du XVIe au XIXe siècle ; actes du colloque international de Saint-Amand-Montrond 2 et 3 mars 2001 ; [le Colloque "Portefeuilles de Plans, Projets et Dessins d'Ingénieurs Militaires en Europe du XVIe au XIXe Siècles"]. Ed.: Cher. Ouvrage collectif publ. sous la dir. scientifique de Vincent Maroteaux ... – Bourges: Cher 2001., p.127-137, 7 ill.

1289
Schüler, Mechthild: Die virtuelle Kartensammlung (Hardware, Software, Copyright). In: Die digitale Kartenbibliothek : eine Momentaufnahme. Ed.: Bühler, Jürg. – München: Saur 2004., p.201-207 (Bibliographia cartographica / Beiheft ; 1).

1290
Semotanová, Eva; Šimůnek, Robert: Katalog Mapové sbírky Historického Ustavu Akademie věd České Republiky do roku 1850. Ed.: Historický Ustav. Historický Ustav 2002, 127 p., [16] Bl., ill., mp. Catalogue of map collection in the Institute of History, Academy of Sciences of the Czech Republic, until 1850. [Czech with Engl., and Germ. rés.]. [Nebent.: Fontes Cartographici Bohemiae, Moraviae atque Silesiae].

1291
Shawa, Tsering Wangyal: Digital map and geospatial information center Princeton University Library. In: Cartographic perspectives : journal of the North American Cartographic Information Society. 41.2002, p.61-63. ISSN 1048-9053.

1292
Shirley, Rodney: A look back over the first twenty years. In: IMCoS 1980-2000 : a history. Comp. by Susan Gole. International Map Collectors Society. – London: 2000., p.15-17, 1 portr.

1293
Siegert, Jutta: Wertvoller Kartenfundus des Museums für Regionalgeschichte und Volkskunde in Gotha. In: Gothaisches Museums-Jahrbuch. 5.2002, p.167-181, 10 mp., 1 portr.

1294
Smits, Jan: Braucht die neue Erde noch Kartenkuratoren?. In: Die digitale Kartenbibliothek : eine Momentaufnahme. Ed.: Bühler, Jürg. – München: Saur 2004., p.223-235, 1 ill. (Bibliographia cartographica / Beiheft ; 1).

1295
Snowdon, Ian: Bits of real estate : digitizing the church map collection of heritage maps at Auckland city libraries. In: The Globe. 56.2004, p.56-60, 3 ill. ISSN 0311-3930.

1296
Sousa López, Gema: Las obras de cartografía de la época de Felipe II que se conservan en Valladolid = Cartographic works from the epoch of Felipe II which are conserved in Valladolid. In: Descubrimientos y cartografía en la época de Felipe II. Ed.: Instituto Interuniversitario de Estudios de Iberoamérica y Portugal. – Valladolid: Instituto Interuniversitario de Estudios de Iberoamérica y Portugal 1999., p.205-222 (Descubrimientos y cartografía ; 3). [Span.].

1297
Spata, Manfred: Wie werde ich ein Landkartensammler? : Anregungen zu Aufbau und Auflösung einer Privatsammlung. In: AGG-Mitteilungen : Mitteilungsblatt der Arbeitsgemeinschaft Grafschaft Glatz – Kultur und Geschichte. 2002, p.8-14, 2 ill. ISSN 1610-1308.

1298
Spring 2004 WAML Meeting Recap. In: Information bulletin / Western Association of Map Libraries. 35.2004,3, p.145-150, 7 ill. ISSN 0049-7282.

1299
Stramiello-Schmidt, Iris D.: ViaMondo : Prototyp eines elektronisch-graphischen Kartenkatalogs. In: Die digitale Kartenbibliothek : eine Momentaufnahme. Ed.: Bühler, Jürg. – München: Saur 2004., p.119-127, 9 ill. (Bibliographia cartographica / Beiheft ; 1).

1300
Szaniawska, Lucyna: Najnowsze dary i nabytki ... dla zbiorów specjalnych. In: Biuletyn Informacyjny Biblioteki Narodowej. 2.2004,169, p.19-22, mp. + Arbeitsübersetzung (4 p.) Die neuesten Schenkungen und Erwerbungen für die Sondersammlungen. [Pol.]. [Übersetzt von Rosmarie Knuth] ISSN 0006-3983.

1301
Tromnau, Gernot: Am Anfang war die Bürgerschaft : Aus den Gründerjahren des heutigen Duisburger Kultur- und Stadthistorischen Museums. – Duisburg: 2002, p.47-56, 5 ill. (Duisburger Forschungen : Schriftenreihe für Geschichte u. Heimatkunde Duisburgs ; 48). [Vorlage enthält zwei Werke].

1302
Turconi, Bühler: Die "Virtual Library Eduard Imhof" : Digitalisierung und Präsentation von kartographischen Bilddokumenten. In: Die digitale Kartenbibliothek : eine Momentaufnahme. Ed.: Bühler, Jürg. – München: Saur 2004., p.103-116, 3 ill. (Bibliographia cartographica / Beiheft ; 1).

1303
Valette, Philippe: Les cartes et plans de la moyenne garonne de l'époque moderne à nos jours. In: Le Monde des Cartes : revue du Comité Français de Cartographie. 182.2004, p.41-51, 7 ill. ISSN 1634-3522.

1304
Vatter, Stephanie; Schneider, Gerhard: Auf dem Weg zum digitalen Rissarchiv. In: Nachrichtenblatt der Vermessungs- und Katasterverwaltung Rheinland-Pfalz. 47.2004,1/2, p.32-39, 6 ill. ISSN 0939-2378.

1305
Viganó, Marino: Le portefeuille de Gaspar Beretta (1620-1703)à la Bibliothèque Trivulziana de Milan : plans et mémoires pour servir l'Espagne. In: Portefeuilles de plans : projets et dessins d'ingénieurs militaires en Europe du XVIe au XIXe siècle ; actes du colloque international de Saint-Amand-Montrond 2 et 3 mars 2001 ; [le Colloque "Portefeuilles de Plans, Projets et Dessins d'Ingénieurs Militaires en Europe du XVIe au XIXe Siècles"]. Ed.: Cher. Ouvrage collectif publ. sous la dir. scientifique de Vincent Maroteaux ... – Bourges: Cher 2001., p.147-158, 8 ill.

1306
Viglino Davico, Micaela: Plans et portefeuilles militaires conservés dans les archives de Turin (XVIe et XVIIe siècles). In: Portefeuilles de plans : projets et dessins d'ingénieurs militaires en Europe du XVIe au XIXe siècle ; actes du colloque international de Saint-Amand-Montrond 2 et 3 mars 2001 ; [le Colloque "Portefeuilles de Plans, Projets et Dessins d'Ingénieurs Militaires en Europe du XVIe au XIXe Siècles"]. Ed.: Cher. Ouvrage collectif publ. sous la dir. scientifique de Vincent Maroteaux ... – Bourges: Cher 2001., p.117-125, 11 ill.

1307
Wiesenmüller, Heidrun: "Gestatten, OSKAR!" : Die Online-Systematik für kartographische Materialien. In: WLB-Forum : Berichte und Informationen aus der Württembergischen Landesbibliothek Stuttgart. 5.2003,1, [5] p., 3 ill. ISSN 1615-3820.

1308
Wiesenmüller, Heidrun: OSKAR kommt! : Landkartenkatalogisierung auf neuen Wegen. In: WLB-Forum : Berichte und Informationen aus der Württembergischen Landesbibliothek Stuttgart. 3.2001,3, [4] p., 3 ill. ISSN 1615-3820.

1309
Wiesenmüller, Heidrun: Vom OPAC zum Indexblatt, vom SWB zur Online-Systematik : die Verankerung kartenspezifischer Elemente im Verbundkatalog. In: Die digitale Kartenbibliothek : eine Momentaufnahme. Ed.: Bühler, Jürg. – München: Saur 2004., p.137-145, 5 ill. (Bibliographia cartographica / Beiheft ; 1).

1310
Williams, Elisabeth Filar: University of Colorado at Boulder : Map Library. In: Cartographic perspectives : journal of the North American Cartographic Information Society. 39.2001, p.47-50. ISSN 1048-9053.

1311
Wood, Alberta Auringer: Joint ACMLA and CAPDU conference at congress 2004 May 30- June 4, Winnipeg : conference report. In: Bulletin / Association of Canadian Map Libraries and Archives. 120.2004, p.15-28, 15 ill. ISSN 0840-9331.

1312
Wood, Alberta Auringer: Map cataloguing survey 2004 report. In: Bulletin / Association of Canadian Map Libraries and Archives. 120.2004, p.29-46, 30 tab. ISSN 0840-9331.

1313
Woods, Cheryl: Historical Maps Committee, Association of Canadian map libraries and archives : its past, present and future. In: Bulletin / Association of Canadian Map Libraries and Archives. 119.2004, p.4-6, 1 mp. ISSN 0840-9331.

1314
Wyant, Mary: Map and geographic information center centennial science and engineering library University of New Mexico. In: Cartographic perspectives : journal of the North American Cartographic Information Society. 41.2002, p.63-64. ISSN 1048-9053.

1315
Young, Malcolm: IMCoS 1980-2000. In: IMCoS 1980-2000 : a history. Comp. by Susan Gole. International Map Collectors Society. – London: 2000., p.7-14, 1 portr.

1316
Zögner, Lothar: CD-ROM-Produkte in der Kartenabteilung der Staatsbibliothek zu Berlin. In: Die digitale Kartenbibliothek : eine Momentaufnahme. Ed.: Bühler, Jürg. – München: Saur 2004., p.53-58 (Bibliographia cartographica / Beiheft ; 1).

7. Events, Conferences, and Exhibitions
Veranstaltungen, Tagungen und Ausstellungen
Conférences, Réunions et expositions

1317
19ème Conférence Cartographique Internationale: (Ottawa, 14-21 août 1999). – Paris: 1999, 87 p.,ill., mp. (Bulletin du Comité Français de Cartographie ; 162.1999). [Themenheft der Zeitschrift "Bulletin du Comité Français de Cartographie" (162.1999)].

1318
8. Münchner Fortbildungsseminar Geoinformationssysteme : 12.-14. März 2003 an der Technischen Universität München. ; Technische Universität München. – München: 2003, Getr. Zählung, ill., mp. ISBN 3-935049-91-9.

1319
A magyar térképészet nagyjai : Lipszky János (1766 – 1826), Mikoviny Sámuel (1700 – 1750) ; tudományos emlékülések előadásai és kiállítási katalógus = Die Großen der ungarischen Kartographie. Textbearb.: Gubek Istvánné. – Budapest: Osiris Kiadó 2001, 305 p., ill., mp. [Hung. and Germ.]. ISBN 963-200-431-0.

1320
Abstracts of papers : Tenth International Conference on the History of Cartography, Dublin 1983. – Dublin: 1983, 51 p.

1321
Alla scoperta del mondo : l'arte della cartografia da Tolomeo a Mercatore ; [mostra 10 gennaio – 30 aprile 2002, Modena, Biblioteca Estense Universitaria]. – Modena: Bulino, Edizioni d'Arte <Modena> 2001, 302 p., ill., mp. (Il giardino delle Esperidi : collana ; 9). [Ital.]. ISBN 88-86251-33-5.

1322
Annual General Meeting – May 31,2003 : University of Victoria. In: Bulletin / Association of Canadian Map Libraries and Archives. 120.2004, p.19-23. ISSN 0840-9331.

1323
Annual general meeting : University of Manitoba, Winnipeg, Manitoba June 3, 2004. In: Bulletin / Association of Canadian Map Libraries and Archives. 121.2004, p.30-34. ISSN 0840-9331.

1324
Arbeitsgruppe Automation in der Kartographie : Tagung 2003. Ed.: Bundesamt für Kartographie und Geodäsie <Deutschland>. – Frankfurt a.M.: Bundesamt für Kartographie und Geodäsie <Deutschland> 2004, 229 p., ill., mp. (Mitteilungen des Bundesamtes für Kartographie und Geodäsie ; 31; 2004). ISBN 3-89888-882-7.

1325
Atlantic history : history of the Atlantic system 1580 – 1830 ; papers presented at an international conference, held 28 August – 1 September, 1999, in Hamburg. Ed.: Pietschmann, Horst. – Göttingen: Vandenhoeck & Ruprecht 2002, 556 p., mp. (Veröffentlichung der Joachim-Jungius-Gesellschaft der Wissenschaften ; 94). [Beitr. teilw. engl., teilw. franz., Literaturgaben] ISBN 3-525-86318-7; 1435-9596.

1326
Ausstellung Historische Kartenbilder aus Schleswig-Holstein und Hamburg im Schloß Reinbek. By: Dreyer-Eimbcke, Oswald. – Reinbek: 2004, [8] p., mp.

1327
Bartos, Ferenc: A Magyar Földmérési, Térképészeti és Távérzékelési Társaság 2004. évi Közdyűlése. In: Geodézia és kartográfia. 56.2004,6, p.5-11. [Hung.].

1328
Bodenstein, Wulf: Pictures at an exhibition(I) : Cartes du Canada = Canada on the map; Canada in kaart. In: BIMCC newsletter / Brussels International Map Collectors' Circle. 19.2004, p.3, 1 ill.

1329
Boer, Adri den: "De Toekomst van de Topografische Informatievoorziening". In: Geo-Info : tijdschrift voor Geo-Informatie Nederland, GIN. 1.2004,1, p.10-12, 4 ill. The future of topographic information provision. [Dutch]. ISSN 1572-5464.

1330
Bogdanov, Stojan: Sedmi kongres na SGZB i zasedanie na upravitelnija s"vet 1 na izp"lnitelnoto bjuro. In: Geodezija, kartografija, zemeustrojstvo. 3-4, p.41-43 7th Congress of the Union of Bulgarian Surveyors and Land Managers, Managing board and Executive bureau meeting. [Bulg.].

1331
"Brenner" : Geologische Bundesanstalt, Arbeitstagung 2003, Trins im Gschnitztal 1.-5. September 2003 ; Geologische Kartenblätter 1:50.000, 148 Brenner 175 Sterzing. Ed.: Geologische Bundesanstalt. Red. Manfred Rockenschaub. – Wien: Geologische Bundesanstalt 2003, 282 p., ill., mp.

1332
Cartographic Users Advisory Council : 2004 Annual Agencies Meeting Minutes. In: Information bulletin / Western Association of Map Libraries. 36.2004,1, p.41-57. ISSN 0049-7282.

1333
Catalogue of the International Exhibition Maps & Atlases 1984 : 12th International Cartographic Conference, 7th general assembly. ; International Cartographic Association. – Perth: 1984, 136 p.

1334
Clemens, Jürgen: Zweite Konferenz "Map Asia" 2003, Kuala Lumpur, Malaysia : amtliche und private Geodaten an asiatische Märkte. In: Kartographische Nachrichten : KN ; Fachzeitschrift für Geoinformation und Visualisierung ; Organ der Deutschen Gesellschaft für Kartographie e.V., der Schweizerischen Gesellschaft für Kartographie und der Österreichischen Kartographischen Kommission in der Österreichischen Geographischen Gesellschaft. 54.2004,2, p.79-80. ISSN 0022-9164.

1335
Convergence of imagery, information & maps : XXII INCA international congress, Ahmedabad, October 30 – November 01, 2002. Ed.: Indian National Cartographic Association. [publ. on behalf of INCA by P. K. Srivastava]. – Hyderabad: Indian National Cartographic Association 2003, XIV, 363 p. (Indian cartographer ; 22.2002). [Aufsatzsammlung].

1336
Cuba in old maps : [this catalog accompanies and Exhibition of Maps of Cuba at The Historical Museum of Southern Florida, June 18 – September 19, 1999]. Ed.: Historical Museum of Southern Florida. By Emilio Cueto. – Miami, Fla.: Historical Museum of Southern Florida 1999, XI, 284 p., mp. ISBN 0-935761-09-8.

1337
Dahinden, Tobias; Häberling, Christian; Jenny, Bernhard; Neumann, Andreas; Räber, Stefan; Hurni, Lorenz: Dritter ICA Mountain Cartography Workshop vom 15. bis 19. Mai 2002 am Mount Hood, Oregon, USA. In: Kartographische Nachrichten : KN ; Fachzeitschrift für Geoinformation und Visualisierung ; Organ der Deutschen Gesellschaft für Kartographie e.V., der Schweizerischen Gesellschaft für Kartographie und der Österreichischen Kartographischen Kommission in der Österreichischen Geographischen Gesellschaft. 54.2004,1, p.32-34, ill. ISSN 0022-9164.

1338
Dantiscum emporium totius Europae celeberrimum : Gdánsk i Bałtyk na mapach, widokach oraz dokumentach ze zbiorów Tomasza Niewodniczańskiego (Bitburg, Niemcy) ; katalog wystawy ; Ratusz Głównego Miasta Gdańska, Październik 2004 – Styczeń 2005 = Dantiscum emporium totius Europae celeberrimum : Danzig und die Ostsee in Karten, Ansichten und Dokumenten aus der Sammlung von Tomasz Niewodniczański (Bitburg) ; Ausstellungskatalog ; Rechtstädtisches Rathaus Danzig, Oktober 2004 – Januar 2005. Ed.: Muzeum Historyczne <Gdańsk>. Muzeum Historyczne <Gdańsk> 2004, 487 p., ill., mp. [Pol. and Germ.]. ISBN 83-91861-08-2.

1339
"Das ist die stat Wien" – vom Albertinischen Plan zur Computerstadtkarte : ein halbes Jahrtausend Wiener Stadtkartographie. Ed.: Fischer, Karl. – Wien: Verein für Geschichte der Stadt Wien 1995, 55 p. (Wiener Geschichtsblätter/ Beiheft ; 1995,4). [Literaturangaben].

1340
De beschrijving van de Nederlanden' door Lodovico Guicciardini in het kader van zijn tijd. Samengest. door Henk van der Heijden...Met tekstbijdragen van Véronique van de Kerckhof. – [Bergeijk]; Alphen aan den Rijn: Canaletto/Repro-Holland 2001, 80 p., ill. The description of the Netherlands by Lodovico Guicciardini. [Dutch]. ISBN 90-6469-769-8.

1341
De interactieve kaart. Ed.: Nederlandse Vereniging voor Kartografie. Werkgroep Onderwijs en Onderzoek. Red.: R. van der Schans & B.J. Köbben. – Amersfoort: Nederlandse Vereniging voor Kartografie 1997, 52 p., ill., mp. (NVK publikatiereeks ; 23). [Dutch].

1342
De wereld in kaart : Abraham Ortelius (1527-1598) en de eerste atlas ; een publicatie van Stad Antwerpen : [deze publicatie verschijnt naar aanleiding van de tentoonstelling in het Museum Plantin-Moretus te Antwerpen, 21 november 1998-24 januari 1999]. Catalogus teksten: D. Imhof. – Antwerpen: 1998, 152 p., ill. (Publikaties van het Museum Plantin-Moretus en het Stedelijk Prentenkabinet ; 38).

1343
De Zeven Provinciën : landkaarten van Nederland uit de zeventiende en achttiende eeuw ; [Tentoonstelling De Seven Provinciën, Presentatie van Unieke Schenking aan de Atlas Van Stolk in Museum Het Schielandshuis, Rotterdam, die werd gehouden van 6 juni tot en met 5 oktober 2003]. Ed.: Atlas van Stolk. [Samenstelling: Lina van der Wolde]. – Rotterdam: Atlas van Stolk 2003, 64 p., mp. The seven provinces : maps of Netherland from the seventeenth and eighteenth century. [Dutch].

1344
Developing spatial data infrastructures : from concept to reality. Ed.: Williamson, Ian Philip. – London: Taylor & Francis 2003, XXVIII, 316 p., ill., mp. [Literaturangaben] ISBN 0-415-30265-X.

1345
Die topographische Ansicht: Kunstwerk und Geschichtsquelle : das Beispiel Waldviertler Städte ; eine Ausstellung aus den Sammlungen der NÖ Landesbibliothek ; 27. April bis 20. Oktober 2000 im Ausstellungsraum der NÖ Landesbibliothek, St. Pölten. Ed.: NÖ Landesbibliothek. Ausstellung und Katalog: Ralph Andraschek-Holzer. Hrsg. von Gebhard König. – St. Pölten: NÖ Landesbibliothek 2000, 96 p., ill.,. (Sonder- und Wechselausstellungen der Niederösterreichischen Landesbibliothek ; 19).

1346
Dietz, Dietrich: Rechtsschutz von Geo-Datenbanken : interdisziplinärer Workshop vermittelt Informationen und Standpunkte. In: Kartographische Nachrichten : KN ; Fachzeitschrift für Geoinformation und Visualisierung ; Organ der Deutschen Gesellschaft für Kartographie e.V., der Schweizerischen Gesellschaft für Kartographie und der Österreichischen Kartographischen Kommission in der Österreichischen Geographischen Gesellschaft. 54.2004,3, p.130-132. ISSN 0022-9164.

1347
Eenheid op papier : de Nederlanden in kaart van Keizer Karel tot Willem I ; [de Tentoonstelling Eenheid op Papier – de Nederlanden in Kaart van Keizer Karel tot Willem I in de gerestaureerde kerk van Onze-Lieve-Vrouw-ter-Predikheren 5 oktober – 4 december. Ed.: Onze-Lieve-Vorouw-ter-Predikheren. [Georganiseerd in samenwerking door Stad Leuven ...]. – Leuven: Onze-Lieve-Vorouw-ter-Predikheren 1994, VI, 125 p., ill., mp.

1348
Egmont, Marco von: Verslag symposium "Indische kartografie". In: Geo-Info : tijdschrift voor Geo-Informatie Nederland, GIN. 1.2004,5, p.228-229 Report Symposium "Indian Cartography". [Dutch]. ISSN 1572-5464.

1349
El món de les cartoteques : VIII trobada del Grup de Cartotecaris de la LIBER, Barcelona, 28 de setembre al 2 d'octubre de 1992. – Barcelona: 1992, 72 p., ill., mp. (Revista catalana de Geografía ; 7.1992,19) The world of map librarians : VIII meeting of the Map Librarian Group of the LIBER, Barcelona, 28th september to 2nd october 1992. [Catalan]. [Themenheft].

1350
Elkins, T. H.: A report of the Fourth Geographical Congress of the Geographical Society of the German Democratic Republic, Gotha, 20-23 August 1985, and the 45. Deutscher Geographentag, West Berlin, 30 September-5 October 1985. In: Area: a. 18.1986, p.164-166. ISSN 0004-0894 - 0004-0886.

1351
Fall 2004 WAML Meeting Recap. In: Information bulletin / Western Association of Map Libraries. 36.2004,1, p.9-16. ISSN 0049-7282.

1352
Forsythe, K. Wayne: The 4th international symposium – remote sensing of urban areas : outcomes and future directions. In: Geomatica. 58.2004,1, p.52-54. ISSN 1195-1036.

1353
GeoInformationsSysteme : Grundlagen – Nutzungen – Entwicklungen ; Geoforum 2004 ; Beiträge der gemeinsam von der Fachrichtung Geodäsie und Geoinformatik, Universität Hannover, der Akademie der Geowissenschaften zu Hannover und dem Deutschen Verein für Vermessungswesen, Bezirksgruppe Hannover-Hildesheim organisierten Veranstaltung im Leibnizhaus Hannover, 8. Juni 2004. – Hannover: 2004, 62 p., ill., mp. (Wissenschaftliche Arbeiten der Fachrichtung Geodäsie und Geoinformatik der Universität Hannover ; 252).

1354
Geoinformationssysteme : Theorie, Anwendungen, Problemlösungen ; Vorträge der 7. Dresdner Sommerschule am 26./27. September 2002. Hrsg. von Nikolas Prechtel. – Dresden: 2003, 141 p., ill., mp. + 1 CD-ROM. (Kartographische Bausteine : KB ; 21). [CD-ROM u.d.T.: 7. Dresdner Sommerschule; CD-ROM enth.: SVG-Karte des TU-Campus].

1355
Geomorphologic applications of remote sensing : papers presented at the Post-Conference Symposium S13 "Remote Sensing of the Ecological Environment" (Strasbourg, September 11-13, 1989). Second International Conference on Geomorphology (Frankfurt a.M., 1989). Ed.: Gierloff-Emden, H.-G.; Wilhelm, F. Hrsg. von H.-G. Gierloff-Emden und F. Wilhelm. – München: Geobuch-Verlag 1990, 66 p., ill., mp. (Münchener geographische Abhandlungen, Reihe A). ISBN 3-925308-64-4.

1356
Germanoi chartographun tēn Ellada apo to 16o ston 19o aiōna. Ed.: Ethnikē Chartothēkē. Ethniko Kentro Chartōn kai Chartographikēs Klēronomias. Epimeleia Euangelos Libieratos. – Thessaloniki: Ethnikē Chartothēkē 2001, 62 p., ill., mp. German cartographers in Greece (exhibition). [Greek].

1357
GIS-Kartografie. Ed.: Nederlandse Vereniging voor Kartografie. Productie: Y.T.Bouma voor Werkgroep Onderwijs en Onderzoek. – Amersfoort: Nederlandse Vereniging voor Kartografie 1994, 40 p., ill., mp. (NVK publikatiereeks ; 10). [Dutch, partly Engl.].

1358
Gorte, Ben: Fotogrammetrie voor de documentatie en visualisatie van architectuur. In: Geo-Info : tijdschrift voor Geo-Informatie Nederland, GIN. 1.2004,5, 226-227, 2 ill. Photogrammetry for documentation and visualization of architecture. [Dutch]. ISSN 1572-5464.

1359
Gosson, Claire: The CCA annual conference at the Geomatics Institute in Lindsay, Ontario. In: Cartouche : the operational publication of the Canadian Cartographic Association. 55.2004, p.6-8, 4 ill. ISSN 1183-2045.

1360
Haus Schlesien präsentiert: Wechselnde Identitäten : das nördliche Schlesien und die angrenzenden Lausitzen im historischen Kartenbild = Zmienna tożsamość: Obraz kartograficzny podziałów terytorialnych ziem północnego Śląska i wschodnich Łużyc w dziejach. Ed.: Spata, Manfred. Hrsg. von Manfred Spata. ; Museum für Schlesische Landeskunde im Haus Schlesien. 2004, 55 p., ill., mp. [Germ. and Pol.].

1361
Haus Schlesien präsentiert: Wechselnde Identitäten : das nördliche Schlesien und die angrenzenden Lausitzen im historischen Kartenbild = Zmienna tożsamość: Obraz kartograficzny podziałów terytorialnych ziem północnego Śląska i wschodnich Łużyc w dziejach. Ed.: Spata, Manfred. Hrsg. von Manfred Spata. ; Haus Schlesien. 2004, 55 p., ill., mp. [Germ. and Pol.].

1362
Heijden, Henk A.M. van der: De Bataafse mythe in de cartografie. In: Caert-thresoor : tijdschrift voor de geschiedenis van de kartografie in Nederland. 23.2004,2, p.37-41, 3 ill. The Batavian myth in cartography. ISSN 0167-4994.

1363
Historische Salzburger Landkarten mit dem Salzachursprung am Krimmler Kees : Lebensraum Salzach ; [zur Ausstellung "Lebensraum Salzach" im Rahmen des Tauriska-Festivals 2003 im Tauriska-Kammerlanderstall, Neukirchen ; Ausstellung vom 17. Mai bis 30. Juli 2003 ...]. Ed.: Tauriska, – Verein zur Förderung Eigener Kultur- und Regionalentwicklung in der Region Nationalpark Hohe Tauern. – Neukirchen: Tauriska, – Verein zur Förderung Eigener Kultur- und Regionalentwicklung in der Region Nationalpark Hohe Tauern 2003, Getr. Zählung, ill., mp.

1364
Hoehn, Philip: Notes from the Beginner's Workshop on cartographic materials collection development issues. In: Information bulletin / Western Association of Map Libraries. 34.2003,3, p.134-140. ISSN 0049-7282.

1365
Il territorio nella società dell'informazione : dalla cartografia ai sistemi digitali ; [Venezia, Museo Correr, 1 maggio – 11 luglio 2004] = Territory in the information society. Ed.: Cantile, Andrea; Arca, Salvator. – Firenze: Istituto Geografico Militare 2004, 239 p., ill., mp. Territory in the information society : from cartography to digital systems. [Ital.]. ISBN 88-523-2567-0.

1366
Imago mundi : opere geografiche e cartografiche della Biblioteca Guarnacci di Volterra. Ed.: ETS. [A cura di] Angelo Marrucci. – Pisa: ETS 2004, 169 p., ill., mp. Geographical and cartographical works in the Guarnacci Library of Volterra. [Ital.]. [Contains bibliographical references and notes].

1367
In kaart gebracht met kapmes en kompas : met het Koninklijk Nederlands Aardrijkskundig Genootschap op expeditie tussen 1873 en 1960 ; [verscheen ter gelegenheid van het 130-jarig bestaan van het KNAG bij de gelijknamige tentoonstelling]. By: Wentholt, Arnold; Aardom, Leendert ; Koninklijk Nederlands Aardrijkskundig Genootschap. – Heerlen: 2004, 382 p., ill., mp. 3 mp.-suppl. Mapped with knife and compass: with the Royal Dutch Geographical Society on expedition between 1873 and 1960; [edited on the occasion of the 130 years of existence of the KNAG at the exposition wit the same title. [Dutch]. ISBN 90-6601-015-0.

1368
Indische kartografie. Ed.: Egmond, Marco van. – Deurne: Geo-Informatie Nederland 2004, 51 p., ill., mp. (GIN publication series ; 2).

1369
Is uw kaart up to date? Visies op kaartrevisie. Ed.: Nederlandse Vereniging voor Kartografie. Werkgroep Kartografische Produktietechnieken. Red. : Chr. J. Snabilié. – Amersfoort: Nederlandse Vereniging voor Kartografie 1995, 44 p., ill., mp. (NVK publikatiereeks ; 15). [Dutch].

1370
Istoryčne kartoznavstvo Ukraïny : zbirnyk naukovych prac' = Historical cartography of Ukraine. Ed.: Vavryčyn, Marija H. – L'viv [u.a.]: Koc' 2004, 516 p., ill., mp. [Ukrain.]. ISBN 966-023130-X.

1371
Kaarten uitgelegd : Hoe kaartenmakers de wereld verbeelden ; aardrijkskunde docentenhandleiding. Ed.: Universiteitsmuseum Utrecht. – Utrecht: Universiteitsmuseum Utrecht 2004, [11] p., 8 ill. Maps laid out : how mapmakers describe the world. [Dutch].

1372
Kaartvervaardiging door steden. Ed.: Nederlandse Vereniging voor Kartografie. Red.: Chr. J. Snabilié. Werkgroep Kartografische Productietechnieken. – Amersfoort: Nederlandse Vereniging voor Kartografie 1995, 36 p., ill., mp. (NVK publikatiereeks ; 13). [Dutch, partly Engl.].

1373
Kartenverfälschung als Folge übergroßer Geheimhaltung? : eine Annäherung an das Thema Einflußnahme der Staatssicherheit auf das Kartenwesen der DDR ; Referate der Tagung der BStU vom 08.-09.2001 in Berlin. Ed.: Unverhau, Dagmar. – Münster: Lit-Verlag 2003, 300 p., ill., mp. – 2., durchges. Aufl. (Archiv zur DDR-Staatssicherheit ; 5). ISBN 3-8258-5964-9.

1374
Kartografisch onderzoek en GIS. Ed.: Nederlandse Vereniging voor Kartografie. Produktie: Y.T.Bouma voor Werkgroep Onderwijs en Onderzoek. – Amersfoort: Nederlandse Vereniging voor Kartografie 1993, 48 p., ill., mp. (NVK publikatiereeks ; 8).

1375
Kartographie im Dreiländereck : 51 Deutscher Kartographentag, Bad Krozingen, 27. bis 31. Mai 2003. Ed.: Schlüter, Wolfgang. – Freiburg i. Br.: Deutsche Gesellschaft für Kartographie 2003, 28 p., ill., mp.

1376
Kaszuby, Polska i Prusy na dawnych mapach : Katalog wystawy ; Muzeum Regionalne w Krokowej przy współpracy z Muzeum Prus Zachodnich w Münster ; Krokowa, maj – sierpień 2003 = Kaschubei, Polen und Preussen auf alten Landkarten. Ed.: Westpreußisches Landesmuseum. [Red.: Peter Dryla...]. – Münster: Westpreußisches Landesmuseum 2003, 33 p. (Ausstellungskatalog / Westpreußisches Landesmuseum Münster, Westfalen). [Germ. and Pol.]. ISBN 3-927111-47-3.

1377
Kil'djuševskij, L.: Zerkalo mira : pjat' vekov geografičeskogo atlasa iz sobranija Rossijskoj Nacional'noj Biblioteki ; katalog Vystavki v Rossijskoj Nacional'noj Biblioteke, Posvjaščennoj Okončaniju Proekta po Restavracii Niderlanskogo Atlasa 16 Veka ; 24 sentjabrja-15 oktjabrja 2004 = Speculum orbis terrae. – Sankt Petersburg: OM-Press 2005, 161 p., mp. [Russ. and Engl.]. [Nebent.: Iz fondov Rossijskoj Nacional'noj Biblioteki = In the collection of the National Library of Russia].

1378
Kolbe, Thomas H.: AgA-Sitzung 2003 im September in Erfurt : aktuelle \\\"Informationsbörse\\\" unter neuem Vorsitz. In: Kartographische Nachrichten : KN ; Fachzeitschrift für Geoinformation und Visualisierung ; Organ der Deutschen Gesellschaft für Kartographie e.V., der Schweizerischen Gesellschaft für Kartographie und der Österreichischen Kartographischen Kommission in der Österreichischen Geographischen Gesellschaft. 54.2004,1, p.30-31. ISSN 0022-9164.

1379
Kolbe, Thomas H.: Automation in der Kartographie : AgA 2003. In: Photogrammetrie, Fernerkundung, Geoinformation : PFG ; Organ der Deutschen Gesellschaft für Photogrammetrie und Fernerkundung e.V. 2004,2, p.145-148. ISSN 1432-8364.

1380
Kraus, Vladimír: Sympozium "Z dějin geodézie a kartografie v Národním technickém muzeu" – 7. pokračování. In: Geodetický a kartografický obzor. 93.1993,3, p.64-65 Symposium "History of Geodesy and Cartography in National Technical Museum" – 7th continuation.

1381
Kulturní krajiny v průmyslových oblastech : sborník referatů k XVII. sjezdu Československé geografické společnosti v Ostravě ve dnech 6. – 10.7.1987 ; svazek II. Ed.: Czechoslovak Geographical Society <Československá Geografická Společnost>. – Brno: Czechoslovak Geographical Society <Československá Geografická Společnost> 1987, p.185-317. [Czech].

1382
Kupčík, Ivan: 20. Internationale Konferenz zur Geschichte der Kartographie 2003 in Cambridge und Portland, USA. In: Kartographische Nachrichten : KN ; Fachzeitschrift für Geoinformation und Visualisierung ; Organ der Deutschen Gesellschaft für Kartographie e.V., der Schweizerischen Gesellschaft für Kartographie und der Österreichischen Kartographischen Kommission in der Österreichischen Geographischen Gesellschaft. 54.2004,1, p.34-37, 2 ill. ISSN 0022-9164.

1383
Lamble, William: Terra Australis percepta : the discovery and settlement of Australia as seen through maps 1542 to 1900 : an exhibition at the Art Gallery of Western Australia in association with the 7th general assembly and 12th conference of the International Cartographic Association, Perth, August 4-13, 1984 ; [historical exhibition]. Ed.: International Cartographic Association. – Perth: International Cartographic Association 1984, 48 p., mp.

1384
Le dessus des cartes : art et cartographie ; [ce catalogue a été édité à l'occasion de l'Exposition "Le Dessus des Cartes. Art et Cartographie" organisée du 14 mai au 24 juillet 2004 par l'Institut Supérieur pour l'Étude du Langage Plastique. Ed.: Institut Supérieur pour l'Étude du Langage Plastique. Commissaire de l'exposition: Arlette Lemonnier. – Bruxelles: ISELP 2004, 151 p., ill., mp. ISBN 2-87373-011-0.

1385
Leenders, Eric: Pictures at an exhibition (II): Plans-reliefs of fortified cities ; permanent exhibition in Lille. In: BIMCC newsletter / Brussels International Map Collectors' Circle. 19.2004, p.4, 1 ill.

1386
Lehmann, Helmut: Veranstaltungskalender. In: 50 Jahre Sektion Karlsruhe der Deutschen Gesellschaft für Kartographie e.V. : Festschrift. Ed.: Kern, Hans F. Hrsg. von Hans F. Kern. – Karlsruhe: Fachhochschule Karlsruhe, Hochschule für Technik, Fachbereich Geoinformationswesen 2004., p.31-64 (Karlsruher geowissenschaftliche Schriften, Reihe A, Kartographie und Geographie ; 16).

1387
Lemay, Nancy; Znamirowski, Barbara: GIS resources for non-specialists. In: Bulletin / Association of Canadian Map Libraries and Archives. 121.2004, p.3-13, 18 ill. ISSN 0840-9331.

1388
Les atlas régionaux : Conception, réalisation, utilisation. Colloque Franco-Polonais (Paris, 17-18-19 mars 1992). 1993, 177 p., ill., tab. (Bulletin du Comité Français de Cartographie ; 136-137.1993).

1389
Mac Gillavry, Edward: Tweede symposium LBS en TeleCartography. In: Geo-Info : tijdschrift voor Geo-Informatie Nederland, GIN. 1.2004,4, p.182 Second symposium LBS and Telecartography. [Dutch]. ISSN 1572-5464.

1390
Mattelaer, Pierre: Small is beautiful : a look at an exhibition and books. In: BIMCC newsletter / Brussels International Map Collectors' Circle. 19.2004, p.6-7, 2 ill.

1391
Michaelidou, Lefki: Introduction to the exhibition "The European cartographers of Cyprus 16th -20th centuries". In: Journal of the International Map Collectors' Society. 2004,97, p.25-36, 10 ill.

1392
Mundus novus : Amerigo Vespucci e i metodi della ricerca storico-geografica ; atti del convegno internazionale di studi, Roma-Firenze, 27-30 novembre 2002. Ed.: Società Geografica Italiana. – Roma: Società Geografica Italiana 2004, 519 p., ill., mp. (Memorie della Società Geografica Italiana ; 75) Mundus novus : Amerigo Vespucci and the methods of historical-geographical research ; acts of the international congress of studies, Rome-Florence, 27-30 November 2002. [Ital.]. ISBN 88-88692-20-7.

1393
Neumann, Joachim: Die deutsch-französischen Beziehungen im Spiegel deutscher Schulatlanten : Katalog zur Ausstellung im Hauptstaatsarchiv Stuttgart vom 6. Oktober bis 17. Dezember 2004. Ed.: Fachhochschule Karlsruhe, Hochschule für Technik, Fachbereich Geoinformationswesen. – Karlsruhe: Fachhochschule Karlsruhe, Hochschule für Technik, Fachbereich Geoinformationswesen 2004, 48 p., mp. (Karlsruher geowissenschaftliche Schriften ; Reihe C, Alte Karten ; 15). ISBN 3-89063-614-4.

1394
Ormeling, Ferjan: 22 ste zitting van de United Nations Group of Experts on Geographical Names (UNGEGN) in New York. In: Geo-Info : tijdschrift voor Geo-Informatie Nederland, GIN. 1.2004,9, p.362, 1 ill. 22. conference of the United Nations Group of Experts on Geographical Names (UNGEGN) in New York. [Dutch]. ISSN 1572-5464.

1395
Ormeling, Ferjan: In de lijn van Jan Schilder. In: Geo-Info : tijdschrift voor Geo-Informatie Nederland, GIN. 1.2004,3, p.110-111, 2 ill. In the line of Jan Schilder. [Dutch]. ISSN 1572-5464.

1396
Panorama : Kunstmuseum Thun [1. Juli bis 9. September]. Ed.: Schuppli, Madeleine. Hrsg. von Madeleine Schuppli. Texte: Susanne Bieri. – Thun: Kunstmuseum Thun 2001, 22 p., ill. [Text dt. u. engl.].

1397
Photogrammetric Week '03. Ed.: Herbert-Wichmann-Verlag. Dieter Fritsch (Ed.). – Heidelberg: Herbert-Wichmann-Verlag 2003, XI, 292 p., ill., mp.

1398
Piness, George: IMCoS 23rd International Symposium ; Italy 2004 : Modena, Verona, Florence. In: Journal of the International Map Collectors' Society. 2004,99, p.59-62, 4 ill.

1399
Planques, Pierre: 21e Conférence Cartographique Internationale, Durban (Afrique du sud) du 10au 16 août 2003. In: Le Monde des Cartes : revue du Comité Français de Cartographie. 179.2004, p.5-9. ISSN 1634-3522.

1400
Plans de fortifications de l'espace germanique (1698 – 1870) ou les archives militaires retrouvées : [L'Exposition "Plans de Fortifications de l'Espace Germanique (1698 – 1870) ou les Archives Militaires Retrouvées" est présentée au château de Vincennes d. Ministère de la Défense, État-Major de l'Armée de Terre, Service Historique. Sous la dir. de Nicole Salat ... ; France / Armée de Terre / Service Historique. – Vincennes: 2001, 126 p., ill., mp.

1401
Portefeuilles de plans : projets et dessins d'ingénieurs militaires en Europe du XVIe au XIXe siècle ; actes du colloque international de Saint-Amand-Montrond 2 et 3 mars 2001 ; [le Colloque "Portefeuilles de Plans, Projets et Dessins d'Ingénieurs Militaires en Europe du XVIe au XIXe Siècles"]. Ed.: Cher. Ouvrage collectif publ. sous la dir. scientifique de Vincent Maroteaux ... – Bourges: Cher 2001, 203 p., ill., mp. ISBN 2-86018-009-5.

1402
Portolane und Seekarten des 16. bis 20. Jahrhunderts aus der Sammlung Niewodniczański : eine Ausstellung anläßlich der Antiquariatsmesse LiberBerlin 2003. Ed.: Arbeitsgemeinschaft LiberBerlin. Ausgewählt und kommentiert von Eckhard Jäger. – Berlin: Arbeitsgemeinschaft LiberBerlin 2003, 96 p., mp.

1403
Potter, Jonathan: Heaven above – earth beneath : the American Museum's current exhibition. In: Journal of the International Map Collectors' Society. 2004,97, p.54-55, 1 ill.

1404
Proceedings of the cartographic cutting-edge technology for natural hazard management : held in Dresden, Germany October 20 – 22 2004. Ed.: Buchroithner, Manfred. – Dresden: Technische Universität Dresden / Institut für Kartographie 2004, 200p., ill., mp. + 1 CD-ROM. (Kartographische Bausteine : KB ; 30). [CD-ROM u.d.T.: Proceedings of the International Symposium on Cartographic Cutting-Edge Technology for Natural Hazard Management] ISBN 3-86005-475-9.

1405
Proceedings of the Seminar on Electronic Atlases : held at Eötvös Loránd University, Visegrád, Hungary, April 27 – 29, 1993. Ed.: Klinghammer, István. – Budapest: Cartographic Institute of Eötvös Loránd University 1993, 184 p., ill., mp.

1406
Rampenkartografie. Werkgroep Onderwijs en Onderzoek. Red.: B.J. Köbben and others. 1995, 47 p., ill., mp. (NVK publikatiereeks ; 14). [Dutch, partly Engl.].

1407
Reise durch Europas Mitte : Die Reisebilder Pfalzgraf Ottheinrichs aus den Jahren 1536/37 ; [Katalog der Ausstellung Reise durch Europas Mitte. Die Reisebilder Pfalzgraf Ottheinrichs aus den Jahren 1536/37 in Tschechien, Deutschland und Polen] = Cesta sty. Ed.: Deutsches Kulturforum Östliches Europa. [Ausstellung und Katalog: Thomas Schulz; Mathias Marx]. – Potsdam: Deutsches Kulturforum Östliches Europa 2003, LXXXV p.,ill. (Potsdamer Bibliothek östliches Europa / Kunst).

1408
Remote sensing and GIS accuracy assessment : [symposium sponsored by the U.S. Environmental Protection Agency (EPA) on "Remote Sensing and GIS Accuracy Assessment" on December 11 – 13, 2001, in Las Vegas, Nevada]. Ed.: Lunetta, Ross S.; Lyon, John G. – Boca Raton, Fla [u.a.]: CRC Press 2004, 304 p., [8] p. of plates, ill. [Aufsatzsammlung].

1409
Renteux, Jean-Louis: Pictures at an exhibition (III) : Art and cartography. In: BIMCC newsletter / Brussels International Map Collectors' Circle. 19.2004, p.5, 1 ill.

1410
Report of the conference / Sixteenth United Nations Regional Cartographic Conference for Asia and the Pacific, Okinawa, Japan, 14 -18 July 2003. Ed.: United Nations / Department of Economic and Social Affairs. – New York: United Nations / Department of Economic and Social Affairs 2004, V, 44 p. [Sales no.: E.04.I.11] ISBN 92-1-100939-1.

1411
Report on the Symposium of the IAG Subcommission for Europe (EUREF) ; held in Toledo, 4-7 June 2003. Ed.: Agria Torres, João; Hornik, Helmut. – Frankfurt a. M.: Verlag des Bundesamtes für Kartographie und Geodäsie 2004, 451 p., ill., mp. (Mitteilungen des Bundesamtes für Kartographie und Geodäsie ; 33).

1412
Roebert, Katinka: Kaarten uitgelegd : hoe kaartenmakers de wereld verbeelden. In: Geo-Info : tijdschrift voor Geo-Informatie Nederland, GIN. 1.2004,1, p.38-40, 4 ill. Maps laid open : how mapmakers describe the world. [Dutch]. ISSN 1572-5464.

1413
Roshia kokuritsu toshokan shozō chizuten 18, 19-seiki : tenjikai mokuroku = Kartografičeskie materialy 18-19vv. iz fondor RGB : katalog vystafki. Ed.: Kokuritsu-Kokkai-Toshokan. Nichi-ro kokuritsu toshoakan kōryū jikkō linkai. – Tokyo: Kokuritsu-Kokkai-Toshokan 1995, [23] fol., 9 p. Cartographic material from the 18th and 19th century of the stock of the National Diet Library: exposition catalogue. [Jap. and Russ.]. ISBN 4-87582-432-7.

1414
Rundum Berge : Faltpanoramen oder Der Versuch alles sehen zu können ; das Begleitheft zur Ausstellung des Alpenverein-Museum Innsbruck. Ed.: Alpenverein-Museum. [Konzept und Red.: Monika Gärtner... Text: Anton Holzer]. – Innsbruck: Alpenverein-Museum 2001, [17] Bl. in Leporello.

1415
Rutherford, Dianne: Teaching the terrain : First World War battlefields at the Australian War Memorial. In: The Globe. 55.2004, p.25-30, 3 ill. ISSN 0311-3930.

1416
Samuelin kartat : Helsingin pitäjä vanhimmissa kartoissaan 1681 -1712 = Samuels kartor. Ed.: Leskinen, Teresa. ; Vantaan Kaupunginmuseo <Vantaa>. – Vantaa: 2001, 88 p., ill., mp. (Vantaan Kaupunginmuseon julkaisuja ; 11). [Finn. and Swed.]. [Catalogue of an exhibition held at the Vantaa City Museum, 17 May -25 Nov.] ISBN 952-443033-9.

1417
Scheele, Theo: Imagem in beeld. In: Geo-Info : tijdschrift voor Geo-Informatie Nederland, GIN. 1.2004,6, p.254-256 Imagem in picture. [Dutch]. ISSN 1572-5464.

1418
Schnabel, Olaf: Zweite Konferenz "SVG Open" 2003, Vancouver, Kanada : Vektorformat mit kartographischem Potenzial. In: Kartographische Nachrichten : KN ; Fachzeitschrift für Geoinformation und Visualisierung ; Organ der Deutschen Gesellschaft für Kartographie e.V., der Schweizerischen Gesellschaft für Kartographie und der Österreichischen Kartographischen Kommission in der Österreichischen Geographischen Gesellschaft. 54.2004,3, p.132-133, 1 ill. ISSN 0022-9164.

1419
Second Anglo-Dutch Seminar on Cartography : held in Enschede, April 3-4, 1997. Ed.: Ormeling, Ferjan. – Amersfoort: Nederlandse Vereniging voor Kartografie 1998, 73 p., ill., mp. (NVK publikatiereeks ; 26).

1420
Seventh United Nations Conference on the Standardization of Geographical Names : New York, 13-22 January 1998 = Septième Conférence des Nations Unies sur la Normalisation des Noms Géographiques. Ed.: United Nations / Department of Economic and Social Affairs. – New York: United Nations / Department of Economic and Social Affairs 1998.

1421
Siegert, Jutta: Kupferstecher – Kartenkünstler – Kosmographen : Sonderausstellung der kartographischen Sammlung des Museums für Regionalgeschichte und Volkskunde Gotha zum Residenzstadtjahr 2004 ; 9. Mai bis 17. Oktober 2004. – Gotha: 2004, 11 p., 1 ill., 7 mp. [Ausstellungskonzeption: Jutta Siegert].

1422
Spring 2004 WAML Meeting Recap. In: Information bulletin / Western Association of Map Libraries. 35.2004,3, p.145-150, 7 ill. ISSN 0049-7282.

1423
Tagungsband / 1. Münchner Fortbildungsseminar Geoinformationssysteme 1996 : Technische Universität München, Montag, 25. März 1997 bis Donnerstag, 28. März 1996. Ed.: Schilcher, Matthäus. – München: Technische Universität München / Institut für Geodäsie, GIS und Landmanagement, Fachgebiet Geoinformationssysteme 1996, Getr. Zählung, ill., mp. ISBN 3-935049-94-3.

1424
Tagungsband / 2. Münchner Fortbildungsseminar Geoinformationssysteme 1997 : Technische Universität München, Dienstag, 11. März 1997 bis Donnerstag, 13. März 1997. Ed.: Schilcher, Matthäus. – München: Technische Universität München / Institut für Geodäsie, GIS und Landmanagement, Fachgebiet Geoinformationssysteme 1997, Getr. Zählung, ill., mp. ISBN 3-935049-95-1.

1425
Tagungsband / 3. Münchner Fortbildungsseminar Geoinformationssysteme 1998 : Technische Universität München, Dienstag, 10. März 1998 bis Donnerstag, 12. März 1998. Ed.: Schilcher, Matthäus. – München: Technische Universität München / Institut für Geodäsie, GIS und Landmanagement, Fachgebiet Geoinformationssysteme 1998, Getr. Zählung, ill., mp. ISBN 3-935049-96-X.

1426
Tagungsband / 4. Münchner Fortbildungsseminar Geoinformationssysteme 1999 : Technische Universität München, 10. März 2006 bis 12. März 1999. Ed.: Schilcher, Matthäus. – München: Technische Universität München / Institut für Geodäsie, GIS und Landmanagement, Fachgebiet Geoinformationssysteme 1999, Getr. Zählung, ill., mp. ISBN 3-935049-97-8.

1427
Tagungsband / 6. Münchner Fortbildungsseminar Geoinformationssysteme 2001 : Technische Universität München, Mittwoch, 14. März 2001 bis Freitag, 16. März 2001. Ed.: Schilcher, Matthäus. – München: Technische Universität München / Institut für Geodäsie, GIS und Landmanagement, Fachgebiet Geoinformationssysteme 2001, [408] p., ill., mp. ISBN 3-935049-99-4.

1428
Tagungsband / 7. Münchner Fortbildungsseminar Geoinformationssysteme : 6. -8. März 2002 ; Veranstaltungsort: Technische Universität München. Ed.: Schilcher, Matthäus. ; Technische Universität München; Runder Tisch GIS e.V. – München: 2002, [536 p.], ill., mp. ISBN 3-935049-93-5.

1429
Tagungsführer / 43. Deutscher Kartographentag, 25. bis 28. Mai 1994, Trier : Umweltinformation und Karte. Ed.: Deutsche Gesellschaft für Kartographie. – Trier: Deutsche Gesellschaft für Kartographie 1994, 109 p., ill., mp.

1430
Teilnehmerverzeichnis / 40. Deutscher Kartographentag, Hannover, 26.-29. Mai 1991 ; Kartographie im Zeitalter der Geo-Informationssysteme. ; Deutsche Gesellschaft für Kartographie. – Hannover: 1991, 24 p., suppl.

1431
The selected problems of theoretical cartography 2002 : proceedings of a seminar of the Commission on Theoretical Cartography (Gdańsk, Poland, July 20-21,2002). Ed.: Int. Cartographic Association. Ed.: Alexander Wolodtschenko. – S.l.: Int. Cartographic Association 2003, 81 p.

1432
Thirteenth United Nations Regional Cartographic Conference for Asia and the Pacific, Beijing, 9-18 May 1994. Ed.: United Nations / Department for Development Support and Management Services; United Nations / Economic and Social Council. – New York: United Nations / Department for Development Support and Management Services; United Nations / Economic and Social Council 1995. [Sales no. : E.94.I.19; Nebent.: Official records, 1994].

1433
Tienhoven, Peter van: "GIS Binnenstebuiten". In: Geo-Info : tijdschrift voor Geo-Informatie Nederland, GIN. 1.2004,5, p.224-225, 1 ill. "GIS Interior". ISSN 1572-5464.

1434
Tobias Mayer – Pionier der Positionsbestimmung, Wegbereiter der modernen Navigationssysteme : Katalog zur gleichnamigen Ausstellung in Marbach 26.4.95-19.5.95 ; [eine Ausstellung des Tobias-Mayer-Museum-Vereins]. Ed.: Tobias-Mayer-Museum e.V. Konzeption Erhard Anthes ... Katalogtexte: Erwin Roth ... – Marbach am Neckar: Tobias-Mayer-Museum e.V. 1995, 108 p., ill. (Schriftenreihe des Tobias-Mayer-Museum).

1435
Topografische bestanden : 1:10000. Ed.: Nederlandse Vereniging voor Kartografie. Werkgroep Nieuwe Visualisatie Technologie. Red.: A.A. van der Veen. – Amersfoort: Nederlandse Vereniging voor Kartografie 1996, 39 p., ill., mp. (NVK publikatiereeks ; 21). [Dutch].

1436
Umweltinformation und Karte : 43. Deutscher Kartographentag Trier, 25. – 28. Mai 1994 ; [Einladung, Tagungsprogramm]. ; Deutsche Gesellschaft für Kartographie. – Trier: 1994, 1 Faltbl., mp.

1437
Van de Romeinse agrimensores tot de 16de eeuwse landmeters : catalogus van de Tentoonstelling Ingericht ter Gelegenheid van het 125 Jaar Bestaan van de Unie van de Landmeters-Experten van Brussel in de Nassaukapel van de Koninglijke Bibliotheek van België. Ed.: Société Royale de Géomètres -Experts-Immobliers (ULEB). Introduction, notes and comments by Gérard Chouquer. – Brussel: Société Royale de Géomètres -Experts-Immobliers (ULEB) 2001, 192 p., ill., mp. From the Roman agrimeter to 16th century land-surveyor : catalogue of the exposition on the occasion of the 125th birthday of the Union of experts of land-surveying of Brussel at the Nassaukapel of the Royal Library of Belgium. ISBN 90-6637-114-5.

1438
Villikka, Markku: Meždunarodna Federacija na Geodezistite. In: Geodezija, kartografija, zemeustrojstvo. 1-2, p.32-34 International Federation of Surveyors. [Bulg.].

1439
Virtuelle Welten, reale Anwendungen : geographische Informationssysteme in Theorie und Praxis ; Tagungsband zum GIS-Symposium vom 8. November. Ed.: Schmid, Heiko; Köppe, Holger. – Heidelberg: 2003, 130 p., ill., mp. (Heidelberger Geographischer Bausteine ; 16). ISBN 3-88570-817-5.

1440
Vries, Dirk de: Oostende verloren, Sluis gewonnen, 1604 : een kroniek in kaarten ; catalogus bij een tentoonstelling in de Leidse Universiteitsbibliotheek van 12 augustus – 12 september 2004. Ed.: Rijksuniversiteit Leiden / Bibliotheek. – Leiden: Rijksuniversiteit Leiden / Bibliotheek 2004, 176 p., ill., mp. (Kleine publicaties van de Leidse Universiteitsbibliotheek) Exposition "Lost Ostende, won Sluis, 1604" : a chronicle in maps ; catalogue of an exposition in Leiden University Library from 2004 August 12 – September 12. [Dutch].

1441
Wendt, Henry: Mapping the Pacific Coast : Coronado to Lewis and Clark ; the Quivira Collection. Ed.: Sonoma Country Museum. – Santa Rosa: Sonoma Country Museum 2004, XI, 107 p.

1442
Wit, Allard de: MODIS-workshop. In: Geo-Info : tijdschrift voor Geo-Informatie Nederland, GIN. 1.2004,4, p.176-178, 5 ill. [Dutch]. ISSN 1572-5464.

1443
Wood, Alberta Auringer: Joint ACMLA and CAPDU conference at congress 2004 May 30- June 4, Winnipeg : conference report. In: Bulletin / Association of Canadian Map Libraries and Archives. 120.2004, p.15-28, 15 ill. ISSN 0840-9331.

1444
"Zu Nutz und Zier..." : Kupferstiche aus dem Stadtarchiv Rheinberg ; [erscheint als Begleitkatalog zur Ausstellung: "Zu Nutz und Zier..." – Kupferstiche aus dem Stadtarchiv Rheinberg, Rheinberg, Alte Kellnerei, 10. November 2002 – 19. Januar 2003]. Ed.: Rheinberg / Kulturamt. – Rheinberg: Rheinberg / Kulturamt 2002, 120 p., ill., mp. (Schriften der Stadt Rheinberg zur Geschichte und Heimatkunde ; 14). [Literaturverz. p.117-119].

8. Legal Questions, Copyright Rechtsfragen, Urheberrecht Questions juridiques, droit d'auteur

1445
Barry, Michael: Official coordinates, lawfully established monuments and South African cadastral surveys. In: Geomatica. 58.2004,4, p.275-285, 6 ill. ISSN 1195-1036.

1446
Björkhammar, Stefan: Hur får kartor användas?. In: Nya lantmätaren. 2003,8, p.8-10, 1 ill. How to use maps?. [Swed.].

1447
Crampton, Jeremy W.: Cyber rights and cyber maps. In: Cartographic perspectives : journal of the North American Cartographic Information Society. 38.2001, p.77-80, 2 ill., 1 tab. ISSN 1048-9053.

1448
Dietz, Dietrich: Rechtsschutz von Geo-Datenbanken : interdisziplinärer Workshop vermittelt Informationen und Standpunkte. In: Kartographische Nachrichten : KN ; Fachzeitschrift für Geoinformation und Visualisierung ; Organ der Deutschen Gesellschaft für Kartographie e.V., der Schweizerischen Gesellschaft für Kartographie und der Österreichischen Kartographischen Kommission in der Österreichischen Geographischen Gesellschaft. 54.2004,3, p.130-132. ISSN 0022-9164.

1449
Diez, Dietrich: Anwendung des Datenbankschutzrechtes auf die amtlichen topographischen Kartenwerke. In: Kartographische Nachrichten : KN ; Fachzeitschrift für Geoinformation und Visualisierung ; Organ der Deutschen Gesellschaft für Kartographie e.V., der Schweizerischen Gesellschaft für Kartographie und der Österreichischen Kartographischen Kommission in der Österreichischen Geographischen Gesellschaft. 54.2004,6, p.268-273. ISSN 0022-9164.

1450
Diez, Dietrich: Neues Urheberrecht in Kraft getreten : Gesetzgeber reagiert auf die technische Entwicklung. In: Kartographische Nachrichten : KN ; Fachzeitschrift für Geoinformation und Visualisierung ; Organ der Deutschen Gesellschaft für Kartographie e.V., der Schweizerischen Gesellschaft für Kartographie und der Österreichischen Kartographischen Kommission in der Österreichischen Geographischen Gesellschaft. 54.2004,1, p.27-28. ISSN 0022-9164.

1451
Eggert, Rita: Rechtlicher Schutz von Geodaten in Europa. In: 50 Jahre Sektion Karlsruhe der Deutschen Gesellschaft für Kartographie e.V. : Festschrift. Ed.: Kern, Hans F. Hrsg. von Hans F. Kern. – Karlsruhe: Fachhochschule Karlsruhe, Hochschule für Technik, Fachbereich Geoinformationswesen 2004., p.95-98 (Karlsruher geowissenschaftliche Schriften, Reihe A, Kartographie und Geographie ; 16).

1452
Loenen, Bastiaan van: Hergebruik van overheidsinformatie. In: Geo-Info : tijdschrift voor Geo-Informatie Nederland, GIN. 1.2004,7/8, p.348-353, 4 ill. Re-use of public sector information. [Dutch]. ISSN 1572-5464.

1453
Loenen, Bastiaan van ; Onsrud, Harlan J.: Geographic data for academic research : assessing access policies. In: Cartography and geographic information science : an official journal of ACSM devoted to the advancement of cartography in all its aspects. 31.2004,1, p.3-17, 6 ill., 11 tab. ISSN 1523-0406.

1454
Niklasz, László: A térinformatikai adatbázisok jogi védelme az EU és a hazai szabályozás tükrében. In: Geodézia és kartográfia. 56.2004,6, p.12-18 The legal protection of geographic databases in view of the national and EU regulations. [Hung. with Engl. rés.].

1455
Sbornik dokumentov o licenzirovanii dejatel'nosti v oblasti geodezii i kartografii. Ed.: Federal'naja Služba Geodezii i Kartografii Rossii. – Moskva: Kartgeocentr 2002, 19 p. [In kyrill. Schr.] ISBN 5-86066-058-8.

1456
Schüler, Mechthild: Die virtuelle Kartensammlung (Hardware, Software, Copyright). In: Die digitale Kartenbibliothek : eine Momentaufnahme. Ed.: Bühler, Jürg. – München: Saur 2004., p.201-207 (Bibliographia cartographica / Beiheft ; 1).

1457
Thiele, René: Untersuchungen zur Beschreibung, Verwaltung und Auswertung von Benutzer- und Berechtigungsprofilen für objektorientierte Geoinformationssysteme. Ed.: Institut für Kartographie und Geoinformation. – Bonn: Institut für Kartographie und Geoinformation 2003, 214 p., ill. (Schriftenreihe des Instituts für Kartographie und Topographie der Rheinischen Friedrich-Wilhelms-Universität Bonn ; 30). [Zugl.: Bonn, Rheinische Friedrich-Wilhelms-Univ., Diss., 2003].

1458
Verordnung des Innenministeriums zur Durchführung des Vermessungsgesetzes (DVOVermG) : in der Fassung vom 12. April 1988 (GBl S. 145). 1988, [4] p.

1459
Zöllner, Winfried: Ist die gedruckte topographische Karte eine Datenbank?. In: Vermessung Brandenburg. 8.2003,2, p.70-74, 1 ill. ISSN 1430-7650.

E. Theory of Cartography
Theorie der Kartographie
Théorie de la cartographie

1. Nature and Philosophy of Cartography
Wesen der Kartographie
Nature de la cartographie

1460
Carter, James R.: Cartography is alive (thank God!). In: Cartographic perspectives : journal of the North American Cartographic Information Society. 49.2004, p.4-9. ISSN 1048-9053.

1461
Crampton, Jeremy W.: Thinking philosophically in cartography : toward a critical politics of mapping. In: Cartographic perspectives : journal of the North American Cartographic Information Society. 41.2002, p.4-23, 2 tab. ISSN 1048-9053.

1462
Freitag, Ulrich: Mapping the Global Village – Rahmenbedingungen der modernen Kartographie. In: Kartographische Nachrichten : KN ; Fachzeitschrift für Geoinformation und Visualisierung ; Organ der Deutschen Gesellschaft für Kartographie e.V., der Schweizerischen Gesellschaft für Kartographie und der Österreichischen Kartographischen Kommission in der Österreichischen Geographischen Gesellschaft. 54.2004,3, p.103-112, 9 ill. ISSN 0022-9164.

1463
Fung, Tung; Leung, Yee; Lin, Hui: From paper maps to virtual reality : a view from Hong Kong. In: The Cartographic Journal. 41.2004,3, p.261-264. ISSN 0008-7041.

1464
Gartner, Georg: Von der Internet Kartographie zu ubiquitären Anwendungen in der Kartographie. In: Mitteilungen der Österreichischen Geographischen Gesellschaft : MÖGG ; Jahresband. 146.2004, p.303-322, 4 ill. ISSN 0029-9138.

1465
Koch, Tom: Opinion column : response to "Cartography is dead (thank God!)". In: Cartographic perspectives : journal of the North American Cartographic Information Society. 48.2004, p.4-6. [Article refers to a previous article by Denis Wood: "Cartography is dead (thank God!)" in Cartographic Perspectives 45.2003, p.4-7] ISSN 1048-9053.

1466
Lundén, Thomas: Kartan som politiskt vapen. In: Nya lantmätaren. 2004,6, p.14-15, 1 mp. Maps are political weapons. [Swed.].

1467
Novák, Václav: Současné vztahy geografie a kartografie. In: Kulturní krajiny v průmyslových oblastech : sborník referatů k XVII. sjezdu Československé geografické společnosti v Ostravě ve dnech 6. – 10.7.1987 ; svazek II. Ed.: Czechoslovak Geographical Society <Československá Geografická Společnost>. – Brno: Czechoslovak Geographical Society <Československá Geografická Společnost> 1987., p.185-190. [Czech].

1468
Olson, Judy M.: Cartography 2003. In: Cartographic perspectives : journal of the North American Cartographic Information Society. 47.2004, p.4-12, 13 ill. ISSN 1048-9053.

1469
Plewe, Brandon: The perfect cartography software, and how we live without it. In: Cartographic perspectives : journal of the North American Cartographic Information Society. 42.2002, p.36-45, 4 tab. ISSN 1048-9053.

1470
Schlögel, Karl: Kartenlesen : oder: Die Wiederkehr des Raumes. Ed.: Vontobel-Stiftung. – Zürich: Vontobel-Stiftung 2003, 86 p., ill. (Vontobel-Schriftenreihe ; 1570). [Literaturverz. S. 84].

1471
Schlögel, Karl: Kartenlesen, Raumdenken : von einer Erneuerung der Geschichtsschreibung. In: Merkur : deutsche Zeitschrift für europäisches Denken. 56.2002,4, p.308-318. ISSN 0026-0096.

1472
Schönherr, Hansjörg: Zur Rolle der Kartographie – Aspekte und Perspektiven. In: 50 Jahre Sektion Karlsruhe der Deutschen Gesellschaft für Kartographie e.V. : Festschrift. Ed.: Kern, Hans F. Hrsg. von Hans F. Kern. – Karlsruhe: Fachhochschule Karlsruhe, Hochschule für Technik, Fachbereich Geoinformationswesen 2004., p.242-255 (Karlsruher geowissenschaftliche Schriften, Reihe A, Kartographie und Geographie ; 16).

1473
Sieber, Renée: Rewiring for a GIS / 2. In: Cartographica. 39.2004,1, p.25-39, 6 ill., 1 tab. ISSN 0340-0654; 0317-7173.

1474
Stockhammer, Robert: "An dieser Stelle" : Kartographie und die Literatur der Moderne. In: Poetica : Zeitschrift für Sprach- und Literaturwissenschaft. 33.2001,3-4, p.273-306, 3 ill. ISSN 0303-4178.

1475
Sui, Daniel Z.: GIS, cartography, and the "third culture" : geographic imaginations in the computer age. In: The professional geographer. 1, p.62-72. ISSN 0033-0124.

1476
Theroux, Paul: Mapping the world. In: The Bulletin of the Society of Cartographers. 37.2003,1, p.1-3. ISSN 0036-1984.

1477
Tyner, Judith A.: Whither Cartography?. In: Cartographic perspectives : journal of the North American Cartographic Information Society. 38.2001, p.3-6, 1 tab. ISSN 1048-9053.

1478
Vergneault-Belmont, Françoise: La carte comme langage de réflexion. In: François de Dainville S.J. (1909-1971) : pionnier de l'histoire de la cartographie et de d'éducation ; actes du colloque international organisé par L'UMR 8586, PRODIG à Paris, les 6 et 7 juin 2002. Ed.: Bousquet-Bressolier, Catherine. – Paris: Ecole Nationale des Chartes 2004., p.203-224, 3 ill. (Études et rencontres de l'École des Chartes : [EREC] ; 15).

1479
Wood, Denis: Cartography is dead (Thank God!). In: Cartographic perspectives : journal of the North American Cartographic Information Society. 45.2003, p.4-7. ISSN 1048-9053.

2. Cartographic Terminology
Kartographische Terminologie
Terminologie cartographique

1480
Albert, Saul: Crossing the line between mapping and map making : artistic approaches. In: The Bulletin of the Society of Cartographers. 38.2004,2, p.41-44, 2 ill. ISSN 0036-1984.

1481
Čáslavka, Ivo: Geografické názvosloví v kartografii a tendence ve vývoji jeho standardizace. In: Kulturní krajiny v průmyslových oblastech : sborník referatů k XVII. sjezdu Československé geografické společnosti v Ostravě ve dnech 6. – 10.7.1987 ; svazek II. Ed.: Czechoslovak Geographical Society <Československá Geografická Společnost>. – Brno: Czechoslovak Geographical Society <Československá Geografická Společnost> 1987., p.200-207. [Czech].

1482
Damoiseaux, M.A.: Kaartrevisie : het wordt nooit meer wat het geweest is. In: Is uw kaart up to date? Visies op kaartrevisie. Ed.: Nederlandse Vereniging voor Kartografie. Werkgroep Kartografische Produktietechnieken. Red. : Chr. J. Snabilié. – Amersfoort: Nederlandse Vereniging voor Kartografie 1995., p.7-12, 3 ill. (NVK publikatiereeks ; 15). [Dutch].

1483
Espelund, Trond Eilev: Termer for geodetisk informasjon. In: Kart og plan : vitenskapelig tidsskrift. 97.2004,4, p.241-247, 5 tab. Terms for geographic information. [Norw. with Engl. rés.]. ISSN 0047-3278.

1484
Jordan, Peter: Überlegungen zur Definition der Begriffe "Endonym" und "Exonym". In: Aspekte der Kartographie im Wandel der Zeit : Festschrift für Ingrid Kretschmer zum 65. Geburtstag und anlässlich ihres Übertritts in den Ruhestand. Ed.: Kainz, Wolfgang. Hrsg. von Wolfgang Kainz. – Wien: Geographisches Institut <Wien, Universität> / Arbeitsbereich für Geographie und Kartographie 2004., p.190-196 (Wiener Schriften zur Geographie und Kartographie ; 16).

1485
Koehl, Mathieu: SIG, une histoire de définition ... In: XYZ : revue de l'Association Française de Topographie. 101.2004,4, p.61-66. ISSN 0290-9057.

1486
Mang, Reinhard: Der Georaum – Gegenstand kartographischer Abbildungen. In: Aspekte der Kartographie im Wandel der Zeit : Festschrift für Ingrid Kretschmer zum 65. Geburtstag und anlässlich ihres Übertritts in den Ruhestand. Ed.: Kainz, Wolfgang. Hrsg. von Wolfgang Kainz. – Wien: Geographisches Institut <Wien, Universität> / Arbeitsbereich für Geographie und Kartographie 2004., p.204-208, 2 ill. (Wiener Schriften zur Geographie und Kartographie ; 16).

3. Theoretical Foundations of Cartography
Theoretische Grundlagen der Kartographie
Bases théoriques de la cartographie

1487
Arbeitsgruppe Automation in der Kartographie : Tagung 2003. Ed.: Bundesamt für Kartographie und Geodäsie <Deutschland>. – Frankfurt a.M.: Bundesamt für Kartographie und Geodäsie <Deutschland> 2004, 229 p., ill., mp. (Mitteilungen des Bundesamtes für Kartographie und Geodäsie ; 31; 2004). ISBN 3-89888-882-7.

1488
Bellezza, Giuliano: Da Mandeville a Menocchio, dalla multimedialità (passando per Piri Reis) a dove?. In: Mundus novus : Amerigo Vespucci e i metodi della ricerca storico-geografica ; atti del convegno internazionale di studi, Roma-Firenze, 27-30 novembre 2002. Ed.: Società Geografica Italiana. – Roma: Società Geografica Italiana 2004., p.215-236, 1 ill. (Memorie della Società Geografica Italiana ; 75) From Mandeville to Menocchio, from multimediality (passing Piri Reis) to where?. [Ital.].

1489
Čapek, Richard: Hodnocení map. In: Kulturní krajiny v průmyslových oblastech : sborník referatů k XVII. sjezdu Československé geografické společnosti v Ostravě ve dnech 6. – 10.7.1987 ; svazek II. Ed.: Czechoslovak Geographical Society <Československá Geografická Společnost>. – Brno: Czechoslovak Geographical Society <Československá Geografická Společnost> 1987., p.191-199. [Czech].

1490
Cheung, Chui Kwan ; Shi, Wenzhong: Estimation of the positional uncertainty in line simplification in GIS. In: The Cartographic Journal. 41.2004,1, p.37-45, 7 ill. ISSN 0008-7041.

1491
Dean, Denis J.: Toward a differential calculus for temporal map analysis. In: Cartography and geographic information science : an official journal of ACSM devoted to the advancement of cartography in all its aspects. 31.2004,2, p.89-101, 8 ill., 1 tab. ISSN 1523-0406.

1492
Denil, Mark: Cartographic Design : rhetoric and persuasion. In: Cartographic perspectives : journal of the North American Cartographic Information Society. 45.2003, p.8-67, 14 ill. ISSN 1048-9053.

1493
Depuydt, Frans; Decruynaere, Leen: De Vlaanderen-kaarten van Mercator en Ortelius: In welke mate zijn ze metrisch nauwkeurig?. In: Caert-thresoor : tijdschrift voor de geschiedenis van de kartografie in Nederland. 20, 2001, 1, p.13-19, 5 ill., 1 tab. The maps of Flanders by Mercator and Ortelius: To what extent are they metrically accurate?. [Dutch with Engl. rés.]. ISSN 0167-4994.

1494
Freitag, Ulrich: Kartographische Maßstäbe. In: Aspekte der Kartographie im Wandel der Zeit : Festschrift für Ingrid Kretschmer zum 65. Geburtstag und anlässlich ihres Übertritts in den Ruhestand. Ed.: Kainz, Wolfgang. Hrsg. von Wolfgang Kainz. – Wien: Geographisches Institut <Wien, Universität> / Arbeitsbereich für Geographie und Kartographie 2004., p.159-173, 6 ill. (Wiener Schriften zur Geographie und Kartographie ; 16).

1495
Gartner, Georg: Eignung und Grenzen der Korrelation von Methoden der thematischen Kartographie mit ausgewählten Interaktionsformen. In: Aspekte der Kartographie im Wandel der Zeit : Festschrift für Ingrid Kretschmer zum 65. Geburtstag und anlässlich ihres Übertritts in den Ruhestand. Ed.: Kainz, Wolfgang. Hrsg. von Wolfgang Kainz. – Wien: Geographisches Institut <Wien, Universität> / Arbeitsbereich für Geographie und Kartographie 2004., p.174-183 (Wiener Schriften zur Geographie und Kartographie ; 16).

1496
Häberling, Christian: Topografische 3D-Karten : Thesen für kartografische Gestaltungsgrundsätze. Ed.: Institut für Kartographie der ETH. – Zürich: Institut für Kartographie der ETH 2003, XIII, 167 p. [Zugl.: Zürich, ETH, Diss., 2003].

1497
Hennig, Sabine: Zur Beziehungsproblematik analoger und digitaler Karten : ERfahrungen bei der Realisierung der Interaktiven Bildschirmkarte "MaaT" für den Nationalpark Berchtesgaden. In: Kartographische Nachrichten : KN ; Fachzeitschrift für Geoinformation und Visualisierung ; Organ der Deutschen Gesellschaft für Kartographie e.V., der Schweizerischen Gesellschaft für Kartographie und der Österreichischen Kartographischen Kommission in der Österreichischen Geographischen Gesellschaft. 54.2004,6, p.251-258, 4 ill., 1 tab. ISSN 0022-9164.

1498
Introducing cultural and social cartography. Ed.: Rundstrom, Robert A. Comp. and ed. by Robert A. Rundstrom. – Toronto: University of Toronto Press 1993, XII, 107 p. (Cartographica ; 30.1993,1).

1499
Kelnhofer, Fritz: Mediale Dichotomie in der thematischen Kartographie : eine notwendige Konsequenz "moderner Kartographie"?. In: Aspekte der Kartographie im Wandel der Zeit : Festschrift für Ingrid Kretschmer zum 65. Geburtstag und anlässlich ihres Übertritts in den Ruhestand. Ed.: Kainz, Wolfgang. Hrsg. von Wolfgang Kainz. – Wien: Geographisches Institut <Wien, Universität> / Arbeitsbereich für Geographie und Kartographie 2004., p.197-203 (Wiener Schriften zur Geographie und Kartographie ; 16).

1500
Klinger, Gernot: Kartographische Anforderungen an Visualisierung und Kombination globaler Techniken. Ed.: Universität Wien. – Wien: Universität Wien 2004, 160 p., 23 ill. 19 tab.

1501
Kommunikation med kartor : teori och metoder i kartografin. Ed.: Liber Kartor [u.a.]. Av Lars Brodersen. – Stockholm: Liber Kartor [u.a.] 2002, 128 p., ill., mp.

1502
Krijnders, J.J.: Kwaliteit van kaarten en kaartgegevens. In: Kaartvervaardiging door steden. Ed.: Nederlandse Vereniging voor Kartografie. Red.: Chr. J. Snabilié. Werkgroep Kartografische Productietechnieken. – Amersfoort: Nederlandse Vereniging voor Kartografie 1995., p.15-18, 1 ill. (NVK publikatiereeks ; 13). [Dutch].

1503
Krüger, Louis: Formeln zur konformen Abbildung des Erdellipsoids in der Ebene. – Berlin: E. S. Mittler und Sohn ; Selbstverlag 1919, 63 p.

1504
Krüger, Louis: Konforme Abbildung des Erdellipsoids in der Ebene. – Leipzig: Teubner 1912, IX, 172 p., ill. (Veröffentlichungen des Geodätischen Instituts in Potsdam ; N.F., 52).

1505
Kulturní krajiny v průmyslových oblastech : sborník referatů k XVII. sjezdu Československé geografické společnosti v Ostravě ve dnech 6. – 10.7.1987 ; svazek II. Ed.: Czechoslovak Geographical Society <Československá Geografická Společnost>. – Brno: Czechoslovak Geographical Society <Československá Geografická Společnost> 1987, p.185-317. [Czech].

1506
Kumar, Naresh: Frequency histogram legend in the choropleth map : a substitute to traditional legends. In: Cartography and geographic information science : an official journal of ACSM devoted to the advancement of cartography in all its aspects. 31.2004,4, p.217-236, 9 ill., 6 tab. ISSN 1523-0406.

1507
Lai, Poh-Chin; Gar-On Yeh, Anthony: Assessing the effectiveness of dynamic symbols in cartographic communication. In: The Cartographic Journal. 41.2004,3, p.229-244, 8 ill., 9 tab. ISSN 0008-7041.

1508
Lechthaler, Mirjanka: Neue Herausforderungen an die Kartosemiotik? : vom Georaum zum Karten(raum) und zurück. In: Theoretische Probleme der Kartographie und ihrer Nachbardisziplinen. Ed.: Wolodtschenko, Alexander; Schlichtmann, Hansgeorg. – Dresden: 2004., p.14-26, 9 ill. (Diskussionsbeiträge zur Kartosemiotik und zur Theorie der Kartographie : internationales Korrespondenz-Seminar ; 6). [With Engl. and Russ. rés.].

1509
León Guerrero, Montserrat: La metodología cartográfica del portulano de Tordesillas. In: Mundus novus : Amerigo Vespucci e i metodi della ricerca storico-geografica ; atti del convegno internazionale di studi, Roma-Firenze, 27-30 novembre 2002. Ed.: Società Geografica Italiana. – Roma: Società Geografica Italiana 2004., p.189-200, 7 ill. (Memorie della Società Geografica Italiana ; 75) The cartographic methodology of the portolan of Tordesillas. [Span.].

1510
Márton, Mátyás; Györffy, Janos: Óceánok térképi ábrázolása Baranyi IV. vetületének osztott változatában. In: Geodézia és kartográfia. 56.2004,1, p.7-11, 4 ill. Thematic maps of oceans in a modified version of Baranyi's projection IV. [Hung. with Engl. rés.].

1511
Mayrhofer, Doris: Kartographische Anforderungen an ein Interface im musealen Edutainmentbereich – gezeigt an einer Projektarbeit in Zusammenarbeit mit dem Österreichischen Globenmuseum. Ed.: Universität Wien. – Wiener Neustadt: Universität Wien 2004, 118 p., 41 ill., 4 tab. [Diplomarbeit].

1512
McBay, Elanor: Maps in literature. In: The Bulletin of the Society of Cartographers. 38.2004,1, p.3-4, 1 ill. ISSN 0036-1984.

1513
Minow, Helmut: Portolankarten (II) : Analyse der mittelalterlichen Seekarten. In: Geomatik Schweiz : Geoinformation und Landmanagement. 102.2004,7, p.433-438, 6 ill. ISSN 0252-9424; 1660-4458.

1514
Mokre, Jan: Geheimhaltung, Spionage und Kartenverfälschung : Aspekte des Verhältnisses zwischen Militär und Kartographie zur Zeit Maria Theresias. In: Aspekte der Kartographie im Wandel der Zeit : Festschrift für Ingrid Kretschmer zum 65. Geburtstag und anlässlich ihres Übertritts in den Ruhestand. Ed.: Kainz, Wolfgang. Hrsg. von Wolfgang Kainz. – Wien: Geographisches Institut <Wien, Universität> / Arbeitsbereich für Geographie und Kartographie 2004., p.86-92, 2 ill. (Wiener Schriften zur Geographie und Kartographie ; 16).

1515
Novák, Václav: Matematicko-kartografické modelování v geografickém výzkumu. In: Kulturní krajiny v průmyslových oblastech : sborník referatů k XVII. sjezdu Československé geografické společnosti v Ostravě ve dnech 6. – 10.7.1987 ; svazek II. Ed.: Czechoslovak Geographical Society <Československá Geografická Společnost>. – Brno: Czechoslovak Geographical Society <Československá Geografická Společnost> 1987., p.236-249, 1 ill. [Czech].

1516
Sick, Andrea: Kartenmuster : Bilder und Wissenschaft in der Kartografie. Ed.: Staats- und Universitätsbibliothek Carl von Ossietzky. – Hamburg: Staats- und Universitätsbibliothek Carl von Ossietzky 2003, Online-Ressource (320 Bl. = 9,56 MB). [Dissertation (elektronische Ressource)].

1517
Slocum, Terry A.: Thematic cartography and geographic visualization. – Upper Saddle River, NJ: Prentice Hall 2004, X, 518 p., ill., mp. – 2nd. ed. [Includes bibliographical references (p. 274 – 287) and index] ISBN 0-13-035123-7.

1518
Slocum, Terry A.: Thematic cartography and visualization. – Upper Saddle River, NJ: Prentice Hall 1999, X, 293 p., ill., mp. [Includes bibliographical references (p. 274 – 287) and index] ISBN 0-13-209776-1X,.

1519
Strebe, Daan: The design of globe gores. In: Cartographic perspectives : journal of the North American Cartographic Information Society. 42.2002, p.46-54, 17 ill. ISSN 1048-9053.

1520
The selected problems of theoretical cartography 2002 : proceedings of a seminar of the Commission on Theoretical Cartography (Gdańsk, Poland, July 20-21,2002). Ed.: Int. Cartographic Association. Ed.: Alexander Wolodtschenko. – S.l.: Int. Cartographic Association 2003, 81 p.

1521
Wolodtschenko, Alexander; Kel'genbaeva, Kamilja: Cartosemiotičeskij analiz atlasa Kyrgyzstana. In: Theoretische Probleme der Kartographie und ihrer Nachbardisziplinen. Ed.: Wolodtschenko, Alexander; Schlichtmann, Hansgeorg. – Dresden: 2004., p.49-54, 2 ill., 6 tab. (Diskussionsbeiträge zur Kartosemiotik und zur Theorie der Kartographie : internationales Korrespondenz-Seminar ; 6) Cartosemiotic analysis of the Atlas of Kyrgyzstan. [With Engl. and Germ. rés.].

4. Graphic Foundations of Cartography Graphische Grundlagen der Kartographie Bases graphiques de la cartographie

1522
Baumgärtner, Ingrid: Biblische, mythische und fremde Frauen : Zur Konstruktion von Weiblichkeit in Text und Bild mittelalterlicher Weltkarten. In: Erkundung und Beschreibung der Welt : Zur Poetik der Reise- und Länderberichte ; Vorträge eines interdisziplinären Symposiums vom 19. bis 24. Juni 2000 an der Justus-Liebig-Universität Gießen. Ed.: Ertzdorff, Xenja von; Giesemann, Gerhard. – Amsterdam; New York: Rodopi 2003., p.31-86, 17 ill. (Chloe : Beihefte zum Daphnis ; 34.2003).

1523
Birsak, Lukas: 3-D im Schulatlas. In: Aspekte der Kartographie im Wandel der Zeit : Festschrift für Ingrid Kretschmer zum 65. Geburtstag und anlässlich ihres Übertritts in den Ruhestand. Ed.: Kainz, Wolfgang. Hrsg. von Wolfgang Kainz. – Wien: Geographisches Institut <Wien, Universität> / Arbeitsbereich für Geographie und Kartographie 2004., p.209-214, 6 ill. (Wiener Schriften zur Geographie und Kartographie ; 16).

1524
Cailliau, Étienne: La variabilité temporelle de la représentation des espaces maritimes. In: Le Monde des Cartes : revue du Comité Français de Cartographie. 182.2004, p.59-64, 6 ill. ISSN 1634-3522.

1525
Denil, Mark: Cartographic Design : rhetoric and persuasion. In: Cartographic perspectives : journal of the North American Cartographic Information Society. 45.2003, p.8-67, 14 ill. ISSN 1048-9053.

1526
Edwards, Laura: Visualizing data certainty : a case study using graduated circle maps. In: Cartographic perspectives : journal of the North American Cartographic Information Society. 38.2001, p.19-36, 8 ill., 5 tab. ISSN 1048-9053.

1527
Gökgöz, Türkay; Selçuk, Mehmet: A new approach for the simplification of contours. In: Cartographica. 39.2004,4, p.37-44, 7 ill. ISSN 0340-0654; 0317-7173.

1528
Harrower, Mark: Visualizing change : using cartographic animation to explore remotely-sensed data. In: Cartographic perspectives : journal of the North American Cartographic Information Society. 39.2001, p.30-42, 4 ill., 1 tab. ISSN 1048-9053.

1529
Johnson, Jenny Marie: Mapping ethnicity : color use in depicting ethnic distribution. In: Cartographic perspectives : journal of the North American Cartographic Information Society. 40.2001, p.12-31, 1 tab. ISSN 1048-9053.

1530
Kennelly, Patrick J.: Hillshading with oriented halftones. In: Cartographic perspectives : journal of the North American Cartographic Information Society. 43.2002, p.25-42, 19 ill. ISSN 1048-9053.

1531
Kennelly, Patrick J.; Kimerling, A. Jon: Hillshading of terrain using layer tints with aspect-variant luminosity. In: Cartography and geographic information science : an official journal of ACSM devoted to the advancement of cartography in all its aspects. 31.2004,2, p.67-77, 9 ill. ISSN 1523-0406.

1532
Kienberger, Andreas: Lerntypenangepasste kartographische Visualisierungsmöglichkeiten für thematische Karten. Ed.: Technische Universität Wien. – Wien: Technische Universität Wien 2004, 130 p., 43 ill., 2 tab. [Diplomarbeit].

1533
Koch, Wolf Günther: Semiotische Betrachtungen zu Zeichensystemen touristischer Karten des deutschsprachigen Raumes (Koch, Wolf Günther). In: Aspekte der Kartographie im Wandel der Zeit : Festschrift für Ingrid Kretschmer zum 65. Geburtstag und anlässlich ihres Übertritts in den Ruhestand. Ed.: Kainz, Wolfgang. Hrsg. von Wolfgang Kainz. – Wien: Geographisches Institut <Wien, Universität> / Arbeitsbereich für Geographie und Kartographie 2004., p.234-241, 2 ill. (Wiener Schriften zur Geographie und Kartographie ; 16).

1534
Lai, Poh-Chin; Gar-On Yeh, Anthony: Assessing the effectiveness of dynamic symbols in cartographic communication. In: The Cartographic Journal. 41.2004,3, p.229-244, 8 ill., 9 tab. ISSN 0008-7041.

1535
Laureti, Lamberto: L'evoluzione della simbologia idrografica nella cartografia a grande scala in età moderna e conteporanea. In: Bollettino della Associazione Italiana di Cartografia. 41.2004,121/122, p.87-107, 18 ill. The evolution of the hydrographic symbols in the modern and contemporary cartography. [Ital. with Engl. rés.]. ISSN 0044-9733.

1536
Oosterom, Peter; Qak, Wilko; Tijssen, Theo: Polygonen: het wankele fundament van ruimtelijk modelleren. In: Geo-Info : tijdschrift voor Geo-Informatie Nederland, GIN. 1.2004,3, p.126-132, 2 ill., 1 tab. Polygons: the unstable foundation of spatial modelling. [Dutch]. ISSN 1572-5464.

1537
Patterson, Tom: Getting real : reflecting on the new look of National Park service maps. In: Cartographic perspectives : journal of the North American Cartographic Information Society. 43.2002, p.43-56, 15 ill. ISSN 1048-9053.

1538
Richards, Jaynya W.: Creating true type fonts for use as symbols in ArcGIS. In: Cartographic perspectives : journal of the North American Cartographic Information Society. 39.2001, p.43-45, 4 ill. ISSN 1048-9053.

1539
Rod, Jan Ketil: How the monosemic graphics go polysemic. In: Cartographic perspectives : journal of the North American Cartographic Information Society. 38.2001, p.7-18, 10 ill. ISSN 1048-9053.

1540
Rød, Jan Ketil: Cartographic signs and arbitrariness. In: Cartographica. 39.2004,4, p.17-36, 9 ill. ISSN 0340-0654; 0317-7173.

1541
Schweikart, Jürgen: Visualisieren von Geodaten : Grundlagen der Kartenerstellung. In: Geoinformationssysteme im Gesundheitswesen : Grundlagen und Anwendungen. Ed.: Schweikart, Jürgen, Kistemann, Thomas. – Heidelberg: Herbert-Wichmann-Verlag., p.37-53, 8 ill., 3 tab.

1542
Sester, Monika; Brenner, Claus: Continuous generalization for fast and smooth visualization on small displays. In: GeoBit : Geoinformatik für die Praxis. 9=17.2004,9, p.24-30, 8 ill., 2 tab. [Titel des Heftes: Geo-Informationssysteme : GIS (aufgegangen in GeoBit)] ISSN 1430-3663.

1543
Sick, Andrea: Kartenmuster : Bilder und Wissenschaft in der Kartografie. Ed.: Staats- und Universitätsbibliothek Carl von Ossietzky. – Hamburg: Staats- und Universitätsbibliothek Carl von Ossietzky 2003, Online-Ressource (320 Bl. = 9,56 MB). [Dissertation (elektronische Ressource)].

1544
Tait, Alexander M.: Photoshop 6 tutorial : how to create basic colored shaded relief. In: Cartographic perspectives : journal of the North American Cartographic Information Society. 42.2002, p.12-17, 7 ill. ISSN 1048-9053.

1545
Thomson, Anna Z.: The 'Bear' necessities : a deconstructionof modern art through selected theories of cartography. In: The Bulletin of the Society of Cartographers. 38.2004,1, p.5-11, 5 ill. ISSN 0036-1984.

1546
Topografische Karten: Kartengrafik und Generalisierung. Ed.: Schweizerische Gesellschaft für Kartographie. [Autorenteam: Ernst Spiess...]. – Wabern: Schweizerische Gesellschaft für Kartographie 2002, IV, 121 Bl. (Cartographic publication series). [Parallel als CD-ROM-Ausg. erschienen. Engl. Ausg. u.d.T.: Topographic maps: map graphics and generalisation].

1547
Zhang, Xianfeng; Pazner, Micha: The icon imagemap technique for multivariate geospatial data visualization : approach and software system. In: Cartography and geographic information science : an official journal of ACSM devoted to the advancement of cartography in all its aspects. 31.2004,1, p.29-41, 10 ill., 1 tab. ISSN 1523-0406.

5. Surveying for Mapping
Kartendaten-Aufnahme
Lever cartographique

1548
Afflerbach, Sabine: Von Frankfurt nach Helsinki in einem einheitlichen Datenmodell : Herausforderung für die Harmonisierung nationaler amtlicher Geodaten im Projekt GiMoDig. In: Kartographische Nachrichten : KN ; Fachzeitschrift für Geoinformation und Visualisierung ; Organ der Deutschen Gesellschaft für Kartographie e.V., der Schweizerischen Gesellschaft für Kartographie und der Österreichischen Kartographischen Kommission in der Österreichischen Geographischen Gesellschaft. 54.2004,5, p.199-207, 5 ill. ISSN 0022-9164.

1549
Annoni, Alessandro: Infrastructures de données géographiques en Europe. In: Geomatik Schweiz : Geoinformation und Landmanagement. 102.2004,4, p.241-245, 1 ill. ISSN 0252-9424; 1660-4458.

1550
Aziz, Mohamed: Design Methodology of the National GIS Data Dictionary for the National GIS Center of Kuwait. In: Aspekte der Kartographie im Wandel der Zeit : Festschrift für Ingrid Kretschmer zum 65. Geburtstag und anlässlich ihres Übertritts in den Ruhestand. Ed.: Kainz, Wolfgang. Hrsg. von Wolfgang Kainz. – Wien: Geographisches Institut <Wien, Universität> / Arbeitsbereich für Geographie und Kartographie 2004., p.288-292, 4 ill. (Wiener Schriften zur Geographie und Kartographie ; 16).

1551
Balfanz, Dirk: Visuell unterstützte, automatisierte Generierung und Nutzung von Geo-Metadaten. – Stuttgart: Fraunhofer-IRB-Verlag 2002, II, 215 p., ill. (Computer-Graphik-Edition). [Zugl.: Darmstadt, Techn. Univ., Diss., 2002] ISBN 3-8167-6202-6.

1552
Bregt, Arnold; Smits, Paul: INSPIRE : hoogte, hydrografie, meteorologie en landgebruik ; four ruimtelijke datasets uit het INSPIRE-voorstel. In: Geo-Info : tijdschrift voor Geo-Informatie Nederland, GIN. 1.2004,11, p.460-462, 1 tab. INSPIRE : height, hydrography, meteorology and land use ; four space datasets of the INSPIRE-proposal. [Dutch]. ISSN 1572-5464.

1553
Brenner, Claus; Dold, Christoph; Jülge, Katharina: Integration von luftgestützten und terrestrischen Methoden zur Ableitung von 3-D Stadtmodellen. In: Arbeitsgruppe Automation in der Kartographie : Tagung 2003. Ed.: Bundesamt für Kartographie und Geodäsie <Deutschland>. – Frankfurt a.M.: Bundesamt für Kartographie und Geodäsie <Deutschland> 2004., p.29-36, 4 ill. (Mitteilungen des Bundesamtes für Kartographie und Geodäsie ; 31; 2004).

1554
Bronsch, Holger: Vermarktung von Geodaten durch Kooperations-Partner. In: Vermessung Brandenburg. 9.2004,2, p.34-41, 3 ill. ISSN 1430-7650.

1555
Carlsson, Per G.: Geodata till folket. In: Nya lantmätaren. 2003,6, p.16-17, 1 ill. Geodata for everybody. [Swed.].

1556
Clemens, Jürgen: Zweite Konferenz "Map Asia" 2003, Kuala Lumpur, Malaysia : amtliche und private Geodaten an asiatische Märkte. In: Kartographische Nachrichten : KN ; Fachzeitschrift für Geoinformation und Visualisierung ; Organ der Deutschen Gesellschaft für Kartographie e.V., der Schweizerischen Gesellschaft für Kartographie und der Österreichischen Kartographischen Kommission in der Österreichischen Geographischen Gesellschaft. 54.2004,2, p.79-80. ISSN 0022-9164.

1557
Dempf, Eva-Maria; Leipholz, Thomas: Der Weg zur online-Bereitstellung von Geobasisdaten. In: LSA VERM : Zeitschrift für das öffentliche Vermessungswesen des Landes Sachsen-Anhalt. 10.2004,1, p.25-34, 3 ill. ISSN 1435-2338.

1558
Developing spatial data infrastructures : from concept to reality. Ed.: Williamson, Ian Philip. – London: Taylor & Francis 2003, XXVIII, 316 p., ill., mp. [Literaturangaben] ISBN 0-415-30265-X.

1559
Ebert, Thomas: Neun Länder : ein Geo-Service. In: GeoBit : Geoinformatik für die Praxis. 9=17.2004,10, p.10-13, 4 ill. ISSN 1430-3663.

1560
Eggert, Rita: Rechtlicher Schutz von Geodaten in Europa. In: 50 Jahre Sektion Karlsruhe der Deutschen Gesellschaft für Kartographie e.V. : Festschrift. Ed.: Kern, Hans F. Hrsg. von Hans F. Kern. – Karlsruhe: Fachhochschule Karlsruhe, Hochschule für Technik, Fachbereich Geoinformationswesen 2004., p.95-98 (Karlsruher geowissenschaftliche Schriften, Reihe A, Kartographie und Geographie ; 16).

1561
geoGovernment : öffentliche Geoinformations-Dienste zwischen Kommune und Europa. Ed.: Strobl, Josef; Griesebner, Gerald. Josef Strobl; Gerald Griesebner (Hrsg.). – Heidelberg: Herbert-Wichmann-Verlag 2003, VI, 140 p., ill., mp. ISBN 3-87907-405-4.

1562
Gubler, Erich: Stand der Nationalen Geodaten-Infrastruktur und des Impulsprogramms e-geo.ch. In: Geomatik Schweiz : Geoinformation und Landmanagement. 102.2004,4, p.236-240, 2 ill. ISSN 0252-9424; 1660-4458.

1563
Hennig, Sabine: Metadaten für Karten : Notwendigkeit, Umsetzung und Verwendung am Beispiel der interaktiven Bildschirmkarte "MaaT". In: GeoBit : Geoinformatik für die Praxis. 9=17.2004,6, p.8-15, 3 ill., 4 tab. [Titel des Heftes: Geo-Informationssysteme : GIS (aufgegangen in GeoBit)] ISSN 1430-3663.

1564
Hopfstock, Anja; Afflerbach, Sabine; Illert, Andreas: Harmonised topographic reference data : a challenge for the National Mapping Agencies in Europe. In: Proceedings of the cartographic cutting-edge technology for natural hazard management : held in Dresden, Germany October 20 – 22 2004. Ed.: Buchroithner, Manfred. – Dresden: Technische Universität Dresden / Institut für Kartographie 2004., p.45-53, 6 ill. (Kartographische Bausteine : KB ; 30).

1565
Kartografisch onderzoek en GIS. Ed.: Nederlandse Vereniging voor Kartografie. Produktie: Y.T.Bouma voor Werkgroep Onderwijs en Onderzoek. – Amersfoort: Nederlandse Vereniging voor Kartografie 1993, 48 p., ill., mp. (NVK publikatiereeks ; 8).

1566
Klöppel, Reinhard: Der hessische Weg zum Aufbau einer Geoinformationsinfrastruktur im Kontext nationaler und europäischer Aktionslinien. In: Mitteilungen / Deutscher Verein für Vermessungswesen, Landesverein Hessen e.V. ; Landesverein Thüringen. 2003,3, p.15-31, 32 ill. ISSN 0949-7900; 0949-7900; 0173-6280.

1567
Kohn, Ulrich; Schultze, Karin: Auf dem Weg zum zentralen Geodienstleister : das neue Landesamt für Vermessung und Geoinformation. In: LSA VERM : Zeitschrift für das öffentliche Vermessungswesen des Landes Sachsen-Anhalt. 9.2003,2, p.113-132, 9 ill. ISSN 1435-2338.

1568
Kummer, Klaus: Grundlagen für die Geodateninfrastruktur in Sachsen-Anhalt. In: LSA VERM : Zeitschrift für das öffentliche Vermessungswesen des Landes Sachsen-Anhalt. 10.2004,2, p.95-104, 10 ill. ISSN 1435-2338.

1569
Lange, Norbert de: Geoinformatik in Theorie und Praxis : mit 59 Tabellen. – Berlin: Axel Springer AG 2002, XIV, 438 p., ill., mp. [Literaturverz. S. [413] – 430] ISBN 3-540-43286-8.

1570
Lien, Karsten: Geodatastandardfamilien, Kartnormens arvtakere. In: Kart og plan : vitenskapelig tidsskrift. 97.2004,4, p.204-207, 2 ill., 1 tab. The family of geodata standards : the successors of the map norm. [Norw. with Engl. rés.]. ISSN 0047-3278.

1571
Lillethun, Arvid; Mardal, Lars: Mangfoldig standardiseringsarbeid i Geovekst og Arealis : et godt grunnlag for realisering av Norge digitalt. In: Kart og plan : vitenskapelig tidsskrift. 97.2004,4, p.224-235, 3 ill. Geovekst and Arealis with extensive approaches to standardisatiuon : a basis to develop the Norvegian geographical standardisation. [Norw. with Engl. rés.]. ISSN 0047-3278.

1572
Lingenthal, Rainer: Der Weg zur nationalen Geodateninfrastruktur (GDI). In: LSA VERM : Zeitschrift für das öffentliche Vermessungswesen des Landes Sachsen-Anhalt. 10.2004,2, p.89-94. ISSN 1435-2338.

1573
Loenen, Bastiaan van ; Onsrud, Harlan J.: Geographic data for academic research : assessing access policies. In: Cartography and geographic information science : an official journal of ACSM devoted to the advancement of cartography in all its aspects. 31.2004,1, p.3-17, 6 ill., 11 tab. ISSN 1523-0406.

1574
McKendry, Jean: Web-based data sources and online mapping. In: Cartouche : the operational publication of the Canadian Cartographic Association. 56.2004, p.6-9, 7 ill. ISSN 1183-2045.

1575
Mittermaier, Roland: Kartographische und systemarchitektonische Anforderungen an eine feldrechnerbasierte Erfassung topographischer Originärdaten – gezeigt am DLM. Ed.: Universität Wien. – Wien: Universität Wien 2004, 232 p., 102 ill., 44 tab. [Diplomarbeit].

1576
Müller, Markus; Happ, Elmar: ALKIS eingebettet in Geodateninfrastruktur : mit Standards nach vorne. In: GeoBit : Geoinformatik für die Praxis. 9.2004,5, p.30-31, 1 ill. ISSN 1430-3663.

1577
Muggenhuber, Gerhard: Geodateninfrastruktur in Europa : Praxis, Initiativen, Perspektiven. In: Geomatik Schweiz : Geoinformation und Landmanagement. 102.2004,3, p.137-141. ISSN 0252-9424; 1660-4458.

1578
Mustière, Sébastien; Gesbert, Nils; Sheeren, David: Unification des bases de données géographiques. In: Bulletin d'information de l'IGN : BI ; recherche ... 74.2003, p.71-78, 6 ill. ISSN 0427-2218.

1579
Neteler, Markus: Open source GIS : a GRASS GIS approach. – Boston [u.a.]: Kluwer Academic Publishers 2004, XXXVI, 434 p., ill. – 4. print. (The Kluwer international series in engineering and computer science : SECS). [Includes bibliographical references and index].

1580
Riedo, Marc: Evolution dl l'infrastructure SIG du canton de Neuchâtel. In: Geomatik Schweiz : Geoinformation und Landmanagement. 102.2004,3, p.128-132, 5 ill. ISSN 0252-9424; 1660-4458.

1581
Roth, Achim; Hoffmann, Jörn: Die dreidimensionale Kartierung der Erde. In: Kartographische Nachrichten : KN ; Fachzeitschrift für Geoinformation und Visualisierung ; Organ der Deutschen Gesellschaft für Kartographie e.V., der Schweizerischen Gesellschaft für Kartographie und der Österreichischen Kartographischen Kommission in der Österreichischen Geographischen Gesellschaft. 54.2000,3, p.123-129, 6 ill. ISSN 0022-9164.

1582
Ruegsegger, Marianne; Schmid, Christoph; Sieber, René: Raster data in multimedia atlases : benefits and challenges ; examples from the "Atlas of Switzerland – interactive". In: Cartographic perspectives : journal of the North American Cartographic Information Society. 45.2003, p.73-77, 3 ill., 4 tab. ISSN 1048-9053.

1583
Solheim, Dag: Statens kartverks høyderefanseflater HREF og VREF. In: Kart og plan : vitenskapelig tidsskrift. 97.2004,2, p.97-103, 4 ill. The Norwegian Mapping Authority's Heigth Reference Surfaces HREF and VREF. [Norw. with Engl. rés.]. ISSN 0047-3278.

1584
Steinmann, Harald; Weit, Wencke: Algorithmen und Datenstrukturen. In: 50 Jahre Sektion Karlsruhe der Deutschen Gesellschaft für Kartographie e.V. : Festschrift. Ed.: Kern, Hans F. Hrsg. von Hans F. Kern. – Karlsruhe: Fachhochschule Karlsruhe, Hochschule für Technik, Fachbereich Geoinformationswesen 2004., p.256-261, 4 ill. (Karlsruher geowissenschaftliche Schriften, Reihe A, Kartographie und Geographie ; 16).

1585
Strand, Geir-Harald: Offentlige geodata på Internett : en trussel mot, eller muligheter for, privat forretningsutvikling?. In: Kart og plan : vitenskapelig tidsskrift. 97.2004,2, p.70-74, 3 ill. Does distribution of geographical data across the Internet by public enterprises represent a threat to, or an opportunity for, the private sector?. [Norw. with Engl. rés.]. ISSN 0047-3278.

1586
Sweetkind-Singer, Julie; Powers, Mike; Derksen, Charlotte: Stanford Geological Survey Access Project. In: Information bulletin / Western Association of Map Libraries. 34.2003,3, p.145-157, 4 ill. ISSN 0049-7282.

1587
Tele Atlas Deutschland GmbH : Kartendaten via Mobile Mapping sammeln. In: GeoBit : Geoinformatik für die Praxis. 2004,11, p.46, 2 ill. ISSN 1430-3663.

1588
Wehmann, Wolffried: Studierendenzahlen in den Studiengängen Vermessungswesen, Kartographie und Geoinformatik an Fachhochschulen. In: ZfV : Zeitschrift für Geodäsie, Geoinformation und Landmanagement. 128.2003,3, p.225-226, 2 ill. ISSN 1618-8950.

1589
Yang, T.; Wang, Jinling: Visualisation of spatial data quality for internet and mobile GIS applications. In: Journal of spatial science. 1.2004, p.97-108, 9 ill., 1 tab.

a. Geodesy, Topography
Geodäsie, Vermessung, Topographie
Géodésie, topographie

1590
Aloi, Daniel N. and others: GPS car talk : listening to Bluetooth. In: GPS world. 9, p.36-46, 4 ill., 4 tab. ISSN 1048-5104.

1591
al-Wadīya a-rāhina li-'l-asġāl ilā ġāyat fātih yanāyir 1984 : al-Ğiyūdīzīya, al-Harā'itīya, at-Tasāmīm al-haradīya, ad-Dabt al-'aqārī al-watanī, at-Tahfīz al-'aqārī, al-Wikāla al-'Aqārīya al Watanīya, as-Suwar al-ğawīya = Situation des travaux au 1er janvier 1984 : géodésie, cartographie, plans de villes, cadastre national, immatriculation foncière, agence foncière nationale, couvertures photographiques. Ed.: al-Mamlaka al-Maÿçgribīya. Royaume du Maroc, Ministère de l'Agriculture et de la Reforme Agraire, Direction de la Conservation Foncière et des Travaux Topographiques. – Rabat: al-Mamlaka al-Maÿçgribīya 1984, [12] Bl. [Frz. and Arab.].

1592
Atkis Rasterdaten : Digitale topographische Daten der Landesvermessung. Ed.: Landesvermessungsamt Mecklenburg-Vorpommern. – Schwerin: Landesvermessungsamt Mecklenburg-Vorpommern 1997, 1 Faltblatt.

1593
Barry, Michael: Official coordinates, lawfully established monuments and South African cadastral surveys. In: Geomatica. 58.2004,4, p.275-285, 6 ill. ISSN 1195-1036.

1594
Basisinformationssystem des Liegenschaftskatasters : ALB automatisiertes Liegenschaftsbuch. Ed.: Landesvermessungsamt Mecklenburg-Vorpommern. – Schwerin: Landesvermessungsamt Mecklenburg-Vorpommern 1998, 1 Faltblatt, 5 ill.

1595
Biró, Péter: A csillagászati geodézia helye a XXI. században. In: Geodézia és kartográfia. 56.2004,2, p.3-11, 5 ill. The role of geodetic astronomy in the 21st century. [Hung. with Engl. rés.].

1596
Blaser, Franz: Aufbau einer Geodateninfrastruktur. In: Vermessung Brandenburg. 9.2004,1, p.3-11, 3 ill. ISSN 1430-7650.

1597
Borza, Tibor: A műholdas helymeghatározás kiegészítő rendszereinek nemzetközi és hazai fejlesztései. In: Geodézia és kartográfia. 56.2004,8, p.37-41, 3 ill. International and Hungarian developments for additional systems of satellite positioning. [Hung. with Engl. rés.].

1598
Bourda, Géraldine; Capitaine, Nicole: Métrologie de la Terre, systèmes de référence : aspects historiques et modernes. In: XYZ : revue de l'Association Française de Topographie. 101.2004,4, p.49-52, 6 ill. ISSN 0290-9057.

1599
Branco, Rui: O mapa de Portugal : estado, território e poder no Portugal de oitocentos. – Lisboa: Livros Horizonte 2003, 198 p., ill., mp. (Colecção Horizonte histórico) The map of Portugal : state, territory and power of Portugal in the nineteenth century. [Port.]. [Teilw. zugl.: Lisboa, Univ., Magisterarbeit, 1999] ISBN 972-241251-5.

1600
Bretterbauer, Kurt; Weber, Robert: A primer of geodesy : for GIS users. Ed.: Institut für Geodäsie und Geophysik <WIen>. – Wien: Institut für Geodäsie und Geophysik <WIen> 2003, 55 p., ill., mp. – 2., rev. and extended ed., ed.: 100 copies. (Geowissenschaftliche Mitteilungen : Schriftenreihe der Studienrichtung Vermessungswesen und Geoinformation, Technische Universität Wien ; 64).

1601
Bruijne, Arnoud de; Kösters, Anton: Nieuwe NAP-publicatie per 1-1-2005 een feit. In: Geo-Info : tijdschrift voor Geo-Informatie Nederland, GIN. 1.2004,10, p.400-405, 9 ill. New NAP-publication on 1-12005 a fact. [Dutch]. ISSN 1572-5464.

1602
Brunner, Hans: Wie Sachsen vermessen wurde : die Meilenblätter und die kursächsische Landesvermessung von 1780 bis 1825 ; eine Geschichte der topographischen Kartographie in Sachsen. Ed.: Hochschule für Technik und Wirtschaft Dresden (FH) / Fachbereich Vermessungswesen, Kartographie. – Dresden: Hochschule für Technik und Wirtschaft Dresden (FH) / Fachbereich Vermessungswesen, Kartographie 2002, 118 p., ill., mp. (Dresdner kartographische Schriften ; 5).

1603
Busics, György: Az ETRS89 és a HD72 rendszerek közötti térbeli hasonlósági transzformáció néhány gyakorlati kérdése. In: Geodézia és kartográfia. 57.2005,1, p.14-19, 5 ill., 1 tab. Some practical questions of the ETRS89-HD72 local 3D transformations. [Hung. with Engl. rés.].

1604
Cartographic activities in Thailand. Ed.: Royal Thai Survey Department. – [Bangkok]: Royal Thai Survey Department 1977, 61 p., ill., mp., 1 suppl.

1605
Csapó, Géza: A magyarországi gravimetriai alaphálózat jelenlegi helyzete és a fejlesztés jövőbeli kilátásai. In: Geodézia és kartográfia. 56.2004,8, p.8-11 The present condition of the Hungarian Gravity Network and the prospects of future development. [Hung. with Engl. rés.].

1606
Danson, Edwin: Drawing the line : how Mason and Dixon surveyed the most famous border in America. Ed.: John Wiley and Sons. – New York: John Wiley and Sons 2001, VIII, 232 p., ill., mp.

1607
De landmeter Jan Pietersz : Dou en de Hollandse Cirkel. By: Pouls, H. C. – Delft: 2004, IV, 98 p., ill., mp. (Nederlandse Commissie voor Geodesie : NCG = Netherlands Geodetic Commission ; 41) The land-surveyor Jan Pietersz : Dou and the Holland Circle. [Dutch].

1608
Deumlich, Fritz: Der Föderale Dienst für Geodäsie und Kartographie Russland in den Jahren 1996 bis 2003. In: Allgemeine Vermessungs-Nachrichten : AVN ; Zeitschrift für alle Bereiche des Vermessungswesens. 111.2004,3, p.115-116. ISSN 0002-5968.

1609
Deumlich, Fritz: Der Föderale Dienst für Geodäsie und Kartographie Russlands in den Jahren 1996-2003. In: Allgemeine Vermessungs-Nachrichten : AVN ; Zeitschrift für alle Bereiche des Vermessungswesens. 111.2004,1, p.38-39. ISSN 0002-5968.

1610
Deumlich, Fritz: Zur Tätigkeit des Föderalen Dienstes für Geodäsie und Kartographie Russlands in den Jahren 1996 bis 2003. In: Allgemeine Vermessungs-Nachrichten : AVN ; Zeitschrift für alle Bereiche des Vermessungswesens. 111.2004,5, p.194. ISSN 0002-5968.

1611
Didinger, Otmar: Technische Aspekte und Hintergründe zur Übermittlung der Geobasisinformationen der Vermessungs- und Katasterverwaltung an die Kommunen in Rheinland-Pfalz. In: Nachrichtenblatt der Vermessungs- und Katasterverwaltung Rheinland-Pfalz. 46.2003,2, p.89-93. ISSN 0939-2378.

1612
Dreßler, Uwe: Sicherungskonzept im Liegenschaftskataster. In: Vermessung Brandenburg. 9.2004,1, p.45-56, 3 ill., 2 tab. ISSN 1430-7650.

1613
Dütschler, Peter ; Bigler, Mathias: Kataster 2014. In: Geomatik Schweiz : Geoinformation und Landmanagement. 102.2004,7, p.416-419, 5 ill. ISSN 0252-9424; 1660-4458.

1614
Ekman, Martin: Latitud, longitud, höjd och djup : referenssystem och kartprojektioner inom geodesi, Hydrografi och navigation. Ed.: Kartografiska Sällskapet. – [Gävle]: Kartografiska Sällskapet 2002, 138 p., ill., mp. (Skrifter / Kartografiska Sällskapet ; 17) Latitude, longitude, height and depth : reference-system and map projections in geodesy, hydrography and navigation. [Swed.]. ISBN 91-631-3170-6.

1615
Espelund, Trond Eilev: Termer for geodetisk informasjon. In: Kart og plan : vitenskapelig tidsskrift. 97.2004,4, p.241-247, 5 tab. Terms for geographic information. [Norw. with Engl. rés.]. ISSN 0047-3278.

1616
European Vertical Reference Network (EUVN) : final documentation ; Vol. 1. International Association of Geodesy, Section I – Positioning, Commission X – Global and Regional Geodetic Networks. Ed. by Johannes Ihde ... 2002, 81 p., ill., mp. (Mitteilungen des Bundesamtes für Kartographie und Geodäsie ; 25).

1617
European Vertical Reference Network (EUVN) : final documentation ; Vol. 2. International Association of Geodesy, Section I – Positioning, Commission X – Global and Regional Geodetic Networks. Ed. by Johannes Ihde ... 2002, 235 p., ill., mp.

1618
Favier, Bernard: Pierre Guillaume Martel. Ed.: Association du Musée d'Histoire des Sciences. – Genève: Association du Musée d'Histoire des Sciences 2001, 20 p., 27 ill.

1619
Festschrift 75 Jahre BEV = Willkommen im BEV. Ed.: Bundesamt für Eich- und Vermessungswesen. – Wien: Bundesamt für Eich- und Vermessungswesen 1999, 180 p., ill., mp.

1620
Fischer, Hanspeter: Der Organisator der Landesvermessung : Erinnerung Franz Jakob von Mittnacht und sein Wirken. In: Beiträge zur Landeskunde. 3.1982, p.11-16, 6 ill. ISSN 0408-8492.

1621
Fischer, Hanspeter: Die Württembergische Landesvermessung (1818-1840) und ihre Spuren in Oberschwaben. In: Im Oberland : Kultur, Geschichte, Natur; Beiträge aus Oberschwaben und dem Allgäu. 2001; 1, p.45-49, 5 ill. ISSN 0939-8864.

1622
Fischer, Hanspeter: "Ex geometria practica" : Ausbildung und Prüfung von Feldmessern in Vorderösterreich. In: Beiträge zur Landeskunde. 5.1986, p.6-11, 7 ill. ISSN 0408-8492.

1623
Fischer, Hanspeter: "...genaue Kenntnis von einem schönen und großen Land zu geben" : die Dreiecksmessungen des Geodäten César François Cassini de Thury in Süddeutschland und Österreich in den Jahren 1761 und 1762. In: Beiträge zur Landeskunde. 3.1991, p.9-15, 8 ill., 1 portr. ISSN 0408-8492.

1624
Geobasisdaten der Landesvermessung : Lage-, Höhen- und Schwerebezugssysteme. Ed.: Landesvermessungsamt Mecklenburg-Vorpommern. – Schwerin: Landesvermessungsamt Mecklenburg-Vorpommern 1998, 1 Faltblatt.

1625
Geodetic measurements at the Pasmajärvi and Nuottavaara faults. Mikko Takalo...Ed. by Heli Suurmäki. – Kirkkonummi: 2004, 44 p., ill., mp. (Suomen Geodeettisen Laitoksen tiedonanoja ; 2004,1).

1626
Gilman, Carolyn: Depictions of the land. In: Lewis and Clark : across the divide ; [the companion volume to "Lewis and Clark: the National Bicentennial Exhibition", organized and circulated by the Missouri Historical Society ; exhibition dates Missouri History Museum, St. Louis, January-August, 2004; Academy of Natural Sciences of Philadelphia, Philadelphia, November 2004-March 2005 ; Denver Museum of Nature and Science, Denver, May-September 2005 ; Oregon History Center, Portland, November 2005-March 2006 ; National Museum of Natural History, Smithsonian Institution, May-September 2006]. By Carolin Gilman, with an introduction by James P. Ronda. – Washington [u.a.]: 2003., p.135-163, 34 ill.

1627
Greve, Dieter: Die Direktorialvermessung : Grundlage der Wiebekinschen und der Schmettauschen Mecklenburgkarte. In: Stier und Greif : Blätter zur Kultur- und Landesgeschichte in Mecklenburg-Vorpommern. 9.1999, p.22-29, 3 mp.

1628
Grünreich, Dietmar: Europäische Geodateninfrastruktur – Bedarf, Konzeption und Realisierung. In: GeoInformationsSysteme : Grundlagen – Nutzungen – Entwicklungen ; Geoforum 2004 ; Beiträge der gemeinsam von der Fachrichtung Geodäsie und Geoinformatik, Universität Hannover, der Akademie der Geowissenschaften zu Hannover und dem Deutschen Verein für Vermessungswesen, Bezirksgruppe Hannover-Hildesheim organisierten Veranstaltung im Leibnizhaus Hannover, 8. Juni 2004. – Hannover: 2004., p.25-29, 3 ill. (Wissenschaftliche Arbeiten der Fachrichtung Geodäsie und Geoinformatik der Universität Hannover ; 252).

1629
Grünreich, Dietmar: Europäische Geodateninfrastruktur – Bedarf, Konzeption und Realisierung. In: Geoinformationssysteme (GIS) ; Grundlagen – Anwendungen – Entwicklungen. Ed.: Quade, Horst. – Hannover: 2001., p.24-29, 3 ill. (Veröffentlichungen / Akademie der Geowissenschaften zu Hannover ; 24).

1630
Günther, Gerhard: Das französische Kataster. In: NÖV : Nachrichten aus dem öffentlichen Vermessungsdienst Nordrhein-Westfalen. 37.2004,1, p.33-42, 4 ill.

1631
Guidelines for the use of GPS in surveying and mapping. – Coventry: RICS Books 2003, 99 p., ill. (RICS guidance note). [Includes bibliographical references; Richtlinie].

1632
Gulikers, Iris: De 17E-eeuwse landmeter in de klas. In: Euclides : maandblad voor de didactiek van de wiskunde. 77.2002,8, p.338-343, 8 ill. The 17th century land surveyor in the class. [Dutch]. ISSN 0165-0394.

1633
Harsson, Bjørn Geirr: Om den nye standarden Koordinatbasert referansesystem (KRS). In: Kart og plan : vitenskapelig tidsskrift. 97.2004,1, p.57-60, 1 ill. About the new Norwegian standard, which is related to the ISO19111 Geographic information : spatial referencing by coordinates. [Norw. with Engl. rés.]. ISSN 0047-3278.

1634
Hartmann, Bernd: Zur neuen Landesverordnung über die Ausbildung und Prüfung für den mittleren vermessungstechnischen und den mittleren kartographischen Dienst. In: Nachrichtenblatt der Vermessungs- und Katasterverwaltung Rheinland-Pfalz. 46.2003,2, p.94-99, 1 ill. ISSN 0939-2378.

1635
Heckmann, Bernhard: Das Projekt ALKIS im Hinblick auf das AdV-Konzept AFIS-ALKIS-ATKIS. In: Mitteilungen / Deutscher Verein für Vermessungswesen, Landesverein Hessen e.V. ; Landesverein Thüringen. 2004,1, p.9-13. ISSN 0949-7900; 0949-7900; 0173-6280.

1636
Hodson, Yolande; Gordon, Alan: An illustrated history of 250 years of military survey : celebrating 250 years of geographic support to defence ; [1747-1997]. Ed.: Military Survey Defence Agency. – London: Military Survey Defence Agency 1997, 40 p., ill., mp.

1637
Hollemann, Iman; Roskam, Aris: Een land nog niet in kaart gebracht. In: Geo-Info : tijdschrift voor Geo-Informatie Nederland, GIN. 1.2004,2, p.80-84, 3 ill. A land not yet mapped. [Dutch]. ISSN 1572-5464.

1638
Hycner, Ryszard; Kulpe, Hans-Rainer; Przewięźlikowska: Vergleichende Analyse der Liegenschaftskataster- und Grundbuchsysteme in der Bundesrepublik Deutschland und Polen. In: Allgemeine Vermessungs-Nachrichten : AVN ; Zeitschrift für alle Bereiche des Vermessungswesens. 111.2004,4, p.128-134, 4 tab. ISSN 0002-5968.

1639
Ingwersen, Maik: Zur Realisierung des Projekts FALKE in der Landeshauptstadt Potsdam. In: Vermessung Brandenburg. 8.2003,2, p.33-43, 3 ill. ISSN 1430-7650.

1640
Jansa, Josef; Augustin, Lukas: Ein Vorschlag für die Homogenisierung des österreichischen Festpunktnetzes. In: Österreichische Zeitschrift für Vermessung und Geoinformation. 92.2004,2, p.59-67, 10 ill., 1 tab. ISSN 0029-9650.

1641
Johnson, Aylmer: Plane and geodetic surveying . the management of control networks. – London [u.a.]: Spon Press 2004, X, 190 p., ill. [Includes bibliographical references and index] ISBN 0-415-32003-8.

1642
Kinneen, R. W.; Featherstone, Will E.: An empirical comparison of coordinate transformations from the Australian geodetic datum (AGD66 and AGD84) to the geocentic datum of Australia (GDA94). In: Journal of spatial science. 2.2004, p.1-30, 15 tab., 19 ill.

1643
Knobloch, Eberhard: Zur hellenistischen Methode der Bestimung des Erdumfangs und zur Asienkarte des Klaudios Ptolemaios. In: ZfV : Zeitschrift für Geodäsie, Geoinformation und Landmanagement. 128.2003,3, p.211-217, 2 ill., 4 tab. ISSN 1618-8950.

1644
Köpper, Barbara: ALKIS : das Modell der Zukunft. In: Mitteilungen / Deutscher Verein für Vermessungswesen, Landesverein Hessen e.V. ; Landesverein Thüringen., p.36-50, 40 ill. ISSN 0949-7900; 0949-7900; 0173-6280.

1645
Kophstahl, Erwin: Erhebung, Nutzung und Vermarktung amtlicher Geobasisdaten. In: GeoInformationsSysteme : Grundlagen – Nutzungen – Entwicklungen ; Geoforum 2004 ; Beiträge der gemeinsam von der Fachrichtung Geodäsie und Geoinformatik, Universität Hannover, der Akademie der Geowissenschaften zu Hannover und dem Deutschen Verein für Vermessungswesen, Bezirksgruppe Hannover-Hildesheim organisierten Veranstaltung im Leibnizhaus Hannover, 8. Juni 2004. – Hannover: 2004., p.31-32, 2 ill. (Wissenschaftliche Arbeiten der Fachrichtung Geodäsie und Geoinformatik der Universität Hannover ; 252).

1646
Kophstahl, Erwin: Erhebung, Nutzung und Vermarktung amtlicher Geobasisdaten. In: Geoinformationssysteme (GIS) ; Grundlagen – Anwendungen – Entwicklungen. Ed.: Quade, Horst. – Hannover: 2001., p.30-32, 2 ill. (Veröffentlichungen / Akademie der Geowissenschaften zu Hannover ; 24).

1647
Kretschmer, Ingrid: Der Ortler : frühe Lage- und Höhenangaben durch österreichische Aufnahmen. In: Mitteilungen der Österreichischen Geographischen Gesellschaft : MÖGG ; Jahresband. 146.2004, p.323-344, 4 ill., 1 tab. ISSN 0029-9138.

1648
Kühnel, Karsten: Die Landesvermessung und das amtliche Kartenwerk des Herzogtums Sachsen-Meiningen. In: Zeitschrift des Vereins für Thüringische Geschichte. 54.2000, p.251-267. ISSN 0943-9846.

1649
Landesvermessungsamt Mecklenburg-Vorpommern : Aufgaben und Organisation. Ed.: Landesvermessungsamt Mecklenburg-Vorpommern. – Schwerin: Landesvermessungsamt Mecklenburg-Vorpommern 1996, 1 Faltblatt, 9 ill.

1650
Lantmäteri i Norrbotten : en skrift om lantmäteri i Norbotten utgiven med anledning av Norrbottens Läns Lantmäteriförenings 120-årsjubileum. Ed.: Norrbottens Läns Lantmäteriförening. Red. och författare: Georg Palmgren. – Luleå: Norrbottens Läns Lantmäteriförening 1996, 376 p., ill., mp. Surveying in Norrbotten : a paper about surveying in Norrbotten edited because of the 120th anniversary of the Norrbottens Surveying Association (Norrbottens Läns Lantmäteriförenings). [Swed.].

1651
Lefort, Jean: L'aventure cartographique. Ed.: Belin [u.a.]. – Paris: Belin [u.a.] 2004, 319 p., ill., mp.

1652
Leick, Alfred: GPS satellite surveying. – Hoboken, NJ: John Wiley and Sons 2004, XXIV, 435 p. [3.ed.; Includes bibliographical references and index] ISBN 0-471-05930-7.

1653
Lewis, Michael Jonathan Taunton: Surveying instruments of Greece and Rome. Ed.: Cambridge Univ. Press. – Cambridge: Cambridge Univ. Press 2001, XX, 389 p., ill. [Includes bibliographical references (p.355-368)].

1654
Lilje, Mikael: Nytt nationellt höjdsystem. In: Nya lantmätaren. 2004,1, p.16-17, 1 ill. A new national height system. [Swed.].

1655
McCormac, Jack C.: Surveying. Ed.: John Wiley and Sons. – Hoboken, NJ: John Wiley and Sons 2004, XVI, 457 p., ill. + 1 CD-ROM.

1656
McHugo, M. Barbara: Topographical survey and mapping of British Antarctic Territory, South Georgia and the South Sandwich Islands, 1944-1986. Ed.: British Antarctic Survey. – Cambridge: British Antarctic Survey 2004, IX, 83 p., [8] Bl., ill., 5 (folded) mp. – Limited ed. of 250 copies. ISBN 1-85531-222-0.

1657
Million, Claude: Organisation du calcul d'un vecteur GPS exprimé en coordonnées cartésiennes trirectangulaires géocentriques. In: XYZ : revue de l'Association Française de Topographie. 87.2001,2, p.56-59, 5 ill. ISSN 0290-9057.

1658
Mogyorósi, Péter: A jelenkori függőleges felszínmozgások vizsgálata és modellezése a Dunántúl déli részén. In: Geodézia és kartográfia. 56.2004,1, p.12-19, 8 ill., 6 tab. Analysis and modelling of recent vertical movements in South Transdanubia. [Hung. with Engl. rés.].

1659
Molnár, Gábor; Timár, Gábor: A legjobb vízszintes illeszkedést biztosító Molodensky-paraméterek meghatározása azonos pontok adatai alapján. In: Geodézia és kartográfia. 56.2004,4, p.9-13 Determination of the parameters of the abridged Molodensky formulae providing the best horizontal fit. [Hung. with Engl. rés.].

1660
Müller, Jürgen: Geodätische Bezugssysteme für Geobasisdaten. In: GeoInformationsSysteme : Grundlagen – Nutzungen – Entwicklungen ; Geoforum 2004 ; Beiträge der gemeinsam von der Fachrichtung Geodäsie und Geoinformatik, Universität Hannover, der Akademie der Geowissenschaften zu Hannover und dem Deutschen Verein für Vermessungswesen, Bezirksgruppe Hannover-Hildesheim organisierten Veranstaltung im Leibnizhaus Hannover, 8. Juni 2004. – Hannover: 2004., p.9-13, 7 ill. (Wissenschaftliche Arbeiten der Fachrichtung Geodäsie und Geoinformatik der Universität Hannover ; 252).

1661
Müller, Jürgen: Geodätische Bezugssysteme für Geobasisdaten. In: Geoinformationssysteme (GIS) ; Grundlagen – Anwendungen – Entwicklungen. Ed.: Quade, Horst. – Hannover: 2001., p.6-11, 7 ill. (Veröffentlichungen / Akademie der Geowissenschaften zu Hannover ; 24).

1662
Nickel, Herbert J.: Landvermessung und Hacienda-Karten in Mexiko : [vom Ende der Kolonialzeit bis zur Revolution]. Ed.: Universität Bayreuth, Fachgruppe Geowissenschaften. – Bayreuth: Universität Bayreuth, Fachgruppe Geowissenschaften 2000, 196 p., ill., mp. (Forschungsmaterialien / Universität Bayreuth, Fachgruppe Geowissenschaften).

1663
Olsson, Anders: Nya referenssystem på gång i kommunerna. In: Nya lantmätaren. 2004,7, p.18-19, 2 ill. A new reference system at work in the districts. [Swed.].

1664
Orientierung auf der Erde mit Hilfe der Himmelskunde in vorgeschichtlicher Zeit : Referate der öffentlichen Vortragsveranstaltung in Bad Laer, Herbst 2003. Ed.: Ur-Europa, Gemeinnützige Gesellschaft für Prähistorische Geschichte, Kultur und Religion. Schriftleitung Paul A. Rohkst. – [Tornesch]: Ur-Europa, Gemeinnützige Gesellschaft für Prähistorische Geschichte, Kultur und Religion 2004, 134 p., ill., mp. (Ur-Europa-Jahrbuch ; 2152252-2).

1665
Pallamary, Michael J.: Lay of the Land : the history of land surveying in San Diego County. – [Bloomington, Ind.]: 1st Books Library 2003, XX, 384 p., ill., mp. ISBN 1-410-70284-7.

1666
Pearson, Brooks C.: Civil War topographical engineering in the Shenandoah. In: Cartographic perspectives : journal of the North American Cartographic Information Society. 49.2004, p.40-63, 8 ill., 1 tab. ISSN 1048-9053.

1667
Pfahlbusch, René: "Kartenverfälschung" in Deutschland?!. In: Kartographische Nachrichten : KN ; Fachzeitschrift für Geoinformation und Visualisierung ; Organ der Deutschen Gesellschaft für Kartographie e.V., der Schweizerischen Gesellschaft für Kartographie und der Österreichischen Kartographischen Kommission in der Österreichischen Geographischen Gesellschaft. 54.2004,5, p.218-224, 3 ill. ISSN 0022-9164.

1668
Pfeifer, Norbert: 3D terrain models on the basis of a triangulation. – Wien: 2002, XI, 127 p., ill. (Geowissenschaftliche Mitteilungen : Schriftenreihe der Studienrichtung Vermessungswesen und Geoinformation, Technische Universität Wien ; 65).

1669
Pike, Dag: Der Sextant : Technik und Handhabung. – Bielefeld: Delius Klasing 2004, 93 p., ill. ISBN 3-7688-1559-5.

1670
Report on the Symposium of the IAG Subcommission for Europe (EUREF) ; held in Toledo, 4-7 June 2003. Ed.: Agria Torres, João; Hornik, Helmut. – Frankfurt a. M.: Verlag des Bundesamtes für Kartographie und Geodäsie 2004, 451 p., ill., mp. (Mitteilungen des Bundesamtes für Kartographie und Geodäsie ; 33).

1671
Roetzel, Bernd: Flächenhafte Ausgleichung von Katastervermessungen mit KAFKA. In: NÖV : Nachrichten aus dem öffentlichen Vermessungsdienst Nordrhein-Westfalen. 37.2004,1, p.3-23, 25 ill.

1672
Roos, Henrik: "Värdeområdes indelning är grundbulten". In: Nya lantmätaren. 2003,1, p.20-21, 1 ill. Value range organisation is a basic tool. [Swed.].

1673
Rose-Redwood, Reuben Skye: The surveyor's model of the world : the uses and abuses of history in introductory surveying textbooks. In: Cartographica. 39.2004,4, p.45-54. ISSN 0340-0654; 0317-7173.

1674
Sbornik dokumentov o licenzirovanii dejatel'nosti v oblasti geodezii i kartografii. Ed.: Federal'naja Služba Geodezii i Kartografii Rossii. – Moskva: Kartgeocentr 2002, 19 p. [In kyrill. Schr.] ISBN 5-86066-058-8.

1675
Schroeder, Günter: Langenscheidt Praxiswörterbuch Tourismus : Freizeit, Reisen, Touristik, Verkehr ; Deutsch-Englisch ; Englisch-Deutsch. Ed.: Langenscheidt. – München: Langenscheidt 2004, 158 p., ill.

1676
Schütze, Bettina; Engler, Andreas; Weber, Harald: Lehrbuch Vermessung – Fachwissen. Ed.: Schütze-Engler-Weber-Verl. – Dresden: Schütze-Engler-Weber-Verl. 2004, 418 p., ill., mp.

1677
Sickle, Jan van: Basic GIS coordinates. – Boca Raton, Fla. [u.a.]: CRC Press 2004, 173 p., ill., mp. ISBN 0-415-30216-1.

1678
Späth, Helmut: Zur numerischen Berechnung der ebenen Helmert-Trans-formation bei unterschiedlichen Maßstabsfaktoren. In: Allgemeine Vermessungs-Nachrichten : AVN ; Zeitschrift für alle Bereiche des Vermessungswesens. 111.2004,7, p.270-272. ISSN 0002-5968.

1679
Steiner, Thaddäus: Die Grenzkarte des Daniel Beich von 1672. In: Alt-Füssen. 2003, p.97-101.

1680
Szabolcs, Mihály: A Földmérési és Távérzékelési Intézet K+F tevékenysége és eredményei, mint a magyar téradat-infrastruktúra része. In: Geodézia és kartográfia. 56.2004,8, p.33-36, 26 ill., 2 tab. FÖMI's R&D activity, as a part of the Hungarian NSDI and its results in mapping and remote sensing. [Hung.with Engl. rés.].

1681
Thailand : report on cartographic activities of the Royal Survey Department presented at the second United Nation regional conference for Asia and the Far East, Tokyo, 1958. Ed.: Royal Thai Survey Department. – [Bangkok]: Royal Thai Survey Department 1958, 5 p., 5 Faltbl., mp.

1682
The geographic labourers of Arewa : remembering the Northern Nigerian Survey ; recollections of land surveying, mapping and related activities in the pre and post independence Northern Nigeria, concentrating on the work of the Survey Department of Northern Nigeria (Northern Nigeria Survey) during the 1950s and 1960s. Ed.: Malcolm, Anderson. – Milton Keynes: Selbstverlag 2004, getr. Zählung, ill., mp. ISBN 1-87131-584-0.

1683
Timár, Gábor; Lévai, Pál; Molnár, Gábor; Varga, József: A második világháború német katonai térképeinek koordinátarendszere. In: Geodézia és kartográfia. 56.2004,6, p.28-35 GIS integration of the German Army Grid (DHG) and its geodetic datums. [Hung. with Engl. rés.].

1684
Timár, Gábor; Molnár, Gábor; Păunescu, Cornel; Pendea, Florin: A második és harmadik katonai felmérés erdélyi szelvényeinek vetületi- és dátumparaméterei. In: Geodézia és kartográfia. 56.2004,5, p.12-16, 1 ill., 1 tab. Projection and datum parameters of the Transsylvanian sheets of the second and third military surveys. [Hung. with Engl. rés.].

1685
Tobias Mayer – Pionier der Positionsbestimmung, Wegbereiter der modernen Navigationssysteme : Katalog zur gleichnamigen Ausstellung in Marbach 26.4.95-19.5.95 ; [eine Ausstellung des Tobias-Mayer-Museum-Vereins]. Ed.: Tobias-Mayer-Museum e.V. Konzeption Erhard Anthes ... Katalogtexte: Erwin Roth ... – Marbach am Neckar: Tobias-Mayer-Museum e.V. 1995, 108 p., ill. (Schriftenreihe des Tobias-Mayer-Museum).

1686
Torke, Horst: Matthias Öder in der Sächsischen Schweiz : Öders Landschaft am Ende des 16. Jahrhunderts. Ed.: Stadtmuseum <Pirna>. – Pirna: Stadtmuseum <Pirna> 2004, 112 p., ill., mp. (Schriftenreihe des Stadtmuseums Pirna : geschichtl. u. heimatkundl. Beiträge aus Pirna u. Umgebung ; 12).

1687
Van de Romeinse agrimensores tot de 16de eeuwse landmeters : catalogus van de Tentoonstelling Ingericht ter Gelegenheid van het 125 Jaar Bestaan van de Unie van de Landmeters-Experten van Brussel in de Nassaukapel van de Koninglijke Bibliotheek van België. Ed.: Société Royale de Géomètres -Experts-Immobliers (ULEB). Introduction, notes and comments by Gérard Chouquer. – Brussel: Société Royale de Géomètres -Experts-Immobliers (ULEB) 2001, 192 p., ill., mp. From the Roman agrimeter to 16th century land-surveyor : catalogue of the exposition on the occasion of the 125th birthday of the Union of experts of land-surveying of Brussel at the Nassaukapel of the Royal Library of Belgium. ISBN 90-6637-114-5.

1688
Verordnung des Innenministeriums zur Durchführung des Vermessungsgesetzes (DVOVermG) : in der Fassung vom 12. April 1988 (GBl S. 145). 1988, [4] p.

1689
Wagner, Berthold; Schliebner, Stefan: Rheinland-Pfalz auf dem Weg zu ALKIS®. In: Nachrichtenblatt der Vermessungs- und Katasterverwaltung Rheinland-Pfalz. 46.2003,3, p.131-147, 18 ill. ISSN 0939-2378.

1690
Wesselink, Dirk: De rol van de Cuneratoren in de landmeetkunde. In: Geo-Info : tijdschrift voor Geo-Informatie Nederland, GIN. 1.2004,1, p.30-37, 15 ill. The role of the Cunera-tower in geodesy. ISSN 1572-5464.

1691
Witek, John W.: The role of Antoine Thomas, SJ, (1644-1709) in determining the terrestrial meridian line in eighteenth-century China. In: The history of the relations between the Low Countries and China in the Qing era (1644-1911). Ed.: Walle, Willy F. Vande; Golvers, Noël. Revised papers from at a conference held in September 1995 sponsored by the Ferdinand Verbiest Foundation. – Leuven: Leuven Univ. Press 2003., p.89-103 (Louvain Chinese studies ; 14).

1692
Xu, Guochang: GPS : theory, algorithms and applications. – Berlin: Axel Springer AG 2003, XIX, 315 p., ill., mp. [Literaturverz. S. [293] – 309] ISBN 3-540-67812-3; 978-3-540-67812-0.

1693
Zimmanyi, Falk: Fast 300 Jahre Vermessungsbehörde in Weimar : ein kurzer historischer Rückblick. In: Mitteilungen / Deutscher Verein für Vermessungswesen, Landesverein Hessen e.V. ; Landesverein Thüringen. 2004,1, p.14-17, 3 ill. ISSN 0949-7900; 0949-7900; 0173-6280.

1694
Zimmermann, Bernhard: Friedrich Paschen und die mecklenburgische Landesvermessung 1853 bis 1873. Ed.: Förderkreis Vermessungstechnisches Museum e.V. – Dortmund: Förderkreis Vermessungstechnisches Museum e.V. 2004, 59 p., ill, mp. (Schriftenreihe des Förderkreises Vermessungstechnisches Museum e.V. ; 33). ISBN 3-00-013448-4.

b. Photogrammetry, Remote Sensing
Photogrammetrie, Fernerkundung
Photogrammétrie, télédétection

1695
Akkermans, M.; Velden, R. van der: DTM-meting van asfalt door helikopterfotogrammetrie. In: Geo-Info : tijdschrift voor Geo-Informatie Nederland, GIN. 1.2004,11, p.452-458, 11 ill. DTM-measuring of asphalt by helicopter photogrammetry. [Dutch]. ISSN 1572-5464.

1696
Arell, Lars: Storebror ser dig. In: Nya lantmätaren. 2004,10, p.14-17, 5 ill. Big Brother is watching you. [Swed.].

1697
Baillarin, Simon; Bernard, Marc: La génération automatique de spatiocartes. In: XYZ : revue de l'Association Française de Topographie. 100.2004,3, p.92-94, 5 ill. ISSN 0290-9057.

1698
Baltsavias, Emmanuel; Zhang, Chunsun: Automated updating of road databases from aerial images. In: International journal of applied earth observation and geoinformation : JAG ; the official quarterly publication of the International Institute for Aerospace Survey and Earth Sciences (ITC). 6.2004,3-4, p.199-213, 12 ill., 1 tab. ISSN 0303-2434.

1699
Barreau, Gérald; Populus, Jacques; Fazilleau, Jacques: Apport de l'altimétrie par laser aéroporté à la cartographie des estrans : expérimentation de l'anse de l'Aiguillon. In: XYZ : revue de l'Association Française de Topographie. 87.2001,2, p.31-36, 18 ill. ISSN 0290-9057.

1700
Bei uns dreht sich alles um die Erde : Unternehmensdarstellung. Ed.: Hansa Luftbild AG. – Münster: Hansa Luftbild AG 2003, 22 p., ill., mp.

1701
Bignone, Frank: Processing of stereo scanner : from stereo plotter to pixel factory. In: Photogrammetric Week '03. Ed.: Fritsch, Dieter. – Heidelberg: Herbert-Wichmann-Verlag., p.141-150, 9 ill.

1702
Boldo, Didier: Fabrication de vraies ortho-images et correction des ombres. In: Bulletin d'information de l'IGN : BI ; recherche ... 74.2003, p.25-36, 12 ill. ISSN 0427-2218.

1703
Braun, Josef: Aspects on true-orthophoto production. In: Photogrammetric Week '03. Ed.: Fritsch, Dieter. – Heidelberg: Herbert-Wichmann-Verlag., p.205-214, 11 ill.

1704
Brenner, Claus: Building reconstruction from images and laser scanning. In: International journal of applied earth observation and geoinformation : JAG ; the official quarterly publication of the International Institute for Aerospace Survey and Earth Sciences (ITC). 6.2004,3-4, p.187-198, 7 ill. ISSN 0303-2434.

1705
Brenner, Claus: Die Stadt in 3 D : dreidimensionale Stadtmodelle aus Laserscanning. In: Virtuelle Welten : wie GIS die Geowissenschaften verändern. Ed.: Universität Hannover; Freundeskreis der Universität Hannover. – Hannover: Universität Hannover; Freundeskreis der Universität Hannover 2003., p.60-63, 9 ill. (Unimagazin Hannover : Zeitschrift der Leibniz-Universität Hannover ; Mitteilungen des Freundeskreises der Universität Hannover ; 2003,3/4).

1706
Bröker, Kareen: Vegetasjonskartlegging av Fennoskandia basert på MODIS-data. In: Kart og plan : vitenskapelig tidsskrift. 97.2004,2, p.104-120, 11 ill., 1 tab. MODIS satellite data as a source for land cover mapping of Fennoskandia. [Norw. with Engl. rés.]. ISSN 0047-3278.

1707
Brügelmann, Regine; Brand, Gert; Oude-Elbering, Sander: Qualitätsverbesserung von Laseraltimetrie Höhenmodellen. In: Photogrammetrie, Fernerkundung, Geoinformation : PFG ; Organ der Deutschen Gesellschaft für Photogrammetrie und Fernerkundung e.V. 2004,4, p.289-296, 6 ill., 3 tab. ISSN 1432-8364.

1708
Carvalho, Luis, M.T. de; Clevers, Jan G.P.W.; Skidmore, Andrew K.; Jong, Steven M. de: Selection of imagery data and classifiers for mapping Brazilian semideciduous Atlantic forests. In: International journal of applied earth observation and geoinformation : JAG ; the official quarterly publication of the International Institute for Aerospace Survey and Earth Sciences (ITC). 5.2004,3, p.173-186, 2 ill., 6 tab. ISSN 0303-2434.

1709
Cassettari, Seppe: Photo mapping of Great Britain : a growing opportunity?. In: The Cartographic Journal. 41.2004,2, p.95-100, 10 ill. ISSN 0008-7041.

1710
Chacón-Moreno, Eulogio J.: Mapping savanna ecosystems of the Llanos del Orinoco using multitemporal NOAA satellite imagery. In: International journal of applied earth observation and geoinformation : JAG ; the official quarterly publication of the International Institute for Aerospace Survey and Earth Sciences (ITC). 5.2004,1, p.41-53, 4 ill., 5 tab. ISSN 0303-2434.

1711
Convergence of imagery, information & maps : XXII INCA international congress, Ahmedabad, October 30 – November 01, 2002. Ed.: Indian National Cartographic Association. [publ. on behalf of INCA by P. K. Srivastava]. – Hyderabad: Indian National Cartographic Association 2003, XIV, 363 p. (Indian cartographer ; 22.2002). [Aufsatzsammlung].

1712
Crosilla, Fabio; Visintini, Domenico; Prearo, Guido: A robust method for filtering non-ground measurements from Airborne Lidar Data. In: GeoBIT : das Magazin für raumbezogene Informationstechnologie. 9=17.2004,12, p.35-41, 8 ill., 3 tab. [Titel des Heftes: Geo-Informationssysteme : GIS (aufgegangen in GeoBit)].

1713
Damoiseaux, Thomas: Untersuchungen zum Einsatz von Flugzeug-InSAR in der Gebirgskartographie. Ed.: Technische Universität Dresden / Institut für Kartographie und Geographie. – Dresden: Technische Universität Dresden / Institut für Kartographie und Geographie 2003, IX, 181 p. (Kartographische Bausteine : KB ; 22). [Elektronische Ressource; Parallel als CD-ROM-Ausg. erschienen].

1714
Dia, Ahmadou: High resolution data fusion for land degradation modelling: an environmental problem-solving in the zone of Sahel. In: GeoBit : Geoinformatik für die Praxis. 9=17.2004,12, p.16-26, 8 ill. [Titel des Heftes: Geo-Informationssysteme : GIS (aufgegangen in GeoBit)] ISSN 1430-3663.

1715
Dietz, Klaus R.: Large format camera images and thematic maps. In: Geomorphologic applications of remote sensing : papers presented at the Post-Conference Symposium S13 "Remote Sensing of the Ecological Environment" (Strasbourg, September 11-13, 1989). Second International Conference on Geomorphology (Frankfurt a.M., 1989). Ed.: Gierloff-Emden, H.-G.; Wilhelm, F. Hrsg. von H.-G. Gierloff-Emden und F. Wilhelm. – München: Geobuch-Verlag 1990., p.27-46, 9 ill., 1 tab. (Münchener geographische Abhandlungen, Reihe A).

1716
Digitale Feldstückskarte Bayern : (FeKa) ; Hinweise zur Flächenerfassung. Ed.: Bayerisches Staatsministerium für Landwirtschaft und Forsten. – München: Bayerisches Staatsministerium für Landwirtschaft und Forsten 2004, 11 p., ill.

1717
Dorffner, Lionel: Erzeugung von qualitativ hochwertigen 3D-Photomodellen für internetbasierte Anwendungen : mit besonderem Augenmerk auf Objekte der Nahbereichsphotogrammetrie. Ed.: Technische Universität Wien / Institut für Photogrammetrie und Fernerkundung. – Wien: Technische Universität Wien / Institut für Photogrammetrie und Fernerkundung 2002, IV, 82 p., ill., mp. (Geowissenschaftliche Mitteilungen : Schriftenreihe der Studienrichtung Vermessungswesen und Geoinformation, Technische Universität Wien ; 61).

1718
Etzelmüller, Bernd; Sulebak, Jan Rasmus: Developments in the use of digital elevation models in periglacial geomorphology and glaciology. In: Entwicklungstendenzen und Zukunftsperspektiven in der Geomorphologie : Publikation zur Jahrestagung der Schweizerischen Geomorphologischen Gesellschaft (SGmG) anlässlich des 180. Jahreskongresses der Schweizerischen Akademie der Naturwissenschaften (SANW). Ed.: Maisch, Max. – Zürich: ., p.35-58, 7 ill., 2 tab.

1719
Forsythe, K. Wayne: Pansharpened landsat 7 imagery for improved urban area classification. In: Geomatica. 58.2004,1, p.23-31, 11 ill, 3 tab. ISSN 1195-1036.

1720
Forsythe, K. Wayne: The 4th international symposium – remote sensing of urban areas : outcomes and future directions. In: Geomatica. 58.2004,1, p.52-54. ISSN 1195-1036.

1721
Gähler, Monika; Janowsky, Ronald; Schiewe, Jochen: Automatisierte Ableitung von Biotoptypen aus räumlich höchstaufgelösten, multispektralen Bild- und Laserscanning-Daten. In: Photogrammetrie, Fernerkundung, Geoinformation : PFG ; Organ der Deutschen Gesellschaft für Photogrammetrie und Fernerkundung e.V. 2004,6, p.475-484, 6 ill. ISSN 1432-8364.

1722
Garlatti, Claudio; Massari, Giancarlo; Potleca, Michele: Moderne tecnologie per la gestione delle emergenze idrogeologiche. In: Bollettino della Associazione Italiana di Cartografia. 41.2004,121/122, p.411-424, 9 ill. Modern technologies for the management of hydrogeologic emergencies. [Ital.]. ISSN 0044-9733.

1723
Garnero, Gabriele; Godone, Danilo; Benazzo, Ernesto; Penon, Angelo; Sesia, Elio; Vazzola, Sara; Ferrarato, Massimiliano: Le ortoimmagini a supporto della pianificazione territoriale : applicazioni al piano di tutela delle acque della regione Piemonte. In: Bollettino della Associazione Italiana di Cartografia. 41.2004,121/122, p.257-267, 2 ill., 12 tab. Orthoimages as a tool for land planning : an application to the region Piemonte's "water conservation plan". [Ital. with Engl. rés.]. ISSN 0044-9733.

1724
Geoinformation – neue Medien für eine neue Disziplin. Ed.: Herbert-Wichmann-Verlag. Hrsg.: Lutz Plümer, Hartmut Asche. – Heidelberg: Herbert-Wichmann-Verlag 2004, X, 180 p., ill., mp. + 2 CD-ROMs.

1725
Geomorphologic applications of remote sensing : papers presented at the Post-Conference Symposium S13 "Remote Sensing of the Ecological Environment" (Strasbourg, September 11-13, 1989). Second International Conference on Geomorphology (Frankfurt a.M., 1989). Ed.: Gierloff-Emden, H.-G.; Wilhelm, F. Hrsg. von H.-G. Gierloff-Emden und F. Wilhelm. – München: Geobuch-Verlag 1990, 66 p., ill., mp. (Münchener geographische Abhandlungen, Reihe A). ISBN 3-925308-64-4.

1726
Gierloff-Emden, Hans-Günter: Remote sensing with the Seasat Altimeter : a new method for exploration of sea floor morphology. In: Geomorphologic applications of remote sensing : papers presented at the Post-Conference Symposium S13 "Remote Sensing of the Ecological Environment" (Strasbourg, September 11-13, 1989). Second International Conference on Geomorphology (Frankfurt a.M., 1989). Ed.: Gierloff-Emden, H.-G.; Wilhelm, F. Hrsg. von H.-G. Gierloff-Emden und F. Wilhelm. – München: Geobuch-Verlag 1990., p.47-66, 13 ill., 5 tab. (Münchener geographische Abhandlungen, Reihe A).

1727
Gillingham, S. S.; Shepherd, J. D.: Evaluation of MODIS for atmospheric correction of landsat ETM+ imagery. In: Journal of spatial science. 2.2004, p.43-56, 11 tab., 9 ill.

1728
Gorte, Ben: Fotogrammetrie voor de documentatie en visualisatie van architectuur. In: Geo-Info : tijdschrift voor Geo-Informatie Nederland, GIN. 1.2004,5, 226-227, 2 ill. Photogrammetry for documentation and visualization of architecture. [Dutch]. ISSN 1572-5464.

1729
Greiwe, Ansgar; Bochow, Mathias; Ehlers, Manfred: Segmentbasierte Fusion geometrisch hoch aufgelöster und hyperspektraler Daten zur Verbesserung der Klassifikationsgüte am Beispiel einer urbanen Szene. In: Photogrammetrie, Fernerkundung, Geoinformation : PFG ; Organ der Deutschen Gesellschaft für Photogrammetrie und Fernerkundung e.V. 2004,6, p.485-494, 7 ill., 3 tab. ISSN 1432-8364.

1730
Guidelines for the use of GPS in surveying and mapping. – Coventry: RICS Books 2003, 99 p., ill. (RICS guidance note). [Includes bibliographical references; Richtlinie].

1731
Haack, Barry N.; Herold, Nathaniel D.: Comparison of sensor fusion methods for land cover delineations. In: GIScience and remote sensing. 41.2004,3, p.267-285, 4 ill., 9 tab. ISSN 1548-1603.

1732
Harrower, Mark: Visualizing change : using cartographic animation to explore remotely-sensed data. In: Cartographic perspectives : journal of the North American Cartographic Information Society. 39.2001, p.30-42, 4 ill., 1 tab. ISSN 1048-9053.

1733
Heipke, Christian: Erfassung und Aktualisierung von Geoinformationen aus Luft-und Satellitenbildern. In: GeoInformationsSysteme : Grundlagen – Nutzungen – Entwicklungen ; Geoforum 2004 ; Beiträge der gemeinsam von der Fachrichtung Geodäsie und Geoinformatik, Universität Hannover, der Akademie der Geowissenschaften zu Hannover und dem Deutschen Verein für Vermessungswesen, Bezirksgruppe Hannover-Hildesheim organisierten Veranstaltung im Leibnizhaus Hannover, 8. Juni 2004. – Hannover: 2004., p.15-23, 7 ill. (Wissenschaftliche Arbeiten der Fachrichtung Geodäsie und Geoinformatik der Universität Hannover ; 252).

1734
Heipke, Christian: Erfassung und Aktualisierung von Geoinformationen aus Luft-und Satellitenbildern. In: Geoinformationssysteme (GIS) ; Grundlagen – Anwendungen – Entwicklungen. Ed.: Quade, Horst. – Hannover: 2001., p.12-23, 7 ill. (Veröffentlichungen / Akademie der Geowissenschaften zu Hannover ; 24).

1735
Heipke, Christian; Gerke, Markus; Liedtke, Claus-Eberhard; Müller, Sönke; Weis, Martin: Der neue Blick von oben : automatische Qualitätssicherung von Geoinformation mit Hilfe von Luftbildern. In: Virtuelle Welten : wie GIS die Geowissenschaften verändern. Ed.: Universität Hannover; Freundeskreis der Universität Hannover. – Hannover: Universität Hannover; Freundeskreis der Universität Hannover 2003., p.12-15, 4 ill. (Unimagazin Hannover : Zeitschrift der Leibniz-Universität Hannover ; Mitteilungen des Freundeskreises der Universität Hannover ; 2003,3/4).

1736
Heipke, Christian; Koch, Andreas: Daten aus dem All : mit SRTM entsteht ein dreidimensionales Abbild der Erde. In: Virtuelle Welten : wie GIS die Geowissenschaften verändern. Ed.: Universität Hannover; Freundeskreis der Universität Hannover. – Hannover: Universität Hannover; Freundeskreis der Universität Hannover 2003., p.8-10, 4 ill. (Unimagazin Hannover : Zeitschrift der Leibniz-Universität Hannover ; Mitteilungen des Freundeskreises der Universität Hannover ; 2003,3/4).

1737
Henry, J.-B.; Grussenmeyer, Pierre; Malet, J.-P.; Maquaire, O.: Génération de MNT par photogrammétrie aérienne de petit format : application au versant instable de Super-Sauze. In: XYZ : revue de l'Association Française de Topographie. 87.2001,2, p.42-50, 5 ill., 2 tab. ISSN 0290-9057.

1738
Hinz, Stefan: Automatische Extraktion urbaner Straßennetze aus Luftbildern. – München: Beck, C.H. [Verlagsbuchhandlung] 2004, 130 p., ill. (Deutsche Geodätische Kommission bei der Bayerischen Akademie der Wissenschaften, Reihe C, Dissertationen ; 580). ISBN 3-7696-5019-0.

1739
Hofstee, Paul; Tariel, Jean: Utilisation des potographies aériennes, des cartes ou plans et d'un SIG lors de la catastrophe d'Enschede (Pays-Bas). In: XYZ : revue de l'Association Française de Topographie. 87.2001,2, p.24-29, 11 ill. ISSN 0290-9057.

1740
Honikel, Marc Wolfgang: Fusion of spaceborne stereo-optical and interferometric SAR Data for digital terrain model generation. Ed.: Institut für Geodäsie und Photogrammetrie <Zürich>. – Zürich: Institut für Geodäsie und Photogrammetrie <Zürich> 2002, IV, 144, 20 p., ill., mp. (Mitteilungen / Institut für Geodäsie und Photogrammetrie an der Eidgenössischen Technischen Hochschule Zürich ; 76). [Zugl.: Zürich, Techn. Hochsch., Diss., 2002, Diss ETH 14636; Zsfassung in engl. und dt. Sprache] ISBN 3-906467-37-6.

1741
Hu, Xiangyun; Tao, C. Vincente: Automatic highway extraction from high resolution imagery by an energy minimizing based perceptual grouping method. In: Geomatica. 58.2004,1, p.41-50, 8 ill. ISSN 1195-1036.

1742
Jacobsen, Karsten: Geometric potential of IKONOS- and Quickbird-images. In: Photogrammetric Week '03. Ed.: Fritsch, Dieter. – Heidelberg: Herbert-Wichmann-Verlag., p.101-110, 9 ill., 1 tab.

1743
Jansen, Louisa J.M.; Di Gregorio, Antonio: Obtaining land-use information from a remotely sensed land cover map : results from a case study in Lebanon. In: International journal of applied earth observation and geoinformation : JAG ; the official quarterly publication of the International Institute for Aerospace Survey and Earth Sciences (ITC). 5.2004,2, p.141-157, 7 ill., 3 tab. ISSN 0303-2434.

1744
Janzen, Sharon: 101 ways to use orthophotos!. In: Bulletin / Association of Canadian Map Libraries and Archives. 119.2004, p.7-10, 8 ill. ISSN 0840-9331.

1745
Jarošenko, Aleksej Ju.; Potapov, Peter V.; Turubanova, Svetlana A.: The last intact forest landscapes of northern European Russia : mapping of intact forest landscapes in northern European Russia using high-resolution satellite images ; methods and results = Malonarušennye lesnye territorii Evropejskogo Severa Rossii. Ed.: Greenpeace Russia. – Moskva: Greenpeace Russia 2001, 74 p., ill., mp. ISBN 5-944420-02-2.

1746
Jest, Corneille: Bodhnāth : eine Luftbildinterpretation ; Analyse der Entwicklung einer nepalesischen Siedlung anhand der Dokumentation von Erwin Schneider. In: Arbeiten aus Nepal : Erwin Schneider zum Gedächtnis. – Innsbruck: Universitätsverlag Wagner 2004., p.119-126, 5 ill. (Hochgebirgsforschung ; 9).

1747
Joinville, Olivier de; Saur, Sébastien; Bretar, Frédéric: Le levé laser aéroporté : techniques, applications et recherche. In: Bulletin d'information de l'IGN : BI ; recherche ... 74.2003, p.37-52, 20 ill., 1 tab. ISSN 0427-2218.

1748
Kacarski, Ivan: Digitalnata Fotogrametrija i s„stojanieto j v B„lgarija. In: Geodezija, kartografija, zemeustrojstvo. 3-4, p.11-17, 3 ill. On photogrammetry in general and digital photogrammetry in particular. [Bulg. with Engl. rés.].

1749
Kachouie, Nezamoddin N.; Li, Jonathan; Alirezaie, Javad: A hybrid texture segmentation method for mapping urban land use. In: Geomatica. 58.2004,1, p.9-21, 7 tab. ISSN 1195-1036.

1750
Karimi, Hassan A.; Grejner-Brzezinska, Dorota A.: GQMAP : Improving performance and productivity of mobile mapping systems through GPS quality of service. In: Cartography and geographic information science : an official journal of ACSM devoted to the advancement of cartography in all its aspects. 31.2004,3, p.167-177, 9 ill., 5 tab. ISSN 1523-0406.

1751
Kleinschmidt, Birgit; Kenneweg, Hartmut: Auf den Spuren von Strukturen im Wald : "unbestechlich objektiv". In: GeoBit : Geoinformatik für die Praxis. 9.2004,1/2, p.20-22, 4 ill. ISSN 1430-3663.

1752
Kneubühler, Mathias; Eckert, Sandra: Landnutzungsklassifikation und Schätung von Vegetationsparametern in der Schweiz mittels EO-1 HYPERION-Daten. In: Geomatik Schweiz : Geoinformation und Landmanagement. 102.2004,9, p.564-567, 3 ill. ISSN 0252-9424; 1660-4458.

1753
Konecny, Gottfried: A fotogrammetria szerepe a nemzetközi fotogrammetriai közösségben. In: Geodézia és kartográfia. 56.2004,2, p.31-33 The Role of Photogrammetry in the International Photogrammetric Community. [Hung.].

1754
Kostka, Robert: Zur Methodik der photogrammetrischen Arbeiten Erwin Schneiders. In: Arbeiten aus Nepal : Erwin Schneider zum Gedächtnis. – Innsbruck: Universitätsverlag Wagner 2004., p.41-65, 14 ill., 2 tabl. (Hochgebirgsforschung ; 9).

1755
Kramer, Henk; Knoll, Wim: Historische Geodata : een nieuwe dimensie!. In: Geo-Info : tijdschrift voor Geo-Informatie Nederland, GIN. 1.2004,6, p.244-251, 9 ill., 4 tab. Historical geodata : a new dimension!. ISSN 1572-5464.

1756
Kraus, Karl ; Dorninger, Peter: Das Laserscanning : eine neue Datenquelle zur Erfassung der Topographie. In: Aspekte der Kartographie im Wandel der Zeit : Festschrift für Ingrid Kretschmer zum 65. Geburtstag und anlässlich ihres Übertritts in den Ruhestand. Ed.: Kainz, Wolfgang. Hrsg. von Wolfgang Kainz. – Wien: Geographisches Institut <Wien, Universität> / Arbeitsbereich für Geographie und Kartographie 2004., p.312-318, 10 ill. (Wiener Schriften zur Geographie und Kartographie ; 16).

1757
Kraus, Karl: LaserScanDTMs for modeling flood risk areas. In: Photogrammetric Week '03. Ed.: Fritsch, Dieter. – Heidelberg: Herbert-Wichmann-Verlag., p.241-251, 10 ill.

1758
Kühn, Friedrich and others: InSAR-based land subsidence map for Bangkok, Thailand. In: Zeitschrift für angewandte Geologie. 1; 50.2004,1, p.74-81, 8 ill., 1 tab.

1759
Kugler, Szófia; Ládai, András Dénes; Barsi, Arpád: Digitális magasságmodellek összehasonlítása városi környezetben. In: Geodézia és kartográfia. 56.2004,10, p.10-15, 7 ill. Comparison of digital terrain models in urban area. [Hung. with Engl. rés.].

1760
Kulturlandschaftsgliederung Österreich : Endbericht des gleichnamigen Forschungprojektes. Ed.: Österreich / Bundesministerium für Bildung, Wissenschaft und Kultur. – Wien: Österreich / Bundesministerium für Bildung, Wissenschaft und Kultur 2002, 1 CD-ROM. (Forschungsprogramm Kulturlandschaft ; 13). ISBN 3-85224-109-X.

1761
Lillesand, Thomas M.; Kiefer, Ralph W.; Chipman, Jonathan W.: Remote sensing and image interpretation. Ed.: John Wiley and Sons. – Hoboken, NJ: John Wiley and Sons 2004, XIV, 763 p. [5. ed.].

1762
Linde, Lothar; Kirstein, Werner: Vergleich unterschiedlicher Klassifikationsansätze am Beispiel von hoch auflösenden Satellitenbilddaten im Raum Leipzig. In: Photogrammetrie, Fernerkundung, Geoinformation : PFG ; Organ der Deutschen Gesellschaft für Photogrammetrie und Fernerkundung e.V. 2004,6, p.519-526, 3 ill. ISSN 1432-8364.

1763
Lohmann, Peter; Jacobsen, Karsten: Filterung segmentierter Oberflächenmodelle aus Laserscannerdaten. In: Photogrammetrie, Fernerkundung, Geoinformation : PFG ; Organ der Deutschen Gesellschaft für Photogrammetrie und Fernerkundung e.V. 2004,4, p.279-287, 14 ill., 1 tab. ISSN 1432-8364.

1764
Lohr, Uwe: Precise LIDAR DEM and true ortho photos. In: Photogrammetric Week '03. Ed.: Fritsch, Dieter. – Heidelberg: Herbert-Wichmann-Verlag., p.111-115, 3 ill., 3 tab.

1765
Lunetta, Ross S.; Lyon, John G.: Remote sensing and GIS accuracy assessment : [symposium sponsored by the U.S. Environmental Protection Agency (EPA) on "Remote Sensing and GIS Accuracy Assessmen" on December 11 – 13, 2001, in Las Vegas, Nevada]. – Boca Raton: CRC Press 2004, 304 p., 8 p. of plates, ill., mp. [Literaturangaben] ISBN 1-566-70443-X.

1766
Maas, Hans-Gerd: Planimetric and height accuracy of airborne laserscanner data : user requirements and system performance. In: Photogrammetric Week '03. Ed.: Fritsch, Dieter. – Heidelberg: Herbert-Wichmann-Verlag., p.117-125, 3 ill.

1767
Madsud Kamal, A.S.M.; Midorikawa, Saburoh: GIS-based geomorpological mapping using remote sensing data and supplementary geoinformation : a case study of the Dhaka city area, Bangladesh. In: International journal of applied earth observation and geoinformation : JAG ; the official quarterly publication of the International Institute for Aerospace Survey and Earth Sciences (ITC). 6.2004,2, p.111-125,8 ill., 5 tab. ISSN 0303-2434.

1768
Maia do Vale, Giovane ; Porfirio dal Poz, Aluir: Dynamic programming approach for road centerline extraction from digital images. In: Geomatica. 58.2004,4, p.287-295, 6 ill. ISSN 1195-1036.

1769
Maillet, Grégoire; Flamanc, David: Prototype de logiciel pour la réalisation d'une Base de Données Bâti 3-D. In: Bulletin d'information de l'IGN : BI ; recherche ... 74.2003, p.15-24, 11 ill. ISSN 0427-2218.

1770
Man, Joris de; Brondeel, Marijke: Het digitaal hoogt-model Vlaanderen. In: Geo-Info : tijdschrift voor Geo-Informatie Nederland, GIN. 1.2004,2, p.88-89, 6 ill. The digital height-model Flanders. [Dutch]. ISSN 1572-5464.

1771
Messina, Joseph P.: A complex systems approach to the spatial and temporal simulation of Florida Bay Algal Communities. In: GIScience and remote sensing. 41.2004,3, p.228-243, 8 ill., 1 tab. ISSN 1548-1603.

1772
Meyer, Franz Josef: Simultane Schätzung von Topographie und Dynamik polarer Gletscher aus multi-temporalen SAR-Interferogrammen. – München: Verlag der Bayerischen Akademie der Wissenschaften 2004, 113 p., ill., mp. (Deutsche Geodätische Kommission bei der Bayerischen Akademie der Wissenschaften, Reihe C, Dissertationen ; 579). [Zugl.: München, Techn. Univ., Diss., 2004] ISBN 3-7696-5018-2.

1773
Miliaresis, George; Iliopoulou, Polixeni: Clustering of Zagros Ranges from the Globe DEM representation. In: International journal of applied earth observation and geoinformation : JAG ; the official quarterly publication of the International Institute for Aerospace Survey and Earth Sciences (ITC). 5.2004,1, p.17-28, 5 ill., 4 tab. ISSN 0303-2434.

1774
Miliaresis, George; Kokkas, N.: Segmentation and terrain modelling of extra-terrestrial chasmata. In: Journal of spatial science. 2.2004, p.87-98, 3 tab., 8 ill.

1775
Mishra, Deepak; Narumalani, Sunil: Bathymetric mapping using IKONOS multispectral data. In: GIScience and remote sensing. 41.2004,4, p.301-321, 9 ill., 2 tab. ISSN 1548-1603.

1776
Models and experiments for quality handling in digital terrain modelling. Ed.: Universität Zürich. Daria Martinoni. – Zürich: Universität Zürich 2002, 1 CD-ROM. [Diss.].

1777
Molander, Craig W.: Integrated GPS/INS/ISAT processing : a case study through practical requirements. In: Photogrammetric Week '03. Ed.: Fritsch, Dieter. – Heidelberg: Herbert-Wichmann-Verlag., p.183-191, 5 ill., 1 tab.

1778
Mucsi, László; Kiss, Richárd; Szatmári, József; Bódis, Katalin; Kántor, Zoltán; Dabis, Gábor; Dzsupin, Mihály: Felszín alatti vezetékek környezetszennyező hatásainak felmérése távérzékeléses technológiával. In: Geodézia és kartográfia. 56.2004,4, p.3-8, 8 ill. The analysis of contamination deriving from the leakage of subsurface pipeline networks via remote sensing. [Hung. with Engl. rés.].

1779
Müllenhoff, Oliver: Evaluation of multi-frequency and multi-polarization airborne SAR data for marsh land and river dyke analysis. In: Photogrammetric Week '03. Ed.: Fritsch, Dieter. – Heidelberg: Herbert-Wichmann-Verlag., p.197-203, 8 ill.

1780
Müller-Böke, Ulrike: Geographische Forschung in Nepal auf der Grundlage von Karten und Luftbildern von Erwin Schneider. In: Arbeiten aus Nepal : Erwin Schneider zum Gedächtnis. – Innsbruck: Universitätsverlag Wagner 2004., p.103-118, 8 ill., 2 tab., 3 mp.-suppl. (Hochgebirgsforschung ; 9).

1781
Neues Angebot in NRW : "TIM" zeigt amtliche Landkarten und Luftbilder im Internet. In: GeoBit : Geoinformatik für die Praxis. 2004,11, p.6, 1 ill. ISSN 1430-3663.

1782
Niederöst, Markus: Detection and reconstruction of buildings for automated map updating. Ed.: Institut für Geodäsie und Photogrammetrie <Zürich>. – Zürich: Institut für Geodäsie und Photogrammetrie <Zürich> 2003, IX, 139 p., ill., mp. (Mitteilungen / Institut für Geodäsie und Photogrammetrie an der Eidgenössischen Technischen Hochschule Zürich ; 78). [Zugl.: Zürich, Techn. Hochsch., Diss., 2002. (Diss ETH 14909); Zsfassung in engl. u. dt. Sprache] ISBN 3-906467-40-6.

1783
Pape, Heinz: Kleinmaßstäbliche Luftbildkarten : Voraussetzungen und Möglichkeiten. In: Kartographische Nachrichten : KN ; Fachzeitschrift für Geoinformation und Visualisierung ; Organ der Deutschen Gesellschaft für Kartographie e.V., der Schweizerischen Gesellschaft für Kartographie und der Österreichischen Kartographischen Kommission in der Österreichischen Geographischen Gesellschaft. 21.1971,2, p.[43]-50, 2 mp.-suppl. ISSN 0022-9164.

1784
Patterson, Tom: Bryce 5 tutorial : how to drape a satellite image onto a DEM. In: Cartographic perspectives : journal of the North American Cartographic Information Society. 42.2002, p.18-25, 11 ill. ISSN 1048-9053.

1785
Patterson, Tom: Hal Shelton revisited : designing and producing natural-color maps with satellite land cover data. In: Cartographic perspectives : journal of the North American Cartographic Information Society. 47.2004, p.28-55, 22 ill., 1 tab. ISSN 1048-9053.

1786
Patzschke, Steffen; Frey, Norbert: Laserscanning in Sachsen-Anhalt : Ergebnisse des DGM-W Elbe-Mitte. In: LSA VERM : Zeitschrift für das öffentliche Vermessungswesen des Landes Sachsen-Anhalt. 9.2003,2, p.173-182, 8 ill. ISSN 1435-2338.

1787
Paul, Frank; Kääb, Andreas; Maisch, Max: Das neue Schweizer Gletscherinventar 2000 : Fusion von Fernerkundung und GIS. In: Entwicklungstendenzen und Zukunftsperspektiven in der Geomorphologie : Publikation zur Jahrestagung der Schweizerischen Geomorphologischen Gesellschaft (SGmG) anlässlich des 180. Jahreskongresses der Schweizerischen Akademie der Naturwissenschaften (SANW). Ed.: Maisch, Max. – Zürich: ., p.127-140, 9 ill., 1 tab.

1788
Persie, M. van: Militaire Geo-informatie. In: Geo-Info : tijdschrift voor Geo-Informatie Nederland, GIN. 1.2004,2, p.52-62, 8 ill. Military geo-information. [Dutch]. ISSN 1572-5464.

1789
Philip, George; Sah, Maso Prasad: Mapping repeated surges and retread of glaciers using IRS-1C/1D data : a case study of Shaune Garang glacier, northwestern Himalaya. In: International journal of applied earth observation and geoinformation : JAG ; the official quarterly publication of the International Institute for Aerospace Survey and Earth Sciences (ITC). 6.2004,2, p127-141, 8 ill., 1 tab. ISSN 0303-2434.

1790
Photogrammetric Week '03. Ed.: Herbert-Wichmann-Verlag. Dieter Fritsch (Ed.). – Heidelberg: Herbert-Wichmann-Verlag 2003, XI, 292 p., ill., mp.

1791
Piepen, Heinz van der; Doerffer, Roland; Gierloff-Emden, Hans-Günter: Kartierung von Substanzen im Meer mit Flugzeugen und Satelliten : mit 5 Tabellen. Unter Mitarb. von V. Amann. – München: 1987, 60 p., ill. (Münchener geographische Abhandlungen ; Reihe A ; 37).

1792
Pohle, Perdita: Die Luftbildinterpretation als Arbeitsmethode der geographischen Hochgebirgsforschung. In: Arbeiten aus Nepal : Erwin Schneider zum Gedächtnis. – Innsbruck: Universitätsverlag Wagner 2004., p.67-102, 12 ill., 3 tab. (Hochgebirgsforschung ; 9).

1793
Rauh, Jürgen; Hesse, Roland; Spichale, Christoph: Einsatz agentenbasierter Mikrosimulation für kleinräumige Bevölkerungsprognosen – am Fallbeispiel von Regensburg. In: GeoBit : Geoinformatik für die Praxis. 9=17.2004,12, p.27-34, 8 ill. [Titel des Heftes: Geo-Informationssysteme : GIS (aufgegangen in GeoBit)] ISSN 1430-3663.

1794
Remote sensing and GIS accuracy assessment : [symposium sponsored by the U.S. Environmental Protection Agency (EPA) on "Remote Sensing and GIS Accuracy Assessment" on December 11 – 13, 2001, in Las Vegas, Nevada]. Ed.: Lunetta, Ross S.; Lyon, John G. – Boca Raton, Fla [u.a.]: CRC Press 2004, 304 p., [8] p. of plates, ill. [Aufsatzsammlung].

1795
Rohierse, Andrea; Bareth, Georg: Integration einer multitemporalen Satellitenbildklassifikation in ATKIS zur weiteren Differenzierung der Objektart Ackerland. In: GeoBit : Geoinformatik für die Praxis. 9=17.2004,3, p.35-41, 4 ill., 2 tab. [Titel des Heftes: Geo-Informationssysteme : GIS (aufgegangen in GeoBit)] ISSN 1430-3663.

1796
Santel, Folke; Schimmels, Stefan: Was macht die Welle an der Küste? Besserer Küstenschutz ist möglich: mit digitalen Oberflächenmodellen und GIS. In: Virtuelle Welten : wie GIS die Geowissenschaften verändern. Ed.: Universität Hannover; Freundeskreis der Universität Hannover. – Hannover: Universität Hannover; Freundeskreis der Universität Hannover 2003., p.50-54, 5 ill. (Unimagazin Hannover : Zeitschrift der Leibniz-Universität Hannover ; Mitteilungen des Freundeskreises der Universität Hannover ; 2003,3/4).

1797
Scheele, Theo: De fotogrammetrie op een voetstuk geplaatst. In: Geo-Info : tijdschrift voor Geo-Informatie Nederland, GIN. 1.2004,2, p.76-79, 9 ill. Photogrammetry placed on a base. [Dutch]. ISSN 1572-5464.

1798
Scheele, Theo: Imagem in beeld. In: Geo-Info : tijdschrift voor Geo-Informatie Nederland, GIN. 1.2004,6, p.254-256 Imagem in picture. [Dutch]. ISSN 1572-5464.

1799
Schmullius, Christiane; Hese, Sören; Lucht, Wolfgang: CARBON-3D : an international earth observation mission for global biomass mapping for an improved understanding of the CO^2 balance. In: Photogrammetrie, Fernerkundung, Geoinformation : PFG ; Organ der Deutschen Gesellschaft für Photogrammetrie und Fernerkundung e.V. 2004,5, p.413-422, 4 ill., 3 tab. ISSN 1432-8364.

1800
Seabrook, A.M.; Bridges, J.C.; Rothery, D.A.; Wright, I.P.: Using MOLA data to investigate the topography of Isidis Planitia, Mars. In: The Bulletin of the Society of Cartographers. 38.2004,1, p.13-20, 5 ill. ISSN 0036-1984.

1801
Seger, Martin: Waldzustandsermittlung mittels Farbinfrarot-Luftbildern im Raum Voitsberg : ein Beispiel angewandter naturwissenschaftlicher Geographie. In: Kontinuität und Wandel in der Kultur- und Naturlandschaft : Festschrift für Herwig Wakonigg. Ed.: Institut für Geographie und Raumforschung. Hrsg. Institut für Geographie und Raumforschung, Universität Graz. Red.: Gerhard Karl Lieb. – Graz: Institut für Geographie und Raumforschung 2002., p.199-210, 4 ill., 3 tab. + 1 mp.-suppl. (Grazer Schriften der Geographie und Raumforschung).

1802
Souchon, Jean-Philippe; Thom, Christian: Un canal proche infrarouge pour la caméra numérique de l'IGN. In: Bulletin d'information de l'IGN : BI ; recherche ... 74.2003, p.53-62, 13 ill. ISSN 0427-2218.

1803
Stolz, Werner: LFC-Satellitenbilder und ihre Anwendungsmöglichkeiten zur Nachführung und Verbesserung von Küstenkarten, speziell Seekarten : Beispiel Po-Delta, Italien ; mit 31 Tabellen. Institut für Geographie d. Univ. München. – München: Geobuch-Verlag 1989, XIX, 185 p., ill., mp. (Münchener geographische Abhandlungen : Reihe A ; 39). [zugl.: München, Univ., Diss., 1989].

1804
Sudhira, H.S.; Ramachandra, T.V.; Jagadish, K.S.: Urban sprawl : metrics, dynamics and modelling using GIS. In: International journal of applied earth observation and geoinformation : JAG ; the official quarterly publication of the International Institute for Aerospace Survey and Earth Sciences (ITC). 5.2004,1, p.29-39, 7 ill., 3 tab. ISSN 0303-2434.

1805
Sulzer, Wolfgang: Die Eignung von LADSAT-TM Thermal-Nachtaufnahmen bei der Erstellung von Klimaeignungskarten. In: Kontinuität und Wandel in der Kultur- und Naturlandschaft : Festschrift für Herwig Wakonigg. Ed.: Institut für Geographie und Raumforschung. Hrsg. Institut für Geographie und Raumforschung, Universität Graz. Red.: Gerhard Karl Lieb. – Graz: Institut für Geographie und Raumforschung 2002., p.255-262, 7 ill. (Grazer Schriften der Geographie und Raumforschung).

1806
Sun, Wanxiao: Land use classification using high resolution satellite imagery : a new information fusion method ; an application in Landau, Germany. Ed.: Geographisches Institut der Johannes Gutenberg-Univ. – Mainz: Geographisches Institut der Johannes Gutenberg-Univ. 2004, 95 p., ill., mp. + 3 mp.-suppl. (Mainzer geographische Studien ; 49). [Zugl.: Mainz, Univ., Diss., 2004].

1807
Szabolcs, Mihály: A Földmérési és Távérzékelési Intézet K+F tevékenysége és eredményei, mint a magyar téradat-infrastruktúra része. In: Geodézia és kartográfia. 56.2004,8, p.33-36, 26 ill., 2 tab. FÖMI's R&D activity, as a part of the Hungarian NSDI and its results in mapping and remote sensing. [Hung.with Engl. rés.].

1808
Tang, Liang; Kremer, Jens; Kohlhaas, Helmut: Introducing DGPS/IMU-based photogrammetry to China. In: Photogrammetric Week '03. Ed.: Fritsch, Dieter. – Heidelberg: Herbert-Wichmann-Verlag., p.173-182, 4 ill., 4 tab.

1809
Thomas Damoiseaux: Untersuchungen zum Einsatz von Flugzeug-InSAR in der Gebirgskartographie. Ed.: Technische Universität Dresden / Institut für Kartographie. – Dresden: Technische Universität Dresden / Institut für Kartographie 2003, 1 CD-ROM. (Kartographische Bausteine : KB ; 22). [Elektronische Ressource; Parallel als Buch-Ausg. erschienen].

1810
Thung, Hengliong: The pigeons and the witch doctor : adventures of a modern map maker. – Lancaster: Lucky Press 2003, IX, 257 p., ill. – 1. ed. ISBN 0-9713318-3-9.

1811
Ven, I.C. van der: Raster-in, raster-uit kaartrevisie. In: Is uw kaart up to date? Visies op kaartrevisie. Ed.: Nederlandse Vereniging voor Kartografie. Werkgroep Kartografische Produktietechnieken. Red. : Chr. J. Snabilié. – Amersfoort: Nederlandse Vereniging voor Kartografie 1995., p.31-36, 7 ill. (NVK publikatiereeks ; 15). [Dutch].

1812
Verhoef, W.: Simulatie van de waarnemingen. In: Geo-Info : tijdschrift voor Geo-Informatie Nederland, GIN. 0.2003, p.12-16, 5 ill. Simulation of observations. [Dutch]. ISSN 1572-5464.

1813
Vögtle, Thomas; Steinle, Eberhard: Detektion und Modellierung von 3D-Objekten aus flugzeuggetragenen Laserscannerdaten. In: Photogrammetrie, Fernerkundung, Geoinformation : PFG ; Organ der Deutschen Gesellschaft für Photogrammetrie und Fernerkundung e.V. 2004,4, p.315-322, 12 ill. ISSN 1432-8364.

1814
Voorde, Tim van de; Canters, Frank: Gebruik van zeer hoge resolutie satellietbeelden in stedelijk beheer, beleid en planning : potentiële toepassingen en knelpunten. In: De Aardrijkskunde. 1-2, p.57-66, 3 ill. Use of very high resolution satellite images in urban management, policy and planning: potential applications and sticking points. [Dutch with Engl. rés.].

1815
Vosselmann, George ; Kessels, Patrice; Gorte, Ben: The utilisation of airborne laser scanning for mapping. In: International journal of applied earth observation and geoinformation : JAG ; the official quarterly publication of the International Institute for Aerospace Survey and Earth Sciences (ITC). 6.2004,3-4, p.177-186, 8 ill. ISSN 0303-2434.

1816
Welter, John; Morin, Kristian: Statewide mapping in the digital age. In: Photogrammetric Week '03. Ed.: Fritsch, Dieter. – Heidelberg: Herbert-Wichmann-Verlag., p.53-58, 4 ill.

1817
Welzer, Winfried: Die Interpretation von historischen Kriegsluftbildern. Ed.: Elbe-Dnjepr-Verl. – Klitzschen: Elbe-Dnjepr-Verl. 2003, getr. Zählung, ill., mp.

1818
Wieneke, Friedrich: The use of space photography for coastal studies : methodological aspects. In: Geomorphologic applications of remote sensing : papers presented at the Post-Conference Symposium S13 "Remote Sensing of the Ecological Environment" (Strasbourg, September 11-13, 1989). Second International Conference on Geomorphology (Frankfurt a.M., 1989). Ed.: Gierloff-Emden, H.-G.; Wilhelm, F. Hrsg. von H.-G. Gierloff-Emden und F. Wilhelm. – München: Geobuch-Verlag 1990., p.5-25, 8 ill., 11 tab. (Münchener geographische Abhandlungen, Reihe A).

1819
Wisse, Edwin; Swol, Rob van: Aardobservatie en infrastructuur. In: Geo-Info : tijdschrift voor Geo-Informatie Nederland, GIN. 1.2004,3, p.112-115, 2 ill. Earth observation and infrastructure. [Dutch]. ISSN 1572-5464.

1820
Wit, Allard de: MODIS-workshop. In: Geo-Info : tijdschrift voor Geo-Informatie Nederland, GIN. 1.2004,4, p.176-178, 5 ill. [Dutch]. ISSN 1572-5464.

1821
Witte, Bertold; Schmidt, Hubert: Vermessungskunde und Grundlagen der Statistik für das Bauwesen. – Heidelberg: Herbert-Wichmann-Verlag 2004, XIII, 714 p., ill. [Früh. Aufl. im Verl. Witwer, Stuttgart, erschienen] ISBN 3-87907-418-6.

1822
Wuescher, Daniel; Neidhart, Frank: Enterprise photogrammetric production using TerraShare. In: Photogrammetric Week '03. Ed.: Fritsch, Dieter. – Heidelberg: Herbert-Wichmann-Verlag., p.151-159, 1 ill.

1823
Zhang, Chunsun: Updating of cartographic road databases by image analysis. Ed.: Institut für Geodäsie und Photogrammetrie <Zürich>. – Zürich: Institut für Geodäsie und Photogrammetrie <Zürich> 2003, XIII, 165 p. (Mitteilungen / Institut für Geodäsie und Photogrammetrie an der Eidgenössischen Technischen Hochschule Zürich ; 79). [Zugl.: Zürich, Techn. Hochsch., Diss., 2002 (Diss ETH 14934)] ISBN 3-906467-41-4.

1824
Zhang, Qiaoping; Couloigner, Isabelle: A wavelet approach to road extraction from high spatial resolution remotely-sensed imagery. In: Geomatica. 58.2004,1, p.33-39, 6 ill. ISSN 1195-1036.

1825
Zhang, S.; Peterson, J.; Shan, J.: High Quality 3D visualization for glacial cirque terrain. In: Journal of spatial science. 2.2004, p.75-86, 1 tab., 7 ill.

c. Data Collection for Thematic Maps
Thematische Kartendaten-Aufnahme
Lever cartographique thématique

1826
Baltsavias, Emmanuel; Zhang, Chunsun: Automated updating of road databases from aerial images. In: International journal of applied earth observation and geoinformation : JAG ; the official quarterly publication of the International Institute for Aerospace Survey and Earth Sciences (ITC). 6.2004,3-4, p.199-213, 12 ill., 1 tab. ISSN 0303-2434.

1827
Brenner, Claus: Building reconstruction from images and laser scanning. In: International journal of applied earth observation and geoinformation : JAG ; the official quarterly publication of the International Institute for Aerospace Survey and Earth Sciences (ITC). 6.2004,3-4, p.187-198, 7 ill. ISSN 0303-2434.

1828
Bröker, Kareen: Vegetasjonskartlegging av Fennoskandia basert på MODIS-data. In: Kart og plan : vitenskapelig tidsskrift. 97.2004,2, p.104-120, 11 ill., 1 tab. MODIS satellite data as a source for land cover mapping of Fennoskandia. [Norw. with Engl. rés.]. ISSN 0047-3278.

1829
Carvalho, Luis, M.T. de; Clevers, Jan G.P.W.; Skidmore, Andrew K.; Jong, Steven M. de: Selection of imagery data and classifiers for mapping Brazilian semideciduous Atlantic forests. In: International journal of applied earth observation and geoinformation : JAG ; the official quarterly publication of the International Institute for Aerospace Survey and Earth Sciences (ITC). 5.2004,3, p.173-186, 2 ill., 6 tab. ISSN 0303-2434.

1830
Chacón-Moreno, Eulogio J.: Mapping savanna ecosystems of the Llanos del Orinoco using multitemporal NOAA satellite imagery. In: International journal of applied earth observation and geoinformation : JAG ; the official quarterly publication of the International Institute for Aerospace Survey and Earth Sciences (ITC). 5.2004,1, p.41-53, 4 ill., 5 tab. ISSN 0303-2434.

1831
Digitale Hofbodenkarte. Ed.: Niedersachsen / Landesamt für Bodenforschung. – Hannover: Niedersachsen / Landesamt für Bodenforschung 2004, 78 p., ill., mp. (Arbeitshefte / Boden ; 2004,5). [Auch ersch. in Suttgart: E.-Schweizerbartsche Verlagsbuchhandlung (Nägele und Obermiller)].

1832
Edwards, Laura: Visualizing data certainty : a case study using graduated circle maps. In: Cartographic perspectives : journal of the North American Cartographic Information Society. 38.2001, p.19-36, 8 ill., 5 tab. ISSN 1048-9053.

1833
Fischer, Hanspeter: Die ersten Tiefenmessungen des Bodensees : der Vermessungskommissär und Zeichner Major Joseph Anton von Gasser. In: Beiträge zur Landeskunde. 2.1984, p.10-13, 7 ill. ISSN 0408-8492.

1834
Frech, Iris; Koch, Barbara; Mosch, Matthias; Sauter, Silke; Schill, Christian: Nutzung georeferenzierter Daten in multimedialen Besucherinformationssystemen : Aspekte des ReGeo-Projekts. In: Kartographische Nachrichten : KN ; Fachzeitschrift für Geoinformation und Visualisierung ; Organ der Deutschen Gesellschaft für Kartographie e.V., der Schweizerischen Gesellschaft für Kartographie und der Österreichischen Kartographischen Kommission in der Österreichischen Geographischen Gesellschaft. 54.2004,1, p.10-14, 3 ill. ISSN 0022-9164.

1835
Frihida, Ali; Marceau, Danielle J.; Thériault, Marius: Extracting and visualizing individual space-time paths : an integration of GIS and KDD in transport demand modeling. In: Cartography and geographic information science : an official journal of ACSM devoted to the advancement of cartography in all its aspects. 31.2004,1, p.19-28, 3 ill., 4 tab. ISSN 1523-0406.

1836
Harayama, A. ; Jaquet, J.-M.: Cartographie semi-automatisée et multisources de la couverture du sol dans le Canton de Genève. In: Geomatik Schweiz : Geoinformation und Landmanagement. 102.2004,8, p.503-506, 2 ill. ISSN 0252-9424; 1660-4458.

1837
Hornschuch, Annette ; Lechtenbörger, Christiane: Fernerkundungsdaten und topographische Karten zur Dokumentation des sabäischen Kulturerbes in der Republik Jemen. In: Kartographische Nachrichten : KN ; Fachzeitschrift für Geoinformation und Visualisierung ; Organ der Deutschen Gesellschaft für Kartographie e.V., der Schweizerischen Gesellschaft für Kartographie und der Österreichischen Kartographischen Kommission in der Österreichischen Geographischen Gesellschaft. 54.2004,3, p.112-117, 9 ill., 1 tab. ISSN 0022-9164.

1838
Hydrogeologische Kartierung Kaiserslautern. Ed.: Rheinland-Pfalz / Landesamt für Geologie und Bergbau. Projektleitung Bettina Wagner, Bearb. Frank Bitzer. – Mainz: Rheinland-Pfalz / Landesamt für Geologie und Bergbau 2004, 96 p., ill., mp., 1 CD-ROM.

1839
Hydrogeologische Kartierung Neuwieder Becken. Ed.: Rheinland-Pfalz / Geologisches Landesamt. Bearb.: Kurt Agsten... – Mainz: Rheinland-Pfalz / Geologisches Landesamt 2000, 57 p., 5 Bl., ill., mp. + 1 CD-ROM mit 2 Beil. (je 1 Bl.). [CD-ROM mit Nebent.: HGK Neuwieder Becken. Enth.: 13 geowissenschaftl. Karten bzw. Profilschnitte sowie Anhang mit 5 Bohrkern-Fotoserien als PDF-Dateien].

1840
Jansen, Louisa J.M.; Di Gregorio, Antonio: Obtaining land-use information from a remotely sensed land cover map : results from a case study in Lebanon. In: International journal of applied earth observation and geoinformation : JAG ; the official quarterly publication of the International Institute for Aerospace Survey and Earth Sciences (ITC). 5.2004,2, p.141-157, 7 ill., 3 tab. ISSN 0303-2434.

1841
Jarošenko, Aleksej Ju.; Potapov, Peter V.; Turubanova, Svetlana A.: The last intact forest landscapes of northern European Russia : mapping of intact forest landscapes in northern European Russia using high-resolution satellite images ; methods and results = Malonarušennye lesnye territorii Evropejskogo Severa Rossii. Ed.: Greenpeace Russia. – Moskva: Greenpeace Russia 2001, 74 p., ill., mp. ISBN 5-944420-02-2.

1842
Joó, István: A vertikális felszínmozgások sebességeinek és hányadosainak hatók szerinti szétválasztása. In: Geodézia és kartográfia. 56.2004,10, p.16-20, 2 tab. Resolving into components of the vertical movements' velocities and quotients according to geologo-geophysical acting. [Hung. with Engl. rés.].

1843
Kaufmann, Viktor: Zur Topographie und Morphodynamik des Blockgletschers Hinteres Langtalkar (Schobergruppe, Nationalpark Hohe Tauern, Österreich). In: Kartographische Nachrichten : KN ; Fachzeitschrift für Geoinformation und Visualisierung ; Organ der Deutschen Gesellschaft für Kartographie e.V., der Schweizerischen Gesellschaft für Kartographie und der Österreichischen Kartographischen Kommission in der Österreichischen Geographischen Gesellschaft. 54.2004,6, p.258-262. ISSN 0022-9164.

1844
Kneubühler, Mathias; Eckert, Sandra: Landnutzungsklassifikation und Schätung von Vegetationsparametern in der Schweiz mittels EO-1 HYPERION-Daten. In: Geomatik Schweiz : Geoinformation und Landmanagement. 102.2004,9, p.564-567, 3 ill. ISSN 0252-9424; 1660-4458.

1845
Kühn, Friedrich and others: InSAR-based land subsidence map for Bangkok, Thailand. In: Zeitschrift für angewandte Geologie. 1; 50.2004,1, p.74-81, 8 ill., 1 tab.

1846
Kulturlandschaftsgliederung Österreich : Endbericht des gleichnamigen Forschungprojektes. Ed.: Österreich / Bundesministerium für Bildung, Wissenschaft und Kultur. – Wien: Österreich / Bundesministerium für Bildung, Wissenschaft und Kultur 2002, 1 CD-ROM. (Forschungsprogramm Kulturlandschaft ; 13). ISBN 3-85224-109-X.

1847
Kwan, Mei-Po; Casas, Irene; Schmitz, Ben C.: Protection of geoprivacy and accuracy of spatial informations : how effective are geographical masks?. In: Cartographica. 39.2004,2, p.15-28,13 ill.,1 tab. ISSN 0340-0654; 0317-7173.

1848
Kwan, Mei-Po; Casas, Irene; Schmitz, Ben C.: Protection of Geoprivacy and Accuracy of Spatial Informations: How Effective Are Geographical Masks?. In: Cartographica. 39.2004,2, p.15-28, 13 ill., 1 tab. ISSN 0340-0654; 0317-7173.

1849
Lukec, Marco: Geomarketing bei infas GEOdaten : thematische Kartographie in der Business-Welt. In: 50 Jahre Sektion Karlsruhe der Deutschen Gesellschaft für Kartographie e.V. : Festschrift. Ed.: Kern, Hans F. Hrsg. von Hans F. Kern. – Karlsruhe: Fachhochschule Karlsruhe, Hochschule für Technik, Fachbereich Geoinformationswesen 2004., p.188-191, 1 ill. (Karlsruher geowissenschaftliche Schriften, Reihe A, Kartographie und Geographie ; 16).

1850
Madsud Kamal, A.S.M.; Midorikawa, Saburoh: GIS-based geomorpological mapping using remote sensing data and supplementary geoinformation : a case study of the Dhaka city area, Bangladesh. In: International journal of applied earth observation and geoinformation : JAG ; the official quarterly publication of the International Institute for Aerospace Survey and Earth Sciences (ITC). 6.2004,2, p.111-125,8 ill., 5 tab. ISSN 0303-2434.

1851
Maftei, Raluca-Mihaela and others: Elaboration of a landslide hazard assessment map using geological and geophysical analysis : application in the eastern part of the Muntenia Subcarpathians, Romania. In: Zeitschrift für angewandte Geologie. 1; 50.2004,1, p.35-41, 7 ill.

1852
Miliaresis, George; Iliopoulou, Polixeni: Clustering of Zagros Ranges from the Globe DEM representation. In: International journal of applied earth observation and geoinformation : JAG ; the official quarterly publication of the International Institute for Aerospace Survey and Earth Sciences (ITC). 5.2004,1, p.17-28, 5 ill., 4 tab. ISSN 0303-2434.

1853
Mishra, Deepak; Narumalani, Sunil: Bathymetric mapping using IKONOS multispectral data. In: GIScience and remote sensing. 41.2004,4, p.301-321, 9 ill., 2 tab. ISSN 1548-1603.

1854
Mucsi, László; Balog, Attila; Juhász, Géza: Interaktív, 3D-s barlangi információs rendszer a világhálón. In: Geodézia és kartográfia. 56.2004,12, p.3-8, 6 ill. Interactive 3D information system for caves on the web. [Hung. with Engl. rés.].

1855
Philip, George; Sah, Maso Prasad: Mapping repeated surges and retread of glaciers using IRS-1C/1D data : a case study of Shaune Garang glacier, northwestern Himalaya. In: International journal of applied earth observation and geoinformation : JAG ; the official quarterly publication of the International Institute for Aerospace Survey and Earth Sciences (ITC). 6.2004,2, p127-141, 8 ill., 1 tab. ISSN 0303-2434.

1856
Pöschke, Karl-Heinz: GIS-Datenerfassung für den Hochwasserschutz. In: Kartographische Nachrichten : KN ; Fachzeitschrift für Geoinformation und Visualisierung ; Organ der Deutschen Gesellschaft für Kartographie e.V., der Schweizerischen Gesellschaft für Kartographie und der Österreichischen Kartographischen Kommission in der Österreichischen Geographischen Gesellschaft. 54.2004,2, p.80-83, 2 ill. ISSN 0022-9164.

1857
Rottensteiner, Franz; Briese, Sydney; Briese, Christian: Automatische Erfassung von Gebäudemodellen aus Laserscannerdaten und die Integration von Luftbildern. In: Photogrammetrie, Fernerkundung, Geoinformation : PFG ; Organ der Deutschen Gesellschaft für Photogrammetrie und Fernerkundung e.V. 2004,4, p.269-277, 8 ill. ISSN 1432-8364.

1858
Santos, Daniel R. dos; Tommaselli, Antonio M.G.; Dalmolin, Quintino: Semi-automatic modeling of buildings from digital surface models. In: Cartography and geographic information science : an official journal of ACSM devoted to the advancement of cartography in all its aspects. 31.2004,3, p.179-187, 12 ill., 1 tab. ISSN 1523-0406.

1859
Schmullius, Christiane; Hese, Sören; Lucht, Wolfgang: CARBON-3D : an international earth observation mission for global biomass mapping for an improved understanding of the CO^2 balance. In: Photogrammetrie, Fernerkundung, Geoinformation : PFG ; Organ der Deutschen Gesellschaft für Photogrammetrie und Fernerkundung e.V. 2004,5, p.413-422, 4 ill., 3 tab. ISSN 1432-8364.

1860
Schweikart, Jürgen: Visualisieren von Geodaten : Grundlagen der Kartenerstellung. In: Geoinformationssysteme im Gesundheitswesen : Grundlagen und Anwendungen. Ed.: Schweikart, Jürgen, Kistemann, Thomas. – Heidelberg: Herbert-Wichmann-Verlag., p.37-53, 8 ill., 3 tab.

1861
Straub, Florian: Webbasierte Verschneidung verteilter Geodaten für die forstliche Standortserkundung. In: GeoBit : Geoinformatik für die Praxis. 17.2004,11, p.30-31, 2 ill. ISSN 1430-3663.

1862
Sudhira, H.S.; Ramachandra, T.V.; Jagadish, K.S.: Urban sprawl : metrics, dynamics and modelling using GIS. In: International journal of applied earth observation and geoinformation : JAG ; the official quarterly publication of the International Institute for Aerospace Survey and Earth Sciences (ITC). 5.2004,1, p.29-39, 7 ill., 3 tab. ISSN 0303-2434.

1863
Sultan, Awad Sultan: Geoelectrical mapping and tomography for archaeological prospection at Al Ghouri mausoleum, Islamic Cairo, Egypt. In: International journal of applied earth observation and geoinformation : JAG ; the official quarterly publication of the International Institute for Aerospace Survey and Earth Sciences (ITC). 6.2004,2, p.143-156, 14 ill. ISSN 0303-2434.

1864
Vosselmann, George ; Kessels, Patrice; Gorte, Ben: The utilisation of airborne laser scanning for mapping. In: International journal of applied earth observation and geoinformation : JAG ; the official quarterly publication of the International Institute for Aerospace Survey and Earth Sciences (ITC). 6.2004,3-4, p.177-186, 8 ill. ISSN 0303-2434.

1865
Whitfield, Martin; Pepper, John; Overton, David; Harrison, Matthew: Integrated Coastal Zone : data research project (ICZMap). In: The Cartographic Journal. 2, p.143-149, 8 ill. ISSN 0008-7041.

6. Map Drafting and Map Design
Kartenentwurf und Kartengestaltung
Préparation et conception cartographiques

a. Map Editing
Kartenredaktion
Rédaction cartographique

1866
Beconytè, Giedre: Some ideas concerning information management in design of maps on history. In: Theoretische Probleme der Kartographie und ihrer Nachbardisziplinen. Ed.: Wolodtschenko, Alexander; Schlichtmann, Hansgeorg. – Dresden: 2004., p.5-13, 5 ill. [With Germ. and Russ. rés.] (Diskussionsbeiträge zur Kartosemiotik und zur Theorie der Kartographie : internationales Korrespondenz-Seminar ; 6).

1867
Böhm, Rolf: Teilung des Geowissens in der DDR : ein Beitrag zum Thema "Kartenverfälschung". In: Kartographische Nachrichten : KN ; Fachzeitschrift für Geoinformation und Visualisierung ; Organ der Deutschen Gesellschaft für Kartographie e.V., der Schweizerischen Gesellschaft für Kartographie und der Österreichischen Kartographischen Kommission in der Österreichischen Geographischen Gesellschaft. 54.2004,3, p.134-135. ISSN 0022-9164.

1868
Brunner, Kurt: Geheimhaltung und Verfälschung von Karten aus militärischen und politischen Gründen. – 2., durchges. Aufl. In: Kartenverfälschung als Folge übergroßer Geheimhaltung? : eine Annäherung an das Thema Einflußnahme der Staatssicherheit auf das Kartenwesen der DDR ; Referate der Tagung der BStU vom 08.-09.2001 in Berlin. Ed.: Unverhau, Dagmar. – Münster: Lit-Verlag 2003., p.161-175, 12 ill. (Archiv zur DDR-Staatssicherheit ; 5).

1869
Brunner, Kurt: Geheimhaltung und Verfälschung von Karten aus militärischen und politischen Gründen. In: Kartenverfälschung als Folge übergroßer Geheimhaltung? : eine Annäherung an das Thema Einflußnahme der Staatssicherheit auf das Kartenwesen der DDR ; Referate der Tagung der BStU vom 08.-09.2001 in Berlin. Ed.: Unverhau, Dagmar. – Münster: Lit-Verlag 2002., p.161-175, 12 ill. (Archiv zur DDR-Staatssicherheit ; 5; 2002).

1870
Case, Nat: Small type, screens and color in a postscipt offset printing environment. In: Cartographic perspectives : journal of the North American Cartographic Information Society. 47.2004, p.56-59, 6 ill. ISSN 1048-9053.

1871
Comenetz, Joshua: Visualizing metadata : design principles for thematic maps. In: Cartographic perspectives : journal of the North American Cartographic Information Society. 49.2004, p.10-21, 5 ill. ISSN 1048-9053.

1872
Denil, Mark: Cartographic Design : rhetoric and persuasion. In: Cartographic perspectives : journal of the North American Cartographic Information Society. 45.2003, p.8-67, 14 ill. ISSN 1048-9053.

1873
Gleyze, Jean-François: Fonctionnalité et vulnérabilité du réseau de métro parisien. In: Bulletin d'information de l'IGN : BI ; recherche ... 74.2003, p.97-111, 10 ill., 1 tab. ISSN 0427-2218.

1874
Häberling, Christian: Topografische 3D-Karten : Thesen für kartografische Gestaltungsgrundsätze. Ed.: Institut für Kartographie der ETH. – Zürich: Institut für Kartographie der ETH 2003, XIII, 167 p. [Zugl.: Zürich, ETH, Diss., 2003].

1875
Harrower, Mark: Tips for designing effective animated maps. In: Cartographic perspectives : journal of the North American Cartographic Information Society. 44.2003, p.63-65, 3 ill. ISSN 1048-9053.

1876
Kartenverfälschung als Folge übergroßer Geheimhaltung? : eine Annäherung an das Thema Einflußnahme der Staatssicherheit auf das Kartenwesen der DDR ; Referate der Tagung der BStU vom 08.-09.2001 in Berlin. Ed.: Unverhau, Dagmar. – Münster: Lit-Verlag 2003, 300 p., ill., mp. – 2., durchges. Aufl. (Archiv zur DDR-Staatssicherheit ; 5). ISBN 3-8258-5964-9.

1877
Kitchin, Rob: Participatory mapping of disabled access. In: Cartographic perspectives : journal of the North American Cartographic Information Society. 41.2002, p.44-54, 3 ill. ISSN 1048-9053.

1878
Kowanda, Andreas: Anmerkungen zum Thema Kartenverfälschung in der DDR. In: Kartographische Nachrichten : KN ; Fachzeitschrift für Geoinformation und Visualisierung ; Organ der Deutschen Gesellschaft für Kartographie e.V., der Schweizerischen Gesellschaft für Kartographie und der Österreichischen Kartographischen Kommission in der Österreichischen Geographischen Gesellschaft. 54.2004,2, p.83-86. ISSN 0022-9164.

1879
Li, Zhilin; Ho, Angelina: Design of multi-scale and dynamic maps for land vehicle navigation. In: The Cartographic Journal. 41.2004,3, p.265-270,11 ill., 1 tab. ISSN 0008-7041.

1880
Lobben, Amy; Patton, David K.: Design guidelines for digital atlases. In: Cartographic perspectives : journal of the North American Cartographic Information Society. 44.2003, p.51-62. ISSN 1048-9053.

1881
Mac Gillavry, Edward: Kaarten van alledag : vormgeving draait om het beeld zelf, kartografie om de informatie in het beeld. In: Geo-Info : tijdschrift voor Geo-Informatie Nederland, GIN. 1.2004,9, p.354-353, 3 ill., 1 portr. Maps of everyday : design turns to the picture itself, cartography to the information in the picture. [Dutch]. ISSN 1572-5464.

1882
McKendry, Jean: Managing colour (part I) : selecting colour schemes for thematic maps in an atlas series. In: Cartouche : the operational publication of the Canadian Cartographic Association. 53.2004, p.3-5, 1 ill. ISSN 1183-2045.

1883
Meacham, James E.: State atlas design. In: Cartographic perspectives : journal of the North American Cartographic Information Society. 44.2003, p.42-50, 6 ill. ISSN 1048-9053.

1884
Pape, Heinz: Einheitliche Stadtplanwerke für Ballungsgebiete. In: Kartographische Nachrichten : KN ; Fachzeitschrift für Geoinformation und Visualisierung ; Organ der Deutschen Gesellschaft für Kartographie e.V., der Schweizerischen Gesellschaft für Kartographie und der Österreichischen Kartographischen Kommission in der Österreichischen Geographischen Gesellschaft. 16.1966,1, p.14-17, 1 ill. ISSN 0022-9164.

1885
Pape, Heinz: Stadtkarten, unter besonderer Berücksichtigung kartographischer Probleme. In: Kartographische Nachrichten : KN ; Fachzeitschrift für Geoinformation und Visualisierung ; Organ der Deutschen Gesellschaft für Kartographie e.V., der Schweizerischen Gesellschaft für Kartographie und der Österreichischen Kartographischen Kommission in der Österreichischen Geographischen Gesellschaft. 14.1964,6, p.196-200. ISSN 0022-9164.

1886
Patterson, Tom: Getting real : reflecting on the new look of National Park service maps. In: Cartographic perspectives : journal of the North American Cartographic Information Society. 43.2002, p.43-56, 15 ill. ISSN 1048-9053.

1887
Patterson, Tom: Hal Shelton revisited : designing and producing natural-color maps with satellite land cover data. In: Cartographic perspectives : journal of the North American Cartographic Information Society. 47.2004, p.28-55, 22 ill., 1 tab. ISSN 1048-9053.

1888
Spiess, Ernst: Kartenredaktion in einem technologisch veränderten Umfeld. In: Aspekte der Kartographie im Wandel der Zeit : Festschrift für Ingrid Kretschmer zum 65. Geburtstag und anlässlich ihres Übertritts in den Ruhestand. Ed.: Kainz, Wolfgang. Hrsg. von Wolfgang Kainz. – Wien: Geographisches Institut <Wien, Universität> / Arbeitsbereich für Geographie und Kartographie 2004., p.272-281, 13 ill., 1 tab. (Wiener Schriften zur Geographie und Kartographie ; 16).

1889
Wolodtschenko, Alexander: Zur Struktur von Karten. In: Theoretische Probleme der Kartographie und ihrer Nachbardisziplinen. Ed.: Wolodtschenko, Alexander; Schlichtmann, Hansgeorg. – Dresden: 2004., p.43-48, 9 tab. (Diskussionsbeiträge zur Kartosemiotik und zur Theorie der Kartographie : internationales Korrespondenz-Seminar ; 6). [With Engl. and Russ. rés.].

b. Map Types, Cartographic Methods Kartentypen, kartographische Methoden Types cartographiques, méthodes cartographiques

1890
Brincken, Anna-Dorothee von den: Spuren einer kartographierten Monstrenwelt neben einer Kosmos-Darstellung in der Sammelhandschrift 155 der Koblenzer Stadtbibliothek (um 1300). In: Bürgerbibliothek seit 1827 : Jubiläumsschrift zum 175jährigen Bestehen der Stadtbibliothek Koblenz. Ed.: Stadtbibliothek <Koblenz>. – Koblenz: Stadtbibliothek <Koblenz> 2002., p.91-104, 3 ill. (Veröffentlichungen der Stadtbibliothek Koblenz ; 46).

1891
Brunner, Kurt: Expeditionskartographie unter besonderer Berücksichtigung der Polargebiete. In: Aspekte der Kartographie im Wandel der Zeit : Festschrift für Ingrid Kretschmer zum 65. Geburtstag und anlässlich ihres Übertritts in den Ruhestand. Ed.: Kainz, Wolfgang. Hrsg. von Wolfgang Kainz. – Wien: Geographisches Institut <Wien, Universität> / Arbeitsbereich für Geographie und Kartographie 2004., p.25-34, 2 ill. (Wiener Schriften zur Geographie und Kartographie ; 16).

1892
Brunner, Kurt: Frühe Karten des Kilimandscharo – ein Beitrag zur Expeditionskartographie. In: Cartographica Helvetica : Fachzeitschrift für Kartengeschichte. 2004,30, p.3-9, 9 ill. ISSN 1015-8480.

1893
Cabello Justo, Sergio: Geometric problems in cartographic networks = Geometrische problemen in kartografische netwerken. Ed.: Technische Universiteit <Delft> / Onderzoekschool voor Computersystemen en Beeldsystemen. – Delft: Technische Universiteit <Delft> / Onderzoekschool voor Computersystemen en Beeldsystemen 2004, 134 p., ill., mp. (ASCI dissertation series ; 99). [Zugl.: @Utrecht, Univ., Diss., 2004].

1894
Casakin, H.: Schematizing maps for wayfinding tasks : the role of 45° angular constraints, prototypical branching points and urban components. In: Journal of spatial science. 2.2004, p.99-111, 4 tab., 6 ill.

1895
Crampton, Jeremy W.: GIS and geographic governance : reconstructing the choropleth map. In: Cartographica. 39.2004,1, p.41-53, 6 ill. ISSN 0340-0654; 0317-7173.

1896
Dean, Denis J.: Toward a differential calculus for temporal map analysis. In: Cartography and geographic information science : an official journal of ACSM devoted to the advancement of cartography in all its aspects. 31.2004,2, p.89-101, 8 ill., 1 tab. ISSN 1523-0406.

1897
Dorofeeva-Lichtmann, Vera: Text as a device for mapping a sacred space : a case of the Wu Zhang Schan Jing ("Five treasuries : the itineraries of mountains"). In: "Creating and representing sacred spaces". Ed.: Gardner, Tatyana; Moritz, Daniela; Dickhardt, Michael. – Göttingen: Peust und Gutschmidt Verlag 2003., p.147-210 (Göttinger Beiträge zur Asienforschung : GBA ; 2003,2-3).

1898
Fabrikant, Sara Irina; Buttenfield, Barbara P.: Formalizing semantic spaces for information access. In: Annals of the Association of American Geographers. 91.2001,2, p.263-280, 3 ill. ISSN 0004-5608.

1899
Harrower, Mark: A look at the history and future of animated maps. In: Cartographica. 39.2004,3, p.33-42, 3 ill. ISSN 0340-0654; 0317-7173.

1900
Heinrich Büntings Weltkarte 1584 : "Die gantze Welt in ein' Kleeberblat" ; [unveränderter Nachdruck des Kommentars zur Edition der "Büntingschen Weltkarte" in: Monumenta cartographica, Essener Bearbeitung von zwölf Tafeln zur historischen Kartographie mit zwölf Vollfaksimilierungen hrsg. von Werner Kreuer, Gotha : Klett-Perthes 1999 ; aus Anlaß der Weltkartenausstellung in der Nord/LB, August 2000]. Ed.: Stadtarchiv <Hannover>. – Hannover: Stadtarchiv <Hannover> 2000, 48 p., ill. (Kleine Schriften des Stadtarchivs Hannover ; 3).

1901
Kommunikation med kartor : teori och metoder i kartografin. Ed.: Liber Kartor [u.a.]. Av Lars Brodersen. – Stockholm: Liber Kartor [u.a.] 2002, 128 p., ill., mp.

1902
Kraak, Menno Jan: De visualisatie van driedimensionale en temporele ruimtlijke gegevens. In: Kartografie in het GIS-tijdperk. Ed.: Nederlandse Vereniging voor Kartografie. Red.: P.G.M.Mekenkamp. – Amersfoort: Nederlandse Vereniging voor Kartografie 1994., p.19-28, 7 ill. (NVK publikatiereeks ; 11; 1994). [Dutch].

1903
Kraak, M.J.: Wat is geovisualisatie?. In: Geo-Info : tijdschrift voor Geo-Informatie Nederland, GIN. 1.2004,12, p.508-514 What is geovisualisation?. [Dutch]. ISSN 1572-5464.

1904
Kumar, Naresh: Frequency histogram legend in the choropleth map : a substitute to traditional legends. In: Cartography and geographic information science : an official journal of ACSM devoted to the advancement of cartography in all its aspects. 31.2004,4, p.217-236, 9 ill., 6 tab. ISSN 1523-0406.

1905
Kwan, Mei-Po; Casas, Irene; Schmitz, Ben C.: Protection of geoprivacy and accuracy of spatial informations : how effective are geographical masks?. In: Cartographica. 39.2004,2, p.15-28,13 ill.,1 tab. ISSN 0340-0654; 0317-7173.

1906
Kwan, Mei-Po; Casas, Irene; Schmitz, Ben C.: Protection of Geoprivacy and Accuracy of Spatial Informations: How Effective Are Geographical Masks?. In: Cartographica. 39.2004,2, p.15-28, 13 ill., 1 tab. ISSN 0340-0654; 0317-7173.

1907
Laureti, Lamberto: L'evoluzione della simbologia idrografica nella cartografia a grande scala in età moderna e conteporanea. In: Bollettino della Associazione Italiana di Cartografia. 41.2004,121/122, p.87-107, 18 ill. The evolution of the hydrographic symbols in the modern and contemporary cartography. [Ital. with Engl. rés.]. ISSN 0044-9733.

1908
Leitner, Michael; Curtis, Andrew: Cartographic guidelines for geographically masking the locations of confidential point data. In: Cartographic perspectives : journal of the North American Cartographic Information Society. 49.2004, p.22-39, 5 ill., 5 tab. ISSN 1048-9053.

1909
McBay, Elanor: Maps in literature. In: The Bulletin of the Society of Cartographers. 38.2004,1, p.3-4, 1 ill. ISSN 0036-1984.

1910
Millward, Andrew: The resurgence of the cartogram : (re)covering an election. In: Cartouche : the operational publication of the Canadian Cartographic Association. 56.2004, p.13-14, 2 ill. ISSN 1183-2045.

1911
Moser, Jana: Propagandakarten in der "Kolonialen Bildsammlung" der Stadt- und Universitätsbibliothek Frankfurt am Main. In: 15 Jahre "Koloniales Bildarchiv" an der Stadt- und Universitätsbibliothek Frankfurt am Main. Ed.: Jäschke, Uwe Ulrich. – Dresden: Hochschule für Technik und Wirtschaft Dresden (FH) / Fachbereich Vermessungswesen, Kartographie 2004., p.43-54, 15 ill. (Dresdner kartographische Schriften ; 6).

1912
Musall, Heinz: Wissen, wie man eine thematische Karte macht : französische Anleitungen zum Herstellen einfacher themakartographischer Darstellungen. In: 50 Jahre Sektion Karlsruhe der Deutschen Gesellschaft für Kartographie e.V. : Festschrift. Ed.: Kern, Hans F. Hrsg. von Hans F. Kern. – Karlsruhe: Fachhochschule Karlsruhe, Hochschule für Technik, Fachbereich Geoinformationswesen 2004., p.192-200;274-276, 7 ill. (Karlsruher geowissenschaftliche Schriften, Reihe A, Kartographie und Geographie ; 16).

1913
Pearce, Margaret: Encroachment by Word, Axis, and Tree : mapping techniques from the colonization of New England. In: Cartographic perspectives : journal of the North American Cartographic Information Society. 48.2004, p.24-38, 7 ill. ISSN 1048-9053.

1914
Reitinger, Franz: Die Konstruktion anderer Welten. In: Wunschmaschine Welterfindung : eine Geschichte der Technikvisionen seit dem 18. Jahrhundert ; [ein Katalogbuch zur gleichnamigen Ausstellung]. Ed.: Felderer, Brigitte. – Wien u.a.: Axel Springer AG 1996., p.145-166, 6 ill.

1915
Reitinger, Franz: Kleine Studentengeografie. In: Caert-thresoor : tijdschrift voor de geschiedenis van de kartografie in Nederland. 23.2004,4, p.95-102, 6 ill. A small student geography. ISSN 0167-4994.

1916
Ruitinga, Lida; Storms, Martijn: Fantasia Cartographica : een fantastische wereld in kaart gebracht. In: Caert-thresoor : tijdschrift voor de geschiedenis van de kartografie in Nederland. 23.2004,4, p.83-88, 6 ill. Fantasia Cartographica : mapping a world of fantasy. ISSN 0167-4994.

1917
Schweikart, Jürgen: Visualisieren von Geodaten : Grundlagen der Kartenerstellung. In: Geoinformationssysteme im Gesundheitswesen : Grundlagen und Anwendungen. Ed.: Schweikart, Jürgen, Kistemann, Thomas. – Heidelberg: Herbert-Wichmann-Verlag., p.37-53, 8 ill., 3 tab.

1918
Slocum, Terry A.; Sluter, Robert S.; Kessler, Fritz C.; Yoder, Stephen C.: A qualitative evaluation of MapTime, a program for exploring spatiotemporal point data. In: Cartographica. 39.2004,3, p.43-68, 8 ill., 3 tab. ISSN 0340-0654; 0317-7173.

1919
Török, Zsolt: Der letzte österreichisch-ungarische Entdecker : Lászlo Almásy und die Expeditionskartographie der Libyschen Wüste. In: Aspekte der Kartographie im Wandel der Zeit : Festschrift für Ingrid Kretschmer zum 65. Geburtstag und anlässlich ihres Übertritts in den Ruhestand. Ed.: Kainz, Wolfgang. Hrsg. von Wolfgang Kainz. – Wien: Geographisches Institut <Wien, Universität> / Arbeitsbereich für Geographie und Kartographie 2004., p.131-140, 1 ill. (Wiener Schriften zur Geographie und Kartographie ; 16).

1920
Wawrik, Franz: Die Karten der Länder Ober- und Niederösterreich im Atlas Blaeu-Van der Hem, mit besonderer Berücksichtigung der Handzeichnungen Julius Mulhusers. In: Aspekte der Kartographie im Wandel der Zeit : Festschrift für Ingrid Kretschmer zum 65. Geburtstag und anlässlich ihres Übertritts in den Ruhestand. Ed.: Kainz, Wolfgang. Hrsg. von Wolfgang Kainz. – Wien: Geographisches Institut <Wien, Universität> / Arbeitsbereich für Geographie und Kartographie 2004., p.141-149, 4 ill. (Wiener Schriften zur Geographie und Kartographie ; 16).

1921
Woodward, David: Cartografia a stampa nell'Italia del Rinascimento : produttori, distributori e destinatari. Ed.: Casti, Emanuela. Translated by Francesca Albini. – Milano: Edizioni Sylvestre Bonnard 2002, 132 p., ill. (Il sapere del libro) Printed maps in the Italian renaissance : producers, distributors and adressees. [Ital.]. [Orig title: Maps and prints in the Italian Renaissance; Contains bibl. references and notes] ISBN 88-86842-34-1.

1922
Zhang, Xianfeng; Pazner, Micha: The icon imagemap technique for multivariate geospatial data visualization : approach and software system. In: Cartography and geographic information science : an official journal of ACSM devoted to the advancement of cartography in all its aspects. 31.2004,1, p.29-41, 10 ill., 1 tab. ISSN 1523-0406.

c. Map Scale, Sheet Layout, Sheet Numbering, and Naming
Kartenmaßstab, Blattschnitt, Blattbezeichnung
Echelle cartographique, découpage des feuilles, numéros et noms des feuilles

1923
Freitag, Ulrich: Kartographische Maßstäbe. In: Aspekte der Kartographie im Wandel der Zeit : Festschrift für Ingrid Kretschmer zum 65. Geburtstag und anlässlich ihres Übertritts in den Ruhestand. Ed.: Kainz, Wolfgang. Hrsg. von Wolfgang Kainz. – Wien: Geographisches Institut <Wien, Universität> / Arbeitsbereich für Geographie und Kartographie 2004., p.159-173, 6 ill. (Wiener Schriften zur Geographie und Kartographie ; 16).

1924
Greve, Dieter: Historische Maßstäbe : ungewöhnliche Verhältnisangaben auf alten Karten – wie entstanden sie?. In: Mecklenburg-Magazin : Regionalbeilage der Schweriner Volkszeitung. 37.2003, p.26.

1925
Schwarz, Uwe: "Schritt für Schritt ... eine halbe stundt gehenss" : vom Zeit- zum Metermaß. In: Wie Zeit vergeht. Ed.: Schäfke, Werner. – Köln: DuMont 1999., p.102-105, 2 ill.

d. Map Projection, Mathematical Cartography
Kartennetzentwurf, mathematische Kartographie
Projection cartographique, cartographie mathématique

1926
Biró, Péter: A csillagászati geodézia helye a XXI. században. In: Geodézia és kartográfia. 56.2004,2, p.3-11, 5 ill. The role of geodetic astronomy in the 21st century. [Hung. with Engl. rés.].

1927
Cabello Justo, Sergio: Geometric problems in cartographic networks = Geometrische problemen in kartografische netwerken. Ed.: Technische Universiteit <Delft> / Onderzoekschool voor Computersystemen en Beeldsystemen. – Delft: Technische Universiteit <Delft> / Onderzoekschool voor Computersystemen en Beeldsystemen 2004, 134 p., ill., mp. (ASCI dissertation series ; 99). [Zugl.: @Utrecht, Univ., Diss., 2004].

1928
Čapek, Richard; Forstová, Jana: The cartographic projection of R.B. Putninš. In: Cartographica. 39.2004,4, p.15-25, 1 ill., 8 tab. ISSN 0340-0654; 0317-7173.

1929
Die Peters-Projektion : Abbild oder Zerrbild unserer Erde ; Weltkarte im Streit der Meinungen. In: Unicef-Prisma. 1.1986, p.7, 6 mp.

1930
Die Peters-Projektion : Weltpresse, Fachpresse. – München-Solln: Universum-Verlag 1982, 35 p., ill., mp.

1931
Die Peters-Projektion im Urteil der Fachwelt. By: Buchholz, Walter. – München-Solln: Universum-Verlag 1982, [20] Bl.

1932
Die sogenannte Peters-Projektion : eine Stellungnahme der Deutschen Gesellschaft für Kartographie. Ed.: Deutsche Gesellschaft für Kartographie. Deutsche Gesellschaft für Kartographie 1984, 6 p.

1933
Dorozynski, Alexander: The Peters world map: is it an improvement?. In: Canadian Geographic. 97.1978,Aug/Sept, p.24-28, 6 mp. ISSN 0706-2168.

1934
Ekman, Martin: Latitud, longitud, höjd och djup : referenssystem och kartprojektioner inom geodesi, Hydrografi och navigation. Ed.: Kartografiska Sällskapet. – [Gävle]: Kartografiska Sällskapet 2002, 138 p., ill., mp. (Skrifter / Kartografiska Sällskapet ; 17) Latitude, longitude, height and depth : reference-system and map projections in geodesy, hydrography and navigation. [Swed.]. ISBN 91-631-3170-6.

1935
Gerl, Arnim: Fridericus Amman und die Geographie. In: Neutraublinger Blätter : Beiheft zum Jahresbericht ... des Gymnasiums Neutraubling. 3.2001/2002, p.103-118, 2 ill.

1936
Gosudarstva i territorii mira : spravočnik. Ed.: Federal'naja Služba Geodezii i Kartografii Rossii. Red.: V. V. Škurkov. – Moskva: Kartgeocentr – Geodezizdat 1999, 73 p. States and territories of the world : directory. [Russ.]. ISBN 5-86066-022-7.

1937
Gradnetz und Gitter. Ed.: Deutsche Gesellschaft für Kartographie / Kommission für Kartennutzung. – Stuttgart: Landesvermessungsamt Baden-Württemberg 2003, 1 Faltblatt.

1938
Györffy, János; Klinghammer, István: Die kleinmaßstäbige Darstellung von Europa in Projektionen geringster Verzerrung : die Basis für einen Europa-Atlas. In: Kartographische Nachrichten : KN ; Fachzeitschrift für Geoinformation und Visualisierung ; Organ der Deutschen Gesellschaft für Kartographie e.V., der Schweizerischen Gesellschaft für Kartographie und der Österreichischen Kartographischen Kommission in der Österreichischen Geographischen Gesellschaft. 54.2004,6, p.262-268, 3 ill., 1 tab. ISSN 0022-9164.

1939
Harsson, Bjørn Geirr: Om den nye standarden Koordinatbasert referansesystem (KRS). In: Kart og plan : vitenskapelig tidsskrift. 97.2004,1, p.57-60, 1 ill. About the new Norwegian standard, which is related to the ISO19111 Geographic information : spatial referencing by coordinates. [Norw. with Engl. rés.]. ISSN 0047-3278.

1940
Hüttermann, Armin: The prize of the British Board of Longitude and the German astronomer Tobias Mayer. In: European journal of navigation. 3, p.65-71, 5 ill. ISSN 1571-473X.

1941
Ipbuker, Cengizhan: Numerical evaluation of the Robinson projection. In: Cartography and geographic information science : an official journal of ACSM devoted to the advancement of cartography in all its aspects. 31.2004,2, p.79-88, 3 ill., 12 tab. ISSN 1523-0406.

1942
Joó, István: A vertikális felszínmozgások sebességeinek és hányadosainak hatók szerinti szétválasztása. In: Geodézia és kartográfia. 56.2004,10, p.16-20, 2 tab. Resolving into components of the vertical movements' velocities and quotients according to geologo-geophysical acting. [Hung. with Engl. rés.].

1943
Kinneen, R. W.; Featherstone, Will E.: An empirical comparison of coordinate transformations from the Australian geodetic datum (AGD66 and AGD84) to the geocentic datum of Australia (GDA94). In: Journal of spatial science. 2.2004, p.1-30, 15 tab., 19 ill.

1944
Komjáti, Gábor; Joó, István; Balázsik, Valéria: A nagyalföld déli része függőleges mozgásainak vizsgálata és modellezése. In: Geodézia és kartográfia. 56.2004,11, p.10-17, 13 ill., 8 tab. Investigation and modelling of the recent vertical movements in the southern part of the Great Hungarian Plain. [Hung. with Engl. rés.].

1945
Krüger, Louis: Formeln zur konformen Abbildung des Erdellipsoids in der Ebene. – Berlin: E. S. Mittler und Sohn ; Selbstverlag 1919, 63 p.

1946
Krüger, Louis: Konforme Abbildung des Erdellipsoids in der Ebene. – Leipzig: Teubner 1912, IX, 172 p., ill. (Veröffentlichungen des Geodätischen Instituts in Potsdam ; N.F., 52).

1947
Kumar, Naresh: Frequency histogram legend in the choropleth map : a substitute to traditional legends. In: Cartography and geographic information science : an official journal of ACSM devoted to the advancement of cartography in all its aspects. 31.2004,4, p.217-236, 9 ill., 6 tab. ISSN 1523-0406.

1948
LA stellt vor: Die Peters-Karte. In: Lehrmittel aktuell : LA ; Informationen für die Unterrichtspraxis. 3.1981, p.30-31, 2 ill. ISSN 0931-1998 0341-8243.

1949
Liss, Carl-Christoph: Zum Problem der Verzerrungen auf Weltkarten : Kritik des Kartennetzentwurfs von A. Peters. In: Geographische Rundschau. 25.1973,10, p.399-401, 1 ill.

1950
Márton, Mátyás; Györffy, Janos: Óceánok térképi ábrázolása Baranyi IV. vetületének osztott változatában. In: Geodézia és kartográfia. 56.2004,1, p.7-11, 4 ill. Thematic maps of oceans in a modified version of Baranyi's projection IV. [Hung. with Engl. rés.].

1951
Million, Claude: Organisation du calcul d'un vecteur GPS exprimé en coordonnées cartésiennes trirectangulaires géocentriques. In: XYZ : revue de l'Association Française de Topographie. 87.2001,2, p.56-59, 5 ill. ISSN 0290-9057.

1952
Molnár, Gábor; Timár, Gábor: A legjobb vízszintes illeszkedést biztosító Molodensky-paraméterek meghatározása azonos pontok adatai alapján. In: Geodézia és kartográfia. 56.2004,4, p.9-13 Determination of the parameters of the abridged Molodensky formulae providing the best horizontal fit. [Hung. with Engl. rés.].

1953
Monmonier, Mark: Practical and emblematic roles of the American polyconic projection. In: Aspekte der Kartographie im Wandel der Zeit : Festschrift für Ingrid Kretschmer zum 65. Geburtstag und anlässlich ihres Übertritts in den Ruhestand. Ed.: Kainz, Wolfgang. Hrsg. von Wolfgang Kainz. – Wien: Geographisches Institut <Wien, Universität> / Arbeitsbereich für Geographie und Kartographie 2004., p.93-99, 3 ill. (Wiener Schriften zur Geographie und Kartographie ; 16).

1954
Monmonier, Mark Stephen: Rhumb lines and map wars : a social history of the Mercator projection. Ed.: Univ. of Chicago Press. Univ. of Chicago Press 2004, XIV, 242 p., ill., mp.

1955
Novák, Václav: Matematicko-kartografické modelování v geografickém výzkumu. In: Kulturní krajiny v průmyslových oblastech : sborník referatů k XVII. sjezdu Československé geografické společnosti v Ostravě ve dnech 6. – 10.7.1987 ; svazek II. Ed.: Czechoslovak Geographical Society <Československá Geografická Společnost>. – Brno: Czechoslovak Geographical Society <Československá Geografická Společnost> 1987., p.236-249, 1 ill. [Czech].

1956
Rappo, Andreas; Cecconi, Alessandro ; Burghardt, Dirk;: Fischaugenprojektionen für generalisierte Kartendarstellungen auf kleinen Bildschirmen. In: Kartographische Nachrichten : KN ; Fachzeitschrift für Geoinformation und Visualisierung ; Organ der Deutschen Gesellschaft für Kartographie e.V., der Schweizerischen Gesellschaft für Kartographie und der Österreichischen Kartographischen Kommission in der Österreichischen Geographischen Gesellschaft. 54.2004,2, p.73-79, 7 ill. ISSN 0022-9164.

1957
Sickle, Jan van: Basic GIS coordinates. – Boca Raton, Fla. [u.a.]: CRC Press 2004, 173 p., ill., mp. ISBN 0-415-30216-1.

1958
Späth, Helmut: Zur numerischen Berechnung der ebenen Helmert-Trans-formation bei unterschiedlichen Maßstabsfaktoren. In: Allgemeine Vermessungs-Nachrichten : AVN ; Zeitschrift für alle Bereiche des Vermessungswesens. 111.2004,7, p.270-272. ISSN 0002-5968.

1959
Strebe, Daan: The design of globe gores. In: Cartographic perspectives : journal of the North American Cartographic Information Society. 42.2002, p.46-54, 17 ill. ISSN 1048-9053.

1960
Stückelberger, Alfred: Der geographische Atlas des Ptolemaios, ein oft verkanntes Meisterwerk. In: Jahrbuch des Oberösterreichischen Musealvereines, Gesellschaft für Landeskunde / I, Abhandlungen. 149.2004, p.31-39, 3 ill.

1961
Vaniček, P.; Najafi-Alamdari, M.: Proposed new cartographic mapping for Iran. In: Journal of spatial science. 2.2004, p.31-42, 8 ill.

e. Legend, Drafting Instructions, Map Specifications, Symbol Legends
Legende, Zeichenvorschriften, Musterblätter, Signaturenmaßstab
Légende, spécifications cartographiques, échelle d'un symbole

1962
Blumenfeld, Hervé: Stratification de cartes et aménagement. In: Trois siècles de cartographie en Ile-de-France Volume 1. Ed.: Institut d'Aménagement et d'Urbanisme de la Région d'Ile-de-France. Institut d'Aménagement et d'Urbanisme de la Région d'Ile-de-France 1997. (Cahiers de l'Institut d'Aménagement et d'Urbanisme de la Région d'Ile-de-France ; 119.1997).

1963
Blumenfeld, Hervé; Dugény, François; Thibault, Christian; Vivien, Jean-François: Carte de France type 1922. In: Trois siècles de cartographie en Ile-de-France Volume 1. Ed.: Institut d'Aménagement et d'Urbanisme de la Région d'Ile-de-France. Institut d'Aménagement et d'Urbanisme de la Région d'Ile-de-France 1997., p.170-195, 47 ill. (Cahiers de l'Institut d'Aménagement et d'Urbanisme de la Région d'Ile-de-France ; 119.1997).

1964
Blumenfeld, Hervé; Hermelin, Michel; Thibault, Christian: La carte de France dite carte "d'État Major". In: Trois siècles de cartographie en Ile-de-France Volume 1. Ed.: Institut d'Aménagement et d'Urbanisme de la Région d'Ile-de-France. Institut d'Aménagement et d'Urbanisme de la Région d'Ile-de-France 1997., p.114-141, 33 ill. (Cahiers de l'Institut d'Aménagement et d'Urbanisme de la Région d'Ile-de-France ; 119.1997).

1965
Blumenfeld, Hervé; Thibault, Christian: La carte de France type 1900. In: Trois siècles de cartographie en Ile-de-France Volume 1. Ed.: Institut d'Aménagement et d'Urbanisme de la Région d'Ile-de-France. Institut d'Aménagement et d'Urbanisme de la Région d'Ile-de-France 1997., p.142-169, 33 ill. (Cahiers de l'Institut d'Aménagement et d'Urbanisme de la Région d'Ile-de-France ; 119.1997).

1966
Freitag, Ulrich: Kartographische Maßstäbe. In: Aspekte der Kartographie im Wandel der Zeit : Festschrift für Ingrid Kretschmer zum 65. Geburtstag und anlässlich ihres Übertritts in den Ruhestand. Ed.: Kainz, Wolfgang. Hrsg. von Wolfgang Kainz. – Wien: Geographisches Institut <Wien, Universität> / Arbeitsbereich für Geographie und Kartographie 2004., p.159-173, 6 ill. (Wiener Schriften zur Geographie und Kartographie ; 16).

1967
Galambos, Csilla: A színelmélet alkalmazása tematikus térképeken. In: Geodézia és kartográfia. 56.2004,12, p.9-14, 9 ill. Colour management of thematic maps. [Hung. with Engl. rés.].

1968
Geologische Kartieranleitung : allgemeine Grundlagen ; mit 6 Tabellen. Fachl. Red.: Carsten Schwarz. – Stuttgart: Schweizerbart 2002, 135 p., mp. (Geologisches Jahrbuch : Sonderhefte; Reihe G, Informationen aus den Bund/Länder-Arbeitsgruppen der Staatlichen Geologischen Dienste in der Bundesrepublik Deutschland ; 9).

1969
Guidelines for the compilation of geological maps : general principles. Ed.: Schwarz, Carsten; Katzschmann, Lutz; Radzinski, Karl-Heinz. – Stuttgart: Schweizerbart 2004, 135 p., ill., mp. (Geologisches Jahrbuch : Sonderhefte; Reihe G, Informationen aus den Bund/Länder-Arbeitsgruppen der Staatlichen Geologischen Dienste in der Bundesrepublik Deutschland ; H.12). ISBN 3-510-95925.

1970
Lobben, Amy; Patton, David K.: Design guidelines for digital atlases. In: Cartographic perspectives : journal of the North American Cartographic Information Society. 44.2003, p.51-62. ISSN 1048-9053.

1971
Poersch, Fritz: Richtlinien für die Bearbeitung der russischen Karte 1:50 000 u. 1:100 000. – [Berlin]: 1943, [13] p., ill., mp., tab. + 2 suppl.

1972
Rockwell, Ken: Date codes for later H.M. Gousha Maps, 1979-1996. In: Information bulletin / Western Association of Map Libraries. 35.2004,3, p.156, 1 tab. ISSN 0049-7282.

1973
Rothenbühler, Christine: Erfassung und Darstellung der Geomorphologie im Gebiet Bernina (GR) mit Hilfe von GIS. In: Entwicklungstendenzen und Zukunftsperspektiven in der Geomorphologie : Publikation zur Jahrestagung der Schweizerischen Geomorphologischen Gesellschaft (SGmG) anlässlich des 180. Jahreskongresses der Schweizerischen Akademie der Naturwissenschaften (SANW). Ed.: Maisch, Max. – Zürich: ., p.117-126, 6 ill.

1974
Stroeven, M.H.; Feringa, W.F.; Mijland, P.A.: Druckwerk vanuit GIS : naar een voorspelbaar resultaat. In: Geo-Info : tijdschrift voor Geo-Informatie Nederland, GIN. 1.2004,7/8, p.296-301,3 ill. Printing from GIS : towards a predictable result. [Dutch]. ISSN 1572-5464.

1975
Symbols for topographic maps of scales 1:25000, 1:50000 and 1:100000. Ed.: Lee, Kent D. – Minneapolis: East View Cartographic 1997, 113 p., [4] Faltbl. [Reprint: Moscow 1983] ISBN 1-879944-37-7.

1976
Zeichenerklärung für die Deutsche Grundkarte 1:5 000. Ed.: Landesvermessungsamt Nordrhein-Westfalen. – Bonn: Landesvermessungsamt Nordrhein-Westfalen 1988, [4] p.

1977
Zeichenvorschrift, Instruktion und Redaktionsanweisung für die Bearbeitung der Topographischen Karten 1:25000, 1:50000, 1:100000, 1:200000 und der Topographischen Karte 1:200000 (zweisprachig) : ACD 13-16. Ed.: Deutschland <DDR> / Verwaltung Vermessungs- und Kartenwesen. Ministerium für Innere Angelegenheiten, Verwaltung Vermessungs- und Kartenwesen. – Berlin: Deutschland <DDR> / Verwaltung Vermessungs- und Kartenwesen 1990, 263 p., ill., 3 suppl. [Germ. and Russ.].

f. Generalization
Generalisierung
Généralisation

1978
Casakin, H.: Schematizing maps for wayfinding tasks : the role of 45° angular constraints, prototypical branching points and urban components. In: Journal of spatial science. 2.2004, p.99-111, 4 tab., 6 ill.

1979
Gökgöz, Türkay; Selçuk, Mehmet: A new approach for the simplification of contours. In: Cartographica. 39.2004,4, p.37-44, 7 ill. ISSN 0340-0654; 0317-7173.

1980
Millward, Hugh: A vector-GIS extension for generalization of binary polygon patterns. In: Cartographica. 39.2004,4, p.55-64, 5 ill., 2 tab. ISSN 0340-0654; 0317-7173.

1981
Pun-Cheng, Lilian S.C. ; Li, Zhilin; Gao, Wenxiu: An automated system for multi-scale vegetation mapping. In: Cartographica. 39.2004,4, p.89-95, 8 ill., 2 tab. ISSN 0340-0654; 0317-7173.

g. Geographical Names, Toponymy
Namenschreibung, Ortsnamenkunde
Orthographie des noms géographiques, toponymie

1982
Bartos-Elekes, Zsombor: Német helységnévadas és névhasználat a XIX. századi Erdélyben. In: Geodézia és kartográfia. 56.2004,9, p.11-18 German toponomastics and usage of toponyms in Transsylvania in the 19th century. [Hung. with Engl. rés.].

1983
Broome, Rodney: Terra incognita : the true story of how America got its name. Ed.: Educare Press. – Seattle, WA: Educare Press 2001, XXIV, 188 p., ill., mp. [Literaturverz. p.173-175].

1984
Brun-Trigaud, Guylaine: Du crayon à l'ordinateur : une nouvelle interprétation des atlas linguistiques. In: Dialectologie et toponymie : actes du 8e Colloque de Dialectologie et de Littérature du Domaine d'Oïl Occidental (Université d'Avingnon, 12-13 juin 2002). Ed.: Brasseur, Patrice. – Avignon: Centre d'Études Canadiennes <Avignon> 2004., p.11-21, 11 ill.

1985
Cassi, Laura: Montagna e nomi di luogo. In: Bollettino della Associazione Italiana di Cartografia. 41.2004,120, p.43-49, 2 ill. Mountains and place names. [Ital.]. ISSN 0044-9733.

1986
Crom, Wolfgang: Das Projekt "Geographische Namen Europas" : eine Datenbank für 17 europäische Länder. In: Kartographische Nachrichten : KN ; Fachzeitschrift für Geoinformation und Visualisierung ; Organ der Deutschen Gesellschaft für Kartographie e.V., der Schweizerischen Gesellschaft für Kartographie und der Österreichischen Kartographischen Kommission in der Österreichischen Geographischen Gesellschaft. 54.2004,3, p.129-130. ISSN 0022-9164.

1987
Delavigne, Raymond: Lieux nommés, liens d'histoire : entre les "Parisii" (Parisiens) et les "Carnutes" (Chartrains). In: Trois siècles de cartographie en Ile-de-France Volume 2. Ed.: Institut d'Aménagement et d'Urbanisme de la Région d'Ile-de-France. Institut d'Aménagement et d'Urbanisme de la Région d'Ile-de-France 1998., p.140-156, 14 ill. (Cahiers de l'Institut d'Aménagement et d'Urbanisme de la Région d'Ile-de-France ; 120.1998).

1988
Dialectologie et toponymie : actes du 8e Colloque de Dialectologie et de Littérature du Domaine d'Oïl Occidental (Université d'Avingnon, 12-13 juin 2002). Ed.: Brasseur, Patrice. – Avignon: Centre d'Études Canadiennes <Avignon> 2004, 202 p., ill., mp. ISBN 2-9511963-1-8.

1989
Die Benennung der Straßen, Plätze und Brücken in der Stadt Frankfurt am Main. Ed.: Magistrat der Stadt Frankfurt am Main, Dezernat Planung und Sicherheit. Magistrat der Stadt Frankfurt am Main, Dezernat Planung und Sicherheit 2001, 39 p., ill., mp.

1990
Die Stadt Potsdam und ihre Schwestern. By: Ziegner, Joachim. – Potsdam: J. Ziegner 2003, 124 p., ill., mp.

1991
Géonomenclature historique des lieux habités : rapport. Ed.: France / Direction des Archives. – Paris: France / Direction des Archives 2003, 40 p.

1992
Guino,, Norbert: Mémento de toponymie. – Digoin: Selbstverlag 2004, 125 p.

1993
Hausner, Isolde: Die "United Nations Group of Experts on Geographical Names" (UNGEGN) und die Standardisierung geographischer Namen. In: Aspekte der Kartographie im Wandel der Zeit : Festschrift für Ingrid Kretschmer zum 65. Geburtstag und anlässlich ihres Übertritts in den Ruhestand. Ed.: Kainz, Wolfgang. Hrsg. von Wolfgang Kainz. – Wien: Geographisches Institut <Wien, Universität> / Arbeitsbereich für Geographie und Kartographie 2004., p.184-189 (Wiener Schriften zur Geographie und Kartographie ; 16).

1994
Höfer, András: Zur Schreibweise der Namen auf den Karten Nepals. In: Arbeiten aus Nepal : Erwin Schneider zum Gedächtnis. – Innsbruck: Universitätsverlag Wagner 2004., p.127-132 (Hochgebirgsforschung ; 9).

1995
Jordan, Peter: Ortsnamen als Kulturgut : die symbolische Wirkung von Ortsnamen auf Ortstafeln und in Karten. In: Der Ortstafelkonflikt in Kärnten – Krise oder Chance? = Spor zaradi krajevnih napisov na Koroškem – kriza ališansa?. Ed.: Pandel, Martin. – Wien: 2004., p.216-229 (Ethnos : Schriftenreihe d. Forschungsstelle für Nationalitäten- und Sprachenfragen, Marburg, Lahn ; 64).

1996
Jordan, Peter: Überlegungen zur Definition der Begriffe "Endonym" und "Exonym". In: Aspekte der Kartographie im Wandel der Zeit : Festschrift für Ingrid Kretschmer zum 65. Geburtstag und anlässlich ihres Übertritts in den Ruhestand. Ed.: Kainz, Wolfgang. Hrsg. von Wolfgang Kainz. – Wien: Geographisches Institut <Wien, Universität> / Arbeitsbereich für Geographie und Kartographie 2004., p.190-196 (Wiener Schriften zur Geographie und Kartographie ; 16).

1997
Kadmon, Naftali: Toponymy and geopolitics : the political use – and misuse – of geographical names. In: The Cartographic Journal. 41.2004,2, p.85-87. ISSN 0008-7041.

1998
Kaemmerer, Margarete: Ortsnamenverzeichnis der Ortschaften jenseits von Oder und Neiße = Müllers Verzeichnis der jenseits der Oder-Neisse gelegenen, unter fremder Verwaltung stehenden Ortschaften. – Leer: Rautenberg 1988, 230 p., mp. – 3. erw. Aufl. ISBN 3-7921-0368-0.

1999
Kerfoot, Helen: Geographical names : some current issues in the context of the United Nations. In: The Cartographic Journal. 41.2004,2, p.89-94,4 ill. ISSN 0008-7041.

2000
Kremer, Ludger; Sodmann, Timothy: Die Sammlung und Publikation der Flurnamen des Westmünsterlandes. In: NÖV : Nachrichten aus dem öffentlichen Vermessungsdienst Nordrhein-Westfalen. 37.2004,1, p.43-54, 2 ill.

2001
Laîné, Stéphane: Évolution de la graphie des toponymes dans les cartes de la Manche du XVIIe au XIXe s. In: Dialectologie et toponymie : actes du 8e Colloque de Dialectologie et de Littérature du Domaine d'Oïl Occidental (Université d'Avingnon, 12-13 juin 2002). Ed.: Brasseur, Patrice. – Avignon: Centre d'Études Canadiennes <Avignon> 2004., p.145-173, 7 tab.

2002
Latvijas Republikas ģeogrāfiskie nosaukumi : kartēm mērogā 1 : 1000000. Ed.: Latvija / Land Service. Red.: Zinta Goba. – Rīga: Latvija / Land Service 2004, 94 p., 3 mp.-suppl. Concise gazetteer of the Republic of Latvia. [Latv. and Engl.].

2003
Liepeck, Udo; Mantel, Daniela: Karten mischen in der Datenbank : Multi-resolution/multi-representation-Datenbanken integrieren geowissenschaftliche Datenbestände. In: Virtuelle Welten : wie GIS die Geowissenschaften verändern. Ed.: Universität Hannover; Freundeskreis der Universität Hannover. – Hannover: Universität Hannover; Freundeskreis der Universität Hannover 2003., p.56-59, 7 ill. (Unimagazin Hannover : Zeitschrift der Leibniz-Universität Hannover ; Mitteilungen des Freundeskreises der Universität Hannover ; 2003,3/4).

2004
Linee guida per la normalizzazione dei nomi geografici ad uso degli editori di cartografia ed altri editori = Toponymic guidelines for map editors and other editors (Italy). Ed.: Cantile, Andrea. – Firenze: Istituto Geografico Militare 2004, 149 p., ill., mp. (L'universo : geografia, cartografia, studi urbani, territoriali e ambientali). [Ital.].

2005
Maetzke, Susanne: Die Vergangenheit wahrnehmen, die Zukunft gestalten – das Stadtarchiv informiert: Worte auf dem Land, Flurnamen in Werne. In: Nachrichten aus dem Stadtarchiv <Werne>. 3.1999, 23 p., 15 ill. ISSN 1431-6226.

2006
Melchior, G. Heinrich: Die Karte der "Kunders Kürcher Waltung", ihr Landvermesser und einige Flurnamen. In: Mitteilungen des Oberhessischen Geschichtsvereins Giessen. 85.2000, p.205-224, 6 ill., 2 tab. ISSN 0342-1198.

2007
Minert, Roger Philip: Westphalia place name indexes (with Hohenzollern, Lippe, Schaumburg-Lippe, and Waldeck). – Woods Cross, Utah: GRT Publications 2002, X, 128 p., ill., mp. [Engl. and Germ.]. [Includes bibliographical references] ISBN 0-9716906-1-8.

2008
Names of countries and their capital cities : including adjectives of nationality and currency units = noms de pays et de leurs capitales avec les adjectifs de nationalités et unités monétaires. ; Food and Agriculture Organization of the United Nations (FAO). – [Rom]: 2001, Losebl.-Ausg. – Rev. 11. (Terminology bulletin ; 20). [Engl., French, Span., Arab. and Chinese]. [Verzeichnis].

2009
Nestor, Sandy: Cities, towns and villages. – Jefferson, NC [u.a.]: McFarland 2003, VII, 240 p. (Indian placenames in America). [Wörterbuch] ISBN 0-7864-1654-8.

2010
Nomi d'Italia : origine e significato dei nomi geografici e di tutti i comuni. – Novara: 2004, 719 p. Names of Italy : offspring and signification of the geographic names and of all the municipalities. [Contains glossary].

2011
Ormeling, Ferjan: 22 ste zitting van de United Nations Group of Experts on Geographical Names (UNGEGN) in New York. In: Geo-Info : tijdschrift voor Geo-Informatie Nederland, GIN. 1.2004,9, p.362, 1 ill. 22. conference of the United Nations Group of Experts on Geographical Names (UNGEGN) in New York. [Dutch]. ISSN 1572-5464.

2012
Ormeling, Ferjan: Een model voor de verandering van plaatsnamen in het kader van de Europese expansie. In: Caert-thresoor : tijdschrift voor de geschiedenis van de kartografie in Nederland. 23.2004,1, p.5-13, 6 ill., 2 tab. A model for the changing of placenames in the context of the European expansion. ISSN 0167-4994.

2013
Ortsbuch der Bundesrepublik Deutschland. – Frankfurt a. M.: Verl. für Standesamtswesen 2000, CD-ROMs. [Version 1.2000, Okt.; Elektronische Ressource].

2014
Paulig, Helge; Matzke, Uwe: Verwendung geographischer Namen im Unterricht. – Berlin: 2004, 5 p. [Vortrag im Rahmen des Deutschen Schulgeographentags, 27.9.2004].

2015
Pohl, Heinz Dieter: Kärnten – deutsche und slowenische Namen : Bemerkungen zu einem neuen zweisprachigen Ortsverzeichnis. In: Onoma : journal of the International Council of Onomastic Sciences. 36.2001, p.125-142. ISSN 0078-463X.

2016
Pohl, Heinz Dieter: Oronyme aus Pladen/Sappada und den Karnischen Alpen. In: Studi linguistici alpini in onore di Giovan Battista Pellegrini. Ed.: Istituto di Studi per l'Alto Adige <Firenze>. – Firenze: Istituto di Studi per l'Alto Adige <Firenze> 2002., p.89-98.

2017
Przybytek, Rozalia: Ortsnamen baltischer Herkunft im südlichen Teil Ostpreussens = Nazwy miejscowe pochodzenia bałtyckiego w południowej części Prus Wschodnich. – Stuttgart: Franz Steiner Verlag 1993, 361 p., mp. (Hydronymia Europaea : Sonderband ; [1]). [Literaturverz. S. 356 – 360] ISBN 3-515-06449-4.

2018
Rieger, Janusz: Gewässernamen im Flußgebiet des San = Nazwy wodne dorzecza Sanu : Teil I: Die fließenden Gewässer, P – Z, Teil II: Die stehenden Gewässer = Cześc I: Nazwy wód płyn acych, P – Z, Cześc II: Nazwy wód stojacych. – Stuttgart: Franz Steiner Verlag 2004, 202 p., mp. (Hydronymia Europaea ; 18).

2019
Room, Adrian: Placenames of France : over 4000 towns, villages, natural features, regions and departments. Ed.: McFarland & Company. – Jefferson, NC: McFarland & Company 2004, V, 328 p. [Includes bibliographical references (p.327-328)].

2020
Sea of Japan. Ed.: Nihon / Gaimushō = The Ministry of Foreign Affairs of Japan. – [S.l.]: Nihon / Gaimushō = The Ministry of Foreign Affairs of Japan 2002, 2 Bl., 2 Faltbl., mp. [Engl. Ausg.].

2021
Seventh United Nations Conference on the Standardization of Geographical Names : New York, 13-22 January 1998 = Septième Conférence des Nations Unies sur la Normalisation des Noms Géographiques. Ed.: United Nations / Department of Economic and Social Affairs. – New York: United Nations / Department of Economic and Social Affairs 1998.

2022
Vasiliev, Ren: From Abbotts to Zurich : New York State placenames. – Syracuse, NY: Syracuse University Press 2004, XVIII, 258 p., ill. – 1. ed. [Includes bibliographical references (p.253-258)] ISBN 0-8156-0798-9.

2023
Wilson, John P,; Lam, Christine S.; Holmes-Wong, Deborah A.: A new method for the specification of geographic footprints in digital gazetteers. In: Cartography and geographic information science : an official journal of ACSM devoted to the advancement of cartography in all its aspects. 31.2004,4, p.195-207, 8 ill., 1 tab. ISSN 1523-0406.

7. Map Revision
Kartenaktualisierung
Mise à jour des cartes

2024
Bacchus, Michel: Évolution des méthodes de tenue à jour des cartes et bases de données géographiques à l'IGN. In: Le Monde des Cartes : revue du Comité Français de Cartographie. 182.2004, p.52-58, 4 ill. ISSN 1634-3522.

2025
Bakker, N.J.: Kaartrevisie bij de Topografische Dienst. In: Is uw kaart up to date? Visies op kaartrevisie. Ed.: Nederlandse Vereniging voor Kartografie. Werkgroep Kartografische Produktietechnieken. Red. : Chr. J. Snabilié. – Amersfoort: Nederlandse Vereniging voor Kartografie 1995., p.13-20, 10 ill. (NVK publikatiereeks ; 15). [Dutch].

2026
Damoiseaux, M.A.: Kaartrevisie : het wordt nooit meer wat het geweest is. In: Is uw kaart up to date? Visies op kaartrevisie. Ed.: Nederlandse Vereniging voor Kartografie. Werkgroep Kartografische Produktietechnieken. Red. : Chr. J. Snabilié. – Amersfoort: Nederlandse Vereniging voor Kartografie 1995., p.7-12, 3 ill. (NVK publikatiereeks ; 15). [Dutch].

2027
Gericke, Dietrich; Katzur, Lutz: Die Realisierung der Spitzenaktualität durch den Topographischen Informationsdienst. In: Vermessung Brandenburg. 9.2004,2, p.42-53, 5 ill. ISSN 1430-7650.

2028
Heipke, Christian: Erfassung und Aktualisierung von Geoinformationen aus Luft-und Satellitenbildern. In: GeoInformationsSysteme : Grundlagen – Nutzungen – Entwicklungen ; Geoforum 2004 ; Beiträge der gemeinsam von der Fachrichtung Geodäsie und Geoinformatik, Universität Hannover, der Akademie der Geowissenschaften zu Hannover und dem Deutschen Verein für Vermessungswesen, Bezirksgruppe Hannover-Hildesheim organisierten Veranstaltung im Leibnizhaus Hannover, 8. Juni 2004. – Hannover: 2004., p.15-23, 7 ill. (Wissenschaftliche Arbeiten der Fachrichtung Geodäsie und Geoinformatik der Universität Hannover ; 252).

2029
Heipke, Christian: Erfassung und Aktualisierung von Geoinformationen aus Luft-und Satellitenbildern. In: Geoinformationssysteme (GIS) ; Grundlagen – Anwendungen – Entwicklungen. Ed.: Quade, Horst. – Hannover: 2001., p.12-23, 7 ill. (Veröffentlichungen / Akademie der Geowissenschaften zu Hannover ; 24).

2030
Is uw kaart up to date? Visies op kaartrevisie. Ed.: Nederlandse Vereniging voor Kartografie. Werkgroep Kartografische Produktietechnieken. Red. : Chr. J. Snabilié. – Amersfoort: Nederlandse Vereniging voor Kartografie 1995, 44 p., ill., mp. (NVK publikatiereeks ; 15). [Dutch].

2031
Jahard, Yolène; Lemarié, Cécile; Lecordix, François: Implémentation de nouvelles technologies pour automatiser les processus cartographiques de généralisation et de mise à jour incrémentale. In: Le Monde des Cartes : revue du Comité Français de Cartographie. 179.2004, p.38-47, 10 ill. ISSN 1634-3522.

2032
Kruif, J.C.P. de: Actualisatie Utrechtse stadskaarten. In: Kaartvervaardiging door steden. Ed.: Nederlandse Vereniging voor Kartografie. Red.: Chr. J. Snabilié. Werkgroep Kartografische Productietechnieken. – Amersfoort: Nederlandse Vereniging voor Kartografie 1995., p.19-21, 3 ill. (NVK publikatiereeks ; 13). [Dutch].

2033
Lalesse, A.J.: Actualisering van zeekaarten. In: Is uw kaart up to date? Visies op kaartrevisie. Ed.: Nederlandse Vereniging voor Kartografie. Werkgroep Kartografische Produktietechnieken. Red. : Chr. J. Snabilié. – Amersfoort: Nederlandse Vereniging voor Kartografie 1995., p.37-40, 5 ill. (NVK publikatiereeks ; 15). [Dutch].

2034
Muller, W.H.B.: "75 jaar kaartrevisie". In: Is uw kaart up to date? Visies op kaartrevisie. Ed.: Nederlandse Vereniging voor Kartografie. Werkgroep Kartografische Produktietechnieken. Red. : Chr. J. Snabilié. – Amersfoort: Nederlandse Vereniging voor Kartografie 1995., p.41-44 (NVK publikatiereeks ; 15). [Dutch].

2035
Niederöst, Markus: Detection and reconstruction of buildings for automated map updating. Ed.: Institut für Geodäsie und Photogrammetrie <Zürich>. – Zürich: Institut für Geodäsie und Photogrammetrie <Zürich> 2003, IX, 139 p., ill., mp. (Mitteilungen / Institut für Geodäsie und Photogrammetrie an der Eidgenössischen Technischen Hochschule Zürich ; 78). [Zugl.: Zürich, Techn. Hochsch., Diss., 2002. (Diss ETH 14909); Zsfassung in engl. u. dt. Sprache] ISBN 3-906467-40-6.

2036
Russchen, J.: Revisie van een schoolatlas. In: Is uw kaart up to date? Visies op kaartrevisie. Ed.: Nederlandse Vereniging voor Kartografie. Werkgroep Kartografische Produktietechnieken. Red. : Chr. J. Snabilié. – Amersfoort: Nederlandse Vereniging voor Kartografie 1995., p.21-25, 3 ill. (NVK publikatiereeks ; 15). [Dutch].

2037
Russchen, J.: Revisie van een schoolatlas. In: Is uw kaart up to date? Visies op kaartrevisie. Ed.: Nederlandse Vereniging voor Kartografie. Werkgroep Kartografische Produktietechnieken. Red. : Chr. J. Snabilié. – Amersfoort: Nederlandse Vereniging voor Kartografie 1995., p.21-25, 3 ill. (NVK publikatiereeks ; 15).

2038
Stolz, Werner: LFC-Satellitenbilder und ihre Anwendungsmöglichkeiten zur Nachführung und Verbesserung von Küstenkarten, speziell Seekarten : Beispiel Po-Delta, Italien ; mit 31 Tabellen. Institut für Geographie d. Univ. München. – München: Geobuch-Verlag 1989, XIX, 185 p., ill., mp. (Münchener geographische Abhandlungen : Reihe A ; 39). [zugl.: München, Univ., Diss., 1989].

2039
Ven, I.C. van der: Raster-in, raster-uit kaartrevisie. In: Is uw kaart up to date? Visies op kaartrevisie. Ed.: Nederlandse Vereniging voor Kartografie. Werkgroep Kartografische Produktietechnieken. Red. : Chr. J. Snabilié. – Amersfoort: Nederlandse Vereniging voor Kartografie 1995., p.31-36, 7 ill. (NVK publikatiereeks ; 15). [Dutch].

2040
Zhang, Chunsun: Updating of cartographic road databases by image analysis. Ed.: Institut für Geodäsie und Photogrammetrie <Zürich>. – Zürich: Institut für Geodäsie und Photogrammetrie <Zürich> 2003, XIII, 165 p. (Mitteilungen / Institut für Geodäsie und Photogrammetrie an der Eidgenössischen Technischen Hochschule Zürich ; 79). [Zugl.: Zürich, Techn. Hochsch., Diss., 2002 (Diss ETH 14934)] ISBN 3-906467-41-4.

F. Map Production, Practical Cartography
Kartenherstellung, Praktische Kartographie
Production des cartes, cartographie pratique

1. General Features
Allgemeines
Généralités

2041
Bogaert, Peter; Vanneuville, Wouter: Zijn enkel mooie plaatjes belangrijk?. In: Geo-Info : tijdschrift voor Geo-Informatie Nederland, GIN. 1.2004,4, p.158-163, 8 ill., 1 tab. Are only pretty pictures important?. [Dutch]. ISSN 1572-5464.

2042
Martz, Lawrence: Moving the Atlas of Saskatchewan from hardcopy (Millennium Edition) to a multi-media (CD-ROM Edition) platform. In: Cartographic perspectives : journal of the North American Cartographic Information Society. 44.2003, p.29-41, 7 ill. ISSN 1048-9053.

2043
Meacham, James E.: State atlas design. In: Cartographic perspectives : journal of the North American Cartographic Information Society. 44.2003, p.42-50, 6 ill. ISSN 1048-9053.

2044
Patterson, Tom: Hal Shelton revisited : designing and producing natural-color maps with satellite land cover data. In: Cartographic perspectives : journal of the North American Cartographic Information Society. 47.2004, p.28-55, 22 ill., 1 tab. ISSN 1048-9053.

2. Traditional Reprographic Techniques
Herkömmliche Zeichen- und Reproduktionsverfahren
Procédés de dessin reprographiques traditionnelles en cartographie

2045
Brunner, Kurt: Fünfzig Jahre moderne Kartentechnik- konventionelle und digitale Technologie. In: 50 Jahre Sektion Karlsruhe der Deutschen Gesellschaft für Kartographie e.V. : Festschrift. Ed.: Kern, Hans F. Hrsg. von Hans F. Kern. – Karlsruhe: Fachhochschule Karlsruhe, Hochschule für Technik, Fachbereich Geoinformationswesen 2004., p.68-73 (Karlsruher geowissenschaftliche Schriften, Reihe A, Kartographie und Geographie ; 16).

2046
Göhler, H.: Automatisches Zeichnen : Lehrbrief 1 ; Grundlagen. Ed.: Ingenieurschule für Geodäsie und Kartographie. – Dresden: Ingenieurschule für Geodäsie und Kartographie 1974, 35 p., 14 ill.

b. Drawing, Engraving and Scribing Techniques
Zeichenverfahren, Gravurverfahren
Procédés de dessin, de gravure simple et avancée, matériaux, instruments

2047
Künzl, Ernst; Fecht, Maiken; Greiff, Susanne: Ein römischer Himmelsglobus der mittleren Kaiserzeit : Studien zur römischen Astralikonographie. In: Jahrbuch des Römisch-Germanischen Zentralmuseums Mainz. 2, p.495-594, 64 ill., 2 tab + 9 Farbtaf. ISSN 0076-2741.

2048
Wawrik, Franz: Die Karten der Länder Ober- und Niederösterreich im Atlas Blaeu-Van der Hem, mit besonderer Berücksichtigung der Handzeichnungen Julius Mulhusers. In: Aspekte der Kartographie im Wandel der Zeit : Festschrift für Ingrid Kretschmer zum 65. Geburtstag und anlässlich ihres Übertritts in den Ruhestand. Ed.: Kainz, Wolfgang. Hrsg. von Wolfgang Kainz. – Wien: Geographisches Institut <Wien, Universität> / Arbeitsbereich für Geographie und Kartographie 2004., p.141-149, 4 ill. (Wiener Schriften zur Geographie und Kartographie ; 16).

c. Map Lettering Techniques
Kartenbeschriftungsverfahren
Procédés des écritures cartographiques

2049
Ellsiepen, Matthias: Formalisierung kartographischen Wissens zur Schriftplazierung in topographischen Karten. Ed.: Institut für Kartographie und Geoinformation. – Bonn: Institut für Kartographie und Geoinformation 2002, 198 p., ill., mp. (Schriftenreihe des Instituts für Kartographie und Topographie der Rheinischen Friedrich-Wilhelms-Universität Bonn ; 29). [Literaturverz. S. [185]-189; Zugl.: Bonn, Univ., Diss., 2002].

f. Reproduction and Presswork
Vervielfältigungsverfahren und Druckverfahren
Procédés reprographiques et procédés d'impression

2050
Burnett, Michael: Working with your printer. In: Cartographic perspectives : journal of the North American Cartographic Information Society. 49.2004, p.64-66. ISSN 1048-9053.

2051
Case, Nat: Small type, screens and color in a postscipt offset printing environment. In: Cartographic perspectives : journal of the North American Cartographic Information Society. 47.2004, p.56-59, 6 ill. ISSN 1048-9053.

2052
Sankey, H. Riall: The maps of the Ordnance Survey : a mid-Victorian view. Ed.: Charles Close Society for the Study of Ordnance Survey Maps. With an introduction by Ian Mumford. – London: Charles Close Society for the Study of Ordnance Survey Maps 1995, [33]p. in various pagings, ill. [Originally published in 1888 in Engineering, a weekly illustrated journal] ISBN 1-87059-814-8.

2053
Siegert, Jutta: "Lithographiert und durch die Presse mit Ölfarben illuminiert" : die Einführung des Steindruckes zur Kartenherstellung bei Justus Perthes in Gotha ; zum 170. Todestag von Alois Senefelder am 26. Februar 2004. In: Gothaisches Museums-Jahrbuch. 7.2004(2003), p.158-166, 3 ill.

2054
Stroeven, M.H.; Feringa, W.F.; Mijland, P.A.: Druckwerk vanuit GIS : naar een voorspelbaar resultaat. In: Geo-Info : tijdschrift voor Geo-Informatie Nederland, GIN. 1.2004,7/8, p.296-301,3 ill. Printing from GIS : towards a predictable result. [Dutch]. ISSN 1572-5464.

2055
Woodward, David: Cartografia a stampa nell'Italia del Rinascimento : produttori, distributori e destinatari. Ed.: Casti, Emanuela. Translated by Francesca Albini. – Milano: Edizioni Sylvestre Bonnard 2002, 132 p., ill. (Il sapere del libro) Printed maps in the Italian renaissance : producers, distributors and adressees. [Ital.]. [Orig title: Maps and prints in the Italian Renaissance; Contains bibl. references and notes] ISBN 88-86842-34-1.

3. Computer-Assisted Map Techniques
Rechnergestützte Kartentechnik
Techniques cartographiques assistées par ordinateur

a. General Features
Allgemeines
Généralités

2056
19ème Conférence Cartographique Internationale: (Ottawa, 14-21 août 1999). – Paris: 1999, 87 p.,ill., mp. (Bulletin du Comité Français de Cartographie ; 162.1999). [Themenheft der Zeitschrift "Bulletin du Comité Français de Cartographie" (162.1999)].

2057
Bachl, Susanne: Erstellung und Einsatz einer analytischen Schummerung – gezeigt am Beispiel frei verfügbarer Geodaten. Ed.: Universität Wien. – Wien: Universität Wien 2004, 116 p., 62 ill., 6 tab.

2058
Buckley, Aileen: Using valid value tables in geodatabase design to define feature types. In: Cartographic perspectives : journal of the North American Cartographic Information Society. 48.2004, p.57-61, 4 ill. ISSN 1048-9053.

2059
Bühler, Jürg: Digitale Angebote in Kartenbibliotheken – vom Konzept zur Realisierung. In: Die digitale Kartenbibliothek : eine Momentaufnahme. Ed.: Bühler, Jürg. – München: Saur 2004., p.37-49 (Bibliographia cartographica / Beiheft ; 1).

2060
Case, Nat: Small type, screens and color in a postscipt offset printing environment. In: Cartographic perspectives : journal of the North American Cartographic Information Society. 47.2004, p.56-59, 6 ill. ISSN 1048-9053.

2061
Cole, Damian: Report on the launch of the new geoscience Australia 250K map series. In: The Globe. 55.2004, p.68. ISSN 0311-3930.

2062
Convergence of imagery, information & maps : XXII INCA international congress, Ahmedabad, October 30 – November 01, 2002. Ed.: Indian National Cartographic Association. [publ. on behalf of INCA by P. K. Srivastava]. – Hyderabad: Indian National Cartographic Association 2003, XIV, 363 p. (Indian cartographer ; 22.2002). [Aufsatzsammlung].

2063
Exploring geovisualization. Ed.: Dykes, Jason. – Amsterdam: Elsevier Science 2005, XIX, 710 p., ill, mp. + 1 CD-ROM. [Aufsatzsammlung] ISBN 0-08-044531-4; 0-08-044533-0.

2064
Feix, Claudia; Schaefer, Oliver; Eulitz, Sven: easyGovernment – Wahlinformationssysteme mit GIS-Technologie am Beispiel der Bundestagswahl 2002. In: geoGovernment : öffentliche Geoinformations-Dienste zwischen Kommune und Europa. Ed.: Strobl, Josef; Griesebner, Gerald. Josef Strobl; Gerald Griesebner (Hrsg.). – Heidelberg: Herbert-Wichmann-Verlag 2003., p.33-39, 5 ill.

2065
GIS-Kartografie. Ed.: Nederlandse Vereniging voor Kartografie. Productie: Y.T.Bouma voor Werkgroep Onderwijs en Onderzoek. – Amersfoort: Nederlandse Vereniging voor Kartografie 1994, 40 p., ill., mp. (NVK publikatiereeks ; 10). [Dutch, partly Engl.].

2066
Kolbe, Thomas H.: AgA-Sitzung 2003 im September in Erfurt : aktuelle \\\"Informationsbörse\\\" unter neuem Vorsitz. In: Kartographische Nachrichten : KN ; Fachzeitschrift für Geoinformation und Visualisierung ; Organ der Deutschen Gesellschaft für Kartographie e.V., der Schweizerischen Gesellschaft für Kartographie und der Österreichischen Kartographischen Kommission in der Österreichischen Geographischen Gesellschaft. 54.2004,1, p.30-31. ISSN 0022-9164.

2067
Kolbe, Thomas H.: Automation in der Kartographie : AgA 2003. In: Photogrammetrie, Fernerkundung, Geoinformation : PFG ; Organ der Deutschen Gesellschaft für Photogrammetrie und Fernerkundung e.V. 2004,2, p.145-148. ISSN 1432-8364.

2068
Krause, Kai-Uwe; Bauer, Olaf ; Hoffmann, Niels: Verteilte Geo- und Planungsdienste für das Portal www.metropolregion.hamburg.de mit Hilfe der CoreMedia© Content Application Platform. In: geoGovernment : öffentliche Geoinformations-Dienste zwischen Kommune und Europa. Ed.: Strobl, Josef; Griesebner, Gerald. Josef Strobl; Gerald Griesebner (Hrsg.). – Heidelberg: Herbert-Wichmann-Verlag 2003., p.67-75, 4 ill.

2069
Kuhlmann, Christian; Markus, Frank; Theurer, Edgar: CAD und GIS in der Stadtplanung : ein Leitfaden zum effizienten Einsatz. – Karlsruhe: Bernhard Harzer Verlag 2003, 151 p., ill., mp. ISBN 3-9803128-6-0.

2070
Lenz, Peter: Rechnergestützte Herstellung der TK50 in Thüringen. In: Arbeitsgruppe Automation in der Kartographie : Tagung 2003. Ed.: Bundesamt für Kartographie und Geodäsie <Deutschland>. – Frankfurt a.M.: Bundesamt für Kartographie und Geodäsie <Deutschland> 2004., p.139-144, 2 ill. (Mitteilungen des Bundesamtes für Kartographie und Geodäsie ; 31; 2004).

2071
Martz, Lawrence: Moving the Atlas of Saskatchewan from hardcopy (Millennium Edition) to a multi-media (CD-ROM Edition) platform. In: Cartographic perspectives : journal of the North American Cartographic Information Society. 44.2003, p.29-41, 7 ill. ISSN 1048-9053.

2072
Matusiak, Krystyna K.; Kenny, Judith T.: Building a digital collection of photos and maps : Milwaukee neighbornhoods at the University of Wisconsin-Milwaukee. In: Cartographic perspectives : journal of the North American Cartographic Information Society. 49.2004, p.66-73, 6 ill. ISSN 1048-9053.

2073
Neteler, Markus: Open source GIS : a GRASS GIS approach. – Boston [u.a.]: Kluwer Academic Publishers 2004, XXXVI, 434 p., ill. – 4. print. (The Kluwer international series in engineering and computer science : SECS). [Includes bibliographical references and index].

2074
Pun-Cheng, Lilian S.C. ; Li, Zhilin; Gao, Wenxiu: An automated system for multi-scale vegetation mapping. In: Cartographica. 39.2004,4, p.89-95, 8 ill., 2 tab. ISSN 0340-0654; 0317-7173.

2075
Schratt, Alexander: Das Potenzial rasterbasierter Desktop VR-Systeme in der Kartographie – gezeigt am Beispiel Naturpark Blockheide. Ed.: Universität Wien. – Wien: Universität Wien 2004, 102 p., 69 ill., 2 tab., 1 CD. [Diplomarbeit].

2076
Spiess, Ernst: Kartenredaktion in einem technologisch veränderten Umfeld. In: Aspekte der Kartographie im Wandel der Zeit : Festschrift für Ingrid Kretschmer zum 65. Geburtstag und anlässlich ihres Übertritts in den Ruhestand. Ed.: Kainz, Wolfgang. Hrsg. von Wolfgang Kainz. – Wien: Geographisches Institut <Wien, Universität> / Arbeitsbereich für Geographie und Kartographie 2004., p.272-281, 13 ill., 1 tab. (Wiener Schriften zur Geographie und Kartographie ; 16).

2077
Stinessen, Wenche: Integrasjon mellom GIS og DAK. In: Kart og plan : vitenskapelig tidsskrift. 97.2004,4, p.236-240, 5 ill., 1 tab. Integration between GIS and CAD. [Norw. with Engl. rés.]. ISSN 0047-3278.

2078
Sun, Wanxiao: Land use classification using high resolution satellite imagery : a new information fusion method ; an application in Landau, Germany. Ed.: Geographisches Institut der Johannes Gutenberg-Univ. – Mainz: Geographisches Institut der Johannes Gutenberg-Univ. 2004, 95 p., ill., mp. + 3 mp.-suppl. (Mainzer geographische Studien ; 49). [Zugl.: Mainz, Univ., Diss., 2004].

2079
Sweetkind-Singer, Julie; Powers, Mike; Derksen, Charlotte: Stanford Geological Survey Access Project. In: Information bulletin / Western Association of Map Libraries. 34.2003,3, p.145-157, 4 ill. ISSN 0049-7282.

2080
Tema: historiske kort. Ed.: Geoforum Danmark. – Frederiksberg: Geoforum Danmark 2004, 75 p., ill., mp. (Geoforum perspektiv : tidsskrift for geografisk information ; 5.2004). [Dan.].

b. Data Acquisition and Data Storage Techniques
Verfahren der Datenerfassung und Datenspeicherung
Procédés de l'acquisition et de la mémorisation des données

2081
Bauer, Georg: Verfahren der Mustererkennung zur automatisierten Erfassung von Leitungsplänen. In: GeoBit : Geoinformatik für die Praxis. 9=17.2004,3, p.16-19, 5 ill. [Titel des Heftes: Geo-Informationssysteme : GIS (aufgegangen in GeoBit)] ISSN 1430-3663.

2082
Dreßler, Uwe: Sicherungskonzept im Liegenschaftskataster. In: Vermessung Brandenburg. 9.2004,1, p.45-56, 3 ill., 2 tab. ISSN 1430-7650.

2083
Dreyer, Roland; Funk, Angela: Infos zum Grund und Boden gescannt. In: GeoBit : Geoinformatik für die Praxis. 2004,11, p.42-43, 3 ill. ISSN 1430-3663.

2084
Kanngiesser, Erich; Eberle, Jürgen: Hamburger Konzept zur Digitalisierung von Bodenschätzungskarten. In: ZfV : Zeitschrift für Geodäsie, Geoinformation und Landmanagement. 129.2004,1, p.52-58, 10 ill., 1 tab. ISSN 1618-8950.

2085
Mittermaier, Roland: Kartographische und systemarchitektonische Anforderungen an eine feldrechnerbasierte Erfassung topographischer Originärdaten – gezeigt am DLM. Ed.: Universität Wien. – Wien: Universität Wien 2004, 232 p., 102 ill., 44 tab. [Diplomarbeit].

2086
Norgate, Jean; Norgate, Martin: Old Hampshire mapped : providing good access to early printed county maps. In: The Cartographic Journal. 41.2004,1, p.47-53, 4 ill. ISSN 0008-7041.

c. Data Processing Techniques, Digital Generalization
Verfahren der Datenaufbereitung, digitale Generalisierung
Procédés de la préparation des données, généralisation numérique

2087
Anand, Suchith; Ware, J. Mark; Taylor, George: Map generalization for location based services : large scale datasets perspective. In: The Bulletin of the Society of Cartographers. 38.2004,2, p.37-40, 3 ill. ISSN 0036-1984.

2088
Bakker, Nico: Generalisatie van topografische kaarten en bestanden. In: Generalisatie met de computer. Ed.: Nederlandse Vereniging voor Kartografie / Werkgroep Onderwijs en Onderzoek. – Amersfoort: Nederlandse Vereniging voor Kartografie / Werkgroep Onderwijs en Onderzoek 1999., p.47-60, 10 ill., 1 tab. (NVK publikatiereeks ; 28) Generalization of topographic maps and archives. [Dutch].

2089
Bard, Sylvain: L'évaluation de la généralisation. In: Bulletin d'information de l'IGN : BI ; recherche ... 74.2003, p.79-86, 6 ill. ISSN 0427-2218.

2090
Bell, Mark; Neuffer, Dieter; Woodsford, Peter: Agent-based generalisation : an update on progress. In: Kartographische Nachrichten : KN ; Fachzeitschrift für Geoinformation und Visualisierung ; Organ der Deutschen Gesellschaft für Kartographie e.V., der Schweizerischen Gesellschaft für Kartographie und der Österreichischen Kartographischen Kommission in der Österreichischen Geographischen Gesellschaft. 54.2004,4, p.170-177, 4 ill. ISSN 0022-9164.

2091
Bildirici, Oztug: Building and road generalization with the CHANGE generalization software using Turkish topographic base map data. In: Cartography and geographic information science : an official journal of ACSM devoted to the advancement of cartography in all its aspects. 31.2004,1, p.43-54, 7 ill., 8 tab. ISSN 1523-0406.

2092
Bregt, Arnold: Generalisatie voor geoinformatie. In: Generalisatie met de computer. Ed.: Nederlandse Vereniging voor Kartografie / Werkgroep Onderwijs en Onderzoek. – Amersfoort: Nederlandse Vereniging voor Kartografie / Werkgroep Onderwijs en Onderzoek 1999., p.61-66, 1 tab. (NVK publikatiereeks ; 28) Generalization of geoinformation. [Dutch].

2093
Bursian, Gerhard; Chudy, Thomas: Externe Lösungsansätze zur Verschneidung von PCMap-Karten. In: Kartographische Nachrichten : KN ; Fachzeitschrift für Geoinformation und Visualisierung ; Organ der Deutschen Gesellschaft für Kartographie e.V., der Schweizerischen Gesellschaft für Kartographie und der Österreichischen Kartographischen Kommission in der Österreichischen Geographischen Gesellschaft. 2, p.72-76. ISSN 0022-9164.

2094
Cheung, Chui Kwan ; Shi, Wenzhong: Estimation of the positional uncertainty in line simplification in GIS. In: The Cartographic Journal. 41.2004,1, p.37-45, 7 ill. ISSN 0008-7041.

2095
Duchêne, Cécile: Coordination multi-agents pour la généralisation automatique. In: Bulletin d'information de l'IGN : BI ; recherche ... 74.2003, p.87-95, 9 ill. ISSN 0427-2218.

2096
Duchêne, Cécile: Généralisation automatique avec des agents communicants. In: Le Monde des Cartes : revue du Comité Français de Cartographie. 179.2004, p.11-19, 10 ill. ISSN 1634-3522.

2097
Elias, Birgit: Straßennetzgeneralisierung mit STROKES. In: Arbeitsgruppe Automation in der Kartographie : Tagung 2003. Ed.: Bundesamt für Kartographie und Geodäsie <Deutschland>. – Frankfurt a.M.: Bundesamt für Kartographie und Geodäsie <Deutschland> 2004., p.47-54, 7 ill. (Mitteilungen des Bundesamtes für Kartographie und Geodäsie ; 31; 2004).

2098
Forsythe, K. Wayne: Pansharpened landsat 7 imagery for improved urban area classification. In: Geomatica. 58.2004,1, p.23-31, 11 ill, 3 tab. ISSN 1195-1036.

2099
Gao, Wenxiu; Gong, Jianya; Li, Zhilin: Thematic knowledge for the generalization of land use data. In: The Cartographic Journal. 41.2004,3, p.245-252, 6 ill., 2 tab. ISSN 0008-7041.

2100
Generalisatie met de computer. Ed.: Nederlandse Vereniging voor Kartografie / Werkgroep Onderwijs en Onderzoek. – Amersfoort: Nederlandse Vereniging voor Kartografie / Werkgroep Onderwijs en Onderzoek 1999, 71 p., ill., mp. (NVK publikatiereeks ; 28) Generalization by computer. [Dutch and Engl.].

2101
Greiwe, Ansgar; Bochow, Mathias; Ehlers, Manfred: Segmentbasierte Fusion geometrisch hoch aufgelöster und hyperspektraler Daten zur Verbesserung der Klassifikationsgüte am Beispiel einer urbanen Szene. In: Photogrammetrie, Fernerkundung, Geoinformation : PFG ; Organ der Deutschen Gesellschaft für Photogrammetrie und Fernerkundung e.V. 2004,6, p.485-494, 7 ill., 3 tab. ISSN 1432-8364.

2102
Große, Bernd: Bedeutung digitaler Altkarten für GIS-Anwendungen in der Landschaftsforschung : Möglichkeiten und Probleme der digitalen Aufbereitung und Nutzung von Altkarten. 2003, 18 p., 31 ill. [Vortrag Bernd Große, Universität Rostock, Freiburg 26.05.2003].

2103
Hu, Xiangyun; Tao, C. Vincente: Automatic highway extraction from high resolution imagery by an energy minimizing based perceptual grouping method. In: Geomatica. 58.2004,1, p.41-50, 8 ill. ISSN 1195-1036.

2104
Jahard, Yolène; Lemarié, Cécile; Lecordix, François: Implémentation de nouvelles technologies pour automatiser les processus cartographiques de généralisation et de mise à jour incrémentale. In: Le Monde des Cartes : revue du Comité Français de Cartographie. 179.2004, p.38-47, 10 ill. ISSN 1634-3522.

2105
Kachouie, Nezamoddin N.; Li, Jonathan; Alirezaie, Javad: A hybrid texture segmentation method for mapping urban land use. In: Geomatica. 58.2004,1, p.9-21, 7 tab. ISSN 1195-1036.

2106
Kada, Martin: 3D building generalization and visualization. In: Photogrammetric Week '03. Ed.: Fritsch, Dieter. – Heidelberg: Herbert-Wichmann-Verlag., p.29-38, 10 ill.

2107
Koua, Etien L. ; Kraak, Menno-Jan: Alternative visualization of large geospatial datasets. In: The Cartographic Journal. 41.2004,3, p.217-228, 7 ill. ISSN 0008-7041.

2108
Linde, Lothar; Kirstein, Werner: Vergleich unterschiedlicher Klassifikationsansätze am Beispiel von hoch auflösenden Satellitenbilddaten im Raum Leipzig. In: Photogrammetrie, Fernerkundung, Geoinformation : PFG ; Organ der Deutschen Gesellschaft für Photogrammetrie und Fernerkundung e.V. 2004,6, p.519-526, 3 ill. ISSN 1432-8364.

2109
Maia do Vale, Giovane ; Porfirio dal Poz, Aluir: Dynamic programming approach for road centerline extraction from digital images. In: Geomatica. 58.2004,4, p.287-295, 6 ill. ISSN 1195-1036.

2110
Mathur, Ajay: Nutzung (und Nutzen) der Multi-Skalaren Datenhaltung und der Generalisierungswerkzeuge für die integrierte Kartographie und Geotopographie. In: Arbeitsgruppe Automation in der Kartographie : Tagung 2003. Ed.: Bundesamt für Kartographie und Geodäsie <Deutschland>. – Frankfurt a.M.: Bundesamt für Kartographie und Geodäsie <Deutschland> 2004., p.155-165, 9 ill. (Mitteilungen des Bundesamtes für Kartographie und Geodäsie ; 31; 2004).

2111
Meng, Liqiu; Töllner, Daniela: Ein Reverse-Engineering-Ansatz zur Generalisierung topographischer Daten. In: Kartographische Nachrichten : KN ; Fachzeitschrift für Geoinformation und Visualisierung ; Organ der Deutschen Gesellschaft für Kartographie e.V., der Schweizerischen Gesellschaft für Kartographie und der Österreichischen Kartographischen Kommission in der Österreichischen Geographischen Gesellschaft. 54.2004,4, p.159-163, 5 ill., 1 tab. ISSN 0022-9164.

2112
Meyer, Thomas H.: The discontinuous nature of kriging interpolation for digital terrain modeling. In: Cartography and geographic information science : an official journal of ACSM devoted to the advancement of cartography in all its aspects. 31.2004,4, p.209-216, 14 ill. ISSN 1523-0406.

2113
Molenaar, Martien: The role of topologic and hierarchical spatial object models in database generalization. In: Generalisatie met de computer. Ed.: Nederlandse Vereniging voor Kartografie / Werkgroep Onderwijs en Onderzoek. – Amersfoort: Nederlandse Vereniging voor Kartografie / Werkgroep Onderwijs en Onderzoek 1999., p.5-27, 14 ill. (NVK publikatiereeks ; 28).

2114
Nakos, B.: The SP-displacement measure for assessing line simplification. In: Journal of spatial science. 1.2004, p.1-12, 3 tab., 10 ill.

2115
Penninga, Friso; Verbree, Edwards; Quak, Wilko; Oosterom, Peter van: Genereren van een 6-positie postcodebestand op basis van de kadastrale registratie. In: Geo-Info : tijdschrift voor Geo-Informatie Nederland, GIN. 1.2004,2, p.70-75, 11 ill. Generation of a 6-position postal-code system on the basis of the cadastre registration. [Dutch]. ISSN 1572-5464.

2116
Putten, Judith van; Oosterom, Peter van: New results with generalized area partitioning. In: Generalisatie met de computer. Ed.: Nederlandse Vereniging voor Kartografie / Werkgroep Onderwijs en Onderzoek. – Amersfoort: Nederlandse Vereniging voor Kartografie / Werkgroep Onderwijs en Onderzoek 1999., p.35-45, 22 ill. (NVK publikatiereeks ; 28).

2117
Rappo, Andreas; Cecconi, Alessandro ; Burghardt, Dirk;: Fischaugenprojektionen für generalisierte Kartendarstellungen auf kleinen Bildschirmen. In: Kartographische Nachrichten : KN ; Fachzeitschrift für Geoinformation und Visualisierung ; Organ der Deutschen Gesellschaft für Kartographie e.V., der Schweizerischen Gesellschaft für Kartographie und der Österreichischen Kartographischen Kommission in der Österreichischen Geographischen Gesellschaft. 54.2004,2, p.73-79, 7 ill. ISSN 0022-9164.

2118
Rauh, Jürgen; Hesse, Roland; Spichale, Christoph: Einsatz agentenbasierter Mikrosimulation für kleinräumige Bevölkerungsprognosen – am Fallbeispiel von Regensburg. In: GeoBit : Geoinformatik für die Praxis. 9=17.2004,12, p.27-34, 8 ill. [Titel des Heftes: Geo-Informationssysteme : GIS (aufgegangen in GeoBit)] ISSN 1430-3663.

2119
Ruas, Anne; Holzapfel, Florence: Utilisation de connaissance d'experts pour l'automatisation de la caractérisation des alignements de bâtiments. In: Le Monde des Cartes : revue du Comité Français de Cartographie. 179.2004, p.27-37, 16 ill. ISSN 1634-3522.

2120
Ruegsegger, Marianne; Schmid, Christoph; Sieber, René: Raster data in multimedia atlases : benefits and challenges ; examples from the "Atlas of Switzerland – interactive". In: Cartographic perspectives : journal of the North American Cartographic Information Society. 45.2003, p.73-77, 3 ill., 4 tab. ISSN 1048-9053.

2121
Sandau, Rainer: High resolution with small satellites. In: GeoBit : Geoinformatik für die Praxis. 9=17.2004,9, p.37-42, 8 ill., 4 tab. [Titel des Heftes: Geo-Informationssysteme : GIS (aufgegangen in GeoBit)] ISSN 1430-3663.

2122
Schürer, Dietrich; Morgenstern, Dieter: Modellgeneralisierung : theoretische Ansätze und praktische Erfahrungen. In: Kartographische Nachrichten : KN ; Fachzeitschrift für Geoinformation und Visualisierung ; Organ der Deutschen Gesellschaft für Kartographie e.V., der Schweizerischen Gesellschaft für Kartographie und der Österreichischen Kartographischen Kommission in der Österreichischen Geographischen Gesellschaft. 54.2004,4, p.152-159, 7 ill. ISSN 0022-9164.

2123
Sester, Monika: Präsentation von Geodaten für ortsbezogene Anwendungen. In: GeoInformationsSysteme : Grundlagen – Nutzungen – Entwicklungen ; Geoforum 2004 ; Beiträge der gemeinsam von der Fachrichtung Geodäsie und Geoinformatik, Universität Hannover, der Akademie der Geowissenschaften zu Hannover und dem Deutschen Verein für Vermessungswesen, Bezirksgruppe Hannover-Hildesheim organisierten Veranstaltung im Leibnizhaus Hannover, 8. Juni 2004. – Hannover: 2004., p.57-61, 5 ill. (Wissenschaftliche Arbeiten der Fachrichtung Geodäsie und Geoinformatik der Universität Hannover ; 252).

2124
Sester, Monika: Präsentation von Geodaten für ortsbezogene Anwendungen. In: Geoinformationssysteme (GIS) ; Grundlagen – Anwendungen – Entwicklungen. Ed.: Quade, Horst. – Hannover: 2001., p.60-65, 5 ill. (Veröffentlichungen / Akademie der Geowissenschaften zu Hannover ; 24).

2125
Sester, Monika; Brenner, Claus: Continuous generalization for fast and smooth visualization on small displays. In: GeoBit : Geoinformatik für die Praxis. 9=17.2004,9, p.24-30, 8 ill., 2 tab. [Titel des Heftes: Geo-Informationssysteme : GIS (aufgegangen in GeoBit)] ISSN 1430-3663.

2126
Sester, Monika; Kremeike, Katrin; Thiemann, Frank: Automatische Generalisierung raumbezogener Datenbestände. In: Kartographische Nachrichten : KN ; Fachzeitschrift für Geoinformation und Visualisierung ; Organ der Deutschen Gesellschaft für Kartographie e.V., der Schweizerischen Gesellschaft für Kartographie und der Österreichischen Kartographischen Kommission in der Österreichischen Geographischen Gesellschaft. 54.2004,4, p.164-169, 7 ill. ISSN 0022-9164.

2127
Smaalen, John van: Generalization based on topology. In: Generalisatie met de computer. Ed.: Nederlandse Vereniging voor Kartografie / Werkgroep Onderwijs en Onderzoek. – Amersfoort: Nederlandse Vereniging voor Kartografie / Werkgroep Onderwijs en Onderzoek 1999., p.29-33, 9 ill. (NVK publikatiereeks ; 28).

2128
Stadler, Alexandra: Verknüpfung korrespondierender Kartenelemente im Hinblick auf automatisierte Fortführung. Ed.: Technische Universität Wien. – Wien: Technische Universität Wien 2004, 100 p., 37 ill., 3 tab.

2129
Topografische Karten: Kartengrafik und Generalisierung. Ed.: Schweizerische Gesellschaft für Kartographie. [Autorenteam: Ernst Spiess...]. – Wabern: Schweizerische Gesellschaft für Kartographie 2002, IV, 121 Bl. (Cartographic publication series). [Parallel als CD-ROM-Ausg. erschienen. Engl. Ausg. u.d.T.: Topographic maps: map graphics and generalisation].

2130
Vaniček, P.; Najafi-Alamdari, M.: Proposed new cartographic mapping for Iran. In: Journal of spatial science. 2.2004, p.31-42, 8 ill.

2131
Weibel, Robert: Das Thema: Modellgeneralisierung und kartographische Entwicklung : Stand und Entwicklung. In: Kartographische Nachrichten : KN ; Fachzeitschrift für Geoinformation und Visualisierung ; Organ der Deutschen Gesellschaft für Kartographie e.V., der Schweizerischen Gesellschaft für Kartographie und der Österreichischen Kartographischen Kommission in der Österreichischen Geographischen Gesellschaft. 54.2004,4, p.150-152. ISSN 0022-9164.

2132
Yang, T.; Wang, Jinling: Visualisation of spatial data quality for internet and mobile GIS applications. In: Journal of spatial science. 1.2004, p.97-108, 9 ill., 1 tab.

2133
Zhang, Qiaoping; Couloigner, Isabelle: A wavelet approach to road extraction from high spatial resolution remotely-sensed imagery. In: Geomatica. 58.2004,1, p.33-39, 6 ill. ISSN 1195-1036.

d. Digital Models
Digitale Modelle
Modèles numériques

2134
Ahl, A.; Slapansky, P.: Die aeromagnetische Anomalie des mittleren Ötztal-Stubaikristallins und ihr Rahmen : 3D-Modellierung und geologische Interpretation. In: "Brenner" : Geologische Bundesanstalt, Arbeitstagung 2003, Trins im Gschnitztal 1.-5. September 2003 ; Geologische Kartenblätter 1:50.000, 148 Brenner 175 Sterzing. Ed.: Geologische Bundesanstalt. – Wien: Geologische Bundesanstalt 2003., p.161-170, 6 ill.

2135
Akkermans, M.; Velden, R. van der: DTM-meting van asfalt door helikopterfotogrammetrie. In: Geo-Info : tijdschrift voor Geo-Informatie Nederland, GIN. 1.2004,11, p.452-458, 11 ill. DTM-measuring of asphalt by helicopter photogrammetry. [Dutch]. ISSN 1572-5464.

2136
Barnes, David L.: Using ArcMap to enhance topographic presentation. In: Cartographic perspectives : journal of the North American Cartographic Information Society. 42.2002, p.5-11, 7 ill. ISSN 1048-9053.

2137
Basic, F.; Nuantawee, M.: Generating a VRML world from database contents : illustrated by application to flood risk communication. In: Journal of spatial science. 1.2004, p.37-48, 5 ill., 1 tab.

2138
Bignone, Frank: Processing of stereo scanner : from stereo plotter to pixel factory. In: Photogrammetric Week '03. Ed.: Fritsch, Dieter. – Heidelberg: Herbert-Wichmann-Verlag., p.141-150, 9 ill.

2139
Boldo, Didier: Fabrication de vraies ortho-images et correction des ombres. In: Bulletin d'information de l'IGN : BI ; recherche ... 74.2003, p.25-36, 12 ill. ISSN 0427-2218.

2140
Borkowski, Andrzej: Modellierung von Oberflächen mit Diskontinuitäten. – München: Verlag der Bayerischen Akademie der Wissenschaften 2004, 91 p., ill. (Deutsche Geodätische Kommission bei der Bayerischen Akademie der Wissenschaften, Reihe C, Dissertationen ; 575). [Zugl.: Dresden, Techn. Univ., Habil.-Schr., 2004].

2141
Braun, Josef: Aspects on true-orthophoto production. In: Photogrammetric Week '03. Ed.: Fritsch, Dieter. – Heidelberg: Herbert-Wichmann-Verlag., p.205-214, 11 ill.

2142
Brenner, Claus: Die Stadt in 3 D : dreidimensionale Stadtmodelle aus Laserscanning. In: Virtuelle Welten : wie GIS die Geowissenschaften verändern. Ed.: Universität Hannover; Freundeskreis der Universität Hannover. – Hannover: Universität Hannover; Freundeskreis der Universität Hannover 2003., p.60-63, 9 ill. (Unimagazin Hannover : Zeitschrift der Leibniz-Universität Hannover ; Mitteilungen des Freundeskreises der Universität Hannover ; 2003,3/4).

2143
Brügelmann, Regine; Brand, Gert; Oude-Elbering, Sander: Qualitätsverbesserung von Laseraltimetrie Höhenmodellen. In: Photogrammetrie, Fernerkundung, Geoinformation : PFG ; Organ der Deutschen Gesellschaft für Photogrammetrie und Fernerkundung e.V. 2004,4, p.289-296, 6 ill., 3 tab. ISSN 1432-8364.

2144
Caldwell, Douglas R.: Physical terrain modeling for geographic visualization. In: Cartographic perspectives : journal of the North American Cartographic Information Society. 38.2001, p.66-72, 6 ill. ISSN 1048-9053.

2145
Crosilla, Fabio; Visintini, Domenico; Prearo, Guido: A robust method for filtering non-ground measurements from Airborne Lidar Data. In: GeoBIT : das Magazin für raumbezogene Informationstechnologie. 9=17.2004,12, p.35-41, 8 ill., 3 tab. [Titel des Heftes: Geo-Informationssysteme : GIS (aufgegangen in GeoBit)].

2146
Damoiseaux, Thomas: Untersuchungen zum Einsatz von Flugzeug-InSAR in der Gebirgskartographie. Ed.: Technische Universität Dresden / Institut für Kartographie und Geographie. – Dresden: Technische Universität Dresden / Institut für Kartographie und Geographie 2003, IX, 181 p. (Kartographische Bausteine : KB ; 22). [Elektronische Ressource; Parallel als CD-ROM-Ausg. erschienen].

2147
Dorffner, Lionel: Erzeugung von qualitativ hochwertigen 3D-Photomodellen für internetbasierte Anwendungen : mit besonderem Augenmerk auf Objekte der Nahbereichsphotogrammetrie. Ed.: Technische Universität Wien / Institut für Photogrammetrie und Fernerkundung. – Wien: Technische Universität Wien / Institut für Photogrammetrie und Fernerkundung 2002, IV, 82 p., ill., mp. (Geowissenschaftliche Mitteilungen : Schriftenreihe der Studienrichtung Vermessungswesen und Geoinformation, Technische Universität Wien ; 61).

2148
Elek, István: Domborzati modellek és a mintavételi tétel (II.rész). In: Geodézia és kartográfia. 56.2004,11, p.18-20, 5 ill. Elevation models and the sampling theory, Part II. [Hung. with Engl. rés.].

2149
Elek, István: Domborzati modellek és a mintavételi tétel (I.rész). In: Geodézia és kartográfia. 56.2004,10, p.21-24, 3 ill. Elevation models and the sampling theory, Part I. [Hung. with Engl. rés.].

2150
Elsner, Anne; Meyer, Volker; Mai, Stephan; Zimmermann, Claus: Wie teuer wird die Flut? GIS-gestützte Analyse von Überflutungsschäden als Teil des integrierten Küstenzonenmanagements. In: Virtuelle Welten : wie GIS die Geowissenschaften verändern. Ed.: Universität Hannover; Freundeskreis der Universität Hannover. – Hannover: Universität Hannover; Freundeskreis der Universität Hannover 2003., p.16-19, 8 ill. (Unimagazin Hannover : Zeitschrift der Leibniz-Universität Hannover ; Mitteilungen des Freundeskreises der Universität Hannover ; 2003,3/4).

2151
Etzelmüller, Bernd; Sulebak, Jan Rasmus: Developments in the use of digital elevation models in periglacial geomorphology and glaciology. In: Entwicklungstendenzen und Zukunftsperspektiven in der Geomorphologie : Publikation zur Jahrestagung der Schweizerischen Geomorphologischen Gesellschaft (SGmG) anlässlich des 180. Jahreskongresses der Schweizerischen Akademie der Naturwissenschaften (SANW). Ed.: Maisch, Max. – Zürich: ., p.35-58, 7 ill., 2 tab.

2152
Gericke, Dietrich; Katzur, Lutz: Die Realisierung der Spitzenaktualität durch den Topographischen Informationsdienst. In: Vermessung Brandenburg. 9.2004,2, p.42-53, 5 ill. ISSN 1430-7650.

2153
Germanchis, Timothy; Cartwright, William; Pettit, C.: Building a three-dimensional geospatial virtual environment on computer gaming technology. In: Journal of spatial science. 1.2004, p.89-96, 5 ill.

2154
Greiwe, Ansgar; Bochow, Mathias; Ehlers, Manfred: Segmentbasierte Fusion geometrisch hoch aufgelöster und hyperspektraler Daten zur Verbesserung der Klassifikationsgüte am Beispiel einer urbanen Szene. In: Photogrammetrie, Fernerkundung, Geoinformation : PFG ; Organ der Deutschen Gesellschaft für Photogrammetrie und Fernerkundung e.V. 2004,6, p.485-494, 7 ill., 3 tab. ISSN 1432-8364.

2155
Gröger, Gerhard ; Reuter, Markus; Plümer, Lutz: Shall 3D City Models be managed in a commercial database?. In: GeoBit : Geoinformatik für die Praxis. 9=17.2004,9, p.9-15, 9 ill. [Titel des Heftes: Geo-Informationssysteme : GIS (aufgegangen in GeoBit)] ISSN 1430-3663.

2156
Häberling, Christian: Topografische 3D-Karten : Thesen für kartografische Gestaltungsgrundsätze. Ed.: Institut für Kartographie der ETH. – Zürich: Institut für Kartographie der ETH 2003, XIII, 167 p. [Zugl.: Zürich, ETH, Diss., 2003].

2157
Heipke, Christian; Koch, Andreas: Daten aus dem All : mit SRTM entsteht ein dreidimensionales Abbild der Erde. In: Virtuelle Welten : wie GIS die Geowissenschaften verändern. Ed.: Universität Hannover; Freundeskreis der Universität Hannover. – Hannover: Universität Hannover; Freundeskreis der Universität Hannover 2003., p.8-10, 4 ill. (Unimagazin Hannover : Zeitschrift der Leibniz-Universität Hannover ; Mitteilungen des Freundeskreises der Universität Hannover ; 2003,3/4).

2158
Henry, J.-B.; Grussenmeyer, Pierre; Malet, J.-P.; Maquaire, O.: Génération de MNT par photogrammétrie aérienne de petit format : application au versant instable de Super-Sauze. In: XYZ : revue de l'Association Française de Topographie. 87.2001,2, p.42-50, 5 ill., 2 tab. ISSN 0290-9057.

2159
Honikel, Marc Wolfgang: Fusion of spaceborne stereo-optical and interferometric SAR Data for digital terrain model generation. Ed.: Institut für Geodäsie und Photogrammetrie <Zürich>. – Zürich: Institut für Geodäsie und Photogrammetrie <Zürich> 2002, IV, 144, 20 p., ill., mp. (Mitteilungen / Institut für Geodäsie und Photogrammetrie an der Eidgenössischen Technischen Hochschule Zürich ; 76). [Zugl.: Zürich, Techn. Hochsch., Diss., 2002, Diss ETH 14636; Zsfassung in engl. und dt. Sprache] ISBN 3-906467-37-6.

2160
Husen, Brigitte: Von der topographischen Karte zum digitalen Geländemodell [Landschaftsmodell] : ein Abriss von 200 Jahren. In: NÖV : Nachrichten aus dem öffentlichen Vermessungsdienst Nordrhein-Westfalen. 34.2001,1, p. 17-23, 8 ill.

2161
Jacobsen, Karsten: Geometric potential of IKONOS- and Quickbird-images. In: Photogrammetric Week '03. Ed.: Fritsch, Dieter. – Heidelberg: Herbert-Wichmann-Verlag., p.101-110, 9 ill., 1 tab.

2162
Joinville, Olivier de; Saur, Sébastien; Bretar, Frédéric: Le levé laser aéroporté : techniques, applications et recherche. In: Bulletin d'information de l'IGN : BI ; recherche ... 74.2003, p.37-52, 20 ill., 1 tab. ISSN 0427-2218.

2163
Kennelly, Patrick J.: Hillshading with oriented halftones. In: Cartographic perspectives : journal of the North American Cartographic Information Society. 43.2002, p.25-42, 19 ill. ISSN 1048-9053.

2164
Kirschenbauer, Sabine: Empirisch-kartographische Analyse einer echt-dreidimensionalen Darstellung am Beispiel einer topographischen Hochgebirgskarte. – Berlin: Mensch & Buch Verl. 2004, X, 179 p., ill., mp. [Zugl.: Dresden, Techn. Univ., Diss., 2003] ISBN 3-89820-752-8.

2165
Kraus, Karl: LaserScanDTMs for modeling flood risk areas. In: Photogrammetric Week '03. Ed.: Fritsch, Dieter. – Heidelberg: Herbert-Wichmann-Verlag., p.241-251, 10 ill.

2166
Kugler, Szófia; Ládai, András Dénes; Barsi, Arpád: Digitális magasságmodellek összehasonlítása városi környezetben. In: Geodézia és kartográfia. 56.2004,10, p.10-15, 7 ill. Comparison of digital terrain models in urban area. [Hung. with Engl. rés.].

2167
Kupfer, Andreas; Mathiak, Brigitte; Neumann, Karl: Der Einsatz von GML, XSLT und SVG am Beispiel von ATKIS-DLM-Daten. In: Arbeitsgruppe Automation in der Kartographie : Tagung 2003. Ed.: Bundesamt für Kartographie und Geodäsie <Deutschland>. – Frankfurt a.M.: Bundesamt für Kartographie und Geodäsie <Deutschland> 2004., p.97-107, 5 ill., 5 ill. (Mitteilungen des Bundesamtes für Kartographie und Geodäsie ; 31; 2004).

2168
Lohmann, Peter; Jacobsen, Karsten: Filterung segmentierter Oberflächenmodelle aus Laserscannerdaten. In: Photogrammetrie, Fernerkundung, Geoinformation : PFG ; Organ der Deutschen Gesellschaft für Photogrammetrie und Fernerkundung e.V. 2004,4, p.279-287, 14 ill., 1 tab. ISSN 1432-8364.

2169
Lohr, Uwe: Precise LIDAR DEM and true ortho photos. In: Photogrammetric Week '03. Ed.: Fritsch, Dieter. – Heidelberg: Herbert-Wichmann-Verlag., p.111-115, 3 ill., 3 tab.

2170
Lucilia, Gregori: Il lago Trasimeno : dalla carta storica al DEM. In: Bollettino della Associazione Italiana di Cartografia. 41.2004,221/222, p.175-214, 31 ill. Lake Trasimeno : from historical map to DEM. [Ital.]. ISSN 0044-9733.

2171
Maas, Hans-Gerd: Planimetric and height accuracy of airborne laserscanner data : user requirements and system performance. In: Photogrammetric Week '03. Ed.: Fritsch, Dieter. – Heidelberg: Herbert-Wichmann-Verlag., p.117-125, 3 ill.

2172
MacNutt, Wade; Dare, Peter; Dalton, Shawn: Use of a digital terrain model as a means of urban watershed delineation in Fredericton, New Brunswick. In: Geomatica. 58.2004,2, p.107-119, 8 ill., 1 tab. ISSN 1195-1036.

2173
Maillet, Grégoire; Flamanc, David: Prototype de logiciel pour la réalisation d'une Base de Données Bâti 3-D. In: Bulletin d'information de l'IGN : BI ; recherche ... 74.2003, p.15-24, 11 ill. ISSN 0427-2218.

2174
Man, Joris de; Brondeel, Marijke: Het digitaal hoogt-model Vlaanderen. In: Geo-Info : tijdschrift voor Geo-Informatie Nederland, GIN. 1.2004,2, p.88-89, 6 ill. The digital height-model Flanders. [Dutch]. ISSN 1572-5464.

2175
Meng, Liqiu; Töllner, Daniela: Ein Reverse-Engineering-Ansatz zur Generalisierung topographischer Daten. In: Kartographische Nachrichten : KN ; Fachzeitschrift für Geoinformation und Visualisierung ; Organ der Deutschen Gesellschaft für Kartographie e.V., der Schweizerischen Gesellschaft für Kartographie und der Österreichischen Kartographischen Kommission in der Österreichischen Geographischen Gesellschaft. 54.2004,4, p.159-163, 5 ill., 1 tab. ISSN 0022-9164.

2176
Meyer, Thomas H.: The discontinuous nature of kriging interpolation for digital terrain modeling. In: Cartography and geographic information science : an official journal of ACSM devoted to the advancement of cartography in all its aspects. 31.2004,4, p.209-216, 14 ill. ISSN 1523-0406.

2177
Miliaresis, George; Kokkas, N.: Segmentation and terrain modelling of extra-terrestrial chasmata. In: Journal of spatial science. 2.2004, p.87-98, 3 tab., 8 ill.

2178
Models and experiments for quality handling in digital terrain modelling. Ed.: Universität Zürich. Daria Martinoni. – Zürich: Universität Zürich 2002, 1 CD-ROM. [Diss.].

2179
Molenaar, Martien: The role of topologic and hierarchical spatial object models in database generalization. In: Generalisatie met de computer. Ed.: Nederlandse Vereniging voor Kartografie / Werkgroep Onderwijs en Onderzoek. – Amersfoort: Nederlandse Vereniging voor Kartografie / Werkgroep Onderwijs en Onderzoek 1999., p.5-27, 14 ill. (NVK publikatiereeks ; 28).

2180
Mucsi, László; Balog, Attila; Juhász, Géza: Interaktív, 3D-s barlangi információs rendszer a világhálón. In: Geodézia és kartográfia. 56.2004,12, p.3-8, 6 ill. Interactive 3D information system for caves on the web. [Hung. with Engl. rés.].

2181
Niederöst, Markus: Detection and reconstruction of buildings for automated map updating. Ed.: Institut für Geodäsie und Photogrammetrie <Zürich>. – Zürich: Institut für Geodäsie und Photogrammetrie <Zürich> 2003, IX, 139 p., ill., mp. (Mitteilungen / Institut für Geodäsie und Photogrammetrie an der Eidgenössischen Technischen Hochschule Zürich ; 78). [Zugl.: Zürich, Techn. Hochsch., Diss., 2002. (Diss ETH 14909); Zsfassung in engl. u. dt. Sprache] ISBN 3-906467-40-6.

2182
Patterson, Tom: Bryce 5 tutorial : how to drape a satellite image onto a DEM. In: Cartographic perspectives : journal of the North American Cartographic Information Society. 42.2002, p.18-25, 11 ill. ISSN 1048-9053.

2183
Patzschke, Steffen; Frey, Norbert: Laserscanning in Sachsen-Anhalt : Ergebnisse des DGM-W Elbe-Mitte. In: LSA VERM : Zeitschrift für das öffentliche Vermessungswesen des Landes Sachsen-Anhalt. 9.2003,2, p.173-182, 8 ill. ISSN 1435-2338.

2184
Paul, Frank; Kääb, Andreas; Maisch, Max: Das neue Schweizer Gletscherinventar 2000 : Fusion von Fernerkundung und GIS. In: Entwicklungstendenzen und Zukunftsperspektiven in der Geomorphologie : Publikation zur Jahrestagung der Schweizerischen Geomorphologischen Gesellschaft (SGmG) anlässlich des 180. Jahreskongresses der Schweizerischen Akademie der Naturwissenschaften (SANW). Ed.: Maisch, Max. – Zürich: ., p.127-140, 9 ill., 1 tab.

2185
Pfeifer, Norbert: 3D terrain models on the basis of a triangulation. – Wien: 2002, XI, 127 p., ill. (Geowissenschaftliche Mitteilungen : Schriftenreihe der Studienrichtung Vermessungswesen und Geoinformation, Technische Universität Wien ; 65).

2186
Roth, Achim; Hoffmann, Jörn: Die dreidimensionale Kartierung der Erde. In: Kartographische Nachrichten : KN ; Fachzeitschrift für Geoinformation und Visualisierung ; Organ der Deutschen Gesellschaft für Kartographie e.V., der Schweizerischen Gesellschaft für Kartographie und der Österreichischen Kartographischen Kommission in der Österreichischen Geographischen Gesellschaft. 54.2000,3, p.123-129, 6 ill. ISSN 0022-9164.

2187
Santel, Folke; Schimmels, Stefan: Was macht die Welle an der Küste? Besserer Küstenschutz ist möglich: mit digitalen Oberflächenmodellen und GIS. In: Virtuelle Welten : wie GIS die Geowissenschaften verändern. Ed.: Universität Hannover; Freundeskreis der Universität Hannover. – Hannover: Universität Hannover; Freundeskreis der Universität Hannover 2003., p.50-54, 5 ill. (Unimagazin Hannover : Zeitschrift der Leibniz-Universität Hannover ; Mitteilungen des Freundeskreises der Universität Hannover ; 2003,3/4).

2188
Santos, Daniel R. dos; Tommaselli, Antonio M.G.; Dalmolin, Quintino: Semi-automatic modeling of buildings from digital surface models. In: Cartography and geographic information science : an official journal of ACSM devoted to the advancement of cartography in all its aspects. 31.2004,3, p.179-187, 12 ill., 1 tab. ISSN 1523-0406.

2189
Schaffhauser, Horst: Das Lawinensimulationsmodell SAMOS : ein gekoppeltes, mehrdimensionales, numerisches Katastrophen-Lawinenmodell. In: Kontinuität und Wandel in der Kultur- und Naturlandschaft : Festschrift für Herwig Wakonigg. Ed.: Institut für Geographie und Raumforschung. Hrsg. Institut für Geographie und Raumforschung, Universität Graz. Red.: Gerhard Karl Lieb. – Graz: Institut für Geographie und Raumforschung 2002., p.183-197, 10 ill., 2 tab. + 1 suppl. (Grazer Schriften der Geographie und Raumforschung).

2190
Schürer, Dietrich; Morgenstern, Dieter: Modellgeneralisierung : theoretische Ansätze und praktische Erfahrungen. In: Kartographische Nachrichten : KN ; Fachzeitschrift für Geoinformation und Visualisierung ; Organ der Deutschen Gesellschaft für Kartographie e.V., der Schweizerischen Gesellschaft für Kartographie und der Österreichischen Kartographischen Kommission in der Österreichischen Geographischen Gesellschaft. 54.2004,4, p.152-159, 7 ill. ISSN 0022-9164.

2191
Tait, Alexander M.: Photoshop 6 tutorial : how to create basic colored shaded relief. In: Cartographic perspectives : journal of the North American Cartographic Information Society. 42.2002, p.12-17, 7 ill. ISSN 1048-9053.

2192
Thomas Damoiseaux: Untersuchungen zum Einsatz von Flugzeug-InSAR in der Gebirgskartographie. Ed.: Technische Universität Dresden / Institut für Kartographie. – Dresden: Technische Universität Dresden / Institut für Kartographie 2003, 1 CD-ROM. (Kartographische Bausteine : KB ; 22). [Elektronische Ressource; Parallel als Buch-Ausg. erschienen].

2193
Wälder, Olga; Buchroithner, Manfred F.: A method for sequential thinning of digital terrain models. In: Photogrammetrie, Fernerkundung, Geoinformation : PFG ; Organ der Deutschen Gesellschaft für Photogrammetrie und Fernerkundung e.V. 2004,3, p.215-220, 3 ill. ISSN 1432-8364.

2194
Weibel, Robert: Das Thema: Modellgeneralisierung und kartographische Entwicklung : Stand und Entwicklung. In: Kartographische Nachrichten : KN ; Fachzeitschrift für Geoinformation und Visualisierung ; Organ der Deutschen Gesellschaft für Kartographie e.V., der Schweizerischen Gesellschaft für Kartographie und der Österreichischen Kartographischen Kommission in der Österreichischen Geographischen Gesellschaft. 54.2004,4, p.150-152. ISSN 0022-9164.

2195
Zhang, S.; Peterson, J.; Shan, J.: High Quality 3D visualization for glacial cirque terrain. In: Journal of spatial science. 2.2004, p.75-86, 1 tab., 7 ill.

e. Data Presentation Techniques
Verfahren der Datenausgabe
Procédés de sortie des données

2196
Burnett, Michael: Working with your printer. In: Cartographic perspectives : journal of the North American Cartographic Information Society. 49.2004, p.64-66. ISSN 1048-9053.

2197
Schoppmeyer, Johannes; Stumm, Heiko: Untersuchung großformatiger Farbkopiersysteme : Herrn Prof. Dr. Dieter Morgenstern zum 65. Geburtstag gewidmet. In: Kartographische Nachrichten : KN ; Fachzeitschrift für Geoinformation und Visualisierung ; Organ der Deutschen Gesellschaft für Kartographie e.V., der Schweizerischen Gesellschaft für Kartographie und der Österreichischen Kartographischen Kommission in der Österreichischen Geographischen Gesellschaft. 54.2004,2, p.51-60, 9 ill., 1 tab. ISSN 0022-9164.

2198
Stroeven, M.H.; Feringa, W.F.; Mijland, P.A.: Druckwerk vanuit GIS : naar een voorspelbaar resultaat. In: Geo-Info : tijdschrift voor Geo-Informatie Nederland, GIN. 1.2004,7/8, p.296-301,3 ill. Printing from GIS : towards a predictable result. [Dutch]. ISSN 1572-5464.

G. Spatial Information Systems Raumbezogene Informationssysteme Systèmes d'informations spatiales

1. General Features, Graphic Data Banks Allgemeines, graphische Datenbanken Généralités, banques de données graphiques

2199
Aalders, Henri J.G.L.; Reuvers, Marcel: 2004, het begin van een nieuw normentijdperk. In: Geo-Info : tijdschrift voor Geo-Informatie Nederland, GIN. 1.2004,1, p.20-27, 2 ill., 3 tab. 2004, the beginning of a new era of standardization. [Dutch]. ISSN 1572-5464.

2200
Arbeitsgruppe Automation in der Kartographie : Tagung 2003. Ed.: Bundesamt für Kartographie und Geodäsie <Deutschland>. – Frankfurt a.M.: Bundesamt für Kartographie und Geodäsie <Deutschland> 2004, 229 p., ill., mp. (Mitteilungen des Bundesamtes für Kartographie und Geodäsie ; 31; 2004). ISBN 3-89888-882-7.

2201
Bacchus, Michel: Évolution des méthodes de tenue à jour des cartes et bases de données géographiques à l'IGN. In: Le Monde des Cartes : revue du Comité Français de Cartographie. 182.2004, p.52-58, 4 ill. ISSN 1634-3522.

2202
Badard, Thierry; Braun, Arnaud: "Oxygène" : une plate-forme inter-opérable pour le déploiement de services Web géographiques. In: Bulletin d'information de l'IGN : BI ; recherche ..., p.113-121, 5 ill. ISSN 0427-2218.

2203
Balfanz, Dirk: Visuell unterstützte, automatisierte Generierung und Nutzung von Geo-Metadaten. – Stuttgart: Fraunhofer-IRB-Verlag 2002, II, 215 p., ill. (Computer-Graphik-Edition). [Zugl.: Darmstadt, Techn. Univ., Diss., 2002] ISBN 3-8167-6202-6.

2204
Basic, F.; Nuantawee, M.: Generating a VRML world from database contents : illustrated by application to flood risk communication. In: Journal of spatial science. 1.2004, p.37-48, 5 ill., 1 tab.

2205
Baumann, Barbara: Wie kommt ATKIS in die amtlichen Karten?. In: Arbeitsgruppe Automation in der Kartographie : Tagung 2003. Ed.: Bundesamt für Kartographie und Geodäsie <Deutschland>. – Frankfurt a.M.: Bundesamt für Kartographie und Geodäsie <Deutschland> 2004., p.17-22, 7 ill. (Mitteilungen des Bundesamtes für Kartographie und Geodäsie ; 31; 2004).

2206
Benenson, Itzhak; Torrens, Paul M.: Geosimulation : automata-based modeling of urban phenomena. – Chichester: John Wiley and Sons 2004, XXIII, 287 p.,ill.,mp. [Literaturverz. S. [259]-282] ISBN 0-470-84349-7.

2207
Berends, J.: Het 1:10000 Kernbestand : een haalbare kaart. In: Topografische bestanden : 1:10000. Ed.: Nederlandse Vereniging voor Kartografie. Werkgroep Nieuwe Visualisatie Technologie. Red.: A.A. van der Veen. – Amersfoort: Nederlandse Vereniging voor Kartografie 1996., p.5-7 (NVK publikatiereeks ; 21). [Dutch].

2208
Blaser, Franz: Aufbau einer Geodateninfrastruktur. In: Vermessung Brandenburg. 9.2004,1, p.3-11, 3 ill. ISSN 1430-7650.

2209
Boer, Adri den: "De Toekomst van de Topografische Informatievoorziening". In: Geo-Info : tijdschrift voor Geo-Informatie Nederland, GIN. 1.2004,1, p.10-12, 4 ill. The future of topographic information provision. [Dutch]. ISSN 1572-5464.

2210
Borza, Tibor: A műholdas helymeghatározás kiegészítő rendszereinek nemzetközi és hazai fejlesztései. In: Geodézia és kartográfia. 56.2004,8, p.37-41, 3 ill. International and Hungarian developments for additional systems of satellite positioning. [Hung. with Engl. rés.].

2211
Bregt, Arnold: Generalisatie voor geoinformatie. In: Generalisatie met de computer. Ed.: Nederlandse Vereniging voor Kartografie / Werkgroep Onderwijs en Onderzoek. – Amersfoort: Nederlandse Vereniging voor Kartografie / Werkgroep Onderwijs en Onderzoek 1999., p.61-66, 1 tab. (NVK publikatiereeks ; 28) Generalization of geoinformation. [Dutch].

2212
Brenner, Claus; Dold, Christoph; Jülge, Katharina: Integration von luftgestützten und terrestrischen Methoden zur Ableitung von 3-D Stadtmodellen. In: Arbeitsgruppe Automation in der Kartographie : Tagung 2003. Ed.: Bundesamt für Kartographie und Geodäsie <Deutschland>. – Frankfurt a.M.: Bundesamt für Kartographie und Geodäsie <Deutschland> 2004., p.29-36, 4 ill. (Mitteilungen des Bundesamtes für Kartographie und Geodäsie ; 31; 2004).

2213
Buckley, Aileen: Using valid value tables in geodatabase design to define feature types. In: Cartographic perspectives : journal of the North American Cartographic Information Society. 48.2004, p.57-61, 4 ill. ISSN 1048-9053.

2214
Carlsson, Per G.: Geodata till folket. In: Nya lantmätaren. 2003,6, p.16-17, 1 ill. Geodata for everybody. [Swed.].

2215
Claussen, Hinrich: Geoinformation und Fahrzeugnavigationssysteme. In: Geoinformationssysteme (GIS) ; Grundlagen – Anwendungen – Entwicklungen. Ed.: Quade, Horst. – Hannover: 2001., p.53-59, 4 ill. (Veröffentlichungen / Akademie der Geowissenschaften zu Hannover ; 24).

2216
Claussen, Hinrich: Geoinformation und Fahrzeugnavigationssysteme. In: GeoInformationsSysteme : Grundlagen – Nutzungen – Entwicklungen ; Geoforum 2004 ; Beiträge der gemeinsam von der Fachrichtung Geodäsie und Geoinformatik, Universität Hannover, der Akademie der Geowissenschaften zu Hannover und dem Deutschen Verein für Vermessungswesen, Bezirksgruppe Hannover-Hildesheim organisierten Veranstaltung im Leibnizhaus Hannover, 8. Juni 2004. – Hannover: 2004., p.51-56, 4 ill. (Wissenschaftliche Arbeiten der Fachrichtung Geodäsie und Geoinformatik der Universität Hannover ; 252).

2217
Crom, Wolfgang: Das Projekt "Geographische Namen Europas" : eine Datenbank für 17 europäische Länder. In: Kartographische Nachrichten : KN ; Fachzeitschrift für Geoinformation und Visualisierung ; Organ der Deutschen Gesellschaft für Kartographie e.V., der Schweizerischen Gesellschaft für Kartographie und der Österreichischen Kartographischen Kommission in der Österreichischen Geographischen Gesellschaft. 54.2004,3, p.129-130. ISSN 0022-9164.

2218
Developing spatial data infrastructures : from concept to reality. Ed.: Williamson, Ian Philip. – London: Taylor & Francis 2003, XXVIII, 316 p., ill., mp. [Literaturangaben] ISBN 0-415-30265-X.

2219
Didinger, Otmar: Technische Aspekte und Hintergründe zur Übermittlung der Geobasisinformationen der Vermessungs- und Katasterverwaltung an die Kommunen in Rheinland-Pfalz. In: Nachrichtenblatt der Vermessungs- und Katasterverwaltung Rheinland-Pfalz. 46.2003,2, p.89-93. ISSN 0939-2378.

2220
Dietz, Dietrich: Rechtsschutz von Geo-Datenbanken : interdisziplinärer Workshop vermittelt Informationen und Standpunkte. In: Kartographische Nachrichten : KN ; Fachzeitschrift für Geoinformation und Visualisierung ; Organ der Deutschen Gesellschaft für Kartographie e.V., der Schweizerischen Gesellschaft für Kartographie und der Österreichischen Kartographischen Kommission in der Österreichischen Geographischen Gesellschaft. 54.2004,3, p.130-132. ISSN 0022-9164.

2221
Ebert, Thomas: Neun Länder : ein Geo-Service. In: GeoBit : Geoinformatik für die Praxis. 9=17.2004,10, p.10-13, 4 ill. ISSN 1430-3663.

2222
Espelund, Trond Eilev: Termer for geodetisk informasjon. In: Kart og plan : vitenskapelig tidsskrift. 97.2004,4, p.241-247, 5 tab. Terms for geographic information. [Norw. with Engl. rés.]. ISSN 0047-3278.

2223
Florence, Ted: MAPublisher – little known tips and tricks. In: Cartographic perspectives : journal of the North American Cartographic Information Society. 42.2002, p.31-35. ISSN 1048-9053.

2224
geoGovernment : öffentliche Geoinformations-Dienste zwischen Kommune und Europa. Ed.: Strobl, Josef; Griesebner, Gerald. Josef Strobl; Gerald Griesebner (Hrsg.). – Heidelberg: Herbert-Wichmann-Verlag 2003, VI, 140 p., ill., mp. ISBN 3-87907-405-4.

2225
Geography mark-up language. Ed.: John Wiley and Sons. – Chichester: John Wiley and Sons 2004, XVIII, 388 p., ill. + 1 CD-ROM.

2226
Gillingham, S. S.; Shepherd, J. D.: Evaluation of MODIS for atmospheric correction of landsat ETM+ imagery. In: Journal of spatial science. 2.2004, p.43-56, 11 tab., 9 ill.

2227
Grothe, M.J.M.: Geo-ICT op koers!. In: Geo-Info : tijdschrift voor Geo-Informatie Nederland, GIN. 0.2003, p.42-46, 3 ill. Geo-ICT on the way!. [Dutch]. ISSN 1572-5464.

2228
Hennig, Sabine: Metadaten für Karten : Notwendigkeit, Umsetzung und Verwendung am Beispiel der interaktiven Bildschirmkarte "MaaT". In: GeoBit : Geoinformatik für die Praxis. 9=17.2004,6, p.8-15, 3 ill., 4 tab. [Titel des Heftes: Geo-Informationssysteme : GIS (aufgegangen in GeoBit)] ISSN 1430-3663.

2229
Hjälme, Johan: Sverige leder EU : s vägdatabasprojekt. In: Nya lantmätaren. 2004,5, p.4-5 Sweden leads the field in the EU : the road-database project. [Swed.].

2230
Hopfstock, Anja; Afflerbach, Sabine; Illert, Andreas: Harmonised topographic reference data : a challenge for the National Mapping Agencies in Europe. In: Proceedings of the cartographic cutting-edge technology for natural hazard management : held in Dresden, Germany October 20 – 22 2004. Ed.: Buchroithner, Manfred. – Dresden: Technische Universität Dresden / Institut für Kartographie 2004., p.45-53, 6 ill. (Kartographische Bausteine : KB ; 30).

2231
Kainz, Wolfgang: Integration von E-Government und Geodatenpolitik in Österreich : Umsetzung braucht Übereinstimmung. In: Kommunal : das Fachmagazin für Österreichs Gemeinden ; offizielles Organ des Österreichischen Gemeindebundes. 2004,2, p.8-11.

2232
Kelso, Nathaniel Vaughn: Mapping for the internet with macromedia director. In: Cartographic perspectives : journal of the North American Cartographic Information Society. 40.2001, p.52-55, 4 tab. ISSN 1048-9053.

2233
Kohn, Ulrich; Schultze, Karin: Auf dem Weg zum zentralen Geodienstleister : das neue Landesamt für Vermessung und Geoinformation. In: LSA VERM : Zeitschrift für das öffentliche Vermessungswesen des Landes Sachsen-Anhalt. 9.2003,2, p.113-132, 9 ill. ISSN 1435-2338.

2234
Kolk, E.: Top10vector 2000. In: Topografische bestanden : 1:10000. Ed.: Nederlandse Vereniging voor Kartografie. Werkgroep Nieuwe Visualisatie Technologie. Red.: A.A. van der Veen. – Amersfoort: Nederlandse Vereniging voor Kartografie 1996., p.8-12, 6 ill. (NVK publikatiereeks ; 21). [Dutch].

2235
Langer, M.: Kaarten op internet. In: Geo-Info : tijdschrift voor Geo-Informatie Nederland, GIN. 0.2003, p.4-7, 8 ill. Maps in the internet. [Dutch]. ISSN 1572-5464.

2236
Lien, Karsten: Geodatastandardfamilien, Kartnormens arvtakere. In: Kart og plan : vitenskapelig tidsskrift. 97.2004,4, p.204-207, 2 ill., 1 tab. The family of geodata standards : the successors of the map norm. [Norw. with Engl. rés.]. ISSN 0047-3278.

2237
Liepeck, Udo; Mantel, Daniela: Karten mischen in der Datenbank : Multi-resolution/multi-representation-Datenbanken integrieren geowissenschaftliche Datenbestände. In: Virtuelle Welten : wie GIS die Geowissenschaften verändern. Ed.: Universität Hannover; Freundeskreis der Universität Hannover. – Hannover: Universität Hannover; Freundeskreis der Universität Hannover 2003., p.56-59, 7 ill. (Unimagazin Hannover : Zeitschrift der Leibniz-Universität Hannover ; Mitteilungen des Freundeskreises der Universität Hannover ; 2003,3/4).

2238
Lillethun, Arvid; Mardal, Lars: Mangfoldig standardiseringsarbeid i Geovekst og Arealis : et godt grunnlag for realisering av Norge digitalt. In: Kart og plan : vitenskapelig tidsskrift. 97.2004,4, p.224-235, 3 ill. Geovekst and Arealis with extensive approaches to standardisatiuon : a basis to develop the Norvegian geographical standardisation. [Norw. with Engl. rés.]. ISSN 0047-3278.

2239
Lipeck, Udo; Mantel, Daniela: Datenbankgestütztes Matching von Kartenobjekten. In: Arbeitsgruppe Automation in der Kartographie : Tagung 2003. Ed.: Bundesamt für Kartographie und Geodäsie <Deutschland>. – Frankfurt a.M.: Bundesamt für Kartographie und Geodäsie <Deutschland> 2004., p.145-153, 9 ill. (Mitteilungen des Bundesamtes für Kartographie und Geodäsie ; 31; 2004).

2240
Loenen, Bastiaan van: Hergebruik van overheidsinformatie. In: Geo-Info : tijdschrift voor Geo-Informatie Nederland, GIN. 1.2004,7/8, p.348-353, 4 ill. Re-use of public sector information. [Dutch]. ISSN 1572-5464.

2241
Loenen, Bastiaan van ; Onsrud, Harlan J.: Geographic data for academic research : assessing access policies. In: Cartography and geographic information science : an official journal of ACSM devoted to the advancement of cartography in all its aspects. 31.2004,1, p.3-17, 6 ill., 11 tab. ISSN 1523-0406.

2242
Lundquist, Annika; Engberg, Hans: Sjögeografisk information till salu. In: Nya lantmätaren. 2003,2, p.8-10, 2 ill. Nautical information for sale. [Swed.].

2243
Maillet, Grégoire; Flamanc, David: Prototype de logiciel pour la réalisation d'une Base de Données Bâti 3-D. In: Bulletin d'information de l'IGN : BI ; recherche ... 74.2003, p.15-24, 11 ill. ISSN 0427-2218.

2244
Malléjacq, Patrick: Les bases de données de l'IGN. In: Trois siècles de cartographie en Ile-de-France Volume 1. Ed.: Institut d'Aménagement et d'Urbanisme de la Région d'Ile-de-France. Institut d'Aménagement et d'Urbanisme de la Région d'Ile-de-France 1997., p.216-221, 6 ill. (Cahiers de l'Institut d'Aménagement et d'Urbanisme de la Région d'Ile-de-France ; 119.1997).

2245
Mathur, Ajay: Nutzung (und Nutzen) der Multi-Skalaren Datenhaltung und der Generalisierungswerkzeuge für die integrierte Kartographie und Geotopographie. In: Arbeitsgruppe Automation in der Kartographie : Tagung 2003. Ed.: Bundesamt für Kartographie und Geodäsie <Deutschland>. – Frankfurt a.M.: Bundesamt für Kartographie und Geodäsie <Deutschland> 2004., p.155-165, 9 ill. (Mitteilungen des Bundesamtes für Kartographie und Geodäsie ; 31; 2004).

2246
McKendry, Jean: Web-based data sources and online mapping. In: Cartouche : the operational publication of the Canadian Cartographic Association. 56.2004, p.6-9, 7 ill. ISSN 1183-2045.

2247
Meijer, E.N.: Digitale plattegrond of TOP10vector : over presentatie en techniek. In: Topografische bestanden : 1:10000. Ed.: Nederlandse Vereniging voor Kartografie. Werkgroep Nieuwe Visualisatie Technologie. Red.: A.A. van der Veen. – Amersfoort: Nederlandse Vereniging voor Kartografie 1996., p.13-18, 2 ill., 1 tab. (NVK publikatiereeks ; 21). [Dutch].

2248
Messina, Joseph P.: A complex systems approach to the spatial and temporal simulation of Florida Bay Algal Communities. In: GIScience and remote sensing. 41.2004,3, p.228-243, 8 ill., 1 tab. ISSN 1548-1603.

2249
Molenaar, Martien: The role of topologic and hierarchical spatial object models in database generalization. In: Generalisatie met de computer. Ed.: Nederlandse Vereniging voor Kartografie / Werkgroep Onderwijs en Onderzoek. – Amersfoort: Nederlandse Vereniging voor Kartografie / Werkgroep Onderwijs en Onderzoek 1999., p.5-27, 14 ill. (NVK publikatiereeks ; 28).

2250
Murray, Keith; Shiell, Duncan: A framework for geographic information in Great Britain. In: The Cartographic Journal. 41.2004,2, p.123-129, 5 ill. ISSN 0008-7041.

2251
Mustière, Sébastien; Gesbert, Nils; Sheeren, David: Unification des bases de données géographiques. In: Bulletin d'information de l'IGN : BI ; recherche ... 74.2003, p.71-78, 6 ill. ISSN 0427-2218.

2252
Parker, Chris: Research challenges for a geo-information business. In: The Cartographic Journal. 41.2004,2, p.131-141, 9 ill., 2 tab. ISSN 0008-7041.

2253
Patterson, Tom: Bryce 5 tutorial : how to drape a satellite image onto a DEM. In: Cartographic perspectives : journal of the North American Cartographic Information Society. 42.2002, p.18-25, 11 ill. ISSN 1048-9053.

2254
Piezunka, Thorsten; Kintrup, Andrea: Der digitale historische Kartenkatalog der SuUB Bremen umgesetzt mit Hilfe der Software der Firma megatel GmbH. In: Die digitale Kartenbibliothek : eine Momentaufnahme. Ed.: Bühler, Jürg. – München: Saur 2004., p.91-96, 4 ill. (Bibliographia cartographica / Beiheft ; 1).

2255
Plewe, Brandon: The perfect cartography software, and how we live without it. In: Cartographic perspectives : journal of the North American Cartographic Information Society. 42.2002, p.36-45, 4 tab. ISSN 1048-9053.

2256
Pun-Cheng, Lilian S.C. ; Li, Zhilin; Gao, Wenxiu: An automated system for multi-scale vegetation mapping. In: Cartographica. 39.2004,4, p.89-95, 8 ill., 2 tab. ISSN 0340-0654; 0317-7173.

2257
Raamsdonk, Jan van: TOP10vector, topografische ondergrond voor integraal waterbeheer?. In: Topografische bestanden : 1:10000. Ed.: Nederlandse Vereniging voor Kartografie. Werkgroep Nieuwe Visualisatie Technologie. Red.: A.A. van der Veen. – Amersfoort: Nederlandse Vereniging voor Kartografie 1996., p.30-35, 4 ill. (NVK publikatiereeks ; 21). [Dutch].

2258
Schilder, J.A.: De opbouw en bijhouding van de kartografische bestanden bij de provincie Flevoland. In: Is uw kaart up to date? Visies op kaartrevisie. Ed.: Nederlandse Vereniging voor Kartografie. Werkgroep Kartografische Produktietechnieken. Red. : Chr. J. Snabilié. – Amersfoort: Nederlandse Vereniging voor Kartografie 1995., p.27-30, 3 ill. (NVK publikatiereeks ; 15). [Dutch].

2259
Schüler, Mechthild: Die virtuelle Kartensammlung (Hardware, Software, Copyright). In: Die digitale Kartenbibliothek : eine Momentaufnahme. Ed.: Bühler, Jürg. – München: Saur 2004., p.201-207 (Bibliographia cartographica / Beiheft ; 1).

2260
Sester, Monika: Präsentation von Geodaten für ortsbezogene Anwendungen. In: GeoInformationsSysteme : Grundlagen – Nutzungen – Entwicklungen ; Geoforum 2004 ; Beiträge der gemeinsam von der Fachrichtung Geodäsie und Geoinformatik, Universität Hannover, der Akademie der Geowissenschaften zu Hannover und dem Deutschen Verein für Vermessungswesen, Bezirksgruppe Hannover-Hildesheim organisierten Veranstaltung im Leibnizhaus Hannover, 8. Juni 2004. – Hannover: 2004., p.57-61, 5 ill. (Wissenschaftliche Arbeiten der Fachrichtung Geodäsie und Geoinformatik der Universität Hannover ; 252).

2261
Sester, Monika: Präsentation von Geodaten für ortsbezogene Anwendungen. In: Geoinformationssysteme (GIS) ; Grundlagen – Anwendungen – Entwicklungen. Ed.: Quade, Horst. – Hannover: 2001., p.60-65, 5 ill. (Veröffentlichungen / Akademie der Geowissenschaften zu Hannover ; 24).

2262
Slocum, Terry A.; Sluter, Robert S.; Kessler, Fritz C.; Yoder, Stephen C.: A qualitative evaluation of MapTime, a program for exploring spatiotemporal point data. In: Cartographica. 39.2004,3, p.43-68, 8 ill., 3 tab. ISSN 0340-0654; 0317-7173.

2263
Smaalen, John van: Generalization based on topology. In: Generalisatie met de computer. Ed.: Nederlandse Vereniging voor Kartografie / Werkgroep Onderwijs en Onderzoek. – Amersfoort: Nederlandse Vereniging voor Kartografie / Werkgroep Onderwijs en Onderzoek 1999., p.29-33, 9 ill. (NVK publikatiereeks ; 28).

2264
Smits, Jan: Braucht die neue Erde noch Kartenkuratoren?. In: Die digitale Kartenbibliothek : eine Momentaufnahme. Ed.: Bühler, Jürg. – München: Saur 2004., p.223-235, 1 ill. (Bibliographia cartographica / Beiheft ; 1).

2265
Steen, Sverre: Standardisering av geografisk informasjon : statens kartverk som standardiseringsorgan. In: Kart og plan : vitenskapelig tidsskrift. 97.2004,4, p.199-203, 3 ill. Standardization of geographic information : Norwegian Mapping Authority as a standard body. [Norw. with Engl. rés.]. ISSN 0047-3278.

2266
Steinmann, Harald; Weit, Wencke: Algorithmen und Datenstrukturen. In: 50 Jahre Sektion Karlsruhe der Deutschen Gesellschaft für Kartographie e.V. : Festschrift. Ed.: Kern, Hans F. Hrsg. von Hans F. Kern. – Karlsruhe: Fachhochschule Karlsruhe, Hochschule für Technik, Fachbereich Geoinformationswesen 2004., p.256-261, 4 ill. (Karlsruher geowissenschaftliche Schriften, Reihe A, Kartographie und Geographie ; 16).

2267
Strand, Geir-Harald: Offentlige geodata på Internett : en trussel mot, eller muligheter for, privat forretningsutvikling?. In: Kart og plan : vitenskapelig tidsskrift. 97.2004,2, p.70-74, 3 ill. Does distribution of geographical data across the Internet by public enterprises represent a threat to, or an opportunity for, the private sector?. [Norw. with Engl. rés.]. ISSN 0047-3278.

2268
Szabolcs, Mihály: A Földmérési és Távérzékelési Intézet K+F tevékenysége és eredményei, mint a magyar téradat-infrastruktúra része. In: Geodézia és kartográfia. 56.2004,8, p.33-36, 26 ill., 2 tab. FÖMI's R&D activity, as a part of the Hungarian NSDI and its results in mapping and remote sensing. [Hung.with Engl. rés.].

2269
Tait, Alexander M.: Photoshop 6 tutorial : how to create basic colored shaded relief. In: Cartographic perspectives : journal of the North American Cartographic Information Society. 42.2002, p.12-17, 7 ill. ISSN 1048-9053.

2270
Tele Atlas Deutschland GmbH : Kartendaten via Mobile Mapping sammeln. In: GeoBit : Geoinformatik für die Praxis. 2004,11, p.46, 2 ill. ISSN 1430-3663.

2271
Topografische bestanden : 1:10000. Ed.: Nederlandse Vereniging voor Kartografie. Werkgroep Nieuwe Visualisatie Technologie. Red.: A.A. van der Veen. – Amersfoort: Nederlandse Vereniging voor Kartografie 1996, 39 p., ill., mp. (NVK publikatiereeks ; 21). [Dutch].

2272
Ven, M. van de: TOP10vector : in gebruik als kaart of als bestand. In: Topografische bestanden : 1:10000. Ed.: Nederlandse Vereniging voor Kartografie. Werkgroep Nieuwe Visualisatie Technologie. Red.: A.A. van der Veen. – Amersfoort: Nederlandse Vereniging voor Kartografie 1996., p.36-39, 2 ill. (NVK publikatiereeks ; 21). [Dutch].

2273
Wisse, Edwin; Swol, Rob van: Aardobservatie en infrastructuur. In: Geo-Info : tijdschrift voor Geo-Informatie Nederland, GIN. 1.2004,3, p.112-115, 2 ill. Earth observation and infrastructure. [Dutch]. ISSN 1572-5464.

2. Geographical Information Systems (GIS) Geographische Informationssysteme Systèmes d'informations géographiques

2274
8. Münchner Fortbildungsseminar Geoinformationssysteme : 12.-14. März 2003 an der Technischen Universität München. ; Technische Universität München. – München: 2003, Getr. Zählung, ill., mp. ISBN 3-935049-91-9.

2275
A geospatial framework for the coastal zone : national needs for coastal mapping and charting. Ed.: National Research Council / Committee on National Needs for Coastal Mapping and Charting. – Washington, DC: National Academies Press 2004, XIV, 149 p., ill., mp. [Also issued online] ISBN 0-309-09176-4.

2276
Amatucci, Monica; Lorito, Samantha; Vianello, Gilmo: Rappresentazione gerarchizzata in forma digitale della rete idrica di superficie come preliminare alla valutazione quali-quantitativa del sistema irriguo nei territori rivieraschi il fiume Po. In: Bollettino della Associazione Italiana di Cartografia. 41.2004,121/122, p.393-400, 3 ill., 1 tab. Po riverine territory within the Parma province : a digital hierarchized representation of the hydrographic network as preliminary to an evaluation of the irrigation system. [Ital. with Engl. rés.]. ISSN 0044-9733.

2277
Appenzeller, Markus; Bühler, Jürg: Elektronische Übersichtsnetze für Kartenwerke in der Kartensammlung der ETH Zürich. In: Die digitale Kartenbibliothek : eine Momentaufnahme. Ed.: Bühler, Jürg. – München: Saur 2004., p.155-159, 7 ill. (Bibliographia cartographica / Beiheft ; 1).

2278
Assman, André; Jäger, Stefan: GIS-Einsatz im Hochwassermanagement. In: Virtuelle Welten, reale Anwendungen : geographische Informationssysteme in Theorie und Praxis ; Tagungsband zum GIS-Symposium vom 8. November. Ed.: Schmid, Heiko; Köppe, Holger. – Heidelberg: 2003., p.13-22, 3 ill. (Heidelberger Geographischer Bausteine ; 16).

2279
Atkis Rasterdaten : Digitale topographische Daten der Landesvermessung. Ed.: Landesvermessungsamt Mecklenburg-Vorpommern. – Schwerin: Landesvermessungsamt Mecklenburg-Vorpommern 1997, 1 Faltblatt.

2280
Aziz, Mohamed: Design Methodology of the National GIS Data Dictionary for the National GIS Center of Kuwait. In: Aspekte der Kartographie im Wandel der Zeit : Festschrift für Ingrid Kretschmer zum 65. Geburtstag und anlässlich ihres Übertritts in den Ruhestand. Ed.: Kainz, Wolfgang. Hrsg. von Wolfgang Kainz. – Wien: Geographisches Institut <Wien, Universität> / Arbeitsbereich für Geographie und Kartographie 2004., p.288-292, 4 ill. (Wiener Schriften zur Geographie und Kartographie ; 16).

2281
Baier, Klaus: GIS im Management von Business Improvement Districts. In: GeoBit : Geoinformatik für die Praxis. 9.2004,7, p.22-23, 1 ill. ISSN 1430-3663.

2282
Baltsavias, Emmanuel; Zhang, Chunsun: Automated updating of road databases from aerial images. In: International journal of applied earth observation and geoinformation : JAG ; the official quarterly publication of the International Institute for Aerospace Survey and Earth Sciences (ITC). 6.2004,3-4, p.199-213, 12 ill., 1 tab. ISSN 0303-2434.

2283
Bauer, Georg: Verfahren der Mustererkennung zur automatisierten Erfassung von Leitungsplänen. In: GeoBit : Geoinformatik für die Praxis. 9=17.2004,3, p.16-19, 5 ill. [Titel des Heftes: Geo-Informationssysteme : GIS (aufgegangen in GeoBit)] ISSN 1430-3663.

2284
Bendinger, Alberto; Jung, Ingolf: Virtual city models : new approaches in urban simulation and city planning using virtual reality tools. In: Photogrammetric Week '03. Ed.: Fritsch, Dieter. – Heidelberg: Herbert-Wichmann-Verlag., p.237-240, 5 ill.

2285
Bettinger, Pete; Wing, Michael G.: Geographic information systems : applications in forestry and natural resources management. Ed.: McGraw-Hill Higher Education. – Boston, MA: McGraw-Hill Higher Education 2004, X, 230 p., ill., mp. [Includes bibliographical references and index].

2286
Bianchin, Alberta: Riflessioni sugli aspetti cartografici di un sistema GIS integrato sulla Laguna Veneta. In: Bollettino della Associazione Italiana di Cartografia. 41.2007,121/122, p.245-256, 4 ill., 1 tab. Notes over cartographic issues of an integrated GIS for the Lagoon of Venice. ISSN 0044-9733.

2287
Bill, Ralf: 5 Thesen zur digitalen Landschaftsplanung mit Geo-Informationssystemen. In: Landschaftsplanung digital : Unterstützung des Planungsprozesses durch GIS : Daten, Analysen, Methoden ; Dokumentation des gleichnamigen Workshops am 25. September 2003 in Rostock. – Rostock: ., p.6-8.

2288
Bischof, R. J.; Wade, C.: GIS in SEQ 2021 – more than maps. In: Journal of spatial science. 1.2004, p.117-124, 3 ill.

2289
Bogaert, Peter; Vanneuville, Wouter: Zijn enkel mooie plaatjes belangrijk?. In: Geo-Info : tijdschrift voor Geo-Informatie Nederland, GIN. 1.2004,4, p.158-163, 8 ill., 1 tab. Are only pretty pictures important?. [Dutch]. ISSN 1572-5464.

2290
Borsdorf, Axel; Moser, Dietmar: Internetbasierte GIS-Applikationen – die Zukunft der Kartographie? : Erfahrungen bei der Einrichtung von GALPIS-Web im Rahmen des Projektes RAUMALP. In: Aspekte der Kartographie im Wandel der Zeit : Festschrift für Ingrid Kretschmer zum 65. Geburtstag und anlässlich ihres Übertritts in den Ruhestand. Ed.: Kainz, Wolfgang. Hrsg. von Wolfgang Kainz. – Wien: Geographisches Institut <Wien, Universität> / Arbeitsbereich für Geographie und Kartographie 2004., p.293-298, 1 ill. (Wiener Schriften zur Geographie und Kartographie ; 16).

2291
Brabyn, Lars ; Gower, Paul: Comparing three GIS techniques for modelling geographical acciss to general practitioners. In: Cartographica. 39.2004,2, p.41-49, 4 ill. ISSN 0340-0654; 0317-7173.

2292
Brandi-Dorn, Florian: GIS-rešenija na SICAD : novo izmerenie na Internet-baziranite interoperativni GIS-uslugi za gradove i obštini. In: Geodezija, kartografija, zemeustrojstvo. 1-2, p.22-25 SICAD GIS solutions – a new dimension of Internet based interoperable GIS services for cities and municipalities. [Bulg. with Engl. rés.].

2293
Bretterbauer, Kurt; Weber, Robert: A primer of geodesy : for GIS users. Ed.: Institut für Geodäsie und Geophysik <WIen>. – Wien: Institut für Geodäsie und Geophysik <WIen> 2003, 55 p., ill., mp. – 2., rev. and extended ed., ed.: 100 copies. (Geowissenschaftliche Mitteilungen : Schriftenreihe der Studienrichtung Vermessungswesen und Geoinformation, Technische Universität Wien ; 64).

2294
Brown, Allan: Visualisatie in GIS-cusussen op het ITC. In: Visualisatie in het GIS-onderwijs. Ed.: Nederlandse Vereniging voor Kartografie. Werkgroep Onderwijs en Onderzoek. Red.: B.J.Köbben, F.J. Ormeling & R.T. de Wijs. – Amersfoort: Nederlandse Vereniging voor Kartografie 1996., p.37-39 (NVK publikatiereeks ; 20). [Dutch].

2295
Buckley, Aileen; Hurni, Lorenz; Kriz, Karel; Patterson, Tom; Olsenholler, Jeff: Cartography and visualization in mountain geomorphology. In: Geographic information science and mountain geomorphology. Ed.: Bishop, Michael; Shroder, John F. – Berlin [u.a.]: Axel Springer AG 2004., p.253-287, 24 ill.

2296
Bühler, Jürg: Die Nutzung von GIS-Produkten in der Kartensammlung. In: Die digitale Kartenbibliothek : eine Momentaufnahme. Ed.: Bühler, Jürg. – München: Saur 2004., p.65-69, 2 ill. (Bibliographia cartographica / Beiheft ; 1).

2297
Cabuk, A.; Karademirler, S. N.; Eren, K.; Turkbay, V.; Al Khedheiri, A.: The use of GIS capabilities for establishing a planning infrastructure in Saudi Arabia. In: Journal of spatial science. 1.2004, p.125-140, 4 tab., 11 ill.

2298
Cartwright, William; Miller, Suzette; Pettit, C.: Geographical visualization : past, present and future development. In: Journal of spatial science. 1.2004, p.25-36, 6 ill.

2299
Cauvin, Colette: La cartographie à Strasbourg à l'ère des SIG et du multimédia. In: Rapport National des Activités Cartographiques Françaises entre 1999 et 2003 : développement – enseignement – recherche – documentation – production. – Paris: 2003., p.24-27, 5 ill. 1 tab. (Le Monde des Cartes : revue du Comité Français de Cartographie ; 176.2003).

2300
Chambers, Kimberlee J.; Corbett, Jonathan; Keller, C. Peter ; Wood, Colin J.B.: Indigenous knowledge, mapping, and GIS : a diffusion of innovation perspective. In: Cartographica. 39.2004,3, p.19-31. ISSN 0340-0654; 0317-7173.

2301
Cheung, Chui Kwan ; Shi, Wenzhong: Estimation of the positional uncertainty in line simplification in GIS. In: The Cartographic Journal. 41.2004,1, p.37-45, 7 ill. ISSN 0008-7041.

2302
Christl, Arnulf: Digitale Stadtplandienste – ein Schritt zum virtuellen Rathaus : Nutzung Freier Software aus der Sicht einer Firma. In: geoGovernment : öffentliche Geoinformations-Dienste zwischen Kommune und Europa. Ed.: Strobl, Josef; Griesebner, Gerald. Josef Strobl; Gerald Griesebner (Hrsg.). – Heidelberg: Herbert-Wichmann-Verlag 2003., p.5-16, 4 tab.

2303
Clarke, Keith C.: Foreword mobile mapping and geographic information systems. In: Cartography and geographic information science : an official journal of ACSM devoted to the advancement of cartography in all its aspects. 31.2004,3, p.131-136. ISSN 1523-0406.

2304
Cossette, Daniel: A GIS based study of wireless broadband internet market potential for the Canadian population. In: Bulletin / Association of Canadian Map Libraries and Archives. 121.2004, p.14-21, 9 ill., 3 tab. ISSN 0840-9331.

2305
Crampton, Jeremy W.: GIS and geographic governance : reconstructing the choropleth map. In: Cartographica. 39.2004,1, p.41-53, 6 ill. ISSN 0340-0654; 0317-7173.

2306
Crampton, Jeremy W.: Online mapping and critical GIS. In: Cartographic perspectives : journal of the North American Cartographic Information Society. 39.2001, p.46-47. ISSN 1048-9053.

2307
Crampton, Jeremy W.: The political mapping of cyberspace. – Chicago: University of Chicago Press 2003, VII, 214 p., ill., mp. [Includes bibliographical references (p. [196]-208) and index] ISBN 0-226-11746-4.

2308
Cromley, Ellen K.; Cromley, Robert G.; Ye, Yanlin: On-line reporting and mapping of spatially aggregated individual records selected by user queries. In: Cartographica. 39.2004,2, p.5-13, 4 ill., 1 tab. ISSN 0340-0654; 0317-7173.

2309
Dias, Maria Helena: Disponibilizar, utilizar e valorizar a informaçäo cartográfica histórica : o Projecto SIDCarta. In: Contributos para a história da cartografía militar portuguesa. Maria Helena Dias, coordenaçäo. Centro de Estudos Geográficos <Lisboa>. – Lisboa: 2003., 3 chapters, 7 ill. Disposition, use, and value of historical cartographic information : the project SIDCarta. [Portug.].

2310
Diez, Dietrich: Anwendung des Datenbankschutzrechtes auf die amtlichen topographischen Kartenwerke. In: Kartographische Nachrichten : KN ; Fachzeitschrift für Geoinformation und Visualisierung ; Organ der Deutschen Gesellschaft für Kartographie e.V., der Schweizerischen Gesellschaft für Kartographie und der Österreichischen Kartographischen Kommission in der Österreichischen Geographischen Gesellschaft. 54.2004,6, p.268-273. ISSN 0022-9164.

2311
Düster, Horst: OpenSource GIS – das alternative geoGovernment?. In: geoGovernment : öffentliche Geoinformations-Dienste zwischen Kommune und Europa. Ed.: Strobl, Josef; Griesebner, Gerald. Josef Strobl; Gerald Griesebner (Hrsg.). – Heidelberg: Herbert-Wichmann-Verlag 2003., p.17-23, 2 ill.

2312
Elsner, Anne; Meyer, Volker; Mai, Stephan; Zimmermann, Claus: Wie teuer wird die Flut? GIS-gestützte Analyse von Überflutungsschäden als Teil des integrierten Küstenzonenmanagements. In: Virtuelle Welten : wie GIS die Geowissenschaften verändern. Ed.: Universität Hannover; Freundeskreis der Universität Hannover. – Hannover: Universität Hannover; Freundeskreis der Universität Hannover 2003., p.16-19, 8 ill. (Unimagazin Hannover : Zeitschrift der Leibniz-Universität Hannover ; Mitteilungen des Freundeskreises der Universität Hannover ; 2003,3/4).

2313
Eraslam, Cem; Alkis, Zubeyde: WEB-basiertes 3D-Campus Informationssystem der Technischen Universität YILDIZ (YTUBIS). In: Photogrammetrie, Fernerkundung, Geoinformation : PFG ; Organ der Deutschen Gesellschaft für Photogrammetrie und Fernerkundung e.V. 2004,3, p.233-238, 4 ill. ISSN 1432-8364.

2314
Esnard, Ann-Margaret; Gelobter, Michel; Morales, Xavier: Environmental justice, GIS, and pedagogy. In: Special Issue : Public Participation GIS (PPGIS). Ed.: Sieber, Renée E. – Toronto: 2004., p. 53-61, 1 ill. (Cartographica ; 38.2001,3/4).

2315
Exploring geovisualization. Ed.: Dykes, Jason. – Amsterdam: Elsevier Science 2005, XIX, 710 p., ill, mp. + 1 CD-ROM. [Aufsatzsammlung] ISBN 0-08-044531-4; 0-08-044533-0.

2316
Feix, Claudia; Schaefer, Oliver; Eulitz, Sven: easyGovernment – Wahlinformationssysteme mit GIS-Technologie am Beispiel der Bundestagswahl 2002. In: geoGovernment : öffentliche Geoinformations-Dienste zwischen Kommune und Europa. Ed.: Strobl, Josef; Griesebner, Gerald. Josef Strobl; Gerald Griesebner (Hrsg.). – Heidelberg: Herbert-Wichmann-Verlag 2003., p.33-39, 5 ill.

2317
Fischer, Wolfgang: Digitale Karten und Informationssysteme bei der DB Netz AG : Entwicklung, Stand und Ausblick aus kartographischer Sicht. In: 50 Jahre Sektion Karlsruhe der Deutschen Gesellschaft für Kartographie e.V. : Festschrift. Ed.: Kern, Hans F. Hrsg. von Hans F. Kern. – Karlsruhe: Fachhochschule Karlsruhe, Hochschule für Technik, Fachbereich Geoinformationswesen 2004., p.105-110, 1 ill. (Karlsruher geowissenschaftliche Schriften, Reihe A, Kartographie und Geographie ; 16).

2318
Florence, Ted: MAPublisher – little known tips and tricks. In: Cartographic perspectives : journal of the North American Cartographic Information Society. 42.2002, p.31-35. ISSN 1048-9053.

2319
Fortin, Marcel: Online GIS : solutions for dissemination of geospatial data in a library setting. In: Bulletin / Association of Canadian Map Libraries and Archives. 120.2004, p.5-12, 2 ill., 1 tab., 1 portr. ISSN 0840-9331.

2320
Frihida, Ali; Marceau, Danielle J.; Thériault, Marius: Extracting and visualizing individual space-time paths : an integration of GIS and KDD in transport demand modeling. In: Cartography and geographic information science : an official journal of ACSM devoted to the advancement of cartography in all its aspects. 31.2004,1, p.19-28, 3 ill., 4 tab. ISSN 1523-0406.

2321
Fushöller, Fabian; Schnabl, Andreas: Kartenverwandte Darstellungen mit ESRI Arc-GIS. In: 50 Jahre Sektion Karlsruhe der Deutschen Gesellschaft für Kartographie e.V. : Festschrift. Ed.: Kern, Hans F. Hrsg. von Hans F. Kern. – Karlsruhe: Fachhochschule Karlsruhe, Hochschule für Technik, Fachbereich Geoinformationswesen 2004., p.121-124;265, 4 ill. (Karlsruher geowissenschaftliche Schriften, Reihe A, Kartographie und Geographie ; 16).

2322
Gähler, Monika; Janowsky, Ronald; Schiewe, Jochen: Automatisierte Ableitung von Biotoptypen aus räumlich höchstaufgelösten, multispektralen Bild- und Laserscanning-Daten. In: Photogrammetrie, Fernerkundung, Geoinformation : PFG ; Organ der Deutschen Gesellschaft für Photogrammetrie und Fernerkundung e.V. 2004,6, p.475-484, 6 ill. ISSN 1432-8364.

2323
Garlatti, Claudio; Massari, Giancarlo; Potleca, Michele: Moderne tecnologie per la gestione delle emergenze idrogeologiche. In: Bollettino della Associazione Italiana di Cartografia. 41.2004,121/122, p.411-424, 9 ill. Modern technologies for the management of hydrogeologic emergencies. [Ital.]. ISSN 0044-9733.

2324
Gatto, Ivo; Gherardi, Massimo; Vianello, Gilmo; Zamboni, Nicoletta: Indagine ambientale sui caratteri dei microbacini in destra Reno finalizzata alla valutazione della qualità delle acque. In: Bollettino della Associazione Italiana di Cartografia. 41.2004,121/122, p.291-302, 9 ill. Environmental analysis of River Reno basin due to evaluate water quality. [Ital. with Engl. rés.]. ISSN 0044-9733.

2325
Geographic information science and mountain geomorphology. Ed.: Bishop, Michael; Shroder, John F. – Berlin [u.a.]: Axel Springer AG 2004, XLVI, 486 p., ill. [Includes bibliographical references and index] ISBN 3-540-42640-X.

2326
Geographische Informationssysteme in der Geomorphologie : 21. Juni 1991 am Geographischen Institut der Universität Bern. Ed.: Haeberli, Wilfried; Kienholz, Hans. – Bern: 1992, 74 p., ill., mp, 1 mp.-suppl. (Geographica Bernensia. Reihe G, Grundlagenforschung ; 39).

2327
Geoinformation – neue Medien für eine neue Disziplin. Ed.: Herbert-Wichmann-Verlag. Hrsg.: Lutz Plümer, Hartmut Asche. – Heidelberg: Herbert-Wichmann-Verlag 2004, X, 180 p., ill., mp. + 2 CD-ROMs.

2328
Geoinformation und moderner Staat : eine Informationsschrift des Interministeriellen Ausschusses für Geoinformationswesen (IMAGI). Ed.: Bundesamt für Kartographie und Geodäsie <Deutschland>. – Frankfurt am Main: Bundesamt für Kartographie und Geodäsie <Deutschland> 2004, 48 p., ill., mp. + 1 CD-ROM – 4., überarb. Aufl. [Broschüre].

2329
GeoInformationsSysteme : Grundlagen – Nutzungen – Entwicklungen ; Geoforum 2004 ; Beiträge der gemeinsam von der Fachrichtung Geodäsie und Geoinformatik, Universität Hannover, der Akademie der Geowissenschaften zu Hannover und dem Deutschen Verein für Vermessungswesen, Bezirksgruppe Hannover-Hildesheim organisierten Veranstaltung im Leibnizhaus Hannover, 8. Juni 2004. – Hannover: 2004, 62 p., ill., mp. (Wissenschaftliche Arbeiten der Fachrichtung Geodäsie und Geoinformatik der Universität Hannover ; 252).

2330
Geoinformationssysteme : Theorie, Anwendungen, Problemlösungen ; Vorträge der 7. Dresdner Sommerschule am 26./27. September 2002. Hrsg. von Nikolas Prechtel. – Dresden: 2003, 141 p., ill., mp. + 1 CD-ROM. (Kartographische Bausteine : KB ; 21). [CD-ROM u.d.T.: 7. Dresdner Sommerschule; CD-ROM enth.: SVG-Karte des TU-Campus].

2331
Geoinformationssysteme im Gesundheitswesen : Grundlagen und Anwendungen. Ed.: Herbert-Wichmann-Verlag. Hrsg.: Jürgen Schweikart, Thomas Kistemann. – Heidelberg: Herbert-Wichmann-Verlag 2004, 278 p., ill. [Aufsatzsammlung].

2332
Geudeke, Peter: The role of TDN in the national geographic information infrastructure. In: Second Anglo-Dutch Seminar on Cartography : held in Enschede, April 3-4, 1997. Ed.: Ormeling, Ferjan. – Amersfoort: Nederlandse Vereniging voor Kartografie 1998., p.69-72, 1 tab. (NVK publikatiereeks ; 26).

2333
Gilfoyle, Ian; Thorpe, Peter: Geographic information management in local government. Ed.: CRC Press. – Boca Raton, FL: CRC Press 2004, 243, [4] p., ill., mp.

2334
GIS im Geographieunterricht. 2004, 50 p., ill., mp. (Praxis Geographie ; 34.2004,2). [Themenheft].

2335
GIS-Kartografie. Ed.: Nederlandse Vereniging voor Kartografie. Productie: Y.T.Bouma voor Werkgroep Onderwijs en Onderzoek. – Amersfoort: Nederlandse Vereniging voor Kartografie 1994, 40 p., ill., mp. (NVK publikatiereeks ; 10). [Dutch, partly Engl.].

2336
Glatthard, Thomas: Gemeinde-GIS nach Maß : Lösungen im St. Galler Rheintal. In: Geomatik Schweiz : Geoinformation und Landmanagement. 102.2004,3, p.118-123, 8 ill. ISSN 0252-9424; 1660-4458.

2337
Gottlieb, Carlos; Blumenfeld, Hervé; Dugény, François: 250 ans d'évolution de l'occupation du sol en Ile-de-France. In: Trois siècles de cartographie en Ile-de-France Volume 1. Ed.: Institut d'Aménagement et d'Urbanisme de la Région d'Ile-de-France. Institut d'Aménagement et d'Urbanisme de la Région d'Ile-de-France 1997., p.206-215, 13 ill., 1 tab. (Cahiers de l'Institut d'Aménagement et d'Urbanisme de la Région d'Ile-de-France ; 119.1997).

2338
Green, David R.: The GIS map : new opportunities for artistic and scientific visualization. In: Visualisatie in het GIS-onderwijs. Ed.: Nederlandse Vereniging voor Kartografie. Werkgroep Onderwijs en Onderzoek. Red.: B.J.Köbben, F.J. Ormeling & R.T. de Wijs. – Amersfoort: Nederlandse Vereniging voor Kartografie 1996., p.5-16, 6 ill. (NVK publikatiereeks ; 20).

2339
Große, Bernd: Bedeutung digitaler Altkarten für GIS-Anwendungen in der Landschaftsforschung : Möglichkeiten und Probleme der digitalen Aufbereitung und Nutzung von Altkarten. 2003, 18 p., 31 ill. [Vortrag Bernd Große, Universität Rostock, Freiburg 26.05.2003].

2340
Gspurning, Josef: Geographische Informationssysteme als Instrument der Altstadt-Sachverständigenkommission Graz : Grundlagen, Konzeption und Entwicklungsmöglichkeiten des Altstadt Graz-Informationssystems AGIS. In: Kontinuität und Wandel in der Kultur- und Naturlandschaft : Festschrift für Herwig Wakonigg. Ed.: Institut für Geographie und Raumforschung. Hrsg. Institut für Geographie und Raumforschung, Universität Graz. Red.: Gerhard Karl Lieb. – Graz: Institut für Geographie und Raumforschung 2002., p.119-130, 5 ill. (Grazer Schriften der Geographie und Raumforschung).

2341
Günther-Diringer, Detlef: Die Entwicklung von GIS-Anwendungen der letzten 15 Jahre im Naturschutz mit einem Schwerpunkt auf Flüssen und Auen. In: 50 Jahre Sektion Karlsruhe der Deutschen Gesellschaft für Kartographie e.V. : Festschrift. Ed.: Kern, Hans F. Hrsg. von Hans F. Kern. – Karlsruhe: Fachhochschule Karlsruhe, Hochschule für Technik, Fachbereich Geoinformationswesen 2004., p.137-143 (Karlsruher geowissenschaftliche Schriften, Reihe A, Kartographie und Geographie ; 16).

2342
Günther-Diringer, Detlef: GIS-Einsatz im Rahmen einer UVS zur Planunt eines Hochwasserretentionsraumes am Rhein. In: Virtuelle Welten, reale Anwendungen : geographische Informationssysteme in Theorie und Praxis ; Tagungsband zum GIS-Symposium vom 8. November. Ed.: Schmid, Heiko; Köppe, Holger. – Heidelberg: 2003., p.23-33, 8 ill., 3 tab. (Heidelberger Geographischer Bausteine ; 16).

2343
Häge, Martin; Benner, Joachim: Anwendung eines Geoinformationssystems für eine geologische Kartierung. In: GeoBit : Geoinformatik für die Praxis. 9=17.2004,6, p.16-21, 4 ill. [Titel des Heftes: Geo-Informationssysteme : GIS (aufgegangen in GeoBit)] ISSN 1430-3663.

2344
Hansen, Swentje: Das GIS-gestützte tierärztliche Informationssystem VetIS für Hamburg. In: GeoBit : Geoinformatik für die Praxis. 9=17.2004,3, p.20-24, 4 ill., 5 tab. [Titel des Heftes: Geo-Informationssysteme : GIS (aufgegangen in GeoBit)] ISSN 1430-3663.

2345
Heipke, Christian: Erfassung und Aktualisierung von Geoinformationen aus Luft-und Satellitenbildern. In: GeoInformationsSysteme : Grundlagen – Nutzungen – Entwicklungen ; Geoforum 2004 ; Beiträge der gemeinsam von der Fachrichtung Geodäsie und Geoinformatik, Universität Hannover, der Akademie der Geowissenschaften zu Hannover und dem Deutschen Verein für Vermessungswesen, Bezirksgruppe Hannover-Hildesheim organisierten Veranstaltung im Leibnizhaus Hannover, 8. Juni 2004. – Hannover: 2004., p.15-23, 7 ill. (Wissenschaftliche Arbeiten der Fachrichtung Geodäsie und Geoinformatik der Universität Hannover ; 252).

2346
Heipke, Christian: Erfassung und Aktualisierung von Geoinformationen aus Luft-und Satellitenbildern. In: Geoinformationssysteme (GIS) ; Grundlagen – Anwendungen – Entwicklungen. Ed.: Quade, Horst. – Hannover: 2001., p.12-23, 7 ill. (Veröffentlichungen / Akademie der Geowissenschaften zu Hannover ; 24).

2347
Hermann, Christoph: Aufbau und Führung einer Touristischen Karten Fach Datenbank (TKFD). In: Arbeitsgruppe Automation in der Kartographie : Tagung 2003. Ed.: Bundesamt für Kartographie und Geodäsie <Deutschland>. – Frankfurt a.M.: Bundesamt für Kartographie und Geodäsie <Deutschland> 2004., p.75-80, 5 ill. (Mitteilungen des Bundesamtes für Kartographie und Geodäsie ; 31; 2004).

2348
Hofstee, Paul; Tariel, Jean: Utilisation des potographies aériennes, des cartes ou plans et d'un SIG lors de la catastrophe d'Enschede (Pays-Bas). In: XYZ : revue de l'Association Française de Topographie. 87.2001,2, p.24-29, 11 ill. ISSN 0290-9057.

2349
Hu, Xiangyun; Tao, C. Vincente: Automatic highway extraction from high resolution imagery by an energy minimizing based perceptual grouping method. In: Geomatica. 58.2004,1, p.41-50, 8 ill. ISSN 1195-1036.

2350
Il territorio nella società dell'informazione : dalla cartografia ai sistemi digitali ; [Venezia, Museo Correr, 1 maggio – 11 luglio 2004] = Territory in the information society. Ed.: Cantile, Andrea; Arca, Salvator. – Firenze: Istituto Geografico Militare 2004, 239 p., ill., mp. Territory in the information society : from cartography to digital systems. [Ital.]. ISBN 88-523-2567-0.

2351
Jager, Reinoud; Klaassen, Aad J.: GIS en Rampenbestrijding. In: Rampenkartografie. Werkgroep Onderwijs en Onderzoek. Red.: B.J. Köbben and others. 1995., p.23-26, 3 ill. (NVK publikatiereeks ; 14). [Dutch].

2352
Janzen, Sharon: 101 ways to use orthophotos!. In: Bulletin / Association of Canadian Map Libraries and Archives. 119.2004, p.7-10, 8 ill. ISSN 0840-9331.

2353
Jörg, Wolfgang: Vienna-GIS – aktuelle GIS-Entwicklungen bei der Stadt Wien : eine Millionenstadt rüstet sich für die Anforderungen an raumbezogene Informationsvermittlung im 3. Jahrtausend. In: Aspekte der Kartographie im Wandel der Zeit : Festschrift für Ingrid Kretschmer zum 65. Geburtstag und anlässlich ihres Übertritts in den Ruhestand. Ed.: Kainz, Wolfgang. Hrsg. von Wolfgang Kainz. – Wien: Geographisches Institut <Wien, Universität> / Arbeitsbereich für Geographie und Kartographie 2004., p.304-311, 6 ill. (Wiener Schriften zur Geographie und Kartographie ; 16).

2354
Kartografisch onderzoek en GIS. Ed.: Nederlandse Vereniging voor Kartografie. Produktie: Y.T.Bouma voor Werkgroep Onderwijs en Onderzoek. – Amersfoort: Nederlandse Vereniging voor Kartografie 1993, 48 p., ill., mp. (NVK publikatiereeks ; 8).

2355
Kastreva, Penka: Specializiranata karta i registri na vodnite tečenija, obekti i s"orženija : osnova na GIS za upravlenie na vodnite resursi. In: Geodezija, kartografija, zemeustrojstvo. 3-4, p.26-32, 1 ill. Special charts and benchmarks of water flows as the background of GIS of water resources. [Bulg. with Engl. rés.].

2356
Kenselaar, F.: Opleiding in geo-informatie. In: Geo-Info : tijdschrift voor Geo-Informatie Nederland, GIN. 0.2003, p.30-34, 3ill., 1 tab. Teaching geo-information. [Dutch]. ISSN 1572-5464.

2357
Kiehle, Christian: Fachbericht GIS im Internet : Stärken, Schwächen und Potentiale : Systemvergleich anhand von Beispielen aus der kommunalen Planungspraxis ; aus der Arbeit des AK "Grafische Datenverarbeitung". Ed.: Forschungsgesellschaft Landschaftsentwicklung – Landschaftsbau. – Bonn: Forschungsgesellschaft Landschaftsentwicklung – Landschaftsbau 2003, 53 p., ill. – 1. Aufl., Ausg. 2003. [Zugl.: Diplomarbeit] ISBN 3-934484-70-0.

2358
Klemmer, Wilfried: GIS-Projekte erfolgreich durchführen : Grundlagen, Erfahrungen, Praxishilfen. – Karlsruhe: Bernhard Harzer Verlag 2004, 282 p., ill. [Literaturverz. S. 263-267] ISBN 3-9808493-2-5.

2359
Klöppel, Reinhard: Der hessische Weg zum Aufbau einer Geoinformationsinfrastruktur im Kontext nationaler und europäischer Aktionslinien. In: Mitteilungen / Deutscher Verein für Vermessungswesen, Landesverein Hessen e.V. ; Landesverein Thüringen. 2003,3, p.15-31, 32 ill. ISSN 0949-7900; 0949-7900; 0173-6280.

2360
Koch, Tom: The map as intent : variations on the theme of John Snow. In: Cartographica. 39.2004,4, p.1-14, 8 ill. ISSN 0340-0654; 0317-7173.

2361
Koehl, Mathieu: SIG, une histoire de définition ... In: XYZ : revue de l'Association Française de Topographie. 101.2004,4, p.61-66. ISSN 0290-9057.

2362
Köhler, Petra; Lechtenbörger, Christiane: GIS und Informations-Management im "Center for Disaster Management and Risk Reduction Technology". In: Photogrammetrie, Fernerkundung, Geoinformation : PFG ; Organ der Deutschen Gesellschaft für Photogrammetrie und Fernerkundung e.V. 2004,4, p.331-335, 2 ill. ISSN 1432-8364.

2363
Koers, J.B.: Geo-informatie in Honduras. In: Geo-Info : tijdschrift voor Geo-Informatie Nederland, GIN. 0.2003, p.36-39, 5 ill. Geo-information in Honduras. [Dutch]. ISSN 1572-5464.

2364
Kofmel, Daniel: Geografisches Informationssystem der Stadt Winterthur. In: Geomatik Schweiz : Geoinformation und Landmanagement. 102.2004,3, p.112-117, 7 ill. ISSN 0252-9424; 1660-4458.

2365
Kohlus, J.: Kartographie von Projektergebnissen der Ökosystemforschung Schleswig-Holsteinisches Wattenmeer : Anwendungen eines geographischen Informationssystems im Landesamt für den Nationalpark Schleswig-Holsteinisches Wattenmeer. In: Geographie der Meere und Küsten. Ed.: Lampe, Reinhard. – Greifswald: Universität Greifswald 1994., p.141-156, 6 ill., 2 mp. (Greifswalder Geographische Arbeiten ; 10).

2366
Konečný, Milan; Rais, Karel: Geografické informační systémy :současnost a perspektivy. In: Kulturní krajiny v průmyslových oblastech : sborník referatů k XVII. sjezdu Československé geografické společnosti v Ostravě ve dnech 6. – 10.7.1987 ; svazek II. Ed.: Czechoslovak Geographical Society <Československá Geografická Společnost>. – Brno: Czechoslovak Geographical Society <Československá Geografická Společnost> 1987., p.223-235. [Czech].

2367
Konrad, Christoph: Internetsystem zur Unterstützung der Regionalplanfortschreibung für die Region Nordschwarzwald. In: Virtuelle Welten, reale Anwendungen : geographische Informationssysteme in Theorie und Praxis ; Tagungsband zum GIS-Symposium vom 8. November. Ed.: Schmid, Heiko; Köppe, Holger. – Heidelberg: 2003., p.35-41, 3 ill. (Heidelberger Geographischer Bausteine ; 16).

2368
Kraak, Menno Jan; Müller, Jean-Claude; Ormeling, Ferdinand Jan: GIS-Kartografie : visuele ondersteuning van het besluitvormingsproces bij gebruik van ruimtelijk-temporele gegevens. In: Kartografisch onderzoek en GIS. Ed.: Nederlandse Vereniging voor Kartografie. Produktie: Y.T.Bouma voor Werkgroep Onderwijs en Onderzoek. – Amersfoort: Nederlandse Vereniging voor Kartografie 1993., p.27-36, 7 ill. (NVK publikatiereeks ; 8).

2369
Kraak, Menno-Jan: Visualisatie-aspecten van geoinformatie in het onderwijs – een ideaal plaatje. In: Visualisatie in het GIS-onderwijs. Ed.: Nederlandse Vereniging voor Kartografie. Werkgroep Onderwijs en Onderzoek. Red.: B.J.Köbben, F.J. Ormeling & R.T. de Wijs. – Amersfoort: Nederlandse Vereniging voor Kartografie 1996., p.25-29, 2 ill., 1 tab. (NVK publikatiereeks ; 20). [Dutch].

2370
Krause, Kai-Uwe; Bauer, Olaf ; Hoffmann, Niels: Verteilte Geo- und Planungsdienste für das Portal www.metropolregion.hamburg.de mit Hilfe der CoreMedia© Content Application Platform. In: geoGovernment : öffentliche Geoinformations-Dienste zwischen Kommune und Europa. Ed.: Strobl, Josef; Griesebner, Gerald. Josef Strobl; Gerald Griesebner (Hrsg.). – Heidelberg: Herbert-Wichmann-Verlag 2003., p.67-75, 4 ill.

2371
Krause, Tilman: Digitaler Kinderstadtteilplan : ein GIS-Projekt aus dem Schulumfeld für die Orientierungsstufe. In: GIS im Geographieunterricht. 2004., p.13-15, 3 ill. (Praxis Geographie ; 34.2004,2).

2372
Kresse, Wolfgang; Fadaie, Kian: ISO standards for geographic information. Ed.: Axel Springer AG. – Berlin: Axel Springer AG 2004, XI, 322 p., ill.

2373
Kuhlmann, Christian; Markus, Frank; Theurer, Edgar: CAD und GIS in der Stadtplanung : ein Leitfaden zum effizienten Einsatz. – Karlsruhe: Bernhard Harzer Verlag 2003, 151 p., ill., mp. ISBN 3-9803128-6-0.

2374
Lamatsch, Joachim: Toporama. In: Die digitale Kartenbibliothek : eine Momentaufnahme. Ed.: Bühler, Jürg. – München: Saur 2004., p.161-168, 3 ill. (Bibliographia cartographica / Beiheft ; 1).

2375
Landschaftsplanung digital : Unterstützung des Planungsprozesses durch GIS : Daten, Analysen, Methoden ; Dokumentation des gleichnamigen Workshops am 25. September 2003 in Rostock. Torsten Lipp [Institut für Landschaftsplanung und Landschaftsökologie, Universität Rostock]. – Rostock: 2004, 52 p., ill. (Rostocker Materialien für Landschaftsplanung und Raumentwicklung ; 4 ; 2004).

2376
Lemay, Nancy; Znamirowski, Barbara: GIS resources for non-specialists. In: Bulletin / Association of Canadian Map Libraries and Archives. 121.2004, p.3-13, 18 ill. ISSN 0840-9331.

2377
Lemmens, Mathias: Geo-information engineering : changing technology in a changing society. Ed.: GITC. – Lemmer: GITC 2003, 192 p., ill. [1. ed.].

2378
Liu, Yanfang; Phinn, S. R.: Mapping the urban development of Sydney (1971-1996) with cellular automata in a GIS environment. In: Journal of spatial science. 2.2004, p.57-74, 2 tab., 6 ill.

2379
Location based services & telecartography : proceedings of the symposium 2004. Ed.: Gartner, Georg. Ed. by Georg Gartner. – Wien: 2004, VII, 234 p.,ill., mp. (Geowissenschaftliche Mitteilungen : Schriftenreihe der Studienrichtung Vermessungswesen und Geoinformation, Technische Universität Wien ; 66).

2380
Lukec, Marco: Geomarketing bei infas GEOdaten : thematische Kartographie in der Business-Welt. In: 50 Jahre Sektion Karlsruhe der Deutschen Gesellschaft für Kartographie e.V. : Festschrift. Ed.: Kern, Hans F. Hrsg. von Hans F. Kern. – Karlsruhe: Fachhochschule Karlsruhe, Hochschule für Technik, Fachbereich Geoinformationswesen 2004., p.188-191, 1 ill. (Karlsruher geowissenschaftliche Schriften, Reihe A, Kartographie und Geographie ; 16).

2381
Lunetta, Ross S.; Lyon, John G.: Remote sensing and GIS accuracy assessment : [symposium sponsored by the U.S. Environmental Protection Agency (EPA) on "Remote Sensing and GIS Accuracy Assessmen" on December 11 – 13, 2001, in Las Vegas, Nevada]. – Boca Raton: CRC Press 2004, 304 p., 8 p. of plates, ill., mp. [Literaturangaben] ISBN 1-566-70443-X.

2382
Maclachlan, J. C.; Abernathy, T.; Jerrett, M.: Developing an internet GIS for public health. In: Journal of spatial science. 2.2004, p.121-127, 4 ill.

2383
Madsud Kamal, A.S.M.; Midorikawa, Saburoh: GIS-based geomorpological mapping using remote sensing data and supplementary geoinformation : a case study of the Dhaka city area, Bangladesh. In: International journal of applied earth observation and geoinformation : JAG ; the official quarterly publication of the International Institute for Aerospace Survey and Earth Sciences (ITC). 6.2004,2, p.111-125,8 ill., 5 tab. ISSN 0303-2434.

2384
Maigut, Vera: Új digitális földtani térképmű a MÁFI-ban. In: Geodézia és kartográfia. 56.2004,7, p.22-26, 3 ill. New digital geological map series in the Geological Institute of Hungary. [Hung. with Engl. rés.].

2385
Management issues and applications. By: Longley, Paul A. – New York [a.o.]: John Wiley and Sons 1999, XCIII, p.583-1101, ill., mp. – 2. ed. (Geographical information systems ; Vol. 2). [Literaturverz. S. 1023 – 1101] ISBN 0-471-33133-3.

2386
Mark, Harald; Schewe, Jürgen; Stein, Gerald: Digitales Grubenriss-Informations-system : ein Instrument des Risikomanagements im Bergbau. In: Kartographische Nachrichten : KN ; Fachzeitschrift für Geoinformation und Visualisierung ; Organ der Deutschen Gesellschaft für Kartographie e.V., der Schweizerischen Gesellschaft für Kartographie und der Österreichischen Kartographischen Kommission in der Österreichischen Geographischen Gesellschaft. 54.2004,3, p.117-123, 3 ill. ISSN 0022-9164.

2387
Mas, Jean-François; Velázquez, Alejandro; Díaz-Gallegos, José Reyes; Mayorga-Saucedo, Rafael; Alcántara, Camilo; Bocco, Gerardo; Castro, Rutilio; Fernández, Tania; Pérez-Vega, Azucena: Assessing land use/cover changes : a nationwide multidate spatial database for Mexico. In: International journal of applied earth observation and geoinformation : JAG ; the official quarterly publication of the International Institute for Aerospace Survey and Earth Sciences (ITC). 5.2004,4, p.249-261, 7 ill., 5 tab. ISSN 0303-2434.

2388
Menke, Roswitha: Ein GIS für Sauberkeit und Wohlgerüche. In: GeoBit : Geoinformatik für die Praxis. 9=17.2004,10, p.32-33, 3 ill. ISSN 1430-3663.

2389
Millward, Hugh: A vector-GIS extension for generalization of binary polygon patterns. In: Cartographica. 39.2004,4, p.55-64, 5 ill., 2 tab. ISSN 0340-0654; 0317-7173.

2390
Minami, Michael: Using ArcMap : GIS by ESRI ; [ArcGIS 8]. – Redlands, Calif.: Environmental Systems Research Institute 2000, X, 528 p., ill. ISBN 1-87910-296-X.

2391
Mucsi, László; Kiss, Richárd; Szatmári, József; Bódis, Katalin; Kántor, Zoltán; Dabis, Gábor; Dzsupin, Mihály: Felszín alatti vezetékek környezetszennyező hatásainak felmérése távérzékeléses technológiával. In: Geodézia és kartográfia. 56.2004,4, p.3-8, 8 ill. The analysis of contamination deriving from the leakage of subsurface pipeline networks via remote sensing. [Hung. with Engl. rés.].

2392
Nebiker, Stephan: DILAS : the digital landscape server for the generation and management of large 3D city models., p.227-336, 9 ill. ISSN 0-906430-14-3.

2393
Neteler, Markus: Open source GIS : a GRASS GIS approach. – Boston [u.a.]: Kluwer Academic Publishers 2004, XXXVI, 434 p., ill. – 4. print. (The Kluwer international series in engineering and computer science : SECS). [Includes bibliographical references and index].

2394
Oggier, Rainer: GIS-Wallis : auf dem Weg zu einem wahren Informationssystem. In: Geomatik Schweiz : Geoinformation und Landmanagement. 102.2004,3, p.134-136, 1 ill. ISSN 0252-9424; 1660-4458.

2395
Oosterom, Peter; Qak, Wilko; Tijssen, Theo: Polygonen: het wankele fundament van ruimtelijk modelleren. In: Geo-Info : tijdschrift voor Geo-Informatie Nederland, GIN. 1.2004,3, p.126-132, 2 ill., 1 tab. Polygons: the unstable foundation of spatial modelling. [Dutch]. ISSN 1572-5464.

2396
Patera, Antonio; Napolitano, Paola: Dall'acclività allo zenit : dizionario dei termini GIS inglese-italiano. – Roma: MondoGIS 2004, 175 p. (I quaderni di MondoGIS) From "acclività" to "zenit" : English-Italian dictionary of GIS terms. [Ital. and Engl.]. [Contains bibliography].

2397
Paul, Frank; Kääb, Andreas; Maisch, Max: Das neue Schweizer Gletscherinventar 2000 : Fusion von Fernerkundung und GIS. In: Entwicklungstendenzen und Zukunftsperspektiven in der Geomorphologie : Publikation zur Jahrestagung der Schweizerischen Geomorphologischen Gesellschaft (SGmG) anlässlich des 180. Jahreskongresses der Schweizerischen Akademie der Naturwissenschaften (SANW). Ed.: Maisch, Max. – Zürich: ., p.127-140, 9 ill., 1 tab.

2398
Perrin, Laurent: "L'image cartographique" dans le projet Imago Metropolis. In: Trois siècles de cartographie en Ile-de-France Volume 2. Ed.: Institut d'Aménagement et d'Urbanisme de la Région d'Ile-de-France. Institut d'Aménagement et d'Urbanisme de la Région d'Ile-de-France 1998., p.21-23, 6 ill. (Cahiers de l'Institut d'Aménagement et d'Urbanisme de la Région d'Ile-de-France ; 120.1998).

2399
Persie, M. van: Militaire Geo-informatie. In: Geo-Info : tijdschrift voor Geo-Informatie Nederland, GIN. 1.2004,2, p.52-62, 8 ill. Military geo-information. [Dutch]. ISSN 1572-5464.

2400
Pettit, C. J.; Nelson, A.: Developing an interactive web based public participatory planning support system for natural resource management. In: Journal of spatial science. 1.2004, p.61-70, 5 ill.

2401
Pinell, Richard: Supporting the library's Geographic Information System (GIS) Program through reference service. In: Bulletin / Association of Canadian Map Libraries and Archives. 119.2004, p.11-14. ISSN 0840-9331.

2402
Principles and technical issues. By: Longley, Paul A. – New York [a.o.]: John Wiley and Sons 1999, XCV, 580 p., ill., mp. – 2. ed. (Geographical information systems ; Vol. 1). ISBN 0-471-33132-5.

2403
Przybilla, Heinz-Jürgen; Woytowicz, Detlef: Dokumentation industrieller Anlagen : vom 2D-Bestandsplan über das GIS zur virtuellen Realität : eine Standortbestimmung. In: Photogrammetrie, Fernerkundung, Geoinformation : PFG ; Organ der Deutschen Gesellschaft für Photogrammetrie und Fernerkundung e.V. 2004,1, p.53-58, 6 ill. ISSN 1432-8364.

2404
Radberger, Roman: Von der Verwaltung zum Service-Provider. In: GeoInformationsSysteme : Grundlagen – Nutzungen – Entwicklungen ; Geoforum 2004 ; Beiträge der gemeinsam von der Fachrichtung Geodäsie und Geoinformatik, Universität Hannover, der Akademie der Geowissenschaften zu Hannover und dem Deutschen Verein für Vermessungswesen, Bezirksgruppe Hannover-Hildesheim organisierten Veranstaltung im Leibnizhaus Hannover, 8. Juni 2004. – Hannover: 2004., p.47-49, 4 ill. (Wissenschaftliche Arbeiten der Fachrichtung Geodäsie und Geoinformatik der Universität Hannover ; 252).

2405
Radberger, Roman: Von der Verwaltung zum Service-Provider. In: Geoinformationssysteme (GIS) ; Grundlagen – Anwendungen – Entwicklungen. Ed.: Quade, Horst. – Hannover: 2001., p.47-52, 4 ill. (Veröffentlichungen / Akademie der Geowissenschaften zu Hannover ; 24).

2406
Remote sensing and GIS accuracy assessment : [symposium sponsored by the U.S. Environmental Protection Agency (EPA) on "Remote Sensing and GIS Accuracy Assessment" on December 11 – 13, 2001, in Las Vegas, Nevada]. Ed.: Lunetta, Ross S.; Lyon, John G. – Boca Raton, Fla [u.a.]: CRC Press 2004, 304 p., [8] p. of plates, ill. [Aufsatzsammlung].

2407
Riedo, Marc: Evolution dl l'infrastructure SIG du canton de Neuchâtel. In: Geomatik Schweiz : Geoinformation und Landmanagement. 102.2004,3, p.128-132, 5 ill. ISSN 0252-9424; 1660-4458.

2408
Rieks, Hans-Joachim; Hallmann, Dietmar: Bayer-Chemiepark Leverkusen : 3D-Standortmodelle effektiv genutzt. In: GeoBit : Geoinformatik für die Praxis. 9.2004,7, p.20-21, 4 ill. ISSN 1430-3663.

2409
Roos, Henrik: "Värdeområdes indelning är grundbulten". In: Nya lantmätaren. 2003,1, p.20-21, 1 ill. Value range organisation is a basic tool. [Swed.].

2410
Rosen, Klaus-Henning: deNIS : the German national databse for disaster mitigation in aspects of information transport. In: Proceedings of the cartographic cutting-edge technology for natural hazard management : held in Dresden, Germany October 20 – 22 2004. Ed.: Buchroithner, Manfred. – Dresden: Technische Universität Dresden / Institut für Kartographie 2004., p.117-120, 3 ill. (Kartographische Bausteine : KB ; 30).

2411
Rothenbühler, Christine: Erfassung und Darstellung der Geomorphologie im Gebiet Bernina (GR) mit Hilfe von GIS. In: Entwicklungstendenzen und Zukunftsperspektiven in der Geomorphologie : Publikation zur Jahrestagung der Schweizerischen Geomorphologischen Gesellschaft (SGmG) anlässlich des 180. Jahreskongresses der Schweizerischen Akademie der Naturwissenschaften (SANW). Ed.: Maisch, Max. – Zürich: ., p.117-126, 6 ill.

2412
Santel, Folke; Schimmels, Stefan: Was macht die Welle an der Küste? Besserer Küstenschutz ist möglich: mit digitalen Oberflächenmodellen und GIS. In: Virtuelle Welten : wie GIS die Geowissenschaften verändern. Ed.: Universität Hannover; Freundeskreis der Universität Hannover. – Hannover: Universität Hannover; Freundeskreis der Universität Hannover 2003., p.50-54, 5 ill. (Unimagazin Hannover : Zeitschrift der Leibniz-Universität Hannover ; Mitteilungen des Freundeskreises der Universität Hannover ; 2003,3/4).

2413
Schaal, Peter: Die geographische Informationsverarbeitung in der Landschaftsplanung : Stand und Perspektiven. In: Landschaftsplanung digital : Unterstützung des Planungsprozesses durch GIS : Daten, Analysen, Methoden ; Dokumentation des gleichnamigen Workshops am 25. September 2003 in Rostock. – Rostock: ., p.9-30, 4 ill.

2414
Schaffhauser, Horst: Das Lawinensimulationsmodell SAMOS : ein gekoppeltes, mehrdimensionales, numerisches Katastrophen-Lawinenmodell. In: Kontinuität und Wandel in der Kultur- und Naturlandschaft : Festschrift für Herwig Wakonigg. Ed.: Institut für Geographie und Raumforschung. Hrsg. Institut für Geographie und Raumforschung, Universität Graz. Red.: Gerhard Karl Lieb. – Graz: Institut für Geographie und Raumforschung 2002., p.183-197, 10 ill., 2 tab. + 1 suppl. (Grazer Schriften der Geographie und Raumforschung).

2415
Schuurman, Nadine: GIS : a short introduction. Ed.: Blackwell. – Malden, MA: Blackwell 2004, XIII, 169 p., ill., mp. [Literaturverz. p.[151]-160].

2416
Schwedler, Ulrike; Schwedler, Frank: Historische Daten im modernen Gewand : GIS und Computerkartographie am Beispiel des "Historischen Atlas Schleswig-Holstein". In: Kartographische Nachrichten : KN ; Fachzeitschrift für Geoinformation und Visualisierung ; Organ der Deutschen Gesellschaft für Kartographie e.V., der Schweizerischen Gesellschaft für Kartographie und der Österreichischen Kartographischen Kommission in der Österreichischen Geographischen Gesellschaft. 54.2004,1, p.21-27, 5 ill. ISSN 0022-9164.

2417
Schweikart, Jürgen: Visualisieren von Geodaten : Grundlagen der Kartenerstellung. In: Geoinformationssysteme im Gesundheitswesen : Grundlagen und Anwendungen. Ed.: Schweikart, Jürgen, Kistemann, Thomas. – Heidelberg: Herbert-Wichmann-Verlag., p.37-53, 8 ill., 3 tab.

2418
Sickle, Jan van: Basic GIS coordinates. – Boca Raton, Fla. [u.a.]: CRC Press 2004, 173 p., ill., mp. ISBN 0-415-30216-1.

2419
Sieber, Renée: Rewiring for a GIS / 2. In: Cartographica. 39.2004,1, p.25-39, 6 ill., 1 tab. ISSN 0340-0654; 0317-7173.

2420
Sistemi informativi geografici : manuale e casi studio città e territorio. Ed.: Teti, Maria Adele. A cura di Maria Adele Teti. – Milano: Edizioni Franco Angeli 2004, 342 p., ill., mp. (Urbanistica : Documenti ; 88) Geographic information systems : handbook and case studies in city and territory. [Ital.]. [Contains bibliography and notes] ISBN 88-464-5426-X.

2421
Solomon, Semere; Quiel, Friedrich: Quality of remote sensing data affecting thematic mapping for GIS based groundwater assessment in Eritrea. In: Photogrammetrie, Fernerkundung, Geoinformation : PFG ; Organ der Deutschen Gesellschaft für Photogrammetrie und Fernerkundung e.V. 2004,5, p.433-443, 10 ill., 1 tab. ISSN 1432-8364.

2422
Špijs, Volfgang [Spiess, Wolfgang]: Obštinska geografska informacionna sistema GIS : praktičeskto priloženie v grad Neumarkt i.d.Opf. v s"rceto na Bavarija. In: Geodezija, kartografija, zemeustrojstvo. 2004,1-2, p.11-13, 3 ill. Municipal geographic information system : practical application in mid-Bayern city of Neumarkt. [Bulg. with Germ. rés.].

2423
Stern, Boris; Gogu, Radu C.; Hurni, Lorenz: Correlated hazard assessment studies within an alpin valley establishing a geo-spatial system for data management, modeling, visualization, and analysis. In: Proceedings of the cartographic cutting-edge technology for natural hazard management : held in Dresden, Germany October 20 – 22 2004. Ed.: Buchroithner, Manfred. – Dresden: Technische Universität Dresden / Institut für Kartographie 2004., p.139-144, 3 ill. (Kartographische Bausteine : KB ; 30).

2424
Stinessen, Wenche: Integrasjon mellom GIS og DAK. In: Kart og plan : vitenskapelig tidsskrift. 97.2004,4, p.236-240, 5 ill., 1 tab. Integration between GIS and CAD. [Norw. with Engl. rés.]. ISSN 0047-3278.

2425
Straub, Florian: Webbasierte Verschneidung verteilter Geodaten für die forstliche Standortserkundung. In: GeoBit : Geoinformatik für die Praxis. 17.2004,11, p.30-31, 2 ill. ISSN 1430-3663.

2426
Stroeven, M.H.; Feringa, W.F.; Mijland, P.A.: Druckwerk vanuit GIS : naar een voorspelbaar resultaat. In: Geo-Info : tijdschrift voor Geo-Informatie Nederland, GIN. 1.2004,7/8, p.296-301,3 ill. Printing from GIS : towards a predictable result. [Dutch]. ISSN 1572-5464.

2427
Sudhira, H.S.; Ramachandra, T.V.; Jagadish, K.S.: Urban sprawl : metrics, dynamics and modelling using GIS. In: International journal of applied earth observation and geoinformation : JAG ; the official quarterly publication of the International Institute for Aerospace Survey and Earth Sciences (ITC). 5.2004,1, p.29-39, 7 ill., 3 tab. ISSN 0303-2434.

2428
Sui, Daniel Z.: GIS, cartography, and the "third culture" : geographic imaginations in the computer age. In: The professional geographer. 1, p.62-72. ISSN 0033-0124.

2429
Szabolcs, Mihály: A Földmérési és Távérzékelési Intézet K+F tevékenysége és eredményei, mint a magyar téradat-infrastruktúra része. In: Geodézia és kartográfia. 56.2004,8, p.33-36, 26 ill., 2 tab. FÖMI's R&D activity, as a part of the Hungarian NSDI and its results in mapping and remote sensing. [Hung.with Engl. rés.].

2430
Tagungsband / 1. Münchner Fortbildungsseminar Geoinformationssysteme 1996 : Technische Universität München, Montag, 25. März 1997 bis Donnerstag, 28. März 1996. Ed.: Schilcher, Matthäus. – München: Technische Universität München / Institut für Geodäsie, GIS und Landmanagement, Fachgebiet Geoinformationssysteme 1996, Getr. Zählung, ill., mp. ISBN 3-935049-94-3.

2431
Tagungsband / 2. Münchner Fortbildungsseminar Geoinformationssysteme 1997 : Technische Universität München, Dienstag, 11. März 1997 bis Donnerstag, 13. März 1997. Ed.: Schilcher, Matthäus. – München: Technische Universität München / Institut für Geodäsie, GIS und Landmanagement, Fachgebiet Geoinformationssysteme 1997, Getr. Zählung, ill., mp. ISBN 3-935049-95-1.

2432
Tagungsband / 3. Münchner Fortbildungsseminar Geoinformationssysteme 1998 : Technische Universität München, Dienstag, 10. März 1998 bis Donnerstag, 12. März 1998. Ed.: Schilcher, Matthäus. – München: Technische Universität München / Institut für Geodäsie, GIS und Landmanagement, Fachgebiet Geoinformationssysteme 1998, Getr. Zählung, ill., mp. ISBN 3-935049-96-X.

2433
Tagungsband / 4. Münchner Fortbildungsseminar Geoinformationssysteme 1999 : Technische Universität München, 10. März 2006 bis 12. März 1999. Ed.: Schilcher, Matthäus. – München: Technische Universität München / Institut für Geodäsie, GIS und Landmanagement, Fachgebiet Geoinformationssysteme 1999, Getr. Zählung, ill., mp. ISBN 3-935049-97-8.

2434
Tagungsband / 6. Münchner Fortbildungsseminar Geoinformationssysteme 2001 : Technische Universität München, Mittwoch, 14. März 2001 bis Freitag, 16. März 2001. Ed.: Schilcher, Matthäus. – München: Technische Universität München / Institut für Geodäsie, GIS und Landmanagement, Fachgebiet Geoinformationssysteme 2001, [408] p., ill., mp. ISBN 3-935049-99-4.

2435
Tagungsband / 7. Münchner Fortbildungsseminar Geoinformationssysteme : 6. -8. März 2002 ; Veranstaltungsort: Technische Universität München. Ed.: Schilcher, Matthäus. ; Technische Universität München; Runder Tisch GIS e.V. – München: 2002, [536 p.], ill., mp. ISBN 3-935049-93-5.

2436
Thiele, René: Untersuchungen zur Beschreibung, Verwaltung und Auswertung von Benutzer- und Berechtigungsprofilen für objektorientierte Geoinformationssysteme. Ed.: Institut für Kartographie und Geoinformation. – Bonn: Institut für Kartographie und Geoinformation 2003, 214 p., ill. (Schriftenreihe des Instituts für Kartographie und Topographie der Rheinischen Friedrich-Wilhelms-Universität Bonn ; 30). [Zugl.: Bonn, Rheinische Friedrich-Wilhelms-Univ., Diss., 2003].

2437
Thinh, Nguyen Xuan: Entwicklung von Maßen zur Charakterisierung und Bewertung der physischen und funktionalen Kompaktheit von Stadtregionen. In: Photogrammetrie, Fernerkundung, Geoinformation : PFG ; Organ der Deutschen Gesellschaft für Photogrammetrie und Fernerkundung e.V. 2004,3, p.221-232, 9 ill. ISSN 1432-8364.

2438
Tienhoven, Peter van: "GIS Binnenstebuiten". In: Geo-Info : tijdschrift voor Geo-Informatie Nederland, GIN. 1.2004,5, p.224-225, 1 ill. "GIS Interior". ISSN 1572-5464.

2439
Timár, Gábor; Lévai, Pál; Molnár, Gábor; Varga, József: A második világháború német katonai térképeinek koordinátarendszere. In: Geodézia és kartográfia. 56.2004,6, p.28-35 GIS integration of the German Army Grid (DHG) and its geodetic datums. [Hung. with Engl. rés.].

2440
Timár, Gábor; Molnár, Gábor; Păunescu, Cornel; Pendea, Florin: A második és harmadik katonai felmérés erdélyi szelvényeinek vetületi- és dátumparaméterei. In: Geodézia és kartográfia. 56.2004,5, p.12-16, 1 ill., 1 tab. Projection and datum parameters of the Transsylvanian sheets of the second and third military surveys. [Hung. with Engl. rés.].

2441
Tripcevich, Nicholas: Flexibility by design : how mobile GIS meets the needs of archaeological survey. In: Cartography and geographic information science : an official journal of ACSM devoted to the advancement of cartography in all its aspects. 31.2004,3, p.137-151, 5 ill. ISSN 1523-0406.

2442
Tsou, Ming-Hsiang: Integrated mobile GIS and wireless internet map servers for environment monitoring and management. In: Cartography and geographic information science : an official journal of ACSM devoted to the advancement of cartography in all its aspects. 31.2004,3, p.153-165, 10 ill., 1 tab. ISSN 1523-0406.

2443
Tyner, Judith A.: Whither Cartography?. In: Cartographic perspectives : journal of the North American Cartographic Information Society. 38.2001, p.3-6, 1 tab. ISSN 1048-9053.

2444
Überschär, Nicole: GIS und Kartographie im Internet. In: Geoinformationssysteme im Gesundheitswesen : Grundlagen und Anwendungen. Ed.: Schweikart, Jürgen, Kistemann, Thomas. – Heidelberg: Herbert-Wichmann-Verlag., p. 119-130, 7 ill.

2445
Urquhart, K.; Cartwright, William; Miller, Suzette: Exploring the usefullness of cartographic representations for location-based services in an Australian context. In: Journal of spatial science. 1.2004, p.71-87, 3 tab., 3 ill.

2446
Virtuelle Welten : wie GIS die Geowissenschaften verändern. Ed.: Universität Hannover; Freundeskreis der Universität Hannover. – Hannover: Universität Hannover; Freundeskreis der Universität Hannover 2003. (Unimagazin Hannover : Zeitschrift der Leibniz-Universität Hannover ; Mitteilungen des Freundeskreises der Universität Hannover ; 2003,3/4). [Themenheft; Aufsatzsammlung].

2447
Virtuelle Welten, reale Anwendungen : geographische Informationssysteme in Theorie und Praxis ; Tagungsband zum GIS-Symposium vom 8. November. Ed.: Schmid, Heiko; Köppe, Holger. – Heidelberg: 2003, 130 p., ill., mp. (Heidelberger Geographischer Bausteine ; 16). ISBN 3-88570-817-5.

2448
Walther, Gian-Reto; Hoppe, Ansgar; Hahn, Dirk; Hagemann, Bernd; Steffens, Mareike; Berger, Silje; Pott, Richard: Signale der Planzenwelt verstehen können : wie geographische Informationssysteme in der Geobotanik helfen, langfristige Prozesse darzustellen. In: Virtuelle Welten : wie GIS die Geowissenschaften verändern. Ed.: Universität Hannover; Freundeskreis der Universität Hannover. – Hannover: Universität Hannover; Freundeskreis der Universität Hannover 2003., p.44-49, 7 ill. (Unimagazin Hannover : Zeitschrift der Leibniz-Universität Hannover ; Mitteilungen des Freundeskreises der Universität Hannover ; 2003,3/4).

2449
Warcup, Charles: Von der Landkarte zum GIS : eine Einführung in geografische Informationssysteme. – Norden [u.a.]: Points-Verlag 2004, VIII, 115 p., ill., mp. ISBN 3-9808463-4-2.

2450
Worboys, Michael F.; Duckham, Matt: GIS : a computing perspective. – Boca Raton, Fla. [u.a.]: CRC Press 2004, 426 p., ill., mp.

2451
Wuescher, Daniel; Neidhart, Frank: Enterprise photogrammetric production using TerraShare. In: Photogrammetric Week '03. Ed.: Fritsch, Dieter. – Heidelberg: Herbert-Wichmann-Verlag., p.151-159, 1 ill.

2452
Yang, T.; Wang, Jinling: Visualisation of spatial data quality for internet and mobile GIS applications. In: Journal of spatial science. 1.2004, p.97-108, 9 ill., 1 tab.

2453
Zhang, Qiaoping; Couloigner, Isabelle: A wavelet approach to road extraction from high spatial resolution remotely-sensed imagery. In: Geomatica. 58.2004,1, p.33-39, 6 ill. ISSN 1195-1036.

2454
Zhong-Ren, Peng; Ming-Hsiang, Tsou: Internet GIS : distributed geographic information services for the Internet and wireless networks. – Hoboken, NJ: John Wiley and Sons 2003, XXXVI, 679 p., ill.

2455
Zipf, Alexander: GIS-basierte Stadtinformationssysteme im Internet : wissenschaftliche Fragestellung, Technologie und Realisierung. In: Virtuelle Welten, reale Anwendungen : geographische Informationssysteme in Theorie und Praxis ; Tagungsband zum GIS-Symposium vom 8. November. Ed.: Schmid, Heiko; Köppe, Holger. – Heidelberg: 2003., p.79-95, 12 ill., 2 tab. (Heidelberger Geographischer Bausteine ; 16).

2456
Zöllner, Winfried: Ist die gedruckte topographische Karte eine Datenbank?. In: Vermessung Brandenburg. 8.2003,2, p.70-74, 1 ill. ISSN 1430-7650.

3. Land Information Systems (LIS) Landinformationssysteme Systèmes d'informations du territoire

2457
Basisinformationssystem des Liegenschaftskatasters : ALB automatisiertes Liegenschaftsbuch. Ed.: Landesvermessungsamt Mecklenburg-Vorpommern. – Schwerin: Landesvermessungsamt Mecklenburg-Vorpommern 1998, 1 Faltblatt, 5 ill.

2458
Ernst, Adrian; Heyroth, Christian; Karl, Timo; Palomba, Lisa; Schüttel, Marcel; Walter, Corinna: Entwicklung einer EDV-gestützten Kaufpreissammlung mit Kaufpreiskarte. In: Allgemeine Vermessungs-Nachrichten : AVN ; Zeitschrift für alle Bereiche des Vermessungswesens. 111.2004,8-9, p.293-297, 3 ill., 1 tab. ISSN 0002-5968.

2459
Gasper, Marc; Guhse, Birgit: Informations- und Managementsysteme für Gewerbeflächen auf der Basis von Open-source-Technologien. In: geoGovernment : öffentliche Geoinformations-Dienste zwischen Kommune und Europa. Ed.: Strobl, Josef; Griesebner, Gerald. Josef Strobl; Gerald Griesebner (Hrsg.). – Heidelberg: Herbert-Wichmann-Verlag 2003., p.33-39, 6 ill.

2460
Heckmann, Bernhard: Das Projekt ALKIS im Hinblick auf das AdV-Konzept AFIS-ALKIS-ATKIS. In: Mitteilungen / Deutscher Verein für Vermessungswesen, Landesverein Hessen e.V. ; Landesverein Thüringen. 2004,1, p.9-13. ISSN 0949-7900; 0949-7900; 0173-6280.

2461
Köpper, Barbara: ALKIS : das Modell der Zukunft. In: Mitteilungen / Deutscher Verein für Vermessungswesen, Landesverein Hessen e.V. ; Landesverein Thüringen., p.36-50, 40 ill. ISSN 0949-7900; 0949-7900; 0173-6280.

2462
Meynadier, Christine: L'informatisation du plan cadastral. In: Trois siècles de cartographie en Ile-de-France Volume 1. Ed.: Institut d'Aménagement et d'Urbanisme de la Région d'Ile-de-France. Institut d'Aménagement et d'Urbanisme de la Région d'Ile-de-France 1997., p.248-249, 2 ill. (Cahiers de l'Institut d'Aménagement et d'Urbanisme de la Région d'Ile-de-France ; 119.1997).

2463
Peyke, Gerd; Zaunsender, Stefan: Skalierbares GeoGovernment via Inernet via Internet und Intranet mit w^{3}GIS. In: geoGovernment : öffentliche Geoinformations-Dienste zwischen Kommune und Europa. Ed.: Strobl, Josef; Griesebner, Gerald. Josef Strobl; Gerald Griesebner (Hrsg.). – Heidelberg: Herbert-Wichmann-Verlag 2003., p.77-82, 6 ill.

2464
Seifert, Markus: Der Standard ALKIS : was bringt er?. In: Vermessung Brandenburg. 9.2004,2, p.25-33, 5 ill. ISSN 1430-7650.

2465
Wagner, Berthold; Schliebner, Stefan: Rheinland-Pfalz auf dem Weg zu ALKIS®. In: Nachrichtenblatt der Vermessungs- und Katasterverwaltung Rheinland-Pfalz. 46.2003,3, p.131-147, 18 ill. ISSN 0939-2378.

2466
Wilmersdorf, Erich: Ein Fall für e-GEOgovernment – Aufgrabungen im Straßenbereich und zentraler Leitungskataster am Beispiel von Wien. In: geoGovernment : öffentliche Geoinformations-Dienste zwischen Kommune und Europa. Ed.: Strobl, Josef; Griesebner, Gerald. Josef Strobl; Gerald Griesebner (Hrsg.). – Heidelberg: Herbert-Wichmann-Verlag 2003., p.129-138, 5 ill.

H. Topographic Cartography
Topographische Kartographie
Cartographie topographique

1. General Features, Map Specifications
Allgemeines und Zeichenvorschriften
Généralités et spécifications

2467
Bakker, Nico: Generalisatie van topografische kaarten en bestanden. In: Generalisatie met de computer. Ed.: Nederlandse Vereniging voor Kartografie / Werkgroep Onderwijs en Onderzoek. – Amersfoort: Nederlandse Vereniging voor Kartografie / Werkgroep Onderwijs en Onderzoek 1999., p.47-60, 10 ill., 1 tab. (NVK publikatiereeks ; 28) Generalization of topographic maps and archives. [Dutch].

2468
Bakker, Nico J.: Een nieuw gezicht voor de topografische kaart. In: Geo-Info : tijdschrift voor Geo-Informatie Nederland, GIN. 1.2004,12, p.546-547, 4 ill. A new look for the topographical map. [Dutch]. ISSN 1572-5464.

2469
Bakker, N.J.: Kaartrevisie bij de Topografische Dienst. In: Is uw kaart up to date? Visies op kaartrevisie. Ed.: Nederlandse Vereniging voor Kartografie. Werkgroep Kartografische Produktietechnieken. Red. : Chr. J. Snabilié. – Amersfoort: Nederlandse Vereniging voor Kartografie 1995., p.13-20, 10 ill. (NVK publikatiereeks ; 15). [Dutch].

2470
Baumann, Barbara: Wie kommt ATKIS in die amtlichen Karten?. In: Arbeitsgruppe Automation in der Kartographie : Tagung 2003. Ed.: Bundesamt für Kartographie und Geodäsie <Deutschland>. – Frankfurt a.M.: Bundesamt für Kartographie und Geodäsie <Deutschland> 2004., p.17-22, 7 ill. (Mitteilungen des Bundesamtes für Kartographie und Geodäsie ; 31; 2004).

2471
Blumenfeld, Hervé; Jacquet, Gaëlle; Prince, Didier; Raynaud, Claudie; Rouaud, Claudine: Emprise des grandes cartes en Ile-de-france du XVIII au XX siècle. In: Trois siècles de cartographie en Ile-de-France Volume 1. Ed.: Institut d'Aménagement et d'Urbanisme de la Région d'Ile-de-France. Institut d'Aménagement et d'Urbanisme de la Région d'Ile-de-France 1997., p.68-85, 32 ill. (Cahiers de l'Institut d'Aménagement et d'Urbanisme de la Région d'Ile-de-France ; 119.1997).

2472
Böhm, Rolf: Teilung des Geowissens in der DDR : ein Beitrag zum Thema "Kartenverfälschung". In: Kartographische Nachrichten : KN ; Fachzeitschrift für Geoinformation und Visualisierung ; Organ der Deutschen Gesellschaft für Kartographie e.V., der Schweizerischen Gesellschaft für Kartographie und der Österreichischen Kartographischen Kommission in der Österreichischen Geographischen Gesellschaft. 54.2004,3, p.134-135. ISSN 0022-9164.

2473
Boer, Adri den: "De Toekomst van de Topografische Informatievoorziening". In: Geo-Info : tijdschrift voor Geo-Informatie Nederland, GIN. 1.2004,1, p.10-12, 4 ill. The future of topographic information provision. [Dutch]. ISSN 1572-5464.

2474
Branco, Rui: O mapa de Portugal : estado, território e poder no Portugal de oitocentos. – Lisboa: Livros Horizonte 2003, 198 p., ill., mp. (Colecçäo Horizonte histórico) The map of Portugal : state, territory and power of Portugal in the nineteenth century. [Port.]. [Teilw. zugl.: Lisboa, Univ., Magisterarbeit, 1999] ISBN 972-241251-5.

2475
Brown, Christopher C.: Topos in your OPAC : linking to the online. In: Information bulletin / Western Association of Map Libraries. 34.2003,3, p.141-144, 8 ill. ISSN 0049-7282.

2476
Dias, Maria Helena: As vicissitudes das séries topográficas e temáticas: um retrato da Cartografia portuguesa contemporânea. In: Contributos para a história da cartografía militar portuguesa. Maria Helena Dias, coordenaçäo. Centro de Estudos Geográficos <Lisboa>. – Lisboa: 2003., 3 chapters, 7 ill., 5 tab. The vicissitudes of the topographical and thematic series: a picture of the Portuguese contemporary cartography. [Portug.].

2477
Diez, Dietrich: Anwendung des Datenbankschutzrechtes auf die amtlichen topographischen Kartenwerke. In: Kartographische Nachrichten : KN ; Fachzeitschrift für Geoinformation und Visualisierung ; Organ der Deutschen Gesellschaft für Kartographie e.V., der Schweizerischen Gesellschaft für Kartographie und der Österreichischen Kartographischen Kommission in der Österreichischen Geographischen Gesellschaft. 54.2004,6, p.268-273. ISSN 0022-9164.

2478
Duchêne, Cécile: Généralisation automatique avec des agents communicants. In: Le Monde des Cartes : revue du Comité Français de Cartographie. 179.2004, p.11-19, 10 ill. ISSN 1634-3522.

2479
Dvořáková, Vlasta: Topographische Texte und Übungen. Ed.: Ostravská Univerzita. – Ostrava: Ostravská Univerzita 1997, 152 p., mp. – 1. vyd. (Učební texty Ostravské Univerzity / Filozofická fakulta). ISBN 80-7042472-9.

2480
Ellsiepen, Matthias: Formalisierung kartographischen Wissens zur Schriftplazierung in topographischen Karten. Ed.: Institut für Kartographie und Geoinformation. – Bonn: Institut für Kartographie und Geoinformation 2002, 198 p., ill., mp. (Schriftenreihe des Instituts für Kartographie und Topographie der Rheinischen Friedrich-Wilhelms-Universität Bonn ; 29). [Literaturverz. S. [185]-189; Zugl.: Bonn, Univ., Diss., 2002].

2481
Englisch, Brigitte: Die Umsetzung topographischer Strukturen in den Mappae mundi des Mittelalters. In: Natur im Mittelalter : Konzeptionen – Erfahrungen – Wirkungen ; Akten des 9. Symposiums des Mediävistenverbandes, Marburg, 14. – 17. März 2001. Ed.: Dilg, Peter. – Berlin: 2003., p.204-226, 10 ill.

2482
Gericke, Dietrich; Katzur, Lutz: Die Realisierung der Spitzenaktualität durch den Topographischen Informationsdienst. In: Vermessung Brandenburg. 9.2004,2, p.42-53, 5 ill. ISSN 1430-7650.

2483
Geudeke, Peter: The role of TDN in the national geographic information infrastructure. In: Second Anglo-Dutch Seminar on Cartography : held in Enschede, April 3-4, 1997. Ed.: Ormeling, Ferjan. – Amersfoort: Nederlandse Vereniging voor Kartografie 1998., p.69-72, 1 tab. (NVK publikatiereeks ; 26).

2484
Glénisson, Jean-Louis: La défense et la mise en valeur de Saint-Domingue au lendemain du traité de Paris (1763) : le rôle de la cartographie. In: Le Monde des Cartes : revue du Comité Français de Cartographie. 180.2004, p.17-35, 3 ill., 3 tab., 5 mp. ISSN 1634-3522.

2485
Häberling, Christian: Topografische 3D-Karten : Thesen für kartografische Gestaltungsgrundsätze. Ed.: Institut für Kartographie der ETH. – Zürich: Institut für Kartographie der ETH 2003, XIII, 167 p. [Zugl.: Zürich, ETH, Diss., 2003].

2486
Hornschuch, Annette ; Lechtenbörger, Christiane: Fernerkundungsdaten und topographische Karten zur Dokumentation des sabäischen Kulturerbes in der Republik Jemen. In: Kartographische Nachrichten : KN ; Fachzeitschrift für Geoinformation und Visualisierung ; Organ der Deutschen Gesellschaft für Kartographie e.V., der Schweizerischen Gesellschaft für Kartographie und der Österreichischen Kartographischen Kommission in der Österreichischen Geographischen Gesellschaft. 54.2004,3, p.112-117, 9 ill., 1 tab. ISSN 0022-9164.

2487
Husen, Brigitte: Von der topographischen Karte zum digitalen Geländemodell [Landschaftsmodell] : ein Abriss von 200 Jahren. In: NÖV : Nachrichten aus dem öffentlichen Vermessungsdienst Nordrhein-Westfalen. 34.2001,1, p. 17-23, 8 ill.

2488
Kaartvervaardiging door steden. Ed.: Nederlandse Vereniging voor Kartografie. Red.: Chr. J. Snabilié. Werkgroep Kartografische Productietechnieken. – Amersfoort: Nederlandse Vereniging voor Kartografie 1995, 36 p., ill., mp. (NVK publikatiereeks ; 13). [Dutch, partly Engl.].

2489
Kowanda, Andreas: Anmerkungen zum Thema Kartenverfälschung in der DDR. In: Kartographische Nachrichten : KN ; Fachzeitschrift für Geoinformation und Visualisierung ; Organ der Deutschen Gesellschaft für Kartographie e.V., der Schweizerischen Gesellschaft für Kartographie und der Österreichischen Kartographischen Kommission in der Österreichischen Geographischen Gesellschaft. 54.2004,2, p.83-86. ISSN 0022-9164.

2490
Maeyer, Philipp de: 250 jaar landsdekkende basiscartografie in België. In: De Aardrijkskunde. 1-2, p.3-14 250 years country-covering cartography of Belgium. [Dutch with Engl. rés.].

2491
Mittermaier, Roland: Kartographische und systemarchitektonische Anforderungen an eine feldrechnerbasierte Erfassung topographischer Originärdaten – gezeigt am DLM. Ed.: Universität Wien. – Wien: Universität Wien 2004, 232 p., 102 ill., 44 tab. [Diplomarbeit].

2492
Pfahlbusch, René: "Kartenverfälschung" in Deutschland?!. In: Kartographische Nachrichten : KN ; Fachzeitschrift für Geoinformation und Visualisierung ; Organ der Deutschen Gesellschaft für Kartographie e.V., der Schweizerischen Gesellschaft für Kartographie und der Österreichischen Kartographischen Kommission in der Österreichischen Geographischen Gesellschaft. 54.2004,5, p.218-224, 3 ill. ISSN 0022-9164.

2493
Pobanz, Wolfram: Topographische Veränderung in Karten der Verlagskartographie der DDR. – 2., durchges. Aufl. In: Kartenverfälschung als Folge übergroßer Geheimhaltung? : eine Annäherung an das Thema Einflußnahme der Staatssicherheit auf das Kartenwesen der DDR ; Referate der Tagung der BStU vom 08.-09.2001 in Berlin. Ed.: Unverhau, Dagmar. – Münster: Lit-Verlag 2003., p.193-214, 15 ill. (Archiv zur DDR-Staatssicherheit ; 5).

2494
Putten, Judith van; Oosterom, Peter van: New results with generalized area partitioning. In: Generalisatie met de computer. Ed.: Nederlandse Vereniging voor Kartografie / Werkgroep Onderwijs en Onderzoek. – Amersfoort: Nederlandse Vereniging voor Kartografie / Werkgroep Onderwijs en Onderzoek 1999., p.35-45, 22 ill. (NVK publikatiereeks ; 28).

2495
Saffache, Pascal; Audebert, Cédric: Eléments pour la réalisation du profil et du commentaire de carte topographique. – Paris: 2002, 101 p., ill., mp. (Documents pédagogiques Géographie).

2496
Schilder, J.A.: De opbouw en bijhouding van de kartografische bestanden bij de provincie Flevoland. In: Is uw kaart up to date? Visies op kaartrevisie. Ed.: Nederlandse Vereniging voor Kartografie. Werkgroep Kartografische Produktietechnieken. Red. : Chr. J. Snabilié. – Amersfoort: Nederlandse Vereniging voor Kartografie 1995., p.27-30, 3 ill. (NVK publikatiereeks ; 15). [Dutch].

2497
Stramiello-Schmidt, Iris D.: ViaMondo : Prototyp eines elektronisch-graphischen Kartenkatalogs. In: Die digitale Kartenbibliothek : eine Momentaufnahme. Ed.: Bühler, Jürg. – München: Saur 2004., p.119-127, 9 ill. (Bibliographia cartographica / Beiheft ; 1).

2498
Thailand : report on cartographic activities of the Royal Survey Department presented at the second United Nation regional conference for Asia and the Far East, Tokyo, 1958. Ed.: Royal Thai Survey Department. – [Bangkok]: Royal Thai Survey Department 1958, 5 p., 5 Faltbl., mp.

2499
Topografische Karten: Kartengrafik und Generalisierung. Ed.: Schweizerische Gesellschaft für Kartographie. [Autorenteam: Ernst Spiess...]. – Wabern: Schweizerische Gesellschaft für Kartographie 2002, IV, 121 Bl. (Cartographic publication series). [Parallel als CD-ROM-Ausg. erschienen. Engl. Ausg. u.d.T.: Topographic maps: map graphics and generalisation].

2500
Trois siècles de cartographie en Ile-de-France Volume 1. Ed.: Institut d'Aménagement et d'Urbanisme de la Région d'Ile-de-France. Institut d'Aménagement et d'Urbanisme de la Région d'Ile-de-France 1997. (Cahiers de l'Institut d'Aménagement et d'Urbanisme de la Région d'Ile-de-France ; 119.1997). [Vol. 2 = Cahiers de L'Institut d'Aménagement et d'Urbanisme de la Région d'Ile-de-France ; 120.1998].

2501
Trois siècles de cartographie en Ile-de-France Volume 2. Ed.: Institut d'Aménagement et d'Urbanisme de la Région d'Ile-de-France. Institut d'Aménagement et d'Urbanisme de la Région d'Ile-de-France 1998. (Cahiers de l'Institut d'Aménagement et d'Urbanisme de la Région d'Ile-de-France ; 120.1998). [Vol. 1 = Cahiers de L'Institut d'Aménagement et d'Urbanisme de la Région d'Ile-de-France; 119.1997].

2502
Zeichenvorschrift, Instruktion und Redaktionsanweisung für die Bearbeitung der Topographischen Karten 1:25000, 1:50000, 1:100000, 1:200000 und der Topographischen Karte 1:200000 (zweisprachig) : ACD 13-16. Ed.: Deutschland <DDR> / Verwaltung Vermessungs- und Kartenwesen. Ministerium für Innere Angelegenheiten, Verwaltung Vermessungs- und Kartenwesen. – Berlin: Deutschland <DDR> / Verwaltung Vermessungs- und Kartenwesen 1990, 263 p., ill., 3 suppl. [Germ. and Russ.].

2. Maps Grouped According to Scale
Maßstabsbestimmte Kartengruppen
Cartes groupées d'après les échelles

a. Map Scales larger than 1:10 000
Karten bis 1:10 000
Cartes jusqu'à l'échelle 1:10 000

2503
Azzari, Margherita: Un progetto di webGIS per la gestione della cartografia catastale storica. In: Mundus novus : Amerigo Vespucci e i metodi della ricerca storico-geografica ; atti del convegno internazionale di studi, Roma-Firenze, 27-30 novembre 2002. Ed.: Società Geografica Italiana. – Roma: Società Geografica Italiana 2004., p.471-486, 2 ill. (Memorie della Società Geografica Italiana ; 75) A project of WebGIS for the management of historical catastral cartography. [Ital.].

2504
Beinat, Alberto; Crosilla, Fabio: Generalised Procrustes algorithms for the conformal updating of a cadastral map. In: ZfV : Zeitschrift für Geodäsie, Geoinformation und Landmanagement. 128.2003,5, p.341-349, 7 ill., 2 tab. ISSN 1618-8950.

2505
Berends, J.: Het 1:10000 Kernbestand : een haalbare kaart. In: Topografische bestanden : 1:10000. Ed.: Nederlandse Vereniging voor Kartografie. Werkgroep Nieuwe Visualisatie Technologie. Red.: A.A. van der Veen. – Amersfoort: Nederlandse Vereniging voor Kartografie 1996., p.5-7 (NVK publikatiereeks ; 21). [Dutch].

2506
Didinger, Otmar: Technische Aspekte und Hintergründe zur Übermittlung der Geobasisinformationen der Vermessungs- und Katasterverwaltung an die Kommunen in Rheinland-Pfalz. In: Nachrichtenblatt der Vermessungs- und Katasterverwaltung Rheinland-Pfalz. 46.2003,2, p.89-93. ISSN 0939-2378.

2507
Dütschler, Peter ; Bigler, Mathias: Kataster 2014. In: Geomatik Schweiz : Geoinformation und Landmanagement. 102.2004,7, p.416-419, 5 ill. ISSN 0252-9424; 1660-4458.

2508
Eekelen, Hans van: Een nieuwe form van ontsluiting voor GBKN-informatie. In: Geo-Info : tijdschrift voor Geo-Informatie Nederland, GIN. 1.2004,7/8, p.302-305, 4 ill. A new form to make GBKN-information accessible. [Dutch]. ISSN 1572-5464.

2509
Fischer, Hanspeter: Abt Hummels ausgezeichnete Feldmeßkunst : die Westerstetter Flurkarten der Ichnographia des Klosters Elchinen. In: Beiträge zur Landeskunde. 5, p.1-10, 12 ill. ISSN 0408-8492.

2510
Fischer, Hanspeter: Alte Flurkarten aus dem Albuch. In: Schwäbische Heimat : Zeitschrift für Regionalgeschichte, württembergische Landeskultur, Naturschutz und Denkmalpflege. 37.1986, p.204-208, 6 ill. ISSN 0342-7595.

2511
Gill, Eunice; Holmes, Jonathan: Ever wondered what ordnance survey (OS) stores on behalf of the National Archives. In: The Cartographic Journal. 41.2004,1, p.55-57. ISSN 0008-7041.

2512
Heckmann, Bernhard: Das Projekt ALKIS im Hinblick auf das AdV-Konzept AFIS-ALKIS-ATKIS. In: Mitteilungen / Deutscher Verein für Vermessungswesen, Landesverein Hessen e.V. ; Landesverein Thüringen. 2004,1, p.9-13. ISSN 0949-7900; 0949-7900; 0173-6280.

2513
Heres, L.: Wie is er bang voor het NWB? : TOP10vector als basis voor het Nationaal Wegenbestand. In: Topografische bestanden : 1:10000. Ed.: Nederlandse Vereniging voor Kartografie. Werkgroep Nieuwe Visualisatie Technologie. Red.: A.A. van der Veen. – Amersfoort: Nederlandse Vereniging voor Kartografie 1996., p.19-21, 1 ill. (NVK publikatiereeks ; 21). [Dutch].

2514
Hycner, Ryszard; Kulpe, Hans-Rainer; Przewięźlikowska: Vergleichende Analyse der Liegenschaftskataster- und Grundbuchsysteme in der Bundesrepublik Deutschland und Polen. In: Allgemeine Vermessungs-Nachrichten : AVN ; Zeitschrift für alle Bereiche des Vermessungswesens. 111.2004,4, p.128-134, 4 tab. ISSN 0002-5968.

2515
Ingwersen, Maik: Zur Realisierung des Projekts FALKE in der Landeshauptstadt Potsdam. In: Vermessung Brandenburg. 8.2003,2, p.33-43, 3 ill. ISSN 1430-7650.

2516
Jongh, H. de: De kaart van Amsterdam : van kaart naar objektgericht bestand. In: Kaartvervaardiging door steden. Ed.: Nederlandse Vereniging voor Kartografie. Red.: Chr. J. Snabilié. Werkgroep Kartografische Productietechnieken. – Amersfoort: Nederlandse Vereniging voor Kartografie 1995., p.11-13, 2 ill. (NVK publikatiereeks ; 13). [Dutch].

2517
Kain, Roger J.P.; Chapman, John; Oliver, Richard, R.: The enclosure maps of England and Wales 1595-1918 : [a cartographic analysis and electronic catalogue]. – Cambridge [u.a.]: Cambridge University Press 2004, XX, 415 p., ill., mp. ISBN 0-521-82771-X.

2518
Köpper, Barbara: ALKIS : das Modell der Zukunft. In: Mitteilungen / Deutscher Verein für Vermessungswesen, Landesverein Hessen e.V. ; Landesverein Thüringen., p.36-50, 40 ill. ISSN 0949-7900; 0949-7900; 0173-6280.

2519
Kolk, E.: Top10vector 2000. In: Topografische bestanden : 1:10000. Ed.: Nederlandse Vereniging voor Kartografie. Werkgroep Nieuwe Visualisatie Technologie. Red.: A.A. van der Veen. – Amersfoort: Nederlandse Vereniging voor Kartografie 1996., p.8-12, 6 ill. (NVK publikatiereeks ; 21). [Dutch].

2520
Koop, R.O.: De stad in kaart : overzicht van de stadskartografie. In: Kaartvervaardiging door steden. Ed.: Nederlandse Vereniging voor Kartografie. Red.: Chr. J. Snabilié. Werkgroep Kartografische Productietechnieken. – Amersfoort: Nederlandse Vereniging voor Kartografie 1995., p.5-10,7 ill. (NVK publikatiereeks ; 13). [Dutch].

2521
Kremer, Ludger; Sodmann, Timothy: Die Sammlung und Publikation der Flurnamen des Westmünsterlandes. In: NÖV : Nachrichten aus dem öffentlichen Vermessungsdienst Nordrhein-Westfalen. 37.2004,1, p.43-54, 2 ill.

2522
Kruif, J.C.P. de: Actualisatie Utrechtse stadskaarten. In: Kaartvervaardiging door steden. Ed.: Nederlandse Vereniging voor Kartografie. Red.: Chr. J. Snabilié. Werkgroep Kartografische Productietechnieken. – Amersfoort: Nederlandse Vereniging voor Kartografie 1995., p.19-21, 3 ill. (NVK publikatiereeks ; 13). [Dutch].

2523
Leeuwen, Niek van: Bestand BodemGebruik en Top10Vector geharmoniseerd. In: Geo-Info : tijdschrift voor Geo-Informatie Nederland, GIN. 1.2004,5, p.218-222, 7 ill. Data BodemGebruik and Top10Vector harmonized. [Dutch]. ISSN 1572-5464.

2524
McHugo, M. Barbara: Topographical survey and mapping of British Antarctic Territory, South Georgia and the South Sandwich Islands, 1944-1986. Ed.: British Antarctic Survey. – Cambridge: British Antarctic Survey 2004, IX, 83 p., [8] Bl., ill., 5 (folded) mp. – Limited ed. of 250 copies. ISBN 1-85531-222-0.

2525
Meijer, E.N.: Digitale plattegrond of TOP10vector : over presentatie en techniek. In: Topografische bestanden : 1:10000. Ed.: Nederlandse Vereniging voor Kartografie. Werkgroep Nieuwe Visualisatie Technologie. Red.: A.A. van der Veen. – Amersfoort: Nederlandse Vereniging voor Kartografie 1996., p.13-18, 2 ill., 1 tab. (NVK publikatiereeks ; 21). [Dutch].

2526
Porada, Haik Thomas: Pommersche Karten aus der Schwedischen Landesvermessung in der Königlichen Bibliothek Kopenhagen : mit einem Exkurs über Quellen zur schwedischen Landesaufnahme im Staatsarchiv Stettin. In: Pommern : Zeitschrift für Kultur und Geschichte. 42.2004,2, p.18-22, 4 mp. ISSN 0032-4167.

2527
Raamsdonk, Jan van: TOP10vector, topografische ondergrond voor integraal waterbeheer?. In: Topografische bestanden : 1:10000. Ed.: Nederlandse Vereniging voor Kartografie. Werkgroep Nieuwe Visualisatie Technologie. Red.: A.A. van der Veen. – Amersfoort: Nederlandse Vereniging voor Kartografie 1996., p.30-35, 4 ill. (NVK publikatiereeks ; 21). [Dutch].

2528
Topografische bestanden : 1:10000. Ed.: Nederlandse Vereniging voor Kartografie. Werkgroep Nieuwe Visualisatie Technologie. Red.: A.A. van der Veen. – Amersfoort: Nederlandse Vereniging voor Kartografie 1996, 39 p., ill., mp. (NVK publikatiereeks ; 21). [Dutch].

2529
Vatter, Stephanie; Schneider, Gerhard: Auf dem Weg zum digitalen Rissarchiv. In: Nachrichtenblatt der Vermessungs- und Katasterverwaltung Rheinland-Pfalz. 47.2004,1/2, p.32-39, 6 ill. ISSN 0939-2378.

2530
Ven, M. van de: TOP10vector : in gebruik als kaart of als bestand. In: Topografische bestanden : 1:10000. Ed.: Nederlandse Vereniging voor Kartografie. Werkgroep Nieuwe Visualisatie Technologie. Red.: A.A. van der Veen. – Amersfoort: Nederlandse Vereniging voor Kartografie 1996., p.36-39, 2 ill. (NVK publikatiereeks ; 21). [Dutch].

2531
Wagner, Berthold; Schliebner, Stefan: Rheinland-Pfalz auf dem Weg zu ALKIS®. In: Nachrichtenblatt der Vermessungs- und Katasterverwaltung Rheinland-Pfalz. 46.2003,3, p.131-147, 18 ill. ISSN 0939-2378.

2532
Zeichenerklärung für die Deutsche Grundkarte 1:5 000. Ed.: Landesvermessungsamt Nordrhein-Westfalen. – Bonn: Landesvermessungsamt Nordrhein-Westfalen 1988, [4] p.

b. Map Scales from 1:10 000 to 1:300 000
Karten von 1:10 000 bis 1:300 000
Cartes de l'échelle 1:10 000 à l'échelle 1:300 000

2533
A magyar katonai térképészet története ; Köt. 1. Ed.: Balla, János; Hrenkó, Pál. – Budapest: HM Térképész Szolgálat Főnökség 1991, 451 p., ill., mp. (A magyar katonai térképészet története) History of Hungarian military cartography ; vol. 1. [Hung.]. ISBN 963-7037-00-4.

2534
Arbeiten aus Nepal : Erwin Schneider zum Gedächtnis. – Innsbruck: Universitätsverlag Wagner 2004, 180 p., ill., 4 mp.-suppl. (Hochgebirgsforschung ; 9).

2535
Bard, Sylvain: L'évaluation de la généralisation. In: Bulletin d'information de l'IGN : BI ; recherche ... 74.2003, p.79-86, 6 ill. ISSN 0427-2218.

2536
Blumenfeld, Hervé; Hermelin, Michel; Thibault, Christian: La carte de France dite carte "d'État Major". In: Trois siècles de cartographie en Ile-de-France Volume 1. Ed.: Institut d'Aménagement et d'Urbanisme de la Région d'Ile-de-France. Institut d'Aménagement et d'Urbanisme de la Région d'Ile-de-France 1997., p.114-141, 33 ill. (Cahiers de l'Institut d'Aménagement et d'Urbanisme de la Région d'Ile-de-France ; 119.1997).

2537
Blumenfeld, Hervé; Hermelin, Michel; Thibault, Christian: La carte topographique des environs de Versailles dite carte "des Chasses". In: Trois siècles de cartographie en Ile-de-France Volume 1. Ed.: Institut d'Aménagement et d'Urbanisme de la Région d'Ile-de-France. Institut d'Aménagement et d'Urbanisme de la Région d'Ile-de-France 1997., p.86-113, 45 ill. (Cahiers de l'Institut d'Aménagement et d'Urbanisme de la Région d'Ile-de-France ; 119.1997).

2538
Böser, Werner: Herstellung einer Übersichts- und Stadtkarte des historischen Raqqa/Syrien. In: 50 Jahre Sektion Karlsruhe der Deutschen Gesellschaft für Kartographie e.V. : Festschrift. Ed.: Kern, Hans F. Hrsg. von Hans F. Kern. – Karlsruhe: Fachhochschule Karlsruhe, Hochschule für Technik, Fachbereich Geoinformationswesen 2004., p.65-67;266-267, 2 ill. (Karlsruher geowissenschaftliche Schriften, Reihe A, Kartographie und Geographie ; 16).

2539
Brunner, Hans: Wie Sachsen vermessen wurde : die Meilenblätter und die kursächsische Landesvermessung von 1780 bis 1825 ; eine Geschichte der topographischen Kartographie in Sachsen. Ed.: Hochschule für Technik und Wirtschaft Dresden (FH) / Fachbereich Vermessungswesen, Kartographie. – Dresden: Hochschule für Technik und Wirtschaft Dresden (FH) / Fachbereich Vermessungswesen, Kartographie 2002, 118 p., ill., mp. (Dresdner kartographische Schriften ; 5).

2540
Cole, Damian: Report on the launch of the new geoscience Australia 250K map series. In: The Globe. 55.2004, p.68. ISSN 0311-3930.

2541
Dias, Maria Helena: A Cartografia militar portuguesa no final do milénio: rupturas e continuidades. In: Contributos para a história da cartografía militar portuguesa. Maria Helena Dias, coordenaçäo. Centro de Estudos Geográficos <Lisboa>. – Lisboa: 2003., 4 chapters, 9 ill., 2 tab. The Portuguese military cartography in the end of the millennium : ruptures and continuities. [Portug.].

2542
Dias, Maria Helena: Marcas portuguesas na moderna Cartografia cabo-verdiana. In: Contributos para a história da cartografía militar portuguesa. Maria Helena Dias, coordenaçäo. Centro de Estudos Geográficos <Lisboa>. – Lisboa: 2003., 6 chapters, 3 ill. Portuguese marks in the modern cartography of Cabo Verde. [Portug.].

2543
Dodt, Jürgen; Lechtenbörger, Christiane: Farbkomposition : ein Hilfsmittel zur multitemporalen Kartenauswertung. In: Kartographische Nachrichten : KN ; Fachzeitschrift für Geoinformation und Visualisierung ; Organ der Deutschen Gesellschaft für Kartographie e.V., der Schweizerischen Gesellschaft für Kartographie und der Österreichischen Kartographischen Kommission in der Österreichischen Geographischen Gesellschaft. 54.2004,5, p.213-218, 5 ill., 1 tab. ISSN 0022-9164.

2544
Dubreuil, Lorraine: Canada's militia and defence maps : 1905 – 1931. Ed.: Association of Canadian Map Libraries and Archives. – Ottawa: Association of Canadian Map Libraries and Archives 1992, VI, 44 p., ill., mp. (Occasional papers of the Association of Canadian Map Libraries and Archives). ISBN 0-9695062-3-6.

2545
Duchêne, Cécile: Coordination multi-agents pour la généralisation automatique. In: Bulletin d'information de l'IGN : BI ; recherche ... 74.2003, p.87-95, 9 ill. ISSN 0427-2218.

2546
Georges, Christian: "Kleine Kunstwerke" : Alpenvereinskarten am PC. In: Alpenverein / Österreichischer Alpenverein. 59(129).2004,5, p.26-27, 7 ill.

2547
Hellyer, Roger; Oliver, Richard: A guide to the Ordnance Survey one-inch third edition maps, in colour : England and Wales, Scotland, Ireland. Ed.: Charles Close Society for the Study of Ordnance Survey Maps. – London: Charles Close Society for the Study of Ordnance Survey Maps 2004, VIII, 160 p., ill., mp. ISBN 1-87059-821-0.

2548
Kalke, Ralf: Verfahren zum digitalen Vergleich von analogen topographischen Karten. – 2., durchges. Aufl. In: Kartenverfälschung als Folge übergroßer Geheimhaltung? : eine Annäherung an das Thema Einflußnahme der Staatssicherheit auf das Kartenwesen der DDR ; Referate der Tagung der BStU vom 08.-09.2001 in Berlin. Ed.: Unverhau, Dagmar. – Münster: Lit-Verlag 2003., p.177-192, 15 ill. (Archiv zur DDR-Staatssicherheit ; 5).

2549
Koch, Wolf Günther: Zur Problematik der topographischen Karten (Ausgabe für die Volkswirtschaft) der DDR. – 2., durchges. Aufl. In: Kartenverfälschung als Folge übergroßer Geheimhaltung? : eine Annäherung an das Thema Einflußnahme der Staatssicherheit auf das Kartenwesen der DDR ; Referate der Tagung der BStU vom 08.-09.2001 in Berlin. Ed.: Unverhau, Dagmar. – Münster: Lit-Verlag 2003., p.81-98, 6 ill. (Archiv zur DDR-Staatssicherheit ; 5).

2550
Kostka, Robert; Moser, Gerhard; Patzelt, Gernot: Begleitworte zur topographischen Karte des Langtang Himal 1:50000. In: Arbeiten aus Nepal : Erwin Schneider zum Gedächtnis. – Innsbruck: Universitätsverlag Wagner 2004., p.173-180, 2 ill., 1 mp.-suppl. (Hochgebirgsforschung ; 9).

2551
Kramer, Henk; Knoll, Wim: Historische Geodata : een nieuwe dimensie!. In: Geo-Info : tijdschrift voor Geo-Informatie Nederland, GIN. 1.2004,6, p.244-251, 9 ill., 4 tab. Historical geodata : a new dimension!. ISSN 1572-5464.

2552
Kriz, Karel: Kartographische Geländebetrachtung – Silvretta : eine Schweiz-Österreichische Annäherung. In: Aspekte der Kartographie im Wandel der Zeit : Festschrift für Ingrid Kretschmer zum 65. Geburtstag und anlässlich ihres Übertritts in den Ruhestand. Ed.: Kainz, Wolfgang. Hrsg. von Wolfgang Kainz. – Wien: Geographisches Institut <Wien, Universität> / Arbeitsbereich für Geographie und Kartographie 2004., p.319-327, 5 ill. (Wiener Schriften zur Geographie und Kartographie ; 16).

2553
Leuchtweis, Ulrike: Kupferplatten zu Kartenwerken : 1865 – 1867. Ed.: Staatsarchiv <Ludwigsburg>. – Ludwigsburg: Staatsarchiv <Ludwigsburg> 1996, 36 p., mp. (Repertorien / Staatsarchiv Ludwigsburg : Bestand EL ; 68 II).

2554
Loiseaux, Olivier: La carte d'Afrique à 1:200 000 de Régnauld de Lannoy de Bissy. In: Le Monde des Cartes : revue du Comité Français de Cartographie. 180.2004, p.102-116, 11 ill. ISSN 1634-3522.

2555
Lucht, Roland; Henkel, Horst; Scholz, Wolfgang: Analyse der "Ausgabe für die Volkswirtschaft" in Umsetzung des Beschlusses des nationalen Verteidigungsrates der DDR vom 13. Oktober 1965 im Vergleich mit der topographischen Karte der DDR. – 2., durchges. Aufl. In: Kartenverfälschung als Folge übergroßer Geheimhaltung? : eine Annäherung an das Thema Einflußnahme der Staatssicherheit auf das Kartenwesen der DDR ; Referate der Tagung der BStU vom 08.-09.2001 in Berlin. Ed.: Unverhau, Dagmar. – Münster: Lit-Verlag 2003., p.99-142, 12 ill., 3 tab. (Archiv zur DDR-Staatssicherheit ; 5).

2556
Meng, Liqiu; Töllner, Daniela: Ein Reverse-Engineering-Ansatz zur Generalisierung topographischer Daten. In: Kartographische Nachrichten : KN ; Fachzeitschrift für Geoinformation und Visualisierung ; Organ der Deutschen Gesellschaft für Kartographie e.V., der Schweizerischen Gesellschaft für Kartographie und der Österreichischen Kartographischen Kommission in der Österreichischen Geographischen Gesellschaft. 54.2004,4, p.159-163, 5 ill., 1 tab. ISSN 0022-9164.

2557
Messenger, Guy: The sheet-histories of the Ordnance Survey one-inch old series maps of Essex and Kent with parts of Suffolk, Cambridge, Hertford, Surrey, Middlesex and Sussex : a revision of the cartobibliography in volume 1 of H. Margary's reproductions. Ed.: Charles Close Society for the Study of Ordnance Survey Maps. – London: Charles Close Society for the Study of Ordnance Survey Maps 1991, 52 p., 1 mp.

2558
Nicholson, Tim: The birth of the modern Ordnance Survey small-scale map : the revised new series colour printed one-inch map of England and Wales 1897-1914. Ed.: Charles Close Society for the Study of Ordnance Survey Maps. – London: Charles Close Society for the Study of Ordnance Survey Maps 2002, 95, [6] p., ill., mp.

2559
Ormeling, Ferjan: Topografische Atlassen 1:25.000 van de ANWB. In: Geo-Info : tijdschrift voor Geo-Informatie Nederland, GIN. 1.2004,7/8, p.336-338, 3 ill. Topographic atlantes 1:25.000 van de ANWB. [Dutch]. ISSN 1572-5464.

2560
Palaschewski, Thomas: Die Übernahme von Karten des militärtopographischen Dienstes der ehemaligen nationalen Volksarmee : ein Statement. – 2., durchges. Aufl. In: Kartenverfälschung als Folge übergroßer Geheimhaltung? : eine Annäherung an das Thema Einflußnahme der Staatssicherheit auf das Kartenwesen der DDR ; Referate der Tagung der BStU vom 08.-09.2001 in Berlin. Ed.: Unverhau, Dagmar. – Münster: Lit-Verlag 2003., p.157-159 (Archiv zur DDR-Staatssicherheit ; 5).

2561
Pape, Heinz: Kleinmaßstäbliche Luftbildkarten : Voraussetzungen und Möglichkeiten. In: Kartographische Nachrichten : KN ; Fachzeitschrift für Geoinformation und Visualisierung ; Organ der Deutschen Gesellschaft für Kartographie e.V., der Schweizerischen Gesellschaft für Kartographie und der Österreichischen Kartographischen Kommission in der Österreichischen Geographischen Gesellschaft. 21.1971,2, p.[43]-50, 2 mp.-suppl. ISSN 0022-9164.

2562
Poersch, Fritz: Richtlinien für die Bearbeitung der russischen Karte 1:50 000 u. 1:100 000. – [Berlin]: 1943, [13] p., ill., mp., tab. + 2 suppl.

2563
Pohle, Perdita: Die Luftbildinterpretation als Arbeitsmethode der geographischen Hochgebirgsforschung. In: Arbeiten aus Nepal : Erwin Schneider zum Gedächtnis. – Innsbruck: Universitätsverlag Wagner 2004., p.67-102, 12 ill., 3 tab. (Hochgebirgsforschung ; 9).

2564
Reisz, Csaba T.: Magyarország általános térképének elkészítése a 19. század elsÿîo évtizedében : Lipszky János és segítÿîoi térképészeti vállalkozásának ismertetése. – Budapest: Cartofil Könyvkiadó 2002, 512, 32 p., ill., mp., 2 Beil. The making of the General Map of Hungary in the first decade of the 19th. century. [Hung. with Engl., Germ., and Slovak rés.]. [Literaturverz. S. 357-375] ISBN 963-202-327-7.

2565
Sester, Monika; Kremeike, Katrin; Thiemann, Frank: Automatische Generalisierung raumbezogener Datenbestände. In: Kartographische Nachrichten : KN ; Fachzeitschrift für Geoinformation und Visualisierung ; Organ der Deutschen Gesellschaft für Kartographie e.V., der Schweizerischen Gesellschaft für Kartographie und der Österreichischen Kartographischen Kommission in der Österreichischen Geographischen Gesellschaft. 54.2004,4, p.164-169, 7 ill. ISSN 0022-9164.

2566
Symbols for topographic maps of scales 1:25000, 1:50000 and 1:100000. Ed.: Lee, Kent D. – Minneapolis: East View Cartographic 1997, 113 p., [4] Faltbl. [Reprint: Moscow 1983] ISBN 1-879944-37-7.

2567
Versfelt, Herman: De Franse Kaarten van Drenthe (1811-1813). In: Waardeel : Drents historisch tijdschrift. 21.2001,2, p.1-9, 3 ill. 5 mp. The French maps of Drenthe (1811-1813). [Dutch]. ISSN 1380-4766.

2568
Wild, Holger: Die topographischen Karten (Ausgabe für die Volkswirtschaft) und ihre Nutzung als Grundlagenkarten : ein Beitrag zur Kartographiegeschichte der DDR. Ed.: Technische Universität Dresden / Institut für Kartographie. – Dresden: Technische Universität Dresden / Institut für Kartographie 2004, 130 p., ill., mp. (Kartographische Bausteine : KB ; 29). ISBN 3-86005-444-9.

2569
Zöllner, Winfried: Ist die gedruckte topographische Karte eine Datenbank?. In: Vermessung Brandenburg. 8.2003,2, p.70-74, 1 ill. ISSN 1430-7650.

3. Content of Topographic Maps Inhaltselemente topographischer Karten Eléments du contenu des cartes topographiques

a. Planimetry Situation Planimétrie

2570
Bildirici, Oztug: Building and road generalization with the CHANGE generalization software using Turkish topographic base map data. In: Cartography and geographic information science : an official journal of ACSM devoted to the advancement of cartography in all its aspects. 31.2004,1, p.43-54, 7 ill., 8 tab. ISSN 1523-0406.

2571
Dias, Maria Helena; Rodrigues, Maria Luísa: Imagens de ontem e de hoje: a Beira Interior e a Cartografia militar portuguesa. In: Contributos para a história da cartografía militar portuguesa. Maria Helena Dias, coordenação. Centro de Estudos Geográficos <Lisboa>. – Lisboa: 2003., 5 chapters, 2 ill. Images of yesterday and today : the Beira Interior and the Portuguese military cartography. [Portug.].

2572
Dubois, Sébastien: La rectification du tracé des frontières sur les cartes des Pay-Bas autrichiens de Ferraris (1777-1779). – Bruxelles: Palais des Académies 2001, XXXVI, 95 p. + 6 mp.-suppl.

2573
Elias, Birgit: Straßennetzgeneralisierung mit STROKES. In: Arbeitsgruppe Automation in der Kartographie : Tagung 2003. Ed.: Bundesamt für Kartographie und Geodäsie <Deutschland>. – Frankfurt a.M.: Bundesamt für Kartographie und Geodäsie <Deutschland> 2004., p.47-54, 7 ill. (Mitteilungen des Bundesamtes für Kartographie und Geodäsie ; 31; 2004).

2574
Feletar, Dragutin; Glamuzina, Martin: Die kroatisch-ungarische Grenze auf alten Landkarten. In: Geoadria. 6.2001, p.81-91, 11 ill. ISSN 1331-2294.

2575
Garcia, Joäo Carlos: A fronteira impressa : apontamentos sobre uma série cartográfica. In: Contributos para a história da cartografía militar portuguesa. Maria Helena Dias, coordenação. Centro de Estudos Geográficos <Lisboa>. – Lisboa: 2003., 5 chapters, 2 ill. The printed border : notes on a cartographic series. [Portug.].

2576
Harayama, A. ; Jaquet, J.-M.: Cartographie semi-automatisée et multisources de la couverture du sol dans le Canton de Genève. In: Geomatik Schweiz : Geoinformation und Landmanagement. 102.2004,8, p.503-506, 2 ill. ISSN 0252-9424; 1660-4458.

2577
Hinz, Stefan: Automatische Extraktion urbaner Straßennetze aus Luftbildern. – München: Beck, C.H. [Verlagsbuchhandlung] 2004, 130 p., ill. (Deutsche Geodätische Kommission bei der Bayerischen Akademie der Wissenschaften, Reihe C, Dissertationen ; 580). ISBN 3-7696-5019-0.

2578
Hjälme, Johan: Sverige leder EU : s vägdatabasprojekt. In: Nya lantmätaren. 2004,5, p.4-5 Sweden leads the field in the EU : the road-database project. [Swed.].

2579
Kneubühler, Mathias; Eckert, Sandra: Landnutzungsklassifikation und Schätung von Vegetationsparametern in der Schweiz mittels EO-1 HYPERION-Daten. In: Geomatik Schweiz : Geoinformation und Landmanagement. 102.2004,9, p.564-567, 3 ill. ISSN 0252-9424; 1660-4458.

2580
Niederöst, Markus: Detection and reconstruction of buildings for automated map updating. Ed.: Institut für Geodäsie und Photogrammetrie <Zürich>. – Zürich: Institut für Geodäsie und Photogrammetrie <Zürich> 2003, IX, 139 p., ill., mp. (Mitteilungen / Institut für Geodäsie und Photogrammetrie an der Eidgenössischen Technischen Hochschule Zürich ; 78). [Zugl.: Zürich, Techn. Hochsch., Diss., 2002. (Diss ETH 14909); Zsfassung in engl. u. dt. Sprache] ISBN 3-906467-40-6.

2581
Ruas, Anne; Holzapfel, Florence: Utilisation de connaissance d'experts pour l'automatisation de la caractérisation des alignements de bâtiments. In: Le Monde des Cartes : revue du Comité Français de Cartographie. 179.2004, p.27-37, 16 ill. ISSN 1634-3522.

2582
Sheeren, David: Apprentissage de concepts pour l'aide à l'interprétation des différences de représentation d'un même phénomène géographique. In: Le Monde des Cartes : revue du Comité Français de Cartographie. 179.2004, p.20-26, 6 ill., 2 tab. ISSN 1634-3522.

2583
Zhang, Chunsun: Updating of cartographic road databases by image analysis. Ed.: Institut für Geodäsie und Photogrammetrie <Zürich>. – Zürich: Institut für Geodäsie und Photogrammetrie <Zürich> 2003, XIII, 165 p. (Mitteilungen / Institut für Geodäsie und Photogrammetrie an der Eidgenössischen Technischen Hochschule Zürich ; 79). [Zugl.: Zürich, Techn. Hochsch., Diss., 2002 (Diss ETH 14934)] ISBN 3-906467-41-4.

b. Relief
Gelände
Terrain

2584
Bachl, Susanne: Erstellung und Einsatz einer analytischen Schummerung – gezeigt am Beispiel frei verfügbarer Geodaten. Ed.: Universität Wien. – Wien: Universität Wien 2004, 116 p., 62 ill., 6 tab.

2585
Barnes, David L.: Using ArcMap to enhance topographic presentation. In: Cartographic perspectives : journal of the North American Cartographic Information Society. 42.2002, p.5-11, 7 ill. ISSN 1048-9053.

2586
Barreau, Gérald; Populus, Jacques; Fazilleau, Jacques: Apport de l'altimétrie par laser aéroporté à la cartographie des estrans : expérimentation de l'anse de l'Aiguillon. In: XYZ : revue de l'Association Française de Topographie. 87.2001,2, p.31-36, 18 ill. ISSN 0290-9057.

2587
Buckley, Aileen; Hurni, Lorenz; Kriz, Karel; Patterson, Tom; Olsenholler, Jeff: Cartography and visualization in mountain geomorphology. In: Geographic information science and mountain geomorphology. Ed.: Bishop, Michael; Shroder, John F. – Berlin [u.a.]: Axel Springer AG 2004., p.253-287, 24 ill.

2588
Dahinden, Tobias; Häberling, Christian; Jenny, Bernhard; Neumann, Andreas; Räber, Stefan; Hurni, Lorenz: Dritter ICA Mountain Cartography Workshop vom 15. bis 19. Mai 2002 am Mount Hood, Oregon, USA. In: Kartographische Nachrichten : KN ; Fachzeitschrift für Geoinformation und Visualisierung ; Organ der Deutschen Gesellschaft für Kartographie e.V., der Schweizerischen Gesellschaft für Kartographie und der Österreichischen Kartographischen Kommission in der Österreichischen Geographischen Gesellschaft. 54.2004,1, p.32-34, ill. ISSN 0022-9164.

2589
Damoiseaux, Thomas: Untersuchungen zum Einsatz von Flugzeug-InSAR in der Gebirgskartographie. Ed.: Technische Universität Dresden / Institut für Kartographie und Geographie. – Dresden: Technische Universität Dresden / Institut für Kartographie und Geographie 2003, IX, 181 p. (Kartographische Bausteine : KB ; 22). [Elektronische Ressource; Parallel als CD-ROM-Ausg. erschienen].

2590
Feldmann, Hans-Uli: Der Topograph Charles-Jacot Guillarmod (1868-1925) : einer der Pioniere der Schweizer Felsdarstellung. In: Aspekte der Kartographie im Wandel der Zeit : Festschrift für Ingrid Kretschmer zum 65. Geburtstag und anlässlich ihres Übertritts in den Ruhestand. Ed.: Kainz, Wolfgang. Hrsg. von Wolfgang Kainz. – Wien: Geographisches Institut <Wien, Universität> / Arbeitsbereich für Geographie und Kartographie 2004., p.62-70, 5 ill. (Wiener Schriften zur Geographie und Kartographie ; 16).

2591
Geographic information science and mountain geomorphology. Ed.: Bishop, Michael; Shroder, John F. – Berlin [u.a.]: Axel Springer AG 2004, XLVI, 486 p., ill. [Includes bibliographical references and index] ISBN 3-540-42640-X.

2592
Kennelly, Patrick J.: Hillshading with oriented halftones. In: Cartographic perspectives : journal of the North American Cartographic Information Society. 43.2002, p.25-42, 19 ill. ISSN 1048-9053.

2593
Kennelly, Patrick J.; Kimerling, A. Jon: Hillshading of terrain using layer tints with aspect-variant luminosity. In: Cartography and geographic information science : an official journal of ACSM devoted to the advancement of cartography in all its aspects. 31.2004,2, p.67-77, 9 ill. ISSN 1523-0406.

2594
Kirschenbauer, Sabine: Empirisch-kartographische Analyse einer echt-dreidimensionalen Darstellung am Beispiel einer topographischen Hochgebirgskarte. – Berlin: Mensch & Buch Verl. 2004, X, 179 p., ill., mp. [Zugl.: Dresden, Techn. Univ., Diss., 2003] ISBN 3-89820-752-8.

2595
Kostka, Robert: Zu den Quellen von Indus und Ganges : ein Beitrag zur Geschichte der Gebirgskartographie. In: Aspekte der Kartographie im Wandel der Zeit : Festschrift für Ingrid Kretschmer zum 65. Geburtstag und anlässlich ihres Übertritts in den Ruhestand. Ed.: Kainz, Wolfgang. Hrsg. von Wolfgang Kainz. – Wien: Geographisches Institut <Wien, Universität> / Arbeitsbereich für Geographie und Kartographie 2004., p.77-85, 6 ill. (Wiener Schriften zur Geographie und Kartographie ; 16).

2596
Kriz, Karel: Kartographische Geländebetrachtung – Silvretta : eine Schweiz-Österreichische Annäherung. In: Aspekte der Kartographie im Wandel der Zeit : Festschrift für Ingrid Kretschmer zum 65. Geburtstag und anlässlich ihres Übertritts in den Ruhestand. Ed.: Kainz, Wolfgang. Hrsg. von Wolfgang Kainz. – Wien: Geographisches Institut <Wien, Universität> / Arbeitsbereich für Geographie und Kartographie 2004., p.319-327, 5 ill. (Wiener Schriften zur Geographie und Kartographie ; 16).

2597
Meeres-Relief-Globus : das "neue" Bild der Erde weltweit einzigartig: terrestrische und submarine totale Reliefierung ; erstmals echte 3-Dimensionalität. Ed.: Geo-Institut <Porta Westfalica>. – Porta Westfalica: Geo-Institut <Porta Westfalica> 2003, 1 Prospekt (Faltbl.).

2598
Meyer, Franz Josef: Simultane Schätzung von Topographie und Dynamik polarer Gletscher aus multi-temporalen SAR-Interferogrammen. – München: Verlag der Bayerischen Akademie der Wissenschaften 2004, 113 p., ill., mp. (Deutsche Geodätische Kommission bei der Bayerischen Akademie der Wissenschaften, Reihe C, Dissertationen ; 579). [Zugl.: München, Techn. Univ., Diss., 2004] ISBN 3-7696-5018-2.

2599
Schulz, Georg: Lexikon zur Bestimmung der Geländeformen in Karten. – Berlin: 2003, V. 359 p. (Berliner geographische Studien ; 28). [4. Aufl.; Literaturverz. p. 355-359].

2600
Seabrook, A.M.; Bridges, J.C.; Rothery, D.A.; Wright, I.P.: Using MOLA data to investigate the topography of Isidis Planitia, Mars. In: The Bulletin of the Society of Cartographers. 38.2004,1, p.13-20, 5 ill. ISSN 0036-1984.

2601
Thomas Damoiseaux: Untersuchungen zum Einsatz von Flugzeug-InSAR in der Gebirgskartographie. Ed.: Technische Universität Dresden / Institut für Kartographie. – Dresden: Technische Universität Dresden / Institut für Kartographie 2003, 1 CD-ROM. (Kartographische Bausteine : KB ; 22). [Elektronische Ressource; Parallel als Buch-Ausg. erschienen].

I. Thematic Cartography
Thematische Kartographie
Cartographie thématique

1. General Features, Map Specifications
Allgemeines und Zeichenvorschriften
Généralités et feuilles types

2602
Comenetz, Joshua: Visualizing metadata : design principles for thematic maps. In: Cartographic perspectives : journal of the North American Cartographic Information Society. 49.2004, p.10-21, 5 ill. ISSN 1048-9053.

2603
Dias, Maria Helena: As vicissitudes das séries topográficas e temáticas: um retrato da Cartografia portuguesa contemporânea. In: Contributos para a história da cartografía militar portuguesa. Maria Helena Dias, coordenaçäo. Centro de Estudos Geográficos <Lisboa>. – Lisboa: 2003., 3 chapters, 7 ill., 5 tab. The vicissitudes of the topographical and thematic series: a picture of the Portuguese contemporary cartography. [Portug.].

2604
Edwards, Laura: Visualizing data certainty : a case study using graduated circle maps. In: Cartographic perspectives : journal of the North American Cartographic Information Society. 38.2001, p.19-36, 8 ill., 5 tab. ISSN 1048-9053.

2605
Galambos, Csilla: A színelmélet alkalmazása tematikus térképeken. In: Geodézia és kartográfia. 56.2004,12, p.9-14, 9 ill. Colour management of thematic maps. [Hung. with Engl. rés.].

2606
Gartner, Georg: Eignung und Grenzen der Korrelation von Methoden der thematischen Kartographie mit ausgewählten Interaktionsformen. In: Aspekte der Kartographie im Wandel der Zeit : Festschrift für Ingrid Kretschmer zum 65. Geburtstag und anlässlich ihres Übertritts in den Ruhestand. Ed.: Kainz, Wolfgang. Hrsg. von Wolfgang Kainz. – Wien: Geographisches Institut <Wien, Universität> / Arbeitsbereich für Geographie und Kartographie 2004., p.174-183 (Wiener Schriften zur Geographie und Kartographie ; 16).

2607
Kelnhofer, Fritz: Mediale Dichotomie in der thematischen Kartographie : eine notwendige Konsequenz "moderner Kartographie"?. In: Aspekte der Kartographie im Wandel der Zeit : Festschrift für Ingrid Kretschmer zum 65. Geburtstag und anlässlich ihres Übertritts in den Ruhestand. Ed.: Kainz, Wolfgang. Hrsg. von Wolfgang Kainz. – Wien: Geographisches Institut <Wien, Universität> / Arbeitsbereich für Geographie und Kartographie 2004., p.197-203 (Wiener Schriften zur Geographie und Kartographie ; 16).

2608
Kienberger, Andreas: Lerntypenangepasste kartographische Visualisierungsmöglichkeiten für thematische Karten. Ed.: Technische Universität Wien. – Wien: Technische Universität Wien 2004, 130 p., 43 ill., 2 tab. [Diplomarbeit].

2609
Klinger, Gernot: Kartographische Anforderungen an Visualisierung und Kombination globaler Techniken. Ed.: Universität Wien. – Wien: Universität Wien 2004, 160 p., 23 ill. 19 tab.

2610
Kumar, Naresh: Frequency histogram legend in the choropleth map : a substitute to traditional legends. In: Cartography and geographic information science : an official journal of ACSM devoted to the advancement of cartography in all its aspects. 31.2004,4, p.217-236, 9 ill., 6 tab. ISSN 1523-0406.

2611
Lillethun, Arvid; Mardal, Lars: Mangfoldig standardiseringsarbeid i Geovekst og Arealis : et godt grunnlag for realisering av Norge digitalt. In: Kart og plan : vitenskapelig tidsskrift. 97.2004,4, p.224-235, 3 ill. Geovekst and Arealis with extensive approaches to standardisatiuon : a basis to develop the Norvegian geographical standardisation. [Norw. with Engl. rés.]. ISSN 0047-3278.

2612
McKendry, Jean: Managing colour (part I) : selecting colour schemes for thematic maps in an atlas series. In: Cartouche : the operational publication of the Canadian Cartographic Association. 53.2004, p.3-5, 1 ill. ISSN 1183-2045.

2613
Michaelidou, Evanthia C.; Nakos, Byron P.; Filippakopoulou, Valliliki P.: The ability of elementary school children to analyse general reference and thematic maps. In: Cartographica. 39.2004,4, p.65-88, 3 ill., 25 tab. ISSN 0340-0654; 0317-7173.

2614
Minami, Michael: Using ArcMap : GIS by ESRI ; [ArcGIS 8]. – Redlands, Calif.: Environmental Systems Research Institute 2000, X, 528 p., ill. ISBN 1-87910-296-X.

2615
Musall, Heinz: Wissen, wie man eine thematische Karte macht : französische Anleitungen zum Herstellen einfacher themakartographischer Darstellungen. In: 50 Jahre Sektion Karlsruhe der Deutschen Gesellschaft für Kartographie e.V. : Festschrift. Ed.: Kern, Hans F. Hrsg. von Hans F. Kern. – Karlsruhe: Fachhochschule Karlsruhe, Hochschule für Technik, Fachbereich Geoinformationswesen 2004., p.192-200;274-276, 7 ill. (Karlsruher geowissenschaftliche Schriften, Reihe A, Kartographie und Geographie ; 16).

2616
Ormeling, Ferjan: Development of thematic cartography in the Netherlands. In: Aspekte der Kartographie im Wandel der Zeit : Festschrift für Ingrid Kretschmer zum 65. Geburtstag und anlässlich ihres Übertritts in den Ruhestand. Ed.: Kainz, Wolfgang. Hrsg. von Wolfgang Kainz. – Wien: Geographisches Institut <Wien, Universität> / Arbeitsbereich für Geographie und Kartographie 2004., p.100-109, 7 ill. (Wiener Schriften zur Geographie und Kartographie ; 16).

2617
Ormeling, Ferjan: Petermann's Geographische Mitteilungen : de schepping van ons thematisch wereldbeeld. In: Geo-Info : tijdschrift voor Geo-Informatie Nederland, GIN. 1.2004,4, p.152-155, 4 ill. Petermann's Geographische Mitteilungen : the creation of our thematical picture of the world. [Dutch]. ISSN 1572-5464.

2618
Palsky, Gilles: François de Dainville et l'histoire de la cartographie : orientations traditionelles et thématiques nouvelles. In: François de Dainville S.J. (1909-1971) : pionnier de l'histoire de la cartographie et de d'éducation ; actes du colloque international organisé par L'UMR 8586, PRODIG à Paris, les 6 et 7 juin 2002. Ed.: Bousquet-Bressolier, Catherine. – Paris: Ecole Nationale des Chartes 2004., p.81-99, 3 ill. (Études et rencontres de l'École des Chartes : [EREC] ; 15).

2619
Persson, Donata: Entwicklung einer Typologie von Interaktionsmöglichkeiten für die visuelle Exploration thematischer Bildschirmkarten. Ed.: Technische Universität Wien. – Wien: Technische Universität Wien 2004, 114 p., 28 ill. + Anhang.

2620
Slocum, Terry A.: Thematic cartography and geographic visualization. – Upper Saddle River, NJ: Prentice Hall 2004, X, 518 p., ill., mp. – 2nd. ed. [Includes bibliographical references (p. 274 – 287) and index] ISBN 0-13-035123-7.

2621
Slocum, Terry A.: Thematic cartography and visualization. – Upper Saddle River, NJ: Prentice Hall 1999, X, 293 p., ill., mp. [Includes bibliographical references (p. 274 – 287) and index] ISBN 0-13-209776-1X,.

2622
Slocum, Terry A.; Sluter, Robert S.; Kessler, Fritz C.; Yoder, Stephen C.: A qualitative evaluation of MapTime, a program for exploring spatiotemporal point data. In: Cartographica. 39.2004,3, p.43-68, 8 ill., 3 tab. ISSN 0340-0654; 0317-7173.

2623
Solomon, Semere; Quiel, Friedrich: Quality of remote sensing data affecting thematic mapping for GIS based groundwater assessment in Eritrea. In: Photogrammetrie, Fernerkundung, Geoinformation : PFG ; Organ der Deutschen Gesellschaft für Photogrammetrie und Fernerkundung e.V. 2004,5, p.433-443, 10 ill., 1 tab. ISSN 1432-8364.

2624
Spatially integrated social science. Ed.: Goodchild, Michael F.; Janelle, Donald G. – Oxford [u.a.]: Oxford University Press 2004, XXIV, 456 p., ill., mp. (Spatial information systems). [Aufsatzsammlung] ISBN 0-19-515270-0; 978-0-19-515270-8.

2. Maps Grouped According to Scale
Maßstabsbestimmte Kartengruppen
Cartes groupées d'après les échelles

a. Map Scales larger than 1:10 000
Karten bis 1:10 000
Cartes jusqu'à l'échelle 1:10 000

2625
Vom Brachflächenkataster zum Flächenmanagement. Niedersächsisches Landesamt für Ökologie. [Bearb.: Irene Dahlmann...]. – Hildesheim: 2004, 25 p., ill., mp. (Nachhaltiges Niedersachsen ; 29).

b. Map Scales from 1:10 000 to 1:300 000
Karten von 1:10 000 bis 1:300 000
Cartes de l'échelle 1:10 000 à l'échelle 1:300 000

2626
"Brenner" : Geologische Bundesanstalt, Arbeitstagung 2003, Trins im Gschnitztal 1.-5. September 2003 ; Geologische Kartenblätter 1:50.000, 148 Brenner 175 Sterzing. Ed.: Geologische Bundesanstalt. Red. Manfred Rockenschaub. – Wien: Geologische Bundesanstalt 2003, 282 p., ill., mp.

2627
Fasching, Gerhard L.: Militärkartographie in Österreich und Mitteleuropa : unter besonderer Berücksichtigung der thematischen Karten. 2001, [2] p., mp.-suppl. [Kt.-Beil.: Österreichische Militärkarte 1:50.000. -Ausg.5. -Bl. 6805: Amstetten. -1991].

2628
Lenz, Peter: Rechnergestützte Herstellung der TK50 in Thüringen. In: Arbeitsgruppe Automation in der Kartographie : Tagung 2003. Ed.: Bundesamt für Kartographie und Geodäsie <Deutschland>. – Frankfurt a.M.: Bundesamt für Kartographie und Geodäsie <Deutschland> 2004., p.139-144, 2 ill. (Mitteilungen des Bundesamtes für Kartographie und Geodäsie ; 31; 2004).

2629
Miehe, Georg: Begleitworte zur "Vegetationskarte des Khumbu Himal 1:50000". In: Arbeiten aus Nepal : Erwin Schneider zum Gedächtnis. – Innsbruck: Universitätsverlag Wagner 2004., p.133-172, 1 ill., 1 mp.-suppl. (Hochgebirgsforschung ; 9).

2630
Sandner, Eberhard; Kurze, Jutta: Kartenverfälschung bei der mittelmaßstäbigen landwirtschaftlichen Standortkartierung. In: Kartenverfälschung als Folge übergroßer Geheimhaltung? : eine Annäherung an das Thema Einflußnahme der Staatssicherheit auf das Kartenwesen der DDR ; Referate der Tagung der BStU vom 08.-09.2001 in Berlin. Ed.: Unverhau, Dagmar. – Münster: Lit-Verlag 2002., p.143-155, 8 tab. (Archiv zur DDR-Staatssicherheit ; 5; 2002).

2631
Sandner, Eberhard; Kurze, Jutta: Kartenverfälschung bei der mittelmaßstäbigen landwirtschaftlichen Standortkartierung. – 2., durchges. Aufl. In: Kartenverfälschung als Folge übergroßer Geheimhaltung? : eine Annäherung an das Thema Einflußnahme der Staatssicherheit auf das Kartenwesen der DDR ; Referate der Tagung der BStU vom 08.-09.2001 in Berlin. Ed.: Unverhau, Dagmar. – Münster: Lit-Verlag 2003., p.143-155, 8 tab. (Archiv zur DDR-Staatssicherheit ; 5).

2632
Schnabel, W.: Der gegenwärtige Stand der geologischen Landesaufnahme in Österreich mit einem Ausblick in die Zukunft. In: "Brenner" : Geologische Bundesanstalt, Arbeitstagung 2003, Trins im Gschnitztal 1.-5. September 2003 ; Geologische Kartenblätter 1:50.000, 148 Brenner 175 Sterzing. Ed.: Geologische Bundesanstalt. – Wien: Geologische Bundesanstalt 2003., p.5-6.

c. Map Scales smaller than 1:300 000
Karten kleiner als 1:300 000
Cartes à une échelle de moins de 1:300 000

2633
The history of GEBCO 1903-2003 : the 100-year story of of the General Bathymetric Chart of the Oceans. By: Carpine-Lancre, Jacqueline; Fisher, Robert; Harper, Brian. – Lemmer: GITIC 2003, 140 p., ill., mp. – 1. print.

3. Maps Grouped According to Content
Inhaltsbestimmte Kartengruppen
Cartes groupées d'après leur contenu

2634
Brabyn, Lars ; Gower, Paul: Comparing three GIS techniques for modelling geographical acciss to general practitioners. In: Cartographica. 39.2004,2, p.41-49, 4 ill. ISSN 0340-0654; 0317-7173.

2635
Cabello Justo, Sergio: Geometric problems in cartographic networks = Geometrische problems in kartografische netwerken. Ed.: Technische Universiteit <Delft> / Onderzoekschool voor Computersystemen en Beeldsystemen. – Delft: Technische Universiteit <Delft> / Onderzoekschool voor Computersystemen en Beeldsystemen 2004, 134 p., ill., mp. (ASCI dissertation series ; 99). [Zugl.: @Utrecht, Univ., Diss., 2004].

2636
Cossette, Daniel: A GIS based study of wireless broadband internet market potential for the Canadian population. In: Bulletin / Association of Canadian Map Libraries and Archives. 121.2004, p.14-21, 9 ill., 3 tab. ISSN 0840-9331.

2637
Dietz, Klaus R.: Large format camera images and thematic maps. In: Geomorphologic applications of remote sensing : papers presented at the Post-Conference Symposium S13 "Remote Sensing of the Ecological Environment" (Strasbourg, September 11-13, 1989). Second International Conference on Geomorphology (Frankfurt a.M., 1989). Ed.: Gierloff-Emden, H.-G.; Wilhelm, F. Hrsg. von H.-G. Gierloff-Emden und F. Wilhelm. – München: Geobuch-Verlag 1990., p.27-46, 9 ill., 1 tab. (Münchener geographische Abhandlungen, Reihe A).

2638
Pape, Heinz: Themakarten als Grundlage für sinnvolle Stadtplanung. In: Dortmunder Beiträge zur Landeskunde : naturwissenschaftl. Mitteilungen. 3.1969, p.3-11. ISSN 0340-3947.

Administration / Verwaltung / Administration

2639
Burgueño, Jesús; Lasso de la Vega, Ferran: Història del mapa municipal de Catalunya. Ed.: Generalitat de Catalunya, Dep. de Politica Territorial i Obres Públiques. – Barcelona: Generalitat de Catalunya, Inst. Cartogràfic de Catalunya 2002, 192 p., mp. – 1. ed., 2000 Ex. History of the municipal map of Catalunya. [Span.]. ISBN 84-393-5954-3.

2640
Dymon, Ute J.: The potentioal of electronic mapping for disaster management on the local level. In: Rampenkartografie. Werkgroep Onderwijs en Onderzoek. Red.: B.J. Köbben and others. 1995., p.27-29, 1 ill. (NVK publikatiereeks ; 14).

2641
Galluccio, Floriana: Un atlante geostorico delle articolazioni politico-amministrative in Italia. In: Mundus novus : Amerigo Vespucci e i metodi della ricerca storico-geografica ; atti del convegno internazionale di studi, Roma-Firenze, 27-30 novembre 2002. Ed.: Società Geografica Italiana. – Roma: Società Geografica Italiana 2004., p.487-497 (Memorie della Società Geografica Italiana ; 75) A geohistorical atlas of the political-administrative structures in Italy. [Ital.].

2642
geoGovernment : öffentliche Geoinformations-Dienste zwischen Kommune und Europa. Ed.: Strobl, Josef; Griesebner, Gerald. Josef Strobl; Gerald Griesebner (Hrsg.). – Heidelberg: Herbert-Wichmann-Verlag 2003, VI, 140 p., ill., mp. ISBN 3-87907-405-4.

2643
Gilfoyle, Ian; Thorpe, Peter: Geographic information management in local government. Ed.: CRC Press. – Boca Raton, FL: CRC Press 2004, 243, [4] p., ill., mp.

2644
Höhener, Hans-Peter: Die Gebietseinteilung der Schweizvon der Helvetik bis zur Mediation (1798-1803). – Murten: Verlag Cartographica Helvetica 2003, 19 p., mp. (Cartographica helvetica : Fachzeitschrift für Kartengeschichte ; Sonderheft ; 17).

2645
Menk, Gerhard: Recht und Raum in einem waldeckischen Reichskammergerichtsprozeß : Entstehungsgründe und Ausführung einer Karte des südöstlichen Waldeck von 1566. In: Geschichtsblätter für Waldeck. 88.2000, p.12-47, 3 ill. ISSN 0342-0965.

2646
Merk, Eberhard: Karten des Klosters und des Fürstentums Ochsenhausen im Hauptstaatsarchiv Stuttgart. In: Heimatkundliche Blätter für den Kreis Biberach. 27.2004,2, p.19-30, 6 mp. ISSN 1430-9475.

2647
Pressenda, Paola: La produzione cartografica nelle liti di confine tra confine tra comunità tra XVII e XVIII secdolo : il caso di Moncalieri. In: Mundus novus : Amerigo Vespucci e i metodi della ricerca storico-geografica ; atti del convegno internazionale di studi, Roma-Firenze, 27-30 novembre 2002. Ed.: Società Geografica Italiana. – Roma: Società Geografica Italiana 2004., p.461-470 (Memorie della Società Geografica Italiana ; 75) Cartographic production in the boundary disputes of the communities between XVII and XVIII century : the case of Moncalieri. [Ital.].

2648
Servant, Hélène: Évolution des limites administratives de l'Ile-de-France : XVI – XX siècle. In: Trois siècles de cartographie en Ile-de-France Volume 1. Ed.: Institut d'Aménagement et d'Urbanisme de la Région d'Ile-de-France. Institut d'Aménagement et d'Urbanisme de la Région d'Ile-de-France 1997., p.38-55, 16 ill. (Cahiers de l'Institut d'Aménagement et d'Urbanisme de la Région d'Ile-de-France ; 119.1997).

2649
Steiner, Thaddäus: Die Grenzkarte des Daniel Beich von 1672. In: Alt-Füssen. 2003, p.97-101.

2650
Wonka, Erich: Österreich untergliedert in Gemeinden, Zählsprengel oder Raster – ein regionalstatistischer Vergleich. In: Mitteilungen der Österreichischen Geographischen Gesellschaft : MÖGG ; Jahresband. 146.2004, p.345-356, 7 ill. ISSN 0029-9138.

Aeronautics / Luftfahrt / Aéronautique

2651
Freckmann, Peter; Wendel, Jochen: Flugbewegungen über Nordamerika : animierte Karten für einen interaktiven multimedialen Atlas. In: 50 Jahre Sektion Karlsruhe der Deutschen Gesellschaft für Kartographie e.V. : Festschrift. Ed.: Kern, Hans F. Hrsg. von Hans F. Kern. – Karlsruhe: Fachhochschule Karlsruhe, Hochschule für Technik, Fachbereich Geoinformationswesen 2004., p.111-120, 7 ill. (Karlsruher geowissenschaftliche Schriften, Reihe A, Kartographie und Geographie ; 16).

Agriculture / Landwirtschaft / Agriculture

2652
Bayar, Erdenechimeg: Historische und neuere Karten aus dem nomadischen Lebensraum der Mongolei : eine historisch-geographisch/kartographische Studie zur Erschließung traditioneller weidewirtschaftlicher Nutzungsmuster. Ed.: Zentrum für Entwicklungsländerforschung <Berlin>. – Berlin: Zentrum für Entwicklungsländerforschung <Berlin> 2004, XIV, 228 p., ill., mp. ISBN 3-00-015400-0.

2653
Boess, Jürgen: Kartierkonzept zur Erstellung einer hoch auflösenden Bodenkarte für die teilflächenspezifische Bewirtschaftung. In: Digitale Hofbodenkarte. Ed.: Niedersachsen / Landesamt für Bodenforschung. – Hannover: Niedersachsen / Landesamt für Bodenforschung 2004., p.35-45, 6 ill. (Arbeitshefte / Boden ; 2004,5).

2654
Bursian, Gerhard; Chudy, Thomas: Externe Lösungsansätze zur Verschneidung von PCMap-Karten. In: Kartographische Nachrichten : KN ; Fachzeitschrift für Geoinformation und Visualisierung ; Organ der Deutschen Gesellschaft für Kartographie e.V., der Schweizerischen Gesellschaft für Kartographie und der Österreichischen Kartographischen Kommission in der Österreichischen Geographischen Gesellschaft. 2, p.72-76. ISSN 0022-9164.

2655
Digitale Feldstückskarte Bayern : (FeKa) ; Hinweise zur Flächenerfassung. Ed.: Bayerisches Staatsministerium für Landwirtschaft und Forsten. – München: Bayerisches Staatsministerium für Landwirtschaft und Forsten 2004, 11 p., ill.

2656
Digitale Hofbodenkarte. Ed.: Niedersachsen / Landesamt für Bodenforschung. – Hannover: Niedersachsen / Landesamt für Bodenforschung 2004, 78 p., ill., mp. (Arbeitshefte / Boden ; 2004,5). [Auch ersch. in Suttgart: E.-Schweizerbartsche Verlagsbuchhandlung (Nägele und Obermiller)].

2657
Klerk, Aad de; Storms, Martijn: Zeeuwse bedrifskaartboekjes in particulier bezit : een vergeten vorm van cultureel erfgoed. In: Caert-thresoor : tijdschrift voor de geschiedenis van de kartografie in Nederland. 23.2004,2, p.29-35, 8 ill. Privately owned farm map books from the Province of Zeeland : a forgotten form of cultural heritage. ISSN 0167-4994.

2658
Mazzeo, Paolo: La rappresentazione cartografica dell'uso del suolo in agricultura nella montagna messinese. In: Bollettino della Associazione Italiana di Cartografia. 41.2004,120, p.51-57, 2 ill. Cartographic representation of land use in agriculture in the mountains near Messina. [Ital..]. ISSN 0044-9733.

2659
O'Connor, Maura: Mapping Australia's transhumance : snow lease and stock route maps of NSW. In: The Globe. 56.2004, p.13-24, 9 ill. ISSN 0311-3930.

2660
Sandner, Eberhard; Kurze, Jutta: Kartenverfälschung bei der mittelmaßstäbigen landwirtschaftlichen Standortkartierung. In: Kartenverfälschung als Folge übergroßer Geheimhaltung? : eine Annäherung an das Thema Einflußnahme der Staatssicherheit auf das Kartenwesen der DDR ; Referate der Tagung der BStU vom 08.-09.2001 in Berlin. Ed.: Unverhau, Dagmar. – Münster: Lit-Verlag 2002., p.143-155, 8 tab. (Archiv zur DDR-Staatssicherheit ; 5; 2002).

2661
Sandner, Eberhard; Kurze, Jutta: Kartenverfälschung bei der mittelmaßstäbigen landwirtschaftlichen Standortkartierung. – 2., durchges. Aufl. In: Kartenverfälschung als Folge übergroßer Geheimhaltung? : eine Annäherung an das Thema Einflußnahme der Staatssicherheit auf das Kartenwesen der DDR ; Referate der Tagung der BStU vom 08.-09.2001 in Berlin. Ed.: Unverhau, Dagmar. – Münster: Lit-Verlag 2003., p.143-155, 8 tab. (Archiv zur DDR-Staatssicherheit ; 5).

2662
Thomas, Pascal: Nourrir les hommes, nourrir le monde. In: Le Monde des Cartes : revue du Comité Français de Cartographie. 181.2004, p.72-80, 6 mp. ISSN 1634-3522.

2663
Zandvliet, Kees: The agricultural lansdscape of V.O.C. territory in the 17th century. In: Second Anglo-Dutch Seminar on Cartography : held in Enschede, April 3-4, 1997. Ed.: Ormeling, Ferjan. – Amersfoort: Nederlandse Vereniging voor Kartografie 1998., p.47-56, 5 ill. (NVK publikatiereeks ; 26).

Archaeology / Archäologie / Archéologie

2664
Böser, Werner: Herstellung einer Übersichts- und Stadtkarte des historischen Raqqa/Syrien. In: 50 Jahre Sektion Karlsruhe der Deutschen Gesellschaft für Kartographie e.V. : Festschrift. Ed.: Kern, Hans F. Hrsg. von Hans F. Kern. – Karlsruhe: Fachhochschule Karlsruhe, Hochschule für Technik, Fachbereich Geoinformationswesen 2004., p.65-67;266-267, 2 ill. (Karlsruher geowissenschaftliche Schriften, Reihe A, Kartographie und Geographie ; 16).

2665
Clarke, Keith C.: Foreword mobile mapping and geographic information systems. In: Cartography and geographic information science : an official journal of ACSM devoted to the advancement of cartography in all its aspects. 31.2004,3, p.131-136. ISSN 1523-0406.

2666
Heijden, Henk A.M. van der: De Bataafse mythe in de cartografie. In: Caert-thresoor : tijdschrift voor de geschiedenis van de kartografie in Nederland. 23.2004,2, p.37-41, 3 ill. The Batavian myth in cartography. ISSN 0167-4994.

2667
Leu, Urs B.: Johann Caspar Hagenbuchs archäologischer Plan von Avenches (1731). In: Cartographica Helvetica : Fachzeitschrift für Kartengeschichte. 2004,29, p.43-47, 6 ill. ISSN 1015-8480.

2668
Sultan, Awad Sultan: Geoelectrical mapping and tomography for archaeological prospection at Al Ghouri mausoleum, Islamic Cairo, Egypt. In: International journal of applied earth observation and geoinformation : JAG ; the official quarterly publication of the International Institute for Aerospace Survey and Earth Sciences (ITC). 6.2004,2, p.143-156, 14 ill. ISSN 0303-2434.

2669
Tripcevich, Nicholas: Flexibility by design : how mobile GIS meets the needs of archaeological survey. In: Cartography and geographic information science : an official journal of ACSM devoted to the advancement of cartography in all its aspects. 31.2004,3, p.137-151, 5 ill. ISSN 1523-0406.

2670
Wallace, Patrick F.: The big picture : mapping Hiberno-Norse Dublin. In: Surveying Ireland's past : multidisciplinary essays in honour of Anngret Simms. Ed.: Clarke, Howard B.; Prunty, Jacinta; Hennessy, Mark. Edited by Howard B. Clarke, Jacinta Prunty and Mark Hennessy. – Dublin: Geography Publications 2004., p.13-40, 17 ill.

2671
Wyss, Michaël: De l'utilisation de la cartographie ancienne en archéologie préventive, le cas de Saint-Denis. In: Trois siècles de cartographie en Ile-de-France Volume 2. Ed.: Institut d'Aménagement et d'Urbanisme de la Région d'Ile-de-France. Institut d'Aménagement et d'Urbanisme de la Région d'Ile-de-France 1998., p.111-113, 2 ill., 3 mp. (Cahiers de l'Institut d'Aménagement et d'Urbanisme de la Région d'Ile-de-France ; 120.1998).

Astronomy / Astronomie / Astronomie

2672
Bertini, Maria Augusta: Fra terra e cielo : i percorsi della geografia ; il patrimonio geocartografico della Biblioteca Universitaria di Urbino, secc. XVI-XVIII. Ed.: Istituto di Geografia <Urbino>. – Urbino: Istituto di Geografia <Urbino> 2003, 176 p., ill. Between earth and sky : periods of geography ; the geocartographic patrimony of the University Library of Urbino, XVI-XVIII century. [Ital.]. [Contains bibliography and notes].

2673
Bonnet-Bidaud, Jean-Marc; Praderie, Françoise: Star charts on the Silk Road : astronomical star maps in ancient China. In: The Silk Road : trade, travel, war and faith ; [published on the occasion of the exhibition at the British Library, 7 May – 12 September 2004]. Ed.: Whitfield, Susan, Sims-Williams, Ursula. Ed. by Susan Whitfield with Ursula Sims-Williams. – Chicago, Ill.: Serindia 2004., p.81-90, 5 ill.

2674
Kanas, Nick: Early American contributions to celestial cartography. In: Journal of the International Map Collectors' Society. 2004,96, p.15-26, 10 ill.

2675
Seggewiss, Wilhelm: Der Kometenglobus Vincenzo Coronellis. In: Sterne und Weltraum : SuW ; Zeitschrift für Astronomie. 43.2004,1, p.38-44, 7 ill. ISSN 0039-1263.

Biology / Biologie / Biologie

2676
Fournier, Jérôme: Quelques méthodes de cartographie des biocénoses benthiques en plongée subaquatique : application à la baie de Lannion. In: Le Monde des Cartes : revue du Comité Français de Cartographie. 181.2004, p.45-54, 4 ill., 1 tab. ISSN 1634-3522.

2677
Gähler, Monika; Janowsky, Ronald; Schiewe, Jochen: Automatisierte Ableitung von Biotoptypen aus räumlich höchstaufgelösten, multispektralen Bild- und Laserscanning-Daten. In: Photogrammetrie, Fernerkundung, Geoinformation : PFG ; Organ der Deutschen Gesellschaft für Photogrammetrie und Fernerkundung e.V. 2004,6, p.475-484, 6 ill. ISSN 1432-8364.

2678
Puotinen, Marji: Mapping tropical cyclone disturbance of the Great Barrier Reef. In: The Globe. 55.2004, p.31-41, 8 ill., 3 tab. ISSN 0311-3930.

2679
Schaab, Gertrud: Biodiversitätsforschung in Ostafrika – nur ein Abenteuer für Kartographen?. In: 50 Jahre Sektion Karlsruhe der Deutschen Gesellschaft für Kartographie e.V. : Festschrift. Ed.: Kern, Hans F. Hrsg. von Hans F. Kern. – Karlsruhe: Fachhochschule Karlsruhe, Hochschule für Technik, Fachbereich Geoinformationswesen 2004., p.222-229 (Karlsruher geowissenschaftliche Schriften, Reihe A, Kartographie und Geographie ; 16).

2680
Schmullius, Christiane; Hese, Sören; Lucht, Wolfgang: CARBON-3D : an international earth observation mission for global biomass mapping for an improved understanding of the CO^2 balance. In: Photogrammetrie, Fernerkundung, Geoinformation : PFG ; Organ der Deutschen Gesellschaft für Photogrammetrie und Fernerkundung e.V. 2004,5, p.413-422, 4 ill., 3 tab. ISSN 1432-8364.

Climatology and meteorology / Klimatologie und Meteorologie / Climatologie et météorologie

2681
Brunner, Kurt: Ein buntes Klimaarchiv – Malerei, Graphik und Kartographie als Klimazeugen. In: Naturwissenschaftliche Rundschau., p.181-186, 6 ill.

2682
Chaston, Peter R.: Weather maps : how to read and interpret all the basic weather charts. – Kearney, MO: Chaston Scientific Inc 2002, Ill., mp. – 3. ed. ISBN 0-9645172-7-2.

2683
Gillingham, S. S.; Shepherd, J. D.: Evaluation of MODIS for atmospheric correction of landsat ETM+ imagery. In: Journal of spatial science. 2.2004, p.43-56, 11 tab., 9 ill.

2684
Puotinen, Marji: Mapping tropical cyclone disturbance of the Great Barrier Reef. In: The Globe. 55.2004, p.31-41, 8 ill., 3 tab. ISSN 0311-3930.

2685
Schmullius, Christiane; Hese, Sören; Lucht, Wolfgang: CARBON-3D : an international earth observation mission for global biomass mapping for an improved understanding of the CO^2 balance. In: Photogrammetrie, Fernerkundung, Geoinformation : PFG ; Organ der Deutschen Gesellschaft für Photogrammetrie und Fernerkundung e.V. 2004,5, p.413-422, 4 ill., 3 tab. ISSN 1432-8364.

2686
Sulzer, Wolfgang: Die Eignung von LADSAT-TM Thermal-Nachtaufnahmen bei der Erstellung von Klimaeignungskarten. In: Kontinuität und Wandel in der Kultur- und Naturlandschaft : Festschrift für Herwig Wakonigg. Ed.: Institut für Geographie und Raumforschung. Hrsg. Institut für Geographie und Raumforschung, Universität Graz. Red.: Gerhard Karl Lieb. – Graz: Institut für Geographie und Raumforschung 2002., p.255-262, 7 ill. (Grazer Schriften der Geographie und Raumforschung).

Culture / Kultur / Culture

2687
Chambers, Kimberlee J.; Corbett, Jonathan; Keller, C. Peter ; Wood, Colin J.B.: Indigenous knowledge, mapping, and GIS : a diffusion of innovation perspective. In: Cartographica. 39.2004,3, p.19-31. ISSN 0340-0654; 0317-7173.

2688
Hornschuch, Annette ; Lechtenbörger, Christiane: Fernerkundungsdaten und topographische Karten zur Dokumentation des sabäischen Kulturerbes in der Republik Jemen. In: Kartographische Nachrichten : KN ; Fachzeitschrift für Geoinformation und Visualisierung ; Organ der Deutschen Gesellschaft für Kartographie e.V., der Schweizerischen Gesellschaft für Kartographie und der Österreichischen Kartographischen Kommission in der Österreichischen Geographischen Gesellschaft. 54.2004,3, p.112-117, 9 ill., 1 tab. ISSN 0022-9164.

2689
Kemp, Stefanie: Volkskundliche Karten in Geschichtsatlanten : historischer Atlas zur schleswig-holsteinischen Volkskultur. In: Kieler Blätter zur Volkskunde. 25.1993, p.219-224. ISSN 0341-8030.

2690
Kraak, M.J.: MILK : kartografie en kunst. In: Geo-Info : tijdschrift voor Geo-Informatie Nederland, GIN. 1.2004,12, p.534-535, 3 ill. MILK : cartography and art. [Dutch]. ISSN 1572-5464.

2691
Mayrhofer, Doris: Kartographische Anforderungen an ein Interface im musealen Edutainmentbereich – gezeigt an einer Projektarbeit in Zusammenarbeit mit dem Österreichischen Globenmuseum. Ed.: Universität Wien. – Wiener Neustadt: Universität Wien 2004, 118 p., 41 ill., 4 tab. [Diplomarbeit].

2692
Nolz, Elisabeth: Konzeption eines Location Based Services auf Grundlage des Kulturgüterkatasters der Stadt Wien am Beispiel des sechsten Wiener Gemeindebezirkes. Ed.: Technische Universität Wien. – Wien: Technische Universität Wien 2004, 127 p.

2693
Papp-Váry, Arpád: Irodalomtörténeti atlasz – az ötlettől a megvalósulásig. In: Geodézia és kartográfia. 56.2004,10, p.25-29, 2 ill. Atlas of literary history. [Hung. with Engl. rés.].

2694
Probst, Ingmar: Kulturkontakt auf der Karte – Indianische Geographie und europäische Konventionen. In: Begegnung und Verhandlung : Möglichkeiten eines Kulturwandels durch Reise. Ed.: Berkemeier, Christian; Callsen, Katrin; Probst, Ingmar. – Münster: Lit-Verlag 2004., p.49-58 (Reiseliteratur und Kulturanthropologie ; 2).

2695
Rice-Rollins, Julie A.: The cartographic heritage of the Lakota Sioux. In: Cartographic perspectives : journal of the North American Cartographic Information Society. 48.2004, p.39-56, 5 ill. ISSN 1048-9053.

2696
Sechi Nuvole, Marina: La localizzazione degli Insani Montes (Sardegna) nella tradizione mitografica e nella cartografia antica. In: Bollettino della Associazione Italiana di Cartografia. 41.2004,120, p.5-42, 12 ill. The localization of the Insani Montes (Insane Mountains, Sardinia) in mythographic tradition and in ancient cartography. [Ital.]. ISSN 0044-9733.

2697
Stoffers, Johannes: Blick auf Amaurotum, Utopias Metropole : Fragment einer alten Reiseerzählung ; mit 3 Stadtansichten. – Bonn: Thenée Druck 2004, p. 22, 3 ill. – 2., durchgesehene und ergänzte Auflage.

Demography / Demographie / Démographie

2698
Crampton, Jeremy W.: GIS and geographic governance : reconstructing the choropleth map. In: Cartographica. 39.2004,1, p.41-53, 6 ill. ISSN 0340-0654; 0317-7173.

2699
Holt, James B.; Lo, C.P.; Hodler, Thomas W.: Dasymetric estimation of population density and areal interpolation of census data. In: Cartography and geographic information science : an official journal of ACSM devoted to the advancement of cartography in all its aspects. 31.2004,2, p.103-121, 7 ill., 3 tab. ISSN 1523-0406.

2700
Moreira, Luís Miguel: O Alto Minho nos finais do século XVIII : História das Populaçńes e Cartografia Antiga. In: Contributos para a história da cartografía militar portuguesa. Maria Helena Dias, coordenaçäo. Centro de Estudos Geográficos <Lisboa>. – Lisboa: 2003., 3 chapters, 4 ill., bibl. ref. The High Minho at the end of the XVIII century : history of populations and ancient cartography. [Portug.].

2701
Rauh, Jürgen; Hesse, Roland; Spichale, Christoph: Einsatz agentenbasierter Mikrosimulation für kleinräumige Bevölkerungsprognosen – am Fallbeispiel von Regensburg. In: GeoBit : Geoinformatik für die Praxis. 9=17.2004,12, p.27-34, 8 ill. [Titel des Heftes: Geo-Informationssysteme : GIS (aufgegangen in GeoBit)] ISSN 1430-3663.

2702
Thomas, Bethan; Dorling, Danny: Advances in the human cartography of the UK. In: The Cartographic Journal. 41.2004,2, p.109-115, 8 ill. ISSN 0008-7041.

Ecology / Ökologie / Écologie

2703
Bianchin, Alberta: Riflessioni sugli aspetti cartografici di un sistema GIS integrato sulla Laguna Veneta. In: Bollettino della Associazione Italiana di Cartografia. 41.2007,121/122, p.245-256, 4 ill., 1 tab. Notes over cartographic issues of an integrated GIS for the Lagoon of Venice. ISSN 0044-9733.

2704
Di Matteo, Angelo: Il fiume Aterno nella riserva naturale regionale "Gole di San Venanzio" (Raiano-AQ) : caratteristiche dell'ecosistema fluviale e sua rappresentazione cartografica. In: Bollettino della Associazione Italiana di Cartografia. 41.2004,121/122, p.401-410, 10 ill. The Aterno River in the "Gole di San Venanzio" regional wildlife reserve (Raiano AQ): the characteristics of the rever ecosystem and. [Ital. with Engl. rés.]. ISSN 0044-9733.

2705
Günther-Diringer, Detlef: Die Entwicklung von GIS-Anwendungen der letzten 15 Jahre im Naturschutz mit einem Schwerpunkt auf Flüssen und Auen. In: 50 Jahre Sektion Karlsruhe der Deutschen Gesellschaft für Kartographie e.V. : Festschrift. Ed.: Kern, Hans F. Hrsg. von Hans F. Kern. – Karlsruhe: Fachhochschule Karlsruhe, Hochschule für Technik, Fachbereich Geoinformationswesen 2004., p.137-143 (Karlsruher geowissenschaftliche Schriften, Reihe A, Kartographie und Geographie ; 16).

2706
Kohlus, J.: Kartographie von Projektergebnissen der Ökosystemforschung Schleswig-Holsteinisches Wattenmeer : Anwendungen eines geographischen Informationssystems im Landesamt für den Nationalpark Schleswig-Holsteinisches Wattenmeer. In: Geographie der Meere und Küsten. Ed.: Lampe, Reinhard. – Greifswald: Universität Greifswald 1994., p.141-156, 6 ill., 2 mp. (Greifswalder Geographische Arbeiten ; 10).

2707
Kolejková, Daniela: K problematice tvorby aplikovaných map životního prostředí. In: Kulturní krajiny v průmyslových oblastech : sborník referatů k XVII. sjezdu Československé geografické společnosti v Ostravě ve dnech 6. – 10.7.1987 ; svazek II. Ed.: Czechoslovak Geographical Society <Československá Geografická Společnost>. – Brno: Czechoslovak Geographical Society <Československá Geografická Společnost> 1987., p.216-222. [Czech].

2708
Piepen, Heinz van der; Doerffer, Roland; Gierloff-Emden, Hans-Günter: Kartierung von Substanzen im Meer mit Flugzeugen und Satelliten : mit 5 Tabellen. Unter Mitarb. von V. Amann. – München: 1987, 60 p., ill. (Münchener geographische Abhandlungen ; Reihe A ; 37).

Economics / Wirtschaft / Économie

2709
Baier, Klaus: GIS im Management von Business Improvement Districts. In: GeoBit : Geoinformatik für die Praxis. 9.2004,7, p.22-23, 1 ill. ISSN 1430-3663.

2710
Engelbrecht, Bernhard: Visualisierung von Wirtschaftsdaten am Beispiel des digitalen Wirtschaftsatlas Österreich. In: VGI : österreichische Zeitschrift für Vermessung & Geoinformation. 92.2004,2, p.68-76, 9 ill. ISSN 0029-9650.

2711
Ernst, Adrian; Heyroth, Christian; Karl, Timo; Palomba, Lisa; Schüttel, Marcel; Walter, Corinna: Entwicklung einer EDV-gestützten Kaufpreissammlung mit Kaufpreiskarte. In: Allgemeine Vermessungs-Nachrichten : AVN ; Zeitschrift für alle Bereiche des Vermessungswesens. 111.2004,8-9, p.293-297, 3 ill., 1 tab. ISSN 0002-5968.

2712
Gasper, Marc; Guhse, Birgit: Informations- und Managementsysteme für Gewerbeflächen auf der Basis von Open-source-Technologien. In: geoGovernment : öffentliche Geoinformations-Dienste zwischen Kommune und Europa. Ed.: Strobl, Josef; Griesebner, Gerald. Josef Strobl; Gerald Griesebner (Hrsg.). – Heidelberg: Herbert-Wichmann-Verlag 2003., p.33-39, 6 ill.

2713
Raamsdonk, Jan van: TOP10vector, topografische ondergrond voor integraal waterbeheer?. In: Topografische bestanden : 1:10000. Ed.: Nederlandse Vereniging voor Kartografie. Werkgroep Nieuwe Visualisatie Technologie. Red.: A.A. van der Veen. – Amersfoort: Nederlandse Vereniging voor Kartografie 1996., p.30-35, 4 ill. (NVK publikatiereeks ; 21). [Dutch].

2714
Stani-Fertl, Roman: Wirtschaftskarten in der Schulkartographie : zum Stand der Entwicklung in den österreichischen Schulatlanten. In: Aspekte der Kartographie im Wandel der Zeit : Festschrift für Ingrid Kretschmer zum 65. Geburtstag und anlässlich ihres Übertritts in den Ruhestand. Ed.: Kainz, Wolfgang. Hrsg. von Wolfgang Kainz. – Wien: Geographisches Institut <Wien, Universität> / Arbeitsbereich für Geographie und Kartographie 2004., p.282-287, 1 ill. (Wiener Schriften zur Geographie und Kartographie ; 16).

Environment / Umwelt / Environnement

2715
Basic, F.; Nuantawee, M.: Generating a VRML world from database contents : illustrated by application to flood risk communication. In: Journal of spatial science. 1.2004, p.37-48, 5 ill., 1 tab.

2716
Broekmann, Huib: Multimedia bij rampenbestrijding. In: Rampenkartografie. Werkgroep Onderwijs en Onderzoek. Red.: B.J. Köbben and others. 1995., p.39-42, 3 ill. (NVK publikatiereeks ; 14). [Dutch].

2717
Buchholz, Oliver; Sacher, Hartmut: Berechnung, Ausweisung und Darstellung von hochwassergefährdeten Gebieten. In: Kartographische Nachrichten : KN ; Fachzeitschrift für Geoinformation und Visualisierung ; Organ der Deutschen Gesellschaft für Kartographie e.V., der Schweizerischen Gesellschaft für Kartographie und der Österreichischen Kartographischen Kommission in der Österreichischen Geographischen Gesellschaft. 54.2004,5, p.207-213, 5 ill. ISSN 0022-9164.

2718
Chesneau, Elisabeth: Proposition pour une cartographie du risque. In: Le Monde des Cartes : revue du Comité Français de Cartographie. 181.2004, p.55-70, 4 ill., 8 mp. ISSN 1634-3522.

2719
Chesneau, Elisabeth: Proposition pour une cartographie du risque. In: Le Monde des Cartes : revue du Comité Français de Cartographie. 181.2004, p.55-70, 4 ill., 8 mp. ISSN 1634-3522.

2720
Dia, Ahmadou: High resolution data fusion for land degradation modelling: an environmental problem-solving in the zone of Sahel. In: GeoBit : Geoinformatik für die Praxis. 9=17.2004,12, p.16-26, 8 ill. [Titel des Heftes: Geo-Informationssysteme : GIS (aufgegangen in GeoBit)] ISSN 1430-3663.

2721
Drápela, Milan V.: Kartografické aspekty hlukových map. In: Kulturní krajiny v průmyslových oblastech : sborník referatů k XVII. sjezdu Československé geografické společnosti v Ostravě ve dnech 6. – 10.7.1987 ; svazek II. Ed.: Czechoslovak Geographical Society <Československá Geografická Společnost>. – Brno: Czechoslovak Geographical Society <Československá Geografická Společnost> 1987., p.208-215. [Czech].

2722
Dymon, Ute J.: The potentioal of electronic mapping for disaster management on the local level. In: Rampenkartografie. Werkgroep Onderwijs en Onderzoek. Red.: B.J. Köbben and others. 1995., p.27-29, 1 ill. (NVK publikatiereeks ; 14).

2723
Esnard, Ann-Margaret; Gelobter, Michel; Morales, Xavier: Environmental justice, GIS, and pedagogy. In: Special Issue : Public Participation GIS (PPGIS). Ed.: Sieber, Renée E. – Toronto: 2004., p. 53-61, 1 ill. (Cartographica ; 38.2001,3/4).

2724
Garnero, Gabriele; Godone, Danilo; Benazzo, Ernesto; Penon, Angelo; Sesia, Elio; Vazzola, Sara; Ferrarato, Massimiliano: Le ortoimmagini a supporto della pianificazione territoriale : applicazioni al piano di tutela delle acque della regione Piemonte. In: Bollettino della Associazione Italiana di Cartografia. 41.2004,121/122, p.257-267, 2 ill., 12 tab. Orthoimages as a tool for land planning : an application to the region Piemonte's "water conservation plan". [Ital. with Engl. rés.]. ISSN 0044-9733.

2725
Gartner, Georg; Jobst, Markus: Cartographic LBS and possible context to natural disaster management. In: Proceedings of the cartographic cutting-edge technology for natural hazard management : held in Dresden, Germany October 20 – 22 2004. Ed.: Buchroithner, Manfred. – Dresden: Technische Universität Dresden / Institut für Kartographie 2004., p.11-19 (Kartographische Bausteine : KB ; 30).

2726
Hofstee, Paul; Tariel, Jean: Utilisation des potographies aériennes, des cartes ou plans et d'un SIG lors de la catastrophe d'Enschede (Pays-Bas). In: XYZ : revue de l'Association Française de Topographie. 87.2001,2, p.24-29, 11 ill. ISSN 0290-9057.

2727
Hurni, Lorenz; Jenny, Bernhard; Terribilini, Andrea; Freimark, Helen; Schwandner, Florian M.; Gogu, Radu C.; Dietrich, Volker J.: GEOWARN : ein Internet-basiertes Multimedia-Atlas-Informationssystem für vulkanologische Anwendungen. In: Kartographische Nachrichten : KN ; Fachzeitschrift für Geoinformation und Visualisierung ; Organ der Deutschen Gesellschaft für Kartographie e.V., der Schweizerischen Gesellschaft für Kartographie und der Österreichischen Kartographischen Kommission in der Österreichischen Geographischen Gesellschaft. 54.2004,2, p.67-72, 5 ill. ISSN 0022-9164.

2728
Jager, Reinoud; Klaassen, Aad J.: GIS en Rampenbestrijding. In: Rampenkartografie. Werkgroep Onderwijs en Onderzoek. Red.: B.J. Köbben and others. 1995., p.23-26, 3 ill. (NVK publikatiereeks ; 14). [Dutch].

2729
Köberle, Gesa: Karstökosystemanalyse der topographischen Karte 1 : 50 000 L 7524 Blaubeuren : Gefährdungspotentiale, Möglichkeiten und Konzepte eines nachhaltigen Wassermanagements ; mit 34 Tabellen. Ed.: Geographisches Institut der Universität Tübingen. – Tübingen: Geographisches Institut der Universität Tübingen 2003, VI, 138, 20 p., ill., 1 mp. (Tübinger geographische Studien). [Zugl.: Tübingen, Univ., Diss., 2003] ISBN 3-88121-029-6.

2730
Köhler, Petra; Lechtenbörger, Christiane: GIS und Informations-Management im "Center for Disaster Management and Risk Reduction Technology". In: Photogrammetrie, Fernerkundung, Geoinformation : PFG ; Organ der Deutschen Gesellschaft für Photogrammetrie und Fernerkundung e.V. 2004,4, p.331-335, 2 ill. ISSN 1432-8364.

2731
Kolejková, Daniela: K problematice tvorby aplikovaných map životního prostředí. In: Kulturní krajiny v průmyslových oblastech : sborník referatů k XVII. sjezdu Československé geografické společnosti v Ostravě ve dnech 6. – 10.7.1987 ; svazek II. Ed.: Czechoslovak Geographical Society <Československá Geografická Společnost>. – Brno: Czechoslovak Geographical Society <Československá Geografická Společnost> 1987., p.216-222. [Czech].

2732
Konečný, Milan: ICA and natural hazards. In: Proceedings of the cartographic cutting-edge technology for natural hazard management : held in Dresden, Germany October 20 – 22 2004. Ed.: Buchroithner, Manfred. – Dresden: Technische Universität Dresden / Institut für Kartographie 2004., p.55-67 (Kartographische Bausteine : KB ; 30).

2733
Koop, Olev: De digitale kaart als nieuwe uitdaging voor de alarmdiensten en de rampenbestrijding in Nederland. In: Rampenkartografie. Werkgroep Onderwijs en Onderzoek. Red.: B.J. Köbben and others. 1995., p.31-38, 4 ill., 6 tab. (NVK publikatiereeks ; 14). [Dutch].

2734
Kühn, Friedrich and others: InSAR-based land subsidence map for Bangkok, Thailand. In: Zeitschrift für angewandte Geologie. 1; 50.2004,1, p.74-81, 8 ill., 1 tab.

2735
Lloyd, C.D.; Atkinson, P.M.: Increased accuracy of geostatistical prediction of nitrogen dioxide in the United Kingdom with secondary data. In: International journal of applied earth observation and geoinformation : JAG ; the official quarterly publication of the International Institute for Aerospace Survey and Earth Sciences (ITC). 5.2004,4, p.293-305, 9 ill., 2 tab. ISSN 0303-2434.

2736
Maftei, Raluca-Mihaela and others: Elaboration of a landslide hazard assessment map using geological and geophysical analysis : application in the eastern part of the Muntenia Subcarpathians, Romania. In: Zeitschrift für angewandte Geologie. 1; 50.2004,1, p.35-41, 7 ill.

2737
Mark, Harald; Schewe, Jürgen; Stein, Gerald: Digitales Grubenriss-Informations-system : ein Instrument des Risikomanagements im Bergbau. In: Kartographische Nachrichten : KN ; Fachzeitschrift für Geoinformation und Visualisierung ; Organ der Deutschen Gesellschaft für Kartographie e.V., der Schweizerischen Gesellschaft für Kartographie und der Österreichischen Kartographischen Kommission in der Österreichischen Geographischen Gesellschaft. 54.2004,3, p.117-123, 3 ill. ISSN 0022-9164.

2738
Messina, Joseph P.: A complex systems approach to the spatial and temporal simulation of Florida Bay Algal Communities. In: GIScience and remote sensing. 41.2004,3, p.228-243, 8 ill., 1 tab. ISSN 1548-1603.

2739
Mosiman, Thomas; Groß, Jens; Meer, Uwe: Erosion und Stoffhaushalt in Landwirtschaftsgebieten : GIS-gestützte Modellierung unterstützt das moderne Landnutzungsmanagement. In: Virtuelle Welten : wie GIS die Geowissenschaften verändern. Ed.: Universität Hannover; Freundeskreis der Universität Hannover. – Hannover: Universität Hannover; Freundeskreis der Universität Hannover 2003., p.22-26, 6 ill. (Unimagazin Hannover : Zeitschrift der Leibniz-Universität Hannover ; Mitteilungen des Freundeskreises der Universität Hannover ; 2003,3/4).

2740
Onorati, Giuseppe; Imperatrice, Maria Luisa; Matrone, Anna Maria; Scarponi, Franco: La cartografia delle acque nel primo atlante ambientale della campania della Campania 2003. In: Bollettino della Associazione Italiana di Cartografia. 41.2001,121/122, p.269-289, 12 ill., 1 tab. Water maps in the first environmental Atlas of the Campania region 2003. [Ital. with Engl. rés.]. ISSN 0044-9733.

2741
Penon, Angelo: Nuovi strumenti didattici finalizzati allo studio del territorio e all'analisi dell'ambiente : esperienze dell'ARPA Piemonte. In: Bollettino della Associazione Italiana di Cartografia. 41.2004,121/122, p.425-430, 2 ill. New didactic instruments finalized to territory study and to environmental analyse : ARPA Piemonte's experiences in the province of Turin. ISSN 0044-9733.

2742
Pettit, C. J.; Nelson, A.: Developing an interactive web based public participatory planning support system for natural resource management. In: Journal of spatial science. 1.2004, p.61-70, 5 ill.

2743
Proceedings of the cartographic cutting-edge technology for natural hazard management : held in Dresden, Germany October 20 – 22 2004. Ed.: Buchroithner, Manfred. – Dresden: Technische Universität Dresden / Institut für Kartographie 2004, 200p., ill., mp. + 1 CD-ROM. (Kartographische Bausteine : KB ; 30). [CD-ROM u.d.T.: Proceedings of the International Symposium on Cartographic Cutting-Edge Technology for Natural Hazard Management] ISBN 3-86005-475-9.

2744
Rampenkartografie. Werkgroep Onderwijs en Onderzoek. Red.: B.J. Köbben and others. 1995, 47 p., ill., mp. (NVK publikatiereeks ; 14). [Dutch, partly Engl.].

2745
Roppola, A. J.; Bugg, A. L.: Innovative and effective internet information systems for natural resource managers. In: Journal of spatial science. 1.2004, p.49-60, 7 ill.

2746
Rosen, Klaus-Henning: deNIS : the German national databse for disaster mitigation in aspects of information transport. In: Proceedings of the cartographic cutting-edge technology for natural hazard management : held in Dresden, Germany October 20 – 22 2004. Ed.: Buchroithner, Manfred. – Dresden: Technische Universität Dresden / Institut für Kartographie 2004., p.117-120, 3 ill. (Kartographische Bausteine : KB ; 30).

2747
Schaffhauser, Horst: Das Lawinensimulationsmodell SAMOS : ein gekoppeltes, mehrdimensionales, numerisches Katastrophen-Lawinenmodell. In: Kontinuität und Wandel in der Kultur- und Naturlandschaft : Festschrift für Herwig Wakonigg. Ed.: Institut für Geographie und Raumforschung. Hrsg. Institut für Geographie und Raumforschung, Universität Graz. Red.: Gerhard Karl Lieb. – Graz: Institut für Geographie und Raumforschung 2002., p.183-197, 10 ill., 2 tab. + 1 suppl. (Grazer Schriften der Geographie und Raumforschung).

2748
Schmidt-Kundert, Cornelia: Hazard mapping for insurers and reinsurers. In: Proceedings of the cartographic cutting-edge technology for natural hazard management : held in Dresden, Germany October 20 – 22 2004. Ed.: Buchroithner, Manfred. – Dresden: Technische Universität Dresden / Institut für Kartographie 2004., p.121-127, 5 ill. (Kartographische Bausteine : KB ; 30).

2749
Siebert, Andreas: Geographical underwriting in risk management : an insurance perspective. In: Proceedings of the cartographic cutting-edge technology for natural hazard management : held in Dresden, Germany October 20 – 22 2004. Ed.: Buchroithner, Manfred. – Dresden: Technische Universität Dresden / Institut für Kartographie 2004., p.129-136, 11 ill. (Kartographische Bausteine : KB ; 30).

2750
Stern, Boris; Gogu, Radu C.; Hurni, Lorenz: Correlated hazard assessment studies within an alpin valley establishing a geo-spatial system for data management, modeling, visualization, and analysis. In: Proceedings of the cartographic cutting-edge technology for natural hazard management : held in Dresden, Germany October 20 – 22 2004. Ed.: Buchroithner, Manfred. – Dresden: Technische Universität Dresden / Institut für Kartographie 2004., p.139-144, 3 ill. (Kartographische Bausteine : KB ; 30).

2751
Thieken, Annegret; Grünewald, Uwe; Merz, Bruno; Petrow, Theresia; Schümberg, Sabine; Kreibich, Heidi; Streitz, Willi; Kaltofen, Michael: Flood risk reduction in Germany after the Elbe 2002 flood : aspects of hazard mapping and early warning systems. In: Proceedings of the cartographic cutting-edge technology for natural hazard management : held in Dresden, Germany October 20 – 22 2004. Ed.: Buchroithner, Manfred. – Dresden: Technische Universität Dresden / Institut für Kartographie 2004., p. 145-156, 35 ill., 1 tab. (Kartographische Bausteine : KB ; 30).

2752
Tsou, Ming-Hsiang: Integrated mobile GIS and wireless internet map servers for environment monitoring and management. In: Cartography and geographic information science : an official journal of ACSM devoted to the advancement of cartography in all its aspects. 31.2004,3, p.153-165, 10 ill., 1 tab. ISSN 1523-0406.

2753
Walz, Ulrich; Etter, Jens; Dransch, Doris: Actor-oriented flood risk maps as support for societal decision making. In: Proceedings of the cartographic cutting-edge technology for natural hazard management : held in Dresden, Germany October 20 – 22 2004. Ed.: Buchroithner, Manfred. – Dresden: Technische Universität Dresden / Institut für Kartographie 2004., p.183-195, 4 ill., 3 tab. (Kartographische Bausteine : KB ; 30).

2754
Westen, Cees van: Disaster mapping in developing countries. In: Rampenkartografie. Werkgroep Onderwijs en Onderzoek. Red.: B.J. Köbben and others. 1995., p.13-21, 6 ill., 1 tab. (NVK publikatiereeks ; 14). [Dutch].

Ethnography / Ethnographie / Ethnographie

2755
Johnson, Jenny Marie: Mapping ethnicity : color use in depicting ethnic distribution. In: Cartographic perspectives : journal of the North American Cartographic Information Society. 40.2001, p.12-31, 1 tab. ISSN 1048-9053.

2756
Lundén, Thomas: Kartan som politiskt vapen. In: Nya lantmätaren. 2004,6, p.14-15, 1 mp. Maps are political weapons. [Swed.].

Forestry / Forstwirtschaft / Sylviculture

2757
Bettinger, Pete; Wing, Michael G.: Geographic information systems : applications in forestry and natural resources management. Ed.: McGraw-Hill Higher Education. – Boston, MA: McGraw-Hill Higher Education 2004, X, 230 p., ill., mp. [Includes bibliographical references and index].

2758
Carvalho, Luis, M.T. de; Clevers, Jan G.P.W.; Skidmore, Andrew K.; Jong, Steven M. de: Selection of imagery data and classifiers for mapping Brazilian semideciduous Atlantic forests. In: International journal of applied earth observation and geoinformation : JAG ; the official quarterly publication of the International Institute for Aerospace Survey and Earth Sciences (ITC). 5.2004,3, p.173-186, 2 ill., 6 tab. ISSN 0303-2434.

2759
Forstkarten betreffend Neuwürttemberg : (17. Jhd – 1851) ; systematisches Verzeichnis. Ed.: Hauptstaatsarchiv <Stuttgart>. Hauptstaatsarchiv <Stuttgart> 1992, 4 Mikrofiches (Mikroreproduktion 251 p.). (Repertorien / Hauptstaatsarchiv Stuttgart ; Bestand N,13, Bd.1). [Parallel als Buchausg. erschienen].

2760
Forstkarten betreffend Neuwürttemberg : (17. Jhd. -1851) ; Standortverzeichnis. Ed.: Hauptstaatsarchiv <Stuttgart>. Hauptstaatsarchiv <Stuttgart> 1992, 4 Mikrofiches (Mikroreprod. 243 p.). (Repertorien / Hauptstaatsarchiv Stuttgart ; Bestand N,13, Bd.2). [Parallel als Buchausg. erschienen].

2761
Jarošenko, Aleksej Ju.; Potapov, Peter V.; Turubanova, Svetlana A.: The last intact forest landscapes of northern European Russia : mapping of intact forest landscapes in northern European Russia using high-resolution satellite images ; methods and results = Malonarušennye lesnye territorii Evropejskogo Severa Rossii. Ed.: Greenpeace Russia. – Moskva: Greenpeace Russia 2001, 74 p., ill., mp. ISBN 5-944420-02-2.

2762
Kleinschmidt, Birgit; Kenneweg, Hartmut: Auf den Spuren von Strukturen im Wald : "unbestechlich objektiv". In: GeoBit : Geoinformatik für die Praxis. 9.2004,1/2, p.20-22, 4 ill. ISSN 1430-3663.

2763
Melchior, G. Heinrich: Die Karte der "Kunders Kürcher Waltung", ihr Landvermesser und einige Flurnamen. In: Mitteilungen des Oberhessischen Geschichtsvereins Giessen. 85.2000, p.205-224, 6 ill., 2 tab. ISSN 0342-1198.

2764
Norheim, Robert A.: How institutional cultures affect results : comparing two-old-growth forest mapping projects. In: Special Issue : Public Participation GIS (PPGIS). Ed.: Sieber, Renée E. – Toronto: 2004., p.35-52, 3 ill., 7 tab. (Cartographica ; 38.2001,3/4).

2765
Seger, Martin: Waldzustandsermittlung mittels Farbinfrarot-Luftbildern im Raum Voitsberg : ein Beispiel angewandter naturwissenschaftlicher Geographie. In: Kontinuität und Wandel in der Kultur- und Naturlandschaft : Festschrift für Herwig Wakonigg. Ed.: Institut für Geographie und Raumforschung. Hrsg. Institut für Geographie und Raumforschung, Universität Graz. Red.: Gerhard Karl Lieb. – Graz: Institut für Geographie und Raumforschung 2002., p.199-210, 4 ill., 3 tab. + 1 mp.-suppl. (Grazer Schriften der Geographie und Raumforschung).

2766
Straub, Florian: Webbasierte Verschneidung verteilter Geodaten für die forstliche Standortserkundung. In: GeoBit : Geoinformatik für die Praxis. 17.2004,11, p.30-31, 2 ill. ISSN 1430-3663.

2767
Waldfunktionenkartierung : Grundsätze und Verfahren zur Erfassung der besonderen Schutz- und Erholungsfunktionen des Waldes im Freistaat Sachsen. Ed.: Landesforstpräsidium. Freistaat Sachsen, Landesforstpräsidium. – Pirna: Landesforstpräsidium 2004, 56 p., ill., mp. [Redaktionsschluss: 31.03.2004].

2768
Zecchi, Rodolfo: La vegetazione e le foreste d'Italia nelle rappresentazioni cartografiche a grande e media scala. In: Bollettino della Associazione Italiana di Cartografia. 41.2007,120, p.127-144 Vegetation and forests of Italy in the large and medium scale maps. [Ital. with Engl. rés.]. ISSN 0044-9733.

Geochemistry / Geochemie / Géochimie

2769
Di Meo, Tommaso; Ducci, Daniela; Onorati, Giuseppe: La cartografia dello stato chimico delle acque sotterranee nei piani di tutela delle acque. In: Bollettino della Associazione Italiana di Cartografia. 41.2004,121/122, p.303-314, 12 ill., 2 tab Chemical status of groundwater mapping in the "water protection masterplans". [Ital. with Engl. rés.]. ISSN 0044-9733.

2770
Lloyd, C.D.; Atkinson, P.M.: Increased accuracy of geostatistical prediction of nitrogen dioxide in the United Kingdom with secondary data. In: International journal of applied earth observation and geoinformation : JAG ; the official quarterly publication of the International Institute for Aerospace Survey and Earth Sciences (ITC). 5.2004,4, p.293-305, 9 ill., 2 tab. ISSN 0303-2434.

Geology / Geologie / Géologie

2771
Almeida, Moitinho de: Bibliografia de cartografia geológica de Portugal. Ed.: Serviços Geologicos de Portugal. – Lisboa: Serviços Geologicos de Portugal 1976, 34 p., 1 mp.-suppl. [Portug.]. [Ed. provisória].

2772
Barnes, John W. ; Lisle, Richard J.: Basic geological mapping. – Chichester: John Wiley and Sons 2004, XI, 184 p., ill., mp. – 4. ed. ISBN 0-470-84986-X.

2773
"Brenner" : Geologische Bundesanstalt, Arbeitstagung 2003, Trins im Gschnitztal 1.-5. September 2003 ; Geologische Kartenblätter 1:50.000, 148 Brenner 175 Sterzing. Ed.: Geologische Bundesanstalt. Red. Manfred Rockenschaub. – Wien: Geologische Bundesanstalt 2003, 282 p., ill., mp.

2774
Brink, Lowie: Een zee zo zwart als de nacht : de geologische schoolwandkaart van Noord-Holland van W. Kloeke. In: Caert-thresoor : tijdschrift voor de geschiedenis van de kartografie in Nederland. 23.2004,2, p.42-47, 4 ill. A sea as black as the night : the geological school wall map of North Holland by W. Kloeke. ISSN 0167-4994.

2775
Ebner, V. and others: Geologische Landesaufnahme, Kartenblätter GÖK 148 Brenner und GÖK 175 Sterzing : Erläuterungen zur Geomorphologie des hinteren Obernbergtals. In: "Brenner" : Geologische Bundesanstalt, Arbeitstagung 2003, Trins im Gschnitztal 1.-5. September 2003 ; Geologische Kartenblätter 1:50.000, 148 Brenner 175 Sterzing. Ed.: Geologische Bundesanstalt. – Wien: Geologische Bundesanstalt 2003., p.209-215, 8 ill.

2776
Galambos, Csilla: A színelmélet alkalmazása tematikus térképeken. In: Geodézia és kartográfia. 56.2004,12, p.9-14, 9 ill. Colour management of thematic maps. [Hung. with Engl. rés.].

2777
Galambos, Csilla: Földtani térképek felületi jelei. In: Geodézia és kartográfia. 56.2004,7, p.16-21, 7 ill. Patterning features of geological maps. [Hung. with Engl. rés.].

2778
Geodetic measurements at the Pasmajärvi and Nuottavaara faults. Mikko Takalo...Ed. by Heli Suurmäki. – Kirkkonummi: 2004, 44 p., ill., mp. (Suomen Geodeettisen Laitoksen tiedonanoja ; 2004,1).

2779
Geologische Kartieranleitung : allgemeine Grundlagen ; mit 6 Tabellen. Fachl. Red.: Carsten Schwarz. – Stuttgart: Schweizerbart 2002, 135 p., mp. (Geologisches Jahrbuch : Sonderhefte; Reihe G, Informationen aus den Bund/Länder-Arbeitsgruppen der Staatlichen Geologischen Dienste in der Bundesrepublik Deutschland ; 9).

2780
Gesteinskunde, Kartenkunde : Materialien zu den Geologischen Übungen ; für Studierende der Geologie im Haupt- und Nebenfach am Geologischen Institut der RWTH Aachen. Ed.: Kukla, Peter. – Aachen: Wissenschaftsverlag Mainz 2002, 67 p., ill. – 1. Aufl. (Aachener geowissenschaftliche Beiträge / Sonderband : AGB). ISBN 3-86073-777-5.

2781
Guidelines for the compilation of geological maps : general principles. Ed.: Schwarz, Carsten; Katzschmann, Lutz; Radzinski, Karl-Heinz. – Stuttgart: Schweizerbart 2004, 135 p., ill., mp. (Geologisches Jahrbuch : Sonderhefte; Reihe G, Informationen aus den Bund/Länder-Arbeitsgruppen der Staatlichen Geologischen Dienste in der Bundesrepublik Deutschland ; H.12). ISBN 3-510-95925.

2782
Häge, Martin; Benner, Joachim: Anwendung eines Geoinformationssystems für eine geologische Kartierung. In: GeoBit : Geoinformatik für die Praxis. 9=17.2004,6, p.16-21, 4 ill. [Titel des Heftes: Geo-Informationssysteme : GIS (aufgegangen in GeoBit)] ISSN 1430-3663.

2783
Hurni, Lorenz; Jenny, Bernhard; Terribilini, Andrea; Freimark, Helen; Schwandner, Florian M.; Gogu, Radu C.; Dietrich, Volker J.: GEOWARN : ein Internet-basiertes Multimedia-Atlas-Informationssystem für vulkanologische Anwendungen. In: Kartographische Nachrichten : KN ; Fachzeitschrift für Geoinformation und Visualisierung ; Organ der Deutschen Gesellschaft für Kartographie e.V., der Schweizerischen Gesellschaft für Kartographie und der Österreichischen Kartographischen Kommission in der Österreichischen Geographischen Gesellschaft. 54.2004,2, p.67-72, 5 ill. ISSN 0022-9164.

2784
Hydrogeologische Kartierung Kaiserslautern. Ed.: Rheinland-Pfalz / Landesamt für Geologie und Bergbau. Projektleitung Bettina Wagner, Bearb. Frank Bitzer. – Mainz: Rheinland-Pfalz / Landesamt für Geologie und Bergbau 2004, 96 p., ill., mp., 1 CD-ROM.

2785
Hydrogeologische Kartierung Neuwieder Becken. Ed.: Rheinland-Pfalz / Geologisches Landesamt. Bearb.: Kurt Agsten... – Mainz: Rheinland-Pfalz / Geologisches Landesamt 2000, 57 p., 5 Bl., ill., mp. + 1 CD-ROM mit 2 Beil. (je 1 Bl.). [CD-ROM mit Nebent.: HGK Neuwieder Becken. Enth.: 13 geowissenschaftl. Karten bzw. Profilschnitte sowie Anhang mit 5 Bohrkern-Fotoserien als PDF-Dateien].

2786
Joó, István; Balázsik, Valéria; Pájer, Timea: A jelenkori függőleges felszínmozgások és három földtani jellemző kapcsolatának vizsgálata a Középső-Tisza környékén és a Körös-vidéken. In: Geodézia és kartográfia. 56.2004,7, p.3-14 Investigation on relationship of the recent vertical movement velocities with three geologic characteristics in the surrounding area of the rivers Middle-Tisza and Körös. [Hung. with Engl. rés.].

2787
Köberle, Gesa: Karstökosystemanalyse der topographischen Karte 1 : 50 000 L 7524 Blaubeuren : Gefährdungspotentiale, Möglichkeiten und Konzepte eines nachhaltigen Wassermanagements ; mit 34 Tabellen. Ed.: Geographisches Institut der Universität Tübingen. – Tübingen: Geographisches Institut der Universität Tübingen 2003, VI, 138, 20 p., ill., 1 mp. (Tübinger geographische Studien). [Zugl.: Tübingen, Univ., Diss., 2003] ISBN 3-88121-029-6.

2788
Kühn, Friedrich and others: InSAR-based land subsidence map for Bangkok, Thailand. In: Zeitschrift für angewandte Geologie. 1; 50.2004,1, p.74-81, 8 ill., 1 tab.

2789
Maigut, Vera: Új digitális földtani térképmű a MÁFI-ban. In: Geodézia és kartográfia. 56.2004,7, p.22-26, 3 ill. New digital geological map series in the Geological Institute of Hungary. [Hung. with Engl. rés.].

2790
Otter, Cees den: Van de kaart : een loopbahn in de geologische kartering. Ed.: Nederlands Instituut voor Toegepaste Geowetenschappen TNO]. – Utrecht: Nederlands Instituut voor Toegepaste Geowetenschappen TNO] 2004, 38 p., ill.

2791
Rose, Edward P.F.; Willig, Dierk: Specialist maps prepared by German military geologists for Operation Sealion : the invasion of England scheduled for 1940. In: The Cartographic Journal. 41.2004,1, p.13-35, 15 ill., 3 tab. ISSN 0008-7041.

2792
Schnabel, W.: Der gegenwärtige Stand der geologischen Landesaufnahme in Österreich mit einem Ausblick in die Zukunft. In: "Brenner" : Geologische Bundesanstalt, Arbeitstagung 2003, Trins im Gschnitztal 1.-5. September 2003 ; Geologische Kartenblätter 1:50.000, 148 Brenner 175 Sterzing. Ed.: Geologische Bundesanstalt. – Wien: Geologische Bundesanstalt 2003., p.5-6.

2793
Seibold, Eugen; Seibold, Ilse: Dokumente zur Ära Heinrich von Dechen (1800-1898) – seine geologischen Übersichtskarten. In: International journal of earth sciences. 88.2000, p.844-852. ISSN 1437-3254.

2794
Soares, Richard: Index to geologic maps of Utah by U.S.G.S. Topographic Quadrangle Name, Part 3 : 1971-1980, A-L. In: Information bulletin / Western Association of Map Libraries. 36.2004,1, p.17-40. ISSN 0049-7282.

2795
Ulazzi, Elisa; Antonellini, Marco; Gabbianelli, Giovanni: Problemi nella redazione della cartgrafia idrogeologica in zone costiere dell'Adriatico Emiliano Romagnolo. In: Bollettino della Associazione Italiana di Cartografia. 41.2004,121/122, p.215-225, 7 ill. Problems in the construction of hydrologic maps of Emilia-Romagna coastal area, northern Adriatic sea. ISSN 0044-9733.

2796
Winchester, Simon: Eine Karte verändert die Welt : William Smith und die Geburt der modernen Geologie = The map that changed the world. – münchen: Goldmann 2003, 340 p., ill., mp. ISBN 3-442-73089-9.

2797
Winchester, Simon: La carte qui a changé le monde : William Smith et la naissance de la géologie moderne = The map that changed the world. – Paris: JC Lattès 2003, 387 p.

Geomorphology / Geomorphologie / Géomorphologie

2798
Arozarena Llopis, Isabel: Cartografia geomorfologica delle coste alte liguri : il caso del promontorio orientale del Golfo della Spezia. In: Bollettino della Associazione Italiana di Cartografia. 41.2004,121/122, p.227-244, 6 ill. Geomorphological cartography of the high Ligurian coasts (North Western Italy) : the case study of the Gulf of La Spezia. [Ital. with Engl. rés.]. ISSN 0044-9733.

2799
Buckley, Aileen; Hurni, Lorenz; Kriz, Karel; Patterson, Tom; Olsenholler, Jeff: Cartography and visualization in mountain geomorphology. In: Geographic information science and mountain geomorphology. Ed.: Bishop, Michael; Shroder, John F. – Berlin [u.a.]: Axel Springer AG 2004., p.253-287, 24 ill.

2800
Damoiseaux, Thomas: Untersuchungen zum Einsatz von Flugzeug-InSAR in der Gebirgskartographie. Ed.: Technische Universität Dresden / Institut für Kartographie und Geographie. – Dresden: Technische Universität Dresden / Institut für Kartographie und Geographie 2003, IX, 181 p. (Kartographische Bausteine : KB ; 22). [Elektronische Ressource; Parallel als CD-ROM-Ausg. erschienen].

2801
Ebner, V. and others: Geologische Landesaufnahme, Kartenblätter GÖK 148 Brenner und GÖK 175 Sterzing : Erläuterungen zur Geomorphologie des hinteren Obernbergtals. In: "Brenner" : Geologische Bundesanstalt, Arbeitstagung 2003, Trins im Gschnitztal 1.-5. September 2003 ; Geologische Kartenblätter 1:50.000, 148 Brenner 175 Sterzing. Ed.: Geologische Bundesanstalt. – Wien: Geologische Bundesanstalt 2003., p.209-215, 8 ill.

2802
Etzelmüller, Bernd; Sulebak, Jan Rasmus: Developments in the use of digital elevation models in periglacial geomorphology and glaciology. In: Entwicklungstendenzen und Zukunftsperspektiven in der Geomorphologie : Publikation zur Jahrestagung der Schweizerischen Geomorphologischen Gesellschaft (SGmG) anlässlich des 180. Jahreskongresses der Schweizerischen Akademie der Naturwissenschaften (SANW). Ed.: Maisch, Max. – Zürich: ., p.35-58, 7 ill., 2 tab.

2803
Garlatti, Claudio; Massari, Giancarlo; Potleca, Michele: Moderne tecnologie per la gestione delle emergenze idrogeologiche. In: Bollettino della Associazione Italiana di Cartografia. 41.2004,121/122, p.411-424, 9 ill. Modern technologies for the management of hydrogeologic emergencies. [Ital.]. ISSN 0044-9733.

2804
Gatto, Ivo; Gherardi, Massimo; Vianello, Gilmo; Zamboni, Nicoletta: Indagine ambientale sui caratteri dei microbacini in destra Reno finalizzata alla valutazione della qualità delle acque. In: Bollettino della Associazione Italiana di Cartografia. 41.2004,121/122, p.291-302, 9 ill. Environmental analysis of River Reno basin due to evaluate water quality. [Ital. with Engl. rés.]. ISSN 0044-9733.

2805
Geographic information science and mountain geomorphology. Ed.: Bishop, Michael; Shroder, John F. – Berlin [u.a.]: Axel Springer AG 2004, XLVI, 486 p., ill. [Includes bibliographical references and index] ISBN 3-540-42640-X.

2806
Geomorphologic applications of remote sensing : papers presented at the Post-Conference Symposium S13 "Remote Sensing of the Ecological Environment" (Strasbourg, September 11-13, 1989). Second International Conference on Geomorphology (Frankfurt a.M., 1989). Ed.: Gierloff-Emden, H.-G.; Wilhelm, F. Hrsg. von H.-G. Gierloff-Emden und F. Wilhelm. – München: Geobuch-Verlag 1990, 66 p., ill., mp. (Münchener geographische Abhandlungen, Reihe A). ISBN 3-925308-64-4.

2807
Gierloff-Emden, Hans-Günter: Remote sensing with the Seasat Altimeter : a new method for exploration of sea floor morphology. In: Geomorphologic applications of remote sensing : papers presented at the Post-Conference Symposium S13 "Remote Sensing of the Ecological Environment" (Strasbourg, September 11-13, 1989). Second International Conference on Geomorphology (Frankfurt a.M., 1989). Ed.: Gierloff-Emden, H.-G.; Wilhelm, F. Hrsg. von H.-G. Gierloff-Emden und F. Wilhelm. – München: Geobuch-Verlag 1990., p.47-66, 13 ill., 5 tab. (Münchener geographische Abhandlungen, Reihe A).

2808
Lambiel, Christophe; Reynard, Emmanuel: Cartographie de la distribution du pergélisol et datation des glaciers rocheux dans la région du Mont Gelé (Valais). In: Entwicklungstendenzen und Zukunftsperspektiven in der Geomorphologie : Publikation zur Jahrestagung der Schweizerischen Geomorphologischen Gesellschaft (SGmG) anlässlich des 180. Jahreskongresses der Schweizerischen Akademie der Naturwissenschaften (SANW). Ed.: Maisch, Max. – Zürich: ., p.91-104, 5 ill.

2809
MacNutt, Wade; Dare, Peter; Dalton, Shawn: Use of a digital terrain model as a means of urban watershed delineation in Fredericton, New Brunswick. In: Geomatica. 58.2004,2, p.107-119, 8 ill., 1 tab. ISSN 1195-1036.

2810
Madsud Kamal, A.S.M.; Midorikawa, Saburoh: GIS-based geomorpological mapping using remote sensing data and supplementary geoinformation : a case study of the Dhaka city area, Bangladesh. In: International journal of applied earth observation and geoinformation : JAG ; the official quarterly publication of the International Institute for Aerospace Survey and Earth Sciences (ITC). 6.2004,2, p.111-125,8 ill., 5 tab. ISSN 0303-2434.

2811
Miliaresis, George; Iliopoulou, Polixeni: Clustering of Zagros Ranges from the Globe DEM representation. In: International journal of applied earth observation and geoinformation : JAG ; the official quarterly publication of the International Institute for Aerospace Survey and Earth Sciences (ITC). 5.2004,1, p.17-28, 5 ill., 4 tab. ISSN 0303-2434.

2812
Philip, George; Sah, Maso Prasad: Mapping repeated surges and retread of glaciers using IRS-1C/1D data : a case study of Shaune Garang glacier, northwestern Himalaya. In: International journal of applied earth observation and geoinformation : JAG ; the official quarterly publication of the International Institute for Aerospace Survey and Earth Sciences (ITC). 6.2004,2, p127-141, 8 ill., 1 tab. ISSN 0303-2434.

2813
Rothenbühler, Christine: Erfassung und Darstellung der Geomorphologie im Gebiet Bernina (GR) mit Hilfe von GIS. In: Entwicklungstendenzen und Zukunftsperspektiven in der Geomorphologie : Publikation zur Jahrestagung der Schweizerischen Geomorphologischen Gesellschaft (SGmG) anlässlich des 180. Jahreskongresses der Schweizerischen Akademie der Naturwissenschaften (SANW). Ed.: Maisch, Max. – Zürich: ., p.117-126, 6 ill.

2814
Schulz, Georg: Lexikon zur Bestimmung der Geländeformen in Karten. – Berlin: 2003, V. 359 p. (Berliner geographische Studien ; 28). [4. Aufl.; Literaturverz. p. 355-359].

2815
Thomas Damoiseaux: Untersuchungen zum Einsatz von Flugzeug-InSAR in der Gebirgskartographie. Ed.: Technische Universität Dresden / Institut für Kartographie. – Dresden: Technische Universität Dresden / Institut für Kartographie 2003, 1 CD-ROM. (Kartographische Bausteine : KB ; 22). [Elektronische Ressource; Parallel als Buch-Ausg. erschienen].

2816
Wieneke, Friedrich: The use of space photography for coastal studies : methodological aspects. In: Geomorphologic applications of remote sensing : papers presented at the Post-Conference Symposium S13 "Remote Sensing of the Ecological Environment" (Strasbourg, September 11-13, 1989). Second International Conference on Geomorphology (Frankfurt a.M., 1989). Ed.: Gierloff-Emden, H.-G.; Wilhelm, F. Hrsg. von H.-G. Gierloff-Emden und F. Wilhelm. – München: Geobuch-Verlag 1990., p.5-25, 8 ill., 11 tab. (Münchener geographische Abhandlungen, Reihe A).

Geophysics / Geophysik / Géophysique

2817
Ahl, A.; Slapansky, P.: Die aeromagnetische Anomalie des mittleren Ötztal-Stubaikristallins und ihr Rahmen : 3D-Modellierung und geologische Interpretation. In: "Brenner" : Geologische Bundesanstalt, Arbeitstagung 2003, Trins im Gschnitztal 1.-5. September 2003 ; Geologische Kartenblätter 1:50.000, 148 Brenner 175 Sterzing. Ed.: Geologische Bundesanstalt. – Wien: Geologische Bundesanstalt 2003., p.161-170, 6 ill.

2818
Komjáti, Gábor; Joó, István; Balázsik, Valéria: A nagyalföld déli része függőleges mozgásainak vizsgálata és modellezése. In: Geodézia és kartográfia. 56.2004,11, p.10-17, 13 ill., 8 tab. Investigation and modelling of the recent vertical movements in the southern part of the Great Hungarian Plain. [Hung. with Engl. rés.].

2819
Zecchi, Rodolfo: La sismicità del territorio italiano nelle rappresentazioni cartografiche a media e piccola scala. In: Bollettino della Associazione Italiana di Cartografia. 41.2004,120, 111-125, 8 ill. Seismicity of Italy in medium and small scale maps. [Ital. with Engl. rés.]. ISSN 0044-9733.

Geoscience / Geowissenschaften / Science de la terre

2820
Klinghammer, István: Die Anfänge der ungarischen geowissenschaftlichen Kartierung des Pannonischen Beckens. In: Aspekte der Kartographie im Wandel der Zeit : Festschrift für Ingrid Kretschmer zum 65. Geburtstag und anlässlich ihres Übertritts in den Ruhestand. Ed.: Kainz, Wolfgang. Hrsg. von Wolfgang Kainz. – Wien: Geographisches Institut <Wien, Universität> / Arbeitsbereich für Geographie und Kartographie 2004., p.71-76 (Wiener Schriften zur Geographie und Kartographie ; 16).

2821
Virtuelle Welten : wie GIS die Geowissenschaften verändern. Ed.: Universität Hannover; Freundeskreis der Universität Hannover. – Hannover: Universität Hannover; Freundeskreis der Universität Hannover 2003. (Unimagazin Hannover : Zeitschrift der Leibniz-Universität Hannover ; Mitteilungen des Freundeskreises der Universität Hannover ; 2003,3/4). [Themenheft; Aufsatzsammlung].

Glaciology / Glaziologie / Glaciologie

2822
Engeset, Rune V.; Tveito, Ole Einar; Alfnes, Eli; Mengistu, Zelalem; Udnæs, Hans-Christian; Isaksen, Ketil; Førland, Eirik J.: Nye snøkart for Norge. In: Kart og plan : vitenskapelig tidsskrift. 97.2004,2, p.121-127, 5 ill. New snow maps of Norway. [Norw. with Engl. rés.]. ISSN 0047-3278.

2823
Etzelmüller, Bernd; Sulebak, Jan Rasmus: Developments in the use of digital elevation models in periglacial geomorphology and glaciology. In: Entwicklungstendenzen und Zukunftsperspektiven in der Geomorphologie : Publikation zur Jahrestagung der Schweizerischen Geomorphologischen Gesellschaft (SGmG) anlässlich des 180. Jahreskongresses der Schweizerischen Akademie der Naturwissenschaften (SANW). Ed.: Maisch, Max. – Zürich: ., p.35-58, 7 ill., 2 tab.

2824
Kaufmann, Viktor: Zur Topographie und Morphodynamik des Blockgletschers Hinteres Langtalkar (Schobergruppe, Nationalpark Hohe Tauern, Österreich). In: Kartographische Nachrichten : KN ; Fachzeitschrift für Geoinformation und Visualisierung ; Organ der Deutschen Gesellschaft für Kartographie e.V., der Schweizerischen Gesellschaft für Kartographie und der Österreichischen Kartographischen Kommission in der Österreichischen Geographischen Gesellschaft. 54.2004,6, p.258-262. ISSN 0022-9164.

2825
Kriz, Karel; Nairz, Patrick; Kinberger, Michaela: Avalanche risk management in the Tyrolean Alps. In: Proceedings of the cartographic cutting-edge technology for natural hazard management : held in Dresden, Germany October 20 – 22 2004. Ed.: Buchroithner, Manfred. – Dresden: Technische Universität Dresden / Institut für Kartographie 2004., p.69-77, 9 ill. (Kartographische Bausteine : KB ; 30).

2826
Lambiel, Christophe; Reynard, Emmanuel: Cartographie de la distribution du pergélisol et datation des glaciers rocheux dans la région du Mont Gelé (Valais). In: Entwicklungstendenzen und Zukunftsperspektiven in der Geomorphologie : Publikation zur Jahrestagung der Schweizerischen Geomorphologischen Gesellschaft (SGmG) anlässlich des 180. Jahreskongresses der Schweizerischen Akademie der Naturwissenschaften (SANW). Ed.: Maisch, Max. – Zürich: ., p.91-104, 5 ill.

2827
Meyer, Franz Josef: Simultane Schätzung von Topographie und Dynamik polarer Gletscher aus multi-temporalen SAR-Interferogrammen. – München: Verlag der Bayerischen Akademie der Wissenschaften 2004, 113 p., ill., mp. (Deutsche Geodätische Kommission bei der Bayerischen Akademie der Wissenschaften, Reihe C, Dissertationen ; 579). [Zugl.: München, Techn. Univ., Diss., 2004] ISBN 3-7696-5018-2.

2828
Paul, Frank; Kääb, Andreas; Maisch, Max: Das neue Schweizer Gletscherinventar 2000 : Fusion von Fernerkundung und GIS. In: Entwicklungstendenzen und Zukunftsperspektiven in der Geomorphologie : Publikation zur Jahrestagung der Schweizerischen Geomorphologischen Gesellschaft (SGmG) anlässlich des 180. Jahreskongresses der Schweizerischen Akademie der Naturwissenschaften (SANW). Ed.: Maisch, Max. – Zürich: ., p.127-140, 9 ill., 1 tab.

2829
Philip, George; Sah, Maso Prasad: Mapping repeated surges and retread of glaciers using IRS-1C/1D data : a case study of Shaune Garang glacier, northwestern Himalaya. In: International journal of applied earth observation and geoinformation : JAG ; the official quarterly publication of the International Institute for Aerospace Survey and Earth Sciences (ITC). 6.2004,2, p127-141, 8 ill., 1 tab. ISSN 0303-2434.

2830
Schaffhauser, Horst: Das Lawinensimulationsmodell SAMOS : ein gekoppeltes, mehrdimensionales, numerisches Katastrophen-Lawinenmodell. In: Kontinuität und Wandel in der Kultur- und Naturlandschaft : Festschrift für Herwig Wakonigg. Ed.: Institut für Geographie und Raumforschung. Hrsg. Institut für Geographie und Raumforschung, Universität Graz. Red.: Gerhard Karl Lieb. –

Graz: Institut für Geographie und Raumforschung 2002., p.183-197, 10 ill., 2 tab. + 1 suppl. (Grazer Schriften der Geographie und Raumforschung).

History / Geschichte / Histoire

2831
Beconytè, Giedre: Some ideas concerning information management in design of maps on history. In: Theoretische Probleme der Kartographie und ihrer Nachbardisziplinen. Ed.: Wolodtschenko, Alexander; Schlichtmann, Hansgeorg. – Dresden: 2004., p.5-13, 5 ill. [With Germ. and Russ. rés.] (Diskussionsbeiträge zur Kartosemiotik und zur Theorie der Kartographie : internationales Korrespondenz-Seminar ; 6).

2832
Bibliografia map i planów : opracowanych w Instytucie Geografii Historycznej Kóscioła w Polsce KUL i wydanych w latach 1956-2000. Ed.: Instytut Europy Środkowo-Wschodniej. Katolicki Uniwersitet Lubelski, Instytut Geografii Historycznej Kościoła w Polsce. Red. i oprac. Robert Kozyrski. – Lublin: Instytut Europy Środkowo-Wschodniej 2001, 371 p. [Pol.].

2833
Buchholz, Günther: Die Darstellung der Herrschaft Schramberg auf der Pürschgerichtskarte des David Rötlin von 1564. In: Schriften des Vereins für Geschichte und Naturgeschichte der Baar. 47.2004, p.115-122. ISSN 0340-4765.

2834
Die Darstellung der Herrschaft Schramberg und der benachbarten Territorien um 1750 auf der Karte des Anton Beiller. In: Archiv-Nachrichten / Quellenmaterial für den Unterricht. 2004,28, p.1-8.

2835
Galluccio, Floriana: Un atlante geostorico delle articolazioni politico-amministrative in Italia. In: Mundus novus : Amerigo Vespucci e i metodi della ricerca storico-geografica ; atti del convegno internazionale di studi, Roma-Firenze, 27-30 novembre 2002. Ed.: Società Geografica Italiana. – Roma: Società Geografica Italiana 2004., p.487-497 (Memorie della Società Geografica Italiana ; 75) A geohistorical atlas of the political-administrative structures in Italy. [Ital.].

2836
Häkli, Jouni: Mapping the historical sense of Finland. In: Fennia / Societas Geographica Fenniae. 180.2002,1-2, p.75-81, 4 ill. ISSN 0015-0010.

2837
Heijden, Henk A.M. van der: De Bataafse mythe in de cartografie. In: Caert-thresoor : tijdschrift voor de geschiedenis van de kartografie in Nederland. 23.2004,2, p.37-41, 3 ill. The Batavian myth in cartography. ISSN 0167-4994.

2838
Heuvel, Charles van den: Mixed maps and visualizations of time and history : past and future spatio-temporal constructions in urban cartgraphy. In: Le Monde des Cartes : revue du Comité Français de Cartographie. 182.2004, p.23-40, 6 ill. ISSN 1634-3522.

2839
León Guerrero, Montserrat: La metodología cartográfica del portulano de Tordesillas. In: Mundus novus : Amerigo Vespucci e i metodi della ricerca storico-geografica ; atti del convegno internazionale di studi, Roma-Firenze, 27-30 novembre 2002. Ed.: Società Geografica Italiana. – Roma: Società Geografica Italiana 2004., p.189-200, 7 ill. (Memorie della Società Geografica Italiana ; 75) The cartographic methodology of the portolan of Tordesillas. [Span.].

2840
Moreira, Luís Miguel: O Alto Minho nos finais do século XVIII : História das Populaçñes e Cartografia Antiga. In: Contributos para a história da cartografía militar portuguesa. Maria Helena Dias, coordenaçäo. Centro de Estudos Geográficos <Lisboa>. – Lisboa: 2003., 3 chapters, 4 ill., bibl. ref. The High Minho at the end of the XVIII century : history of populations and ancient cartography. [Portug.].

2841
Neumann, Joachim: Die deutsch-französischen Beziehungen im Spiegel deutscher Schulatlanten : Katalog zur Ausstellung im Hauptstaatsarchiv Stuttgart vom 6. Oktober bis 17. Dezember 2004. Ed.: Fachhochschule Karlsruhe, Hochschule für Technik, Fachbereich Geoinformationswesen. – Karlsruhe: Fachhochschule Karlsruhe, Hochschule für Technik, Fachbereich Geoinformationswesen 2004, 48 p., mp. (Karlsruher geowissenschaftliche Schriften ; Reihe C, Alte Karten ; 15). ISBN 3-89063-614-4.

2842
Opll, Ferdinand; Simms, Annegret: Historische Stadtatlanten : Stadtgeschichte in Karten. In: Siedlungsforschung : Archäologie, Geschichte, Geographie. 15.1997, p.303-325, 1 ill. ISSN 0175-0046.

2843
Recker, Gabriele: Kartographiehistorische Beiträge zur historisch-geographischen Verkehrswegeforschung : Betrachtungen zum Problem der Altkarten als Quelle anhand eines Fallbeispieles aus den Rheinlanden. – Bonn: 1998, 923 p., ill., mp. [Bonn, Univ., Diss., 1998; Text, Katalog und Tafeln in 2 Bde.].

2844
Schwedler, Ulrike; Schwedler, Frank: Historische Daten im modernen Gewand : GIS und Computerkartographie am Beispiel des "Historischen Atlas Schleswig-Holstein". In: Kartographische Nachrichten : KN ; Fachzeitschrift für Geoinformation und Visualisierung ; Organ der Deutschen Gesellschaft für Kartographie e.v., der Schweizerischen Gesellschaft für Kartographie und der Österreichischen Kartographischen Kommission in der Österreichischen Geographischen Gesellschaft. 54.2004,1, p.21-27, 5 ill. ISSN 0022-9164.

2845
Talbert, Richard: Barrington Atlas of the Greek and Roman world : the cartographic fundamentals in retrospect. In: Cartographic perspectives : journal of the North American Cartographic Information Society. 46.2003, p.4-27, 7 ill. ISSN 1048-9053.

Hydrography / Hydrographie / Hydrographie

2846
Amatucci, Monica; Lorito, Samantha; Vianello, Gilmo: Rappresentazione gerarchizzata in forma digitale della rete idrica di superficie come preliminare alla valutazione quali-quantitativa del sistema irriguo nei territori rivieraschi il fiume Po. In: Bollettino della Associazione Italiana di Cartografia. 41.2004,121/122, p.393-400, 3 ill., 1 tab. Po riverine territory within the Parma province : a digital hierarchized representation of the hydrographic network as preliminary to an evaluation of the irrigation system. [Ital. with Engl. rés.]. ISSN 0044-9733.

2847
Assman, André; Jäger, Stefan: GIS-Einsatz im Hochwassermanagement. In: Virtuelle Welten, reale Anwendungen : geographische Informationssysteme in Theorie und Praxis ; Tagungsband zum GIS-Symposium vom 8. November. Ed.: Schmid, Heiko; Köppe, Holger. – Heidelberg: 2003., p.13-22, 3 ill. (Heidelberger Geographischer Bausteine ; 16).

2848
Astermo, Svante: I sjösäkerhetens tjänst. In: Nya lantmätaren. 2004,7, p.4-5, 2 ill. The Nautical Safety Service. [Swed.].

2849
Barrera, Dino; Garbarino, Matteo; Sekawin, Nora; Villa, Sabina: La cartografia storica delle acque fonte indispensabile per le rappresentazioni contemporanee dei luoghi fluviali : i casi dell'Orco e del Ticino. In: Bollettino della Associazione Italiana di Cartografia. 41.2004,121/122, p.117-128, 5 ill. Water historic cartography, an indispensable source for the contemprorary representations of the river places : the cases of Orco and Ticino Rivers. [Ital. with Engl. rés.]. ISSN 0044-9733.

2850
Basic, F.; Nuantawee, M.: Generating a VRML world from database contents : illustrated by application to flood risk communication. In: Journal of spatial science. 1.2004, p.37-48, 5 ill., 1 tab.

2851
Buchholz, Oliver; Sacher, Hartmut: Berechnung, Ausweisung und Darstellung von hochwassergefährdeten Gebieten. In: Kartographische Nachrichten : KN ; Fachzeitschrift für Geoinformation und Visualisierung ; Organ der Deutschen Gesellschaft für Kartographie e.V., der Schweizerischen Gesellschaft für Kartographie und der Österreichischen Kartographischen Kommission in der Österreichischen Geographischen Gesellschaft. 54.2004,5, p.207-213, 5 ill. ISSN 0022-9164.

2852
Bussler, Peter: "Hertzfliessende Betrachtungen von dem Elbe-Strom" : das Amt Ritzebüttel auf einer seltenen Kupferstichkarte von 1675, ein Zeugnis des Kampfes der Küstenbewohner gegen das Meer. In: Zwischen Elbe und Weser : Heimat und Kultur. 23.2004,3, p.8-9, 3 ill.

2853
Cagnetti, Pierpaolo: La rappresentazione cartografica marina nel tempo. In: Bollettino della Associazione Italiana di Cartografia. 41.2004,121/122, p.43-51 Nautical cartography in history. [Ital.]. ISSN 0044-9733.

2854
Cano Trigo, Jóse María;: Catálogo de las cartas náuticas publicadas. Ed.: Ministero de Defensa; Ministero de Fomento. – Madrid: Ministero de Defensa; Ministero de Fomento 2003, 424 p., mp. Catalogue of published nautical maps. [Span.]. [Vol. 2 d. Ges.titels: La dirección de Trabajos Hidrograficos : (1797 – 1908) / ed. y coordinación Luisa Martín-Méras] ISBN 84-97810-20-1; 84-95172-42-9; 84-7782-976-4.

2855
Di Meo, Tommaso; Ducci, Daniela; Onorati, Giuseppe: La cartografia dello stato chimico delle acque sotterranee nei piani di tutela delle acque. In: Bollettino della Associazione Italiana di Cartografia. 41.2004,121/122, p.303-314, 12 ill., 2 tab Chemical status of groundwater mapping in the "water protection masterplans". [Ital. with Engl. rés.]. ISSN 0044-9733.

2856
Elsner, Anne; Meyer, Volker; Mai, Stephan; Zimmermann, Claus: Wie teuer wird die Flut? GIS-gestützte Analyse von Überflutungsschäden als Teil des integrierten Küstenzonenmanagements. In: Virtuelle Welten : wie GIS die Geowissenschaften verändern. Ed.: Universität Hannover; Freundeskreis der Universität Hannover. – Hannover: Universität Hannover; Freundeskreis der Universität Hannover 2003., p.16-19, 8 ill. (Unimagazin Hannover : Zeitschrift der Leibniz-Universität Hannover ; Mitteilungen des Freundeskreises der Universität Hannover ; 2003,3/4).

2857
Esposti, Vittorio Degli; Zanni, Filippo: Acqua che cambia, acqua che resta. In: Bollettino della Associazione Italiana di Cartografia. 41.2004,121/122, p.53-62, 7 ill. Turning water, staying water. [Ital.]. ISSN 0044-9733.

2858
Fischer, Hanspeter: Die ersten Tiefenmessungen des Bodensees : der Vermessungskommissär und Zeichner Major Joseph Anton von Gasser. In: Beiträge zur Landeskunde. 2.1984, p.10-13, 7 ill. ISSN 0408-8492.

2859
Garlatti, Claudio; Massari, Giancarlo; Potleca, Michele: Moderne tecnologie per la gestione delle emergenze idrogeologiche. In: Bollettino della Associazione Italiana di Cartografia. 41.2004,121/122, p.411-424, 9 ill. Modern technologies for the management of hydrogeologic emergencies. [Ital.]. ISSN 0044-9733.

2860
Gatto, Ivo; Gherardi, Massimo; Vianello, Gilmo; Zamboni, Nicoletta: Indagine ambientale sui caratteri dei microbacini in destra Reno finalizzata alla valutazione della qualità delle acque. In: Bollettino della Associazione Italiana di Cartografia. 41.2004,121/122, p.291-302, 9 ill. Environmental analysis of River Reno basin due to evaluate water quality. [Ital. with Engl. rés.]. ISSN 0044-9733.

2861
González, Francisco José; Martín Merás, María Luisa: Historia de la cartografía nautica en la España del siglo XIX. Ed.: Ministero de Defensa; Ministero de Fomento. – Madrid: Ministero de Defensa; Ministero de Fomento 2003, 252 p., ill. History of nautic cartography in Spain of the the XIXth century. [Span.]. [Vol. 1 d. Ges.titels: La dirección de Trabajos Hidrograficos : (1797 – 1908) / ed. y coordinación Luisa Martín-Méras] ISBN 84-97810-19-8; 84-95172-41-0; 84-7782-961-6.

2862
Günther-Diringer, Detlef: GIS-Einsatz im Rahmen einer UVS zur Planunt eines Hochwasserretentionsraumes am Rhein. In: Virtuelle Welten, reale Anwendungen : geographische Informationssysteme in Theorie und Praxis ; Tagungsband zum GIS-Symposium vom 8. November. Ed.: Schmid, Heiko; Köppe, Holger. – Heidelberg: 2003., p.23-33, 8 ill., 3 tab. (Heidelberger Geographischer Bausteine ; 16).

2863
Hydrogeologische Kartierung Kaiserslautern. Ed.: Rheinland-Pfalz / Landesamt für Geologie und Bergbau. Projektleitung Bettina Wagner, Bearb. Frank Bitzer. – Mainz: Rheinland-Pfalz / Landesamt für Geologie und Bergbau 2004, 96 p., ill., mp., 1 CD-ROM.

2864
Hydrogeologische Kartierung Neuwieder Becken. Ed.: Rheinland-Pfalz / Geologisches Landesamt. Bearb.: Kurt Agsten... – Mainz: Rheinland-Pfalz / Geologisches Landesamt 2000, 57 p., 5 Bl., ill., mp. + 1 CD-ROM mit 2 Beil. (je 1 Bl.). [CD-ROM mit Nebent.: HGK Neuwieder Becken. Enth.: 13 geowissenschaftl. Karten bzw. Profilschnitte sowie Anhang mit 5 Bohrkern-Fotoserien als PDF-Dateien].

2865
Kaniecki, Alfred; Schwartz, Aleksander: Hydrographic map of Poland. In: Quaestiones Geographicae. 13/14.1987/88, p.33-42 + 2 mp. ISSN 0137-477X.

2866
Kastreva, Penka: Specializiranata karta i registri na vodnite tečenija, obekti i s"orženija : osnova na GIS za upravlenie na vodnite resursi. In: Geodezija, kartografija, zemeustrojstvo. 3-4, p.26-32, 1 ill. Special charts and benchmarks of water flows as the background of GIS of water resources. [Bulg. with Engl. rés.].

2867
Kraus, Karl: LaserScanDTMs for modeling flood risk areas. In: Photogrammetric Week '03. Ed.: Fritsch, Dieter. – Heidelberg: Herbert-Wichmann-Verlag., p.241-251, 10 ill.

2868
La Dirección de trabajos hidrográficos : (1797 – 1908). Ed.: Martín-Merás, María Luisa. Ed. y coordinación Luisa Martín-Merás. – Barcelona: Lunwerg 2003, Vol. 1 + 2. The direction of hydrographic works :(1797 – 1908). [Span.]. ISBN 84-97810-18-X; 84-95172-43-7; 84-7782-976-4.

2869
Laureti, Lamberto: L'evoluzione della simbologia idrografica nella cartografia a grande scala in età moderna e conteporanea. In: Bollettino della Associazione Italiana di Cartografia. 41.2004,121/122, p.87-107, 18 ill. The evolution of the hydrographic symbols in the modern and contemporary cartography. [Ital. with Engl. rés.]. ISSN 0044-9733.

2870
López Gómez, Antonio: La navegación por el tajo : las obras de Antonelli su cartografía ; el reconocimiento de Carduchi en 1641. In: Descubrimientos y cartografía en la época de Felipe II. Ed.: Instituto Interuniversitario de Estudios de Iberoamérica y Portugal. – Valladolid: Instituto Interuniversitario de Estudios de Iberoamérica y Portugal 1999., p.17-39, 12 ill. (Descubrimientos y cartografía ; 3) The navigation on the Tajo : the works of Antonelli on cartography ; the recognition by Carduchi in 1641. [Span.].

2871
Lucilia, Gregori: Il lago Trasimeno : dalla carta storica al DEM. In: Bollettino della Associazione Italiana di Cartografia. 41.2004,221/222, p.175-214, 31 ill. Lake Trasimeno : from historical map to DEM. [Ital.]. ISSN 0044-9733.

2872
MacNutt, Wade; Dare, Peter; Dalton, Shawn: Use of a digital terrain model as a means of urban watershed delineation in Fredericton, New Brunswick. In: Geomatica. 58.2004,2, p.107-119, 8 ill., 1 tab. ISSN 1195-1036.

2873
Madau, Caterina; Mariotti, Gavino: Vie fluviali, tematismo privilegiato nella cartografia degli esploratori italiani dell'Africa orientale : tra proposte, polemiche, informazione. In: Bollettino della Associazione Italiana di Cartografia. 41.2004,121/122, p.63-85, 4 ill. waterways, preferred topic within cartgraphy of Italian explorers in East Africa : among proposals, debates, and information. [Ital. with Engl. rés.]. ISSN 0044-9733.

2874
Mazzeo, Paolo: I laghetti costieri di capo peloro (ME) nella cartografia dei secoli XVI-XIX. In: Bollettino della Associazione Italiana di Cartografia. 41.2004,121/122, p.151-162, 10 ill. Coastal lakes of Capo Peloro (ME) in maps of the 16th to the 19th centuries. ISSN 0044-9733.

2875
Missiroli, Anna: Le pielsasse di Ravenna nella cartografia (secoli XVII-XX). In: Bollettino della Associazione Italiana di Cartografia. 41.2004,221/222, p.129-137 The pielasse of Ravenna through cartography (17th-20th century). [Ital. with Engl. rés.]. ISSN 0044-9733.

2876
Müllenhoff, Oliver: Evaluation of multi-frequency and multi-polarization airborne SAR data for marsh land and river dyke analysis. In: Photogrammetric Week '03. Ed.: Fritsch, Dieter. – Heidelberg: Herbert-Wichmann-Verlag., p.197-203, 8 ill.

2877
Papotti, Davide; Salarelli, Alberto: La cartografia del Po all'Azienda Regionale Navigazione Interna (ARNI) : dagli archivi del passato alla produzione contemporanea. In: Bollettino della Associazione Italiana di Cartografia. 41.2007,121/122, p.109-116 The cartography of the river Po at the Regional Agency for Inland Navigation (ARNI) : from the historical archives to the contemporary production. [Ital. with Engl. rés.]. ISSN 0044-9733.

2878
Patitucci Uggeri, Stella: Le vie d'Acqua : in rapporto al nodo idroviario di Ferrara. – Firenze: Edizioni all'Insegna del Giglio 2002, 131 p., ill., mp. (Carta archeologica medievale del Territorio Ferrarese). ISBN 88-7814-217-4.

2879
Pöschke, Karl-Heinz: GIS-Datenerfassung für den Hochwasserschutz. In: Kartographische Nachrichten : KN ; Fachzeitschrift für Geoinformation und Visualisierung ; Organ der Deutschen Gesellschaft für Kartographie e.V., der Schweizerischen Gesellschaft für Kartographie und der Österreichischen Kartographischen Kommission in der Österreichischen Geographischen Gesellschaft. 54.2004,2, p.80-83, 2 ill. ISSN 0022-9164.

2880
Polto, Corradina: La funzione economica del fiume Anapo nella cartografia dei secoli XVIII-XIX. In: Bollettino della Associazione Italiana di Cartografia. 41.2004,121/122, p.163-174, 6 ill., 1 tab. The economical function of the river Anapo in 18th and 19th centuries maps. [Ital. with Engl. rés.]. ISSN 0044-9733.

2881
Raamsdonk, Jan van: TOP10vector, topografische ondergrond voor integraal waterbeheer?. In: Topografische bestanden : 1:10000. Ed.: Nederlandse Vereniging voor Kartografie. Werkgroep Nieuwe Visualisatie Technologie. Red.: A.A. van der Veen. – Amersfoort: Nederlandse Vereniging voor Kartografie 1996., p.30-35, 4 ill. (NVK publikatiereeks ; 21). [Dutch].

2882
Rieger, Janusz: Gewässernamen im Flußgebiet des San = Nazwy wodne dorzecza Sanu : Teil I: Die fließenden Gewässer, P – Z, Teil II: Die stehenden Gewässer = Cz̀éśc I: Nazwy wód płyn acych, P – Z, Cz̀éśc II: Nazwy wód stojacych. – Stuttgart: Franz Steiner Verlag 2004, 202 p., mp. (Hydronymia Europaea ; 18).

2883
Santel, Folke; Schimmels, Stefan: Was macht die Welle an der Küste? Besserer Küstenschutz ist möglich: mit digitalen Oberflächenmodellen und GIS. In: Virtuelle Welten : wie GIS die Geowissenschaften verändern. Ed.: Universität Hannover; Freundeskreis der Universität Hannover. – Hannover: Universität Hannover; Freundeskreis der Universität Hannover 2003., p.50-54, 5 ill. (Unimagazin Hannover : Zeitschrift der Leibniz-Universität Hannover ; Mitteilungen des Freundeskreises der Universität Hannover ; 2003,3/4).

2884
The history of GEBCO 1903-2003 : the 100-year story of of the General Bathymetric Chart of the Oceans. By: Carpine-Lancre, Jacqueline; Fisher, Robert; Harper, Brian. – Lemmer: GITIC 2003, 140 p., ill., mp. – 1. print.

2885
Thieken, Annegret; Grünewald, Uwe; Merz, Bruno; Petrow, Theresia; Schümberg, Sabine; Kreibich, Heidi; Streitz, Willi; Kaltofen, Michael: Flood risk reduction in Germany after the Elbe 2002 flood : aspects of hazard mapping and early warning systems. In: Proceedings of the cartographic cutting-edge technology for natural hazard management : held in Dresden, Germany October 20 – 22 2004. Ed.: Buchroithner, Manfred. – Dresden: Technische Universität Dresden / Institut für Kartographie 2004., p. 145-156, 35 ill., 1 tab. (Kartographische Bausteine : KB ; 30).

2886
Ulazzi, Elisa; Antonellini, Marco; Gabbianelli, Giovanni: Problemi nella redazione della cartgrafia idrogeologica in zone costiere dell'Adriatico Emiliano Romagnolo. In: Bollettino della Associazione Italiana di Cartografia. 41.2004,121/122, p.215-225, 7 ill. Problems in the construction of hydrologic maps of Emilia-Romagna coastal area, northern Adriatic sea. ISSN 0044-9733.

2887
Walz, Ulrich; Etter, Jens; Dransch, Doris: Actor-oriented flood risk maps as support for societal decision making. In: Proceedings of the cartographic cutting-edge technology for natural hazard management : held in Dresden, Germany October 20 – 22 2004. Ed.: Buchroithner, Manfred. – Dresden: Technische Universität Dresden / Institut für Kartographie 2004., p.183-195, 4 ill., 3 tab. (Kartographische Bausteine : KB ; 30).

2888
Watelet, Marcel: Extraits du corpus cartographique de l'ingénieur Jean-Baptiste Vifquain (1789-1854): dispositifs graphiques et comportements techniques. In: Portefeuilles de plans : projets et dessins d'ingénieurs militaires en Europe du XVIe au XIXe siècle ; actes du colloque international de Saint-Amand-Montrond 2 et 3 mars 2001 ; [le Colloque "Portefeuilles de Plans, Projets et Dessins d'Ingénieurs Militaires en Europe du XVIe au XIXe Siècles"]. Ed.: Cher. Ouvrage collectif publ. sous la dir. scientifique de Vincent Maroteaux ... – Bourges: Cher 2001., p.107-116, 5 ill.

Industry / Industrie / Industrie

2889
Menke, Roswitha: Ein GIS für Sauberkeit und Wohlgerüche. In: GeoBit : Geoinformatik für die Praxis. 9=17.2004,10, p.32-33, 3 ill. ISSN 1430-3663.

2890
Przybilla, Heinz-Jürgen; Woytowicz, Detlef: Dokumentation industrieller Anlagen : vom 2D-Bestandsplan über das GIS zur virtuellen Realität : eine Standortbestimmung. In: Photogrammetrie, Fernerkundung, Geoinformation : PFG ; Organ der Deutschen Gesellschaft für Photogrammetrie und Fernerkundung e.V. 2004,1, p.53-58, 6 ill. ISSN 1432-8364.

2891
Rieks, Hans-Joachim; Hallmann, Dietmar: Bayer-Chemiepark Leverkusen : 3D-Standortmodelle effektiv genutzt. In: GeoBit : Geoinformatik für die Praxis. 9.2004,7, p.20-21, 4 ill. ISSN 1430-3663.

Land use / Landnutzung / Utilisation du sol

2892
Arell, Lars: Storebror ser dig. In: Nya lantmätaren. 2004,10, p.14-17, 5 ill. Big Brother is watching you. [Swed.].

2893
Bayar, Erdenechimeg: Historische und neuere Karten aus dem nomadischen Lebensraum der Mongolei : eine historisch-geographisch/kartographische Studie zur Erschließung traditioneller weidewirtschaftlicher Nutzungsmuster. Ed.: Zentrum für Entwicklungsländerforschung <Berlin>. – Berlin: Zentrum für Entwicklungsländerforschung <Berlin> 2004, XIV, 228 p., ill., mp. ISBN 3-00-015400-0.

2894
Bignone, Frank: Processing of stereo scanner : from stereo plotter to pixel factory. In: Photogrammetric Week '03. Ed.: Fritsch, Dieter. – Heidelberg: Herbert-Wichmann-Verlag., p.141-150, 9 ill.

2895
Damoiseaux, Thomas: Untersuchungen zum Einsatz von Flugzeug-InSAR in der Gebirgskartographie. Ed.: Technische Universität Dresden / Institut für Kartographie und Geographie. – Dresden: Technische Universität Dresden / Institut für Kartographie und Geographie 2003, IX, 181 p. (Kartographische Bausteine : KB ; 22). [Elektronische Ressource; Parallel als CD-ROM-Ausg. erschienen].

2896
Dietrich, Thekla; Knabenschuh, Martin; Nakelski, Dieter; Nau, Ludwig; Pelke, Andreas; Wanzke, Holger: Das digitale Bodenrichtwertinformationssystem BORIS.NRW der Gutachterausschüsse für Grundstückswerte in Nordrhein-Westfalen. In: NÖV : Nachrichten aus dem öffentlichen Vermessungsdienst Nordrhein-Westfalen. 37.2004,2, p.71-97, 6 ill.

2897
Elsner, Anne; Meyer, Volker; Mai, Stephan; Zimmermann, Claus: Wie teuer wird die Flut? GIS-gestützte Analyse von Überflutungsschäden als Teil des integrierten Küstenzonenmanagements. In: Virtuelle Welten : wie GIS die Geowissenschaften verändern. Ed.: Universität Hannover; Freundeskreis der Universität Hannover. – Hannover: Universität Hannover; Freundeskreis der Universität Hannover 2003., p.16-19, 8 ill. (Unimagazin Hannover : Zeitschrift der Leibniz-Universität Hannover ; Mitteilungen des Freundeskreises der Universität Hannover ; 2003,3/4).

2898
Ernst, Adrian; Heyroth, Christian; Karl, Timo; Palomba, Lisa; Schüttel, Marcel; Walter, Corinna: Entwicklung einer EDV-gestützten Kaufpreissammlung mit Kaufpreiskarte. In: Allgemeine Vermessungs-Nachrichten : AVN ; Zeitschrift für alle Bereiche des Vermessungswesens. 111.2004,8-9, p.293-297, 3 ill., 1 tab. ISSN 0002-5968.

2899
Forsythe, K. Wayne: Pansharpened landsat 7 imagery for improved urban area classification. In: Geomatica. 58.2004,1, p.23-31, 11 ill, 3 tab. ISSN 1195-1036.

2900
Gähler, Monika; Janowsky, Ronald; Schiewe, Jochen: Automatisierte Ableitung von Biotoptypen aus räumlich höchstaufgelösten, multispektralen Bild- und Laserscanning-Daten. In: Photogrammetrie, Fernerkundung, Geoinformation : PFG ; Organ der Deutschen Gesellschaft für Photogrammetrie und Fernerkundung e.V. 2004,6, p.475-484, 6 ill. ISSN 1432-8364.

2901
Gao, Wenxiu; Gong, Jianya; Li, Zhilin: Thematic knowledge for the generalization of land use data. In: The Cartographic Journal. 41.2004,3, p.245-252, 6 ill., 2 tab. ISSN 0008-7041.

2902
Greiwe, Ansgar; Bochow, Mathias; Ehlers, Manfred: Segmentbasierte Fusion geometrisch hoch aufgelöster und hyperspektraler Daten zur Verbesserung der Klassifikationsgüte am Beispiel einer urbanen Szene. In: Photogrammetrie, Fernerkundung, Geoinformation : PFG ; Organ der Deutschen Gesellschaft für Photogrammetrie und Fernerkundung e.V. 2004,6, p.485-494, 7 ill., 3 tab. ISSN 1432-8364.

2903
Haack, Barry N.; Herold, Nathaniel D.: Comparison of sensor fusion methods for land cover delineations. In: GIScience and remote sensing. 41.2004,3, p.267-285, 4 ill., 9 tab. ISSN 1548-1603.

2904
Harayama, A. ; Jaquet, J.-M.: Cartographie semi-automatisée et multisources de la couverture du sol dans le Canton de Genève. In: Geomatik Schweiz : Geoinformation und Landmanagement. 102.2004,8, p.503-506, 2 ill. ISSN 0252-9424; 1660-4458.

2905
Heipke, Christian; Gerke, Markus; Liedtke, Claus-Eberhard; Müller, Sönke; Weis, Martin: Der neue Blick von oben : automatische Qualitätssicherung von Geoinformation mit Hilfe von Luftbildern. In: Virtuelle Welten : wie GIS die Geowissenschaften verändern. Ed.: Universität Hannover; Freundeskreis der Universität Hannover. – Hannover: Universität Hannover; Freundeskreis der Universität Hannover 2003., p.12-15, 4 ill. (Unimagazin Hannover : Zeitschrift der Leibniz-Universität Hannover ; Mitteilungen des Freundeskreises der Universität Hannover ; 2003,3/4).

2906
Jansen, Louisa J.M.; Di Gregorio, Antonio: Obtaining land-use information from a remotely sensed land cover map : results from a case study in Lebanon. In: International journal of applied earth observation and geoinformation : JAG ; the official quarterly publication of the International Institute for Aerospace Survey and Earth Sciences (ITC). 5.2004,2, p.141-157, 7 ill., 3 tab. ISSN 0303-2434.

2907
Kachouie, Nezamoddin N.; Li, Jonathan; Alirezaie, Javad: A hybrid texture segmentation method for mapping urban land use. In: Geomatica. 58.2004,1, p.9-21, 7 tab. ISSN 1195-1036.

2908
Kneubühler, Mathias; Eckert, Sandra: Landnutzungsklassifikation und Schätung von Vegetationsparametern in der Schweiz mittels EO-1 HYPERION-Daten. In: Geomatik Schweiz : Geoinformation und Landmanagement. 102.2004,9, p.564-567, 3 ill. ISSN 0252-9424; 1660-4458.

2909
Kramer, Henk; Knoll, Wim: Historische Geodata : een nieuwe dimensie!. In: Geo-Info : tijdschrift voor Geo-Informatie Nederland, GIN. 1.2004,6, p.244-251, 9 ill., 4 tab. Historical geodata : a new dimension!. ISSN 1572-5464.

2910
Leeuwen, Niek van: Bestand BodemGebruik en Top10Vector geharmoniseerd. In: Geo-Info : tijdschrift voor Geo-Informatie Nederland, GIN. 1.2004,5, p.218-222, 7 ill. Data BodemGebruik and Top10Vector harmonized. [Dutch]. ISSN 1572-5464.

2911
Linde, Lothar; Kirstein, Werner: Vergleich unterschiedlicher Klassifikationsansätze am Beispiel von hoch auflösenden Satellitenbilddaten im Raum Leipzig. In: Photogrammetrie, Fernerkundung, Geoinformation : PFG ; Organ der Deutschen Gesellschaft für Photogrammetrie und Fernerkundung e.V. 2004,6, p.519-526, 3 ill. ISSN 1432-8364.

2912
Lunetta, Ross S.; Lyon, John G.: Remote sensing and GIS accuracy assessment : [symposium sponsored by the U.S. Environmental Protection Agency (EPA) on "Remote Sensing and GIS Accuracy Assessmen" on December 11 – 13, 2001, in Las Vegas, Nevada]. – Boca Raton: CRC Press 2004, 304 p., 8 p. of plates, ill., mp. [Literaturangaben] ISBN 1-566-70443-X.

2913
Mas, Jean-François; Velázquez, Alejandro; Díaz-Gallegos, José Reyes; Mayorga-Saucedo, Rafael; Alcántara, Camilo; Bocco, Gerardo; Castro, Rutilio; Fernández, Tania; Pérez-Vega, Azucena: Assessing land use/cover changes : a nationwide multidate spatial database for Mexico. In: International journal of applied earth observation and geoinformation : JAG ; the official quarterly publication of the International Institute for Aerospace Survey and Earth Sciences (ITC). 5.2004,4, p.249-261, 7 ill., 5 tab. ISSN 0303-2434.

2914
Mazzeo, Paolo: La rappresentazione cartografica dell'uso del suolo in agricultura nella montagna messinese. In: Bollettino della Associazione Italiana di Cartografia. 41.2004,120, p.51-57, 2 ill. Cartographic representation of land use in agriculture in the mountains near Messina. [Ital..]. ISSN 0044-9733.

2915
Patterson, Tom: Hal Shelton revisited : designing and producing natural-color maps with satellite land cover data. In: Cartographic perspectives : journal of the North American Cartographic Information Society. 47.2004, p.28-55, 22 ill., 1 tab. ISSN 1048-9053.

2916
Rohierse, Andrea; Bareth, Georg: Integration einer multitemporalen Satellitenbildklassifikation in ATKIS zur weiteren Differenzierung der Objektart Ackerland. In: GeoBit : Geoinformatik für die Praxis. 9=17.2004,3, p.35-41, 4 ill., 2 tab. [Titel des Heftes: Geo-Informationssysteme : GIS (aufgegangen in GeoBit)] ISSN 1430-3663.

2917
Sun, Wanxiao: Land use classification using high resolution satellite imagery : a new information fusion method ; an application in Landau, Germany. Ed.: Geographisches Institut der Johannes Gutenberg-Univ. – Mainz: Geographisches Institut der Johannes Gutenberg-Univ. 2004, 95 p., ill., mp. + 3 mp.-suppl. (Mainzer geographische Studien ; 49). [Zugl.: Mainz, Univ., Diss., 2004].

2918
Thomas Damoiseaux: Untersuchungen zum Einsatz von Flugzeug-InSAR in der Gebirgskartographie. Ed.: Technische Universität Dresden / Institut für Kartographie. – Dresden: Technische Universität Dresden / Institut für Kartographie 2003, 1 CD-ROM. (Kartographische Bausteine : KB ; 22). [Elektronische Ressource; Parallel als Buch-Ausg. erschienen].

2919
Verhoef, W.: Simulatie van de waarnemingen. In: Geo-Info : tijdschrift voor Geo-Informatie Nederland, GIN. 0.2003, p.12-16, 5 ill. Simulation of observations. [Dutch]. ISSN 1572-5464.

2920
Vom Brachflächenkataster zum Flächenmanagement. Niedersächsisches Landesamt für Ökologie. [Bearb.: Irene Dahlmann...]. – Hildesheim: 2004, 25 p., ill., mp. (Nachhaltiges Niedersachsen ; 29).

2921
Wisard, Jean Paul: La nouvelle vision de la couverture du sol à Genève. In: Geomatik Schweiz : Geoinformation und Landmanagement. 102.2004,8, p.501-502. ISSN 0252-9424; 1660-4458.

Landscape / Landschaft / Paysage

2922
Antrop, Marc; Eetvelde, Veerle van: De landschapsatlas van het Vlaamse gewest. In: De Aardrijkskunde. 1-2, p.21-30, 5 ill., 3 tab. The landscape atlas of the Flemish region of Belgium. [Dutch with Engl. rés.].

2923
Batten, Paul: Creating a landscape atlas : a demonstration and discussion. In: The Globe. 56.2004, p.41-55, 5 ill. ISSN 0311-3930.

2924
Bill, Ralf: 5 Thesen zur digitalen Landschaftsplanung mit Geo-Informationssystemen. In: Landschaftsplanung digital : Unterstützung des Planungsprozesses durch GIS : Daten, Analysen, Methoden ; Dokumentation des gleichnamigen Workshops am 25. September 2003 in Rostock. – Rostock: ., p.6-8.

2925
Boldt, Kai-W.; Zeh, Martin: 3D-Landschaftsvisualisierung : ein Stein der Weisen für den Wissenstransfer in Planung, Lehre und Bildung?. In: Virtuelle Welten, reale Anwendungen : geographische Informationssysteme in Theorie und Praxis ; Tagungsband zum GIS-Symposium vom 8. November. Ed.: Schmid, Heiko; Köppe, Holger. – Heidelberg: 2003., p.43-55, 6 ill. (Heidelberger Geographischer Bausteine ; 16).

2926
Große, Bernd: Bedeutung digitaler Altkarten für GIS-Anwendungen in der Landschaftsforschung : Möglichkeiten und Probleme der digitalen Aufbereitung und Nutzung von Altkarten. 2003, 18 p., 31 ill. [Vortrag Bernd Große, Universität Rostock, Freiburg 26.05.2003].

2927
Hachmann, Roland: Erfahrungen mit dem interaktiven Landschaftsplan Königslutter am Elm. In: Landschaftsplanung digital : Unterstützung des Planungsprozesses durch GIS : Daten, Analysen, Methoden ; Dokumentation des gleichnamigen Workshops am 25. September 2003 in Rostock. – Rostock: ., p.31-41, 6 ill.

2928
Kulturlandschaftsgliederung Österreich : Endbericht des gleichnamigen Forschungprojektes. Ed.: Österreich / Bundesministerium für Bildung, Wissenschaft und Kultur. – Wien: Österreich / Bundesministerium für Bildung, Wissenschaft und Kultur 2002, 1 CD-ROM. (Forschungsprogramm Kulturlandschaft ; 13). ISBN 3-85224-109-X.

2929
Landschaftsplanung digital : Unterstützung des Planungsprozesses durch GIS : Daten, Analysen, Methoden ; Dokumentation des gleichnamigen Workshops am 25. September 2003 in Rostock. Torsten Lipp [Institut für Landschaftsplanung und Landschaftsökologie, Universität Rostock]. – Rostock: 2004, 52 p., ill. (Rostocker Materialien für Landschaftsplanung und Raumentwicklung ; 4 ; 2004).

2930
Lange, Eckart; Schroth, Olaf; Wissen, Ulrike: Fallbeispiele von 3D-Visualisierungen zur partizipativen Landschaftsentwicklung. In: Geomatik Schweiz : Geoinformation und Landmanagement. 102.2004,4, p.246-249, 4 ill. ISSN 0252-9424; 1660-4458.

2931
Leibetseder, Mathis; Heegewaldt, Werner: Gestaltete Landschaft : archivalische Quellen zu Schlössern, Herrenhäusern und Gärten im Land Brandenburg. Ed.: Brandenburgisches Landeshauptarchiv <Potsdam>. – Berlin: be.bra Wissenschaft Verlag 2004, 640 p., ill. ISBN 3-937233-13-X.

2932
Nebiker, Stephan: DILAS : the digital landscape server for the generation and management of large 3D city models., p.227-336, 9 ill. ISSN 0-906430-14-3.

2933
Opach, Tomasz: The problem of cartographic representation in relation to the Polish cultural landscape. In: Miscellanea Geographica. 11.2004, p.302-310, 5 ill.

2934
Patterson, Tom: Getting real : reflecting on the new look of National Park service maps. In: Cartographic perspectives : journal of the North American Cartographic Information Society. 43.2002, p.43-56, 15 ill. ISSN 1048-9053.

2935
Perrin, Laurent: "L'image cartographique" dans le projet Imago Metropolis. In: Trois siècles de cartographie en Ile-de-France Volume 2. Ed.: Institut d'Aménagement et d'Urbanisme de la Région d'Ile-de-France. Institut d'Aménagement et d'Urbanisme de la Région d'Ile-de-France 1998., p.21-23, 6 ill. (Cahiers de l'Institut d'Aménagement et d'Urbanisme de la Région d'Ile-de-France ; 120.1998).

2936
Schaal, Peter: Die geographische Informationsverarbeitung in der Landschaftsplanung : Stand und Perspektiven. In: Landschaftsplanung digital : Unterstützung des Planungsprozesses durch GIS : Daten, Analysen, Methoden ; Dokumentation des gleichnamigen Workshops am 25. September 2003 in Rostock. – Rostock: ., p.9-30, 4 ill.

2937
Sechi Nuvole, Marina: La localizzazione degli Insani Montes (Sardegna) nella tradizione mitografica e nella cartografia antica. In: Bollettino della Associazione Italiana di Cartografia. 41.2004,120, p.5-42, 12 ill. The localization of the Insani Montes (Insane Mountains, Sardinia) in mythographic tradition and in ancient cartography. [Ital.]. ISSN 0044-9733.

2938
Sester, Monika; Katterfeld, Christiane: Virtuelle Landschaften : E-Learning in den Geowissenschaften. In: Virtuelle Welten : wie GIS die Geowissenschaften verändern. Ed.: Universität Hannover; Freundeskreis der Universität Hannover. – Hannover: Universität Hannover; Freundeskreis der Universität Hannover 2003., p.34-38, 7 ill. (Unimagazin Hannover : Zeitschrift der Leibniz-Universität Hannover ; Mitteilungen des Freundeskreises der Universität Hannover ; 2003,3/4).

Law / Recht / Loi

2939
Menk, Gerhard: Recht und Raum in einem waldeckischen Reichskammergerichtsprozeß : Entstehungsgründe und Ausführung einer Karte des südöstlichen Waldeck von 1566. In: Geschichtsblätter für Waldeck. 88.2000, p.12-47, 3 ill. ISSN 0342-0965.

Linguistic / Sprache / Linguistique

2940
Brun-Trigaud, Guylaine: Du crayon à l'ordinateur : une nouvelle interprétation des atlas linguistiques. In: Dialectologie et toponymie : actes du 8e Colloque de Dialectologie et de Littérature du Domaine d'Oïl Occidental (Université d'Avingnon, 12-13 juin 2002). Ed.: Brasseur, Patrice. – Avignon: Centre d'Études Canadiennes <Avignon> 2004., p.11-21, 11 ill.

2941
Herrgen, Joachim; Lenz, Alexandra: Digitale Dialektologie : Online-Publikation des Wenker-Atlasses. In: Marburger Uni-Journal. 14.2003, 6 p., 13 ill. + 1 suppl. ISSN 1616-1807.

Medicine / Medizin / Médicine

2942
Cromley, Ellen K.; Cromley, Robert G.; Ye, Yanlin: On-line reporting and mapping of spatially aggregated individual records selected by user queries. In: Cartographica. 39.2004,2, p.5-13, 4 ill., 1 tab. ISSN 0340-0654; 0317-7173.

2943
Ehlers, Manfred; Stroemer, Katrin: 'Fahrradies' : the GIS based bicycle routing system for the World Wide Web (WWW) and mobile use. In: GeoBit : Geoinformatik für die Praxis. 9=17.2004,3, p.29-34, 8 ill. [Titel des Heftes: Geo-Informationssysteme : GIS (aufgegangen in GeoBit)] ISSN 1430-3663.

2944
Geoinformationssysteme im Gesundheitswesen : Grundlagen und Anwendungen. Ed.: Herbert-Wichmann-Verlag. Hrsg.: Jürgen Schweikart, Thomas Kistemann. – Heidelberg: Herbert-Wichmann-Verlag 2004, 278 p., ill. [Aufsatzsammlung].

2945
Koch, Tom: The map as intent : variations on the theme of John Snow. In: Cartographica. 39.2004,4, p.1-14, 8 ill. ISSN 0340-0654; 0317-7173.

2946
Kwan, Mei-Po; Casas, Irene; Schmitz, Ben C.: Protection of geoprivacy and accuracy of spatial informations : how effective are geographical masks?. In: Cartographica. 39.2004,2, p.15-28,13 ill.,1 tab. ISSN 0340-0654; 0317-7173.

2947
Kwan, Mei-Po; Casas, Irene; Schmitz, Ben C.: Protection of Geoprivacy and Accuracy of Spatial Informations: How Effective Are Geographical Masks?. In: Cartographica. 39.2004,2, p.15-28, 13 ill., 1 tab. ISSN 0340-0654; 0317-7173.

2948
Maclachlan, J. C.; Abernathy, T.; Jerrett, M.: Developing an internet GIS for public health. In: Journal of spatial science. 2.2004, p.121-127, 4 ill.

Military cartography / Militärkartographie / Cartographie militaire

2949
A magyar katonai térképészet története ; Köt. 1. Ed.: Balla, János; Hrenkó, Pál. – Budapest: HM Térképész Szolgálat Főnökség 1991, 451 p., ill., mp. (A magyar katonai térképészet története) History of Hungarian military cartography ; vol. 1. [Hung.]. ISBN 963-7037-00-4.

2950
Aubele, Anton: Der Spanische Erbfolgekrieg im Sommer 1703 an der oberen Donau zwischen Munderkingen und Dillingen : eine zeitgenössische badische Militärkarte spiegelt die kriegerische Situation wider. In: Jahrbuch des Historischen Vereins Dillingen an der Donau. 105.2004, p.13-24, 2 ill. ISSN 0073-2699.

2951
Board, Christopher: The Imperial Map Cape Colony : towards a cartobibliography. In: Aspekte der Kartographie im Wandel der Zeit : Festschrift für Ingrid Kretschmer zum 65. Geburtstag und anlässlich ihres Übertritts in den Ruhestand. Ed.: Kainz, Wolfgang. Hrsg. von Wolfgang Kainz. – Wien: Geographisches Institut <Wien, Universität> / Arbeitsbereich für Geographie und Kartographie 2004., p.17-24, 5 ill. (Wiener Schriften zur Geographie und Kartographie ; 16).

2952
Bragard, Philippe: Patrimoine fortifié et cartographe topographique dans les Pays-Bas espagnols et autrichiens (XVIe – XVIIIe siècles). In: Portefeuilles de plans : projets et dessins d'ingénieurs militaires en Europe du XVIe au XIXe siècle ; actes du colloque international de Saint-Amand-Montrond 2 et 3 mars 2001 ; [le Colloque "Portefeuilles de Plans, Projets et Dessins d'Ingénieurs Militaires en Europe du XVIe au XIXe Siècles"]. Ed.: Cher. Ouvrage collectif publ. sous la dir. scientifique de Vincent Maroteaux ... – Bourges: Cher 2001., p.45-54, 6 ill.

2953
Brunner, Kurt: Geheimhaltung und Verfälschung von Karten aus militärischen und politischen Gründen. – 2., durchges. Aufl. In: Kartenverfälschung als Folge übergroßer Geheimhaltung? : eine Annäherung an das Thema Einflußnahme der Staatssicherheit auf das Kartenwesen der DDR ; Referate der Tagung der BStU vom 08.-09.2001 in Berlin. Ed.: Unverhau, Dagmar. – Münster: Lit-Verlag 2003., p.161-175, 12 ill. (Archiv zur DDR-Staatssicherheit ; 5).

2954
Brunner, Kurt: Geheimhaltung und Verfälschung von Karten aus militärischen und politischen Gründen. In: Kartenverfälschung als Folge übergroßer Geheimhaltung? : eine Annäherung an das Thema Einflußnahme der Staatssicherheit auf das Kartenwesen der DDR ; Referate der Tagung der BStU vom 08.-09.2001 in Berlin. Ed.: Unverhau, Dagmar. – Münster: Lit-Verlag 2002., p.161-175, 12 ill. (Archiv zur DDR-Staatssicherheit ; 5; 2002).

2955
Buisseret, David: L'oeuvre des Ingénieurs Royaux dans les Pays de l'Europe moderne entre 1500 et 1700. In: Portefeuilles de plans : projets et dessins d'ingénieurs militaires en Europe du XVIe au XIXe siècle ; actes du colloque international de Saint-Amand-Montrond 2 et 3 mars 2001 ; [le Colloque "Portefeuilles de Plans, Projets et Dessins d'Ingénieurs Militaires en Europe du XVIe au XIXe Siècles"]. Ed.: Cher. Ouvrage collectif publ. sous la dir. scientifique de Vincent Maroteaux ... – Bourges: Cher 2001., p.83-92, 8 ill.

2956
Contributos para a história da cartografía militar portuguesa. Maria Helena Dias, coordenação. ; Centro de Estudos Geográficos <Lisboa>. – Lisboa: 2003, 1 CD-ROM, 3 suppl. [Elektronische Ressource] ISBN 972-636141-9.

2957
Dias, Maria Helena: A Cartografia militar portuguesa no final do milénio: rupturas e continuidades. In: Contributos para a história da cartografía militar portuguesa. Maria Helena Dias, coordenação. Centro de Estudos Geográficos <Lisboa>. – Lisboa: 2003., 4 chapters, 9 ill., 2 tab. The Portuguese military cartography in the end of the millennium : ruptures and continuities. [Portug.].

2958
Dias, Maria Helena: Neves Costa: uma figura emblemática da Cartografia militar portuguesa (1774-1841). In: Contributos para a história da cartografía militar portuguesa. Maria Helena Dias, coordenação. Centro de Estudos Geográficos <Lisboa>. – Lisboa: 2003., 1 chapter, 6 ill. Neves Costa: an emblematic person for Portuguese military cartography (1774-1841). [Portug.].

2959
Dias, Maria Helena: Os primórdios da moderna Cartografia militar em Portugal: uma história ainda por contar. In: Contributos para a história da cartografía militar portuguesa. Maria Helena Dias, coordenaçäo. Centro de Estudos Geográficos <Lisboa>. – Lisboa: 2003., 5 chapters, 10 ill., bibl. ref. The offsprings of modern military cartography in Portugal : a story still to tell. [Portug.].

2960
Dias, Maria Helena: Recordando um engenheiro português ao serviço da Cartografia militar. In: Contributos para a história da cartografía militar portuguesa. Maria Helena Dias, coordenação. Centro de Estudos Geográficos <Lisboa>. – Lisboa: 2003., 6 chapters, 11 ill., 1 tab. Remembering a Portuguese engineer to the service of military cartography. [Portug.].

2961
Dubreuil, Lorraine: Canada's militia and defence maps : 1905 – 1931. Ed.: Association of Canadian Map Libraries and Archives. – Ottawa: Association of Canadian Map Libraries and Archives 1992, VI, 44 p., ill., mp. (Occasional papers of the Association of Canadian Map Libraries and Archives). ISBN 0-9695062-3-6.

2962
Fasching, Gerhard L.: Die Operationskarten 1:400.000 : geheime Militärkartenwerke aus dem Ersten Weltkrieg. In: Aspekte der Kartographie im Wandel der Zeit : Festschrift für Ingrid Kretschmer zum 65. Geburtstag und anlässlich ihres Übertritts in den Ruhestand. Ed.: Kainz, Wolfgang. Hrsg. von Wolfgang Kainz. – Wien: Geographisches Institut <Wien, Universität> / Arbeitsbereich für Geographie und Kartographie 2004., p.55-61, 4 ill. (Wiener Schriften zur Geographie und Kartographie ; 16).

2963
Fasching, Gerhard L.: Militärkartographie in Österreich und Mitteleuropa : unter besonderer Berücksichtigung der thematischen Karten. 2001, [2] p., mp.-suppl. [Kt.-Beil.: Österreichische Militärkarte 1:50.000. -Ausg.5. -Bl. 6805: Amstetten. -1991].

2964
Faucherre, Nicolas: L'utilité des plans anciens pour la connaissance et la restauration du patrimoine fortifié. In: Portefeuilles de plans : projets et dessins d'ingénieurs militaires en Europe du XVIe au XIXe siècle ; actes du colloque international de Saint-Amand-Montrond 2 et 3 mars 2001 ; [le Colloque "Portefeuilles de Plans, Projets et Dessins d'Ingénieurs Militaires en Europe du XVIe au XIXe Siècles"]. Ed.: Cher. Ouvrage collectif publ. sous la dir. scientifique de Vincent Maroteaux ... – Bourges: Cher 2001., p.15-32, 25 ill.

2965
Fischer, Hanspeter: "...daß eine detaillierte Karte eine Kriegswaffe sei." : Militärkartographie vor etwa 200 Jahren in Südwestdeutschland. Als Manuskript gedruckt. – Stuttgart: 2002, 10 p.

2966
Gäfvert, Björn: Early Swedish military maps of the polar region. In: Aspects of arctic and sub-arctic history : proceedings of the International Congress on the History of the Arctic and Sub-Arctic Region, Reykjavík, 18-21 June 1998. Ed.: Sigurðsson, Ingi; Skaptason, Jón. – Reykjavik: University of Iceland Press 2000., p.420-430.

2967
Hodson, Yolande; Gordon, Alan: An illustrated history of 250 years of military survey : celebrating 250 years of geographic support to defence ; [1747-1997]. Ed.: Military Survey Defence Agency. – London: Military Survey Defence Agency 1997, 40 p., ill., mp.

2968
Joó, István: A magyar katonai térképészetről. In: Geodézia és kartográfia. 56.2004,3, p.3-12, 6 ill. About the Hungarian military survey. [Hung.].

2969
Lacrocq, Nelly; Faille, René: Les ingénieurs géographes : Claude, François et Claude-Félix Masse. – Vincennes: Service Historique de l'Armée de Terre 2001, 212 p., ill., mp. – Rééd. ISBN 2-86323-124-3; 2-86474-000-1.

2970
Lallier, Dominique: L'apport fondamental des plans anciens pour la compréhension actuelle de la forteresse de Montrond et sa mise en valeur. In: Portefeuilles de plans : projets et dessins d'ingénieurs militaires en Europe du XVIe au XIXe siècle ; actes du colloque international de Saint-Amand-Montrond 2 et 3 mars 2001 ; [le Colloque "Portefeuilles de Plans, Projets et Dessins d'Ingénieurs Militaires en Europe du XVIe au XIXe Siècles"]. Ed.: Cher. Ouvrage collectif publ. sous la dir. scientifique de Vincent Maroteaux ... – Bourges: Cher 2001., p.33-43, 7 ill.

2971
Manso Porto, Carmen: Planos manuscritos de fortalezas del sur de Portugal : su atribución a Alexandre Massaii. In: Descubrimientos y cartografía en la época de Felipe II. Ed.: Instituto Interuniversitario de Estudios de Iberoamérica y Portugal. – Valladolid: Instituto Interuniversitario de Estudios de Iberoamérica y Portugal 1999., p.223-237 (Descubrimientos y cartografía ; 3) Manuscript plans of fortresses of the south of Portugal : their attribution to Alexandre Massaii.

2972
Masson, Raphaël: Cartes et plans manuscrits de la bibliothèque du SHAT : histoire et typologie d'un fonds méconnu. In: Portefeuilles de plans : projets et dessins d'ingénieurs militaires en Europe du XVIe au XIXe siècle ; actes du colloque international de Saint-Amand-Montrond 2 et 3 mars 2001 ; [le Colloque "Portefeuilles de Plans, Projets et Dessins d'Ingénieurs Militaires en Europe du XVIe au XIXe Siècles"]. Ed.: Cher. Ouvrage collectif publ. sous la dir. scientifique de Vincent Maroteaux ... – Bourges: Cher 2001., p.169-176, 6 ill.

2973
Mokre, Jan: Geheimhaltung, Spionage und Kartenverfälschung : Aspekte des Verhältnisses zwischen Militär und Kartographie zur Zeit Maria Theresias. In: Aspekte der Kartographie im Wandel der Zeit : Festschrift für Ingrid Kretschmer zum 65. Geburtstag und anlässlich ihres Übertritts in den Ruhestand. Ed.: Kainz, Wolfgang. Hrsg. von Wolfgang Kainz. – Wien: Geographisches Institut <Wien, Universität> / Arbeitsbereich für Geographie und Kartographie 2004., p.86-92, 2 ill. (Wiener Schriften zur Geographie und Kartographie ; 16).

2974
Orgeix, Emilie d': Collections et portefeuilles de plans : projets et dessins d'ingénieurs militaires en Europe du XVIe au XIXe siècle. In: Portefeuilles de plans : projets et dessins d'ingénieurs militaires en Europe du XVIe au XIXe siècle ; actes du colloque international de Saint-Amand-Montrond 2 et 3 mars 2001 ; [le Colloque "Portefeuilles de Plans, Projets et Dessins d'Ingénieurs Militaires en Europe du XVIe au XIXe Siècles"]. Ed.: Cher. Ouvrage collectif publ. sous la dir. scientifique de Vincent Maroteaux ... – Bourges: Cher 2001., p.5-11, 3 ill.

2975
Palaschewski, Thomas: Die Übernahme von Karten des militärtopographischen Dienstes der ehemaligen nationalen Volksarmee : ein Statement. – 2., durchges. Aufl. In: Kartenverfälschung als Folge übergroßer Geheimhaltung? : eine Annäherung an das Thema Einflußnahme der Staatssicherheit auf das Kartenwesen der DDR ; Referate der Tagung der BStU vom 08.-09.2001 in Berlin. Ed.: Unverhau, Dagmar. – Münster: Lit-Verlag 2003., p.157-159 (Archiv zur DDR-Staatssicherheit ; 5).

2976
Pearson, Brooks C.: Civil War topographical engineering in the Shenandoah. In: Cartographic perspectives : journal of the North American Cartographic Information Society. 49.2004, p.40-63, 8 ill., 1 tab. ISSN 1048-9053.

2977
Persie, M. van: Militaire Geo-informatie. In: Geo-Info : tijdschrift voor Geo-Informatie Nederland, GIN. 1.2004,2, p.52-62, 8 ill. Military geo-information. [Dutch]. ISSN 1572-5464.

2978
Plans de fortifications de l'espace germanique (1698 – 1870) ou les archives militaires retrouvées : [L'Exposition "Plans de Fortifications de l'Espace Germanique (1698 – 1870) ou les Archives Militaires Retrouvées" est présentée au château de Vincennes d. Ministère de la Défense, État-Major de l'Armée de Terre, Service Historique. Sous la dir. de Nicole Salat ... ; France / Armée de Terre / Service Historique. – Vincennes: 2001, 126 p., ill., mp.

2979
Portefeuilles de plans : projets et dessins d'ingénieurs militaires en Europe du XVIe au XIXe siècle ; actes du colloque international de Saint-Amand-Montrond 2 et 3 mars 2001 ; [le Colloque "Portefeuilles de Plans, Projets et Dessins d'Ingénieurs Militaires en Europe du XVIe au XIXe Siècles"]. Ed.: Cher. Ouvrage collectif publ. sous la dir. scientifique de Vincent Maroteaux ... – Bourges: Cher 2001, 203 p., ill., mp. ISBN 2-86018-009-5.

2980
Prunty, Jacinta: Military barracks and mapping in the nineteenth century : sources and issues for Irish urban history. In: Surveying Ireland's past : multidisciplinary essays in honour of Anngret Simms. Ed.: Clarke, Howard B.; Prunty, Jacinta; Hennessy, Mark. Edited by Howard B. Clarke, Jacinta Prunty and Mark Hennessy. – Dublin: Geography Publications 2004., p.477-534, 14 ill., 3 tab.

2981
Rickenbacher, Martin: Festungskarten : Karten für dieschweizerische Landesverteidigung. In: Cartographica Helvetica : Fachzeitschrift für Kartengeschichte. 2004,29, p.17-26, 10 ill., 3 portr. ISSN 1015-8480.

2982
Roux, Antoine de: Les atlas de Trudaine : une source de premier plan pour la connaissance de la France de l'intérieur dans les années 1750 : l'exemple des atlas de la généralité de Bourges. In: Portefeuilles de plans : projets et dessins d'ingénieurs militaires en Europe du XVIe au XIXe siècle ; actes du colloque international de Saint-Amand-Montrond 2 et 3 mars 2001 ; [le Colloque "Portefeuilles de Plans, Projets et Dessins d'Ingénieurs Militaires en Europe du XVIe au XIXe Siècles"]. Ed.: Cher. Ouvrage collectif publ. sous la dir. scientifique de Vincent Maroteaux ... – Bourges: Cher 2001., 185-196, 9 ill., 1 tab.

2983
Rübenstrunk, Kathrin: Paris – Berlin – Moskau und zurück : Pläne zu hessischen Festungen im Archiv von Vincennes. In: Hessische Heimat : Zeitschrift für Kunst, Kultur und Denkmalpflege ; Organ der Gesellschaft für Kultur- und Denkmalpflege. 50.2000, p.3-7, 5 ill. ISSN 0178-3173.

2984
Rutherford, Dianne: Teaching the terrain : First World War battlefields at the Australian War Memorial. In: The Globe. 55.2004, p.25-30, 3 ill. ISSN 0311-3930.

2985
Salamagne, Alain: Plan et représentation dans l'architecture des anciens Pays-Bas bourguignons du XVIe siècle au XVIIIe siècle. In: Portefeuilles de plans : projets et dessins d'ingénieurs militaires en Europe du XVIe au XIXe siècle ; actes du colloque international de Saint-Amand-Montrond 2 et 3 mars 2001 ; [le Colloque "Portefeuilles de Plans, Projets et Dessins d'Ingénieurs Militaires en Europe du XVIe au XIXe Siècles"]. Ed.: Cher. Ouvrage collectif publ. sous la dir. scientifique de Vincent Maroteaux ... – Bourges: Cher 2001., p.55-65, 4 ill.

2986
Salat, Nicole; Barros, Martin: De l'atlas des bâtiments militaires au portefeuille de l'officier : codification de l'oeuvre figurée du service du génie. In: Portefeuilles de plans : projets et dessins d'ingénieurs militaires en Europe du XVIe au XIXe siècle ; actes du colloque international de Saint-Amand-Montrond 2 et 3 mars 2001 ; [le Colloque "Portefeuilles de Plans, Projets et Dessins d'Ingénieurs Militaires en Europe du XVIe au XIXe Siècles"]. Ed.: Cher. Ouvrage collectif publ. sous la dir. scientifique de Vincent Maroteaux ... – Bourges: Cher 2001., p.127-137, 7 ill.

2987
Salat, Nicole; Barros, Martin: De l'atlas des bâtiments militaires au portefeuille de l'officier : codification de l'oeuvre figurée du service du génie. In: Portefeuilles de plans : projets et dessins d'ingénieurs militaires en Europe du XVIe au XIXe siècle ; actes du colloque international de Saint-Amand-Montrond 2 et 3 mars 2001 ; [le Colloque "Portefeuilles de Plans, Projets et Dessins d'Ingénieurs Militaires en Europe du XVIe au XIXe Siècles"]. Ed.: Cher. Ouvrage collectif publ. sous la dir. scientifique de Vincent Maroteaux ... – Bourges: Cher 2001., p.127-137, 7 ill.

2988
Sanger, Victoria: Les lotissements des ingénieurs du Roy au service de l'urbanisme : l'exemple de Lille vu à travers l'étude de trois plans issus de la collection Auclair. In: Portefeuilles de plans : projets et dessins d'ingénieurs militaires en Europe du XVIe au XIXe siècle ; actes du colloque international de Saint-Amand-Montrond 2 et 3 mars 2001 ; [le Colloque "Portefeuilles de Plans, Projets et Dessins d'Ingénieurs Militaires en Europe du XVIe au XIXe Siècles"]. Ed.: Cher. Ouvrage collectif publ. sous la dir. scientifique de Vincent Maroteaux ... – Bourges: Cher 2001., p.67-75, 7 ill.

2989
Scheele, Theo: Imagem in beeld. In: Geo-Info : tijdschrift voor Geo-Informatie Nederland, GIN. 1.2004,6, p.254-256 Imagem in picture. [Dutch]. ISSN 1572-5464.

2990
Thomas, Avril: Londonderry c. 1856: a city mapped in unusual detail. In: Surveying Ireland's past : multidisciplinary essays in honour of Anngret Simms. Ed.: Clarke, Howard B.; Prunty, Jacinta; Hennessy, Mark. Edited by Howard B. Clarke, Jacinta Prunty and Mark Hennessy. – Dublin: Geography Publications 2004., p.455-476, 6 ill., 1 tab.

2991
Timár, Gábor; Molnár, Gábor; Păunescu, Cornel; Pendea, Florin: A második és harmadik katonai felmérés erdélyi szelvényeinek vetületi- és dátumparaméterei. In: Geodézia és kartográfia. 56.2004,5, p.12-16, 1 ill., 1 tab. Projection and datum parameters of the Transsylvanian sheets of the second and third military surveys. [Hung. with Engl. rés.].

2992
Tobias Mayers Kriegskunst : 1745. Ed.: Tobias-Mayer-Museum e.V. Erwin Roth und Edgar Lukas. – Marbach am Neckar: Tobias-Mayer-Museum e.V. 1993, 212 p., ill. (Schriftenreihe des Tobias-Mayer-Museum).

2993
Viganó, Marino: Le portefeuille de Gaspar Beretta (1620-1703)à la Bibliothèque Trivulziana de Milan : plans et mémoires pour servir l'Espagne. In: Portefeuilles de plans : projets et dessins d'ingénieurs militaires en Europe du XVIe au XIXe siècle ; actes du colloque international de Saint-Amand-Montrond 2 et 3 mars 2001 ; [le Colloque "Portefeuilles de Plans, Projets et Dessins d'Ingénieurs Militaires en Europe du XVIe au XIXe Siècles"]. Ed.: Cher. Ouvrage collectif publ. sous la dir. scientifique de Vincent Maroteaux ... – Bourges: Cher 2001., p.147-158, 8 ill.

2994
Viglino Davico, Micaela: Plans et portefeuilles militaires conservés dans les archives de Turin (XVIe et XVIIe siècles). In: Portefeuilles de plans : projets et dessins d'ingénieurs militaires en Europe du XVIe au XIXe siècle ; actes du colloque international de Saint-Amand-Montrond 2 et 3 mars 2001 ; [le Colloque "Portefeuilles de Plans, Projets et Dessins d'Ingénieurs Militaires en Europe du XVIe au XIXe Siècles"]. Ed.: Cher. Ouvrage collectif publ. sous la dir. scientifique de Vincent Maroteaux ... – Bourges: Cher 2001., p.117-125, 11 ill.

2995
Vries, Dirk de: Oostende verloren, Sluis gewonnen, 1604 : een kroniek in kaarten ; catalogus bij een tentoonstelling in de Leidse Universiteitsbibliotheek van 12 augustus – 12 september 2004. Ed.: Rijksuniversiteit Leiden / Bibliotheek. – Leiden: Rijksuniversiteit Leiden / Bibliotheek 2004, 176 p., ill., mp. (Kleine publicaties van de Leidse Universiteitsbibliotheek) Exposition "Lost Ostende, won Sluis, 1604" : a chronicle in maps ; catalogue of an exposition in Leiden University Library from 2004 August 12 – September 12. [Dutch].

2996
Wagner, Reinhold; Wagner, Julius: Zeichnungen aus "Fortificatorischer Atlas" und "Sammlung technischer Bestimmungen für Fortifikations-, Artillerie- und Garnison-Bauten". Ed.: Fixener, Roman. – Saarbrücken: Studienkreis für Internationales Festungs-, Militär- und Schutzbauwesen 2003, 184 p., ill., mp. (Fortifikation : Fachblatt des Studienkreises für Internationales Festungs-, Militär- und Schutzbauwesen e.V. / Spezial ; 4). [im Schuber].

2997
Warmoes, Isabelle: De l'utilité pédagogique des plans-reliefs (XVIIe-XIXe siècles). In: Portefeuilles de plans : projets et dessins d'ingénieurs militaires en Europe du XVIe au XIXe siècle ; actes du colloque international de Saint-Amand-Montrond 2 et 3 mars 2001 ; [le Colloque "Portefeuilles de Plans, Projets et Dessins d'Ingénieurs Militaires en Europe du XVIe au XIXe Siècles"]. Ed.: Cher. Ouvrage collectif publ. sous la dir. scientifique de Vincent Maroteaux ... – Bourges: Cher 2001., p.177-184, 7 ill.

2998
Welzer, Winfried: Die Interpretation von historischen Kriegsluftbildern. Ed.: Elbe-Dnjepr-Verl. – Klitzschen: Elbe-Dnjepr-Verl. 2003, getr. Zählung, ill., mp.

Mining / Bergbau / Mines

2999
Becker, Renate ; Hergesell, Mario: Die Zukunft der Vergangenheit : Integration und Nutzung historischer Bergbaukarten im digitalen Hessischen Markscheiderischen Rissarchiv HMRA. In: GeoBit : Geoinformatik für die Praxis. 9=17.2004,3, p.9-15, 9 ill. [Titel des Heftes: Geo-Informationssysteme : GIS (aufgegangen in GeoBit)] ISSN 1430-3663.

3000
Mark, Harald; Schewe, Jürgen; Stein, Gerald: Digitales Grubenriss-Informations-system : ein Instrument des Risikomanagements im Bergbau. In: Kartographische Nachrichten : KN ; Fachzeitschrift für Geoinformation und Visualisierung ; Organ der Deutschen Gesellschaft für Kartographie e.V., der Schweizerischen Gesellschaft für Kartographie und der Österreichischen Kartographischen Kommission in der Österreichischen Geographischen Gesellschaft. 54.2004,3, p.117-123, 3 ill. ISSN 0022-9164.

Oceanography / Ozeanographie / Océanographie

3001
A geospatial framework for the coastal zone : national needs for coastal mapping and charting. Ed.: National Research Council / Committee on National Needs for Coastal Mapping and Charting. – Washington, DC: National Academies Press 2004, XIV, 149 p., ill., mp. [Also issued online] ISBN 0-309-09176-4.

3002
Cailliau, Étienne: La variabilité temporelle de la représentation des espaces maritimes. In: Le Monde des Cartes : revue du Comité Français de Cartographie. 182.2004, p.59-64, 6 ill. ISSN 1634-3522.

3003
Fournier, Jérôme: Quelques méthodes de cartographie des biocénoses benthiques en plongée subaquatique : application à la baie de Lannion. In: Le Monde des Cartes : revue du Comité Français de Cartographie. 181.2004, p.45-54, 4 ill., 1 tab. ISSN 1634-3522.

3004
Gierloff-Emden, Hans-Günter: Remote sensing with the Seasat Altimeter : a new method for exploration of sea floor morphology. In: Geomorphologic applications of remote sensing : papers presented at the Post-Conference Symposium S13 "Remote Sensing of the Ecological Environment" (Strasbourg, September 11-13, 1989). Second International Conference on Geomorphology (Frankfurt a.M., 1989). Ed.: Gierloff-Emden, H.-G.; Wilhelm, F. Hrsg. von H.-G. Gierloff-Emden und F. Wilhelm. – München: Geobuch-Verlag 1990., p.47-66, 13 ill., 5 tab. (Münchener geographische Abhandlungen, Reihe A).

3005
IFREMER : département des Géosciences Marines ; cartographie des fonds marins. In: Rapport National des Activités Cartographiques Françaises entre 1999 et 2003 : développement – enseignement – recherche – documentation – production. – Paris: 2003., p. 12, 1 suppl. (1 mp) (Le Monde des Cartes : revue du Comité Français de Cartographie ; 176.2003).

3006
Kohlus, J.: Kartographie von Projektergebnissen der Ökosystemforschung Schleswig-Holsteinisches Wattenmeer : Anwendungen eines geographischen Informationssystems im Landesamt für den Nationalpark Schleswig-Holsteinisches Wattenmeer. In: Geographie der Meere und Küsten. Ed.: Lampe, Reinhard. – Greifswald: Universität Greifswald 1994., p.141-156, 6 ill., 2 mp. (Greifswalder Geographische Arbeiten ; 10).

3007
Meeres-Relief-Globus : das "neue" Bild der Erde weltweit einzigartig: terrestrische und submarine totale Reliefierung ; erstmals echte 3-Dimensionalität. Ed.: Geo-Institut <Porta Westfalica>. – Porta Westfalica: Geo-Institut <Porta Westfalica> 2003, 1 Prospekt (Faltbl.).

3008
Mishra, Deepak; Narumalani, Sunil: Bathymetric mapping using IKONOS multispectral data. In: GIScience and remote sensing. 41.2004,4, p.301-321, 9 ill., 2 tab. ISSN 1548-1603.

3009
Piepen, Heinz van der; Doerffer, Roland; Gierloff-Emden, Hans-Günter: Kartierung von Substanzen im Meer mit Flugzeugen und Satelliten : mit 5 Tabellen. Unter Mitarb. von V. Amann. – München: 1987, 60 p., ill. (Münchener geographische Abhandlungen ; Reihe A ; 37).

3010
Puotinen, Marji: Mapping tropical cyclone disturbance of the Great Barrier Reef. In: The Globe. 55.2004, p.31-41, 8 ill., 3 tab. ISSN 0311-3930.

3011
Service Hydrographique et Océanographiqhe de la Marine (SHOM). In: Rapport National des Activités Cartographiques Françaises entre 1999 et 2003 : développement – enseignement – recherche – documentation – production. – Paris: 2003., p.40-43, 3 ill. (Le Monde des Cartes : revue du Comité Français de Cartographie ; 176.2003).

3012
The history of GEBCO 1903-2003 : the 100-year story of of the General Bathymetric Chart of the Oceans. By: Carpine-Lancre, Jacqueline; Fisher, Robert; Harper, Brian. – Lemmer: GITIC 2003, 140 p., ill., mp. – 1. print.

3013
Vorsey, Louis de: Poor Benjamin's chart : Benjamin Franklin's famous Gulf Stream Chart receives rough treatment. In: Journal of the International Map Collectors' Society. 2004,96, p.5-14, 8 ill.

3014
Whitfield, Martin; Pepper, John; Overton, David; Harrison, Matthew: Integrated Coastal Zone : data research project (ICZMap). In: The Cartographic Journal. 2, p.143-149, 8 ill. ISSN 0008-7041.

Pedology / Pedologie / Pédologie

3015
Boess, Jürgen: Kartierkonzept zur Erstellung einer hoch auflösenden Bodenkarte für die teilflächenspezifische Bewirtschaftung. In: Digitale Hofbodenkarte. Ed.: Niedersachsen / Landesamt für Bodenforschung. – Hannover: Niedersachsen / Landesamt für Bodenforschung 2004., p.35-45, 6 ill. (Arbeitshefte / Boden ; 2004,5).

3016
Digitale Hofbodenkarte. Ed.: Niedersachsen / Landesamt für Bodenforschung. – Hannover: Niedersachsen / Landesamt für Bodenforschung 2004, 78 p., ill., mp. (Arbeitshefte / Boden ; 2004,5). [Auch ersch. in Suttgart: E.-Schweizerbartsche Verlagsbuchhandlung (Nägele und Obermiller)].

3017
Gottlieb, Carlos; Blumenfeld, Hervé; Dugény, François: 250 ans d'évolution de l'occupation du sol en Ile-de-France. In: Trois siècles de cartographie en Ile-de-France Volume 1. Ed.: Institut d'Aménagement et d'Urbanisme de la Région d'Ile-de-France. Institut d'Aménagement et d'Urbanisme de la Région d'Ile-de-France 1997., p.206-215, 13 ill., 1 tab. (Cahiers de l'Institut d'Aménagement et d'Urbanisme de la Région d'Ile-de-France ; 119.1997).

3018
Kanngiesser, Erich; Eberle, Jürgen: Hamburger Konzept zur Digitalisierung von Bodenschätzungskarten. In: ZfV : Zeitschrift für Geodäsie, Geoinformation und Landmanagement. 129.2004,1, p.52-58, 10 ill., 1 tab. ISSN 1618-8950.

3019
Mosiman, Thomas; Groß, Jens; Meer, Uwe: Erosion und Stoffhaushalt in Landwirtschaftsgebieten : GIS-gestützte Modellierung unterstützt das moderne Landnutzungsmanagement. In: Virtuelle Welten : wie GIS die Geowissenschaften verändern. Ed.: Universität Hannover; Freundeskreis der Universität Hannover. – Hannover: Universität Hannover; Freundeskreis der Universität Hannover 2003., p.22-26, 6 ill. (Unimagazin Hannover : Zeitschrift der Leibniz-Universität Hannover ; Mitteilungen des Freundeskreises der Universität Hannover ; 2003,3/4).

3020
Soares, Richard: Early U.S.D.A. Soil survey series maps, 1899-1962, of the Pacific Northwest : a bibliography with indexes. In: Information bulletin / Western Association of Map Libraries. 35.2004,2, p.86-95. ISSN 0049-7282.

Planning / Planung / Planification

3021
APUR : Atelier Parisien d'Urbanisme. In: Rapport National des Activités Cartographiques Françaises entre 1999 et 2003 : développement – enseignement – recherche – documentation – production. – Paris: 2003., p.8-9, 1 suppl. (6 ill.) (Le Monde des Cartes : revue du Comité Français de Cartographie ; 176.2003).

3022
Bill, Ralf: 5 Thesen zur digitalen Landschaftsplanung mit Geo-Informationssystemen. In: Landschaftsplanung digital : Unterstützung des Planungsprozesses durch GIS : Daten, Analysen, Methoden ; Dokumentation des gleichnamigen Workshops am 25. September 2003 in Rostock. – Rostock: ., p.6-8.

3023
Esnard, Ann-Margaret; Gelobter, Michel; Morales, Xavier: Environmental justice, GIS, and pedagogy. In: Special Issue : Public Participation GIS (PPGIS). Ed.: Sieber, Renée E. – Toronto: 2004., p. 53-61, 1 ill. (Cartographica ; 38.2001,3/4).

3024
Hachmann, Roland: Erfahrungen mit dem interaktiven Landschaftsplan Königslutter am Elm. In: Landschaftsplanung digital : Unterstützung des Planungsprozesses durch GIS : Daten, Analysen, Methoden ; Dokumentation des gleichnamigen Workshops am 25. September 2003 in Rostock. – Rostock: ., p.31-41, 6 ill.

3025
Keppel, Holger: Stadtentwicklungsplanung in der Praxis. – Rottenburg, Neckar: Kersting 2004, 215 p., ill., mp. (Stadtentwicklung im Diskurs). ISBN 3-937559-05-1.

3026
Kötter, Theo; Weigt, Dietmar: Stadtplanung im Informationszeitalter. In: GeoInformationsSysteme : Grundlagen – Nutzungen – Entwicklungen ; Geoforum 2004 ; Beiträge der gemeinsam von der Fachrichtung Geodäsie und Geoinformatik, Universität Hannover, der Akademie der Geowissenschaften zu Hannover und dem Deutschen Verein für Vermessungswesen, Bezirksgruppe Hannover-Hildesheim organisierten Veranstaltung im Leibnizhaus Hannover, 8. Juni 2004. – Hannover: 2004., p.39-45, 5 ill., 1 tab. (Wissenschaftliche Arbeiten der Fachrichtung Geodäsie und Geoinformatik der Universität Hannover ; 252).

3027
Kötter, Theo; Weigt, Dietmar: Stadtplanung im Informationszeitalter. In: Geoinformationssysteme (GIS) ; Grundlagen – Anwendungen – Entwicklungen. Ed.: Quade, Horst. – Hannover: 2001., p.40-48, 5 ill., 1 tab. (Veröffentlichungen / Akademie der Geowissenschaften zu Hannover ; 24).

3028
Konrad, Christoph: Internetsystem zur Unterstützung der Regionalplanfortschreibung für die Region Nordschwarzwald. In: Virtuelle Welten, reale Anwendungen : geographische Informationssysteme in Theorie und Praxis ; Tagungsband zum GIS-Symposium vom 8. November. Ed.: Schmid, Heiko; Köppe, Holger. – Heidelberg: 2003., p.35-41, 3 ill. (Heidelberger Geographischer Bausteine ; 16).

3029
Kuhlmann, Christian; Markus, Frank; Theurer, Edgar: CAD und GIS in der Stadtplanung : ein Leitfaden zum effizienten Einsatz. – Karlsruhe: Bernhard Harzer Verlag 2003, 151 p., ill., mp. ISBN 3-9803128-6-0.

3030
Landschaftsplanung digital : Unterstützung des Planungsprozesses durch GIS : Daten, Analysen, Methoden ; Dokumentation des gleichnamigen Workshops am 25. September 2003 in Rostock. Torsten Lipp [Institut für Landschaftsplanung und Landschaftsökologie, Universität Rostock]. – Rostock: 2004, 52 p., ill. (Rostocker Materialien für Landschaftsplanung und Raumentwicklung ; 4 ; 2004).

3031
Leuschner, Reinhard: Kartographie in der Raumordnung und Landesplanung : dargestellt am Beispiel der obersten Landesplanungsbehörde Rheinland-Pfalz im Ministerium des Innern und für Sport. In: 50 Jahre Sektion Karlsruhe der Deutschen Gesellschaft für Kartographie e.V. : Festschrift. Ed.: Kern, Hans F. Hrsg. von Hans F. Kern. – Karlsruhe: Fachhochschule Karlsruhe, Hochschule für Technik, Fachbereich Geoinformationswesen 2004., p.182-187;272-273, 4 ill. (Karlsruher geowissenschaftliche Schriften, Reihe A, Kartographie und Geographie ; 16).

3032
Pape, Heinz: Themakarten als Grundlage für sinnvolle Stadtplanung. In: Dortmunder Beiträge zur Landeskunde : naturwissenschaftl. Mitteilungen. 3.1969, p.3-11. ISSN 0340-3947.

3033
Pape, Heinz: Urban cartography : town planning. In: Internationales Jahrbuch für Kartographie : IJK. 13.1973, p. [191]-199. ISSN 0074-9842.

3034
Schaal, Peter: Die geographische Informationsverarbeitung in der Landschaftsplanung : Stand und Perspektiven. In: Landschaftsplanung digital : Unterstützung des Planungsprozesses durch GIS : Daten, Analysen, Methoden ; Dokumentation des gleichnamigen Workshops am 25. September 2003 in Rostock. – Rostock: ., p.9-30, 4 ill.

3035
Sistemi informativi geografici : manuale e casi studio città e territorio. Ed.: Teti, Maria Adele. A cura di Maria Adele Teti. – Milano: Edizioni Franco Angeli 2004, 342 p., ill., mp. (Urbanistica : Documenti ; 88) Geographic information systems : handbook and case studies in city and territory. [Ital.]. [Contains bibliography and notes] ISBN 88-464-5426-X.

3036
Vom Brachflächenkataster zum Flächenmanagement. Niedersächsisches Landesamt für Ökologie. [Bearb.: Irene Dahlmann...]. – Hildesheim: 2004, 25 p., ill., mp. (Nachhaltiges Niedersachsen ; 29).

3037
Wilmersdorf, Erich: Die Rolle der automatischen Kartografie im eGeoGovernmentprozess der Bauleitplanung. In: Arbeitsgruppe Automation in der Kartographie : Tagung 2003. Ed.: Bundesamt für Kartographie und Geodäsie <Deutschland>. – Frankfurt a.M.: Bundesamt für Kartographie und Geodäsie <Deutschland> 2004., p.219-227, 8 ill. (Mitteilungen des Bundesamtes für Kartographie und Geodäsie ; 31; 2004).

3038
Wolff, H.W. de: Nieuwe regels Ruimtelijke Ordening. In: Geo-Info : tijdschrift voor Geo-Informatie Nederland, GIN. 0.2003, p.50-54, 4 ill. New rules for spatial planning. [Dutch]. ISSN 1572-5464.

Politics / Politik / Politique

3039
Böhm, Rolf: Teilung des Geowissens in der DDR : ein Beitrag zum Thema "Kartenverfälschung". In: Kartographische Nachrichten : KN ; Fachzeitschrift für Geoinformation und Visualisierung ; Organ der Deutschen Gesellschaft für Kartographie e.V., der Schweizerischen Gesellschaft für Kartographie und der Österreichischen Kartographischen Kommission in der Österreichischen Geographischen Gesellschaft. 54.2004,3, p.134-135. ISSN 0022-9164.

3040
Borowicz, Dorota: Mapy narodowościowe Górnego Śląska od połowy XIX wieku do II wojny światowej. Ed.: Uniwersytet Wrocławski. – Wrocław: Uniwersytet Wrocławski 2004, 181 p., ill., mp. (Acta Universitatis Wratislaviensis ; 2710). ISBN 83-229-2569-7.

3041
Brunner, Kurt: Geheimhaltung und Verfälschung von Karten aus militärischen und politischen Gründen. – 2., durchges. Aufl. In: Kartenverfälschung als Folge übergroßer Geheimhaltung? : eine Annäherung an das Thema Einflußnahme der Staatssicherheit auf das Kartenwesen der DDR ; Referate der Tagung der BStU vom 08.-09.2001 in Berlin. Ed.: Unverhau, Dagmar. – Münster: Lit-Verlag 2003., p.161-175, 12 ill. (Archiv zur DDR-Staatssicherheit ; 5).

3042
Brunner, Kurt: Geheimhaltung und Verfälschung von Karten aus militärischen und politischen Gründen. In: Kartenverfälschung als Folge übergroßer Geheimhaltung? : eine Annäherung an das Thema Einflußnahme der Staatssicherheit auf das Kartenwesen der DDR ; Referate der Tagung der BStU vom 08.-09.2001 in Berlin. Ed.: Unverhau, Dagmar. – Münster: Lit-Verlag 2002., p.161-175, 12 ill. (Archiv zur DDR-Staatssicherheit ; 5; 2002).

3043
Churchill, Robert R.: Mapping September 11, 2001 : cartographic narrative in the print media. In: Cartographic perspectives : journal of the North American Cartographic Information Society. 47.2004, p.13-27, 9 ill. ISSN 1048-9053.

3044
Danson, Edwin: Drawing the line : how Mason and Dixon surveyed the most famous border in America. Ed.: John Wiley and Sons. – New York: John Wiley and Sons 2001, VIII, 232 p., ill., mp.

3045
Dias, Maria Helena; Rodrigues, Maria Luísa: Imagens de ontem e de hoje: a Beira Interior e a Cartografia militar portuguesa. In: Contributos para a história da cartografía militar portuguesa. Maria Helena Dias, coordenação. Centro de Estudos Geográficos <Lisboa>. – Lisboa: 2003., 5 chapters, 2 ill. Images of yesterday and today : the Beira Interior and the Portuguese military cartography. [Portug.].

3046
Feix, Claudia; Schaefer, Oliver; Eulitz, Sven: easyGovernment – Wahlinformationssysteme mit GIS-Technologie am Beispiel der Bundestagswahl 2002. In: geoGovernment : öffentliche Geoinformations-Dienste zwischen Kommune und Europa. Ed.: Strobl, Josef; Griesebner, Gerald. Josef Strobl; Gerald Griesebner (Hrsg.). – Heidelberg: Herbert-Wichmann-Verlag 2003., p.33-39, 5 ill.

3047
Feletar, Dragutin; Glamuzina, Martin: Die kroatisch-ungarische Grenze auf alten Landkarten. In: Geoadria. 6.2001, p.81-91, 11 ill. ISSN 1331-2294.

3048
Garcia, João Carlos: A fronteira impressa : apontamentos sobre uma série cartográfica. In: Contributos para a história da cartografía militar portuguesa. Maria Helena Dias, coordenação. Centro de Estudos Geográficos <Lisboa>. – Lisboa: 2003., 5 chapters, 2 ill. The printed border : notes on a cartographic series. [Portug.].

3049
Kartenverfälschung als Folge übergroßer Geheimhaltung? : eine Annäherung an das Thema Einflußnahme der Staatssicherheit auf das Kartenwesen der DDR ; Referate der Tagung der BStU vom 08.-09.2001 in Berlin. Ed.: Unverhau, Dagmar. – Münster: Lit-Verlag 2003, 300 p., ill., mp. – 2., durchges. Aufl. (Archiv zur DDR-Staatssicherheit ; 5). ISBN 3-8258-5964-9.

3050
Kowanda, Andreas: Anmerkungen zum Thema Kartenverfälschung in der DDR. In: Kartographische Nachrichten : KN ; Fachzeitschrift für Geoinformation und Visualisierung ; Organ der Deutschen Gesellschaft für Kartographie e.V., der Schweizerischen Gesellschaft für Kartographie und der Österreichischen Kartographischen Kommission in der Österreichischen Geographischen Gesellschaft. 54.2004,2, p.83-86. ISSN 0022-9164.

3051
Millward, Andrew: The resurgence of the cartogram : (re)covering an election. In: Cartouche : the operational publication of the Canadian Cartographic Association. 56.2004, p.13-14, 2 ill. ISSN 1183-2045.

3052
Pápay, Gyula: Politik und Kartographie. – 2., durchges. Aufl. In: Kartenverfälschung als Folge übergroßer Geheimhaltung? : eine Annäherung an das Thema Einflußnahme der Staatssicherheit auf das Kartenwesen der DDR ; Referate der Tagung der BStU vom 08.-09.2001 in Berlin. Ed.: Unverhau, Dagmar. – Münster: Lit-Verlag 2003., p.13-25 (Archiv zur DDR-Staatssicherheit ; 5).

3053
Pfahlbusch, René: "Kartenverfälschung" in Deutschland?!. In: Kartographische Nachrichten : KN ; Fachzeitschrift für Geoinformation und Visualisierung ; Organ der Deutschen Gesellschaft für Kartographie e.V., der Schweizerischen Gesellschaft für Kartographie und der Österreichischen Kartographischen Kommission in der Österreichischen Geographischen Gesellschaft. 54.2004,5, p.218-224, 3 ill. ISSN 0022-9164.

3054
Rebert, Paula: Los ingenieros mexicano en la frontera : cartografía de los límites entre México y Estados Unidos, 1849-1857. In: México a través de los mapas. Ed.: Univ. Nacional Autónoma de México, Inst. de Geografía ; Plaza y Valdés. Héctor Mendoza Vargas (coordinador). – México, D.F. :: Univ. Nacional Autónoma de México, Inst. de Geografía ; Plaza y Valdés 2000., p.111-129 The Mexican engineers at the border : cartography of the frontiers between Mexico and the United States, 1849-1857. [Span.].

3055
Stoffers, Johannes: Außenpolitische Karikaturen mit kartographischen Motiven. In: Auswärtiger Dienst : Vierteljahresschrift der Vereinigung Deutscher Auslandsbeamter. 65.2004,3/4, [4] p., 2 ill.

Religion / Religion / Religion

3056
Bibliografia map i planów : opracowanych w Instytucie Geografii Historycznej Kóscioła w Polsce KUL i wydanych w latach 1956-2000. Ed.: Instytut Europy Środkowo-Wschodniej. Katolicki Uniwersitet Lubelski, Instytut Geografii Historycznej Kościoła w Polsce. Red. i oprac. Robert Kozyrski. – Lublin: Instytut Europy Środkowo-Wschodniej 2001, 371 p. [Pol.].

3057
Dainville-Barbiche, Ségolène: A propos de la carte des paroisses jansénistes à Paris en 1793. In: François de Dainville S.J. (1909-1971) : pionnier de l'histoire de la cartographie et de d'éducation ; actes du colloque international organisé par L'UMR 8586, PRODIG à Paris, les 6 et 7 juin 2002. Ed.: Bousquet-Bressolier, Catherine. – Paris: Ecole Nationale des Chartes 2004., p.167-186, 4 ill. (Études et rencontres de l'École des Chartes : [EREC] ; 15).

3058
Gengnagel, Jörg: Mapping sacred spaces – aspects of cartography in 19th century Banaras. In: "Creating and representing sacred spaces". Ed.: Gardner, Tatyana; Moritz, Daniela; Dickhardt, Michael. – Göttingen: Peust und Gutschmidt Verlag 2003., p.247-263 (Göttinger Beiträge zur Asienforschung : GBA ; 2003,2-3).

3059
Nuti, Lucia: La cartographie jésuite : du plan de quartier à l'atlas du monde. In: François de Dainville S.J. (1909-1971) : pionnier de l'histoire de la cartographie et de d'éducation ; actes du colloque international organisé par L'UMR 8586, PRODIG à Paris, les 6 et 7 juin 2002. Ed.: Bousquet-Bressolier, Catherine. – Paris: Ecole Nationale des Chartes 2004., p.187-201, 5 ill. (Études et rencontres de l'École des Chartes : [EREC] ; 15).

3060
Venard, Marc: Cartes anciennes de l'église de France, un modèle de recherche. In: François de Dainville S.J. (1909-1971) : pionnier de l'histoire de la cartographie et de d'éducation ; actes du colloque international organisé par L'UMR 8586, PRODIG à Paris, les 6 et 7 juin 2002. Ed.: Bousquet-Bressolier, Catherine. – Paris: Ecole Nationale des Chartes 2004., p.227-233 (Études et rencontres de l'École des Chartes : [EREC] ; 15).

Settlement / Siedlung / Habitat

3061
Altmaier, Angela; Kolbe, Thomas H.: Applications and solutions for interoperable 3D geo-visualization. In: Photogrammetric Week '03. Ed.: Fritsch, Dieter. – Heidelberg: Herbert-Wichmann-Verlag., p.253-267, 9 ill.

3062
Andres, Ernst: Bibliographie illustrierter Stahlstichwerke des 19. Jahrhunderts mit Stadtansichten : ein beschreibendes bibliographisches Repertorium mit alphabetischen Verzeichnissen der Werke = Bibliography of Nineteenth Century illustrated works containing views of towns and cities engraved on steel. – Alphen aan den Rijn: Canaletto/Repro-Holland 2002, Ersch.: 1 – 3. ISBN 906469-763-9.

3063
Andrews, John Harwood: Classifying early Irish town plans. In: Surveying Ireland's past : multidisciplinary essays in honour of Anngret Simms. Ed.: Clarke, Howard B.; Prunty, Jacinta; Hennessy, Mark. Edited by Howard B. Clarke, Jacinta Prunty and Mark Hennessy. – Dublin: Geography Publications 2004., p.217-242, 5 ill., 1 tab.

3064
APUR : Atelier Parisien d'Urbanisme. In: Rapport National des Activités Cartographiques Françaises entre 1999 et 2003 : développement – enseignement – recherche – documentation – production. – Paris: 2003., p.8-9, 1 suppl. (6 ill.) (Le Monde des Cartes : revue du Comité Français de Cartographie ; 176.2003).

3065
Beig, Dieter: Schloß Pinneberg in der Großen Landtafel der Grafschaft Holstein-Schauenburg des Daniel Frese von 1588. In: Jahrbuch für den Kreis Pinneberg. 1989, p.17-20, 3 ill. ISSN 0448-150X.

3066
Bendinger, Alberto; Jung, Ingolf: Virtual city models : new approaches in urban simulation and city planning using virtual reality tools. In: Photogrammetric Week '03. Ed.: Fritsch, Dieter. – Heidelberg: Herbert-Wichmann-Verlag., p.237-240, 5 ill.

3067
Benenson, Itzhak; Torrens, Paul M.: Geosimulation : automata-based modeling of urban phenomena. – Chichester: John Wiley and Sons 2004, XXIII, 287 p.,ill.,mp. [Literaturverz. S. [259]-282] ISBN 0-470-84349-7.

3068
Blaschke, Karlheinz: Stadtplanforschung : neue Methoden und Erkenntnisse zur Entstehung des hochmittelalterlichen Städtewesens in Mittel-, Ost- und Nordeuropa. In: Sitzungsberichte der Sächsischen Akademie der Wissenschaften zu Leipzig : philologisch-historische Klasse. 4, p.1-42, 15 ill. ISSN 0138-3957.

3069
Boeckx, Katrien: The Hypsos Map, ambassador to Antwerp, 1913. In: Momentum : Antwerp's port in the 19th and 20th century. Ed.: Blomme, Jan; Devos, Greta; Nauwelaerts, Mandy; Hoof, Werner van; Verlinden, Kathelijne. – Antwerp: Pandora 2002., p.[64]-77, 6 ill.

3070
Böser, Werner: Herstellung einer Übersichts- und Stadtkarte des historischen Raqqa/Syrien. In: 50 Jahre Sektion Karlsruhe der Deutschen Gesellschaft für Kartographie e.V. : Festschrift. Ed.: Kern, Hans F. Hrsg. von Hans F. Kern. – Karlsruhe: Fachhochschule Karlsruhe, Hochschule für Technik, Fachbereich Geoinformationswesen 2004., p.65-67;266-267, 2 ill. (Karlsruher geowissenschaftliche Schriften, Reihe A, Kartographie und Geographie ; 16).

3071
Boldo, Didier: Fabrication de vraies ortho-images et correction des ombres. In: Bulletin d'information de l'IGN : BI ; recherche ... 74.2003, p.25-36, 12 ill. ISSN 0427-2218.

3072
Bradley, John: The Irish Historic Towns Atlas as a source for urban history. In: Surveying Ireland's past : multidisciplinary essays in honour of Anngret Simms. Ed.: Clarke, Howard B.; Prunty, Jacinta; Hennessy, Mark. Edited by Howard B. Clarke, Jacinta Prunty and Mark Hennessy. – Dublin: Geography Publications 2004., p.727-746, 1 ill.

3073
Bragard, Philippe: Patrimoine fortifié et cartographe topographique dans les Pays-Bas espagnols et autrichiens (XVIe – XVIIIe siècles). In: Portefeuilles de plans : projets et dessins d'ingénieurs militaires en Europe du XVIe au XIXe siècle ; actes du colloque international de Saint-Amand-Montrond 2 et 3 mars 2001 ; [le Colloque "Portefeuilles de Plans, Projets et Dessins d'Ingénieurs Militaires en Europe du XVIe au XIXe Siècles"]. Ed.: Cher. Ouvrage collectif publ. sous la dir. scientifique de Vincent Maroteaux ... – Bourges: Cher 2001., p.45-54, 6 ill.

3074
Braun, Josef: Aspects on true-orthophoto production. In: Photogrammetric Week '03. Ed.: Fritsch, Dieter. – Heidelberg: Herbert-Wichmann-Verlag., p.205-214, 11 ill.

3075
Brenner, Claus: Building reconstruction from images and laser scanning. In: International journal of applied earth observation and geoinformation : JAG ; the official quarterly publication of the International Institute for Aerospace Survey and Earth Sciences (ITC). 6.2004,3-4, p.187-198, 7 ill. ISSN 0303-2434.

3076
Brenner, Claus: Die Stadt in 3 D : dreidimensionale Stadtmodelle aus Laserscanning. In: Virtuelle Welten : wie GIS die Geowissenschaften verändern. Ed.: Universität Hannover; Freundeskreis der Universität Hannover. – Hannover: Universität Hannover; Freundeskreis der Universität Hannover 2003., p.60-63, 9 ill. (Unimagazin Hannover : Zeitschrift der Leibniz-Universität Hannover ; Mitteilungen des Freundeskreises der Universität Hannover ; 2003,3/4).

3077
Brenner, Claus; Dold, Christoph; Jülge, Katharina: Integration von luftgestützten und terrestrischen Methoden zur Ableitung von 3-D Stadtmodellen. In: Arbeitsgruppe Automation in der Kartographie : Tagung 2003. Ed.: Bundesamt für Kartographie und Geodäsie <Deutschland>. – Frankfurt a.M.: Bundesamt für Kartographie und Geodäsie <Deutschland> 2004., p.29-36, 4 ill. (Mitteilungen des Bundesamtes für Kartographie und Geodäsie ; 31; 2004).

3078
Buchholz, Günther: Die Darstellung der Herrschaft Schramberg auf der Pürschgerichtskarte des David Rötlin von 1564. In: Schriften des Vereins für Geschichte und Naturgeschichte der Baar. 47.2004, p.115-122. ISSN 0340-4765.

3079
Buisseret, David: L'oeuvre des Ingénieurs Royaux dans les Pays de l'Europe moderne entre 1500 et 1700. In: Portefeuilles de plans : projets et dessins d'ingénieurs militaires en Europe du XVIe au XIXe siècle ; actes du colloque international de Saint-Amand-Montrond 2 et 3 mars 2001 ; [le Colloque "Portefeuilles de Plans, Projets et Dessins d'Ingénieurs Militaires en Europe du XVIe au XIXe Siècles"]. Ed.: Cher. Ouvrage collectif publ. sous la dir. scientifique de Vincent Maroteaux ... – Bourges: Cher 2001., p.83-92, 8 ill.

3080
Bussler, Peter: "Hertzfliessende Betrachtungen von dem Elbe-Strom" : das Amt Ritzebüttel auf einer seltenen Kupferstichkarte von 1675, ein Zeugnis des Kampfes der Küstenbewohner gegen das Meer. In: Zwischen Elbe und Weser : Heimat und Kultur. 23.2004,3, p.8-9, 3 ill.

3081
Christl, Arnulf: Digitale Stadtplandienste – ein Schritt zum virtuellen Rathaus : Nutzung Freier Software aus der Sicht einer Firma. In: geoGovernment : öffentliche Geoinformations-Dienste zwischen Kommune und Europa. Ed.: Strobl, Josef; Griesebner, Gerald. Josef Strobl; Gerald Griesebner (Hrsg.). – Heidelberg: Herbert-Wichmann-Verlag 2003., p.5-16, 4 tab.

3082
Czaja, Roman: Forschungsbericht : die historischen Atlanten der europäischen Städte. In: Jahrbuch für europäische Geschichte. 3.2002, p.205-216. ISSN 1616-6485.

3083
Dantiscum emporium totius Europae celeberrimum : Gdánsk i Bałtyk na mapach, widokach oraz dokumentach ze zbiorów Tomasza Niewodniczańskiego (Bitburg, Niemcy) ; katalog wystawy ; Ratusz Głównego Miasta Gdańska, Październik 2004 – Styczeń 2005 = Dantiscum emporium totius Europae celeberrimum : Danzig und die Ostsee in Karten, Ansichten und Dokumenten aus der Sammlung von Tomasz Niewodniczański (Bitburg) ; Ausstellungskatalog ; Rechtstädtisches Rathaus Danzig, Oktober 2004 – Januar 2005. Ed.: Muzeum Historyczne <Gdańsk>. Muzeum Historyczne <Gdańsk> 2004, 487 p., ill., mp. [Pol. and Germ.]. ISBN 83-91861-08-2.

3084
Davies, K. Mary: Illuminating Irish towns: the Irish Historic Towns Atlas comes of age. In: Surveying Ireland's past : multidisciplinary essays in honour of Anngret Simms. Ed.: Clarke, Howard B.; Prunty, Jacinta; Hennessy, Mark. Edited by Howard B. Clarke, Jacinta Prunty and Mark Hennessy. – Dublin: Geography Publications 2004., p.713-725, 3 ill.

3085
Die Darstellung der Herrschaft Schramberg und der benachbarten Territorien um 1750 auf der Karte des Anton Beiller. In: Archiv-Nachrichten / Quellenmaterial für den Unterricht. 2004,28, p.1-8.

3086
Driel, D.N. van: De geschiedenis van de plattegronden in de gemeente Breda. In: Kaartvervaardiging door steden. Ed.: Nederlandse Vereniging voor Kartografie. Red.: Chr. J. Snabilié. Werkgroep Kartografische Productietechnieken. – Amersfoort: Nederlandse Vereniging voor Kartografie 1995., p.31-35, 11 ill. (NVK publikatiereeks ; 13). [Dutch].

3087
Dubreuil, Lorraine; Woods, Cheryl A.: Catalogue of Canadian fire insurance plans : 1875-1975. Ed.: Association of Canadian Map Libraries and Archives. – Ottawa: Association of Canadian Map Libraries and Archives 2002, XVI, 500 p., ill., mp. (Occasional papers of the Association of Canadian Map Libraries and Archives). ISBN 0-9695062-7-9.

3088
Eleb-Harlé, Nicole: Infrastructures et recompositions urbaines : le plateau de Bagnolet-Romainville et Montreuil. In: Trois siècles de cartographie en Ile-de-France Volume 2. Ed.: Institut d'Aménagement et d'Urbanisme de la Région d'Ile-de-France. Institut d'Aménagement et d'Urbanisme de la Région d'Ile-de-France 1998., p.94-110, 26 ill. (Cahiers de l'Institut d'Aménagement et d'Urbanisme de la Région d'Ile-de-France ; 120.1998).

3089
Eraslam, Cem; Alkis, Zubeyde: WEB-basiertes 3D-Campus Informationssystem der Technischen Universität YILDIZ (YTUBIS). In: Photogrammetrie, Fernerkundung, Geoinformation : PFG ; Organ der Deutschen Gesellschaft für Photogrammetrie und Fernerkundung e.V. 2004,3, p.233-238, 4 ill. ISSN 1432-8364.

3090
Faucherre, Nicolas: L'utilité des plans anciens pour la connaissance et la restauration du patrimoine fortifié. In: Portefeuilles de plans : projets et dessins d'ingénieurs militaires en Europe du XVIe au XIXe siècle ; actes du colloque international de Saint-Amand-Montrond 2 et 3 mars 2001 ; [le Colloque "Portefeuilles de Plans, Projets et Dessins d'Ingénieurs Militaires en Europe du XVIe au XIXe Siècles"]. Ed.: Cher. Ouvrage collectif publ. sous la dir. scientifique de Vincent Maroteaux ... – Bourges: Cher 2001., p.15-32, 25 ill.

3091
Forsythe, K. Wayne: Pansharpened landsat 7 imagery for improved urban area classification. In: Geomatica. 58.2004,1, p.23-31, 11 ill, 3 tab. ISSN 1195-1036.

3092
Forsythe, K. Wayne: The 4th international symposium – remote sensing of urban areas : outcomes and future directions. In: Geomatica. 58.2004,1, p.52-54. ISSN 1195-1036.

3093
Fritsch, Dieter: 3D building visualization : outdoor and indoor applications. In: Photogrammetric Week '03. Ed.: Fritsch, Dieter. – Heidelberg: Herbert-Wichmann-Verlag., p.281-290, 6 ill.

3094
Frosien-Leinz, Heike: Der Corputius-Plan: kommunales Selbstbewusstsein und Werbemittel : Stadtbilder in Mittelalter und früher Neuzeit. In: Von Flandern zum Niederrhein : Wirtschaft und Kultur überwinden Grenzen ; Begleitband zur Ausstellung "Von Flandern zum Niederrhein – Wirtschaft und Kultur überwinden Grenzen" ; [10. Mai bis 6. August 2000 ; eine Ausstellung der 24. Duisburger Akzente "Ei. Ed.: Kultur- u. Stadthistorisches Museum Duisburg. – Duisburg: Kultur- u. Stadthistorisches Museum Duisburg 0., p.87=100, 11 ill.

3095
Geissler, Robert: Geissler, Robert (1819-1893) : ein fast vergessener Zeichner von 1500 Veduten. In: Historia in museo : Festschrift für Frank-Dietrich Jacob. Ed.: Schimpff, Volker; Führ, Wieland. – Langenweissbach: Beier & Beran 0., p.225-241, ill.

3096
Gluski, Pauline: Communiquer et diffuser l'information spatialisée : le mini atlas informatisé d'Addis-Abeba et les cartes interactives associées. In: Le Monde des Cartes : revue du Comité Français de Cartographie. 181.2004, p.5-20. ISSN 1634-3522.

3097
Gorte, Ben: Fotogrammetrie voor de documentatie en visualisatie van architectuur. In: Geo-Info : tijdschrift voor Geo-Informatie Nederland, GIN. 1.2004,5, 226-227, 2 ill. Photogrammetry for documentation and visualization of architecture. [Dutch]. ISSN 1572-5464.

3098
Greiwe, Ansgar; Bochow, Mathias; Ehlers, Manfred: Segmentbasierte Fusion geometrisch hoch aufgelöster und hyperspektraler Daten zur Verbesserung der Klassifikationsgüte am Beispiel einer urbanen Szene. In: Photogrammetrie, Fernerkundung, Geoinformation : PFG ; Organ der Deutschen Gesellschaft für Photogrammetrie und Fernerkundung e.V. 2004,6, p.485-494, 7 ill., 3 tab. ISSN 1432-8364.

3099
Gröger, Gerhard; Kolbe, Thomas H.; Plümer, Lutz: Mehrskalige, multifunktionale 3D-Stadt- und Regionalmodelle. In: Photogrammetrie, Fernerkundung, Geoinformation : PFG ; Organ der Deutschen Gesellschaft für Photogrammetrie und Fernerkundung e.V. 2004,2, p.121-132, 9 ill. ISSN 1432-8364.

3100
Gspurning, Josef: Geographische Informationssysteme als Instrument der Altstadt-Sachverständigenkommission Graz : Grundlagen, Konzeption und Entwicklungsmöglichkeiten des Altstadt Graz-Informationssystems AGIS. In: Kontinuität und Wandel in der Kultur- und Naturlandschaft : Festschrift für Herwig Wakonigg. Ed.: Institut für Geographie und Raumforschung. Hrsg. Institut für Geographie und Raumforschung, Universität Graz. Red.: Gerhard Karl Lieb. – Graz: Institut für Geographie und Raumforschung 2002., p.119-130, 5 ill. (Grazer Schriften der Geographie und Raumforschung).

3101
Heuvel, Charles van den: Mixed maps and visualizations of time and history : past and future spatio-temporal constructions in urban cartgraphy. In: Le Monde des Cartes : revue du Comité Français de Cartographie. 182.2004, p.23-40, 6 ill. ISSN 1634-3522.

3102
Janson, Katja; Wurm, Christian: Mobilität durch Karten : interaktiver Stadtplan für Menschen mit Behinderungen. In: Kartographische Nachrichten : KN ; Fachzeitschrift für Geoinformation und Visualisierung ; Organ der Deutschen Gesellschaft für Kartographie e.V., der Schweizerischen Gesellschaft für Kartographie und der Österreichischen Kartographischen Kommission in der Österreichischen Geographischen Gesellschaft. 54.2004,1, p.14-21, 10 ill. ISSN 0022-9164.

3103
Jest, Corneille: Bodhnāth : eine Luftbildinterpretation ; Analyse der Entwicklung einer nepalesischen Siedlung anhand der Dokumentation von Erwin Schneider. In: Arbeiten aus Nepal : Erwin Schneider zum Gedächtnis. – Innsbruck: Universitätsverlag Wagner 2004., p.119-126, 5 ill. (Hochgebirgsforschung ; 9).

3104
Joinville, Olivier de; Saur, Sébastien; Bretar, Frédéric: Le levé laser aéroporté : techniques, applications et recherche. In: Bulletin d'information de l'IGN : BI ; recherche ... 74.2003, p.37-52, 20 ill., 1 tab. ISSN 0427-2218.

3105
Kaartvervaardiging door steden. Ed.: Nederlandse Vereniging voor Kartografie. Red.: Chr. J. Snabilié. Werkgroep Kartografische Productietechnieken. – Amersfoort: Nederlandse Vereniging voor Kartografie 1995, 36 p., ill., mp. (NVK publikatiereeks ; 13). [Dutch, partly Engl.].

3106
Kada, Martin: 3D building generalization and visualization. In: Photogrammetric Week '03. Ed.: Fritsch, Dieter. – Heidelberg: Herbert-Wichmann-Verlag., p.29-38, 10 ill.

3107
Kamphorst, W.: Kadaster 1832 : in de lucht. In: Geo-Info : tijdschrift voor Geo-Informatie Nederland, GIN. 0.2003, p.20-23, 6 ill., 1 tab. Cadastre 1832 : in the air. [Dutch]. ISSN 1572-5464.

3108
Keppel, Holger: Stadtentwicklungsplanung in der Praxis. – Rottenburg, Neckar: Kersting 2004, 215 p., ill., mp. (Stadtentwicklung im Diskurs). ISBN 3-937559-05-1.

3109
Kitchin, Rob: Participatory mapping of disabled access. In: Cartographic perspectives : journal of the North American Cartographic Information Society. 41.2002, p.44-54, 3 ill. ISSN 1048-9053.

3110
Kötter, Theo; Weigt, Dietmar: Stadtplanung im Informationszeitalter. In: GeoInformationsSysteme : Grundlagen – Nutzungen – Entwicklungen ; Geoforum 2004 ; Beiträge der gemeinsam von der Fachrichtung Geodäsie und Geoinformatik, Universität Hannover, der Akademie der Geowissenschaften zu Hannover und dem Deutschen Verein für Vermessungswesen, Bezirksgruppe Hannover-Hildesheim organisierten Veranstaltung im Leibnizhaus Hannover, 8. Juni 2004. – Hannover: 2004., p.39-45, 5 ill., 1 tab. (Wissenschaftliche Arbeiten der Fachrichtung Geodäsie und Geoinformatik der Universität Hannover ; 252).

3111
Kötter, Theo; Weigt, Dietmar: Stadtplanung im Informationszeitalter. In: Geoinformationssysteme (GIS) ; Grundlagen – Anwendungen – Entwicklungen. Ed.: Quade, Horst. – Hannover: 2001., p.40-48, 5 ill., 1 tab. (Veröffentlichungen / Akademie der Geowissenschaften zu Hannover ; 24).

3112
Koop, R.O.: De stad in kaart : overzicht van de stadskartografie. In: Kaartvervaardiging door steden. Ed.: Nederlandse Vereniging voor Kartografie. Red.: Chr. J. Snabilié. Werkgroep Kartografische Productietechnieken. – Amersfoort: Nederlandse Vereniging voor Kartografie 1995., p.5-10,7 ill. (NVK publikatiereeks ; 13). [Dutch].

3113
Krause, Tilman: Digitaler Kinderstadtteilplan : ein GIS-Projekt aus dem Schulumfeld für die Orientierungsstufe. In: GIS im Geographieunterricht. 2004., p.13-15, 3 ill. (Praxis Geographie ; 34.2004,2).

3114
Lallier, Dominique: L'apport fondamental des plans anciens pour la compréhension actuelle de la forteresse de Montrond et sa mise en valeur. In: Portefeuilles de plans : projets et dessins d'ingénieurs militaires en Europe du XVIe au XIXe siècle ; actes du colloque international de Saint-Amand-Montrond 2 et 3 mars 2001 ; [le Colloque "Portefeuilles de Plans, Projets et Dessins d'Ingénieurs Militaires en Europe du XVIe au XIXe Siècles"]. Ed.: Cher. Ouvrage collectif publ. sous la dir. scientifique de Vincent Maroteaux ... – Bourges: Cher 2001., p.33-43, 7 ill.

3115
Leibetseder, Mathis; Heegewaldt, Werner: Gestaltete Landschaft : archivalische Quellen zu Schlössern, Herrenhäusern und Gärten im Land Brandenburg. Ed.: Brandenburgisches Landeshauptarchiv <Potsdam>. – Berlin: be.bra Wissenschaft Verlag 2004, 640 p., ill. ISBN 3-937233-13-X.

3116
Liu, Yanfang; Phinn, S. R.: Mapping the urban development of Sydney (1971-1996) with cellular automata in a GIS environment. In: Journal of spatial science. 2.2004, p.57-74, 2 tab., 6 ill.

3117
London : a cartographic history 1746-1950 ; 200 years of folding maps. Ed.: Countrywide Ed. Comp. by Lucinda Boyle. – London: Countrywide Ed. 2002, XI, 161 p., ill., mp. [Includes bibliographical references (p.161)].

3118
Maarel, Hans van der: Mapping Apeldoorn. In: The Cartographic Journal. 41.2004,1, p.68-73, 6 ill. ISSN 0008-7041.

3119
Maillet, Grégoire; Flamanc, David: Prototype de logiciel pour la réalisation d'une Base de Données Bâti 3-D. In: Bulletin d'information de l'IGN : BI ; recherche ... 74.2003, p.15-24, 11 ill. ISSN 0427-2218.

3120
Malmös kartor : från 1500-talet till idag. Ed.: Historiska Media. Tyke Tykesson, red. – Lund: Historiska Media 2003, 255 p., ill., mp. [Swed.].

3121
Marsch, Angelika: Die Stadt Glatz in Ansichten aus vier Jahrhunderten. In: Glaciographia Nova : Festschrift für Dieter Pohl. Ed.: Herzig, Arno. – Hamburg: DOBU Verlag 2004., p.110-[180], 42 ill.

3122
Meijer, E.N.: Digitale plattegrond of TOP10vector : over presentatie en techniek. In: Topografische bestanden : 1:10000. Ed.: Nederlandse Vereniging voor Kartografie. Werkgroep Nieuwe Visualisatie Technologie. Red.: A.A. van der Veen. – Amersfoort: Nederlandse Vereniging voor Kartografie 1996., p.13-18, 2 ill., 1 tab. (NVK publikatiereeks ; 21). [Dutch].

3123
Melchior, G. Heinrich: Die Karte der "Kunders Kürcher Waltung", ihr Landvermesser und einige Flurnamen. In: Mitteilungen des Oberhessischen Geschichtsvereins Giessen. 85.2000, p.205-224, 6 ill., 2 tab. ISSN 0342-1198.

3124
Michelin. In: Rapport National des Activités Cartographiques Françaises entre 1999 et 2003 : développement – enseignement – recherche – documentation – production. – Paris: 2003., p.37-39 (Le Monde des Cartes : revue du Comité Français de Cartographie ; 176.2003).

3125
Mokre, Jan: Geheimhaltung, Spionage und Kartenverfälschung : Aspekte des Verhältnisses zwischen Militär und Kartographie zur Zeit Maria Theresias. In: Aspekte der Kartographie im Wandel der Zeit : Festschrift für Ingrid Kretschmer zum 65. Geburtstag und anlässlich ihres Übertritts in den Ruhestand. Ed.: Kainz, Wolfgang. Hrsg. von Wolfgang Kainz. – Wien: Geographisches Institut <Wien, Universität> / Arbeitsbereich für Geographie und Kartographie 2004., p.86-92, 2 ill. (Wiener Schriften zur Geographie und Kartographie ; 16).

3126
Momentum : Antwerp's port in the 19th and 20th century. Ed.: Blomme, Jan; Devos, Greta; Nauwelaerts, Mandy; Hoof, Werner van; Verlinden, Kathelijne. – Antwerp: Pandora 2002, 230 p., ill., tab. ISBN 90-5325-193-6.

3127
Nebiker, Stephan: DILAS : the digital landscape server for the generation and management of large 3D city models., p.227-336, 9 ill. ISSN 0-906430-14-3.

3128
Noble, Peter; Nix, Martin: 3D North Sydney : precise 3D database for retrieval and visualization. In: Photogrammetric Week '03. Ed.: Fritsch, Dieter. – Heidelberg: Herbert-Wichmann-Verlag., p.275-279, 1 ill.

3129
Opll, Ferdinand: Wien im Bild historischer Karten : die Entwicklung der Stadt bis in die Mitte des 19. Jahrhunderts. Ed.: Böhlau. Aufnahmen Michael Oberer und Österreichische Nationalbibliothek. – Wien: Böhlau 2004, 79 p., [50] Bl., mp. [2., erg. Aufl.].

3130
Opll, Ferdinand; Simms, Annegret: Historische Stadtatlanten : Stadtgeschichte in Karten. In: Siedlungsforschung : Archäologie, Geschichte, Geographie. 15.1997, p.303-325, 1 ill. ISSN 0175-0046.

3131
Orgeix, Emilie d': Collections et portefeuilles de plans : projets et dessins d'ingénieurs militaires en Europe du XVIe au XIXe siècle. In: Portefeuilles de plans : projets et dessins d'ingénieurs militaires en Europe du XVIe au XIXe siècle ; actes du colloque international de Saint-Amand-Montrond 2 et 3 mars 2001 ; [le Colloque "Portefeuilles de Plans, Projets et Dessins d'Ingénieurs Militaires en Europe du XVIe au XIXe Siècles"]. Ed.: Cher. Ouvrage collectif publ. sous la dir. scientifique de Vincent Maroteaux ... – Bourges: Cher 2001., p.5-11, 3 ill.

3132
Palermo 1703, ritratto di una città : plano de la ciudad de Palermo di D. Caetanus Lazzara Panormitanus. By: Nobile, Marco Rosario; Minella, Melo ; Fondazione Salvare Palermo. – Palermo: 2003, 45 p., ill. (Conoscere e tutelare ; 6).

3133
Pape, Heinz: Einheitliche Stadtplanwerke für Ballungsgebiete. In: Kartographische Nachrichten : KN ; Fachzeitschrift für Geoinformation und Visualisierung ; Organ der Deutschen Gesellschaft für Kartographie e.V., der Schweizerischen Gesellschaft für Kartographie und der Österreichischen Kartographischen Kommission in der Österreichischen Geographischen Gesellschaft. 16.1966,1, p.14-17, 1 ill. ISSN 0022-9164.

3134
Pape, Heinz: Stadtkarten, unter besonderer Berücksichtigung kartographischer Probleme. In: Kartographische Nachrichten : KN ; Fachzeitschrift für Geoinformation und Visualisierung ; Organ der Deutschen Gesellschaft für Kartographie e.V., der Schweizerischen Gesellschaft für Kartographie und der Österreichischen Kartographischen Kommission in der Österreichischen Geographischen Gesellschaft. 14.1964,6, p.196-200. ISSN 0022-9164.

3135
Pape, Heinz: Urban cartography : town planning. In: Internationales Jahrbuch für Kartographie : IJK. 13.1973, p. [191]-199. ISSN 0074-9842.

3136
Piazza, Valeria di: Carte, piante e vedute di XVIII secolo nelle stampe della Biblioteca della Provincia di Roma. – Roma: Bonsignori 2003, 271 p., ill. (Palazzo Valentini : collana di studi e materiali ; 2). [Contains bibliography and indices] ISBN 88-7597-335-0.

3137
Picon, Antoine: Nineteenth-century urban cartography and the scientific ideal : the case of Paris. In: Science and the city. Ed.: Dierig, Sven. – Chicago, Ill.: University of Chicago Press 2003., p.135-149, 3 ill. (Osiris : a research journal devoted to the history of science and its cultural influences ; [Ser.2], 18).

3138
Pinchon, Chantal: Le plan à l'îlot est-il encore une référence?. In: Le Monde des Cartes : revue du Comité Français de Cartographie. 181.2004, p.21-31, 7 ill. ISSN 1634-3522.

3139
Plans de fortifications de l'espace germanique (1698 – 1870) ou les archives militaires retrouvées : [L'Exposition "Plans de Fortifications de l'Espace Germanique (1698 – 1870) ou les Archives Militaires Retrouvées" est présentée au château de Vincennes d. Ministère de la Défense, État-Major de l'Armée de Terre, Service Historique. Sous la dir. de Nicole Salat ... ; France / Armée de Terre / Service Historique. – Vincennes: 2001, 126 p., ill., mp.

3140
Prunty, Jacinta: Military barracks and mapping in the nineteenth century : sources and issues for Irish urban history. In: Surveying Ireland's past : multidisciplinary essays in honour of Anngret Simms. Ed.: Clarke, Howard B.; Prunty, Jacinta; Hennessy, Mark. Edited by Howard B. Clarke, Jacinta Prunty and Mark Hennessy. – Dublin: Geography Publications 2004., p.477-534, 14 ill., 3 tab.

3141
Richter, Uwe: Vor 450 Jahren entstand der erste Stadtplan Freibergs. In: Das Jahrbuch für die Region Freiberg : Glanzlichter und Streitpunkte, Trends und Ereignisse aus Wirtschaft, Politik, Wissenschaft und Kultur, Reportagen und Berichte, Beiträge zur Heimatgeschichte. 2004, p.152-153, 1 ill.

3142
Rottensteiner, Franz; Briese, Sydney; Briese, Christian: Automatische Erfassung von Gebäudemodellen aus Laserscannerdaten und die Integration von Luftbildern. In: Photogrammetrie, Fernerkundung, Geoinformation : PFG ; Organ der Deutschen Gesellschaft für Photogrammetrie und Fernerkundung e.V. 2004,4, p.269-277, 8 ill. ISSN 1432-8364.

3143
Ruas, Anne; Holzapfel, Florence: Utilisation de connaissance d'experts pour l'automatisation de la caractérisation des alignements de bâtiments. In: Le Monde des Cartes : revue du Comité Français de Cartographie. 179.2004, p.27-37, 16 ill. ISSN 1634-3522.

3144
Rubin, Rehav: Image and reality : Jerusalem in maps and views = Yerûšālayim be-mapot û-be-mar' ôt. – Jerusalem: The Hebrew University Magnes Press 1999, 181 p., ill., mp. [Engl. and Hebr.]. [Includes bibliographical references (p. 173-177) and index] ISBN 965-493-012-9.

3145
Rübenstrunk, Kathrin: Paris – Berlin – Moskau und zurück : Pläne zu hessischen Festungen im Archiv von Vincennes. In: Hessische Heimat : Zeitschrift für Kunst, Kultur und Denkmalpflege ; Organ der Gesellschaft für Kultur- und Denkmalpflege. 50.2000, p.3-7, 5 ill. ISSN 0178-3173.

3146
Salamagne, Alain: Plan et représentation dans l'architecture des anciens Pays-Bas bourguignons du XVIe siècle au XVIIIe siècle. In: Portefeuilles de plans : projets et dessins d'ingénieurs militaires en Europe du XVIe au XIXe siècle ; actes du colloque international de Saint-Amand-Montrond 2 et 3 mars 2001 ; [le Colloque "Portefeuilles de Plans, Projets et Dessins d'Ingénieurs Militaires en Europe du XVIe au XIXe Siècles"]. Ed.: Cher. Ouvrage collectif publ. sous la dir. scientifique de Vincent Maroteaux ... – Bourges: Cher 2001., p.55-65, 4 ill.

3147
Salat, Nicole; Barros, Martin: De l'atlas des bâtiments militaires au portefeuille de l'officier : codification de l'oeuvre figurée du service du génie. In: Portefeuilles de plans : projets et dessins d'ingénieurs militaires en Europe du XVIe au XIXe siècle ; actes du colloque international de Saint-Amand-Montrond 2 et 3 mars 2001 ; [le Colloque "Portefeuilles de Plans, Projets et Dessins d'Ingénieurs Militaires en Europe du XVIe au XIXe Siècles"]. Ed.: Cher. Ouvrage collectif publ. sous la dir. scientifique de Vincent Maroteaux ... – Bourges: Cher 2001., p.127-137, 7 ill.

3148
Salat, Nicole; Barros, Martin: De l'atlas des bâtiments militaires au portefeuille de l'officier : codification de l'oeuvre figurée du service du génie. In: Portefeuilles de plans : projets et dessins d'ingénieurs militaires en Europe du XVIe au XIXe siècle ; actes du colloque international de Saint-Amand-Montrond 2 et 3 mars 2001 ; [le Colloque "Portefeuilles de Plans, Projets et Dessins d'Ingénieurs Militaires en Europe du XVIe au XIXe Siècles"]. Ed.: Cher. Ouvrage collectif publ. sous la dir. scientifique de Vincent Maroteaux ... – Bourges: Cher 2001., p.127-137, 7 ill.

3149
Sanger, Victoria: Les lotissements des ingénieurs du Roy au service de l'urbanisme : l'exemple de Lille vu à travers l'étude de trois plans issus de la collection Auclair. In: Portefeuilles de plans : projets et dessins d'ingénieurs militaires en Europe du XVIe au XIXe siècle ; actes du colloque international de Saint-Amand-Montrond 2 et 3 mars 2001 ; [le Colloque "Portefeuilles de Plans, Projets et Dessins d'Ingénieurs Militaires en Europe du XVIe au XIXe Siècles"]. Ed.: Cher. Ouvrage collectif publ. sous la dir. scientifique de Vincent Maroteaux ... – Bourges: Cher 2001., p.67-75, 7 ill.

3150
Santos, Daniel R. dos; Tommaselli, Antonio M.G.; Dalmolin, Quintino: Semi-automatic modeling of buildings from digital surface models. In: Cartography and geographic information science : an official journal of ACSM devoted to the advancement of cartography in all its aspects. 31.2004,3, p.179-187, 12 ill., 1 tab. ISSN 1523-0406.

3151
Schäfer, Karl Heinz: Experten in eigener Sache : Modellprojekt Stadtplan für Kinder mit Kindern. 1999, 2 p.

3152
Schätze aus Archiven : Spangenbergs Plan von Mansfeld. In: Mansfeld : Geschichte und Geschichten. 7.2004, p.26-27, 1 ill.

3153
Schmidt, Wolfgang: Stadtkartographie im Wandel : 13 Jahre Kartographie in Kassel. In: 50 Jahre Sektion Karlsruhe der Deutschen Gesellschaft für Kartographie e.V. : Festschrift. Ed.: Kern, Hans F. Hrsg. von Hans F. Kern. – Karlsruhe: Fachhochschule Karlsruhe, Hochschule für Technik, Fachbereich Geoinformationswesen 2004., p.230-236;280, 4 ill. (Karlsruher geowissenschaftliche Schriften, Reihe A, Kartographie und Geographie ; 16).

3154
Schwarz, Uwe: Vierblättrige Manuskriptkarte von Köln und seinen Schweidländereien : eine kartenhistorische Rarität im Kölnischen Stadtmuseum. In: Coellen eyn Croyn : Renaissance und Barock in Köln. Ed.: Schäfke, Werner. – Köln: DuMont 1999., p.425-446, 4 ill., 3 tab. (Der Riß im Himmel).

3155
Sheeren, David: Apprentissage de concepts pour l'aide à l'interprétation des différences de représentation d'un même phénomène géographique. In: Le Monde des Cartes : revue du Comité Français de Cartographie. 179.2004, p.20-26, 6 ill., 2 tab. ISSN 1634-3522.

3156
Speed, John: Tudor townscapes : the town plans from John Speed's Theatre of the empire of Great Britaine 1610. Ed.: Map Collector. Introduced and with commentaries by Jeffery John Speed. – Waddesdon: Map Collector 2000, 172 p., ill., mp. [Includes bibliographical references].

3157
Sudhira, H.S.; Ramachandra, T.V.; Jagadish, K.S.: Urban sprawl : metrics, dynamics and modelling using GIS. In: International journal of applied earth observation and geoinformation : JAG ; the official quarterly publication of the International Institute for Aerospace Survey and Earth Sciences (ITC). 5.2004,1, p.29-39, 7 ill., 3 tab. ISSN 0303-2434.

3158
Taylor, Andrew: Mapping Manchester : one man's contribution to city centre maps. In: The Cartographic Journal. 41.2004,1, p.59-67, 10 ill. ISSN 0008-7041.

3159
Thinh, Nguyen Xuan: Entwicklung von Maßen zur Charakterisierung und Bewertung der physischen und funktionalen Kompaktheit von Stadtregionen. In: Photogrammetrie, Fernerkundung, Geoinformation : PFG ; Organ der Deutschen Gesellschaft für Photogrammetrie und Fernerkundung e.V. 2004,3, p.221-232, 9 ill. ISSN 1432-8364.

3160
Thomas, Avril: Londonderry c. 1856: a city mapped in unusual detail. In: Surveying Ireland's past : multidisciplinary essays in honour of Anngret Simms. Ed.: Clarke, Howard B.; Prunty, Jacinta; Hennessy, Mark. Edited by Howard B. Clarke, Jacinta Prunty and Mark Hennessy. – Dublin: Geography Publications 2004., p.455-476, 6 ill., 1 tab.

3161
Trabulse Atala, Elías; Jiménez Codinach, Guadalupe ; Moreno Toscano, Alejandra: Una vision cientifica y artística de la Ciudad de México : el plano de la capital virreinal (1793-1807) de Diego García Conde. Ed.: Centro de Estudios de Historia de México (Condumex). – México: Centro de Estudios de Historia de México (Condumex) 2002, 110 p., ill. A scientific and artistic vision of Mexico City : the plan of the viceregal capital of Diego García Conde. [Span.]. [Stadtplan] ISBN 968-681521-X.

3162
Ulm, Kilian: Virtuelle 3D-Stadtmodelle : Technologie und Anwendung. In: GeoBit : Geoinformatik für die Praxis. 2004,8, p.22-23, 2 ill. ISSN 1430-3663.

3163
Viganó, Marino: Le portefeuille de Gaspar Beretta (1620-1703)à la Bibliothèque Trivulziana de Milan : plans et mémoires pour servir l'Espagne. In: Portefeuilles de plans : projets et dessins d'ingénieurs militaires en Europe du XVIe au XIXe siècle ; actes du colloque international de Saint-Amand-Montrond 2 et 3 mars 2001 ; [le Colloque "Portefeuilles de Plans, Projets et Dessins d'Ingénieurs Militaires en Europe du XVIe au XIXe Siècles"]. Ed.: Cher. Ouvrage collectif publ. sous la dir. scientifique de Vincent Maroteaux ... – Bourges: Cher 2001., p.147-158, 8 ill.

3164
Viglino Davico, Micaela: Plans et portefeuilles militaires conservés dans les archives de Turin (XVIe et XVIIe siècles). In: Portefeuilles de plans : projets et dessins d'ingénieurs militaires en Europe du XVIe au XIXe siècle ; actes du colloque international de Saint-Amand-Montrond 2 et 3 mars 2001 ; [le Colloque "Portefeuilles de Plans, Projets et Dessins d'Ingénieurs Militaires en Europe du XVIe au XIXe Siècles"]. Ed.: Cher. Ouvrage collectif publ. sous la dir. scientifique de Vincent Maroteaux ... – Bourges: Cher 2001., p.117-125, 11 ill.

3165
Voorde, Tim van de; Canters, Frank: Gebruik van zeer hoge resolutie satellietbeelden in stedelijk beheer, beleid en planning : potentiële toepassingen en knelpunten. In: De Aardrijkskunde. 1-2, p.57-66, 3 ill. Use of very high resolution satellite images in urban management, policy and planning: potential applications and sticking points. [Dutch with Engl. rés.].

3166
Vosselmann, George ; Kessels, Patrice; Gorte, Ben: The utilisation of airborne laser scanning for mapping. In: International journal of applied earth observation and geoinformation : JAG ; the official quarterly publication of the International Institute for Aerospace Survey and Earth Sciences (ITC). 6.2004,3-4, p.177-186, 8 ill. ISSN 0303-2434.

3167
Wallace, Patrick F.: The big picture : mapping Hiberno-Norse Dublin. In: Surveying Ireland's past : multidisciplinary essays in honour of Anngret Simms. Ed.: Clarke, Howard B.; Prunty, Jacinta; Hennessy, Mark. Edited by Howard B. Clarke, Jacinta Prunty and Mark Hennessy. – Dublin: Geography Publications 2004., p.13-40, 17 ill.

3168
Warmoes, Isabelle: De l'utilité pédagogique des plans-reliefs (XVIIe-XIXe siècles). In: Portefeuilles de plans : projets et dessins d'ingénieurs militaires en Europe du XVIe au XIXe siècle ; actes du colloque international de Saint-Amand-Montrond 2 et 3 mars 2001 ; [le Colloque "Portefeuilles de Plans, Projets et Dessins d'Ingénieurs Militaires en Europe du XVIe au XIXe Siècles"]. Ed.: Cher. Ouvrage collectif publ. sous la dir. scientifique de Vincent Maroteaux ... – Bourges: Cher 2001., p.177-184, 7 ill.

3169
Weczerka, Hugo: Zweimal Breslau : zu einigen Ergebnissen des Deutschen und Polnischen Städteatlas. In: Hansische Geschichtsblätter. 120.2002, p.213-222. ISSN 0073-0327.

3170
Wilmersdorf, Erich: Die Rolle der automatischen Kartografie im eGeoGovernmentprozess der Bauleitplanung. In: Arbeitsgruppe Automation in der Kartographie : Tagung 2003. Ed.: Bundesamt für Kartographie und Geodäsie <Deutschland>. – Frankfurt a.M.: Bundesamt für Kartographie und Geodäsie <Deutschland> 2004., p.219-227, 8 ill. (Mitteilungen des Bundesamtes für Kartographie und Geodäsie ; 31; 2004).

3171
Zipf, Alexander: GIS-basierte Stadtinformationssysteme im Internet : wissenschaftliche Fragestellung, Technologie und Realisierung. In: Virtuelle Welten, reale Anwendungen : geographische Informationssysteme in Theorie und Praxis ; Tagungsband zum GIS-Symposium vom 8. November. Ed.: Schmid, Heiko; Köppe, Holger. – Heidelberg: 2003., p.79-95, 12 ill., 2 tab. (Heidelberger Geographischer Bausteine ; 16).

3172
"Zu Nutz und Zier..." : Kupferstiche aus dem Stadtarchiv Rheinberg ; [erscheint als Begleitkatalog zur Ausstellung: "Zu Nutz und Zier..." – Kupferstiche aus dem Stadtarchiv Rheinberg, Rheinberg, Alte Kellnerei, 10. November 2002 – 19. Januar 2003]. Ed.: Rheinberg / Kulturamt. – Rheinberg: Rheinberg / Kulturamt 2002, 120 p., ill., mp. (Schriften der Stadt Rheinberg zur Geschichte und Heimatkunde ; 14). [Literaturverz. p.117-119].

Statistics / Statistik / Statistique

3173
Holt, James B.; Lo, C.P.; Hodler, Thomas W.: Dasymetric estimation of population density and areal interpolation of census data. In: Cartography and geographic information science : an official journal of ACSM devoted to the advancement of cartography in all its aspects. 31.2004,2, p.103-121, 7 ill., 3 tab. ISSN 1523-0406.

3174
Pinchon, Chantal: Le plan à l'îlot est-il encore une référence?. In: Le Monde des Cartes : revue du Comité Français de Cartographie. 181.2004, p.21-31, 7 ill. ISSN 1634-3522.

3175
Thomas, Bethan; Dorling, Danny: Advances in the human cartography of the UK. In: The Cartographic Journal. 41.2004,2, p.109-115, 8 ill. ISSN 0008-7041.

3176
Wonka, Erich: Österreich untergliedert in Gemeinden, Zählsprengel oder Raster – ein regionalstatistischer Vergleich. In: Mitteilungen der Österreichischen Geographischen Gesellschaft : MÖGG ; Jahresband. 146.2004, p.345-356, 7 ill. ISSN 0029-9138.

Tourism / Tourismus / Tourisme

3177
Caltabiano, Adele; Orecchio, Filippo: Il tracciato dei sentieri attraverso la lettura di alcune carte turistiche ed escursionistiche della Sicilia. In: Bollettino della Associazione Italiana di Cartografia. 41.2004,120, p.59-110, 9 ill. The tracing of paths through reading some touristic and excursionistic maps of Sicily. [Ital.]. ISSN 0044-9733.

3178
Grün, Matthias: Von der Papierkarte zur CD-ROM. In: 50 Jahre Sektion Karlsruhe der Deutschen Gesellschaft für Kartographie e.V. : Festschrift. Ed.: Kern, Hans F. Hrsg. von Hans F. Kern. – Karlsruhe: Fachhochschule Karlsruhe, Hochschule für Technik, Fachbereich Geoinformationswesen 2004., p.132-136, 2 ill. (Karlsruher geowissenschaftliche Schriften, Reihe A, Kartographie und Geographie ; 16).

3179
Roebert, Katinka: Van smederij tot digitale snelweg. In: Geo-Info : tijdschrift voor Geo-Informatie Nederland, GIN. 1.2004,11, p.488-489, 1 ill. From forge to digital highway. [Dutch]. ISSN 1572-5464.

Traffic / Verkehr / Transports

3180
Akkermans, M.; Velden, R. van der: DTM-meting van asfalt door helikopterfotogrammetrie. In: Geo-Info : tijdschrift voor Geo-Informatie Nederland, GIN. 1.2004,11, p.452-458, 11 ill. DTM-measuring of asphalt by helicopter photogrammetry. [Dutch]. ISSN 1572-5464.

3181
Baltsavias, Emmanuel; Zhang, Chunsun: Automated updating of road databases from aerial images. In: International journal of applied earth observation and geoinformation : JAG ; the official quarterly publication of the International Institute for Aerospace Survey and Earth Sciences (ITC). 6.2004,3-4, p.199-213, 12 ill., 1 tab. ISSN 0303-2434.

3182
Braun, Josef: Aspects on true-orthophoto production. In: Photogrammetric Week '03. Ed.: Fritsch, Dieter. – Heidelberg: Herbert-Wichmann-Verlag., p.205-214, 11 ill.

3183
Caltabiano, Adele; Orecchio, Filippo: Il tracciato dei sentieri attraverso la lettura di alcune carte turistiche ed escursionistiche della Sicilia. In: Bollettino della Associazione Italiana di Cartografia. 41.2004,120, p.59-110, 9 ill. The tracing of paths through reading some touristic and excursionistic maps of Sicily. [Ital.]. ISSN 0044-9733.

3184
Casakin, H.: Schematizing maps for wayfinding tasks : the role of 45° angular constraints, prototypical branching points and urban components. In: Journal of spatial science. 2.2004, p.99-111, 4 tab., 6 ill.

3185
Claussen, Hinrich: Geoinformation und Fahrzeugnavigationssysteme. In: Geoinformationssysteme (GIS) ; Grundlagen – Anwendungen – Entwicklungen. Ed.: Quade, Horst. – Hannover: 2001., p.53-59, 4 ill. (Veröffentlichungen / Akademie der Geowissenschaften zu Hannover ; 24).

3186
Claussen, Hinrich: Geoinformation und Fahrzeugnavigationssysteme. In: GeoInformationsSysteme : Grundlagen – Nutzungen – Entwicklungen ; Geoforum 2004 ; Beiträge der gemeinsam von der Fachrichtung Geodäsie und Geoinformatik, Universität Hannover, der Akademie der Geowissenschaften zu Hannover und dem Deutschen Verein für Vermessungswesen, Bezirksgruppe Hannover-Hildesheim organisierten Veranstaltung im Leibnizhaus Hannover, 8. Juni 2004. – Hannover: 2004., p.51-56, 4 ill. (Wissenschaftliche Arbeiten der Fachrichtung Geodäsie und Geoinformatik der Universität Hannover ; 252).

3187
Deruyter, Greta; Antrop, Marc: De atlas der buurtwegen : een vergeten (cartografisch) erfgoed. In: De Aardrijkskunde. 1-2, p.67-83, 12 ill., 4 tab. The atlas of vicinal roads : a forgotten (cartographic) heritage. [Dutch with Engl. rés.].

3188
Desportes, Marc: Route et cartographie en Ile-de-France 1650 -1750. In: Trois siècles de cartographie en Ile-de-France Volume 2. Ed.: Institut d'Aménagement et d'Urbanisme de la Région d'Ile-de-France. Institut d'Aménagement et d'Urbanisme de la Région d'Ile-de-France 1998., p.24-31, 7 ill. (Cahiers de l'Institut d'Aménagement et d'Urbanisme de la Région d'Ile-de-France ; 120.1998).

3189
Fischer, Wolfgang: Digitale Karten und Informationssysteme bei der DB Netz AG : Entwicklung, Stand und Ausblick aus kartographischer Sicht. In: 50 Jahre Sektion Karlsruhe der Deutschen Gesellschaft für Kartographie e.V. : Festschrift. Ed.: Kern, Hans F. Hrsg. von Hans F. Kern. – Karlsruhe: Fachhochschule Karlsruhe, Hochschule für Technik, Fachbereich Geoinformationswesen 2004., p.105-110, 1 ill. (Karlsruher geowissenschaftliche Schriften, Reihe A, Kartographie und Geographie ; 16).

3190
Fleury, Michel: Quand le chemin de fer apparaît en Ile-de-France. In: Trois siècles de cartographie en Ile-de-France Volume 2. Ed.: Institut d'Aménagement et d'Urbanisme de la Région d'Ile-de-France. Institut d'Aménagement et d'Urbanisme de la Région d'Ile-de-France 1998., p.32-45, 19 ill. (Cahiers de l'Institut d'Aménagement et d'Urbanisme de la Région d'Ile-de-France ; 120.1998).

3191
Freckmann, Peter; Wendel, Jochen: Flugbewegungen über Nordamerika : animierte Karten für einen interaktiven multimedialen Atlas. In: 50 Jahre Sektion Karlsruhe der Deutschen Gesellschaft für Kartographie e.V. : Festschrift. Ed.: Kern, Hans F. Hrsg. von Hans F. Kern. – Karlsruhe: Fachhochschule Karlsruhe, Hochschule für Technik, Fachbereich Geoinformationswesen 2004., p.111-120, 7 ill. (Karlsruher geowissenschaftliche Schriften, Reihe A, Kartographie und Geographie ; 16).

3192
Frihida, Ali; Marceau, Danielle J.; Thériault, Marius: Extracting and visualizing individual space-time paths : an integration of GIS and KDD in transport demand modeling. In: Cartography and geographic information science : an official journal of ACSM devoted to the advancement of cartography in all its aspects. 31.2004,1, p.19-28, 3 ill., 4 tab. ISSN 1523-0406.

3193
Gaspar, E.: GEO-IT en de digitale wegenkaart. In: Topografische bestanden : 1:10000. Ed.: Nederlandse Vereniging voor Kartografie. Werkgroep Nieuwe Visualisatie Technologie. Red.: A.A. van der Veen. – Amersfoort: Nederlandse Vereniging voor Kartografie 1996., p.22-24 (NVK publikatiereeks ; 21). [Dutch].

3194
Gleyze, Jean-François: Fonctionnalité et vulnérabilité du réseau de métro parisien. In: Bulletin d'information de l'IGN : BI ; recherche ... 74.2003, p.97-111, 10 ill., 1 tab. ISSN 0427-2218.

3195
Heres, L.: Wie is er bang voor het NWB? : TOP10vector als basis voor het Nationaal Wegenbestand. In: Topografische bestanden : 1:10000. Ed.: Nederlandse Vereniging voor Kartografie. Werkgroep Nieuwe Visualisatie Technologie. Red.: A.A. van der Veen. – Amersfoort: Nederlandse Vereniging voor Kartografie 1996., p.19-21, 1 ill. (NVK publikatiereeks ; 21). [Dutch].

3196
Herrig, Klaus: Vom Geographic Data File zum Navigationsssystem. In: Virtuelle Welten, reale Anwendungen : geographische Informationssysteme in Theorie und Praxis ; Tagungsband zum GIS-Symposium vom 8. November. Ed.: Schmid, Heiko; Köppe, Holger. – Heidelberg: 2003., p.57-77, ill. (Heidelberger Geographischer Bausteine ; 16).

3197
Hinz, Stefan: Automatische Extraktion urbaner Straßennetze aus Luftbildern. – München: Beck, C.H. [Verlagsbuchhandlung] 2004, 130 p., ill. (Deutsche Geodätische Kommission bei der Bayerischen Akademie der Wissenschaften, Reihe C, Dissertationen ; 580). ISBN 3-7696-5019-0.

3198
Hjälme, Johan: Sverige leder EU : s vägdatabasprojekt. In: Nya lantmätaren. 2004,5, p.4-5 Sweden leads the field in the EU : the road-database project. [Swed.].

3199
Jerandi, Ghassene: 2021 Ottawa metropolitan light rail system vision network using least-cost path analysis. In: Bulletin / Association of Canadian Map Libraries and Archives. 121.2004, p.22-25, 3 ill. ISSN 0840-9331.

3200
Kruif, Jan de: Gemeenten en kabels & leidingen. In: Geo-Info : tijdschrift voor Geo-Informatie Nederland, GIN. 1.2004,7/8, p.306-312, 7 ill. Municipalities and cables and pipes. [Dutch]. ISSN 1572-5464.

3201
Kunze, Stephan: Kartographische Unterstützungsmöglichkeiten für den PPNV – angewandt am ÖPNV Salzburgs. Ed.: Technische Universität Wien. – Wien: Technische Universität Wien 2004, 163 p., 48 ill., 35 Diagramme, 12 tab. [Diplomarbeit].

3202
Lalesse, A.J.: Actualisering van zeekaarten. In: Is uw kaart up to date? Visies op kaartrevisie. Ed.: Nederlandse Vereniging voor Kartografie. Werkgroep Kartografische Produktietechnieken. Red. : Chr. J. Snabilié. – Amersfoort: Nederlandse Vereniging voor Kartografie 1995., p.37-40, 5 ill. (NVK publikatiereeks ; 15). [Dutch].

3203
Le Sueur, Bernard: L'aménagement des voies de navigation en Ile-de-France : les grandes étapes. In: Trois siècles de cartographie en Ile-de-France Volume 2. Ed.: Institut d'Aménagement et d'Urbanisme de la Région d'Ile-de-France. Institut d'Aménagement et d'Urbanisme de la Région d'Ile-de-France 1998., p.46-59, 20 ill. (Cahiers de l'Institut d'Aménagement et d'Urbanisme de la Région d'Ile-de-France ; 120.1998).

3204
Li, Zhilin; Ho, Angelina: Design of multi-scale and dynamic maps for land vehicle navigation. In: The Cartographic Journal. 41.2004,3, p.265-270,11 ill., 1 tab. ISSN 0008-7041.

3205
Madau, Caterina; Mariotti, Gavino: Vie fluviali, tematismo privilegiato nella cartografia degli esploratori italiani dell'Africa orientale : tra proposte, polemiche, informazione. In: Bollettino della Associazione Italiana di Cartografia. 41.2004,121/122, p.63-85, 4 ill. waterways, preferred topic within cartgraphy of Italian explorers in East Africa : among proposals, debates, and information. [Ital. with Engl. rés.]. ISSN 0044-9733.

3206
Maia do Vale, Giovane ; Porfirio dal Poz, Aluir: Dynamic programming approach for road centerline extraction from digital images. In: Geomatica. 58.2004,4, p.287-295, 6 ill. ISSN 1195-1036.

3207
Mason, Virginia W.: Frank H Galbraith's railway mail service map, 1897. In: Cartographic perspectives : journal of the North American Cartographic Information Society. 41.2002, p.24-43, 22 ill., 1 tab. ISSN 1048-9053.

3208
Meulemeester, Jean Luc: Een minder bekende kaart van het kanaal Plassendale-Nieuwpoort. In: Biekorf : dat is een leer- en leesblad voor alle verstandige vlamingen. 103.2003,3, p.290-293, 2 ill. A lesser known map of the canal Plassendale-Nieuwpoort. [Dutch].

3209
Michelin. In: Rapport National des Activités Cartographiques Françaises entre 1999 et 2003 : développement – enseignement – recherche – documentation – production. – Paris: 2003., p.37-39 (Le Monde des Cartes : revue du Comité Français de Cartographie ; 176.2003).

3210
Müller, Gerhard; Müller, Thomas T.: "Maintzisch glaidtstein, Hessen ungestendig ..." : Zur Geleitfrage im eichsfeldisch-hessischen Grenzgebiet. In: Eschweger Geschichtsblätter. 11.2000, p.100-112, 12 ill.

3211
Muller, W.H.B.: "75 jaar kaartrevisie". In: Is uw kaart up to date? Visies op kaartrevisie. Ed.: Nederlandse Vereniging voor Kartografie. Werkgroep Kartografische Produktietechnieken. Red. : Chr. J. Snabilié. – Amersfoort: Nederlandse Vereniging voor Kartografie 1995., p.41-44 (NVK publikatiereeks ; 15). [Dutch].

3212
Nicholson, Tim: Cycling and motoring maps in western Europe 1885-1960. In: The Cartographic Journal. 41.2004,3, p.181-215, 25 ill. ISSN 0008-7041.

3213
Patitucci Uggeri, Stella: Le vie d'Acqua : in rapporto al nodo idroviario di Ferrara. – Firenze: Edizioni all'Insegna del Giglio 2002, 131 p., ill., mp. (Carta archeologica medievale del Territorio Ferrarese). ISBN 88-7814-217-4.

3214
Peyke, Gerd; Zaunsender, Stefan: Skalierbares GeoGovernment via Inernet via Internet und Intranet mit w³GIS. In: geoGovernment : öffentliche Geoinformations-Dienste zwischen Kommune und Europa. Ed.: Strobl, Josef; Griesebner, Gerald. Josef Strobl; Gerald Griesebner (Hrsg.). – Heidelberg: Herbert-Wichmann-Verlag 2003., p.77-82, 6 ill.

3215
Recker, Gabriele: Kartographiehistorische Beiträge zur historisch-geographischen Verkehrswegeforschung : Betrachtungen zum Problem der Altkarten als Quelle anhand eines Fallbeispieles aus den Rheinlanden. – Bonn: 1998, 923 p., ill., mp. [Bonn, Univ., Diss., 1998; Text, Katalog und Tafeln in 2 Bde.].

3216
Roebert, Katinka: Van smederij tot digitale snelweg. In: Geo-Info : tijdschrift voor Geo-Informatie Nederland, GIN. 1.2004,11, p.488-489, 1 ill. From forge to digital highway. [Dutch]. ISSN 1572-5464.

3217
Schäfer, Karl Heinz: Experten in eigener Sache : Modellprojekt Stadtplan für Kinder mit Kindern. 1999, 2 p.

3218
Sester, Monika: Präsentation von Geodaten für ortsbezogene Anwendungen. In: GeoInformationsSysteme : Grundlagen – Nutzungen – Entwicklungen ; Geoforum 2004 ; Beiträge der gemeinsam von der Fachrichtung Geodäsie und Geoinformatik, Universität Hannover, der Akademie der Geowissenschaften zu Hannover und dem Deutschen Verein für Vermessungswesen, Bezirksgruppe Hannover-Hildesheim organisierten Veranstaltung im Leibnizhaus Hannover, 8. Juni 2004. – Hannover: 2004., p.57-61, 5 ill. (Wissenschaftliche Arbeiten der Fachrichtung Geodäsie und Geoinformatik der Universität Hannover ; 252).

3219
Sester, Monika: Präsentation von Geodaten für ortsbezogene Anwendungen. In: Geoinformationssysteme (GIS) ; Grundlagen – Anwendungen – Entwicklungen. Ed.: Quade, Horst. – Hannover: 2001., p.60-65, 5 ill. (Veröffentlichungen / Akademie der Geowissenschaften zu Hannover ; 24).

3220
Wilmersdorf, Erich: Ein Fall für e-GEOgovernment – Aufgrabungen im Straßenbereich und zentraler Leitungskataster am Beispiel von Wien. In: geoGovernment : öffentliche Geoinformations-Dienste zwischen Kommune und Europa. Ed.: Strobl, Josef; Griesebner, Gerald. Josef Strobl; Gerald Griesebner (Hrsg.). – Heidelberg: Herbert-Wichmann-Verlag 2003., p.129-138, 5 ill.

3221
Yorke, Douglas A.; Margolies, John; Baker, Eric: Hitting the road : the art of the American road map. – San Francisco: Chronicle Books 1996, 132 p., ill., mp.

Vegetation / Vegetation / Végétation

3222
Andreis, Carlo; Mazzucco, Gianluca; Sala, Enrico; Torretta, Marco; Zaffaroni, Anna: Note illustrative della "carta della vegetazione" riserva naturale "Torbiere del Sebino". In: Bollettino della Associazione Italiana di Cartografia. 41.2004,121/122, p.359-366, 1 ill. Illustrative notes of the "vegetation map" of the nature reserve "Torbiere del Sebino". [Ital.]. ISSN 0044-9733.

3223
Bröker, Kareen: Vegetasjonskartlegging av Fennoskandia basert på MODIS-data. In: Kart og plan : vitenskapelig tidsskrift. 97.2004,2, p.104-120, 11 ill., 1 tab. MODIS satellite data as a source for land cover mapping of Fennoskandia. [Norw. with Engl. rés.]. ISSN 0047-3278.

3224
Chacón-Moreno, Eulogio J.: Mapping savanna ecosystems of the Llanos del Orinoco using multitemporal NOAA satellite imagery. In: International journal of applied earth observation and geoinformation : JAG ; the official quarterly publication of the International Institute for Aerospace Survey and Earth Sciences (ITC). 5.2004,1, p.41-53, 4 ill., 5 tab. ISSN 0303-2434.

3225
Harayama, A. ; Jaquet, J.-M.: Cartographie semi-automatisée et multisources de la couverture du sol dans le Canton de Genève. In: Geomatik Schweiz : Geoinformation und Landmanagement. 102.2004,8, p.503-506, 2 ill. ISSN 0252-9424; 1660-4458.

3226
Kleinschmidt, Birgit; Kenneweg, Hartmut: Auf den Spuren von Strukturen im Wald : "unbestechlich objektiv". In: GeoBit : Geoinformatik für die Praxis. 9.2004,1/2, p.20-22, 4 ill. ISSN 1430-3663.

3227
Miehe, Georg: Begleitworte zur "Vegetationskarte des Khumbu Himal 1:50000". In: Arbeiten aus Nepal : Erwin Schneider zum Gedächtnis. – Innsbruck: Universitätsverlag Wagner 2004., p.133-172, 1 ill., 1 mp.-suppl. (Hochgebirgsforschung ; 9).

3228
Pun-Cheng, Lilian S.C. ; Li, Zhilin; Gao, Wenxiu: An automated system for multi-scale vegetation mapping. In: Cartographica. 39.2004,4, p.89-95, 8 ill., 2 tab. ISSN 0340-0654; 0317-7173.

3229
Walther, Gian-Reto; Hoppe, Ansgar; Hahn, Dirk; Hagemann, Bernd; Steffens, Mareike; Berger, Silje; Pott, Richard: Signale der Planzenwelt verstehen können : wie geographische Informationssysteme in der Geobotanik helfen, langfristige Prozesse darzustellen. In: Virtuelle Welten : wie GIS die Geowissenschaften verändern. Ed.: Universität Hannover; Freundeskreis der Universität Hannover. – Hannover: Universität Hannover; Freundeskreis der Universität Hannover 2003., p.44-49, 7 ill. (Unimagazin Hannover : Zeitschrift der Leibniz-Universität Hannover ; Mitteilungen des Freundeskreises der Universität Hannover ; 2003,3/4).

3230
Wang, Quan; Tenhunen, John D.: Vegetation mapping with multitemporal NDVI in North Eastern China Transect (NECT). In: International journal of applied earth observation and geoinformation : JAG ; the official quarterly publication of the International Institute for Aerospace Survey and Earth Sciences (ITC). 6.2004,1, p.17-31, 2 ill., 3 tab. ISSN 0303-2434.

3231
Wisard, Jean Paul: La nouvelle vision de la couverture du sol à Genève. In: Geomatik Schweiz : Geoinformation und Landmanagement. 102.2004,8, p.501-502. ISSN 0252-9424; 1660-4458.

3232
Zecchi, Rodolfo: La vegetazione e le foreste d'Italia nelle rappresentazioni cartografiche a grande e media scala. In: Bollettino della Associazione Italiana di Cartografia. 41.2007,120, p.127-144 Vegetation and forests of Italy in the large and medium scale maps. [Ital. with Engl. rés.]. ISSN 0044-9733.

J. Atlas Cartography
Atlas-Kartographie
Cartographie relative à la réalisation des atlas

1. General Features
Allgemeines
Généralités

3233
Akerman, James R.: Atlas : birth of a title. In: The Mercator Atlas of Europe : facsimile of the maps by Gerardus Mercator contained in the Atlas of Europe, circa 1570-1572 = Gerardi Mercatoris Atlas Europae. Ed.: Watelet, Marcel. – Pleasant Hill, OR: Walking Tree Press 1998., p.15-29, 14 ill., 6 mp.

3234
Birsak, Lukas: Der neue Hölzel-Universalatlas : Schnittstelle zwischen Wissenschaft und Bildung. In: Mitteilungen der Österreichischen Geographischen Gesellschaft : MÖGG ; Jahresband. 146.2004, p.287-302, 1 ill.-suppl. ISSN 0029-9138.

3235
Birsak, Lukas: Der neue Hölzel-Universalatlas. In: GW-Unterricht : eine Zeitschrift des Vereins "Forum Wirtschaftserziehung" für Geographie und Wirtschaftskunde. 96.2004, p.49-52, 4 ill.

3236
Catalogue of the International Exhibition Maps & Atlases 1984 : 12th International Cartographic Conference, 7th general assembly. ; International Cartographic Association. – Perth: 1984, 136 p.

3237
Catalogue of the National Exhibition Maps & Atlases 1984 : 12th International Cartographic Conference, 7th general assembly. ; International Cartographic Association. – Perth: 1984, 87 p.

3238
Kil'djuševskij, L.: Zerkalo mira : pjat' vekov geografičeskogo atlasa iz sobranija Rossijskoj Nacional'noj Biblioteki ; katalog Vystavki v Rossijskoj Nacional'noj Biblioteke, Posvjaščennoj Okončaniju Proekta po Restavracii Niderlanskogo Atlasa 16 Veka ; 24 sentjabrja-15 oktjabrja 2004 = Speculum orbis terrae. – Sankt Petersburg: OM-Press 2005, 161 p., mp. [Russ. and Engl.]. [Nebent.: Iz fondov Rossijskoj Nacional'noj Biblioteki = In the collection of the National Library of Russia].

3239
Lago, Luciano: Geographical knowledge in the work of Pietro Coppo. In: Imago Italiae : the making of Italy in the history of cartography from the Middle Ages to the Modern era ; reality, image and imagination from the Codices of Claudius Ptolemy ... Ed.: Goliardica E.U.T. – Trieste: Goliardica E.U.T., p.65-67, 15 ill. [Engl. ed.].

3240
Lobben, Amy; Patton, David K.: Design guidelines for digital atlases. In: Cartographic perspectives : journal of the North American Cartographic Information Society. 44.2003, p.51-62. ISSN 1048-9053.

3241
Proceedings of the Seminar on Electronic Atlases : held at Eötvös Loránd University, Visegrád, Hungary, April 27 – 29, 1993. Ed.: Klinghammer, István. – Budapest: Cartographic Institute of Eötvös Loránd University 1993, 184 p., ill., mp.

2. World Atlases, Reference Atlases
Weltatlanten
Atlas mondiaux, atlas de référence

3242
Danku, Gyuri: Twaalf kaarten van Cornelis I Danckerts (1630-1656) in de Andreas Nagy atlas. In: Caert-thresoor : tijdschrift voor de geschiedenis van de kartografie in Nederland. 23.2004,3, p.72-79, 15 ill., 1 portr. Twelve maps by Cornelis Danckerts I (1603-1656) in the Andreas Nagy atlas. ISSN 0167-4994.

3243
De wereld in kaart : Abraham Ortelius (1527-1598) en de eerste atlas ; een publicatie van Stad Antwerpen : [deze publicatie verschijnt naar aanleiding van de tentoonstelling in het Museum Plantin-Moretus te Antwerpen, 21 november 1998-24 januari 1999]. Catalogus teksten: D. Imhof. – Antwerpen: 1998, 152 p., ill. (Publikaties van het Museum Plantin-Moretus en het Stedelijk Prentenkabinet ; 38).

3244
Denk, Wolfgang: Internationale Weltatlanten als moderne Printmedien. In: 50 Jahre Sektion Karlsruhe der Deutschen Gesellschaft für Kartographie e.V. : Festschrift. Ed.: Kern, Hans F. Hrsg. von Hans F. Kern. – Karlsruhe: Fachhochschule Karlsruhe, Hochschule für Technik, Fachbereich Geoinformationswesen 2004., p.74-90, 4 ill., 3 tab. (Karlsruher geowissenschaftliche Schriften, Reihe A, Kartographie und Geographie ; 16).

3245
Hayn, Eberhard: Die Darstellung der Schweiz in den klassischen Handatlanten vor dem Ersten Weltkrieg. In: 50 Jahre Sektion Karlsruhe der Deutschen Gesellschaft für Kartographie e.V. : Festschrift. Ed.: Kern, Hans F. Hrsg. von Hans F. Kern. – Karlsruhe: Fachhochschule Karlsruhe, Hochschule für Technik, Fachbereich Geoinformationswesen 2004., p.144-152;268-269, 6 ill. (Karlsruher geowissenschaftliche Schriften, Reihe A, Kartographie und Geographie ; 16).

3246
Krogt, Peter van der: De atlas Blaeu-Van der Hem : het Geheugen van de Wereld. In: Geo-Info : tijdschrift voor Geo-Informatie Nederland, GIN. 1.2004,5, p. 208-214, 10 ill. The atlas Blaeu-Van der Hem : the memory of the world. [Dutch]. ISSN 1572-5464.

3247
Krogt, Peter van der; Danku, Gyuri: De Andreas Nagy atlas : een atlas factice uit circa 1660. In: Caert-thresoor : tijdschrift voor de geschiedenis van de kartografie in Nederland. 23.2004,3, p.66-71, 14 ill. The Andreas Nagy atlas : an atlas factice of c. 1660. ISSN 0167-4994.

3248
Lierz, Wolfgang: Karten aus Stielers Hand-Atlas in der Encyclopaedia Britannica. In: Cartographica Helvetica : Fachzeitschrift für Kartengeschichte. 2004,29, p.27-34, 9 ill., 1 tab. ISSN 1015-8480.

3249
Mappa mundi : progetto di restauro sperimentale di due mappamondi di Mattheus Greuter. Ed.: Centro Regionale per la Progettazione e il Restauro. – Palermo: Centro Regionale per la Progettazione e il Restauro 2004, 107 p., ill. + 1 DVD-Video. (I quaderni di Palazzo Montalbo : studi, indagini ed interventi per la conservazione del Patrimonio culturale ; 3) Mappa mundi : experimental restauration project of two Mappamundi of Mattheus Greuter. [Ital.]. [Collected essays; Contains bibliography] ISBN 88-7758-532-3.

3250
Ormeling, Ferjan: Beyond Mercator. In: Second Anglo-Dutch Seminar on Cartography : held in Enschede, April 3-4, 1997. Ed.: Ormeling, Ferjan. – Amersfoort: Nederlandse Vereniging voor Kartografie 1998., p.7-17, 6 ill. (NVK publikatiereeks ; 26).

3251
Wawrik, Franz: Die Karten der Länder Ober- und Niederösterreich im Atlas Blaeu-Van der Hem, mit besonderer Berücksichtigung der Handzeichnungen Julius Mulhusers. In: Aspekte der Kartographie im Wandel der Zeit : Festschrift für Ingrid Kretschmer zum 65. Geburtstag und anlässlich ihres Übertritts in den Ruhestand. Ed.: Kainz, Wolfgang. Hrsg. von Wolfgang Kainz. – Wien: Geographisches Institut <Wien, Universität> / Arbeitsbereich für Geographie und Kartographie 2004., p.141-149, 4 ill. (Wiener Schriften zur Geographie und Kartographie ; 16).

4. Thematic Atlases, Planning Atlases Thematische Atlanten, Planungsatlanten Atlas thématiques, atlas de planification

3252
Antrop, Marc; Eetvelde, Veerle van: De landschapsatlas van het Vlaamse gewest. In: De Aardrijkskunde. 1-2, p.21-30, 5 ill., 3 tab. The landscape atlas of the Flemish region of Belgium. [Dutch with Engl. rés.].

3253
Batten, Paul: Creating a landscape atlas : a demonstration and discussion. In: The Globe. 56.2004, p.41-55, 5 ill. ISSN 0311-3930.

3254
Bradley, John: The Irish Historic Towns Atlas as a source for urban history. In: Surveying Ireland's past : multidisciplinary essays in honour of Anngret Simms. Ed.: Clarke, Howard B.; Prunty, Jacinta; Hennessy, Mark. Edited by Howard B. Clarke, Jacinta Prunty and Mark Hennessy. – Dublin: Geography Publications 2004., p.727-746, 1 ill.

3255
Brun-Trigaud, Guylaine: Du crayon à l'ordinateur : une nouvelle interprétation des atlas linguistiques. In: Dialectologie et toponymie : actes du 8e Colloque de Dialectologie et de Littérature du Domaine d'Oïl Occidental (Université d'Avingnon, 12-13 juin 2002). Ed.: Brasseur, Patrice. – Avignon: Centre d'Études Canadiennes <Avignon> 2004., p.11-21, 11 ill.

3256
Czaja, Roman: Forschungsbericht : die historischen Atlanten der europäischen Städte. In: Jahrbuch für europäische Geschichte. 3.2002, p.205-216. ISSN 1616-6485.

3257
Davies, K. Mary: Illuminating Irish towns: the Irish Historic Towns Atlas comes of age. In: Surveying Ireland's past : multidisciplinary essays in honour of Anngret Simms. Ed.: Clarke, Howard B.; Prunty, Jacinta; Hennessy, Mark. Edited by Howard B. Clarke, Jacinta Prunty and Mark Hennessy. – Dublin: Geography Publications 2004., p.713-725, 3 ill.

3258
Deruyter, Greta; Antrop, Marc: De atlas der buurtwegen : een vergeten (cartografisch) erfgoed. In: De Aardrijkskunde. 1-2, p.67-83, 12 ill., 4 tab. The atlas of vicinal roads : a forgotten (cartographic) heritage. [Dutch with Engl. rés.].

3259
Engelbrecht, Bernhard: Visualisierung von Wirtschaftsdaten am Beispiel des digitalen Wirtschaftsatlas Österreich. In: VGI : österreichische Zeitschrift für Vermessung & Geoinformation. 92.2004,2, p.68-76, 9 ill. ISSN 0029-9650.

3260
Fridl, Jerneja: National atlas of Slovenia : current trends and future opportunities. In: The Cartographic Journal. 41.2004,2, p.167-176, 8 ill., 1 tab. ISSN 0008-7041.

3261
Galluccio, Floriana: Un atlante geostorico delle articolazioni politico-amministrative in Italia. In: Mundus novus : Amerigo Vespucci e i metodi della ricerca storico-geografica ; atti del convegno internazionale di studi, Roma-Firenze, 27-30 novembre 2002. Ed.: Società Geografica Italiana. – Roma: Società Geografica Italiana 2004., p.487-497 (Memorie della Società Geografica Italiana ; 75) A geohistorical atlas of the political-administrative structures in Italy. [Ital.].

3262
Gluski, Pauline: Communiquer et diffuser l'information spatialisée : le mini atlas informatisé d'Addis-Abeba et les cartes interactives associées. In: Le Monde des Cartes : revue du Comité Français de Cartographie. 181.2004, p.5-20. ISSN 1634-3522.

3263
Hurni, Lorenz; Jenny, Bernhard; Terribilini, Andrea; Freimark, Helen; Schwandner, Florian M.; Gogu, Radu C.; Dietrich, Volker J.: GEOWARN : ein Internet-basiertes Multimedia-Atlas-Informationssystem für vulkanologische Anwendungen. In: Kartographische Nachrichten : KN ; Fachzeitschrift für Geoinformation und Visualisierung ; Organ der Deutschen Gesellschaft für Kartographie e.V., der Schweizerischen Gesellschaft für Kartographie und der Österreichischen Kartographischen Kommission in der Österreichischen Geographischen Gesellschaft. 54.2004,2, p.67-72, 5 ill. ISSN 0022-9164.

3264
Jordan, Peter: National and regional atlases as an expression of national/regional identities : new examples form post-communist Europe. In: The Cartographic Journal. 41.2004,2, p.150-166, 8 ill. ISSN 0008-7041.

3265
Kemp, Stefanie: Volkskundliche Karten in Geschichtsatlanten : historischer Atlas zur schleswig-holsteinischen Volkskultur. In: Kieler Blätter zur Volkskunde. 25.1993, p.219-224. ISSN 0341-8030.

3266
Köppe, Helmtrud: Sachsen-Anhalt entdecken und erleben : zur Entstehung des Touristik-Atlasses. In: LSA VERM : Zeitschrift für das öffentliche Vermessungswesen des Landes Sachsen-Anhalt. 10.2004,2, p.135-144, 9 ill. ISSN 1435-2338.

3267
Kraak, Menno-Jan: Cartografie en het WWW, geïllustreerd aan de hand van de atlas. In: De Aardrijkskunde. 1-2, p.15-20, 3 ill. Cartography and the WWW, illustrated by the atlas. [Dutch with Engl. rés.].

3268
McKendry, Jean: Managing colour (part I) : selecting colour schemes for thematic maps in an atlas series. In: Cartouche : the operational publication of the Canadian Cartographic Association. 53.2004, p.3-5, 1 ill. ISSN 1183-2045.

3269
Meacham, James E.: State atlas design. In: Cartographic perspectives : journal of the North American Cartographic Information Society. 44.2003, p.42-50, 6 ill. ISSN 1048-9053.

3270
Onorati, Giuseppe; Imperatrice, Maria Luisa; Matrone, Anna Maria; Scarponi, Franco: La cartografia delle acque nel primo atlante ambientale della campania della Campania 2003. In: Bollettino della Associazione Italiana di Cartografia. 41.2001,121/122, p.269-289, 12 ill., 1 tab. Water maps in the first environmental Atlas of the Campania region 2003. [Ital. with Engl. rés.]. ISSN 0044-9733.

3271
Opll, Ferdinand; Simms, Annegret: Historische Stadtatlanten : Stadtgeschichte in Karten. In: Siedlungsforschung : Archäologie, Geschichte, Geographie. 15.1997, p.303-325, 1 ill. ISSN 0175-0046.

3272
Schwedler, Ulrike; Schwedler, Frank: Historische Daten im modernen Gewand : GIS und Computerkartographie am Beispiel des "Historischen Atlas Schleswig-Holstein". In: Kartographische Nachrichten : KN ; Fachzeitschrift für Geoinformation und Visualisierung ; Organ der Deutschen Gesellschaft für Kartographie e.V., der Schweizerischen Gesellschaft für Kartographie und der Österreichischen Kartographischen Kommission in der Österreichischen Geographischen Gesellschaft. 54.2004,1, p.21-27, 5 ill. ISSN 0022-9164.

3273
Talbert, Richard: Barrington Atlas of the Greek and Roman world : the cartographic fundamentals in retrospect. In: Cartographic perspectives : journal of the North American Cartographic Information Society. 46.2003, p.4-27, 7 ill. ISSN 1048-9053.

3274
Wagner, Reinhold; Wagner, Julius: Zeichnungen aus "Fortificatorischer Atlas" und "Sammlung technischer Bestimmungen für Fortifikations-, Artillerie- und Garnison-Bauten". Ed.: Fixener, Roman. – Saarbrücken: Studienkreis für Internationales Festungs-, Militär- und Schutzbauwesen 2003, 184 p., ill., mp. (Fortifikation : Fachblatt des Studienkreises für Internationales Festungs-, Militär- und Schutzbauwesen e.V. / Spezial ; 4). [im Schuber].

3275
Weczerka, Hugo: Zweimal Breslau : zu einigen Ergebnissen des Deutschen und Polnischen Städteatlas. In: Hansische Geschichtsblätter. 120.2002, p.213-222. ISSN 0073-0327.

3276
Williams, Donna; O'Brien, Douglas; Kramers, Eric: The atlas of Canada web mapping : the user counts. In: Cartographic perspectives : journal of the North American Cartographic Information Society. 44.2003, p.8-28, 9 ill. ISSN 1048-9053.

5. School Atlases Schulatlanten Atlas scolaires

3277
Birsak, Lukas: 3-D im Schulatlas. In: Aspekte der Kartographie im Wandel der Zeit : Festschrift für Ingrid Kretschmer zum 65. Geburtstag und anlässlich ihres Übertritts in den Ruhestand. Ed.: Kainz, Wolfgang. Hrsg. von Wolfgang Kainz. – Wien: Geographisches Institut <Wien, Universität> / Arbeitsbereich für Geographie und Kartographie 2004., p.209-214, 6 ill. (Wiener Schriften zur Geographie und Kartographie ; 16).

3278
Birsak, Lukas: Der neue Hölzel-Universalatlas : Schnittstelle zwischen Wissenschaft und Bildung. In: Mitteilungen der Österreichischen Geographischen Gesellschaft : MÖGG ; Jahresband. 146.2004, p.287-302, 1 ill.-suppl. ISSN 0029-9138.

3279
Birsak, Lukas: Der neue Hölzel-Universalatlas. In: GW-Unterricht : eine Zeitschrift des Vereins "Forum Wirtschaftserziehung" für Geographie und Wirtschaftskunde. 96.2004, p.49-52, 4 ill.

3280
Hurni, Lorenz: Vom analogen zum interaktiven Schulatlas : Geschichte, Konzepte, Umsetzungen. In: Aspekte der Kartographie im Wandel der Zeit : Festschrift für Ingrid Kretschmer zum 65. Geburtstag und anlässlich ihres Übertritts in den Ruhestand. Ed.: Kainz, Wolfgang. Hrsg. von Wolfgang Kainz. – Wien: Geographisches Institut <Wien, Universität> / Arbeitsbereich für Geographie und Kartographie 2004., p.215-221, 2 ill., 4 tab. (Wiener Schriften zur Geographie und Kartographie ; 16).

3281
Kleinschmidt, Verena: Am Anfang war der "Liechtenstern/Lange" : aus der Frühgeschichte der Westermann-Kartographie. In: Geographische Rundschau. 5; 56.2004,5, p.I-XII, 1 portr., 6 mp. [Beihefter in Heftmitte].

3282
Maeyer, Philipp de: Historische schets van de schoolatlassen in Vlaanderen. In: De Aardrijkskunde. 1-2, p.37-44, 8 ill., 1 tab. Historic overview and comparison of school atlases in Flanders. [Dutch with Engl. rés.].

3283
Neumann, Joachim: Die deutsch-französischen Beziehungen im Spiegel deutscher Schulatlanten : Katalog zur Ausstellung im Hauptstaatsarchiv Stuttgart vom 6. Oktober bis 17. Dezember 2004. Ed.: Fachhochschule Karlsruhe, Hochschule für Technik, Fachbereich Geoinformationswesen. – Karlsruhe: Fachhochschule Karlsruhe, Hochschule für Technik, Fachbereich Geoinformationswesen 2004, 48 p., mp. (Karlsruher geowissenschaftliche Schriften ; Reihe C, Alte Karten ; 15). ISBN 3-89063-614-4.

3284
Russchen, J.: Revisie van een schoolatlas. In: Is uw kaart up to date? Visies op kaartrevisie. Ed.: Nederlandse Vereniging voor Kartografie. Werkgroep Kartografische Produktietechnieken. Red. : Chr. J. Snabilié. – Amersfoort: Nederlandse Vereniging voor Kartografie 1995., p.21-25, 3 ill. (NVK publikatiereeks ; 15). [Dutch].

3285
Russchen, J.: Revisie van een schoolatlas. In: Is uw kaart up to date? Visies op kaartrevisie. Ed.: Nederlandse Vereniging voor Kartografie. Werkgroep Kartografische Produktietechnieken. Red. : Chr. J. Snabilié. – Amersfoort: Nederlandse Vereniging voor Kartografie 1995., p.21-25, 3 ill. (NVK publikatiereeks ; 15).

3286
Russchen, Johan: 125 jaar Bosatlas : conceptuele evolutie van een schoolatlas. In: De Aardrijkskunde. 1-2, p.31-36 125 years Bosatlas : conceptual evolution of a school atlas. [Dutch with Engl. rés.].

3287
Stani-Fertl, Roman: Wirtschaftskarten in der Schulkartographie : zum Stand der Entwicklung in den österreichischen Schulatlanten. In: Aspekte der Kartographie im Wandel der Zeit : Festschrift für Ingrid Kretschmer zum 65. Geburtstag und anlässlich ihres Übertritts in den Ruhestand. Ed.: Kainz, Wolfgang. Hrsg. von Wolfgang Kainz. – Wien: Geographisches Institut <Wien, Universität> / Arbeitsbereich für Geographie und Kartographie 2004., p.282-287, 1 ill. (Wiener Schriften zur Geographie und Kartographie ; 16).

6. Regional Atlases
Regionalatlanten
Atlas régionaux

3288
Batten, Paul: Creating a landscape atlas : a demonstration and discussion. In: The Globe. 56.2004, p.41-55, 5 ill. ISSN 0311-3930.

3289
Bodenstein, Wulf: A 1656 Visscher wall map of Flanders as a portable atlas. In: Von Flandern zum Niederrhein : Wirtschaft und Kultur überwinden Grenzen ; Begleitband zur Ausstellung "Von Flandern zum Niederrhein – Wirtschaft und Kultur überwinden Grenzen" ; [10. Mai bis 6. August 2000 ; eine Ausstellung der 24. Duisburger Akzente "Ei. Ed.: Kultur- u. Stadthistorisches Museum Duisburg. – Duisburg: Kultur- u. Stadthistorisches Museum Duisburg 0., p.67-86, 7 ill.

3290
Chubb, Thomas: The printed maps in the atlases of Great Britain and Ireland : a bibliography, 1579-1870. Ed.: Martino Pub. – Mansfield Centre, CT: Martino Pub 2004. [Originally published: London : Homeland Association, ltd., 1927; Includes bibliographical references and index].

3291
Czaja, Roman: Forschungsbericht : die historischen Atlanten der europäischen Städte. In: Jahrbuch für europäische Geschichte. 3.2002, p.205-216. ISSN 1616-6485.

3292
De Zeven Provinciën : landkaarten van Nederland uit de zeventiende en achttiende eeuw ; [Tentoonstelling De Seven Provinciën, Presentatie van Unieke Schenking aan de Atlas Van Stolk in Museum Het Schielandshuis, Rotterdam, die werd gehouden van 6 juni tot en met 5 oktober 2003]. Ed.: Atlas van Stolk. [Samenstelling: Lina van der Wolde]. – Rotterdam: Atlas van Stolk 2003, 64 p., mp. The seven provinces : maps of Netherland from the seventeenth and eighteenth century. [Dutch].

3293
Engelbrecht, Bernhard: Visualisierung von Wirtschaftsdaten am Beispiel des digitalen Wirtschaftsatlas Österreich. In: VGI : österreichische Zeitschrift für Vermessung & Geoinformation. 92.2004,2, p.68-76, 9 ill. ISSN 0029-9650.

3294
Fridl, Jerneja: National atlas of Slovenia : current trends and future opportunities. In: The Cartographic Journal. 41.2004,2, p.167-176, 8 ill., 1 tab. ISSN 0008-7041.

3295
Galluccio, Floriana: Un atlante geostorico delle articolazioni politico-amministrative in Italia. In: Mundus novus : Amerigo Vespucci e i metodi della ricerca storico-geografica ; atti del convegno internazionale di studi, Roma-Firenze, 27-30 novembre 2002. Ed.: Società Geografica Italiana. – Roma: Società Geografica Italiana 2004., p.487-497 (Memorie della Società Geografica Italiana ; 75) A geohistorical atlas of the political-administrative structures in Italy. [Ital.].

3296
Gluski, Pauline: Communiquer et diffuser l'information spatialisée : le mini atlas informatisé d'Addis-Abeba et les cartes interactives associées. In: Le Monde des Cartes : revue du Comité Français de Cartographie. 181.2004, p.5-20. ISSN 1634-3522.

3297
Györffy, János; Klinghammer, István: Die kleinmaßstäbige Darstellung von Europa in Projektionen geringster Verzerrung : die Basis für einen Europa-Atlas. In: Kartographische Nachrichten : KN ; Fachzeitschrift für Geoinformation und Visualisierung ; Organ der Deutschen Gesellschaft für Kartographie e.V., der Schweizerischen Gesellschaft für Kartographie und der Österreichischen Kartographischen Kommission in der Österreichischen Geographischen Gesellschaft. 54.2004,6, p.262-268, 3 ill., 1 tab. ISSN 0022-9164.

3298
Jordan, Peter: National and regional atlases as an expression of national/regional identities : new examples form post-communist Europe. In: The Cartographic Journal. 41.2004,2, p.150-166, 8 ill. ISSN 0008-7041.

3299
Kemp, Stefanie: Volkskundliche Karten in Geschichtsatlanten : historischer Atlas zur schleswig-holsteinischen Volkskultur. In: Kieler Blätter zur Volkskunde. 25.1993, p.219-224. ISSN 0341-8030.

3300
Köppe, Helmtrud: Sachsen-Anhalt entdecken und erleben : zur Entstehung des Touristik-Atlasses. In: LSA VERM : Zeitschrift für das öffentliche Vermessungswesen des Landes Sachsen-Anhalt. 10.2004,2, p.135-144, 9 ill. ISSN 1435-2338.

3301
Kraak, Menno-Jan: Cartografie en het WWW, geïllustreerd aan de hand van de atlas. In: De Aardrijkskunde. 1-2, p.15-20, 3 ill. Cartography and the WWW, illustrated by the atlas. [Dutch with Engl. rés.].

3302
Kraus, Werner: Nationalatlas Bundesrepublik Deutschland : ein kartographisches Großprojekt. In: 50 Jahre Sektion Karlsruhe der Deutschen Gesellschaft für Kartographie e.V. : Festschrift. Ed.: Kern, Hans F. Hrsg. von Hans F. Kern. – Karlsruhe: Fachhochschule Karlsruhe, Hochschule für Technik, Fachbereich Geoinformationswesen 2004., p.173-181;270-271, 6 ill. (Karlsruher geowissenschaftliche Schriften, Reihe A, Kartographie und Geographie ; 16).

3303
Lago, Luciano: L'atlante d'Italia manoscritto, anonimo e senza data, del seminario vescovile di Padova. In: Imago Italiae : la fabrica dell'Italia nella storica della cartografia tra medievo ed età moderna ; realtà, immagine ed immaginazione dai codici di Claudio Tolomeo all'atlante di Giovanni Antonio Magini / Luciano Lago. Ed.: E.U.T. – Trieste: E.U.T., p.509-535, 20 ill. The anonymous and undated manuscript atlas of Italy in the Bishops's Seminary Library in Padua. [Ital.].

3304
Lago, Luciano: L'Italia di Giovanni Antonio Magini. In: Imago Italiae : la fabrica dell'Italia nella storica della cartografia tra medievo ed età moderna ; realtà, immagine ed immaginazione dai codici di Claudio Tolomeo all'atlante di Giovanni Antonio Magini / Luciano Lago. Ed.: E.U.T. – Trieste: E.U.T., p.669-772, 91 ill. Giovanni Antonio Magini's Italia. [Ital.].

3305
Les atlas régionaux : Conception, réalisation, utilisation. Colloque Franco-Polonais (Paris, 17-18-19 mars 1992). 1993, 177 p., ill., tab. (Bulletin du Comité Français de Cartographie ; 136-137.1993).

3306
Martz, Lawrence: Moving the Atlas of Saskatchewan from hardcopy (Millennium Edition) to a multi-media (CD-ROM Edition) platform. In: Cartographic perspectives : journal of the North American Cartographic Information Society. 44.2003, p.29-41, 7 ill. ISSN 1048-9053.

3307
Meacham, James E.: State atlas design. In: Cartographic perspectives : journal of the North American Cartographic Information Society. 44.2003, p.42-50, 6 ill. ISSN 1048-9053.

3308
Ohainski, Uwe: Johannes Mellinger und der Ämteratlas des Fürstentums Lüneburg aus dem 16. Jahrhundert. In: Stadt – Land – Schloss : Celle als Residenz ; Begleitband zur Ausstellung. Ed.: Streich, Brigitte. – Bielefeld: Verlag für Regionalgeschichte 2000., p.199-211 (Celler Beiträge zur Landes- und Kulturgeschichte ; 29).

3309
Onorati, Giuseppe; Imperatrice, Maria Luisa; Matrone, Anna Maria; Scarponi, Franco: La cartografia delle acque nel primo atlante ambientale della campania della Campania 2003. In: Bollettino della Associazione Italiana di Cartografia. 41.2001,121/122, p.269-289, 12 ill., 1 tab. Water maps in the first environmental Atlas of the Campania region 2003. [Ital. with Engl. rés.]. ISSN 0044-9733.

3310
Opll, Ferdinand; Simms, Annegret: Historische Stadtatlanten : Stadtgeschichte in Karten. In: Siedlungsforschung : Archäologie, Geschichte, Geographie. 15.1997, p.303-325, 1 ill. ISSN 0175-0046.

3311
Ormeling, Ferjan: Topografische Atlassen 1:25.000 van de ANWB. In: Geo-Info : tijdschrift voor Geo-Informatie Nederland, GIN. 1.2004,7/8, p.336-338, 3 ill. Topographic atlantes 1:25.000 van de ANWB. [Dutch]. ISSN 1572-5464.

3312
Ruegsegger, Marianne; Schmid, Christoph; Sieber, René: Raster data in multimedia atlases : benefits and challenges ; examples from the "Atlas of Switzerland – interactive". In: Cartographic perspectives : journal of the North American Cartographic Information Society. 45.2003, p.73-77, 3 ill., 4 tab. ISSN 1048-9053.

3313
Schwedler, Ulrike; Schwedler, Frank: Historische Daten im modernen Gewand : GIS und Computerkartographie am Beispiel des "Historischen Atlas Schleswig-Holstein". In: Kartographische Nachrichten : KN ; Fachzeitschrift für Geoinformation und Visualisierung ; Organ der Deutschen Gesellschaft für Kartographie e.V., der Schweizerischen Gesellschaft für Kartographie und der Österreichischen Kartographischen Kommission in der Österreichischen Geographischen Gesellschaft. 54.2004,1, p.21-27, 5 ill. ISSN 0022-9164.

3314
Talbert, Richard: Barrington Atlas of the Greek and Roman world : the cartographic fundamentals in retrospect. In: Cartographic perspectives : journal of the North American Cartographic Information Society. 46.2003, p.4-27, 7 ill. ISSN 1048-9053.

3315
Watelet, Marcel: The atlas of Europe circa 1570 – 1572. In: The Mercator Atlas of Europe : facsimile of the maps by Gerardus Mercator contained in the Atlas of Europe, circa 1570-1572 = Gerardi Mercatoris Atlas Europae. Ed.: Watelet, Marcel. – Pleasant Hill, OR: Walking Tree Press 1998., p.7-13, 1 portr., 4 ill., 6 mp.

3316
Weczerka, Hugo: Zweimal Breslau : zu einigen Ergebnissen des Deutschen und Polnischen Städteatlas. In: Hansische Geschichtsblätter. 120.2002, p.213-222. ISSN 0073-0327.

3317
Williams, Donna; O'Brien, Douglas; Kramers, Eric: The atlas of Canada web mapping : the user counts. In: Cartographic perspectives : journal of the North American Cartographic Information Society. 44.2003, p.8-28, 9 ill. ISSN 1048-9053.

3318
Wolodtschenko, Alexander; Kel'genbaeva, Kamilja: Cartosemiotičeskij analiz atlasa Kyrgyzstana. In: Theoretische Probleme der Kartographie und ihrer Nachbardisziplinen. Ed.: Wolodtschenko, Alexander; Schlichtmann, Hansgeorg. – Dresden: 2004., p.49-54, 2 ill., 6 tab. (Diskussionsbeiträge zur Kartosemiotik und zur Theorie der Kartographie : internationales Korrespondenz-Seminar ; 6) Cartosemiotic analysis of the Atlas of Kyrgyzstan. [With Engl. and Germ. rés.].

K. Tactile Maps, Maps for the Blind
Taktile Karten, Blindenkarten
Cartes tactiles, cartes pour aveugles

3319
Griffin, Amy L.: Feeling it out : the use of haptic visualization for exploratory geographic analysis. In: Cartographic perspectives : journal of the North American Cartographic Information Society. 39.2001, p.12-29, 1 ill. ISSN 1048-9053.

3320
Janson, Katja; Wurm, Christian: Mobilität durch Karten : interaktiver Stadtplan für Menschen mit Behinderungen. In: Kartographische Nachrichten : KN ; Fachzeitschrift für Geoinformation und Visualisierung ; Organ der Deutschen Gesellschaft für Kartographie e.V., der Schweizerischen Gesellschaft für Kartographie und der Österreichischen Kartographischen Kommission in der Österreichischen Geographischen Gesellschaft. 54.2004,1, p.14-21, 10 ill. ISSN 0022-9164.

L. Film and Computer Screen Maps
Film- und Bildschirmkarten
Cartes cinématographiques et cartes écran

3321
19ème Conférence Cartographique Internationale: (Ottawa, 14-21 août 1999). – Paris: 1999, 87 p.,ill., mp. (Bulletin du Comité Français de Cartographie ; 162.1999). [Themenheft der Zeitschrift "Bulletin du Comité Français de Cartographie" (162.1999)].

3322
A geospatial framework for the coastal zone : national needs for coastal mapping and charting. Ed.: National Research Council / Committee on National Needs for Coastal Mapping and Charting. – Washington, DC: National Academies Press 2004, XIV, 149 p., ill., mp. [Also issued online] ISBN 0-309-09176-4.

3323
Aloi, Daniel N. and others: GPS car talk : listening to Bluetooth. In: GPS world. 9, p.36-46, 4 ill., 4 tab. ISSN 1048-5104.

3324
Altmaier, Angela; Kolbe, Thomas H.: Applications and solutions for interoperable 3D geo-visualization. In: Photogrammetric Week '03. Ed.: Fritsch, Dieter. – Heidelberg: Herbert-Wichmann-Verlag., p.253-267, 9 ill.

3325
Anand, Suchith; Ware, J. Mark; Taylor, George: Map generalization for location based services : large scale datasets perspective. In: The Bulletin of the Society of Cartographers. 38.2004,2, p.37-40, 3 ill. ISSN 0036-1984.

3326
Antrop, Marc; Eetvelde, Veerle van: De landschapsatlas van het Vlaamse gewest. In: De Aardrijkskunde. 1-2, p.21-30, 5 ill., 3 tab. The landscape atlas of the Flemish region of Belgium. [Dutch with Engl. rés.].

3327
Arbeitsgruppe Automation in der Kartographie : Tagung 2003. Ed.: Bundesamt für Kartographie und Geodäsie <Deutschland>. – Frankfurt a.M.: Bundesamt für Kartographie und Geodäsie <Deutschland> 2004, 229 p., ill., mp. (Mitteilungen des Bundesamtes für Kartographie und Geodäsie ; 31; 2004). ISBN 3-89888-882-7.

3328
Arell, Lars: Storebror ser dig. In: Nya lantmätaren. 2004,10, p.14-17, 5 ill. Big Brother is watching you. [Swed.].

3329
Arnoldt, Hans-Martin: Digitale Karten – eine Herausforderung für die Archive : ein Bericht zu neuen Formen der kartographischen Überlieferung. In: Archiv Nachrichten Niedersachsen : Mitteilungen aus niedersächsischen Archiven. 7.2003, p.81-88. ISSN 1617-6820.

3330
Asche, Hartmut: Digitale Karten : eine Herausforderung für die Kartensammlung. In: Die digitale Kartenbibliothek : eine Momentaufnahme. Ed.: Bühler, Jürg. – München: Saur 2004., p.15-27 (Bibliographia cartographica / Beiheft ; 1).

3331
Badard, Thierry; Braun, Arnaud: "Oxygène" : une plate-forme inter-opérable pour le déploiement de services Web géographiques. In: Bulletin d'information de l'IGN : BI ; recherche ..., p.113-121, 5 ill. ISSN 0427-2218.

3332
Baillarin, Simon; Bernard, Marc: La génération automatique de spatiocartes. In: XYZ : revue de l'Association Française de Topographie. 100.2004,3, p.92-94, 5 ill. ISSN 0290-9057.

3333
Balfanz, Dirk: Visuell unterstützte, automatisierte Generierung und Nutzung von Geo-Metadaten. – Stuttgart: Fraunhofer-IRB-Verlag 2002, II, 215 p., ill. (Computer-Graphik-Edition). [Zugl.: Darmstadt, Techn. Univ., Diss., 2002] ISBN 3-8167-6202-6.

3334
Barnes, David L.: Using ArcMap to enhance topographic presentation. In: Cartographic perspectives : journal of the North American Cartographic Information Society. 42.2002, p.5-11, 7 ill. ISSN 1048-9053.

3335
Becker, Renate ; Hergesell, Mario: Die Zukunft der Vergangenheit : Integration und Nutzung historischer Bergbaukarten im digitalen Hessischen Markscheiderischen Rissarchiv HMRA. In: GeoBit : Geoinformatik für die Praxis. 9=17.2004,3, p.9-15, 9 ill. [Titel des Heftes: Geo-Informationssysteme : GIS (aufgegangen in GeoBit)] ISSN 1430-3663.

3336
Bendinger, Alberto; Jung, Ingolf: Virtual city models : new approaches in urban simulation and city planning using virtual reality tools. In: Photogrammetric Week '03. Ed.: Fritsch, Dieter. – Heidelberg: Herbert-Wichmann-Verlag., p.237-240, 5 ill.

3337
Benenson, Itzhak; Torrens, Paul M.: Geosimulation : automata-based modeling of urban phenomena. – Chichester: John Wiley and Sons 2004, XXIII, 287 p.,ill.,mp. [Literaturverz. S. [259]-282] ISBN 0-470-84349-7.

3338
Bertelmann, Roland; Braune, Stephan: Ein Mapserver zur Suche im Kartenbestand. In: Bibliotheksdienst. Organ der Bundesvereinigung Deutscher Bibliotheksverbände (BDB). 37.2003,10, p.1221-1227, 4 ill. ISSN 0006-1972.

3339
Boess, Jürgen: Kartierkonzept zur Erstellung einer hoch auflösenden Bodenkarte für die teilflächenspezifische Bewirtschaftung. In: Digitale Hofbodenkarte. Ed.: Niedersachsen / Landesamt für Bodenforschung. – Hannover: Niedersachsen / Landesamt für Bodenforschung 2004., p.35-45, 6 ill. (Arbeitshefte / Boden ; 2004,5).

3340
Boldt, Kai-W.; Zeh, Martin: 3D-Landschaftsvisualisierung : ein Stein der Weisen für den Wissenstransfer in Planung, Lehre und Bildung?. In: Virtuelle Welten, reale Anwendungen : geographische Informationssysteme in Theorie und Praxis ; Tagungsband zum GIS-Symposium vom 8. November. Ed.: Schmid, Heiko; Köppe, Holger. – Heidelberg: 2003., p.43-55, 6 ill. (Heidelberger Geographischer Bausteine ; 16).

3341
Borsdorf, Axel; Moser, Dietmar: Internetbasierte GIS-Applikationen – die Zukunft der Kartographie? : Erfahrungen bei der Einrichtung von GALPIS-Web im Rahmen des Projektes RAUMALP. In: Aspekte der Kartographie im Wandel der Zeit : Festschrift für Ingrid Kretschmer zum 65. Geburtstag und anlässlich ihres Übertritts in den Ruhestand. Ed.: Kainz, Wolfgang. Hrsg. von Wolfgang Kainz. – Wien: Geographisches Institut <Wien, Universität> / Arbeitsbereich für Geographie und Kartographie 2004., p.293-298, 1 ill. (Wiener Schriften zur Geographie und Kartographie ; 16).

3342
Brenner, Claus; Dold, Christoph; Jülge, Katharina: Integration von luftgestützten und terrestrischen Methoden zur Ableitung von 3-D Stadtmodellen. In: Arbeitsgruppe Automation in der Kartographie : Tagung 2003. Ed.: Bundesamt für Kartographie und Geodäsie <Deutschland>. – Frankfurt a.M.: Bundesamt für Kartographie und Geodäsie <Deutschland> 2004., p.29-36, 4 ill. (Mitteilungen des Bundesamtes für Kartographie und Geodäsie ; 31; 2004).

3343
Broekmann, Huib: Multimedia bij rampenbestrijding. In: Rampenkartografie. Werkgroep Onderwijs en Onderzoek. Red.: B.J. Köbben and others. 1995., p.39-42, 3 ill. (NVK publikatiereeks ; 14). [Dutch].

3344
Brunner, Kurt: Probleme bei der elektronischen Visualisierung von Altkarten. In: Die digitale Kartenbibliothek : eine Momentaufnahme. Ed.: Bühler, Jürg. – München: Saur 2004., p.97-102, 3 ill., 2 tab. (Bibliographia cartographica / Beiheft ; 1).

3345
Buchroithner, Manfred F.: Brillenlose Echt-3-D-Visualisierung : eine neue kartographische Methode für den Outdoor-Tourismus. In: Aspekte der Kartographie im Wandel der Zeit : Festschrift für Ingrid Kretschmer zum 65. Geburtstag und anlässlich ihres Übertritts in den Ruhestand. Ed.: Kainz, Wolfgang. Hrsg. von Wolfgang Kainz. – Wien: Geographisches Institut <Wien, Universität> / Arbeitsbereich für Geographie und Kartographie 2004., p.248-255, 4 ill., 2 tab. (Wiener Schriften zur Geographie und Kartographie ; 16).

3346
Bühler, Jürg: Digitale Angebote in Kartenbibliotheken – vom Konzept zur Realisierung. In: Die digitale Kartenbibliothek : eine Momentaufnahme. Ed.: Bühler, Jürg. – München: Saur 2004., p.37-49 (Bibliographia cartographica / Beiheft ; 1).

3347
Bühler, Jürg: Kartensammlung und Internet. In: Die digitale Kartenbibliothek : eine Momentaufnahme. Ed.: Bühler, Jürg. – München: Saur 2004., p.171-179 (Bibliographia cartographica / Beiheft ; 1).

3348
Cabello Justo, Sergio: Geometric problems in cartographic networks = Geometrische problemen in kartografische netwerken. Ed.: Technische Universiteit <Delft> / Onderzoekschool voor Computersystemen en Beeldsystemen. – Delft: Technische Universiteit <Delft> / Onderzoekschool voor Computersystemen en Beeldsystemen 2004, 134 p., ill., mp. (ASCI dissertation series ; 99). [Zugl.: @Utrecht, Univ., Diss., 2004].

3349
Cartwright, William; Miller, Suzette; Pettit, C.: Geographical visualization : past, present and future development. In: Journal of spatial science. 1.2004, p.25-36, 6 ill.

3350
Cauvin, Colette: La cartographie à Strasbourg à l'ère des SIG et du multimédia. In: Rapport National des Activités Cartographiques Françaises entre 1999 et 2003 : développement – enseignement – recherche – documentation – production. – Paris: 2003., p.24-27, 5 ill. 1 tab. (Le Monde des Cartes : revue du Comité Français de Cartographie ; 176.2003).

3351
Cole, Damian: Report on the launch of the new geoscience Australia 250K map series. In: The Globe. 55.2004, p.68. ISSN 0311-3930.

3352
Crampton, Jeremy W.: Cyber rights and cyber maps. In: Cartographic perspectives : journal of the North American Cartographic Information Society. 38.2001, p.77-80, 2 ill., 1 tab. ISSN 1048-9053.

3353
Crampton, Jeremy W.: Online mapping and critical GIS. In: Cartographic perspectives : journal of the North American Cartographic Information Society. 39.2001, p.46-47. ISSN 1048-9053.

3354
Crampton, Jeremy W.: The political mapping of cyberspace. – Chicago: University of Chicago Press 2003, VII, 214 p., ill., mp. [Includes bibliographical references (p. [196]-208) and index] ISBN 0-226-11746-4.

3355
Crom, Wolfgang; Heinz, Markus: Visionen künftiger Kartenrecherche. In: Aspekte der Kartographie im Wandel der Zeit : Festschrift für Ingrid Kretschmer zum 65. Geburtstag und anlässlich ihres Übertritts in den Ruhestand. Ed.: Kainz, Wolfgang. Hrsg. von Wolfgang Kainz. – Wien: Geographisches Institut <Wien, Universität> / Arbeitsbereich für Geographie und Kartographie 2004., p.299-303 (Wiener Schriften zur Geographie und Kartographie ; 16).

3356
Cromley, Ellen K.; Cromley, Robert G.; Ye, Yanlin: On-line reporting and mapping of spatially aggregated individual records selected by user queries. In: Cartographica. 39.2004,2, p.5-13, 4 ill., 1 tab. ISSN 0340-0654; 0317-7173.

3357
De interactieve kaart. Ed.: Nederlandse Vereniging voor Kartografie. Werkgroep Onderwijs en Onderzoek. Red.: R. van der Schans & B.J. Köbben. – Amersfoort: Nederlandse Vereniging voor Kartografie 1997, 52 p., ill., mp. (NVK publikatiereeks ; 23). [Dutch].

3358
Dickmann, Frank: Mehr Schein als Sein? : Die Wahrnehmung kartengestützter Rauminformationen aus dem Internet. In: Kartographische Nachrichten : KN ; Fachzeitschrift für Geoinformation und Visualisierung ; Organ der Deutschen Gesellschaft für Kartographie e.V., der Schweizerischen Gesellschaft für Kartographie und der Österreichischen Kartographischen Kommission in der Österreichischen Geographischen Gesellschaft. 54.2004,2, p.61-67, 5 ill., 2 tab. ISSN 0022-9164.

3359
Dietrich, Thekla; Knabenschuh, Martin; Nakelski, Dieter; Nau, Ludwig; Pelke, Andreas; Wanzke, Holger: Das digitale Bodenrichtwertinformationssystem BORIS.NRW der Gutachterausschüsse für Grundstückswerte in Nordrhein-Westfalen. In: NÖV : Nachrichten aus dem öffentlichen Vermessungsdienst Nordrhein-Westfalen. 37.2004,2, p.71-97, 6 ill.

3360
Dorffner, Lionel: Erzeugung von qualitativ hochwertigen 3D-Photomodellen für internetbasierte Anwendungen : mit besonderem Augenmerk auf Objekte der Nahbereichsphotogrammetrie. Ed.: Technische Universität Wien / Institut für Photogrammetrie und Fernerkundung. – Wien: Technische Universität Wien / Institut für Photogrammetrie und Fernerkundung 2002, IV, 82 p., ill., mp. (Geowissenschaftliche Mitteilungen : Schriftenreihe der Studienrichtung Vermessungswesen und Geoinformation, Technische Universität Wien ; 61).

3361
Düster, Horst: OpenSource GIS – das alternative geoGovernment?. In: geoGovernment : öffentliche Geoinformations-Dienste zwischen Kommune und Europa. Ed.: Strobl, Josef; Griesebner, Gerald. Josef Strobl; Gerald Griesebner (Hrsg.). – Heidelberg: Herbert-Wichmann-Verlag 2003., p.17-23, 2 ill.

3362
Dymon, Ute J.: The potentioal of electronic mapping for disaster management on the local level. In: Rampenkartografie. Werkgroep Onderwijs en Onderzoek. Red.: B.J. Köbben and others. 1995., p.27-29, 1 ill. (NVK publikatiereeks ; 14).

3363
Eekelen, Hans van: Een nieuwe form van ontsluiting voor GBKN-informatie. In: Geo-Info : tijdschrift voor Geo-Informatie Nederland, GIN. 1.2004,7/8, p.302-305, 4 ill. A new form to make GBKN-information accessible. [Dutch]. ISSN 1572-5464.

3364
Ehlers, Manfred; Stroemer, Katrin: 'Fahrradies' : the GIS based bicycle routing system for the World Wide Web (WWW) and mobile use. In: GeoBit : Geoinformatik für die Praxis. 9=17.2004,3, p.29-34, 8 ill. [Titel des Heftes: Geo-Informationssysteme : GIS (aufgegangen in GeoBit)] ISSN 1430-3663.

3365
Elias, Birgit; Hampe, Mark; Sester, Monika: "Hinter der Kirche rechts" : Fußgängernavigation mit kleinen mobilen Displays. In: Virtuelle Welten : wie GIS die Geowissenschaften verändern. Ed.: Universität Hannover; Freundeskreis der Universität Hannover. – Hannover: Universität Hannover; Freundeskreis der Universität Hannover 2003., p.40-43, 7 ill. (Unimagazin Hannover : Zeitschrift der Leibniz-Universität Hannover ; Mitteilungen des Freundeskreises der Universität Hannover ; 2003,3/4).

3366
Ellsiepen, Matthias: Formalisierung kartographischen Wissens zur Schriftplazierung in topographischen Karten. Ed.: Institut für Kartographie und Geoinformation. – Bonn: Institut für Kartographie und Geoinformation 2002, 198 p., ill., mp. (Schriftenreihe des Instituts für Kartographie und Topographie der Rheinischen Friedrich-Wilhelms-Universität Bonn ; 29). [Literaturverz. S. [185]-189; Zugl.: Bonn, Univ., Diss., 2002].

3367
Engelbrecht, Bernhard: Visualisierung von Wirtschaftsdaten am Beispiel des digitalen Wirtschaftsatlas Österreich. In: VGI : österreichische Zeitschrift für Vermessung & Geoinformation. 92.2004,2, p.68-76, 9 ill. ISSN 0029-9650.

3368
Engeset, Rune V.; Tveito, Ole Einar; Alfnes, Eli; Mengistu, Zelalem; Udnæs, Hans-Christian; Isaksen, Ketil; Førland, Eirik J.: Nye snøkart for Norge. In: Kart og plan : vitenskapelig tidsskrift. 97.2004,2, p.121-127, 5 ill. New snow maps of Norway. [Norw. with Engl. rés.]. ISSN 0047-3278.

3369
Exploring geovisualization. Ed.: Dykes, Jason. – Amsterdam: Elsevier Science 2005, XIX, 710 p., ill, mp. + 1 CD-ROM. [Aufsatzsammlung] ISBN 0-08-044531-4; 0-08-044533-0.

3370
Faby, Holger: Individuelle Reisevorbereitung mit Internetkarten : Status quo und Potenziale. In: Kartographische Nachrichten : KN ; Fachzeitschrift für Geoinformation und Visualisierung ; Organ der Deutschen Gesellschaft für Kartographie e.V., der Schweizerischen Gesellschaft für Kartographie und der Österreichischen Kartographischen Kommission in der Österreichischen Geographischen Gesellschaft. 54.2004,1, p.3-10, 4 ill., 4 tab. ISSN 0022-9164.

3371
Feix, Claudia; Schaefer, Oliver; Eulitz, Sven: easyGovernment – Wahlinformationssysteme mit GIS-Technologie am Beispiel der Bundestagswahl 2002. In: geoGovernment : öffentliche Geoinformations-Dienste zwischen Kommune und Europa. Ed.: Strobl, Josef; Griesebner, Gerald. Josef Strobl; Gerald Griesebner (Hrsg.). – Heidelberg: Herbert-Wichmann-Verlag 2003., p.33-39, 5 ill.

3372
Fischer, Wolfgang: Digitale Karten und Informationssysteme bei der DB Netz AG : Entwicklung, Stand und Ausblick aus kartographischer Sicht. In: 50 Jahre Sektion Karlsruhe der Deutschen Gesellschaft für Kartographie e.V. : Festschrift. Ed.: Kern, Hans F. Hrsg. von Hans F. Kern. – Karlsruhe: Fachhochschule Karlsruhe, Hochschule für Technik, Fachbereich Geoinformationswesen 2004., p.105-110, 1 ill. (Karlsruher geowissenschaftliche Schriften, Reihe A, Kartographie und Geographie ; 16).

3373
Florence, Ted: MAPublisher – little known tips and tricks. In: Cartographic perspectives : journal of the North American Cartographic Information Society. 42.2002, p.31-35. ISSN 1048-9053.

3374
Frech, Iris; Koch, Barbara; Mosch, Matthias; Sauter, Silke; Schill, Christian: Nutzung georeferenzierter Daten in multimedialen Besucherinformationssystemen : Aspekte des ReGeo-Projekts. In: Kartographische Nachrichten : KN ; Fachzeitschrift für Geoinformation und Visualisierung ; Organ der Deutschen Gesellschaft für Kartographie e.V., der Schweizerischen Gesellschaft für Kartographie und der Österreichischen Kartographischen Kommission in der Österreichischen Geographischen Gesellschaft. 54.2004,1, p.10-14, 3 ill. ISSN 0022-9164.

3375
Freckmann, Peter; Wendel, Jochen: Flugbewegungen über Nordamerika : animierte Karten für einen interaktiven multimedialen Atlas. In: 50 Jahre Sektion Karlsruhe der Deutschen Gesellschaft für Kartographie e.V. : Festschrift. Ed.: Kern, Hans F. Hrsg. von Hans F. Kern. – Karlsruhe: Fachhochschule Karlsruhe, Hochschule für Technik, Fachbereich Geoinformationswesen 2004., p.111-120, 7 ill. (Karlsruher geowissenschaftliche Schriften, Reihe A, Kartographie und Geographie ; 16).

3376
Frihida, Ali; Marceau, Danielle J.; Thériault, Marius: Extracting and visualizing individual space-time paths : an integration of GIS and KDD in transport demand modeling. In: Cartography and geographic information science : an official journal of ACSM devoted to the advancement of cartography in all its aspects. 31.2004,1, p.19-28, 3 ill., 4 tab. ISSN 1523-0406.

3377
Fritsch, Dieter: 3D building visualization : outdoor and indoor applications. In: Photogrammetric Week '03. Ed.: Fritsch, Dieter. – Heidelberg: Herbert-Wichmann-Verlag., p.281-290, 6 ill.

3378
Furno, Richard: Afghanistan maps. In: Cartographic perspectives : journal of the North American Cartographic Information Society. 42.2002, p.26-30, 6 ill. ISSN 1048-9053.

3379
Fushöller, Fabian; Schnabl, Andreas: Kartenverwandte Darstellungen mit ESRI Arc-GIS. In: 50 Jahre Sektion Karlsruhe der Deutschen Gesellschaft für Kartographie e.V. : Festschrift. Ed.: Kern, Hans F. Hrsg. von Hans F. Kern. – Karlsruhe: Fachhochschule Karlsruhe, Hochschule für Technik, Fachbereich Geoinformationswesen 2004., p.121-124;265, 4 ill. (Karlsruher geowissenschaftliche Schriften, Reihe A, Kartographie und Geographie ; 16).

3380
Gartner, Georg: Von der Internet Kartographie zu ubiquitären Anwendungen in der Kartographie. In: Mitteilungen der Österreichischen Geographischen Gesellschaft : MÖGG ; Jahresband. 146.2004, p.303-322, 4 ill. ISSN 0029-9138.

3381
Gartner, Georg; Jobst, Markus: Cartographic LBS and possible context to natural disaster management. In: Proceedings of the cartographic cutting-edge technology for natural hazard management : held in Dresden, Germany October 20 – 22 2004. Ed.: Buchroithner, Manfred. – Dresden: Technische Universität Dresden / Institut für Kartographie 2004., p.11-19 (Kartographische Bausteine : KB ; 30).

3382
Gaspar, E.: GEO-IT en de digitale wegenkaart. In: Topografische bestanden : 1:10000. Ed.: Nederlandse Vereniging voor Kartografie. Werkgroep Nieuwe Visualisatie Technologie. Red.: A.A. van der Veen. – Amersfoort: Nederlandse Vereniging voor Kartografie 1996., p.22-24 (NVK publikatiereeks ; 21). [Dutch].

3383
Gasper, Marc; Guhse, Birgit: Informations- und Managementsysteme für Gewerbeflächen auf der Basis von Open-source-Technologien. In: geoGovernment : öffentliche Geoinformations-Dienste zwischen Kommune und Europa. Ed.: Strobl, Josef; Griesebner, Gerald. Josef Strobl; Gerald Griesebner (Hrsg.). – Heidelberg: Herbert-Wichmann-Verlag 2003., p.33-39, 6 ill.

3384
geoGovernment : öffentliche Geoinformations-Dienste zwischen Kommune und Europa. Ed.: Strobl, Josef; Griesebner, Gerald. Josef Strobl; Gerald Griesebner (Hrsg.). – Heidelberg: Herbert-Wichmann-Verlag 2003, VI, 140 p., ill., mp. ISBN 3-87907-405-4.

3385
Geoinformation – neue Medien für eine neue Disziplin. Ed.: Herbert-Wichmann-Verlag. Hrsg.: Lutz Plümer, Hartmut Asche. – Heidelberg: Herbert-Wichmann-Verlag 2004, X, 180 p., ill., mp. + 2 CD-ROMs.

3386
Georges, Christian: "Kleine Kunstwerke" : Alpenvereinskarten am PC. In: Alpenverein / Österreichischer Alpenverein. 59(129).2004,5, p.26-27, 7 ill.

3387
Germanchis, Timothy; Cartwright, William; Pettit, C.: Building a three-dimensional geospatial virtual environment on computer gaming technology. In: Journal of spatial science. 1.2004, p.89-96, 5 ill.

3388
Gilfoyle, Ian; Thorpe, Peter: Geographic information management in local government. Ed.: CRC Press. – Boca Raton, FL: CRC Press 2004, 243, [4] p., ill., mp.

3389
GIS im Geographieunterricht. 2004, 50 p., ill., mp. (Praxis Geographie ; 34.2004,2). [Themenheft].

3390
Gluski, Pauline: Communiquer et diffuser l'information spatialisée : le mini atlas informatisé d'Addis-Abeba et les cartes interactives associées. In: Le Monde des Cartes : revue du Comité Français de Cartographie. 181.2004, p.5-20. ISSN 1634-3522.

3391
Green, David R.: The GIS map : new opportunities for artistic and scientific visualization. In: Visualisatie in het GIS-onderwijs. Ed.: Nederlandse Vereniging voor Kartografie. Werkgroep Onderwijs en Onderzoek. Red.: B.J.Köbben, F.J. Ormeling & R.T. de Wijs. – Amersfoort: Nederlandse Vereniging voor Kartografie 1996., p.5-16, 6 ill. (NVK publikatiereeks ; 20).

3392
Grell, Jens-Peter: Das elektronische Kartenarchiv an der Universitäts- und Landesbibliothek Sachsen-Anhalt. In: Die digitale Kartenbibliothek : eine Momentaufnahme. Ed.: Bühler, Jürg. – München: Saur 2004., p.81-90, 2 ill. (Bibliographia cartographica / Beiheft ; 1).

3393
Gröger, Gerhard; Kolbe, Thomas H.; Plümer, Lutz: Mehrskalige, multifunktionale 3D-Stadt- und Regionalmodelle. In: Photogrammetrie, Fernerkundung, Geoinformation : PFG ; Organ der Deutschen Gesellschaft für Photogrammetrie und Fernerkundung e.V. 2004,2, p.121-132, 9 ill. ISSN 1432-8364.

3394
Grothe, M.J.M.: Geo-ICT op koers!. In: Geo-Info : tijdschrift voor Geo-Informatie Nederland, GIN. 0.2003, p.42-46, 3 ill. Geo-ICT on the way!. [Dutch]. ISSN 1572-5464.

3395
Hachmann, Roland: Erfahrungen mit dem interaktiven Landschaftsplan Königslutter am Elm. In: Landschaftsplanung digital : Unterstützung des Planungsprozesses durch GIS : Daten, Analysen, Methoden ; Dokumentation des gleichnamigen Workshops am 25. September 2003 in Rostock. – Rostock: ., p.31-41, 6 ill.

3396
Häberling, Christian: Topografische 3D-Karten : Thesen für kartografische Gestaltungsgrundsätze. Ed.: Institut für Kartographie der ETH. – Zürich: Institut für Kartographie der ETH 2003, XIII, 167 p. [Zugl.: Zürich, ETH, Diss., 2003].

3397
Harayama, A. ; Jaquet, J.-M.: Cartographie semi-automatisée et multisources de la couverture du sol dans le Canton de Genève. In: Geomatik Schweiz : Geoinformation und Landmanagement. 102.2004,8, p.503-506, 2 ill. ISSN 0252-9424; 1660-4458.

3398
Harrower, Mark: A look at the history and future of animated maps. In: Cartographica. 39.2004,3, p.33-42, 3 ill. ISSN 0340-0654; 0317-7173.

3399
Harrower, Mark: Tips for designing effective animated maps. In: Cartographic perspectives : journal of the North American Cartographic Information Society. 44.2003, p.63-65, 3 ill. ISSN 1048-9053.

3400
Harrower, Mark: Visualizing change : using cartographic animation to explore remotely-sensed data. In: Cartographic perspectives : journal of the North American Cartographic Information Society. 39.2001, p.30-42, 4 ill., 1 tab. ISSN 1048-9053.

3401
Heidecker, Fabia: Comparing animated and static maps : evaluation the influence of complexity. Ed.: Technische Universität Wien. Technische Universität Wien 2004, 116 p., 26 ill., 19 tab.

3402
Hennig, Sabine: Metadaten für Karten : Notwendigkeit, Umsetzung und Verwendung am Beispiel der interaktiven Bildschirmkarte "MaaT". In: GeoBit : Geoinformatik für die Praxis. 9=17.2004,6, p.8-15, 3 ill., 4 tab. [Titel des Heftes: Geo-Informationssysteme : GIS (aufgegangen in GeoBit)] ISSN 1430-3663.

3403
Hennig, Sabine: Zur Beziehungsproblematik analoger und digitaler Karten : ERfahrungen bei der Realisierung der Interaktiven Bildschirmkarte "MaaT" für den Nationalpark Berchtesgaden. In: Kartographische Nachrichten : KN ; Fachzeitschrift für Geoinformation und Visualisierung ; Organ der Deutschen Gesellschaft für Kartographie e.V., der Schweizerischen Gesellschaft für Kartographie und der Österreichischen Kartographischen Kommission in der Österreichischen Geographischen Gesellschaft. 54.2004,6, p.251-258, 4 ill., 1 tab. ISSN 0022-9164.

3404
Herrgen, Joachim; Lenz, Alexandra: Digitale Dialektologie : Online-Publikation des Wenker-Atlasses. In: Marburger Uni-Journal. 14.2003, 6 p., 13 ill. + 1 suppl. ISSN 1616-1807.

3405
Herrman, Christian: 25 Jahre Informations-visualisierung. In: 50 Jahre Sektion Karlsruhe der Deutschen Gesellschaft für Kartographie e.V. : Festschrift. Ed.: Kern, Hans F. Hrsg. von Hans F. Kern. – Karlsruhe: Fachhochschule Karlsruhe, Hochschule für Technik, Fachbereich Geoinformationswesen 2004., p.153-165, 5 ill. (Karlsruher geowissenschaftliche Schriften, Reihe A, Kartographie und Geographie ; 16).

3406
Hurni, Lorenz: Vom analogen zum interaktiven Schulatlas : Geschichte, Konzepte, Umsetzungen. In: Aspekte der Kartographie im Wandel der Zeit : Festschrift für Ingrid Kretschmer zum 65. Geburtstag und anlässlich ihres Übertritts in den Ruhestand. Ed.: Kainz, Wolfgang. Hrsg. von Wolfgang Kainz. – Wien: Geographisches Institut <Wien, Universität> / Arbeitsbereich für Geographie und Kartographie 2004., p.215-221, 2 ill., 4 tab. (Wiener Schriften zur Geographie und Kartographie ; 16).

3407
Hurni, Lorenz; Jenny, Bernhard; Terribilini, Andrea; Freimark, Helen; Schwandner, Florian M.; Gogu, Radu C.; Dietrich, Volker J.: GEOWARN : ein Internet-basiertes Multimedia-Atlas-Informationssystem für vulkanologische Anwendungen. In: Kartographische Nachrichten : KN ; Fachzeitschrift für Geoinformation und Visualisierung ; Organ der Deutschen Gesellschaft für Kartographie e.V., der Schweizerischen Gesellschaft für Kartographie und der Österreichischen Kartographischen Kommission in der Österreichischen Geographischen Gesellschaft. 54.2004,2, p.67-72, 5 ill. ISSN 0022-9164.

3408
Ingwersen, Maik: Zur Realisierung des Projekts FALKE in der Landeshauptstadt Potsdam. In: Vermessung Brandenburg. 8.2003,2, p.33-43, 3 ill. ISSN 1430-7650.

3409
IRD (Institut de Recherche pour le Développement : laboratoire de cartographie appliquée. In: Rapport National des Activités Cartographiques Françaises entre 1999 et 2003 : développement – enseignement – recherche – documentation – production. – Paris: 2003., p.13-14 (Le Monde des Cartes : revue du Comité Français de Cartographie ; 176.2003).

3410
Janson, Katja; Wurm, Christian: Mobilität durch Karten : interaktiver Stadtplan für Menschen mit Behinderungen. In: Kartographische Nachrichten : KN ; Fachzeitschrift für Geoinformation und Visualisierung ; Organ der Deutschen Gesellschaft für Kartographie e.V., der Schweizerischen Gesellschaft für Kartographie und der Österreichischen Kartographischen Kommission in der Österreichischen Geographischen Gesellschaft. 54.2004,1, p.14-21, 10 ill. ISSN 0022-9164.

3411
Janzen, Sharon: 101 ways to use orthophotos!. In: Bulletin / Association of Canadian Map Libraries and Archives. 119.2004, p.7-10, 8 ill. ISSN 0840-9331.

3412
Jörg, Wolfgang: Vienna-GIS – aktuelle GIS-Entwicklungen bei der Stadt Wien : eine Millionenstadt rüstet sich für die Anforderungen an raumbezogene Informationsvermittlung im 3. Jahrtausend. In: Aspekte der Kartographie im Wandel der Zeit : Festschrift für Ingrid Kretschmer zum 65. Geburtstag und anlässlich ihres Übertritts in den Ruhestand. Ed.: Kainz, Wolfgang. Hrsg. von Wolfgang Kainz. – Wien: Geographisches Institut <Wien, Universität> / Arbeitsbereich für Geographie und Kartographie 2004., p.304-311, 6 ill. (Wiener Schriften zur Geographie und Kartographie ; 16).

3413
Jongh, H. de: De kaart van Amsterdam : van kaart naar objektgericht bestand. In: Kaartvervaardiging door steden. Ed.: Nederlandse Vereniging voor Kartografie. Red.: Chr. J. Snabilié. Werkgroep Kartografische Productietechnieken. – Amersfoort: Nederlandse Vereniging voor Kartografie 1995., p.11-13, 2 ill. (NVK publikatiereeks ; 13). [Dutch].

3414
Kada, Martin: 3D building generalization and visualization. In: Photogrammetric Week '03. Ed.: Fritsch, Dieter. – Heidelberg: Herbert-Wichmann-Verlag., p.29-38, 10 ill.

3415
Kamphorst, W.: Kadaster 1832 : in de lucht. In: Geo-Info : tijdschrift voor Geo-Informatie Nederland, GIN. 0.2003, p.20-23, 6 ill., 1 tab. Cadastre 1832 : in the air. [Dutch]. ISSN 1572-5464.

3416
Kanngiesser, Erich; Eberle, Jürgen: Hamburger Konzept zur Digitalisierung von Bodenschätzungskarten. In: ZfV : Zeitschrift für Geodäsie, Geoinformation und Landmanagement. 129.2004,1, p.52-58, 10 ill., 1 tab. ISSN 1618-8950.

3417
Karbø, Nils ; Trollvik, Jon Arne: Felles forvaltningsbase for digitale ortofoto. In: Kart og plan : vitenskapelig tidsskrift. 97.2004,2, p.78-81, 1 ill. A national joint database of digital orthophotos. [Norw. with Engl. rés.]. ISSN 0047-3278.

3418
Karimi, Hassan A.; Grejner-Brzezinska, Dorota A.: GQMAP : Improving performance and productivity of mobile mapping systems through GPS quality of service. In: Cartography and geographic information science : an official journal of ACSM devoted to the advancement of cartography in all its aspects. 31.2004,3, p.167-177, 9 ill., 5 tab. ISSN 1523-0406.

3419
Kartografisch onderzoek en GIS. Ed.: Nederlandse Vereniging voor Kartografie. Produktie: Y.T.Bouma voor Werkgroep Onderwijs en Onderzoek. – Amersfoort: Nederlandse Vereniging voor Kartografie 1993, 48 p., ill., mp. (NVK publikatiereeks ; 8).

3420
Kelnhofer, Fritz: Mediale Dichotomie in der thematischen Kartographie : eine notwendige Konsequenz "moderner Kartographie"?. In: Aspekte der Kartographie im Wandel der Zeit : Festschrift für Ingrid Kretschmer zum 65. Geburtstag und anlässlich ihres Übertritts in den Ruhestand. Ed.: Kainz, Wolfgang. Hrsg. von Wolfgang Kainz. – Wien: Geographisches Institut <Wien, Universität> / Arbeitsbereich für Geographie und Kartographie 2004., p.197-203 (Wiener Schriften zur Geographie und Kartographie ; 16).

3421
Kelso, Nathaniel Vaughn: Mapping for the internet with macromedia director. In: Cartographic perspectives : journal of the North American Cartographic Information Society. 40.2001, p.52-55, 4 tab. ISSN 1048-9053.

3422
Kennelly, Patrick J.; Kimerling, A. Jon: Hillshading of terrain using layer tints with aspect-variant luminosity. In: Cartography and geographic information science : an official journal of ACSM devoted to the advancement of cartography in all its aspects. 31.2004,2, p.67-77, 9 ill. ISSN 1523-0406.

3423
Kienberger, Andreas: Lerntypenangepasste kartographische Visualisierungsmöglichkeiten für thematische Karten. Ed.: Technische Universität Wien. – Wien: Technische Universität Wien 2004, 130 p., 43 ill., 2 tab. [Diplomarbeit].

3424
Klinge, Michael; Schüler, Mechthild: Das DFG-Projekt zur Digitalisierung der seltenen Bücher, Karten und Manuskripte zur Erforschung Sibiriens aus der Sammlung Asch : ein Beitrag der Niedersächsischen Staats- und Universitätsbibliothek Göttingen zum multimedialen Digitalisierungsprojekt der Library of Congress. In: Bibliotheksdienst. Organ der Bundesvereinigung Deutscher Bibliotheksverbände (BDB). 37.2003,6, p.740-753, 7 ill. ISSN 0006-1972.

3425
Klinger, Gernot: Kartographische Anforderungen an Visualisierung und Kombination globaler Techniken. Ed.: Universität Wien. – Wien: Universität Wien 2004, 160 p., 23 ill. 19 tab.

3426
Klöti, Thomas: Verfilmung und Digitalisierung der Sammlung Ryhiner. In: Die digitale Kartenbibliothek : eine Momentaufnahme. Ed.: Bühler, Jürg. – München: Saur 2004., p.73-79, 3 ill., 1 tab. (Bibliographia cartographica / Beiheft ; 1).

3427
Kolbe, Thomas H.: AgA-Sitzung 2003 im September in Erfurt : aktuelle \\\"Informationsbörse\\\" unter neuem Vorsitz. In: Kartographische Nachrichten : KN ; Fachzeitschrift für Geoinformation und Visualisierung ; Organ der Deutschen Gesellschaft für Kartographie e.V., der Schweizerischen Gesellschaft für Kartographie und der Österreichischen Kartographischen Kommission in der Österreichischen Geographischen Gesellschaft. 54.2004,1, p.30-31. ISSN 0022-9164.

3428
Kolbe, Thomas H.: Automation in der Kartographie : AgA 2003. In: Photogrammetrie, Fernerkundung, Geoinformation : PFG ; Organ der Deutschen Gesellschaft für Photogrammetrie und Fernerkundung e.V. 2004,2, p.145-148. ISSN 1432-8364.

3429
Kolbe, Thomas H.; Middel, Ariane; Plümer, Lutz: 3D-Kartographie für die Fußgängernavigation : virtuelle Wegweiser in Panoramen. In: Arbeitsgruppe Automation in der Kartographie : Tagung 2003. Ed.: Bundesamt für Kartographie und Geodäsie <Deutschland>. – Frankfurt a.M.: Bundesamt für Kartographie und Geodäsie <Deutschland> 2004., p.81-96, 11 ill. (Mitteilungen des Bundesamtes für Kartographie und Geodäsie ; 31; 2004).

3430
Kolk, E.: Top10vector 2000. In: Topografische bestanden : 1:10000. Ed.: Nederlandse Vereniging voor Kartografie. Werkgroep Nieuwe Visualisatie Technologie. Red.: A.A. van der Veen. – Amersfoort: Nederlandse Vereniging voor Kartografie 1996., p.8-12, 6 ill. (NVK publikatiereeks ; 21). [Dutch].

3431
Koop, Olev: De digitale kaart als nieuwe uitdaging voor de alarmdiensten en de rampenbestrijding in Nederland. In: Rampenkartografie. Werkgroep Onderwijs en Onderzoek. Red.: B.J. Köbben and others. 1995., p.31-38, 4 ill., 6 tab. (NVK publikatiereeks ; 14). [Dutch].

3432
Koua, Etien L. ; Kraak, Menno-Jan: Alternative visualization of large geospatial datasets. In: The Cartographic Journal. 41.2004,3, p.217-228, 7 ill. ISSN 0008-7041.

3433
Kovacs, Agnes: Kartenkataloge mit Bildinformation. In: Die digitale Kartenbibliothek : eine Momentaufnahme. Ed.: Bühler, Jürg. – München: Saur 2004., p.209-213, 1 ill. (Bibliographia cartographica / Beiheft ; 1).

3434
Kraak, Menno Jan: De visualisatie van driedimensionale en temporele ruimtlijke gegevens. In: Kartografie in het GIS-tijdperk. Ed.: Nederlandse Vereniging voor Kartografie. Red.: P.G.M.Mekenkamp. – Amersfoort: Nederlandse Vereniging voor Kartografie 1994., p.19-28, 7 ill. (NVK publikatiereeks ; 11; 1994). [Dutch].

3435
Kraak, Menno Jan; Müller, Jean-Claude; Ormeling, Ferdinand Jan: GIS-Kartografie : visuele ondersteuning van het besluitvormingsproces bij gebruik van ruimtelijk-temporele gegevens. In: Kartografisch onderzoek en GIS. Ed.: Nederlandse Vereniging voor Kartografie. Produktie: Y.T.Bouma voor Werkgroep Onderwijs en Onderzoek. – Amersfoort: Nederlandse Vereniging voor Kartografie 1993., p.27-36, 7 ill. (NVK publikatiereeks ; 8).

3436
Kraak, Menno-Jan: Cartografie en het WWW, geïllustreerd aan de hand van de atlas. In: De Aardrijkskunde. 1-2, p.15-20, 3 ill. Cartography and the WWW, illustrated by the atlas. [Dutch with Engl. rés.].

3437
Kraak, Menno-Jan: Visualisatie-aspecten van geoinformatie in het onderwijs – een ideaal plaatje. In: Visualisatie in het GIS-onderwijs. Ed.: Nederlandse Vereniging voor Kartografie. Werkgroep Onderwijs en Onderzoek. Red.: B.J.Köbben, F.J. Ormeling & R.T. de Wijs. – Amersfoort: Nederlandse Vereniging voor Kartografie 1996., p.25-29, 2 ill., 1 tab. (NVK publikatiereeks ; 20). [Dutch].

3438
Kraak, M.J.: Wat is geovisualisatie?. In: Geo-Info : tijdschrift voor Geo-Informatie Nederland, GIN. 1.2004,12, p.508-514 What is geovisualisation?. [Dutch]. ISSN 1572-5464.

3439
Krause, Kai-Uwe; Bauer, Olaf ; Hoffmann, Niels: Verteilte Geo- und Planungsdienste für das Portal www.metropolregion.hamburg.de mit Hilfe der CoreMedia© Content Application Platform. In: geoGovernment : öffentliche Geoinformations-Dienste zwischen Kommune und Europa. Ed.: Strobl, Josef; Griesebner, Gerald. Josef Strobl; Gerald Griesebner (Hrsg.). – Heidelberg: Herbert-Wichmann-Verlag 2003., p.67-75, 4 ill.

3440
Krause, Tilman: Digitaler Kinderstadtteilplan : ein GIS-Projekt aus dem Schulumfeld für die Orientierungsstufe. In: GIS im Geographieunterricht. 2004., p.13-15, 3 ill. (Praxis Geographie ; 34.2004,2).

3441
Krijnders, J.J.: Kwaliteit van kaarten en kaartgegevens. In: Kaartvervaardiging door steden. Ed.: Nederlandse Vereniging voor Kartografie. Red.: Chr. J. Snabilié. Werkgroep Kartografische Productietechnieken. – Amersfoort: Nederlandse Vereniging voor Kartografie 1995., p.15-18, 1 ill. (NVK publikatiereeks ; 13). [Dutch].

3442
Kriz, Karel; Nairz, Patrick; Kinberger, Michaela: Avalanche risk management in the Tyrolean Alps. In: Proceedings of the cartographic cutting-edge technology for natural hazard management : held in Dresden, Germany October 20 – 22 2004. Ed.: Buchroithner, Manfred. – Dresden: Technische Universität Dresden / Institut für Kartographie 2004., p.69-77, 9 ill. (Kartographische Bausteine : KB ; 30).

3443
Kupfer, Andreas; Mathiak, Brigitte; Neumann, Karl: Der Einsatz von GML, XSLT und SVG am Beispiel von ATKIS-DLM-Daten. In: Arbeitsgruppe Automation in der Kartographie : Tagung 2003. Ed.: Bundesamt für Kartographie und Geodäsie <Deutschland>. – Frankfurt a.M.: Bundesamt für Kartographie und Geodäsie <Deutschland> 2004., p.97-107, 5 ill., 5 ill. (Mitteilungen des Bundesamtes für Kartographie und Geodäsie ; 31; 2004).

3444
Lai, Poh-Chin; Gar-On Yeh, Anthony: Assessing the effectiveness of dynamic symbols in cartographic communication. In: The Cartographic Journal. 41.2004,3, p.229-244, 8 ill., 9 tab. ISSN 0008-7041.

3445
Lange, Eckart; Schroth, Olaf; Wissen, Ulrike: Fallbeispiele von 3D-Visualisierungen zur partizipativen Landschaftsentwicklung. In: Geomatik Schweiz : Geoinformation und Landmanagement. 102.2004,4, p.246-249, 4 ill. ISSN 0252-9424; 1660-4458.

3446
Lange, Norbert de: Geoinformatik in Theorie und Praxis : mit 59 Tabellen. – Berlin: Axel Springer AG 2002, XIV, 438 p., ill., mp. [Literaturverz. S. [413] – 430] ISBN 3-540-43286-8.

3447
Langer, M.: Kaarten op internet. In: Geo-Info : tijdschrift voor Geo-Informatie Nederland, GIN. 0.2003, p.4-7, 8 ill. Maps in the internet. [Dutch]. ISSN 1572-5464.

3448
Li, Zhilin; Ho, Angelina: Design of multi-scale and dynamic maps for land vehicle navigation. In: The Cartographic Journal. 41.2004,3, p.265-270,11 ill., 1 tab. ISSN 0008-7041.

3449
Licini, Patrizia: Tra innovazione e tradizione, verso una cartografia cyberstorica. In: Mundus novus : Amerigo Vespucci e i metodi della ricerca storico-geografica ; atti del convegno internazionale di studi, Roma-Firenze, 27-30 novembre 2002. Ed.: Società Geografica Italiana. – Roma: Società Geografica Italiana 2004., p.237-267, 4 ill. (Memorie della Società Geografica Italiana ; 75) Between innovation and tradition, to a cyberhistorical cartography. [Ital.].

3450
Lobben, Amy; Patton, David K.: Design guidelines for digital atlases. In: Cartographic perspectives : journal of the North American Cartographic Information Society. 44.2003, p.51-62. ISSN 1048-9053.

3451
Location based services & telecartography : proceedings of the symposium 2004. Ed.: Gartner, Georg. Ed. by Georg Gartner. – Wien: 2004, VII, 234 p.,ill., mp. (Geowissenschaftliche Mitteilungen : Schriftenreihe der Studienrichtung Vermessungswesen und Geoinformation, Technische Universität Wien ; 66).

3452
Lohmann, Peter; Jacobsen, Karsten: Filterung segmentierter Oberflächenmodelle aus Laserscannerdaten. In: Photogrammetrie, Fernerkundung, Geoinformation : PFG ; Organ der Deutschen Gesellschaft für Photogrammetrie und Fernerkundung e.V. 2004,4, p.279-287, 14 ill., 1 tab. ISSN 1432-8364.

3453
Lundquist, Annika; Engberg, Hans: Sjögeografisk information till salu. In: Nya lantmätaren. 2003,2, p.8-10, 2 ill. Nautical information for sale. [Swed.].

3454
Maarel, Hans van der: Mapping Apeldoorn. In: The Cartographic Journal. 41.2004,1, p.68-73, 6 ill. ISSN 0008-7041.

3455
Mac Gillavry, Edward: Tweede symposium LBS en TeleCartography. In: Geo-Info : tijdschrift voor Geo-Informatie Nederland, GIN. 1.2004,4, p.182 Second symposium LBS and Telecartography. [Dutch]. ISSN 1572-5464.

3456
Mac Gillavry, Edward; Poppe, E.: Op de goede weg?. In: Geo-Info : tijdschrift voor Geo-Informatie Nederland, GIN. 1.2004,11, p.470-471, 2 ill. On the right way?. [Dutch]. ISSN 1572-5464.

3457
Maclachlan, J. C.; Abernathy, T.; Jerrett, M.: Developing an internet GIS for public health. In: Journal of spatial science. 2.2004, p.121-127, 4 ill.

3458
Martz, Lawrence: Moving the Atlas of Saskatchewan from hardcopy (Millennium Edition) to a multi-media (CD-ROM Edition) platform. In: Cartographic perspectives : journal of the North American Cartographic Information Society. 44.2003, p.29-41, 7 ill. ISSN 1048-9053.

3459
Mas, Jean-François; Velázquez, Alejandro; Díaz-Gallegos, José Reyes; Mayorga-Saucedo, Rafael; Alcántara, Camilo; Bocco, Gerardo; Castro, Rutilio; Fernández, Tania; Pérez-Vega, Azucena: Assessing land use/cover changes : a nationwide multidate spatial database for Mexico. In: International journal of applied earth observation and geoinformation : JAG ; the official quarterly publication of the International Institute for Aerospace Survey and Earth Sciences (ITC). 5.2004,4, p.249-261, 7 ill., 5 tab. ISSN 0303-2434.

3460
Mathur, Ajay: Nutzung (und Nutzen) der Multi-Skalaren Datenhaltung und der Generalisierungswerkzeuge für die integrierte Kartographie und Geotopographie. In: Arbeitsgruppe Automation in der Kartographie : Tagung 2003. Ed.: Bundesamt für Kartographie und Geodäsie <Deutschland>. – Frankfurt a.M.: Bundesamt für Kartographie und Geodäsie <Deutschland> 2004., p.155-165, 9 ill. (Mitteilungen des Bundesamtes für Kartographie und Geodäsie ; 31; 2004).

3461
Matusiak, Krystyna K.; Kenny, Judith T.: Building a digital collection of photos and maps : Milwaukee neighbornhoods at the University of Wisconsin-Milwaukee. In: Cartographic perspectives : journal of the North American Cartographic Information Society. 49.2004, p.66-73, 6 ill. ISSN 1048-9053.

3462
McKendry, Jean: Web-based data sources and online mapping. In: Cartouche : the operational publication of the Canadian Cartographic Association. 56.2004, p.6-9, 7 ill. ISSN 1183-2045.

3463
Meijer, E.N.: Digitale plattegrond of TOP10vector : over presentatie en techniek. In: Topografische bestanden : 1:10000. Ed.: Nederlandse Vereniging voor Kartografie. Werkgroep Nieuwe Visualisatie Technologie. Red.: A.A. van der Veen. – Amersfoort: Nederlandse Vereniging voor Kartografie 1996., p.13-18, 2 ill., 1 tab. (NVK publikatiereeks ; 21). [Dutch].

3464
Meyer-Schudel, Hildegard: CD-ROM-Produkte in der Kartensammlung der ETH Zürich. In: Die digitale Kartenbibliothek : eine Momentaufnahme. Ed.: Bühler, Jürg. – München: Saur 2004., p.59-63 (Bibliographia cartographica / Beiheft ; 1).

3465
Minami, Michael: Using ArcMap : GIS by ESRI ; [ArcGIS 8]. – Redlands, Calif.: Environmental Systems Research Institute 2000, X, 528 p., ill. ISBN 1-87910-296-X.

3466
Nebiker, Stephan: DILAS : the digital landscape server for the generation and management of large 3D city models., p.227-336, 9 ill. ISSN 0-906430-14-3.

3467
Neues Angebot in NRW : "TIM" zeigt amtliche Landkarten und Luftbilder im Internet. In: GeoBit : Geoinformatik für die Praxis. 2004,11, p.6, 1 ill. ISSN 1430-3663.

3468
Noble, Peter; Nix, Martin: 3D North Sydney : precise 3D database for retrieval and visualization. In: Photogrammetric Week '03. Ed.: Fritsch, Dieter. – Heidelberg: Herbert-Wichmann-Verlag., p.275-279, 1 ill.

3469
Nolz, Elisabeth: Konzeption eines Location Based Services auf Grundlage des Kulturgüterkatasters der Stadt Wien am Beispiel des sechsten Wiener Gemeindebezirkes. Ed.: Technische Universität Wien. – Wien: Technische Universität Wien 2004, 127 p.

3470
Oberdorfer, Michael; Kern, Hans: Sensitive Karten und Grafiken als Verkaufsunterstützung in einem Online-Shop für den Landkarten-Versand. In: 50 Jahre Sektion Karlsruhe der Deutschen Gesellschaft für Kartographie e.V. : Festschrift. Ed.: Kern, Hans F. Hrsg. von Hans F. Kern. – Karlsruhe: Fachhochschule Karlsruhe, Hochschule für Technik, Fachbereich Geoinformationswesen 2004., p.209-214;277, 4 ill., 1 tab. (Karlsruher geowissenschaftliche Schriften, Reihe A, Kartographie und Geographie ; 16).

3471
Patterson, Tom: Bryce 5 tutorial : how to drape a satellite image onto a DEM. In: Cartographic perspectives : journal of the North American Cartographic Information Society. 42.2002, p.18-25, 11 ill. ISSN 1048-9053.

3472
Persson, Donata: Entwicklung einer Typologie von Interaktionsmöglichkeiten für die visuelle Exploration thematischer Bildschirmkarten. Ed.: Technische Universität Wien. – Wien: Technische Universität Wien 2004, 114 p., 28 ill. + Anhang.

3473
Pettit, C. J.; Nelson, A.: Developing an interactive web based public participatory planning support system for natural resource management. In: Journal of spatial science. 1.2004, p.61-70, 5 ill.

3474
Piezunka, Thorsten; Kintrup, Andrea: Der digitale historische Kartenkatalog der SuUB Bremen umgesetzt mit Hilfe der Software der Firma megatel GmbH. In: Die digitale Kartenbibliothek : eine Momentaufnahme. Ed.: Bühler, Jürg. – München: Saur 2004., p.91-96, 4 ill. (Bibliographia cartographica / Beiheft ; 1).

3475
Proceedings of the cartographic cutting-edge technology for natural hazard management : held in Dresden, Germany October 20 – 22 2004. Ed.: Buchroithner, Manfred. – Dresden: Technische Universität Dresden / Institut für Kartographie 2004, 200p., ill., mp. + 1 CD-ROM. (Kartographische Bausteine : KB ; 30). [CD-ROM u.d.T.: Proceedings of the International Symposium on Cartographic Cutting-Edge Technology for Natural Hazard Management] ISBN 3-86005-475-9.

3476
Proceedings of the Seminar on Electronic Atlases : held at Eötvös Loránd University, Visegrád, Hungary, April 27 – 29, 1993. Ed.: Klinghammer, István. – Budapest: Cartographic Institute of Eötvös Loránd University 1993, 184 p., ill., mp.

3477
Radberger, Roman: Von der Verwaltung zum Service-Provider. In: GeoInformationsSysteme : Grundlagen – Nutzungen – Entwicklungen ; Geoforum 2004 ; Beiträge der gemeinsam von der Fachrichtung Geodäsie und Geoinformatik, Universität Hannover, der Akademie der Geowissenschaften zu Hannover und dem Deutschen Verein für Vermessungswesen, Bezirksgruppe Hannover-Hildesheim organisierten Veranstaltung im Leibnizhaus Hannover, 8. Juni 2004. – Hannover: 2004., p.47-49, 4 ill. (Wissenschaftliche Arbeiten der Fachrichtung Geodäsie und Geoinformatik der Universität Hannover ; 252).

3478
Radberger, Roman: Von der Verwaltung zum Service-Provider. In: Geoinformationssysteme (GIS) ; Grundlagen – Anwendungen – Entwicklungen. Ed.: Quade, Horst. – Hannover: 2001., p.47-52, 4 ill. (Veröffentlichungen / Akademie der Geowissenschaften zu Hannover ; 24).

3479
Rampenkartografie. Werkgroep Onderwijs en Onderzoek. Red.: B.J. Köbben and others. 1995, 47 p., ill., mp. (NVK publikatiereeks ; 14). [Dutch, partly Engl.].

3480
Rappo, Andreas; Cecconi, Alessandro ; Burghardt, Dirk;: Fischaugenprojektionen für generalisierte Kartendarstellungen auf kleinen Bildschirmen. In: Kartographische Nachrichten : KN ; Fachzeitschrift für Geoinformation und Visualisierung ; Organ der Deutschen Gesellschaft für Kartographie e.V., der Schweizerischen Gesellschaft für Kartographie und der Österreichischen Kartographischen Kommission in der Österreichischen Geographischen Gesellschaft. 54.2004,2, p.73-79, 7 ill. ISSN 0022-9164.

3481
Riedl, Andreas: Entwicklung und aktueller Stand digitaler Globen. In: Aspekte der Kartographie im Wandel der Zeit : Festschrift für Ingrid Kretschmer zum 65. Geburtstag und anlässlich ihres Übertritts in den Ruhestand. Ed.: Kainz, Wolfgang. Hrsg. von Wolfgang Kainz. – Wien: Geographisches Institut <Wien, Universität> / Arbeitsbereich für Geographie und Kartographie 2004., p.256-263, 10 ill. (Wiener Schriften zur Geographie und Kartographie ; 16).

3482
Rosen, Klaus-Henning: deNIS : the German national databse for disaster mitigation in aspects of information transport. In: Proceedings of the cartographic cutting-edge technology for natural hazard management : held in Dresden, Germany October 20 – 22 2004. Ed.: Buchroithner, Manfred. – Dresden: Technische Universität Dresden / Institut für Kartographie 2004., p.117-120, 3 ill. (Kartographische Bausteine : KB ; 30).

3483
Rothenbühler, Christine: Erfassung und Darstellung der Geomorphologie im Gebiet Bernina (GR) mit Hilfe von GIS. In: Entwicklungstendenzen und Zukunftsperspektiven in der Geomorphologie : Publikation zur Jahrestagung der Schweizerischen Geomorphologischen Gesellschaft (SGmG) anlässlich des 180. Jahreskongresses der Schweizerischen Akademie der Naturwissenschaften (SANW). Ed.: Maisch, Max. – Zürich: ., p.117-126, 6 ill.

3484
Rottensteiner, Franz; Briese, Sydney; Briese, Christian: Automatische Erfassung von Gebäudemodellen aus Laserscannerdaten und die Integration von Luftbildern. In: Photogrammetrie, Fernerkundung, Geoinformation : PFG ; Organ der Deutschen Gesellschaft für Photogrammetrie und Fernerkundung e.V. 2004,4, p.269-277, 8 ill. ISSN 1432-8364.

3485
Ruegsegger, Marianne; Schmid, Christoph; Sieber, René: Raster data in multimedia atlases : benefits and challenges ; examples from the "Atlas of Switzerland – interactive". In: Cartographic perspectives : journal of the North American Cartographic Information Society. 45.2003, p.73-77, 3 ill., 4 tab. ISSN 1048-9053.

3486
Sandau, Rainer: High resolution with small satellites. In: GeoBit : Geoinformatik für die Praxis. 9=17.2004,9, p.37-42, 8 ill., 4 tab. [Titel des Heftes: Geo-Informationssysteme : GIS (aufgegangen in GeoBit)] ISSN 1430-3663.

3487
Schans, René van der: Interactie in (de) kaart gebracht. In: De interactieve kaart. Ed.: Nederlandse Vereniging voor Kartografie. Werkgroep Onderwijs en Onderzoek. Red.: R. van der Schans & B.J. Köbben. – Amersfoort: Nederlandse Vereniging voor Kartografie 1997., p.7-18, 29 ill. (NVK publikatiereeks ; 23). [Dutch].

3488
Schans, René van der: Literatuur over interactie in kaart gebracht. In: De interactieve kaart. Ed.: Nederlandse Vereniging voor Kartografie. Werkgroep Onderwijs en Onderzoek. Red.: R. van der Schans & B.J. Köbben. – Amersfoort: Nederlandse Vereniging voor Kartografie 1997., p.39-44 (NVK publikatiereeks ; 23). [Dutch].

3489
Schmidt-Kundert, Cornelia: Hazard mapping for insurers and reinsurers. In: Proceedings of the cartographic cutting-edge technology for natural hazard management : held in Dresden, Germany October 20 – 22 2004. Ed.: Buchroithner, Manfred. – Dresden: Technische Universität Dresden / Institut für Kartographie 2004., p.121-127, 5 ill. (Kartographische Bausteine : KB ; 30).

3490
Schnabel, Olaf: Zweite Konferenz "SVG Open" 2003, Vancouver, Kanada : Vektorformat mit kartographischem Potenzial. In: Kartographische Nachrichten : KN ; Fachzeitschrift für Geoinformation und Visualisierung ; Organ der Deutschen Gesellschaft für Kartographie e.V., der Schweizerischen Gesellschaft für Kartographie und der Österreichischen Kartographischen Kommission in der Österreichischen Geographischen Gesellschaft. 54.2004,3, p.132-133, 1 ill. ISSN 0022-9164.

3491
Schratt, Alexander: Das Potenzial rasterbasierter Desktop VR-Systeme in der Kartographie – gezeigt am Beispiel Naturpark Blockheide. Ed.: Universität Wien. – Wien: Universität Wien 2004, 102 p., 69 ill., 2 tab., 1 CD. [Diplomarbeit].

3492
Sester, Monika: Präsentation von Geodaten für ortsbezogene Anwendungen. In: GeoInformationsSysteme : Grundlagen – Nutzungen – Entwicklungen ; Geoforum 2004 ; Beiträge der gemeinsam von der Fachrichtung Geodäsie und Geoinformatik, Universität Hannover, der Akademie der Geowissenschaften zu Hannover und dem Deutschen Verein für Vermessungswesen, Bezirksgruppe Hannover-Hildesheim organisierten Veranstaltung im Leibnizhaus Hannover, 8. Juni 2004. – Hannover: 2004., p.57-61, 5 ill. (Wissenschaftliche Arbeiten der Fachrichtung Geodäsie und Geoinformatik der Universität Hannover ; 252).

3493
Sester, Monika: Präsentation von Geodaten für ortsbezogene Anwendungen. In: Geoinformationssysteme (GIS) ; Grundlagen – Anwendungen – Entwicklungen. Ed.: Quade, Horst. – Hannover: 2001., p.60-65, 5 ill. (Veröffentlichungen / Akademie der Geowissenschaften zu Hannover ; 24).

3494
Sester, Monika; Brenner, Claus: Continuous generalization for fast and smooth visualization on small displays. In: GeoBit : Geoinformatik für die Praxis. 9=17.2004,9, p.24-30, 8 ill., 2 tab. [Titel des Heftes: Geo-Informationssysteme : GIS (aufgegangen in GeoBit)] ISSN 1430-3663.

3495
Sester, Monika; Katterfeld, Christiane: Virtuelle Landschaften : E-Learning in den Geowissenschaften. In: Virtuelle Welten : wie GIS die Geowissenschaften verändern. Ed.: Universität Hannover; Freundeskreis der Universität Hannover. – Hannover: Universität Hannover; Freundeskreis der Universität Hannover 2003., p.34-38, 7 ill. (Unimagazin Hannover : Zeitschrift der Leibniz-Universität Hannover ; Mitteilungen des Freundeskreises der Universität Hannover ; 2003,3/4).

3496
Siebert, Andreas: Geographical underwriting in risk management : an insurance perspective. In: Proceedings of the cartographic cutting-edge technology for natural hazard management : held in Dresden, Germany October 20 – 22 2004. Ed.: Buchroithner, Manfred. – Dresden: Technische Universität Dresden / Institut für Kartographie 2004., p.129-136, 11 ill. (Kartographische Bausteine : KB ; 30).

3497
Siehoff, Jonas: Handys weisen den richtigen Weg. In: GeoBit : Geoinformatik für die Praxis. 2004,11, p.40-41, 4 ill., 1 portr. ISSN 1430-3663.

3498
Slocum, Terry A.: Thematic cartography and geographic visualization. – Upper Saddle River, NJ: Prentice Hall 2004, X, 518 p., ill., mp. – 2nd. ed. [Includes bibliographical references (p. 274 – 287) and index] ISBN 0-13-035123-7.

3499
Slocum, Terry A.: Thematic cartography and visualization. – Upper Saddle River, NJ: Prentice Hall 1999, X, 293 p., ill., mp. [Includes bibliographical references (p. 274 – 287) and index] ISBN 0-13-209776-1X,.

3500
Snowdon, Ian: Bits of real estate : digitizing the church map collection of heritage maps at Auckland city libraries. In: The Globe. 56.2004, p.56-60, 3 ill. ISSN 0311-3930.

3501
Spatially integrated social science. Ed.: Goodchild, Michael F.; Janelle, Donald G. – Oxford [u.a.]: Oxford University Press 2004, XXIV, 456 p., ill., mp. (Spatial information systems). [Aufsatzsammlung] ISBN 0-19-515270-0; 978-0-19-515270-8.

3502
Steenbruggen, J.G.M.; Grothe, M.: Location Based Services gepositioneerd als informatiedienst!. In: Geo-Info : tijdschrift voor Geo-Informatie Nederland, GIN. 1.2004,6, p.270-277, 5 ill., 1 tab. Location Based Services positioned as information service. [Dutch]. ISSN 1572-5464.

3503
Stinessen, Wenche: Integrasjon mellom GIS og DAK. In: Kart og plan : vitenskapelig tidsskrift. 97.2004,4, p.236-240, 5 ill., 1 tab. Integration between GIS and CAD. [Norw. with Engl. rés.]. ISSN 0047-3278.

3504
Straub, Florian: Webbasierte Verschneidung verteilter Geodaten für die forstliche Standortserkundung. In: GeoBit : Geoinformatik für die Praxis. 17.2004,11, p.30-31, 2 ill. ISSN 1430-3663.

3505
Sweetkind-Singer, Julie; Powers, Mike; Derksen, Charlotte: Stanford Geological Survey Access Project. In: Information bulletin / Western Association of Map Libraries. 34.2003,3, p.145-157, 4 ill. ISSN 0049-7282.

3506
Tait, Alexander M.: Photoshop 6 tutorial : how to create basic colored shaded relief. In: Cartographic perspectives : journal of the North American Cartographic Information Society. 42.2002, p.12-17, 7 ill. ISSN 1048-9053.

3507
Tienhoven, Peter van: "GIS Binnenstebuiten". In: Geo-Info : tijdschrift voor Geo-Informatie Nederland, GIN. 1.2004,5, p.224-225, 1 ill. "GIS Interior". ISSN 1572-5464.

3508
Tsou, Ming-Hsiang: Integrated mobile GIS and wireless internet map servers for environment monitoring and management. In: Cartography and geographic information science : an official journal of ACSM devoted to the advancement of cartography in all its aspects. 31.2004,3, p.153-165, 10 ill., 1 tab. ISSN 1523-0406.

3509
Turconi, Bühler: Die "Virtual Library Eduard Imhof" : Digitalisierung und Präsentation von kartographischen Bilddokumenten. In: Die digitale Kartenbibliothek : eine Momentaufnahme. Ed.: Bühler, Jürg. – München: Saur 2004., p.103-116, 3 ill. (Bibliographia cartographica / Beiheft ; 1).

3510
Überschär, Nicole: GIS und Kartographie im Internet. In: Geoinformationssysteme im Gesundheitswesen : Grundlagen und Anwendungen. Ed.: Schweikart, Jürgen, Kistemann, Thomas. – Heidelberg: Herbert-Wichmann-Verlag., p. 119-130, 7 ill.

3511
Ulm, Kilian: Virtuelle 3D-Stadtmodelle : Technologie und Anwendung. In: GeoBit : Geoinformatik für die Praxis. 2004,8, p.22-23, 2 ill. ISSN 1430-3663.

3512
Ven, I.C. van der: Raster-in, raster-uit kaartrevisie. In: Is uw kaart up to date? Visies op kaartrevisie. Ed.: Nederlandse Vereniging voor Kartografie. Werkgroep Kartografische Produktietechnieken. Red. : Chr. J. Snabilié. – Amersfoort: Nederlandse Vereniging voor Kartografie 1995., p.31-36, 7 ill. (NVK publikatiereeks ; 15). [Dutch].

3513
Vetter, Jana: Die elektronische Seekarte : ein Beispiel für Automation in der Seekartographie. In: Arbeitsgruppe Automation in der Kartographie : Tagung 2003. Ed.: Bundesamt für Kartographie und Geodäsie <Deutschland>. – Frankfurt a.M.: Bundesamt für Kartographie und Geodäsie <Deutschland> 2004., p.177-192, 7 ill., 1 tab. (Mitteilungen des Bundesamtes für Kartographie und Geodäsie ; 31; 2004).

3514
Virtuelle Welten : wie GIS die Geowissenschaften verändern. Ed.: Universität Hannover; Freundeskreis der Universität Hannover. – Hannover: Universität Hannover; Freundeskreis der Universität Hannover 2003. (Unimagazin Hannover : Zeitschrift der Leibniz-Universität Hannover ; Mitteilungen des Freundeskreises der Universität Hannover ; 2003,3/4). [Themenheft; Aufsatzsammlung].

3515
Vögtle, Thomas; Steinle, Eberhard: Detektion und Modellierung von 3D-Objekten aus flugzeuggetragenen Laserscannerdaten. In: Photogrammetrie, Fernerkundung, Geoinformation : PFG ; Organ der Deutschen Gesellschaft für Photogrammetrie und Fernerkundung e.V. 2004,4, p.315-322, 12 ill. ISSN 1432-8364.

3516
Wälder, Olga: Ventikular-Verfahren für 3D-Visualisierung : Diskussion und Optimierungsmöglichkeiten. In: Theoretische Probleme der Kartographie und ihrer Nachbardisziplinen. Ed.: Wolodtschenko, Alexander; Schlichtmann, Hansgeorg. – Dresden: 2004., p.35-40, 3 ill. (Diskussionsbeiträge zur Kartosemiotik und zur Theorie der Kartographie : internationales Korrespondenz-Seminar ; 6). [With Engl. and Russ. rés.].

3517
Wilfert, Ingeborg: Der PDA und seine Eignung für Touristenführer und Karten. In: Aspekte der Kartographie im Wandel der Zeit : Festschrift für Ingrid Kretschmer zum 65. Geburtstag und anlässlich ihres Übertritts in den Ruhestand. Ed.: Kainz, Wolfgang. Hrsg. von Wolfgang Kainz. – Wien: Geographisches Institut <Wien, Universität> / Arbeitsbereich für Geographie und Kartographie 2004., p.242-247, 6 ill. (Wiener Schriften zur Geographie und Kartographie ; 16).

3518
Williams, Donna; O'Brien, Douglas; Kramers, Eric: The atlas of Canada web mapping : the user counts. In: Cartographic perspectives : journal of the North American Cartographic Information Society. 44.2003, p.8-28, 9 ill. ISSN 1048-9053.

3519
Wilmersdorf, Erich: Die Rolle der automatischen Kartografie im eGeoGovernmentprozess der Bauleitplanung. In: Arbeitsgruppe Automation in der Kartographie : Tagung 2003. Ed.: Bundesamt für Kartographie und Geodäsie <Deutschland>. – Frankfurt a.M.: Bundesamt für Kartographie und Geodäsie <Deutschland> 2004., p.219-227, 8 ill. (Mitteilungen des Bundesamtes für Kartographie und Geodäsie ; 31; 2004).

3520
Zhang, S.; Peterson, J.; Shan, J.: High Quality 3D visualization for glacial cirque terrain. In: Journal of spatial science. 2.2004, p.75-86, 1 tab., 7 ill.

3521
Zhang, Xianfeng; Pazner, Micha: The icon imagemap technique for multivariate geospatial data visualization : approach and software system. In: Cartography and geographic information science : an official journal of ACSM devoted to the advancement of cartography in all its aspects. 31.2004,1, p.29-41, 10 ill., 1 tab. ISSN 1523-0406.

3522
Zhong-Ren, Peng; Ming-Hsiang, Tsou: Internet GIS : distributed geographic information services for the Internet and wireless networks. – Hoboken, NJ: John Wiley and Sons 2003, XXXVI, 679 p., ill.

3523
Zipf, Alexander: GIS-basierte Stadtinformationssysteme im Internet : wissenschaftliche Fragestellung, Technologie und Realisierung. In: Virtuelle Welten, reale Anwendungen : geographische Informationssysteme in Theorie und Praxis ; Tagungsband zum GIS-Symposium vom 8. November. Ed.: Schmid, Heiko; Köppe, Holger. – Heidelberg: 2003., p.79-95, 12 ill., 2 tab. (Heidelberger Geographischer Bausteine ; 16).

3524
Zögner, Lothar: CD-ROM-Produkte in der Kartenabteilung der Staatsbibliothek zu Berlin. In: Die digitale Kartenbibliothek : eine Momentaufnahme. Ed.: Bühler, Jürg. – München: Saur 2004., p.53-58 (Bibliographia cartographica / Beiheft ; 1).

M. Map-like Representations
Kartenverwandte Darstellungen
Représentations paracartographiques

1. General Features
Allgemeines
Généralités

3525
Frech, Iris; Koch, Barbara; Mosch, Matthias; Sauter, Silke; Schill, Christian: Nutzung georeferenzierter Daten in multimedialen Besucherinformationssystemen : Aspekte des ReGeo-Projekts. In: Kartographische Nachrichten : KN ; Fachzeitschrift für Geoinformation und Visualisierung ; Organ der Deutschen Gesellschaft für Kartographie e.V., der Schweizerischen Gesellschaft für Kartographie und der Österreichischen Kartographischen Kommission in der Österreichischen Geographischen Gesellschaft. 54.2004,1, p.10-14, 3 ill. ISSN 0022-9164.

3526
Fushöller, Fabian; Schnabl, Andreas: Kartenverwandte Darstellungen mit ESRI Arc-GIS. In: 50 Jahre Sektion Karlsruhe der Deutschen Gesellschaft für Kartographie e.V. : Festschrift. Ed.: Kern, Hans F. Hrsg. von Hans F. Kern. – Karlsruhe: Fachhochschule Karlsruhe, Hochschule für Technik, Fachbereich Geoinformationswesen 2004., p.121-124;265, 4 ill. (Karlsruher geowissenschaftliche Schriften, Reihe A, Kartographie und Geographie ; 16).

3527
Lundén, Thomas: Kartan som politiskt vapen. In: Nya lantmätaren. 2004,6, p.14-15, 1 mp. Maps are political weapons. [Swed.].

3528
Riedl, Andreas: Entwicklung und aktueller Stand digitaler Globen. In: Aspekte der Kartographie im Wandel der Zeit : Festschrift für Ingrid Kretschmer zum 65. Geburtstag und anlässlich ihres Übertritts in den Ruhestand. Ed.: Kainz, Wolfgang. Hrsg. von Wolfgang Kainz. – Wien: Geographisches Institut <Wien, Universität> / Arbeitsbereich für Geographie und Kartographie 2004., p.256-263, 10 ill. (Wiener Schriften zur Geographie und Kartographie ; 16).

2. Three-Dimensional Representations
Dreidimensionale Darstellungen
Représentations tridimensionnelles

3529
Bendl, Helge: Wo die Erde das Licht der Welt erblickt : in Oberschwaben erschafft der Columbus Verlag unseren Planeten jeden Tag aufs Neue. In: DB mobil : was uns bewegt. 2003; 2, p.66-69, 5 ill. ISSN 1615-0295.

3530
Caldwell, Douglas R.: Physical terrain modeling for geographic visualization. In: Cartographic perspectives : journal of the North American Cartographic Information Society. 38.2001, p.66-72, 6 ill. ISSN 1048-9053.

3531
Columbus-Großglobus für Staats- und Wirtschaftsführer : Maßstab des Kartenbildes 1:12 000 000. In: Columbus-Erdgloben führend in der ganzen Welt in 24 verschiedenen Sprachen = Columbus terrestrial globes leading all the world over in 24 different languages; Les globes terrestres Columbus proéminents dans le monde entier en 24 langues différentes; Globos terrestres Columbus prominentes en todo el mundo en 24 idiomas diferentes. – Berlin: 1938., p.26-29, 4 ill.

3532
Dekker, Elly: Catalogue of orbs, spheres and globes. – Firenze [u.a.]: Giunti Gruppo Editoriale 2004, 188 p., ill. (Cataloghi di raccolte scientifiche ; 5). [Contains bibliography and notes] ISBN 88-09-03589-5.

3533
Dekker, Elly: Precession globes. In: Musa musaei : studies on scientific instrumenst and collections in honour of Mara Miniati. Ed.: Beretta, Marco ; Galluzzi, Paolo; Triarico, Carlo. – Firenze: Casa Editrice L.S.Olschki 2003., p.219-235, 5 ill, 1 tab.

3534
Der Heidelberger Karl-Theodor-Globus von 1751 bis 2000 : Vergangenes mit gegenwärtigen Methoden für die Zukunft bewahren. Hrsg.: Willi Jäger; Susanne Krömker; Eike Wolgast. – Berlin: 2004, VI, 175 p., ill., mp. (Schriften der Mathematisch-Naturwissenschaftlichen Klasse der Heidelberger Akademie der Wissenschaften ; 14). ISBN 3-540-21875-0.

3535
Gröger, Gerhard ; Reuter, Markus; Plümer, Lutz: Shall 3D City Models be managed in a commercial database?. In: GeoBit : Geoinformatik für die Praxis. 9=17.2004,9, p.9-15, 9 ill. [Titel des Heftes: Geo-Informationssysteme : GIS (aufgegangen in GeoBit)] ISSN 1430-3663.

3536
Karpeev, Ėngel Petrovič: Bol'šoj gottorpskij globus. Ed.: Kunstkamera. – St. Petersburg: Kunstkamera 2003, 91 p., ill., mp.

3537
Kratochwil, Stefan: Die Himmelsgloben von Erhard Weigel. In: Jenaer Jahrbuch zur Technik- und Industriegeschichte. 6.2004, p. 41-54.

3538
Künzl, Ernst; Fecht, Maiken; Greiff, Susanne: Ein römischer Himmelsglobus der mittleren Kaiserzeit : Studien zur römischen Astralikonographie. In: Jahrbuch des Römisch-Germanischen Zentralmuseums Mainz. 2, p.495-594, 64 ill., 2 tab + 9 Farbtaf. ISSN 0076-2741.

3539
Leenders, Eric: Pictures at an exhibition (II): Plans-reliefs of fortified cities ; permanent exhibition in Lille. In: BIMCC newsletter / Brussels International Map Collectors' Circle. 19.2004, p.4, 1 ill.

3540
Mayrhofer, Doris: Kartographische Anforderungen an ein Interface im musealen Edutainmentbereich – gezeigt an einer Projektarbeit in Zusammenarbeit mit dem Österreichischen Globenmuseum. Ed.: Universität Wien. – Wiener Neustadt: Universität Wien 2004, 118 p., 41 ill., 4 tab. [Diplomarbeit].

3541
Meeres-Relief-Globus : das "neue" Bild der Erde weltweit einzigartig: terrestrische und submarine totale Reliefierung ; erstmals echte 3-Dimensionalität. Ed.: Geo-Institut <Porta Westfalica>. – Porta Westfalica: Geo-Institut <Porta Westfalica> 2003, 1 Prospekt (Faltbl.).

3542
Mucsi, László; Balog, Attila; Juhász, Géza: Interaktív, 3D-s barlangi információs rendszer a világhálón. In: Geodézia és kartográfia. 56.2004,12, p.3-8, 6 ill. Interactive 3D information system for caves on the web. [Hung. with Engl. rés.].

3543
Musa musaei : studies on scientific instrumenst and collections in honour of Mara Miniati. Ed.: Beretta, Marco ; Galluzzi, Paolo; Triarico, Carlo. – Firenze: Casa Editrice L.S.Olschki 2003, VIII, 486 p. ISBN 88-222-5238-1.

3544
Perrin, Laurent: La ville panoramique : Évolution des regards aériens sur Paris et sa banlieue. In: Trois siècles de cartographie en Ile-de-France Volume 2. Ed.: Institut d'Aménagement et d'Urbanisme de la Région d'Ile-de-France. Institut d'Aménagement et d'Urbanisme de la Région d'Ile-de-France 1998., p.6-20, 16 ill. (Cahiers de l'Institut d'Aménagement et d'Urbanisme de la Région d'Ile-de-France ; 120.1998).

3545
Rutherford, Dianne: Teaching the terrain : First World War battlefields at the Australian War Memorial. In: The Globe. 55.2004, p.25-30, 3 ill. ISSN 0311-3930.

3546
Seggewiss, Wilhelm: Der Kometenglobus Vincenzo Coronellis. In: Sterne und Weltraum : SuW ; Zeitschrift für Astronomie. 43.2004,1, p.38-44, 7 ill. ISSN 0039-1263.

3547
Strebe, Daan: The design of globe gores. In: Cartographic perspectives : journal of the North American Cartographic Information Society. 42.2002, p.46-54, 17 ill. ISSN 1048-9053.

3548
Tromnau, Gernot: Am Anfang war die Bürgerschaft : Aus den Gründerjahren des heutigen Duisburger Kultur- und Stadthistorischen Museums. – Duisburg: 2002, p.47-56, 5 ill. (Duisburger Forschungen : Schriftenreihe für Geschichte u. Heimatkunde Duisburgs ; 48). [Vorlage enthält zwei Werke].

3549
Warmoes, Isabelle: De l'utilité pédagogique des plans-reliefs (XVIIe-XIXe siècles). In: Portefeuilles de plans : projets et dessins d'ingénieurs militaires en Europe du XVIe au XIXe siècle ; actes du colloque international de Saint-Amand-Montrond 2 et 3 mars 2001 ; [le Colloque "Portefeuilles de Plans, Projets et Dessins d'Ingénieurs Militaires en Europe du XVIe au XIXe Siècles"]. Ed.: Cher. Ouvrage collectif publ. sous la dir. scientifique de Vincent Maroteaux ... – Bourges: Cher 2001., p.177-184, 7 ill.

3550
Wawrik, Franz: Die Manuskriptgloben des Fritz Kerner von Marilaun. In: "Brenner" : Geologische Bundesanstalt, Arbeitstagung 2003, Trins im Gschnitztal 1.-5. September 2003 ; Geologische Kartenblätter 1:50.000, 148 Brenner 175 Sterzing. Ed.: Geologische Bundesanstalt. – Wien: Geologische Bundesanstalt 2003., p.217-219.

3. Two-Dimensional Representations Zweidimensionale Darstellungen Représentations bidimensionnelles

3551
Altmaier, Angela; Kolbe, Thomas H.: Applications and solutions for interoperable 3D geo-visualization. In: Photogrammetric Week '03. Ed.: Fritsch, Dieter. – Heidelberg: Herbert-Wichmann-Verlag., p.253-267, 9 ill.

3552
Andres, Ernst: Bibliographie illustrierter Stahlstichwerke des 19. Jahrhunderts mit Stadtansichten : ein beschreibendes bibliographisches Repertorium mit alphabetischen Verzeichnissen der Werke = Bibliography of Nineteenth Century illustrated works containing views of towns and cities engraved on steel. – Alphen aan den Rijn: Canaletto/Repro-Holland 2002, Ersch.: 1 – 3. ISBN 906469-763-9.

3553
Arell, Lars: Storebror ser dig. In: Nya lantmätaren. 2004,10, p.14-17, 5 ill. Big Brother is watching you. [Swed.].

3554
Baillarin, Simon; Bernard, Marc: La génération automatique de spatiocartes. In: XYZ : revue de l'Association Française de Topographie. 100.2004,3, p.92-94, 5 ill. ISSN 0290-9057.

3555
Baltsavias, Emmanuel; Zhang, Chunsun: Automated updating of road databases from aerial images. In: International journal of applied earth observation and geoinformation : JAG ; the official quarterly publication of the International Institute for Aerospace Survey and Earth Sciences (ITC). 6.2004,3-4, p.199-213, 12 ill., 1 tab. ISSN 0303-2434.

3556
Basic, F.; Nuantawee, M.: Generating a VRML world from database contents : illustrated by application to flood risk communication. In: Journal of spatial science. 1.2004, p.37-48, 5 ill., 1 tab.

3557
Bendinger, Alberto; Jung, Ingolf: Virtual city models : new approaches in urban simulation and city planning using virtual reality tools. In: Photogrammetric Week '03. Ed.: Fritsch, Dieter. – Heidelberg: Herbert-Wichmann-Verlag., p.237-240, 5 ill.

3558
Bignone, Frank: Processing of stereo scanner : from stereo plotter to pixel factory. In: Photogrammetric Week '03. Ed.: Fritsch, Dieter. – Heidelberg: Herbert-Wichmann-Verlag., p.141-150, 9 ill.

3559
Boeckx, Katrien: The Hypsos Map, ambassador to Antwerp, 1913. In: Momentum : Antwerp's port in the 19th and 20th century. Ed.: Blomme, Jan; Devos, Greta; Nauwelaerts, Mandy; Hoof, Werner van; Verlinden, Kathelijne. – Antwerp: Pandora 2002., p.[64]-77, 6 ill.

3560
Boldo, Didier: Fabrication de vraies ortho-images et correction des ombres. In: Bulletin d'information de l'IGN : BI ; recherche ... 74.2003, p.25-36, 12 ill. ISSN 0427-2218.

3561
Boldt, Kai-W.; Zeh, Martin: 3D-Landschaftsvisualisierung : ein Stein der Weisen für den Wissenstransfer in Planung, Lehre und Bildung?. In: Virtuelle Welten, reale Anwendungen : geographische Informationssysteme in Theorie und Praxis ; Tagungsband zum GIS-Symposium vom 8. November. Ed.: Schmid, Heiko; Köppe, Holger. – Heidelberg: 2003., p.43-55, 6 ill. (Heidelberger Geographischer Bausteine ; 16).

3562
Brenner, Claus: Building reconstruction from images and laser scanning. In: International journal of applied earth observation and geoinformation : JAG ; the official quarterly publication of the International Institute for Aerospace Survey and Earth Sciences (ITC). 6.2004,3-4, p.187-198, 7 ill. ISSN 0303-2434.

3563
Brenner, Claus: Die Stadt in 3 D : dreidimensionale Stadtmodelle aus Laserscanning. In: Virtuelle Welten : wie GIS die Geowissenschaften verändern. Ed.: Universität Hannover; Freundeskreis der Universität Hannover. – Hannover: Universität Hannover; Freundeskreis der Universität Hannover 2003., p.60-63, 9 ill. (Unimagazin Hannover : Zeitschrift der Leibniz-Universität Hannover ; Mitteilungen des Freundeskreises der Universität Hannover ; 2003,3/4).

3564
Brenner, Claus; Dold, Christoph; Jülge, Katharina: Integration von luftgestützten und terrestrischen Methoden zur Ableitung von 3-D Stadtmodellen. In: Arbeitsgruppe Automation in der Kartographie : Tagung 2003. Ed.: Bundesamt für Kartographie und Geodäsie <Deutschland>. – Frankfurt a.M.: Bundesamt für Kartographie und Geodäsie <Deutschland> 2004., p.29-36, 4 ill. (Mitteilungen des Bundesamtes für Kartographie und Geodäsie ; 31; 2004).

3565
Brunner, Kurt: Ein buntes Klimaarchiv – Malerei, Graphik und Kartographie als Klimazeugen. In: Naturwissenschaftliche Rundschau., p.181-186, 6 ill.

3566
Cabello Justo, Sergio: Geometric problems in cartographic networks = Geometrische problemen in kartografische netwerken. Ed.: Technische Universiteit <Delft> / Onderzoekschool voor Computersystemen en Beeldsystemen. – Delft: Technische Universiteit <Delft> / Onderzoekschool voor Computersystemen en Beeldsystemen 2004, 134 p., ill., mp. (ASCI dissertation series ; 99). [Zugl.: @Utrecht, Univ., Diss., 2004].

3567
Cavelti Hammer, Madlena: Das Schweizer Panorama des 19. Jahrhunderts : insbesonder Werke von Heinrich Keller und Xaver Imfeld. In: Aspekte der Kartographie im Wandel der Zeit : Festschrift für Ingrid Kretschmer zum 65. Geburtstag und anlässlich ihres Übertritts in den Ruhestand. Ed.: Kainz, Wolfgang. Hrsg. von Wolfgang Kainz. – Wien: Geographisches Institut <Wien, Universität> / Arbeitsbereich für Geographie und Kartographie 2004., p.35-44, 6 ill. (Wiener Schriften zur Geographie und Kartographie ; 16).

3568
Dickmann, Frank: Mehr Schein als Sein? : Die Wahrnehmung kartengestützter Rauminformationen aus dem Internet. In: Kartographische Nachrichten : KN ; Fachzeitschrift für Geoinformation und Visualisierung ; Organ der Deutschen Gesellschaft für Kartographie e.V., der Schweizerischen Gesellschaft für Kartographie und der Österreichischen Kartographischen Kommission in der Österreichischen Geographischen Gesellschaft. 54.2004,2, p.61-67, 5 ill., 2 tab. ISSN 0022-9164.

3569
Franzen, Michael: Orthophotos in Österreich – Geschichte und Perspektiven. In: Aspekte der Kartographie im Wandel der Zeit : Festschrift für Ingrid Kretschmer zum 65. Geburtstag und anlässlich ihres Übertritts in den Ruhestand. Ed.: Kainz, Wolfgang. Hrsg. von Wolfgang Kainz. – Wien: Geographisches Institut <Wien, Universität> / Arbeitsbereich für Geographie und Kartographie 2004., p.215-221, 7 ill. (Wiener Schriften zur Geographie und Kartographie ; 16).

3570
Fritsch, Dieter: 3D building visualization : outdoor and indoor applications. In: Photogrammetric Week '03. Ed.: Fritsch, Dieter. – Heidelberg: Herbert-Wichmann-Verlag., p.281-290, 6 ill.

3571
Frosien-Leinz, Heike: Der Corputius-Plan: kommunales Selbstbewusstsein und Werbemittel : Stadtbilder in Mittelalter und früher Neuzeit. In: Von Flandern zum Niederrhein : Wirtschaft und Kultur überwinden Grenzen ; Begleitband zur Ausstellung "Von Flandern zum Niederrhein – Wirtschaft und Kultur überwinden Grenzen" ; [10. Mai bis 6. August 2000 ; eine Ausstellung der 24. Duisburger Akzente "Ei. Ed.: Kultur- u. Stadthistorisches Museum Duisburg. – Duisburg: Kultur- u. Stadthistorisches Museum Duisburg 0., p.87-100, 11 ill.

3572
Geissler, Robert: Geissler, Robert (1819-1893) : ein fast vergessener Zeichner von 1500 Veduten. In: Historia in museo : Festschrift für Frank-Dietrich Jacob. Ed.: Schimpff, Volker; Führ, Wieland. – Langenweissbach: Beier & Beran 0., p.225-241, ill.

3573
Germanchis, Timothy; Cartwright, William; Pettit, C.: Building a three-dimensional geospatial virtual environment on computer gaming technology. In: Journal of spatial science. 1.2004, p.89-96, 5 ill.

3574
Gröger, Gerhard; Kolbe, Thomas H.; Plümer, Lutz: Mehrskalige, multifunktionale 3D-Stadt- und Regionalmodelle. In: Photogrammetrie, Fernerkundung, Geoinformation : PFG ; Organ der Deutschen Gesellschaft für Photogrammetrie und Fernerkundung e.V. 2004,2, p.121-132, 9 ill. ISSN 1432-8364.

3575
Häberling, Christian: Topografische 3D-Karten : Thesen für kartografische Gestaltungsgrundsätze. Ed.: Institut für Kartographie der ETH. – Zürich: Institut für Kartographie der ETH 2003, XIII, 167 p. [Zugl.: Zürich, ETH, Diss., 2003].

3576
Heipke, Christian; Koch, Andreas: Daten aus dem All : mit SRTM entsteht ein dreidimensionales Abbild der Erde. In: Virtuelle Welten : wie GIS die Geowissenschaften verändern. Ed.: Universität Hannover; Freundeskreis der Universität Hannover. – Hannover: Universität Hannover; Freundeskreis der Universität Hannover 2003., p.8-10, 4 ill. (Unimagazin Hannover : Zeitschrift der Leibniz-Universität Hannover ; Mitteilungen des Freundeskreises der Universität Hannover ; 2003,3/4).

3577
Janzen, Sharon: 101 ways to use orthophotos!. In: Bulletin / Association of Canadian Map Libraries and Archives. 119.2004, p.7-10, 8 ill. ISSN 0840-9331.

3578
Jászai, Géza: "Glück und Frieden" Der Horstmarer Paulus-Pokal für Fürstbischof Christoph Bernhard von Galen. In: Kunstwerke des St. Paulus-Domes zu Münster : Imaginationen des Unsichtbaren. 14, [4] p., 4 ill.

3579
Joinville, Olivier de; Saur, Sébastien; Bretar, Frédéric: Le levé laser aéroporté : techniques, applications et recherche. In: Bulletin d'information de l'IGN : BI ; recherche ... 74.2003, p.37-52, 20 ill., 1 tab. ISSN 0427-2218.

3580
Kada, Martin: 3D building generalization and visualization. In: Photogrammetric Week '03. Ed.: Fritsch, Dieter. – Heidelberg: Herbert-Wichmann-Verlag., p.29-38, 10 ill.

3581
Karbø, Nils ; Trollvik, Jon Arne: Felles forvaltningsbase for digitale ortofoto. In: Kart og plan : vitenskapelig tidsskrift. 97.2004,2, p.78-81, 1 ill. A national joint database of digital orthophotos. [Norw. with Engl. rés.]. ISSN 0047-3278.

3582
Kirschenbauer, Sabine: Empirisch-kartographische Analyse einer echt-dreidimensionalen Darstellung am Beispiel einer topographischen Hochgebirgskarte. – Berlin: Mensch & Buch Verl. 2004, X, 179 p., ill., mp. [Zugl.: Dresden, Techn. Univ., Diss., 2003] ISBN 3-89820-752-8.

3583
Kleinschmidt, Birgit; Kenneweg, Hartmut: Auf den Spuren von Strukturen im Wald : "unbestechlich objektiv". In: GeoBit : Geoinformatik für die Praxis. 9.2004,1/2, p.20-22, 4 ill. ISSN 1430-3663.

3584
Kolbe, Thomas H.; Middel, Ariane; Plümer, Lutz: 3D-Kartographie für die Fußgängernavigation : virtuelle Wegweiser in Panoramen. In: Arbeitsgruppe Automation in der Kartographie : Tagung 2003. Ed.: Bundesamt für Kartographie und Geodäsie <Deutschland>. – Frankfurt a.M.: Bundesamt für Kartographie und Geodäsie <Deutschland> 2004., p.81-96, 11 ill. (Mitteilungen des Bundesamtes für Kartographie und Geodäsie ; 31; 2004).

3585
Kraak, Menno Jan: De visualisatie van drie-dimensionale en temporele ruimtlijke gegevens. In: Kartografie in het GIS-tijdperk. Ed.: Nederlandse Vereniging voor Kartografie. Red.: P.G.M.Mekenkamp. – Amersfoort: Nederlandse Vereniging voor Kartografie 1994., p.19-28, 7 ill. (NVK publikatiereeks ; 11; 1994). [Dutch].

3586
Kumar, Naresh: Frequency histogram legend in the choropleth map : a substitute to traditional legends. In: Cartography and geographic information science : an official journal of ACSM devoted to the advancement of cartography in all its aspects. 31.2004,4, p.217-236, 9 ill., 6 tab. ISSN 1523-0406.

3587
Lange, Eckart; Schroth, Olaf; Wissen, Ulrike: Fallbeispiele von 3D-Visualisierungen zur partizipativen Landschaftsentwicklung. In: Geomatik Schweiz : Geoinformation und Landmanagement. 102.2004,4, p.246-249, 4 ill. ISSN 0252-9424; 1660-4458.

3588
Lohmann, Peter; Jacobsen, Karsten: Filterung segmentierter Oberflächenmodelle aus Laserscannerdaten. In: Photogrammetrie, Fernerkundung, Geoinformation : PFG ; Organ der Deutschen Gesellschaft für Photogrammetrie und Fernerkundung e.V. 2004,4, p.279-287, 14 ill., 1 tab. ISSN 1432-8364.

3589
Maillet, Grégoire; Flamanc, David: Prototype de logiciel pour la réalisation d'une Base de Données Bâti 3-D. In: Bulletin d'information de l'IGN : BI ; recherche ... 74.2003, p.15-24, 11 ill. ISSN 0427-2218.

3590
Man, Joris de; Brondeel, Marijke: Het digitaal hoogt-model Vlaanderen. In: Geo-Info : tijdschrift voor Geo-Informatie Nederland, GIN. 1.2004,2, p.88-89, 6 ill. The digital height-model Flanders. [Dutch]. ISSN 1572-5464.

3591
Marsch, Angelika: Die Stadt Glatz in Ansichten aus vier Jahrhunderten. In: Glaciographia Nova : Festschrift für Dieter Pohl. Ed.: Herzig, Arno. – Hamburg: DOBU Verlag 2004., p.110-[180], 42 ill.

3592
Miliaresis, George; Kokkas, N.: Segmentation and terrain modelling of extra-terrestrial chasmata. In: Journal of spatial science. 2.2004, p.87-98, 3 tab., 8 ill.

3593
Momentum : Antwerp's port in the 19th and 20th century. Ed.: Blomme, Jan; Devos, Greta; Nauwelaerts, Mandy; Hoof, Werner van; Verlinden, Kathelijne. – Antwerp: Pandora 2002, 230 p., ill., tab. ISBN 90-5325-193-6.

3594
Müller, Guido: Bergpanoramen waren seine Leidenschaft : Anton Sattler (1846-1883). In: Mitteilungen der Gesellschaft für Salzburger Landeskunde. 144.2004, p.359-372, 4 ill. ISSN 0435-8279.

3595
Nebiker, Stephan: DILAS : the digital landscape server for the generation and management of large 3D city models., p.227-336, 9 ill. ISSN 0-906430-14-3.

3596
Noble, Peter; Nix, Martin: 3D North Sydney : precise 3D database for retrieval and visualization. In: Photogrammetric Week '03. Ed.: Fritsch, Dieter. – Heidelberg: Herbert-Wichmann-Verlag., p.275-279, 1 ill.

3597
Panorama : Kunstmuseum Thun [1. Juli bis 9. September]. Ed.: Schuppli, Madeleine. Hrsg. von Madeleine Schuppli. Texte: Susanne Bieri. – Thun: Kunstmuseum Thun 2001, 22 p., ill. [Text dt. u. engl.].

3598
Patterson, Tom: Bryce 5 tutorial : how to drape a satellite image onto a DEM. In: Cartographic perspectives : journal of the North American Cartographic Information Society. 42.2002, p.18-25, 11 ill. ISSN 1048-9053.

3599
Patterson, Tom: Getting real : reflecting on the new look of National Park service maps. In: Cartographic perspectives : journal of the North American Cartographic Information Society. 43.2002, p.43-56, 15 ill. ISSN 1048-9053.

3600
Perrin, Laurent: La ville panoramique : Évolution des regards aériens sur Paris et sa banlieue. In: Trois siècles de cartographie en Ile-de-France Volume 2. Ed.: Institut d'Aménagement et d'Urbanisme de la Région d'Ile-de-France. Institut d'Aménagement et d'Urbanisme de la Région d'Ile-de-France 1998., p.6-20, 16 ill. (Cahiers de l'Institut d'Aménagement et d'Urbanisme de la Région d'Ile-de-France ; 120.1998).

3601
Perrin, Laurent: "L'image cartographique" dans le projet Imago Metropolis. In: Trois siècles de cartographie en Ile-de-France Volume 2. Ed.: Institut d'Aménagement et d'Urbanisme de la Région d'Ile-de-France. Institut d'Aménagement et d'Urbanisme de la Région d'Ile-de-France 1998., p.21-23, 6 ill. (Cahiers de l'Institut d'Aménagement et d'Urbanisme de la Région d'Ile-de-France ; 120.1998).

3602
Pfeifer, Norbert: 3D terrain models on the basis of a triangulation. – Wien: 2002, XI, 127 p., ill. (Geowissenschaftliche Mitteilungen : Schriftenreihe der Studienrichtung Vermessungswesen und Geoinformation, Technische Universität Wien ; 65).

3603
Piazza, Valeria di: Carte, piante e vedute di XVIII secolo nelle stampe della Biblioteca della Provincia di Roma. – Roma: Bonsignori 2003, 271 p., ill. (Palazzo Valentini : collana di studi e materiali ; 2). [Contains bibliography and indices] ISBN 88-7597-335-0.

3604
Portraits de Loire : iconographie du XVIIe siècle à nos jours. Coordination: Laurence Montilly. – [Nantes]: Coiffard 2004, 89 p., ill., mp. ISBN 2-910366-53-7.

3605
Presciuttini, Paola: Coste del Mediterraneo nella cartografia europea : 1500 – 1900. – Ivrea (Torino): Priuli & Verlucca 2004, 179 p., ill.,. Coasts of the Mediterranean in European cartography : 1500 – 1900. [Ital.]. [Contains bibliography and indices] ISBN 88-8068-249-0.

3606
Reise durch Europas Mitte : Die Reisebilder Pfalzgraf Ottheinrichs aus den Jahren 1536/37 ; [Katalog der Ausstellung Reise durch Europas Mitte. Die Reisebilder Pfalzgraf Ottheinrichs aus den Jahren 1536/37 in Tschechien, Deutschland und Polen] = Cesta sty. Ed.: Deutsches Kulturforum Östliches Europa. [Ausstellung und Katalog: Thomas Schulz; Mathias Marx]. – Potsdam: Deutsches Kulturforum Östliches Europa 2003, LXXXV p.,ill. (Potsdamer Bibliothek östliches Europa / Kunst).

3607
Rickenbacher, Martin: Topographische Untersuchungen zu den "Basler" Panoramen des jungen Samuel Birmann (1793-1847). In: Aspekte der Kartographie im Wandel der Zeit : Festschrift für Ingrid Kretschmer zum 65. Geburtstag und anlässlich ihres Übertritts in den Ruhestand. Ed.: Kainz, Wolfgang. Hrsg. von Wolfgang Kainz. – Wien: Geographisches Institut <Wien, Universität> / Arbeitsbereich für Geographie und Kartographie 2004., p.110-119, 7 ill. (Wiener Schriften zur Geographie und Kartographie ; 16).

3608
Rieks, Hans-Joachim; Hallmann, Dietmar: Bayer-Chemiepark Leverkusen : 3D-Standortmodelle effektiv genutzt. In: GeoBit : Geoinformatik für die Praxis. 9.2004,7, p.20-21, 4 ill. ISSN 1430-3663.

3609
Rottensteiner, Franz; Briese, Sydney; Briese, Christian: Automatische Erfassung von Gebäudemodellen aus Laserscannerdaten und die Integration von Luftbildern. In: Photogrammetrie, Fernerkundung, Geoinformation : PFG ; Organ der Deutschen Gesellschaft für Photogrammetrie und Fernerkundung e.V. 2004,4, p.269-277, 8 ill. ISSN 1432-8364.

3610
Rubin, Rehav: Image and reality : Jerusalem in maps and views = Yerûšālayim be-mapot û-be-mar' ôt. – Jerusalem: The Hebrew University Magnes Press 1999, 181 p., ill., mp. [Engl. and Hebr.]. [Includes bibliographical references (p. 173-177) and index] ISBN 965-493-012-9.

3611
Rundum Berge : Faltpanoramen oder Der Versuch alles sehen zu können ; das Begleitheft zur Ausstellung des Alpenverein-Museum Innsbruck. Ed.: Alpenverein-Museum. [Konzept und Red.: Monika Gärtner... Text: Anton Holzer]. – Innsbruck: Alpenverein-Museum 2001, [17] Bl. in Leporello.

3612
Sester, Monika; Katterfeld, Christiane: Virtuelle Landschaften : E-Learning in den Geowissenschaften. In: Virtuelle Welten : wie GIS die Geowissenschaften verändern. Ed.: Universität Hannover; Freundeskreis der Universität Hannover. – Hannover: Universität Hannover; Freundeskreis der Universität Hannover 2003., p.34-38, 7 ill. (Unimagazin Hannover : Zeitschrift der Leibniz-Universität Hannover ; Mitteilungen des Freundeskreises der Universität Hannover ; 2003,3/4).

3613
Souchon, Jean-Philippe; Thom, Christian: Un canal proche infrarouge pour la caméra numérique de l'IGN. In: Bulletin d'information de l'IGN : BI ; recherche ... 74.2003, p.53-62, 13 ill. ISSN 0427-2218.

3614
Stoffers, Johannes: Blick auf Amaurotum, Utopias Metropole : Fragment einer alten Reiseerzählung ; mit 3 Stadtansichten. – Bonn: Thenée Druck 2004, p. 22, 3 ill. – 2., durchgesehene und ergänzte Auflage.

3615
Stoter, Jantien; Salzmann, Martin: Met het Kadaster de ruimte in?. In: Geo-Info : tijdschrift voor Geo-Informatie Nederland, GIN. 1.2004,9, p.364-369, 5 ill. With land register to space?. [Dutch]. ISSN 1572-5464.

3616
Tait, Alexander M.: Photoshop 6 tutorial : how to create basic colored shaded relief. In: Cartographic perspectives : journal of the North American Cartographic Information Society. 42.2002, p.12-17, 7 ill. ISSN 1048-9053.

3617
Ulm, Kilian: Virtuelle 3D-Stadtmodelle : Technologie und Anwendung. In: GeoBit : Geoinformatik für die Praxis. 2004,8, p.22-23, 2 ill. ISSN 1430-3663.

3618
Vögtle, Thomas; Steinle, Eberhard: Detektion und Modellierung von 3D-Objekten aus flugzeuggetragenen Laserscannerdaten. In: Photogrammetrie, Fernerkundung, Geoinformation : PFG ; Organ der Deutschen Gesellschaft für Photogrammetrie und Fernerkundung e.V. 2004,4, p.315-322, 12 ill. ISSN 1432-8364.

3619
Vosselmann, George ; Kessels, Patrice; Gorte, Ben: The utilisation of airborne laser scanning for mapping. In: International journal of applied earth observation and geoinformation : JAG ; the official quarterly publication of the International Institute for Aerospace Survey and Earth Sciences (ITC). 6.2004,3-4, p.177-186, 8 ill. ISSN 0303-2434.

3620
Wälder, Olga: Ventikular-Verfahren für 3D-Visualisierung : Diskussion und Optimierungsmöglichkeiten. In: Theoretische Probleme der Kartographie und ihrer Nachbardisziplinen. Ed.: Wolodtschenko, Alexander; Schlichtmann, Hansgeorg. – Dresden: 2004., p.35-40, 3 ill. (Diskussionsbeiträge zur Kartosemiotik und zur Theorie der Kartographie : internationales Korrespondenz-Seminar ; 6). [With Engl. and Russ. rés.].

3621
Westfalia picta : Erfassung westfälischer Ortsansichten vor 1900. Ed.: Luckhardt, Jochen. – Bielefeld: Westfalen-Verlag 1987, Bd.1 (1987) -. [Ab Bd. 6 im Verlag Ardey, Münster, erschienen].

3622
Wieneke, Friedrich: The use of space photography for coastal studies : methodological aspects. In: Geomorphologic applications of remote sensing : papers presented at the Post-Conference Symposium S13 "Remote Sensing of the Ecological Environment" (Strasbourg, September 11-13, 1989). Second International Conference on Geomorphology (Frankfurt a.M., 1989). Ed.: Gierloff-Emden, H.-G.; Wilhelm, F. Hrsg. von H.-G. Gierloff-Emden und F. Wilhelm. – München: Geobuch-Verlag 1990., p.5-25, 8 ill., 11 tab. (Münchener geographische Abhandlungen, Reihe A).

3623
Zhang, S.; Peterson, J.; Shan, J.: High Quality 3D visualization for glacial cirque terrain. In: Journal of spatial science. 2.2004, p.75-86, 1 tab., 7 ill.

3624
"Zu Nutz und Zier..." : Kupferstiche aus dem Stadtarchiv Rheinberg ; [erscheint als Begleitkatalog zur Ausstellung: "Zu Nutz und Zier..." – Kupferstiche aus dem Stadtarchiv Rheinberg, Rheinberg, Alte Kellnerei, 10. November 2002 – 19. Januar 2003]. Ed.: Rheinberg / Kulturamt. – Rheinberg: Rheinberg / Kulturamt 2002, 120 p., ill., mp. (Schriften der Stadt Rheinberg zur Geschichte und Heimatkunde ; 14). [Literaturverz. p.117-119].

N. Use of Maps
Kartennutzung
Utilisation des cartes

1. General Features, Accessories for Map Use
Allgemeines, Hilfsmittel des Kartengebrauchs
Généralités, accessoires pour l'utilisation des cartes

3625
Arnoldt, Hans-Martin: Digitale Karten – eine Herausforderung für die Archive : ein Bericht zu neuen Formen der kartographischen Überlieferung. In: Archiv Nachrichten Niedersachsen : Mitteilungen aus niedersächsischen Archiven. 7.2003, p.81-88. ISSN 1617-6820.

3626
Baier, Eckhart: "Jeder will Marktführer werden ..." : Kartografiemarkt. In: Börsenblatt für den deutschen Buchhandel : Frankfurt am Main und Leipzig. 2002; 41, p.30-32, 4 ill., 3 portr. ISSN 0340-7373; 0940-0044.

3627
Batten, Kit: Touring England. In: Journal of the International Map Collectors' Society. 2004,97, p.51-53, 8 ill.

3628
Beech, Geraldine; Mitchell, Rose: Maps for family and local history : the records of the Tithe, Vaaluation Office, and National Farm Surveys [of England and Wales, 1836-1943]. Ed.: National Archives. – Richmond: National Archives 2004, 116 p., ill., mp. – 2nd rev. ed. (Readers' guide / National Archives). ISBN 1-903365-50-3.

3629
Beresiner, Yasha: IMCoS : conception through birth. In: IMCoS 1980-2000 : a history. Comp. by Susan Gole. International Map Collectors Society. – London: 2000., p.5-6, 1 portr.

3630
Bertelmann, Roland; Braune, Stephan: Ein Mapserver zur Suche im Kartenbestand. In: Bibliotheksdienst. Organ der Bundesvereinigung Deutscher Bibliotheksverbände (BDB). 37.2003,10, p.1221-1227, 4 ill. ISSN 0006-1972.

3631
Brown, Christopher C.: Topos in your OPAC : linking to the online. In: Information bulletin / Western Association of Map Libraries. 34.2003,3, p.141-144, 8 ill. ISSN 0049-7282.

3632
Brunner, Kurt: Geheimhaltung und Verfälschung von Karten aus militärischen und politischen Gründen. – 2., durchges. Aufl. In: Kartenverfälschung als Folge übergroßer Geheimhaltung? : eine Annäherung an das Thema Einflußnahme der Staatssicherheit auf das Kartenwesen der DDR ; Referate der Tagung der BStU vom 08.-09.2001 in Berlin. Ed.: Unverhau, Dagmar. – Münster: Lit-Verlag 2003., p.161-175, 12 ill. (Archiv zur DDR-Staatssicherheit ; 5).

3633
Brunner, Kurt: Geheimhaltung und Verfälschung von Karten aus militärischen und politischen Gründen. In: Kartenverfälschung als Folge übergroßer Geheimhaltung? : eine Annäherung an das Thema Einflußnahme der Staatssicherheit auf das Kartenwesen der DDR ; Referate der Tagung der BStU vom 08.-09.2001 in Berlin. Ed.: Unverhau, Dagmar. – Münster: Lit-Verlag 2002., p.161-175, 12 ill. (Archiv zur DDR-Staatssicherheit ; 5; 2002).

3634
Bühler, Jürg: Digitale Angebote in Kartenbibliotheken – vom Konzept zur Realisierung. In: Die digitale Kartenbibliothek : eine Momentaufnahme. Ed.: Bühler, Jürg. – München: Saur 2004., p.37-49 (Bibliographia cartographica / Beiheft ; 1).

3635
Bühler, Jürg: Kartenkataloge der Zukunft : die räumliche Suche in einem graphischen Katalog. In: Die digitale Kartenbibliothek : eine Momentaufnahme. Ed.: Bühler, Jürg. – München: Saur 2004., p.215-221, 9 ill. (Bibliographia cartographica / Beiheft ; 1).

3636
Campbell, Tony: Cyprus : the reliability of early maps ; the Antonakis Georgiadhes memorial lecture. Ed.: Bank of Cyprus Cultural Foundation. – Nicosia: Bank of Cyprus Cultural Foundation 1994, 39 p., mp. (Cyprus cartography lectures ; 2).

3637
Cartographic Users Advisory Council : 2004 Annual Agencies Meeting Minutes. In: Information bulletin / Western Association of Map Libraries. 36.2004,1, p.41-57. ISSN 0049-7282.

3638
Crom, Wolfgang: Verweis-sensitive Indexblätter als Bestandsnachweis im Internet. In: Die digitale Kartenbibliothek : eine Momentaufnahme. Ed.: Bühler, Jürg. – München: Saur 2004., p.129-135, 2 ill. (Bibliographia cartographica / Beiheft ; 1).

3639
Crom, Wolfgang; Heinz, Markus: Visionen künftiger Kartenrecherche. In: Aspekte der Kartographie im Wandel der Zeit : Festschrift für Ingrid Kretschmer zum 65. Geburtstag und anlässlich ihres Übertritts in den Ruhestand. Ed.: Kainz, Wolfgang. Hrsg. von Wolfgang Kainz. – Wien: Geographisches Institut <Wien, Universität> / Arbeitsbereich für Geographie und Kartographie 2004., p.299-303 (Wiener Schriften zur Geographie und Kartographie ; 16).

3640
Cromley, Ellen K.; Cromley, Robert G.; Ye, Yanlin: On-line reporting and mapping of spatially aggregated individual records selected by user queries. In: Cartographica. 39.2004,2, p.5-13, 4 ill., 1 tab. ISSN 0340-0654; 0317-7173.

3641
Die digitale Kartenbibliothek : eine Momentaufnahme. Ed.: Bühler, Jürg. – München: Saur 2004, 241 p., ill., mp. (Bibliographia cartographica / Beiheft ; 1). ISBN 3-598-2500-2.

3642
Dreyer-Eimbcke, Oswald: Thoughts on collecting maps. In: IMCoS 1980-2000 : a history. Comp. by Susan Gole. International Map Collectors Society. – London: 2000., p.19-23, 1 portr.

3643
Elzakker, Corné P.J.M. van: The use of maps in the exploration of geographic data. – Utrecht: 2004, 206 p., ill., mp. (Kartographische Schriften ; 14). [Zugl.: Utrecht, Univ., Diss., 2004] ISBN 90-6809-357-6; 90-6809-365-7.

3644
Faucherre, Nicolas: L'utilité des plans anciens pour la connaissance et la restauration du patrimoine fortifié. In: Portefeuilles de plans : projets et dessins d'ingénieurs militaires en Europe du XVIe au XIXe siècle ; actes du colloque international de Saint-Amand-Montrond 2 et 3 mars 2001 ; [le Colloque "Portefeuilles de Plans, Projets et Dessins d'Ingénieurs Militaires en Europe du XVIe au XIXe Siècles"]. Ed.: Cher. Ouvrage collectif publ. sous la dir. scientifique de Vincent Maroteaux ... – Bourges: Cher 2001., p.15-32, 25 ill.

3645
Gartner, Georg: Von der Internet Kartographie zu ubiquitären Anwendungen in der Kartographie. In: Mitteilungen der Österreichischen Geographischen Gesellschaft : MÖGG ; Jahresband. 146.2004, p.303-322, 4 ill. ISSN 0029-9138.

3646
GeoInformationsSysteme : Grundlagen – Nutzungen – Entwicklungen ; Geoforum 2004 ; Beiträge der gemeinsam von der Fachrichtung Geodäsie und Geoinformatik, Universität Hannover, der Akademie der Geowissenschaften zu Hannover und dem Deutschen Verein für Vermessungswesen, Bezirksgruppe Hannover-Hildesheim organisierten Veranstaltung im Leibnizhaus Hannover, 8. Juni 2004. – Hannover: 2004, 62 p., ill., mp. (Wissenschaftliche Arbeiten der Fachrichtung Geodäsie und Geoinformatik der Universität Hannover ; 252).

3647
Geoinformationssysteme : Theorie, Anwendungen, Problemlösungen ; Vorträge der 7. Dresdner Sommerschule am 26./27. September 2002. Hrsg. von Nikolas Prechtel. – Dresden: 2003, 141 p., ill., mp. + 1 CD-ROM. (Kartographische Bausteine : KB ; 21). [CD-ROM u.d.T.: 7. Dresdner Sommerschule; CD-ROM enth.: SVG-Karte des TU-Campus].

3648
Grell, Jens-Peter: Das elektronische Kartenarchiv an der Universitäts- und Landesbibliothek Sachsen-Anhalt. In: Die digitale Kartenbibliothek : eine Momentaufnahme. Ed.: Bühler, Jürg. – München: Saur 2004., p.81-90, 2 ill. (Bibliographia cartographica / Beiheft ; 1).

3649
Haft, Adele J.: Henry Reed's poetic map of Verona : (Di)versifying the teaching of geography, IV. In: Cartographic perspectives : journal of the North American Cartographic Information Society. 40.2001, p.32-51. ISSN 1048-9053.

3650
Haft, Adele J.: The poet as map-maker : the cartographic inspiration and influence of Elizabeth Bishop's "The Map". In: Cartographic perspectives : journal of the North American Cartographic Information Society. 38.2001, p.26-54. ISSN 1048-9053.

3651
Harvey, Jenny: Twenty years of IMCoS. In: IMCoS 1980-2000 : a history. Comp. by Susan Gole. International Map Collectors Society. – London: 2000., p.25-26, 1 portr.

3652
Hennig, Sabine: Zur Beziehungsproblematik analoger und digitaler Karten : ERfahrungen bei der Realisierung der Interaktiven Bildschirmkarte "MaaT" für den Nationalpark Berchtesgaden. In: Kartographische Nachrichten : KN ; Fachzeitschrift für Geoinformation und Visualisierung ; Organ der Deutschen Gesellschaft für Kartographie e.V., der Schweizerischen Gesellschaft für Kartographie und der Österreichischen Kartographischen Kommission in der Österreichischen Geographischen Gesellschaft. 54.2004,6, p.251-258, 4 ill., 1 tab. ISSN 0022-9164.

3653
Heres, L.: Wie is er bang voor het NWB? : TOP10vector als basis voor het Nationaal Wegenbestand. In: Topografische bestanden : 1:10000. Ed.: Nederlandse Vereniging voor Kartografie. Werkgroep Nieuwe Visualisatie Technologie. Red.: A.A. van der Veen. – Amersfoort: Nederlandse Vereniging voor Kartografie 1996., p.19-21, 1 ill. (NVK publikatiereeks ; 21). [Dutch].

3654
Historische Karten im Saarland : Information aus der Vermessungs- und Katasterverwaltung. Ed.: Saarland / Landesamt für Kataster-, Vermessungs- und Kartenwesen. – Saarbrücken: Saarland / Landesamt für Kataster-, Vermessungs- und Kartenwesen 2003, 1 Faltbl., mp. [Verlagsprospekt].

3655
Jensen, Kristi L.; Musser, Linda R.; Andrew, Paige G.: Index maps for the digital age. In: Information Technology and Libraries. 23.2004, p.81-87, 3 ill. ISSN 0730-9295.

3656
Karte, Kompass, Sonnenstand – so findest du den Weg. [Aus dem Franz. von Elisabeth Schittenhelm]. 2004, 31 p., ill., mp. (Ensslins kleine Naturführer). ISBN 3-401-45165-0.

3657
Kartenverfälschung als Folge übergroßer Geheimhaltung? : eine Annäherung an das Thema Einflußnahme der Staatssicherheit auf das Kartenwesen der DDR ; Referate der Tagung der BStU vom 08.-09.2001 in Berlin. Ed.: Unverhau, Dagmar. – Münster: Lit-Verlag 2003, 300 p., ill., mp. – 2., durchges. Aufl. (Archiv zur DDR-Staatssicherheit ; 5). ISBN 3-8258-5964-9.

3658
Kelnhofer, Fritz: Mediale Dichotomie in der thematischen Kartographie : eine notwendige Konsequenz "moderner Kartographie"?. In: Aspekte der Kartographie im Wandel der Zeit : Festschrift für Ingrid Kretschmer zum 65. Geburtstag und anlässlich ihres Übertritts in den Ruhestand. Ed.: Kainz, Wolfgang. Hrsg. von Wolfgang Kainz. – Wien: Geographisches Institut <Wien, Universität> / Arbeitsbereich für Geographie und Kartographie 2004., p.197-203 (Wiener Schriften zur Geographie und Kartographie ; 16).

3659
Kitchin, Rob: Participatory mapping of disabled access. In: Cartographic perspectives : journal of the North American Cartographic Information Society. 41.2002, p.44-54, 3 ill. ISSN 1048-9053.

3660
Klöti, Thomas: Von den Blattübersichten schweizerischer Landeskartenwerke zur Titelaufnahme im Bibliotheksverbundkatalog. In: Die digitale Kartenbibliothek : eine Momentaufnahme. Ed.: Bühler, Jürg. – München: Saur 2004., p.147-154, 5 ill. (Bibliographia cartographica / Beiheft ; 1).

3661
Koop, Olev: De digitale kaart als nieuwe uitdaging voor de alarmdiensten en de rampenbestrijding in Nederland. In: Rampenkartografie. Werkgroep Onderwijs en Onderzoek. Red.: B.J. Köbben and others. 1995., p.31-38, 4 ill., 6 tab. (NVK publikatiereeks ; 14). [Dutch].

3662
Kophstahl, Erwin: Erhebung, Nutzung und Vermarktung amtlicher Geobasisdaten. In: GeoInformationsSysteme : Grundlagen – Nutzungen – Entwicklungen ; Geoforum 2004 ; Beiträge der gemeinsam von der Fachrichtung Geodäsie und Geoinformatik, Universität Hannover, der Akademie der Geowissenschaften zu Hannover und dem Deutschen Verein für Vermessungswesen, Bezirksgruppe Hannover-Hildesheim organisierten Veranstaltung im Leibnizhaus Hannover, 8. Juni 2004. – Hannover: 2004., p.31-32, 2 ill. (Wissenschaftliche Arbeiten der Fachrichtung Geodäsie und Geoinformatik der Universität Hannover ; 252).

3663
Kophstahl, Erwin: Erhebung, Nutzung und Vermarktung amtlicher Geobasisdaten. In: Geoinformationssysteme (GIS) ; Grundlagen – Anwendungen – Entwicklungen. Ed.: Quade, Horst. – Hannover: 2001., p.30-32, 2 ill. (Veröffentlichungen / Akademie der Geowissenschaften zu Hannover ; 24).

3664
Kraak, Menno Jan; Müller, Jean-Claude; Ormeling, Ferdinand Jan: GIS-Kartografie : visuele ondersteuning van het besluitvormingsproces bij gebruik van ruimtelijk-temporele gegevens. In: Kartografisch onderzoek en GIS. Ed.: Nederlandse Vereniging voor Kartografie. Produktie: Y.T.Bouma voor Werkgroep Onderwijs en Onderzoek. – Amersfoort: Nederlandse Vereniging voor Kartografie 1993., p.27-36, 7 ill. (NVK publikatiereeks ; 8).

3665
Kraak, M.J.: MILK : kartografie en kunst. In: Geo-Info : tijdschrift voor Geo-Informatie Nederland, GIN. 1.2004,12, p.534-535, 3 ill. MILK : cartography and art. [Dutch]. ISSN 1572-5464.

3666
Kwan, Mei-Po; Casas, Irene; Schmitz, Ben C.: Protection of geoprivacy and accuracy of spatial informations : how effective are geographical masks?. In: Cartographica. 39.2004,2, p.15-28,13 ill.,1 tab. ISSN 0340-0654; 0317-7173.

3667
Kwan, Mei-Po; Casas, Irene; Schmitz, Ben C.: Protection of Geoprivacy and Accuracy of Spatial Informations: How Effective Are Geographical Masks?. In: Cartographica. 39.2004,2, p.15-28, 13 ill., 1 tab. ISSN 0340-0654; 0317-7173.

3668
Le dessus des cartes : art et cartographie ; [ce catalogue a été édité à l'occasion de l'Exposition "Le Dessus des Cartes. Art et Cartographie" organisée du 14 mai au 24 juillet 2004 par l'Institut Supérieur pour l'Étude du Langage Plastique. Ed.: Institut Supérieur pour l'Étude du Langage Plastique. Commissaire de l'exposition: Arlette Lemonnier. – Bruxelles: ISELP 2004, 151 p., ill., mp. ISBN 2-87373-011-0.

3669
Lierz, Wolfgang: Karten aus Stielers Hand-Atlas in der Encyclopaedia Britannica. In: Cartographica Helvetica : Fachzeitschrift für Kartengeschichte. 2004,29, p.27-34, 9 ill., 1 tab. ISSN 1015-8480.

3670
Lucht, Roland; Henkel, Horst; Scholz, Wolfgang: Analyse der "Ausgabe für die Volkswirtschaft" in Umsetzung des Beschlusses des nationalen Verteidigungsrates der DDR vom 13. Oktober 1965 im Vergleich mit der topographischen Karte der DDR. – 2., durchges. Aufl. In: Kartenverfälschung als Folge übergroßer Geheimhaltung? : eine Annäherung an das Thema Einflußnahme der Staatssicherheit auf das Kartenwesen der DDR ; Referate der Tagung der BStU vom 08.-09.2001 in Berlin. Ed.: Unverhau, Dagmar. – Münster: Lit-Verlag 2003., p.99-142, 12 ill., 3 tab. (Archiv zur DDR-Staatssicherheit ; 5).

3671
Lundén, Thomas: Kartan som politiskt vapen. In: Nya lantmätaren. 2004,6, p.14-15, 1 mp. Maps are political weapons. [Swed.].

3672
McBay, Elanor: Maps in literature. In: The Bulletin of the Society of Cartographers. 38.2004,1, p.3-4, 1 ill. ISSN 0036-1984.

3673
Moser, Jana: Propagandakarten in der "Kolonialen Bildsammlung" der Stadt- und Universitätsbibliothek Frankfurt am Main. In: 15 Jahre "Koloniales Bildarchiv" an der Stadt- und Universitätsbibliothek Frankfurt am Main. Ed.: Jäschke, Uwe Ulrich. – Dresden: Hochschule für Technik und Wirtschaft Dresden (FH) / Fachbereich Vermessungswesen, Kartographie 2004., p.43-54, 15 ill. (Dresdner kartographische Schriften ; 6).

3674
Novák, Václav: Matematicko-kartografické modelování v geografickém výzkumu. In: Kulturní krajiny v průmyslových oblastech : sborník referatů k XVII. sjezdu Československé geografické společnosti v Ostravě ve dnech 6. – 10.7.1987 ; svazek II. Ed.: Czechoslovak Geographical Society <Československá Geografická Společnost>. – Brno: Czechoslovak Geographical Society <Československá Geografická Společnost> 1987., p.236-249, 1 ill. [Czech].

3675
Oberdorfer, Michael; Kern, Hans: Sensitive Karten und Grafiken als Verkaufsunterstützung in einem Online-Shop für den Landkarten-Versand. In: 50 Jahre Sektion Karlsruhe der Deutschen Gesellschaft für Kartographie e.V. : Festschrift. Ed.: Kern, Hans F. Hrsg. von Hans F. Kern. – Karlsruhe: Fachhochschule Karlsruhe, Hochschule für Technik, Fachbereich Geoinformationswesen 2004., p.209-214;277, 4 ill., 1 tab. (Karlsruher geowissenschaftliche Schriften, Reihe A, Kartographie und Geographie ; 16).

3676
Orientierung auf der Erde mit Hilfe der Himmelskunde in vorgeschichtlicher Zeit : Referate der öffentlichen Vortragsveranstaltung in Bad Laer, Herbst 2003. Ed.: Ur-Europa, Gemeinnützige Gesellschaft für Prähistorische Geschichte, Kultur und Religion. Schriftleitung Paul A. Rohkst. – [Tornesch]: Ur-Europa, Gemeinnützige Gesellschaft für Prähistorische Geschichte, Kultur und Religion 2004, 134 p., ill., mp. (Ur-Europa-Jahrbuch ; 2152252-2).

3677
Pápay, Gyula: Politik und Kartographie. – 2., durchges. Aufl. In: Kartenverfälschung als Folge übergroßer Geheimhaltung? : eine Annäherung an das Thema Einflußnahme der Staatssicherheit auf das Kartenwesen der DDR ; Referate der Tagung der BStU vom 08.-09.2001 in Berlin. Ed.: Unverhau, Dagmar. – Münster: Lit-Verlag 2003., p.13-25 (Archiv zur DDR-Staatssicherheit ; 5).

3678
Piness, George: IMCoS 23rd International Symposium ; Italy 2004 : Modena, Verona, Florence. In: Journal of the International Map Collectors' Society. 2004,99, p.59-62, 4 ill.

3679
Prunty, Jacinta: Maps and map-making in local history. Ed.: Four Courts. – Dublin: Four Courts 2004, 344 p., mp.

3680
Raamsdonk, Jan van: TOP10vector, topografische ondergrond voor integraal waterbeheer?. In: Topografische bestanden : 1:10000. Ed.: Nederlandse Vereniging voor Kartografie. Werkgroep Nieuwe Visualisatie Technologie. Red.: A.A. van der Veen. – Amersfoort: Nederlandse Vereniging voor Kartografie 1996., p.30-35, 4 ill. (NVK publikatiereeks ; 21). [Dutch].

3681
Recker, Gabriele: Gemalt, gezeichnet und kopiert : Karten in den Akten des Reichskammergerichts. – Wetzlar: 2004, 63 p., ill. (Schriftenreihe der Gesellschaft für Reichskammergerichtsforschung ; 30).

3682
Renteux, Jean-Louis: Pictures at an exhibition (III) : Art and cartography. In: BIMCC newsletter / Brussels International Map Collectors' Circle. 19.2004, p.5, 1 ill.

3683
Richards, Penny L.: "Could I but mark out my own map of life" : educated women embracing cartography in the nineteenth-century American South. In: Cartographica. 39.2004,3, p.1-17, 4 ill. ISSN 0340-0654; 0317-7173.

3684
Rose-Redwood, Reuben Skye: The surveyor's model of the world : the uses and abuses of history in introductory surveying textbooks. In: Cartographica. 39.2004,4, p.45-54. ISSN 0340-0654; 0317-7173.

3685
Sandner, Eberhard; Kurze, Jutta: Kartenverfälschung bei der mittelmaßstäbigen landwirtschaftlichen Standortkartierung. In: Kartenverfälschung als Folge übergroßer Geheimhaltung? : eine Annäherung an das Thema Einflußnahme der Staatssicherheit auf das Kartenwesen der DDR ; Referate der Tagung der BStU vom 08.-09.2001 in Berlin. Ed.: Unverhau, Dagmar. – Münster: Lit-Verlag 2002., p.143-155, 8 tab. (Archiv zur DDR-Staatssicherheit ; 5; 2002).

3686
Sandner, Eberhard; Kurze, Jutta: Kartenverfälschung bei der mittelmaßstäbigen landwirtschaftlichen Standortkartierung. – 2., durchges. Aufl. In: Kartenverfälschung als Folge übergroßer Geheimhaltung? : eine Annäherung an das Thema Einflußnahme der Staatssicherheit auf das Kartenwesen der DDR ; Referate der Tagung der BStU vom 08.-09.2001 in Berlin. Ed.: Unverhau, Dagmar. – Münster: Lit-Verlag 2003., p.143-155, 8 tab. (Archiv zur DDR-Staatssicherheit ; 5).

3687
Schlögel, Karl: Im Raume lesen wir die Zeit : über Zivilisationsgeschichte und Geopolitik. – München [u.a.]: 2003. ISBN 3-446-20381-8.

3688
Schneider, Ute: Tordesillas 1494 : der Beginn einer globalen Weltsicht. In: Saeculum : Jahrbuch für Universalgeschichte. 54; 1, p.39-62, 6 ill. ISSN 0080-5319.

3689
Schönherr, Hansjörg: Zur Rolle der Kartographie – Aspekte und Perspektiven. In: 50 Jahre Sektion Karlsruhe der Deutschen Gesellschaft für Kartographie e.V. : Festschrift. Ed.: Kern, Hans F. Hrsg. von Hans F. Kern. – Karlsruhe: Fachhochschule Karlsruhe, Hochschule für Technik, Fachbereich Geoinformationswesen 2004., p.242-255 (Karlsruher geowissenschaftliche Schriften, Reihe A, Kartographie und Geographie ; 16).

3690
Shirley, Rodney: A look back over the first twenty years. In: IMCoS 1980-2000 : a history. Comp. by Susan Gole. International Map Collectors Society. – London: 2000., p.15-17, 1 portr.

3691
Sieber, Renée: Rewiring for a GIS / 2. In: Cartographica. 39.2004,1, p.25-39, 6 ill., 1 tab. ISSN 0340-0654; 0317-7173.

3692
Spata, Manfred: Wie werde ich ein Landkartensammler? : Anregungen zu Aufbau und Auflösung einer Privatsammlung. In: AGG-Mitteilungen : Mitteilungsblatt der Arbeitsgemeinschaft Grafschaft Glatz – Kultur und Geschichte. 2002, p.8-14, 2 ill. ISSN 1610-1308.

3693
Stockhammer, Robert: "An dieser Stelle" : Kartographie und die Literatur der Moderne. In: Poetica : Zeitschrift für Sprach- und Literaturwissenschaft. 33.2001,3-4, p.273-306, 3 ill. ISSN 0303-4178.

3694
Stoffers, Johannes: Außenpolitische Karikaturen mit kartographischen Motiven. In: Auswärtiger Dienst : Vierteljahresschrift der Vereinigung Deutscher Auslandsbeamter. 65.2004,3/4, [4] p., 2 ill.

3695
Thiele, René: Untersuchungen zur Beschreibung, Verwaltung und Auswertung von Benutzer- und Berechtigungsprofilen für objektorientierte Geoinformationssysteme. Ed.: Institut für Kartographie und Geoinformation. – Bonn: Institut für Kartographie und Geoinformation 2003, 214 p., ill. (Schriftenreihe des Instituts für Kartographie und Topographie der Rheinischen Friedrich-Wilhelms-Universität Bonn ; 30). [Zugl.: Bonn, Rheinische Friedrich-Wilhelms-Univ., Diss., 2003].

3696
Thomson, Anna Z.: The 'Bear' necessities : a deconstructionof modern art through selected theories of cartography. In: The Bulletin of the Society of Cartographers. 38.2004,1, p.5-11, 5 ill. ISSN 0036-1984.

3697
Unverhau, Dagmar: Die "Linie Vermessungswesen" im Ministerium für Staatssicherheit. – 2., durchges. Aufl. In: Kartenverfälschung als Folge übergroßer Geheimhaltung? : eine Annäherung an das Thema Einflußnahme der Staatssicherheit auf das Kartenwesen der DDR ; Referate der Tagung der BStU vom 08.-09.2001 in Berlin. Ed.: Unverhau, Dagmar. – Münster: Lit-Verlag 2003., p.51-80 (Archiv zur DDR-Staatssicherheit ; 5).

3698
Valette, Philippe: Les cartes et plans de la moyenne garonne de l'époque moderne à nos jours. In: Le Monde des Cartes : revue du Comité Français de Cartographie. 182.2004, p.41-51, 7 ill. ISSN 1634-3522.

3699
Wild, Holger: Die topographischen Karten (Ausgabe für die Volkswirtschaft) und ihre Nutzung als Grundlagenkarten : ein Beitrag zur Kartographiegeschichte der DDR. Ed.: Technische Universität Dresden / Institut für Kartographie. – Dresden: Technische Universität Dresden / Institut für Kartographie 2004, 130 p., ill., mp. (Kartographische Bausteine : KB ; 29). ISBN 3-86005-444-9.

3700
Williams, Donna; O'Brien, Douglas; Kramers, Eric: The atlas of Canada web mapping : the user counts. In: Cartographic perspectives : journal of the North American Cartographic Information Society. 44.2003, p.8-28, 9 ill. ISSN 1048-9053.

3701
Young, Malcolm: IMCoS 1980-2000. In: IMCoS 1980-2000 : a history. Comp. by Susan Gole. International Map Collectors Society. – London: 2000., p.7-14, 1 portr.

2. Perception, Cognitive Maps Wahrnehmung, kognitive Karten Perception, cartes cognitives

3702
Baumgärtner, Ingrid: Die Wahrnehmung Jerusalems auf mittelalterlichen Weltkarten. In: Jerusalem im Hoch- und Spätmittelalter : Konflikte und Konfliktbewältigung ; Vorstellungen und Vergegenwärtigungen. Ed.: Bauer, Dieter; Herbers, Klaus; Jaspert, Nikolas. – Frankfurt, M.; New York: Campus-Verl. 2001., p.271-310, 14 ill. (Campus Historische Studien ; 29).

3703
Casakin, H.: Schematizing maps for wayfinding tasks : the role of 45° angular constraints, prototypical branching points and urban components. In: Journal of spatial science. 2.2004, p.99-111, 4 tab., 6 ill.

3704
Dickmann, Frank: Mehr Schein als Sein? : Die Wahrnehmung kartengestützter Rauminformationen aus dem Internet. In: Kartographische Nachrichten : KN ; Fachzeitschrift für Geoinformation und Visualisierung ; Organ der Deutschen Gesellschaft für Kartographie e.V., der Schweizerischen Gesellschaft für Kartographie und der Österreichischen Kartographischen Kommission in der Österreichischen Geographischen Gesellschaft. 54.2004,2, p.61-67, 5 ill., 2 tab. ISSN 0022-9164.

3705
Fabrikant, Sara Irina; Buttenfield, Barbara P.: Formalizing semantic spaces for information access. In: Annals of the Association of American Geographers. 91.2001,2, p.263-280, 3 ill. ISSN 0004-5608.

3706
Griffin, Amy L.: Feeling it out : the use of haptic visualization for exploratory geographic analysis. In: Cartographic perspectives : journal of the North American Cartographic Information Society. 39.2001, p.12-29, 1 ill. ISSN 1048-9053.

3707
Leitner, Michael; Curtis, Andrew: Cartographic guidelines for geographically masking the locations of confidential point data. In: Cartographic perspectives : journal of the North American Cartographic Information Society. 49.2004, p.22-39, 5 ill., 5 tab. ISSN 1048-9053.

3708
Meng, Liqiu: About the emotional requirements of map users. In: Theoretische Probleme der Kartographie und ihrer Nachbardisziplinen. Ed.: Wolodtschenko, Alexander; Schlichtmann, Hansgeorg. – Dresden: 2004., p.27-34, 6 ill. (Diskussionsbeiträge zur Kartosemiotik und zur Theorie der Kartographie : internationales Korrespondenz-Seminar ; 6). [With Germ. and Russ. rés.].

3709
Pieper, Renate: The impact of the Atlantic on European Self-Perception : European world-maps of the 16th century. In: Atlantic history : history of the Atlantic system 1580 – 1830 ; papers presented at an international conference, held 28 August – 1 September, 1999, in Hamburg. Ed.: Pietschmann, Horst. – Göttingen: Vandenhoeck & Ruprecht 2002., p.97-117, 14 ill. (Veröffentlichung der Joachim-Jungius-Gesellschaft der Wissenschaften ; 94).

3710
Vergneault-Belmont, Françoise: La carte comme langage de réflexion. In: François de Dainville S.J. (1909-1971) : pionnier de l'histoire de la cartographie et de d'éducation ; actes du colloque international organisé par L'UMR 8586, PRODIG à Paris, les 6 et 7 juin 2002. Ed.: Bousquet-Bressolier, Catherine. – Paris: Ecole Nationale des Chartes 2004., p.203-224, 3 ill. (Études et rencontres de l'École des Chartes : [EREC] ; 15).

3711
Verhoef, W.: Simulatie van de waarnemingen. In: Geo-Info : tijdschrift voor Geo-Informatie Nederland, GIN. 0.2003, p.12-16, 5 ill. Simulation of observations. [Dutch]. ISSN 1572-5464.

3. Map Reading and Map Interpretation, Cartometry Kartenlesen, Karteninterpretation, Kartometrie Lecture des cartes, interprétation des cartes, cartométrie

3712
Bakker, N.J.: Kaartrevisie bij de Topografische Dienst. In: Is uw kaart up to date? Visies op kaartrevisie. Ed.: Nederlandse Vereniging

voor Kartografie. Werkgroep Kartografische Produktietechnieken. Red. : Chr. J. Snabilié. – Amersfoort: Nederlandse Vereniging voor Kartografie 1995., p.13-20, 10 ill. (NVK publikatiereeks ; 15). [Dutch].

3713
Blaschke, Karlheinz: Stadtplanforschung : neue Methoden und Erkenntnisse zur Entstehung des hochmittelalterlichen Städtewesens in Mittel-, Ost- und Nordeuropa. In: Sitzungsberichte der Sächsischen Akademie der Wissenschaften zu Leipzig : philologisch-historische Klasse. 4, p.1-42, 15 ill. ISSN 0138-3957.

3714
Bradley, John: The Irish Historic Towns Atlas as a source for urban history. In: Surveying Ireland's past : multidisciplinary essays in honour of Anngret Simms. Ed.: Clarke, Howard B.; Prunty, Jacinta; Hennessy, Mark. Edited by Howard B. Clarke, Jacinta Prunty and Mark Hennessy. – Dublin: Geography Publications 2004., p.727-746, 1 ill.

3715
Bunnett, R.B.: The new reading tropical maps. – [Singapore]: Longman 2003, 97 p., ill., mp. + 4 mp.-suppl. – 4.ed., 8. impr. [Includes index] ISBN 981-223270-2.

3716
Čapek, Richard: Hodnocení map. In: Kulturní krajiny v průmyslových oblastech : sborník referatů k XVII. sjezdu Československé geografické společnosti v Ostravě ve dnech 6. – 10.7.1987 ; svazek II. Ed.: Czechoslovak Geographical Society <Československá Geografická Společnost>. – Brno: Czechoslovak Geographical Society <Československá Geografická Společnost> 1987., p.191-199. [Czech].

3717
Casakin, H.: Schematizing maps for wayfinding tasks : the role of 45° angular constraints, prototypical branching points and urban components. In: Journal of spatial science. 2.2004, p.99-111, 4 tab., 6 ill.

3718
Chaston, Peter R.: Weather maps : how to read and interpret all the basic weather charts. – Kearney, MO: Chaston Scientific Inc 2002, Ill., mp. – 3. ed. ISBN 0-9645172-7-2.

3719
Dean, Denis J.: Toward a differential calculus for temporal map analysis. In: Cartography and geographic information science : an official journal of ACSM devoted to the advancement of cartography in all its aspects. 31.2004,2, p.89-101, 8 ill., 1 tab. ISSN 1523-0406.

3720
Depuydt, Frans; Decruynaere, Leen: De Vlaanderen-kaarten van Mercator en Ortelius: In welke mate zijn ze metrisch nauwkeurig?. In: Caert-thresoor : tijdschrift voor de geschiedenis van de kartografie in Nederland. 20, 2001, 1, p.13-19, 5 ill., 1 tab. The maps of Flanders by Mercator and Ortelius: To what extent are they metrically accurate?. [Dutch with Engl. rés.]. ISSN 0167-4994.

3721
Dodt, Jürgen; Lechtenbörger, Christiane: Farbkomposition : ein Hilfsmittel zur multitemporalen Kartenauswertung. In: Kartographische Nachrichten : KN ; Fachzeitschrift für Geoinformation und Visualisierung ; Organ der Deutschen Gesellschaft für Kartographie e.V., der Schweizerischen Gesellschaft für Kartographie und der Österreichischen Kartographischen Kommission in der Österreichischen Geographischen Gesellschaft. 54.2004,5, p.213-218, 5 ill., 1 tab. ISSN 0022-9164.

3722
Große, Bernd: Bedeutung digitaler Altkarten für GIS-Anwendungen in der Landschaftsforschung : Möglichkeiten und Probleme der digitalen Aufbereitung und Nutzung von Altkarten. 2003, 18 p., 31 ill. [Vortrag Bernd Große, Universität Rostock, Freiburg 26.05.2003].

3723
Heidecker, Fabia: Comparing animated and static maps : evaluation the influence of complexity. Ed.: Technische Universität Wien. Technische Universität Wien 2004, 116 p., 26 ill., 19 tab.

3724
Hofstee, Paul; Tariel, Jean: Utilisation des potographies aériennes, des cartes ou plans et d'un SIG lors de la catastrophe d'Enschede (Pays-Bas). In: XYZ : revue de l'Association Française de Topographie. 87.2001,2, p.24-29, 11 ill. ISSN 0290-9057.

3725
Hornschuch, Annette ; Lechtenbörger, Christiane: Fernerkundungsdaten und topographische Karten zur Dokumentation des sabäischen Kulturerbes in der Republik Jemen. In: Kartographische Nachrichten : KN ; Fachzeitschrift für Geoinformation und Visualisierung ; Organ der Deutschen Gesellschaft für Kartographie e.V., der Schweizerischen Gesellschaft für Kartographie und der Österreichischen Kartographischen Kommission in der Österreichischen Geographischen Gesellschaft. 54.2004,3, p.112-117, 9 ill., 1 tab. ISSN 0022-9164.

3726
Hüsler, Eugen E.; Rolle, Christian: Kartenlesen : [Kartentypen und Kartenaufbau, Koordinatensysteme, Geländedarstellungen, der richtige Maßstab, Tipps zum Kartenkauf]. – München: Bruckmann 2004, 96 p., ill., mp. ISBN 3-7654-3675-5.

3727
Jansen, Louisa J.M.; Di Gregorio, Antonio: Obtaining land-use information from a remotely sensed land cover map : results from a case study in Lebanon. In: International journal of applied earth observation and geoinformation : JAG ; the official quarterly publication of the International Institute for Aerospace Survey and Earth Sciences (ITC). 5.2004,2, p.141-157, 7 ill., 3 tab. ISSN 0303-2434.

3728
Kalke, Ralf: Verfahren zum digitalen Vergleich von analogen topographischen Karten. – 2., durchges. Aufl. In: Kartenverfälschung als Folge übergroßer Geheimhaltung? : eine Annäherung an das Thema Einflußnahme der Staatssicherheit auf das Kartenwesen der DDR ; Referate der Tagung der BStU vom 08.-09.2001 in Berlin. Ed.: Unverhau, Dagmar. – Münster: Lit-Verlag 2003., p.177-192, 15 ill. (Archiv zur DDR-Staatssicherheit ; 5).

3729
Karten lesen – Wege finden : Materialien für den Geographieunterricht in der Primarschule. Ed.: Guntern, Ferdinand; Iten, Gerhard. – Zürich: Sabe-AG 2004, 50 p., ill., mp. – 7., unveränd. Aufl. [Arbeitsheft] ISBN 3-252-05435-3.

3730
Karten lesen – Wege finden : Materialien für den Geographieunterricht in der Primarschule. Ed.: Guntern, Ferdinand; Iten, Gerhard. – Zürich: Sabe-AG 2004, 50 p., ill., mp. – 7., unveränd. Aufl. ISBN 3-252-05435-3.

3731
Krijnders, J.J.: Kwaliteit van kaarten en kaartgegevens. In: Kaartvervaardiging door steden. Ed.: Nederlandse Vereniging voor Kartografie. Red.: Chr. J. Snabilié. Werkgroep Kartografische Productietechnieken. – Amersfoort: Nederlandse Vereniging voor Kartografie 1995., p.15-18, 1 ill. (NVK publikatiereeks ; 13). [Dutch].

3732
Michaelidou, Evanthia C.; Nakos, Byron P.; Filippakopoulou, Valliliki P.: The ability of elementary school children to analyse general reference and thematic maps. In: Cartographica. 39.2004,4, p.65-88, 3 ill., 25 tab. ISSN 0340-0654; 0317-7173.

3733
Muehrcke, Phillip C.; Muehrcke, Juliana O.; Kimerling, A. Jon: Map use : reading, analysis, and interpretation. – Madison: JP Publications 2001, XI, 647 p., ill., mp. – Rev. 4. ed. [Includes bibliographical references and index] ISBN 0-9602978-4-7.

3734
Müller-Böke, Ulrike: Geographische Forschung in Nepal auf der Grundlage von Karten und Luftbildern von Erwin Schneider. In: Arbeiten aus Nepal : Erwin Schneider zum Gedächtnis. – Innsbruck: Universitätsverlag Wagner 2004., p.103-118, 8 ill., 2 tab., 3 mp.-suppl. (Hochgebirgsforschung ; 9).

3735
Norheim, Robert A.: How institutional cultures affect results : comparing two-old-growth forest mapping projects. In: Special Issue : Public Participation GIS (PPGIS). Ed.: Sieber, Renée E. – Toronto: 2004., p.35-52, 3 ill., 7 tab. (Cartographica ; 38.2001,3/4).

3736
Persson, Donata: Entwicklung einer Typologie von Interaktionsmöglichkeiten für die visuelle Exploration thematischer Bildschirmkarten. Ed.: Technische Universität Wien. – Wien: Technische Universität Wien 2004, 114 p., 28 ill. + Anhang.

3737
Recker, Gabriele: Kartographiehistorische Beiträge zur historisch-geographischen Verkehrswegeforschung : Betrachtungen zum Problem der Altkarten als Quelle anhand eines Fallbeispieles aus den Rheinlanden. – Bonn: 1998, 923 p., ill., mp. [Bonn, Univ., Diss., 1998; Text, Katalog und Tafeln in 2 Bde.].

3738
Richardson, William A.R.: The identification of enigmatic coastlines on early maps. In: Journal of spatial science. 2.2004, p.113-120, 3 ill.

3739
Schlögel, Karl: Kartenlesen : oder: Die Wiederkehr des Raumes. Ed.: Vontobel-Stiftung. – Zürich: Vontobel-Stiftung 2003, 86 p., ill. (Vontobel-Schriftenreihe ; 1570). [Literaturverz. S. 84].

3740
Schlögel, Karl: Kartenlesen, Raumdenken : von einer Erneuerung der Geschichtsschreibung. In: Merkur : deutsche Zeitschrift für europäisches Denken. 56.2002,4, p.308-318. ISSN 0026-0096.

3741
Schulz, Georg: Lexikon zur Bestimmung der Geländeformen in Karten. – Berlin: 2003, V. 359 p. (Berliner geographische Studien ; 28). [4. Aufl.; Literaturverz. p. 355-359].

3742
Sheeren, David: Apprentissage de concepts pour l'aide à l'interprétation des différences de représentation d'un même phénomène géographique. In: Le Monde des Cartes : revue du Comité Français de Cartographie. 179.2004, p.20-26, 6 ill., 2 tab. ISSN 1634-3522.

3743
Smith, Roger: Simple map reading. – Edinburgh: Stationery Office 1997, 52 p., ill., mp. [Includes index] ISBN 0-11-495775-4; 978-0-11-495775-9; 0-11-495806-8.

3744
Solomon, Semere; Quiel, Friedrich: Quality of remote sensing data affecting thematic mapping for GIS based groundwater assessment in Eritrea. In: Photogrammetrie, Fernerkundung, Geoinformation : PFG ; Organ der Deutschen Gesellschaft für Photogrammetrie und Fernerkundung e.V. 2004,5, p.433-443, 10 ill., 1 tab. ISSN 1432-8364.

4. Functions of Maps
Funktionsbereiche der Kartographie
Domaines de fonction des cartes

Cadastral mapping / Katasterkartographie / Cartographie cadastrale

3745
Azzari, Margherita: Un progetto di webGIS per la gestione della cartografia catastale storica. In: Mundus novus : Amerigo Vespucci e i metodi della ricerca storico-geografica ; atti del convegno internazionale di studi, Roma-Firenze, 27-30 novembre 2002. Ed.: Società Geografica Italiana. – Roma: Società Geografica Italiana 2004., p.471-486, 2 ill. (Memorie della Società Geografica Italiana ; 75) A project of WebGIS for the management of historical catastral cartography. [Ital.].

3746
Barry, Michael: Official coordinates, lawfully established monuments and South African cadastral surveys. In: Geomatica. 58.2004,4, p.275-285, 6 ill. ISSN 1195-1036.

3747
Basisinformationssystem des Liegenschaftskatasters : ALB automatisiertes Liegenschaftsbuch. Ed.: Landesvermessungsamt Mecklenburg-Vorpommern. – Schwerin: Landesvermessungsamt Mecklenburg-Vorpommern 1998, 1 Faltblatt, 5 ill.

3748
Bauer, Georg: Verfahren der Mustererkennung zur automatisierten Erfassung von Leitungsplänen. In: GeoBit : Geoinformatik für die Praxis. 9=17.2004,3, p.16-19, 5 ill. [Titel des Heftes: Geo-Informationssysteme : GIS (aufgegangen in GeoBit)] ISSN 1430-3663.

3749
Beinat, Alberto; Crosilla, Fabio: Generalised Procrustes algorithms for the conformal updating of a cadastral map. In: ZfV : Zeitschrift für Geodäsie, Geoinformation und Landmanagement. 128.2003,5, p.341-349, 7 ill., 2 tab. ISSN 1618-8950.

3750
Boer, Adri den: "De Toekomst van de Topografische Informatievoorziening". In: Geo-Info : tijdschrift voor Geo-Informatie Nederland, GIN. 1.2004,1, p.10-12, 4 ill. The future of topographic information provision. [Dutch]. ISSN 1572-5464.

3751
Didinger, Otmar: Technische Aspekte und Hintergründe zur Übermittlung der Geobasisinformationen der Vermessungs- und Katasterverwaltung an die Kommunen in Rheinland-Pfalz. In: Nachrichtenblatt der Vermessungs- und Katasterverwaltung Rheinland-Pfalz. 46.2003,2, p.89-93. ISSN 0939-2378.

3752
Dietrich, Thekla; Knabenschuh, Martin; Nakelski, Dieter; Nau, Ludwig; Pelke, Andreas; Wanzke, Holger: Das digitale Bodenrichtwertinformationssystem BORIS.NRW der Gutachterausschüsse für Grundstückswerte in Nordrhein-Westfalen. In: NÖV : Nachrichten aus dem öffentlichen Vermessungsdienst Nordrhein-Westfalen. 37.2004,2, p.71-97, 6 ill.

3753
Dreßler, Uwe: Sicherungskonzept im Liegenschaftskataster. In: Vermessung Brandenburg. 9.2004,1, p.45-56, 3 ill., 2 tab. ISSN 1430-7650.

3754
Dreyer, Roland; Funk, Angela: Infos zum Grund und Boden gescannt. In: GeoBit : Geoinformatik für die Praxis. 2004,11, p.42-43, 3 ill. ISSN 1430-3663.

3755
Dütschler, Peter ; Bigler, Mathias: Kataster 2014. In: Geomatik Schweiz : Geoinformation und Landmanagement. 102.2004,7, p.416-419, 5 ill. ISSN 0252-9424; 1660-4458.

3756
Dugény, François: Le cadastre, la parcelle et la limite. In: Trois siècles de cartographie en Ile-de-France Volume 1. Ed.: Institut d'Aménagement et d'Urbanisme de la Région d'Ile-de-France. Institut d'Aménagement et d'Urbanisme de la Région d'Ile-de-France 1997., p.222-249, 41 ill. (Cahiers de l'Institut d'Aménagement et d'Urbanisme de la Région d'Ile-de-France ; 119.1997).

3757
Duvosquel, Jean Marie; Weber, Jean-Pol: La carte d'Arenberg de la Terre de Mirwart en 1609. In: De la Meuse à l'Ardenne. 35.2003, p.65-83, 19 ill. ISSN 0773-8781.

3758
Ernst, Adrian; Heyroth, Christian; Karl, Timo; Palomba, Lisa; Schüttel, Marcel; Walter, Corinna: Entwicklung einer EDV-gestützten Kaufpreissammlung mit Kaufpreiskarte. In: Allgemeine Vermessungs-Nachrichten : AVN ; Zeitschrift für alle Bereiche des Vermessungswesens. 111.2004,8-9, p.293-297, 3 ill., 1 tab. ISSN 0002-5968.

3759
Fischer, Hanspeter: Abt Hummels ausgezeichnete Feldmeßkunst : die Westerstetter Flurkarten der Ichnographia des Klosters Elchinen. In: Beiträge zur Landeskunde. 5, p.1-10, 12 ill. ISSN 0408-8492.

3760
Fischer, Hanspeter: Alte Flurkarten aus dem Albuch. In: Schwäbische Heimat : Zeitschrift für Regionalgeschichte, württembergische Landeskultur, Naturschutz und Denkmalpflege. 37.1986, p.204-208, 6 ill. ISSN 0342-7595.

3761
Gerber, Angelika: Steuerkollegium Urprimärkataster Hohenzollern : Bände 1828-1880. Ed.: Staatsarchiv <Ludwigsburg>. – Ludwigsburg: Staatsarchiv <Ludwigsburg> 1999, V Bl., 65 p. (Repertorien / Staatsarchiv Ludwigsburg : Bestand E ; 251 VII).

3762
Gerber, Angelika: Steuerkollegium Urprimärkataster Württemberg : Bände 1818-1912. Ed.: Staatsarchiv <Ludwigsburg>. – Ludwigsburg: Staatsarchiv <Ludwigsburg> 1999, VI Bl., 790 p. (Repertorien / Staatsarchiv Ludwigsburg : Bestand E ; 251 VI).

3763
Günther, Gerhard: Das französische Kataster. In: NÖV : Nachrichten aus dem öffentlichen Vermessungsdienst Nordrhein-Westfalen. 37.2004,1, p.33-42, 4 ill.

3764
Hebditch, Kate: Estate maps : a survey of collections relating to South West England. Ed.: Bournemouth University. – Poole: Bournemouth University 2004, 224 p., ill., mp. (Bournemouth University occasional papers on library & information services : BUOPOLIS ; 7). ISBN 1-85899-192-7.

3765
Heckmann, Bernhard: Das Projekt ALKIS im Hinblick auf das AdV-Konzept AFIS-ALKIS-ATKIS. In: Mitteilungen / Deutscher Verein für Vermessungswesen, Landesverein Hessen e.V. ; Landesverein Thüringen. 2004,1, p.9-13. ISSN 0949-7900; 0949-7900; 0173-6280.

3766
Hycner, Ryszard; Kulpe, Hans-Rainer; Przewięźlikowska: Vergleichende Analyse der Liegenschaftskataster- und Grundbuchsysteme in der Bundesrepublik Deutschland und Polen. In: Allgemeine Vermessungs-Nachrichten : AVN ; Zeitschrift für alle Bereiche des Vermessungswesens. 111.2004,4, p.128-134, 4 tab. ISSN 0002-5968.

3767
Ingwersen, Maik: Zur Realisierung des Projekts FALKE in der Landeshauptstadt Potsdam. In: Vermessung Brandenburg. 8.2003,2, p.33-43, 3 ill. ISSN 1430-7650.

3768
Joó, István: A Nemzeti Kataszteri Programról (NKP). In: Geodézia és kartográfia. 56.2004,5, p.5-11 Hungarian National Landregister Program (HNLP). [Hung. with Engl. rés.].

3769
Kain, Roger J.P.; Chapman, John; Oliver, Richard, R.: The enclosure maps of England and Wales 1595-1918 : [a cartographic analysis and electronic catalogue]. – Cambridge [u.a.]: Cambridge University Press 2004, XX, 415 p., ill., mp. ISBN 0-521-82771-X.

3770
Kamphorst, W.: Kadaster 1832 : in de lucht. In: Geo-Info : tijdschrift voor Geo-Informatie Nederland, GIN. 0.2003, p.20-23, 6 ill., 1 tab. Cadastre 1832 : in the air. [Dutch]. ISSN 1572-5464.

3771
Klerk, Aad de; Storms, Martijn: Zeeuwse bedrifskaartboekjes in particulier bezit : een vergeten vorm van cultureel erfgoed. In: Caert-thresoor : tijdschrift voor de geschiedenis van de kartografie in Nederland. 23.2004,2, p.29-35, 8 ill. Privately owned farm map books from the Province of Zeeland : a forgotten form of cultural heritage. ISSN 0167-4994.

3772
Köpper, Barbara: ALKIS : das Modell der Zukunft. In: Mitteilungen / Deutscher Verein für Vermessungswesen, Landesverein Hessen e.V. ; Landesverein Thüringen., p.36-50, 40 ill. ISSN 0949-7900; 0949-7900; 0173-6280.

3773
Koers, J.B.: Geo-informatie in Honduras. In: Geo-Info : tijdschrift voor Geo-Informatie Nederland, GIN. 0.2003, p.36-39, 5 ill. Geo-information in Honduras. [Dutch]. ISSN 1572-5464.

3774
Kühnel, Karsten: Die Landesvermessung und das amtliche Kartenwerk des Herzogtums Sachsen-Meiningen. In: Zeitschrift des Vereins für Thüringische Geschichte. 54.2000, p.251-267. ISSN 0943-9846.

3775
Kurucz, Mihály: Átkerüljön-e az ingatlan-nyilvántartás a bíróságokhoz? (I. rész). In: Geodézia és kartográfia. 56.2004,2, p.17-30 Is the place of land registry at the court of law (1st part). [Hung.].

3776
Kurucz, Mihály: Átkerüljön-e az ingatlan-nyilvántartás a bíróságokhoz? (II. rész). In: Geodézia és kartográfia. 56.2004,3, p.13-24 Is the place of land registry at the court of law (2nd part).

3777
Kurucz, Mihály: Gondolatok az egységes ingatlan-nyilvántartás szerkeszttéséről és ügyirathátralékának ezzel összefüggő történelmi gyökereiről (I. rész). In: Geodézia és kartográfia. 56.2004,10, p.3-9 Suggestions to the unified real estate register (combibig arears, historical roots) Part I. [Hung.].

3778
Kurucz, Mihály: Gondolatok az egységes ingatlan-nyilvántartás szerkeszttéséről és ügyirathátralékának ezzel összefüggő történelmi gyökereiről (II. rész). In: Geodézia és kartográfia. 56.2004,11, p.3-9 Suggestions to the unified real estate register (combibig arrears, historical roots) Part II. [Hung.].

3779
Maeyer, Philipp de: 250 jaar landsdekkende basiscartografie in België. In: De Aardrijkskunde. 1-2, p.3-14 250 years country-covering cartography of Belgium. [Dutch with Engl. rés.].

3780
Merk, Eberhard: Karten des Klosters und des Fürstentums Ochsenhausen im Hauptstaatsarchiv Stuttgart. In: Heimatkundliche Blätter für den Kreis Biberach. 27.2004,2, p.19-30, 6 mp. ISSN 1430-9475.

3781
Meynadier, Christine: L'informatisation du plan cadastral. In: Trois siècles de cartographie en Ile-de-France Volume 1. Ed.: Institut d'Aménagement et d'Urbanisme de la Région d'Ile-de-France. Institut d'Aménagement et d'Urbanisme de la Région d'Ile-de-France 1997., p.248-249, 2 ill. (Cahiers de l'Institut d'Aménagement et d'Urbanisme de la Région d'Ile-de-France ; 119.1997).

3782
Müller, Markus; Happ, Elmar: ALKIS eingebettet in Geodateninfrastruktur : mit Standards nach vorne. In: GeoBit : Geoinformatik für die Praxis. 9.2004,5, p.30-31, 1 ill. ISSN 1430-3663.

3783
Noéh, Ferenc: Birtokok és birtokosok a középkori Magyarországon. In: Geodézia és kartográfia. 56.2004,6, p.21-27 Properties and landowners in the mediaeval Hungary. [Hung. with Engl. rés.].

3784
Penninga, Friso; Verbree, Edwards; Quak, Wilko; Oosterom, Peter van: Genereren van een 6-positie postcodebestand op basis van de kadastrale registratie. In: Geo-Info : tijdschrift voor Geo-Informatie Nederland, GIN. 1.2004,2, p.70-75, 11 ill. Generation of a 6-position postal-code system on the basis of the cadastre registration. [Dutch]. ISSN 1572-5464.

3785
Peyke, Gerd; Zaunsender, Stefan: Skalierbares GeoGovernment via Inernet via Internet und Intranet mit w³GIS. In: geoGovernment : öffentliche Geoinformations-Dienste zwischen Kommune und Europa. Ed.: Strobl, Josef; Griesebner, Gerald. Josef Strobl; Gerald Griesebner (Hrsg.). – Heidelberg: Herbert-Wichmann-Verlag 2003., p.77-82, 6 ill.

3786
Porada, Haik Thomas: Pommersche Karten aus der Schwedischen Landesvermessung in der Königlichen Bibliothek Kopenhagen : mit einem Exkurs über Quellen zur schwedischen Landesaufnahme im Staatsarchiv Stettin. In: Pommern : Zeitschrift für Kultur und Geschichte. 42.2004,2, p.18-22, 4 mp. ISSN 0032-4167.

3787
Roetzel, Bernd: Flächenhafte Ausgleichung von Katastervermessungen mit KAFKA. In: NÖV : Nachrichten aus dem öffentlichen Vermessungsdienst Nordrhein-Westfalen. 37.2004,1, p.3-23, 25 ill.

3788
Roos, Henrik: "Värdeområdes indelning är grundbulten". In: Nya lantmätaren. 2003,1, p.20-21, 1 ill. Value range organisation is a basic tool. [Swed.].

3789
Scheele, Theo: De fotogrammetrie op een voetstuk geplaatst. In: Geo-Info : tijdschrift voor Geo-Informatie Nederland, GIN. 1.2004,2, p.76-79, 9 ill. Photogrammetry placed on a base. [Dutch]. ISSN 1572-5464.

3790
Seifert, Markus: Der Standard ALKIS : was bringt er?. In: Vermessung Brandenburg. 9.2004,2, p.25-33, 5 ill. ISSN 1430-7650.

3791
Snowdon, Ian: Bits of real estate : digitizing the church map collection of heritage maps at Auckland city libraries. In: The Globe. 56.2004, p.56-60, 3 ill. ISSN 0311-3930.

3792
Sporrong, Ulf: "Det svenska lantmäterier var ledande". In: Nya lantmätaren. 2003,9, p.14-16, 2 ill. The Swedish land survey was leading the field. [Swed.].

3793
Stoter, Jantien; Salzmann, Martin: Met het Kadaster de ruimte in?. In: Geo-Info : tijdschrift voor Geo-Informatie Nederland, GIN. 1.2004,9, p.364-369, 5 ill. With land register to space?. [Dutch]. ISSN 1572-5464.

3794
Vatter, Stephanie; Schneider, Gerhard: Auf dem Weg zum digitalen Rissarchiv. In: Nachrichtenblatt der Vermessungs- und Katasterverwaltung Rheinland-Pfalz. 47.2004,1/2, p.32-39, 6 ill. ISSN 0939-2378.

3795
Wagner, Berthold; Schliebner, Stefan: Rheinland-Pfalz auf dem Weg zu ALKIS®. In: Nachrichtenblatt der Vermessungs- und Katasterverwaltung Rheinland-Pfalz. 46.2003,3, p.131-147, 18 ill. ISSN 0939-2378.

3796
Wesselink, Dirk: Enkele bijzonderheden over de start van het kadaster in Gelderland. In: Geo-Info : tijdschrift voor Geo-Informatie Nederland, GIN. 1.2004,10, p.410-413, 4 ill. Some characteristics on the start of the land register in Gelderland. [Dutch]. ISSN 1572-5464.

3797
Wilmersdorf, Erich: Ein Fall für e-GEOgovernment – Aufgrabungen im Straßenbereich und zentraler Leitungskataster am Beispiel von Wien. In: geoGovernment : öffentliche Geoinformations-Dienste zwischen Kommune und Europa. Ed.: Strobl, Josef; Griesebner, Gerald. Josef Strobl; Gerald Griesebner (Hrsg.). – Heidelberg: Herbert-Wichmann-Verlag 2003., p.129-138, 5 ill.

Journalistic cartography / Medienkartographie / Cartographie journalistique

3798
Broekmann, Huib: Multimedia bij rampenbestrijding. In: Rampenkartografie. Werkgroep Onderwijs en Onderzoek. Red.: B.J. Köbben and others. 1995., p.39-42, 3 ill. (NVK publikatiereeks ; 14). [Dutch].

3799
Buchholz, Walter: Peters oder Winkel? : Zur Wahl der Kartenabbildungen für Hintergrundkarten im Fernsehen. Akademische Verlagsanstalt 1980, [13] p., 10 ill.

3800
Churchill, Robert R.: Mapping September 11, 2001 : cartographic narrative in the print media. In: Cartographic perspectives : journal of the North American Cartographic Information Society. 47.2004, p.13-27, 9 ill. ISSN 1048-9053.

3801
Hurni, Lorenz; Jenny, Bernhard; Terribilini, Andrea; Freimark, Helen; Schwandner, Florian M.; Gogu, Radu C.; Dietrich, Volker J.: GEOWARN : ein Internet-basiertes Multimedia-Atlas-Informationssystem für vulkanologische Anwendungen. In: Kartographische Nachrichten : KN ; Fachzeitschrift für Geoinformation und Visualisierung ; Organ der Deutschen Gesellschaft für Kartographie e.V., der Schweizerischen Gesellschaft für Kartographie und der Österreichischen Kartographischen Kommission in der Österreichischen Geographischen Gesellschaft. 54.2004,2, p.67-72, 5 ill. ISSN 0022-9164.

3802
Kowalski, Paweł: Development and function of maps in the transmission of press information in Poland. In: Miscellanea Geographica. 11.2004, p.[311]-322, 6 ill.

3803
Mac Gillavry, Edward: Kaarten van alledag : het artikel moet de vragen beantwoorden die de kaart oproept. In: Geo-Info : tijdschrift voor Geo-Informatie Nederland, GIN. 1.2004,3, p.116-117, 1 mp., 2 portr. Maps of everyday : this article may answer the questions which are raised by the map. ISSN 1572-5464.

3804
Mac Gillavry, Edward: Karten van alledag : geografische informatie heeft ons beeld over Irak als zandbak bijgesteld. In: Geo-Info : tijdschrift voor Geo-Informatie Nederland, GIN. 1.2004,12, p.548-549, 2 ill. Maps of everyday : geographic information has adjusted our image of Iraq as a sandbox. [Dutch]. ISSN 1572-5464.

3805
Mudde, Ariel: Kartografie en schooltelevisie. In: Kartografie in het GIS-tijdperk. Ed.: Nederlandse Vereniging voor Kartografie. Red.: P.G.M.Mekenkamp. – Amersfoort: Nederlandse Vereniging voor Kartografie 1994., p.123-124, 1 ill. (NVK publikatiereeks ; 11; 1994).

3806
Scheele, Theo: Imagem in beeld. In: Geo-Info : tijdschrift voor Geo-Informatie Nederland, GIN. 1.2004,6, p.254-256 Imagem in picture. [Dutch]. ISSN 1572-5464.

Military cartography / Militärkartographie / Cartographie militaire

3807
Furno, Richard: Afghanistan maps. In: Cartographic perspectives : journal of the North American Cartographic Information Society. 42.2002, p.26-30, 6 ill. ISSN 1048-9053.

3808
Timár, Gábor; Lévai, Pál; Molnár, Gábor; Varga, József: A második világháború német katonai térképeinek koordinátarendszere. In: Geodézia és kartográfia. 56.2004,6, p.28-35 GIS integration of the German Army Grid (DHG) and its geodetic datums. [Hung. with Engl. rés.].

Navigational mapping / Navigationskartographie / Cartographie de navigation

3809
A geospatial framework for the coastal zone : national needs for coastal mapping and charting. Ed.: National Research Council / Committee on National Needs for Coastal Mapping and Charting. – Washington, DC: National Academies Press 2004, XIV, 149 p., ill., mp. [Also issued online] ISBN 0-309-09176-4.

3810
Aloi, Daniel N. and others: GPS car talk : listening to Bluetooth. In: GPS world. 9, p.36-46, 4 ill., 4 tab. ISSN 1048-5104.

3811
Astermo, Svante: I sjösäkerhetens tjänst. In: Nya lantmätaren. 2004,7, p.4-5, 2 ill. The Nautical Safety Service. [Swed.].

3812
Bischof, R. J.; Wade, C.: GIS in SEQ 2021 – more than maps. In: Journal of spatial science. 1.2004, p.117-124, 3 ill.

3813
Cabuk, A.; Karademirler, S. N.; Eren, K.; Turkbay, V.; Al Khedheiri, A.: The use of GIS capabilities for establishing a planning infrastructure in Saudi Arabia. In: Journal of spatial science. 1.2004, p.125-140, 4 tab., 11 ill.

3814
Cagnetti, Pierpaolo: La rappresentazione cartografica marina nel tempo. In: Bollettino della Associazione Italiana di Cartografia. 41.2004,121/122, p.43-51 Nautical cartography in history. [Ital.]. ISSN 0044-9733.

3815
Cailliau, Étienne: La variabilité temporelle de la représentation des espaces maritimes. In: Le Monde des Cartes : revue du Comité Français de Cartographie. 182.2004, p.59-64, 6 ill. ISSN 1634-3522.

3816
Cattaneo, Angelo: La Mappamundi di Fra Mauro, l'idea di oceano e le direzioni di navigazione all'alba dell'espansione europea. In: Mundus novus : Amerigo Vespucci e i metodi della ricerca storico-geografica ; atti del convegno internazionale di studi, Roma-Firenze, 27-30 novembre 2002. Ed.: Società Geografica Italiana. – Roma: Società Geografica Italiana 2004., p.201-214, 1 ill. (Memorie della Società Geografica Italiana ; 75) The Mappamundi of Fra Mauro, the idea of the ocean and the directions of navigation in the beginning of European expansion. [Ital.].

3817
Claussen, Hinrich: Geoinformation und Fahrzeugnavigationssysteme. In: Geoinformationssysteme (GIS) ; Grundlagen – Anwendungen – Entwicklungen. Ed.: Quade, Horst. – Hannover: 2001., p.53-59, 4 ill. (Veröffentlichungen / Akademie der Geowissenschaften zu Hannover ; 24).

3818
Claussen, Hinrich: Geoinformation und Fahrzeugnavigationssysteme. In: GeoInformationsSysteme : Grundlagen – Nutzungen – Entwicklungen ; Geoforum 2004 ; Beiträge der gemeinsam von der Fachrichtung Geodäsie und Geoinformatik, Universität Hannover, der Akademie der Geowissenschaften zu Hannover und dem Deutschen Verein für Vermessungswesen, Bezirksgruppe Hannover-Hildesheim organisierten Veranstaltung im Leibnizhaus Hannover, 8. Juni 2004. – Hannover: 2004., p.51-56, 4 ill. (Wissenschaftliche Arbeiten der Fachrichtung Geodäsie und Geoinformatik der Universität Hannover ; 252).

3819
Dantiscum emporium totius Europae celeberrimum : Gdánsk i Bałtyk na mapach, widokach oraz dokumentach ze zbiorów Tomasza Niewodniczańskiego (Bitburg, Niemcy) ; katalog wystawy ; Ratusz Głównego Miasta Gdańska, Październik 2004 – Styczeń 2005 = Dantiscum emporium totius Europae celeberrimum : Danzig und die Ostsee in Karten, Ansichten und Dokumenten aus der Sammlung von Tomasz Niewodniczański (Bitburg) ; Ausstellungskatalog ; Rechtstädtisches Rathaus Danzig, Oktober 2004 – Januar 2005. Ed.: Muzeum Historyczne <Gdańsk>. Muzeum Historyczne <Gdańsk> 2004, 487 p., ill., mp. [Pol. and Germ.]. ISBN 83-91861-08-2.

3820
Dorofeeva-Lichtmann, Vera: Text as a device for mapping a sacred space : a case of the Wu Zhang Schan Jing ("Five treasuries : the itineraries of mountains"). In: "Creating and representing sacred spaces". Ed.: Gardner, Tatyana; Moritz, Daniela; Dickhardt, Michael. – Göttingen: Peust und Gutschmidt Verlag 2003., p.147-210 (Göttinger Beiträge zur Asienforschung : GBA ; 2003,2-3).

3821
Elias, Birgit; Hampe, Mark; Sester, Monika: "Hinter der Kirche rechts" : Fußgängernavigation mit kleinen mobilen Displays. In: Virtuelle Welten : wie GIS die Geowissenschaften verändern. Ed.: Universität Hannover; Freundeskreis der Universität Hannover. – Hannover: Universität Hannover; Freundeskreis der Universität Hannover 2003., p.40-43, 7 ill. (Unimagazin Hannover : Zeitschrift der Leibniz-Universität Hannover ; Mitteilungen des Freundeskreises der Universität Hannover ; 2003,3/4).

3822
Feddersen, Berend Harke: Wie fanden sie ihren Weg? : die Sicherung der nordfriesischen Küstenfahrt ; Seezeichen, Segelanweisungen und Seekarten bis zur Mitte des 19. Jahrhunderts ; von der Küstenfahrt zur Hochsee-Navigation ; private Navigationsschulen in Nordfriesland und ihre Lehrer. – Husum: Husum Druck- und Verlagsgesellschaft 2001, 112 p., XVI p. (Schriftenreihe des Nordfriesischen Schiffahrtsmuseums Husum ; 4). [Literaturverz. P. 108-111] ISBN 3-89876-016-2.

3823
González, Francisco José; Martín Merás, María Luisa: Historia de la cartografía nautica en la España del siglo XIX. Ed.: Ministero de Defensa; Ministero de Fomento. – Madrid: Ministero de Defensa; Ministero de Fomento 2003, 252 p., ill. History of nautic cartography in Spain of the the XIXth century. [Span.]. [Vol. 1 d. Ges.titels: La dirección de Trabajos Hidrograficos : (1797 – 1908) / ed. y coordinación Luisa Martín-Méras] ISBN 84-97810-19-8; 84-95172-41-0; 84-7782-961-6.

3824
Herrig, Klaus: Vom Geographic Data File zum Navigationsssystem. In: Virtuelle Welten, reale Anwendungen : geographische Informationssysteme in Theorie und Praxis ; Tagungsband zum GIS-Symposium vom 8. November. Ed.: Schmid, Heiko; Köppe, Holger. – Heidelberg: 2003., p.57-77, ill. (Heidelberger Geographischer Bausteine ; 16).

3825
Hornig, Klaus: Deutsches Seekarten-Berichtigungsinstitut Bade & Hornig, Hamburg : 1920 – 1970. Ed.: Bade & Hornig Seekarten GmbH. – Hamburg: Bade & Hornig Seekarten GmbH 1970, 10 p., ill., mp.

3826
Hüttermann, Armin: The prize of the British Board of Longitude and the German astronomer Tobias Mayer. In: European journal of navigation. 3, p.65-71, 5 ill. ISSN 1571-473X.

3827
Johnson, Bert: The modest life and times of Joseph Roux : a hydrographer of 18th century Marseilles. In: Journal of the International Map Collectors' Society. 2004,96, p.27-37, 10 ill.

3828
Kolbe, Thomas H.; Middel, Ariane; Plümer, Lutz: 3D-Kartographie für die Fußgängernavigation : virtuelle Wegweiser in Panoramen. In: Arbeitsgruppe Automation in der Kartographie : Tagung 2003. Ed.: Bundesamt für Kartographie und Geodäsie <Deutschland>. – Frankfurt a.M.: Bundesamt für Kartographie und Geodäsie <Deutschland> 2004., p.81-96, 11 ill. (Mitteilungen des Bundesamtes für Kartographie und Geodäsie ; 31; 2004).

3829
La Dirección de trabajos hidrográficos : (1797 – 1908). Ed.: Martín-Merás, María Luisa. Ed. y coordinación Luisa Martín-Merás. – Barcelona: Lunwerg 2003, Vol. 1 + 2. The direction of hydrographic works :(1797 – 1908). [Span.]. ISBN 84-97810-18-X; 84-95172-43-7; 84-7782-976-4.

3830
Lalesse, A.J.: Actualisering van zeekaarten. In: Is uw kaart up to date? Visies op kaartrevisie. Ed.: Nederlandse Vereniging voor Kartografie. Werkgroep Kartografische Produktietechnieken. Red. : Chr. J. Snabilié. – Amersfoort: Nederlandse Vereniging voor Kartografie 1995., p.37-40, 5 ill. (NVK publikatiereeks ; 15). [Dutch].

3831
León Guerrero, Montserrat: La metodología cartográfica del portulano de Tordesillas. In: Mundus novus : Amerigo Vespucci e i metodi della ricerca storico-geografica ; atti del convegno internazionale di studi, Roma-Firenze, 27-30 novembre 2002. Ed.: Società Geografica Italiana. – Roma: Società Geografica Italiana 2004., p.189-200, 7 ill. (Memorie della Società Geografica Italiana ; 75) The cartographic methodology of the portolan of Tordesillas. [Span.].

3832
Li, Zhilin; Ho, Angelina: Design of multi-scale and dynamic maps for land vehicle navigation. In: The Cartographic Journal. 41.2004,3, p.265-270,11 ill., 1 tab. ISSN 0008-7041.

3833
López Gómez, Antonio: La navegación por el tajo : las obras de Antonelli su cartografía ; el reconocimiento de Carduchi en 1641. In: Descubrimientos y cartografía en la época de Felipe II. Ed.: Instituto Interuniversitario de Estudios de Iberoamérica y Portugal. – Valladolid: Instituto Interuniversitario de Estudios de Iberoamérica y Portugal 1999., p.17-39, 12 ill. (Descubrimientos y cartografía ; 3) The navigation on the Tajo : the works of Antonelli on cartography ; the recognition by Carduchi in 1641. [Span.].

3834
Lundquist, Annika; Engberg, Hans: Sjögeografisk information till salu. In: Nya lantmätaren. 2003,2, p.8-10, 2 ill. Nautical information for sale. [Swed.].

3835
Mac Gillavry, Edward: Kaarten van alledag : een kaart moet het beeld oproepen van de geografie die wordt gepresenteerd. In: Geo-Info : tijdschrift voor Geo-Informatie Nederland, GIN. 1.2004,6, p.252-253, 2 ill., 1 portr. Maps of everyday : a map must call the picture of geography which is presented. [Dutch]. ISSN 1572-5464.

3836
Mac Gillavry, Edward; Poppe, E.: Op de goede weg?. In: Geo-Info : tijdschrift voor Geo-Informatie Nederland, GIN. 1.2004,11, p.470-471, 2 ill. On the right way?. [Dutch]. ISSN 1572-5464.

3837
Mäkinen, Seppo: "Förutsättning für trygg sjöfart". In: Nya lantmätaren. 2003,2, p.16-17, 1 mp., 1 ill. Condition for safe navigation. [Swed.].

3838
Medas, Stefano: De rebus nauticis : l'arte della navigazione nel mondo antico. – Rom: ERMA di Bretschneider 2004, 233 p., ill., mp. (Studia archaeologica ; 132). ISBN 88-8265-278-5.

3839
Meulemeester, Jean Luc: Een minder bekende kaart van het kanaal Plassendale-Nieuwpoort. In: Biekorf : dat is een leer- en leesblad voor alle verstandige vlamingen. 103.2003,3, p.290-293, 2 ill. A lesser known map of the canal Plassendale-Nieuwpoort. [Dutch].

3840
Michelin. In: Rapport National des Activités Cartographiques Françaises entre 1999 et 2003 : développement – enseignement – recherche – documentation – production. – Paris: 2003., p.37-39 (Le Monde des Cartes : revue du Comité Français de Cartographie ; 176.2003).

3841
Minow, Helmut: Portolankarten (I) : Geschichte der mittelalterlichen Seekarten. In: Geomatik Schweiz : Geoinformation und Landmanagement. 102.2004,6, p.372-277, 3 ill. ISSN 0252-9424; 1660-4458.

3842
Minow, Helmut: Portolankarten (II) : Analyse der mittelalterlichen Seekarten. In: Geomatik Schweiz : Geoinformation und Landmanagement. 102.2004,7, p.433-438, 6 ill. ISSN 0252-9424; 1660-4458.

3843
Møllgard, Jesper: Søopmåling og søkortproduktion. In: Nya lantmätaren. 2003,2, p.40-41 Nautical recording and production of nautical maps. [Swed.].

3844
Muller, W.H.B.: "75 jaar kaartrevisie". In: Is uw kaart up to date? Visies op kaartrevisie. Ed.: Nederlandse Vereniging voor Kartografie. Werkgroep Kartografische Produktietechnieken. Red. : Chr. J. Snabilié. – Amersfoort: Nederlandse Vereniging voor Kartografie 1995., p.41-44 (NVK publikatiereeks ; 15). [Dutch].

3845
Nicholson, Tim: Cycling and motoring maps in western Europe 1885-1960. In: The Cartographic Journal. 41.2004,3, p.181-215, 25 ill. ISSN 0008-7041.

3846
Nussio Díaz, Eduardo: El infructuoso regreso de Pedro Sarmiento de Gamboa al estrecho de Magallanes. In: Descubrimientos y cartografía en la época de Felipe II. Ed.: Instituto Interuniversitario de Estudios de Iberoamérica y Portugal. – Valladolid: Instituto Interuniversitario de Estudios de Iberoamérica y Portugal 1999., p.241-263, 5 ill. (Descubrimientos y cartografía ; 3) The fruitless return of Pedro Sarmiento de Gamboa to the Strait of Magellan. [Span.].

3847
Papotti, Davide; Salarelli, Alberto: La cartografia del Po all'Azienda Regionale Navigazione Interna (ARNI) : dagli archivi del passato alla produzione contemporanea. In: Bollettino della Associazione Italiana di Cartografia. 41.2007,121/122, p.109-116 The cartography of the river Po at the Regional Agency for Inland Navigation (ARNI) : from the historical archives to the contemporary production. [Ital. with Engl. rés.]. ISSN 0044-9733.

3848
Pflederer, Richard: Catalogue of the portolan charts and atlases in the Huntington Library : based on a detailed physical inspection completed on site during the years 2001-2003. Prepared by Richard Pflederer. – [Williamsburg, Va.]: 2004, 158 p., [10, [18] gef. Bl., mp. [CD-ROM-Ausg. u.d.T.: Portolan charts and atlases of the Huntington Library].

3849
Pflederer, Richard: Portolan charts : a mediterranean tradition becomes an indispensable tool of the age of discovery. In: Journal of the International Map Collectors' Society. 2004,99, p.13-25, 8 ill.

3850
Portolan charts & atlasses of the British Library : searchable ACCESS database ; ... a searchable database of the entire collection ; based on a detailed examination of the collection conducted during the years 2000 to 2001. By Richard Pflederer. – [Williamsburg, Va.]: Selbstverlag 2002, 1 CD-ROM, 2 Beil. [Buchausg. u.d.T.: Pflederer, Richard L.: Catalogue of the Portolan charts and atlases in the British Library; Systemvoraussetzungen: MS ACCESS 97, 2000 or 2002].

3851
Portolan charts & atlasses of the Huntington Library : searchable ACCESS database ; ... a searchable database of the entire collection ; based on a detailed examination of the collection conducted during the years 2001 to 2003. By Richard Pflederer. – [Williamsburg, Va.]: 2004, 1 CD-ROM, 2 Beil. [Buchausg. u.d.T.: Pflederer, Richard L.: Catalogue of the Portolan charts and atlases in the Huntington Library; Systemvoraussetzungen: MS ACCESS 2000 or any later version].

3852
Portolane und Seekarten des 16. bis 20. Jahrhunderts aus der Sammlung Niewodniczański : eine Ausstellung anläßlich der Antiquariatsmesse LiberBerlin 2003. Ed.: Arbeitsgemeinschaft LiberBerlin. Ausgewählt und kommentiert von Eckhard Jäger. – Berlin: Arbeitsgemeinschaft LiberBerlin 2003, 96 p., mp.

3853
Sandberg, Allan: Löjtnant Nils Hallströms förslag år 1914 till flygkarta över Sverige. Ed.: Kartografiska Sällskapet. – Stockholm: Kartografiska Sällskapet 2003, 63 p., ill., mp. Lieutenant Nils Hallströms proposal of the year 1914 for an air map of Sweden. [Swed.].

3854
Service Hydrographique et Océanographiqhe de la Marine (SHOM). In: Rapport National des Activités Cartographiques Françaises entre 1999 et 2003 : développement – enseignement – recherche – documentation – production. – Paris: 2003., p.40-43, 3 ill. (Le Monde des Cartes : revue du Comité Français de Cartographie ; 176.2003).

3855
Steenbruggen, J.G.M.; Grothe, M.: Location Based Services gepositioneerd als informatiedienst!. In: Geo-Info : tijdschrift voor Geo-Informatie Nederland, GIN. 1.2004,6, p.270-277, 5 ill., 1 tab. Location Based Services positioned as information service. [Dutch]. ISSN 1572-5464.

3856
Stolz, Werner: LFC-Satellitenbilder und ihre Anwendungsmöglichkeiten zur Nachführung und Verbesserung von Küstenkarten, speziell Seekarten : Beispiel Po-Delta, Italien ; mit 31 Tabellen. Institut für Geographie d. Univ. München. – München: Geobuch-Verlag 1989, XIX, 185 p., ill., mp. (Münchener geographische Abhandlungen : Reihe A ; 39). [zugl.: München, Univ., Diss., 1989].

3857
Terrell, Christopher: The evolution of the sea chart : from its origins in the Mediterranean to its development by European seamen into their principal instrument of navigation. Ed.: Bank of Cyprus Cultural Foundation. – Nicosia: Bank of Cyprus Cultural Foundation 1999, 46 p., ill., mp. (Cyprus cartography lectures ; 4).

3858
Tobias Mayer – Pionier der Positionsbestimmung, Wegbereiter der modernen Navigationssysteme : Katalog zur gleichnamigen Ausstellung in Marbach 26.4.95-19.5.95 ; [eine Ausstellung des Tobias-Mayer-Museum-Vereins]. Ed.: Tobias-Mayer-Museum e.V. Konzeption Erhard Anthes ... Katalogtexte: Erwin Roth ... – Marbach am Neckar: Tobias-Mayer-Museum e.V. 1995, 108 p., ill. (Schriftenreihe des Tobias-Mayer-Museum).

3859
Urquhart, K.; Cartwright, William; Miller, Suzette: Exploring the usefullness of cartographic representations for location-based services in an Australian context. In: Journal of spatial science. 1.2004, p.71-87, 3 tab., 3 ill.

3860
Varela Marcos, Jesús: La cartografía de los descubrimientos colombinos. In: Mundus novus : Amerigo Vespucci e i metodi della ricerca storico-geografica ; atti del convegno internazionale di studi, Roma-Firenze, 27-30 novembre 2002. Ed.: Società Geografica Italiana. – Roma: Società Geografica Italiana 2004., p.177-187, 3 ill. (Memorie della Società Geografica Italiana ; 75) Cartography of the discoveries of Christopher Columbus. [Span.].

3861
Vetter, Jana: Die elektronische Seekarte : ein Beispiel für Automation in der Seekartographie. In: Arbeitsgruppe Automation in der Kartographie : Tagung 2003. Ed.: Bundesamt für Kartographie und Geodäsie <Deutschland>. – Frankfurt a.M.: Bundesamt für Kartographie und Geodäsie <Deutschland> 2004., p.177-192, 7 ill., 1 tab. (Mitteilungen des Bundesamtes für Kartographie und Geodäsie ; 31; 2004).

3862
Yang, T.; Wang, Jinling: Visualisation of spatial data quality for internet and mobile GIS applications. In: Journal of spatial science. 1.2004, p.97-108, 9 ill., 1 tab.

Planning cartography / Planungskartographie / Cartographie en aménagement

3863
APUR : Atelier Parisien d'Urbanisme. In: Rapport National des Activités Cartographiques Françaises entre 1999 et 2003 : développement – enseignement – recherche – documentation – production. – Paris: 2003., p.8-9, 1 suppl. (6 ill.) (Le Monde des Cartes : revue du Comité Français de Cartographie ; 176.2003).

3864
Baier, Klaus: GIS im Management von Business Improvement Districts. In: GeoBit : Geoinformatik für die Praxis. 9.2004,7, p.22-23, 1 ill. ISSN 1430-3663.

3865
Elsner, Anne; Meyer, Volker; Mai, Stephan; Zimmermann, Claus: Wie teuer wird die Flut? GIS-gestützte Analyse von Überflutungsschäden als Teil des integrierten Küstenzonenmanagements. In: Virtuelle Welten : wie GIS die Geowissenschaften verändern. Ed.: Universität Hannover; Freundeskreis der Universität Hannover. – Hannover: Universität Hannover; Freundeskreis der Universität Hannover 2003., p.16-19, 8 ill. (Unimagazin Hannover : Zeitschrift der Leibniz-Universität Hannover ; Mitteilungen des Freundeskreises der Universität Hannover ; 2003,3/4).

3866
Esnard, Ann-Margaret; Gelobter, Michel; Morales, Xavier: Environmental justice, GIS, and pedagogy. In: Special Issue : Public Participation GIS (PPGIS). Ed.: Sieber, Renée E. – Toronto: 2004., p. 53-61, 1 ill. (Cartographica ; 38.2001,3/4).

3867
Garnero, Gabriele; Godone, Danilo; Benazzo, Ernesto; Penon, Angelo; Sesia, Elio; Vazzola, Sara; Ferrarato, Massimiliano: Le ortoimmagini a supporto della pianificazione territoriale : applicazioni al piano di tutela delle acque della regione Piemonte. In: Bollettino della Associazione Italiana di Cartografia. 41.2004,121/122, p.257-267, 2 ill., 12 tab. Orthoimages as a tool for land planning : an application to the region Piemonte's "water conservation plan". [Ital. with Engl. rés.]. ISSN 0044-9733.

3868
Jerandi, Ghassene: 2021 Ottawa metropolitan light rail system vision network using least-cost path analysis. In: Bulletin / Association of Canadian Map Libraries and Archives. 121.2004, p.22-25, 3 ill. ISSN 0840-9331.

3869
Kötter, Theo; Weigt, Dietmar: Stadtplanung im Informationszeitalter. In: GeoInformationsSysteme : Grundlagen – Nutzungen – Entwicklungen ; Geoforum 2004 ; Beiträge der gemeinsam von der Fachrichtung Geodäsie und Geoinformatik, Universität Hannover, der Akademie der Geowissenschaften zu Hannover und dem Deutschen Verein für Vermessungswesen, Bezirksgruppe Hannover-Hildesheim organisierten Veranstaltung im Leibnizhaus Hannover, 8. Juni 2004. – Hannover: 2004., p.39-45, 5 ill., 1 tab. (Wissenschaftliche Arbeiten der Fachrichtung Geodäsie und Geoinformatik der Universität Hannover ; 252).

3870
Kötter, Theo; Weigt, Dietmar: Stadtplanung im Informationszeitalter. In: Geoinformationssysteme (GIS) ; Grundlagen – Anwendungen – Entwicklungen. Ed.: Quade, Horst. – Hannover: 2001., p.40-48, 5 ill., 1 tab. (Veröffentlichungen / Akademie der Geowissenschaften zu Hannover ; 24).

3871
Krause, Kai-Uwe; Bauer, Olaf ; Hoffmann, Niels: Verteilte Geo- und Planungsdienste für das Portal www.metropolregion.hamburg.de mit Hilfe der CoreMedia© Content Application Platform. In: geoGovernment : öffentliche Geoinformations-Dienste zwischen Kommune und Europa. Ed.: Strobl, Josef; Griesebner, Gerald. Josef Strobl; Gerald Griesebner (Hrsg.). – Heidelberg: Herbert-Wichmann-Verlag 2003., p.67-75, 4 ill.

3872
Kuhlmann, Christian; Markus, Frank; Theurer, Edgar: CAD und GIS in der Stadtplanung : ein Leitfaden zum effizienten Einsatz. – Karlsruhe: Bernhard Harzer Verlag 2003, 151 p., ill., mp. ISBN 3-9803128-6-0.

3873
Leibetseder, Mathis; Heegewaldt, Werner: Gestaltete Landschaft : archivalische Quellen zu Schlössern, Herrenhäusern und Gärten im Land Brandenburg. Ed.: Brandenburgisches Landeshauptarchiv <Potsdam>. – Berlin: be.bra Wissenschaft Verlag 2004, 640 p., ill. ISBN 3-937233-13-X.

3874
Liu, Yanfang; Phinn, S. R.: Mapping the urban development of Sydney (1971-1996) with cellular automata in a GIS environment. In: Journal of spatial science. 2.2004, p.57-74, 2 tab., 6 ill.

3875
MacNutt, Wade; Dare, Peter; Dalton, Shawn: Use of a digital terrain model as a means of urban watershed delineation in Fredericton, New Brunswick. In: Geomatica. 58.2004,2, p.107-119, 8 ill., 1 tab. ISSN 1195-1036.

3876
Menke, Roswitha: Ein GIS für Sauberkeit und Wohlgerüche. In: GeoBit : Geoinformatik für die Praxis. 9=17.2004,10, p.32-33, 3 ill. ISSN 1430-3663.

3877
Mosiman, Thomas; Groß, Jens; Meer, Uwe: Erosion und Stoffhaushalt in Landwirtschaftsgebieten : GIS-gestützte Modellierung unterstützt das moderne Landnutzungsmanagement. In: Virtuelle Welten : wie GIS die Geowissenschaften verändern. Ed.: Universität Hannover; Freundeskreis der Universität Hannover. – Hannover: Universität Hannover; Freundeskreis der Universität Hannover 2003., p.22-26, 6 ill. (Unimagazin Hannover : Zeitschrift der Leibniz-Universität Hannover ; Mitteilungen des Freundeskreises der Universität Hannover ; 2003,3/4).

3878
Pape, Heinz: Themakarten als Grundlage für sinnvolle Stadtplanung. In: Dortmunder Beiträge zur Landeskunde : naturwissenschaftl. Mitteilungen. 3.1969, p.3-11. ISSN 0340-3947.

3879
Pape, Heinz: Urban cartography : town planning. In: Internationales Jahrbuch für Kartographie : IJK. 13.1973, p. [191]-199. ISSN 0074-9842.

3880
Perrin, Laurent: "L'image cartographique" dans le projet Imago Metropolis. In: Trois siècles de cartographie en Ile-de-France Volume 2. Ed.: Institut d'Aménagement et d'Urbanisme de la Région d'Ile-de-France. Institut d'Aménagement et d'Urbanisme de la Région d'Ile-de-France 1998., p.21-23, 6 ill. (Cahiers de l'Institut d'Aménagement et d'Urbanisme de la Région d'Ile-de-France ; 120.1998).

3881
Pettit, C. J.; Nelson, A.: Developing an interactive web based public participatory planning support system for natural resource management. In: Journal of spatial science. 1.2004, p.61-70, 5 ill.

3882
Roppola, A. J.; Bugg, A. L.: Innovative and effective internet information systems for natural resource managers. In: Journal of spatial science. 1.2004, p.49-60, 7 ill.

3883
Sanger, Victoria: Les lotissements des ingénieurs du Roy au service de l'urbanisme : l'exemple de Lille vu à travers l'étude de trois plans issus de la collection Auclair. In: Portefeuilles de plans : projets et dessins d'ingénieurs militaires en Europe du XVIe au XIXe siècle ; actes du colloque international de Saint-Amand-Montrond 2 et 3 mars 2001 ; [le Colloque "Portefeuilles de Plans, Projets et Dessins d'Ingénieurs Militaires en Europe du XVIe au XIXe Siècles"]. Ed.: Cher. Ouvrage collectif publ. sous la dir. scientifique de Vincent Maroteaux ... – Bourges: Cher 2001., p.67-75, 7 ill.

3884
Voorde, Tim van de; Canters, Frank: Gebruik van zeer hoge resolutie satellietbeelden in stedelijk beheer, beleid en planning : potentiële toepassingen en knelpunten. In: De Aardrijkskunde. 1-2, p.57-66, 3 ill. Use of very high resolution satellite images in urban management, policy and planning: potential applications and sticking points. [Dutch with Engl. rés.].

3885
Wilmersdorf, Erich: Die Rolle der automatischen Kartografie im eGeoGovernmentprozess der Bauleitplanung. In: Arbeitsgruppe Automation in der Kartographie : Tagung 2003. Ed.: Bundesamt für Kartographie und Geodäsie <Deutschland>. – Frankfurt a.M.: Bundesamt für Kartographie und Geodäsie <Deutschland> 2004., p.219-227, 8 ill. (Mitteilungen des Bundesamtes für Kartographie und Geodäsie ; 31; 2004).

3886
Wolff, H.W. de: Nieuwe regels Ruimtelijke Ordening. In: Geo-Info : tijdschrift voor Geo-Informatie Nederland, GIN. 0.2003, p.50-54, 4 ill. New rules for spatial planning. [Dutch]. ISSN 1572-5464.

School cartography / Schulkartographie / Cartographie scolaire

3887
Brink, Lowie: Een zee zo zwart als de nacht : de geologische schoolwandkaart van Noord-Holland van W. Kloeke. In: Caert-thresoor : tijdschrift voor de geschiedenis van de kartografie in Nederland. 23.2004,2, p.42-47, 4 ill. A sea as black as the night : the geological school wall map of North Holland by W. Kloeke. ISSN 0167-4994.

3888
Geoinformation – neue Medien für eine neue Disziplin. Ed.: Herbert-Wichmann-Verlag. Hrsg.: Lutz Plümer, Hartmut Asche. – Heidelberg: Herbert-Wichmann-Verlag 2004, X, 180 p., ill., mp. + 2 CD-ROMs.

3889
GIS im Geographieunterricht. 2004, 50 p., ill., mp. (Praxis Geographie ; 34.2004,2). [Themenheft].

3890
Gulikers, Iris: De 17E-eeuwse landmeter in de klas. In: Euclides : maandblad voor de didactiek van de wiskunde. 77.2002,8, p.338-343, 8 ill. The 17th century land surveyor in the class. [Dutch]. ISSN 0165-0394.

3891
Karten lesen – Wege finden : Materialien für den Geographieunterricht in der Primarschule. Ed.: Guntern, Ferdinand; Iten, Gerhard. – Zürich: Sabe-AG 2004, 50 p., ill., mp. – 7., unveränd. Aufl. [Arbeitsheft] ISBN 3-252-05435-3.

3892
Kleinschmidt, Verena: Am Anfang war der "Liechtenstern/Lange" : aus der Frühgeschichte der Westermann-Kartographie. In: Geographische Rundschau. 5; 56.2004,5, p.I-XII, 1 portr., 6 mp. [Beihefter in Heftmitte].

3893
Krause, Tilman: Digitaler Kinderstadtteilplan : ein GIS-Projekt aus dem Schulumfeld für die Orientierungsstufe. In: GIS im Geographieunterricht. 2004., p.13-15, 3 ill. (Praxis Geographie ; 34.2004,2).

3894
Kriz, Karel; Pucher, Alexander: Interaktives Lehrveranstaltungsportal "Grundlagen der Kartographie und Geokommunikation" am Institut für Geographie und Regionalforschung der Universität Wien. In: Geographischer Jahresbericht aus Österreich. 60/61.2004, p.185-201, 13 ill. ISSN 0376-1738.

3895
Maps and mapping : exploring how maps reflect the landscape. Ed.: 4 Learning. – London: 4 Learning 2002, 1 CD-ROM, 2 suppl. (16 p. + 1 p.). [elektr. Ressource].

3896
Michaelidou, Evanthia C.; Nakos, Byron P.; Filippakopoulou, Valliliki P.: The ability of elementary school children to analyse general reference and thematic maps. In: Cartographica. 39.2004,4, p.65-88, 3 ill., 25 tab. ISSN 0340-0654; 0317-7173.

3897
Mudde, Ariel: Kartografie en schooltelevisie. In: Kartografie in het GIS-tijdperk. Ed.: Nederlandse Vereniging voor Kartografie. Red.: P.G.M.Mekenkamp. – Amersfoort: Nederlandse Vereniging voor Kartografie 1994., p.123-124, 1 ill. (NVK publikatiereeks ; 11; 1994).

3898
Neumann, Joachim: Die deutsch-französischen Beziehungen im Spiegel deutscher Schulatlanten : Katalog zur Ausstellung im Hauptstaatsarchiv Stuttgart vom 6. Oktober bis 17. Dezember 2004. Ed.: Fachhochschule Karlsruhe, Hochschule für Technik, Fachbereich Geoinformationswesen. – Karlsruhe: Fachhochschule Karlsruhe, Hochschule für Technik, Fachbereich Geoinformationswesen 2004, 48 p., mp. (Karlsruher geowissenschaftliche Schriften ; Reihe C, Alte Karten ; 15). ISBN 3-89063-614-4.

3899
Paulig, Helge; Matzke, Uwe: Verwendung geographischer Namen im Unterricht. – Berlin: 2004, 5 p. [Vortrag im Rahmen des Deutschen Schulgeographentags, 27.9.2004].

3900
Penon, Angelo: Nuovi strumenti didattici finalizzati allo studio del territorio e all'analisi dell'ambiente : esperienze dell'ARPA Piemonte. In: Bollettino della Associazione Italiana di Cartografia. 41.2004,121/122, p.425-430, 2 ill. New didactic instruments finalized to territory study and to environmental analyse : ARPA Piemonte's experiences in the province of Turin. ISSN 0044-9733.

3901
Saffache, Pascal; Audebert, Cédric: Eléments pour la réalisation du profil et du commentaire de carte topographique. – Paris: 2002, 101 p., ill., mp. (Documents pédagogiques Géographie).

3902
Sester, Monika; Katterfeld, Christiane: Virtuelle Landschaften : E-Learning in den Geowissenschaften. In: Virtuelle Welten : wie GIS die Geowissenschaften verändern. Ed.: Universität Hannover; Freundeskreis der Universität Hannover. – Hannover: Universität Hannover; Freundeskreis der Universität Hannover 2003., p.34-38, 7 ill. (Unimagazin Hannover : Zeitschrift der Leibniz-Universität Hannover ; Mitteilungen des Freundeskreises der Universität Hannover ; 2003,3/4).

3903
Shefrin, Jill: Such constant affectionate care : Lady Charlotte Finch, royal governess & the children of George III. – Los Angeles: Cotsen Occasional Press 2003, XVI, 168 p., ill., mp. [Includes bibliographical references (p.135-144) and index; Genealogical tables on endpapers; Ältestes Puzzle in Deutschland, zweite Hälfte 18. Jh., die auf Karten zurückgehen] ISBN 0-9666084-7-X; 0-9666084-8-8.

3904
Snabilié, Chris: Er bestaat al een nieuwe wandkaart van Suriname. In: Geografie. 12.2003,3, p.29, 1 mp. [Article refers to: "De nieuwe kaart van Suriname : privé-project van een bevlogen geograaf" by Peter Conradi, Geografie – 12.2003,1, p.12-15] ISSN 0926-3837.

3905
Warmoes, Isabelle: De l'utilité pédagogique des plans-reliefs (XVIIe-XIXe siècles). In: Portefeuilles de plans : projets et dessins d'ingénieurs militaires en Europe du XVIe au XIXe siècle ; actes du colloque international de Saint-Amand-Montrond 2 et 3 mars 2001 ; [le Colloque "Portefeuilles de Plans, Projets et Dessins d'Ingénieurs Militaires en Europe du XVIe au XIXe Siècles"]. Ed.: Cher. Ouvrage collectif publ. sous la dir. scientifique de Vincent Maroteaux ... – Bourges: Cher 2001., p.177-184, 7 ill.

Tourist mapping / Tourismuskartographie / Cartographie touristique

3906
Buchroithner, Manfred F.: Brillenlose Echt-3-D-Visualisierung : eine neue kartographische Methode für den Outdoor-Tourismus. In: Aspekte der Kartographie im Wandel der Zeit : Festschrift für Ingrid Kretschmer zum 65. Geburtstag und anlässlich ihres Übertritts in den Ruhestand. Ed.: Kainz, Wolfgang. Hrsg. von Wolfgang Kainz. – Wien: Geographisches Institut <Wien, Universität> / Arbeitsbereich für Geographie und Kartographie 2004., p.248-255, 4 ill., 2 tab. (Wiener Schriften zur Geographie und Kartographie ; 16).

3907
Caltabiano, Adele; Orecchio, Filippo: Il tracciato dei sentieri attraverso la lettura di alcune carte turistiche ed escursionistiche della Sicilia. In: Bollettino della Associazione Italiana di Cartografia. 41.2004,120, p.59-110, 9 ill. The tracing of paths through reading some touristic and excursionistic maps of Sicily. [Ital.]. ISSN 0044-9733.

3908
Faby, Holger: Individuelle Reisevorbereitung mit Internetkarten : Status quo und Potenziale. In: Kartographische Nachrichten : KN ; Fachzeitschrift für Geoinformation und Visualisierung ; Organ der Deutschen Gesellschaft für Kartographie e.V., der Schweizerischen Gesellschaft für Kartographie und der Österreichischen Kartographischen Kommission in der Österreichischen Geographischen Gesellschaft. 54.2004,1, p.3-10, 4 ill., 4 tab. ISSN 0022-9164.

3909
Fournier, Jérôme: Quelques méthodes de cartographie des biocénoses benthiques en plongée subaquatique : application à la baie de Lannion. In: Le Monde des Cartes : revue du Comité Français de Cartographie. 181.2004, p.45-54, 4 ill., 1 tab. ISSN 1634-3522.

3910
Frech, Iris; Koch, Barbara; Mosch, Matthias; Sauter, Silke; Schill, Christian: Nutzung georeferenzierter Daten in multimedialen Besucherinformationssystemen : Aspekte des ReGeo-Projekts. In: Kartographische Nachrichten : KN ; Fachzeitschrift für Geoinformation und Visualisierung ; Organ der Deutschen Gesellschaft für Kartographie e.V., der Schweizerischen Gesellschaft für Kartographie und der Österreichischen Kartographischen Kommission in der Österreichischen Geographischen Gesellschaft. 54.2004,1, p.10-14, 3 ill. ISSN 0022-9164.

3911
Georges, Christian: "Kleine Kunstwerke" : Alpenvereinskarten am PC. In: Alpenverein / Österreichischer Alpenverein. 59(129).2004,5, p.26-27, 7 ill.

3912
Hermann, Christoph: Aufbau und Führung einer Touristischen Karten Fach Datenbank (TKFD). In: Arbeitsgruppe Automation in der Kartographie : Tagung 2003. Ed.: Bundesamt für Kartographie und Geodäsie <Deutschland>. – Frankfurt a.M.: Bundesamt für Kartographie und Geodäsie <Deutschland> 2004., p.75-80, 5 ill. (Mitteilungen des Bundesamtes für Kartographie und Geodäsie ; 31; 2004).

3913
Hierner, Patrik ; Saul, Robert: Freytag-Berndt und Artaria – Verlagskartographie im 21. Jahrhundert. In: Aspekte der Kartographie im Wandel der Zeit : Festschrift für Ingrid Kretschmer zum 65. Geburtstag und anlässlich ihres Übertritts in den Ruhestand. Ed.: Kainz, Wolfgang. Hrsg. von Wolfgang Kainz. – Wien: Geographisches Institut <Wien, Universität> / Arbeitsbereich für Geographie und Kartographie 2004., p.264-271, 3 ill. (Wiener Schriften zur Geographie und Kartographie ; 16).

3914
Koch, Wolf Günther: Semiotische Betrachtungen zu Zeichensystemen touristischer Karten des deutschsprachigen Raumes (Koch, Wolf Günther). In: Aspekte der Kartographie im Wandel der Zeit : Festschrift für Ingrid Kretschmer zum 65. Geburtstag und anlässlich ihres Übertritts in den Ruhestand. Ed.: Kainz, Wolfgang. Hrsg. von Wolfgang Kainz. – Wien: Geographisches Institut <Wien, Universität> / Arbeitsbereich für Geographie und Kartographie 2004., p.234-241, 2 ill. (Wiener Schriften zur Geographie und Kartographie ; 16).

3915
Koch, Wolf-Günther; Wilfert, Ingeborg; Buchroithner, Manfred F.: Tourismuskartographie : aktuelle Forschungen und Entwicklungen an der Technischen Universität Dresden. In: Aspekte der Kartographie im Wandel der Zeit : Festschrift für Ingrid Kretschmer zum 65. Geburtstag und anlässlich ihres Übertritts in den Ruhestand. Ed.: Kainz, Wolfgang. Hrsg. von Wolfgang Kainz. – Wien: Geographisches Institut <Wien, Universität> / Arbeitsbereich für Geographie und Kartographie 2004., p.233-255, 12 ill. (Wiener Schriften zur Geographie und Kartographie ; 16).

3916
Köppe, Helmtrud: Sachsen-Anhalt entdecken und erleben : zur Entstehung des Touristik-Atlasses. In: LSA VERM : Zeitschrift für das öffentliche Vermessungswesen des Landes Sachsen-Anhalt. 10.2004,2, p.135-144, 9 ill. ISSN 1435-2338.

3917
Mac Gillavry, Edward: Kaarten van alledag : een kaart moet het beeld oproepen van de geografie die wordt gepresenteerd. In: Geo-Info : tijdschrift voor Geo-Informatie Nederland, GIN. 1.2004,6, p.252-253, 2 ill., 1 portr. Maps of everyday : a map must call the picture of geography which is presented. [Dutch]. ISSN 1572-5464.

3918
Mac Gillavry, Edward: Kaarten van alledag : vormgeving draait om het beeld zelf, kartografie om de informatie in het beeld. In: Geo-Info : tijdschrift voor Geo-Informatie Nederland, GIN. 1.2004,9, p.354-353, 3 ill., 1 portr. Maps of everyday : design turns to the picture itself, cartography to the information in the picture. [Dutch]. ISSN 1572-5464.

3919
Müller, Gerhard; Müller, Thomas T.: "Maintzisch glaidtstein, Hessen ungestendig ..." : Zur Geleitfrage im eichsfeldisch-hessischen Grenzgebiet. In: Eschweger Geschichtsblätter. 11.2000, p.100-112, 12 ill.

3920
Reinhartz, Dennis: Divided by Empire, reunited by tourism : tourist maps of Sint Maarten / Saint Martin. In: Journal of the International Map Collectors' Society. 2004,98, p.33-45, 12 ill.

3921
Roebert, Katinka: Van smederij tot digitale snelweg. In: Geo-Info : tijdschrift voor Geo-Informatie Nederland, GIN. 1.2004,11, p.488-489, 1 ill. From forge to digital highway. [Dutch]. ISSN 1572-5464.

3922
Siehoff, Jonas: Handys weisen den richtigen Weg. In: GeoBit : Geoinformatik für die Praxis. 2004,11, p.40-41, 4 ill., 1 portr. ISSN 1430-3663.

3923
Valdes, Giuliano: Le acque termali della Valdichiana in una cartografia turistica edita dall'A.P.T. In: Bollettino della Associazione Italiana di Cartografia. 41.2004,121/122, p.355-358 The thermal waters in the Chiana valley in a tourist map published by the local tourism authority. [Ital. with Engl. rés.]. ISSN 0044-9733.

3924
Wilfert, Ingeborg: Der PDA und seine Eignung für Touristenführer und Karten. In: Aspekte der Kartographie im Wandel der Zeit : Festschrift für Ingrid Kretschmer zum 65. Geburtstag und anlässlich ihres Übertritts in den Ruhestand. Ed.: Kainz, Wolfgang. Hrsg. von Wolfgang Kainz. – Wien: Geographisches Institut <Wien, Universität> / Arbeitsbereich für Geographie und Kartographie 2004., p.242-247, 6 ill. (Wiener Schriften zur Geographie und Kartographie ; 16).

5. Maps in Other Media
Verwendung von Karten in anderen Medien
Utilisation des cartes dans d'autres médias

3925
Batten, Kit: Touring England. In: Journal of the International Map Collectors' Society. 2004,97, p.51-53, 8 ill.

3926
Gestel-van het Schip, Paula van: Nederlandse historische kartofilatelie. In: Caert-thresoor : tijdschrift voor de geschiedenis van de kartografie in Nederland. 20, 2001, 2, p.29-40, 64 ill. Dutch historical carto-philately. [Dutch with Engl. rés.]. ISSN 0167-4994.

3927
Jászai, Géza: "Glück und Frieden" Der Horstmarer Paulus-Pokal für Fürstbischof Christoph Bernhard von Galen. In: Kunstwerke des St. Paulus-Domes zu Münster : Imaginationen des Unsichtbaren. 14, [4] p., 4 ill.

3928
Lago, Luciano: L'atlante murale dell'Italia di Egnazio Danti. In: Imago Italiae : la fabrica dell'Italia nella storica della cartografia tra medievo ed età moderna ; realtà, immagine ed immaginazione dai codici di Claudio Tolomeo all'atlante di Giovanni Antonio Magini / Luciano Lago. Ed.: E.U.T. – Trieste: E.U.T., p.583-637, 37 ill. The mural atlas of Italy by Ignazio Danti. [Ital.].

3929
Shefrin, Jill: Such constant affectionate care : Lady Charlotte Finch, royal governess & the children of George III. – Los Angeles: Cotsen Occasional Press 2003, XVI, 168 p., ill., mp. [Includes bibliographical references (p.135-144) and index; Genealogical tables on endpapers; Ältestes Puzzle in Deutschland, zweite Hälfte 18. Jh., die auf Karten zurückgehen] ISBN 0-9666084-7-X; 0-9666084-8-8.

O. Regional Cartography
Regionale Kartographie
Cartographie régionale

2. Regions
Regionen
Régions

3930
Wesselink, Dirk: De rol van de Cuneratoren in de landmeetkunde. In: Geo-Info : tijdschrift voor Geo-Informatie Nederland, GIN. 1.2004,1, p.30-37, 15 ill. The role of the Cunera-tower in geodesy. ISSN 1572-5464.

a. The World
Welt
Le monde

3931
Catalogue of the International Exhibition Maps & Atlases 1984 : 12th International Cartographic Conference, 7th general assembly. ; International Cartographic Association. – Perth: 1984, 136 p.

3932
Englisch, Brigitte: Die Umsetzung topographischer Strukturen in den Mappae mundi des Mittelalters. In: Natur im Mittelalter : Konzeptionen – Erfahrungen – Wirkungen ; Akten des 9. Symposiums des Mediävistenverbandes, Marburg, 14. – 17. März 2001. Ed.: Dilg, Peter. – Berlin: 2003., p.204-226, 10 ill.

3933
Gosudarstva i territorii mira : spravočnik. Ed.: Federal'naja Služba Geodezii i Kartografii Rossii. Red.: V. V. Škurkov. – Moskva: Kartgeocentr – Geodezizdat 1999, 73 p. States and territories of the world : directory. [Russ.]. ISBN 5-86066-022-7.

3934
Meeres-Relief-Globus : das "neue" Bild der Erde weltweit einzigartig: terrestrische und submarine totale Reliefierung ; erstmals echte 3-Dimensionalität. Ed.: Geo-Institut <Porta Westfalica>. – Porta Westfalica: Geo-Institut <Porta Westfalica> 2003, 1 Prospekt (Faltbl.).

3935
Schmullius, Christiane; Hese, Sören; Lucht, Wolfgang: CARBON-3D : an international earth observation mission for global biomass mapping for an improved understanding of the CO^2 balance. In: Photogrammetrie, Fernerkundung, Geoinformation : PFG ; Organ der Deutschen Gesellschaft für Photogrammetrie und Fernerkundung e.V. 2004,5, p.413-422, 4 ill., 3 tab. ISSN 1432-8364.

b. Oceans and Seas
Ozeane und Meere
Les océans et les mers

3936
A geospatial framework for the coastal zone : national needs for coastal mapping and charting. Ed.: National Research Council / Committee on National Needs for Coastal Mapping and Charting. – Washington, DC: National Academies Press 2004, XIV, 149 p., ill., mp. [Also issued online] ISBN 0-309-09176-4.

3937
Barreau, Gérald; Populus, Jacques; Fazilleau, Jacques: Apport de l'altimétrie par laser aéroporté à la cartographie des estrans : expérimentation de l'anse de l'Aiguillon. In: XYZ : revue de l'Association Française de Topographie. 87.2001,2, p.31-36, 18 ill. ISSN 0290-9057.

3938
Cailliau, Étienne: La variabilité temporelle de la représentation des espaces maritimes. In: Le Monde des Cartes : revue du Comité Français de Cartographie. 182.2004, p.59-64, 6 ill. ISSN 1634-3522.

3939
Cano Trigo, Jóse María;: Catálogo de las cartas náuticas publicadas. Ed.: Ministero de Defensa; Ministero de Fomento. – Madrid: Ministero de Defensa; Ministero de Fomento 2003, 424 p., mp. Catalogue of published nautical maps. [Span.]. [Vol. 2 d. Ges.titels: La dirección de Trabajos Hidrograficos : (1797 – 1908) / ed. y coordinación Luisa Martín-Méras] ISBN 84-97810-20-1; 84-95172-42-9; 84-7782-976-4.

3940
Feddersen, Berend Harke: Wie fanden sie ihren Weg? : die Sicherung der nordfriesischen Küstenfahrt ; Seezeichen, Segelanweisungen und Seekarten bis zur Mitte des 19. Jahrhunderts ; von der Küstenfahrt zur Hochsee-Navigation ; private Navigationsschulen in Nordfriesland und ihre Lehrer. – Husum: Husum Druck- und Verlagsgesellschaft 2001, 112 p., XVI p. (Schriftenreihe des Nordfriesischen Schiffahrtsmuseums Husum ; 4). [Literaturverz. P. 108-111] ISBN 3-89876-016-2.

3941
Fournier, Jérôme: Quelques méthodes de cartographie des biocénoses benthiques en plongée subaquatique : application à la baie de Lannion. In: Le Monde des Cartes : revue du Comité Français de Cartographie. 181.2004, p.45-54, 4 ill., 1 tab. ISSN 1634-3522.

3942
Gierloff-Emden, Hans-Günter: Remote sensing with the Seasat Altimeter : a new method for exploration of sea floor morphology. In: Geomorphologic applications of remote sensing : papers presented at the Post-Conference Symposium S13 "Remote Sensing of the Ecological Environment" (Strasbourg, September 11-13, 1989). Second International Conference on Geomorphology (Frankfurt a.M., 1989). Ed.: Gierloff-Emden, H.-G.; Wilhelm, F. Hrsg. von H.-G. Gierloff-Emden und F. Wilhelm. – München: Geobuch-Verlag 1990., p.47-66, 13 ill., 5 tab. (Münchener geographische Abhandlungen, Reihe A).

3943
Hornig, Klaus: Deutsches Seekarten-Berichtigungsinstitut Bade & Hornig, Hamburg : 1920 – 1970. Ed.: Bade & Hornig Seekarten GmbH. – Hamburg: Bade & Hornig Seekarten GmbH 1970, 10 p., ill., mp.

3944
IFREMER : département des Géosciences Marines ; cartographie des fonds marins. In: Rapport National des Activités Cartographiques Françaises entre 1999 et 2003 : développement – enseignement – recherche – documentation – production. – Paris: 2003., p. 12, 1 suppl. (1 mp) (Le Monde des Cartes : revue du Comité Français de Cartographie ; 176.2003).

3945
Kohlus, J.: Kartographie von Projektergebnissen der Ökosystemforschung Schleswig-Holsteinisches Wattenmeer : Anwendungen eines geographischen Informationssystems im Landesamt für den Nationalpark Schleswig-Holsteinisches Wattenmeer. In: Geographie der Meere und Küsten. Ed.: Lampe, Reinhard. – Greifswald: Universität Greifswald 1994., p.141-156, 6 ill., 2 mp. (Greifswalder Geographische Arbeiten ; 10).

3946
Lalesse, A.J.: Actualisering van zeekaarten. In: Is uw kaart up to date? Visies op kaartrevisie. Ed.: Nederlandse Vereniging voor Kartografie. Werkgroep Kartografische Produktietechnieken. Red. : Chr. J. Snabilié. – Amersfoort: Nederlandse Vereniging voor Kartografie 1995., p.37-40, 5 ill. (NVK publikatiereeks ; 15). [Dutch].

3947
Lundquist, Annika; Engberg, Hans: Sjögeografisk information till salu. In: Nya lantmätaren. 2003,2, p.8-10, 2 ill. Nautical information for sale. [Swed.].

3948
Mäkinen, Seppo: "Förutsättning für trygg sjöfart". In: Nya lantmätaren. 2003,2, p.16-17, 1 mp., 1 ill. Condition for safe navigation. [Swed.].

3949
Márton, Mátyás; Györffy, Janos: Óceánok térképi ábrázolása Baranyi IV. vetületének osztott változatában. In: Geodézia és kartográfia. 56.2004,1, p.7-11, 4 ill. Thematic maps of oceans in a modified version of Baranyi's projection IV. [Hung. with Engl. rés.].

3950
Mishra, Deepak; Narumalani, Sunil: Bathymetric mapping using IKONOS multispectral data. In: GIScience and remote sensing. 41.2004,4, p.301-321, 9 ill., 2 tab. ISSN 1548-1603.

3951
Møllgard, Jesper: Søopmåling og søkortproduktion. In: Nya lantmätaren. 2003,2, p.40-41 Nautical recording and production of nautical maps. [Swed.].

3952
Puotinen, Marji: Mapping tropical cyclone disturbance of the Great Barrier Reef. In: The Globe. 55.2004, p.31-41, 8 ill., 3 tab. ISSN 0311-3930.

3953
Service Hydrographique et Océanographiqhe de la Marine (SHOM). In: Rapport National des Activités Cartographiques Françaises entre 1999 et 2003 : développement – enseignement – recherche – documentation – production. – Paris: 2003., p.40-43, 3 ill. (Le Monde des Cartes : revue du Comité Français de Cartographie ; 176.2003).

3954
Suárez, Thomas: Early mapping of the Pacific : the epic story of seafarers, adventurers, and cartographers who mapped the earth's greatest ocean. – Singapore: Periplus 2004, 224 p., ill., mp. [Literaturverz. S.218-219] ISBN 0-7946-0092-1.

3955
Vetter, Jana: Die elektronische Seekarte : ein Beispiel für Automation in der Seekartographie. In: Arbeitsgruppe Automation in der Kartographie : Tagung 2003. Ed.: Bundesamt für Kartographie und Geodäsie <Deutschland>. – Frankfurt a.M.: Bundesamt für Kartographie und Geodäsie <Deutschland> 2004., p.177-192, 7 ill., 1 tab. (Mitteilungen des Bundesamtes für Kartographie und Geodäsie ; 31; 2004).

3956
Whitfield, Martin; Pepper, John; Overton, David; Harrison, Matthew: Integrated Coastal Zone : data research project (ICZMap). In: The Cartographic Journal. 2, p.143-149, 8 ill. ISSN 0008-7041.

c. Africa
Afrika
L'Afrique

3957
Dia, Ahmadou: High resolution data fusion for land degradation modelling: an environmental problem-solving in the zone of Sahel. In: GeoBit : Geoinformatik für die Praxis. 9=17.2004,12, p.16-26, 8 ill. [Titel des Heftes: Geo-Informationssysteme : GIS (aufgegangen in GeoBit)] ISSN 1430-3663.

3958
Sallat, Roland: De l'empire colonial aux agences de l'IGN : 1940 – 1973. Ed.: Institut Géographique National. – Paris: Institut Géographique National 2003, IV, 131 p., ill., mp. (Les cahiers historiques de l'IGN ; 3.2003).

3959
Schaab, Gertrud: Biodiversitätsforschung in Ostafrika – nur ein Abenteuer für Kartographen?. In: 50 Jahre Sektion Karlsruhe der Deutschen Gesellschaft für Kartographie e.V. : Festschrift. Ed.: Kern, Hans F. Hrsg. von Hans F. Kern. – Karlsruhe: Fachhochschule Karlsruhe, Hochschule für Technik, Fachbereich Geoinformationswesen 2004., p.222-229 (Karlsruher geowissenschaftliche Schriften, Reihe A, Kartographie und Geographie ; 16).

3960
Westen, Cees van: Disaster mapping in developing countries. In: Rampenkartografie. Werkgroep Onderwijs en Onderzoek. Red.: B.J. Köbben and others. 1995., p.13-21, 6 ill., 1 tab. (NVK publikatiereeks ; 14). [Dutch].

Egypt / Ägypten / Égypte

3961
Sultan, Awad Sultan: Geoelectrical mapping and tomography for archaeological prospection at Al Ghouri mausoleum, Islamic Cairo, Egypt. In: International journal of applied earth observation and geoinformation : JAG ; the official quarterly publication of the International Institute for Aerospace Survey and Earth Sciences (ITC). 6.2004,2, p.143-156, 14 ill. ISSN 0303-2434.

Ethiopia / Äthiopien / Éthiopie

3962
Gluski, Pauline: Communiquer et diffuser l'information spatialisée : le mini atlas informatisé d'Addis-Abeba et les cartes interactives associées. In: Le Monde des Cartes : revue du Comité Français de Cartographie. 181.2004, p.5-20. ISSN 1634-3522.

3963
Solomon, Semere; Quiel, Friedrich: Quality of remote sensing data affecting thematic mapping for GIS based groundwater assessment in Eritrea. In: Photogrammetrie, Fernerkundung, Geoinformation : PFG ; Organ der Deutschen Gesellschaft für Photogrammetrie und Fernerkundung e.V. 2004,5, p.433-443, 10 ill., 1 tab. ISSN 1432-8364.

Libya / Libyen / Libye

3964
Török, Zsolt: Der letzte österreichisch-ungarische Entdecker : Lászlo Almásy und die Expeditionskartographie der Libyschen Wüste. In: Aspekte der Kartographie im Wandel der Zeit : Festschrift für Ingrid Kretschmer zum 65. Geburtstag und anlässlich ihres Übertritts in den Ruhestand. Ed.: Kainz, Wolfgang. Hrsg. von Wolfgang Kainz. – Wien: Geographisches Institut <Wien, Universität> / Arbeitsbereich für Geographie und Kartographie 2004., p.131-140, 1 ill. (Wiener Schriften zur Geographie und Kartographie ; 16).

Morocco / Marokko / Maroc

3965
al-Wadīya a-rāhina li-'l-asġāl ilā ġāyat fātih yanāyir 1984 : al-Ğiyūdīzīya, al-Harā'itīya, at-Tasāmīm al-haradīya, ad-Dabt al-'aqārī al-watanī, at-Tahfīz al-'aqārī, al-Wikāla al-'Aqārīya al Watanīya, as-Suwar al-ğawīya = Situation des travaux au 1er janvier 1984 : géodésie, cartographie, plans de villes, cadastre national, immatriculation foncière, agence foncière nationale, couvertures photographiques. Ed.: al-Mamlaka al-Maÿçgribīya. Royaume du Maroc, Ministère de l'Agriculture et de la Reforme Agraire, Direction de la Conservation Foncière et des Travaux Topographiques. – Rabat: al-Mamlaka al-Maÿçgribīya 1984, [12] Bl. [Frz. and Arab.].

Namibia / Namibia / Namibie

3966
Demhardt, Imre Josef: Die Kartographie des Schutz- und Mandatsgebiets Südwestafrika. In: Cartographica Helvetica : Fachzeitschrift für Kartengeschichte. 2004,30, p.43-52, 12 ill. ISSN 1015-8480.

3967
Moser, Jana: Die frühesten Karten Südwestafrikas zwischen 1761 und 1879. In: Cartographica Helvetica : Fachzeitschrift für Kartengeschichte. 2004,30, p.35-41, 5 ill. ISSN 1015-8480.

Nigeria / Nigeria / Nigeria

3968
The geographic labourers of Arewa : remembering the Northern Nigerian Survey ; recollections of land surveying, mapping and related activities in the pre and post independence Northern Nigeria, concentrating on the work of the Survey Department of Northern Nigeria (Northern Nigeria Survey) during the 1950s and 1960s. Ed.: Malcolm, Anderson. – Milton Keynes: Selbstverlag 2004, getr. Zählung, ill., mp. ISBN 1-87131-584-0.

Republic of South Africa / Südafrika / Afrique du Sud

3969
Barry, Michael: Official coordinates, lawfully established monuments and South African cadastral surveys. In: Geomatica. 58.2004,4, p.275-285, 6 ill. ISSN 1195-1036.

3970
Board, Christopher: Colonial mapping in Britisch Kaffraria (Eastern Cape)in the 19th century. In: Second Anglo-Dutch Seminar on Cartography : held in Enschede, April 3-4, 1997. Ed.: Ormeling, Ferjan. – Amersfoort: Nederlandse Vereniging voor Kartografie 1998. (NVK publikatiereeks ; 26).

3971
Board, Christopher: The Imperial Map Cape Colony : towards a cartobibliography. In: Aspekte der Kartographie im Wandel der Zeit : Festschrift für Ingrid Kretschmer zum 65. Geburtstag und anlässlich ihres Übertritts in den Ruhestand. Ed.: Kainz, Wolfgang. Hrsg. von Wolfgang Kainz. – Wien: Geographisches Institut <Wien, Universität> / Arbeitsbereich für Geographie und Kartographie 2004., p.17-24, 5 ill. (Wiener Schriften zur Geographie und Kartographie ; 16).

3972
Liebenberg, Elri: Die Kartierung von Südafrika unter britischer Herrschaft 1795-1910. In: Cartographica Helvetica : Fachzeitschrift für Kartengeschichte. 2004,30, p.23-34, 12 ill. ISSN 1015-8480.

3973
Thomas Baines and the "Great map" : route of the Gold Fields Exploration Company's expedition 1869-1872. By Lindy Stiebel. – Durban: 2001, 1 CD-ROM. (University of Natal, Campbell Collections ; 1).

Tanzania / Tansania / Tanzanie

3974
Brunner, Kurt: Frühe Karten des Kilimandscharo – ein Beitrag zur Expeditionskartographie. In: Cartographica Helvetica : Fachzeitschrift für Kartengeschichte. 2004,30, p.3-9, 9 ill. ISSN 1015-8480.

3975
Demhardt, Imre Josef: Die Kartographie des Kaiserlichen Schutzgebiets Deutsch-Ostafrika. In: Cartographica Helvetica : Fachzeitschrift für Kartengeschichte. 2004,30, p.11-21, 19 ill. ISSN 1015-8480.

d. The Americas
Amerika
L'Amérique

3976
Freckmann, Peter; Wendel, Jochen: Flugbewegungen über Nordamerika : animierte Karten für einen interaktiven multimedialen Atlas. In: 50 Jahre Sektion Karlsruhe der Deutschen Gesellschaft für Kartographie e.V. : Festschrift. Ed.: Kern, Hans F. Hrsg. von Hans F. Kern. – Karlsruhe: Fachhochschule Karlsruhe, Hochschule für Technik, Fachbereich Geoinformationswesen 2004., p.111-120, 7 ill. (Karlsruher geowissenschaftliche Schriften, Reihe A, Kartographie und Geographie ; 16).

Argentina / Argentinien / Argentine

3977
Nussio Díaz, Eduardo: El infructuoso regreso de Pedro Sarmiento de Gamboa al estrecho de Magallanes. In: Descubrimientos y cartografía en la época de Felipe II. Ed.: Instituto Interuniversitario de Estudios de Iberoamérica y Portugal. – Valladolid: Instituto Interuniversitario de Estudios de Iberoamérica y Portugal 1999., p.241-263, 5 ill. (Descubrimientos y cartografía ; 3) The fruitless return of Pedro Sarmiento de Gamboa to the Strait of Magellan. [Span.].

Belize / Belize / Belize

3978
Antochiw, Michel: Catálogo cartográfico de Belize : (1511-1880) = Cartographic catalogue of Belize. Ed.: Bureau Régional de Coopération en Amérique Centrale. – San José, Costa Rica: Bureau Régional de Coopération en Amérique Centrale 1992, 206 p., mp. – 1. ed. [Span. and Engl.]. [Includes bibliographical references (p.[203]-206) and index; Zugl. ersch.: México, D.F.: Centro de Estudios Mexicanos y Centroamericanos] ISBN 968-602923-0.

Brazil / Brasilien / Brésil

3979
Almeida, André Ferrand de: A formação do espaço brasileiro e o projecto do novo atlas da América Portuguesa : (1713 – 1748). Ed.: Portugal / Comissáo Nacional para as Comemoraçóes dos Descobrimentos Portugueses. – Lisboa: Portugal / Comissáo Nacional para as Comemoraçóes dos Descobrimentos Portugueses 2001, 208 p., mp. ISBN 972-787025-2.

3980
Carvalho, Luis, M.T. de; Clevers, Jan G.P.W.; Skidmore, Andrew K.; Jong, Steven M. de: Selection of imagery data and classifiers for mapping Brazilian semideciduous Atlantic forests. In: International journal of applied earth observation and geoinformation : JAG ; the official quarterly publication of the International Institute for Aerospace Survey and Earth Sciences (ITC). 5.2004,3, p.173-186, 2 ill., 6 tab. ISSN 0303-2434.

Canada / Kanada / Canada

3981
Bodenstein, Wulf: Pictures at an exhibition(I) : Cartes du Canada = Canada on the map; Canada in kaart. In: BIMCC newsletter / Brussels International Map Collectors' Circle. 19.2004, p.3, 1 ill.

3982
Cossette, Daniel: A GIS based study of wireless broadband internet market potential for the Canadian population. In: Bulletin / Association of Canadian Map Libraries and Archives. 121.2004, p.14-21, 9 ill., 3 tab. ISSN 0840-9331.

3983
Dragićević, Suzana; Schuurman, Nadine; Fitzgerald, J. Mark: The utility of exploratory spatial data analysis in the study of tuberculosis incidences in an urban Canadian population. In: Cartographica. 39.2004,2, p.29-39, 2 ill., 3 tab. ISSN 0340-0654; 0317-7173.

3984
Dubreuil, Lorraine: Canada's militia and defence maps : 1905 – 1931. Ed.: Association of Canadian Map Libraries and Archives. – Ottawa: Association of Canadian Map Libraries and Archives 1992, VI, 44 p., ill., mp. (Occasional papers of the Association of Canadian Map Libraries and Archives). ISBN 0-9695062-3-6.

3985
Dubreuil, Lorraine: Early Canadian maps : the W.H. Pugsley Collection = Cartes anciennes du Canada. Ed.: McGill University <Montréal> / Rare Books and Special Collections Division. – Montréal: McGill University <Montréal> / Rare Books and Special Collections Division 1998, XII, 51 p., mp. (Marginalia ; 4). [Includes bibliographical references (p.51) and index] ISBN 0-7717-0523-9.

3986
Dubreuil, Lorraine; Woods, Cheryl A.: Catalogue of Canadian fire insurance plans : 1875-1975. Ed.: Association of Canadian Map Libraries and Archives. – Ottawa: Association of Canadian Map Libraries and Archives 2002, XVI, 500 p., ill., mp. (Occasional papers of the Association of Canadian Map Libraries and Archives). ISBN 0-9695062-7-9.

3987
Jerandi, Ghassene: 2021 Ottawa metropolitan light rail system vision network using least-cost path analysis. In: Bulletin / Association of Canadian Map Libraries and Archives. 121.2004, p.22-25, 3 ill. ISSN 0840-9331.

3988
Kachouie, Nezamoddin N.; Li, Jonathan; Alirezaie, Javad: A hybrid texture segmentation method for mapping urban land use. In: Geomatica. 58.2004,1, p.9-21, 7 tab. ISSN 1195-1036.

3989
Lachapelle, G.; Cannon, M. E.; El-Sheimy, Naser: 25 years of geomatics engineering at the University of Calgary – a celebration of excellence. In: Geomatica. 58.2004,3, p.185-192, 11 ill. ISSN 1195-1036.

3990
MacNutt, Wade; Dare, Peter; Dalton, Shawn: Use of a digital terrain model as a means of urban watershed delineation in Fredericton, New Brunswick. In: Geomatica. 58.2004,2, p.107-119, 8 ill., 1 tab. ISSN 1195-1036.

3991
Martz, Lawrence: Moving the Atlas of Saskatchewan from hardcopy (Millennium Edition) to a multi-media (CD-ROM Edition) platform. In: Cartographic perspectives : journal of the North American Cartographic Information Society. 44.2003, p.29-41, 7 ill. ISSN 1048-9053.

3992
Murray, Jeffrey S.: Terra Nostra : les cartes du Canada et leurs secrets. – Sillery, QC: Septentrion 2004, 189 p., ill., mp. [Comprend des réf. bibliogr. et un index] ISBN 2-89448-453-4.

3993
Murray, Jeffrey S.: Terra Nostra : the stories behind Canada's maps ; 1550-1950 ; from the collection of Library and Archives Canada. – Georgetown, Ontario: McGill-Queen's University Press 2004, 189 p., ill., mp. ISBN 0-660-19496-1.

3994
New mapping of western North America. In: Information bulletin / Western Association of Map Libraries. 34.2003,3, p.164-170. ISSN 0049-7282.

3995
Probst, Ingmar: Kulturkontakt auf der Karte – Indianische Geographie und europäische Konventionen. In: Begegnung und Verhandlung : Möglichkeiten eines Kulturwandels durch Reise. Ed.: Berkemeier, Christian; Callsen, Katrin; Probst, Ingmar. – Münster: Lit-Verlag 2004., p.49-58 (Reiseliteratur und Kulturanthropologie ; 2).

3996
Rockwell, Ken: New mapping of Western North America. In: Information bulletin / Western Association of Map Libraries. 35.2004,2, p.105-112. ISSN 0049-7282.

3997
Rockwell, Ken: New mapping of Western North America. In: Information bulletin / Western Association of Map Libraries. 35.2004,3, p.165-170. ISSN 0049-7282.

3998
Rockwell, Ken: New mapping of Western North America. In: Information bulletin / Western Association of Map Libraries. 36.2004,1, p.64-68. ISSN 0049-7282.

3999
Sebert, Louis M.: Mysterious Wollaston Lake (Northern Saskatchewan). In: Bulletin / Association of Canadian Map Libraries and Archives. 119.2004, p.15-18, 2 mp. ISSN 0840-9331.

4000
Williams, Donna; O'Brien, Douglas; Kramers, Eric: The atlas of Canada web mapping : the user counts. In: Cartographic perspectives : journal of the North American Cartographic Information Society. 44.2003, p.8-28, 9 ill. ISSN 1048-9053.

Chile / Chile / Chili

4001
Flores Silva, Eusebio: Noticias sobre la cartografía en Chile : 1ª parte: Epoca del descubrimiento y la conquista. In: Boletin de geografía. 20.2004, p.85-101, 5 ill. Notes on cartography in Chile : 1st part: period of discovery and conquest. [Span. with Engl. rés.]. ISSN 0717-0793.

4002
Nussio Díaz, Eduardo: El infructuoso regreso de Pedro Sarmiento de Gamboa al estrecho de Magallanes. In: Descubrimientos y cartografía en la época de Felipe II. Ed.: Instituto Interuniversitario de Estudios de Iberoamérica y Portugal. – Valladolid: Instituto Interuniversitario de Estudios de Iberoamérica y Portugal 1999., p.241-263, 5 ill. (Descubrimientos y cartografía ; 3) The fruitless return of Pedro Sarmiento de Gamboa to the Strait of Magellan. [Span.].

Cuba / Kuba / Cuba

4003
Cuba in old maps : [this catalog accompanies and Exhibition of Maps of Cuba at The Historical Museum of Southern Florida, June 18 – September 19, 1999]. Ed.: Historical Museum of Southern Florida. By Emilio Cueto. – Miami, Fla.: Historical Museum of Southern Florida 1999, XI, 284 p., mp. ISBN 0-935761-09-8.

Dominican Republic / Dominikanische Republik / République Dominicaine

4004
Glénisson, Jean-Louis: La défense et la mise en valeur de Saint-Domingue au lendemain du traité de Paris (1763) : le rôle de la cartographie. In: Le Monde des Cartes : revue du Comité Français de Cartographie. 180.2004, p.17-35, 3 ill., 3 tab., 5 mp. ISSN 1634-3522.

4005
Orgeix, Emilie d': Amédé Frézier et la cartographie de Saint-Domingue durant la première moitié du XVIIIe siècle. In: Le Monde des Cartes : revue du Comité Français de Cartographie. 180.2004, p.7-16, 7 ill. ISSN 1634-3522.

Haiti / Haiti / Haïti

4006
Glénisson, Jean-Louis: La défense et la mise en valeur de Saint-Domingue au lendemain du traité de Paris (1763) : le rôle de la cartographie. In: Le Monde des Cartes : revue du Comité Français de Cartographie. 180.2004, p.17-35, 3 ill., 3 tab., 5 mp. ISSN 1634-3522.

4007
Orgeix, Emilie d': Amédé Frézier et la cartographie de Saint-Domingue durant la première moitié du XVIIIe siècle. In: Le Monde des Cartes : revue du Comité Français de Cartographie. 180.2004, p.7-16, 7 ill. ISSN 1634-3522.

Honduras / Honduras / Honduras

4008
Koers, J.B.: Geo-informatie in Honduras. In: Geo-Info : tijdschrift voor Geo-Informatie Nederland, GIN. 0.2003, p.36-39, 5 ill. Geo-information in Honduras. [Dutch]. ISSN 1572-5464.

Jamaica / Jamaika / Jamaïque

4009
Varela Marcos, Jesús; Montserrat, María: De Valencia de las Torres a Valladolid : el cuarto viaje de Colón y su itinerario. Ed.: Seminario Iberoamericano de Descubrimientos y Cartografía, Instituto Interuniversitario de Estudios de Iberoamérica y Portugal. – Valladolid: Seminario Iberoamericano de Descubrimientos y Cartografía, Instituto Interuniversitario de Estudios de Iberoamérica y Portugal 2003, 189 p., ill., mp. (Descubrimientos y cartografía). ISBN 84-93300-30-6.

Mexico / Mexiko / Mexique

4010
Antochiw, Michel: La visión total de la Nueva España : los mapas generales del siglo XVIII. In: México a través de los mapas. Ed.: Univ. Nacional Autónoma de México, Inst. de Geografía ; Plaza y Valdés. Héctor Mendoza Vargas (coordinador). – México, D.F. :: Univ. Nacional Autónoma de México, Inst. de Geografía ; Plaza y Valdés 2000., p.71-88 The total vision of New Spain : the general maps of the XVIIIth century. [Span.].

4011
Craib, Raymond B.: El discurso cartográfico en el México del Porfiriato. In: México a través de los mapas. Ed.: Univ. Nacional Autónoma de México, Inst. de Geografía ; Plaza y Valdés. Héctor Mendoza Vargas (coordinador). – México, D.F. :: Univ. Nacional Autónoma de México, Inst. de Geografía ; Plaza y Valdés 2000., p.131-150 The cartographic discourse in Mexico during the Porfiriato. [Span.].

4012
Martínez, Gustavo Vargas: La Nueva España en la cartografía europea, siglos XV-XVI. In: México a través de los mapas. Ed.: Univ. Nacional Autónoma de México, Inst. de Geografía ; Plaza y Valdés. Héctor Mendoza Vargas (coordinador). – México, D.F. :: Univ. Nacional Autónoma de México, Inst. de Geografía ; Plaza y Valdés 2000., p.15-31 New Spain in European cartography, XV-XVI century. [Span.].

4013
Mas, Jean-François; Velázquez, Alejandro; Díaz-Gallegos, José Reyes; Mayorga-Saucedo, Rafael; Alcántara, Camilo; Bocco, Gerardo; Castro, Rutilio; Fernández, Tania; Pérez-Vega, Azucena: Assessing land use/cover changes : a nationwide multidate spatial database for Mexico. In: International journal of applied earth observation and geoinformation : JAG ; the official quarterly publication of the International Institute for Aerospace Survey and Earth Sciences (ITC). 5.2004,4, p.249-261, 7 ill., 5 tab. ISSN 0303-2434.

4014
México a través de los mapas. Ed.: Univ. Nacional Autónoma de México, Inst. de Geografía ; Plaza y Valdés. Héctor Mendoza Vargas (coordinador). – México, D.F. :: Univ. Nacional Autónoma de México, Inst. de Geografía ; Plaza y Valdés 2000, 203 p., mp. Mexico crosswise by the maps. [Span.]. ISBN 968-856821-X.

4015
Nickel, Herbert J.: Landvermessung und Hacienda-Karten in Mexiko : [vom Ende der Kolonialzeit bis zur Revolution]. Ed.: Universität Bayreuth, Fachgruppe Geowissenschaften. – Bayreuth: Universität Bayreuth, Fachgruppe Geowissenschaften 2000, 196 p., ill., mp. (Forschungsmaterialien / Universität Bayreuth, Fachgruppe Geowissenschaften).

4016
Rebert, Paula: Los ingenieros mexicano en la frontera : cartografía de los límites entre México y Estados Unidos, 1849-1857. In: México a través de los mapas. Ed.: Univ. Nacional Autónoma de México, Inst. de Geografía ; Plaza y Valdés. Héctor Mendoza Vargas (coordinador). – México, D.F. :: Univ. Nacional Autónoma de México, Inst. de Geografía ; Plaza y Valdés 2000., p.111-129 The Mexican engineers at the border : cartography of the frontiers between Mexico and the United States, 1849-1857. [Span.].

4017
Ruiz Naufal, Víctor Manuel: La faz del terruño : planos locales y regionales, siglos XVI-XVIII. In: México a través de los mapas. Ed.: Univ. Nacional Autónoma de México, Inst. de Geografía ; Plaza y Valdés. Héctor Mendoza Vargas (coordinador). – México, D.F. :: Univ. Nacional Autónoma de México, Inst. de Geografía ; Plaza y Valdés 2000., p.33-69 The face of the terrain : local and regional plans, XVI-XVIII century. [Span.].

4018
Trabulse Atala, Elías; Jiménez Codinach, Guadalupe ; Moreno Toscano, Alejandra: Una vision cientifica y artística de la Ciudad de México : el plano de la capital virreinal (1793-1807) de Diego García Conde. Ed.: Centro de Estudios de Historia de México (Condumex). – México: Centro de Estudios de Historia de México (Condumex) 2002, 110 p., ill. A scientific and artistic vision of Mexico City : the plan of the viceregal capital of Diego García Conde. [Span.]. [Stadtplan] ISBN 968-681521-X.

4019
Vargas Mendoza, Héctor: Las opciones geográficas al inicio del México independiente. In: México a través de los mapas. Ed.: Univ. Nacional Autónoma de México, Inst. de Geografía ; Plaza y Valdés. Héctor Mendoza Vargas (coordinador). – México, D.F. :: Univ. Nacional Autónoma de México, Inst. de Geografía ; Plaza y Valdés 2000., p.89-110, 1 tab. The geographic options in the beginning of an independent Mexico. [Span.].

4020
Vargas Mendoza, Héctor: Los mapas y el siglo XX Mexicano. In: México a través de los mapas. Ed.: Univ. Nacional Autónoma de México, Inst. de Geografía ; Plaza y Valdés. Héctor Mendoza Vargas (coordinador). – México, D.F. :: Univ. Nacional Autónoma de México, Inst. de Geografía ; Plaza y Valdés 2000., p.151-183, 1 tab. Maps and the Mexican XXth century. [Span.].

Suriname / Suriname / Suriname

4021
Brink, P.P.W.J. van den: Het kaartbeeld van Tropisch Nederland : het Koninklijk Nederlands Aardrijkskundig Genootschap en de kartografie van Nederlands-Indië, 1873-1940. In: Indische kartografie. Ed.: Egmond, Marco van. – Deurne: Geo-Informatie Nederland 2004., p.7-14, 3 ill. (GIN publication series ; 2) The cartographic representation of Tropical Netherlands : the Royal Dutch Geographical Society and the cartography of Netherlands-India, 1873-1940. [Dutch].

4022
Snabilié, Chris: Er bestaat al een nieuwe wandkaart van Suriname. In: Geografie. 12.2003,3, p.29, 1 mp. [Article refers to: "De nieuwe kaart van Suriname : privé-project van een bevlogen geograaf" by Peter Conradi, Geografie – 12.2003,1, p.12-15] ISSN 0926-3837.

4023
Tang, Dirk J.: Suriname met één opslag van een oog : de kaart van Johan Christoph Henneman, 1784. In: De ontdekking van de wereld : Nederlanders in onbekend vaarwater (1600 – 2000). Onder redactie van Remmelt Daalder ... – Zutphen: Walburg Pers 2003., p.102-111 (Jaarboek / Vereeniging Nederlandsch Historisch Scheepvaart Museum ; Stichting Nederlands Scheepvaartmuseum Amsterdam ; 2003). [Dutch].

United States of America / USA / États-Unis d'Amérique

4024
A geospatial framework for the coastal zone : national needs for coastal mapping and charting. Ed.: National Research Council / Committee on National Needs for Coastal Mapping and Charting. – Washington, DC: National Academies Press 2004, XIV, 149 p., ill., mp. [Also issued online] ISBN 0-309-09176-4.

4025
Cartographic Users Advisory Council : 2004 Annual Agencies Meeting Minutes. In: Information bulletin / Western Association of Map Libraries. 36.2004,1, p.41-57. ISSN 0049-7282.

4026
Chaffin, Tom: Measuring the empire. In: Pathfinder : John Charles Frémont and the course of American empire. – New York: 2002., p.382-414, 11 ill.

4027
Colwell-Chantaphonh; Hill, J. Brett: Mapping history : cartography and the construction of the San Pedro valley. In: History and anthropology. 15.2004,2, p.175-200,12 ill. ISSN 0275-7206.

4028
Danson, Edwin: Drawing the line : how Mason and Dixon surveyed the most famous border in America. Ed.: John Wiley and Sons. – New York: John Wiley and Sons 2001, VIII, 232 p., ill., mp.

4029
Dietz, Klaus R.: Large format camera images and thematic maps. In: Geomorphologic applications of remote sensing : papers presented at the Post-Conference Symposium S13 "Remote Sensing of the Ecological Environment" (Strasbourg, September 11-13, 1989). Second International Conference on Geomorphology (Frankfurt a.M., 1989). Ed.: Gierloff-Emden, H.-G.; Wilhelm, F. Hrsg. von H.-G. Gierloff-Emden und F. Wilhelm. – München: Geobuch-Verlag 1990., p.27-46, 9 ill., 1 tab. (Münchener geographische Abhandlungen, Reihe A).

4030
Esnard, Ann-Margaret; Gelobter, Michel; Morales, Xavier: Environmental justice, GIS, and pedagogy. In: Special Issue : Public Participation GIS (PPGIS). Ed.: Sieber, Renée E. – Toronto: 2004., p. 53-61, 1 ill. (Cartographica ; 38.2001,3/4).

4031
Gilman, Carolyn: Depictions of the land. In: Lewis and Clark : across the divide ; [the companion volume to "Lewis and Clark: the National Bicentennial Exhibition", organized and circulated by the Missouri Historical Society ; exhibition dates Missouri History Museum, St. Louis, January-August, 2004; Academy of Natural Sciences of Philadelphia, Philadelphia, November 2004-March 2005 ; Denver Museum of Nature and Science, Denver, May-September 2005 ; Oregon History Center, Portland, November 2005-March 2006 ; National Museum of Natural History, Smithsonian Institution, May-September 2006]. By Carolin Gilman, with an introduction by James P. Ronda. – Washington [u.a.]: 2003., p.135-163, 34 ill.

4032
Heidenreich, Conrad E.; Dahl, Edward H.: The French Mapping of North America, 1600-1760. – Berkhamsted, Herts.: Abacus Press 1982, 20 p., 24 ill. [Orig. publ. as \"The French mapping of North America in the Seventeenth century\" (Issue 13, December 1980, pp 2-11) and \"The French mapping of North America, 1700 – 1760\" (issue 19, June 1982, pp. 2-7). Reprinted with additions (pp. 18-20)] ISBN 0906430011.

4033
Lewis, Malcolm: The study of maps made by First Nations Peoples : retrospect and prospect. In: Cartographic perspectives : journal of the North American Cartographic Information Society. 48.2004, p.7a-7c, 4 ill. ISSN 1048-9053.

4034
Louis, Renee Pualani: Indigenous Hawaiian cartographer : in search of common ground. In: Cartographic perspectives : journal of the North American Cartographic Information Society. 48.2004, p.7-23, 4 ill. ISSN 1048-9053.

4035
Matusiak, Krystyna K.; Kenny, Judith T.: Building a digital collection of photos and maps : Milwaukee neighbornhoods at the University of Wisconsin-Milwaukee. In: Cartographic perspectives : journal of the North American Cartographic Information Society. 49.2004, p.66-73, 6 ill. ISSN 1048-9053.

4036
Meacham, James E.: State atlas design. In: Cartographic perspectives : journal of the North American Cartographic Information Society. 44.2003, p.42-50, 6 ill. ISSN 1048-9053.

4037
Molander, Craig W.: Integrated GPS/INS/ISAT processing : a case study through practical requirements. In: Photogrammetric Week '03. Ed.: Fritsch, Dieter. – Heidelberg: Herbert-Wichmann-Verlag., p.183-191, 5 ill., 1 tab.

4038
Monmonier, Mark: Practical and emblematic roles of the American polyconic projection. In: Aspekte der Kartographie im Wandel der Zeit : Festschrift für Ingrid Kretschmer zum 65. Geburtstag und anlässlich ihres Übertritts in den Ruhestand. Ed.: Kainz, Wolfgang. Hrsg. von Wolfgang Kainz. – Wien: Geographisches Institut <Wien, Universität> / Arbeitsbereich für Geographie und Kartographie 2004., p.93-99, 3 ill. (Wiener Schriften zur Geographie und Kartographie ; 16).

4039
New mapping of western North America. In: Information bulletin / Western Association of Map Libraries. 34.2003,3, p.164-170. ISSN 0049-7282.

4040
Norheim, Robert A.: How institutional cultures affect results : comparing two-old-growth forest mapping projects. In: Special Issue : Public Participation GIS (PPGIS). Ed.: Sieber, Renée E. – Toronto: 2004., p.35-52, 3 ill., 7 tab. (Cartographica ; 38.2001,3/4).

4041
Pallamary, Michael J.: Lay of the Land : the history of land surveying in San Diego County. – [Bloomington, Ind.]: 1st Books Library 2003, XX, 384 p., ill., mp. ISBN 1-410-70284-7.

4042
Passonneau, Joseph: Washington through two centuries : a history in maps and images. Ed.: Monacelli Press. – New York: Monacelli Press 2004, 288 p., ill., mp.

4043
Patterson, Tom: Getting real : reflecting on the new look of National Park service maps. In: Cartographic perspectives : journal of the North American Cartographic Information Society. 43.2002, p.43-56, 15 ill. ISSN 1048-9053.

4044
Pearce, Margaret: Encroachment by Word, Axis, and Tree : mapping techniques from the colonization of New England. In: Cartographic perspectives : journal of the North American Cartographic Information Society. 48.2004, p.24-38, 7 ill. ISSN 1048-9053.

4045
Rebert, Paula: Los ingenieros mexicano en la frontera : cartografía de los límites entre México y Estados Unidos, 1849-1857. In: México a través de los mapas. Ed.: Univ. Nacional Autónoma de México, Inst. de Geografía ; Plaza y Valdés. Héctor Mendoza Vargas (coordinador). – México, D.F. :: Univ. Nacional Autónoma de México, Inst. de Geografía ; Plaza y Valdés 2000., p.111-129 The Mexican engineers at the border : cartography of the frontiers between Mexico and the United States, 1849-1857. [Span.].

4046
Rice-Rollins, Julie A.: The cartographic heritage of the Lakota Sioux. In: Cartographic perspectives : journal of the North American Cartographic Information Society. 48.2004, p.39-56, 5 ill. ISSN 1048-9053.

4047
Richards, Penny L.: "Could I but mark out my own map of life" : educated women embracing cartography in the nineteenth-century American South. In: Cartographica. 39.2004,3, p.1-17, 4 ill. ISSN 0340-0654; 0317-7173.

4048
Rockwell, Ken: New mapping of Western North America. In: Information bulletin / Western Association of Map Libraries. 35.2004,2, p.105-112. ISSN 0049-7282.

4049
Rockwell, Ken: New mapping of Western North America. In: Information bulletin / Western Association of Map Libraries. 35.2004,3, p.165-170. ISSN 0049-7282.

4050
Rockwell, Ken: New mapping of Western North America. In: Information bulletin / Western Association of Map Libraries. 36.2004,1, p.64-68. ISSN 0049-7282.

4051
Soares, Richard: Early U.S.D.A. Soil survey series maps, 1899-1962, of the Pacific Northwest : a bibliography with indexes. In: Information bulletin / Western Association of Map Libraries. 35.2004,2, p.86-95. ISSN 0049-7282.

4052
Soares, Richard: Index to geologic maps of Utah by U.S.G.S. Topographic Quadrangle Name, Part 3 : 1971-1980, A-L. In: Information bulletin / Western Association of Map Libraries. 36.2004,1, p.17-40. ISSN 0049-7282.

4053
Sweetkind-Singer, Julie; Powers, Mike; Derksen, Charlotte: Stanford Geological Survey Access Project. In: Information bulletin / Western Association of Map Libraries. 34.2003,3, p.145-157, 4 ill. ISSN 0049-7282.

4054
The Texas Red River country : the official surveys of the headwaters, 1876. Ed.: Baker, Thomas Lindsay. – College Station, Tex.: Texas A & M University Press 1998, XXII, 234 p., ill., mp. (Environmental history series ; 13). [Includes bibliographical references and index] ISBN 0-89096-803-9.

4055
Vasiliev, Ren: From Abbotts to Zurich : New York State placenames. – Syracuse, NY: Syracuse University Press 2004, XVIII, 258 p., ill. – 1. ed. [Includes bibliographical references (p.253-258)] ISBN 0-8156-0798-9.

4056
Welter, John; Morin, Kristian: Statewide mapping in the digital age. In: Photogrammetric Week '03. Ed.: Fritsch, Dieter. – Heidelberg: Herbert-Wichmann-Verlag., p.53-58, 4 ill.

4057
Wilson, John P.; Lam, Christine S.; Holmes-Wong, Deborah A.: A new method for the specification of geographic footprints in digital gazetteers. In: Cartography and geographic information science : an official journal of ACSM devoted to the advancement of cartography in all its aspects. 31.2004,4, p.195-207, 8 ill., 1 tab. ISSN 1523-0406.

4058
Yorke, Douglas A.; Margolies, John; Baker, Eric: Hitting the road : the art of the American road map. – San Francisco: Chronicle Books 1996, 132 p., ill., mp.

Venezuela / Venezuela / Venezuela

4059
Chacón-Moreno, Eulogio J.: Mapping savanna ecosystems of the Llanos del Orinoco using multitemporal NOAA satellite imagery. In: International journal of applied earth observation and geoinformation : JAG ; the official quarterly publication of the International Institute for Aerospace Survey and Earth Sciences (ITC). 5.2004,1, p.41-53, 4 ill., 5 tab. ISSN 0303-2434.

e. Asia Asien L'Asie

4060
Baumgärtner, Ingrid: Weltbild und Empirie : die Erweiterung des kartographischen Weltbilds durch die Asienreissen des späten Mittelalters. In: Geschichte und historisches Lernen : Jochen Huhn zum 65. Geburtstag. Ed.: Henke-Bockschatz, Gerhard. – Kassel: Jenior & Pressler 1995., p.11-48, 6 ill.

4061
Bywater, R.; Lacroix, Pierre: Ancient East Asia shorelines in the Northwestern region of the Piri Reis chart of 1513. In: Journal of spatial science. 1.2004, p.13-24, 7 ill.

4062
Clemens, Jürgen: Zweite Konferenz "Map Asia" 2003, Kuala Lumpur, Malaysia : amtliche und private Geodaten an asiatische Märkte. In: Kartographische Nachrichten : KN ; Fachzeitschrift für Geoinformation und Visualisierung ; Organ der Deutschen Gesellschaft für Kartographie e.V., der Schweizerischen Gesellschaft für Kartographie und der Österreichischen Kartographischen Kommission in der Österreichischen Geographischen Gesellschaft. 54.2004,2, p.79-80. ISSN 0022-9164.

4063
Report of the conference / Sixteenth United Nations Regional Cartographic Conference for Asia and the Pacific, Okinawa, Japan, 14 -18 July 2003. Ed.: United Nations / Department of Economic and Social Affairs. – New York: United Nations / Department of Economic and Social Affairs 2004, V, 44 p. [Sales no.: E.04.I.11] ISBN 92-1-100939-1.

4064
Thirteenth United Nations Regional Cartographic Conference for Asia and the Pacific, Beijing, 9-18 May 1994. Ed.: United Nations / Department for Development Support and Management Services; United Nations / Economic and Social Council. – New York: United Nations / Department for Development Support and Management Services; United Nations / Economic and Social Council 1995. [Sales no. : E.94.I.19; Nebent.: Official records, 1994].

4065
Westen, Cees van: Disaster mapping in developing countries. In: Rampenkartografie. Werkgroep Onderwijs en Onderzoek. Red.: B.J. Köbben and others. 1995., p.13-21, 6 ill., 1 tab. (NVK publikatiereeks ; 14). [Dutch].

Afghanistan / Afghanistan / Afghanistan

4066
Furno, Richard: Afghanistan maps. In: Cartographic perspectives : journal of the North American Cartographic Information Society. 42.2002, p.26-30, 6 ill. ISSN 1048-9053.

Bangladesh / Bangladesch / Bangladesh

4067
Madsud Kamal, A.S.M.; Midorikawa, Saburoh: GIS-based geomorpological mapping using remote sensing data and supplementary geoinformation : a case study of the Dhaka city area, Bangladesh. In: International journal of applied earth observation and geoinformation : JAG ; the official quarterly publication of the International Institute for Aerospace Survey and Earth Sciences (ITC). 6.2004,2, p.111-125,8 ill., 5 tab. ISSN 0303-2434.

China / China / Chine

4068
China in ancient and modern maps. Ed.: Ping, Yan. – London: Sotheby's Publ. 1998, 287 p., mp.

4069
Dorofeeva-Lichtmann, Vera: Text as a device for mapping a sacred space : a case of the Wu Zhang Schan Jing ("Five treasuries : the itineraries of mountains"). In: "Creating and representing sacred spaces". Ed.: Gardner, Tatyana; Moritz, Daniela; Dickhardt, Michael. – Göttingen: Peust und Gutschmidt Verlag 2003., p.147-210 (Göttinger Beiträge zur Asienforschung : GBA ; 2003,2-3).

4070
Tang, Liang; Kremer, Jens; Kohlhaas, Helmut: Introducing DGPS/IMU-based photogrammetry to China. In: Photogrammetric Week '03. Ed.: Fritsch, Dieter. – Heidelberg: Herbert-Wichmann-Verlag., p.173-182, 4 ill., 4 tab.

4071
Wang, Quan; Tenhunen, John D.: Vegetation mapping with multitemporal NDVI in North Eastern China Transect (NECT). In: International journal of applied earth observation and geoinformation : JAG ; the official quarterly publication of the International Institute for Aerospace Survey and Earth Sciences (ITC). 6.2004,1, p.17-31, 2 ill., 3 tab. ISSN 0303-2434.

4072
Witek, John W.: The role of Antoine Thomas, SJ, (1644-1709) in determining the terrestrial meridian line in eighteenth-century China. In: The history of the relations between the Low Countries and China in the Qing era (1644-1911). Ed.: Walle, Willy F. Vande; Golvers, Noël. Revised papers from at a conference held in September 1995 sponsored by the Ferdinand Verbiest Foundation. – Leuven: Leuven Univ. Press 2003., p.89-103 (Louvain Chinese studies ; 14).

India / Indien / Inde

4073
Barrow, Ian J.: Making history, drawing territory : British mapping in India, c. 1756 – 1905. – New Delhi: Oxford University Press 2003, XII, 212 p., ill., mp. [Includes bibliography and index] ISBN 0-19-566546-5.

4074
Egmont, Marco von: Verslag symposium "Indische kartografie". In: Geo-Info : tijdschrift voor Geo-Informatie Nederland, GIN. 1.2004,5, p.228-229 Report Symposium "Indian Cartography". [Dutch]. ISSN 1572-5464.

4075
Gengnagel, Jörg: Mapping sacred spaces – aspects of cartography in 19th century Banaras. In: "Creating and representing sacred spaces". Ed.: Gardner, Tatyana; Moritz, Daniela; Dickhardt, Michael. – Göttingen: Peust und Gutschmidt Verlag 2003., p.247-263 (Göttinger Beiträge zur Asienforschung : GBA ; 2003,2-3).

4076
Ormeling, Ferdinand Jan: Mapping in former British India and the Netherlands Indies – a comparison. In: Second Anglo-Dutch Seminar on Cartography : held in Enschede, April 3-4, 1997. Ed.: Ormeling, Ferjan. – Amersfoort: Nederlandse Vereniging voor Kartografie 1998., p.31-36, 2 ill., 1 portr. (NVK publikatiereeks ; 26).

4077
Philip, George; Sah, Maso Prasad: Mapping repeated surges and retread of glaciers using IRS-1C/1D data : a case study of Shaune Garang glacier, northwestern Himalaya. In: International journal of applied earth observation and geoinformation : JAG ; the official quarterly publication of the International Institute for Aerospace Survey and Earth Sciences (ITC). 6.2004,2, p127-141, 8 ill., 1 tab. ISSN 0303-2434.

4078
Sudhira, H.S.; Ramachandra, T.V.; Jagadish, K.S.: Urban sprawl : metrics, dynamics and modelling using GIS. In: International journal of applied earth observation and geoinformation : JAG ; the official quarterly publication of the International Institute for Aerospace Survey and Earth Sciences (ITC). 5.2004,1, p.29-39, 7 ill., 3 tab. ISSN 0303-2434.

Indonesia / Indonesien / Indonésie

4079
Brink, P.P.W.J. van den: Het kaartbeeld van Tropisch Nederland : het Koninklijk Nederlands Aardrijkskundig Genootschap en de kartografie van Nederlands-Indië, 1873-1940. In: Indische kartografie. Ed.: Egmond, Marco van. – Deurne: Geo-Informatie Nederland 2004., p.7-14, 3 ill. (GIN publication series ; 2) The cartographic representation of Tropical Netherlands : the Royal Dutch Geographical Society and the cartography of Netherlands-India, 1873-1940. [Dutch].

4080
Broeders, P.W.A.: De "Algemeene Kaart van Nederlandsch Oost-Indie" (1842) door Gijsbert Franco Baron von Derfelden van Hinderstein. In: Indische kartografie. Ed.: Egmond, Marco van. – Deurne: Geo-Informatie Nederland 2004., p.15-22, 3 ill. (GIN publication series ; 2) The "General Map of Netherlands' East-India" (1842) by Gijsbert Franco Baron von Derfelden van Hinderstein. [Dutch].

4081
Falchetta, Piero: Maps of the eastern islands (Sri Lanka, Sumatra, Java) in Venetian cartography from Fra Mauro to Coronelli. In: Journal of the International Map Collectors' Society. 2004,99, p.47-55, 2 ill.

4082
Indische kartografie. Ed.: Egmond, Marco van. – Deurne: Geo-Informatie Nederland 2004, 51 p., ill., mp. (GIN publication series ; 2).

4083
León Guerrero, Montserrat: Los descubrimientos cartogáficos del viaje de Legazpi. In: Descubrimientos y cartografía en la época de Felipe II. Ed.: Instituto Interuniversitario de Estudios de Iberoamérica y Portugal. – Valladolid: Instituto Interuniversitario de Estudios de Iberoamérica y Portugal 1999., p.265-286, 4 mp. (Descubrimientos y cartografía ; 3) The cartographic discoveries of Legazpi's journey.

4084
Ormeling, Ferdinand Jan: Mapping in former British India and the Netherlands Indies – a comparison. In: Second Anglo-Dutch Seminar on Cartography : held in Enschede, April 3-4, 1997. Ed.: Ormeling, Ferjan. – Amersfoort: Nederlandse Vereniging voor Kartografie 1998., p.31-36, 2 ill., 1 portr. (NVK publikatiereeks ; 26).

4085
Ormeling, F.J.: De kartering van Nederlands-Indië. In: Indische kartografie. Ed.: Egmond, Marco van. – Deurne: Geo-Informatie Nederland 2004., p.33-41, 7 ill. (GIN publication series ; 2) The mapping of Netherlands-India. [Dutch].

4086
Zandvliet, Kees: The agricultural lansdscape of V.O.C. territory in the 17th century. In: Second Anglo-Dutch Seminar on Cartography : held in Enschede, April 3-4, 1997. Ed.: Ormeling, Ferjan. – Amersfoort: Nederlandse Vereniging voor Kartografie 1998., p.47-56, 5 ill. (NVK publikatiereeks ; 26).

Iran / Iran / Iran

4087
Alai, Cyrus: Cartography of Persia. In: Encyclopaedia Iranica : Fisheries – gindaros (vol. 10). Ed.: Yar-Shater, Ehsan. – New York: Bibliotheca Persica Press 2001., p.444-456, ill., mp. [Offprint in photocopy].

4088
Miliaresis, George; Iliopoulou, Polixeni: Clustering of Zagros Ranges from the Globe DEM representation. In: International journal of applied earth observation and geoinformation : JAG ; the official quarterly publication of the International Institute for Aerospace Survey and Earth Sciences (ITC). 5.2004,1, p.17-28, 5 ill., 4 tab. ISSN 0303-2434.

4089
Vaniček, P.; Najafi-Alamdari, M.: Proposed new cartographic mapping for Iran. In: Journal of spatial science. 2.2004, p.31-42, 8 ill.

Israel / Israel / Israël

4090
Baumgärtner, Ingrid: Die Wahrnehmung Jerusalems auf mittelalterlichen Weltkarten. In: Jerusalem im Hoch- und Spätmittelalter : Konflikte und Konfliktbewältigung ; Vorstellungen und Vergegenwärtigungen. Ed.: Bauer, Dieter; Herbers, Klaus; Jaspert, Nikolas. – Frankfurt, M.; New York: Campus-Verl. 2001., p.271-310, 14 ill. (Campus Historische Studien ; 29).

4091
Kreuer, Werner: Moderne Tafel 5, Palästina, "Sirie Par[ti]s Descriptio Nunc Terra Sancta Dicitur", Henricus Martellus Germanus, Florenz vor 1490, (Cl. XIII, 16, fol. 142 v. – 143 r., Ptol. Henrici Martelli Germani; Biblioteca Nazionale Centrale, Firenze). – Einmalige limitierte Weltaufl. von 320 arabisch nummerierten Ex. In: Monumenta cartographica: tabulae modernae : kartographische Denkmäler, ein Triumph über die Zeit ; Essener Bearbeitung von sechs Tafeln der historischen Kartographie ; mit sechs Vollfaksimilierungen aus: Biblioteca Nazionale Centrale, Florenz (Tafeln 1,2,3,4,5), Bayerische Staatsbibliothek, München (Tafel 6). Ed.: Kreuer, Werner. – Ludwigsburg: Edition Libri Illustri 2001., p.53-60, 2 ill.

4092
Kreuer, Werner: Moderne Tafel 6, Das Heilige Land, "Tabula Moderna Terre Sancte", ed. J. Eßler, Straßburg 1513, (Rar. 881, Karte 40, CL. Ptolemaeus, Geographia, Bayerische Staatsbibliothek München. – Einmalige limitierte Weltaufl. von 320 arabisch nummerierten Ex. In: Monumenta cartographica: tabulae modernae : kartographische Denkmäler, ein Triumph über die Zeit ; Essener Bearbeitung von sechs Tafeln der historischen Kartographie ; mit sechs Vollfaksimilierungen aus: Biblioteca Nazionale Centrale, Florenz (Tafeln 1,2,3,4,5), Bayerische Staatsbibliothek, München (Tafel 6). Ed.: Kreuer, Werner. – Ludwigsburg: Edition Libri Illustri 2001., p.61-72, 3 ill.

4093
Kreuer, Werner: Zur Tradition der Heilig Land-Karten. – Einmalige limitierte Weltaufl. von 320 arabisch nummerierten Ex. In: Monumenta cartographica: tabulae modernae : kartographische Denkmäler, ein Triumph über die Zeit ; Essener Bearbeitung von sechs Tafeln der historischen Kartographie ; mit sechs Vollfaksimilierungen aus: Biblioteca Nazionale Centrale, Florenz (Tafeln 1,2,3,4,5), Bayerische Staatsbibliothek, München (Tafel 6). Ed.: Kreuer, Werner. – Ludwigsburg: Edition Libri Illustri 2001., p.48-52, 3 ill., 1 mp.

4094
Rubin, Rehav: Image and reality : Jerusalem in maps and views = Yerûšālayim be-mapot û-be-mar' ôt. – Jerusalem: The Hebrew University Magnes Press 1999, 181 p., ill., mp. [Engl. and Hebr.]. [Includes bibliographical references (p. 173-177) and index] ISBN 965-493-012-9.

Japan / Japan / Japon

4095
Kerlen, H.: Catalogue of pre-Meiji Japanese books and maps in public collections in the Netherlands = Oranda-kokunai-shozō-Meiji-izen-Nihon-kankei-korekushon-mokuroku. Ed.: Netherlands Association for Japanese Studies. – Amsterdam: Gieben 1996, XV, 918 p., ill. (Japonica Neerlandica : monographs of the Netherlands Assoc. for Japanese Studies ; 6). ISBN 90-5063-567-2.

Jordan / Jordanien / Jordanie

4096
Kreuer, Werner: Moderne Tafel 5, Palästina, "Sirie Par[ti]s Descriptio Nunc Terra Sancta Dicitur", Henricus Martellus Germanus, Florenz vor 1490, (Cl. XIII, 16, fol. 142 v. – 143 r., Ptol. Henrici Martelli Germani; Biblioteca Nazionale Centrale, Firenze). – Einmalige limitierte Weltaufl. von 320 arabisch nummerierten Ex. In: Monumenta cartographica: tabulae modernae : kartographische Denkmäler, ein Triumph über die Zeit ; Essener Bearbeitung von sechs Tafeln der historischen Kartographie ; mit sechs Vollfaksimilierungen aus: Biblioteca Nazionale Centrale, Florenz (Tafeln 1,2,3,4,5), Bayerische Staatsbibliothek, München (Tafel 6). Ed.: Kreuer, Werner. – Ludwigsburg: Edition Libri Illustri 2001., p.53-60, 2 ill.

4097
Kreuer, Werner: Moderne Tafel 6, Das Heilige Land, "Tabula Moderna Terre Sancte", ed. J. Eßler, Straßburg 1513, (Rar. 881, Karte 40, CL. Ptolemaeus, Geographia, Bayerische Staatsbibliothek München. – Einmalige limitierte Weltaufl. von 320 arabisch nummerierten Ex. In: Monumenta cartographica: tabulae modernae : kartographische Denkmäler, ein Triumph über die Zeit ; Essener Bearbeitung von sechs Tafeln der historischen Kartographie ; mit sechs Vollfaksimilierungen aus: Biblioteca Nazionale Centrale, Florenz (Tafeln 1,2,3,4,5), Bayerische Staatsbibliothek, München (Tafel 6). Ed.: Kreuer, Werner. – Ludwigsburg: Edition Libri Illustri 2001., p.61-72, 3 ill.

Kuwait / Kuwait / Koweït

4098
Aziz, Mohamed: Design Methodology of the National GIS Data Dictionary for the National GIS Center of Kuwait. In: Aspekte der Kartographie im Wandel der Zeit : Festschrift für Ingrid Kretschmer zum 65. Geburtstag und anlässlich ihres Übertritts in den Ruhestand. Ed.: Kainz, Wolfgang. Hrsg. von Wolfgang Kainz. – Wien: Geographisches Institut <Wien, Universität> / Arbeitsbereich für Geographie und Kartographie 2004., p.288-292, 4 ill. (Wiener Schriften zur Geographie und Kartographie ; 16).

Kyrgyzstan / Kirgisistan / Kirghizistan

4099
Wolodtschenko, Alexander; Kel'genbaeva, Kamilja: Cartosemiotičeskij analiz atlasa Kyrgyzstana. In: Theoretische Probleme der Kartographie und ihrer Nachbardisziplinen. Ed.: Wolodtschenko, Alexander; Schlichtmann, Hansgeorg. – Dresden: 2004., p.49-54, 2 ill., 6 tab. (Diskussionsbeiträge zur Kartosemiotik und zur Theorie der Kartographie : internationales Korrespondenz-Seminar ; 6) Cartosemiotic analysis of the Atlas of Kyrgyzstan. [With Engl. and Germ. rés.].

Lebanon / Libanon / Liban

4100
Jansen, Louisa J.M.; Di Gregorio, Antonio: Obtaining land-use information from a remotely sensed land cover map : results from a case study in Lebanon. In: International journal of applied earth observation and geoinformation : JAG ; the official quarterly publication of the International Institute for Aerospace Survey and Earth Sciences (ITC). 5.2004,2, p.141-157, 7 ill., 3 tab. ISSN 0303-2434.

4101
Kreuer, Werner: Moderne Tafel 5, Palästina, "Sirie Par[ti]s Descriptio Nunc Terra Sancta Dicitur", Henricus Martellus Germanus, Florenz vor 1490, (Cl. XIII, 16, fol. 142 v. – 143 r., Ptol. Henrici Martelli Germani; Biblioteca Nazionale Centrale, Firenze). – Einmalige limitierte Weltaufl. von 320 arabisch nummerierten Ex. In: Monumenta cartographica: tabulae modernae : kartographische Denkmäler, ein Triumph über die Zeit ; Essener Bearbeitung von sechs Tafeln der historischen Kartographie ; mit sechs Vollfaksimilierungen aus: Biblioteca Nazionale Centrale, Florenz (Tafeln 1,2,3,4,5), Bayerische Staatsbibliothek, München (Tafel 6). Ed.: Kreuer, Werner. – Ludwigsburg: Edition Libri Illustri 2001., p.53-60, 2 ill.

4102
Kreuer, Werner: Moderne Tafel 6, Das Heilige Land, "Tabula Moderna Terre Sancte", ed. J. Eßler, Straßburg 1513, (Rar. 881, Karte 40, CL. Ptolemaeus, Geographia, Bayerische Staatsbibliothek München. – Einmalige limitierte Weltaufl. von 320 arabisch nummerierten Ex. In: Monumenta cartographica: tabulae modernae : kartographische Denkmäler, ein Triumph über die Zeit ; Essener Bearbeitung von sechs Tafeln der historischen Kartographie ; mit sechs Vollfaksimilierungen aus: Biblioteca Nazionale Centrale, Florenz (Tafeln 1,2,3,4,5), Bayerische Staatsbibliothek, München (Tafel 6). Ed.: Kreuer, Werner. – Ludwigsburg: Edition Libri Illustri 2001., p.61-72, 3 ill.

Mongolia / Mongolei / Mongolie

4103
Bayar, Erdenechimeg: Historische und neuere Karten aus dem nomadischen Lebensraum der Mongolei : eine historisch-geographisch/kartographische Studie zur Erschließung traditioneller weidewirtschaftlicher Nutzungsmuster. Ed.: Zentrum für Entwicklungsländerforschung <Berlin>. – Berlin: Zentrum für Entwicklungsländerforschung <Berlin> 2004, XIV, 228 p., ill., mp. ISBN 3-00-015400-0.

Nepal / Nepal / Népal

4104
Arbeiten aus Nepal : Erwin Schneider zum Gedächtnis. – Innsbruck: Universitätsverlag Wagner 2004, 180 p., ill., 4 mp.-suppl. (Hochgebirgsforschung ; 9).

4105
Höfer, András: Zur Schreibweise der Namen auf den Karten Nepals. In: Arbeiten aus Nepal : Erwin Schneider zum Gedächtnis. – Innsbruck: Universitätsverlag Wagner 2004., p.127-132 (Hochgebirgsforschung ; 9).

4106
Jest, Corneille: Bodhnāth : eine Luftbildinterpretation ; Analyse der Entwicklung einer nepalesischen Siedlung anhand der Dokumentation von Erwin Schneider. In: Arbeiten aus Nepal : Erwin Schneider zum Gedächtnis. – Innsbruck: Universitätsverlag Wagner 2004., p.119-126, 5 ill. (Hochgebirgsforschung ; 9).

4107
Kostka, Robert: Zur Methodik der photogrammetrischen Arbeiten Erwin Schneiders. In: Arbeiten aus Nepal : Erwin Schneider zum Gedächtnis. – Innsbruck: Universitätsverlag Wagner 2004., p.41-65, 14 ill., 2 tabl. (Hochgebirgsforschung ; 9).

4108
Kostka, Robert; Moser, Gerhard; Patzelt, Gernot: Begleitworte zur topographischen Karte des Langtang Himal 1:50000. In: Arbeiten aus Nepal : Erwin Schneider zum Gedächtnis. – Innsbruck: Universitätsverlag Wagner 2004., p.173-180, 2 ill., 1 mp.-suppl. (Hochgebirgsforschung ; 9).

4109
Miehe, Georg: Begleitworte zur "Vegetationskarte des Khumbu Himal 1:50000". In: Arbeiten aus Nepal : Erwin Schneider zum Gedächtnis. – Innsbruck: Universitätsverlag Wagner 2004., p.133-172, 1 ill., 1 mp.-suppl. (Hochgebirgsforschung ; 9).

Russia / Russland / Russie

4110
Symbols for topographic maps of scales 1:25000, 1:50000 and 1:100000. Ed.: Lee, Kent D. – Minneapolis: East View Cartographic 1997, 113 p., [4] Faltbl. [Reprint: Moscow 1983] ISBN 1-879944-37-7.

Russian Federation / Russische Föderation / Fédération de Russie

4111
Deumlich, Fritz: Der Föderale Dienst für Geodäsie und Kartographie Russland in den Jahren 1996 bis 2003. In: Allgemeine Vermessungs-Nachrichten : AVN ; Zeitschrift für alle Bereiche des Vermessungswesens. 111.2004,3, p.115-116. ISSN 0002-5968.

4112
Deumlich, Fritz: Der Föderale Dienst für Geodäsie und Kartographie Russlands in den Jahren 1996-2003. In: Allgemeine Vermessungs-Nachrichten : AVN ; Zeitschrift für alle Bereiche des Vermessungswesens. 111.2004,1, p.38-39. ISSN 0002-5968.

4113
Deumlich, Fritz: Zur Tätigkeit des Föderalen Dienstes für Geodäsie und Kartographie Russlands in den Jahren 1996 bis 2003. In: Allgemeine Vermessungs-Nachrichten : AVN ; Zeitschrift für alle Bereiche des Vermessungswesens. 111.2004,5, p.194. ISSN 0002-5968.

4114
Sbornik dokumentov o licenzirovanii dejatel'nosti v oblasti geodezii i kartografii. Ed.: Federal'naja Služba Geodezii i Kartografii Rossii. – Moskva: Kartgeocentr 2002, 19 p. [In kyrill. Schr.] ISBN 5-86066-058-8.

Sri Lanka / Sri Lanka / Sri Lanka

4115
Falchetta, Piero: Maps of the eastern islands (Sri Lanka, Sumatra, Java) in Venetian cartography from Fra Mauro to Coronelli. In: Journal of the International Map Collectors' Society. 2004,99, p.47-55, 2 ill.

4116
Zandvliet, Kees: The agricultural lansdscape of V.O.C. territory in the 17th century. In: Second Anglo-Dutch Seminar on Cartography : held in Enschede, April 3-4, 1997. Ed.: Ormeling, Ferjan. – Amersfoort: Nederlandse Vereniging voor Kartografie 1998., p.47-56, 5 ill. (NVK publikatiereeks ; 26).

Syria / Syrien / Syrie

4117
Böser, Werner: Herstellung einer Übersichts- und Stadtkarte des historischen Raqqa/Syrien. In: 50 Jahre Sektion Karlsruhe der Deutschen Gesellschaft für Kartographie e.V. : Festschrift. Ed.: Kern, Hans F. Hrsg. von Hans F. Kern. – Karlsruhe: Fachhochschule Karlsruhe, Hochschule für Technik, Fachbereich Geoinformationswesen 2004., p.65-67;266-267, 2 ill. (Karlsruher geowissenschaftliche Schriften, Reihe A, Kartographie und Geographie ; 16).

Taiwan / Taiwan / Taïwan

4118
Zandvliet, Kees: The agricultural lansdscape of V.O.C. territory in the 17th century. In: Second Anglo-Dutch Seminar on Cartography : held in Enschede, April 3-4, 1997. Ed.: Ormeling, Ferjan. – Amersfoort: Nederlandse Vereniging voor Kartografie 1998., p.47-56, 5 ill. (NVK publikatiereeks ; 26).

Thailand / Thailand / Thaïlande

4119
Cartographic activities in Thailand. Ed.: Royal Thai Survey Department. – [Bangkok]: Royal Thai Survey Department 1977, 61 p., ill., mp., 1 suppl.

4120
Kühn, Friedrich and others: InSAR-based land subsidence map for Bangkok, Thailand. In: Zeitschrift für angewandte Geologie. 1; 50.2004,1, p.74-81, 8 ill., 1 tab.

4121
Thailand : report on cartographic activities of the Royal Survey Department presented at the second United Nation regional conference for Asia and the Far East, Tokyo, 1958. Ed.: Royal Thai Survey Department. – [Bangkok]: Royal Thai Survey Department 1958, 5 p., 5 Faltbl., mp.

Turkey / Türkei / Turquie

4122
Bildirici, Oztug: Building and road generalization with the CHANGE generalization software using Turkish topographic base map data. In: Cartography and geographic information science : an official journal of ACSM devoted to the advancement of cartography in all its aspects. 31.2004,1, p.43-54, 7 ill., 8 tab. ISSN 1523-0406.

4123
Kreuer, Werner: Moderne Tafel 4, Kleinasien, "Descriptio Asie Minoris Moderne", Henricus Martellus Germanus, Florenz vor 1490, (Cl. XIII,16, fol. 134 v. -135 r., Ptol. Henrici Martelli Germani; Biblioteca Nazionale Centrale, Firenze). – Einmalige limitierte Weltaufl. von 320 arabisch nummerierten Ex. In: Monumenta cartographica: tabulae modernae : kartographische Denkmäler, ein Triumph über die Zeit ; Essener Bearbeitung von sechs Tafeln der historischen Kartographie ; mit sechs Vollfaksimilierungen aus: Biblioteca Nazionale Centrale, Florenz (Tafeln 1,2,3,4,5), Bayerische Staatsbibliothek, München (Tafel 6). Ed.: Kreuer, Werner. – Ludwigsburg: Edition Libri Illustri 2001., p.38-47, 8 ill.

Yemen / Jemen / Yémen

4124
Hornschuch, Annette ; Lechtenbörger, Christiane: Fernerkundungsdaten und topographische Karten zur Dokumentation des sabäischen Kulturerbes in der Republik Jemen. In: Kartographische Nachrichten : KN ; Fachzeitschrift für Geoinformation und Visualisierung ; Organ der Deutschen Gesellschaft für Kartographie e.V., der Schweizerischen Gesellschaft für Kartographie und der Österreichischen Kartographischen Kommission in der Österreichischen Geographischen Gesellschaft. 54.2004,3, p.112-117, 9 ill., 1 tab. ISSN 0022-9164.

f. Australia and the Pacific Islands
Australien und Ozeanien
L'Australie et l'Océanie

4125
Catalogue of the National Exhibition Maps & Atlases 1984 : 12th International Cartographic Conference, 7th general assembly. ; International Cartographic Association. – Perth: 1984, 87 p.

4126
Report of the conference / Sixteenth United Nations Regional Cartographic Conference for Asia and the Pacific, Okinawa, Japan, 14 -18 July 2003. Ed.: United Nations / Department of Economic and Social Affairs. – New York: United Nations / Department of Economic and Social Affairs 2004, V, 44 p. [Sales no.: E.04.I.11] ISBN 92-1-100939-1.

4127
Thirteenth United Nations Regional Cartographic Conference for Asia and the Pacific, Beijing, 9-18 May 1994. Ed.: United Nations / Department for Development Support and Management Services; United Nations / Economic and Social Council. – New York: United Nations / Department for Development Support and Management Services; United Nations / Economic and Social Council 1995. [Sales no. : E.94.I.19; Nebent.: Official records, 1994].

Australia / Australien / Australie

4128
Batten, Paul: Creating a landscape atlas : a demonstration and discussion. In: The Globe. 56.2004, p.41-55, 5 ill. ISSN 0311-3930.

4129
Bischof, R. J.; Wade, C.: GIS in SEQ 2021 – more than maps. In: Journal of spatial science. 1.2004, p.117-124, 3 ill.

4130
Cole, Damian: Report on the launch of the new geoscience Australia 250K map series. In: The Globe. 55.2004, p.68. ISSN 0311-3930.

4131
Griggs, Peter: Mapping a new colony : the geographical construction of Queensland 1860-1880. In: The Globe. 56.2004, p.25-39, 4 ill., 3 tab. ISSN 0311-3930.

4132
Kinneen, R. W.; Featherstone, Will E.: An empirical comparison of coordinate transformations from the Australian geodetic datum (AGD66 and AGD84) to the geocentic datum of Australia (GDA94). In: Journal of spatial science. 2.2004, p.1-30, 15 tab., 19 ill.

4133
Lamble, William: Terra Australis percepta : the discovery and settlement of Australia as seen through maps 1542 to 1900 : an exhibition at the Art Gallery of Western Australia in association with the 7th general assembly and 12th conference of the International Cartographic Association, Perth, August 4-13, 1984 ; [historical exhibition]. Ed.: International Cartographic Association. – Perth: International Cartographic Association 1984, 48 p., mp.

4134
Liu, Yanfang; Phinn, S. R.: Mapping the urban development of Sydney (1971-1996) with cellular automata in a GIS environment. In: Journal of spatial science. 2.2004, p.57-74, 2 tab., 6 ill.

4135
Noble, Peter; Nix, Martin: 3D North Sydney : precise 3D database for retrieval and visualization. In: Photogrammetric Week '03. Ed.: Fritsch, Dieter. – Heidelberg: Herbert-Wichmann-Verlag., p.275-279, 1 ill.

4136
O'Connor, Maura: Mapping Australia's transhumance : snow lease and stock route maps of NSW. In: The Globe. 56.2004, p.13-24, 9 ill. ISSN 0311-3930.

4137
Richardson, William A.R.: Gavin Menzies' cartographic fiction : the case of the Chinese "discovery" of Australia. In: Journal of the International Map Collectors' Society. 2004,98, p.23-32, 4 ill.

4138
Snowdon, Ian: Bits of real estate : digitizing the church map collection of heritage maps at Auckland city libraries. In: The Globe. 56.2004, p.56-60, 3 ill. ISSN 0311-3930.

4139
Urquhart, K.; Cartwright, William; Miller, Suzette: Exploring the usefullness of cartographic representations for location-based services in an Australian context. In: Journal of spatial science. 1.2004, p.71-87, 3 tab., 3 ill.

New Zealand / Neuseeland / Nouvelle-Zélande

4140
Brabyn, Lars ; Gower, Paul: Comparing three GIS techniques for modelling geographical acciss to general practitioners. In: Cartographica. 39.2004,2, p.41-49, 4 ill. ISSN 0340-0654; 0317-7173.

4141
Gillingham, S. S.; Shepherd, J. D.: Evaluation of MODIS for atmospheric correction of landsat ETM+ imagery. In: Journal of spatial science. 2.2004, p.43-56, 11 tab., 9 ill.

4142
Hooker, Brian: Dictonary of New Zealand map-makers. Ed.: DelZur Research. – Orewa: DelZur Research 2002, IX, 203 p., ill., mp. [A companion volume to Early New Zealand printed maps].

4143
Hooker, Brian: Early New Zealand printed maps. Ed.: DelZur Research. – Orewa: DelZur Research 2000, XI, 196 p., mp.

g. Europe
Europa
L'Europe

4144
Aalders, Henri J.G.L.; Reuvers, Marcel: 2004, het begin van een nieuw normentijdperk. In: Geo-Info : tijdschrift voor Geo-Informatie Nederland, GIN. 1.2004,1, p.20-27, 2 ill., 3 tab. 2004, the beginning of a new era of standardization. [Dutch]. ISSN 1572-5464.

4145
Afflerbach, Sabine: Von Frankfurt nach Helsinki in einem einheitlichen Datenmodell : Herausforderung für die Harmonisierung nationaler amtlicher Geodaten im Projekt GiMoDig. In: Kartographische Nachrichten : KN ; Fachzeitschrift für Geoinformation und Visualisierung ; Organ der Deutschen Gesellschaft für Kartographie e.V., der Schweizerischen Gesellschaft für Kartographie und der Österreichischen Kartographischen Kommission in der Österreichischen Geographischen Gesellschaft. 54.2004,5, p.199-207, 5 ill. ISSN 0022-9164.

4146
Annoni, Alessandro: Infrastructures de données géographiques en Europe. In: Geomatik Schweiz : Geoinformation und Landmanagement. 102.2004,4, p.241-245, 1 ill. ISSN 0252-9424; 1660-4458.

4147
Bell, Mark; Neuffer, Dieter; Woodsford, Peter: Agent-based generalisation : an update on progress. In: Kartographische Nachrichten : KN ; Fachzeitschrift für Geoinformation und Visualisierung ; Organ der Deutschen Gesellschaft für Kartographie e.V., der Schweizerischen Gesellschaft für Kartographie und der Österreichischen Kartographischen Kommission in der Österreichischen Geographischen Gesellschaft. 54.2004,4, p.170-177, 4 ill. ISSN 0022-9164.

4148
Borsdorf, Axel; Moser, Dietmar: Internetbasierte GIS-Applikationen – die Zukunft der Kartographie? : Erfahrungen bei der Einrichtung von GALPIS-Web im Rahmen des Projektes RAUMALP. In: Aspekte der Kartographie im Wandel der Zeit : Festschrift für Ingrid Kretschmer zum 65. Geburtstag und anlässlich ihres Übertritts in den Ruhestand. Ed.: Kainz, Wolfgang. Hrsg. von Wolfgang Kainz. – Wien: Geographisches Institut <Wien, Universität> / Arbeitsbereich für Geographie und Kartographie 2004., p.293-298, 1 ill. (Wiener Schriften zur Geographie und Kartographie ; 16).

4149
Cabuk, A.; Karademirler, S. N.; Eren, K.; Turkbay, V.; Al Khedheiri, A.: The use of GIS capabilities for establishing a planning infrastructure in Saudi Arabia. In: Journal of spatial science. 1.2004, p.125-140, 4 tab., 11 ill.

4150
Crom, Wolfgang: Das Projekt "Geographische Namen Europas" : eine Datenbank für 17 europäische Länder. In: Kartographische Nachrichten : KN ; Fachzeitschrift für Geoinformation und Visualisierung ; Organ der Deutschen Gesellschaft für Kartographie e.V., der Schweizerischen Gesellschaft für Kartographie und der Österreichischen Kartographischen Kommission in der Österreichischen Geographischen Gesellschaft. 54.2004,3, p.129-130. ISSN 0022-9164.

4151
Eggert, Rita: Rechtlicher Schutz von Geodaten in Europa. In: 50 Jahre Sektion Karlsruhe der Deutschen Gesellschaft für Kartographie e.V. : Festschrift. Ed.: Kern, Hans F. Hrsg. von Hans F. Kern. – Karlsruhe: Fachhochschule Karlsruhe, Hochschule für Technik, Fachbereich Geoinformationswesen 2004., p.95-98 (Karlsruher geowissenschaftliche Schriften, Reihe A, Kartographie und Geographie ; 16).

4152
European Vertical Reference Network (EUVN) : final documentation ; Vol. 2. International Association of Geodesy, Section I – Positioning, Commission X – Global and Regional Geodetic Networks. Ed. by Johannes Ihde ... 2002, 235 p., ill., mp.

4153
geoGovernment : öffentliche Geoinformations-Dienste zwischen Kommune und Europa. Ed.: Strobl, Josef; Griesebner, Gerald. Josef Strobl; Gerald Griesebner (Hrsg.). – Heidelberg: Herbert-Wichmann-Verlag 2003, VI, 140 p., ill., mp. ISBN 3-87907-405-4.

4154
Grünreich, Dietmar: Europäische Geodateninfrastruktur – Bedarf, Konzeption und Realisierung. In: GeoInformationsSysteme : Grundlagen – Nutzungen – Entwicklungen ; Geoforum 2004 ; Beiträge der gemeinsam von der Fachrichtung Geodäsie und Geoinformatik, Universität Hannover, der Akademie der Geowissenschaften zu Hannover und dem Deutschen Verein für Vermessungswesen, Bezirksgruppe Hannover-Hildesheim organisierten Veranstaltung im Leibnizhaus Hannover, 8. Juni 2004. – Hannover: 2004., p.25-29, 3 ill. (Wissenschaftliche Arbeiten der Fachrichtung Geodäsie und Geoinformatik der Universität Hannover ; 252).

4155
Grünreich, Dietmar: Europäische Geodateninfrastruktur – Bedarf, Konzeption und Realisierung. In: Geoinformationssysteme (GIS) ; Grundlagen – Anwendungen – Entwicklungen. Ed.: Quade, Horst. – Hannover: 2001., p.24-29, 3 ill. (Veröffentlichungen / Akademie der Geowissenschaften zu Hannover ; 24).

4156
Günther-Diringer, Detlef: Die Entwicklung von GIS-Anwendungen der letzten 15 Jahre im Naturschutz mit einem Schwerpunkt auf Flüssen und Auen. In: 50 Jahre Sektion Karlsruhe der Deutschen Gesellschaft für Kartographie e.V. : Festschrift. Ed.: Kern, Hans F. Hrsg. von Hans F. Kern. – Karlsruhe: Fachhochschule Karlsruhe, Hochschule für Technik, Fachbereich Geoinformationswesen 2004., p.137-143 (Karlsruher geowissenschaftliche Schriften, Reihe A, Kartographie und Geographie ; 16).

4157
Györffy, János; Klinghammer, István: Die kleinmaßstäbige Darstellung von Europa in Projektionen geringster Verzerrung : die Basis für einen Europa-Atlas. In: Kartographische Nachrichten : KN ; Fachzeitschrift für Geoinformation und Visualisierung ; Organ der Deutschen Gesellschaft für Kartographie e.V., der Schweizerischen Gesellschaft für Kartographie und der Österreichischen Kartographischen Kommission in der Österreichischen Geographischen Gesellschaft. 54.2004,6, p.262-268, 3 ill., 1 tab. ISSN 0022-9164.

4158
Heijden, Henk A.M. van der: Antonius van Leest, een 16de-eeuws Antwerps kaartmaker. In: Caert-thresoor : tijdschrift voor de geschiedenis van de kartografie in Nederland. 20, 2001, 1, p.10-12, 2 ill. Antonius van Leest, a 16th century mapmaker from Antwerp. [Dutch with Engl. rés.]. ISSN 0167-4994.

4159
Historische Salzburger Landkarten mit dem Salzachursprung am Krimmler Kees : Lebensraum Salzach ; [zur Ausstellung "Lebensraum Salzach" im Rahmen des Tauriska-Festivals 2003 im Tauriska-Kammerlanderstall, Neukirchen ; Ausstellung vom 17. Mai bis 30. Juli 2003 ...]. Ed.: Tauriska, – Verein zur Förderung Eigener Kultur- und Regionalentwicklung in der Region Nationalpark Hohe Tauern. – Neukirchen: Tauriska, – Verein zur Förderung Eigener Kultur- und Regionalentwicklung in der Region Nationalpark Hohe Tauern 2003, Getr. Zählung, ill., mp.

4160
Hjälme, Johan: Sverige leder EU : s vägdatabasprojekt. In: Nya lantmätaren. 2004,5, p.4-5 Sweden leads the field in the EU : the road-database project. [Swed.].

4161
Hopfstock, Anja; Afflerbach, Sabine; Illert, Andreas: Harmonised topographic reference data : a challenge for the National Mapping Agencies in Europe. In: Proceedings of the cartographic cutting-edge technology for natural hazard management : held in Dresden, Germany October 20 – 22 2004. Ed.: Buchroithner, Manfred. – Dresden: Technische Universität Dresden / Institut für Kartographie 2004., p.45-53, 6 ill. (Kartographische Bausteine : KB ; 30).

4162
Jordan, Peter: National and regional atlases as an expression of national/regional identities : new examples form post-communist Europe. In: The Cartographic Journal. 41.2004,2, p.150-166, 8 ill. ISSN 0008-7041.

4163
Muggenhuber, Gerhard: Geodateninfrastruktur in Europa : Praxis, Initiativen, Perspektiven. In: Geomatik Schweiz : Geoinformation und Landmanagement. 102.2004,3, p.137-141. ISSN 0252-9424; 1660-4458.

4164
Opll, Ferdinand; Simms, Annegret: Historische Stadtatlanten : Stadtgeschichte in Karten. In: Siedlungsforschung : Archäologie, Geschichte, Geographie. 15.1997, p.303-325, 1 ill. ISSN 0175-0046.

4165
Picon, Antoine: Nineteenth-century urban cartography and the scientific ideal : the case of Paris. In: Science and the city. Ed.: Dierig, Sven. – Chicago, Ill.: University of Chicago Press 2003., p.135-149, 3 ill. (Osiris : a research journal devoted to the history of science and its cultural influences ; [Ser.2], 18).

4166
Report on the Symposium of the IAG Subcommission for Europe (EUREF) ; held in Toledo, 4-7 June 2003. Ed.: Agria Torres, João; Hornik, Helmut. – Frankfurt a. M.: Verlag des Bundesamtes für Kartographie und Geodäsie 2004, 451 p., ill., mp. (Mitteilungen des Bundesamtes für Kartographie und Geodäsie ; 33).

4167
Schwarz, Uwe: "Schritt für Schritt ... eine halbe stundt gehenss" : vom Zeit- zum Metermaß. In: Wie Zeit vergeht. Ed.: Schäfke, Werner. – Köln: DuMont 1999., p.102-105, 2 ill.

4168
Walz, Ulrich; Etter, Jens; Dransch, Doris: Actor-oriented flood risk maps as support for societal decision making. In: Proceedings of the cartographic cutting-edge technology for natural hazard management : held in Dresden, Germany October 20 – 22 2004. Ed.: Buchroithner, Manfred. – Dresden: Technische Universität Dresden / Institut für Kartographie 2004., p.183-195, 4 ill., 3 tab. (Kartographische Bausteine : KB ; 30).

4169
Zöllner, Winfried: Ist die gedruckte topographische Karte eine Datenbank?. In: Vermessung Brandenburg. 8.2003,2, p.70-74, 1 ill. ISSN 1430-7650.

Austria / Österreich / Autriche

4170
Ahl, A.; Slapansky, P.: Die aeromagnetische Anomalie des mittleren Ötztal-Stubaikristallins und ihr Rahmen : 3D-Modellierung und geologische Interpretation. In: "Brenner" : Geologische Bundesanstalt, Arbeitstagung 2003, Trins im Gschnitztal 1.-5. September 2003 ; Geologische Kartenblätter 1:50.000, 148 Brenner 175 Sterzing. Ed.: Geologische Bundesanstalt. – Wien: Geologische Bundesanstalt 2003., p.161-170, 6 ill.

4171
"Brenner" : Geologische Bundesanstalt, Arbeitstagung 2003, Trins im Gschnitztal 1.-5. September 2003 ; Geologische Kartenblätter 1:50.000, 148 Brenner 175 Sterzing. Ed.: Geologische Bundesanstalt. Red. Manfred Rockenschaub. – Wien: Geologische Bundesanstalt 2003, 282 p., ill., mp.

4172
Brunner, Kurt: Regionalkarten von Tirol des Matthias Burgklechner und ihre Vorläufer. – Wien: 2002, p.237-254,. (Mitteilungen der Österreichischen Geographischen Gesellschaft : MÖGG ; Jahresband ; 144.2002).

4173
Damoiseaux, Thomas: Untersuchungen zum Einsatz von Flugzeug-InSAR in der Gebirgskartographie. Ed.: Technische Universität Dresden / Institut für Kartographie und Geographie. – Dresden: Technische Universität Dresden / Institut für Kartographie und Geographie 2003, IX, 181 p. (Kartographische Bausteine : KB ; 22). [Elektronische Ressource; Parallel als CD-ROM-Ausg. erschienen].

4174
Die topographische Ansicht: Kunstwerk und Geschichtsquelle : das Beispiel Waldviertler Städte ; eine Ausstellung aus den Sammlungen der NÖ Landesbibliothek ; 27. April bis 20. Oktober 2000 im Ausstellungsraum der NÖ Landesbibliothek, St. Pölten. Ed.: NÖ Landesbibliothek. Ausstellung und Katalog: Ralph Andraschek-Holzer. Hrsg. von Gebhard König. – St. Pölten: NÖ Landesbibliothek 2000, 96 p., ill.,. (Sonder- und Wechselausstellungen der Niederösterreichischen Landesbibliothek ; 19).

4175
Ebert, Thomas: Neun Länder : ein Geo-Service. In: GeoBit : Geoinformatik für die Praxis. 9=17.2004,10, p.10-13, 4 ill. ISSN 1430-3663.

4176
Ebner, V. and others: Geologische Landesaufnahme, Kartenblätter GÖK 148 Brenner und GÖK 175 Sterzing : Erläuterungen zur Geomorphologie des hinteren Obernbergtals. In: "Brenner" : Geologische Bundesanstalt, Arbeitstagung 2003, Trins im Gschnitztal 1.-5. September 2003 ; Geologische Kartenblätter 1:50.000, 148 Brenner 175 Sterzing. Ed.: Geologische Bundesanstalt. – Wien: Geologische Bundesanstalt 2003., p.209-215, 8 ill.

4177
Engelbrecht, Bernhard: Visualisierung von Wirtschaftsdaten am Beispiel des digitalen Wirtschaftsatlas Österreich. In: VGI : österreichische Zeitschrift für Vermessung & Geoinformation. 92.2004,2, p.68-76, 9 ill. ISSN 0029-9650.

4178
Fasching, Gerhard L.: Militärkartographie in Österreich und Mitteleuropa : unter besonderer Berücksichtigung der thematischen Karten. 2001, [2] p., mp.-suppl. [Kt.-Beil.: Österreichische Militärkarte 1:50.000. -Ausg.5. -Bl. 6805: Amstetten. -1991].

4179
Festschrift 75 Jahre BEV = Willkommen im BEV. Ed.: Bundesamt für Eich- und Vermessungswesen. – Wien: Bundesamt für Eich- und Vermessungswesen 1999, 180 p., ill., mp.

4180
Fischer, Hanspeter: "Ex geometria practica" : Ausbildung und Prüfung von Feldmessern in Vorderösterreich. In: Beiträge zur Landeskunde. 5.1986, p.6-11, 7 ill. ISSN 0408-8492.

4181
Franzen, Michael: Orthophotos in Österreich – Geschichte und Perspektiven. In: Aspekte der Kartographie im Wandel der Zeit : Festschrift für Ingrid Kretschmer zum 65. Geburtstag und anlässlich ihres Übertritts in den Ruhestand. Ed.: Kainz, Wolfgang. Hrsg. von Wolfgang Kainz. – Wien: Geographisches Institut <Wien, Universität> / Arbeitsbereich für Geographie und Kartographie 2004., p.215-221, 7 ill. (Wiener Schriften zur Geographie und Kartographie ; 16).

4182
Gspurning, Josef: Geographische Informationssysteme als Instrument der Altstadt-Sachverständigenkommission Graz : Grundlagen, Konzeption und Entwicklungsmöglichkeiten des Altstadt Graz-Informationssystems AGIS. In: Kontinuität und Wandel in der Kultur- und Naturlandschaft : Festschrift für Herwig Wakonigg. Ed.: Institut für Geographie und Raumforschung. Hrsg. Institut für Geographie und Raumforschung, Universität Graz. Red.: Gerhard Karl Lieb. – Graz: Institut für Geographie und Raumforschung 2002., p.119-130, 5 ill. (Grazer Schriften der Geographie und Raumforschung).

4183
Jansa, Josef; Augustin, Lukas: Ein Vorschlag für die Homogenisierung des österreichischen Festpunktnetzes. In: Österreichische Zeitschrift für Vermessung und Geoinformation. 92.2004,2, p.59-67, 10 ill., 1 tab. ISSN 0029-9650.

4184
Jörg, Wolfgang: Vienna-GIS – aktuelle GIS-Entwicklungen bei der Stadt Wien : eine Millionenstadt rüstet sich für die Anforderungen an raumbezogene Informationsvermittlung im 3. Jahrtausend. In: Aspekte der Kartographie im Wandel der Zeit : Festschrift für Ingrid Kretschmer zum 65. Geburtstag und anlässlich ihres Übertritts in den Ruhestand. Ed.: Kainz, Wolfgang. Hrsg. von Wolfgang Kainz. – Wien: Geographisches Institut <Wien, Universität> / Arbeitsbereich für Geographie und Kartographie 2004., p.304-311, 6 ill. (Wiener Schriften zur Geographie und Kartographie ; 16).

4185
Kainz, Wolfgang: Integration von E-Government und Geodatenpolitik in Österreich : Umsetzung braucht Übereinstimmung. In: Kommunal : das Fachmagazin für Österreichs Gemeinden ; offizielles Organ des Österreichischen Gemeindebundes. 2004,2, p.8-11.

4186
Kaufmann, Viktor: Zur Topographie und Morphodynamik des Blockgletschers Hinteres Langtalkar (Schobergruppe, Nationalpark Hohe Tauern, Österreich). In: Kartographische Nachrichten : KN ; Fachzeitschrift für Geoinformation und Visualisierung ; Organ der Deutschen Gesellschaft für Kartographie e.V., der Schweizerischen Gesellschaft für Kartographie und der Österreichischen Kartographischen Kommission in der Österreichischen Geographischen Gesellschaft. 54.2004,6, p.258-262. ISSN 0022-9164.

4187
Kretschmer, Ingrid: Von der Zweiten Landesaufnahme (1806) bis zur Gegenwart (2004). In: Österreichische Kartographie : von den Anfängen im 15. Jahrhundert bis zum 21. Jahrhundert. Ed.: Kretschmer, Ingrid; Kriz, Karel. Geographisches Institut <Wien, Universität> / Arbeitsbereich für Geographie und Kartographie. – Wien: 2004., p.168-289, 1 ill., pl. (Wiener Schriften zur Geographie und Kartographie ; 15).

4188
Kriz, Karel: Kartographische Geländebetrachtung – Silvretta : eine Schweiz-Österreichische Annäherung. In: Aspekte der Kartographie im Wandel der Zeit : Festschrift für Ingrid Kretschmer zum 65. Geburtstag und anlässlich ihres Übertritts in den Ruhestand. Ed.: Kainz, Wolfgang. Hrsg. von Wolfgang Kainz. – Wien: Geographisches Institut <Wien, Universität> / Arbeitsbereich für Geographie und Kartographie 2004., p.319-327, 5 ill. (Wiener Schriften zur Geographie und Kartographie ; 16).

4189
Kriz, Karel; Nairz, Patrick; Kinberger, Michaela: Avalanche risk management in the Tyrolean Alps. In: Proceedings of the cartographic cutting-edge technology for natural hazard management : held in Dresden, Germany October 20 – 22 2004. Ed.: Buchroithner, Manfred. – Dresden: Technische Universität Dresden / Institut für Kartographie 2004., p.69-77, 9 ill. (Kartographische Bausteine : KB ; 30).

4190
Kriz, Karel; Pucher, Alexander: Interaktives Lehrveranstaltungsportal "Grundlagen der Kartographie und Geokommunikation" am Institut für Geographie und Regionalforschung der Universität Wien. In: Geographischer Jahresbericht aus Österreich. 60/61.2004, p.185-201, 13 ill. ISSN 0376-1738.

4191
Kulturlandschaftsgliederung Österreich : Endbericht des gleichnamigen Forschungprojektes. Ed.: Österreich / Bundesministerium für Bildung, Wissenschaft und Kultur. – Wien: Österreich / Bundesministerium für Bildung, Wissenschaft und Kultur 2002, 1 CD-ROM. (Forschungsprogramm Kulturlandschaft ; 13). ISBN 3-85224-109-X.

4192
Kunze, Stephan: Kartographische Unterstützungsmöglichkeiten für den PPNV – angewandt am ÖPNV Salzburgs. Ed.: Technische Universität Wien. – Wien: Technische Universität Wien 2004, 163 p., 48 ill., 35 Diagramme, 12 tab. [Diplomarbeit].

4193
Mokre, Jan: Geheimhaltung, Spionage und Kartenverfälschung : Aspekte des Verhältnisses zwischen Militär und Kartographie zur Zeit Maria Theresias. In: Aspekte der Kartographie im Wandel der Zeit : Festschrift für Ingrid Kretschmer zum 65. Geburtstag und anlässlich ihres Übertritts in den Ruhestand. Ed.: Kainz, Wolfgang. Hrsg. von Wolfgang Kainz. – Wien: Geographisches Institut <Wien, Universität> / Arbeitsbereich für Geographie und Kartographie 2004., p.86-92, 2 ill. (Wiener Schriften zur Geographie und Kartographie ; 16).

4194
Nolz, Elisabeth: Konzeption eines Location Based Services auf Grundlage des Kulturgüterkatasters der Stadt Wien am Beispiel des sechsten Wiener Gemeindebezirkes. Ed.: Technische Universität Wien. – Wien: Technische Universität Wien 2004, 127 p.

4195
Österreichische Kartographie : von den Anfängen im 15. Jahrhundert bis zum 21. Jahrhundert. Ed.: Kretschmer, Ingrid; Kriz, Karel. ; Geographisches Institut <Wien, Universität> / Arbeitsbereich für Geographie und Kartographie. – Wien: 2004, 317 p., ill., mp. (Wiener Schriften zur Geographie und Kartographie ; 15).

4196
Opll, Ferdinand: Wien im Bild historischer Karten : die Entwicklung der Stadt bis in die Mitte des 19. Jahrhunderts. Ed.: Böhlau. Aufnahmen Michael Oberer und Österreichische Nationalbibliothek. – Wien: Böhlau 2004, 79 p., [50] Bl., mp. [2., erg. Aufl.].

4197
Peyke, Gerd; Zaunsender, Stefan: Skalierbares GeoGovernment via Inernet via Internet und Intranet mit w^{3}GIS. In: geoGovernment : öffentliche Geoinformations-Dienste zwischen Kommune und Europa. Ed.: Strobl, Josef; Griesebner, Gerald. Josef Strobl; Gerald Griesebner (Hrsg.). – Heidelberg: Herbert-Wichmann-Verlag 2003., p.77-82, 6 ill.

4198
Riegler, Karin: Analyse der Steiermarkkarte (1678) von Georg Matthäus Vischer unter besonderer Berücksichtigung des Oberen Murtetales. Ed.: Universität Wien. – Wien: Universität Wien 2004, 232 p., 73 ill. [Diplomarbeit].

4199
Rottensteiner, Franz; Briese, Sydney; Briese, Christian: Automatische Erfassung von Gebäudemodellen aus Laserscannerdaten und die Integration von Luftbildern. In: Photogrammetrie, Fernerkundung, Geoinformation : PFG ; Organ der Deutschen Gesellschaft für Photogrammetrie und Fernerkundung e.V. 2004,4, p.269-277, 8 ill. ISSN 1432-8364.

4200
Schaffhauser, Horst: Das Lawinensimulationsmodell SAMOS : ein gekoppeltes, mehrdimensionales, numerisches Katastrophen-Lawinenmodell. In: Kontinuität und Wandel in der Kultur- und Naturlandschaft : Festschrift für Herwig Wakonigg. Ed.: Institut für Geographie und Raumforschung. Hrsg. Institut für Geographie und Raumforschung, Universität Graz. Red.: Gerhard Karl Lieb. – Graz: Institut für Geographie und Raumforschung 2002., p.183-197, 10 ill., 2 tab. + 1 suppl. (Grazer Schriften der Geographie und Raumforschung).

4201
Schnabel, W.: Der gegenwärtige Stand der geologischen Landesaufnahme in Österreich mit einem Ausblick in die Zukunft. In: "Brenner" : Geologische Bundesanstalt, Arbeitstagung 2003, Trins im Gschnitztal 1.-5. September 2003 ; Geologische Kartenblätter 1:50.000, 148 Brenner 175 Sterzing. Ed.: Geologische Bundesanstalt. – Wien: Geologische Bundesanstalt 2003., p.5-6.

4202
Schönburg-Hartenstein, Johanna; Zedinger, Renate: Jean-Baptiste Brequin (1712-1785) : ein Wissenschaftler aus Lothringen im Dienst des Wiener Hofes. – Wien: Deuticke 2004, 124 p., ill., mp. (Forschungen und Beiträge zur Wiener Stadtgeschichte ; 42).

4203
Seger, Martin: Waldzustandsermittlung mittels Farbinfrarot-Luftbildern im Raum Voitsberg : ein Beispiel angewandter naturwissenschaftlicher Geographie. In: Kontinuität und Wandel in der Kultur- und Naturlandschaft : Festschrift für Herwig Wakonigg. Ed.: Institut für Geographie und Raumforschung. Hrsg. Institut für Geographie und Raumforschung, Universität Graz. Red.: Gerhard Karl Lieb. – Graz: Institut für Geographie und Raumforschung 2002., p.199-210, 4 ill., 3 tab. + 1 mp.-suppl. (Grazer Schriften der Geographie und Raumforschung).

4204
Somek, Gottfried: Noreia und die Tabula Peutingeriana. In: Carinthia : geschichtliche und volkskundliche Beiträge zur Heimatkunde Kärntens ; Mitteilungen des Geschichtsvereins für Kärnten / 1, Zeitschrift für geschichtliche Landeskunde von Kärnten. 194.2004, p.293-320, 4 ill., 2 tab. ISSN 0008-6606.

4205
Thomas Damoiseaux: Untersuchungen zum Einsatz von Flugzeug-InSAR in der Gebirgskartographie. Ed.: Technische Universität Dresden / Institut für Kartographie. – Dresden: Technische Universität Dresden / Institut für Kartographie 2003, 1 CD-ROM. (Kartographische Bausteine : KB ; 22). [Elektronische Ressource; Parallel als Buch-Ausg. erschienen].

4206
Wawrik, Franz: Die Karten der Länder Ober- und Niederösterreich im Atlas Blaeu-Van der Hem, mit besonderer Berücksichtigung der Handzeichnungen Julius Mulhusers. In: Aspekte der Kartographie im Wandel der Zeit : Festschrift für Ingrid Kretschmer zum 65. Geburtstag und anlässlich ihres Übertritts in den Ruhestand. Ed.: Kainz, Wolfgang. Hrsg. von Wolfgang Kainz. – Wien: Geographisches Institut <Wien, Universität> / Arbeitsbereich für Geographie und Kartographie 2004., p.141-149, 4 ill. (Wiener Schriften zur Geographie und Kartographie ; 16).

4207
Wawrik, Franz: Von den Anfängen der österreichischen Kartographie bis zur zweiten Türkenbelagerung Wiens (1683). In: Österreichische Kartographie : von den Anfängen im 15. Jahrhundert bis zum 21. Jahrhundert. Ed.: Kretschmer, Ingrid; Kriz, Karel. Geographisches Institut <Wien, Universität> / Arbeitsbereich für Geographie und Kartographie. – Wien: 2004., p.11-73, 19 ill., 6 pl. (Wiener Schriften zur Geographie und Kartographie ; 15).

4208
Wilmersdorf, Erich: Die Rolle der automatischen Kartografie im eGeoGovernmentprozess der Bauleitplanung. In: Arbeitsgruppe Automation in der Kartographie : Tagung 2003. Ed.: Bundesamt für Kartographie und Geodäsie <Deutschland>. – Frankfurt a.M.: Bundesamt für Kartographie und Geodäsie <Deutschland> 2004., p.219-227, 8 ill. (Mitteilungen des Bundesamtes für Kartographie und Geodäsie ; 31; 2004).

4209
Wilmersdorf, Erich: Ein Fall für e-GEOgovernment – Aufgrabungen im Straßenbereich und zentraler Leitungskataster am Beispiel von Wien. In: geoGovernment : öffentliche Geoinformations-Dienste zwischen Kommune und Europa. Ed.: Strobl, Josef; Griesebner, Gerald. Josef Strobl; Gerald Griesebner (Hrsg.). – Heidelberg: Herbert-Wichmann-Verlag 2003., p.129-138, 5 ill.

4210
Wonka, Erich: Österreich untergliedert in Gemeinden, Zählsprengel oder Raster – ein regionalstatistischer Vergleich. In: Mitteilungen der Österreichischen Geographischen Gesellschaft : MÖGG ; Jahresband. 146.2004, p.345-356, 7 ill. ISSN 0029-9138.

Belgium / Belgien / Belgique

4211
Antrop, Marc; Eetvelde, Veerle van: De landschapsatlas van het Vlaamse gewest. In: De Aardrijkskunde. 1-2, p.21-30, 5 ill., 3 tab. The landscape atlas of the Flemish region of Belgium. [Dutch with Engl. rés.].

4212
Boeckx, Katrien: The Hypsos Map, ambassador to Antwerp, 1913. In: Momentum : Antwerp's port in the 19th and 20th century. Ed.: Blomme, Jan; Devos, Greta; Nauwelaerts, Mandy; Hoof, Werner van; Verlinden, Kathelijne. – Antwerp: Pandora 2002., p.[64]-77, 6 ill.

4213
Bossu, Jozef: Pieter van der Beke's Map of Flanders : before and after. In: Von Flandern zum Niederrhein : Wirtschaft und Kultur überwinden Grenzen ; Begleitband zur Ausstellung "Von Flandern zum Niederrhein – Wirtschaft und Kultur überwinden Grenzen" ; [10. Mai bis 6. August 2000 ; eine Ausstellung der 24. Duisburger Akzente "Ei. Ed.: Kultur- u. Stadthistorisches Museum Duisburg. – Duisburg: Kultur- u. Stadthistorisches Museum Duisburg 0., p.35-40, 1 ill.

4214
Bragard, Philippe: Patrimoine fortifié et cartographe topographique dans les Pays-Bas espagnols et autrichiens (XVIe – XVIIIe siècles). In: Portefeuilles de plans : projets et dessins d'ingénieurs militaires en Europe du XVIe au XIXe siècle ; actes du colloque international de Saint-Amand-Montrond 2 et 3 mars 2001 ; [le Colloque "Portefeuilles de Plans, Projets et Dessins d'Ingénieurs Militaires en Europe du XVIe au XIXe Siècles"]. Ed.: Cher. Ouvrage collectif publ. sous la dir. scientifique de Vincent Maroteaux ... – Bourges: Cher 2001., p.45-54, 6 ill.

4215
Danckaert, Lisette: Map of the Austrian Netherlands, by Ferraris, 1771-77. In: BIMCC newsletter / Brussels International Map Collectors' Circle. 20.2004, p.13-15, 1 mp.

4216
Depuydt, Frans; Decruynaere, Leen: De Vlaanderen-kaarten van Mercator en Ortelius: In welke mate zijn ze metrisch nauwkeurig?. In: Caert-thresoor : tijdschrift voor de geschiedenis van de kartografie in Nederland. 20, 2001, 1, p.13-19, 5 ill., 1 tab. The maps of Flanders by Mercator and Ortelius: To what extent are they metrically accurate?. [Dutch with Engl. rés.]. ISSN 0167-4994.

4217
Deruyter, Greta; Antrop, Marc: De atlas der buurtwegen : een vergeten (cartografisch) erfgoed. In: De Aardrijkskunde. 1-2, p.67-83, 12 ill., 4 tab. The atlas of vicinal roads : a forgotten (cartographic) heritage. [Dutch with Engl. rés.].

4218
Dubois, Sébastien: La rectification du tracé des frontières sur les cartes des Pay-Bas autrichiens de Ferraris (1777-1779). – Bruxelles: Palais des Académies 2001, XXXVI, 95 p. + 6 mp.-suppl.

4219
Duvosquel, Jean Marie; Weber, Jean-Pol: La carte d'Arenberg de la Terre de Mirwart en 1609. In: De la Meuse à l'Ardenne. 35.2003, p.65-83, 19 ill. ISSN 0773-8781.

4220
Heijden, Henk A.M. van der: Antonius van Leest, een 16de-eeuws Antwerps kaartmaker. In: Caert-thresoor : tijdschrift voor de geschiedenis van de kartografie in Nederland. 20, 2001, 1, p.10-12, 2 ill. Antonius van Leest, a 16th century mapmaker from Antwerp. [Dutch with Engl. rés.]. ISSN 0167-4994.

4221
Kirmse, Rolf: Die große Flandernkarte Gerhard Mercators (1540) : ein Politikum?. In: Von Flandern zum Niederrhein : Wirtschaft und Kultur überwinden Grenzen ; Begleitband zur Ausstellung "Von Flandern zum Niederrhein – Wirtschaft und Kultur überwinden Grenzen" ; [10. Mai bis 6. August 2000 ; eine Ausstellung der 24. Duisburger Akzente "Ei. Ed.: Kultur- u. Stadthistorisches Museum Duisburg. – Duisburg: Kultur- u. Stadthistorisches Museum Duisburg 0., p.41-66, 2 ill.

4222
Maeyer, Philipp de: 250 jaar landsdekkende basiscartografie in België. In: De Aardrijkskunde. 1-2, p.3-14 250 years country-covering cartography of Belgium. [Dutch with Engl. rés.].

4223
Maeyer, Philipp de: Historische schets van de schoolatlassen in Vlaanderen. In: De Aardrijkskunde. 1-2, p.37-44, 8 ill., 1 tab. Historic overview and comparison of school atlases in Flanders. [Dutch with Engl. rés.].

4224
Man, Joris de; Brondeel, Marijke: Het digitaal hoogt-model Vlaanderen. In: Geo-Info : tijdschrift voor Geo-Informatie Nederland, GIN. 1.2004,2, p.88-89, 6 ill. The digital height-model Flanders. [Dutch]. ISSN 1572-5464.

4225
Mattelaer, Pierre: Small is beautiful : a look at an exhibition and books. In: BIMCC newsletter / Brussels International Map Collectors' Circle. 19.2004, p.6-7, 2 ill.

4226
Meulemeester, Jean Luc: Een minder bekende kaart van het kanaal Plassendale-Nieuwpoort. In: Biekorf : dat is een leer- en leesblad voor alle verstandige vlamingen. 103.2003,3, p.290-293, 2 ill. A lesser known map of the canal Plassendale-Nieuwpoort. [Dutch].

4227
Momentum : Antwerp's port in the 19th and 20th century. Ed.: Blomme, Jan; Devos, Greta; Nauwelaerts, Mandy; Hoof, Werner van; Verlinden, Kathelijne. – Antwerp: Pandora 2002, 230 p., ill., tab. ISBN 90-5325-193-6.

4228
Muylaert, Raf: Het Nationaal geografisch Instituut : zijn producten en numerieke technologie. In: De Aardrijkskunde. 1-2, p.45-55, 5 ill. The National Geographic Institute : its products and various technologies. [Dutch with Engl. rés.].

4229
Renteux, Jean-Louis: Map of "Haynault", by Jacques Surhon, 1579. In: BIMCC newsletter / Brussels International Map Collectors' Circle. 19.2004, p.17-20, 1 mp.

4230
Rutherford, Dianne: Teaching the terrain : First World War battlefields at the Australian War Memorial. In: The Globe. 55.2004, p.25-30, 3 ill. ISSN 0311-3930.

4231
Watelet, Marcel: Extraits du corpus cartographique de l'ingénieur Jean-Baptiste Vifquain (1789-1854): dispositifs graphiques et comportements techniques. In: Portefeuilles de plans : projets et dessins d'ingénieurs militaires en Europe du XVIe au XIXe siècle ; actes du colloque international de Saint-Amand-Montrond 2 et 3 mars 2001 ; [le Colloque "Portefeuilles de Plans, Projets et Dessins d'Ingénieurs Militaires en Europe du XVIe au XIXe Siècles"]. Ed.: Cher. Ouvrage collectif publ. sous la dir. scientifique de Vincent Maroteaux ... – Bourges: Cher 2001., p.107-116, 5 ill.

Bosnia and Herzegovina / Bosnien und Herzegowina / Bosnie-Herzégovine

4232
Kozličić, Mithad: Regiones flumina unnae et sanae in veteribus tabulis geographicis = Unsko-sansko područje na starim geografskim kartama : (izbor karata, planova i veduta u kontekstu historije Unskog-sanskog područja od kraja 15. do početka 18. stoljeća. Ed.: Nacionalna i Univerzitetska Biblioteka Bosne i Hercegovine <Sarajevo>. – Sarajevo [u.a.]: Nacionalna i Univerzitetska Biblioteka Bosne i Hercegovine <Sarajevo> 2003, 495 p., ill., mp. [Bosn.]. ISBN 995-850022-1.

Bulgaria / Bulgarien / Bulgarie

4233
Kacarski, Ivan: Digitalnata Fotogrametrija i s„stojanieto j v B„lgarija. In: Geodezija, kartografija, zemeustrojstvo. 3-4, p.11-17, 3 ill. On photogrammetry in general and digital photogrammetry in particular. [Bulg. with Engl. rés.].

4234
Kreuer, Werner: Moderne Tafel 2, Balkanhalbinsel, ohne Bezeichnung, Henricus Martellus Germanus, Florenz vor 1490, (Cl.XIII, 16, fol. 120 v. -121 r. Ptol. Henrici Martelli Germani; Biblioteca Nazionale Centrale, Firenze). – Einmalige limitierte Weltaufl. von 320 arabisch nummerierten Ex. In: Monumenta cartographica: tabulae modernae : kartographische Denkmäler, ein Triumph über die Zeit ; Essener Bearbeitung von sechs Tafeln der historischen Kartographie ; mit sechs Vollfaksimilierungen aus: Biblioteca Nazionale Centrale, Florenz (Tafeln 1,2,3,4,5), Bayerische Staatsbibliothek, München (Tafel 6). Ed.: Kreuer, Werner. – Ludwigsburg: Edition Libri Illustri 2001., p.24-31, 9 ill., 1 mp.

Croatia / Kroatien / Croatie

4235
Feletar, Dragutin; Glamuzina, Martin: Die kroatisch-ungarische Grenze auf alten Landkarten. In: Geoadria. 6.2001, p.81-91, 11 ill. ISSN 1331-2294.

4236
Reisz, Csaba T.: Magyarország általános térképének elkészítése a 19. század elsÿîo évtizedében : Lipszky János és segítÿîoi térképészeti vállalkozásának ismertetése. – Budapest: Cartofil Könyvkiadó 2002, 512, 32 p., ill., mp., 2 Beil. The making of the General Map of Hungary in the first decade of the 19th. century. [Hung. with Engl., Germ., and Slovak rés.]. [Literaturverz. S. 357-375] ISBN 963-202-327-7.

Cyprus / Zypern / Chypre

4237
Campbell, Tony: Cyprus : the reliability of early maps ; the Antonakis Georgiadhes memorial lecture. Ed.: Bank of Cyprus Cultural Foundation. – Nicosia: Bank of Cyprus Cultural Foundation 1994, 39 p., mp. (Cyprus cartography lectures ; 2).

4238
Gole, Susan: Cyprus on the table : maps of Cyprus in British Government papers ; 1878-1920 ; [the Eila Campbell memorial lecture]. Ed.: Bank of Cyprus Cultural Foundation. – Nicosia: Bank of Cyprus Cultural Foundation 1996, 60 p., mp. (Cyprus cartography lectures ; 3).

4239
Maps of Cyprus : from the collections of the Bank of Cyprus Cultural Foundation. Ed.: Navari, Leonora. Catalogue ed. by Leonora Navari. – Nicosia: Bank of Cyprus Cultural Foundation 2003, 373 p., ill., mp. ISBN 9963-42819-3.

4240
Michaelidou, Lefki: Introduction to the exhibition "The European cartographers of Cyprus 16th -20th centuries". In: Journal of the International Map Collectors' Society. 2004,97, p.25-36, 10 ill.

4241
Wallis, Helen: Vignettes in the cartographic history of Cyprus : The Agnes Michaelides Memorial Lecture. Ed.: Bank of Cyprus Cultural Foundation. – Nicosia: Bank of Cyprus Cultural Foundation 1992, 24 p., [8] Bl.

Denmark / Dänemark / Danemark

4242
Tema: historiske kort. Ed.: Geoforum Danmark. – Frederiksberg: Geoforum Danmark 2004, 75 p., ill., mp. (Geoforum perspektiv : tidsskrift for geografisk information ; 5.2004). [Dan.].

Estonia / Estland / Estonie

4243
Ehrensvärd, Ulla: Topographica Estonia : handritade kartor och ritninger över Estland i svenska offentliga samlingar = Handgezeichnete Karten und Zeichnungen von Estland in schwedischen öffentlichen Sammlungen. In: Eesti teadusliku Seltsi Rootsis Aastaraamat 12 (1991/1999) = Annales Societatis Litterarum Estonicae in Svecica., p.5-289 Handdrawn maps and designs of Estonia in Swedish public collections. [Swed., Germ., and Estonian].

Finland / Finnland / Finlande

4244
Bröker, Kareen: Vegetasjonskartlegging av Fennoskandia basert på MODIS-data. In: Kart og plan : vitenskapelig tidsskrift. 97.2004,2, p.104-120, 11 ill., 1 tab. MODIS satellite data as a source for land cover mapping of Fennoskandia. [Norw. with Engl. rés.]. ISSN 0047-3278.

4245
Geodetic measurements at the Pasmajärvi and Nuottavaara faults. Mikko Takalo...Ed. by Heli Suurmäki. – Kirkkonummi: 2004, 44 p., ill., mp. (Suomen Geodeettisen Laitoksen tiedonanoja ; 2004,1).

4246
Häkli, Jouni: Mapping the historical sense of Finland. In: Fennia / Societas Geographica Fenniae. 180.2002,1-2, p.75-81, 4 ill. ISSN 0015-0010.

4247
Samuelin kartat : Helsingin pitäjä vanhimmissa kartoissaan 1681 -1712 = Samuels kartor. Ed.: Leskinen, Teresa. ; Vantaan Kaupunginmuseo <Vantaa>. – Vantaa: 2001, 88 p., ill., mp. (Vantaan Kaupunginmuseon julkaisuja ; 11). [Finn. and Swed.]. [Catalogue of an exhibition held at the Vantaa City Museum, 17 May -25 Nov.] ISBN 952-443033-9.

France / Frankreich / France

4248
APUR : Atelier Parisien d'Urbanisme. In: Rapport National des Activités Cartographiques Françaises entre 1999 et 2003 : développement – enseignement – recherche – documentation – production. – Paris: 2003., p.8-9, 1 suppl. (6 ill.) (Le Monde des Cartes : revue du Comité Français de Cartographie ; 176.2003).

4249
Bacchus, Michel: Évolution des méthodes de tenue à jour des cartes et bases de données géographiques à l'IGN. In: Le Monde des Cartes : revue du Comité Français de Cartographie. 182.2004, p.52-58, 4 ill. ISSN 1634-3522.

4250
Barreau, Gérald; Populus, Jacques; Fazilleau, Jacques: Apport de l'altimétrie par laser aéroporté à la cartographie des estrans : expérimentation de l'anse de l'Aiguillon. In: XYZ : revue de l'Association Française de Topographie. 87.2001,2, p.31-36, 18 ill. ISSN 0290-9057.

4251
Berthon, Etienne: Saint-Germain-en-Laye : une forêt royale à travers l'histoire. In: Trois siècles de cartographie en Ile-de-France Volume 2. Ed.: Institut d'Aménagement et d'Urbanisme de la Région d'Ile-de-France. Institut d'Aménagement et d'Urbanisme de la Région d'Ile-de-France 1998., p.58-75, 19 ill. (Cahiers de l'Institut d'Aménagement et d'Urbanisme de la Région d'Ile-de-France ; 120.1998).

4252
Blumenfeld, Hervé: Stratification de cartes et aménagement. In: Trois siècles de cartographie en Ile-de-France Volume 1. Ed.: Institut d'Aménagement et d'Urbanisme de la Région d'Ile-de-France. Institut d'Aménagement et d'Urbanisme de la Région d'Ile-de-France 1997. (Cahiers de l'Institut d'Aménagement et d'Urbanisme de la Région d'Ile-de-France ; 119.1997).

4253
Blumenfeld, Hervé; Dugény, François: Traces et tracés ... In: Trois siècles de cartographie en Ile-de-France Volume 1. Ed.: Institut d'Aménagement et d'Urbanisme de la Région d'Ile-de-France. Institut d'Aménagement et d'Urbanisme de la Région d'Ile-de-France 1997., [4]-13, 10 ill. (Cahiers de l'Institut d'Aménagement et d'Urbanisme de la Région d'Ile-de-France ; 119.1997).

4254
Blumenfeld, Hervé; Dugény, François; Thibault, Christian; Vivien, Jean-François: Carte de France type 1922. In: Trois siècles de cartographie en Ile-de-France Volume 1. Ed.: Institut d'Aménagement et d'Urbanisme de la Région d'Ile-de-France. Institut d'Aménagement et d'Urbanisme de la Région d'Ile-de-France 1997., p.170-195, 47 ill. (Cahiers de l'Institut d'Aménagement et d'Urbanisme de la Région d'Ile-de-France ; 119.1997).

4255
Blumenfeld, Hervé; Hermelin, Michel; Thibault, Christian: La carte de France dite carte "d'État Major". In: Trois siècles de cartographie en Ile-de-France Volume 1. Ed.: Institut d'Aménagement et d'Urbanisme de la Région d'Ile-de-France. Institut d'Aménagement et d'Urbanisme de la Région d'Ile-de-France 1997., p.114-141, 33 ill. (Cahiers de l'Institut d'Aménagement et d'Urbanisme de la Région d'Ile-de-France ; 119.1997).

4256
Blumenfeld, Hervé; Hermelin, Michel; Thibault, Christian: La carte topographique des environs de Versailles dite carte "des Chasses". In: Trois siècles de cartographie en Ile-de-France Volume 1. Ed.: Institut d'Aménagement et d'Urbanisme de la Région d'Ile-de-France. Institut d'Aménagement et d'Urbanisme de la Région d'Ile-de-France 1997., p.86-113, 45 ill. (Cahiers de l'Institut d'Aménagement et d'Urbanisme de la Région d'Ile-de-France ; 119.1997).

4257
Blumenfeld, Hervé; Jacquet, Gaëlle; Prince, Didier; Raynaud, Claudie; Rouaud, Claudine: Emprise des grandes cartes en Ile-de-france du XVIII au XX siècle. In: Trois siècles de cartographie en Ile-de-France Volume 1. Ed.: Institut d'Aménagement et d'Urbanisme de la Région d'Ile-de-France. Institut d'Aménagement et d'Urbanisme de la Région d'Ile-de-France 1997., p.68-85, 32 ill. (Cahiers de l'Institut d'Aménagement et d'Urbanisme de la Région d'Ile-de-France ; 119.1997).

4258
Blumenfeld, Hervé; Thibault, Christian: La carte de France type 1900. In: Trois siècles de cartographie en Ile-de-France Volume 1. Ed.: Institut d'Aménagement et d'Urbanisme de la Région d'Ile-de-France. Institut d'Aménagement et d'Urbanisme de la Région d'Ile-de-France 1997., p.142-169, 33 ill. (Cahiers de l'Institut d'Aménagement et d'Urbanisme de la Région d'Ile-de-France ; 119.1997).

4259
Bragard, Philippe: Patrimoine fortifié et cartographe topographique dans les Pays-Bas espagnols et autrichiens (XVIe – XVIIIe siècles). In: Portefeuilles de plans : projets et dessins d'ingénieurs militaires en Europe du XVIe au XIXe siècle ; actes du colloque international de Saint-Amand-Montrond 2 et 3 mars 2001 ; [le Colloque "Portefeuilles de Plans, Projets et Dessins d'Ingénieurs Militaires en Europe du XVIe au XIXe Siècles"]. Ed.: Cher. Ouvrage collectif publ. sous la dir. scientifique de Vincent Maroteaux ... – Bourges: Cher 2001., p.45-54, 6 ill.

4260
Brun-Trigaud, Guylaine: Du crayon à l'ordinateur : une nouvelle interprétation des atlas linguistiques. In: Dialectologie et toponymie : actes du 8e Colloque de Dialectologie et de Littérature du Domaine d'Oïl Occidental (Université d'Avingnon, 12-13 juin 2002). Ed.: Brasseur, Patrice. – Avignon: Centre d'Études Canadiennes <Avignon> 2004., p.11-21, 11 ill.

4261
Checcaligni, Paul: L'urbaniste dans son temps. In: Trois siècles de cartographie en Ile-de-France Volume 1. Ed.: Institut d'Aménagement et d'Urbanisme de la Région d'Ile-de-France. Institut d'Aménagement et d'Urbanisme de la Région d'Ile-de-France 1997., p.250-256, 5 ill. (Cahiers de l'Institut d'Aménagement et d'Urbanisme de la Région d'Ile-de-France ; 119.1997).

4262
Dainville-Barbiche, Ségolène: A propos de la carte des paroisses jansénistes à Paris en 1793. In: François de Dainville S.J. (1909-1971) : pionnier de l'histoire de la cartographie et de d'éducation ; actes du colloque international organisé par L'UMR 8586, PRODIG à Paris, les 6 et 7 juin 2002. Ed.: Bousquet-Bressolier, Catherine. – Paris: Ecole Nationale des Chartes 2004., p.167-186, 4 ill. (Études et rencontres de l'École des Chartes : [EREC] ; 15).

4263
De Breteuil, Séverine: Breteuil en héritage. In: Trois siècles de cartographie en Ile-de-France Volume 2. Ed.: Institut d'Aménagement et d'Urbanisme de la Région d'Ile-de-France. Institut d'Aménagement et d'Urbanisme de la Région d'Ile-de-France 1998., p. 76-93, 22 ill. (Cahiers de l'Institut d'Aménagement et d'Urbanisme de la Région d'Ile-de-France ; 120.1998).

4264
Delavigne, Raymond: Lieux nommés, liens d'histoire : entre les "Parisii" (Parisiens) et les "Carnutes" (Chartrains). In: Trois siècles de cartographie en Ile-de-France Volume 2. Ed.: Institut d'Aménagement et d'Urbanisme de la Région d'Ile-de-France. Institut d'Aménagement et d'Urbanisme de la Région d'Ile-de-France 1998., p.140-156, 14 ill. (Cahiers de l'Institut d'Aménagement et d'Urbanisme de la Région d'Ile-de-France ; 120.1998).

4265
Depuydt, Frans; Decruynaere, Leen: De Vlaanderen-kaarten van Mercator en Ortelius: In welke mate zijn ze metrisch nauwkeurig?. In: Caert-thresoor : tijdschrift voor de geschiedenis van de kartografie in Nederland. 20, 2001, 1, p.13-19, 5 ill., 1 tab. The maps of Flanders by Mercator and Ortelius: To what extent are they metrically accurate?. [Dutch with Engl. rés.]. ISSN 0167-4994.

4266
Desportes, Marc: Route et cartographie en Ile-de-France 1650 -1750. In: Trois siècles de cartographie en Ile-de-France Volume 2. Ed.: Institut d'Aménagement et d'Urbanisme de la Région d'Ile-de-France. Institut d'Aménagement et d'Urbanisme de la Région d'Ile-de-France 1998., p.24-31, 7 ill. (Cahiers de l'Institut d'Aménagement et d'Urbanisme de la Région d'Ile-de-France ; 120.1998).

4267
Dialectologie et toponymie : actes du 8e Colloque de Dialectologie et de Littérature du Domaine d'Oïl Occidental (Université d'Avingnon, 12-13 juin 2002). Ed.: Brasseur, Patrice. – Avignon: Centre d'Études Canadiennes <Avignon> 2004, 202 p., ill., mp. ISBN 2-9511963-1-8.

4268
Dugény, François: Le cadastre, la parcelle et la limite. In: Trois siècles de cartographie en Ile-de-France Volume 1. Ed.: Institut d'Aménagement et d'Urbanisme de la Région d'Ile-de-France. Institut d'Aménagement et d'Urbanisme de la Région d'Ile-de-France 1997., p.222-249, 41 ill. (Cahiers de l'Institut d'Aménagement et d'Urbanisme de la Région d'Ile-de-France ; 119.1997).

4269
Dugény, François: Versailles ou l'ordre imposé. In: Trois siècles de cartographie en Ile-de-France Volume 2. Ed.: Institut d'Aménagement et d'Urbanisme de la Région d'Ile-de-France. Institut d'Aménagement et d'Urbanisme de la Région d'Ile-de-France 1998., p.114-139, 33 ill. (Cahiers de l'Institut d'Aménagement et d'Urbanisme de la Région d'Ile-de-France ; 120.1998).

4270
Dupuis, Jean-Claude: Trois siècles de cartographie en Ile-de-France. In: Trois siècles de cartographie en Ile-de-France Volume 1. Ed.: Institut d'Aménagement et d'Urbanisme de la Région d'Ile-de-France. Institut d'Aménagement et d'Urbanisme de la Région d'Ile-de-France 1997., p.14-37, 27 ill. (Cahiers de l'Institut d'Aménagement et d'Urbanisme de la Région d'Ile-de-France ; 119.1997).

4271
Eleb-Harlé, Nicole: Infrastructures et recompositions urbaines : le plateau de Bagnolet-Romainville et Montreuil. In: Trois siècles de cartographie en Ile-de-France Volume 2. Ed.: Institut d'Aménagement et d'Urbanisme de la Région d'Ile-de-France. Institut d'Aménagement et d'Urbanisme de la Région d'Ile-de-France 1998., p.94-110, 26 ill. (Cahiers de l'Institut d'Aménagement et d'Urbanisme de la Région d'Ile-de-France ; 120.1998).

4272
Fleury, Michel: Quand le chemin de fer apparaît en Ile-de-France. In: Trois siècles de cartographie en Ile-de-France Volume 2. Ed.: Institut d'Aménagement et d'Urbanisme de la Région d'Ile-de-France. Institut d'Aménagement et d'Urbanisme de la Région d'Ile-de-France 1998., p.32-45, 19 ill. (Cahiers de l'Institut d'Aménagement et d'Urbanisme de la Région d'Ile-de-France ; 120.1998).

4273
Fordham, Herbert George: Studies in cartobibliography, British and French : and in the bibliography of itineraries and road books. – Mansfield Centre, Conn.: Martino Pub 2003, VII, 180 p., ill. [Repr. [der Ausg.] Oxford, Clarendon Press, 1914; Includes bibliographical references and index] ISBN 1-578-98426-2.

4274
Fournier, Jérôme: Quelques méthodes de cartographie des biocénoses benthiques en plongée subaquatique : application à la baie de Lannion. In: Le Monde des Cartes : revue du Comité Français de Cartographie. 181.2004, p.45-54, 4 ill., 1 tab. ISSN 1634-3522.

4275
Géonomenclature historique des lieux habités : rapport. Ed.: France / Direction des Archives. – Paris: France / Direction des Archives 2003, 40 p.

4276
Gleyze, Jean-François: Fonctionnalité et vulnérabilité du réseau de métro parisien. In: Bulletin d'information de l'IGN : BI ; recherche ... 74.2003, p.97-111, 10 ill., 1 tab. ISSN 0427-2218.

4277
Gottlieb, Carlos; Blumenfeld, Hervé; Dugény, François: 250 ans d'évolution de l'occupation du sol en Ile-de-France. In: Trois siècles de cartographie en Ile-de-France Volume 1. Ed.: Institut d'Aménagement et d'Urbanisme de la Région d'Ile-de-France. Institut d'Aménagement et d'Urbanisme de la Région d'Ile-de-France 1997., p.206-215, 13 ill., 1 tab. (Cahiers de l'Institut d'Aménagement et d'Urbanisme de la Région d'Ile-de-France ; 119.1997).

4278
Günther, Gerhard: Das französische Kataster. In: NÖV : Nachrichten aus dem öffentlichen Vermessungsdienst Nordrhein-Westfalen. 37.2004,1, p.33-42, 4 ill.

4279
Guino,, Norbert: Mémento de toponymie. – Digoin: Selbstverlag 2004, 125 p.

4280
Henry, J.-B.; Grussenmeyer, Pierre; Malet, J.-P.; Maquaire, O.: Génération de MNT par photogrammétrie aérienne de petit format : application au versant instable de Super-Sauze. In: XYZ : revue de l'Association Française de Topographie. 87.2001,2, p.42-50, 5 ill., 2 tab. ISSN 0290-9057.

4281
Koller-Weiss, Katharina: Tschudis Blick nach Westen – die Manuskriptkarte der Freigrafschaft Burgund. In: Aegidius Tschudi und seine Zeit. Ed.: Koller-Weiss, Katharina; Sieber, Christian. Hrsg. von Katharina Koller-Weiss und Christian Sieber. – Basel: Krebs 2002., p.165-191, 6 ill.

4282
Lacrocq, Nelly; Faille, René: Les ingénieurs géographes : Claude, François et Claude-Félix Masse. – Vincennes: Service Historique de l'Armée de Terre 2001, 212 p., ill., mp. – Rééd. ISBN 2-86323-124-3; 2-86474-000-1.

4283
Laîné, Stéphane: Évolution de la graphie des toponymes dans les cartes de la Manche du XVIIe au XIXe s. In: Dialectologie et toponymie : actes du 8e Colloque de Dialectologie et de Littérature du Domaine d'Oïl Occidental (Université d'Avingnon, 12-13 juin 2002). Ed.: Brasseur, Patrice. – Avignon: Centre d'Études Canadiennes <Avignon> 2004., p.145-173, 7 tab.

4284
Lallier, Dominique: L'apport fondamental des plans anciens pour la compréhension actuelle de la forteresse de Montrond et sa mise en valeur. In: Portefeuilles de plans : projets et dessins d'ingénieurs militaires en Europe du XVIe au XIXe siècle ; actes du colloque international de Saint-Amand-Montrond 2 et 3 mars 2001 ; [le Colloque "Portefeuilles de Plans, Projets et Dessins d'Ingénieurs Militaires en Europe du XVIe au XIXe Siècles"]. Ed.: Cher. Ouvrage collectif publ. sous la dir. scientifique de Vincent Maroteaux ... – Bourges: Cher 2001., p.33-43, 7 ill.

4285
Le Sueur, Bernard: L'aménagement des voies de navigation en Ile-de-France : les grandes étapes. In: Trois siècles de cartographie en Ile-de-France Volume 2. Ed.: Institut d'Aménagement et d'Urbanisme de la Région d'Ile-de-France. Institut d'Aménagement et d'Urbanisme de la Région d'Ile-de-France 1998., p.46-59, 20 ill. (Cahiers de l'Institut d'Aménagement et d'Urbanisme de la Région d'Ile-de-France ; 120.1998).

4286
Malléjacq, Patrick: Les bases de données de l'IGN. In: Trois siècles de cartographie en Ile-de-France Volume 1. Ed.: Institut d'Aménagement et d'Urbanisme de la Région d'Ile-de-France. Institut d'Aménagement et d'Urbanisme de la Région d'Ile-de-France 1997., p.216-221, 6 ill. (Cahiers de l'Institut d'Aménagement et d'Urbanisme de la Région d'Ile-de-France ; 119.1997).

4287
Meynadier, Christine: L'informatisation du plan cadastral. In: Trois siècles de cartographie en Ile-de-France Volume 1. Ed.: Institut d'Aménagement et d'Urbanisme de la Région d'Ile-de-France. Institut d'Aménagement et d'Urbanisme de la Région d'Ile-de-France 1997., p.248-249, 2 ill. (Cahiers de l'Institut d'Aménagement et d'Urbanisme de la Région d'Ile-de-France ; 119.1997).

4288
Neumann, Joachim: Die deutsch-französischen Beziehungen im Spiegel deutscher Schulatlanten : Katalog zur Ausstellung im Hauptstaatsarchiv Stuttgart vom 6. Oktober bis 17. Dezember 2004. Ed.: Fachhochschule Karlsruhe, Hochschule für Technik, Fachbereich Geoinformationswesen. – Karlsruhe: Fachhochschule Karlsruhe, Hochschule für Technik, Fachbereich Geoinformationswesen 2004, 48 p., mp. (Karlsruher geowissenschaftliche Schriften ; Reihe C, Alte Karten ; 15). ISBN 3-89063-614-4.

4289
Palsky, Gilles: François de Dainville et l'histoire de la cartographie : orientations traditionelles et thématiques nouvelles. In: François de Dainville S.J. (1909-1971) : pionnier de l'histoire de la cartographie et de d'éducation ; actes du colloque international organisé par L'UMR 8586, PRODIG à Paris, les 6 et 7 juin 2002. Ed.: Bousquet-Bressolier, Catherine. – Paris: Ecole Nationale des Chartes 2004., p.81-99, 3 ill. (Études et rencontres de l'École des Chartes : [EREC] ; 15).

4290
Pelletier, Monique: La cartographie de la France aux XVe et XVIe siècles : entre passé, présent et futur. In: Le Monde des Cartes : revue du Comité Français de Cartographie. 182.2004, p.7-22, 11 ill., 2 tab. ISSN 1634-3522.

4291
Perrin, Laurent: La ville panoramique : Évolution des regards aériens sur Paris et sa banlieue. In: Trois siècles de cartographie en Ile-de-France Volume 2. Ed.: Institut d'Aménagement et d'Urbanisme de la Région d'Ile-de-France. Institut d'Aménagement et d'Urbanisme de la Région d'Ile-de-France 1998., p.6-20, 16 ill. (Cahiers de l'Institut d'Aménagement et d'Urbanisme de la Région d'Ile-de-France ; 120.1998).

4292
Picon, Antoine: Nineteenth-century urban cartography and the scientific ideal : the case of Paris. In: Science and the city. Ed.: Dierig, Sven. – Chicago, Ill.: University of Chicago Press 2003., p.135-149, 3 ill. (Osiris : a research journal devoted to the history of science and its cultural influences ; [Ser.2], 18).

4293
Portraits de Loire : iconographie du XVIIe siècle à nos jours. Coordination: Laurence Montilly. – [Nantes]: Coiffard 2004, 89 p., ill., mp. ISBN 2-910366-53-7.

4294
Rapport Cartographique National : travaux exécutés de 1995 à 1999. 1999, 54 p. (Bulletin du Comité Français de Cartographie ; 160.1999). [Themenheft der Zeitschrift "Bulletin du Comité Français de Cartographie" (160.1999)].

4295
Rapport Cartographique National. Travaux exécutés de 1991 à 1995. 1995, 55 p., 3 mp.-suppl. (Bulletin du Comité Français de Cartographie ; 144.1995). [Themenheft der Zeitschrift "Bulletin du Comité Français de Cartographie" (144.1995)].

4296
Rapport National des Activités Cartographiques Françaises entre 1999 et 2003 : développement – enseignement – recherche – documentation – production. – Paris: 2003, 43 p., ill., mp., suppl. (Le Monde des Cartes : revue du Comité Français de Cartographie ; 176.2003). [Themenheft der Zeitschrift "Bulletin du Comité Français de Cartographie" (176.2003)].

4297
Reinhartz, Dennis: Divided by Empire, reunited by tourism : tourist maps of Sint Maarten / Saint Martin. In: Journal of the International Map Collectors' Society. 2004,98, p.33-45, 12 ill.

4298
Rêves de capitale : Paris et ses plans d'embellissement : [à l'occasion de l'Exposition "Rêves de Capitale. Paris et Ses Plans d'Embellissement", présentée par la Bibliothèque Nationale de France dans la crypte, site Richelieu, du 28 janvier 2003 au 19 av. Ed.: Bibliothèque Nationale de France. Commissaire de l'exposition: Jean-Yves Sarazin. – Paris: Bibliothèque Nationale de France 2003, 32 p., ill., mp. (Cahiers d'une exposition / Bibliothèque Nationale de France ; 42).

4299
Roebert, Katinka: Van smederij tot digitale snelweg. In: Geo-Info : tijdschrift voor Geo-Informatie Nederland, GIN. 1.2004,11, p.488-489, 1 ill. From forge to digital highway. [Dutch]. ISSN 1572-5464.

4300
Room, Adrian: Placenames of France : over 4000 towns, villages, natural features, regions and departments. Ed.: McFarland & Company. – Jefferson, NC: McFarland & Company 2004, V, 328 p. [Includes bibliographical references (p.327-328)].

4301
Roux, Antoine de: Les atlas de Trudaine : une source de premier plan pour la connaissance de la France de l'intérieur dans les années 1750 : l'exemple des atlas de la généralité de Bourges. In: Portefeuilles de plans : projets et dessins d'ingénieurs militaires en Europe du XVIe au XIXe siècle ; actes du colloque international de Saint-Amand-Montrond 2 et 3 mars 2001 ; [le Colloque "Portefeuilles de Plans, Projets et Dessins d'Ingénieurs Militaires en Europe du XVIe au XIXe Siècles"]. Ed.: Cher. Ouvrage collectif publ. sous la dir. scientifique de Vincent Maroteaux ... – Bourges: Cher 2001., 185-196, 9 ill., 1 tab.

4302
Rutherford, Dianne: Teaching the terrain : First World War battlefields at the Australian War Memorial. In: The Globe. 55.2004, p.25-30, 3 ill. ISSN 0311-3930.

4303
Salamagne, Alain: Plan et représentation dans l'architecture des anciens Pays-Bas bourguignons du XVIe siècle au XVIIIe siècle. In: Portefeuilles de plans : projets et dessins d'ingénieurs militaires en Europe du XVIe au XIXe siècle ; actes du colloque international de Saint-Amand-Montrond 2 et 3 mars 2001 ; [le Colloque "Portefeuilles de Plans, Projets et Dessins d'Ingénieurs Militaires en Europe du XVIe au XIXe Siècles"]. Ed.: Cher. Ouvrage collectif publ. sous la dir. scientifique de Vincent Maroteaux ... – Bourges: Cher 2001., p.55-65, 4 ill.

4304
Salat, Nicole; Barros, Martin: De l'atlas des bâtiments militaires au portefeuille de l'officier : codification de l'oeuvre figurée du service du génie. In: Portefeuilles de plans : projets et dessins d'ingénieurs militaires en Europe du XVIe au XIXe siècle ; actes du colloque international de Saint-Amand-Montrond 2 et 3 mars 2001 ; [le Colloque "Portefeuilles de Plans, Projets et Dessins d'Ingénieurs Militaires en Europe du XVIe au XIXe Siècles"]. Ed.: Cher. Ouvrage collectif publ. sous la dir. scientifique de Vincent Maroteaux ... – Bourges: Cher 2001., p.127-137, 7 ill.

4305
Salat, Nicole; Barros, Martin: De l'atlas des bâtiments militaires au portefeuille de l'officier : codification de l'oeuvre figurée du service du génie. In: Portefeuilles de plans : projets et dessins d'ingénieurs militaires en Europe du XVIe au XIXe siècle ; actes du colloque international de Saint-Amand-Montrond 2 et 3 mars 2001 ; [le Colloque "Portefeuilles de Plans, Projets et Dessins d'Ingénieurs Militaires en Europe du XVIe au XIXe Siècles"]. Ed.: Cher. Ouvrage collectif publ. sous la dir. scientifique de Vincent Maroteaux ... – Bourges: Cher 2001., p.127-137, 7 ill.

4306
Sallat, Roland: De l'empire colonial aux agences de l'IGN : 1940 – 1973. Ed.: Institut Géographique National. – Paris: Institut Géographique National 2003, IV, 131 p., ill., mp. (Les cahiers historiques de l'IGN ; 3.2003).

4307
Sanger, Victoria: Les lotissements des ingénieurs du Roy au service de l'urbanisme : l'exemple de Lille vu à travers l'étude de trois plans issus de la collection Auclair. In: Portefeuilles de plans : projets et dessins d'ingénieurs militaires en Europe du XVIe au XIXe siècle ; actes du colloque international de Saint-Amand-Montrond 2 et 3 mars 2001 ; [le Colloque "Portefeuilles de Plans, Projets et Dessins d'Ingénieurs Militaires en Europe du XVIe au XIXe Siècles"]. Ed.: Cher. Ouvrage collectif publ. sous la dir. scientifique de Vincent Maroteaux ... – Bourges: Cher 2001., p.67-75, 7 ill.

4308
Servant, Hélène: Évolution des limites administratives de l'Ile-de-France : XVI – XX siècle. In: Trois siècles de cartographie en Ile-de-France Volume 1. Ed.: Institut d'Aménagement et d'Urbanisme de la Région d'Ile-de-France. Institut d'Aménagement et d'Urbanisme de la Région d'Ile-de-France 1997., p.38-55, 16 ill. (Cahiers de l'Institut d'Aménagement et d'Urbanisme de la Région d'Ile-de-France ; 119.1997).

4309
Trois siècles de cartographie en Ile-de-France Volume 1. Ed.: Institut d'Aménagement et d'Urbanisme de la Région d'Ile-de-France. Institut d'Aménagement et d'Urbanisme de la Région d'Ile-de-France 1997. (Cahiers de l'Institut d'Aménagement et d'Urbanisme de la Région d'Ile-de-France ; 119.1997). [Vol. 2 = Cahiers de L'Institut d'Aménagement et d'Urbanisme de la Région d'Ile-de-France ; 120.1998].

4310
Trois siècles de cartographie en Ile-de-France Volume 2. Ed.: Institut d'Aménagement et d'Urbanisme de la Région d'Ile-de-France. Institut d'Aménagement et d'Urbanisme de la Région d'Ile-de-France 1998. (Cahiers de l'Institut d'Aménagement et d'Urbanisme de la Région d'Ile-de-France ; 120.1998). [Vol. 1 = Cahiers de L'Institut d'Aménagement et d'Urbanisme de la Région d'Ile-de-France; 119.1997].

4311
Valette, Philippe: Les cartes et plans de la moyenne garonne de l'époque moderne à nos jours. In: Le Monde des Cartes : revue du Comité Français de Cartographie. 182.2004, p.41-51, 7 ill. ISSN 1634-3522.

4312
Venard, Marc: Cartes anciennes de l'église de France, un modèle de recherche. In: François de Dainville S.J. (1909-1971) : pionnier de l'histoire de la cartographie et de d'éducation ; actes du colloque international organisé par L'UMR 8586, PRODIG à Paris, les 6 et 7 juin 2002. Ed.: Bousquet-Bressolier, Catherine. – Paris: Ecole Nationale des Chartes 2004., p.227-233 (Études et rencontres de l'École des Chartes : [EREC] ; 15).

4313
Versfelt, Herman: De Franse Kaarten van Drenthe (1811-1813). In: Waardeel : Drents historisch tijdschrift. 21.2001,2, p.1-9, 3 ill. 5 mp. The French maps of Drenthe (1811-1813). [Dutch]. ISSN 1380-4766.

4314
Wyss, Michaël: De l'utilisation de la cartographie ancienne en archéologie préventive, le cas de Saint-Denis. In: Trois siècles de cartographie en Ile-de-France Volume 2. Ed.: Institut d'Aménagement et d'Urbanisme de la Région d'Ile-de-France. Institut d'Aménagement et d'Urbanisme de la Région d'Ile-de-France 1998., p.111-113, 2 ill., 3 mp. (Cahiers de l'Institut d'Aménagement et d'Urbanisme de la Région d'Ile-de-France ; 120.1998).

Germany / Deutschland / Allemagne

4315
100 Jahre Vermessungsamt Friedberg. Ed.: Friedberg <Augsburg> / Vermessungsamt. [Red.: Herbert Völk; Franz Scherer]. Friedberg <Augsburg> / Vermessungsamt 2000, 14 p., ill., mp.

4316
25 Jahre Landesverein Mittelrhein : 1958 – 1983. Ed.: Deutsche Gesellschaft für Kartographie / Landesverein Mittelrhein. – Bonn: Deutsche Gesellschaft für Kartographie / Landesverein Mittelrhein 1983, 63 p., ill., mp.

4317
Allgemeine Kartensammlung : XI. HA Karten ; [die Allgemeine Kartensammlung des Geheimen Staatsarchivs PK in der XI. Hauptabteilung Karten ist nach 1945 aus Restbeständen von Plankammern zentraler Behörden gebildet worden ... ; Inventarbände ... ; Ausdruck. Ed.: Geheimes Staatsarchiv <Berlin>. – Berlin: Geheimes Staatsarchiv <Berlin> 2002. [Inventar].

4318
Altmaier, Angela; Kolbe, Thomas H.: Applications and solutions for interoperable 3D geo-visualization. In: Photogrammetric Week '03. Ed.: Fritsch, Dieter. – Heidelberg: Herbert-Wichmann-Verlag., p.253-267, 9 ill.

4319
Atkis Rasterdaten : Digitale topographische Daten der Landesvermessung. Ed.: Landesvermessungsamt Mecklenburg-Vorpommern. – Schwerin: Landesvermessungsamt Mecklenburg-Vorpommern 1997, 1 Faltblatt.

4320
Aubele, Anton: Der Spanische Erbfolgekrieg im Sommer 1703 an der oberen Donau zwischen Munderkingen und Dillingen : eine zeitgenössische badische Militärkarte spiegelt die kriegerische Situation wider. In: Jahrbuch des Historischen Vereins Dillingen an der Donau. 105.2004, p.13-24, 2 ill. ISSN 0073-2699.

4321
Ausstellung Historische Kartenbilder aus Schleswig-Holstein und Hamburg im Schloß Reinbek. By: Dreyer-Eimbcke, Oswald. – Reinbek: 2004, [8] p., mp.

4322
Basisinformationssystem des Liegenschaftskatasters : ALB automatisiertes Liegenschaftsbuch. Ed.: Landesvermessungsamt Mecklenburg-Vorpommern. – Schwerin: Landesvermessungsamt Mecklenburg-Vorpommern 1998, 1 Faltblatt, 5 ill.

4323
Baumann, Barbara: Wie kommt ATKIS in die amtlichen Karten?. In: Arbeitsgruppe Automation in der Kartographie : Tagung 2003. Ed.: Bundesamt für Kartographie und Geodäsie <Deutschland>. – Frankfurt a.M.: Bundesamt für Kartographie und Geodäsie <Deutschland> 2004., p.17-22, 7 ill. (Mitteilungen des Bundesamtes für Kartographie und Geodäsie ; 31; 2004).

4324
Beig, Dieter: Die Landkarte der Grafschaft Holstein-Pinneberg von 1650. In: Jahrbuch für den Kreis Pinneberg. 1994, p.173-179, 2 ill. ISSN 0448-150X.

4325
Beig, Dieter: Schloß Pinneberg in der Großen Landtafel der Grafschaft Holstein-Schauenburg des Daniel Frese von 1588. In: Jahrbuch für den Kreis Pinneberg. 1989, p.17-20, 3 ill. ISSN 0448-150X.

4326
Bestand S 17, Gedruckte Karten und Pläne. Ed.: Landratsamt Rems-Murr-Kreis. Bearb. von Walter Wannenwetsch... – Waiblingen: Landratsamt Rems-Murr-Kreis 2000, Getr. Zählung. (Archivinventare des Rems-Murr-Kreises / Reihe A, Kreisarchiv ; Bd. 8).

4327
Blaser, Franz: Aufbau einer Geodateninfrastruktur. In: Vermessung Brandenburg. 9.2004,1, p.3-11, 3 ill. ISSN 1430-7650.

4328
Böckling, Manfred; Kaiser, Stephan; Spata, Manfred: Schlesien im Kartenbild vom 16. Jahrhundert bis heute. In: Schlesischer Kulturspiegel : Literatur, bildende Kunst, Musik, Geschichte, Volkskunde ; Informationen über das schlesische Kulturleben. 39.2004,1, p.1-3, 2 ill., 1 mp. ISSN 1437-5095.

4329
Böhm, Rolf: Teilung des Geowissens in der DDR : ein Beitrag zum Thema "Kartenverfälschung". In: Kartographische Nachrichten : KN ; Fachzeitschrift für Geoinformation und Visualisierung ; Organ der Deutschen Gesellschaft für Kartographie e.V., der Schweizerischen Gesellschaft für Kartographie und der Österreichischen Kartographischen Kommission in der Österreichischen Geographischen Gesellschaft. 54.2004,3, p.134-135. ISSN 0022-9164.

4330
Bronsch, Holger: Vermarktung von Geodaten durch Kooperations-Partner. In: Vermessung Brandenburg. 9.2004,2, p.34-41, 3 ill. ISSN 1430-7650.

4331
Brunner, Hans: Wie Sachsen vermessen wurde : die Meilenblätter und die kursächsische Landesvermessung von 1780 bis 1825 ; eine Geschichte der topographischen Kartographie in Sachsen. Ed.: Hochschule für Technik und Wirtschaft Dresden (FH) / Fachbereich Vermessungswesen, Kartographie. – Dresden: Hochschule für Technik und Wirtschaft Dresden (FH) / Fachbereich Vermessungswesen, Kartographie 2002, 118 p., ill., mp. (Dresdner kartographische Schriften ; 5).

4332
Buchholz, Günther: Die Darstellung der Herrschaft Schramberg auf der Pürschgerichtskarte des David Rötlin von 1564. In: Schriften des Vereins für Geschichte und Naturgeschichte der Baar. 47.2004, p.115-122. ISSN 0340-4765.

4333
Bull-Reichenmiller, Margareta: Karten des Benediktinerklosters Zwiefalten : 1748 – 1783. Ed.: Hauptstaatsarchiv <Stuttgart>. – Stuttgart: Hauptstaatsarchiv <Stuttgart> 1992, 2 Mikrofiches. (Repertorien / Hauptstaatsarchiv Stuttgart ; N,40). [Mikroreprod. 44 S., [27] Bl.].

4334
Bursian, Gerhard; Chudy, Thomas: Externe Lösungsansätze zur Verschneidung von PCMap-Karten. In: Kartographische Nachrichten : KN ; Fachzeitschrift für Geoinformation und Visualisierung ; Organ der Deutschen Gesellschaft für Kartographie e.V., der Schweizerischen Gesellschaft für Kartographie und der Österreichischen Kartographischen Kommission in der Österreichischen Geographischen Gesellschaft. 2, p.72-76. ISSN 0022-9164.

4335
Bussler, Peter: "Hertzfliessende Betrachtungen von dem Elbe-Strom" : das Amt Ritzebüttel auf einer seltenen Kupferstichkarte von 1675, ein Zeugnis des Kampfes der Küstenbewohner gegen das Meer. In: Zwischen Elbe und Weser : Heimat und Kultur. 23.2004,3, p.8-9, 3 ill.

4336
Dempf, Eva-Maria; Leipholz, Thomas: Der Weg zur online-Bereitstellung von Geobasisdaten. In: LSA VERM : Zeitschrift für das öffentliche Vermessungswesen des Landes Sachsen-Anhalt. 10.2004,1, p.25-34, 3 ill. ISSN 1435-2338.

4337
Didinger, Otmar: Technische Aspekte und Hintergründe zur Übermittlung der Geobasisinformationen der Vermessungs- und Katasterverwaltung an die Kommunen in Rheinland-Pfalz. In: Nachrichtenblatt der Vermessungs- und Katasterverwaltung Rheinland-Pfalz. 46.2003,2, p.89-93. ISSN 0939-2378.

4338
Die Benennung der Straßen, Plätze und Brücken in der Stadt Frankfurt am Main. Ed.: Magistrat der Stadt Frankfurt am Main, Dezernat Planung und Sicherheit. Magistrat der Stadt Frankfurt am Main, Dezernat Planung und Sicherheit 2001, 39 p., ill., mp.

4339
Die Darstellung der Herrschaft Schramberg und der benachbarten Territorien um 1750 auf der Karte des Anton Beiller. In: Archiv-Nachrichten / Quellenmaterial für den Unterricht. 2004,28, p.1-8.

4340
Dietrich, Thekla; Knabenschuh, Martin; Nakelski, Dieter; Nau, Ludwig; Pelke, Andreas; Wanzke, Holger: Das digitale Bodenrichtwertinformationssystem BORIS.NRW der Gutachterausschüsse für Grundstückswerte in Nordrhein-Westfalen. In: NÖV : Nachrichten aus dem öffentlichen Vermessungsdienst Nordrhein-Westfalen. 37.2004,2, p.71-97, 6 ill.

4341
Diez, Dietrich: Neues Urheberrecht in Kraft getreten : Gesetzgeber reagiert auf die technische Entwicklung. In: Kartographische Nachrichten : KN ; Fachzeitschrift für Geoinformation und Visualisierung ; Organ der Deutschen Gesellschaft für Kartographie e.V., der Schweizerischen Gesellschaft für Kartographie und der Österreichischen Kartographischen Kommission in der Österreichischen Geographischen Gesellschaft. 54.2004,1, p.27-28. ISSN 0022-9164.

4342
Digitale Feldstückskarte Bayern : (FeKa) ; Hinweise zur Flächenerfassung. Ed.: Bayerisches Staatsministerium für Landwirtschaft und Forsten. – München: Bayerisches Staatsministerium für Landwirtschaft und Forsten 2004, 11 p., ill.

4343
Dreßler, Uwe: Sicherungskonzept im Liegenschaftskataster. In: Vermessung Brandenburg. 9.2004,1, p.45-56, 3 ill., 2 tab. ISSN 1430-7650.

4344
Dreyer, Roland; Funk, Angela: Infos zum Grund und Boden gescannt. In: GeoBit : Geoinformatik für die Praxis. 2004,11, p.42-43, 3 ill. ISSN 1430-3663.

4345
Dreyer-Eimbcke, Oswald: Geschichte der Kartographie am Beispiel von Hamburg und Schleswig-Holstein. Ed.: Kornregis. – Oldenburg: Kornregis 2004, 384 p., ill., mp. [Literaturverz. p. 347-358].

4346
Ehlers, Detlev: Historische Karte 400 Jahre alt : Die Landtafel des Malers Daniel Frese der Grafschaft Holstein (Pinneberg) aus dem Jahre 1588. In: Jahrbuch für den Kreis Pinneberg., p.15-16. ISSN 0448-150X.

4347
Ehlers, Manfred; Stroemer, Katrin: 'Fahrradies' : the GIS based bicycle routing system for the World Wide Web (WWW) and mobile use. In: GeoBit : Geoinformatik für die Praxis. 9=17.2004,3, p.29-34, 8 ill. [Titel des Heftes: Geo-Informationssysteme : GIS (aufgegangen in GeoBit)] ISSN 1430-3663.

4348
Elkins, T. H.: A report of the Fourth Geographical Congress of the Geographical Society of the German Democratic Republic, Gotha, 20-23 August 1985, and the 45. Deutscher Geographentag, West Berlin, 30 September-5 October 1985. In: Area: a. 18.1986, p.164-166. ISSN 0004-0894 - 0004-0886.

4349
Ennepe-Ruhr-Kreis: Märkischer Kreis / Stadt Hagen. By: Luckhardt, Jochen. – Bielefeld: Westfalen-Verlag 1987, 268 p., ill. (Westfalia picta : Erfassung westfälischer Ortsansichten vor 1900 ; 2). ISBN 3-88918-050-7.

4350
Ermel, Hans: Report on the cartographic activities of the Federal Republic of Germany in the period 1972-1976. Ed.: Deutsche Gesellschaft für Kartographie. – [Hamburg]: Deutsche Gesellschaft für Kartographie 1976, 11 p.

4351
Feddersen, Berend Harke: Wie fanden sie ihren Weg? : die Sicherung der nordfriesischen Küstenfahrt ; Seezeichen, Segelanweisungen und Seekarten bis zur Mitte des 19. Jahrhunderts ; von der Küstenfahrt zur Hochsee-Navigation ; private Navigationsschulen in Nordfriesland und ihre Lehrer. – Husum: Husum Druck- und Verlagsgesellschaft 2001, 112 p., XVI p. (Schriftenreihe des Nordfriesischen Schiffahrtsmuseums Husum ; 4). [Literaturverz. P. 108-111] ISBN 3-89876-016-2.

4352
Feix, Claudia; Schaefer, Oliver; Eulitz, Sven: easyGovernment – Wahlinformationssysteme mit GIS-Technologie am Beispiel der Bundestagswahl 2002. In: geoGovernment : öffentliche Geoinformations-Dienste zwischen Kommune und Europa. Ed.: Strobl, Josef; Griesebner, Gerald. Josef Strobl; Gerald Griesebner (Hrsg.). – Heidelberg: Herbert-Wichmann-Verlag 2003., p.33-39, 5 ill.

4353
Fischer, Hanspeter: Abt Hummels ausgezeichnete Feldmeßkunst : die Westerstetter Flurkarten der Ichnographia des Klosters Elchinen. In: Beiträge zur Landeskunde. 5, p.1-10, 12 ill. ISSN 0408-8492.

4354
Fischer, Hanspeter: Alte Flurkarten aus dem Albuch. In: Schwäbische Heimat : Zeitschrift für Regionalgeschichte, württembergische Landeskultur, Naturschutz und Denkmalpflege. 37.1986, p.204-208, 6 ill. ISSN 0342-7595.

4355
Fischer, Hanspeter: "...daß eine detaillierte Karte eine Kriegswaffe sei." : Militärkartographie vor etwa 200 Jahren in Südwestdeutschland. Als Manuskript gedruckt. – Stuttgart: 2002, 10 p.

4356
Fischer, Hanspeter: Der Organisator der Landesvermessung : Erinnerung Franz Jakob von Mittnacht und sein Wirken. In: Beiträge zur Landeskunde. 3.1982, p.11-16, 6 ill. ISSN 0408-8492.

4357
Fischer, Hanspeter: Die Württembergische Landesvermessung (1818-1840) und ihre Spuren in Oberschwaben. In: Im Oberland : Kultur, Geschichte, Natur; Beiträge aus Oberschwaben und dem Allgäu. 2001; 1, p.45-49, 5 ill. ISSN 0939-8864.

4358
Fischer, Hanspeter: "Ex geometria practica" : Ausbildung und Prüfung von Feldmessern in Vorderösterreich. In: Beiträge zur Landeskunde. 5.1986, p.6-11, 7 ill. ISSN 0408-8492.

4359
Fischer, Hanspeter: "...genaue Kenntnis von einem schönen und großen Land zu geben" : die Dreiecksmessungen des Geodäten César François Cassini de Thury in Süddeutschland und Österreich in den Jahren 1761 und 1762. In: Beiträge zur Landeskunde. 3.1991, p.9-15, 8 ill., 1 portr. ISSN 0408-8492.

4360
Fischer, Hanspeter: Meilensteine südwestdeutscher Kartographie : die Landtafeln von Wangen im Allgäu und Lindau im Bodensee. In: Beiträge zur Landeskunde. 6, p.[1]-7, 8 ill. ISSN 0408-8492.

4361
Fischer, Hanspeter: "Schön und vortrefflich": die 'Charte von Schwaben' : ein kartengeschichtlich bedeutsames Werk zu Beginn des 19. Jahrhunderts. In: Beiträge zur Landeskunde. 3.1988, p.1-8, 8 ill. ISSN 0408-8492.

4362
Fischer, Wolfgang: Digitale Karten und Informationssysteme bei der DB Netz AG : Entwicklung, Stand und Ausblick aus kartographischer Sicht. In: 50 Jahre Sektion Karlsruhe der Deutschen Gesellschaft für Kartographie e.V. : Festschrift. Ed.: Kern, Hans F. Hrsg. von Hans F. Kern. – Karlsruhe: Fachhochschule Karlsruhe, Hochschule für Technik, Fachbereich Geoinformationswesen 2004., p.105-110, 1 ill. (Karlsruher geowissenschaftliche Schriften, Reihe A, Kartographie und Geographie ; 16).

4363
Forstkarten betreffend Neuwürttemberg : (17. Jhd – 1851) ; systematisches Verzeichnis. Ed.: Hauptstaatsarchiv <Stuttgart>. Hauptstaatsarchiv <Stuttgart> 1992, 4 Mikrofiches (Mikroreproduktion 251 p.). (Repertorien / Hauptstaatsarchiv Stuttgart ; Bestand N,13, Bd.1). [Parallel als Buchausg. erschienen].

4364
Forstkarten betreffend Neuwürttemberg : (17. Jhd. -1851) ; Standortverzeichnis. Ed.: Hauptstaatsarchiv <Stuttgart>. Hauptstaatsarchiv <Stuttgart> 1992, 4 Mikrofiches (Mikroreprod. 243 p.). (Repertorien / Hauptstaatsarchiv Stuttgart ; Bestand N,13, Bd.2). [Parallel als Buchausg. erschienen].

4365
Freitag, Ulrich: Report on the cartographic activities of the Federal Republic of Germany in the period 1976-1980. Ed.: Deutsche Gesellschaft für Kartographie. – [Berlin]: Deutsche Gesellschaft für Kartographie 0, 18 p.

4366
Geissler, Robert: Geissler, Robert (1819-1893) : ein fast vergessener Zeichner von 1500 Veduten. In: Historia in museo : Festschrift für Frank-Dietrich Jacob. Ed.: Schimpff, Volker; Führ, Wieland. – Langenweissbach: Beier & Beran 0., p.225-241, ill.

4367
Geobasisdaten der Landesvermessung : Lage-, Höhen- und Schwerebezugssysteme. Ed.: Landesvermessungsamt Mecklenburg-Vorpommern. – Schwerin: Landesvermessungsamt Mecklenburg-Vorpommern 1998, 1 Faltblatt.

4368
Geoinformation und moderner Staat : eine Informationsschrift des Interministeriellen Ausschusses für Geoinformationswesen (IMAGI). Ed.: Bundesamt für Kartographie und Geodäsie <Deutschland>. – Frankfurt am Main: Bundesamt für Kartographie und Geodäsie <Deutschland> 2004, 48 p., ill., mp. + 1 CD-ROM – 4., überarb. Aufl. [Broschüre].

4369
Geologische Kartieranleitung : allgemeine Grundlagen ; mit 6 Tabellen. Fachl. Red.: Carsten Schwarz. – Stuttgart: Schweizerbart 2002, 135 p., mp. (Geologisches Jahrbuch : Sonderhefte; Reihe G, Informationen aus den Bund/Länder-Arbeitsgruppen der Staatlichen Geologischen Dienste in der Bundesrepublik Deutschland ; 9).

4370
Gerber, Angelika: Steuerkollegium Urprimärkataster Hohenzollern : Bände 1828-1880. Ed.: Staatsarchiv <Ludwigsburg>. – Ludwigsburg: Staatsarchiv <Ludwigsburg> 1999, V Bl., 65 p. (Repertorien / Staatsarchiv Ludwigsburg : Bestand E ; 251 VII).

4371
Gerber, Angelika: Steuerkollegium Urprimärkataster Württemberg : Bände 1818-1912. Ed.: Staatsarchiv <Ludwigsburg>. – Ludwigsburg: Staatsarchiv <Ludwigsburg> 1999, VI Bl., 790 p. (Repertorien / Staatsarchiv Ludwigsburg : Bestand E ; 251 VI).

4372
Gericke, Dietrich; Katzur, Lutz: Die Realisierung der Spitzenaktualität durch den Topographischen Informationsdienst. In: Vermessung Brandenburg. 9.2004,2, p.42-53, 5 ill. ISSN 1430-7650.

4373
Germanoi chartographun tēn Ellada apo to 16o ston 19o aiōna. Ed.: Ethnikē Chartothēkē. Ethniko Kentro Chartōn kai Chartographikēs Klēronomias. Epimeleia Euangelos Libieratos. – Thessaloniki: Ethnikē Chartothēkē 2001, 62 p., ill., mp. German cartographers in Greece (exhibition). [Greek].

4374
Greve, Dieter: Die Direktorialvermessung : Grundlage der Wiebekinschen und der Schmettauschen Mecklenburgkarte. In: Stier und Greif : Blätter zur Kultur- und Landesgeschichte in Mecklenburg-Vorpommern. 9.1999, p.22-29, 3 mp.

4375
Greve, Dieter: Historische Maßstäbe : ungewöhnliche Verhältnisangaben auf alten Karten – wie entstanden sie?. In: Mecklenburg-Magazin : Regionalbeilage der Schweriner Volkszeitung. 37.2003, p.26.

4376
Greve, Dieter: Ingenieurcapitain Praetorius und die Reichsgrafen von Rantzau. In: Stier und Greif : Blätter zur Kultur- und Landesgeschichte in Mecklenburg-Vorpommern. 12.2002, p.30-37, 4 ill.

4377
Grün, Matthias: Von der Papierkarte zur CD-ROM. In: 50 Jahre Sektion Karlsruhe der Deutschen Gesellschaft für Kartographie e.V. : Festschrift. Ed.: Kern, Hans F. Hrsg. von Hans F. Kern. – Karlsruhe: Fachhochschule Karlsruhe, Hochschule für Technik, Fachbereich Geoinformationswesen 2004., p.132-136, 2 ill. (Karlsruher geowissenschaftliche Schriften, Reihe A, Kartographie und Geographie ; 16).

4378
Günther-Diringer, Detlef: GIS-Einsatz im Rahmen einer UVS zur Planunt eines Hochwasserretentionsraumes am Rhein. In: Virtuelle Welten, reale Anwendungen : geographische Informationssysteme in Theorie und Praxis ; Tagungsband zum GIS-Symposium vom 8. November. Ed.: Schmid, Heiko; Köppe, Holger. – Heidelberg: 2003., p.23-33, 8 ill., 3 tab. (Heidelberger Geographischer Bausteine ; 16).

4379
Guidelines for the compilation of geological maps : general principles. Ed.: Schwarz, Carsten; Katzschmann, Lutz; Radzinski, Karl-Heinz. – Stuttgart: Schweizerbart 2004, 135 p., ill., mp. (Geologisches Jahrbuch : Sonderhefte; Reihe G, Informationen aus den Bund/Länder-Arbeitsgruppen der Staatlichen Geologischen Dienste in der Bundesrepublik Deutschland ; H.12). ISBN 3-510-95925.

4380
Hachmann, Roland: Erfahrungen mit dem interaktiven Landschaftsplan Königslutter am Elm. In: Landschaftsplanung digital : Unterstützung des Planungsprozesses durch GIS : Daten, Analysen, Methoden ; Dokumentation des gleichnamigen Workshops am 25. September 2003 in Rostock. – Rostock: ., p.31-41, 6 ill.

4381
Hagel, Jürgen: Ein bemerkenswertes Kartenwerk vom Ende des 18. Jahrhunderts : zum Nachdruck der Varendorf'schen Karte für den Ostteil des Kreises Segeberg. In: Heimatkundliches Jahrbuch für den Kreis Segeberg. 39.1993, p.50-55. ISSN 0437-1852.

4382
Harms, Hans: Oldenburgische Kartographie in fünf Jahrhunderten. Hrsg. von der Oldenburgischen Landschaft. – Oldenburg: Isensee-Verlag 2004, 219 p.,mp. (Veröffentlichungen der Oldenburgischen Landschaft ; 8).

4383
Hartmann, Bernd: Zur neuen Landesverordnung über die Ausbildung und Prüfung für den mittleren vermessungstechnischen und den mittleren kartographischen Dienst. In: Nachrichtenblatt der Vermessungs- und Katasterverwaltung Rheinland-Pfalz. 46.2003,2, p.94-99, 1 ill. ISSN 0939-2378.

4384
Hattendorff, Mathias: Die Stormarnkarte des Johannes Mejer von 1650. – Hamburg: 1987, p.27-39, 4 ill. (Jahrbuch des Alstervereins e.V. ; 63).

4385
Haus Schlesien präsentiert: Wechselnde Identitäten : das nördliche Schlesien und die angrenzenden Lausitzen im historischen Kartenbild = Zmienna tożsamość: Obraz kartograficzny podziałów terytorialnych ziem północnego Śląska i wschodnich Łużyc w dziejach. Ed.: Spata, Manfred. Hrsg. von Manfred Spata. ; Museum für Schlesische Landeskunde im Haus Schlesien. 2004, 55 p., ill., mp. [Germ. and Pol.].

4386
Haus Schlesien präsentiert: Wechselnde Identitäten : das nördliche Schlesien und die angrenzenden Lausitzen im historischen Kartenbild = Zmienna tożsamość: Obraz kartograficzny podziałów terytorialnych ziem północnego Śląska i wschodnich Łużyc w dziejach. Ed.: Spata, Manfred. Hrsg. von Manfred Spata. ; Haus Schlesien. 2004, 55 p., ill., mp. [Germ. and Pol.].

4387
Heckmann, Bernhard: Das Projekt ALKIS im Hinblick auf das AdV-Konzept AFIS-ALKIS-ATKIS. In: Mitteilungen / Deutscher Verein für Vermessungswesen, Landesverein Hessen e.V. ; Landesverein Thüringen. 2004,1, p.9-13. ISSN 0949-7900; 0949-7900; 0173-6280.

4388
Hennig, Sabine: Zur Beziehungsproblematik analoger und digitaler Karten : ERfahrungen bei der Realisierung der Interaktiven Bildschirmkarte "MaaT" für den Nationalpark Berchtesgaden. In: Kartographische Nachrichten : KN ; Fachzeitschrift für Geoinformation und Visualisierung ; Organ der Deutschen Gesellschaft für Kartographie e.V., der Schweizerischen Gesellschaft für Kartographie und der Österreichischen Kartographischen Kommission in der Österreichischen Geographischen Gesellschaft. 54.2004,6, p.251-258, 4 ill., 1 tab. ISSN 0022-9164.

4389
Hermann, Christoph: Aufbau und Führung einer Touristischen Karten Fach Datenbank (TKFD). In: Arbeitsgruppe Automation in der Kartographie : Tagung 2003. Ed.: Bundesamt für Kartographie und Geodäsie <Deutschland>. – Frankfurt a.M.: Bundesamt für Kartographie und Geodäsie <Deutschland> 2004., p.75-80, 5 ill. (Mitteilungen des Bundesamtes für Kartographie und Geodäsie ; 31; 2004).

4390
Herrgen, Joachim; Lenz, Alexandra: Digitale Dialektologie : Online-Publikation des Wenker-Atlasses. In: Marburger Uni-Journal. 14.2003, 6 p., 13 ill. + 1 suppl. ISSN 1616-1807.

4391
Historische Karten im Saarland : Information aus der Vermessungs- und Katasterverwaltung. Ed.: Saarland / Landesamt für Kataster-, Vermessungs- und Kartenwesen. – Saarbrücken: Saarland / Landesamt für Kataster-, Vermessungs- und Kartenwesen 2003, 1 Faltbl., mp. [Verlagsprospekt].

4392
Hochsauerlandkreis, Kreis Olpe. By: Luckhardt, Jochen ; Westfälisches Landesmuseum für Kunst und Kulturgeschichte; Westfalen-Lippe; Institut für Vergleichende Städtegeschichte. – Bielefeld: 1987, 252 p., ill. (Westfalia picta : Erfassung westfälischer Ortsansichten vor 1900 ; 1). ISBN 3-88918-048-5.

4393
Hycner, Ryszard; Kulpe, Hans-Rainer; Przewiężlikowska: Vergleichende Analyse der Liegenschaftskataster- und Grundbuchsysteme in der Bundesrepublik Deutschland und Polen. In: Allgemeine Vermessungs-Nachrichten : AVN ; Zeitschrift für alle Bereiche des Vermessungswesens. 111.2004,4, p.128-134, 4 tab. ISSN 0002-5968.

4394
Hydrogeologische Kartierung Kaiserslautern. Ed.: Rheinland-Pfalz / Landesamt für Geologie und Bergbau. Projektleitung Bettina Wagner, Bearb. Frank Bitzer. – Mainz: Rheinland-Pfalz / Landesamt für Geologie und Bergbau 2004, 96 p., ill., mp., 1 CD-ROM.

4395
Hydrogeologische Kartierung Neuwieder Becken. Ed.: Rheinland-Pfalz / Geologisches Landesamt. Bearb.: Kurt Agsten... – Mainz: Rheinland-Pfalz / Geologisches Landesamt 2000, 57 p., 5 Bl., ill., mp. + 1 CD-ROM mit 2 Beil. (je 1 Bl.). [CD-ROM mit Nebent.: HGK Neuwieder Becken. Enth.: 13 geowissenschaftl. Karten bzw. Profilschnitte sowie Anhang mit 5 Bohrkern-Fotoserien als PDF-Dateien].

4396
Ingwersen, Maik: Zur Realisierung des Projekts FALKE in der Landeshauptstadt Potsdam. In: Vermessung Brandenburg. 8.2003,2, p.33-43, 3 ill. ISSN 1430-7650.

4397
Kalke, Ralf: Verfahren zum digitalen Vergleich von analogen topographischen Karten. – 2., durchges. Aufl. In: Kartenverfälschung als Folge übergroßer Geheimhaltung? : eine Annäherung an das Thema Einflußnahme der Staatssicherheit auf das Kartenwesen der DDR ; Referate der Tagung der BStU vom 08.-09.2001 in Berlin. Ed.: Unverhau, Dagmar. – Münster: Lit-Verlag 2003., p.177-192, 15 ill. (Archiv zur DDR-Staatssicherheit ; 5).

4398
Kalmbach, Ulrich: Das Bild der Alten Marck – Die Altmark in historischen Landkarten. In: Geschichte und Gegenwart der westlichen Altmark : Protokoll des wissenschaftlichen Kolloquiums am 23./24. Oktober 1999 in Salzwedel. Ed.: Landesheimatbund Sachsen-Anhalt e.V. – Halle, Saale: Landesheimatbund Sachsen-Anhalt e.V 2000., p.55-70, 6 ill. (Beiträge zur Regional- und Landeskultur Sachsen-Anhalts ; 16).

4399
Kanngiesser, Erich; Eberle, Jürgen: Hamburger Konzept zur Digitalisierung von Bodenschätzungskarten. In: ZfV : Zeitschrift für Geodäsie, Geoinformation und Landmanagement. 129.2004,1, p.52-58, 10 ill., 1 tab. ISSN 1618-8950.

4400
Kemp, Stefanie: Karten zur schleswig-holsteinischen Volkskultur. In: Kieler Blätter zur Volkskunde. 28.1996, p.93-101, 3 ill. ISSN 0341-8030.

4401
Kemp, Stefanie: Volkskundliche Karten in Geschichtsatlanten : historischer Atlas zur schleswig-holsteinischen Volkskultur. In: Kieler Blätter zur Volkskunde. 25.1993, p.219-224. ISSN 0341-8030.

4402
Keppel, Holger: Stadtentwicklungsplanung in der Praxis. – Rottenburg, Neckar: Kersting 2004, 215 p., ill., mp. (Stadtentwicklung im Diskurs). ISBN 3-937559-05-1.

4403
Klöppel, Reinhard: Der hessische Weg zum Aufbau einer Geoinformationsinfrastruktur im Kontext nationaler und europäischer Aktionslinien. In: Mitteilungen / Deutscher Verein für Vermessungswesen, Landesverein Hessen e.V. ; Landesverein Thüringen. 2003,3, p.15-31, 32 ill. ISSN 0949-7900; 0949-7900; 0173-6280.

4404
Koch, Wolf Günther: Semiotische Betrachtungen zu Zeichensystemen touristischer Karten des deutschsprachigen Raumes (Koch, Wolf Günther). In: Aspekte der Kartographie im Wandel der Zeit : Festschrift für Ingrid Kretschmer zum 65. Geburtstag und anlässlich ihres Übertritts in den Ruhestand. Ed.: Kainz, Wolfgang. Hrsg. von Wolfgang Kainz. – Wien: Geographisches Institut <Wien, Universität> / Arbeitsbereich für Geographie und Kartographie 2004., p.234-241, 2 ill. (Wiener Schriften zur Geographie und Kartographie ; 16).

4405
Koch, Wolf Günther: Zur Problematik der topographischen Karten (Ausgabe für die Volkswirtschaft) der DDR. – 2., durchges. Aufl. In: Kartenverfälschung als Folge übergroßer Geheimhaltung? : eine Annäherung an das Thema Einflußnahme der Staatssicherheit auf das Kartenwesen der DDR ; Referate der Tagung der BStU vom 08.-09.2001 in Berlin. Ed.: Unverhau, Dagmar. – Münster: Lit-Verlag 2003., p.81-98, 6 ill. (Archiv zur DDR-Staatssicherheit ; 5).

4406
Köberle, Gesa: Karstökosystemanalyse der topographischen Karte 1 : 50 000 L 7524 Blaubeuren : Gefährdungspotentiale, Möglichkeiten und Konzepte eines nachhaltigen Wassermanagements ; mit 34 Tabellen. Ed.: Geographisches Institut der Universität Tübingen. – Tübingen: Geographisches Institut der Universität Tübingen 2003, VI, 138, 20 p., ill., 1 mp. (Tübinger geographische Studien). [Zugl.: Tübingen, Univ., Diss., 2003] ISBN 3-88121-029-6.

4407
Köhler, Petra; Lechtenbörger, Christiane: GIS und Informations-Management im "Center for Disaster Management and Risk Reduction Technology". In: Photogrammetrie, Fernerkundung, Geoinformation : PFG ; Organ der Deutschen Gesellschaft für Photogrammetrie und Fernerkundung e.V. 2004,4, p.331-335, 2 ill. ISSN 1432-8364.

4408
Köppe, Helmtrud: Sachsen-Anhalt entdecken und erleben : zur Entstehung des Touristik-Atlasses. In: LSA VERM : Zeitschrift für das öffentliche Vermessungswesen des Landes Sachsen-Anhalt. 10.2004,2, p.135-144, 9 ill. ISSN 1435-2338.

4409
Köpper, Barbara: ALKIS : das Modell der Zukunft. In: Mitteilungen / Deutscher Verein für Vermessungswesen, Landesverein Hessen e.V. ; Landesverein Thüringen., p.36-50, 40 ill. ISSN 0949-7900; 0949-7900; 0173-6280.

4410
Kohlus, J.: Kartographie von Projektergebnissen der Ökosystemforschung Schleswig-Holsteinisches Wattenmeer : Anwendungen eines geographischen Informationssystems im Landesamt für den Nationalpark Schleswig-Holsteinisches Wattenmeer. In: Geographie der Meere und Küsten. Ed.: Lampe, Reinhard. – Greifswald: Universität Greifswald 1994., p.141-156, 6 ill., 2 mp. (Greifswalder Geographische Arbeiten ; 10).

4411
Konrad, Christoph: Internetsystem zur Unterstützung der Regionalplanfortschreibung für die Region Nordschwarzwald. In: Virtuelle Welten, reale Anwendungen : geographische Informationssysteme in Theorie und Praxis ; Tagungsband zum GIS-Symposium vom 8. November. Ed.: Schmid, Heiko; Köppe, Holger. – Heidelberg: 2003., p.35-41, 3 ill. (Heidelberger Geographischer Bausteine ; 16).

4412
Kowanda, Andreas: Anmerkungen zum Thema Kartenverfälschung in der DDR. In: Kartographische Nachrichten : KN ; Fachzeitschrift für Geoinformation und Visualisierung ; Organ der Deutschen Gesellschaft für Kartographie e.V., der Schweizerischen Gesellschaft für Kartographie und der Österreichischen Kartographischen Kommission in der Österreichischen Geographischen Gesellschaft. 54.2004,2, p.83-86. ISSN 0022-9164.

4413
Kraus, Werner: Nationalatlas Bundesrepublik Deutschland : ein kartographisches Großprojekt. In: 50 Jahre Sektion Karlsruhe der Deutschen Gesellschaft für Kartographie e.V. : Festschrift. Ed.: Kern, Hans F. Hrsg. von Hans F. Kern. – Karlsruhe: Fachhochschule Karlsruhe, Hochschule für Technik, Fachbereich Geoinformationswesen 2004., p.173-181;270-271, 6 ill. (Karlsruher geowissenschaftliche Schriften, Reihe A, Kartographie und Geographie ; 16).

4414
Krause, Kai-Uwe; Bauer, Olaf ; Hoffmann, Niels: Verteilte Geo- und Planungsdienste für das Portal www.metropolregion.hamburg.de mit Hilfe der CoreMedia© Content Application Platform. In: geoGovernment : öffentliche Geoinformations-Dienste zwischen Kommune und Europa. Ed.: Strobl, Josef; Griesebner, Gerald. Josef Strobl; Gerald Griesebner (Hrsg.). – Heidelberg: Herbert-Wichmann-Verlag 2003., p.67-75, 4 ill.

4415
Kreis Höxter, Kreis Paderborn. Bearb. von Jochen Luckhardt unter Mitarb. von Michael Schmitt u. Birgit Schulte. ; Institut für Vergleichende Städtegeschichte; Westfalen-Lippe; Westfälisches Landesmuseum für Kunst und Kulturgeschichte. – Bielefeld: 1995, 600 p., ill., mp. (Westfalia picta : Erfassung westfälischer Ortsansichten vor 1900 ; 5). ISBN 3-88918-060-4.

4416
Kreis Siegen-Wittgenstein. By: Luckhardt, Jochen. – Bielefeld: Westfalen-Verlag 1988, 128, ill., mp. (Westfalia picta : Erfassung westfälischer Ortsansichten vor 1900 ; 3). ISBN 3-88918-053-1.

4417
Kreis Soest : Kreis Unna, Stadt Hamm. By: Luckhardt, Jochen. – Bielefeld: Westfalen-Verlag 1989, 324 p., ill., mp. (Westfalia picta : Erfassung westfälischer Ortsansichten vor 1900 ; 4). ISBN 3-88918-055-8.

4418
Kremer, Ludger; Sodmann, Timothy: Die Sammlung und Publikation der Flurnamen des Westmünsterlandes. In: NÖV : Nachrichten aus dem öffentlichen Vermessungsdienst Nordrhein-Westfalen. 37.2004,1, p.43-54, 2 ill.

4419
Kühnel, Karsten: Die Landesvermessung und das amtliche Kartenwerk des Herzogtums Sachsen-Meiningen. In: Zeitschrift des Vereins für Thüringische Geschichte. 54.2000, p.251-267. ISSN 0943-9846.

4420
Kummer, Klaus: Grundlagen für die Geodateninfrastruktur in Sachsen-Anhalt. In: LSA VERM : Zeitschrift für das öffentliche Vermessungswesen des Landes Sachsen-Anhalt. 10.2004,2, p.95-104, 10 ill. ISSN 1435-2338.

4421
Land- und Flurkarten betreffend Neuwürttemberg : 16. Jhd – 1817 ; Standortverzeichnis. Ed.: Hauptstaatsarchiv <Stuttgart>. Hauptstaatsarchiv <Stuttgart> 1995, 4 Mikrofiches (Mikroreprod. 207 p.). (Repertorien / Hauptstaatsarchiv Stuttgart ; Bestand N,11, Bd.2).

4422
Land- und Flurkarten betreffend Neuwürttemberg : 16. Jhd – 1817 ; systematisches Verzeichnis. Ed.: Hauptstaatsarchiv <Stuttgart>. Hauptstaatsarchiv <Stuttgart> 1995, 4 Mikrofiches (Mikroreprod. 228 p.). (Repertorien / Hauptstaatsarchiv Stuttgart ; Bestand N,11, Bd.1). [Parallel als Buchausg. erschienen].

4423
Lenz, Peter: Rechnergestützte Herstellung der TK50 in Thüringen. In: Arbeitsgruppe Automation in der Kartographie : Tagung 2003. Ed.: Bundesamt für Kartographie und Geodäsie <Deutschland>. – Frankfurt a.M.: Bundesamt für Kartographie und Geodäsie <Deutschland> 2004., p.139-144, 2 ill. (Mitteilungen des Bundesamtes für Kartographie und Geodäsie ; 31; 2004).

4424
Leuchtweis, Ulrike: Kupferplatten zu Kartenwerken : 1865 – 1867. Ed.: Staatsarchiv <Ludwigsburg>. – Ludwigsburg: Staatsarchiv <Ludwigsburg> 1996, 36 p., mp. (Repertorien / Staatsarchiv Ludwigsburg : Bestand EL ; 68 II).

4425
Leuschner, Reinhard: Kartographie in der Raumordnung und Landesplanung : dargestellt am Beispiel der obersten Landesplanungsbehörde Rheinland-Pfalz im Ministerium des Innern und für Sport. In: 50 Jahre Sektion Karlsruhe der Deutschen Gesellschaft für Kartographie e.V. : Festschrift. Ed.: Kern, Hans F. Hrsg. von Hans F. Kern. – Karlsruhe: Fachhochschule Karlsruhe, Hochschule für Technik, Fachbereich Geoinformationswesen 2004., p.182-187;272-273, 4 ill. (Karlsruher geowissenschaftliche Schriften, Reihe A, Kartographie und Geographie ; 16).

4426
Lingenthal, Rainer: Der Weg zur nationalen Geodateninfrastruktur (GDI). In: LSA VERM : Zeitschrift für das öffentliche Vermessungswesen des Landes Sachsen-Anhalt. 10.2004,2, p.89-94. ISSN 1435-2338.

4427
Loeck, Gottfried: Das Kartenbild von Pommern zur Hansezeit. In: Baltische Studien : pommersche Jahrbücher für Landesgeschichte ; zugleich Mitteilungsorgan der Historischen Kommission für Pommern und der Arbeitsgemeinschaft für Pommersche Kirchengeschichte e.V. N.F.90.2004, p.[87]-134, 13 ill. ISSN 0067-3099.

4428
Lucht, Roland; Henkel, Horst; Scholz, Wolfgang: Analyse der "Ausgabe für die Volkswirtschaft" in Umsetzung des Beschlusses des nationalen Verteidigungsrates der DDR vom 13. Oktober 1965 im Vergleich mit der topographischen Karte der DDR. – 2., durchges. Aufl. In: Kartenverfälschung als Folge übergroßer Geheimhaltung? : eine Annäherung an das Thema Einflußnahme der Staatssicherheit auf das Kartenwesen der DDR ; Referate der Tagung der BStU vom 08.-09.2001 in Berlin. Ed.: Unverhau, Dagmar. – Münster: Lit-Verlag 2003., p.99-142, 12 ill., 3 tab. (Archiv zur DDR-Staatssicherheit ; 5).

4429
Lukec, Marco: Geomarketing bei infas GEOdaten : thematische Kartographie in der Business-Welt. In: 50 Jahre Sektion Karlsruhe der Deutschen Gesellschaft für Kartographie e.V. : Festschrift. Ed.: Kern, Hans F. Hrsg. von Hans F. Kern. – Karlsruhe: Fachhochschule Karlsruhe, Hochschule für Technik, Fachbereich Geoinformationswesen 2004., p.188-191, 1 ill. (Karlsruher geowissenschaftliche Schriften, Reihe A, Kartographie und Geographie ; 16).

4430
Melchior, G. Heinrich: Die Karte der "Kunders Kürcher Waltung", ihr Landvermesser und einige Flurnamen. In: Mitteilungen des Oberhessischen Geschichtsvereins Giessen. 85.2000, p.205-224, 6 ill., 2 tab. ISSN 0342-1198.

4431
Menk, Gerhard: Recht und Raum in einem waldeckischen Reichskammergerichtsprozeß : Entstehungsgründe und Ausführung einer Karte des südöstlichen Waldeck von 1566. In: Geschichtsblätter für Waldeck. 88.2000, p.12-47, 3 ill. ISSN 0342-0965.

4432
Merk, Eberhard: Karten des Benediktinerklosters Ochsenhausen und des Fürstentums Ochsenhausen der Fürsten von Metternich-Winneburg : 1660, 1726 – 1729, 1741, 1771 – 1818, o.J. Ed.: Hauptstaatsarchiv <Stuttgart>. – Stuttgart: Hauptstaatsarchiv <Stuttgart> 2004, 101 p. (Repertorien / Hauptstaatsarchiv Stuttgart ; N,26).

4433
Merk, Eberhard: Karten des Klosters und des Fürstentums Ochsenhausen im Hauptstaatsarchiv Stuttgart. In: Heimatkundliche Blätter für den Kreis Biberach. 27.2004,2, p.19-30, 6 mp. ISSN 1430-9475.

4434
Merk, Eberhard: Karten des Prämonstratenser-klosters Rot an der Rot und der Herrschaften Wartenberg-Rot und Erbach-Wartenberg-Rot : 1730, 1771 – 1822 und o.J. Ed.: Hauptstaatsarchiv <Stuttgart>. – Stuttgart: Hauptstaatsarchiv <Stuttgart> 2002, 1 Mikrofiche. (Repertorien / Hauptstaatsarchiv Stuttgart ; N,28). [Mikroreprod. 32 p.; Parallel als Buchausg. erschienen].

4435
Merk, Eberhard: Karten des Prämonstratenserklosters Weißenau : 1707/08, 1729 – 1759, 1789 – 1805, 19. Jhd. und o.J. Ed.: Hauptstaatsarchiv <Stuttgart>. – Stuttgart: Hauptstaatsarchiv <Stuttgart> 2003, 2 Mikrofiches. (Repertorien / Hauptstaatsarchiv Stuttgart ; N,36). [Mikroreprod. 69 p.].

4436
Meurer, Peter H.: Der Kreis Heinsberg im Kartenbild. In: Heimatkalender des Kreises Heinsberg. 2002, p.15-27, 10 ill.

4437
Minden-Ravensberg : Stadt Bielefeld, Kreis Gütersloh, Kreis Herford, Kreis Minden-Lübbecke. – Münster: Ardey 2002, 462 p., ill., mp. (Westfalia picta : Erfassung westfälischer Ortsansichten vor 1900 ; 7). [Literaturverz. S. 453 – 454] ISBN 3-87023-236-6.

4438
Moser, Jana: Propagandakarten in der "Kolonialen Bildsammlung" der Stadt- und Universitätsbibliothek Frankfurt am Main. In: 15 Jahre "Koloniales Bildarchiv" an der Stadt- und Universitätsbibliothek Frankfurt am Main. Ed.: Jäschke, Uwe Ulrich. – Dresden: Hochschule für Technik und Wirtschaft Dresden (FH) / Fachbereich Vermessungswesen, Kartographie 2004., p.43-54, 15 ill. (Dresdner kartographische Schriften ; 6).

4439
Müllenhoff, Oliver: Evaluation of multi-frequency and multi-polarization airborne SAR data for marsh land and river dyke analysis. In: Photogrammetric Week '03. Ed.: Fritsch, Dieter. – Heidelberg: Herbert-Wichmann-Verlag., p.197-203, 8 ill.

4440
Müller, Gerhard; Müller, Thomas T.: "Maintzisch glaidtstein, Hessen ungestendig ..." : Zur Geleitfrage im eichsfeldisch-hessischen Grenzgebiet. In: Eschweger Geschichtsblätter. 11.2000, p.100-112, 12 ill.

4441
Müller, Markus; Happ, Elmar: ALKIS eingebettet in Geodateninfrastruktur : mit Standards nach vorne. In: GeoBit : Geoinformatik für die Praxis. 9.2004,5, p.30-31, 1 ill. ISSN 1430-3663.

4442
Münster. By: Schmitt, Michael. – Münster: Ardey 2003, 612 p., ill., mp. (Westfalia picta : Erfassung westfälischer Ortsansichten vor 1900 ; 8). [Literaturverz. S. 602 – 605] ISBN 3-87023-237-4.

4443
Münsterland : Kreis Borken, Kreis Coesfeld, Kreis Steinfurt, Kreis Warendorf. By: Luckhardt, Jochen. – Münster: Ardey 2002, 300 p., ill. (Westfalia picta : Erfassung westfälischer Ortsansichten vor 1900 ; 6). ISBN 3-87023-235-8.

4444
Neues Angebot in NRW : "TIM" zeigt amtliche Landkarten und Luftbilder im Internet. In: GeoBit : Geoinformatik für die Praxis. 2004,11, p.6, 1 ill. ISSN 1430-3663.

4445
Neumann, Joachim: Das Entstehen einer südwestdeutschen Verlagskartographie seit dem ausgehenden 18. Jahrhundert. In: 50 Jahre Sektion Karlsruhe der Deutschen Gesellschaft für Kartographie e.V. : Festschrift. Ed.: Kern, Hans F. Hrsg. von Hans F. Kern. – Karlsruhe: Fachhochschule Karlsruhe, Hochschule für Technik, Fachbereich Geoinformationswesen 2004., p.201-208 (Karlsruher geowissenschaftliche Schriften, Reihe A, Kartographie und Geographie ; 16).

4446
Neumann, Joachim: Die deutsch-französischen Beziehungen im Spiegel deutscher Schulatlanten : Katalog zur Ausstellung im Hauptstaatsarchiv Stuttgart vom 6. Oktober bis 17. Dezember 2004. Ed.: Fachhochschule Karlsruhe, Hochschule für Technik, Fachbereich Geoinformationswesen. – Karlsruhe: Fachhochschule Karlsruhe, Hochschule für Technik, Fachbereich Geoinformationswesen 2004, 48 p., mp. (Karlsruher geowissenschaftliche Schriften ; Reihe C, Alte Karten ; 15). ISBN 3-89063-614-4.

4447
Neupert, Anita; Theile, Erik: Karten und Kartenproduktion in der DDR. In: Kartenverfälschung als Folge übergroßer Geheimhaltung? : eine Annäherung an das Thema Einflußnahme der Staatssicherheit auf das Kartenwesen der DDR ; Referate der Tagung der BStU vom 08.-09.2001 in Berlin. Ed.: Unverhau, Dagmar. – Münster: Lit-Verlag 2002., p.27-49, 6 ill. (Archiv zur DDR-Staatssicherheit ; 5; 2002).

4448
Neupert, Anita; Theile, Erik: Karten und Kartenproduktion in der DDR. – 2., durchges. Aufl. In: Kartenverfälschung als Folge übergroßer Geheimhaltung? : eine Annäherung an das Thema Einflußnahme der Staatssicherheit auf das Kartenwesen der DDR ; Referate der Tagung der BStU vom 08.-09.2001 in Berlin. Ed.: Unverhau, Dagmar. – Münster: Lit-Verlag 2003., p.27-49, 6 ill. (Archiv zur DDR-Staatssicherheit ; 5).

4449
Ohainski, Uwe: Johannes Mellinger und der Ämteratlas des Fürstentums Lüneburg aus dem 16. Jahrhundert. In: Stadt – Land – Schloss : Celle als Residenz ; Begleitband zur Ausstellung. Ed.: Streich, Brigitte. – Bielefeld: Verlag für Regionalgeschichte 2000., p.199-211 (Celler Beiträge zur Landes- und Kulturgeschichte ; 29).

4450
Ortsbuch der Bundesrepublik Deutschland. – Frankfurt a. M.: Verl. für Standesamtswesen 2000, CD-ROMs. [Version 1.2000, Okt.; Elektronische Ressource].

4451
Palaschewski, Thomas: Die Übernahme von Karten des militärtopographischen Dienstes der ehemaligen nationalen Volksarmee : ein Statement. – 2., durchges. Aufl. In: Kartenverfälschung als Folge übergroßer Geheimhaltung? : eine Annäherung an das Thema Einflußnahme der Staatssicherheit auf das Kartenwesen der DDR ; Referate der Tagung der BStU vom 08.-09.2001 in Berlin. Ed.: Unverhau, Dagmar. – Münster: Lit-Verlag 2003., p.157-159 (Archiv zur DDR-Staatssicherheit ; 5).

4452
Pape, Heinz: Einheitliche Stadtplanwerke für Ballungsgebiete. In: Kartographische Nachrichten : KN ; Fachzeitschrift für Geoinformation und Visualisierung ; Organ der Deutschen Gesellschaft für Kartographie e.V., der Schweizerischen Gesellschaft für Kartographie und der Österreichischen Kartographischen Kommission in der Österreichischen Geographischen Gesellschaft. 16.1966,1, p.14-17, 1 ill. ISSN 0022-9164.

4453
Pape, Heinz: Neuere amtliche Karten für das Stadtgebiet Dortmund : welchen Nutzen haben sie für die historische Forschung ?. In: Beiträge zur Geschichte Dortmunds und der Grafschaft Mark. 61.1964, p.113-121. ISSN 0405-2021.

4454
Patzschke, Steffen; Frey, Norbert: Laserscanning in Sachsen-Anhalt : Ergebnisse des DGM-W Elbe-Mitte. In: LSA VERM : Zeitschrift für das öffentliche Vermessungswesen des Landes Sachsen-Anhalt. 9.2003,2, p.173-182, 8 ill. ISSN 1435-2338.

4455
Pfahlbusch, René: "Kartenverfälschung" in Deutschland?!. In: Kartographische Nachrichten : KN ; Fachzeitschrift für Geoinformation und Visualisierung ; Organ der Deutschen Gesellschaft für Kartographie e.V., der Schweizerischen Gesellschaft für Kartographie und der Österreichischen Kartographischen Kommission in der Österreichischen Geographischen Gesellschaft. 54.2004,5, p.218-224, 3 ill. ISSN 0022-9164.

4456
Plans de fortifications de l'espace germanique (1698 – 1870) ou les archives militaires retrouvées : [L'Exposition "Plans de Fortifications de l'Espace Germanique (1698 – 1870) ou les Archives Militaires Retrouvées" est présentée au château de Vincennes d. Ministère de la Défense, État-Major de l'Armée de Terre, Service Historique. Sous la dir. de Nicole Salat ... ; France / Armée de Terre / Service Historique. – Vincennes: 2001, 126 p., ill., mp.

4457
Pobanz, Wolfram: Topographische Veränderung in Karten der Verlagskartographie der DDR. – 2., durchges. Aufl. In: Kartenverfälschung als Folge übergroßer Geheimhaltung? : eine Annäherung an das Thema Einflußnahme der Staatssicherheit auf das Kartenwesen der DDR ; Referate der Tagung der BStU vom 08.-09.2001 in Berlin. Ed.: Unverhau, Dagmar. – Münster: Lit-Verlag 2003., p.193-214, 15 ill. (Archiv zur DDR-Staatssicherheit ; 5).

4458
Porada, Haik Thomas: Pommersche Karten aus der Schwedischen Landesvermessung in der Königlichen Bibliothek Kopenhagen : mit einem Exkurs über Quellen zur schwedischen Landesaufnahme im Staatsarchiv Stettin. In: Pommern : Zeitschrift für Kultur und Geschichte. 42.2004,2, p.18-22, 4 mp. ISSN 0032-4167.

4459
Rauh, Jürgen; Hesse, Roland; Spichale, Christoph: Einsatz agentenbasierter Mikrosimulation für kleinräumige Bevölkerungsprognosen – am Fallbeispiel von Regensburg. In: GeoBit : Geoinformatik für die Praxis. 9=17.2004,12, p.27-34, 8 ill. [Titel des Heftes: Geo-Informationssysteme : GIS (aufgegangen in GeoBit)] ISSN 1430-3663.

4460
Recker, Gabriele: Gemalt, gezeichnet und kopiert : Karten in den Akten des Reichskammergerichts. – Wetzlar: 2004, 63 p., ill. (Schriftenreihe der Gesellschaft für Reichskammergerichtsforschung ; 30).

4461
Recker, Gabriele: Kartographiehistorische Beiträge zur historisch-geographischen Verkehrswegeforschung : Betrachtungen zum Problem der Altkarten als Quelle anhand eines Fallbeispieles aus den Rheinlanden. – Bonn: 1998, 923 p., ill., mp. [Bonn, Univ., Diss., 1998; Text, Katalog und Tafeln in 2 Bde.].

4462
Report on the cartographic activities of the Federal Republic of Germany in the period 1991-1995. Ed.: Deutsche Gesellschaft für Kartographie. Comp. by Ulrich Freitag. – Bielefeld [u.a.]: Deutsche Gesellschaft für Kartographie 1995, 33 p., mp.

4463
Richter, Uwe: Vor 450 Jahren entstand der erste Stadtplan Freibergs. In: Das Jahrbuch für die Region Freiberg : Glanzlichter und Streitpunkte, Trends und Ereignisse aus Wirtschaft, Politik, Wissenschaft und Kultur, Reportagen und Berichte, Beiträge zur Heimatgeschichte. 2004, p.152-153, 1 ill.

4464
Römermann, Hermann: Die Tranchot-Müffling-Karten : Darstellung der Grundwasserverhältnisse und ihre aktuelle Planungsrelevanz. In: Geohistorische Blätter. 7.2004,1, p.17-32, 8 ill., 2 tab. ISSN 1436-3135.

4465
Roetzel, Bernd: Flächenhafte Ausgleichung von Katastervermessungen mit KAFKA. In: NÖV : Nachrichten aus dem öffentlichen Vermessungsdienst Nordrhein-Westfalen. 37.2004,1, p.3-23, 25 ill.

4466
Rohierse, Andrea; Bareth, Georg: Integration einer multitemporalen Satellitenbildklassifikation in ATKIS zur weiteren Differenzierung der Objektart Ackerland. In: GeoBit : Geoinformatik für die Praxis. 9=17.2004,3, p.35-41, 4 ill., 2 tab. [Titel des Heftes: Geo-Informationssysteme : GIS (aufgegangen in GeoBit)] ISSN 1430-3663.

4467
Rose, Edward P.F.; Willig, Dierk: Specialist maps prepared by German military geologists for Operation Sealion : the invasion of England scheduled for 1940. In: The Cartographic Journal. 41.2004,1, p.13-35, 15 ill., 3 tab. ISSN 0008-7041.

4468
Rosen, Klaus-Henning: deNIS : the German national databse for disaster mitigation in aspects of information transport. In: Proceedings of the cartographic cutting-edge technology for natural hazard management : held in Dresden, Germany October 20 – 22 2004. Ed.: Buchroithner, Manfred. – Dresden: Technische Universität Dresden / Institut für Kartographie 2004., p.117-120, 3 ill. (Kartographische Bausteine : KB ; 30).

4469
Rübenstrunk, Kathrin: Paris – Berlin – Moskau und zurück : Pläne zu hessischen Festungen im Archiv von Vincennes. In: Hessische Heimat : Zeitschrift für Kunst, Kultur und Denkmalpflege ; Organ der Gesellschaft für Kultur- und Denkmalpflege. 50.2000, p.3-7, 5 ill. ISSN 0178-3173.

4470
Sandner, Eberhard; Kurze, Jutta: Kartenverfälschung bei der mittelmaßstäbigen landwirtschaftlichen Standortkartierung. In: Kartenverfälschung als Folge übergroßer Geheimhaltung? : eine Annäherung an das Thema Einflußnahme der Staatssicherheit auf das Kartenwesen der DDR ; Referate der Tagung der BStU vom 08.-09.2001 in Berlin. Ed.: Unverhau, Dagmar. – Münster: Lit-Verlag 2002., p.143-155, 8 tab. (Archiv zur DDR-Staatssicherheit ; 5; 2002).

4471
Sandner, Eberhard; Kurze, Jutta: Kartenverfälschung bei der mittelmaßstäbigen landwirtschaftlichen Standortkartierung. – 2., durchges. Aufl. In: Kartenverfälschung als Folge übergroßer Geheimhaltung? : eine Annäherung an das Thema Einflußnahme der Staatssicherheit auf das Kartenwesen der DDR ; Referate der Tagung der BStU vom 08.-09.2001 in Berlin. Ed.: Unverhau, Dagmar. – Münster: Lit-Verlag 2003., p.143-155, 8 tab. (Archiv zur DDR-Staatssicherheit ; 5).

4472
Schaal, Peter: Die geographische Informationsverarbeitung in der Landschaftsplanung : Stand und Perspektiven. In: Landschaftsplanung digital : Unterstützung des Planungsprozesses durch GIS : Daten, Analysen, Methoden ; Dokumentation des gleichnamigen Workshops am 25. September 2003 in Rostock. – Rostock: ., p.9-30, 4 ill.

4473
Schätze aus Archiven : Spangenbergs Plan von Mansfeld. In: Mansfeld : Geschichte und Geschichten. 7.2004, p.26-27, 1 ill.

4474
Schmidt, Wolfgang: Stadtkartographie im Wandel : 13 Jahre Kartographie in Kassel. In: 50 Jahre Sektion Karlsruhe der Deutschen Gesellschaft für Kartographie e.V. : Festschrift. Ed.: Kern, Hans F. Hrsg. von Hans F. Kern. – Karlsruhe: Fachhochschule Karlsruhe, Hochschule für Technik, Fachbereich Geoinformationswesen 2004., p.230-236;280, 4 ill. (Karlsruher geowissenschaftliche Schriften, Reihe A, Kartographie und Geographie ; 16).

4475
Schwarz, Uwe: Vierblättrige Manuskriptkarte von Köln und seinen Schweidländereien : eine kartenhistorische Rarität im Kölnischen Stadtmuseum. In: Coellen eyn Croyn : Renaissance und Barock in Köln. Ed.: Schäfke, Werner. – Köln: DuMont 1999., p.425-446, 4 ill., 3 tab. (Der Riß im Himmel).

4476
Schwedler, Ulrike; Schwedler, Frank: Historische Daten im modernen Gewand : GIS und Computerkartographie am Beispiel des "Historischen Atlas Schleswig-Holstein". In: Kartographische Nachrichten : KN ; Fachzeitschrift für Geoinformation und Visualisierung ; Organ der Deutschen Gesellschaft für Kartographie e.V., der Schweizerischen Gesellschaft für Kartographie und der Österreichischen Kartographischen Kommission in der Österreichischen Geographischen Gesellschaft. 54.2004,1, p.21-27, 5 ill. ISSN 0022-9164.

4477
Seifert, Markus: Der Standard ALKIS : was bringt er?. In: Vermessung Brandenburg. 9.2004,2, p.25-33, 5 ill. ISSN 1430-7650.

4478
Spata, Manfred: Der schlesische Kartograph Jonas Scultetus = Śląski kartograf Jonas Scultetus. In: Haus Schlesien präsentiert: Wechselnde Identitäten : das nördliche Schlesien und die angrenzenden Lausitzen im historischen Kartenbild = Zmienna tożsamość: Obraz kartograficzny podziałów terytorialnych ziem północnego Śląska i wschodnich Łużyc w dziejach. Ed.: Spata, Manfred. Hrsg. von Manfred Spata. Haus Schlesien. 2004., p.15-18. [Germ. and Pol.].

4479
Spata, Manfred: Kartographische Skizzen von Niederschlesien = Szkice kartograficzne Dolnego Śląska. In: Haus Schlesien präsentiert: Wechselnde Identitäten : das nördliche Schlesien und die angrenzenden Lausitzen im historischen Kartenbild = Zmienna tożsamość: Obraz kartograficzny podziałów terytorialnych ziem północnego Śląska i wschodnich Łużyc w dziejach. Ed.: Spata, Manfred. Hrsg. von Manfred Spata. Haus Schlesien. 2004., p.9-14. [Germ. and Pol.].

4480
Spata, Manfred: Kartographische Skizzen von Niederschlesien = Szkice kartograficzne Dolnego Śląska. In: Haus Schlesien präsentiert: Wechselnde Identitäten : das nördliche Schlesien und die angrenzenden Lausitzen im historischen Kartenbild = Zmienna tożsamość: Obraz kartograficzny podziałów terytorialnych ziem północnego Śląska i wschodnich Łużyc w dziejach. Ed.: Spata, Manfred. Hrsg. von Manfred Spata. Haus Schlesien. 2004., p.9-14. [Germ. and Pol.].

4481
Špijs, Volfgang [Spiess, Wolfgang]: Obštinska geografska informacionna sistema GIS : praktičesko priloženie v grad Neumarkt i.d.Opf. v s"rceto na Bavarija. In: Geodezija, kartografija, zemeustrojstvo. 2004,1-2, p.11-13, 3 ill. Municipal geographic information system : practical application in mid-Bayern city of Neumarkt. [Bulg. with Germ. rés.].

4482
Steiner, Thaddäus: Die Grenzkarte des Daniel Beich von 1672. In: Alt-Füssen. 2003, p.97-101.

4483
Thieken, Annegret; Grünewald, Uwe; Merz, Bruno; Petrow, Theresia; Schümberg, Sabine; Kreibich, Heidi; Streitz, Willi; Kaltofen, Michael: Flood risk reduction in Germany after the Elbe 2002 flood : aspects of hazard mapping and early warning systems. In: Proceedings of the cartographic cutting-edge technology for natural hazard management : held in Dresden, Germany October 20 – 22 2004. Ed.: Buchroithner, Manfred. – Dresden: Technische Universität Dresden / Institut für Kartographie 2004., p. 145-156, 35 ill., 1 tab. (Kartographische Bausteine : KB ; 30).

4484
Timár, Gábor; Lévai, Pál; Molnár, Gábor; Varga, József: A második világháború német katonai térképeinek koordinátarendszere. In: Geodézia és kartográfia. 56.2004,6, p.28-35 GIS integration of the German Army Grid (DHG) and its geodetic datums. [Hung. with Engl. rés.].

4485
Tippach, Thomas: Die Visualisierung einer Region : Westfalen im Kartenbild um 1800 ; Peter Johanek zum 65. Geburtstag. In: Regionale Identitäten in Westfalen seit dem 18. Jahrhundert ; Themenschwerpunkt. Ed.: Küster, Thomas. 2002., p.111-132, 7 ill. (Westfälische Forschungen : Zeitschrift des Westfälischen Instituts für Regionalgeschichte des Landschaftsverbandes Westfalen-Lippe ; 52.2002).

4486
Torke, Horst: Matthias Öder in der Sächsischen Schweiz : Öders Landschaft am Ende des 16. Jahrhunderts. Ed.: Stadtmuseum <Pirna>. – Pirna: Stadtmuseum <Pirna> 2004, 112 p., ill., mp. (Schriftenreihe des Stadtmuseums Pirna : geschichtl. u. heimatkundl. Beiträge aus Pirna u. Umgebung ; 12).

4487
Uhland, Robert: Karten des Prämonstratenserklosters Schussenried : 1742 – 1806. Ed.: Hauptstaatsarchiv <Stuttgart>. – Stuttgart: Hauptstaatsarchiv <Stuttgart> 1982, 2 Mikrofiches. (Repertorien / Hauptstaatsarchiv Stuttgart ; N,30). [Mikroreprod. V, 69 p.; Gegenüber der Buchausg. gekürzt (ohne [81] Bl.); Parallel als Buchausg. erschienen].

4488
Unverhau, Dagmar: Die "Linie Vermessungswesen" im Ministerium für Staatssicherheit. – 2., durchges. Aufl. In: Kartenverfälschung als Folge übergroßer Geheimhaltung? : eine Annäherung an das Thema Einflußnahme der Staatssicherheit auf das Kartenwesen der DDR ; Referate der Tagung der BStU vom 08.-09.2001 in Berlin. Ed.: Unverhau, Dagmar. – Münster: Lit-Verlag 2003., p.51-80 (Archiv zur DDR-Staatssicherheit ; 5).

4489
Vatter, Stephanie; Schneider, Gerhard: Auf dem Weg zum digitalen Rissarchiv. In: Nachrichtenblatt der Vermessungs- und Katasterverwaltung Rheinland-Pfalz. 47.2004,1/2, p.32-39, 6 ill. ISSN 0939-2378.

4490
Vom Brachflächenkataster zum Flächenmanagement. Niedersächsisches Landesamt für Ökologie. [Bearb.: Irene Dahlmann...]. – Hildesheim: 2004, 25 p., ill., mp. (Nachhaltiges Niedersachsen ; 29).

4491
Wagner, Berthold; Schliebner, Stefan: Rheinland-Pfalz auf dem Weg zu ALKIS®. In: Nachrichtenblatt der Vermessungs- und Katasterverwaltung Rheinland-Pfalz. 46.2003,3, p.131-147, 18 ill. ISSN 0939-2378.

4492
Waldfunktionenkartierung : Grundsätze und Verfahren zur Erfassung der besonderen Schutz- und Erholungsfunktionen des Waldes im Freistaat Sachsen. Ed.: Landesforstpräsidium. Freistaat Sachsen, Landesforstpräsidium. – Pirna: Landesforstpräsidium 2004, 56 p., ill., mp. [Redaktionsschluss: 31.03.2004].

4493
Wehmann, Wolffried: Studierendenzahlen in den Studiengängen Vermessungswesen, Kartographie und Geoinformatik an Fachhochschulen. In: ZfV : Zeitschrift für Geodäsie, Geoinformation und Landmanagement. 128.2003,3, p.225-226, 2 ill. ISSN 1618-8950.

4494
Westfalia picta : Erfassung westfälischer Ortsansichten vor 1900. Ed.: Luckhardt, Jochen. – Bielefeld: Westfalen-Verlag 1987, Bd.1 (1987) -. [Ab Bd. 6 im Verlag Ardey, Münster, erschienen].

4495
Wild, Holger: Die topographischen Karten (Ausgabe für die Volkswirtschaft) und ihre Nutzung als Grundlagenkarten : ein Beitrag zur Kartographiegeschichte der DDR. Ed.: Technische Universität Dresden / Institut für Kartographie. – Dresden: Technische Universität Dresden / Institut für Kartographie 2004, 130 p., ill., mp. (Kartographische Bausteine : KB ; 29). ISBN 3-86005-444-9.

4496
Zeichenerklärung für die Deutsche Grundkarte 1:5 000. Ed.: Landesvermessungsamt Nordrhein-Westfalen. – Bonn: Landesvermessungsamt Nordrhein-Westfalen 1988, [4] p.

4497
Zeichenvorschrift, Instruktion und Redaktionsanweisung für die Bearbeitung der Topographischen Karten 1:25000, 1:50000, 1:100000, 1:200000 und der Topographischen Karte 1:200000 (zweisprachig) : ACD 13-16. Ed.: Deutschland <DDR> / Verwaltung Vermessungs- und Kartenwesen. Ministerium für Innere Angelegenheiten, Verwaltung Vermessungs- und Kartenwesen. – Berlin: Deutschland <DDR> / Verwaltung Vermessungs- und Kartenwesen 1990, 263 p., ill., 3 suppl. [Germ. and Russ.].

4498
Zimmermann, Bernhard: Friedrich Paschen und die mecklenburgische Landesvermessung 1853 bis 1873. Ed.: Förderkreis Vermessungstechnisches Museum e.V. – Dortmund: Förderkreis Vermessungstechnisches Museum e.V. 2004, 59 p., ill, mp. (Schriftenreihe des Förderkreises Vermessungstechnisches Museum e.V. ; 33). ISBN 3-00-013448-4.

4499
"Zu Nutz und Zier..." : Kupferstiche aus dem Stadtarchiv Rheinberg ; [erscheint als Begleitkatalog zur Ausstellung: "Zu Nutz und Zier..." – Kupferstiche aus dem Stadtarchiv Rheinberg, Rheinberg, Alte Kellnerei, 10. November 2002 – 19. Januar 2003]. Ed.: Rheinberg / Kulturamt. – Rheinberg: Rheinberg / Kulturamt 2002, 120 p., ill., mp. (Schriften der Stadt Rheinberg zur Geschichte und Heimatkunde ; 14). [Literaturverz. p.117-119].

Germany, Fed. Rep. / Deutschland, Bundesrepublik / Allemagne, Rép. Féd.

4500
Freitag, Ulrich: Report on the cartographic activities of the Federal Republic of Germany in the period 1980-1984. Ed.: Deutsche Gesellschaft für Kartographie. – [Berlin]: Deutsche Gesellschaft für Kartographie 1984, 18 p., mp. [Mit hs. Anmerkungen des Verf.].

Great Britain / Großbritannien / Grande Bretagne

4501
Barber, Peter M.: The British Isles. In: The Mercator Atlas of Europe : facsimile of the maps by Gerardus Mercator contained in the Atlas of Europe, circa 1570-1572 = Gerardi Mercatoris Atlas Europae. Ed.: Watelet, Marcel. – Pleasant Hill, OR: Walking Tree Press 1998., p.43-77, 11 ill., 23 mp., 6 portr.

4502
Barrow, Ian J.: Making history, drawing territory : British mapping in India, c. 1756 – 1905. – New Delhi: Oxford University Press 2003, XII, 212 p., ill., mp. [Includes bibliography and index] ISBN 0-19-566546-5.

4503
Batten, Kit: Touring England. In: Journal of the International Map Collectors' Society. 2004,97, p.51-53, 8 ill.

4504
Batten, Kit: Trials and tribulations of compiling a cartobibliography : "The printed maps of Devon" and "The Victorian maps of Devon" ; paper presented at the June weekend, 2004. In: Journal of the International Map Collectors' Society. 2004,98, p.11-21,10 ill.

4505
Beech, Geraldine; Mitchell, Rose: Maps for family and local history : the records of the Tithe, Vaaluation Office, and National Farm Surveys [of England and Wales, 1836-1943]. Ed.: National Archives. – Richmond: National Archives 2004, 116 p., ill., mp. – 2nd rev. ed. (Readers' guide / National Archives). ISBN 1-903365-50-3.

4506
Birkholz, Daniel: The king's two maps : cartography and culture in thirteenth-century England. – New York, NY [u.a.]: Routledge 2004, XXXV, 254 p., ill., mp. (Studies in medieval history and culture).

4507
Blatchly, John: John Kirby's Suffolk : his maps and roadbooks = The Suffolk traveller. Ed.: Dymond, David. – Woodbridge: Boydell Press 2004, XXVI, 256 p., ill., mp. (Suffolk Records Society ; 47). [Faks.-Dr. der Ausg. 'The Suffolk traveller', 1735] ISBN 1-8438-3051-5.

4508
Bond, Barbara A.: A directory of UK map collections. Ed.: British Cartographic Society. – London: Robertson McCarta 1983, 28 p. (Map Curators Group Publication ; 1). ISBN 0-904482-05-7.

4509
Broderick, George: Placenames of the Isle of Man : Sheading of Garff (Kirk Maughold & Ramsey, Kirk Lonan, and Kirk Conchan) ; vol. 4. – Tübingen: Niemeyer 1999, XXXVIII, 454 p., mp. ISBN 3-484-40132-X.

4510
Broderick, George: Placenames of the Isle of Man : Sheading of Glenfaba (Kirk Patrick, Kirk German, and Peel) ; vol. 1. – Tübingen: Niemeyer 1994, XXXIX, 377 p., mp. ISBN 3-484-40129-X.

4511
Broderick, George: Placenames of the Isle of Man : Sheading of Michael (Kirk Michael, Ballaugh, and Jurby) ; vol. 2. – Tübingen: Niemeyer 1995, XL, 301 p., mp. ISBN 3-484-40130-3.

4512
Broderick, George: Placenames of the Isle of Man : Sheading of Middle (Kirk Braddan, Kirk Marown, and Kirk Santan) ; vol. 5. – Tübingen: Niemeyer 2000, XL, 300 p., mp. ISBN 3-484-40133-8.

4513
Broderick, George: Placenames of the Isle of Man : Sheading of Rushen (Kirk Malew with Castletown and Ballasalla, Kirk Arbory, and Kirk Christ Rushen with the Calf of Man) ; vol. 6. – Tübingen: Niemeyer 2002, XL, 582 p., mp. ISBN 3-484-40134-6.

4514
Cassettari, Seppe: Photo mapping of Great Britain : a growing opportunity?. In: The Cartographic Journal. 41.2004,2, p.95-100, 10 ill. ISSN 0008-7041.

4515
Chubb, Thomas: The printed maps in the atlases of Great Britain and Ireland : a bibliography, 1579-1870. Ed.: Martino Pub. – Mansfield Centre, CT: Martino Pub 2004. [Originally published: London : Homeland Association, ltd., 1927; Includes bibliographical references and index].

4516
Fleet, Christopher: The Blaeu Atlas of Scotland (1654) : new translation and website. In: Journal of the International Map Collectors' Society. 2004,97, p.5-17, 6 ill.

4517
Fordham, Herbert George: Studies in cartobibliography, British and French : and in the bibliography of itineraries and road books. – Mansfield Centre, Conn.: Martino Pub 2003, VII, 180 p., ill. [Repr. [der Ausg.] Oxford, Clarendon Press, 1914; Includes bibliographical references and index] ISBN 1-578-98426-2.

4518
Gilfoyle, Ian; Thorpe, Peter: Geographic information management in local government. Ed.: CRC Press. – Boca Raton, FL: CRC Press 2004, 243, [4] p., ill., mp.

4519
Gill, Eunice; Holmes, Jonathan: Ever wondered what ordnance survey (OS) stores on behalf of the National Archives. In: The Cartographic Journal. 41.2004,1, p.55-57. ISSN 0008-7041.

4520
Hebditch, Kate: Estate maps : a survey of collections relating to South West England. Ed.: Bournemouth University. – Poole: Bournemouth University 2004, 224 p., ill., mp. (Bournemouth University occasional papers on library & information services : BUOPOLIS ; 7). ISBN 1-85899-192-7.

4521
Hellyer, Roger; Oliver, Richard: A guide to the Ordnance Survey one-inch third edition maps, in colour : England and Wales, Scotland, Ireland. Ed.: Charles Close Society for the Study of Ordnance Survey Maps. – London: Charles Close Society for the Study of Ordnance Survey Maps 2004, VIII, 160 p., ill., mp. ISBN 1-87059-821-0.

4522
Kain, Roger J.P.; Chapman, John; Oliver, Richard, R.: The enclosure maps of England and Wales 1595-1918 : [a cartographic analysis and electronic catalogue]. – Cambridge [u.a.]: Cambridge University Press 2004, XX, 415 p., ill., mp. ISBN 0-521-82771-X.

4523
Koch, Tom: The map as intent : variations on the theme of John Snow. In: Cartographica. 39.2004,4, p.1-14, 8 ill. ISSN 0340-0654; 0317-7173.

4524
Lawrence, Peter: British colonial mapping – large scale. In: Second Anglo-Dutch Seminar on Cartography : held in Enschede, April 3-4, 1997. Ed.: Ormeling, Ferjan. – Amersfoort: Nederlandse Vereniging voor Kartografie 1998., p.37-45, 3 ill. (NVK publikatiereeks ; 26).

4525
Liebenberg, Elri: Die Kartierung von Südafrika unter britischer Herrschaft 1795-1910. In: Cartographica Helvetica : Fachzeitschrift für Kartengeschichte. 2004,30, p.23-34, 12 ill. ISSN 1015-8480.

4526
Lloyd, C.D.; Atkinson, P.M.: Increased accuracy of geostatistical prediction of nitrogen dioxide in the United Kingdom with secondary data. In: International journal of applied earth observation and geoinformation : JAG ; the official quarterly publication of the International Institute for Aerospace Survey and Earth Sciences (ITC). 5.2004,4, p.293-305, 9 ill., 2 tab. ISSN 0303-2434.

4527
London : a cartographic history 1746-1950 ; 200 years of folding maps. Ed.: Countrywide Ed. Comp. by Lucinda Boyle. – London: Countrywide Ed. 2002, XI, 161 p., ill., mp. [Includes bibliographical references (p.161)].

4528
McHugo, M. Barbara: Topographical survey and mapping of British Antarctic Territory, South Georgia and the South Sandwich Islands, 1944-1986. Ed.: British Antarctic Survey. – Cambridge: British Antarctic Survey 2004, IX, 83 p., [8] Bl., ill., 5 (folded) mp. – Limited ed. of 250 copies. ISBN 1-85531-222-0.

4529
Messenger, Guy: The sheet-histories of the Ordnance Survey one-inch old series maps of Essex and Kent with parts of Suffolk, Cambridge, Hertford, Surrey, Middlesex and Sussex : a revision of the cartobibliography in volume 1 of H. Margary's reproductions. Ed.: Charles Close Society for the Study of Ordnance Survey Maps. – London: Charles Close Society for the Study of Ordnance Survey Maps 1991, 52 p., 1 mp.

4530
Mitchell, Peter K.; Bourne, Philip: Middlesbrough's mappa mundi : the Lordship of Acklam plan 1716. Ed.: Middlesbrough Libraries & Information. Ed. by Larry Bruce. – Middlesbrough: Middlesbrough Libraries & Information 2003, 20 p., ill., 1 mp.-suppl. [Includes poster in pocket attached to inside back cover].

4531
Murray, Keith; Shiell, Duncan: A framework for geographic information in Great Britain. In: The Cartographic Journal. 41.2004,2, p.123-129, 5 ill. ISSN 0008-7041.

4532
Needell, Keith: Maps & charts of the Somerset coast with the Bristol Channel, 1583-1860. Publ. by K. Needell. – Muswell Hill: Needell 2004, 161 p., mp.

4533
Needell, Keith: Maps & plans of the city of Bath, 1588-1860. Publ. by K. Needell. – Muswell Hill: Needell 2004, 168 p., mp.

4534
Needell, Keith: Printed maps of Somersetshire roads, 1675-1842. Publ. by K. Needell. – Muswell Hill: Needell 2004, 98 p.

4535
Nicholson, Tim: The birth of the modern Ordnance Survey small-scale map : the revised new series colour printed one-inch map of England and Wales 1897-1914. Ed.: Charles Close Society for the Study of Ordnance Survey Maps. – London: Charles Close Society for the Study of Ordnance Survey Maps 2002, 95, [6] p., ill., mp.

4536
Norgate, Jean; Norgate, Martin: Old Hampshire mapped : providing good access to early printed county maps. In: The Cartographic Journal. 41.2004,1, p.47-53, 4 ill. ISSN 0008-7041.

4537
Norgate, Martin: Checklist of Hampshire maps : early printed maps of the county. Ed.: Hampshire County Council Museums Service. – [Hampshire]: Hampshire County Council Museums Service 2004, [ca 300 Bl.], ill., mp. + 2 CD-ROMs + 1 suppl. (2 Bl.) – 2. ed. ISBN 1-85975-724-3.

4538
Ormeling, Ferjan: Beyond Mercator. In: Second Anglo-Dutch Seminar on Cartography : held in Enschede, April 3-4, 1997. Ed.: Ormeling, Ferjan. – Amersfoort: Nederlandse Vereniging voor Kartografie 1998., p.7-17, 6 ill. (NVK publikatiereeks ; 26).

4539
Richardson, Eric: The Black Country as seen through antique maps : a survey from 1579 to 1895. Ed.: Black Country Society. – Kingswinford: Black Country Society 2000, 46 p., ill., mp. [Includes bibliographical references] ISBN 0-904015-60-2.

4540
Rose, Edward P.F.; Willig, Dierk: Specialist maps prepared by German military geologists for Operation Sealion : the invasion of England scheduled for 1940. In: The Cartographic Journal. 41.2004,1, p.13-35, 15 ill., 3 tab. ISSN 0008-7041.

4541
Smith, Brian S.: Herefordshire maps 1577 to 1800. – Logaston: Logaston Press 2004, XVIII, 205 p., ill., mp. ISBN 1-904396-24-0.

4542
Speed, John: Tudor townscapes : the town plans from John Speed's Theatre of the empire of Great Britaine 1610. Ed.: Map Collector. Introduced and with commentaries by Jeffery John Speed. – Waddesdon: Map Collector 2000, 172 p., ill., mp. [Includes bibliographical references].

4543
Taylor, Andrew: Mapping Manchester : one man's contribution to city centre maps. In: The Cartographic Journal. 41.2004,1, p.59-67, 10 ill. ISSN 0008-7041.

4544
Thomas, Bethan; Dorling, Danny: Advances in the human cartography of the UK. In: The Cartographic Journal. 41.2004,2, p.109-115, 8 ill. ISSN 0008-7041.

4545
Whitfield, Martin; Pepper, John; Overton, David; Harrison, Matthew: Integrated Coastal Zone : data research project (ICZMap). In: The Cartographic Journal. 2, p.143-149, 8 ill. ISSN 0008-7041.

4546
Winchester, Simon: Eine Karte verändert die Welt : William Smith und die Geburt der modernen Geologie = The map that changed the world. – münchen: Goldmann 2003, 340 p., ill., mp. ISBN 3-442-73089-9.

4547
Winchester, Simon: La carte qui a changé le monde : William Smith et la naissance de la géologie moderne = The map that changed the world. – Paris: JC Lattès 2003, 387 p.

4548
Worms, Laurence: The maturing of British commercial cartography : William Faden (1749-1836) and the map trade. In: The Cartographic Journal. 41.2004,1, p.5-11, 1 portr. ISSN 0008-7041.

Greece / Griechenland / Grèce

4549
Germanoi chartographun tēn Ellada apo to 16o ston 19o aiōna. Ed.: Ethnikē Chartothēkē. Ethniko Kentro Chartōn kai Chartographikēs Klēronomias. Epimeleia Euangelos Libieratos. – Thessaloniki: Ethnikē Chartothēkē 2001, 62 p., ill., mp. German cartographers in Greece (exhibition). [Greek].

4550
Kreuer, Werner: Moderne Tafel 2, Balkanhalbinsel, ohne Bezeichnung, Henricus Martellus Germanus, Florenz vor 1490, (Cl.XIII, 16, fol. 120 v. -121 r. Ptol. Henrici Martelli Germani; Biblioteca Nazionale Centrale, Firenze). – Einmalige limitierte Weltaufl. von 320 arabisch nummerierten Ex. In: Monumenta cartographica: tabulae modernae : kartographische Denkmäler, ein Triumph über die Zeit ; Essener Bearbeitung von sechs Tafeln der historischen Kartographie ; mit sechs Vollfaksimilierungen aus: Biblioteca Nazionale Centrale, Florenz (Tafeln 1,2,3,4,5), Bayerische Staatsbibliothek, München (Tafel 6). Ed.: Kreuer, Werner. – Ludwigsburg: Edition Libri Illustri 2001., p.24-31, 9 ill., 1 mp.

4551
Kreuer, Werner: Moderne Tafel 3, Kreta, "Descriptio Crete Nunc Candia Moderna", Henricus Martellus Germanus, Florenz vor 1490, (Cl. XIII, 16, fol. 122 v. – 123 r., Ptol. Henrici Martelli Germani; Biblioteca Nazionale Centrale, Firenze). – Einmalige limitierte Weltaufl. von 320 arabisch nummerierten Ex. In: Monumenta cartographica: tabulae modernae : kartographische Denkmäler, ein Triumph über die Zeit ; Essener Bearbeitung von sechs Tafeln der historischen Kartographie ; mit sechs Vollfaksimilierungen aus: Biblioteca Nazionale Centrale, Florenz (Tafeln 1,2,3,4,5), Bayerische Staatsbibliothek, München (Tafel 6). Ed.: Kreuer, Werner. – Ludwigsburg: Edition Libri Illustri 2001., p.32-37, 4 ill., 1 mp.

4552
L'Eptaneso nelle carte : da Tolomeo ai stelliti ; [carte dagli archivi di Cartotecanazionale ellenica, Biblioteca nazionale Marciana. A cura di Evangelos Libieratos, Ilias Beriatos ; edizione italiana a cura di Caterina Balletti, Marisa Scarso. – Thessaloniki: 2004, 197 p., ill. (Quaderni IUAV. Serie CIRCE / Università IUAV di Venezia ; 2004) Eptanesos on maps from Ptolemy to satellites. [Ital.]. [Contains bibl. and notes].

4553
Phylla chartē Boreias Elladas : ē pērotē apeikonisē telē 19u – arches 20u ai. Ed.: Ethnikē Chartothēkē. Epimeleia Euangelos Libieratos. – Thessaloniki: Ethnikē Chartothēkē 2003, 170 p., ill., mp. First illustration of northern Greece, end of 19th – beginning of 20th century. [Greek].

Hungary / Ungarn / Hongrie

4554
A magyar katonai térképészet története ; Köt. 1. Ed.: Balla, János; Hrenkó, Pál. – Budapest: HM Térképész Szolgálat Főnökség 1991, 451 p., ill., mp. (A magyar katonai térképészet története) History of Hungarian military cartography ; vol. 1. [Hung.]. ISBN 963-7037-00-4.

4555
A magyar térképészet nagyjai : Lipszky János (1766 – 1826), Mikoviny Sámuel (1700 – 1750) ; tudományos emlékülések előadásai és kiállítási katalógus = Die Großen der ungarischen Kartographie. Textbearb.: Gubek Istvánné. – Budapest: Osiris Kiadó 2001, 305 p., ill., mp. [Hung. and Germ.]. ISBN 963-200-431-0.

4556
Feletar, Dragutin; Glamuzina, Martin: Die kroatisch-ungarische Grenze auf alten Landkarten. In: Geoadria. 6.2001, p.81-91, 11 ill. ISSN 1331-2294.

4557
Galambos, Csilla: A színelmélet alkalmazása tematikus térképeken. In: Geodézia és kartográfia. 56.2004,12, p.9-14, 9 ill. Colour management of thematic maps. [Hung. with Engl. rés.].

4558
Galambos, Csilla: Földtani térképek felületi jelei. In: Geodézia és kartográfia. 56.2004,7, p.16-21, 7 ill. Patterning features of geological maps. [Hung. with Engl. rés.].

4559
Joó, István: A magyar katonai térképészetről. In: Geodézia és kartográfia. 56.2004,3, p.3-12, 6 ill. About the Hungarian military survey. [Hung.].

4560
Joó, István: A Nemzeti Kataszteri Programról (NKP). In: Geodézia és kartográfia. 56.2004,5, p.5-11 Hungarian National Landregister Program (HNLP). [Hung. with Engl. rés.].

4561
Joó, István; Balázsik, Valéria; Pájer, Timea: A jelenkori függőleges felszínmozgások és három földtani jellemző kapcsolatának vizsgálata a Középső-Tisza környékén és a Körös-vidéken. In: Geodézia és kartográfia. 56.2004,7, p.3-14 Investigation on relationship of the recent vertical movement velocities with three geologic characteristics in the surrounding area of the rivers Middle-Tisza and Körös. [Hung. with Engl. rés.].

4562
Klinghammer, István: Die Anfänge der ungarischen geowissenschaftlichen Kartierung des Pannonischen Beckens. In: Aspekte der Kartographie im Wandel der Zeit : Festschrift für Ingrid Kretschmer zum 65. Geburtstag und anlässlich ihres Übertritts in den Ruhestand. Ed.: Kainz, Wolfgang. Hrsg. von Wolfgang Kainz. – Wien: Geographisches Institut <Wien, Universität> / Arbeitsbereich für Geographie und Kartographie 2004., p.71-76 (Wiener Schriften zur Geographie und Kartographie ; 16).

4563
Komjáti, Gábor; Joó, István; Balázsik, Valéria: A nagyalföld déli része függőleges mozgásainak vizsgálata és modellezése. In: Geodézia és kartográfia. 56.2004,11, p.10-17, 13 ill., 8 tab. Investigation and modelling of the recent vertical movements in the southern part of the Great Hungarian Plain. [Hung. with Engl. rés.].

4564
Mogyorósi, Péter: A jelenkori függőleges felszínmozgások vizsgálata és modellezése a Dunántúl déli részén. In: Geodézia és kartográfia. 56.2004,1, p.12-19, 8 ill., 6 tab. Analysis and modelling of recent vertical movements in South Transdanubia. [Hung. with Engl. rés.].

4565
Noéh, Ferenc: Birtokok és birtokosok a középkori Magyarországon. In: Geodézia és kartográfia. 56.2004,6, p.21-27 Properties and landowners in the mediaeval Hungary. [Hung. with Engl. rés.].

4566
Papp-Váry, Arpád: Irodalomtörténeti atlasz – az ötlettől a megvalósulásig. In: Geodézia és kartográfia. 56.2004,10, p.25-29, 2 ill. Atlas of literary history. [Hung. with Engl. rés.].

4567
Reisz, Csaba T.: Magyarország általános térképének elkészítése a 19. század elsÿîo évtizedében : Lipszky János és segítÿîoi térképészeti vállalkozásának ismertetése. – Budapest: Cartofil Könyvkiadó 2002, 512, 32 p., ill., mp., 2 Beil. The making of the General Map of Hungary in the first decade of the 19th. century. [Hung. with Engl., Germ., and Slovak rés.]. [Literaturverz. S. 357-375] ISBN 963-202-327-7.

4568
Szabolcs, Mihály: A Földmérési és Távérzékelési Intézet K+F tevékenysége és eredményei, mint a magyar téradat-infrastruktúra része. In: Geodézia és kartográfia. 56.2004,8, p.33-36, 26 ill., 2 tab. FÖMI's R&D activity, as a part of the Hungarian NSDI and its results in mapping and remote sensing. [Hung.with Engl. rés.].

4569
Timár, Gábor; Lévai, Pál; Molnár, Gábor; Varga, József: A második világháború német katonai térképeinek koordinátarendszere. In: Geodézia és kartográfia. 56.2004,6, p.28-35 GIS integration of the German Army Grid (DHG) and its geodetic datums. [Hung. with Engl. rés.].

4570
Timár, Gábor; Molnár, Gábor; Păunescu, Cornel; Pendea, Florin: A második és harmadik katonai felmérés erdélyi szelvényeinek vetületi- és dátumparaméterei. In: Geodézia és kartográfia. 56.2004,5, p.12-16, 1 ill., 1 tab. Projection and datum parameters of the Transsylvanian sheets of the second and third military surveys. [Hung. with Engl. rés.].

Iceland / Island / Islande

4571
Dreyer-Eimbcke, Oswald: Die Geburt der isländischen Kartographie. In: Island. 10.2004,2, p.12-15. ISSN 0535-7209.

Ireland / Irland / Irlande

4572
Andrews, John Harwood: Classifying early Irish town plans. In: Surveying Ireland's past : multidisciplinary essays in honour of Anngret Simms. Ed.: Clarke, Howard B.; Prunty, Jacinta; Hennessy, Mark. Edited by Howard B. Clarke, Jacinta Prunty and Mark Hennessy. – Dublin: Geography Publications 2004., p.217-242, 5 ill., 1 tab.

4573
Barber, Peter M.: The British Isles. In: The Mercator Atlas of Europe : facsimile of the maps by Gerardus Mercator contained in the Atlas of Europe, circa 1570-1572 = Gerardi Mercatoris Atlas Europae. Ed.: Watelet, Marcel. – Pleasant Hill, OR: Walking Tree Press 1998., p.43-77, 11 ill., 23 mp., 6 portr.

4574
Bradley, John: The Irish Historic Towns Atlas as a source for urban history. In: Surveying Ireland's past : multidisciplinary essays in honour of Anngret Simms. Ed.: Clarke, Howard B.; Prunty, Jacinta; Hennessy, Mark. Edited by Howard B. Clarke, Jacinta Prunty and Mark Hennessy. – Dublin: Geography Publications 2004., p.727-746, 1 ill.

4575
Chubb, Thomas: The printed maps in the atlases of Great Britain and Ireland : a bibliography, 1579-1870. Ed.: Martino Pub. – Mansfield Centre, CT: Martino Pub 2004. [Originally published: London : Homeland Association, ltd., 1927; Includes bibliographical references and index].

4576
Davies, K. Mary: Illuminating Irish towns: the Irish Historic Towns Atlas comes of age. In: Surveying Ireland's past : multidisciplinary essays in honour of Anngret Simms. Ed.: Clarke, Howard B.; Prunty, Jacinta; Hennessy, Mark. Edited by Howard B. Clarke, Jacinta Prunty and Mark Hennessy. – Dublin: Geography Publications 2004., p.713-725, 3 ill.

4577
Fordham, Herbert George: Studies in cartobibliography, British and French : and in the bibliography of itineraries and road books. – Mansfield Centre, Conn.: Martino Pub 2003, VII, 180 p., ill. [Repr. [der Ausg.] Oxford, Clarendon Press, 1914; Includes bibliographical references and index] ISBN 1-578-98426-2.

4578
Hellyer, Roger; Oliver, Richard: A guide to the Ordnance Survey one-inch third edition maps, in colour : England and Wales, Scotland, Ireland. Ed.: Charles Close Society for the Study of Ordnance Survey Maps. – London: Charles Close Society for the Study of Ordnance Survey Maps 2004, VIII, 160 p., ill., mp. ISBN 1-87059-821-0.

4579
Prunty, Jacinta: Maps and map-making in local history. Ed.: Four Courts. – Dublin: Four Courts 2004, 344 p., mp.

4580
Prunty, Jacinta: Military barracks and mapping in the nineteenth century : sources and issues for Irish urban history. In: Surveying Ireland's past : multidisciplinary essays in honour of Anngret Simms. Ed.: Clarke, Howard B.; Prunty, Jacinta; Hennessy, Mark. Edited by Howard B. Clarke, Jacinta Prunty and Mark Hennessy. – Dublin: Geography Publications 2004., p.477-534, 14 ill., 3 tab.

4581
Thomas, Avril: Londonderry c. 1856: a city mapped in unusual detail. In: Surveying Ireland's past : multidisciplinary essays in honour of Anngret Simms. Ed.: Clarke, Howard B.; Prunty, Jacinta; Hennessy, Mark. Edited by Howard B. Clarke, Jacinta Prunty and Mark Hennessy. – Dublin: Geography Publications 2004., p.455-476, 6 ill., 1 tab.

4582
Wallace, Patrick F.: The big picture : mapping Hiberno-Norse Dublin. In: Surveying Ireland's past : multidisciplinary essays in honour of Anngret Simms. Ed.: Clarke, Howard B.; Prunty, Jacinta; Hennessy, Mark. Edited by Howard B. Clarke, Jacinta Prunty and Mark Hennessy. – Dublin: Geography Publications 2004., p.13-40, 17 ill.

Italy / Italien / Italie

4583
Amatucci, Monica; Lorito, Samantha; Vianello, Gilmo: Rappresentazione gerarchizzata in forma digitale della rete idrica di superficie come preliminare alla valutazione quali-quantitativa del sistema irriguo nei territori rivieraschi il fiume Po. In: Bollettino della Associazione Italiana di Cartografia. 41.2004,121/122, p.393-400, 3 ill., 1 tab. Po riverine territory within the Parma province : a digital hierarchized representation of the hydrographic network as preliminary to an evaluation of the irrigation system. [Ital. with Engl. rés.]. ISSN 0044-9733.

4584
Andreis, Carlo; Mazzucco, Gianluca; Sala, Enrico; Torretta, Marco; Zaffaroni, Anna: Note illustrative della "carta della vegetazione" riserva naturale "Torbiere del Sebino". In: Bollettino della Associazione Italiana di Cartografia. 41.2004,121/122, p.359-366, 1 ill. Illustrative notes of the "vegetation map" of the nature reserve "Torbiere del Sebino". [Ital.]. ISSN 0044-9733.

4585
Arozarena Llopis, Isabel: Cartografia geomorfologica delle coste alte liguri : il caso del promontorio orientale del Golfo della Spezia. In: Bollettino della Associazione Italiana di Cartografia. 41.2004,121/122, p.227-244, 6 ill. Geomorphological cartography of the high Ligurian coasts (North Western Italy) : the case study of the Gulf of La Spezia. [Ital. with Engl. rés.]. ISSN 0044-9733.

4586
Azzari, Margherita: Un progetto di webGIS per la gestione della cartografia catastale storica. In: Mundus novus : Amerigo Vespucci e i metodi della ricerca storico-geografica ; atti del convegno internazionale di studi, Roma-Firenze, 27-30 novembre 2002. Ed.: Società Geografica Italiana. – Roma: Società Geografica Italiana 2004., p.471-486, 2 ill. (Memorie della Società Geografica Italiana ; 75) A project of WebGIS for the management of historical catastral cartography. [Ital.].

4587
Barrera, Dino; Garbarino, Matteo; Sekawin, Nora; Villa, Sabina: La cartografia storica delle acque fonte indispensabile per le rappresentazioni contemporanee dei luoghi fluviali : i casi dell'Orco e del Ticino. In: Bollettino della Associazione Italiana di Cartografia. 41.2004,121/122, p.117-128, 5 ill. Water historic cartography, an indispensable source for the contemprorary representations of the river places : the cases of Orco and Ticino Rivers. [Ital. with Engl. rés.]. ISSN 0044-9733.

4588
Beinat, Alberto; Crosilla, Fabio: Generalised Procrustes algorithms for the conformal updating of a cadastral map. In: ZfV : Zeitschrift für Geodäsie, Geoinformation und Landmanagement. 128.2003,5, p.341-349, 7 ill., 2 tab. ISSN 1618-8950.

4589
Bianchin, Alberta: Riflessioni sugli aspetti cartografici di un sistema GIS integrato sulla Laguna Veneta. In: Bollettino della Associazione Italiana di Cartografia. 41.2007,121/122, p.245-256, 4 ill., 1 tab. Notes over cartographic issues of an integrated GIS for the Lagoon of Venice. ISSN 0044-9733.

4590
Caltabiano, Adele; Orecchio, Filippo: Il tracciato dei sentieri attraverso la lettura di alcune carte turistiche ed escursionistiche della Sicilia. In: Bollettino della Associazione Italiana di Cartografia. 41.2004,120, p.59-110, 9 ill. The tracing of paths through reading some touristic and excursionistic maps of Sicily. [Ital.]. ISSN 0044-9733.

4591
Cartografia storica : contributi per lo studio del territorio piemontese. Ed.: Ed. Artistica Piemontese. Regione Piemonte. Maria Sandra Poletto. – Savagliano (Cuneo): Ed. Artistica Piemontese 2004, 107 p., mp. Historical cartography : contributions to the study of the Piemont territory. [Ital.]. [Contains bibliography and notes].

4592
Cassi, Laura: Montagna e nomi di luogo. In: Bollettino della Associazione Italiana di Cartografia. 41.2004,120, p.43-49, 2 ill. Mountains and place names. [Ital.]. ISSN 0044-9733.

4593
Cocco, Cristina; Fadda, Antonio Franco: Carte antiche della Sardegna conservate nelle Biblioteche Corsiniana e Nazionale Centrale di Roma : secoli XV-XVII. – Elmas (Cagliari): COEDISAR 2004, 30 p. ill., 13 loose maps issued in a case. Ancient maps of Sardinia which are conserved in the Biblioteche Corsiniana e Nazionale Centrale di Roma : XV-XVII centuries. ISBN 88-85966-47-0.

4594
Di Matteo, Angelo: Il fiume Aterno nella riserva naturale regionale "Gole di San Venanzio" (Raiano-AQ) : caratteristiche dell'ecosistema fluviale e sua rappresentazione cartografica. In: Bollettino della Associazione Italiana di Cartografia. 41.2004,121/122, p.401-410, 10 ill. The Aterno River in the "Gole di San Venanzio" regional wildlife reserve (Raiano AQ): the characteristics of the rever ecosystem and. [Ital. with Engl. rés.]. ISSN 0044-9733.

4595
Di Meo, Tommaso; Ducci, Daniela; Onorati, Giuseppe: La cartografia dello stato chimico delle acque sotterranee nei piani di tutela delle acque. In: Bollettino della Associazione Italiana di Cartografia. 41.2004,121/122, p.303-314, 12 ill., 2 tab Chemical status of groundwater mapping in the "water protection masterplans". [Ital. with Engl. rés.]. ISSN 0044-9733.

4596
Esposti, Vittorio Degli; Zanni, Filippo: Acqua che cambia, acqua che resta. In: Bollettino della Associazione Italiana di Cartografia. 41.2004,121/122, p.53-62, 7 ill. Turning water, staying water. [Ital.]. ISSN 0044-9733.

4597
Galluccio, Floriana: Un atlante geostorico delle articolazioni politico-amministrative in Italia. In: Mundus novus : Amerigo Vespucci e i metodi della ricerca storico-geografica ; atti del convegno internazionale di studi, Roma-Firenze, 27-30 novembre 2002. Ed.: Società Geografica Italiana. – Roma: Società Geografica Italiana 2004., p.487-497 (Memorie della Società Geografica Italiana ; 75) A geohistorical atlas of the political-administrative structures in Italy. [Ital.].

4598
Garnero, Gabriele; Godone, Danilo; Benazzo, Ernesto; Penon, Angelo; Sesia, Elio; Vazzola, Sara; Ferrarato, Massimiliano: Le ortoimmagini a supporto della pianificazione territoriale : applicazioni al piano di tutela delle acque della regione Piemonte. In: Bollettino della Associazione Italiana di Cartografia. 41.2004,121/122, p.257-267, 2 ill., 12 tab. Orthoimages as a tool for land planning : an application to the region Piemonte's "water conservation plan". [Ital. with Engl. rés.]. ISSN 0044-9733.

4599
Gatto, Ivo; Gherardi, Massimo; Vianello, Gilmo; Zamboni, Nicoletta: Indagine ambientale sui caratteri dei microbacini in destra Reno finalizzata alla valutazione della qualità delle acque. In: Bollettino della Associazione Italiana di Cartografia. 41.2004,121/122, p.291-302, 9 ill. Environmental analysis of River Reno basin due to evaluate water quality. [Ital. with Engl. rés.]. ISSN 0044-9733.

4600
Haft, Adele J.: Henry Reed's poetic map of Verona : (Di)versifying the teaching of geography, IV. In: Cartographic perspectives : journal of the North American Cartographic Information Society. 40.2001, p.32-51. ISSN 1048-9053.

4601
Il territorio nella società dell'informazione : dalla cartografia ai sistemi digitali ; [Venezia, Museo Correr, 1 maggio – 11 luglio 2004] = Territory in the information society. Ed.: Cantile, Andrea; Arca, Salvator. – Firenze: Istituto Geografico Militare 2004, 239 p., ill., mp. Territory in the information society : from cartography to digital systems. [Ital.]. ISBN 88-523-2567-0.

4602
Kretschmer, Ingrid: Der Ortler : frühe Lage- und Höhenangaben durch österreichische Aufnahmen. In: Mitteilungen der Österreichischen Geographischen Gesellschaft : MÖGG ; Jahresband. 146.2004, p.323-344, 4 ill., 1 tab. ISSN 0029-9138.

4603
La laguna di Venezia nella cartografia storica a stampa del Museo Correr. Ed.: Baso, Giuliana; Scarso, Marisa; Tonini, Camillo. – Venezia: Marsilio 2003, XIX, 137p., mp. The Lagoon of Venice in historical cartography in print of the Correr Museum. [Ital.]. [Contains bibliography and name index] ISBN 88-317-8232-0.

4604
Lago, Luciano: Geographical knowledge in the work of Pietro Coppo. In: Imago Italiae : the making of Italy in the history of cartography from the Middle Ages to the Modern era ; reality, image and imagination from the Codices of Claudius Ptolemy ... Ed.: Goliardica E.U.T. – Trieste: Goliardica E.U.T., p.65-67, 15 ill. [Engl. ed.].

4605
Lago, Luciano: La comprensione iconico-grafica dell'Italia nella sua tradizione corologica. In: Imago Italiae : la fabrica dell'Italia nella storica della cartografia tra medievo ed età moderna ; realtà, immagine ed immaginazione dai codici di Claudio Tolomeo all'atlante di Giovanni Antonio Magini / Luciano Lago. Ed.: E.U.T. – Trieste: E.U.T., p.123-128, 10 ill. The iconico-graphic knowledge of Italy in the chorological tradition. [Ital.].

4606
Lago, Luciano: La costruzione Mercatoriana dell'Italia. In: Imago Italiae : la fabrica dell'Italia nella storica della cartografia tra medievo ed età moderna ; realtà, immagine ed immaginazione dai codici di Claudio Tolomeo all'atlante di Giovanni Antonio Magini / Luciano Lago. Ed.: E.U.T. – Trieste: E.U.T., p.639-666, 20 ill., 1 portr. Mercator's construction of Italy. [Ital.].

4607
Lago, Luciano: L'atlante d'Italia manoscritto, anonimo e senza data, del seminario vescofile di Padova. In: Imago Italiae : la fabrica dell'Italia nella storica della cartografia tra medievo ed età moderna ; realtà, immagine ed immaginazione dai codici di Claudio Tolomeo all'atlante di Giovanni Antonio Magini / Luciano Lago. Ed.: E.U.T. – Trieste: E.U.T., p.509-535, 20 ill. The anonymous and undated manuscript atlas of Italy in the Bishops's Seminary Library in Padua. [Ital.].

4608
Lago, Luciano: L'atlante murale dell'Italia di Egnazio Danti. In: Imago Italiae : la fabrica dell'Italia nella storica della cartografia tra medievo ed età moderna ; realtà, immagine ed immaginazione dai codici di Claudio Tolomeo all'atlante di Giovanni Antonio Magini / Luciano Lago. Ed.: E.U.T. – Trieste: E.U.T., p.583-637, 37 ill. The mural atlas of Italy by Ignazio Danti. [Ital.].

4609
Lago, Luciano: Le più antiche testimonianze regionali nella cartografia manoscritta. In: Imago Italiae : la fabrica dell'Italia nella storica della cartografia tra medievo ed età moderna ; realtà, immagine ed immaginazione dai codici di Claudio Tolomeo all'atlante di Giovanni Antonio Magini / Luciano Lago. Ed.: E.U.T. – Trieste: E.U.T., p.299-310, 9 ill. The oldest regional examples of manuscript cartography. [Ital.].

4610
Lago, Luciano: L'Italia di Giovanni Antonio Magini. In: Imago Italiae : la fabrica dell'Italia nella storica della cartografia tra medievo ed età moderna ; realtà, immagine ed immaginazione dai codici di Claudio Tolomeo all'atlante di Giovanni Antonio Magini / Luciano Lago. Ed.: E.U.T. – Trieste: E.U.T., p.669-772, 91 ill. Giovanni Antonio Magini's Italia. [Ital.].

4611
Lago, Luciano: L'Italia moderna. In: Imago Italiae : la fabrica dell'Italia nella storica della cartografia tra medievo ed età moderna ; realtà, immagine ed immaginazione dai codici di Claudio Tolomeo all'atlante di Giovanni Antonio Magini / Luciano Lago. Ed.: E.U.T. – Trieste: E.U.T., p.239-295, 56 ill. Maps of modern Italy. [Ital.].

4612
Lago, Luciano: L'Italia negli atlanti nordici dell'Ortelio e del De Jode. In: Imago Italiae : la fabrica dell'Italia nella storica della cartografia tra medievo ed età moderna ; realtà, immagine ed immaginazione dai codici di Claudio Tolomeo all'atlante di Giovanni Antonio Magini / Luciano Lago. Ed.: E.U.T. – Trieste: E.U.T., p.537-582, 41 ill. Italy in the northern atlases of Ortelius and De Jode. [Ital.].

4613
Le isole del vento : la rappresentazione cartografica del territorio eoliano. Ed.: Ioli Gigante, Amelia; Polto, Corradina. A cura di Amelia Ioli Gigante e Corradina Polto. – Bologna: Pàtron 2004, 103 p., mp. – 1. ed. (Geotema / Quaderni di Geotema ; 2) the islands of the wind : cartographic representation of the Aeolian territory. [Ital.]. [Contains bibliographical references and notes] ISBN 88-555-2769-X.

4614
Lucilia, Gregori: Il lago Trasimeno : dalla carta storica al DEM. In: Bollettino della Associazione Italiana di Cartografia. 41.2004,221/222, p.175-214, 31 ill. Lake Trasimeno : from historical map to DEM. [Ital.]. ISSN 0044-9733.

4615
Luisi, Guido: Studi di storia della cartografia e di cartografia storica in Puglia. In: Mundus novus : Amerigo Vespucci e i metodi della ricerca storico-geografica ; atti del convegno internazionale di studi, Roma-Firenze, 27-30 novembre 2002. Ed.: Società Geografica Italiana. – Roma: Società Geografica Italiana 2004., p.451-460 (Memorie della Società Geografica Italiana ; 75) Studies of history of cartography and of historical cartography in Puglia. [Ital.].

4616
Mazzeo, Paolo: I laghetti costieri di capo peloro (ME) nella cartografia dei secoli XVI-XIX. In: Bollettino della Associazione Italiana di Cartografia. 41.2004,121/122, p.151-162, 10 ill. Coastal lakes of Capo Peloro (ME) in maps of the 16th to the 19th centuries. ISSN 0044-9733.

4617
Mazzeo, Paolo: La rappresentazione cartografica dell'uso del suolo in agricultura nella montagna messinese. In: Bollettino della Associazione Italiana di Cartografia. 41.2004,120, p.51-57, 2 ill. Cartographic representation of land use in agriculture in the mountains near Messina. [Ital..]. ISSN 0044-9733.

4618
Militello, Paolo: L'isola delle carte : cartografia della Sicilia in età moderna. – Milano: Edizioni Franco Angeli 2004, 199 p., ill. (Studi e ricerche storiche ; 333) The island of the maps : cartography of the Sicily in modern age. [Ital.]. [Contains bibliography, bibliographical references, notes and indices] ISBN 88-464-6009-X.

4619
Missiroli, Anna: Le pielsasse di Ravenna nella cartografia (secoli XVII-XX). In: Bollettino della Associazione Italiana di Cartografia. 41.2004,221/222, p.129-137 The pielasse of Ravenna through cartography (17th-20th century). [Ital. with Engl. rés.]. ISSN 0044-9733.

4620
Onorati, Giuseppe; Imperatrice, Maria Luisa; Matrone, Anna Maria; Scarponi, Franco: La cartografia delle acque nel primo atlante ambientale della campania della Campania 2003. In: Bollettino della Associazione Italiana di Cartografia. 41.2001,121/122, p.269-289, 12 ill., 1 tab. Water maps in the first environmental Atlas of the Campania region 2003. [Ital. with Engl. rés.]. ISSN 0044-9733.

4621
Palermo 1703, ritratto di una città : plano de la ciudad de Palermo di D. Caetanus Lazzara Panormitanus. By: Nobile, Marco Rosario; Minella, Melo ; Fondazione Salvare Palermo. – Palermo: 2003, 45 p., ill. (Conoscere e tutelare ; 6).

4622
Papotti, Davide; Salarelli, Alberto: La cartografia del Po all'Azienda Regionale Navigazione Interna (ARNI) : dagli archivi del passato alla produzione contemporanea. In: Bollettino della Associazione Italiana di Cartografia. 41.2007,121/122, p.109-116 The cartography of the river Po at the Regional Agency for Inland Navigation (ARNI) : from the historical archives to the contemporary production. [Ital. with Engl. rés.]. ISSN 0044-9733.

4623
Patitucci Uggeri, Stella: Le vie d'Acqua : in rapporto al nodo idroviario di Ferrara. – Firenze: Edizioni all'Insegna del Giglio 2002, 131 p., ill., mp. (Carta archeologica medievale del Territorio Ferrarese). ISBN 88-7814-217-4.

4624
Penon, Angelo: Nuovi strumenti didattici finalizzati allo studio del territorio e all'analisi dell'ambiente : esperienze dell'ARPA Piemonte. In: Bollettino della Associazione Italiana di Cartografia. 41.2004,121/122, p.425-430, 2 ill. New didactic instruments finalized to territory study and to environmental analyse : ARPA Piemonte's experiences in the province of Turin. ISSN 0044-9733.

4625
Perini, Marcus: History of the cartography of the Veronese territory. In: Journal of the International Map Collectors' Society. 2004,99, p.5-12, 10 ill.

4626
Piazza, Valeria di: Carte, piante e vedute di XVIII secolo nelle stampe della Biblioteca della Provincia di Roma. – Roma: Bonsignori 2003, 271 p., ill. (Palazzo Valentini : collana di studi e materiali ; 2). [Contains bibliography and indices] ISBN 88-7597-335-0.

4627
Polto, Corradina: La funzione economica del fiume Anapo nella cartografia dei secoli XVIII-XIX. In: Bollettino della Associazione Italiana di Cartografia. 41.2004,121/122, p.163-174, 6 ill., 1 tab. The economical function of the river Anapo in 18th and 19th centuries maps. [Ital. with Engl. rés.]. ISSN 0044-9733.

4628
Pressenda, Paola: La produzione cartografica nelle liti di confine tra confine tra comunità tra XVII e XVIII secdolo : il caso di Moncalieri. In: Mundus novus : Amerigo Vespucci e i metodi della ricerca storico-geografica ; atti del convegno internazionale di studi, Roma-Firenze, 27-30 novembre 2002. Ed.: Società Geografica Italiana. – Roma: Società Geografica Italiana 2004., p.461-470 (Memorie della Società Geografica Italiana ; 75) Cartographic production in the boundary disputes of the communities between XVII and XVIII century : the case of Moncalieri. [Ital.].

4629
Sechi Nuvole, Marina: La localizzazione degli Insani Montes (Sardegna) nella tradizione mitografica e nella cartografia antica. In: Bollettino della Associazione Italiana di Cartografia. 41.2004,120, p.5-42, 12 ill. The localization of the Insani Montes (Insane Mountains, Sardinia) in mythographic tradition and in ancient cartography. [Ital.]. ISSN 0044-9733.

4630
Sistemi informativi geografici : manuale e casi studio città e territorio. Ed.: Teti, Maria Adele. A cura di Maria Adele Teti. – Milano: Edizioni Franco Angeli 2004, 342 p., ill., mp. (Urbanistica : Documenti ; 88) Geographic information systems : handbook and case studies in city and territory. [Ital.]. [Contains bibliography and notes] ISBN 88-464-5426-X.

4631
Stolz, Werner: LFC-Satellitenbilder und ihre Anwendungsmöglichkeiten zur Nachführung und Verbesserung von Küstenkarten, speziell Seekarten : Beispiel Po-Delta, Italien ; mit 31 Tabellen. Institut für Geographie d. Univ. München. – München: Geobuch-Verlag 1989, XIX, 185 p., ill., mp. (Münchener geographische Abhandlungen : Reihe A ; 39). [zugl.: München, Univ., Diss., 1989].

4632
Terre di Langobardia : la Lombardia, il corso del Po e il ducato estense nell'antica cartografia a stampa, 1520-1796. Ed.: Sanfelici, Roberto. – Modena: Librerie Panini 2003, 301 p., ill. Lands of Langobardia : Lombardy, the course of the Po and the duchy of Este in ancient prints of cartography, 1520-1796. [Ital.]. [Contains bibliography and bibliographical references].

4633
Ulazzi, Elisa; Antonellini, Marco; Gabbianelli, Giovanni: Problemi nella redazione della cartgrafia idrogeologica in zone costiere dell'Adriatico Emiliano Romagnolo. In: Bollettino della Associazione Italiana di Cartografia. 41.2004,121/122, p.215-225, 7 ill. Problems in the construction of hydrologic maps of Emilia-Romagna coastal area, northern Adriatic sea. ISSN 0044-9733.

4634
Valdes, Giuliano: Le acque termali della Valdichiana in una cartografia turistica edita dall'A.P.T. In: Bollettino della Associazione Italiana di Cartografia. 41.2004,121/122, p.355-358 The thermal waters in the Chiana valley in a tourist map published by the local tourism authority. [Ital. with Engl. rés.]. ISSN 0044-9733.

4635
Wieneke, Friedrich: The use of space photography for coastal studies : methodological aspects. In: Geomorphologic applications of remote sensing : papers presented at the Post-Conference Symposium S13 "Remote Sensing of the Ecological Environment" (Strasbourg, September 11-13, 1989). Second International Conference on Geomorphology (Frankfurt a.M., 1989). Ed.: Gierloff-Emden, H.-G.; Wilhelm, F. Hrsg. von H.-G. Gierloff-Emden und F. Wilhelm. – München: Geobuch-Verlag 1990., p.5-25, 8 ill., 11 tab. (Münchener geographische Abhandlungen, Reihe A).

4636
Woodward, David: Cartografia a stampa nell'Italia del Rinascimento : produttori, distributori e destinatari. Ed.: Casti, Emanuela. Translated by Francesca Albini. – Milano: Edizioni Sylvestre Bonnard 2002, 132 p., ill. (Il sapere del libro) Printed maps in the Italian renaissance : producers, distributors and adressees. [Ital.]. [Orig title: Maps and prints in the Italian Renaissance; Contains bibl. references and notes] ISBN 88-86842-34-1.

4637
Zecchi, Rodolfo: La sismicità del territorio italiano nelle rappresentazioni cartografiche a media e piccola scala. In: Bollettino della Associazione Italiana di Cartografia. 41.2004,120, 111-125, 8 ill. Seismicity of Italy in medium and small scale maps. [Ital. with Engl. rés.]. ISSN 0044-9733.

4638
Zecchi, Rodolfo: La vegetazione e le foreste d'Italia nelle rappresentazioni cartografiche a grande e media scala. In: Bollettino della Associazione Italiana di Cartografia. 41.2007,120, p.127-144 Vegetation and forests of Italy in the large and medium scale maps. [Ital. with Engl. rés.]. ISSN 0044-9733.

Latvia / Lettland / Lettonie

4639
Latvija kartēs un plānos : bibliogrāfiskais rādītājs. Ed.: Latvijas Nacionālā Bibliotēka <Rīga> / Kartogrāfisko Izdevumu Nodala. – Riga: Latvijas Nacionālā Bibliotēka <Rīga> / Kartogrāfisko Izdevumu Nodala 1998, 124 p. [Includes indexes].

4640
Latvijas Republikas geogrāfiskie nosaukumi : kartēm mērogā 1 : 1000000. Ed.: Latvija / Land Service. Red.: Zinta Goba. – Rīga: Latvija / Land Service 2004, 94 p., 3 mp.-suppl. Concise gazetteer of the Republic of Latvia. [Latv. and Engl.].

4641
Štrauhmanis, Janis: Latvijas kartogrāfijas vēsture : bibliogrāfiskais rādītājs. – Riga: 1999, 48 p., ill., mp. Bibliography of the history of cartography of Latvia. [Latv., Engl., German and Russ.]. [Teilw. in kyrill. Schrift] ISBN 9984-93451-9.

Luxemburg / Luxemburg / Luxembourg

4642
Dubois, Sébastien: La rectification du tracé des frontières sur les cartes des Pay-Bas autrichiens de Ferraris (1777-1779). – Bruxelles: Palais des Académies 2001, XXXVI, 95 p. + 6 mp.-suppl.

Macedonia / Mazedonien / Macédoine

4643
Lundén, Thomas: Kartan som politiskt vapen. In: Nya lantmätaren. 2004,6, p.14-15, 1 mp. Maps are political weapons. [Swed.].

Netherlands / Niederlande / Pays-Bas

4644
Ahlers, Willy: Jacob van Deventer, nieuwe ideeën en nieuwe vragen. In: Caert-thresoor : tijdschrift voor de geschiedenis van de kartografie in Nederland. 23.2004,3, p.59-64, 5 ill., 1 tab. Jacob van Deventer, new ideas and new questions. ISSN 0167-4994.

4645
Akkermans, M.; Velden, R. van der: DTM-meting van asfalt door helikopterfotogrammetrie. In: Geo-Info : tijdschrift voor Geo-Informatie Nederland, GIN. 1.2004,11, p.452-458, 11 ill. DTM-measuring of asphalt by helicopter photogrammetry. [Dutch]. ISSN 1572-5464.

4646
Bakker, Nico J.: Een nieuw gezicht voor de topografische kaart. In: Geo-Info : tijdschrift voor Geo-Informatie Nederland, GIN. 1.2004,12, p.546-547, 4 ill. A new look for the topographical map. [Dutch]. ISSN 1572-5464.

4647
Bakker, N.J.: Kaartrevisie bij de Topografische Dienst. In: Is uw kaart up to date? Visies op kaartrevisie. Ed.: Nederlandse Vereniging voor Kartografie. Werkgroep Kartografische Produktietechnieken. Red. : Chr. J. Snabilié. – Amersfoort: Nederlandse Vereniging voor Kartografie 1995., p.13-20, 10 ill. (NVK publikatiereeks ; 15). [Dutch].

4648
Berends, J.: Het 1:10000 Kernbestand : een haalbare kaart. In: Topografische bestanden : 1:10000. Ed.: Nederlandse Vereniging voor Kartografie. Werkgroep Nieuwe Visualisatie Technologie. Red.: A.A. van der Veen. – Amersfoort: Nederlandse Vereniging voor Kartografie 1996., p.5-7 (NVK publikatiereeks ; 21). [Dutch].

4649
Boer, Adri den: "De Toekomst van de Topografische Informatievoorziening". In: Geo-Info : tijdschrift voor Geo-Informatie Nederland, GIN. 1.2004,1, p.10-12, 4 ill. The future of topographic information provision. [Dutch]. ISSN 1572-5464.

4650
Boivin, Bertus: Kaarten van Drenthe : Een kaart moet voor mij én mooi zijn. In: Waardeel : Drents historisch tijdschrift. 24.2004,4, p.20-22, 1 ill, 1 mp. ISSN 1380-4766.

4651
Bracke, Wouter: Contribution à l'histoire de la cartographie aux Pay-Bas pendant la première moitié du XVIe siècle : le manuscrit CP, 3085 de la Bibliothèque royale de Belgique. In: Hommages à Carl Deroux : Christianisme et Moyen-âge, Néo-latin et survivance de la latinité (vol. 5). Ed.: Defosse, Pol. – Bruxelles: ., p.301-314, 2 ill.

4652
Brink, Lowie: Een zee zo zwart als de nacht : de geologische schoolwandkaart van Noord-Holland van W. Kloeke. In: Caert-thresoor : tijdschrift voor de geschiedenis van de kartografie in Nederland. 23.2004,2, p.42-47, 4 ill. A sea as black as the night : the geological school wall map of North Holland by W. Kloeke. ISSN 0167-4994.

4653
Brink, P.P.W.J. van den: Het kaartbeeld van Tropisch Nederland : het Koninklijk Nederlands Aardrijkskundig Genootschap en de kartografie van Nederlands-Indië, 1873-1940. In: Indische kartografie. Ed.: Egmond, Marco van. – Deurne: Geo-Informatie Nederland 2004., p.7-14, 3 ill. (GIN publication series ; 2) The cartographic representation of Tropical Netherlands : the Royal Dutch Geographical Society and the cartography of Netherlands-India, 1873-1940. [Dutch].

4654
Broeders, P.W.A.: De "Algemeene Kaart van Nederlandsch Oost-Indie" (1842) door Gijsbert Franco Baron von Derfelden van Hinderstein. In: Indische kartografie. Ed.: Egmond, Marco van. – Deurne: Geo-Informatie Nederland 2004., p.15-22, 3 ill. (GIN publication series ; 2) The "General Map of Netherlands' East-India" (1842) by Gijsbert Franco Baron von Derfelden van Hinderstein. [Dutch].

4655
Brügelmann, Regine; Brand, Gert; Oude-Elbering, Sander: Qualitätsverbesserung von Laseraltimetrie Höhenmodellen. In: Photogrammetrie, Fernerkundung, Geoinformation : PFG ; Organ der Deutschen Gesellschaft für Photogrammetrie und Fernerkundung e.V. 2004,4, p.289-296, 6 ill., 3 tab. ISSN 1432-8364.

4656
Bruijne, Arnoud de; Kösters, Anton: Nieuwe NAP-publicatie per 1-1-2005 een feit. In: Geo-Info : tijdschrift voor Geo-Informatie Nederland, GIN. 1.2004,10, p.400-405, 9 ill. New NAP-publication on 1-12005 a fact. [Dutch]. ISSN 1572-5464.

4657
De beschrijving van de Nederlanden' door Lodovico Guicciardini in het kader van zijn tijd. Samengest. door Henk van der Heijden...Met tekstbijdragen van Véronique van de Kerckhof. – [Bergeijk]; Alphen aan den Rijn: Canaletto/Repro-Holland 2001, 80 p., ill. The description of the Netherlands by Lodovico Guicciardini. [Dutch]. ISBN 90-6469-769-8.

4658
De Zeven Provinciën : landkaarten van Nederland uit de zeventiende en achttiende eeuw ; [Tentoonstelling De Seven Provinciën, Presentatie van Unieke Schenking aan de Atlas Van Stolk in Museum Het Schielandshuis, Rotterdam, die werd gehouden van 6 juni tot en met 5 oktober 2003]. Ed.: Atlas van Stolk. [Samenstelling: Lina van der Wolde]. – Rotterdam: Atlas van Stolk 2003, 64 p., mp. The seven provinces : maps of Netherland from the seventeenth and eighteenth century. [Dutch].

4659
Driel, D.N. van: De geschiedenis van de plattegronden in de gemeente Breda. In: Kaartvervaardiging door steden. Ed.: Nederlandse Vereniging voor Kartografie. Red.: Chr. J. Snabilié. Werkgroep Kartografische Productietechnieken. – Amersfoort: Nederlandse Vereniging voor Kartografie 1995., p.31-35, 11 ill. (NVK publikatiereeks ; 13). [Dutch].

4660
Eekelen, Hans van: Een nieuwe form van ontsluiting voor GBKN-informatie. In: Geo-Info : tijdschrift voor Geo-Informatie Nederland, GIN. 1.2004,7/8, p.302-305, 4 ill. A new form to make GBKN-information accessible. [Dutch]. ISSN 1572-5464.

4661
Eenheid op papier : de Nederlanden in kaart van Keizer Karel tot Willem I ; [de Tentoonstelling Eenheid op Papier – de Nederlanden in Kaart van Keizer Karel tot Willem I in de gerestaureerde kerk van Onze-Lieve-Vrouw-ter-Predikheren 5 oktober – 4 december. Ed.: Onze-Lieve-Vorouw-ter-Predikheren. [Georganiseerd in samenwerking door Stad Leuven ...]. – Leuven: Onze-Lieve-Vorouw-ter-Predikheren 1994, VI, 125 p., ill., mp.

4662
Gaspar, E.: GEO-IT en de digitale wegenkaart. In: Topografische bestanden : 1:10000. Ed.: Nederlandse Vereniging voor Kartografie. Werkgroep Nieuwe Visualisatie Technologie. Red.: A.A. van der Veen. – Amersfoort: Nederlandse Vereniging voor Kartografie 1996., p.22-24 (NVK publikatiereeks ; 21). [Dutch].

4663
Gestel-van het Schip, Paula van: Nederlandse historische kartofilatelie. In: Caert-thresoor : tijdschrift voor de geschiedenis van de kartografie in Nederland. 20, 2001, 2, p.29-40, 64 ill. Dutch historical carto-philately. [Dutch with Engl. rés.]. ISSN 0167-4994.

4664
Geudeke, Peter: The role of TDN in the national geographic information infrastructure. In: Second Anglo-Dutch Seminar on Cartography : held in Enschede, April 3-4, 1997. Ed.: Ormeling, Ferjan. – Amersfoort: Nederlandse Vereniging voor Kartografie 1998., p.69-72, 1 tab. (NVK publikatiereeks ; 26).

4665
Heijden, Henj A.M. van der: De kaart van Nederland in de Franse tijd 1795-1814. – Alphen aan den Rijn: Canaletto/Repro-Holland 2000, 128 p., ill., mp. [Includes bibliographical references (p.123) and index; Zugl. ersch.: Leuven: Universitaire Pers <Leuven>] ISBN 90-6469-758-2; 90-5867-074-0.

4666
Heijden, Henk A.M. van der: Antonius van Leest, een 16de-eeuws Antwerps kaartmaker. In: Caert-thresoor : tijdschrift voor de geschiedenis van de kartografie in Nederland. 20, 2001, 1, p.10-12, 2 ill. Antonius van Leest, a 16th century mapmaker from Antwerp. [Dutch with Engl. rés.]. ISSN 0167-4994.

4667
Heijden, Henk A.M. van der: De Bataafse mythe in de cartografie. In: Caert-thresoor : tijdschrift voor de geschiedenis van de kartografie in Nederland. 23.2004,2, p.37-41, 3 ill. The Batavian myth in cartography. ISSN 0167-4994.

4668
Heres, L.: Wie is er bang voor het NWB? : TOP10vector als basis voor het Nationaal Wegenbestand. In: Topografische bestanden : 1:10000. Ed.: Nederlandse Vereniging voor Kartografie. Werkgroep Nieuwe Visualisatie Technologie. Red.: A.A. van der Veen. – Amersfoort: Nederlandse Vereniging voor Kartografie 1996., p.19-21, 1 ill. (NVK publikatiereeks ; 21). [Dutch].

4669
Hoe is GIN georganiseerd?. In: Geo-Info : tijdschrift voor Geo-Informatie Nederland, GIN. 1.2004,1, p.28-29 How is GIN organized?. [Dutch]. ISSN 1572-5464.

4670
Hofstee, Paul; Tariel, Jean: Utilisation des potographies aériennes, des cartes ou plans et d'un SIG lors de la catastrophe d'Enschede (Pays-Bas). In: XYZ : revue de l'Association Française de Topographie. 87.2001,2, p.24-29, 11 ill. ISSN 0290-9057.

4671
Hollemann, Iman; Roskam, Aris: Een land nog niet in kaart gebracht. In: Geo-Info : tijdschrift voor Geo-Informatie Nederland, GIN. 1.2004,2, p.80-84, 3 ill. A land not yet mapped. [Dutch]. ISSN 1572-5464.

4672
Indische kartografie. Ed.: Egmond, Marco van. – Deurne: Geo-Informatie Nederland 2004, 51 p., ill., mp. (GIN publication series ; 2).

4673
Inventaris van het archief van de Directie Meetkundige Dienst van het Ministerie van Verkeer en Waterstaat (1798-) 1931-1945 (-1949) : nummer toegang 2.16.91. Ed.: Nederland / Centrale Archief Selectiedienst. – Winschoten: Nederland / Centrale Archief Selectiedienst 2004, 31 p. (CAS-inventaris ; 625) Inventory of the Archive of the Geometrical Service of the Ministry of Transport, Public Works and Water Management (1798-) 1931-1945 (-1949) : number access 2.16.91. [Dutch].

4674
Jongh, H. de: De kaart van Amsterdam : van kaart naar objektgericht bestand. In: Kaartvervaardiging door steden. Ed.: Nederlandse Vereniging voor Kartografie. Red.: Chr. J. Snabilié. Werkgroep Kartografische Productietechnieken. – Amersfoort: Nederlandse Vereniging voor Kartografie 1995., p.11-13, 2 ill. (NVK publikatiereeks ; 13). [Dutch].

4675
Kamphorst, W.: Kadaster 1832 : in de lucht. In: Geo-Info : tijdschrift voor Geo-Informatie Nederland, GIN. 0.2003, p.20-23, 6 ill., 1 tab. Cadastre 1832 : in the air. [Dutch]. ISSN 1572-5464.

4676
Kenselaar, F.: Opleiding in geo-informatie. In: Geo-Info : tijdschrift voor Geo-Informatie Nederland, GIN. 0.2003, p.30-34, 3ill., 1 tab. Teaching geo-information. [Dutch]. ISSN 1572-5464.

4677
Klerk, Aad de; Storms, Martijn: Zeeuwse bedrifskaartboekjes in particulier bezit : een vergeten vorm van cultureel erfgoed. In: Caert-thresoor : tijdschrift voor de geschiedenis van de kartografie in Nederland. 23.2004,2, p.29-35, 8 ill. Privately owned farm map books from the Province of Zeeland : a forgotten form of cultural heritage. ISSN 0167-4994.

4678
Kolk, E.: Top10vector 2000. In: Topografische bestanden : 1:10000. Ed.: Nederlandse Vereniging voor Kartografie. Werkgroep Nieuwe Visualisatie Technologie. Red.: A.A. van der Veen. – Amersfoort: Nederlandse Vereniging voor Kartografie 1996., p.8-12, 6 ill. (NVK publikatiereeks ; 21). [Dutch].

4679
Koop, Olev: De digitale kaart als nieuwe uitdaging voor de alarmdiensten en de rampenbestrijding in Nederland. In: Rampenkartografie. Werkgroep Onderwijs en Onderzoek. Red.: B.J. Köbben and others. 1995., p.31-38, 4 ill., 6 tab. (NVK publikatiereeks ; 14). [Dutch].

4680
Kramer, Henk; Knoll, Wim: Historische Geodata : een nieuwe dimensie!. In: Geo-Info : tijdschrift voor Geo-Informatie Nederland, GIN. 1.2004,6, p.244-251, 9 ill., 4 tab. Historical geodata : a new dimension!. ISSN 1572-5464.

4681
Krijnders, J.J.: Kwaliteit van kaarten en kaartgegevens. In: Kaartvervaardiging door steden. Ed.: Nederlandse Vereniging voor Kartografie. Red.: Chr. J. Snabilié. Werkgroep Kartografische Productietechnieken. – Amersfoort: Nederlandse Vereniging voor Kartografie 1995., p.15-18, 1 ill. (NVK publikatiereeks ; 13). [Dutch].

4682
Kruif, Jan de: Gemeenten en kabels & leidingen. In: Geo-Info : tijdschrift voor Geo-Informatie Nederland, GIN. 1.2004,7/8, p.306-312, 7 ill. Municipalities and cables and pipes. [Dutch]. ISSN 1572-5464.

4683
Kruif, J.C.P. de: Actualisatie Utrechtse stadskaarten. In: Kaartvervaardiging door steden. Ed.: Nederlandse Vereniging voor Kartografie. Red.: Chr. J. Snabilié. Werkgroep Kartografische Productietechnieken. – Amersfoort: Nederlandse Vereniging voor Kartografie 1995., p.19-21, 3 ill. (NVK publikatiereeks ; 13). [Dutch].

4684
Leeuwen, Niek van: Bestand BodemGebruik en Top10Vector geharmoniseerd. In: Geo-Info : tijdschrift voor Geo-Informatie Nederland, GIN. 1.2004,5, p.218-222, 7 ill. Data BodemGebruik and Top10Vector harmonized. [Dutch]. ISSN 1572-5464.

4685
Levi, P.: Koninklijk Instituut voor de Tropen : een ontdekkingsreis door de koloniale collectie van de kaartenzaal. In: Indische kartografie. Ed.: Egmond, Marco van. – Deurne: Geo-Informatie Nederland 2004., p.23-32, 13 ill., 1 portr. (GIN publication series ; 2) Royal Tropical Institute : an expedition through the colonial collection of the map room. [Dutch].

4686
Loenen, Bastiaan van: Hergebruik van overheidsinformatie. In: Geo-Info : tijdschrift voor Geo-Informatie Nederland, GIN. 1.2004,7/8, p.348-353, 4 ill. Re-use of public sector information. [Dutch]. ISSN 1572-5464.

4687
Maarel, Hans van der: Mapping Apeldoorn. In: The Cartographic Journal. 41.2004,1, p.68-73, 6 ill. ISSN 0008-7041.

4688
Meijer, E.N.: Digitale plattegrond of TOP10vector : over presentatie en techniek. In: Topografische bestanden : 1:10000. Ed.: Nederlandse Vereniging voor Kartografie. Werkgroep Nieuwe Visualisatie Technologie. Red.: A.A. van der Veen. – Amersfoort: Nederlandse Vereniging voor Kartografie 1996., p.13-18, 2 ill., 1 tab. (NVK publikatiereeks ; 21). [Dutch].

4689
Muller, W.H.B.: "75 jaar kaartrevisie". In: Is uw kaart up to date? Visies op kaartrevisie. Ed.: Nederlandse Vereniging voor Kartografie. Werkgroep Kartografische Produktietechnieken. Red. : Chr. J. Snabilié. – Amersfoort: Nederlandse Vereniging voor Kartografie 1995., p.41-44 (NVK publikatiereeks ; 15). [Dutch].

4690
Ormeling, Ferjan: Beyond Mercator. In: Second Anglo-Dutch Seminar on Cartography : held in Enschede, April 3-4, 1997. Ed.: Ormeling, Ferjan. – Amersfoort: Nederlandse Vereniging voor Kartografie 1998., p.7-17, 6 ill. (NVK publikatiereeks ; 26).

4691
Ormeling, Ferjan: Development of thematic cartography in the Netherlands. In: Aspekte der Kartographie im Wandel der Zeit : Festschrift für Ingrid Kretschmer zum 65. Geburtstag und anlässlich ihres Übertritts in den Ruhestand. Ed.: Kainz, Wolfgang. Hrsg. von Wolfgang Kainz. – Wien: Geographisches Institut <Wien, Universität> / Arbeitsbereich für Geographie und Kartographie 2004., p.100-109, 7 ill. (Wiener Schriften zur Geographie und Kartographie ; 16).

4692
Ormeling, Ferjan: Topografische Atlassen 1:25.000 van de ANWB. In: Geo-Info : tijdschrift voor Geo-Informatie Nederland, GIN. 1.2004,7/8, p.336-338, 3 ill. Topographic atlantes 1:25.000 van de ANWB. [Dutch]. ISSN 1572-5464.

4693
Ormeling, F.J.: De kartering van Nederlands-Indië. In: Indische kartografie. Ed.: Egmond, Marco van. – Deurne: Geo-Informatie Nederland 2004., p.33-41, 7 ill. (GIN publication series ; 2) The mapping of Netherlands-India. [Dutch].

4694
Otter, Cees den: Van de kaart : een loopbahn in de geologische kartering. Ed.: Nederlands Instituut voor Toegepaste Geowetenschappen TNO]. – Utrecht: Nederlands Instituut voor Toegepaste Geowetenschappen TNO] 2004, 38 p., ill.

4695
Penninga, Friso; Verbree, Edwards; Quak, Wilko; Oosterom, Peter van: Genereren van een 6-positie postcodebestand op basis van de kadastrale registratie. In: Geo-Info : tijdschrift voor Geo-Informatie Nederland, GIN. 1.2004,2, p.70-75, 11 ill. Generation of a 6-position postal-code system on the basis of the cadastre registration. [Dutch]. ISSN 1572-5464.

4696
Raamsdonk, Jan van: TOP10vector, topografische ondergrond voor integraal waterbeheer?. In: Topografische bestanden : 1:10000. Ed.: Nederlandse Vereniging voor Kartografie. Werkgroep Nieuwe Visualisatie Technologie. Red.: A.A. van der Veen. – Amersfoort: Nederlandse Vereniging voor Kartografie 1996., p.30-35, 4 ill. (NVK publikatiereeks ; 21). [Dutch].

4697
Reedijk, Philip: En zo is het gekomen... In: Geo-Info : tijdschrift voor Geo-Informatie Nederland, GIN. 0.2003, p.9-11, 3 ill. And so it came... [Dutch]. ISSN 1572-5464.

4698
Reinhartz, Dennis: Divided by Empire, reunited by tourism : tourist maps of Sint Maarten / Saint Martin. In: Journal of the International Map Collectors' Society. 2004,98, p.33-45, 12 ill.

4699
Scheele, Theo: De fotogrammetrie op een voetstuk geplaatst. In: Geo-Info : tijdschrift voor Geo-Informatie Nederland, GIN. 1.2004,2, p.76-79, 9 ill. Photogrammetry placed on a base. [Dutch]. ISSN 1572-5464.

4700
Schilder, J.A.: De opbouw en bijhouding van de kartografische bestanden bij de provincie Flevoland. In: Is uw kaart up to date? Visies op kaartrevisie. Ed.: Nederlandse Vereniging voor Kartografie. Werkgroep Kartografische Produktietechnieken. Red. : Chr. J. Snabilié. – Amersfoort: Nederlandse Vereniging voor Kartografie 1995., p.27-30, 3 ill. (NVK publikatiereeks ; 15). [Dutch].

4701
Stoter, Jantien; Salzmann, Martin: Met het Kadaster de ruimte in?. In: Geo-Info : tijdschrift voor Geo-Informatie Nederland, GIN. 1.2004,9, p.364-369, 5 ill. With land register to space?. [Dutch]. ISSN 1572-5464.

4702
Tienhoven, Peter van: "GIS Binnenstebuiten". In: Geo-Info : tijdschrift voor Geo-Informatie Nederland, GIN. 1.2004,5, p.224-225, 1 ill. "GIS Interior". ISSN 1572-5464.

4703
Topografische bestanden : 1:10000. Ed.: Nederlandse Vereniging voor Kartografie. Werkgroep Nieuwe Visualisatie Technologie. Red.: A.A. van der Veen. – Amersfoort: Nederlandse Vereniging voor Kartografie 1996, 39 p., ill., mp. (NVK publikatiereeks ; 21). [Dutch].

4704
Ven, M. van de: TOP10vector : in gebruik als kaart of als bestand. In: Topografische bestanden : 1:10000. Ed.: Nederlandse Vereniging voor Kartografie. Werkgroep Nieuwe Visualisatie Technologie. Red.: A.A. van der Veen. – Amersfoort: Nederlandse Vereniging voor Kartografie 1996., p.36-39, 2 ill. (NVK publikatiereeks ; 21). [Dutch].

4705
Versfelt, Herman: De Franse Kaarten van Drenthe (1811-1813). In: Waardeel : Drents historisch tijdschrift. 21.2001,2, p.1-9, 3 ill. 5 mp. The French maps of Drenthe (1811-1813). [Dutch]. ISSN 1380-4766.

4706
Wesselink, Dirk: Enkele bijzonderheden over de start van het kadaster in Gelderland. In: Geo-Info : tijdschrift voor Geo-Informatie Nederland, GIN. 1.2004,10, p.410-413, 4 ill. Some characteristics on the start of the land register in Gelderland. [Dutch]. ISSN 1572-5464.

4707
Wolff, H.W. de: Nieuwe regels Ruimtelijke Ordening. In: Geo-Info : tijdschrift voor Geo-Informatie Nederland, GIN. 0.2003, p.50-54, 4 ill. New rules for spatial planning. [Dutch]. ISSN 1572-5464.

Norway / Norwegen / Norvège

4708
Bröker, Kareen: Vegetasjonskartlegging av Fennoskandia basert på MODIS-data. In: Kart og plan : vitenskapelig tidsskrift. 97.2004,2, p.104-120, 11 ill., 1 tab. MODIS satellite data as a source for land cover mapping of Fennoskandia. [Norw. with Engl. rés.]. ISSN 0047-3278.

4709
Engeset, Rune V.; Tveito, Ole Einar; Alfnes, Eli; Mengistu, Zelalem; Udnæs, Hans-Christian; Isaksen, Ketil; Førland, Eirik J.: Nye snøkart for Norge. In: Kart og plan : vitenskapelig tidsskrift. 97.2004,2, p.121-127, 5 ill. New snow maps of Norway. [Norw. with Engl. rés.]. ISSN 0047-3278.

4710
Harsson, Bjørn Geirr: Om den nye standarden Koordinatbasert referansesystem (KRS). In: Kart og plan : vitenskapelig tidsskrift. 97.2004,1, p.57-60, 1 ill. About the new Norwegian standard, which is related to the ISO19111 Geographic information : spatial referencing by coordinates. [Norw. with Engl. rés.]. ISSN 0047-3278.

4711
Lillethun, Arvid; Mardal, Lars: Mangfoldig standardiseringsarbeid i Geovekst og Arealis : et godt grunnlag for realisering av Norge digitalt. In: Kart og plan : vitenskapelig tidsskrift. 97.2004,4, p.224-235, 3 ill. Geovekst and Arealis with extensive approaches to standardisatiuon : a basis to develop the Norvegian geographical standardisation. [Norw. with Engl. rés.]. ISSN 0047-3278.

4712
Solheim, Dag: Statens kartverks høyderefanseflater HREF og VREF. In: Kart og plan : vitenskapelig tidsskrift. 97.2004,2, p.97-103, 4 ill. The Norwegian Mapping Authority's Heigth Reference Surfaces HREF and VREF. [Norw. with Engl. rés.]. ISSN 0047-3278.

4713
Steen, Sverre: Standardisering av geografisk informasjon : statens kartverk som standardiseringsorgan. In: Kart og plan : vitenskapelig tidsskrift. 97.2004,4, p.199-203, 3 ill. Standardization of geographic information : Norwegian Mapping Authority as a standard body. [Norw. with Engl. rés.]. ISSN 0047-3278.

Poland / Polen / Pologne

4714
Bibliografia map i planów : opracowanych w Instytucie Geografii Historycznej Kóscioła w Polsce KUL i wydanych w latach 1956-2000. Ed.: Instytut Europy Środkowo-Wschodniej. Katolicki Uniwersitet Lubelski, Instytut Geografii Historycznej Kościoła w Polsce. Red. i oprac. Robert Kozyrski. – Lublin: Instytut Europy Środkowo-Wschodniej 2001, 371 p. [Pol.].

4715
Böckling, Manfred; Kaiser, Stephan; Spata, Manfred: Schlesien im Kartenbild vom 16. Jahrhundert bis heute. In: Schlesischer Kulturspiegel : Literatur, bildende Kunst, Musik, Geschichte, Volkskunde ; Informationen über das schlesische Kulturleben. 39.2004,1, p.1-3, 2 ill., 1 mp. ISSN 1437-5095.

4716
Borowicz, Dorota: Mapy narodowościowe Górnego Śląska od połowy XIX wieku do II wojny światowej. Ed.: Uniwersytet Wrocławski. – Wrocław: Uniwersytet Wrocławski 2004, 181 p., ill., mp. (Acta Universitatis Wratislaviensis ; 2710). ISBN 83-229-2569-7.

4717
Dworsatschek, Mariusz: Imago Silesiae : z kolekcji Tomasza Niewodniczańskiego. Ed.: Tow. Przyjaciół Ossolineum. – Wrocław: Tow. Przyjaciół Ossolineum 2002, 170 p., ill., mp. + 1 mp.-suppl. Ancient cartography of Silesia in the Niewodniczański collection. [Pol. with Germ. res.]. [Dt. Zsfassung u.d.T.: Die alte Kartographie Schlesiens in der Kollektion von Tomasz Niewodniczański].

4718
Haus Schlesien präsentiert: Wechselnde Identitäten : das nördliche Schlesien und die angrenzenden Lausitzen im historischen Kartenbild = Zmienna tożsamość: Obraz kartograficzny podziałów terytorialnych ziem północnego Śląska i wschodnich Łużyc w dziejach. Ed.: Spata, Manfred. Hrsg. von Manfred Spata. ; Museum für Schlesische Landeskunde im Haus Schlesien. 2004, 55 p., ill., mp. [Germ. and Pol.].

4719
Haus Schlesien präsentiert: Wechselnde Identitäten : das nördliche Schlesien und die angrenzenden Lausitzen im historischen Kartenbild = Zmienna tożsamość: Obraz kartograficzny podziałów terytorialnych ziem północnego Śląska i wschodnich Łużyc w dziejach. Ed.: Spata, Manfred. Hrsg. von Manfred Spata. ; Haus Schlesien. 2004, 55 p., ill., mp. [Germ. and Pol.].

4720
Hycner, Ryszard; Kulpe, Hans-Rainer; Przewiężlikowska: Vergleichende Analyse der Liegenschaftskataster- und Grundbuchsysteme in der Bundesrepublik Deutschland und Polen. In: Allgemeine Vermessungs-Nachrichten : AVN ; Zeitschrift für alle Bereiche des Vermessungswesens. 111.2004,4, p.128-134, 4 tab. ISSN 0002-5968.

4721
Kaemmerer, Margarete: Ortsnamenverzeichnis der Ortschaften jenseits von Oder und Neiße = Müllers Verzeichnis der jenseits der Oder-Neisse gelegenen, unter fremder Verwaltung stehenden Ortschaften. – Leer: Rautenberg 1988, 230 p., mp. – 3. erw. Aufl. ISBN 3-7921-0368-0.

4722
Kaniecki, Alfred; Schwartz, Aleksander: Hydrographic map of Poland. In: Quaestiones Geographicae. 13/14.1987/88, p.33-42 + 2 mp. ISSN 0137-477X.

4723
Kaszuby, Polska i Prusy na dawnych mapach : Katalog wystawy ; Muzeum Regionalne w Krokowej przy współpracy z Muzeum Prus Zachodnich w Münster ; Krokowa, maj – sierpień 2003 = Kaschubei, Polen und Preussen auf alten Landkarten. Ed.: Westpreußisches Landesmuseum. [Red.: Peter Dryla...]. – Münster: Westpreußisches Landesmuseum 2003, 33 p. (Ausstellungskatalog / Westpreußisches Landesmuseum Münster, Westfalen). [Germ. and Pol.]. ISBN 3-927111-47-3.

4724
Kowalski, Paweł: Development and function of maps in the transmission of press information in Poland. In: Miscellanea Geographica. 11.2004, p.[311]-322, 6 ill.

4725
Marsch, Angelika: Die Stadt Glatz in Ansichten aus vier Jahrhunderten. In: Glaciographia Nova : Festschrift für Dieter Pohl. Ed.: Herzig, Arno. – Hamburg: DOBU Verlag 2004., p.110-[180], 42 ill.

4726
Opach, Tomasz: The problem of cartographic representation in relation to the Polish cultural landscape. In: Miscellanea Geographica. 11.2004, p.302-310, 5 ill.

4727
Przybytek, Rozalia: Ortsnamen baltischer Herkunft im südlichen Teil Ostpreussens = Nazwy miejscowe pochodzenia bałtyckiego w południowej części Prus Wschodnich. – Stuttgart: Franz Steiner Verlag 1993, 361 p., mp. (Hydronymia Europaea : Sonderband ; [1]). [Literaturverz. S. 356 – 360] ISBN 3-515-06449-4.

4728
Rieger, Janusz: Gewässernamen im Flußgebiet des San = Nazwy wodne dorzecza Sanu : Teil I: Die fließenden Gewässer, P – Z, Teil II: Die stehenden Gewässer = Cz̀éśc I: Nazwy wód płyn acych, P – Z, Cz̀éśc II: Nazwy wód stojacych. – Stuttgart: Franz Steiner Verlag 2004, 202 p., mp. (Hydronymia Europaea ; 18).

4729
Spata, Manfred: Der schlesische Kartograph Jonas Scultetus = Śląski kartograf Jonas Scultetus. In: Haus Schlesien präsentiert: Wechselnde Identitäten : das nördliche Schlesien und die angrenzenden Lausitzen im historischen Kartenbild = Zmienna tożsamość: Obraz kartograficzny podziałów terytorialnych ziem północnego Śląska i wschodnich Łużyc w dziejach. Ed.: Spata, Manfred. Hrsg. von Manfred Spata. Haus Schlesien. 2004., p.15-18. [Germ. and Pol.].

4730
Spata, Manfred: Die Landkarte der Grafschaft Glatz in der Aelurius-Chronik 1625. In: Glaciographia Nova : Festschrift für Dieter Pohl. Ed.: Herzig, Arno. – Hamburg: DOBU Verlag 2004., p.93-[109], 7 ill.

4731
Spata, Manfred: Kartographische Skizzen von Niederschlesien = Szkice kartograficzne Dolnego Śląska. In: Haus Schlesien präsentiert: Wechselnde Identitäten : das nördliche Schlesien und die angrenzenden Lausitzen im historischen Kartenbild = Zmienna tożsamość: Obraz kartograficzny podziałów terytorialnych ziem północnego Śląska i wschodnich Łużyc w dziejach. Ed.: Spata, Manfred. Hrsg. von Manfred Spata. Haus Schlesien. 2004., p.9-14. [Germ. and Pol.].

4732
Spata, Manfred: Kartographische Skizzen von Niederschlesien = Szkice kartograficzne Dolnego Śląska. In: Haus Schlesien präsentiert: Wechselnde Identitäten : das nördliche Schlesien und die angrenzenden Lausitzen im historischen Kartenbild = Zmienna tożsamość: Obraz kartograficzny podziałów terytorialnych ziem północnego Śląska i wschodnich Łużyc w dziejach. Ed.: Spata, Manfred. Hrsg. von Manfred Spata. Haus Schlesien. 2004., p.9-14. [Germ. and Pol.].

4733
Szaniawska, Lucyna: Najnowsze dary i nabytki ... dla zbiorów specjalnych. In: Biuletyn Informacyjny Biblioteki Narodowej. 2.2004,169, p.19-22, mp. + Arbeitsübersetzung (4 p.) Die neuesten Schenkungen und Erwerbungen für die Sondersammlungen. [Pol.]. [Übersetzt von Rosmarie Knuth] ISSN 0006-3983.

4734
Weczerka, Hugo: Zweimal Breslau : zu einigen Ergebnissen des Deutschen und Polnischen Städteatlas. In: Hansische Geschichtsblätter. 120.2002, p.213-222. ISSN 0073-0327.

Portugal / Portugal / Portugal

4735
Almeida, Moitinho de: Bibliografia de cartografia geológica de Portugal. Ed.: Serviços Geologicos de Portugal. – Lisboa: Serviços Geologicos de Portugal 1976, 34 p., 1 mp.-suppl. [Portug.]. [Ed. provisória].

4736
Branco, Rui: O mapa de Portugal : estado, território e poder no Portugal de oitocentos. – Lisboa: Livros Horizonte 2003, 198 p., ill., mp. (Colecção Horizonte histórico) The map of Portugal : state, territory and power of Portugal in the nineteenth century. [Port.]. [Teilw. zugl.: Lisboa, Univ., Magisterarbeit, 1999] ISBN 972-241251-5.

4737
Contributos para a história da cartografía militar portuguesa. Maria Helena Dias, coordenação. ; Centro de Estudos Geográficos <Lisboa>. – Lisboa: 2003, 1 CD-ROM, 3 suppl. [Elektronische Ressource] ISBN 972-636141-9.

4738
Dias, Maria Helena: A Cartografia militar portuguesa no final do milénio: rupturas e continuidades. In: Contributos para a história da cartografía militar portuguesa. Maria Helena Dias, coordenação. Centro de Estudos Geográficos <Lisboa>. – Lisboa: 2003., 4 chapters, 9 ill., 2 tab. The Portuguese military cartography in the end of the millennium : ruptures and continuities. [Portug.].

4739
Dias, Maria Helena: A imagem do espaço nacional e o papel da Cartografia militar portuguesa. In: Contributos para a história da cartografía militar portuguesa. Maria Helena Dias, coordenação. Centro de Estudos Geográficos <Lisboa>. – Lisboa: 2003., 6 chapters, 15 ill. The image of national space and the paper of Portuguese military cartography. [Portug.].

4740
Dias, Maria Helena: As vicissitudes das séries topográficas e temáticas: um retrato da Cartografia portuguesa contemporânea. In: Contributos para a história da cartografía militar portuguesa. Maria Helena Dias, coordenação. Centro de Estudos Geográficos <Lisboa>. – Lisboa: 2003., 3 chapters, 7 ill., 5 tab. The vicissitudes of the topographical and thematic series: a picture of the Portuguese contemporary cartography. [Portug.].

4741
Dias, Maria Helena: Disponibilizar, utilizar e valorizar a informação cartográfica histórica : o Projecto SIDCarta. In: Contributos para a história da cartografía militar portuguesa. Maria Helena Dias, coordenação. Centro de Estudos Geográficos <Lisboa>. – Lisboa: 2003., 3 chapters, 7 ill. Disposition, use, and value of historical cartographic information : the project SIDCarta. [Portug.].

4742
Dias, Maria Helena: Marcas portuguesas na moderna Cartografia cabo-verdiana. In: Contributos para a história da cartografía militar portuguesa. Maria Helena Dias, coordenação. Centro de Estudos Geográficos <Lisboa>. – Lisboa: 2003., 6 chapters, 3 ill. Portuguese marks in the modern cartography of Cabo Verde. [Portug.].

4743
Dias, Maria Helena: Neves Costa: uma figura emblemática da Cartografia militar portuguesa (1774-1841). In: Contributos para a história da cartografía militar portuguesa. Maria Helena Dias, coordenação. Centro de Estudos Geográficos <Lisboa>. – Lisboa: 2003., 1 chapter, 6 ill. Neves Costa: an emblematic person for Portuguese military cartography (1774-1841). [Portug.].

4744
Dias, Maria Helena: Os primórdios da moderna Cartografia militar em Portugal: uma história ainda por contar. In: Contributos para a história da cartografía militar portuguesa. Maria Helena Dias, coordenação. Centro de Estudos Geográficos <Lisboa>. – Lisboa: 2003., 5 chapters, 10 ill., bibl. ref. The offsprings of modern military cartography in Portugal : a story still to tell. [Portug.].

4745
Dias, Maria Helena: Recordando um engenheiro português ao serviço da Cartografia militar. In: Contributos para a história da cartografía militar portuguesa. Maria Helena Dias, coordenação. Centro de Estudos Geográficos <Lisboa>. – Lisboa: 2003., 6 chapters, 11 ill., 1 tab. Remembering a Portuguese engineer to the service of military cartography. [Portug.].

4746
Dias, Maria Helena; Rodrigues, Maria Luísa: Imagens de ontem e de hoje: a Beira Interior e a Cartografia militar portuguesa. In: Contributos para a história da cartografía militar portuguesa. Maria Helena Dias, coordenação. Centro de Estudos Geográficos <Lisboa>. – Lisboa: 2003., 5 chapters, 2 ill. Images of yesterday and today : the Beira Interior and the Portuguese military cartography. [Portug.].

4747
García Alonso, Juan L.: La Península Ibérica en la "Geografía" de Claudio Ptolomeo. Ed.: Universidad del País Vasco. – Vitoria: Universidad del País Vasco 2003, 562 p., ill., mp. (Veleia : Anejos de Veleia : Series minor ; 19) The Iberian Peninsula in the "Geographia" by Claudius Ptolemaeus. [Span.]. ISBN 84-8373-569-5.

4748
Garcia, João Carlos: A fronteira impressa : apontamentos sobre uma série cartográfica. In: Contributos para a história da cartografía militar portuguesa. Maria Helena Dias, coordenação. Centro de Estudos Geográficos <Lisboa>. – Lisboa: 2003., 5 chapters, 2 ill. The printed border : notes on a cartographic series. [Portug.].

4749
Manso Porto, Carmen: Planos manuscritos de fortalezas del sur de Portugal : su atribución a Alexandre Massaii. In: Descubrimientos y cartografía en la época de Felipe II. Ed.: Instituto Interuniversitario de Estudios de Iberoamérica y Portugal. – Valladolid: Instituto Interuniversitario de Estudios de Iberoamérica y Portugal 1999., p.223-237 (Descubrimientos y cartografía ; 3) Manuscript plans of fortresses of the south of Portugal : their attribution to Alexandre Massaii.

4750
Moreira, Luís Miguel: O Alto Minho nos finais do século XVIII : História das Populaçñes e Cartografia Antiga. In: Contributos para a história da cartografía militar portuguesa. Maria Helena Dias, coordenação. Centro de Estudos Geográficos <Lisboa>. – Lisboa: 2003., 3 chapters, 4 ill., bibl. ref. The High Minho at the end of the XVIII century : history of populations and ancient cartography. [Portug.].

Roumania / Rumänien / Roumanie

4751
Aujac, Germaine: La première carte de Valachie. In: Elide e Olimpia : il seminario di "Geographia antiqua"(Perugia, 8-9 febbraio 2002). Ed.: Nafissi, Massimo. a cura di Massimo Nafissi. – Firenze: Olschki 2005., p.129-140, 1 mp. (Geographia antiqua : rivista di geografia storica del mondo antico e di storia della geografia).

4752
Băican, Vasile: Redarea numelui Tării Moldovei pe hărtile anterioare secolului al XIX-lea. In: Imago Mundi. 43.1991, p.139-157 Rendering the name of Moldavia (country) on the maps anterior to the XIXth century. [Rom.].

4753
Bartos-Elekes, Zsombor: Német helységnévadas és névhasználat a XIX. századi Erdélyben. In: Geodézia és kartográfia. 56.2004,9, p.11-18 German toponomastics and usage of toponyms in Transsylvania in the 19th century. [Hung. with Engl. rés.].

4754
Maftei, Raluca-Mihaela and others: Elaboration of a landslide hazard assessment map using geological and geophysical analysis : application in the eastern part of the Muntenia Subcarpathians, Romania. In: Zeitschrift für angewandte Geologie. 1; 50.2004,1, p.35-41, 7 ill.

4755
Reisz, Csaba T.: Magyarország általános térképének elkészítése a 19. század elsÿîo évtizedében : Lipszky János és segítÿîoi térképészeti vállalkozásának ismertetése. – Budapest: Cartofil Könyvkiadó 2002, 512, 32 p., ill., mp., 2 Beil. The making of the General Map of Hungary in the first decade of the 19th. century. [Hung. with Engl., Germ., and Slovak rés.]. [Literaturverz. S. 357-375] ISBN 963-202-327-7.

Russia / Russland / Russie

4756
Fasching, Gerhard L.: Die Operationskarten 1:400.000 : geheime Militärkartenwerke aus dem Ersten Weltkrieg. In: Aspekte der Kartographie im Wandel der Zeit : Festschrift für Ingrid Kretschmer zum 65. Geburtstag und anlässlich ihres Übertritts in den Ruhestand. Ed.: Kainz, Wolfgang. Hrsg. von Wolfgang Kainz. – Wien: Geographisches Institut <Wien, Universität> / Arbeitsbereich für Geographie und Kartographie 2004., p.55-61, 4 ill. (Wiener Schriften zur Geographie und Kartographie ; 16).

4757
Jarošenko, Aleksej Ju.; Potapov, Peter V.; Turubanova, Svetlana A.: The last intact forest landscapes of northern European Russia : mapping of intact forest landscapes in northern European Russia using high-resolution satellite images ; methods and results = Malonarušennye lesnye territorii Evropejskogo Severa Rossii. Ed.: Greenpeace Russia. – Moskva: Greenpeace Russia 2001, 74 p., ill., mp. ISBN 5-944420-02-2.

4758
Poersch, Fritz: Richtlinien für die Bearbeitung der russischen Karte 1:50 000 u. 1:100 000. – [Berlin]: 1943, [13] p., ill., mp., tab. + 2 suppl.

4759
Symbols for topographic maps of scales 1:25000, 1:50000 and 1:100000. Ed.: Lee, Kent D. – Minneapolis: East View Cartographic 1997, 113 p., [4] Faltbl. [Reprint: Moscow 1983] ISBN 1-879944-37-7.

Russian Federation / Russische Föderation / Fédération de Russie

4760
Deumlich, Fritz: Der Föderale Dienst für Geodäsie und Kartographie Russland in den Jahren 1996 bis 2003. In: Allgemeine Vermessungs-Nachrichten : AVN ; Zeitschrift für alle Bereiche des Vermessungswesens. 111.2004,3, p.115-116. ISSN 0002-5968.

4761
Deumlich, Fritz: Der Föderale Dienst für Geodäsie und Kartographie Russlands in den Jahren 1996-2003. In: Allgemeine Vermessungs-Nachrichten : AVN ; Zeitschrift für alle Bereiche des Vermessungswesens. 111.2004,1, p.38-39. ISSN 0002-5968.

4762
Deumlich, Fritz: Zur Tätigkeit des Föderalen Dienstes für Geodäsie und Kartographie Russlands in den Jahren 1996 bis 2003. In: Allgemeine Vermessungs-Nachrichten : AVN ; Zeitschrift für alle Bereiche des Vermessungswesens. 111.2004,5, p.194. ISSN 0002-5968.

4763
Ehrensvärd, Ulla: The Swedish mapping of Russia : mutual influence. In: Södertörn academic studies. 19.2004, p.21-49, 3 mp. ISSN 1650-433X.

4764
Przybytek, Rozalia: Ortsnamen baltischer Herkunft im südlichen Teil Ostpreussens = Nazwy miejscowe pochodzenia bałtyckiego w południowej części Prus Wschodnich. – Stuttgart: Franz Steiner Verlag 1993, 361 p., mp. (Hydronymia Europaea : Sonderband ; [1]). [Literaturverz. S. 356 – 360] ISBN 3-515-06449-4.

4765
Sbornik dokumentov o licenzirovanii dejatel'nosti v oblasti geodezii i kartografii. Ed.: Federal'naja Služba Geodezii i Kartografii Rossii. – Moskva: Kartgeocentr 2002, 19 p. [In kyrill. Schr.] ISBN 5-86066-058-8.

Slovenia / Slowenien / Slovénie

4766
Fridl, Jerneja: National atlas of Slovenia : current trends and future opportunities. In: The Cartographic Journal. 41.2004,2, p.167-176, 8 ill., 1 tab. ISSN 0008-7041.

Spain / Spanien / Espagne

4767
Bär, Werner-Francisco: Das Kartenbild der Insel Mallorca vom Ende des 15. Jhs. bis um 1700 : ein Vergleich aus kartographischer Sicht. Ed.: Frankfurter Geographische Gesellschaft. – Frankfurt a. M.: Frankfurter Geographische Gesellschaft 2004, 502 p., [12 Bl.], ill., mp. (Frankfurter geographische Hefte). ISBN 3-9808888-0-0.

4768
Burgueño, Jesús; Lasso de la Vega, Ferran: Història del mapa municipal de Catalunya. Ed.: Generalitat de Catalunya, Dep. de Politica Territorial i Obres Públiques. – Barcelona: Generalitat de Catalunya, Inst. Cartogràfic de Catalunya 2002, 192 p., mp. – 1. ed., 2000 Ex. History of the municipal map of Catalunya. [Span.]. ISBN 84-393-5954-3.

4769
Catálogo de cartografía histórica de Córdoba : A-F. Ed.: Andalucía / Consejería de Obras Públicas y Transportes. Coordinación y dir. Joaquin Cortés José. – Sevilla: Andalucía / Consejería de Obras Públicas y Transportes 2002, 788 p., ill., mp. (Catálogo de cartografía histórica de Córdoba). [Span.].

4770
Catálogo de cartografía histórica de Córdoba : G-Z. Ed.: Andalucía / Consejería de Obras Públicas y Transportes. Coordinación y dir. Joaquin Cortés José. – Sevilla: Andalucía / Consejería de Obras Públicas y Transportes 2002, p.797-1471, ill., mp. (Catálogo de cartografía histórica de Córdoba). [Span.].

4771
Catálogo de cartografía histórica de Córdoba : Ìndices. Ed.: Andalucía / Consejería de Obras Públicas y Transportes. Coordinación y dir. Joaquin Cortés José. – Sevilla: Andalucía / Consejería de Obras Públicas y Transportes 2002, p.1481-1793, ill. (Catálogo de cartografía histórica de Córdoba). [Span.].

4772
Catálogo de cartografía histórica de Córdoba. Ed.: Andalucía / Consejería de Obras Públicas y Transportes. Coordinación y dir. Joaquin Cortés José. – Sevilla: Andalucía / Consejería de Obras Públicas y Transportes 2002, Bde 1 – 3. [Span.]. ISBN 84-8095-310-1.

4773
Dias, Maria Helena; Rodrigues, Maria Luísa: Imagens de ontem e de hoje: a Beira Interior e a Cartografia militar portuguesa. In: Contributos para a história da cartografía militar portuguesa. Maria Helena Dias, coordenação. Centro de Estudos Geográficos <Lisboa>. – Lisboa: 2003., 5 chapters, 2 ill. Images of yesterday and today : the Beira Interior and the Portuguese military cartography. [Portug.].

4774
García Alonso, Juan L.: La Península Ibérica en la "Geografía" de Claudio Ptolomeo. Ed.: Universidad del País Vasco. – Vitoria: Universidad del País Vasco 2003, 562 p., ill., mp. (Veleia : Anejos de Veleia : Series minor ; 19) The Iberian Peninsula in the "Geographia" by Claudius Ptolemaeus. [Span.]. ISBN 84-8373-569-5.

4775
Garcia, João Carlos: A fronteira impressa : apontamentos sobre uma série cartográfica. In: Contributos para a história da cartografía militar portuguesa. Maria Helena Dias, coordenação. Centro de Estudos Geográficos <Lisboa>. – Lisboa: 2003., 5 chapters, 2 ill. The printed border : notes on a cartographic series. [Portug.].

4776
González, Francisco José; Martín Merás, María Luisa: Historia de la cartografía nautica en la España del siglo XIX. Ed.: Ministero de Defensa; Ministero de Fomento. – Madrid: Ministero de Defensa; Ministero de Fomento 2003, 252 p., ill. History of nautic cartography in Spain of the the XIXth century. [Span.]. [Vol. 1 d. Ges.titels: La dirección de Trabajos Hidrograficos : (1797 – 1908) / ed. y coordinación Luisa Martín-Méras] ISBN 84-97810-19-8; 84-95172-41-0; 84-7782-961-6.

4777
La Dirección de trabajos hidrográficos : (1797 – 1908). Ed.: Martín-Merás, María Luisa. Ed. y coordinación Luisa Martín-Merás. – Barcelona: Lunwerg 2003, Vol. 1 + 2. The direction of hydrographic works :(1797 – 1908). [Span.]. ISBN 84-97810-18-X; 84-95172-43-7; 84-7782-976-4.

4778
López Gómez, Antonio: La navegación por el tajo : las obras de Antonelli su cartografía ; el reconocimiento de Carduchi en 1641. In: Descubrimientos y cartografía en la época de Felipe II. Ed.: Instituto Interuniversitario de Estudios de Iberoamérica y Portugal. – Valladolid: Instituto Interuniversitario de Estudios de Iberoamérica y Portugal 1999., p.17-39, 12 ill. (Descubrimientos y cartografía ; 3) The navigation on the Tajo : the works of Antonelli on cartography ; the recognition by Carduchi in 1641. [Span.].

4779
Ruiz Morales, Mario: Los ingenieros geógrafos : origen y creación del cuerpo. Ed.: España / Ministerio de Fomento. – Madrid: España / Ministerio de Fomento 2003, 286 p., ill. [Includes bibliographical references (p.167-169)] ISBN 84-95172-39-9.

4780
Vilar, Maria José: Ceuta en el siglo XIX : a través de su cartografia histórica y fuentes inéditas ; de presidio fortificado a ciudad abierta, portuaria y mercantil (1800-1912). Ed.: Universidad Murcia. – Murcia: Universidad Murcia 2002, XIV, 379 p., ill., mp. ISBN 84-8371-344-6.

Sweden / Schweden / Suède

4781
Arell, Lars: Storebror ser dig. In: Nya lantmätaren. 2004,10, p.14-17, 5 ill. Big Brother is watching you. [Swed.].

4782
Björkhammar, Stefan: Hur får kartor användas?. In: Nya lantmätaren. 2003,8, p.8-10, 1 ill. How to use maps?. [Swed.].

4783
Bröker, Kareen: Vegetasjonskartlegging av Fennoskandia basert på MODIS-data. In: Kart og plan : vitenskapelig tidsskrift. 97.2004,2, p.104-120, 11 ill., 1 tab. MODIS satellite data as a source for land cover mapping of Fennoskandia. [Norw. with Engl. rés.]. ISSN 0047-3278.

4784
Ehrensvärd, Ulla: The Swedish mapping of Russia : mutual influence. In: Södertörn academic studies. 19.2004, p.21-49, 3 mp. ISSN 1650-433X.

4785
Gäfvert, Björn: Early Swedish military maps of the polar region. In: Aspects of arctic and sub-arctic history : proceedings of the International Congress on the History of the Arctic and Sub-Arctic Region, Reykjavík, 18-21 June 1998. Ed.: Sigurðsson, Ingi; Skaptason, Jón. – Reykjavik: University of Iceland Press 2000., p.420-430.

4786
Lantmäteri i Norrbotten : en skrift om lantmäteri i Norbotten utgiven med anledning av Norrbottens Läns Lantmäteriförenings 120-årsjubileum. Ed.: Norrbottens Läns Lantmäteriförening. Red. och författare: Georg Palmgren. – Luleå: Norrbottens Läns Lantmäteriförening 1996, 376 p., ill., mp. Surveying in Norrbotten : a paper about surveying in Norrbotten edited because of the 120th anniversary of the Norrbottens Surveying Association (Norrbottens Läns Lantmäteriförenings). [Swed.].

4787
Lilje, Mikael: Nytt nationellt höjdsystem. In: Nya lantmätaren. 2004,1, p.16-17, 1 ill. A new national height system. [Swed.].

4788
Malmös kartor : från 1500-talet till idag. Ed.: Historiska Media. Tyke Tykesson, red. – Lund: Historiska Media 2003, 255 p., ill., mp. [Swed.].

4789
Olsson, Anders: Nya referenssystem på gång i kommunerna. In: Nya lantmätaren. 2004,7, p.18-19, 2 ill. A new reference system at work in the districts. [Swed.].

4790
Porada, Haik Thomas: Pommersche Karten aus der Schwedischen Landesvermessung in der Königlichen Bibliothek Kopenhagen : mit einem Exkurs über Quellen zur schwedischen Landesaufnahme im Staatsarchiv Stettin. In: Pommern : Zeitschrift für Kultur und Geschichte. 42.2004,2, p.18-22, 4 mp. ISSN 0032-4167.

4791
Roos, Henrik: "Värdeområdes indelning är grundbulten". In: Nya lantmätaren. 2003,1, p.20-21, 1 ill. Value range organisation is a basic tool. [Swed.].

4792
Sandberg, Allan: Löjtnant Nils Hallströms förslag år 1914 till flygkarta över Sverige. Ed.: Kartografiska Sällskapet. – Stockholm: Kartografiska Sällskapet 2003, 63 p., ill., mp. Lieutenant Nils Hallströms proposal of the year 1914 for an air map of Sweden. [Swed.].

4793
Sporrong, Ulf: "Det svenska lantmäterier var ledande". In: Nya lantmätaren. 2003,9, p.14-16, 2 ill. The Swedish land survey was leading the field. [Swed.].

Switzerland / Schweiz / Suisse

4794
Cavelti Hammer, Madlena: Das Schweizer Panorama des 19. Jahrhunderts : insbesonder Werke von Heinrich Keller und Xaver Imfeld. In: Aspekte der Kartographie im Wandel der Zeit : Festschrift für Ingrid Kretschmer zum 65. Geburtstag und anlässlich ihres Übertritts in den Ruhestand. Ed.: Kainz, Wolfgang. Hrsg. von Wolfgang Kainz. – Wien: Geographisches Institut <Wien, Universität> / Arbeitsbereich für Geographie und Kartographie 2004., p.35-44, 6 ill. (Wiener Schriften zur Geographie und Kartographie ; 16).

4795
Dütschler, Peter ; Bigler, Mathias: Kataster 2014. In: Geomatik Schweiz : Geoinformation und Landmanagement. 102.2004,7, p.416-419, 5 ill. ISSN 0252-9424; 1660-4458.

4796
Etzelmüller, Bernd; Sulebak, Jan Rasmus: Developments in the use of digital elevation models in periglacial geomorphology and glaciology. In: Entwicklungstendenzen und Zukunftsperspektiven in der Geomorphologie : Publikation zur Jahrestagung der Schweizerischen Geomorphologischen Gesellschaft (SGmG) anlässlich des 180. Jahreskongresses der Schweizerischen Akademie der Naturwissenschaften (SANW). Ed.: Maisch, Max. – Zürich: ., p.35-58, 7 ill., 2 tab.

4797
Favier, Bernard: Pierre Guillaume Martel. Ed.: Association du Musée d'Histoire des Sciences. – Genève: Association du Musée d'Histoire des Sciences 2001, 20 p., 27 ill.

4798
Feldmann, Hans-Uli: Der Topograph Charles-Jacot Guillarmod (1868-1925) : einer der Pioniere der Schweizer Felsdarstellung. In: Aspekte der Kartographie im Wandel der Zeit : Festschrift für Ingrid Kretschmer zum 65. Geburtstag und anlässlich ihres Übertritts in den Ruhestand. Ed.: Kainz, Wolfgang. Hrsg. von Wolfgang Kainz. – Wien: Geographisches Institut <Wien, Universität> / Arbeitsbereich für Geographie und Kartographie 2004., p.62-70, 5 ill. (Wiener Schriften zur Geographie und Kartographie ; 16).

4799
Geographische Informationssysteme in der Geomorphologie : 21. Juni 1991 am Geographischen Institut der Universität Bern. Ed.: Haeberli, Wilfried; Kienholz, Hans. – Bern: 1992, 74 p., ill., mp, 1 mp.-suppl. (Geographica Bernensia. Reihe G, Grundlagenforschung ; 39).

4800
Glatthard, Thomas: Gemeinde-GIS nach Maß : Lösungen im St. Galler Rheintal. In: Geomatik Schweiz : Geoinformation und Landmanagement. 102.2004,3, p.118-123, 8 ill. ISSN 0252-9424; 1660-4458.

4801
Gubler, Erich: Stand der Nationalen Geodaten-Infrastruktur und des Impulsprogramms e-geo.ch. In: Geomatik Schweiz : Geoinformation und Landmanagement. 102.2004,4, p.236-240, 2 ill. ISSN 0252-9424; 1660-4458.

4802
Harayama, A. ; Jaquet, J.-M.: Cartographie semi-automatisée et multisources de la couverture du sol dans le Canton de Genève. In: Geomatik Schweiz : Geoinformation und Landmanagement. 102.2004,8, p.503-506, 2 ill. ISSN 0252-9424; 1660-4458.

4803
Hayn, Eberhard: Die Darstellung der Schweiz in den klassischen Handatlanten vor dem Ersten Weltkrieg. In: 50 Jahre Sektion Karlsruhe der Deutschen Gesellschaft für Kartographie e.V. : Festschrift. Ed.: Kern, Hans F. Hrsg. von Hans F. Kern. – Karlsruhe: Fachhochschule Karlsruhe, Hochschule für Technik, Fachbereich Geoinformationswesen 2004., p.144-152;268-269, 6 ill. (Karlsruher geowissenschaftliche Schriften, Reihe A, Kartographie und Geographie ; 16).

4804
Höhener, Hans Peter: Die handgezeichneten Karten Hans Conrad Eschers von der Linth in der Zentralbibliothek Zürich. In: Cartographica Helvetica : Fachzeitschrift für Kartengeschichte. 2004,29, p.5-15, 11 ill. ISSN 1015-8480.

4805
Höhener, Hans-Peter: Die Gebietseinteilung der Schweizvon der Helvetik bis zur Mediation (1798-1803). – Murten: Verlag Cartographica Helvetica 2003, 19 p., mp. (Cartographica helvetica : Fachzeitschrift für Kartengeschichte ; Sonderheft ; 17).

4806
Huggel, Doris: Johann Jacob Fechter : 1717-1797 ; Ingenieur in Basel. Ed.: Kunstverl. Fink. – Lindenberg: Kunstverl. Fink 2004, 232 p., ill. [Literaturverz. p.211-224].

4807
Kofmel, Daniel: Geografisches Informationssystem der Stadt Winterthur. In: Geomatik Schweiz : Geoinformation und Landmanagement. 102.2004,3, p.112-117, 7 ill. ISSN 0252-9424; 1660-4458.

4808
Koller-Weiss, Katharina: Tschudis Blick nach Westen – die Manuskriptkarte der Freigrafschaft Burgund. In: Aegidius Tschudi und seine Zeit. Ed.: Koller-Weiss, Katharina; Sieber, Christian. Hrsg. von Katharina Koller-Weiss und Christian Sieber. – Basel: Krebs 2002., p.165-191, 6 ill.

4809
Kriz, Karel: Kartographische Geländebetrachtung – Silvretta : eine Schweiz-Österreichische Annäherung. In: Aspekte der Kartographie im Wandel der Zeit : Festschrift für Ingrid Kretschmer zum 65. Geburtstag und anlässlich ihres Übertritts in den Ruhestand. Ed.: Kainz, Wolfgang. Hrsg. von Wolfgang Kainz. – Wien: Geographisches Institut <Wien, Universität> / Arbeitsbereich für Geographie und Kartographie 2004., p.319-327, 5 ill. (Wiener Schriften zur Geographie und Kartographie ; 16).

4810
Lambiel, Christophe; Reynard, Emmanuel: Cartographie de la distribution du pergélisol et datation des glaciers rocheux dans la région du Mont Gelé (Valais). In: Entwicklungstendenzen und Zukunftsperspektiven in der Geomorphologie : Publikation zur Jahrestagung der Schweizerischen Geomorphologischen Gesellschaft (SGmG) anlässlich des 180. Jahreskongresses der Schweizerischen Akademie der Naturwissenschaften (SANW). Ed.: Maisch, Max. – Zürich: ., p.91-104, 5 ill.

4811
Leu, Urs B.: Johann Caspar Hagenbuchs archäologischer Plan von Avenches (1731). In: Cartographica Helvetica : Fachzeitschrift für Kartengeschichte. 2004,29, p.43-47, 6 ill. ISSN 1015-8480.

4812
Oggier, Rainer: GIS-Wallis : auf dem Weg zu einem wahren Informationssystem. In: Geomatik Schweiz : Geoinformation und Landmanagement. 102.2004,3, p.134-136, 1 ill. ISSN 0252-9424; 1660-4458.

4813
Paul, Frank; Kääb, Andreas; Maisch, Max: Das neue Schweizer Gletscherinventar 2000 : Fusion von Fernerkundung und GIS. In: Entwicklungstendenzen und Zukunftsperspektiven in der Geomorphologie : Publikation zur Jahrestagung der Schweizerischen Geomorphologischen Gesellschaft (SGmG) anlässlich des 180. Jahreskongresses der Schweizerischen Akademie der Naturwissenschaften (SANW). Ed.: Maisch, Max. – Zürich: ., p.127-140, 9 ill., 1 tab.

4814
Rapin, Claude: La Suisse et l'arc alpin dans la carte de Ptolémée. In: Jahrbuch der Schweizerischen Gesellschaft für Ur- und Frühgeschichte. 86.2003, p.137-144, mp. ISSN 0252-1881 / 0080-7311.

4815
Rickenbacher, Martin: Festungskarten : Karten für dieschweizerische Landesverteidigung. In: Cartographica Helvetica : Fachzeitschrift für Kartengeschichte. 2004,29, p.17-26, 10 ill., 3 portr. ISSN 1015-8480.

4816
Rickenbacher, Martin: Topographische Untersuchungen zu den "Basler" Panoramen des jungen Samuel Birmann (1793-1847). In: Aspekte der Kartographie im Wandel der Zeit : Festschrift für Ingrid Kretschmer zum 65. Geburtstag und anlässlich ihres Übertritts in den Ruhestand. Ed.: Kainz, Wolfgang. Hrsg. von Wolfgang Kainz. – Wien: Geographisches Institut <Wien, Universität> / Arbeitsbereich für Geographie und Kartographie 2004., p.110-119, 7 ill. (Wiener Schriften zur Geographie und Kartographie ; 16).

4817
Riedo, Marc: Evolution dl l'infrastructure SIG du canton de Neuchâtel. In: Geomatik Schweiz : Geoinformation und Landmanagement. 102.2004,3, p.128-132, 5 ill. ISSN 0252-9424; 1660-4458.

4818
Rothenbühler, Christine: Erfassung und Darstellung der Geomorphologie im Gebiet Bernina (GR) mit Hilfe von GIS. In: Entwicklungstendenzen und Zukunftsperspektiven in der Geomorphologie : Publikation zur Jahrestagung der Schweizerischen Geomorphologischen Gesellschaft (SGmG) anlässlich des 180. Jahreskongresses der Schweizerischen Akademie der Naturwissenschaften (SANW). Ed.: Maisch, Max. – Zürich: ., p.117-126, 6 ill.

4819
Ruegsegger, Marianne; Schmid, Christoph; Sieber, René: Raster data in multimedia atlases : benefits and challenges ; examples from the "Atlas of Switzerland – interactive". In: Cartographic perspectives : journal of the North American Cartographic Information Society. 45.2003, p.73-77, 3 ill., 4 tab. ISSN 1048-9053.

4820
Saiz-Lozano, Angel: La cartographie du Léman. Ed.: Ed. Slatkine. – Genève: Ed. Slatkine 2004, 328 p., ill.

4821
Wisard, Jean Paul: La nouvelle vision de la couverture du sol à Genève. In: Geomatik Schweiz : Geoinformation und Landmanagement. 102.2004,8, p.501-502. ISSN 0252-9424; 1660-4458.

Ukraine / Ukraine / Ukraine

4822
Istoryčne kartoznavstvo Ukraïny : zbirnyk naukovych prac' = Historical cartography of Ukraine. Ed.: Vavryčyn, Marija H. – L'viv [u.a.]: Koc' 2004, 516 p., ill., mp. [Ukrain.]. ISBN 966-023130-X.

4823
Sossa, Rostyslav Ivanovyč: Kartohrafuvannja terytoriï Ukraïny : istorija, perspektyvy, naukovi osnovy. – Kyïv: Naukova dumka 2005, 290 p., 76 ill., 14 tab. ISBN 966-00-0455-9.

h. Polar Regions
Polargebiete
Les régions polaires

4824
Gäfvert, Björn: Early Swedish military maps of the polar region. In: Aspects of arctic and sub-arctic history : proceedings of the International Congress on the History of the Arctic and Sub-Arctic Region, Reykjavík, 18-21 June 1998. Ed.: Sigurðsson, Ingi; Skaptason, Jón. – Reykjavik: University of Iceland Press 2000., p.420-430.

4825
McHugo, M. Barbara: Topographical survey and mapping of British Antarctic Territory, South Georgia and the South Sandwich Islands, 1944-1986. Ed.: British Antarctic Survey. – Cambridge: British Antarctic Survey 2004, IX, 83 p., [8] Bl., ill., 5 (folded) mp. – Limited ed. of 250 copies. ISBN 1-85531-222-0.

Antarctica / Antarktis / Antarctique

4826
Hernando Rica, Agustín: L'Antàrtida : odissea humana en la confirmació d'una hipòtesi. In: El món de les cartoteques : VIII trobada del Grup de Cartotecaris de la LIBER, Barcelona, 28 de setembre al 2 d'octubre de 1992. – Barcelona: 1992., p. 45-53, 2 ill., 5 mp. (Revista catalana de Geografía ; 7.1992,19) The Antarctic : a human odyssey and the confirmation of an assumption. [Catalan].

4827
Humes, Samuel: Mapping the Antarctic : from fiction to fact. In: BIMCC newsletter / Brussels International Map Collectors' Circle. 19.2004, p.21-24, 5 ill.

4828
Ross, Michael: Polus Antarcticus : a catalogue of four states. In: The Globe. 54.2003, p.1-12, 1 ill., 4 tab., 4 mp. ISSN 0311-3930.

i. Outer Space
Weltraum
L'espace cosmique

4829
Kratochwil, Stefan: Die Himmelsgloben von Erhard Weigel. In: Jenaer Jahrbuch zur Technik- und Industriegeschichte. 6.2004, p. 41-54.

4830
Miliaresis, George; Kokkas, N.: Segmentation and terrain modelling of extra-terrestrial chasmata. In: Journal of spatial science. 2.2004, p.87-98, 3 tab., 8 ill.

4831
Seabrook, A.M.; Bridges, J.C.; Rothery, D.A.; Wright, I.P.: Using MOLA data to investigate the topography of Isidis Planitia, Mars. In: The Bulletin of the Society of Cartographers. 38.2004,1, p.13-20, 5 ill. ISSN 0036-1984.

4832
Seggewiss, Wilhelm: Der Kometenglobus Vincenzo Coronellis. In: Sterne und Weltraum : SuW ; Zeitschrift für Astronomie. 43.2004,1, p.38-44, 7 ill. ISSN 0039-1263.

Index of Authors
Autorenregister
Liste des Auteurs